U0254079

辽宁省农业科学院
现代农业产业技术体系建设　专项资金资助

高 粱 学

第 二 版

卢庆善　邹剑秋　主编

中国农业出版社

农村读物出版社

北　京

内 容 简 介

  《高粱学》第二版共分 16 章，从高粱学科全方位的视角，翔实地叙述了高粱的起源与传播，分类学与形态解剖、细胞学与生殖学、遗传与生理生化、种质资源与育种、农艺学与病虫害防治、生物技术、产业发展，以及附录高粱遗传性状的基因符号及其连锁群基因的连锁强度、高粱植物学分类系统、高粱品种类型系统、栽培高粱简易分类法、外国高粱品种名称英中（译）文对照表。

  本书全面、系统、准确地阐述了国内外高粱研究的历史发展、主要成果、经典论著和最新科研成就，适合高粱科研工作者、从事农业人员、农业院校师生等参考和使用。

第二版编著人员

主　　编　卢庆善　邹剑秋

副 主 编　朱　凯　张志鹏　卢　峰　吴　晗

编著人员（以姓氏笔画为序）

　　　　　王佳旭　王洪山　王艳秋　卢　峰　卢庆善

　　　　　朱　凯　刘志强　李志华　吴　晗　邹剑秋

　　　　　宋仁本　张　飞　张　岩　张志鹏　张丽霞

　　　　　张旷野　柯福来　段有厚

第一版编著人员

主　编　卢庆善

副主编　王呈祥　孙　毅　张福耀

编　著（以姓氏笔画为序）

白志良　李团银　邹吉承　宋仁本　张志学

段啟光　高金文

第二版前言

正如我在《高粱学》第一版前言所说，"我一生的绝大部分时间和主要精力与高粱打交道。"现在看来，我的整个人生与高粱同行，无法割舍，难以忘怀，永记生命。

我与高粱有缘。我出生在"漫山遍野大豆高粱"的辽宁农村，吃高粱米长大，是高粱滋养了我。读大学，我与龚畿道教授选育的"分枝大红穗"高粱品种结缘，栽种创高产。1964年，毕业实习分配到辽宁省农业科学院高粱研究室，参与了《中国高粱品种志》品种的收集、整理、鉴定和文稿、图片的编写。没想到，这竟是我一生所要从事的科学研究的开端。之后，我在读龚畿道教授研究生时，继续深入开展高粱研究。

1968年，研究生毕业分配到辽宁省农业科学院，开始了长达一生的高粱研究，先后开展了高粱低温冷害类型、机制及防御措施研究，亲本系、杂交种选育及育种技术研究，高粱杂交种谱系遗传研究，不育系配合力研究，高粱群体改良研究并组成了我国第一个高粱恢复系随机交配群体-LSRP，高粱品种稳产性和遗传距离研究，中美高粱杂种优势研究，高粱不同分类组杂种优势和配合力研究，以及中国高粱抗霜霉病研究等，并取得了多项研究成果，一些研究填补了我国的空白。

1978年，改革开放的春天来到了，全国科学大会又一次吹响了向科学进军的号角。1981年以来，我先后9次由组织选派赴国际热带半干旱地区作物研究所（ICRISAT）、美国得克萨斯农业和机械大学（TAMU）、澳大利亚联邦科学院（CSIRO）高粱研究所、英国东安格利亚大学、俄罗斯萨拉托夫高粱科研生产联合体，以及非洲高粱原产地等国进修、合作研究、考察和参加会议。这使我有机会与国外高粱学者接触、交流和合作，更多地了解国外高粱科研的成果和成就、研究方向和前沿，更多地收集和掌握国外高粱研究的文献资料。结合国内高粱科研取得的成果，用心去思索、感悟，渐渐产生了一种想法，应该编撰一部高粱专著，介绍高粱学科的发展和成就。1999年我会同国内高粱专家编著出版了《高粱学》。

　　《高粱学》的出版，成为全国高粱科技工作者的一部必备参考书和工具书，他们阅读《高粱学》，得到收益，受到启迪，结合自身的科研实践，在高粱种质创新、性状遗传、品种选育、栽培技术、病虫防治等领域取得突破，成果显著。

　　《高粱学》出版20余年来，国内外高粱科研发展迅猛，研究手段日臻完善，在理论研究、技术创新、方法改进等领域又取得了许多科技成果。为了更好地促进中国高粱学科研究和高粱产业的发展，更好地与国际高粱研究接轨，满足广大高粱学者的需求，一种责任感驱使着我，时不我待，下定决心编撰《高粱学》第二版。

　　我利用各种机会和方法收集国内外近20年高粱科研的大量成果和资料，邀请国内著名高粱专家，通过梳理、分类、汇总和提升，综合了国内外最新的高粱科研成果、成就和经典论著，在《高粱学》第一版的基础上，编撰了《高粱学》第二版。全书16章均增加了一些新的内容和新的数据，其中增加内容较多的章有第二章高粱分类学、第七章高粱农艺学、第十一章高粱育种学，新增第十二章高粱杂种优势；全书新增内容达87处，图表88个等。《高粱学》第二版内容更加全面、系统、新颖，是高粱界专家集体智慧的结晶，也是作为2021年建党100周年的献礼。

　　学生周程成、冯媛完成了本书大量文字录入和校对工作，在此表示感谢。

　　限于编著者水平，书中错误与疏漏之处在所难免，敬请读者指教。

卢庆善

2020年8月于辽宁省农业科学院

（沈阳东陵）

第一版前言

　　我一生的绝大部分时间和主要精力与高粱打交道。我生在辽宁农村，记得小时候农村处处是满山遍野大豆高粱的自然景观，秋天红通通的高粱穗随风摇晃，巍巍壮丽。读农学院时，我作为学生班长，带领全班同学种植龚畿道教授选育的分枝大红穗高粱，获得了大丰收；1964 年，我来到辽宁省农业科学院实习，参加了《中国高粱品种志》品种的收集、鉴定、整理和文稿、图片的编写工作。没想到，这竟是我一生所要从事的高粱专业研究的开端。

　　"文革"期间，我在农村搞科研基点。当时正处在辽宁省农村打"翻身仗"时期，力争粮食产量达"纲要"、过"黄河"、跨"长江"是主要奋斗目标。于是，我引种了当时刚选育的杂交高粱晋杂 5 号、忻杂 7 号等，当年就获得了成功。满地的大红高粱穗令三里五村的农民惊叹不已，参观的人群络绎不绝，杂交高粱的增产作用在当地引起了强烈的反响、极大的轰动，于是推广杂交高粱之风悄然兴起。

　　从 20 世纪 60 年代末到 70 年代初，全国两杂热（杂交玉米、杂交高粱）方兴未艾。杂交高粱的杂种优势强和对提高当时粮食产量的突出作用已经永载史册。"三系"配套的高粱杂种优势利用体系对后来其他作物杂种优势利用研究起到了率先垂范的作用。1974 年，我参与组织、筹备和召开了第一次"全国高粱杂种优势利用会议"，把全国高粱研究工作推向了新的阶段。

　　1976 年，我在海城农村蹲点搞高粱高产栽培。用正交试验设计了一个不同播期、施磷量和追肥期试验。这一年是严重低温冷害年，高粱、水稻、棉花等农作物均遭受到程度不同的低温早霜危害，唯有试验产生了意想不到的特殊效果。施磷肥的高粱看不到低温冷害的影响，从苗期到成熟，磷肥均表现出促进高粱早熟增产的效应。于是，试验又被轰动起来，市、县各个方面人员蜂拥而至，观看在低温冷害年份磷肥促熟增产的显著效果。这一高粱试验在人们的心里留下了深刻的印象。

　　1978 年，科学的春天来到了。全国科学大会又一次吹响了向科学进军的号角。改革开放的东风吹遍了神州大地。1981 年，我被派往印度国际热带半干旱地区作物研究所（ICRISAT）进修高粱遗传育种。其间参加了"国际高粱品质学术研讨会"和"80 年代国际高粱工作会议"，接触了世界上许多著名的高粱专家，建立了广泛的国际联系。从此，中国封闭的高粱研究开始走向世界。

1987年，由农业部组团，赴非洲考察高粱原产地，使我感触颇深。浩瀚的沙漠，干热的气候，瘠薄的土壤，多变的生境孕育了现代栽培高粱，赋予它抗旱、耐瘠、忍受不良气候条件的秉性。我发现，在高粱原产地的恶劣环境下，高粱仍能茁壮生长；还发现，不少非洲部落的人们终生仅靠高粱维系生命。我深深赞叹高粱是一种"生命之谷""神奇之谷"的作物。

1988年，受国家教委的派遣，赴美国得克萨斯农业和机械大学进行高粱合作研究。我参观了世界上第一个高粱雄性不育系和杂交种的诞生地——Chillicothe试验站，了解了美国农业部实施的热带高粱转换计划及其成就，收集了大量高粱试材和研究资料。在此期间，我与著名高粱遗传学家K. F. Schertz博士合作，进行中美高粱杂种优势和配合力的研究；与著名高粱育种家F. R. Miller博士合作，研究了不同高粱分类组的杂种优势和配合力；与著名高粱病理学家J. Craig博士合作，对中国高粱抗霜霉病进行了鉴定分析，都得到了令人满意的结果，先后发表了3篇研究论文。

1991年，我参加了在印度ICRISAT举行的"亚洲国家高粱研究协商会议"。会上，组成了亚洲高粱研究协作网，我是中国协调员。

1993年，我前往英国参加了"第二届国际高粱和珍珠粟分子标记学术研讨会"。会议交流了分子标记在高粱生物技术研究中的最新进展，并力争在高粱育种上有所突破。同年11月，我赴澳大利亚，与著名高粱育种家R. G. Henzell合作，研究高粱抗旱、抗摇蚊育种和分子标记技术，并参加了国际高粱计划会议。

1996年，我赴俄罗斯考察高粱，美丽的伏尔加河和顿河流域的大片土地上种植了各种粒用高粱、饲用高粱和甜高粱。

高粱是我毕生从事的专业，我的研究经历以及出国进修、考察、合作研究和参加国际会议使我有机会了解更多的国内外高粱研究成就，掌握更多的高粱文献资料，用心去思考、体悟、消化和吸收自己的和他人的科研成果，渐渐萌生出一种想法，应该编著一部高粱专著介绍高粱学科的发展和成就。历史的责任感和紧迫感敦促我抓紧时间，于是我约请几位同事编著了这本《高粱学》，作为即将到来的21世纪的礼物，奉献给祖国；并愿全国高粱学者从书中得到受益，使中国高粱研究与世界接轨，走向世界，促进高粱学科的发展。

因作者水平所限，错误在所难免，敬请读者赐教。

卢庆善

1997年8月于辽宁省农业科学院

（沈阳东陵　110161）

目　　录

第一章　高粱起源和传播

第一节　栽培高粱起源

耕种农业的全部历史不到15 000年，作物栽培种从野生种的进化相对较快，单一作物的进化占有更短的时间。在进化中，对自然选择时间测量来说，这表示出快速的进展。作物进化的机制是依据选择对遗传变异群体的作用。在控制选择反应速度的重要因素中，选择强度及其持续时间是主要的。很显然，处于选择下的群体必须具有对选择产生反响的遗传能力。

在自然选择下，进化较慢，因为每个季节的选择强度和压力较低，而且没有稳定的选择方向，这与基础的缓慢变化不同，例如气候变化。所有植物群体都是在它们所处的全部生境下进行稳定的选择。这就使植物种适应该生境下的降雨、温度、土壤酸碱度、病虫害等。这种群体是异质的，因此能够对气候、病、虫等季节性差异作出适应。

所有植物都要经受自然选择，然而自然选择可通过人改善种植条件加以促进，例如通过铲除杂草消除竞争，或通过施用农肥增加营养。这样一来，植物就要经受自然和人工两种选择。人工选择主要通过人们采用影响植物生育的各种环境因素来实现，那些处于通过改善环境下的植株表现最优，被当作亲本种子用于繁殖下一代。

栽培高粱就是野生高粱在自然选择和人工选择下进化来的。Condolle A. D.（1882）首先提出高粱起源于非洲，后来传入印度，再传到远东。世界上研究高粱起源的多数学者都持这种看法。因为非洲是高粱变异最多的地方。Snowden J. D.（1935）在搜集到的全球 17 种野生高粱中，16 种来自非洲。他确定的 31 个高粱栽培种，28 种来自非洲；158个变种中，154 个来自非洲。

Snowden（1936）认为，高粱栽培种在非洲是多元起源的，一些种起源于野生的埃塞俄比亚高粱（S. aethiopicum），一些种起源于野生的轮生花序高粱（S. verticillifroum），一些种起源于野生的拟芦苇高粱（S. arundinaceum），还有一些种起源于苏丹草（S. sudanense）。

一、非洲东北部扇形地带内农业的发展

揭示亚热带旱地农业的实践问题常被忽略。开垦土地，播种草籽，这种草籽长出的植株与自然落入土中的种子长出的植株一样；清除播种长出植株周围的杂草，然后收获它们；所有这些过程组成了农业的雏形。一年生种子作物农业必须从一开始搞清楚，但都很少，尽管 Carter（1977）把这一问题的争论推向高潮。农业的概念多半是以草籽收集者产生的，他们观察到掉落的草籽又长出这种植物，于是采集种子作食物。由此逐渐发展成原

始农业，而旱地农业种子作物是通过净化土地和消除杂草发展来的。旧大陆的早期文明依赖于沿河流域产生了农业。可见农业的思想已经传播开来。

非洲东北部的气候是潮湿和冷凉到极干燥，温暖期从公元前8000—6800年，另一个温暖期伴随着温和与干燥从公元前2500年至公元初。当时尼罗河流域人类的活动日臻活跃，用磨石（公元前16000年）和刮刀收获各种草，以至在磨石和刮刀上留下磨损的印痕（Wendorf，1968）。也许尼罗河流域的栽培包括在西亚农业发展之内。Reed（1977a）强调，Levant地区（指地中海东部包括叙利亚、黎巴嫩在内从希腊到埃及一带）农业的复杂性表明，禾谷类农业发展的中心要比首次栽培谷类发现的地点多。他认为，禾谷类和镰刀形复杂工具能够从埃及到达Levant地区。

农业的概念从埃及传到埃塞俄比亚。当时埃塞俄比亚已有高加索起源的人，这些人多半是由阿拉伯通过中东移居到埃塞俄比亚的。那时的沙漠条件不像今天这么严重，至少在6 000年间才渐渐干燥起来。Cole（1963）指出，埃塞俄比亚是来自亚洲和红海的通道，必定出现一些移民潮的景观。在公元前7000年的Iraqui-kurdestan地区已有农业实践，而且不久以后即达到耶利哥（西亚死海的古域）。因此，有理由假设，早期的移民带来了农业和原始的小麦、大麦类型进入东北非洲，并把它们种在小山丘上。埃塞俄比亚具有大麦的巨大多样性，并与古埃及农业种植的大麦有密切联系。因此，埃及种植的大麦类型（H. irregulare）可能起源于埃塞俄比亚（Helbaek，1951，1960；Harlan，1969；Renfrew，1973）。

埃塞俄比亚人还在高地上种植其他作物时，尼日尔籽（Gnizotia）很适应排水不良的黑土。毋庸置疑，这是草籽采集时期的幸存者。当人口增加、气候变暖时，则需要新的作物以便能在"大麦线"以下海拔地区种植，这里有更多适合的土地。珍珠粟当然就在这种地区发展起来（Hilu等，1979；Phillipson，1977b）。

早期埃塞俄比亚种植者在小丘上建立固定的村庄，而且在其西南部也实行这种古老农业。土壤由分开的梯田保护着，并沿等高线砌成上千米的石头防护墙。梯田起垄防止水土流失。小河用围墙堵住以灌溉土地。牲畜用切断的山谷地作成不完全的畜圈饲养，牲畜被放到外面沿着砌成的墙通道仔细放牧。没有多少牧场是靠近村庄的，许多是在远处的低地上。牲畜的粪尿收集起来施入土壤，包括人粪尿。在埃塞俄比亚耕牛先于出现，以及现在用的犁，但是传统农业用的是古埃及类型的一种三叉锄。

小麦和大麦是Takadi高原到西部乡村的主要作物，此外还有亚麻、高粱和龙爪谷。在Carati平原地区种植高粱，多数与龙爪谷间种。高粱在Takadi高原早熟几周。种植的其他作物还有豌豆、鹰嘴豆、木豆、豇豆和扁豆，以及棉花和咖啡。香蕉也有种植，但不很普遍，这些古老作物在埃塞俄比亚西南地区常与大麦一起种植，因此古代种子作物农业与园艺作物农业之间在这里有密切关系（Simoons，1965；Hallpike，1970，1972；Westphad，1975）。

二、起源地和起源时间

栽培高粱和野生高粱的最大变异中心是在非洲东北部的扇形地区发现的。Vavilov

（1935）指出，栽培高粱在阿比西尼亚（Abyssinia），即现埃塞俄比亚的栽培植物起源中心进化而来。在这个起源中心，还产生了最重要的热带栽培谷物——珍珠粟（*Pennisetum typhoides*）、龙爪谷（*Eleusine coracana*）和画眉草（*Eragrositis abysisinica*）。在同区域，还起源了亚麻（*Linumusi tatissimum*）、豇豆（*Vigna sinensis*）、芝麻（*Sesamum indicum*）、蓖麻（*Ricinus communis*）和咖啡（*Coffea arabica* and *cirobusta*）。埃塞俄比亚的领地极适于产生植物的多样性，这里有各种各样的生态环境，海拔幅度从海平面到超过 3 500m。至今，高粱能够生长在海平面到海拔2 700m之间，尽管不同高粱品种已适应不同的高度。

Mann（1983）提出栽培高粱起源时间和地域的最新假说。无疑，现代高粱是由野生双色高粱拟芦苇高粱亚种（*S. bicorlor* subsp. *arundinaceum*）进化来的，没有证据表明栽培高粱是由其有根茎的二倍体或四倍体的约翰逊草高粱（*S. halepensia*）发展来的。双色高粱的野生类型至今仍限于非洲，因此可以肯定地说，栽培高粱是在非洲大陆驯化的（图 1-1）。

在 Snowden 高粱分类系统中，31 个种有28 个种来源于非洲，其中 20 个种来源于非洲东北部扇形地区内，即南纬 10°以北和东经25°以东的区域内，包括从埃及、厄立特里亚、索马里、埃塞俄比亚、苏丹、肯尼亚、乌干达和坦桑尼亚搜集的高粱样本。苏丹 11 个种，坦桑尼亚 9 个种，厄立特里亚 5 个种，埃塞俄比亚 8 个种，索马里 4 个种。

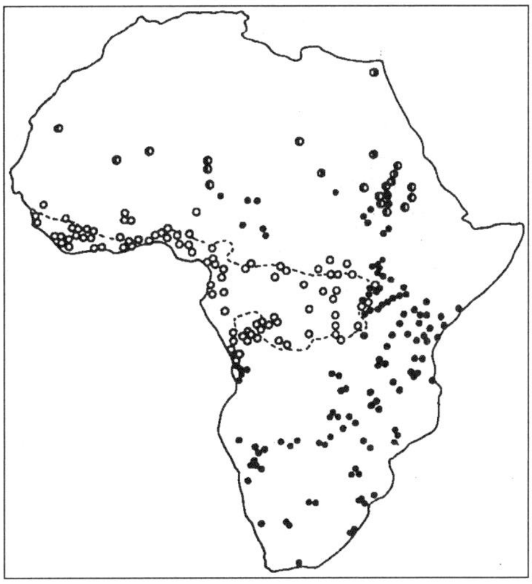

在非洲的西部和几内亚湾北部，包括突尼斯、塞内加尔、冈比亚、塞拉利昂、利比里亚、加纳、多哥、尼日利亚和喀麦隆，这里有 11 个 Snowden 分类种。尼日利亚 8 个种，加纳 4 个种，多哥和冈比亚各 3 个种，塞拉利昂 2 个种。在非洲东北部扇形地区内的20 个种内，有 11 个种在非洲西部没有发现。在非洲西部的 11 个种中，有 4 个种在非洲东部没有发现。在非洲南部的 11 个种中，有 4个种在非洲东北部扇形地区没有发现。

图 1-1 野生双色高粱属的分布
●埃塞俄比亚高粱变种（var. *aethiopicum*）
○拟芦苇高粱变种（var. *arundinaceum*）
●轮生花序高粱（var. *verticilliflorum*）
◗突尼斯草（var. *virgatum*）
每一个点代表 1 个采集点（de Wet 等，1970）

对 Snowden 分类系统变种的分析得出相似的情况，在非洲东北部扇形地区收集到的 87 个变种。西非和几内亚湾有 27 个变种，其中 8 个变种在扇形地区也有。在刚果以南的南部非洲收集到的 40 个变种，其中 21 个变种在扇形地区也有。只有 1 个变种在全部 3 个地区都收集到。

在对 Snowden 分类材料分析后发现，栽培高粱的主要变异地在非洲东北部扇形地区内。非洲东北部与非洲西部高粱之间以及东非与非洲中南部的高粱之间都存在着亲缘关系。南非与西非高粱之间有较远的亲缘。

Snowden 认为，栽培高粱就是由三个野生种起源（表 1-1）。

表 1-1 野生和栽培高粱的发生
(Snowden，1936)

野生种和分布	栽培种	栽培种分布
拟芦苇（*arundinaceum*）高粱；沿上下几内亚海岸分布，从塞拉利昂向南到 Damaraland，向东到刚果（金）的 Costermansville 地区为止	*aterrimum*（深黑高粱） *drummondii* *margaritiferum*（珍珠米高粱） *guineense*（几内亚高粱） *mellitum*（甜蜜高粱） *gambicum* *exsertum*（裸露高粱） *caffrorum*（卡佛尔高粱） *caudatum*（顶尖高粱）	西热带非洲、尼罗河上游 西热带非洲 西热带非洲 西热带非洲到苏丹和乌干达边界 西热带非洲 西热带非洲 西热带非洲
轮生花序（*verticilliflorum*）高粱；大多数分布在尼罗河上游和维多利亚湖地区，从南埃塞俄比亚和索马里穿过东非、马拉维和津巴布韦到南非、奥兰治河为止	*nigricans*（浅黑高粱） *dulcicaule*（甜秆高粱） *coriaceum*（革质高粱） *roxburghii*（罗氏高粱） *conspicuum*（显著高粱）	坦桑尼亚、津巴布韦、马拉维，多数分布在南部和西南部非洲科特迪瓦、尼日利亚、刚果（金）、苏丹、乌干达、厄立特里亚、埃塞俄比亚、肯尼亚和坦桑尼亚；多数分布在维多利亚湖周围和尼罗河上游地区 苏丹和索马里到安哥拉和津巴布韦 刚果（金） 坦桑尼亚和北津巴布韦 东热带非洲、从肯尼亚和乌干达到南非 坦桑尼亚、津巴布韦、马拉维到东非
埃塞俄比亚（*aethiopicum*）高粱；广泛分布在苏丹，向西延伸到北尼日利亚，向东到厄立特里亚和索马里	Durra（都拉高粱） *subglabrescens*（近光秃高粱） *rigidum*（硬粒高粱） *cernuum*（弯穗高粱） *ankolib* *melaleucum*（黑白高粱） *membranaceum*（膜质高粱） *basutorum*（巴苏陀高粱）	苏丹、埃及、厄立特里亚 苏丹、厄立特里亚、埃塞俄比亚 苏丹 少数在东非 苏丹、厄立特里亚、埃塞俄比亚、索马里 苏丹 多数分布在苏丹、厄立特里亚 在南非和东南非洲也发现 莱索托

注：括号内为拟译中文名。

除表 1-1 里 3 个野生种进化成栽培高粱外，还有一种约翰逊草高粱（*S. halepensia*）

起源的问题。约翰逊草属多年生野生草，具有或多或少的长根状茎，染色体数目通常为 $2n=4x=40$，与表 1-1 的野生种不同。

四倍体的约翰逊草高粱（*S. halepensia*）的起源已清楚了。Endrizzi（1957）综述了细胞学证据，并得出结论，*S. halepensia* 是两套 20 条染色体之间的作为一个分支的异源四倍体产生的。一个种来自拟芦苇高粱（*S. arundinases*）的一个类型，另一个种来自具有根茎性状的有关类型。野生的 *S. arundinasea* 和 *S. propinquum* 在这方面可能是匹配的，而且，*S. halepense* 的染色体行为与同源多倍体一样，因此当 *S. arundinasea* 与 *S. propinquum* 杂交时可恢复互交可育性。同样，*S. halepense* 的多倍体也能期望有全育的。由此得出结论，*S. halepense* 是由 *S. arundinasea* 的一种高粱与一相近亲缘的 *S. propinquum* 杂交产生的，接着染色体产生加倍。

Bhatti 等（1960）提出的 *S. halepense* 起源是不大可能的。他们发现突尼斯草（*S. vigatum*）上有退化的根茎，是北非约翰逊草高粱的一个品种。然而，*S. vigatum* 与栽培高粱杂交加倍后就得到一种根茎生长力很强的植株，细胞学行为与 *S. halepense* 相似。如果这是由 *S. halepense* 起源，那么 *S. propinquum* 可能是多倍体，它将发育极小的种子和特殊的叶片。极小种子是一种原始性状，而这一起源对 *S. propinquum* 来说多半不太可能。比较有说服力的是，根据 *S. halepense* 的起源，认为 *S. vigatum* 发育不全的根茎是 *S. vigatum* 与 *S. halepense* 之间基因渐渗的结果。

二倍体 *Arundinacea* 和 *S. halepense* 之间有正常互交，尽管水平较低。四倍体衍生系有很强根茎生长力。Tsai（1964）在 var. *vigatum* 与 *S. bicorlor* 杂交的四倍体衍生系里没能发现任何的根茎或发育较差的根茎。在印度，已报道有野生的 *Arundinasea* 高粱与二倍体的有根茎高粱 *S. halepensia* 的少数样本。*S. halepense* 传播广泛，常常是一种很难根除的杂草。

Halepense 的另一个成员，丰裕高粱（*S. almum*）起源是更近的事了，而且已得到证明。约翰逊草（*S. halepense*）于 1830 年从土耳其引进到美国加利福尼亚，后来被 Johnson C. 推荐作为饲草应用。它在美国中央大平原的南部生长苗壮，而且很快变成很难除掉的杂草。当种植选育的粒用高粱时，大量野生类型高粱在田间出现，这些被怀疑是栽培高粱与约翰逊草之间的杂种，正如 Vinall 和 Getty（1921）认定的那样。Hadley（1958）用栽培高粱与约翰逊草杂交，得到 25 个杂种，其中 23 个是不育的三倍体，另 2 个是可育的四倍体。很显然，可育的四倍体杂种是由 *Arundinacea* 二倍体高粱与约翰逊草之间自然杂交产生的，但是频率很低。

在 20 世纪初期，各种高粱已从北美引到南美。1936 年，Ragonese 在阿根廷收集到第一株丰裕高粱，并把种子寄给 Parodi。Parodi 的研究表明，这是约翰逊草高粱（*S. halepense*）的一种，因为它有根茎，染色体数 $2n=40$，而且认为这是由一种饲草高粱与约翰逊草（*S. halepense*）天然杂交产生的。Endrizzi（1957）研究了 *S. almum* 和各种二倍体 *Arundinacea* 与 *S. halepense* 的杂交。他得出的结论是，*S. almum* 更大的可能是由栽培的粒用高粱与约翰逊草之间杂交产生的，约翰逊草作为种植栽培作物的杂草对待。

在埃塞俄比亚、苏丹和东非地区发现了最多的变异性，一方面是由于这里广泛存在的生境造成的，另一方面是在这种生境下农民与种植作物互作的结果。美国高粱转换计划中鉴定的来自埃塞俄比亚和苏丹材料的广泛抗性，表明高粱在这里已经历了长期的人工选择。

非洲的撒哈拉和东北部地区直到公元前3000年前处于多雨期，无疑这一时期的高粱必然适应较潮湿的气象条件，许多野生类型至今仍存在着。所以，de Wet 等（1970）描述了 16 个 Snowden 野生种的分布地，其中 5 个种分布在干、热地区，7 个种分布在潮湿或湿润的地区，其余的也分布在潮湿、沼泽和水汽边缘或灌溉水沟处。

Phillipson（1977a）认为，公元前 3000 年期作为非洲许多野生植物强行栽培总的估算期。目前，还没有修正高粱起源时间的说法，即约在 5 000 年前起源的。

几内亚族和都拉族高粱到达印度，而新近顶尖族和卡佛尔族高粱没有到达。通过阿拉伯到达印度的通道可能是公元 3 世纪后被切断。这时，阿比西尼亚人侵入西南阿拉伯，或是到公元 625 年前结束（Doe，1971）。

在印度，发现高粱有如下报道，公元前1000年高粱与龙爪谷一起在 Jorwe 发现的（Kajale，1977）；公元前 1350 年，在位于印度河平原边缘的 Pirak，公元前1500年位于 Udajpur 附近的 Abar，以及公元前1800—1500年之间位于 Ahmadnagar 附近的 Imagon 都发现了高粱。这些资料表明高粱到达印度的最晚日期，然而，也可能到达的更早些。

在苏丹，有一发现古时高粱的记录，位于 Khartoum 东北偏北方向的 Kadero，离尼罗河东面约 6km，其年代是公元前第四个千年期的下半期。在这个古代遗址里，发现有许多磨石，大量带有草籽印迹的陶瓷碎片。Klichowska 认为有 15 个印记的第一组是栽培高粱（S. vulgare），测定的平均大小为 3.4mm×3.6mm。第二组与 S. vulgare 比较，有 11 个印记，平均大小为 3.7mm×3.4mm。这些印记恰好展现了野生高粱籽粒大小的外形，并在几种栽培类型的范围内作为一种比较。1975 年，Clark 和 Stemler 报道的公元 245 年双色高粱，测定的大小是（3.0～3.4）mm×（2.3～2.9）mm。同样，20 种 Eleusine 谷的印记平均大小为 2.1mm×2.0mm，也是在栽培的龙爪谷大小的范围内。除非印记增大了当时产生原始籽粒的大小，否则它们就是 Kadero 地方材料的栽培高粱和龙爪谷。然而，一个疑惑的问题是缺乏收获工具（Krzyzaniak，1978，1984；Klichowska，1984）。

第二节　栽培高粱的传播和发展

任何栽培作物的起源和进化与农业生产的产生和发展是分不开的，而栽培作物的传播与人口的迁移是密切相关的。高粱的传播也一样。

一、非洲班图人的迁移

大约在公元一世纪，非洲班图人从喀麦隆高地和海岸之间开始，向扎伊尔森林带，并沿着南部边界从西向东迁移。这是班图人迁移的较大部分，接着迅速地扩展到东部、中部和南部非洲的热带草原地带。公元 500 年前，班图人已到达东非地区，他们选定这里人们种的高粱，加上香蕉和芋头，构成了基本的口粮，因而使班图人快速地扩展进入东非、南非的热带草原地区。原产东南亚的香蕉和椰子大约在公元开始时从马来西亚沿海岸线贸易传到东非，然后横跨非洲到达西非。

班图人在东非碰到的人是含米特人，含米特人可能是当地起源的库舍特（Cushite）人的后裔，他们从埃塞俄比亚移居这里。这些含米特人似乎已经获得了显著地位，作为一种贵族统治超过了进入卢旺达—乌干达—西坦桑尼亚地区的班图人，而且必然发生许多相互婚配。事实上，坦噶尼喀湖的名称更多的是含有结合的含义。班图人和库舍特人在这一长峡谷湖地区出现许多混居，有意思的是高粱与许多部落人的纪念仪式总是连在一起的。可以想象，含米特人和来自西非的班图人地结合在促进人口快速扩展到中非和南非起了重要作用，同时对栽培高粱的传播也起到了重要的促进作用。研究表明，中非和南非的高粱品种与东非的高粱品种有紧密关系，而与西非高粱不表现直接关系。

二、栽培高粱的传播

（一）高粱向西非的传播

在公元前 4000 年或 3000 年前，栽培高粱就从埃塞俄比亚传到西非。传播要穿过苏丹到上尼日尔河地区。在这里，曼德（Mande）人发展了各式各样的农业，并培育了大量高粱品种，高粱在西非逐渐占有主要地位。Manny（1953）说，高粱在西非作为一种作物于新石器时期就有种植。撒哈拉沙漠在 6 000 年前对人口的迁移与今天相比几乎不是障碍，因为那时的雨水还较多。而热带扎伊尔河森林横跨非洲，像一座望而生畏的屏障阻碍南北的迁移，坦噶尼喀湖、维多利亚湖与印度洋之间的通道除外。

（二）高粱向东非的传播

东非的高粱也是从埃塞俄比亚传来的，但缺乏由人口迁移而传播高粱的证据，似乎是库舍特人渐渐把高粱传到东非的。库舍特人占据适合农业的好地点，常常是在高地。在东非的肯尼亚和坦桑尼亚的不同地方有旧台地的遗址。从尼罗河流域挖掘出来的碾槌、碗和磨床石，同位素碳[14]（[14]C）测定是公元前 1000 年左右的时期（Leakey，1950），还有一些发现的碗和磨床石可能更早期（Leakey，1931）。然而，在这些地点没有发现高粱籽粒，磨床石可能很好地用于高粱，但无这方面的证据。

Cole（1963）记载，最有意义的发掘是在 Engaruka，这里不仅有磨高粱的石器，而且有各种水平上发现的炭化高粱样品。炭化的高粱籽粒是发育充分的栽培类型。外表调查表明，这些高粱样品与许多现今种植的坦桑尼亚高粱相似。时间定于公元 12 世纪的炭化高粱籽粒也在东非海岸的 Kilwa 得到。

埃塞俄比亚与坦桑尼亚高粱之间的密切关系有充分的证据。Brooke（1958）描述了埃塞俄比亚中央高地高粱的生育和收获。他的关于收获、种子选择方法、脱粒场园的准备、男人用长棒敲打脱粒、清除杂物、扬谷和籽粒贮藏与坦桑尼亚 Region 湖一带今天的 Wasukuma 人相应的实践是一致的。

（三）高粱向中非和南非的传播

上面提及的班图人迁移东非，并与含米特人的结合使人口迅速扩展到中非和南非，所以高粱也随着人口的迁移而传播。铁器时代定在公元 1 世纪，已在赞比亚发现基本类型陶器的花纹（Cole，1963）。这些证明了早期人口迁移，班图人在博茨瓦纳是公元 10 世纪，在津巴布韦是公元 14 世纪。高粱在这两个地方都是粮食作物之一，其他种植的作物有纸莎草谷和龙爪谷，以及豆类和瓜类。农业制度包括与如今许多非洲人采用的类似的轮换种植法。炭化高粱、谷类和豆类籽粒都发现过。

（四）高粱向印度的传播

高粱从非洲向印度传播的最大可能是通过阿拉伯沿海航行的独桅三角帆商船完成的。贸易路线在东非和印度之间，通过阿拉伯半岛。依靠两股可靠的季风：东北季风和东南季风，这两股季风在每年当中有几个月相当稳定。从阿拉伯半岛出发，或者抵达非洲海岸莫桑比克，或者到印度的南部，即刮东北风时去非洲，刮东南风时从非洲返回，这种航行在公元前 700 年就已开始了（Cole，1963），也许比这还早。直到现在，这种独桅三角帆商船装上从南坦桑尼亚的 Lindi-kilwa 地区的高粱做船员的口粮，一种很好吃的 'Msumbiji'，是一种高秆的 '沙鲁' 类型。这种高粱具有坚硬可口的籽粒，而且方便船上贮存。东非高粱最初就是这样做船员口粮被传到印度的，印度高粱通常与东北非的高粱有关。

在印度，有关高粱的第一个可靠的考古学证据是在拉贾斯坦的阿哈尔发现与陶土混在一起的小穗，时间为公元前 1725＋140 年；但在莫恒卓—达罗发现的一个公元前 2300—1750 年的陶瓷碎片上，有一幅古老的高粱图画。因此，高粱传入印度的时间大约在公元前 2000 年前后。George Watt（1893）指出，对高粱来说，没有专门的梵语名称，最普通叫作 'yavana'，意为奇怪者。Piggott（1950）认为高粱是在梵人到达印度之后才传到印度的，大约是公元前 1500 年。

（五）高粱向中东和地中海沿岸的传播

高粱肯定是在早期从东非被带到阿拉伯半岛，而不是从埃及。因为考古表明，在罗马拜占庭时代之前，埃及没有高粱种植。Piedallu（1923）认为，来自 Timgad 的 Sennacherrib 宫殿的一件雕刻品，上面雕刻出在高粱地里有一头母猪喂饲其小猪的画面。这就表明高粱在公元前 700 年已经抵达中东。公元前 443 年，巴比伦人种的一种谷，'Kenchros'，像灌木树一样高，多半说的是高粱（Tackholm 和 Drar，1941）。

高粱的波斯湾名称，'Juari-hindi'，表明波斯湾高粱印度来源。非洲、阿拉伯和印度之间的独桅三角帆商船远航无疑装运高粱通过波斯湾达到伊拉克，这是相当早的。波斯人在公元 6～9 世纪与印度及东方贸易，而且还包括在东非的贸易。

帚用高粱是在地中海地区由东非或印度通过中东传播的高粱发展来的。在意大利，帚用高粱在 1596 年之前种植过，而且帚用高粱的栽培和扫帚的制作技术逐渐传到西班牙、法国、奥地利和德国南部。这里有一种说法，即后来在美国发展起来的帚用高粱是由 Benjarnin Franklin 引进的（Lartin 和 Leonard，1949）。

（六）高粱向中国和远东的传播

高粱沿着东南亚的海岸传播，并以这种途径传入中国，时间比较晚，大约在基督纪元开始之时。在明朝，公元 15 世纪有从中国到东非的航海记录。但也有更早的说法，在唐朝（公元 618—906 年）到达东非。公元 8 世纪的中国硬币已在东非的 Kilwa 发现

（Coupland，1938）。中国陶器在东非也有大批发掘的记录。由此路线传播的一个高粱族是琥珀色茎和一些甜高粱。这些是高秆的，相当松散的穗倾向一边，籽粒几乎没有多少用途，可用于饲草和制糖浆。它们在与东非海岸发现的甜高粱有关，有 16 份这样的品种于 1857 年由 Peter Wrag 从产地带到美国（Snowden，1936）。

印度、缅甸、中国和朝鲜沿海的高粱与中国大陆的高粱很不一样，大陆高粱称 'Kaoliang'。这些中国高粱是由印度经陆路传到中国的品种发展来的。Ball（1913）提出，这发生在大约 10 世纪到 15 世纪之间。De Candolle（1886）认为，高粱起源于非洲，通过印度传到中国。他说第一次提到高粱的中国著作的日期是公元 4 世纪。De Candolle 还引证了 Bretschneider 的观点，"高秆高粱是中国本土生长的"。但此说是很难接受的。关于中国高粱的来源和起源问题，后文还要讨论。

（七）高粱向美洲的传播

高粱向美洲的传播是近代的事。粒用高粱最初是从西非随着贩卖奴隶进入美国，几内亚高粱被引进，同时引进的还有珍珠米（guinea corn），也许还有 S. *vulgare* var. *drummondii*，1874 年，从北非引进褐色和白色的都拉（Durra）；1876 年，从南非引进卡佛尔（Kafir）；1880 年，从西非引进迈罗（Milo）；1906 年，引进菲特瑞塔（Feterita）；1908 年，引进赫格瑞（Hegari）和苏丹草（Sudan grass）；1890 年，从印度引进沙鲁（Shallu）（Martin 和 Leonard，1949）。更早引进的有 1853 年的中国琥珀，1857 年的甜高粱。之后，高粱很快传到中美洲和南美洲。

（八）高粱向大洋洲的传播

帕拉—高粱（Para-Sorghum）从南非和东非通过印度传到东南亚，再传到大洋洲。赫特罗高粱（*Heterosorghum*）有限地传到大洋洲。直到几个世纪之前，柔—高粱（*Eu-Sorghum*）才传到大洋洲。

Godwin（1993）报道，在高粱属里的 48 个种，有 17 个在大洋洲发现，其中 14 个是大洋洲特有的，当地种在承认的 6 个亚属中有 4 个，但是没有包括双色高粱和约翰逊草高粱在内的高粱亚属。

三、栽培高粱的发展

（一）双色高粱

双色高粱通常是散穗、小粒，常在潮湿条件下能够找到它。这是在埃塞俄比亚的西部和西南部产生的，这里降水量大，一般在 1 000 mm 以上，气候湿润冷凉（Sternler 等，1977）。双色高粱一般被颖壳包裹着黑色小籽粒，加上散穗适于高海拔、潮湿条件。籽粒干燥快捷，几乎不受鸟害和粒霉病危害。可以断言，这种高粱类型是在相似于今天所处的生境下发展来的。他们是以前高粱培育的选系，这种选系在其产生的特殊条件下能够很好地适应人们的要求，并且至今仍保持着。双色高粱用其甜秆、制啤酒和特殊食品。我们拥有双色高粱以前的许多样本，因为它们仍具有在适宜的生境下作为特殊用途种植的价值。

双色高粱是在公元 245 年在 Jebel el Tomat 发现的（Clark 和 Sremler，1975）。在 Tanqasi 的一处相当小的范围内发现 18 处高粱籽粒的遗坑，时间是公元 5 世纪之前，并用相对饱满籽粒的苏丹草高粱（*S. sudanese*）充满（Shinnie，1954），这大概类似于 Jebel el Tomat 的籽粒。这种具有相当优良籽粒的类型产生之后，很明显这种相对原始的栽培高粱连续用了长时间。无疑，这是由放牧者种植。

Snowden 作为双色高粱分类的许多种高粱在印度种植是用其甜秆、饲草和做扫帚。籽粒可用作发酵啤酒。双色高粱什么时间传到印度尚不明确，有些可能产生于印度，但没有发现野生的二倍体双色高粱，总归与在非洲发现的双色高粱情景不同。双色高粱（饲用类型，食用类型等）的杂交或者粒用类型与双色高粱的杂交多半是新的双色高粱的主要来源。双色高粱与二倍体的约翰逊草杂交必然发生在南部，偶尔也与野生的四倍体约翰逊草杂交，但是我们没有可靠的资料表明在印度这种杂交产生新的双色高粱类型。

Snowden 的双色高粱在许多国家均是用其甜秆（做糖浆或糖蜜）或饲草而种植，例如墨西哥、波多黎各、乌拉圭、印度、缅甸、中国、朝鲜、欧洲以及澳大利亚新南威尔士州等。

（二）几内亚高粱

拟芦苇野生高粱都是沿着西非的北面森林边缘，北乌干达，穿过南苏丹进入埃塞俄比亚。Snowden 的几内亚高粱是沿着上述地域发现的。Ali Kambal 在南苏丹收集了这些几内亚高粱，这些高粱偶尔也在降雨丰富的西埃塞俄比亚发生。Stemler 等（1977）指出，西南埃塞俄比亚的 Konso 人目前仍种植几内亚高粱。几位植物学家提出，栽培的几内亚高粱是由野生的拟芦苇高粱进化来的。Snowden（1936）指出，没有理由怀疑这一点。野生的拟芦苇高粱与许多栽培的几内亚高粱之间肯定有联系，而且是另一个的衍生系。许多几内亚高粱栽培品种适应降水量多的地区，而另一些品种则适应马里的原始农业（de Wet，1978；Harlan 和 Pasquereau，1969）。就沙鲁（Shallu）高粱是几内亚高粱的代表来说，则更适应潮湿条件而不适应干燥条件。

双色高粱产生于最早期，接着产生粒用高粱。事实上，几内亚高粱最早尊为粒用高粱的，而且它们是由野生的拟芦苇高粱衍生的，然而拟芦苇高粱又是怎样产生的？没有证据证明这种西非的一年生高粱产生于公元前 1500 年前。目前，认为几内亚高粱在西非或中非产生，接着传到印度似乎靠不住。最可能的起源地是位于埃塞俄比亚的西部或西南部，延伸到白色尼罗河为止。

如上所述，Konso 人种植适应高海拔的几内亚高粱，偶尔也能在西部高地发现。这些一定是残留的。一种粮食型高粱需要适应当时当地较湿的条件，并且出于人们居住安全的考量需要种在小丘上。几内亚高粱满足了这种需要。一座几内亚高粱"孤岛"残留在西南埃塞俄比亚的高地上，与现今靠近南部平原的最接近的几内亚高粱相距约 300km。

几内亚高粱传播到印度和南部非洲，它们是沿着相当窄的地带横过非洲传播，并且发展成截然不同的群体（图 1-2）。在图 1-2 里的 39 号、43 号、30 号、17 号、29 号、28 号和 60 号属 Snowden 的几内亚高粱。在 Harlan 和 de Wet 的分类系统（1972）中，只有 39 号、30 号、17 号和 60 号当作纯几内亚族。这种亚族分成截然不同的群体表明它们是一古老的种群（参见 de Wet 等，1972），而且还表明与各个地点的不同拟芦苇高粱不断发生的基因渐渗。

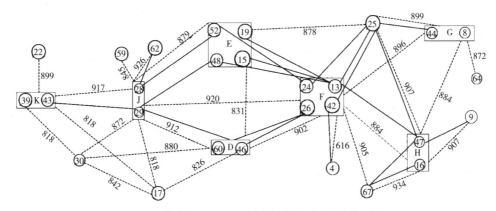

图 1-2　栽培的 Snowden 种之间的关系及其相似系数

——0.947 相似系数

——0.921 单项之间的系数

……如图所示种群之间或种群与单项之间的系数

种群 D 包括罗氏（*roxburghii*）高粱（60），

种群 E 包括顶尖（*caudatum*）高粱（15），

种群 F 包括卡佛尔（*caffrorum*）高粱（13），

种群 G 包括膜质（*membranaceum*）高粱（44），

种群 H 包括有脉（*nervosum*）高粱（47），

种群 J 包括冈比亚（*gambicum*）高粱（29），

种群 K 包括珍珠米（*margaretiferum*）高粱（39）

在图 1-2 中，几内亚高粱（*S. guineense*）30 号和显著高粱（*S. conspicuum*）17 号被充分地分开了。前者在西非，在几内亚热带草原地带到处都有。后者根据来自东非和印度的样本（分别为 117 和 5 个）确定的，而且在马拉维也有发现（de Wet 等，1972）。这 2 个 Snowden 种与有尾高粱（*S. caudatum*，E 组）或卡佛尔高粱（*S. kafir*，F 组）都不表现出紧密关系，与珍珠米高粱、甜蜜高粱（*S. margaritiferum* 和 *S. millitum*，K 组）也同样。这也许不是所期望的，特别是来自坦桑尼亚的显著高粱的 88 个样本。没有基因渐渗，可能是由于空间上的分隔，显著高粱生长在潮湿地带，大概与其他高粱的开花时间不同。另外，几内亚高粱杂交的 F_2 分离株长的穗总是很差，如果籽粒是白色和多角质，那么将不被保存下来。即使如此，Snowden 在 Orissa 的丘陵部落地区找到 5 个全都属于显著高粱的样本。一个是来自他的品种 'usaramense'，保留的 'usaramense' 样本来自坦桑尼亚。除非显著高粱的 'usaramense' 类型是新近传播到 Orissa 的，否则从一部落地区收集到这一样本大概靠不住，显著高粱似乎没有多少异交。de Wet 等（1972）提出同样的问题，他们研究马拉维的显著高粱、南非的珍珠米高粱、东非和南非的罗氏高粱（*S. roxburghii*）极其相似于西非的同类高粱，因此可以肯定假设，所有的几内亚高粱亚族都是西非起源，后来迁移跨过热带草原带。西非和南非甘蔗庄园之间的贩卖奴隶多半能说明这一点。东非直到莫桑比克海岸的小手工艺品交易也是高粱传播的一个途径。几内亚高粱常常用作船上员工的口粮，因其坚硬的籽粒耐贮藏。陆路的人口迁移也是高粱传播的主要因素。

罗氏高粱（60，D 组）是出现在东非和印度的几内亚高粱的主要成员。每年季风月份的沿海交易把 2 个大陆联系起来已有 2 000 多年。Harlan 和 de Wet（1972）把罗氏高粱分类为一种几内亚卡佛尔高粱。图 1-3 表示几内亚高粱在非洲的分布（Harlan 和 Stemler，1976）。几内亚高粱在旧大陆沿海地区产生很广泛，并由航船沿着东南亚沿海传播。

（三）都拉高粱

埃塞俄比亚是具有都拉高粱发生最全遗迹的国家，也许比任何非洲其他国家拥有更好的、系统的和栽培的连续性。都拉高粱的发展阶段就是很好的说明。双色高粱出现在西埃塞俄比亚，典型性是在雨量充足的高地地带。在该国不太湿润和雨量不多的地方能找到更具栽培类型的某些性状，例如当地栽培品种 'Fundishu' 和 'Zangada'。其他类型被 Harlan 和 de Wet 分类为都拉—顶尖族，特别是在 Begemdir 和 Simen 及 Tigre 省。在干燥地带，具紧穗和大粒的都拉类型占优势，特别是位于 Chercher 高原的 Harare 省。在这里可找到单穗籽粒重 450 克大穗植株（Prasada Rao，1976；Stemler 等，1977）。

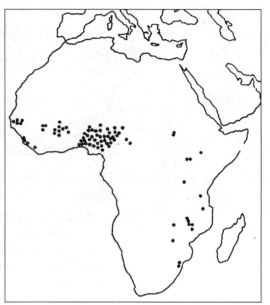

图 1-3　非洲几内亚高粱（Guineas）
图中黑点表示样本收集地点
（Doggett，1987）

Snowden（1936）提出，他分类的都拉高粱（*S. durra*）是由野生的埃塞俄比亚高粱族来的。当然，都拉族可能与发生在埃塞俄比亚更干旱地区的 Snowden 的埃塞俄比亚高粱的基因渐渗有联系。高于平均抗旱性和种子大小是该高粱族的特点。

当埃塞俄比亚的气候变得干燥时，早期的双色高粱向东移动进入更干旱地带，有能力的农民仍然进行选择，与野生类型的基因渐渗以适应发生更加干旱的条件。因此，还发现这些高粱的中间类型。Prasada Rao（1982）观察了埃塞俄比亚的 4 000 份高粱资源，发现有 25 个地方样本为都拉族，8 个都拉—双色族，3 个都拉—顶尖族，2 个都拉—几内亚族，1 个顶尖—双色族，还有 3 个是双色族、顶尖族和几内亚—顶尖族。全部都拉族和都拉的中间族均是从高海拔和中等海拔高度的地方收集的。穗形受开花和成熟时间的环境湿度的影响，而且发现了在真正干旱条件下开花和籽粒成熟的紧密穗型。紧穗都出在这种条件下是突出的特点，而散穗都产生在埃塞俄比亚的多降雨量地带。在埃塞俄比亚可以看到完整的次序，即野生类型—双色类型—都拉·双色类型—都拉类型。

都拉高粱从埃塞俄比亚向西通过苏丹，横过非洲传播，占领了撒哈拉南部边界以下的干旱地带。Plumley J. M. 于公元 200 年在苏丹的 Oasr Ibrin 把都拉高粱作为一种漂亮的贮藏花序发现的（Stemler 等，1975；de Wet，1977）。都拉高粱向南传到中坦桑尼亚。图 1-4 表明都拉高粱在非洲的分布（Harlan 和 Stemler，1976）。

索马里半游牧人目前仍种植都拉高粱。在相当发达的农业制度中，都拉高粱是相当古老的，而且可能是很古老的。

近年，在阿拉伯联合酋长国的阿布扎比 Al Ain 绿洲发现了高粱穗分枝的印记。它们被确定于公元前 2700—2500 年，高粱似乎已经成为公元前 3000 年期间农业的重要作物。没有引述其籽粒大小，但看上去相对较小。粒形相似于都拉高粱的籽粒形状，无柄小穗仍在，所以这是一种栽培类型（Cleuzion 和 Constantini，1982）。表明这可能是一种落粒性强的高粱类型。

都拉高粱可能从非洲之角穿过也门和沙特阿拉伯，再从这里传入伊朗和阿富汗或西亚；也许穿过阿曼到达巴鲁齐斯坦（Baluchistan）。之后，都拉高粱穿过旁遮普到达印度北部，或者穿过巴基斯坦信德省到达印度半岛和印度南部。

Prasada Rao（1978，1979）在 Madhya 邦小丘上从事部落式简易农业的样品收集表明，'猪嘴都拉'被种植在 800mm 降水量地带，相似于埃塞俄比亚的 Tigre 省的 Zurru（祖鲁）都拉高粱。像这样的部落地区倾向于容纳古老栽培品种，然而还有一

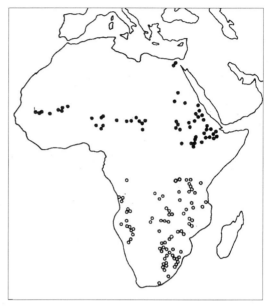

图 1-4　非洲的都拉（Durras）和卡佛尔
（Kafirs）高粱
图中黑圆点表示都拉高粱收集地点，
圆圈表示卡佛尔高粱收集地点
（Doggett，1987）

种相当近的种子交换可能表明这一问题，要不然适于传统类型与严格的保守性被实行着。

图 1-2 中，25、16、67 和 59 被 Snowden 分类为都拉亚系（Durra subseries），但最后 1 个不是典型的。这是根据来自苏丹的一个单样本确定的。Harlan 和 de Wet（1972）认为这是一个都拉—双色型，在同一组里还包括 67 号和 4 号。

（四）顶尖高粱

在图 1-2 里能清楚看到分类问题，Harlan 和 de Wet 认为，E 组里包括多数高粱有一些是顶尖高粱。按照他们的分析，19 号是卡佛尔，52 号是卡佛尔—双色高粱。在 F 组里，26 号包含某些几内亚—顶尖高粱。E 组中的 3 个成员与 Snowden 的卡佛尔高粱（S. caffrorum）13 号表现出 0.921 的相似系数，而第四个与 24 号，Snowden 的甜秆高粱（S. dulcicaule）有同样的相似系数，这被 Harlan 和 de Wet 作为卡佛尔分类。在这里，我们要提及一种非洲的熔化锅，用顶尖（caudatum—又译成有尾）这个词。在 Harlan 和 de Wet 的分类中，对具有龟背籽粒性状的栽培高粱用'顶尖'这个词。这可能是一个相当简单的性状，多年以来这可能在 2 个或多个分别地点出现过。还有，E 和 F 组作为分别的组证明顶尖高粱与卡佛尔、都拉和几内亚高粱稍有差异的观点。在给定的地理地点和地方高粱材料范围内，顶尖高粱可能与其互相影响，但是用于调查高粱历史为目的的分类是不可能的。如果占有一系列众多的分类学研究，依次每一领域进行研究并调查大量的植物性状，那么可能是有益的。

如上所述，Konso 人种植顶尖高粱。顶尖和不完全顶尖高粱在埃塞俄比亚都有栽培，特别是在低地（Stemler 等，1975）。顶尖高粱不产生于印度的事实不仅表明顶尖族高粱

比几内亚族或都拉族更年轻，而且还表明顶尖高粱不可能产生于在这里必然发生的都拉和几内亚高粱杂交的全部组合。相反的可能是与野生高粱基因库的不断互交对顶尖高粱产生的必要性。这种相互作用能够沿着埃塞俄比亚和苏丹的边界充分地进行。Stemler 等（1975）指出，在埃塞俄比亚西部的多数地方从平原进入高地是困难的。然而，如上所述，这在西南埃塞俄比亚则是另一回事，这里有 Abbay 槽地和 Atbara 河。栽培高粱可以想象的传播，从西 Illubabor 沿边界向北，之后沿尼罗河支流到达喀土穆（苏丹首都）。今天，这里有一条从 Jikaw（位于 Baro 河旁边）小路发展的道路，所以这对传播来说并不是困难的地域。顶尖高粱的继续发展与牧民有密切关系。至少某些不完全顶尖高粱可能代表了顶尖族高粱发展的阶段，而不是族之间的杂交。

顶尖高粱在苏丹平原遇上了野生和双色高粱以及都拉和可能的几内亚高粱，并发生基因渐渗。当牧民每年收获时，必然要经受混合集团选择留种，这些入选穗常常种在有巫婆草、芒蝇、病、虫发生的地里，当气候不断干旱时，则环境条件日渐变劣。牧民随意的种植业促进了高粱之间的杂交。在这些群体里，粗糙选择的世代，收获较大籽粒的植株，结果产生了真正强壮的顶尖高粱，尽管有上述病、虫、草害的发生，但仍能获得收成，而且还具有抗鸟害的能力。这时，牧民就找到了适宜他们种植的栽培高粱。

到公元前 3000 年中期止，在苏丹有相当广泛的拓居地，在 Khasm el Gibra 的一处，占地约 10 万 m^2，目前尚未挖掘。由此提出在 Jebel Moya 和 Jebel el Tomat 的一些遗址位于蓝色尼罗河和白色尼罗河之间，这代表了同样的传说。这种规模的拓居地可能具有包括可耕农业的一个基地，还有栽培高粱。可能还有与埃塞俄比亚高度发达的农业，与其广泛的栽培品种存在着联系。埃塞俄比亚的栽培品种与苏丹高粱之间的互相杂交可能产生新的改良品种和其多样性。

在埃及第四王朝（公元前 2600—2500 年），一支埃及远征队报道了在努比亚（指苏丹北部和埃及南部的沿尼罗河地带）有庞大的牛群和羊群。位于 Kerma（在 Dongola 附近）的一座埃及要塞遗址表明，在第十一王朝和第十二王朝（公元前 2000—1800 年）这里称作 Kush 的苏丹王国。在位于第三大和第四大瀑布之间，后来 Kush 王国在第四大瀑布附近的 Napata 建立了它的首都，时间大约在公元前 1000 年初。公元前 600 年，苏丹首都从这里迁移到靠近现代喀土穆的 Meroe。Meriotic 王国具相当规模，统治的国家至少到 Sennar 为止，往南 400km。已发达的制铁业在非洲有巨大的影响。公元 325 年，埃塞俄比亚的 Axum 王国把 Meroe 消灭了（Oliver 和 Fage，1962；Hawkes，1973；Phillipson，1973a）。顶尖高粱的巨大多样性及其发展无疑发生在 Kush 王国的成长期间。在公元前 900 多年以前它们往西迁移是靠不住的，这一日期可能更晚些。没有来自乍得这方面的证据，表明顶尖高粱什么时间到达这里，确信是公元 9 世纪在乍得湖附近的 Daima 有这种高粱（Connah，1967），因为发现了炭化高粱籽粒。

Stemle 等（1975）极好地说明了这些高粱和与移民群有关的 Chari-Nile 语言之间的联系。他们指出，顶尖高粱对北喀麦隆和乍得湖周围人们的重要性表明，从乍得湖东边穿过苏丹南半部的热带草原地带的栽培品种可能是公元约 1000 年北纬 9°50′到 12°之间种植的顶尖高粱。顶尖高粱到达非洲更西地区可能是相对更近的事。Curtis（1965）指出，顶尖高粱继续向南传播进入几内亚地带。本来，顶尖高粱占据都拉和几内亚高粱之间的西非。

Curtis 提到了顶尖高粱的重要品种，黄考拉（CV. Yellow Kaura），这在现今被分类为都拉—顶尖族。该品种分布在苏丹热带草原地带的北部，北纬 7°~8°之间的 Katsuria 区域和尼日尔河附近的南几内亚热带草原地区（Curtis，1967）。在东面，讲 Chari-Nile 语言的人们把这些高粱传到维多利亚湖。Karamajong 人仍然以传统方式种植这些高粱，而肯尼亚的某些 Luo 人现在除种植其他类型高粱外还种植这些高粱。再南面，某些顶尖高粱被传播进入坦桑尼亚。在这里，Wasukuma 人把顶尖高粱种在鸟害严重的黏重土壤上。Wasukuma 人的可耕农业包含着埃塞俄比亚农业方法的重要部分。这一点对在维多利亚湖岛上的居民来说是特别真实的（Rounce 和 Thornton，1956）。

其他顶尖族高粱可能通过 Cushitic/Omotic 移民直接从西南埃塞俄比亚传播到坦桑尼亚，也可能是在当地起源的。它们充分地代表了来自坦桑尼亚的 Snowden 的材料。近期，在 2 次收集高粱活动中，154 个栽培高粱有 27 个顶尖高粱，30 个都拉—顶尖高粱，5 个几内亚—顶尖高粱，其他还有 23 个都拉高粱和 46 个几内亚高粱（Prasada Rao 和 Mengesha，1979）。高海拔的都拉—顶尖高粱是在西乌干达、卢旺达和布隆迪发现的，是很值得重视的。图 1-5 表示顶尖高粱在非洲的分布。

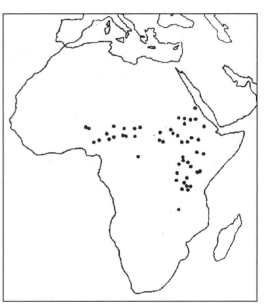

图 1-5　非洲的顶尖（Caudatums）高粱
图中黑点表示顶尖高粱收集的地点
（Doggett，1987）

（五）卡佛尔高粱

Snowden 的卡佛尔亚系可能与 E 组和 F 组都有关，图 1-2 中的 52 和 26 包括在双色高粱里，42（只有 3 个样本）包括在有脉（neruosa）高粱里。都拉（25）与 Snowden 的卡佛尔（caffrorum，13）和 F 组全组均有高相似系数。对顶尖高粱和卡佛尔高粱来说，这种相似系数的分析是没有意义的。

Harlan 和 de Wet 把 Snowden 的革质高粱（S. coriaceum）和卡佛尔高粱（S. coffrorum）作为他们分类的卡佛尔族，这表示出明显不同的群，分布于坦桑尼亚到南非地带。在 Snowden 的材料里，这两种类型有相当的代表性。Brown（1970）在 Sukumaland（维多利亚湖南面）发现卡佛尔族高粱。Prasada Rao 和 Mengesha（1979）在 1978 年和 1979 年采集样本时没有找到卡佛尔高粱。从 1970 年以来，坦桑尼亚高粱群体已发生了变化，玉米种在较好的土壤上，木薯种在较差的土壤上，种植结构与 20 世纪 40 年代盛行的状况完全不同。Snowden 报道的卡佛尔高粱是从坦桑尼亚、赞比亚、津巴布韦、安哥拉和南非收集的。在德兰士瓦（南非省名），一些优良的卡佛尔品种种在高海拔条件下，其结实与种在埃塞俄比亚高地上同样成功。高粱深刻地包含在 Wasukuma 人和班图人很多的传统仪式里。见图 1-4 表示卡佛尔高粱在非洲的分布。

卡佛尔高粱在前期既没传到西非，也没传到印度。实际上，也没有到达埃塞俄比亚或苏丹。卡佛尔高粱与班图人传播到南部非洲有关。

第三节 高粱起源和多样化方式

一、分歧选择

当库舍特人把野生高粱当作生长在栽培地里的杂草拔除时，对它的注意也就开始了。他们把野生高粱种在小田块里，虽然它们表现出大量异交，但在小田块条件下，小区内的这些植株只能进行互交。在这些小区内，人们选择的结果可能创造出分歧杂交的情况，由于自然选择对野生植物有利性状证明是成功的，而人们是针对性状的选择。因此，当人们选择具有离生颖壳不脱落的大籽粒时，而自然选择可能是有利的与小颖壳紧密相连的小籽粒。用果蝇的研究结论推断，多态性在群体里可能相当快地产生出来。

Thoday（1964）研究了果蝇（*drosophila*）的分歧选择。Thoday 根据 Mather（1943，1945）的理论进行其研究。发现这个问题的关键是对果蝇分歧选择的操作上。简言之，分歧选择在于群体中对一个特殊性状选择两个以上水平，而直接选择是对一个性状只选择一个水平。因此，在对果蝇腹部刚毛数选择时，如果在每个世代只选择那些刚毛数多的果蝇，则是直接选择多刚毛的结果。如果在每个世代中，按多刚毛和少刚毛两个方向选择，交尾限制在多刚毛与少刚毛果蝇之间进行，其结果两组之间可能产生基因交换。Thoday 发现，采用这个系统，即能得到多形态的群体。

一个多形态群体在分歧选择下，不仅能快速进展，而且这种多态性还能保持，甚至在多、少刚毛数果蝇严格杂交的情况下也如此。果蝇的这一研究结果对作物进化的 3 个主要问题提供了理论依据：无隔离的分歧；作物进化的快速性；多数野生植物的高度变异性与栽培作物的进化有联系。

全部耕种农业的历史不可能超过 1 万年，而基本作物的进化要比此期更短的时间里进行。在进化中，与自然选择背景相对比，这个速度是令人惊奇的。在埃塞俄比亚各种各样的生态条件下，小的相对隔离的群体可能形成，尽管这里仍与野生植株进行某些基因交换。随着在这样条件下的继续选择，快速的进化和多样性可能产生，作为人们迁移的结果，高粱群体必然被分散开，并进行了长期的或短期的选择。有一些群体可能又一次碰到一起，人们种植它们，使各分歧品系之间进行一些杂交。当高粱从埃塞俄比亚传播出去时，这一过程必然继续，尽管在传播地区极端分歧型高粱之间杂交的机会降低了。这种情况对创造栽培高粱的各种类型、族、品种、变种一定是理想的（Wright，1931）。

二、栽培高粱与野生高粱的关系

Doggett 和 Majisu（1968）研究了野生高粱与栽培高粱之间的关系。在非洲，野生高粱作为一种杂草在栽培种的周围，这些野生高粱总要与栽培高粱发生一定程度的互交。在其杂交中，第一世代表现为中间性状，在以后的世代里则要发生性状分离。如果这种分离的群体生长在野生条件下，则要经受自然选择；如果生长在栽培地里，则经受人工选择。在自然选择下，明显不同于野生型的中间类型多半被淘汰了，而那些倾向于野生型的则存活下来。在栽培条件下，种植者可以剔除田间的野生植株。最初，他们根据茎秆的粗细和叶片的宽窄进行淘汰，后来则根据紧颖壳和落粒性进行淘汰。看起来似乎凡是表现中间性状的分离植株，不论在野生生境下还是在栽培条件下都被淘汰掉。事实上，许多栽培与野生的杂种在农民地里生长到成熟，即在作物被收获后仍能见到这些杂株。这样的植株没有清除掉，但也没有被收获。这里还有第三种生态环境，在这种生境下，不但有第一代杂种存活下来，而且还有以后分离世代的植株存活下来。

栽培是在更多的生境下进行。在多数农业系统下，土地是连作或收获后休闲。在非洲多数地区广泛采用轮换种植制度，由于人口迁移随时弃种使土地又回到自然植被状态下，并转到新垦栽培田里，在新近撂荒地里，野生的严酷条件由于撂荒前的耕作得到某些改善，但这没有人工选择。这种连续的生境称作中间生境。在这种生境下，大量的栽培与野生高粱杂交的第一代杂种植株存活下来。在轮换种植制度下，许多小田块靠在一起，以保持由野生与栽培高粱杂交分离中间植株的群体。杂交授粉可能很快发生，栽培与野生高粱杂交的杂种在新近撂荒地里相对稳定的生境下真实地存在着。

在东非的研究表明，上述的概括是很正确的。对乡村高粱的调查显示，在撒播种植田块里，各种各样的高粱品种都在生长，全部混合在一起，还有相当多的机会与其他作物混种。撒播在田埂、粗糙草地和沼泽地边的是野生高粱。Snowden（1955）把这分类为轮生花序高粱（S. verticilliflorum）。这些植株表面上看是相当一致的，但仔细观察却有变异。这样地区的野生高粱是一种很确定的植物类型。在一些地点，例如撂荒地，可以明显看到杂种，有时在农民田里也能见到。这些通常有比野生类型更紧的穗、更宽的叶片、更大的籽粒以及黑色紧颖壳，成熟时籽粒易脱落，与颖壳附在一起。很显然，这些是杂种，它们既不能与栽培种混同，也不能与野生生境下的野生类型混同。在田边或撂荒地里，偶尔也能看到类似野生型的高粱植株，但是当检测叶片和种子时，很快证明它们是杂种。

在东非，通过3个群体杂种指数的研究证实了这一点。如上所述，收集的野生和栽培高粱及某些天然杂种混在一起。每个收集的品种种成后代行，测定11种性状，计算加权杂种指数。结果如图1-6所示。

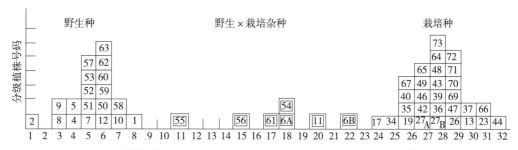

杂种指数等级：1＝0.50—1.74，2＝1.75—1.99，3＝2.00—2.24 等

图 1-6　野生高粱、栽培高粱及其杂种的杂种指数

根据 11 种植物性状计算所得

（Doggett 和 Majisu，1968）

　　植株性状：叶片蜡被、最大叶长、叶宽、叶缘波形；

　　穗性状：穗轴长度，分枝长度，节数；

　　小穗性状：芒长，有柄小穗长，颖壳长，粒长。

　　图1-6显示，野生与栽培群体是泾渭分明。中间材料有一定的意义，55号、56号和61号是在东乌干达收集的天然杂交种。54号是来自乌干达西尼罗河地区。按传统习惯，这种高粱从没有在新的地区栽培，但是在高粱已经栽培了许多年之后，54类型高粱总能在田块附近找到。很显然，这是一种中间类型，既不是第一代杂种，也不是早代杂种，而是野生与栽培高粱杂交的分离株，已成为真正的育种类型。同样，Wasukuma人在撂荒地附近发现的11作为后代进行种植时，表现如54，实际上也是真的育种材料。11和54在图上的位置相当靠近，但其收集地点相距有804.672km。这种野生高粱与栽培高粱之间的传统关系是相当普遍的。

　　图1-6里中间型6A和6B的起源也是有趣的。在一次考察中收集了8个野生高粱植株，全都是典型的野生轮生花序类型。6号只有短尖而无多芒，其他性状与其余7株是一样的。当6号作为后代行种植时便分离了，9株具有典型的栽培与野生高粱F_1杂种的特征，其他31株则像收集的植株。研究表明，这9株事实上是野生×栽培高粱杂交的F_1，6A和6B是这些杂种株的后代。因此，我们已是很幸运地找到一种野生植株，它的一些植株花粉已用来给栽培高粱授粉了。

　　相同的情况在美国堪萨斯州也有记载。Casady A. J. 在曼哈顿郊外的围栏里或撂荒地里发现的自生高粱具有某些在非洲发现的中间类型高粱的典型表征。它们在堪萨斯州被称作'黑琥珀'型，并被推测来自种在这里的'琥珀秆'高粱。但是，更多地像是来自当作饲草种植的野生类型苏丹草（S. sudanense）与栽培高粱的杂种，当然也包括某些'琥珀秆'。这些自生高粱产生几种很分明的类型。

　　这种中间型群体的存在和经常的天然杂交导致野生高粱和栽培高粱之间的基因渐渗。这种基因渐渗的意义是很明显的，正如人们选择栽培高粱也是高粱的某些变异通过基因渗入转移到野生类型里去。其中一些由于自然选择被淘汰，一些将继续存留下来。因此，当栽培高粱与野生高粱一起被传到非洲的不同地方时，对栽培高粱来说，它也获得了某些相似性。

　　西非的野生高粱可能来自不同的地方，主要来自中非或埃塞俄比亚。事实上，这些栽培高粱与野生高粱之间的相似性已由Snowden（1936）记载下来。他的结论是几种不同的野生高粱已经成为几种不同的栽培高粱。至此，关于高粱进化问题可能更好理解了，野生高粱和栽培高粱之间的这些结合是野生植株与通过人们驯化的栽培高粱性状基因渐渗的结果。野生高粱和栽培高粱之间这种关系的另一个重要意义是，一个地区的野生高粱倾向于充当某些栽培高粱性状基因库的作用。因此，一组新的栽培高粱进入某个地区，那么作为群体传播的结果，通过当地继续存在的野生类型的中间型，新的栽培高粱将逐渐获得某些以前栽培高粱的性状。

　　这里还有一些来自野生高粱与栽培高粱杂交的有趣证据。野生类型轮生花序（S. verticilliflorum）与当地广泛分离的栽培种顶尖高粱（S. caudatum）杂交，按照Snowden（1936）的说法，这些被分类为顶尖高粱（S. caudatum）、卡佛尔高粱

（*S. caffrorum*）、几内亚高粱（*S. guiniense*）和罗氏高粱（*S. roxburghii*），是南非和东非特有的高粱，几内亚高粱除外，它只是在乌干达的西尼罗河地区偶然发现的。

野生的埃塞俄比亚高粱（Aethiopicum）与南非的卡佛尔高粱的杂交种比 Snowden 的都拉高粱（Durra）、硬粒高粱（Rigidum）和近光秃高粱（Subglabresceum）与其杂交的杂交种产量高。Thangam（1963）用埃塞俄比亚高粱与栽培高粱杂交，发现有全部 Snowden 分类种性状的后代株，除了有脉高粱（Kaoliang weruose）系列以外。

三、高粱起源和进化总结

非洲农业和非洲作物的起源进化对种植农业的发展，以及对作物育种者和种质资源收集研究者来说都是有价值的。高粱发生发展的历史研究表明，高粱是由人们通过已经进行的耕种农业起源的，即农业的观念先于高粱的起源。非洲东北部的高粱是包括各种作物在内的农业体系中的一种。高粱属于相当发达的土地、水利和作物管理制度的一部分。高粱的历史是非洲和印度一年生种子作物农业历史的主要组成部分，是不能轻易地从这一历史中分离的。

人类是高粱起源的主因。人类的思想、期望、谋划和目标无疑起到的主要作用，致使农业的发展和传播。但是，这一点常常强调得不够，而被形形色色的宿命论者所取代。Kohl（1981）写道："当代考古学家对范例感到苦恼，以至于他们冒着忽视可选择的和可预测的，也是表示栽培进化性状的风险。如今天，我们对中美洲'先哥伦比亚'进化（preColumbian）的理解由玉米如何产生自身的事实概括了。这种有惊人适应力的植物不可预测的变化，深刻地改变着无须怀疑的新大陆文明的进程，然而人类为什么首先选择了它，然后又与它互相影响，其原因必定比现在所能提出的知识更加复杂。"

这一探讨的说明在 Rindos 的论文里作了解释。Aschmann 在评价这篇论文时写道："肯定 Rindos 重要文章的一个方面是，他有能力选择和决定参与进化农业系统而避开主观，并热心于植物。"

农业已经被发现，但却很少，而且我们很难想象这些难点，即从来没有审慎地去看由种子长出植株，或者去看种子与其后代之间的关系。在这方面，非洲可能是一个艰难的大陆。Shaw（1976，1977）评论说，农业起源的理论常常不能正确评价适应性转变的全部重要意义，包括在非洲条件下粮食的收集和粮食生产的变化。

如果有人假设，新作物开始起源的更大可能性是农业观念传播的一种结果，非洲显而易见的地区当属埃塞俄比亚。尼罗河提供了非洲与西亚农业发现的联结，大麦在这里是一种古老的作物，Inarya 王国就在这里——埃塞俄比亚。农业起源和传播的假设已经提出，可汇总如下。

（1）人们拥有相当发达的山丘农业，采用用石头筑成的梯田，把当时的全部作物和其技术转移到非洲的其他山丘上。在这里，他们建立了分散的农业中心。Walter Beck（1936）绘制了一张非洲古代梯田栽培地点的概图。Summers（1958）重新复制增大的图形如图 1-7，资料进一步做了充实。这些地点的比较研究应进行，包括 Karnataka，印度和埃塞俄比亚高粱传播的地方。

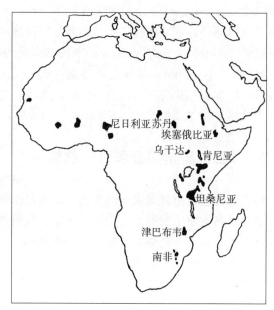

图 1-7　非洲梯田栽培地点的分布
(Summer, 1958；根据 Beck, 1936)

（2）比较研究应选择埃塞俄比亚的高粱及其相应的印度南部高粱。因为这两地海拔高度相似，并无须调整日照长度。印度北部的光周期敏感的高粱不适应泰米尔纳德（印度南端的一个邦）。

综上所述，可以得出结论，栽培高粱是在埃塞俄比亚地区由非洲的野生高粱进化的。丰富的多样性是通过分歧选择和隔离以及通过与野生高粱的杂交重组，也由于各种各样的生态环境和通过人类在非洲大陆的迁移和驯化创造出来的。野生高粱与栽培高粱在种的层次上是有区别的，而一种分离的中间类型群体生长在撂荒地或田边，这一过程将无疑会继续下去，直到中间型杂种与栽培高粱相似为止。野生高粱与栽培高粱不断地通过基因渐渗和基因交换发生互相影响，以至于在任何地区的野生和栽培高粱之间都有相似性。野生高粱先祖没有随栽培高粱从非洲传到印度。而当高粱到达中国南部时，则与二倍体的拟高粱（*S. propinquum*）接触。这种高粱的基因渐渗多半用来解释中国高粱（Kaoliang）作为一个族有特殊的性状（Dogget，1965a，1966b；Doggett 和 Majisu，1968）。

第四节　关于中国高粱来源和起源问题的讨论

一、中国高粱来源和起源几种说法

关于中国高粱来源和起源问题，多年来一直有不同的说法。归纳起来，主要有两种说法，一种是由非洲，经印度传入中国；另一种是中国起源。以第一种说法更为普遍。

Condolle A. De.（1886）认为，高粱起源于非洲，以后传入印度，通过印度传入中国。他说，第一次提到高粱的中国文献是公元 4 世纪。

Hagerty M. J.（1941）曾指出，在中国早期的文献中，高粱、黍及甘蔗的名称混淆不清，并缺乏公元 12 世纪之前中国中北部已广泛种植高粱的记载。据他的看法，高粱是在成吉思汗时代（公元 1206—1288 年）远征南亚时带回的；在忽必烈时代（1260—1295年）才得到进一步发展。

Burkill（1953）提出，高粱是经由古也门通路由非洲传入中国。Doggett（1965）认为，大约在公元前 2000 年或至少公元前1000年，高粱栽培种从非洲传到印度，从印度再传到中东，公元前 700 年已传到叙利亚，仅在公元前1000年前传到中国。de Wet 和Huckabay（1967）则认为，高粱最迟于 1 世纪到达中亚。双色高粱是从印度进入中国的。从印度沿着亚洲海岸线的海上贸易传入中国。在明朝有从中国到东非的航海记录（公元15 世纪），但也有更早提到在唐朝到达东非的说法（公元 618—906 年）。

公元 8 世纪的中国硬币已在东非的 Kilwa 发现（Coupland，1938），而大批在东非发掘的中国陶器也有记载。由此路线传播的一个高粱族是琥珀色茎，一些甜高粱，这些是高秆的，相当松散的穗倾向一边，籽粒几乎没有什么用途，茎叶可用作饲草和制糖浆。它们与在东非海岸发现的甜高粱有关，有 16 份这样的品种大约于 1857 年由 Peter Wray 从产地带到美国（Snowden，1936）。

Martin J. H.（1970）认为高粱由非洲传入印度后横跨南亚而传播，于 13 世纪到达中国，然后逐渐形成了中国和日本的特殊高粱类型。Zeven 和 Zhukousky（1975）指出，高粱起源的基本中心是非洲，次级中心是印度，而中国沿海一带的甜高粱多半由海上贸易而传入。

Ball（1913）提出，印度、缅甸、中国和朝鲜沿海的高粱与中国大陆的高粱是很不同的。这些中国高粱是由印度经陆路传到中国的品种发展而来的，这发生在大约 10～15 世纪之前。高粱沿着丝绸之路传播也是可能的，Hutchinson J. 指出，棉花就是沿着这一路线传播的，而高粱也通常种在适于棉花的生态条件下。

关于中国高粱由非洲经印度传入的说法，中国学者也提出类似的看法。齐思和（1953）指出，目前在华北和东北广泛种植的高粱是外来的植物。大约在晋朝以后中原始有，而到了宋朝以后种植才逐渐普遍。他认为高粱大概是西南少数民族先行种植，以后普及于全国。胡锡文（1959）在其主编的《中国农学遗产选集·粮食作物》一书中，肯定高粱和玉米都是外国传入，不是中国原产。他认为在先秦和西汉的文献中，既无蜀黍的记载，也无高粱的叙述，最早见于张华的《博物志》（3 世纪），其次是陆德明的《尔雅释文》（7 世纪）。

关于认为中国高粱（Kaoliang）起源于中国的学者，当首推俄国驻华使馆医官、植物学家，Bretschneider E. 。他根据中国高粱的特殊性状和广泛用途，指出"高大之蜀黍为中国之原产"。

Vavilov N. I.（1935）认为，中国是栽培植物最古老和最大的独立起源中心之一，并用高粱的汉语谐音'Kaoliang'代表起源于中国的栽培高粱。

二、中国高粱起源问题的讨论

由于中国高粱在世界高粱中占据着特殊的位置，所以多年来关于其起源和进化问题一直被国内外学者所关注。孙醒东（1947）根据美国 1853 年由中国引进芦粟的最初记载，日本高粱也由中国传入，以及张华的《博物志》记载，提出中国高粱栽培的起始年代大约在公元 3 世纪至 4 世纪之间。

自 20 世纪 50 年代以来，中国先后出土了一些重要的高粱文物，促使人们重新思考，进一步提出新的看法。1955 年，东北博物馆在辽宁省辽阳市三道壕西汉村落遗址中发现了一小堆炭化高粱籽粒，距今已有 2 000 年的历史。同年，山西省文化局在石家庄市市庄村发掘的战国时期赵国遗址里发现了 2 堆炭化高粱粒。1952 年，中国考古研究所在陕西省西安市西郊的西汉建筑遗址中，发现土墙上印有用高粱秆扎成的排架的痕迹。1959 年，南京博物院在江苏省新沂县三里墩西周文化层遗址中发现一段炭化高粱秆，以及大量高粱叶的痕迹。根据这些出土的高粱文物，万国鼎（1961）指出，高粱在西周至西汉这一时期内已经分布很广，辽宁、河北、陕西和江苏等地都有栽培。

1972 年，河南省郑州市博物馆在郑州东北郊的大河村仰韶文化遗址中，发现了陶罐装的炭化高粱籽粒。应用 ^{14}C 同位素测定后，表明这些高粱籽粒距今已有 5 000 余年的历史。李璠根据其鉴定证实这些出土的炭化籽粒是高粱。同时他还指出，在中国华北北部和河南一带有半野生型"风落高粱"的存在，华南、西南又有拟高粱（S. propinquum）的分布，故可以设定中国也是栽培高粱的原产地之一。

在中国华南的广东，西南的广西、云南和贵州等省（自治区），东南的福建、台湾等省生长着 2 种野生高粱，拟高粱和光高粱（S. nitidum）。Doggett（1970）曾根据拟高粱与卡佛尔高粱杂交的后代分离出具有中国高粱特点的植株这一事实，推断分布于东南亚的拟高粱是中国高粱的远祖之一。他认为，从印度经丝绸之路传入中国的有脉高粱原始类型，在中国大陆条件下发生与拟高粱的杂交，并被驯化成有脉高粱（Kaoliang）种。拟高粱的染色体数与栽培高粱一样，多年生，生长于热带和亚热带的生态环境下。竺可桢等（1972）研究证明，距今 3 000—5 000 年前黄河流域正处于温暖时期，气候条件与现在的热带和亚热带相似。这说明当时黄河流域有野生高粱生长的条件。又据陕西省《高粱品种资源目录》记载，陕西省南部曾发现野生高粱。

综上所述，据黄河流域出土的高粱籽粒文物，黄河流域野生高粱的分布以及古农业时期的生境条件，可以初步推断，黄河流域可能是中国高粱的最初驯化地。

目前中国境内仍有野生高粱（表 1-2、图 1-8）。笔者认为，尽管中国古代有野生高粱的生长，但并没有直接被驯化成栽培高粱，而是当非洲的栽培高粱经印度传入中国后与当地的野生高粱杂交，其后代逐渐被栽培驯化成现代多样性的中国高粱。

中国高粱有许多特征特性与非洲高粱不同。中国粒用高粱茎秆髓质成熟时水分少，为干燥型；糖分含量少或基本不含糖。叶片主脉大多为白色，气生根发达，分蘖力较弱。颖壳质地多属软壳型，外颖有明显条状脉纹，质地多为纸质，内颖多为革质；无柄小穗椭圆到长椭圆形，籽粒多呈龟骨状，裸露程度较大，易脱粒。中国高粱的分布也不同于非洲高粱，前者主要分布于温带，在日照长度 12～14h 多数可正常成熟；后者则多分布在热带和亚热带，在同样日照条件下则成熟明显推迟或不能成熟。

从中国高粱杂种优势利用的实践也证明中国高粱与非洲、印度高粱明显有别。中国高粱与卡佛尔（Kafir）、迈罗（Milo）、赫格瑞（Hegari）高粱杂交的杂种一代有最显著的杂种优势，表明这些高粱类型与中国高粱在遗传上差异较大。事实上，从中国高粱与非洲高粱的形态特征，例如花序和株型等就能很容易把它们区分开。

表 1-2　中国现有野生高粱种性状简介
（《中国主要植物图说》，1959；《广州植物志》，1980）

名称 （别名）	稔性及 染色体数	分布区域及生境	主要植物学特征
光高粱（草蜀 黍、芦稷草）	多年生 $n=20$	浙江、福建、台湾、安徽、江苏、江西、广东、广西、湖北、云南、贵州等省（自治区）的开旷草坡上	植株较纤细，高 0.6～1.5m，茎粗 2～4mm。圆锥花序分枝单纯，花序毛棕色。叶片线形长 10～50cm，宽 4～6cm。穗轴节间易折断。无柄小穗卵状披针形，长 3～5mm。无芒或有芒。小穗成熟后呈黑褐色
拟高粱	多年生 $n=10$	福建、广东、广西、云南、贵州等省（自治区）的河岸潮湿处	植株较粗壮，高 1～3m，茎粗 1cm。圆锥花序可再分枝，花序毛白色。叶片线状披针形，长 90cm，宽 3cm。穗轴节间易折断。无柄小穗菱形披针状，长 4～5mm，小穗成熟后呈紫褐色

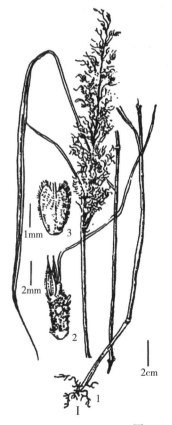

图 1-8　光高粱和拟高粱

Ⅰ．光高粱　1. 植株　2. 孪生小穗
3. 无柄小穗第二外稃（去芒）
（赵儒林，2148，江苏）

Ⅱ．拟高粱　1. 植株×1/2
（Mc Clur，9985，广东）
（《中国高粱栽培学》，1988）

　　上述的研究结果，一方面说明中国高粱不同于非洲、印度高粱，尽管这些差异尚不能作为区别中、非高粱不同起源的遗传学证据，但可作为研究它们起源异同的重要线索。另一方面，也说明中国高粱类型丰富，进化程度高，在中国若没有长期栽培高粱的历史，只在短短几百年间就能产生如此进化，如此不同于非洲高粱的众多类型，是完全不可能的。

　　当然，根据现有的研究文献，还很难对中国高粱起源问题作出最终的结论。但是，在距今3 000年前的西周时期以前，可以肯定在黄河、长江流域就有高粱栽培。随着高粱研究的深入与高粱有关的文物进一步发掘，以及采用最先进的科学技术手段，并将考古学、遗传学、植物分类学、历史学、现代分子生物学等学科研究的最新成果综合起来，去探索中国高粱的起源问题，将会得出明确的结论。

主 要 参 考 文 献

李书心，1992. 辽宁植物志（下册）. 沈阳：辽宁科学技术出版社，980-981.

孙凤舞，1957. 高粱. 北京：科学出版社.

孙醒东，1947. 中国食用作物. 上海：中华书局.

王富德，廖嘉玲，1981. 中国高粱起源和进化浅析. 辽宁农业科学（4）：23-26.

竺可桢，1964. 竺可桢文集. 北京：人民出版社.

Brooke C，1958. The Durra complex in the central highlands of Ethiopia. Econ. Bot. （12）：192.

de Wet J M J，Huckabay J P，1967. The origin of Sorghum bicolor. Ⅱ. Distribution and domestication. Evolution. （21）：787.

Doggett H，1965a. Disruptive selection in crop development. Nature Lond. 206，279.

Doggett H，1965b. The development of the cultivated sorghum in Hutchinson JB. ed：Essays on crop plantevolution. Combridge University Prass. 50.

Doggett H，1987. Sorghum. Second edition. Published in Association with the International Development Research Centre Canada，34- 69.

Hartley，W，1958. Studies on the origin, evolution and distribution of the Gramineae. （1）The tribe Andropogoneae. Aust. J. Bat（6）：116.

Thangam M S，1963. Studies on the progenis of Sorghum aethiopicum crossed with cultivated sorghum. Madras Agric. J. （50）：332.

第二章　高粱分类学

高粱［*Sorghum bicolor*（Linn.）Moench］属于禾本科（Gramineae）高粱族（Andropogoneae）高粱属（*Sorghum*）。高粱有许多一年生和多年生的种，体细胞的染色体数也不等，有 $2n=10$、$2n=20$、$2n=40$，但都是以 $x=5$ 为基数。

第一节　高粱分类研究的发展历程

一、历史上的分类

高粱是世界上最古老的禾谷类作物之一，种类繁多的野生高粱和栽培高粱遍布于各大洲的热带、南北亚热带、南北温带的平原、丘陵、高原和山地。由于长期的自然和人工选择，形成了各式各样的高粱遗传资源。众多植物分类学家一直在研究高粱的分类。

最早的 Ruel（1537）将高粱划归为臭草属，命名为 *Melica*。之后又有人将高粱归到线姑草属（*Sagina*），或粟属（*Panicum*），或粟草属（*Milium*）。

1737 年，著名的植物分类学家 Linnaeus 将高粱归属于绒毛草属（*Holcus*），描述了 *H. sorghum*、*H. saccaratum* 和 *H. bicolor* 三个栽培种。19 世纪初，Brotero 将 *H. sorghum* 等栽培品种与 *H. halepesis* 等野生种划归新命名的 *Andropogon* 属。后来得到 Roxburghii（1820）和 Steudel 等人的认可。

1794 年，Moench 最先提出将高粱列为一个独立的高粱属（*Sorghum*）。接着，Persoon（1805）把高粱定名为 *Sorghum vulgare*（Pers.）。后来，Stapf（1917）也主张采用 *Sorghum* 属名，并提出 *Eu-Sorghum* 代表其中真高粱种群。这样一来，*Sorghum vulgare* 逐渐为学者所接受，从而取代了 *Andropogon*。

20 世纪 60 年代以后，Doggett、de Wet 等人对 *S. vulgare* 学名提出修正，恢复了 Linn. 的 *bicorlor* 命名，将高粱学名定名为 *Sorghum bicolor*（Linn.）Moench。

二、现代的分类

（一）分类的原则和意义

Wright（1931，1932）提出，可以考量把植物群体如何产生和分布作为类似于对比图。当一个大的群体内进化继续时，则亚群体开始产生，当然亚群体与原群体存在着基本的连续性。这时，有一个顶端的原山峰已被许多山峰代替，适当的峰，鞍状山脊被不同深度的凹地分开，许多亚峰体产生了。这些峰最明显地是由组成任一亚群体单株全部性状的总体所限定。当要规定一个峰时，分类学家针对包括尽可能多的植物性状分类是困难的。这是一种"自然"分类的基础。如果应用的形状太少，则该峰不能确定下来，尽管它存在着。

进化在继续，差异也在继续显现，直到许多不同独立的种群形成为止。这时，山峰已被深深的峡谷分开。对独立山峰来说，采用相对少数性状就能明显地把它们确定下来。最多的是独立种群之间不再发生品种间杂交，因为已经产生了不同的遗传屏障，物种已经产生。有时，两个种群作为种看待可能表现出充分的总体差异，尽管它们能够杂交、能够得到可育的后代（Wright，1940）。

种是由峡谷彼此分开的山岳。山岳具有山丘、凹地、山峰、峡谷等自身结构体系，其中最显著的叫"变种"，次显著的称"族"，小峰定为"类型"。分类学家依据目测，详细描述和简单测量以鉴定峰的参数，绘制这些分类术语的地理位置。

在电子计算机时代，有可能用数字分类法认识和描绘峰数字术语对比图。这些数字都可以提供给电子计算机作为鉴定标签，尽管它们对保证一个标签，例如变种、族、类型不是充分有别的（Rogers 等，1967）。

植物分类学家研究这种分类的目的在于开拓和了解进化的历程和现今在地球上仍存在的植物各个类型之间的关系。这对人们增进对植物发展史的理解是主要方法。系统分类法不可能一劳永逸，尤其是对植物，大量的植物类型存在着，而且由于各种原因必然以某种形式分类。因此，有用的材料从方便出发被分成不同类别。

（二）高粱分类的各种说法

高粱属于高粱族（Andropogoneae），起源于热带非洲。在非洲的 Katanga（刚果）地区是该族的变异性中心。Hartley（1958）提出一种印度—马来西亚起源的说法，在印度西部和印度尼西亚南部现仍有很多种。他认为高粱族在东半球有很长的进化历史，但一定是在相当早期传播到热带非洲的。

Celarier（1956）认为高粱族是更近的起源。两个原始属是 *Miscanthus* 和 *Miscanthidium*，前者产生于东南亚和太平洋岛屿，而后者是在热带非洲发现的。Celarier 认为，*Miscanthus* 是由 *Miscanthidium* 衍生来的。作为第一起源族倾向起源于非洲。

高粱亚族（*Sorghastrae*）是高粱族中的第十六个亚族（Stapf，1917）。Garber（1950，1951，1954）把该亚族分为 2 个主属（高粱属和闭花属）。之后，他又把其中的高粱属分为 6 个亚属。即：

高粱亚族（*Sorghastrae*）

A. 高粱属〔Genus *Sorghum*（Pers.）〕。

a. 柔—高粱亚属〔Subgenus *Eu-Sorghum*（Stapf）〕，这是 Snowden 的同样分类单位，柔高粱；

b. 查埃托高粱亚属（Subgenus *Chaetosorghum*）；

c. 赫特罗高粱亚属（Subgenus *Heterosorghum*）；

d. 高粱亚属〔Subgenus *Sorghastrum*（Nash）〕；

e. 帕拉—高粱亚属〔Subgenus *Para-sorghum*（Snowden）〕；

f. 斯蒂波高粱亚属（Subgenus *Stiposorghum*）。

B. 闭花属（Genus *Cleistachne* Bentham）。

Garber 分类中的许多亚属间有明显区别。现在已把 Subgenus 称作 Section（组）。柔高粱专有名称已经去掉。

Celarier（1959）接受这种分类的多数，保留 *Sorghastrum* 作为一个单个的属，并质疑帕拉—高粱和斯蒂波高粱作为有区别的亚属是否有可靠的证据。

在 Garber 的高粱属内基础染色体数是 5。帕拉—高粱和斯蒂波高粱亚属的染色体相对大一些（$6\mu m$ 比 $3.5\mu m$），在这两个亚属中都找到单倍体数 5。它们有四倍体和六倍体数。高粱亚属的单倍体数是 10，二倍体和四倍体数都有。查埃托和赫特罗高粱亚属的单倍体数目都是 20。闭花属的基础染色体数是 $n=9$。

按 Garber 的说法，高粱属的分布是遍布全世界。尽管高粱亚属的分布与高粱、帕拉—高粱及赫特罗高粱有重叠，但是没有报道过高粱亚属与高粱（*Sorghastrum*）之间的杂交，而全部形态学证据表明它们之间的区别是很分明的，而且它们之间的可育杂种至今还没有得到。关于高粱亚属与帕拉—高粱互交可育性的证据是较有效的。一些研究者试图用帕拉—高粱与高粱亚属杂交，但没有成功。

Garber（1950）根据其细胞分类学和杂交研究结果提出一图示（图 2-1A），表明高粱亚族中各亚属的关系。Celarier（1959）也提出一图示（图 2-1B）表明高粱亚族中各亚属的关系。Garber（1950）提出东南亚是高粱亚族的起源中心，传播到非洲，向东传播到大洋洲。

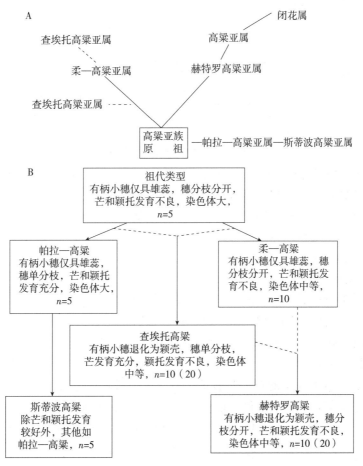

图 2-1　高粱属之间的关系
A. Garber（1950）　B. Celarier（1959）

这些高粱的分布可能是代表了一系列波浪状（图 2-2），沿着非洲和大洋洲之间的弧形传播，偶尔到达新大陆。大多数成功类型的衍生系至今仍存在下来，而其他的已经被淘汰掉。没有理由认为每一个波状的起源都是在同一个点上，当有一个成功的类型出现时，它就传到东方和西方。当生态的和地理的条件允许它成熟时，物种通过隔离、多倍体化或其他原因就产生了。

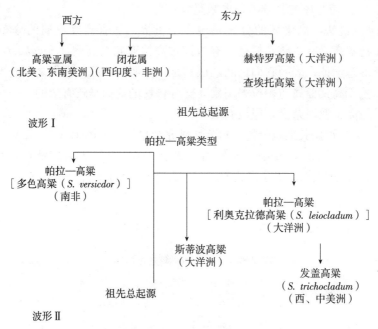

图 2-2　高粱属高粱传播方式

波状 I 的生存者已变成不同程度的差别，现已证明在属或亚属分类上是对的。波形 II 的生存者不同于特殊分类，可能是亚属分类。Celarier（1959）指出，帕拉—高粱与斯蒂波高粱之间有密切关系，并说把它们作为 1 或 2 个亚属来处理是不完全一致的。查埃托高粱和赫特罗高粱多半是早期传播的幸存者，现在它们分布到大洋洲受到限制，除非它们在这里产生和从未传到西方。

（三）高粱属的分类

迄今，传统的高粱属（*Sorghum*）分类体系是把高粱分成 5 个组（Section），即高粱组（*Sorghum*）、近似高粱组（*Parasorghum*）、有柄高粱组（*Stiposorghum*）、多毛高粱组（*Chaetosorghum*）和异高粱组（*Heterosorghum*）（表 2-1）。

1. 高粱组（Section *Sorghum*）　高粱组包括双色高粱、栽培高粱及分布在亚洲和非洲的野生近缘种。本组高粱的特征是有柄小穗仅具雄蕊，穗分枝分开，芒和颖托发育一般，染色体大小中等，单倍体染色体数 $n=10$，二倍体和四倍体均有。

高粱组包括的种有，双色高粱（*S. bicolor*）、突尼斯草高粱或帚枝高粱（*S. virgatum*）、埃塞俄比亚高粱（*S. aethiopicum*）、拟芦苇高粱（*S. arundinacem*）、轮生花序高粱（*S. verticilliflorum*）、苏丹草高粱（*S. sudanense*）、约翰逊草高粱（*S. helepense*）、哥伦比亚草高粱或丰裕高粱（*S. almum*）、披针形高粱

（S. lanceolatum）、弗吉利亚高粱（S. vogelianum）、拟黍高粱（S. panicoides）、尼罗高粱（S. niloticum）、拟高粱（S. propinguum）、粟高粱（S. miliaceum）、争议高粱（S. controversum）和 S. randolphianum 等。

表 2-1　高粱属（Sorghum）分类检索表

组	种	单倍染色体数（n）
高粱组（Section Sorghum）	S. bicolor（双色高粱）	10
	S. virgatum（帚枝高粱）	10
	S. lanceolatum（披针形高粱）	10
	S. vogelianum（弗吉利亚高粱）	10
高粱组（Section Sorghum）	S. aethiopicum（埃塞俄比亚高粱）	10
	S. arundinaceum（拟芦苇高粱）	10
	S. verticilliflorum（轮生花序高粱）	10
	S. sundanense（苏丹草高粱）	10
	S. panicoides（拟黍高粱）	10
	S. niloticum（尼罗高粱）	10
	S. propinguum（拟高粱）	10
	S. halepense（约翰逊草高粱）	20
	S. miliaceum（粟高粱）	20
	S. controversum（争议高粱）	20
	S. almum（哥伦比亚草高粱或丰裕高粱）	20
	S. randolphianum	20
近似高粱组（Section Parasorghum）	S. purpurea-sericeum（紫绢毛高粱）	5
	S. versicdor（变色高粱）	5
	S. nitidium（光高粱）	5，10
	S. leiocladum（利奥克拉德高粱）	10
	S. australiense（澳大利亚高粱）	10
有柄高粱组（Section Stiposorghum）	S. intrans	5
	S. stipodeum（针茅高粱）	5
	S. brevicallosum	5
	S. matarankense（麦特粒高粱）	10
	S. plumosum（羽状高粱）	10，15
	S. timorense	20
多毛高粱组（Section Chaetosorghum）	S. macrospermum（巨籽高粱）	20
异高粱组（Section Heterosorghum）	S. laxiflorum（疏花高粱）	

注：资料引自 Martin J. H. 1970，括号内拟译中文名。

在本组高粱中，拟芦苇高粱和约翰逊草高粱是重要的种。拟芦苇高粱一年生或多年生呈丛生状，无根茎，染色体数 $2n=20$，野生草或栽培高粱。有 2 个在地理上相距很远的二倍体（$2n=20$）都在印度得到，野生二倍体在非洲得到。所有类型及野生的拟芦苇高粱与栽培高粱杂交都能得到全可育杂种。

约翰逊草高粱为多年生，有明显伸长的根茎，无柄小穗成熟时脱落，长 3.8～6.2mm，籽粒小，由颖壳包裹着。染色体数 $2n=40$。

2. 近似高粱组（Section *Parasorghum*）　近似高粱组包括分布在东半球和中美洲的高粱种。本组的特征是有柄小穗仅具雄蕊，穗单分枝，芒和颖托发育不充分，染色体大，单倍染色体数 $n=5$。

本组有紫绢毛高粱（*S. purpurea-sericeum*）、变色高粱（*S. versicdor*）、光高粱（*S. nitidium*）、利奥克拉德高粱（*S. leiocladum*）、澳大利亚高粱（*S. australiense*）。

3. 有柄高粱组（Section *Stiposorghum*）　有柄高粱组只分布在大洋洲北部。本组的特征有柄小穗仅具雄蕊，穗单分枝，芒和颖托发育较好，染色体大，单倍染色体数 $n=5$ 或 $n=10$。

本组包括的高粱种有 *S. intrans*、针茅高粱（*S. stipoideum*）、*S. brevicallosum*、麦特粒高粱（*S. matarankense*）、羽状高粱（*S. plumosum*）和 *S. timorense*。

4. 异高粱组（Section *Heterosorghum*）　异高粱仅在大洋洲—太平洋地区有发现。本组的特征是有柄小穗退化成颖壳，穗分枝分散开，芒和颖托发育不良，染色体大小中等，单倍染色体数 $n=20$。

本组只有 1 个种，疏花高粱（*S. laxiflorum*）。

5. 多毛高粱组（Section *Chaetosorghum*）　多毛高粱组同样分布在大洋洲—太平洋地区。本组的特征是有柄小穗退化为颖壳，穗单分枝，芒发育充分，颖托发育不良，染色体大小中等，单倍染色体数 $n=20$。

本组只有 1 个种，巨籽高粱（*S. macrospernum*）。

总之，在高粱属分类中，各组之间均有较明显区别，近似、有柄高粱染色体较其他高粱组的染色体相对大些，$6\mu m$ 比 $3.5\mu m$。这 2 个组都能找到单倍体数 $n=5$，它们有四倍体和六倍体。高粱组的单倍染色体数 $n=10$ 或 $n=20$，二倍体和四倍体都有。多毛和异高粱组的单倍染色体数 $n=20$。

（四）约翰逊草高粱和拟芦苇高粱分类

柔—高粱（*Eu-Sorghum*）在国际栽培植物术语法典里，"*Eu*" 被去掉了。但从简单的角度出发，还常保留使用 *Eu—Sorghum*。Snowden（1936）把柔—高粱分成两个亚系：约翰逊草（*Helepensia* Snowden）亚系和拟芦苇高粱（*Arundinacea* Snowden）亚系。

1. 约翰逊草亚系　一年生或多年生，有伸长的根茎、野生草。de Wet（1978）把该亚系分为 3 个种，2 个种具根茎的，另 1 个则包括全部一年生的，野生杂草的和栽培的广大而复杂的种，即全部一年生的或多年生的丛生野生杂草和栽培种。

（1）约翰逊草高粱 [*S. halepense*（Linn）Pers] 种。多年生，有发育充分的匍匐根茎。茎秆直立，多数单秆，高 0.5～3.5m，近基部最大秆粗 2cm。叶片长条形，长 90cm，宽 4cm，有一点光滑。花序大，长 10～60cm，宽 5～25cm；小花序较低分枝长 8cm，大花序长 25cm。穗分枝纤弱，常有点倒垂，一般离基部 2～5cm，向上分开。总状花序脆弱，1～5 节长为 2.5cm，穗茎有密集缘毛。无柄小穗长 4.0～6.5mm，有点椭圆形到披针形，几乎无毛到密毛，有芒或无芒。颖壳革质，较低部有 7～12 个翅脉，带有龙脊骨翅，末端有细齿，形成三齿顶的齿尖，外颖无三齿顶。外稃有缘毛，较低的长 3～5mm，较上的长 3～4mm，两细裂片通常带有 10～16mm 长的芒。3 枚雄蕊。籽粒长椭圆至卵圆形，长 2～3mm。有柄小穗有雄蕊或为中性，长 4～7mm。

约翰逊草高粱是南欧亚大陆东到印度的一种土生高粱。纤弱的植株着生相对小的花序和窄叶片，占据在该种的西部地域，这些样本通常被分类为约翰逊草高粱（S. halepense），而更加强壮的着生大花序和宽叶片的植株，占据在该种东半部地域，通常被分类为粟高粱（S. miliaceum）。

该种还被当作一种杂草传到地球的所有温暖的温带地区。在美洲，该种与粒用高粱基因渐渗产生了广泛分布的约翰逊草（Johnson grass）（Celarier，1958）。在阿根廷，这种基因渐渗的衍生系被称为哥伦布草，也叫丰裕高粱（S. almum）（Parodi，1943）。

（2）拟高粱［Sorghum propinquum（Kunth）Hitche］种。植株健壮，丛生，多年生，有坚固根茎。茎秆直立，高 5m。叶片长条形，长 1m，宽 3～5cm，叶鞘光滑。花序大而散，长 60cm，分枝纤弱，较低的长 25cm，基部 5cm 长，一般着生小穗。总状花序脆弱，1～5 节，带有纤弱和缘毛的穗茎。无柄小穗椭圆形至披针形，长 3.5～5.0mm，基部和中部偏上有粗毛，一般无芒。颖壳下部为革质的，近顶部为膜质的，外颖长 3.5～4.5mm，内颖长约 3mm，通常无芒，花药 3 枚。有柄小穗长 4.0～5.5mm，有雄蕊，很少是中性的。籽粒卵圆形，长 1.5～2.0mm。

拟高粱产生于斯里兰卡和印度南部，并从缅甸向东传到东南亚诸岛。东南亚形成的种，其无柄小穗通常比南亚大陆的样本小，4.0～4.5mm 比 4.5～5.0mm。在菲律宾，该种与引进的粒用高粱杂交，其杂交的衍生系在吕宋岛和棉兰老岛部分地区成为"不受欢迎"的杂草。

（3）双色高粱［Sorghum bicorlor（Linn）Moench］种。一年生，植株常有分蘖。茎秆直立，纤弱到健壮，株高 0.5～5.0m，成熟时有分枝或无分枝。叶片长条形到披针形，光滑或多毛，长 1m，宽 10cm，叶鞘光滑到有粗毛或柔毛。花序为散或收缩状，长 5～50cm，宽 3～30cm，带有坚硬上挺的或散布的分枝，有时倒垂，较下面的穗分枝约有穗长的一半，通常从主轴往上可达到 10cm 无分枝。总状花序脆弱，坚韧或者成熟时渐渐折断了一节到几节。

小穗椭圆形至披针形到卵圆形，长 6mm，光滑到有密粗毛或柔毛。颖壳革质到膜质的，短于、等于或长于小穗，在龙骨脊上通常有翅，有时为三齿状。无柄小穗的外稃透明，有适度缘毛，较下面长 6mm，花药 3 枚。无柄小穗为两性的，有柄小穗为雄性或中性的。

双色高粱种包括 Snowden（1936，1955）认定的高粱系的全部一年生高粱。该种包括一种极端的栽培高粱变异复合体，一种广泛分布的和生态变异的野生的非洲复合体以及衍生于栽培粒用高粱与其近缘的野生高粱之间基因渐渗而稳定的杂草衍生系。这 3 个复合体作为亚种分类。

①双色亚种（Sorghum bicorlor subsp. bicolor） 在这里，de Wet 列举了 Snowden 的

28 个高粱栽培种，删去了德拉蒙德系（Series *Drummondii*），即深黑高粱种（*S. aterrimum*）、德拉蒙德高粱种（*S. drummondii*）和光泽高粱种（*S. nitens*）。

该亚种植株一年生，茎秆坚硬，高 5m，常有分枝和分蘖。叶片长 90cm，宽 12cm，有点光滑。叶鞘光滑或有疏柔毛。花序散或是收缩的穗，长 60cm，宽 30cm，每个较低的节上常有几个分枝、斜上挺或散布，纤弱而倒垂或挺直，通常有 1~5 节。无柄小穗椭圆形到长椭圆形，其大小和形状变异极大，一般长 3.0~9.0mm，宽 2.0~5.0mm，光滑到具疏柔毛。颖壳相等到近相等，革质到膜质，有龙骨脊，末端常变成 3 个细齿。外稃有精细缘毛，无芒，内稃常有芒。有柄小穗长条形到披针形，有雄蕊或中性，脱落或宿存。双色亚种的所有族与双色高粱的所有野生种杂交均产生杂草衍生系。

②德拉蒙德亚种［*S. bicolor* subsp. *drummondii*（Steud.）de Wet］　在这里，de Wet 列举了下面的 Snowden 7 个种包含在该亚种里，即深黑高粱（*S. aerrimum*）、德拉蒙德高粱（*S. drummondii*）、光泽高粱（*S. nitens*）、苏丹草（*S. sudanense*）、椭圆高粱（*S. elloitic*）、海威森高粱（*S. heuwisonii*）和尼罗高粱（*S. niolticum*）。

该亚种植株一年生，茎秆相对坚硬，高 4m。叶片披针形，长 50cm，宽 6cm。穗形不定，一般是相当紧缩，有时相似于栽培的粒用高粱。该亚种伴随一种杂草，穗长 30cm，宽 15cm，分枝常有点倒垂。总状花序有点紧，多数 3~5 个节，成熟时慢慢断掉。无柄小穗披针形到椭圆形，长 5~6mm。外稃有精细缘毛，长约 6mm；内稃长约 5mm，有短裂片，通常有芒。粒形不定，一般相似于栽培族的粒形。有柄小穗有雄蕊或呈中性。

德拉蒙德亚种作为一种杂草发生在非洲，不论在什么地方，栽培的粒用高粱与其最近缘的野生种是相同的。de Wet 的德拉蒙德亚种相当于发生在近期摺荒地、田边和杂草丛生的中间生境地里的中间群体，是由 Doggett 和 Majisu 于 1968 年鉴定的。

③轮生花序亚种［*Sorghum bicolor* subsp. *verticillifrorum*（Steud.）Piper］　该亚种一年生丛生或弱两年生。茎秆纤弱到坚固，高 4m。叶片长条形到披针形，长 75cm，宽 7cm。穗一般较大，稍紧到散，长 60cm，宽 25cm，分枝斜上挺或散开，有时倒垂。总状花序有 1~5 节，脆弱。无柄小穗披针形到椭圆形，长 5~8mm，一般有缘毛。颖壳为革质，多少有点纤毛。内颖长 5mm，2 裂片。外稃有缘毛，长 7mm；内稃有芒从裂片之间长出，很少有无芒的。有柄小穗有雄蕊或中性，通常比无柄小穗长。籽粒披针形到倒卵至披针形。

de Wet 和 Huckabay 于 1967 年把该亚种分为 3 个变种，de Wet 等于 1970 年又增加第 4 个变种，突尼斯草（*S. virgatum*）。这些变种完全是按形态学和生态学的表现进行分类。分布最广的和形态上变异最大的轮生花序族（*S. verticillifrorum*）。该族横跨非洲扩展，并引进到热带大洋洲、印度和美洲。轮生花序族高粱有大且开放的散布花序，但不倒垂，能与其他野生高粱区别开来。拟芦苇族高粱（*S. arundinaceum*）通常很难与轮生花序族区分开来，只有该族花序成熟时其分枝变成倒垂可区别。该族作为一种森林草分布在热带非洲各地。突尼斯草族高粱与轮生花序族相似，该族花序分枝更为直立，叶片为窄长条形，是沿着东北非洲干旱地区的河流地带和灌溉水渠产生的。埃塞俄比亚族高粱（*S. aethiopicum*）是一种沙漠草，由于其大的卵形至披针形的，并着生密茸毛的无柄小穗而很容易鉴别，该族分布在从毛里塔尼亚到苏丹，横跨撒哈拉。

2. 拟芦苇高粱亚系　一年生或多年生丛生状，无根茎，染色体数 $2n=20$，野生草或栽培高粱。有 2 个至今在地理上相距很远的二倍体（$2n=20$）组。野生二倍体 *Arundinacea* 在非洲产生，而 2 个二倍体样本都在印度得到，其中 1 个由 Snowden（1955）鉴定为尖叶高粱（*S. pugionifolium*），另 1 个称斯塔青菲高粱（*S. stapfii* C. E. C. Fischer），没有包括在 Snowden 分类系统内。所有的类型和野生的 *Arundinacea* 与栽培高粱杂交均能产生全可育杂种。

（五）约翰逊草（*S. halepensia*）和拟芦苇（*S. arundinacea*）野生高粱的分类

1. 约翰逊草野生高粱的分类说明（Snowden，1955）　本说明介绍的是最初发表的约翰逊草高粱（*S. halepense*），应读作约翰逊草高粱约翰逊变种（*S. halepense* var. *halepense*）。如此等等。

约翰逊草野生高粱，多年生，多少带有发育良好的广泛伸延的根茎；成熟时无柄小穗脱落，长 3.8～6.2mm；籽粒小，由颖壳包裹着；染色体数通常 $2n=40$。

（1）约翰逊草高粱（*S. halepense*）　无柄小穗或大或小钝角形（圆头形），椭圆形到近椭圆形，或椭圆形到披针形，长 4.0～5.5mm；颖壳革质，较长，带有龙骨脊，末端有明显的微齿，半透明，多少有 3-齿尖的顶；叶片窄，宽 0.5～2.0cm，秆细弱，长 0.5～1.5m，粗 5mm；穗小，常在开花后收缩达到长 25cm，宽 5cm，带有较长分枝，长 5～8cm。

（2）粟高粱（*S. miliaceum*）　小穗性状同约翰逊草；叶片有点宽，成熟时多数宽 2～4cm；秆纤弱到健壮，高 2～3m，粗 1cm；穗大，松散或散布，长 25～55cm，宽 10～25cm，带有较少的分枝，长 10～25cm。

（3）争议高粱（*S. controversum*）　无柄小穗尖到渐尖形；颖壳次革质带有几分纸质顶；长 5.0～6.2mm，外颖有龙骨脊，末端没有或仅有模糊的齿，通常有芒；穗小，长 15～30cm，分枝少，长 5～15cm；秆高 0.5～2.0m，粗 0.3～1.0cm；叶片窄，宽 0.5～2.0cm。

（4）拟高粱（*S. propinquum*）　无柄小穗长 3.8～5.0mm，突然尖起来，带有短细尖，一般无芒，质地、形状同争议高粱；叶片宽，长 3～5cm；秆高 2～3m，粗 1～3cm；穗大，长 20～60cm，分枝不多，长 15～20cm。

2. 拟芦苇野生高粱的分类说明（Snowden，1955）　本说明介绍的是最初发表的突尼斯草高粱（*S. virgatum*），应读作拟芦苇高粱突尼斯草变种（*S. arundinaceum* var. *virgatum*），如此等等。

拟芦苇高粱亚系（Subsection *Arundinacea*），一年生，或多年生丛生，无根茎，分蘖茎生于上一季茎最下部附近的基节；染色体数 $2n=20$，很少数 $2n=40$。

（1）突尼斯草高粱（*S. virgatum*）　总状花序脆弱，成熟时已断离；无柄小穗与花序轴相连的节间以及有柄小穗至少与其花梗一起落下；无柄小穗披针形，长 6.5～7.0mm，宽 2.0～2.5mm，芒细长 8～18mm；叶片宽 0.5～2cm，很少达到 3cm；穗长 15～60cm，宽 1～5cm，分枝一般直立；籽粒倒卵形至椭圆形，长 2.5～3mm，宽 1.5～2.0mm。

（2）披针形高粱（*S. lanceolatum*）　无柄小穗长 6～8mm，宽 2～3mm，短而尖，芒

相当坚固；穗卵形，长椭圆形到披针形，长 20～40cm，宽 15cm（很少有不足 20cm），带有早已散开的分枝；籽粒倒卵形至椭圆形，或是倒卵形至长椭圆形，长 3.0～3.5mm，宽 2.0～2.5mm。

（3）弗吉利亚高粱（*S. vogelianum*）　无柄小穗长 6～9mm，宽 2.5～3.5mm，椭圆形—长椭圆形—披针形，渐尖，无芒，或者更为常见的有一个 8～16mm 的长芒；穗大，松散，长 15～45cm，宽 5～25cm。

（4）埃塞俄比亚高粱（*S. aethiopicum*）　无柄小穗长 6～8mm，通常有 20～30mm 的长芒，椭圆形、卵形或披针形，常有浓密的宿存茸毛，多半是白色丝状毛；穗很窄，长 10～14cm，宽 3～10cm，分枝几乎是直立的。

（5）巨萝蔔高粱（*S. macrochaeta*）　无柄小穗椭圆形、披针形、椭圆形到长椭圆形，短而细，常有多黄褐色茸毛，或在颖壳背面几乎完全是光洁的（无毛的），芒长 20～25mm；穗相当宽而散，长 35cm，宽 8～15cm，分枝较弯曲且分散。

（6）拟芦苇高粱（*S. arundinacem*）　无柄小穗椭圆形到长椭圆形，或披针形，长 6.0～7.5mm，个别也有 5.5mm 的，宽 2～2.5mm，内稃有芒，或者有一个 5～10mm 的长芒；叶片宽，多数 3～6cm；穗大，长 20～60cm，宽 10～25cm，散且分枝多；籽粒倒卵形到椭圆形，长 2～3mm，宽 1.5～2mm。

（7）轮生花序高粱（*S. verticilliflorum*）　无柄小穗椭圆形到披针形，渐尖，长 6～7mm，有时为 5.5mm，内稃有一个长 10～16mm（有时 18mm）的芒；叶片窄而长，多数长 45～60cm，宽 1～2.5cm，逐渐变窄到变成尖顶；穗金字塔形，或椭圆到长椭圆形，完全松散或分散，长 15～50cm，宽 5～15cm，少数分枝可达 15cm。

（8）索马里高粱（*S. somaliense*）　无柄小穗椭圆形到披针形，或披针形，尖形，长 5.5～6.0mm，芒长 16～18mm；叶片长 10～30cm，带有长尖削的线状顶；穗窄，长椭圆形，长 10～25cm，宽 1～2cm。

（9）尖叶高粱（*S. pugionifolium*）　无柄小穗长椭圆形到披针形，渐尖，长 5.5～6.0mm，芒 12～14mm；叶片 4～10cm，渐尖；穗长 4～12cm。

（10）短龙骨高粱（*S. brevicarinatum*）　无柄小穗椭圆形到卵形，急尖到渐尖，长 4.0～5.5mm，宽 1.5～2.5mm；内稃有 1 个长 10～16mm 的芒，叶片阔，一般宽 3～5cm，偶尔 2cm；穗宽且散，长 10～50cm，宽 10～30cm。

（11）大象高粱（*S. usambarense*）　无柄小穗椭圆形—披针形到长椭圆形，钝形或稍尖，长 4.5～5.2mm，宽 1.5～2.0mm。

（12）响板高粱（*S. castaneum*）　无柄小穗阔，椭圆形到长椭圆形，或钝形，长 4.0～4.5mm，宽 2.0～2.5mm；叶片宽，宽 1.5～2.7cm；穗窄且散，长 40cm，宽 10～15cm。

（13）拟黍高粱（*S. panicoides*）　无柄小穗椭圆形，或椭圆形到长椭圆形，稍尖，长 4.0～5.0mm，宽 1.5～2.0mm，内稃有一小的短尖；旗叶宽 1.5～2cm；穗窄，松散或有点短缩，长 20～25cm，宽约 6cm。

（14）海威森高粱（*S. hewisonii*）　总状花序多少有点紧，或缓慢地断离；无柄小穗仍在，或完全脱落，卵形到宽椭圆形，急尖到渐尖，长 6.0～7.5mm，宽 2.5～3.5mm；

密穗并收缩，其花序轴由于分枝多常常是完全隐藏看不到，穗长 10～20cm，宽 3～8cm；叶片阔，宽 4～8cm。

（15）苏丹草高粱（*S. sudanense*）　无柄小穗长 6.0～7.5mm，宽 2～3mm，椭圆形，或长椭圆形到披针形，稍尖；有柄小穗宿存；叶片窄，宽 1～3cm；散穗，成熟时穗轴或多或少暴露在外；籽粒呈椭圆形、倒卵形到椭圆形，长 3.5～4.5mm，宽 1.5～2.0mm。

（16）椭圆高粱（*S. elliotii*）　无柄小穗长 4.5～6.0mm，宽 2.0～2.5mm，卵形，卵形到披针形，椭圆形到卵形，或椭圆形到圆形；有柄小穗脱落；穗长条形，长约 18cm，宽 2cm。

（17）尼罗高粱（*S. niloticum*）　无柄小穗椭圆形到倒卵形，或椭圆形到圆形，长 4.5～6.0mm，宽 2～3mm，急尖到渐尖，呈闭合状，或者在顶部稍尖和稍开放；穗椭圆形到长椭圆形，长 15～40cm，宽 8～15cm。

第二节　栽培高粱分类

一、栽培高粱的命名

栽培高粱种名的命名和选择在高粱分类研究中已经讨论很多。*Sorghum vulgare*（Pers.）在高粱学术界已是很普遍应用了，但是它包括了某些野生高粱，例如苏丹草等。

Clayton（1961）认为，双色高粱［*Sorghum bicolor*（Linn.）Moench］作为栽培高粱的种名是恰当的，应是选定最佳名称。

Snowden 更愿意使用 *Sorghum sativum* 作为栽培高粱种名。但是，从高粱学科的观点出发，栽培高粱的种名更多地是使用 *Sorghum bicolor*（Linn.）Moench。这已被大多数学者所接受。

二、Snowden 的栽培高粱分类

1936 年，Snowden J. D. 对全世界的栽培高粱作了详细分类。他将栽培高粱分成 6 个亚系（或称之群），31 个种。31 个种分列在不同的亚系里。

（一）德拉蒙德亚系（Drummondii）或鸡谷群（Chicken corn）

小穗开花时（颖壳闭合）长为宽的 2 倍或更多，最大宽度居中间或中间稍下方，多少呈披针形到椭圆形，卵形或长椭圆形；无柄小穗的颖壳通常为坚韧革质的，仅在顶部附近外面有可见的翅脉；有柄小穗的穗柄与花序轴的节间相当长，且纤弱，一般长 2～4mm；多半散穗，有时缩短，但不紧密；无柄小穗在成熟时呈闭合状，或多半闭合颖壳；成熟的籽粒一般较小，比颖壳短，并被颖壳紧紧包裹着。

1. 深黑高粱种（*S. aterrimum* Stapf）　有柄小穗成熟时已经脱落；无柄小穗长 4.5～5.5mm，宽 2.0～2.5mm，开花时呈披针形，椭圆形至披针形或窄椭圆形；内稃有芒或短尖；籽粒椭圆形或倒卵形—椭圆形（图 2-3）。

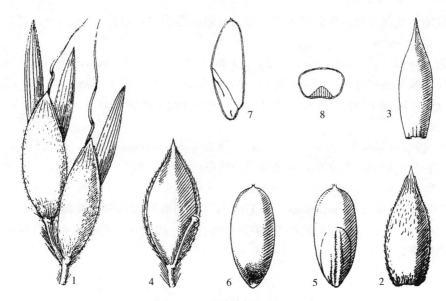

图 2-3　深黑高粱种
1. 部分总状花序　2. 无柄小穗外颖　3. 无柄小穗内颖　4. 成熟结实小穗
5、6. 籽粒　7. 籽粒纵切面　8. 籽粒横切面

2. 德拉蒙德高粱种 ［*S. drummodii*（Steud）Millspaugh et Chase］　有柄小穗一般仍存，很少数缓慢脱落；无柄小穗长 5～6mm，宽 2.5～3.0mm，开花时无柄小穗呈长椭圆至披针形到椭圆形或卵圆形，内稃有芒；籽粒阔椭圆形到椭圆形或圆形，长与宽几乎一样（图 2-4）。

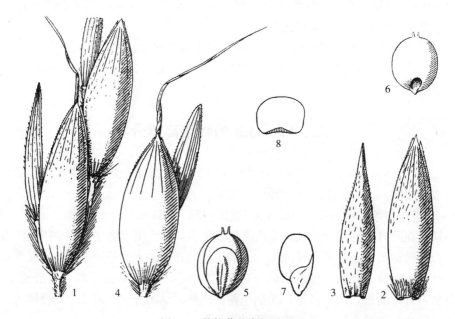

图 2-4　德拉蒙德高粱种
1. 部分总状花序　2. 无柄小穗外颖　3. 无柄小穗内颖　4. 成熟结实小穗和 1 个有柄小穗
5、6. 籽粒　7. 籽粒纵切面　8. 籽粒横切面

3. 光泽高粱种 ［*S. nietns*（Busse et Pigler）Snowden］　无柄小穗椭圆形到披针形；

内稃短尖；籽粒椭圆形，长明显大于宽（图 2-5）。

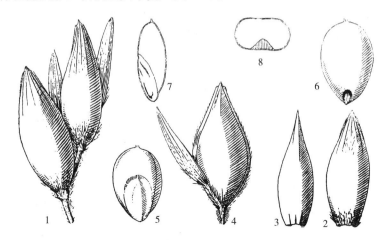

图 2-5　光泽高粱种
1. 部分总状花序　2. 无柄小穗外颖　3. 无柄小穗内颖　4. 成熟结实小穗和 1 个有柄小穗
5、6. 籽粒　7. 籽粒纵切面　8. 籽粒横切面

（二）几内亚亚系（Guineensia）**或者几内亚谷**（Guinea corn）

　　成熟时无柄小穗的颖壳或大或小是开着的，以至籽粒常常有较大的外露；有柄小穗成熟时脱落；无柄小穗的外颖有龙骨脊，一般在较顶部位镶边（精细翅状）或顶有精细的齿；成熟籽粒通常在宽的颖壳裂口之间多外露；由于茸毛短而稀疏，因此穗一般表现光洁。

　　1. 珍珠米高粱种（*S. margaritiferum* Stapf）　无柄小穗长 4.5～6.0mm，宽 2.5～3.0mm，披针形到椭圆形，或长椭圆形到披针形、钝形或短尖形，成熟时外颖有端齿约与侧生齿一样长；内稃一般有长芒；成熟籽粒长 3.0～4.5mm，宽 2.5～3.0mm，双凸或者有点扁，比颖壳短（图 2-6）。

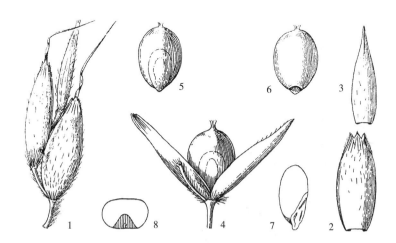

图 2-6　珍珠米高粱种
1. 部分总状花序　2. 无柄小穗外颖　3. 无柄小穗内颖　4. 成熟结实小穗　5、6. 籽粒
7. 籽粒纵切面　8. 籽粒横切面

　　2. 几内亚高粱种（*S. guineense* Stapf）　无柄小穗长 5.0～7.5mm，宽 3～4mm，椭

圆形到长椭圆形，或椭圆形到卵形，急尖到渐尖，成熟时宽 3～4mm；外颖有顶齿，明显比侧生齿长；内稃多半有短尖，但有时有芒；成熟籽粒长 4.0～6.5mm，宽 3.0～5.5mm，多半扁平或很扁，或者与颖壳一样长，或者短于颖壳（图 2-7）。

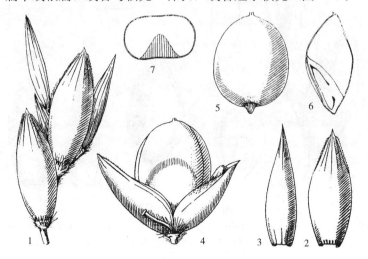

图 2-7 几内亚高粱种
1. 部分总状花序　2. 无柄小穗外颖　3. 无柄小穗内颖　4. 成熟结实小穗
5. 籽粒　6. 籽粒纵切面　7. 籽粒横切面

3. 甜蜜高粱种（*S. mellitum* Snowden）　有柄小穗成熟时仍在；通常由于穗生有明显的多量毛茸，因此看上去多少有茸毛，很少近无毛的；无柄小穗的外颖有在中间镶边的龙骨脊，或者有粗糙的龙骨脊翅脉，顶端常有齿，椭圆形或椭圆形至卵形，急尖，长 5.0～6.5mm，宽 3.0～3.5mm；内稃有芒或有短尖；成熟籽粒长 3.4～4.5mm，表面双凸或扁平，由 1 或 2 个颖壳钩紧；穗多茸毛或有时近无毛；茎秆甜质（图 2-8）。

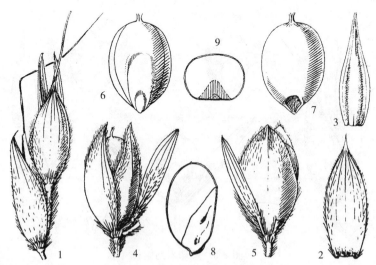

图 2-8 甜蜜高粱种
1. 部分总状花序　2. 无柄小穗外颖　3. 无柄小穗内颖　4、5. 成熟结实小穗和有柄小穗
6、7. 籽粒　8. 籽粒纵切面　9. 籽粒横切面

4. 显著高粱种（*S. conspicuum* Snowden）　无柄小穗外颖有龙骨脊，光滑无镶边（不具边缘），或者近顶部仅有短边；穗看上去多茸毛；无柄小穗急尖或渐尖，长 5.0～7.5mm，宽 3.0～4.5mm，成熟时多半近无毛，椭圆形到披针形或椭圆形；内稃多半有芒；成熟籽粒稍扁或很扁，长 5.0～6.5mm，很外露，而且不比宽颖裂口长（图 2-9）。

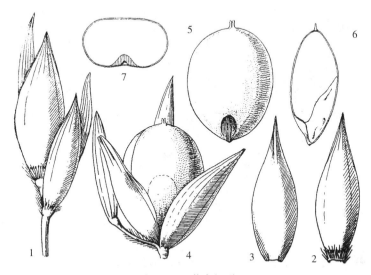

图 2-9　显著高粱种

1. 部分总状花序　2. 无柄小穗外颖　3. 无柄小穗内颖　4. 成熟结实小穗和 1 个有柄小穗

5. 籽粒　6. 籽粒纵切面　7. 籽粒横切面

5. 罗氏高粱种（*S. roxburghii* Stapf）　无柄小穗细尖到渐尖，长 4～6mm，宽 3.0～3.5mm，成熟时披针形到卵形，或披针形或卵形，固定多茸毛或几乎近无毛；内稃通常短尖，很少有芒；籽粒双凸或仅稍为扁些，一般较短，有时长于颖壳、很外露，很少被 1 或 2 个颖壳钩紧（图 2-10）。

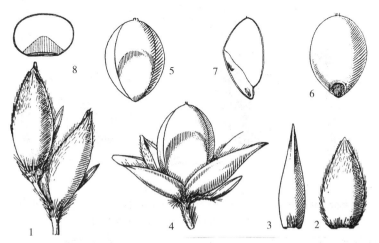

图 2-10　罗氏高粱种

1. 部分总状花序　2. 无柄小穗外颖　3. 无柄小穗内颖　4. 成熟结实小穗和 1 个有柄小穗

5、6. 籽粒　7. 籽粒纵切面　8. 籽粒横切面

6. 冈比亚高粱种（*S. gambicum* Snowden）　成熟时籽粒超过颖壳长度，无柄小穗窄椭圆形到椭圆形或长椭圆形；内稃有短尖或有芒；成熟籽粒已从裂开的颖壳落下，多少有点扁平；无柄小穗长4～5mm，很少有5.5mm的，宽2.5～3.0mm；开花后，有柄小穗脱落或有时仍在（图2-11）。

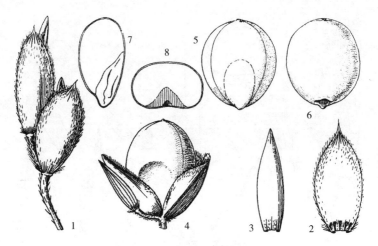

图2-11　冈比亚高粱种

1. 部分总状花序　2. 无柄小穗外颖　3. 无柄小穗内颖　4. 成熟结实小穗和1个有柄小穗

5、6. 籽粒　7. 籽粒纵切面　8. 籽粒横切面

7. 裸露高粱种（*S. exsertum* Snowden）　成熟籽粒通常由较短的颖壳紧钩在下面，少数有散的，多半双凸，但有时也稍变扁；无柄小穗长4.5～6.0mm，宽2.5～3.0mm；开花后，有柄小穗脱落，或有时仍在（图2-12）。

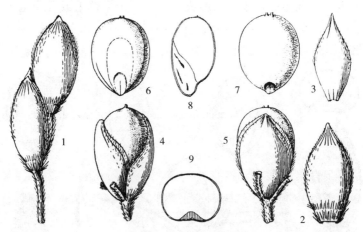

图2-12　裸露高粱种

1. 部分总状花序　2. 无柄小穗外颖　3. 无柄小穗内颖　4、5. 成熟结实小穗

6、7. 籽粒　8. 籽粒纵切面　9. 籽粒横切面

（三）有脉亚系（Nervosa-Prominently nerved）**或中国高粱群**（Kaoliang）

无柄小穗的颖壳，或至少是外颖为纸质或者是薄革质的，在中间或中间以下外面有可见的翅脉，很少有模糊的翅脉，安哥拉高粱种（*S. ankolib*）除外；有柄小穗一般仍在，

几乎很少有被抑制的。

1. 膜质高粱种（*S. membranaceum* Chiov）　无柄小穗的 1 或 2 个颖壳是薄纸质的，几乎全是椭圆形到长椭圆形，或长椭圆形，长 6～11mm，很少有 5mm；双颖壳通常是完全纸质，或有时外颖的一半是稍有革质的；成熟籽粒比颖壳短，完全被包裹；有柄小穗花梗长 1～4mm（图 2-13）。

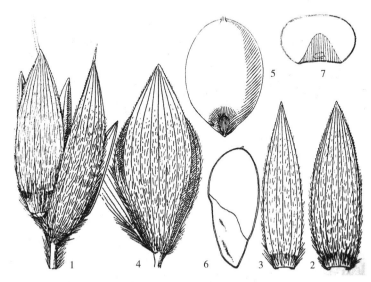

图 2-13　膜质高粱种

1. 部分总状花序　2. 无柄小穗外颖　3. 无柄小穗内颖　4. 成熟结实小穗和 1 个部分有柄小穗
5. 籽粒　6. 籽粒纵切面　7. 籽粒横切面

2. 巴苏陀高粱种（*S. basutorum* Snowden）　外颖薄且全部为纸质，内颖为薄革质的；成熟籽粒通常很外露；有柄小穗的花梗长 1～2mm；无柄小穗长 6～7mm，宽 2.5～3.0mm，外颖有细翅脉；成熟籽粒 5.0～5.5mm，颖背不突出，多少有些外露（图 2-14）。

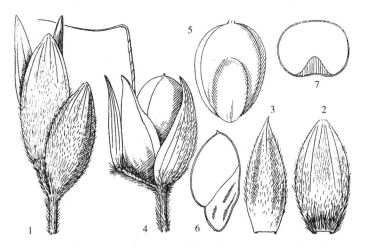

图 2-14　巴苏陀高粱种

1. 部分总状花序　2. 无柄小穗外颖　3. 无柄小穗内颖　4. 成熟结实小穗和 1 个有柄小穗
5. 籽粒　6. 籽粒纵切面　7. 籽粒横切面

3. 有脉高粱种（*S. nervosum* Bess. ex Schult）　开花时无柄小穗长 4～5mm，宽 2.25～2.50mm；整个外颖有明显的细条纹翅脉，在基部稍突起；成熟籽粒长 3.5～5.5mm，通常很外露，在颖外边突出（图 2-15）。

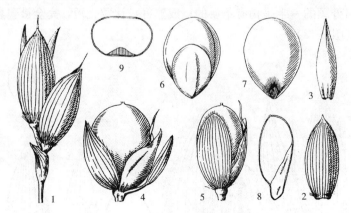

图 2-15　有脉高粱种
1. 部分总状花序　2. 无柄小穗外颖　3. 无柄小穗内颖　4. 成熟结实小穗和 1 个有柄小穗
5. 成熟的无柄小穗　6、7. 籽粒　8. 籽粒纵切面　9. 籽粒横切面

4. 黑白高粱种（*S. melaleucum* Stapf）　无柄小穗几乎整个颖壳是薄革质的，或外颖 1/3 至 2/3 稍为革质的，长 6～7mm，椭圆形到长椭圆形，或长椭圆形，成熟时颖壳多少开一点，中间或中间以下有细条纹的翅脉；内稃短尖或有一短芒；籽粒与颖一样长或比颖壳短，成熟籽粒很外露；有柄小穗的花梗长 1～2mm（图 2-16）。

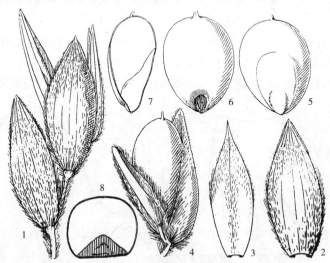

图 2-16　黑白高粱种
1. 部分总状花序　2. 无柄小穗外颖　3. 无柄小穗内颖　4. 成熟结实无柄小穗
5、6. 籽粒　7. 籽粒纵切面　8. 籽粒横切面

5. 安哥拉高粱种（*S. ankolib* Stapf）　无柄小穗颖壳成熟时仍闭合或几乎闭合，长 6.0～7.5mm，椭圆形，或椭圆形到长椭圆形，宽椭圆形，或宽椭圆形到长椭圆形，颖壳上部的 1/2 或 1/3 为薄革质的；内稃通常为短尖；有柄小穗大，花梗长 0.5～1.0mm（图 2-17）。

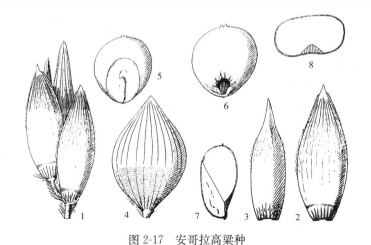

图 2-17　安哥拉高粱种
1. 部分总状花序　2. 无柄小穗外颖　3. 无柄小穗内颖　4. 成熟结实无柄小穗
5、6. 籽粒　7. 籽粒纵切面　8. 籽粒横切面

6. 华丽高粱种 ［*S. splendidum*（Hack）Snowden］　无柄小穗长 6～11mm，椭圆形到长椭圆形，或披针形，颖壳为薄革质，中部或中部以下有细条纹的翅脉；内稃一般有芒；有柄小穗大，几乎很少有被抑制的，花梗细长，长 2～4mm（图 2-18）。

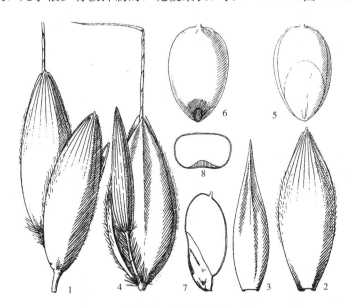

图 2-18　华丽高粱种
1. 部分总状花序　2. 无柄小穗外颖　3. 无柄小穗内颖
4. 成熟结实小穗和 1 个有柄小穗　5、6. 籽粒　7. 籽粒纵切面　8. 籽粒横切面

（四）双色亚系（Bicolor）**或者"糖"和"帚"高粱群**（Sugar and Broom corn）

开花时无柄小穗长是宽的近 2 倍，宽卵形到椭圆形，宽椭圆形到长椭圆形和圆形，或者倒卵形至椭圆形，倒卵形至长椭圆形，倒卵形和倒卵圆形，或者扁棱形到六角形，最宽处约在中间，无柄小穗的外颖几乎全是革质的，开花时只在近顶端侧面有可见的翅脉，有时是革质的和有点细条纹翅脉在中间［如多克那高粱种（*S. dochna*）］；有柄小穗的花

梗一般长 0.5～2.0mm，本亚系中的某些高粱种更长些；成熟时籽粒被颖壳包裹或几乎被包裹；或有点外露，但外面的颖壳被钩得很紧。

1. 多克那高粱种〔S. *dochna*（Forsk）Snowden〕　成熟时无柄小穗的颖壳一般是相当薄和有点革质，外颖顶部无齿，有时在中间或中间以下有细条纹翅脉，长 4～6mm（很少有 7mm），宽 2～3mm，开花时呈宽椭圆形到长椭圆形，或者呈稍为倒卵形到椭圆形，倒卵形到长椭圆形；内稃多半有芒；成熟籽粒在形状和大小方面与无柄小穗相似，完全被包裹或仅露一丁点儿（图 2-19）。

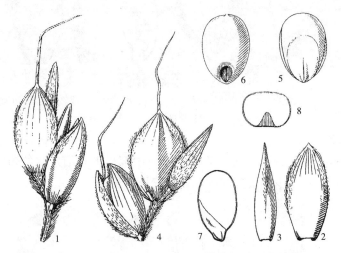

图 2-19　多克那高粱种
1. 部分总状花序　2. 无柄小穗外颖　3. 无柄小穗内颖　4. 2 个成熟结实小穗和 1 个有柄小穗
5、6. 籽粒　7. 籽粒纵切面　8. 籽粒横切面

2. 双色高粱种〔S. *bicolor*（Linn.）Moench〕　无柄小穗的颖壳几乎全是革质的，除顶部附近外，侧面有模糊的翅脉，颖壳成熟时，几乎是闭合的，与籽粒等长；籽粒只有一丁点外露，或有外露多一点儿；成熟时外颖顶有点凹陷和多茸毛；无柄小穗宽倒卵形，长 4～6mm，宽 3～4mm，开花时呈倒卵形—圆形到近圆形；内稃有芒；成熟籽粒长 3.0～4.5mm，宽 2.5～4.0mm，形状像小穗，被包裹（图 2-20）。

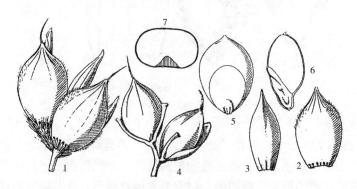

图 2-20　双色高粱种
1. 部分总状花序　2. 无柄小穗外颖　3. 无柄小穗内颖　4. 2 个成熟结实小穗
5. 籽粒　6. 籽粒纵切面　7. 籽粒横切面

3. 粟状高粱种［*S. miliiform*（Hack）Snowden］　无柄小穗倒卵形到圆形，倒卵形到长椭圆形，长 3.0～3.5mm，宽 2.5～3.0mm；内稃短尖；成熟籽粒外露在顶端，或有时几乎外露到中部，近圆形，长与宽均是 3～4mm（图 2-21）。

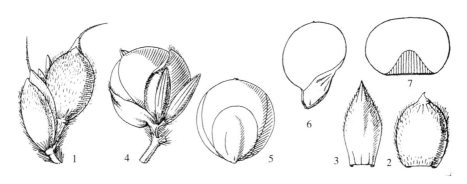

图 2-21　粟状高粱种
1. 部分总状花序　2. 无柄小穗外颖　3. 无柄小穗内颖　4. 成熟结实小穗和 2 个有柄小穗
5. 籽粒　6. 籽粒纵切面　7. 籽粒横切面

4. 拟似高粱种（*S. simulans* Snowden）　无柄小穗的颖壳开启到外颖外露籽粒的 1/3 到 1/2 处，外颖顶部光洁无毛，或几乎无毛像小穗的其余部分，外颖顶部明显有些凹陷，倒卵形到长椭圆形，长 4～5mm；内稃多半具短尖；成熟籽粒等于或刚好比颖壳长一点儿，长 4.0～4.5mm，外露部分大约占 1/3，双凸，但背面凸起大于正面（图 2-22）。

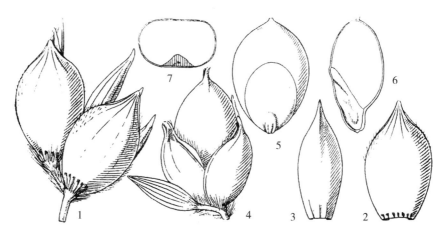

图 2-22　拟似高粱种
1. 部分总状花序　2. 无柄小穗外颖　3. 无柄小穗内颖　4. 成熟结实小穗和 1 个有柄小穗
5. 籽粒　6. 籽粒纵切面　7. 籽粒横切面

5. 美丽高粱种［*S. elegans*（Koern）Snowden］　无柄小穗的顶部开花时不凹或稍有点凹陷，长 3.5～5.5mm，开花时无柄小穗宽 3.0～3.5mm，宽倒卵形到椭圆形，或倒卵形到扁梭形；有柄小穗宿存；成熟籽粒通常比颖壳长，外露部分占其长度约 1/3 到 1/2，长 3.5～6.0mm，宽 3～5mm（图 2-23）。

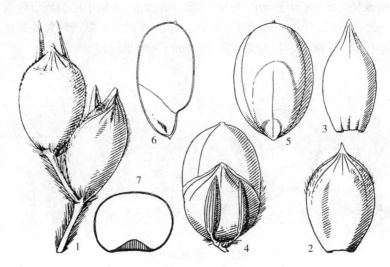

图 2-23　美丽高粱种
1. 部分总状花序　2. 无柄小穗外颖　3. 无柄小穗内颖　4. 成熟结实小穗和 2 个有柄小穗
5. 籽粒　6. 籽粒纵切面　7. 籽粒横切面

6. 贵重高粱种（*S. motabile* Snowden）　开花时无柄小穗宽 2～3mm，椭圆形，或椭圆形到长椭圆形，或有点倒卵形或窄倒卵形到长椭圆形；成熟籽粒长 5.0～6.5mm，宽 3.0～4.5mm；有柄小穗多半脱落，有时宿存（图 2-24）。

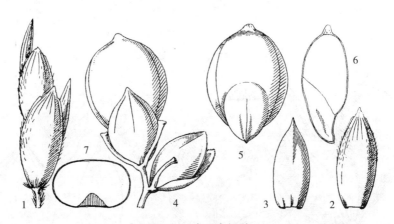

图 2-24　贵重高粱种
1. 部分总状花序　2. 无柄小穗外颖　3. 无柄小穗内颖　4. 2 个成熟结实小穗及部分花序
5. 籽粒　6. 籽粒纵切面　7. 籽粒横切面

（五）卡佛尔亚系（Caffra 或 Kafir corn）或班图高粱群（Bantu Sorghum）

无柄小穗多少有些宽卵形到宽椭圆形、宽长椭圆形、圆形，倒卵形到长椭圆形，倒卵形到椭圆形，或者倒卵形到圆形，开花时长不比宽更长；成熟时，颖壳开启籽粒外露约 1/3 到 1/2；穗短缩而密实，或有时松散；有柄小穗的花梗一般长 0.5～2.0mm。

1. 革质高粱种（*S. coriaceum* Snowden）　无柄小穗宽卵形到宽椭圆形，有茸毛到多茸毛，至少在幼小穗期间是这样，长 4.0～6.5mm，宽 2.5～3.5mm；有柄小穗宿存；内稃常有长芒，很少有短尖；籽粒双凸或两侧扁，长 3.5～6.0mm（图 2-25）。

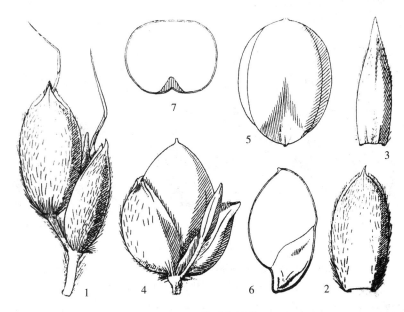

图 2-25　革质高粱种
1. 部分总状花序　2. 无柄小穗外颖　3. 无柄小穗内颖　4. 成熟结实小穗和 1 个有柄小穗
5. 籽粒　6. 籽粒纵切面　7. 籽粒横切面

2. 卡佛尔高粱种（*S. caffrorum* Beauv）　无柄小穗椭圆形至卵形，椭圆形到圆形或卵形，长 3.0～5.5mm，宽 2～3mm；内稃一般有短尖，很少有短芒（图 2-26）。

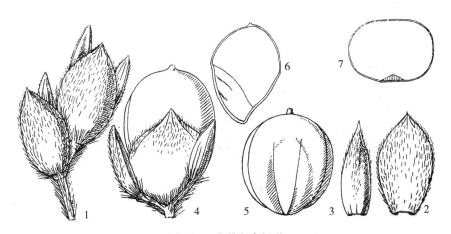

图 2-26　卡佛尔高粱种
1. 部分总状花序　2. 无柄小穗外颖　3. 无柄小穗内颖　4. 成熟结实小穗和 2 个有柄小穗
5. 籽粒　6. 籽粒纵切面　7. 籽粒横切面

3. 浅黑高粱种［*S. nigricans*（Ruiz et Pavon）Snowden］　无柄小穗长 2.5～3.5mm，宽椭圆形，或宽长椭圆形，或宽倒卵形到椭圆形，倒卵形到长椭圆形或倒卵形到圆形，有稀疏的毛或近无毛；内稃有短尖或很少有一短芒；有柄小穗宿存或脱落；成熟籽粒通常在颖壳下面很凸起，呈明显双凸，有一宽的近圆形顶，并被 2 个颖壳紧钩，长宽 3～4mm，很少有 4.5mm 的（图 2-27）。

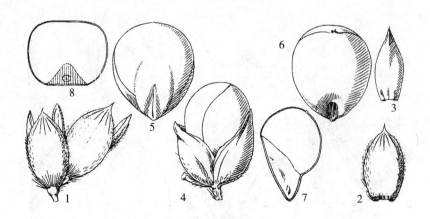

图 2-27 浅黑高粱种

1. 部分总状花序　2. 无柄小穗外颖　3. 无柄小穗内颖　4. 成熟结实小穗
5、6. 籽粒　7. 籽粒纵切面　8. 籽粒横切面

4. 有尾高粱种（*S. caudatum* Stapf）　无柄小穗长 3.5～5.5mm，呈椭圆形—长椭圆到倒卵形—椭圆形，或者倒卵形—长椭圆形，多茸毛或几乎无毛；内稃通常有短尖；籽粒在背面多半凸出，而正面扁平，很少有双凸的，长 3.5～6.0m，宽 3～5mm（图 2-28）。

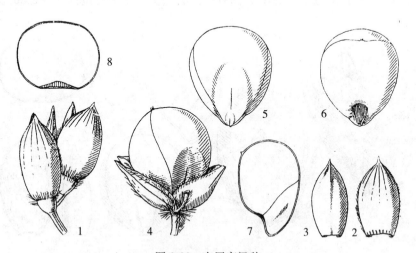

图 2-28 有尾高粱种

1. 部分总状花序　2. 无柄小穗外颖　3. 无柄小穗内颖　4. 成熟结实小穗
5、6. 籽粒　7. 籽粒纵切面　8. 籽粒横切面

5. 甜秆高粱种（*S. dulcicaule* Snowden）　无柄小穗长 4.5mm，倒卵形—椭圆形或倒卵形—长椭圆形，有点粗糙多毛；内稃有短尖；有柄小穗宿存；成熟籽粒长 4.0～4.5mm，宽 3.0～3.75mm，正面有点扁平，背面有点凸（图 2-29）。

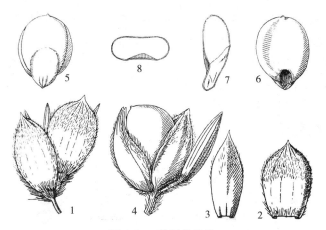

图 2-29　甜秆高粱种

1. 部分总状花序　2. 无柄小穗外颖　3. 无柄小穗内颖　4. 成熟结实小穗和 1 个有柄小穗
5、6. 籽粒　7. 籽粒纵切面　8. 籽粒横切面

（六）都拉亚系（Durra）或都拉群（Durra）

无柄小穗的外颖有一大明显的翅脉，稍为革质顶，或为革质，开花时有点稀疏横皱纹，中间有凹陷，海绵质或革质，宽卵形到宽椭圆形，倒卵形到长椭圆形，偏梭形或几乎是六角形；有柄小穗大且常有雄蕊；成熟籽粒或者与颖壳一样长，或者多数比颖壳长一些，除硬粒高粱种（S. rigidum）。

1. 硬粒高粱种（S. rigidum Snowden）　无柄小穗长 6～8mm，宽 3.5～4.0mm，开花时呈宽椭圆形到倒卵形—椭圆形，几乎是无毛的，颖壳下 2/3 为革质；内稃有长芒，长 14mm；有柄小穗脱落，花梗长 3～5mm；成熟籽粒长 5.0～5.5mm，宽 4.75～5.0mm，几乎被颖壳包裹，或者在易碎的颖顶之间外露宽顶端；穗短缩而密实，外表无毛（图 2-30）。

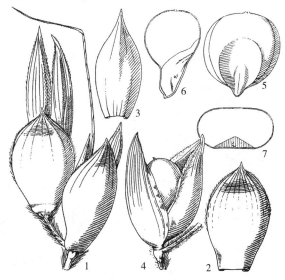

图 2-30　硬粒高粱种

1. 部分总状花序　2. 无柄小穗外颖　3. 无柄小穗内颖　4. 成熟结实小穗
5. 籽粒　6. 籽粒纵切面　7. 籽粒横切面

2. 都拉高粱种（*S. durra* Stapf） 无柄小穗长 4～6mm，外颖革质到中部或中部以上，而且有 1 个大而明显的翅脉顶，没有横皱纹，或者中间以上凹陷，倒卵形到椭圆形，倒卵形到长椭圆形，倒卵形或偏棱形，宽 2.5～4.5mm；内稃有芒，或有短尖；穗多半紧密，但有时松散；花序梗有茸毛；成熟籽粒长 4～6mm，宽 2.5～6.0mm，双面凸起，常有一个宽顶，一般多凸出于颖壳（图 2-31）。

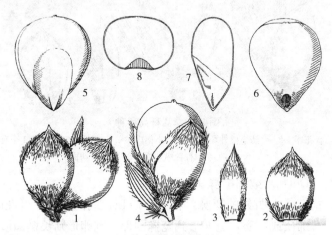

图 2-31 都拉高粱种
1. 部分总状花序 2. 无柄小穗外颖 3. 无柄小穗内颖 4. 成熟结实小穗和 1 个有柄小穗
5、6. 籽粒 7. 籽粒纵切面 8. 籽粒横切面

3. 弯穗高粱种（*S. cernuum* Host） 无柄小穗外颖或者有点薄和横皱纹在中间凹陷，或者有点软下一半呈海绵状，多少有茸毛，宽卵形到稍为倒卵形，宽 3～4mm，通常有持久白色茸毛，或者在颖壳厚的部位充分光洁无毛；内稃多半有芒，有时有短尖；成熟籽粒近圆形到正圆形，通常两侧扁，或者扁平，多少有点外露（图 2-32）。

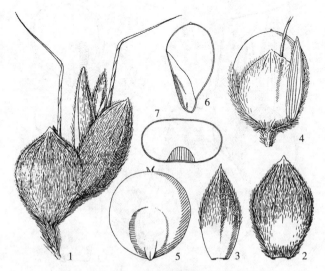

图 2-32 弯穗高粱种
1. 部分总状花序 2. 无柄小穗外颖 3. 无柄小穗内颖 4. 成熟结实小穗和 1 个有柄小穗
5. 籽粒 6. 籽粒纵切面 7. 籽粒横切面

4. 近光秃高粱种（*S. subglabrescens* Schweinf et Aschers）　无柄小穗长椭圆形，倒卵形到长椭圆形，宽倒卵形到长椭圆形，或者有点六角形，宽2～3mm，很少有4mm的；开花时在顶部通常宽到近圆形，底面多少有点扁和楔形（图2-33）。

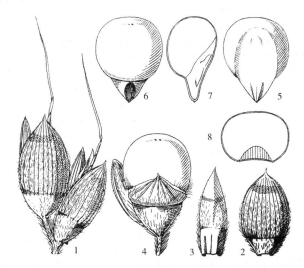

图 2-33　近光秃高粱种
1. 部分总状花序　2. 无柄小穗外颖　3. 无柄小穗内颖　4. 成熟结实小穗和1个有柄小穗
5、6. 籽粒　7. 籽粒纵切面　8. 籽粒横切面

三、Harlan 和 de Wet 的栽培高粱分类

1972 年，Harlan 和 de Wet 发表了栽培高粱的简易分类法。他们根据调查的小穗、穗和籽粒的特征，可以把任何栽培高粱归到 5 个类型中的 1 个，或归到 10 个中间类型中的 1 个（上述 5 个类型的任何两个之间）。该分类系统简单、明了、可操作，任一栽培高粱都能很快地和始终一贯地把它归到 15 个分类架构中的 1 个。现已证明该分类法对高粱研究者来说是实用的。因为该分类提供一种有效的方法把栽培高粱归档，而且似乎是未来明确的分类系统。

（一）栽培高粱简易分类法

Harlan 和 de Wet 把栽培高粱分为 5 个"族"，即双色族、几内亚族、顶尖族、卡佛尔族和都拉族。在分类术语中，他们的双色不是族，尽管它是一个完全适合的类型。双色高粱能够代表从野生类型到也许现在很难找到的栽培类型进程的一个发展阶段。它们能够代表野生的和栽培的高粱之间基因渐渗的结果，当更多的植株性状包括在考虑之内时，那么可能发现，双色高粱属于一个其他族。因此，Snowden 的裸露高粱（*S. exsertum*）与几内亚高粱有关。双色高粱还代表了已选择的不同籽粒和颖壳性状的类型，例如帚高粱和许多饲草类型以及其他甜秆类型。植物分类学家使用的"族"是表示具有一套共同性状的一组，通常作为亚变种，因此称 Harlan 和 de Wet 的"双色"族是不合要求的。通常都喜欢用"类型"这个术语，因它不具有关于类型单个成员关系程度的含意。

Harlan 和 de Wet 的其他 4 个"族"也许真的代表高粱族，虽然它们只根据有限的性状特征。作为类型应用的中间型是很实用的，但是一个真的几内亚—顶尖高粱型（GC）是作为几内亚与顶尖高粱之间杂交的结果；或者它代表从几内亚向顶尖高粱进程中的一步；或者它真的是由其他方式产生的吗？

Harlan 和 de Wet 栽培高粱简易分类列于表 2-2。

表 2-2　Harlan 和 de Wet 的栽培高粱简易分类

基本族		中间族	
（1）双色族	（B）	（6）几内亚—双色族	（GB）
（2）几内亚族	（G）	（7）顶尖—双色族	（CB）
（3）顶尖族	（C）	（8）卡佛尔—双色族	（KB）
（4）卡佛尔族	（K）	（9）都拉—双色族	（DB）
（5）都拉族	（D）	（10）几内亚—顶尖族	（GC）
		（11）几内亚—卡佛尔族	（GK）
		（12）几内亚—都拉族	（GD）
		（13）卡佛尔—顶尖族	（KC）
		（14）都拉—顶尖族	（DC）
		（15）卡佛尔—都拉族	（KD）

1. 双色族　该族根据 Snowden 的双色亚系（Subseries *Bicorloria*）而来，其特征是松散花序，长钩紧颖壳，成熟时包裹着椭圆形籽粒（图 2-34）。

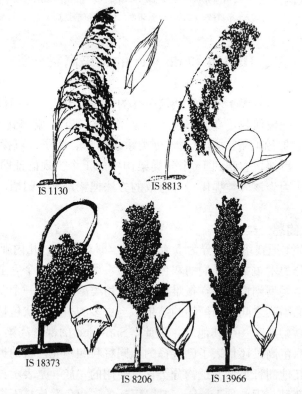

图 2-34　栽培高粱 5 个基本族
IS 1130——双色族　IS 8813——几内亚族　IS 18373——都拉族
IS 8206——顶尖族　IS13966——卡佛尔族

2. 几内亚族　该族的基础是几内亚亚系，其特征是长而张开的颖壳，成熟时有 2 个籽粒倾斜露出来。花序一般大而散，成熟时分枝常常倒垂（图 2-34）。

几内亚族包括 3 个相当明确的栽培族。一个复合种包括珍珠米高粱（*S. margaritiferum*）及其变种，其特点是小籽粒长 3～5mm，比颖壳短。该复合种种植在西非降雨量多的地区和东南非的雾区。在西非，硬质的高粱粒像大米一样蒸煮和食用。

Snowden 分类的几内亚高粱（*S. guineense*）、显著高粱（*S. conspicuum*）和冈比亚高粱（*S. gambicum*）籽粒较大，长 5.0～5.9mm，约等于张口的颖壳长。该复合种广泛种植在西非阔叶热带草原带和马拉维的热带草原带。在马拉维，这种高粱穗常常在成熟前采下来，干燥后生吃甜高粱粒。罗氏高粱（*S. roxburghii*）的小穗形态是几内亚族和卡佛尔族之间的中间型。该复合种扩展到非洲和南亚的各个高粱栽培区。某些西非的几内亚高粱，其颖壳附在籽粒上不张开。

3. 顶尖族　该族以卡佛尔亚系的顶尖高粱（*S. caudatum*）和浅黑高粱（*S. nigricans*）为基础。顶尖族高粱的特征是龟背形籽粒，一边扁平，另一边明显变弯。籽粒成熟时通常露在较短的颖壳之间。穗型从紧穗到散穗（图 2-34）。

4. 卡佛尔族　该族是以 Snowden 的卡佛尔亚系为基础，除顶尖高粱和浅黑高粱。卡佛尔高粱多少为紧穗，常为圆筒形。无柄小穗是典型的椭圆形，成熟时颖壳紧钩，一般籽粒更长（图 2-34）。

5. 都拉族　该族包括都拉亚系的都拉高粱（*S. durra*）和弯穗高粱（*S. cemuum*）。都拉衍生于阿拉伯对高粱的名称。都拉族的分布与非洲地区穆斯林人的居住地密切有关。都拉高粱一般紧穗，无柄小穗是独特的，扁平，卵圆形，外颖近中部变皱褶，或者顶部较低的 2/3 部位带有明显不同的质地（图 2-34）。

此外，在 Harlan 和 de Wet 的分类系统中，还提出了拟芦苇族（*arundinacem*）、埃塞俄比亚族（*aethiopicum*）、帚枝族（*virgatum*）、轮生花序族（*verticilliflorum*）、拟高粱族（*propinguum*）和裂秆族（*shartercane*）。

（二）Harlan 和 de Wet 的分类与 Snowden 栽培高粱分类的关系

Harlan 和 de Wet 把栽培高粱分类为 5 个基本族和 10 个中间族以及其他的族。Snowden 把栽培高粱分类分为 31 个种。他们之间的关系列于表 2-3 中。

表 2-3　Snowden 分类系统与 Harlan 和 de Wet 分类系统对照

Snowden 分类系统	Harlan 和 de Wet 分类系统
Drummondii 亚系	
（1）*S. aterrimum*（深黑高粱）	Shattercane（裂秆族）
（2）*S. drummondii*（德拉蒙德高粱）	Shattercane（裂秆族）
（3）*S. nitens*（光泽高粱）	Shattercane（裂秆族）
Guineensia 亚系	
（4）*S. margaritferum*（珍珠米高粱）	Guinea（几内亚族）

（续）

Snowden 分类系统	Harlan 和 de Wet 分类系统
(5) *S. guineese*（几内亚高粱）	Guinea（几内亚族）
(6) *S. mellitum*（甜蜜高粱）	Guinea-bicolor（几内亚—双色族）
(7) *S. conspicuum*（显著高粱）	Guinea（几内亚族）
(8) *S. roxburghii*（罗氏高粱）	Guinea-kafir（几内亚—卡佛尔族）
(9) *S. gambicum*（冈比亚高粱）	Guinea（几内亚族）
(10) *S. exsertum*（裸露高粱）	Bicolor（双色族）
	(various)（分属于不同族）
Nervose Prominently nerved 亚系	
(11) *S. menbranaceum*（膜质高粱）	Kafir-bicolor（卡佛尔—双色族）
(12) *S. bosutorum*（巴苏陀高粱）	in part Bicolor（部分属于双色族）
(13) *S. nervosum*（有脉高粱）	in part Caudatum-bicolor（部分属于顶尖—双色族）
(14) *S. melaleucum*（黑白高粱）	in part Kafir-bicolor（部分属于卡佛尔—双色族）
(15) *S. ankolib*（安哥拉高粱）	Guinea-bicolor（几内亚—双色族）
(16) *S. splendidum*（华丽高粱）	Durra-bicolor（都拉—双色族）
Bicolor 亚系	
(17) *S. dochna*（多克那高粱）	Bicolor（双色族）
(18) *S. bicolor*（双色高粱）	Bicolor（双色族）
(19) *S. miliiform*（粟型高粱）	Bicolor（双色族）
(20) *S. simulans*（拟似高粱）	Kafir-bicolor（卡佛尔—双色族）
(21) *S. elegans*（美丽高粱）	Kafir-bicolor（卡佛尔—双色族）
(22) *S. notabile*（贵重高粱）	in part Guinea-audatum（部分属于几内亚—顶尖族）
	in part Kafir-bicolor（部分属于卡佛尔—双色族）
	in part Guinea-caudatum（部分属于几内亚—顶尖族）
	in part Caudatum-bicolor（部分属于顶尖—双色族）
Caffra 亚系	
(23) *S. coriaceum*（革质高粱）	Kafir（卡佛尔高粱）
(24) *S. caffrorum*（卡佛尔高粱）	Kafir（卡佛尔高粱）
(25) *S. nigricans*（浅黑高粱）	in part Kafir-caudatum（部分属于几内亚—顶尖族）
(26) *S. caudatum*（有尾高粱）	in part Caudatum（部分属于顶尖族）
	in part Caudatum（部分属于顶尖族）
	in part Guinea-caudatum（部分属于几内亚—顶尖族）
	in part Durra-caudatum（部分属于都拉—顶尖族）
Durra 亚系	
(27) *S. dulcicaule*（甜秆高粱）	Guinea-bicolor（几内亚—双色族）

（续）

Snowden 分类系统	Harlan 和 de Wet 分类系统
(28) *S. rigidum*（硬粒高粱）	Durra-bicolor（都拉—双色族）
(29) *S. durra*（都拉高粱）	Durra（都拉族）
(30) *S. cernuum*（弯穗高粱）	Durra（都拉族）
(31) *S. subglabrescens*（近光秃高粱）	Durra-bicolor（都拉—双色族）

（三）Harlan 和 de Wet 的分类与 Murty 的高粱工艺群之间的关系

Murty 等（1967）对 905 个高粱样本进行了分析研究，这些样本是 1964 年从约 1 万份世界高粱遗传资源中提出的。他们在双色高粱（*S. bicorlor*）内建立了 62 个工艺群（表 2-4）。

表 2-4　**Murty 提出的工艺群分类与 Harlan 和 de wet 分类系统对照**

工艺群	族
(1) Roxburghii（罗氏群）	Guinea*（几内亚族*）
(2) Roxburghii/Shallu（罗氏/沙鲁群）	Guinea-Kafir（几内亚—卡佛尔族）
(3) Conspicumm（显著群）	Guinea（几内亚族）
(4) Guineense（几内亚群）	Guinea（几内亚族）
(5) Margritiferum（珍珠米群）	Guinea（几内亚族）
(6) Membranaceum（膜质群）	Durra（py glunes）［都拉族（特大纸质颖）］
(7) Kaoliang（中国高粱群）	Bicolor（双色族）
(8) Nevosum-kaoliang（有脉—中国高粱群）	Kafir-bicolor（卡佛尔—双色族）
(9) Bicolor-broomcorn（双色—帚高粱群）	Bicolor（双色族）
(10) Bicolor-sorgos & Others（双色—甜高粱群及其他）	Kafir*（卡佛尔族*）
(11) Bicolor/Kafir（双色—卡佛尔群）	Bicolor（双色族）
(12) Dochna（多克那群）	Bicolor（双色族）
(13) Dochna/Leoti（多克那/列奥蒂群）	Bicolor（双色族）
(14) Dochna/Amber（多克那/琥珀群）	Bicolor（双色族）
(15) Dochna/Collier（多克那/柯里尔群）	Caudatum—bicolor（顶尖—双色族）
(16) Dochna/Honey（多克那/蜂蜜群）	Bicolor（双色族）
(17) Dochna/Roxburghii（多克那/罗克斯群）	Guinea—caudatum（几内亚—顶尖族）
(18) Dochna/Kafir（多克那/卡佛尔群）	Kafir（卡佛尔族）
(19) Dochna/Nigricans（多克那/浅黑群）	Caudatum（顶尖族）
(20) Dochna/Durra（多克那/都拉群）	Durra（都拉族）
(21) Elegans（美丽群）	No specimen（无标本）
(22) Caffrorum（卡佛尔群）	Kafir—caudatum（卡佛尔—顶尖族）
(23) Caffrorum/Darso（卡佛尔/达索群）	Kafir—caudatum（卡佛尔—顶尖族）

（续）

工艺群	族
(24) Caffrorum/Birdprool（卡佛尔/防鸟群）	Kafir—caudatum（卡佛尔—顶尖族）
(25) Caffrorum/Roxburghii（卡佛尔/罗氏群）	Guinea—kafir（几内亚—卡佛尔族）
(26) Caffrorum/Bicolor（卡佛尔/双色群）	Caudatum—bicolor（顶尖—双色族）
(27) Caffrorum/Feterita（卡佛尔/菲特瑞塔群）	Durra—caudatum（都拉—顶尖族）
(28) Caffrorum/Durra（卡佛尔/都拉群）	Kafir（卡佛尔族）
(29) Nigricans（浅黑群）	Caudatum（顶尖族）
(30) Nigricans/Bicolor（浅黑/双色群）	Kafir（卡佛尔族）
(i) Dobbs（多勒斯群）	Guinea—caudatum（几内亚—顶尖族）
(ii) Nigricans/Guinea（浅黑/几内亚群）	Guinea—caudatum（几内亚—顶尖族）
(31) Nigricans/Feterita（浅黑/菲特瑞塔群）	Caudatum（顶尖族）
(i) Dobbs（多勒斯群）	Caudatum（顶尖族）
(32) Nigricans/Durra（浅黑/都拉群）	Durra（都拉族）
(33) Caudatum（顶尖群）	Durra*（都拉族*）
(34) Caudatum/Kaura（顶尖/考拉群）	Durra—caudatum（都拉—顶尖族）
(35) Caudatum/Guinea（顶尖/几内亚群）	Bicolor*（双色族*）
(36) Caudatum/Bicolor（顶尖/双色群）	Caudatum（顶尖—双色族）
(37) Caudatum/Dochna（顶尖/多克那群）	Bicolor（双色族）
(38) Caudatum/Kafir (Hegari)［顶尖/卡弗尔（赫格瑞）群］	Caudatum（顶尖族）
(39) Caudatum/Nigricans（顶尖/浅黑群）	Caudatum（顶尖族）
(i) Zera—Zera（惹拉—惹拉群）	Caudatum（顶尖族）
(40) Caudatum/Durra（顶尖/都拉群）	Caudatum（顶尖族）
(41) Durra（都拉群）	Durra（都拉群）
(42) Durra/Roxburghii（都拉/罗氏群）	Guinea—bicolor（几内亚—双色族）
(43) Durra/Membranaceum（都拉/膜质群）	Guinea—durra（几内亚—都拉族）
(44) Durra/Bicolor（都拉/双色群）	Durra—bicolor（都拉—双色族）
(45) Durra/Dochna（都拉/多克那群）	Durra—bicolor（都拉—双色族）
(46) Durra/Kafir（都拉/卡佛尔群）	Kafir-Caudatum（卡佛尔—顶尖族）
(i) Nandyal（南迪尔群）	Durra（都拉族）
(47) Durra/Nigricans（都拉/浅黑群）	Caudatum（顶尖族）
(48) Durra/Kaura&Others（都拉/考拉群及其他）	No specimen（无标本）
(49) Cernuum（弯头群）	Guinea—bicolor*（几内亚—双色族*）
(50) Subglabrescens（近光秃群）	Durra—bicolor（都拉—双色族）
(51) Subglabrescens/Milo（近光秃/迈罗群）	Durra（都拉族）
(52) Suglabreacense（苏丹草群）	Bicolor（双色族）
(53) Grass-grains（草粒兼用群）	No specimen（无标本）

（续）

工艺群	族
(54) *S. halepense*（阿勒欧高粱群）	Durra—caudatum*（都拉—顶尖族*）
(55) *S. almum*（丰裕高粱群）	Shattercane*（裂秆族*）
(60) *S. plumosum*（羽状高粱群）	Shattercane*（裂秆族*）
(61) *S. verticilliflorum*（轮生花序高粱群）	Shattercane*（裂秆族*）
(62) *S. virgatum*（帚枝高粱群）	Shattercane*（裂秆族*）

四、高粱分类研究

长期以来，植物分类学家采取各种方法对高粱的分类问题进行了研究。但是，不管采取什么方法，首先要有高粱样本。在已过去的 50 多年间，高粱种质资源的搜集取得了很大成效。目前，保存在国际热带半干旱地区作物研究所（ICRISAT）的高粱资源有 36 774 份，在美国保存的有 42 221 份。无疑，这些高粱资源对高粱分类研究将提供宝贵的研究样本。高粱样本应自交繁殖，这能满足重复研究的需要，有助于强化性状表现的相对差异。

有些学者采用多变量分析研究高粱的分类，这与杂种指数研究有相似之处。许多植株性状都要给予考量，对不同高粱给定相对的数据。

Liang 和 Casady（1966）研究得到任何两种高粱类型之间的一种亲缘指数，根据没有加权的相关系数矩阵算得的 21 个高粱种之间的关系图（图 2-35）。图 2-35 表明，野生高粱不同于埃塞俄比亚类型（*aethiopicum*），也不同于栽培高粱。

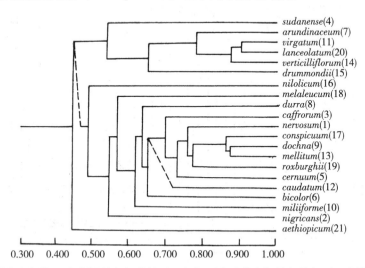

图 2-35　图示表明 21 个高粱种之间的关系，任何两个连线之间的相关都可以在横坐标上读出
（Liang 和 Casady，1966）

图 2-35 可归纳为系列和亚系列：

系列Ⅰ

　　亚系列 1.

　　亚系列 2.

　　亚系列 3.

　　亚系列 4.

　　亚系列 5.

　　亚系列 6.

系列 II

　　亚系列 1.

　　亚系列 2.

　　亚系列 3.

系列 III

　　亚系列 1.

　　本系列表明，这种分类证明野生与栽培高粱之间的区别。Liang 等指出，埃塞俄比亚高粱占有适当的位置。他们提出，在系列 I 和系列 II 分离过程中，可能有一个中间种。然而，关于基因渐渗的关系在前面已经概述了。如果在高粱起源中心地区的野生高粱获得比别处更多的栽培性状，那么也不必惊奇，因为它们已经受相当长期的来自某些最好材料的基因渐渗。

　　de Wet 和 Huckabag（1967）发表了一个很有趣的研究结果。他们只用典型样本和原始样本，这些样本适合 Snowden 详细分类描述的特征。对于 52 个分类单位 38 个性状的每一个都清楚地记载“有”（正的）或“无”（负的）。他们按照 Sokal 和 Michener（1958）的方法进行分析。图 2-36 表示出他们的分类系统，表 2-5 是检索表。图 2-36 中 A 组与 B 组和 C 区别明显，清楚地分成约翰逊草高粱（S. halepense）和拟高粱（S. propinquum）。Snowden 分类的争议高粱（S. controversum）、约翰逊草高粱和粟高粱（S. miliaceum）可能证明确认在“类型”水平上。

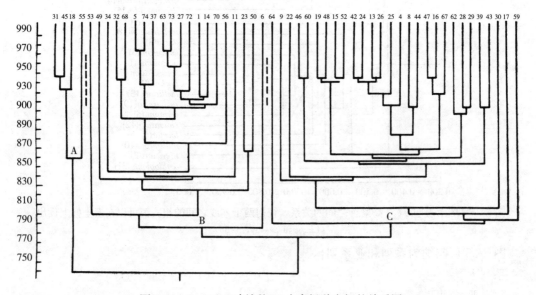

图 2-36　Snowden 确认的 52 个高粱种之间的关系图

表 2-5　双色高粱分类

代码	Snowden 种名	分　布
	双色高粱约翰逊草亚种（*S. bicolor* subsp. *balepense*）	
18	争议高粱（*S. controversum*）	印度（东部和南部）
31	约翰逊草高粱（*S. halepense*）	地中海和印度北部
45	粟高粱（*S. miliaceum*）	巴基斯坦西北部到印度
55	拟高粱（*S. propinquum*）	东南亚
	双色高粱双色亚种埃塞俄比亚变种 （*S. bicolor* subsp. *bicolor* var. *aethiopicum*）	
1	埃塞俄比亚高粱（*S. aethiopicum*）	尼日利亚北部到埃塞俄比亚
34	披针形高粱（*S. lanceolatum*）	塞内加尔到苏丹
73	突尼斯草高粱（*S. virgatum*） 拟芦苇高粱变种（var. *arundinaceum*）	埃及和苏丹
11	凹形果高粱（*S. brevicarinatum*）	肯尼亚和坦桑尼亚
14	高粱（*S. castaneum*）	刚果东北部
37	高粱（*S. macrochaeta*）	刚果和苏丹
53	拟季高粱（*S. panicoides*）	埃塞俄比亚
56	尖叶高粱（*S. pugionifolium*）	印度的旁遮普
63	索马里高粱（*S. somaliense*）	索马里
70	大象高粱（*S. usambarense*）	坦桑尼亚
72	轮生花序高粱（*S. verticilliflorum*） 野生—栽培杂种（Weed-crop hybrids）	埃塞俄比亚以南
32	海威森高粱（*S. hewisonii*）	苏丹和埃塞俄比亚
68	苏丹草高粱（*S. sudanense*）	苏丹和埃及
6	染黑高粱（*S. aterrimum*）	西非和尼罗河上游
23	德拉蒙德高粱（*S. drummondii*）	西部热带非洲
50	光泽高粱（*S. nitens*）	坦桑尼亚沿岸
49	尼罗河高粱（*S. niloticum*）	肯尼亚到刚果和苏丹
27	椭圆（*S. elliotti*） 双色变种几内亚族（var. *bicolor* Race guinea）	乌干达
17	显著高粱（*S. conspicuum*）	坦桑尼亚到莫桑比克
28	裸露高粱（*S. exsertum*）	西部热带非洲
29	冈比亚高粱（*S. gambicum*）	西部热带非洲
30	几内亚高粱（*S. guineese*）	西部热带非洲到乌干达
39	珍珠米高粱（*S. margaretiferum*）	塞拉利昂到尼日利亚北部
43	甜蜜高粱（*S. mellitum*）	西非到南非
60	罗氏高粱（*S. roxburghii*） 卡佛尔族（Race kafir）	东非到印度和缅甸

（续）

代码	Snowden 种名	分　　布
13	卡佛尔高粱（*S. caffrorum*）	广泛分布于非洲
15	顶尖高粱（*S. caudatum*）	赤道非洲
19	革质高粱（*S. coriaceum*）	坦桑尼亚到刚果
24	甜秆高粱（*S. dulcicaule*）	刚果
48	浅黑高粱（*S. nigricans*） 都拉族（Race durra）	热带非洲
16	弯穗高粱（*S. cernuum*）	印度
25	都拉高粱（*S. durra*）	非洲东部到阿拉伯和印度
59	硬粒高粱（*S. rigidum*）	苏丹
67	近光秃高粱（*S. subglabrescens*） 双色族（Race bicolor）	非洲东部到阿拉伯
4	安哥拉高粱（*S. ankolib*）	非洲东北地方
8	巴苏托高粱（*S. basutorum*）	南非各国
9	双色高粱（*S. bicolor*）	阿拉伯到缅甸
22	多克那高粱（*S. dochna*）	印度到缅甸
26	美丽高粱（*S. elegans*）	非洲东部到西部
42	黑白高粱（*S. melaleucum*）	非洲东北部
44	膜质高粱（*S. membranaceum*）	非洲东部、印度和中国
46	粟状高粱（*S. miliiform*）	非洲东部和印度东北
47	有脉高粱（*S. nervosum*）	东亚
52	贵重高粱（*S. notabile*）	尼日利亚北部到苏丹
62	拟似高粱（*S. simulans*）	马拉维
64	华丽高粱（*S. splendidum*）	东南亚

　　B 组与 C 组不同，然而这里可能期望包括野生类型及野生与栽培类型的杂种，因为在野生状况下的生存力多半是野生类型的一种优势。也可能多数野生高粱已经受到栽培高粱某种程度基因渐渗的影响。当深入考量时，B 组也是可信的，中心部 5、74、37、63、73、27、72、1、14 和 70 组成了野生高粱。27 椭圆高粱（*S. elliotti*）除外。Snowden 只有这一单个样本，缺乏基础。他认为，上层部分有发育不全的样本，这种样本可能产生于分蘖芽或茎分枝。评估这种不完全单样本的主性状可能是很难的。在这一组的边上，32 和 68 被 de Wet 和 Huckabag 分类为野生×栽培杂种。Snowden 指出，这可能是 32，而不是 68。56 是基于在印度收集的单样本。34 为宽叶片，某些是很宽的，其中有 11。这可能由于充分地来自栽培高粱的基因渐渗。53 是根据单株，因此植株的基部和中部叶片是不足的，而且没有成熟籽粒。作为"野生的"或"野生与栽培"杂种的分类的确困难。B 组的基本类型是中心的野生类型组，向其边缘则是表现不同程度基因渐渗的"野生与栽培"杂种组。这与我们对野生和栽培类型之间关系的了解是相当一致的。

de Wet 和 Huckabay 对 C 组作了进一步研究，得到种的聚类和它们之间的相似系数（详见第一章图 1-2）。该图表明，几内亚高粱是很分散的，39 和 43 来自一个聚类群，然而 43 已充分地传到南非，沿老加纳到开普敦和得班奴隶路线。另一聚类群的 28 和 29，可能简单地根据种子和穗性状错误地把裸露高粱分类为双色高粱。30 和 17 令人惊奇地不同，也许是古老的，如果把几内亚高粱亚分后，则确实表明它们是较古老的亚系列或族。罗氏高粱（60）与 46 有密切关系，但这可能是一种以双色高粱籽粒类型有利于种子选择目的的类型。E 组和 F 组已证明是顶尖和卡佛尔高粱的分类。它们与罗氏高粱及都拉高粱（25）组成东非高粱复合种，强调双色类型 52、26 和 42 的存在，以及近处的 4，也就强调了野生高粱的重要性。都拉高粱与东非的聚类群 E 和 F 有密切关系，尽管采用的某些样本来自印度和亚洲。除都拉高粱（25）作为类型几乎不受非洲野生高粱的影响。44 和 67 在非洲以外有很多样本，9、16、47 和 64 也是非洲以外的。9 是非洲以外种植的主要专化类型——帚高粱和多种甜高粱。

de Wet 和 Huckabay 分类系统的 C 组在栽培高粱也提出可信的聚类图（图 2-36）。这是根据已考量的材料，这种大量分类研究正在得到加强。de Wet 和 Huckabay 应用主性状的正负评估，很有可能设计出一套主性状用来分类这种类型，这种分析可以对某些性状合并打分。仔细设计依次地理区域的样本，采用适当的主性状和分析样本，有可能在关于栽培高粱的历史和野生类型的历史得出更多的观点和结论。

关于高粱分类问题，前人已作了大量研究工作，得到并确立了一些分类体系。分类中的许多问题有不同的看法和观点，甚至有争论，这是正常的，限于当时的科学水平、研究方法和取材代表性等，结果难免不全面、不系统、不准确。

目前，由于收集到大量高粱种质资源，可以选出有效的样本，这是分类学研究的重要基础，所以肯定会从中得到更多的高粱发展进化的有效信息。再加上由于细胞学、遗传学、血清学、同工酶学、分子学等方法研究的日臻完善和已取得的显著成果，高粱分类研究定会有新的更大的发展。

第三节　中国高粱的分类地位

一、中国高粱分类的历史发展

中国幅员辽阔，地形复杂，跨越亚热带和北温带，气候各异。北起黑龙江省爱辉县（50°15′N），南至西沙群岛（16°N），东起台湾（122°E），至西新疆喀什（76°E）都有栽培高粱的种植和分布，由于长期的自然和人工选择，产生了多种多样的栽培高粱品种。然而，由于种种原因对中国栽培高粱的分类研究甚少，且说法不一。

（一）中国高粱在瓦维洛夫和斯诺顿分类系统中的地位

苏联学者 Vavilov N. I.（1935）根据他的卓越研究工作，最先提出用 Kaoliang 一词代表中国高粱，以示区别起源于非洲和印度的高粱，如卡佛尔、都拉、迈罗、菲特瑞塔、沙鲁等。

1936 年，英国著名的植物分类学家 Snowden J. D. 对全世界的栽培高粱做了详尽的分类。他将栽培高粱分成 6 个亚系（Subseries）、31 个种（Species），158 个变种（Variety）

和 523 个类型（Form），共 712 个分类单位（Unit）。

　　Snowden 在研究 16 个中国高粱类型的基础上，将中国高粱分在有脉（nervosa）和双色（bicolor）两个亚系里。在有脉亚系里，又分为膜质高粱种（S. *membranaceum* Chiov）和有脉高粱种（S. *nervosum* Bess. ex Shult）及其纤细、有脉和弯曲 3 个变种。在双色亚系里，又分为多克那高粱（S. *dochna* Forsk）和双色高粱（S. *bicolor* Moench）2 个种及其工艺用、双色和近球形 3 个变种（表 2-6）。Snowden 的分类系统明确地把无柄小穗外颖上半部带有显著条纹的栽培类型划为一个亚系，即有脉亚系，也称作中国高粱群（Kaoliang group）。

表 2-6　Snowden 对中国高粱的分类

亚　系	种	变　种
有脉亚系 （Subseries Nervosa）或中国高粱群（Kaoling group）	膜质高粱种（S. *membranaceum* Chiov） 有脉高粱种（S. *nervosum* Bess. ex Shult）	纤细变种（var. *tenue* Snowden） 有脉变种〔var. *nervosum*（Hsck.）Snowden〕 弯曲变种（var. *flexible* Snowden）
双色亚系 （Sabseries Bicolor）	多克那高粱种（S. *dochna* Forsk） 双色高粱种（S. *bicolor* Moeuch）	工艺用变种（var. *technicum* Snowden） 双色变种〔var. *bicolor*（Pecs）Snowden〕 近球形变种〔var. *subglobosum*（Hsck）Snowden〕

（二）中国高粱在哈兰和戴维特分类系统中的地位

　　Harlan J. R. 和 de Wet J. M. J.（1972）在《栽培高粱简易分类法》中，以"有脉高粱外颖上的条纹似乎也不像 Snowden 所说的那样稳定"为由，提出"高粱的分类最好是依据籽粒性状，不必考虑颖的性状。"他们把 Snowden 分类系统中的有脉亚系，即中国高粱群拆开，分别列于双色族及顶尖—双色和卡佛尔—双色 2 个中间族之中。Harlan 和 de Wet 把栽培高粱分类为 5 个基本族（Basicraces）和 10 个中间族（Intermediate races）。他们还把双色亚系中的多克那和双色 2 个高粱种仍归属双色族之中。这样的结果，Snowden 分类系统中的 6 个亚系在 Harlan 和 de Wet 的分类系统中就变成 5 个基本族。在栽培高粱简易分类系统中，中国高粱已完全失去了以一个独立的亚系（或族）存在的分类地位了。

二、中国学者对中国高粱分类地位的研究

　　王富德、廖嘉珍（1981）利用 430 份中国高粱（包括 30 份新疆地区高粱）作为研究样本，分别按照 Snowden 和 Harlan、de Wet 的标准，着重对中国高粱的小穗性状和籽粒性状进行调查。

（一）中国高粱性状调查

1. 除新疆地区高粱外的样本性状表现　400 份样本中有 299 份（占 74.75％）无柄小

穗为圆—长椭圆形，中部或中下部宽，外颖脉纹明显、纸质，内颖革质。籽粒多为龟背型，裸露 1/5～2/3 或更多，与 Snowden 分类系统中的有脉高粱相似。86 份（占 21.5%）无柄小穗宽卵—宽椭圆形，中部或中上部宽，外颖仅尖部 1/3 可见脉状条纹或脉纹不清，内颖有毛，内外颖均为革质。籽粒性状多同小穗，对称，裸露 1/2 或稍露，与 Snowden 分类系统中的双色高粱种相似。9 份（占 2.25%）无柄小穗长披针状，外颖脉纹明显，内外颖均为纸质；籽粒长圆，完全被包裹且达不到颖顶，与 Snowden 分类系统中的膜质高粱种相似。6 份（占 1.5%）无柄小穗宽卵形，外颖近颖尖略见有脉，内外颖光洁无毛，均为革质；籽粒性状与小穗的籽粒性状相近，对称，被包裹或裸露，与 Snowden 分类系统中的多克那高粱种相似（表 2-7）。

表 2-7　中国高粱栽培种各类型个体数目及其比例

地区及样本总数	类型	个体数目	占样本总数%
全国 400	A. bb. nn	299	74.75
	A. bb. m	9	2.25
	AA. C. F	86	21.50
	AA. C. D	6	1.50
东北 124	A. bb. nn	114	91.94
	A. bb. m	2	1.60
	AA. C. F	4	3.23
	AA. C. D	4	3.23
秦岭—淮河以北 149	A. bb. nn	135	90.60
	A. bb. m	1	0.67
	AA. C. F	13	8.72
	AA. C. D	0	0.00
秦岭—淮河以南 127	A. bb. nn	50	39.37
	A. bb. m	6	4.72
	AA. C. F	69	54.33
	AA. C. D	2	1.57

注：A. bb. nn——有脉高粱种；
A. bb. m——膜质高粱种；
AA. C. F——双色高粱种；
AA. C. D——多克那高粱种。
（指用斯诺顿符号）

　　将 400 份高粱样本按产地划分为东北、秦岭—淮河以北、秦岭—淮河以南 3 组，各种类型出现的比例见表 2-7。由此表明，近双色高粱种的中国高粱在东北组只占 3.20%；秦岭—淮河以北组略有增加，占 8.72%，但这两个地区还是近有脉高粱种占绝对优势；再往南，秦岭—淮河以南组则发生了明显变化，近双色高粱种的比例（54.33%）明显高于近有脉高粱种（39.37%）。

　　2. 新疆地区高粱的性状表现　在调查的 30 份新疆高粱中，近都拉高粱种有 7 份，占 23.33%；近卡佛尔高粱种 8 份，占 26.67%，近有脉高粱种 12 份，占 40%；近双色高粱种 2 份，占 6.7%；近多克那高粱种 1 份，占 3.3%（表 2-8）。前两种高粱是中国其他地区高粱地方品种未曾见到的栽培类型。

表 2-8　新疆高粱中各种类型出现的比例

样本数目	类型	个体数目	占样本总数%
30	A. bb. nn	12	40.00
	AA. BB. MM	7	23.33
	AA. C. F	2	6.67
	AA. CC. J	8	26.67
	AA. C. D	1	3.33

注：AA. BB. MM——都拉高粱种；

　　AA. CC. J——卡佛尔高粱种，其余类型见表 2-7 的表注。

3. 中国高粱壳型、叶脉型、分蘖力与外国高粱的比较　在调查的 114 份外国高粱相关性状后发现，如果把外颖为纸质的都划归软壳型，外颖革质的都划为硬壳型，那么中国高粱与外国高粱在软硬壳上的比例正好相反（表 2-9）。中国高粱软壳占绝大多数，而外国高粱硬壳占绝大多数。另外，叶脉的白脉和蜡脉，分蘖与不分蘖（或分蘖力弱）这两组性状，中外高粱也明显不同。中国高粱白脉占 95.5%，外国高粱蜡脉占 58.3%；中国高粱不分蘖或分蘖力弱占 93.1%，而外国高粱分蘖类型占 93.1%（表 2-9）。还有中国高粱茎秆髓质多为干枯型，而外国高粱的多为多汁的。

表 2-9　中国高粱壳型、叶脉型、分蘖力与外国高粱的比较

国别	样本数	壳型		叶脉型		分蘖力	
		软（%）	硬（%）	白（%）	蜡（%）	强（%）	弱（%）（或不分蘖）
中国	400	77.0	23.0	95.5	4.5	14.5	85.5
外国	144	6.3	93.7	41.6	58.3	93.1	6.0

上述 3 个性状出现的频率，在东北、秦岭—淮河以南、以北 3 个地区也呈现有规律的变化（表 2-10）。虽然白脉在各个地区都占有绝大多数，而蜡脉的出现频率由北向南逐渐增加。秦岭—淮河以南中国高粱的分蘖力明显提高，达 40%，而硬壳型也达 55.9%。

表 2-10　中国高粱壳型、叶脉型、分蘖力性状的分布频率

地区	样本数	壳型		叶脉型		分蘖力	
		软（%）	硬（%）	白（%）	蜡（%）	强（%）	弱（%）（或不分蘖）
东北	124	93.5	6.5	99.2	0.8	4.0	96.0
秦岭—淮河以北	144	91.3	8.7	96.5	3.5	1.4	98.6
秦岭—淮河以南	127	44.1	55.9	92.1	7.9	60.0	40.0

（二）中国高粱的初步分类

中国高粱无柄小穗外颖的有脉性状是遗传稳定的固有性状，它在任何地方种植都能充分表现出来。按 Harlan 和 de Wet 的分类，双色族的主要特征是颖长且紧，籽粒细长和穗籽松散。而中国高粱籽粒并不细长，近似卵圆形，颖壳包被紧但不超过籽粒。卡佛尔—双

色族兼有 2 个族的特征，而大多数中国高粱的籽粒并不对称，多呈龟背状。以龟背状籽粒为特征的是顶尖族。顶尖族籽粒的小穗中上部宽，而具龟背状籽粒的中国高粱小穗多为椭圆形且中下部宽。

综上所述，Harlan 和 de Wet 的分类固然简单，但由于他们缺少收集和分析来自东亚尤其是中国的高粱样本，所以他们分类系统中的任何一个族，都未能包括中国高粱在内。Snowden 将中国高粱认定为一个独立的群，这比较符合中国高粱的实际。但是，由于他占有的中国高粱类型也比较少，难免遗漏掉一些中国高粱的特征，因而未能给予应有的重视和分析研究，而且他的分类系统层次多、应用上确有不便。

根据传统分类学的理论，具有一定形态特征差异并有一定地理分布的群体即可称为族。这可以通过群体基因库内遗传变异型出现频率的统计比较加以确定。

考虑到 Snowden 分类系统的复杂性，Harlan 和 de Wet 的分类系统的不完整性，根据对中国高粱无柄小穗、籽粒、叶脉色、分蘖力等性状的调查结果，认为中国高粱应与卡佛尔、几内亚、都拉、双色、顶尖这 5 个族一样，作为一个独立的族（或亚系）并存在于 *Sorghum bicolor* (Linn.) Moench 种内。拟称为 *S. bicorlor* spp. *bicorlor Kaoliang* race。它的主要特征是无柄小穗椭圆—长椭圆形，外颖有明显条状脉纹，外颖质地多为纸质，内颖多为革质；不分蘖或少分蘖；籽粒多呈龟背状，裸露 1/2～2/3；叶白脉；茎秆髓质为干枯型。

在中国高粱族内又可分为 4 种类型（type）：①软壳型中国高粱。其特征是内、外颖质地不同，外颖明显有脉，籽粒龟背状，不分蘖或分蘖力弱。多分布于秦岭—淮河以北。②双软壳型中国高粱。其特征是内、外颖均为纸质，外颖明显有脉，小穗披针状，籽粒长圆形，包被紧。秦岭—淮河南北均有少量分布。③硬壳型中国高粱。其特征是内、外颖质地均为革质，外颖近尖端有脉，籽粒对称，裸露 1/3～1/2，分蘖力中等或强。多分布于秦岭淮河以南。④新疆型中国高粱。其特征是护颖革质具毛，籽粒对称，多为宽卵圆型，裸露大半，穗茎多弯曲，紧穗。专分布于新疆地区。

主 要 参 考 文 献

海斯，尹默，史密士，1962. 植物育种学. 北京：农业出版社，251-260.

乔魁多，1988. 中国高粱栽培学. 北京：农业出版社，11-16.

孙凤舞，1957. 高粱. 北京：科学出版社.

T. 杜布赞斯基，1964. 遗传学与物种起源. 北京：科学出版社.

王富德，廖嘉玲，1981. 试谈中国高粱栽培种的分类. 辽宁农业科学（6）：18-22.

竺可桢，1979. 竺可桢文集. 北京：科学出版社.

Doggett H，1965. The development of the cultivated sorghum. Essays on Crop Plant Evolution. 59-73.

Doggett H，1987. Sorghum. Second edition. Published in Association with the Interational Development Research Centre. Canada. 34-69.

Harlan J R，de Wet J M J，1972. A simplified classfication of cultivated sorghum. Crop Science. Vol. 12 (2)：172-176.

Vavilov N I，1951. The origin variation. Immunity and Breeding of cultivated plant，Chap. 1. New York.

Vinall H N，Getty R E，1972. Sudan grass and related plants. USDA. Bull 981.

Wall J S，Ross W W，1970. Sorghum production and utilization，Chap. 9. New York and London.

第三章　高粱形态解剖学和生殖学

高粱是一年生的禾谷类植物，与其他禾谷类植物比较，它根系发达，植株茂盛，叶片宽大，花序多样。一粒成熟的高粱种子落入土中，在适宜的温度、湿度条件下，开始萌动发芽，并破土出苗，继而长出根、茎、叶、花序，开花授粉，结出新种子，完成个体发育的一生。

高粱的植物学形态，可以分为根、茎、叶、花序和籽粒 5 个部分。由于高粱种类繁多，其形态特征也多种多样，加之环境条件的变化，使高粱的植物学形态表现也不尽完全相同。本章仅就高粱的基本形态结构、解剖、生殖加以描述。

第一节　根的形态解剖

一、根的形态

高粱根由初生根和永久根组成，永久根又分次生根和支持根（又称气生根）两种。初生根、次生根和支持根上又能长出许多侧根，形成发达的根系（图 3-1，图 3-2）。当高粱植株长到 6～8 片叶时，根系入土深度通常可达 100～150cm，水平分布直径可达 80cm。完全长成的根入土深度可达 180cm 以上，水平分布直径在 120cm 左右。高粱根系主要部分在 30cm 土层以内，这些根系的吸收能力也最强。

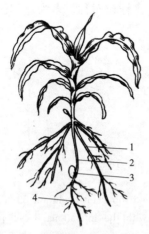

图 3-1　高粱的初生根和次生根
1. 次生根　2. 根颈　3. 种子　4. 初生根
（《高粱学》，1999）

图 3-2　高粱的根系
（《中国高粱栽培学》，1988）

（一）初生根（又称种子根）

初生根是由胚根发育形成的，只有高粱的初生根是发芽苗的单胚根，因此只有 1 条。

但是，有时由于种子中毒或受机械损伤，在盾片着生部位（即中胚轴区域、根颈）能长出少数短而细的根，称初生不定根。初生根和初生不定根统称为种子根。种子根通过根颈与地上部分连接。根颈的长短因品种而异。一般来说，根颈长的品种，容易出苗；根颈短的品种，出苗困难。因此，播种时应浅覆土。

随着幼苗生长，种子根不断长出侧根，但由于根颈不能增粗以及细胞壁木质化程度增强，输导能力逐渐减弱，限制了种子根的生长。虽然种子根在总根系中所占比例不大，但在次生根形成之前，种子根的作用较大，它能保证幼苗最初 10 余天生长所需水分、营养物质的吸收和运输。当次生根长出后，种子根的作用逐渐减弱，以至消失。所以，从这种意义上说，种子根也称临时根。

（二）次生根（又称永久根）

当幼苗长出 3～4 片叶时，从芽鞘基部长出几条次生不定根。次生不定根产生在种子根之后，位于种子根之上。随着幼苗的生长，从地下和地上基部各茎节的基部不断地产生次生不定根，有明显的层次，由它们构成了高粱根系的主体。由于次生根产生的数目和位置是不固定的，因此称为不定根。又由于次生根从产生到高粱成熟一直起到吸收水分、营养的作用，因此次生根又称永久根。

次生根产生的层次数目与品种有关。因为次生根产生在地表上下的茎节基部，茎节数又与品种总叶数有关，因此次生根的层次数也就与品种的叶数有关。品种的叶数越多，茎节数也就越多，次生根的层次数也就越多，反之就越少。

（三）支持根（又称气生根）

抽穗后，在茎基部 1～3 节上产生支持根，支持根虽然是由地上节上长出来的，但它同样具有向地性，而且特别粗壮。在进入土壤后，也有一定的吸收水分和养分的作用。可见，支持根本质上是地下不定根的生育在地上部的延续。支持根起始暴露在空气中，表皮角质化，含胶质，有时有叶绿素，呈淡绿色。支持根厚壁组织发达，支撑能力强。特别是扎入土壤的支持根，能增强植株的抗倒力。一般来说，中国高粱（Kaoliang）地方品种比外国高粱的支持根发达。

总之，高粱的初生种子根不发达。次生永久根发达，层次多，由此产生的侧根和细根也多，再加上支持根，共同构成了高粱庞大强壮的纤维状须根系。

二、根的解剖

（一）根的一般解剖

高粱根的横断面解剖如图 3-3，最外部为表皮，其外壁栓质化，向内为大型薄壁细胞排列成的皮层。高粱生育中、后期，皮层薄壁细胞逐渐衰败、死亡，形成通气组织，经通气组织空气可进入根系各部分，保证呼吸作用的进行。高粱在生育后期，特别是灌浆以后，具有较强的抗涝能力，与通气组织的形成有一定关系。皮层的内侧是内皮层，细胞排列较紧密。再向内为中柱鞘，具有分生能力，可不断产生新的侧根，增加根的数量，扩大根的吸收范围。中柱鞘内有木质部和韧皮部，二者相间排列，呈放射状。木质部内有导管，通过导管将根部吸收的水分和无机盐类输送到茎叶。韧皮部内有筛管，叶片制造的有机物质通过筛管运送到根系。在木质部与韧皮部之间为薄壁细胞组织，无形成层。木质部并不达到中央，所以中柱的中央为髓部。在根的先端，随着新细胞的分化，幼根表皮某些单个细胞外壁向外突出，形成根毛。高粱根通过大量根毛，从土中吸收水分和养分。老根由于根毛已经脱落，表皮栓质化，几乎失去吸收作用。

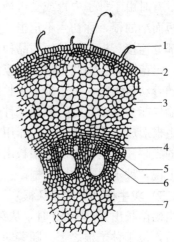

图 3-3 高粱根结构横面
1. 根毛 2. 表皮 3. 皮层 4. 内皮层
5. 中柱鞘 6. 维管束 7. 髓部

（二）次生根解剖

次生根的横断面表示一个中柱和一个中央髓以及宽的由 12 层细胞围绕组成的皮层（图 3-4，1）。皮层中的外皮层在外切向壁上明显加厚。在外面，有薄壁的根表皮，许多表皮细胞已延伸形成根毛。外皮层下面的皮层组织是由大的，有规则的细胞组成。在它们之间有似方形的细胞间隙，两层最近似的内皮层由很有规则的窄砖形细胞组成。而内皮层本身由均匀一致的细胞组成，有内切向壁和部分邻接的加厚放射状壁，在正加厚的切向壁上有不规则的硅石瘤。在内皮层里没有细胞间隙。

在里边，相当窄的维管束环有一厚壁组织套。每个后生木质部导管通常有 3 个原生木质部束和 3 个韧皮部群与之连接。这些与中柱鞘连接，中柱鞘由单层细胞组成。在发育的前期，这层细胞变成了厚壁。在每组韧皮部里，有一单原生韧皮部筛管位于两伴胞侧面。对着这一组的外面，有 1 或 2 个大筛管，而对着里面，有 1 个很大的筛管（图 3-4，3）。

围绕木质部和韧皮部的细胞随着株龄的增加而增厚，并且木质化，以至于在老根里完全的维管束环由厚壁的木质化组织组成，而韧皮细胞除外。髓由很规则的组织组成，其细胞是圆形的，在细胞之间有细胞间隙。在老根里，它们的细胞变得加厚和木质化。

（三）支持根解剖

支持根在地下的结构类似于次生根。支持根的地上部分直径更大，表皮很壮，有加厚的切向和放射状细胞壁，而外皮层由变形的 3 或 4 层小的厚壁细胞组成的皮层代替。皮层较宽，内皮层没有硅石瘤。在维管组织里，有大量后生木质部导管，有伴生的原生木质部和韧皮部组，韧皮部组比起次生根含有大量细胞（图 3-4，2）。小次生根有一宽皮层，围绕极小的中柱（图 3-4，4）。这里没有外皮层，而最外皮层可能破裂，生有细根为棕色外表。在这样的细根里，维管组织表现正常，而且可能仍有功能。

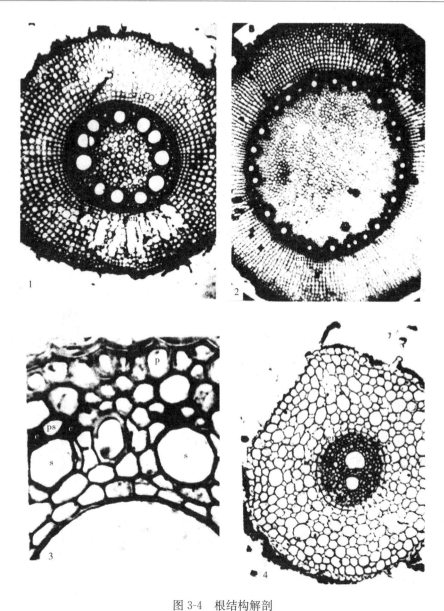

图 3-4　根结构解剖

1. 大次生根解剖横面图（×33）　　2. 支持根解剖横面图（×19）

3. 次生根维管束组织横面图（×1 000）　　4. 小次生根横面图

en. 内皮层，带硅石瘤　ps. 原生韧皮部筛管　s. 后生韧皮部大筛管 c. 伴胞　p. 中柱鞘

（Artschwager，1948）

第二节　茎的形态解剖

一、茎的形态

高粱茎又称茎秆，绝大多数为直立的，呈圆筒形，表面光滑。但在品种 Korgi 里发现

有弯曲生长的。在开花期，弯斜的茎秆几乎与地面平行，抽出的穗下垂，而当籽粒灌浆时，穗几乎可以触到地面。

　　高粱茎秆的高度称作株高。株高由茎高（即各节间长度的总和）、穗柄长和穗长组成（图 3-5）。高粱茎秆高度变异幅度大，从 0.45～5.0m。一般科研上将株高分成不同等级，100cm 以下为特矮秆，101～150cm 为矮秆，151～250cm 为中秆，251～350cm 为高秆，351cm 以上为特高秆。高粱茎秆的粗度，即茎粗也是很不同的，一般茎基部直径在 0.5～3cm 的范围内。Chandon 等（1966）报道直径有 4.6cm 的品种。

　　高粱茎秆的基本组成单位是节和节间，节是叶鞘围绕茎秆着生的部位，稍为隆起。节间是 2 个节之间的部分，多呈圆柱形。节包括生长轮和根带 2 个区域（图 3-6）。根带是位于生长轮和叶鞘着生处之间的地方，其宽度变化于 3～15mm，含有腋芽和根原基，根原基排列在节周围 1～3 个同心环里。最低节的根原基发育成根。对高秆高粱品种来说，支持根正是从近地节长出来。当植株倒伏在地上，在与土壤接触的节上可以长出根来，我们可以利用这一特性由切节来种植再生高粱（Rea 和 Karper，1932）。

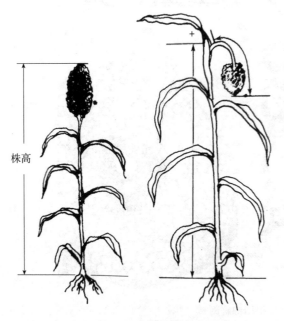

图 3-5　高粱的株高
(L R. House, *A Guide to Sorghum Breeding*, 1985)

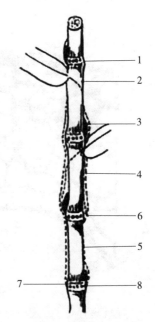

图 3-6　部分茎的外形
1. 节　2. 节间　3. 腋芽　4. 上一片叶叶鞘
5. 下一片叶叶鞘　6. 不定根原基
7. 生长轮　8. 根带
（《中国高粱栽培学》，1988）

　　生长轮就在每个节的根带上面，是节间基部一条坚实的狭窄带，是由具有分裂力的细胞组成的，具分生组织性能的分生区。在节间已具有完全分化的维管束和机械组织时，生长轮仍保持着分裂生长的能力。当茎秆被风吹倒或倾斜时，由于生长轮细胞进行分裂使茎秆恢复直立状态；倒伏的茎秆也可通过平卧节上生长轮的细胞不平衡分裂恢复直立。Korgi 高粱茎秆弯斜生长就是由于这些生长轮的不对称生长所致。

　　高粱茎秆的节数因品种和生育期不同而异，节数与叶数相等，是较稳定的遗传性状。一般早熟品种 10～15 节，中熟品种 16～20 节，晚熟种 20 节以上，极晚熟种 30 节以上。同一品种因光照长度和栽培条件的变化，其节数也不同。一般来说，在长光照下（北方）生长的品种，转到短日照（南方）下种植时，节数要减少 5～6 个。

　　同一株上的节间长度不同，通常是基部的节间短，越往上越长，最长的节间是着生高粱穗（花序）的穗柄。穗柄长度品种间差异大，长者可达 120cm，短者仅 20cm 左右。Ayyangar 等（1938）根据高粱茎秆节间长度变异，把高粱划分为早、中、晚熟类型。①早熟型：从茎基部往上的节间长度稳定增加。②中熟型：节间长度呈单峰分布，即在一个较长节间的上面和下面各有一个短节间。③晚熟型：节间长度呈双峰分布，即节间长度呈双升、双降型，而最后一个升节间为穗柄。

　　Quinby 和 Karper（1945）证实，美国的迈罗高粱适合这种分类，晚熟和极晚熟品种为双峰群。

　　拔节后的节间表面覆盖着白色蜡粉，下部节间蜡粉更多，甚至可掩盖住节秆固有的颜色。蜡粉是表皮细胞分泌物，它可防止或减少体内水分蒸发，又能防止外部水分渗入，是高粱增强耐旱耐涝能力的重要生理构造之一。

　　高粱茎秆是实心的，髓可以是坚实多汁的，无味或有甜味，也可是干燥的（成熟后）。通常中国高粱多为干燥型茎秆，外国的多为多汁型茎秆。

二、分蘖与分枝

　　节间与叶片同侧有一条浅纵沟，同叶片互生一样，相邻节间上的纵沟也呈交错排列。每个节间纵沟的基部都有一个单生腋芽。腋芽一般呈休眠状态。如果土壤肥沃、水分充足或主茎生育受阻、受损伤，茎基部的腋芽可发育成分蘖，上部的腋芽可发育成分枝。当腋芽发育成分枝时，其包被叶伸长并展开，形成分枝的第一片叶。由近地面发生的分枝同时又能产生不定根，故称为分蘖，以区别于近顶端所产生的分枝。

　　主茎能产生分蘖的节称分蘖节，外形稍膨大。最先产生的分蘖称第一分蘖，此后产生的分蘖称第二分蘖，以此类推。节位越低的分蘖，其生育期与主穗越接近，几乎可以同时成熟；节位越高的，其成熟越迟，有的常常只能抽穗开花，不能正常成熟。前者称有效分蘖，后者称无效分蘖（图 3-7）。

　　高粱分蘖力的强弱因高粱类型和品种而异，也受环境条件的影响。一般来说，中国高粱与外国高粱比较其分蘖力弱。高粱生产上一般不采用分蘖，因为分蘖茎要消耗一些养分和水分，影响主茎的生长发育，苗期就应去掉。然而，在繁殖不育系或杂交制种时，为调节有效花期，延长授粉时间，提高结实率，有时也要保留一些分蘖或分枝。

　　虽然栽培高粱是一年生的，但许多类型的高粱能够通过从老株茎基部的分蘖繁殖存活几年。在乌干达一年有 2 个雨季。因此，在仅割掉收获后的老茎秆后，可长出新的高粱苗来，称为再生高粱。中国南方的一些省（自治区），如广东、广西、云南、四川等，也有采取这种方式在同一块地里连续生产高粱。

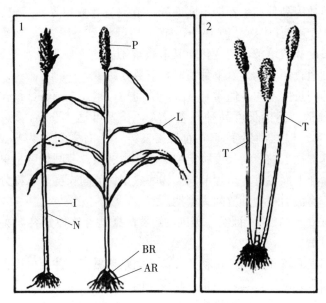

图 3-7　高粱茎秆和分蘖
1. 带叶和不带叶高粱植株　2. 带分蘖的高粱植株
AR. 次生根　BR. 支持根　I. 节间　N. 节　L. 叶片　P. 穗　T. 分蘖
(H. H. Hadle, 1968)

三、茎的解剖

（一）茎秆节间

从高粱茎秆节间横断面（图 3-8）可以看出，高粱节间由表皮、基本组织和维管束组成。表皮为单层细胞；中心部分为维管束，包括韧皮部，木质部和维管束鞘等，表皮与维管束之间是基本组织。

1. 表皮　在节间表皮的气孔之间，有 3 种细胞可以区分开，即长形、木栓和硅质细胞。长形细胞约 50～200μm 长，10μm 宽。细胞壁较厚，壁上有明显的单纹孔；木栓细胞肾形或近方形，以较长的一面与茎轴垂直；硅质细胞近于马鞍形或长方形，长径与茎轴平行，具收缩的中心和突出的边缘，内含 1 个或多个硅石颗粒。偶然也能发现硅质宽得像木栓细胞。

2. 中心区　节间中心区维管束的横切面（图 3-9，1、2）。原生木质部在茎秆伸长前就长成了，是由环状和螺旋形单元组成。不加厚的壁部在生长期间变成压碎状，

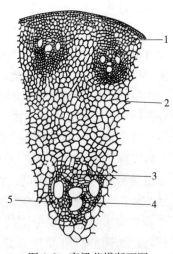

图 3-8　高粱茎横断面图
1. 表皮　2. 基本组织　3. 韧皮部
4. 木质部　5. 维管束鞘

形成原生木质部的小细胞降低形成了细胞间隙，而环状螺旋形导管次生壁的残余物突出到细胞间隙里。在原生木质部的两边有 2 条大的后生木质部导管。在这两条大导管之间，导

管具纹孔的或者有网状纹孔的次生壁，是小的纹孔管胞和薄壁组织的连接带。韧皮部由筛管和小伴胞组成。在长成的维管束里，原生韧皮部是压碎的和木质化的。维管束由一种非常精细的鞘包裹着，在维管束的里、外面，形成了典型的束帽。在侧面，束帽通常是单列的或双列的。靠近原生韧皮部的鞘细胞是大的，比别处鞘细胞有更薄的壁。

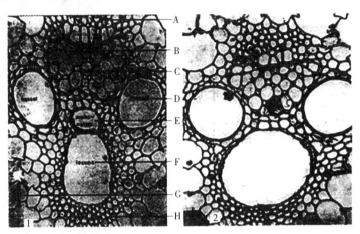

图 3-9　维管束结构解剖

1. 节间中心区大椭圆形维管束　2. 茎中心区大菱形维管束（×222）

A. 韧皮部帽　B. 原生韧皮部　C. 韧皮部　D. 导管　E. 原生木质部　F. 间隙　G. 薄壁组织　H. 木质部帽

（Artschwager，1948）

3. 基本组织　表皮与维管束之间为基本组织，由 18～20 层直径较小、壁稍增厚的薄壁细胞组成。它通常与下表皮的厚壁组织连接着。韧皮部相对发育较好，木质部顶端的束鞘大，这些较小维管束的木质部只由 1 或 2 个后生木质部导管组成。从节间茎的外边到里边，原生木质部细胞数目增加，细胞间隙（在最外边的维管束没有间隙）渐渐变大，而在维管束的厚处，细胞间隙减小，沿半径从外面约 2mm 是茎秆中心区的典型维管束类型。

许多高粱品种的节间薄壁细胞含有质体和淀粉。淀粉沉积首先在维管束周围的细胞里进行（"套淀粉"—"Jacket starch"），在某些品种里，这是仅有的淀粉淀积。而在其他品种里，淀粉还能在维管束之间的薄壁细胞里积累（"扩散淀粉"—"Diffuse starch"）（图 3-10）。当茎秆成熟时，薄壁细胞可能被转化成木髓，有时可能跟着的是细胞的完全破裂，由于残余的破裂组织而留下了公开的维管束。

（二）茎秆节

茎秆节又称茎节或节，是连接叶维管束的区域。茎维管束进入节产生许多小分枝。这些维管束的分枝网结在节部平面上形成维管束网孔。维管束数目大大增加，可以明显地见到从中央向外分出的侧迹。在节的中心有较多的薄壁组织。

1. 生长轮　节上部和节间基部为居间分生组织区域，即生长轮。居间分生组织的最外层为表皮。在表皮下面有一窄维管束游离带，由一小的、外面稍为厚一点的皮层组成。游离带有的大细胞，在它们与里面角度上有胞间孔隙。邻接皮层是一圈很大的紧密包裹在一起的维管束以形成蜂巢状，它们由少数原生木质部单元和一些韧皮部组成，由厚角组织的大鞘包围着。在老茎秆里，这变成硬的，而且木质化（图3-11，1）。中间茎秆维管束有更宽的空隙，与正常节间维管束的大小相类似，尽管它们没有原生木质部细胞间隙。维管组织由单层薄壁的木质化细胞包裹（图3-11，2）。这一层是厚壁组织鞘的内边界，这在韧皮部区域发育很壮，并形成窄的新月形覆在木质部顶。生长轮区域的中央维管束周围的淀粉填充细胞的套在维管束木质部末端是很显著的，相反在韧皮部末端发育的差且不充足。

接近地表的一些节间，由于其居间分生组织活动不旺盛，故节间短且密集。

2. 根带　根带有游离维管束皮层，大的厚角组织的韧皮部帽，而在维管束周围的淀粉套像生长轮区域的套一样。最外面的维管束有小的韧皮部帽和大的木质部帽，而在每个随后的一层继续向里，这种情形是稳定向里的，直到韧皮部帽变得很大且木质化。在大小上，大大超过木质部的帽。后者减少到1或2层细胞。根带较上部的中央维管束类似生长轮的维管束，而根原基下面带位的维管束有较小的，高度木质化的韧皮部帽，在木质部末端没有淀粉套。连接根原基与茎维管体系的痕迹可以看作是散布的水平维管束，通过横切部分（图3-12）。

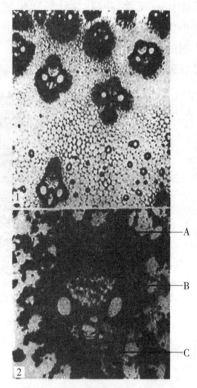

图 3-10　基本组织解剖
1. 节间基本组积横断面图（×40）
2. 节间中心区维管束，被充满密集淀粉的薄壁细胞包裹着（×190）
A. 扩散淀粉　B. 韧皮部　C. 套淀粉
（Artschwager，1948）

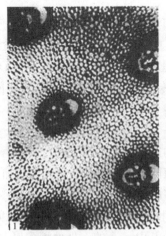

图 3-11　生长轮解剖
1. 生长轮中心区横面图（×124）　2. 老茎生长轮中央维管束（×124）
（Artschwager，1948）

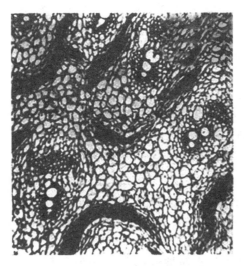

图 3-12　幼根带横切面图

图中表示出大量水平踪迹

3. 完全节　完全节正好附着在叶下面，是一圈接合叶痕维管束的地方。当节间维管束进入节时，便分裂出大量小分枝，产生了平面节的维管网孔。在茎秆周边的部分维管束数目大量增加，中心出现更多的薄壁组织。中间的和侧面的踪迹是显著的，相当于大的倾斜蔓延的维管束，有由窄的螺旋状的次生加厚的单元组成的木质部（图 3-13）。

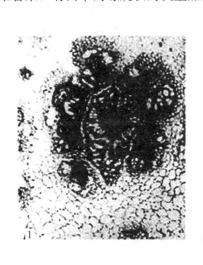
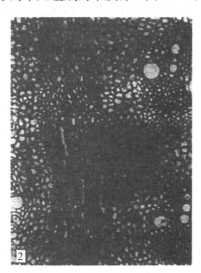

图 3-13　完全节解剖

1. 由小维管束围绕的大侧面踪迹　2. 部分水平正中踪迹（×100）

（Artschwager，1948）

第三节　叶的形态解剖

一、叶的形态

高粱叶是形态结构、生理功能高度分化的侧生组织，由叶片、叶鞘及其相连接的节结和着生于节结上的叶舌组成（图 3-14）。

（一）叶片

在栽培高粱中，不同品种的主茎叶片数是很不一样的，从 7 片到 30 片。多数品种的幼叶是直的，老叶呈波曲形。长成的叶片长 30~135cm，最宽点的叶宽 1.5~13cm。叶片一般呈披针形或呈直线披针形。这样的结果，叶片的最宽部位可能是靠近茎叶鞘连接之处。然而，更多叶片的最宽处是位于叶片约一半的地方。

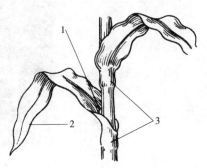

图 3-14　高粱叶结构
1. 叶舌　2. 叶片　3. 叶鞘

叶缘可能是平的或是波浪状的，这要取决于叶缘与叶脉的生长是否均衡，当叶缘比中脉更长时，则叶片呈波浪状的形状就产生了。幼叶边缘是粗糙的，成熟叶片的边是光滑的。中脉色是一个相对稳定的遗传性状，常因品种而异。一般在无水多髓的品种里，中脉是白色或黄色；而在多汁类型的品种里，中脉是一种暗绿色，常带有一精细的白色条纹。中脉色可分成 3 种：一是为半透明的绿色或近似灰色，称为蜡脉；二是不透明白色，称为白脉；三是黄色，称为黄脉。中脉的基部可能有茸毛，也可能沿着叶片的部分有茸毛。在与叶鞘接合处的叶脉基部附近常有一层蜡粉。

叶的双面有单列或双列气孔，叶上有多排运动细胞。在干旱条件下，这些细胞能使叶片向内卷起。有些品种有不规则的硅质细胞排在叶片里。这种类型的品种，第 4 片真叶长出时，就能产生这种细胞，这可以表现出抗芒蝇的特性（Ponnaiya，1951）。

叶片在茎秆上的排列不完全一样，多数高粱的叶片按 2 排在茎秆的相对位置交替排列，即为互生叶片。也有相当多的品种叶片 2 排排列不是在相对位置上，而是按一定角度互相排列。有时，第一片叶可以在第五片叶上，第三片叶在第七片叶上，在第三片和第五片叶之间有一个小锐角；同样，第二片叶在第六片叶上，第四片叶在第八片叶上，其结果在茎节的相对位置上产生了 2 对重叠排到。旗叶可能远远超出在茎秆的任一叶片排列线上范围之外。

叶片长到一定时期陆续自下而上黄化枯萎。拔节后至抽穗前长新叶的速度很快。到抽穗前是叶片数最多的时期，也是叶面积最大的时期。挑旗时，底部叶片相继枯黄，如果发生叶病，则变黄枯死得更快。但是，有的品种直到成熟时仍保持着较多的绿色叶片，这种特性中国称作"青枝绿叶"，国外称作"持续"（staygreen）。这种性状与品种的抗旱性和抗叶病性有关。

（二）叶鞘

叶鞘着生于茎节上，边缘重叠，几乎将节间完全包裹。这些叶鞘在连续节上交替环绕。叶鞘长度不同，在 15~35cm 之间。一般来说，茎基部和顶端的叶鞘短些，中间茎节的叶鞘长些。不同品种叶鞘长度也不同，短的仅包裹节间的一半左右，长的可达上一节间的节处。因此，叶鞘的重叠主要由节间和叶鞘长度决定。叶鞘是光滑的，有平行细脉，有一精细的脊，这是由于主叶脉互相接近所致。拔节后叶鞘常有粉状蜡被，特别是上部叶鞘。当这种蜡被淀积较多时，叶鞘则表现青—白色。在与节连接的叶鞘基部上有一带状白色短茸毛。叶鞘有防止雨水、病原菌、昆虫及尘埃侵入茎秆，以及加固茎秆增加强度的作用。

（三）叶结

叶结是叶片和叶鞘交结处的带状组织。叶结可以是平滑的，也可以是有皱褶的（Ayyangar 等，1935a）。叶结上有包围茎秆的膜状薄片，为叶舌。叶舌较短小，为直立状突出物，长 1~3cm。叶舌起初透明，后变成膜质并裂开，叶舌上部的自由边缘有纤毛。叶舌的存在能使叶片和茎秆成一定的生长角度，一般在 40°~60°之间，有的品种叶片与茎秆夹角成 15°~30°，使叶片上冲；也有的品种其夹角大于 60°，使叶片成平展状。有的品种无叶舌，这种高粱叶结光滑无茸毛，叶片与茎秆夹角在 10°以内，叶片全部上冲，为紧株型（Ayyangar 等，1935b）。一般认为高粱无叶耳，但也有人认为，叶舌两侧质地粗糙的三角形开裂就是叶耳，叶耳在形状上不同。

二、叶的解剖

（一）叶鞘基部

通过叶鞘基部横切图看出维管束或多或少均匀地分布在整个横切部分，最小的维管束与较外面表皮相邻，而最大的维管束趋向中心，表皮外面有可见的茸毛（图 3-15）。所有维管束都有大的韧皮部帽。小的维管束没有多少维管束组织，而大的维管束类似于茎生长轮的维管束。

（二）叶鞘的解剖

叶鞘有相互平行蔓延的维管束，它们与横向连接的小叶脉间隔一定距离相结合，在叶鞘的窄部位，小的和大的维管束交替，而在中央宽的区域，也有中等大小的维管束（图 3-16）。小型维管束紧靠表皮，叶鞘的厚壁组织在木质部末端是窄的，在韧皮部末端是宽的，而且与表皮厚壁组织汇合。中等维管束有原生木质部，但常常没有细胞间隙。韧皮部可能与表皮厚壁组织接触，或者被几排薄壁细胞分开。大型维管束类似于节间中心区的维管

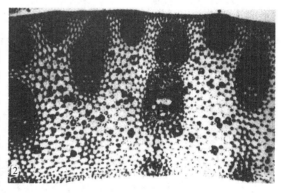

图 3-15 叶鞘基部解剖
1. 叶鞘基部表区横切面图表示出茸毛（×64）
2. 叶鞘基部基区横切面图（×34）
（Artschwager，1948）

束，除韧皮部更加发育以外。韧皮部帽与下表皮厚壁组织接触，靠近中心的维管束除外。放射状的一片绿色组织约有 5 个细胞宽，把大维管束的木质部与稍下面的表皮的一小群薄壁的下表皮厚壁组织连接起来。这些放射状的一片绿色组织之间的区域以大的空胞填充。在老叶鞘里，这些组织表现为白色海绵状（多孔）。翅脉之间的叶鞘其他表皮由有规则的长形细胞与一群短细胞交替组成。在这里，这些细胞位于翅脉上面，完全由木栓和硅石细胞组成。侧面翅脉区域被两排有规则的前缘表皮细胞与它分开，这一区域是单个垂直纵列气孔。内表皮完全由长形薄壁细胞构成。

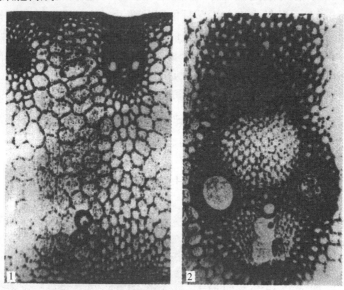

图 3-16　叶鞘解剖
1. 鞘横切面图　大维管束与表皮厚壁组织相连；从外部看，该区域表现出一浅凹槽（×36）
2. 大维管束（×153）
（Artschwager，1948）

（三）叶片的解剖

叶片的结构一般可分为表皮（上表皮和下表皮）、叶肉和叶脉三部分。表皮由表皮细胞、气孔组成；叶肉由叶肉细胞组成；叶脉由维管束、维管束鞘和机械组织组成（图 3-17）。

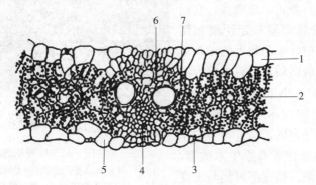

图 3-17　高粱叶片横断面图
1. 运动细胞　2. 叶肉　3. 气孔　4. 韧皮部　5. 表皮细胞　6. 木质部　7. 维管束鞘

　　表皮细胞分成四种类型，即长形细胞、栓化细胞、硅质细胞和泡状细胞（运动细胞）。长形细胞的长轴与叶长轴平行，侧壁为细波纹状的硅化壁，具大液泡，外壁较厚，有角质层。栓化细胞形似肾，长轴与长细胞短轴平行。硅质细胞与栓化细胞伴生，形状近似马鞍形，内含颗粒状硅质体。在叶脉上方，栓化细胞和硅质细胞交互排列成纵行。泡状细胞分布于维管束之间，上表皮多，下表皮少。

　　在上表皮、下表皮上有成单列或双列的气孔。气孔有规律地与长形细胞相间分布。在这样的长形细胞之间缺少栓化细胞和硅质细胞。气孔由 2 个保卫细胞和中间的孔道组成。在保卫细胞的两侧各有一个副卫细胞。长成的气孔保卫细胞呈哑铃形，细胞两端壁薄，围绕开孔周围的壁厚。因此，当渗透压发生变化时，细胞吸水，两端的薄壁膨胀，将中间的壁拉开，使气孔开放。

　　叶片上表皮、下表皮细胞排列紧密，细胞外有发育良好的角质层，并覆盖着蜡质层，加之保卫细胞壁弹性大，因此在连续干旱结束后细胞仍能恢复正常。泡状细胞能在细胞失水时使叶片向上内卷以减少蒸腾失水。高粱叶片的这些解剖特征表明叶片表皮细胞具有特殊的抗旱结构。

　　叶肉为薄壁细胞，内含叶绿体，是进行光合作用制造有机物质的重要场所。高粱叶肉细胞比玉米的稍窄，峰稍圆，叶绿体多为椭圆形。叶肉细胞沿着维管束呈放射状排列，有利于光合产物的运输。

　　维管束分大、中、小三型。维管束除具有输导功能外，还起支撑叶片的作用。它们在叶片上一般按等距呈平行排到。小圆形维管束有 7～15 群，嵌入与下表皮靠近的薄壁组织里，与大的、卵形维管束交替。后者为叶片主脉，几乎占据叶片部分的整个深度（图 3-18，1）。这些大型维管束在结构上与叶鞘的维管束相似。每个维管束由窄的木质化的鞘包围着。木质化鞘延伸到韧皮部顶下表皮厚壁组织，而它在木质部顶由一单层薄细胞与韧皮部顶厚壁细胞分开。

　　叶片的小圆形维管束由几个纹孔的木质部细胞和一群韧皮部细胞组成，整个由大的厚壁的含有大量的大叶绿体的绿色组织的鞘包围着（图 13-18，2）。所有维管束都由对角线或互相成直角的窄分枝按正常间隔连接在一起。

　　中脉横断面是新月形。在下面分布有维管束，这些维管束与叶鞘的相似（图 3-18，3）。中脉的上面由厚壁细胞组成。在绿色中脉里，这一组织充满汁液；在白色中脉里，这一组织是空气充满，因而是白色的。中脉底下的表皮与叶片的表皮相似，尽管纵列的栓化—硅质细胞群和窄长形细胞是相当多的。

　　像叶鞘一样，在平行叶脉之间由大量细小的横向叶脉互相连接。通过这些纵横交错的叶脉，导管将蒸腾液流中的水分和无机盐运送到维管束鞘和叶肉细胞中进行光合作用，并将光合产物通过筛管输送到植株的其他器官。

　　同其他 C_4 植物一样，高粱叶片维管束结构的最显著特征也是维管束鞘为大型薄壁细胞且十分发达。维管束细胞含大量细胞器，其中的叶绿体比叶肉组织的大，且色深。因此，维管束细胞形成淀粉的能力强。围绕在维管束鞘周围的叶肉细胞，其突起部分内伸并与维管束鞘细胞相连，其间有大量胞间连丝贯通。维管束排列非常稠密，叶脉间隔很窄，仅 0.1mm。叶脉间叶肉细胞少，仅有 2～3 个细胞。高粱维管束的这些解剖特征有利于光合产物的运输。

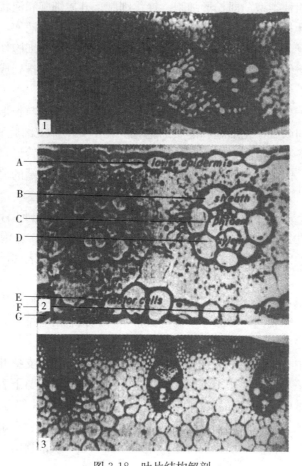

图 3-18　叶片结构解剖

1. 叶片横切面图（×60）

2. 放大的叶横切面图，表示 2 个小维管束（×125）

3. 中脉局部横切面图，表明维管束的分布（×60）

A. 下表皮　B. 鞘　C. 韧皮部　D. 木质部　E. 运动细胞　F. 脊柱　G. 气孔

（Artschwager，1948）

第四节　花序和花的形态及其分化

一、花序的生长和形态结构

（一）花序的生长

高粱圆锥花序着生于穗柄的顶部。抽穗前，旗叶叶鞘包裹着幼花序，呈鼓苞状，俗称打"苞"。抽穗时，幼花序从旗叶叶鞘顶被推上来，张开。当幼花序通过时，叶鞘膨胀而开。随着穗柄的生长，花序继续伸长，直达植株的最高高度。多数品种的花序可以完全伸出旗叶叶鞘，少数品种的花序仍有最下面的部分花序被旗叶鞘包裹着。如果穗不能完全从叶鞘抽出来，会造成霉烂，或者发生病虫害，如棉铃虫、玉米穗螟等。

圆锥花序的穗柄或直立或弯曲。向下弯曲的穗又称鹅颈穗。这常常是由于大花序在发育期间劈开了叶鞘，在裂开的这一边不能支撑整个穗而造成的。当抽出的穗柄较软时，由于穗的重量使其弯曲而形成鹅颈穗（Martin，1932），而坚硬的穗柄得到的是直立穗。

（二）穗结构

1. 穗轴和枝梗　高粱圆锥花序就是穗，中间有一明显的直立主轴，称穗轴。穗轴具棱，由4～10节组成，一般长有茸毛。从穗轴长出的第一级枝梗，一般每节轮生长出5～10个；从第一级枝梗再长出第二级枝梗；有时还能长出第三级枝梗。小穗就着生在第二级、第三级枝梗上（图3-19）。由于穗轴长短不一，以及第一级、第二级、第三级枝梗的长短、数目和分布不同，因而形成了各式各样的穗形。例如，若穗轴基部第一级枝梗较长，向上逐次缩短，则形成牛心形穗；如果穗轴基部和上部的第一级枝梗长短基本相等，第二级、第三级枝梗分布均匀，则形成筒形穗（或棒形穗）；如果穗轴中部第一级枝梗较长，而其上、下的较短，则形成纺锤形穗；若穗轴长度中等，其下部第一级枝梗较短，向上逐渐变长的，则形成杯形穗。如此等等。

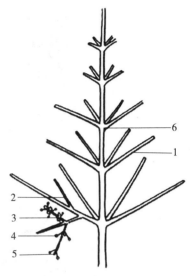

图 3-19　高粱圆锥花序分枝模式图
1. 第一级枝梗　2. 第二级枝梗
3. 第三级枝梗　4. 有柄小穗
5. 无柄小穗　6. 穗轴
（《中国高粱栽培学》，1988）

还有，由于各级枝梗长短的不同，小穗着生疏密的不同，还可将高粱穗分成紧穗、中紧穗、中散穗和散穗四种穗型。成熟时，枝梗紧密，手握无多大弹性，并有硬质感觉者为紧穗型；枝梗紧密，手握有较大弹性并无硬质感觉者为中紧穗型；枝梗不甚紧密，对着光线观察枝梗有空隙者为中散穗型；第一级枝梗长，第二级、第三级枝梗柔软并稀疏下垂者为散穗型。散穗型又可分为侧散（向一个方向垂散）和周散（向四周垂散）两种散穗型。

第一级枝梗与叶鞘是用源的，有时能发现异常类型。在这种类型里，穗较低的枝梗可能是叶鞘，由叶脉处着生一个总状花序的第二级枝梗，延伸的枝梗产生一个极小的叶片和叶舌。最下面穗枝梗还可能长出一个苞片，在长度上有几个毫米到几个厘米之别，而且在其顶端还可能长出一个极小的叶片。

第一级枝梗除轮生的以外，也有螺旋形排列。在第一级枝梗和花序轴的接合处有一叶枕，因而枝梗几乎是直立的。总状花序成对着生小穗，每对中一个是可育的无柄小穗，另一个是有柄小穗（雄性可育或不育）。很少的有柄小穗雌性是可育的。每个总状花序顶端无柄小穗有2个有柄小穗与其相连（图3-20）。

2. 小穗　小穗的形态结构是高粱分类重要的形态特征依据。无柄小穗有2个颖片，质地为坚硬的革质或柔软的膜质。形状呈卵形，或椭圆形和倒卵形等。颜色有红、黄、褐、黑、紫、白等。亮度多数发暗，少数有光泽。下方的颖片称外颖，上方的颖片称内颖，其长度几乎相等，一般是外颖包着内颖的一小部分。外颖质地相对软一些，因品种不同生有6～18条脉纹，近顶端处脉纹或清晰或消失，顶端不着生或着生少量短毛，外缘或基部着生短毛。内

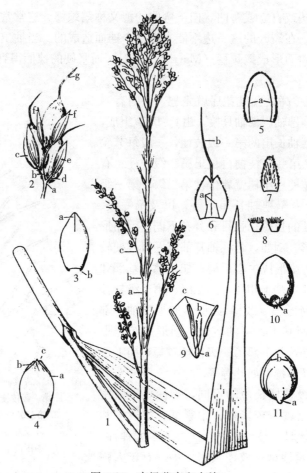

图 3-20　高粱花序和小穗

1. 穗的一部分（a. 穗轴节间　b. 穗轴节　c. 第一级枝梗）
2. 总状花序（a. 节　b. 节间　c. 无柄小穗　d. 柄　e. 有柄小穗　f. 顶有柄小穗　g. 芒）
3. 内颖（a. 龙骨脊　b. 内缘）　4. 外颖（a. 龙骨脊　b. 龙骨脊翅　c. 末龙骨脊微齿）
5. 外稃（a. 翅脉）　6. 内稃（a. 翅脉　b. 芒）　7. 鳞毛　8. 浆片
9. 花（a. 子房　b. 柱头　c. 花药）　10. 籽粒（a. 种脐）　11. 籽粒（a. 胚痕　b. 侧线）

颖质地硬而发亮，先端尖锐，常有一明显的中肋，两侧脉纹仅上方能找到，基部多生有茸毛。籽粒成熟时，多数品种的籽粒露在颖外，裸露的程度不一样；也有的品种颖壳紧紧包裹着籽粒。有的帚用品种和饲用高粱品种的颖壳长于籽粒，因而籽粒被颖壳包裹着（图 3-21）。

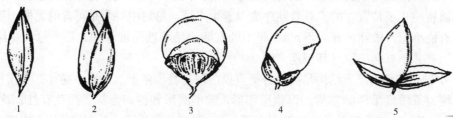

图 3-21　颖壳包裹籽粒程度

1. 全包裹　2. 3/4 包裹　3. 1/2 包裹　4. 1/4 包裹　5. 全裸露

（L. R. House，*A Guide to Sorghum Breeding*，1985）

有柄小穗位于无柄小穗的一侧，形状细长。不同品种间有柄小穗的差别较大，或者是宿存的，或者是脱落的；大的或者小的；长花梗或短花梗的。有柄小穗常常只有两个颖片组成，有时有稃。

3. 小花　无柄小穗里有 2 朵小花，较上面的小花发育完好，是可育花；较下面的小花不育，是退化花，只有 1 个稃，形成 1 个宽的、膜质的、有缘毛的相当平的苞片。该苞片部分包裹了可育小花。可育小花有 1 外稃和 1 内稃，均为膜质。外稃较大，顶端有 2 个游离的齿状裂片，或多少贴生在芒上或沟槽的短尖头上（图 3-22）。有时，芒卷缠或弯曲呈膝盖状。也有外稃顶端全缘的类型。内稃小而薄。在内外稃之间有 3 枚雄蕊和 1 枚雌蕊。雄蕊由花丝和花药组成，花丝细长，顶端有 2 裂 4 室筒状花药，中间有药隔相连。雌蕊由子房、花柱、柱头组成，居小花中间，子房上位卵圆形，两心皮构成一室，内有倒生胚珠。子房的两侧各有 1 枚肉质浆片，呈宽短截形，上边有缘毛。浆片吸水能将颖片撑开，有助于开花。有的高粱品种在每个小穗上有规则地结双粒，这是由于另一朵小花也是可育的。双粒总是背靠背而生。偶尔也能发现同生种子，2 个籽粒被包裹在同一果皮里，但却是 2 个分开的胚（Karper，1931）。还有多花类型，多花在每个小穗里可以结 2～6 个分开的籽粒，还有某些多花类型是不育的。

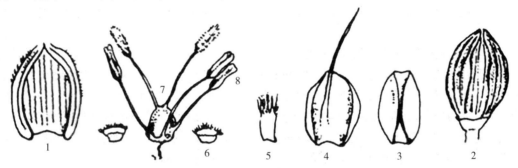

图 3-22　无柄小穗和小花的结构
1. 外颖　2. 内颖　3. 不孕花外稃　4. 可孕花外稃　5. 可孕花内稃　6. 浆片　7. 雌蕊　8. 雄蕊
（《中国高粱栽培学》，1988）

有些品种有柄小穗里有 3 枚花药的小雄蕊，称单性花，花药能产生正常的花粉。具有这种性状的高粱恢复系对制种提高结实率非常有效。因为单性花通常在无柄小穗小花开过之后才开，因而延长了整个制种田的开花散粉期。只有极少数品种的有柄小穗具有有机能的子房并产生种子，然而有柄小穗结的籽粒总是比无柄小穗结的籽粒更小些。

（三）穗茸毛

穗轴生有不同程度的茸毛，似乎所有的茸毛都长在节上，程度不同。Cowgill（1926）区分出 3 种主要的茸毛类型：①细毛，多少不一的细毛均匀地遍及穗轴的表面，或者主要分布在穗轴的沟槽里；②茸毛生长在穗轴的脊上，比第一类的细毛要长；③穗轴上有粗糙硬毛状。

二、花序的分化

（一）营养分化期与生殖分化期

高粱茎端生长锥可分为营养分化期和生殖分化期。营养分化期茎端生长锥要完成营养器官，即叶片、茎节和节间原始体的分化，此期的生长锥称为营养生长锥。生殖分化期茎端生长锥在完成营养器官原始体分化之后发生了质的转变，开始生殖器官原始体的分化，此期的生长锥称为生殖生长锥。生殖生长锥分化产生花序，所以称为花序分化。高粱花序呈圆锥形，故称圆锥花序，也称穗。它是由穗轴、枝梗、小穗、小花等构成，所以花序分化又称穗分化。

（二）穗分化及其分期

许多学者对高粱穗分化及其分期都做过研究，目前公认的穗分化分为 8 个时期。

1. 生殖生长锥分化前期　这一时期是营养生长即将结束，在生长锥上仍可见到产生的叶片和芽组织（图 3-23，1）。

2. 生殖生长锥伸长期　这一时期标志着营养生长已经结束，转向生殖生长，穗分化开始。这时，生长锥体积明显增大，顶端突起，呈圆锥体状，长度大于宽度（图 3-23，2）。

3. 枝梗分化期　此时期是第一级、第二级、第三级枝梗原基分化期。先在伸长的生长锥基部出现苞叶原基，然后在苞叶原基的腋间产生乳头状突起，这些突起围绕在生长锥的基部，数目逐渐从下向上增加，这就是第一级枝梗原基，以后发育成穗上的第一级枝梗。第一级枝梗分化是从下向上的。当生长锥长到 2mm 时，第一级枝梗原基全部形成。这时，苞叶原基逐渐消失。顶端第一级枝梗原基即将分化完成时，下面的第一级枝梗原基的基部渐渐变宽，两侧产生互生的第二级枝梗原基（图 3-23，3）。第二级枝梗原基的分化也是从下向上的。所以，第一级、第二级枝梗原基的分化是向顶式的。第三级枝梗原基先在生长锥中部产生，再向上、向下分化。当生长锥长到 4mm 时，第三级枝梗原基就全部形成了（图 3-23，4）。

当第二级、第三级枝梗原基发育时，第一级枝梗原基膨大为具有多头原基的肉质体。通常在生长锥中、下部分化枝梗原基比顶端快，因此生长锥上部只产生第一级、第二级枝梗，而中、下部除第一级枝梗外，还多产生第二级、第三级枝梗。

4. 小穗和小花分化期　当第三级枝梗在生长锥基部出现时，生长锥顶端的末级枝梗上便产生了小穗原基。小穗原基的分化是从生长锥顶端的枝梗上逐渐向基部推进，因此是离顶式的分化。小穗原基的分化产生小穗和小花。分化过程是先从小穗原基基部的一侧产生外颖片原基。当外颖片原基膨大到几乎包裹整个小穗原基的基部时，在相对的一侧产生内颖片原基（图 3-23，5）。随后，在内颖片原基对面较高位置上分化出退化小花的外稃原基。在外稃腋间产生退化小花原基，其体积很小，很快便消失了。在退化小花原基刚形成突起时，其对面产生可育小花外稃原基，同时腋间很快产生可育小花原基，位于退化小花原基的上方，这时生长较快的外颖片已包裹着小花。可育小花原基分化之后，小穗原基就不再膨大。每个小穗虽然有两朵小花，但退化小花只剩 1 个外稃（图 3-23，6）。小穗原

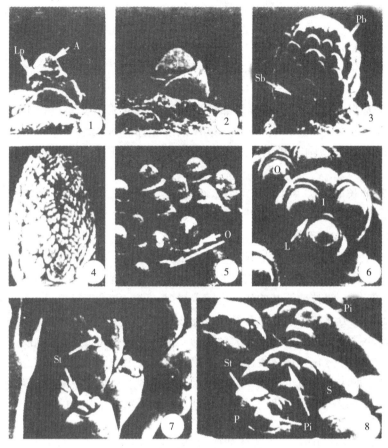

图 3-23　高粱穗分化时期图

1.3 周苗龄的叶原基（Lp）和生长锥（A）　2. 生殖生长锥伸长期

3. 第一级枝梗原基分化（Pb），第二级枝梗原基（Sb）开始　4. 各级枝梗原基向顶式分化，伸长

5. 外颖原基分化（O），可见无柄（S）和有柄（P）小穗

6. 紧靠外颖（O）和内颖（Ⅰ）小花的不育小花外稃（SI）和

可育小花外稃（L）　7. 小花上雄蕊原基（St）分化

8. 无柄（S）和有柄（P）小穗的小花的雄蕊（St）和雌蕊（Pi）原基分化

（Eastin 和 Kit-wah Lee，1984）

基分化的次序是外颖、内颖、外稃、退化小花原基，可育小花原基。

5. 雌蕊和雄蕊分化期　在可育小花的内颖原基产生后，小花原基的顶端产生 3 个乳头状突起，即花药原基，将会形成 3 个花药。其中，1 个在外稃的基部，另 2 个在外稃的两侧呈鼎立状。花药原基出现不久，在 3 个花药原基的中间分化出雌蕊原基，以后发育成子房和花柱、柱头（图 3-23，7，8）。这时，分化产生两种不同的小穗：一种是有柄小穗，它的花原基在花药形成突起之后就不再继续生长，逐渐退化，故又称不育小穗；另一种是无柄小穗，又称可育小穗。它的基部不伸长成柄。小穗的 2 朵花中的第一朵花原基尚未产生雌蕊、雄蕊原基之前就退化成退化小花；第二朵小花发育正常，内外颖片迅速生长合拢，包围整个小穗。一般来说，在顶端产生 3 个并生的小穗，中间为无柄小穗，两侧为有柄小穗；其他部位都并生 2 个小穗，一个有柄小穗，一个无柄小穗。花原基的分化顺序是内稃、雄蕊、雌蕊、浆片。它们是向顶式分化。

6. 减数分裂期　在雄蕊体积膨大后，子房的顶端开始分化出 2 个突起的柱头原基。雌蕊产生不久，浆片开始分化形成。这时雄蕊药囊的药隔开始出现，基部开始居间生长，花丝随之产生。一般认为这是减数分裂期。膨大的药囊呈四棱状，囊内产生花粉母细胞，并进行减数分裂，经二分体，形成四分体，最后每个四分体发育花粉粒。

7. 花器形成期　这一时期花器各部分迅速增大。柱头上开始出现羽毛状腺毛，雄蕊的花丝伸长。小穗上的颖片、外稃、浆片以及花序轴（穗轴）等，在体积上都迅速增大。外颖的基部出现刚毛状毛，这时花器各器官都已形成，生长锥的分生组织已停止分化。

8. 花序轴伸长期　这一时期颖片明显增大，由黄白色逐渐变为绿色或黄色。随着花器的发育，花序轴迅速生长，即将开始抽穗。这一时期颖片明显增大。

（三）穗分化与单穗产量

穗分化的好坏、充分与否对最终的单穗产量关系密切。单从穗分化看，应重视以下几条。第一，由于第一级枝梗原基是向顶式分化的，因此当营养生长锥的生长期延长时，则生长锥增大，使第一级枝梗原基的数目也随着增多。第二，由于第二级、第三级枝梗是在第一级枝梗原基上分化的，因此只有各级枝梗数目多，产生的小穗才多。而各级枝梗数目的多少显然与小穗分化开始的时间有关。因为小穗的分化是离顶式的。如果枝梗原基分化后，很快就开始小穗分化，那么很显然上部第一级枝梗上的第二级、第三级枝梗的数目就会减少，所产生的小穗总数也会减少，其结果是单穗的总粒数也就减少。因此，延长第一级、第二级、第三级枝梗的分化期，并适当延迟小穗原基分化开始的时间，对产生更多的小穗数有重要作用。

影响高粱穗分化的因素，除品种种性以外，也受生态条件的影响，如温度、光照、水肥、栽培管理等。例如，在枝梗原基形成期，适当低温和加强水肥管理均是很关键的。

第五节　生殖器官的发生和生殖

一、雌蕊和雄蕊的发育和形态解剖

（一）大孢子发生

单胚珠附在心皮壁上，由子房壁内表皮下面部分的细胞分裂形成的。开始时胚珠为直立状，发育过程为弯生状，最终旋转为倒生状。成熟的胚珠有 2 层珠被，外珠被比内珠被略长。每层珠被都是 2 层细胞，珠孔处则有 4～5 层细胞。胚珠发育初期珠心为一团幼小的细胞，很快珠心表皮下有一个细胞增大，成为孢原细胞。它形成胚囊母细胞，又称大孢子母细胞。最初，大孢子母细胞与一单层胚珠细胞组织连接，但很快这一层组织的宽度由于其平周分裂而增加，从而把大孢子母细胞推向珠心的合点部位。大孢子母细胞由于体积增大变成椭圆形。大孢子母细胞经历减数分裂并在一纵上形成四分体大孢子。四分体的最大细胞为合点大孢子，是有功能的，而其他 3 个较小的退化了。大孢子增大和

分裂，一个核保留在珠孔末端，另一个移向合点
的末端。细胞核经过 3 次分裂变成 8 个，结果形
成典型的 1 个卵细胞，2 个助细胞，2 个极核，3
个反足细胞的结构（图 3-24 和图 3-25，1、2）。

幼卵是球形的，当它发育后变成气球形状。
卵位于 2 个足细胞之间，合称为卵器。之后，当
胚囊成熟时，助细胞就收缩而失去原来的结构，
而且纵列条纹出现在顶端生出丝状物。2 个极核
很相似，集合为中央细胞，并与同时产生的卵细
胞紧密靠近。3 个反足细胞位于胚囊的合点端，
当较低的极核一离开它们就开始分裂，产生一网
状反足组织，这种反足组织完全充满了胚囊的合
点部位（图 3-25，1）。它们在胚囊中起吸收营养
作用。

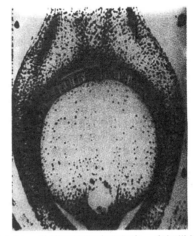

图 3-24　受精时的胚珠和胚囊：中间纵切正
面图（×85）

（Artschwager 和 McGuire，1949）

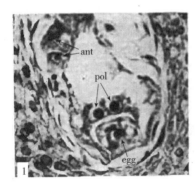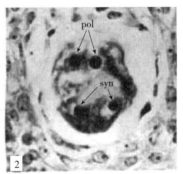

图 3-25　胚囊纵切图

1. ant：反足细胞　pol：极核　egg：卵（×7 000）　2. pol：极核　syn：助细胞（×850）

（Artschwager 和 McGuire，1949）

（二）小孢子发生

花药的最先发生是作为一团同类分生细胞，外周为一层表皮，随后在表皮下方产生孢
原细胞。孢原细胞进行一次平周分裂后形成内、外两层细胞，外层为壁细胞，内层为造孢
细胞。这时幼小的花药已长成四棱形，横切面如四裂片，渐渐发育成具有四室的花粉囊。

花药壁由壁细胞分化而成，共有 4 层细胞。最外层为表皮，细胞呈砖形，壁薄，核
大。在表皮里面，壁细胞经过平周和垂直分裂后产生花药壁的其他 3 层细胞，即药室内壁
（纤维层），药室中间层和毡绒层（图 3-26）。药室内壁及中间层细胞大小差不多。花药成
熟时，药室内壁细胞的壁往往不均匀地木质化加厚，由于纤维层细胞壁的收缩，使花粉囊
开裂，花粉散出。药室中间层存在的时间很短，成熟时退化完全被吸收。花药壁的最内层
为毡绒层。该层细胞比其他层细胞大，横切面几乎为等四边形，细胞质浓厚，染色深，核
大。开始为单核细胞，由于分裂时细胞质不分开，因而有的细胞为双核。

在花药壁发育的同时，初生造孢细胞也进行分裂，形成花粉母细胞，又称小孢子母细

胞。花粉母细胞体积大，细胞质浓厚，细胞核大。花粉母细胞通过减数分裂及时地形成四分体，为左右对称型。四分体分离形成四个小孢子，小孢子再进而发育成花粉粒。

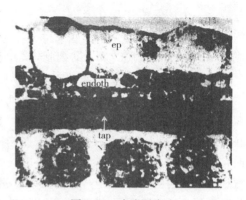

图 3-26　小孢子发生
晚前期花粉母细胞（×1 000）
tap. 具双核毡绒层细胞
ep. 花药表皮细胞　endoth. 药室内壁
（Artschwager 和 McGuire，1949）

随着造孢细胞发育为花粉母细胞，药室中部由于胼胝质的沉积而形成胼胝体。在减数分裂过程中，胼胝体也分离，并向花药壁方向移动，在花粉母细胞外形成一覆盖层。之后这种特殊的壁溶解消失，使小孢子从四分体中游离出来。刚形成的小孢子周缘凹凸不平，细胞质浓厚，有 1～2 个核仁。以后逐渐变圆，并形成外壁和内壁。随着小孢子的发育，外壁更加明显，同时分化出萌芽孔。接着细胞质液泡化，先是形成许多小液泡，后合并成大液泡。核由中央移向与萌芽孔相对的壁处。单核小孢子很快进行有丝分裂，由于细胞分裂中期纺锤体两极不对称，结果向外形成棱形生殖细胞，向心形成椭圆形营养细胞。营养核在原处迅速扩大，并进行蛋白质和多糖的合成。同时，生殖细胞体积增大，进行有丝分裂，形成 2 个椭圆形的精子，成熟的精子为螺旋形，并列排在营养核附近。成熟的花粉粒具有内、外壁发育良好的三核，即 1 个营养核，2 个精核的花粉粒结构。

高粱小孢子发生过程中，从花粉母细胞经减数分裂形成四分体期间，植株对环境变化十分敏感。低温、干旱和营养不良都会影响减数分裂的正常进行。

（三）雄性不育性

人们在种植高粱时，很早就发现雄性不育现象。雄性不育高粱的雌蕊发育正常，而雄蕊发育不良，表现为花粉干瘪瘦小，乳白色、淡黄色或褐色带斑点。花粉粒无生命力，自交均不结实。

雄性不育分为两种类型，一是细胞核雄性不育，一是细胞核和细胞质互作雄性不育，后者又称细胞质雄性不育。它们都受遗传基因的控制。高粱细胞质雄性不育以败育花粉为特征。Singh 和 Hadley（1961）研究表明，在小孢子阶段之前没发现小孢子发生畸形与细胞质雄性不育有关。随着小孢子的形成，不育高粱产生原花粉。这种原花粉可能有内壁、外壁和发芽孔，但不发生小孢子减数分裂，不能形成淀粉，也没有功能。

但也有一些研究人员认为，细胞质雄性不育花粉母细胞的减数分裂是正常的，只是在四分体以后才发生畸形。张孔湉（1964）曾观察到，高粱雄性不育系减数分裂前的细胞核没发生异常现象，只是细胞质失去了常态。雄性不育植株的花粉母细胞于前期Ⅰ的粗线期就出现了败育迹象，花粉母细胞变小和产生粘着状态。又据中山大学生物系（1974）的研究，细胞粘连现象在造孢细胞、花粉母细胞及其减数分裂Ⅰ期、Ⅱ期的前期、中期、后期、末期均可见到。减数分裂之前，可育系和不育系的毡绒层细胞相似，而在分裂后期，毡绒层细胞变厚和紊乱。张孔湉（1964）认为，在单核阶段，不育系的毡绒层表现为两种类型：一种是毡绒层伸长败育型，即当小孢子体积增大时，毡绒层细胞不退化，反而伸长向药室内侵入，把小孢子挤压成一团。另一种是毡绒层退化败育型，毡绒层细胞不伸长侵入药室内，只是小孢子的壁皱缩，相互粘成一团而败育。这两种类型花药中的小孢子最后都停滞在单核阶段，不形成正常成熟的花粉粒，因而产生败育。

Brooks 和 Chien（1966）研究可育高粱品种麦地（Wheatland）和矮瑞德兰（Dwarf Redlan）发现，毡绒层是宽窄均匀（4.1～16.0μm）的辐射形宽度，而退化的辐射形宽度小于 4μm；在不育毡绒层里，几乎没有多少是退化的毡绒层，大多数表现出辐射形宽度大于 16.1μm 的毡绒层（图 3-27）。

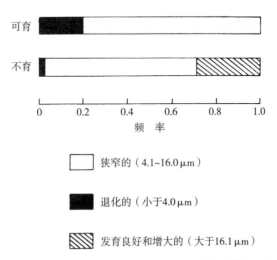

图 3-27　麦地和矮瑞德兰高粱花粉形成末期狭带类型频率
（Brooks 等，1966）

中山大学（1974）的观察，有些不育系在花粉母细胞进入减数分裂前期 I 时，胼胝质不随花粉母细胞向外移动而是与它分开后滞留在花药中央，形成不定形的质团。这种质团呈纤维状，在减数分裂时扩散，先行消失。因此，花药中的二分体与四分体不能形成正常的次生细胞壁，使花粉母细胞粘连在一起，融合形成多倍体或多核小孢子。很明显，胼胝质发育的异常状态是不育系花粉母细胞发育过程的特征之一。

总之，高粱不育系在小孢子发育过程中，虽然也经过第一、第二收缩期的类似变化，但细胞内含物始终无法充实起来，绝大多数细胞停滞在单核阶段，不能通过有丝分裂形成营养核和生殖核，因而不能形成雄配子。

细胞质雄性不育的发现，使高粱杂种优势的利用变成现实，高粱杂交种的应用使籽粒产量大幅提升。而细胞核雄性不育的发现和利用，可使高粱实现轮回选择，进而使群体改良成为可能。

二、生　殖

（一）开花期

高粱从出苗到开花所经历的天数受基因 Ma1、Ma2、Ma3 和 Ma4 的制约，不同品种的开花期是不同的（表 3-1）。最长的开花天数（开花期）是 100 天迈罗，90d；最短开花天数是 38 天迈罗，44d。

表 3-1　高粱不同品种开花期

品　　种	基因型	开花期（d）
100 天迈罗（100M）	Ma1Ma2Ma3Ma4	90
90 天迈罗（90M）	Ma1Ma2ma3Ma4	82
80 天迈罗（80M）	Ma1ma2Ma3Ma4	68
60 天迈罗（60M）	Ma1ma2ma3Ma4	64
快熟迈罗（SM100）	ma1Ma2Ma3Ma4	56
快熟迈罗（SM90）	ma1Ma2ma3Ma4	56
快熟迈罗（SM80）	ma1ma2Ma3Ma4	60
快熟迈罗（SM60）	ma1ma2ma3Ma4	58
莱尔迈罗（44M）	Ma1ma2ma3^{R}Ma4	48
38 天迈罗（38M）	ma1ma2ma3^{R}Ma4	44
赫格瑞（H）	Ma1Ma2Ma3ma4	70
早熟赫格瑞（EH）	Ma1Ma2ma3ma4	60
康拜因赫格瑞（CH）	Ma1Ma2Ma3ma4	72
波尼塔	ma1Ma2ma3Ma4	64
康拜因波尼塔	ma1Ma2Ma3Ma4	62
得克萨斯黑壳卡佛尔	ma1Ma2Ma3Ma4	68
康拜因卡佛尔 60	ma1Ma2ma3Ma4	59
瑞德兰	ma1Ma2Ma3Ma4	70
粉红卡佛尔 C1432	ma1Ma2Ma3Ma4	70
红卡佛尔 PI19492	ma1Ma2Ma3Ma4	72
粉红卡佛尔 PI19742	ma1Ma2Ma3Ma4	72
卡罗	ma1ma2Ma3Ma4	62
早熟卡罗	ma1Ma2Ma3Ma4	59
康拜因 7078	ma1Ma2Ma3Ma4	58
Tx414	ma1Ma2ma3Ma4	60
卡普罗克	ma1Ma2Ma3Ma4	70
都拉 PI54484	ma1Ma2ma3Ma4	62
法哥	Ma1ma2Ma3Ma4	70

（二）开花

当高粱穗完全抽出旗叶鞘时，花序便开始开花。不同品种开始开花不一样，有的是边抽穗边开花；有的品种是在抽穗后 2～6d 开始开花。同一分枝上的有柄小穗比无柄小穗晚开花 2～4d。开花顺序是自上而下，开的第一朵花或者是最上面的穗枝梗的顶端的无柄小穗，或者是第二个无柄小穗。一般来说，位于穗同一水平上的无柄小穗大体在相同时间内开花。

整个花序从开始开花到结束的时间，因品种、穗头大小，环境温、湿度不同需 6～15d，一般是 6～9d。高峰开花期处于整个开花期的一半时段。每天开始开花的时间已有各种报道，从晚上 10 时到翌日上午 8 时半。同一品种在不同地点或同一地点的不同品种开始开花的时间都是不同的。在美国得克萨斯州的齐立柯斯，有 67% 的黑壳卡佛尔观察到的开花时间在晚 10 时到翌日凌晨 3 时之间，而 70% 多的标准黄迈罗开花时间在早上 4 时至 7 时。在印度，高粱开花时间大约半夜 12 时到翌日 2 时，而且继续到上午 8 时或更晚些，多数花在早上 4 时开放（Ayyangar 和 Rao，1981）。

在中国，汇总高粱开始开花时间研究的结果是从晚 7 时至翌日早晨 7 时，开放的花朵数占全日开花总数的 90.3%～96.7%；从上午 7 时到下午 7 时开花的极少（乔魁多，1956）。徐爱菊（1979）在大连观察，晋杂 4 号的第一朵花于半夜 2 时开放，以后每天开花时间渐次往后推迟，清晨 4 时至 6 时开花最盛，7 时以后开花最少。开花的节律主要受黑暗和温度的影响（Stephens 和 Quinby，1934）。开花的最适温度为 20～22℃，相对湿度在 70%～90%。

由于 2 枚浆片膨胀的压力很快就使内、外颖片张开而开花，大约 10min 就完成这一过程，这时柱头和花药伸出颖外（图 3-28）。颖壳张开的角度一般为 45°，最大能达到 60°以上。由于品种不同，或者是柱头与花药一起伸出来，或者是其中 1 个先伸出来，接着另一个再伸出来。不同品种有宽且短的颖壳，或者有大的羽毛状柱头和花药。当花药从开启的颖壳伸出来时，它们旋转并展开，花丝很快伸长，花药向下变成悬垂状。有时，当这样的花药倾斜时就开裂散粉了，多数是它们在裂开前，保持吊垂状态一个短时间，然后开裂散粉。极个别品种在颖壳张开前花药先行破裂散粉，进行自交。开花结束后颖片复而闭合，花药和柱头或部分或全部留在颖外。

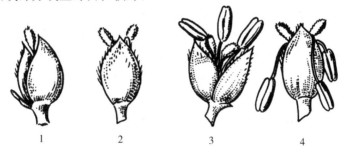

图 3-28　小花开放过程
1. 将开放　2. 初开放　3. 完全开放　4. 已开放

从颖壳张开到闭合的时间有许多观察报道。印度的观测结果是 45min 左右。Stephens 和 Quinby（1934）在美国得克萨斯州观测矮菲特瑞塔品种为 2h，幅度为 0.5～4.0h。在中国，不同学者观测的结果是不一样的。孙凤舞（1957）报道 20min，赵渭清记载小黄壳的需要 30min。杨赞林（1957）在安徽观测的结果从内、外颖张开到完全闭合，长达 2～3h。总之，在高温条件下，开、闭时间短，低温则长；湿度大，开、闭时间长，低温多湿开闭时间更长。相反，高温干燥则开闭时间短。花药开裂的时间和程度也受天气条件的影响，阴冷潮湿的早晨，尽管颖壳已张开，花药已伸出，但花药不会立即开裂。

（三）授粉

高粱属常异交作物，开花后在颖外进行授粉，天然杂交率较高，5% 左右是通常公认的数字（Graham，1916；Ball，1910；Patel，1928；Karper 和 Conner，1919；Sieglinger，

1921)，最高可达 50%。异交的比率受风向、风力和穗形的影响，散穗比紧穗更易异交，穗上部 1/4 处发生的异交多于下部 3/4 处的 2～4 倍（Maunder 和 Sharp，1963）。徐天锡（1934）观测的高粱异交率为 3.9%；孙仲逸（1934）在南京观测的是 2.9%。

开花前 1d，花粉粒尚未成熟，直到开花前 1h 花粉才成熟，并具有萌发力。刚散粉的花粉粒生命力最强，萌发率最高，花粉管伸长速度最快。花粉一般存活 3～6h，而柱头有受精力可达开花后 1 周或更长，然而最佳授粉期是开花后 72h 时间里。

（四）受精

1. 普通受精　花粉粒落到雌蕊柱头上立即发芽。首先花粉内壁从萌发孔突出伸长，形成花粉管，原生质也随着进入其内。花粉管继续生长，通过柱头的腺性表皮细胞进入柱头的 1 个侧枝，继续向下经花柱进入子房壁，再通过分离的珠心细胞进入胚囊。在这个时期珠孔里层细胞已长得很大。尽管有许多花粉管可能进入子房腔里，但是只有 1 或 2 个穿入珠孔的花粉管能够射出其精子，与卵细胞受精。通常花粉粒落到柱头上后大约 2h 就能与卵细胞受精。而李扬汉（1979）认为授粉 6～12h 后开始受精。

高粱的受精过程同一般禾谷类作物一样，也是"双受精"。即 1 个精子与 2 个极核受精，另一个精子与卵细胞受精。极核受精与卵细胞受精同时发生。2 个极核在受精前或者已发生融合，之后与精子受精，或者 1 个极核先与精子结合，再与另 1 个极核发生融合，形成胚乳母细胞。卵细胞受精后产生的合子，大约有 4h 的静止期。而极核受精后的胚乳母细胞静止期较短，因此其分裂较受精卵早。通过精卵结合形成双倍染色体数目的合子（$2n$），恢复了高粱的原有染色体数目，使物种得以延续。

2. 闭花受精　在加纳，有一个高粱在正常条件下不开花，以品种 Nunaba 为代表。Bowden 和 Neve（1953）报道，该品种在开花期颖壳不张开。在东非的条件下，Nunaba 表现完全的闭花受精，既看不到颖壳张开，也见不到柱头和花药的任何标志，但结实是正常的。Ayyangar 和 Ponnaiya（1939）也报道高粱的闭花受精。

第六节　高粱籽粒发育及其结构

一、籽粒发育

高粱籽粒，习惯上称种子，属颖果。籽粒由子房里的胚珠发育来的，种皮由珠被发育来的，果皮由子房壁发育的，胚和胚乳分别由受精卵和受精极核发育来的。

（一）胚的发育

受精卵即合子，经 4h 的静止后便开始分裂。合子先进行横向分裂变为 2 个细胞。一个细胞向着胚囊的中心，叫顶端细胞，另一个叫基细胞。这两个细胞通过分裂形成胚体和胚柄。初期胚柄吸收营养以供胚体发育用，同时通过胚柄细胞的分裂作用，将胚体推向胚乳中去。6d 后胚成菱形，其较低末端变细与胚柄连接（图 3-29）。7d 后，胚柄不能辨别了，已经破碎，并被生长中的胚乳细胞吸收了。第六天时，可看到器官分化的标志。在胚后面的下方呈现出锯齿形缺刻。该缺刻上面部分发育成小盾片上部，下面部分变成子叶鞘和相继发育的几个叶原基。

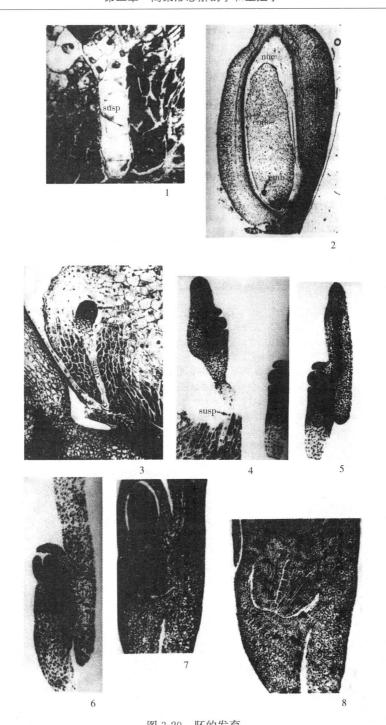

图 3-29　胚的发育

1. 幼胚和大胚柄（×525）　2.5d 龄胚的胚珠，胚乳几乎取代全部珠心组织（×30）

3.4d 龄胚和大胚柄（×30）　4.6d 龄胚和长胚柄（×135）　5.7d 龄胚（×135）

6.8d 龄胚（×135）　7.11d 龄胚（×135）　8.13d 龄胚一部分（×135）

susp. 胚柄　emb. 胚　nuc. 珠心　endos. 胚乳

（Artschwager 和 McGure，1949）

受精后第八天生长点可清楚看到，是个半球状分生组织团。受精后 10～12d 在胚芽鞘节和盾片节之间的区域形成中胚轴。在第一营养叶原基出现的时期，胚较低部位开始发育初生根，并形成胚根鞘，包裹着胚根。在根尖和鞘之间，形成了根帽。同时小盾片已发育出 2 个翅，并折叠形成一个套包裹着胚。胚长到第十二天已经完全成形，之后在体积上快速增大，直到成熟。

（二）胚乳的发育

初生胚乳核由于是 2 个极核与 1 个精子结合形成的，所以是 3 倍体（3n）。核分裂后不立即形成细胞壁，因而出现 3 个以上的自由核。受精 2h 初生胚乳核即分裂，3h 则已分散开，11h 分散的核已分布在胚囊周围的边缘位置上，在胚囊内有一个大的中央液泡。自由核由细胞质相互联系，珠孔一端的较密集。胚乳发育很快，2d 后可见外围的胚乳核已开始出现细胞壁，3d 的胚乳细胞已完全形成细胞壁。到第五天，珠心组织逐渐被胚乳吸收，从而胚乳占据了珠心的大部分。到第六天，淀粉开始淀积，由于快速增加，以致到第九天时全部胚乳细胞的 2/3 都充满了淀粉。

当外层胚乳细胞成熟和它的细胞壁更厚时，可见油状物贮在里面，它们形成一表层，后来变成糊粉层。然而，基部的胚乳细胞不是分裂，而是伸长，其中的细胞质分解了。该层仅保留一细胞厚，并与表皮层，即初生糊粉层联系（图 3-30）。

在胚下面的胚乳与种皮紧密相连，而基部胚乳的其余部分与种皮分离。果皮和种皮由于籽粒其他部分的发育被向外推动，空间上发生体积的增大，因为基部胚乳细胞分裂已经停止。当胚乳表层（糊粉层）细胞分裂停止时，除次表层外的多数胚乳细胞都淀积淀粉粒。中央基部细胞最后充满淀粉粒。淀粉粒取代浓厚的细胞质，这时蛋白质网状组织也形成。一个典型的蛋白质网状组织（图 3-31，1、2）。在其他部位的细胞分裂停止后，次表

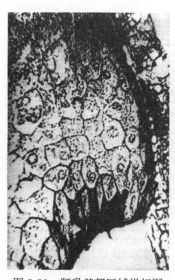

图 3-30　胚乳基部区域纵切图
P. 果皮　SC. 种皮
AL. 糊粉层　EE. 胚乳表皮（×227）
（Sanders，1955）

图 3-31　高粱胚乳结构解剖
1. 淀粉粒、气泡和少数蛋白质体。光滑的表面是周边的胚乳细胞　2. 围绕淀粉的蛋白质基质的放大图。淀粉已被 α-淀粉酶溶解了（3×3 000）
（L. W. Rooney 和 R. D. Sullins，1981）

皮层的细胞分裂继续，并产生 1 或 2 层同心周边扁平细胞。这些细胞在发育期含有浓厚的细胞质，当淀粉粒和网状蛋白质产生时，这些细胞就不突出了。

（三）种脐的发育

种脐位于种子基部，是特别重要的地方，通过种脐营养可以达到发育中的籽粒（图 3-32，1）。当种子成熟时，其吸收的营养被阻隔在种脐。柄附着点上 1mm 全粒横切面图（图 3-32，2）。韧皮部与木质部分开正好在木质部进入鳞片的那一点下面。这形成一宽带细胞，连续到远离胚的果皮，并覆盖着胎座合点垫和转运细胞。这一小块韧皮部被限制在转运细胞区域内，从不穿过珠心组织。

除种脐外，种皮包围整个种子。在这里，内珠被的 2 个像角突出物伸展到胎座合点垫的两边（图 3-32，3）。转运细胞本身变形成为基部胚乳细胞，表现出胞质束和壁隆起。这些隆起物在与胎座合点垫毗邻的细胞层是最紧密的，并且在转运细胞里变得不突出了，直到从合点垫处约有 10 个细胞时，它们就再看不到。这些转运细胞含有丰富的细胞质和很多线粒体，而胚乳细胞是正常薄壁的，充满了淀粉（图 3-32，4）。位于韧皮部薄壁组

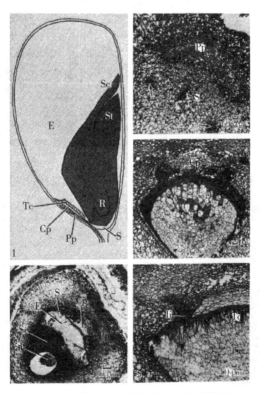

图 3-32　授粉后 35d 高粱籽粒和种脐结构图

1. 籽粒纵切面图解：表明胚乳（E）、转运细胞（Tc）、胎座合点垫（Cp）、韧皮部薄壁组织（Pp）、种皮（S）、胚根（R）、芽（St）和小盾片（Sc）的位置　2. 花梗点上 1mm 处完整高粱粒横切面图、表示不同组织的空间位置：胚（Em）、其他字母同（A）（×50）　3. 表示专化转运细胞（Tc）横切面图。被压碎的内珠被（Ii）、部分种皮、在胎座一合点垫的两边形成角质（×350）　4. 变形如转运细胞的基部胚乳，表示典型的细胞壁突起物（×250）　5. 围绕胚乳的种皮横切面图，表示种脐孔与转运细胞相邻（×425）

（Giles 等，1975）

织带和转运细胞之间的胎座合点垫是由薄壁的等径细胞组成，这些细胞既没压碎也没压缩（图3-32，5）。

当籽粒达到生理成熟时形成的"黑层"，出现在位于转运细胞区域内的果皮的基部离胚的一种锯齿状的棕色组织带。与转运垫毗邻的韧皮部细胞在授粉后约30d开始含有果胶或粘胶，而且这种物质在此后的5d里变得很稠密。果皮的小黑块明显地与"黑层"连合，在颜色上变得更加清楚了，更黑了。从受精后40d起，黑色紧密层表现出更加深黑（Giles等，1975）。

（四）种皮的发育

授粉时，籽粒的未成熟结构是胚珠和子房壁。受精时，子房壁已有4层细胞，并发育成成熟的果皮；子房壁完全包裹着胚珠，胚珠发育成成熟的种子。授粉时，珠心由内外珠被覆盖，并被一薄层角质分开（图3-33）。在珠孔处，内珠被由2层细胞组成。而珠孔处的外珠被则由几层细胞组成。在内珠被和果皮之间变成压碎状，授粉第六天几乎完全被吸收掉。这时，在最初分开的2个珠被上增加了更多的角质。授粉第九天时，顶部的内珠被由大的凸起细胞组成，这种细胞沿籽粒表面以直角增大（图3-34，1、2）。这些细胞随后

图 3-33　授粉时胚珠纵切面图

OW. 子房壁　OI. 外珠被　II. 内珠被
N. 珠心　ES. 胚囊　M. 珠孔　H. 种
脐　（×31.5）

（Sanders，1955）

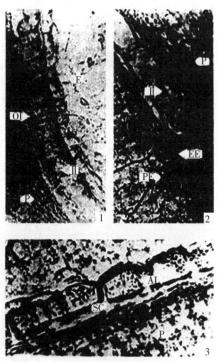

图 3-34　种皮的发育

1. CK54T授粉9d时靠近顶部横切面图（×200）　2. CK60授粉
后9d横切面图，表示种皮空细胞和外胚乳的形成（×199.5）
3. 马丁授粉后21d的种皮和糊粉横截面图（×322）

EE. 胚乳表皮　PE. 外胚乳　P. 果皮　OI. 外珠被
II. 内珠被　E. 胚乳　SC. 种皮　AL. 糊粉

（Sanders，1955）

碎裂并消失了。授粉后 21d（图 3-34，3），许多栽培高粱在胚乳和果皮之间没有多少蜂窝状组织。Sanders（1955）研究种皮的发育是直到授粉第九天是一致的。某些品种，例如早熟赫格瑞在籽粒里有一里表皮。这类品种在授粉前有一个发育完好的内珠被，而且细胞含有一种橘红色素。这些细胞以大小（不是以数目）增大，压力导致这些细胞壁破裂（图 3-35，1、3）。当细胞壁破裂时，产生更多的色素并不断地形成色素层。在色素细胞的顶部保留一种固态厚层，而胚芽的表面，其厚度不比单层细胞更厚（图 3-35，3），比较品种马丁（图 3-35，2）。

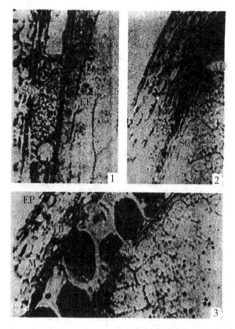

图 3-35　不同品种种皮情况

1. 早熟赫格瑞授粉 6d 时种皮和胚乳表皮横切面图（×216）　SC. 种皮 EE. 胚乳外皮　2. 马丁授粉后 30d 果皮和部分胚乳横切面图（×56）　P. 果皮 AL. 糊粉　3. 早熟赫格瑞授粉后 30d 果皮和着色种皮的顶部位横切面图（×50）　EP. 果皮表皮　M. 中果皮　CC. 交叉细胞层　TB. 管胞层

（Sanders，1955）

在品种康拜因卡佛尔 54T 中，在种子顶部末端的某些内珠被细胞仍是完整的，而在别的地方，这层细胞或者在成熟时完全被吸收了，或者仅剩下破碎的细胞壁。在珠被或它的残留物上都没有色素淀积。在所有的情况下，曾把珠被分成两层的角质层在果皮底下作为连续的包被仍然存在。所有品种在胚乳和果皮之间形成角质种皮。多数研究的品种在胚乳与果皮之间没有多少或完全没有蜂窝状组织。

二、成熟种子的结构

成熟种子的结构可分为 4 部分，最外层是果皮，往里是种皮，再往里是胚乳以及胚。

（一）果皮

果皮就是由子房壁发育来的。成熟时的果皮细胞数目大约与受精时相同，只是细胞变

得更大，壁已加厚。果皮包括外果皮，
中果皮和内果皮（图 3-36 和图 3-37）。
最外层的是外果皮，它由 2～3 层长方形
或矩形细胞组成。细胞壁上具有许多单
纹孔，其外有不均等增厚的角质层，有
时含有色素。特别是当颖片颜色较深时，
色素可通过外果皮渗到胚乳组织中。中
果皮由数层大的、伸长的薄壁细胞组成。
许多品种中果皮含有淀粉，但成熟时消
失。一般来说，中果皮薄的品种，碾磨
加工时出米率和出粉率较高。再往里的
内果皮由横细胞和管细胞组成。这些长
而窄的横细胞与中果皮的薄壁细胞联结，
其长轴与籽粒长轴垂直。管细胞约 $5\mu m$
宽、$200\mu m$ 长（Hector，1936），横切时
为圆形成椭圆形，细胞的长轴与籽粒的
长轴方向一致。

（二）种皮

种皮是由内珠被发育来的。如果品
种有种皮，通常是厚的，辐射状外壁及

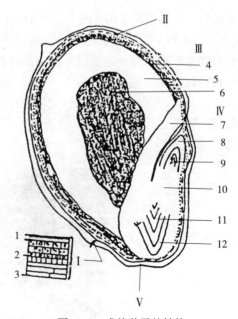

图 3-36　成熟种子的结构

Ⅰ. 果皮　1. 外果皮　2. 中果皮　3. 内果皮（上为横细胞，下为管细胞）　Ⅱ. 种皮　Ⅲ. 胚乳　4. 糊粉层　5. 角质胚乳　6. 粉质胚乳　Ⅳ. 胚　7. 盾片　8. 胚芽鞘　9. 胚芽　10. 胚轴　11. 胚根　12. 胚根鞘　Ⅴ. 种脐

（Rooney, L. W. and F. R. Miller, 1981）

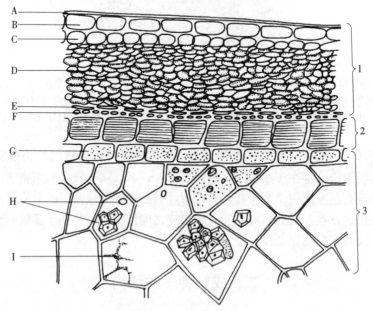

图 3-37　成熟种子结构

1. 果皮　2. 种皮　3. 胚乳　A. 角质层　B. 表皮　C. 下表皮　D. 中果皮
E. 横细胞　F. 管细胞　G. 糊粉层　H. 淀粉层　I. 蛋白质体

（Snowden, 1926）

很膨胀的内壁，并与果皮紧紧相连，很难分开。种皮沉淀的色素以花青素为主，其次是类胡萝卜素和叶绿素。其含量因品种和环境条件而异。一般淡色籽粒花青素很少或没有。种皮里还含有另一种多酚化合物，单宁。种皮里的单宁既可以渗到果皮里使籽粒颜色加深，也能渗入胚乳里使其发涩。有的品种种皮极薄，不含色素，单宁含量也极低，食用品质优良。另外，单宁在种子收获前抗穗发芽、耐贮藏和抗虫等方面具有良好作用，也有的品种没有种皮。

（三）胚乳

胚乳分成糊粉层和淀粉层。糊粉层由规则的单层块状矩形细胞组成，内含丰富的糊粉粒和脂肪。淀粉层可分为胚乳外层，角质胚乳和粉质胚乳。这两种胚乳所含淀粉粒形态不同，前者多为角形式表面凹陷的多面体，后者为球形。角质胚乳中的蛋白质含量高于粉质胚乳。根据籽粒中角质胚乳和粉质胚乳的相对比例，可把胚乳分为角质型、粉质型和中间型。胚乳中的淀粉虽然都由 α-葡萄糖分子缩合而成，但按分子结构又分为直链淀粉和支链淀粉。直链淀粉链长无分枝，分子量较小（10 000～50 000），遇碘呈蓝色或紫色，能溶于水；支链淀粉在直链上还有许多分枝，遇碘呈红色，分子量比直链淀粉大得多，且不溶于水。一般粒用高粱品种支链淀粉与直链淀粉之比为 3：1，称为粳型；蜡质型胚乳几乎全由支链淀粉组成，也称为糯高粱。

此外，印度等国还有一种爆裂型高粱，它的角质外有一层坚韧而富有弹性的胶状物质，遇热迅速膨胀而开裂。还有一种高粱籽粒含有大量胡萝卜素，呈现柠檬黄色，称为黄胚乳高粱。

（四）胚

胚位于籽粒腹部的下方，稍隆起，呈青白半透明状，通常是淡黄色。成熟的种子其大小是不同的，一般用千粒重表示。千粒重在 20g 以下者为极小粒品种；20.1～25.0g 为小粒品种；25.1～30.0g 为中粒品种；30.1～35.0g 为大粒品种；35.1g 以上者为极大粒品种。

第七节 高粱无融合生殖

一、概 述

（一）无融合生殖的概念

在高等植物中，无融合生殖是指通过无融合结籽，是相对于两性融合而言的。无融合生殖的种子发育与有性生殖一样，同是来源于胚珠，区别在于胚的形成无需精、卵结合。一般来说，无融合生殖胚的产生是从胚珠体细胞来的，雄配子没有与卵细胞融合。因此，合子的染色体数目及遗传结构完全与母体一样，后代是纯体细胞繁殖来的。

1908 年，Winkler 首次使用了"无融合生殖"这一术语。在 Winkler 的定义中，把纯粹用营养器官，如根茎、葡匐茎、芽等的无性繁殖方式，均广义地归为无融合生殖。然而，植物育种家还是倾向于把无融合生殖这一术语限定在种子的无性繁殖上。

无融合生殖在高等植物中是普遍存在的现象。目前，已有 30 个科，300 余种植物发现有无融合生殖，包括柑橘属（*Citrus*）、浆果（berris）、银胶菊，以及许多草本植物等；在农作物中，高粱、珍珠粟、水稻、玉米均报道了无融合生殖。

（二）无融合生殖的类型

无融合生殖分为两大类型，一种是专性无融合生殖（obligate apomixis），一种是兼性无融合生殖（facultativ）。前者是卵细胞不接受任何花粉中的精子，从不受精，总是单性地发育成胚，因此专性无融合生殖作母体时杂交是不能成功的，而以它作父本可以与其他品种或近缘种杂交，能够把无融合生殖的特性传递给后代；后者是既产生有性生殖，又产生无融合生殖，即在其杂交后代中，有一部分植株像母本，这源于无融合生殖，而其他不同于母本的植株则源于有性生殖。

根据无融合生殖孢源细胞的起源方式及其机制，总称为不完全无配子生殖（agramaspory）。不完全无配子生殖主要有 4 种机制，即无孢子生殖（apospory）、二倍体孢子生殖（diplospory）、孤雌生殖（parthenogenisis）和不定胚（adventitous embryony）。

（三）无融合生殖应用前景

植物学家致力于无融合生殖细胞学遗传基础的研究，获得了许多有价值的成果。从有性生殖到无融合生殖的研究中，提出了控制和掌握无融合生殖使其成为植物育种的工具。Bashaw 等（1960）在狼尾草［*Pennise tumciilare*（L.）Lenk］专性无融合生殖中发现了有性植株，并成功地把无融合生殖应用于杂种优势固定。无融合生殖的完全控制和解决将给育种和种子生产带来新的变革。无性繁殖的种子不会产生任何的生物混杂，从理论上讲，把双亲结合的强优势杂交种通过无融合生殖永远地固定其杂种优势，育成所谓的无融合杂种（Vybrid）。

为了更好地把无融合生殖应用于育种，必须了解和掌握无融合生殖的类型、产生的机制和频率。有的植物，如狼尾草是完全无融合生殖的，也称专性无融合生殖。还有的植物，如早熟禾（pao）、高粱等，有些植株是无融合生殖，有些植株则是有性生殖，称兼性无融合生殖。兼性无融合生殖的后代中有一部分植株同母体一样，还有一部分植株不完全同母本，是有性生殖的后代。兼性无融合生殖无法控制其生殖方式，这给育种造成困难。但是，也有把兼性无融合生殖成功地用于杂种优势固定中，例如早熟禾。

（四）主要粮食作物应用无融合生殖的前景

在粮食作物中，玉米几乎是全部利用杂种进行生产，水稻也是利用杂种优势的主要作物，如能利用无融合生殖技术固定其杂交种优势，其意义和作用将是巨大和深远的。在其他粮食作物中，小麦和大豆尚未利用杂种优势，采用无融合生殖也能实现杂种优势利用。目前，已知道玉米的亲缘种摩擦禾（*Tripsacum daetloides*）具有无融合生殖特性，可以与玉米杂交；小麦的具有无融合生殖特性的近缘种（*Eymas reetisetus*）能与小麦杂交，从野生种中转导无融合生殖基因于这两个作物中还是有可能的。

目前，国际上许多国家很重视作物无融合生殖研究，把其作为重点研究课题。据统计，迄今已有几十个国家，200 余个实验室开展无融合生殖研究。美国、印度的科学家已进行克隆和转导无融合生殖基因的工作，随着生物技术的发展和进步，将有可能实现主要粮食作物杂种优势固定，给世界种业带来一场新的革命。

二、高粱无融合生殖及其机制

（一）高粱无融合生殖研究历程

1968 年，印度学者 Rao 和 Narayana 首次报道了高粱品系 R473 具无融合生殖特性。该系来源于 Aispure 与黄胚乳卡佛尔 IS2942 杂交的后代。他们观察到 R473 花期的柱头一直保持新鲜，具杂交不孕性，一些胚囊起源于未减数的珠心细胞，是无孢子生殖。

1970 年，Hanna 等报道了高粱品系 PGY，是一个多雌蕊品系，为无孢生殖。同年，Schertz 和 Bashaw 还发现 WS（白粒高粱）、试验 3 号白粒突变体、SD（南达科他突变系）、DH（双单倍体系）具多胚囊现象。

1991 年，张福耀等报道了高粱 296B 具无融合生殖，吴树彪等（1994）证明该系为无孢子生殖类型。1994 年，牛天堂等报道了育成的高粱品系 SSA-1，具高频率的无融合生殖，是无孢子生殖和二倍体孢子生殖类型。

1992 年，山西省农业科学院高粱研究所对 100 份高粱品系和杂种进行多胚苗的筛选，发现高粱也存在不定胚现象，其中 V4/74/324 的双胚苗率可达 6％。

1995 年，Enaleeva 等报道通过组织培养，获得了高粱孤雌生殖系。

Murty 等（1985）提出了利用无融合生殖进行高粱育种的新概念，Vybrid 育种，即把兼性无融合生殖系杂交，再次以兼性无融合方式繁殖的后代定义为 Vybrid—无融合杂种。其产量水平介于品种和杂交种之间。

（二）高粱无融合生殖机制

高粱有 4 种无融合生殖机制。

1. 无孢子生殖　从孢子以外的细胞通过有丝分裂发育成二倍配子体的现象，称无孢子生殖。无孢子生殖的胚和胚乳来源于珠心细胞形成的未减数的胚囊。在未减数分裂前或功能大孢子形成期，大孢子母细胞的发育与有性生殖胚珠的发育完全一样（图 3-38，1～5）。此时，胚珠中的一个或多个珠心细胞的核扩大，细胞质稠密，形成像大孢子母细胞一样的细胞（图 3-38，6）。这些细胞与周围的分生组织比较，表现大且有活性。在某一发育阶段，一般讲有性生殖大孢子因细胞或胚囊未能形成成熟胚囊而解体消失。相反，被无孢子生殖胚囊代替（图 3-38，6～8）。无孢子生殖胚囊与有性生殖胚囊明显不同，有性生殖只有 1 个胚囊，而无孢子生殖有 2 个或多个胚囊（图 3-38，8）。在狼尾草（Buffell grass），毛花雀稗（Dallis grass）的无孢子生殖胚囊里没有反足细胞（图 3-38，8）。因此，反足细胞的有无是区别有性生殖胚囊和无融合生殖胚囊的标志。但是在肯塔基早熟禾（Kentuky bluegrass）和粒用高粱中，成熟的无孢子胚囊分化完全像有性生殖胚囊，所以在这些物种中，必须在胚囊发育的早期，即大孢子母细胞减数分裂前，功能大孢子期（图 3-38，1～6）准确地鉴定无孢子生殖的起源，同时要确认有性生殖胚囊是否也发育了。

无孢子生殖是高等植物无融合生殖的最基本机制，多数物种表现为多胚囊现象，少数只形成单胚囊。无孢子生殖在不同物种中发生的早晚差异较大，不能一概而论。

高粱品系 PGY 的无孢子生殖胚囊的起源与图 3-38 的无孢子生殖过程很相近，胚珠中大孢子母细胞发生至功能大孢子期完全与有性胚珠一样，在合点端功能大孢子形成期，珠孔端

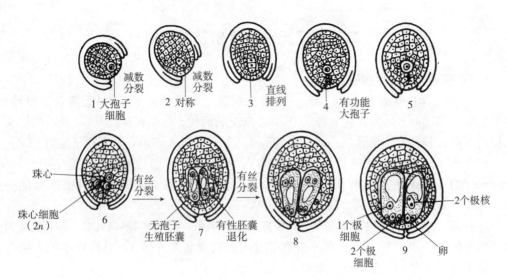

图 3-38　刺果狼尾草无孢子生殖胚囊发育过程

1. 大孢子母细胞　2. 二分体　3. 四分体　4. 有功能大孢子　5. 功能大孢子增大　6. 珠心细胞发育成多孢源
7. 双二核胚囊　8. 四核胚囊　9. 成熟胚囊（多胚囊，无反足细胞）

的一个或多个珠心细胞活性增强，体积增大，核仁明显，核分裂发育成无孢子胚囊。在无孢子胚囊的发育过程中，有性生殖的功能大孢子逐渐退化（Schertz 和 Bashaw，1970）。

　　Rao 和 Murty（1972）指出，R473 也是无孢子生殖类型，其无融合生殖胚囊原始细胞大都发生偏晚。在有性生殖幼胚囊期，仍能看到活性增强的珠心细胞。对 R473 胚胎发育不同时期的观察发现，在成熟胚囊期珠心细胞起源的无孢子原始细胞频率最高（表 3-2）。

表 3-2　R473 胚囊中无孢子生殖孢源细胞发生频率
(Tang 等，1980)

	胚珠发育时期		
	减数分裂期	幼胚囊期	成熟胚囊期
胚珠数	856	596	1 014
无孢子起源（%）	8.4	7.3	19.7

　　Tang 等（1980）对 R473、PGY、WS、SD、DH 5 个高粱系进行了细胞学研究，均表现出无孢子生殖特征，1 个或多个珠心细胞活性增强，形成多胚囊。测定和鉴定结果表明，上述高粱品系均为兼性无融合生殖，而且发生频率也不高（表 3-3）。很难作为育种材料直接利用。

表 3-3　高粱无融合生殖系的胚胎发育和后代测定结果
(Tang 等，1980)

品系	胚囊		测交后代	
	胚珠数	胚囊（%）	株数	母本型株数（%）
R473	317	23.3	—	—
PGY	375	1.3	1 416	9.2

（续）

品系	胚囊		测交后代	
	胚珠数	胚囊（%）	株数	母本型株数（%）
WS	364	8.2	1 784	4.0
SD	307	9.1	1 368	5.5
DH	349	1.1	463	1.3

高粱 296B 也为无孢子生殖类型，无融合生殖频率 20% 左右（吴树彪等，1994）。然而，该系与 R473 有较高的亲和性，用 296B 与 R473 杂交并回交后，后代表现稳定杂合性的潜势较高（张福耀等，1991）。

高粱无融合生殖系 SSA-1 的无孢子起源时期较早。在大孢子母细胞期，其靠近的一个珠心细胞体积明显比其周围的珠心细胞增大，变成无孢子胚囊原始细胞。到有性生殖四分体期，无融合生殖胚囊已发育至单核胚囊期。在无融合生殖胚囊中可以看到四分体的退化（吴树彪等，1994）。PGY 等无融合生殖系是在四分体后期才看到珠心细胞的活性增强。SSA-1 在单核胚囊之后的发育与有性生殖胚囊基本一致。它还兼有二倍体孢子生殖存在，后代测验和杂交鉴定表明，SSA-1 无杂交不孕性，且具有自主结实特性，无融合生殖频率可达 52%。因此，该系与 296B 杂交后代有较高的稳定杂合性潜力。

2. 二倍体孢子生殖　由孢子母细胞通过有丝分裂而形成的二倍体配子体，称为二倍体孢子生殖。二倍体孢子生殖在早期也称种孢子生殖，1900 年最先由 Juel 在蝶须属（*Antennaria*）中发现，因此又称蝶须型。蝶须型的大孢子母细胞不进行减数分裂，经较长时期后细胞扩大并液泡化，其形状像大孢子功能母细胞（图 3-39，1～4）。第一次分裂后，细胞核移向细胞的两端（图 3-39，5），与有性生殖胚囊的两核期非常相似，但是有性生殖胚囊的两核期的发育一般位于胚囊的中部，在珠孔端还可以看到大孢子母细胞解体后的残迹。二倍体孢子的 2 个核再进行 2 次有丝分裂形成二倍体孢子胚囊（图 3-39，6～8）。

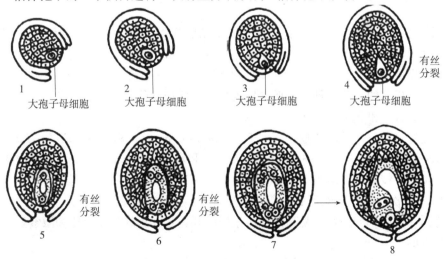

图 3-39　二倍体孢子生殖胚囊的发育（蝶须型）

1、2、3、4. 大孢子母细胞经过长的间期，不断增大并液泡化。无减数分裂，直接进行有丝分裂

5. 2核胚囊　6. 4核胚囊　7. 8核胚囊　8. 成熟胚囊

在二倍体孢子生殖中，胚囊的分化完全正常，胚囊成熟时完全与有性生殖胚囊一样（图 3-39，1），所以二倍体孢子的细胞学鉴定在两核和两核期之后已不可能。相反，只有在发育的早期，仔细地跟踪胚囊的起源，没有减数分裂，不形成大孢子母细胞线性四分体是二倍体孢子生殖的最明显特征。

高粱系 SSA-1 的二倍体包子生殖是首次报道，是直接有丝分裂型，其表现为大孢子母细胞不进行减数分裂，体积增加到一定程度后直接进行有丝分裂，分裂有纵向和横向的（吴庆彪，1994），此后的发育与有性生殖胚囊完全一样。高粱二倍体孢子生殖与有性生殖发育的区别主要在前期，有无减数分裂，是否形成线性四分体是其区分的特有标志。

3. 不定胚　不定胚是不通过配子世代，直接通过有丝分裂从一个孢子体产生的另一个孢子体胚，称不定胚。不定胚来源于胚珠、珠被、珠壁等体细胞。细胞核有丝分裂形成像芽的结构，不形成胚囊。在发育的早期，胚状体很像芽的组织，或像发育的原胚珠型胚。不定胚中没有极核，但是如果胚乳要发育，必须有正常胚囊中的极核受精。不定胚是柑橘属无融合生殖的普遍机制，早在 1719 年，Leuwenhock 就描述过柑橘种子的多胚现象，后来 Strashurger（1878）证实这来源于珠心组织，称之为珠心胚或不定胚。不定胚虽然来源于体细胞，形式上类似于营养繁殖，但在发育上完全像合子胚，所以它可以固定母体的杂种优势和杂合性。

不定胚的多胚现象有真多胚和假多胚之分。真多胚是多个胚产生于一个胚囊中，假多胚是一个胚珠中有多个胚囊，而一个胚囊只产生一个胚。

高粱不定胚的研究报道较少，只有山西省农业科学院高粱研究所发现晋中 90-1 的多胚苗的频率为 2.0%，V4/741324 可达 6%，而后代鉴定表明，这些多胚苗均未出现母体性状。目前的一些研究资料表明，不定胚在作物育种中是很难利用的，因为多胚苗总有 1 个是来自合子胚的苗，每代都得进行分离鉴定，除非从多胚苗中分离出的那个由无融合生殖产生的苗失去有性生殖能力，并产生可遗传的无融合生殖特性。但是，目前尚未做到这一点。

4. 孤雌生殖　孤雌生殖是指直接从有性生殖胚囊中，经减数分裂的卵核未受精发育成胚。这种现象在所有作物中都有可能偶然发生，无法用细胞学方法鉴定。孤雌生殖可以从后代中出现单倍体来鉴别。一般来说，孤雌生殖无一定频率，是随机的，自然的。但是，在玉米、棉花的一些品种中，孤雌生殖是受遗传控制的，如棉花的半配合体已在育种中应用（Tarcotte 和 Feaster，1969）。

牛天堂等（1987）采用普通小麦（*Triticum aestivum*）、扁豆（*Dolichos lablas*）、向日葵（*Helianthus annuus*）、蚕豆（*Vicia faba*）和水稻（*Oryza sativa*）等作物花粉给高粱不育系授粉，授粉后 3h，用赤霉素（GA_3）、萘乙酸（NAA）处理母本柱头，24h 处理 1 次，共 3～5 次。授粉和处理后的高粱多有部分子房膨大现象。当膨大子房开始萎缩时，剥开可得到一定频率的胚，就是高粱孤雌生殖的胚，是在远缘花粉授粉和激素处理的共同作用下产生的。

结果显示，4 年共给 129 株高粱授粉和处理，大部分都产生一定比例的膨大子房，其中有 53 株产生了具有萌发能力的胚，占授粉总数的 41.1%；幼胚数在 1% 以上的有 30 株，占总授粉数的 23.3%。而产生胚频率最高的是品系 OK11A，授予扁豆花粉，并用萘乙酸处理的，为10%。胚的形成是各种各样的，既有发育较完全的胚，也有许多形态不规则的胚。这些胚都比正常的胚小，约为正常胚的1/3~1/2。有少数胚还带有少量胚乳。还有一些膨大子房中仅在近珠孔处着生一白色颗粒。这种颗粒绝大多数都没有萌发能力。细胞学观察表明，这种胚为单倍体胚，有些能在培养基中激素作用下自然加倍成二倍体，之后长成正常植株。

5. 无融合生殖的假受精现象　在无融合生殖中，尽管胚的形成和发育不要雌、雄配子的结合，但在这一过程中，胚和胚乳的发育均需授粉，即假受精（pseudogamy）。无融合生殖中为什么必须授粉这一机制目前尚不清楚，可能是胚的形成和胚乳的发育需要花粉的刺激，或者形成成熟的胚乳需要极核受精。禾本科植物的无融合生殖多数是假受精类型，这类植物不受精胚乳是不能发育的。

高粱无融合生殖系，除SSA-1具有部分自主结籽能力外，均为假受精类型。在未授粉的SSA-1中，约有10%的胚乳能够发育，而其余胚珠中的极核则呈退化状态。假受精是无融合生殖中普遍存在的现象，因此在育种中如果利用有性生殖的雄性不育与无融合生殖系组配杂交时，必须考虑F_1能够恢复可育，否则将得不到种子。

三、无融合生殖系的获得方法与鉴定技术

（一）获得方法

1. 与有亲缘关系的无融合生殖系杂交选育　禾本科作物的一些近缘野生种都存在无融合生殖现象，例如小麦的一个亲缘种野麦属（*Elymusrectisetus*，$2n=6x=42$），玉米的近缘野生种鸭矛摩擦禾（*Tripsacum dectyloides*，$2n=72$）是无融合生殖的；珍珠粟（*P. americanum*，$2n=14$ 或 $2n=4x=28$）的亲缘种 *P. equamulatum*（$2n=6x=54$）和东方狼尾草（*P. arientode*，$2n=36$）是专性无融合生殖的。这些近缘种的无融合生殖基因都可以通过杂交、回交转育到作物品种中。成功的例子是珍珠粟。Hanna 等（1992）把 *P. equamulatum* 的无融合生殖基因转育到珍珠粟上，获得具有29条染色体、株型近似珍珠粟的植株，其无融合生殖频率可达95%。

2. 用不同特性的材料杂交选育　Powers（1945）提出无融合生殖基因大多为隐性，通过杂交使这些基因重组纯合则表现出无融合生殖特性。牛天堂等（1996）以多亲本聚合杂交成功地育成了高粱无融合生殖系 SSA-1（图3-40）。SSA-1 选育采用了 A_1 和 A_2 两种细胞质不育系作杂交亲本。雄性不育特性在 SSA-1 选育中有什么作用尚不清楚。但是，Tang 和 Schertz（1980）用高粱可育系、不育系与无融合生殖系杂交，发现不育系与无融合生殖系杂交的 F_1，其无融合生殖频率明显高于可育系与无融合生殖系杂交的 F_1，这似乎表明不育系与无融合生殖之间有某种关联。

3. 人工诱变　自然突变或人工诱变都可产生无融合生殖系。最早的一个高粱无融合生殖系就是通过辐射诱变获得的（Hanna 等，1970）。Hanna 和 Powell（1973）用热中子和二乙基硫酸盐酯处理珍珠粟种子获得了兼性无融合生殖系。但是，人工诱变无任何规律可循。

4. 组织培养　Enaleeva 和 Belayeva（1996）报道，来源于一个雄性不育的组织培养

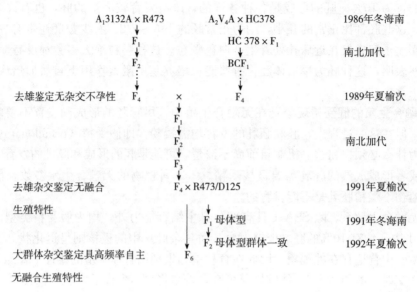

图 3-40　SSA-1 无融合生殖系选育过程

后代 AS-1，表现部分可育，不同植株的孤雌生殖频率为 $2\%\sim53\%$，通过选择加以稳定和提高，无融合生殖频率从 F_4 代的 8% 提高到 F_7 代的 35.7%。

5. 在育种中发现无融合生殖系

（1）作母本时，杂交困难或不结实。R473、296B 的发现都是基于这一现象。

（2）在自交或常异交授粉作物中，柱头外露早、有雌蕊先熟迹象，花期柱头一直保持新鲜。

（3）杂交后代不分离或早代稳定。

（4）F_1 代中出现假杂种（母体型植株）

（5）远缘杂交不育的后代，或非整倍体出现结实时。但是，要注意的是在远缘杂交中，如果双亲关系比较近，由于无融合生殖倾向于排斥有性生殖，种间杂种会有较好的结实性，但也不是所有的无融合生殖都表现可育，无融合生殖也需要克服不育和杂交不亲和性。无融合生殖的达利思草（Dallsi grass）只有 40% 多的结实（Bashaw，1958）。

（二）鉴定技术

准确地说，无融合生殖需要进行两方面的鉴定，即细胞学鉴定和后代检测。细胞学方法只能鉴定无融合生殖的机制，而无法对兼性无融合生殖的频率加以检测，这只能从测交后代中母体型植株的数目进行检测。

1. 细胞学鉴定法　石蜡连续切片法可以正确观察胚珠的空间结构。切片观察要特别注意大孢子的发生，线性四分体的有无，减数分裂发生与否，靠近大孢子母细胞的珠心细胞表现等，这些都是判断是否发生无融合生殖的重要标志。

压片法常用于成熟胚囊的研究。Murty 等（1979）用压片法观察 R473 授粉后 48h 胚囊中助细胞的是否存在，可间接推断卵细胞是否受精，如果授粉后 2d 助细胞还存在，则可认为还没有受精。

清洗技术，如水洋酸甲酯清洗雌蕊技术（Crane，1978），用来观察胚珠内部结构已比较成熟，可节省时间和工作量。

2. 后代检测法　迄今，高粱的无融合生殖系均是兼性无融合生殖，必须用带显性标记性状的材料作父本与其杂交进行后代测验。花期母本株去雄 2 个小码（每小码 30～50 个无柄小穗），分别套袋隔离，一码套袋后不授粉，作为鉴定自主无融合生殖处理；另一码授以有显性标记性状的花粉，作为杂交不孕性，或后代检测的处理。如果授粉后不结实，说明该系为杂交不孕性；如果结实，收获 F_0 代种子，播种后对 F_1 进行鉴定，F_1 中有母体株出现，说明有无融合生殖发生。去雄不授粉小码，收前调查，如结实，表明有自主无融合生殖。

牛天堂采用该法发现了无融合生殖系 296B 和 SSA-1（表 3-4、表 3-5）。杂交后代产生的母体株的频率就是无融合生殖频率。

表 3-4　SSA-1 系去雄套袋隔离与杂交授粉结实情况

年　份	试验地点	株数	去雄套袋隔离			去雄杂交授粉		
			小花数	结实数	结实率（%）	小花数	结实数	结实率（%）
1992 年夏	山西榆次	16	300	98	32.7	300	184	61.0
1992 年冬	海南	8	400	65	16.3	400	188	47.0
1993 年夏	山西榆次	9	270	36	13.3	270	61	22.6
1993 年冬	海南	9	450	62	13.8	450	252	56.0

表 3-5　SSA-1 后代测验结果
（张福耀等整理，1997）

组　合	年　份	地　点	F_1 表型			无融合生殖频率（%）
			总株数	母体型株	杂种株	
SSA-1×R 系	1992 年冬	海南	61	32	29	52.5
SSA-1×R. B 系	1993 年夏	山西	145	37	108	25.5
SSA-1×苏丹草	1994 年夏	山西	46	12	34	26.1

Murty 等（1984）用凹陷胚乳品种与无融合生殖系杂交，从偏离孟德尔 3∶1 的比率中准确地估算了无融合生殖频率。

专性无融合生殖的鉴定要容易得多，因为专性无融合生殖系作母本时不会产生任何杂种，后代全部母体型，以它为父本产生的无融合杂种，后代不再分离，整齐一致。

四、无融合生殖的遗传及其应用

（一）无融合生殖的遗传

在高粱无融合生殖的遗传研究中，R473、PGY 等无融合生殖系因缺少简单的遗传标记和具杂交不孕性，一直困扰着无融合生殖的鉴定和遗传研究。Murty 等（1984）用褐色高粱品系（PP）和高赖氨酸皱缩胚乳（SnSn）基因型与 R473 杂交进行了遗传研究，认为无融合生殖受复杂遗传控制。张福耀等（1997）对高粱无融合生殖系 SSA-1 的自主结实特性进行了遗传研究。13 个 F_2 代群体的去雄鉴定结果表明，SSA-1 与有性生殖系正交或反交，F_2 代的自主结实株数均以 15：1 分离。认为 SSA-1 的自主结实受 2 对隐性基因控制。

许多研究表明，兼性无融合生殖系的表达除遗传因素外，环境因素也有一定影响。例如，SSA-1，当日温为 29.5℃时，其自主结实率为 32.7%；低于 25℃时，其自主结实率仅有 13%（张福耀等，1997）。在 Dichanthium aristatum（Poir）中，日照长短与无融合生殖频率密切相关，长日照下无融合生殖频率明显降低（Knox 等，1963；Knox，1967）。

然而，迄今尚未发现环境因素对专性无融合生殖胚囊的影响，然而有性植株与专性无融合生殖植株杂交后，有些系产生兼性无融合生殖表现，Bashaw（1980）报道完全有性株与专性无融合株杂交，其 F_1 有 18%～35% 的兼性无融合生殖，且其频率受环境影响。

（二）无融合生殖在育种中的应用

因为无融合生殖的本质就是无性生殖，因此可以固定杂种优势，育成永久不分离的杂交种。Hanna 和 Bashaw（1987）认为，无融合生殖在固定杂种优势中的应用，应具有简单遗传，显性单基因控制，专性表达，受环境影响小，能产生正常的胚和胚乳。但是，实际上并非每种植物都具有如此理想的无融合体，那么在育种中如何更有效地利用已有的无融合生殖系，正是育种家面临着挑战。

1. 专性无融合生殖系育种及杂种优势固定　专性无融合生殖可作为植物育种的有效工具。无融合生殖育种与常规育种一样，育种家应对所用亲本的遗传基础和主要农艺性状的遗传参数有详细了解，以入选的有性生殖系作母本，专性无融合系父本杂交，F_1 或 F_2 代即可根据育种目标选择优良组合。

Taliaforro 和 Bashaw（1966）报道了狼尾草专性无融合生殖的育种体系（图 3-41）。他们用一个杂合的有性生殖株为母本与不同生态型的无融合生殖系为父本杂交获得的无融合生殖 F_1 杂种，这是专性无融合生殖的不分离杂种，即育成永久不分离的杂交种'Higgins'。Bashaw 的育种计划是要选择最强杂种优势的无融合生殖杂种，即后来的

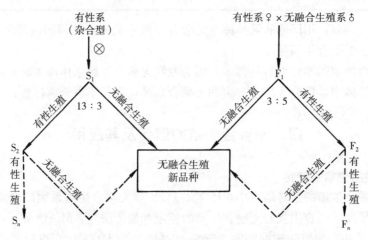

图 3-41　狼尾草专性无融合生殖育种体系

'Neuces'和'Liano'就是基于这种思路育成的。

在杂合型组合中，无融合生殖后代的选择最好在 F_1 代；F_2、F_3 代也可选择，但杂种优势明显降低。Burton 和 Forbes（1960）报道了 Bahiagrass 的无融合生殖杂种一直保持高产草量，但在有性生殖的后代中产草量降低很快。

2. 兼性无融合生殖育种及杂种优势固定　在一些草类植物中，由于兼性无融合生殖频率高，如 *Panicum maximum*（Jacq.）80 种的平均无融合生殖频率为 91.9%（Saviden，1982），已经选育出无融合生殖品种商业化推广。

在高粱中，由于兼性无融合生殖频率低，因此育种应用难度大。Murty 等（1981）提出了无融合杂种（Vybrid）的概念，即选育一种介于品种和杂交种之间的无融合生殖品种。其育种程序如下：

（1）选择适应性好的优良品种与 1 个或多个高粱兼性无融合生殖系杂交。

（2）种植大量 F_1，继续到 F_2，并逐一选择单株。

（3）按穗行种植，选择株高、开花期、穗形和籽粒性状一致的穗行做如下检验：通过胚珠压片或切片检测其是否为无融合生殖体；通过杂交授粉检验其是否有杂交不孕性；通过后代检测其有无融合生殖的可能性。

（4）种植这些性状一致的穗行中经检验的种子和筛选株的自交种子，尽可能大量进行杂交。

（5）筛选农艺性状优良的 F_1 代。

（6）F_2 代继续进行上述检验，完全排除分离的有性后代，只选择具有高频率无融合生殖的 F_1 代，并具有杂种优势的植株。

（7）下一代继续重复上述步骤。

（8）对优良的无融合杂种进行产量鉴定，应具备下述性状：高频率无融合生殖，产量优势明显，最小的分离比率。

牛天堂等（1991）提出了兼性×兼性（无融合生殖系）的育种体系。选育无融合生殖杂种必须在 2 个兼性无融合生殖体之间进行。而 Murty 的理想有性生殖系与兼性无融合生殖体的杂交，只能起到对兼性无融合生殖系农艺性状的遗传改良。牛天堂等认为，无融合杂种的选育应包括 2 个主要指标：一是无融合生殖系的遗传改良；二是无融合生殖杂种的组配，既要具有较强杂种优势，又要实现杂合性的固定，所用材料应含有不同亲缘的兼性无融合生殖系。其中在（296B×R473）×296B 和 296B×1 094 两个组合的 F_2 代中，F_1 基因型出现的频率分别高达 90.0% 和 79.1%，比其他兼性无融合生殖系之间的杂交高出 30%～40%；而且 F_2 代中只出现两种类型，一为杂种型，一为母本型。这一结果表明，通过兼性×兼性 可以育成分离很少的无融合生殖杂交种。

3. 高粱无融合生殖育种前景　从无融合生殖固定杂种优势的理论和实践出发，理想的无融合生殖应是无孢子生殖或二倍体孢子生殖类型，其种子来源于未减数卵细胞，而且是专性无融合生殖系。鉴于目前高粱为兼性无融合生殖，因此采用兼性无融合生殖系与兼性无融合生殖系杂交，比起有性生殖系与兼性无融合生殖杂交，其固定杂合性频率可提高 20%，实践证明，采用这种模式是高粱兼性无融合生殖用于育种和固定杂种优势的较好方式。

　　由于无融合生殖系大多具杂合性特点，采取有性系与无融合生殖系杂交，一个杂交组合便能得到多种杂交种类型。因此，无融合生殖杂交种的选育无需进行配合力测验等育种程序，只需在 F_1 代选准优良单株下一代鉴定其稳定性即可。一些优良性状如抗病性、抗虫性等可在 1~2 年内就能整合到杂交种里。杂交种的遗传基础能得到最大限度地拓宽，因为无融合生殖不像"三系"杂交种那样受不不育系的限制。

　　另外，无融合生殖杂交种不需要年年制种，减少了人力、物力、土地资源等的使用，还可避免"三系"制种过程中的一些其他不可避免的损失。种子生产更为便利、经济，不用设立隔离区，也不会产生任何的生物混杂。

主 要 参 考 文 献

丁志林，1980. 高粱开花习性的观察. 吉林农业科学（2）：50-53.

冯广印，1974. 高粱穗分化观察初报. 教学科研（4）：1-13.

郭仲琛，1959. 高粱发育的形态. 植物学报，8（3）：215-219.

李扬汉，1979. 禾本科作物的形态与解剖. 上海：上海科学技术出版社.

牛天堂，张福耀，吴树彪，等，1994. 高粱无融合生殖系 SSA-1 和 296B 的选育. 作物杂志（1）：5-6.

潘景芳，1966. 雄性不育高粱柱头生活力的研究. 辽宁农业科学（4）：52.

乔魁多，1963. 不同类型高粱开花习性的初步观察. 辽宁农业科学（3）：26-28.

乔魁多，1988. 中国高粱栽培学. 北京：农业出版社，59-112.

孙凤舞，1957. 高粱. 北京：科学出版社.

王黎明，1996. 作物无融合生殖研究. 国外农学—杂粮作物（3）：17-21.

徐爱菊，1979. 高粱胚的顶端分生组织分化的探讨. Ⅱ胚芽的生长与组织分化. 辽宁农业科学（6）：21-24.

徐爱菊，1979. 高粱胚的顶端分生组织分化的探讨. Ⅰ胚根的生长与组织分化. 辽宁农业科学（3）：14-18.

徐爱菊，1979. 高粱中胚轴（根颈过渡区）组织分化的初步研究. 辽宁师范学院学报（自然科学版）（4）：32-37.

张福耀，孟春刚，阎喜梅，等，1997. 高粱 SSA-1 无融合生殖特性及其遗传分析. 作物学报，23（1）：89-94.

张福耀，平俊爱，程庆军，等，2000. 无融合生殖研究及其在高粱育种中的应用前景. 杂粮作物 20（3）：3-6.

张孔湉，1964. 高粱雄性不育花粉败育过程的细胞学观察. 遗传学集刊（4）：49-60.

中山大学生物系遗传学教研组同位素室，1976. 作物"三系"一些生物学特征的研究. Ⅰ. 关于胞质、胞核遗传因子控制的雄性不育性状发生机理的探讨. 中国科学（1）：62-71.

Bashaw E C，1962. Apomixis and Sexuality in Buffelgrass ［J］. Crop Sic. 412-415.

Blum A，1977. Sorghum root morphogenesis and growth-effect of maturity genes. Crop Science. Vol. 17（1）：35-39.

Blum A，1977. Sorghum root morphogenesis and growth-manifestation of heterosis. Crop Science. Vol. 17（1）：40-45.

Doggett H，1987. Sorghum. Second edition. Published in Association with the International Development Research Centre Canada. 70-121.

Hanna W W，Sckertz K F，Bashaw E C，1970. Apospory in sorghun bicolor （L.）Moench. Science，170：338-339.

Lee Kit-Wah, 1974. Development studies on the panicle initiation. Crop Science. Vol. 14 (1): 38-43.

Rao N G P, Narayana L L, 1968. Apomixis in Grain Sorghum. India J. Gene. Plant Breeding, 28: 121-127.

Taliaferro C M, Bashaw E C, 1966. Inheritance and Control of Obligate Apomixis in Breeding Buffelgrass. Crop Sic. , 6: 473-476.

Wall JS, Ross W M, 1970. Sorghum production and utilization. New York and London.

第四章　高粱细胞学

第一节　植物细胞的结构和功能

一、细胞的一般结构和功能

细胞是植物生命的一个单位，它是合成新的生命物质，繁殖新细胞的最小单位。细胞是有机体的生理结构单位，它能繁殖、同化、呼吸，并能对环境及其变化产生反应。有机体的全部发育过程，从受精卵开始到最终死亡为止，都是以结构和行为的统一和协调为特征的。种胚或种子如同由它发育形成的成熟个体一样，是一个完整的有机体。它是作为一个整体而生长发育的，而不是细胞的机械聚合。一个完整的植株体是一个充分有机协调的实体，其中的每一个细胞与其他细胞之间均存在着相互依存、相互影响、相互协调的关系。随着细胞的分化，这种整体性越来越明显，因为细胞的专化性总是伴随着它在功能上灵活性的丧失和依赖程度而凸现。

植物细胞多种多样，例如表皮细胞、叶肉细胞、保卫细胞、含叶绿素细胞等。它们的形状、大小、功能等均有不同，所以无法用 1 个细胞来代表所有的细胞。每种细胞或细胞类型均有其特异之处。图 4-1 表示植物细胞的一般结构。

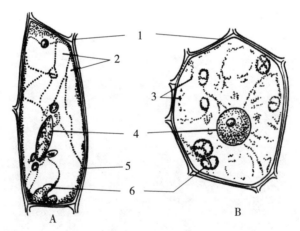

图 4-1　薄壁细胞

A. 甜菜叶柄的薄壁细胞　B. 烟草茎秆的薄壁细胞

1. 细胞壁　2. 液泡　3. 线粒体　4. 细胞核　5. 细胞质　6. 叶绿体

总的来说，植物细胞的一般结构可分为细胞壁和原生质体两大部分，其中原生质又可分为细胞核和细胞质。细胞的不同组分及其相互关系（图 4-2）可概括以下：

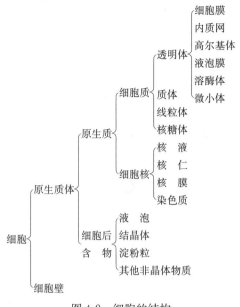

图 4-2　细胞的结构

二、细胞的精细结构和功能

（一）细胞壁

细胞壁（cell wall）位于细胞外面，是由细胞质分泌形成的一层壁，是无生命的。当细胞核分裂快结束时，一种称为胞间层（middle lamella）的膜便在细胞中心发育，逐渐形成隔膜，把新产生的细胞原生质体分隔开。胞间层由果胶物质构成，起着细胞胶合剂的作用，把许多细胞胶合在一起。随着细胞的增大，由胞间层两边的细胞质分泌出纤维素和果胶化合物形成一层薄壁，即新细胞壁。新细胞壁薄而富有弹性，能够伸展，从细胞的一边与已有的细胞壁相接。只要细胞壁还保持增长细胞体积的能力，而且厚度能发生可逆性变化，就称为初生细胞壁。

在植物的细胞壁上有许多称为胞间连丝（plasmodesma）的微孔，它们是相邻细胞间的通道，是植物细胞所特有的构造。通过电子显微镜可以看到，植物相邻细胞间的质膜是由许多胞间连丝穿过细胞壁连接起来的，因而相邻细胞的原生质是连续相通的。胞间连丝有利于细胞间的物质转运。大分子物质可以通过质膜上这些微孔从一个细胞进入另一个细胞。

当细胞停止扩展时，由纤维素（常有木质素）沉积在初生细胞壁内表面而形成次生细胞壁。次生细胞壁有薄有厚，硬度也不一样。所有细胞都有胞间层和初生壁，而次生壁只在某些类型的细胞中存在，如韧皮部纤维、石细胞、管胞和木纤维等都具有明显的次生壁。

（二）原生质体

1. 细胞膜（cell membrane）　细胞膜是一切细胞不可缺少的表面结构，是包被着细胞内原生质体的一层薄膜，简称质膜（plasma membrane 或 plasmalemma）。细胞膜使细胞具有一定形态结构的单位，以此调节和维持细胞内微环境的相对稳定性。

2. 原生质（protoplasm） 细胞膜内统称为原生质体，分为原生质和细胞后含物（非生命物质，如淀粉粒、液泡、蛋白质的结晶体等）。原生质又分为细胞质（cytoplasm）和细胞器（organelle）。细胞器是存在于细胞质内具有一定结构的物质总称。

细胞质在细胞分裂活跃期呈液态，静止期则呈胶状。细胞质中有许多酶，各种生化反应在细胞质中进行。细胞质的外面由细胞膜包裹，与液泡相接的部分形成液泡膜。这种膜均是双层，由蛋白质和类脂物质组成。这些膜都是半透性膜，是物质自由出入细胞的主要障碍。

（1）内质膜（endoplasmic reticulum） 它是细胞质中广泛分布的膜相结构。从切面看，它们好像布满在细胞质里的管道，把质膜和核膜连成一个完整的膜体系，为细胞空间提供了支架作用。内质膜是单层膜结构，在形态上是多型的，不仅有管状，也有一些呈囊腔状或小泡状。如果在内质膜的外面附有核糖体的，称为粗糙型内质网或颗粒内质网；如果不附核糖体的，则称为平滑型内质网。内质网的主要功能是转运蛋白质合成的原料和形成最终合成产物的通道。

（2）溶酶体（lysosome） 它是细胞里的处理单位，平均直径是 $0.4\sim0.8\mu m$，外膜单层，由脂蛋白组成。溶酶体含有丰富的水解酶，在许多组织的溶酶体中发现有大量的酸性磷酸酶，但它缺少氧化酶，这正是它区别于线粒体的一个重要特征。消化进入细胞的外来物质或清除无用的副产物均需它参与。当溶酶体脂蛋白膜被破坏时，其中的一些酶便释放出来，变得活跃起来，否则这些酶是不活跃的。

（3）线粒体（mitochondrion） 它是细胞质中普遍存在的细胞器。它呈很小的线条状、棒状、或球状，直径为 $0.5\sim1.0\mu m$，长度为 $1\sim3\mu m$，最长的可达 $7\mu m$。线粒体由内、外两层膜组成，外膜光滑，内膜向内回旋折叠，形成许多横隔。磷脂类是双膜结构的重要成分。

线粒体含有多种氧化酶，能进行氧化磷酸化反应，可传递和贮存所产生的能量，成为细胞氧化和呼吸作用的中心，所以说线粒体是细胞的加工厂。线粒体还含有脱氧核糖核酸（DNA）、核糖核酸（RNA）和核糖体等，具有独立合成蛋白质的功能。因为线粒体含有DNA，所以它也是自身的遗传体系。但试验证明，线粒体的 DNA 与同一细胞内的 DNA 碱基成分不同，并且这两种 DNA 在杂交试验中也不互相作用。因此，认为细胞质的线粒体与细胞核的是两个不同的遗传体系。

（4）质体（plastdi） 根据颜色和功能，质体可分为叶绿体（chloroplast）、有色体（chromoplasm）、白色体（leucoplast）和前质体（proplastid）4 种。

叶绿体是植物细胞中所特有的一种细胞器。叶绿体的形状有盘形、球形、棒形和泡形等。高等植物一般呈扁平盘形，长约 $5\sim10\mu m$。叶绿体也有双层膜，内含叶绿素的基粒是由内膜的折叠包裹。叶绿体的主要功能是光合作用。在黑暗条件下，它仍能进行氧化磷酸化作用。在遗传上，叶绿体含有 DNA、RNA，并能进行 DNA 的复制、转录和翻译。实际上，叶细胞中 50% 以上的核糖体和蛋白质存在于叶绿体中。

有色体含有红色素或黄色素。许多水果、蔬菜和鲜花所表现的红、黄和橘黄色都是有色体存在的结果。例如，番茄果实的有色体中含有番茄红素，胡萝卜根的有色体中有胡萝卜素。但是，并不是所有植物的红色都是由有色体形成的，如苹果和菜用甜菜所显现的红色是由花青素引起的。花青素溶于水，而质体中的色素不溶于水。

无色体没有颜色，通常存在于分生组织的细胞中及块茎、根、种子和其他淀粉贮藏器官中。当暴露在阳光下时，马铃薯块茎的一些无色体可变成有色体。

前质体通常存在于分生细胞中的质体。

（5）核糖体（ribosome）　核糖体是由约 40% 的碱性蛋白和 60% 的核糖体核糖核酸（rRNA）组成。核糖体很小，呈球形结构，直径约 15～20nm。核糖体可以游离在细胞质中或核里，也可附着在内质网上。在线粒体和叶绿体里也都含有核糖体。核糖体是不对称的颗粒体，有明显的亚基。每个亚基都含有 RNA 和蛋白质，并以其组分的沉降速度稳定为特征。

核糖体是蛋白质合成中进行氨基酸聚合的主要场所，并在多肽链合成中起非特异的催化功能。在合成分泌蛋白质细胞中，绝大部分核糖体附着于内质网膜上。在这些核糖体上，新合成的蛋白质从合成的地方转移至内质网的液泡内。在合成活动活跃的细胞里，经常发现成串的核糖体，称之多聚核糖体（polyribosome）。它是由 3 个或多个核糖体组成的，由另一类型的 RNA 分子，即信使 RNA 将其联系在一起。

（三）细胞核（nucleus）

根据细胞结构的复杂程度，可把生物细胞分为原核细胞（prokaryotic cell）和真核细胞（eukaryotic cell）。其区别在于原核细胞仅含有核物质，没有核膜，称为拟核（nucleoid）或核质体（chromatin body）。细菌和蓝藻等低等生物的细胞属于这种结构，统称为原核生物（prokaryote）；真核细胞不仅含有核物质，而且有核结构，即核物质被核膜包裹在细胞核里，所有高等植物、单细胞藻类、真菌都具有这种真核细胞结构，统称为真核生物（eukaryote）。

细胞核简称为核，一般为圆球形，核的大小也不同。植物细胞核的直径小的不足 $1\mu m$，大的可达 $600\mu m$，一般的为 $5～25\mu m$。核是遗传物质集中的主要地方，它对指导细胞发育和控制性状遗传均起主导作用。核由核膜（nuclear membrane）、核浆（nuclear sap）、核仁（nucleolus）和染色质（chromatin）4 部分组成。

1. 核膜　是核的表面膜，把核与细胞质分成两个功能不同而又密切相关的部分。核膜为 2 层薄膜，膜上有直径约 40～70nm 的核孔（nuclear pore），多数地方是通过内质网膜和与质膜相通的。核与质之间的物质传递就是通过核孔进行的，所以核孔与细胞的活性有着密切的关联。

2. 核液　核液是分散在低电子密度构造中的直径为 10～20nm 的小颗粒和微细纤维。由于这种微小颗粒与细胞质内核糖体的大小相似，所以核液可能是核内蛋白质合成的场所。在核液中含有核仁和染色质。

3. 核仁　核仁位于核内，1 个或几个，折光率很强，圆形。核仁的主要成分是由蛋白质和 RNA 组成的核蛋白，可能还有类脂和少量的 DNA。核仁与个别染色体的特定区域相联系。这些染色体称为核仁染色体。核仁在细胞分裂过程中短时间消失，以后又重新聚集起来。核仁在遗传信息从染色体到细胞质的传递中起着重要作用。核仁是核糖体

RNA 合成的场所。间期的核所具有的核仁数是物种的固有特征，这可能是恒定的，也可能有所变化。

4. 染色质　在细胞尚未进行分裂的核中，可以见到许多由于碱性染料而染色较深的、纤细的网状物，这就是染色质。当细胞分裂时，核内的染色质便浓缩呈现为一定数目和形态的染色体（Chromosome）。当细胞分裂结束进入间期时，核内的染色体又逐渐分散而回复为染色质。所以说染色质与染色体是同一物质在细胞分裂不同阶段所表现出的不同形态。

染色体是核中重要而稳定的成分，具有特定的形态结构和数目，是物种的特有特征。染色体具有自我复制能力，参与细胞的代谢活动，表现出连续有规律性的变化，它在控制物种性状的遗传和变异上具有决定性作用。每个染色体沿着长度方向有序地分布着许多细微的专化区域，称为基因。基因是 DNA 和 RNA 分子中特定核苷酸序列，控制着生物有机体的生长、发育和繁殖过程。例如，高粱的株高、籽粒色、穗形等性状都是受一定基因控制的。物种的全部基因不是在同一时间表达起作用的。当高粱种子形成胚时，一些基因起作用，另一些基因则在植株生长、发育时才发挥作用。

（四）细胞后含物

有生命的细胞含有一些非生命物质，它们也称细胞内含物。

1. 液泡（vacuole）　液泡是细胞质内的一些空间，内含细胞液。一般认为液泡源于内质网。年幼细胞内常有许多小液泡，每个均有液泡膜所包裹。液泡可以随着细胞的生长、成熟、增大、合并后数目减少。许多成熟细胞仅有 1 个大液泡。

液泡可使细胞保持一定的膨压，为水溶性化合物的积累提供一个多水的环境。因为水向高渗液泡移动，并对周围细胞产生压力，因此膨压可使细胞保持一定的硬度。当缺水膨压太低时，植物就会萎蔫。液泡还可以作为废料的存放场所，将不需要的物质或新陈代谢的副产物贮藏起来。

液泡外面有一层液泡膜，是一种选择性的透性膜。它能使液泡内的物质浓度明显不同于细胞质。液泡内的细胞液由许多高度稀释的溶液组成。已发现的多数液泡中有高浓度的糖类、盐类、有机酸类、氨基酸、水溶性蛋白质和生物碱、气体、糖苷、脂肪等。

2. 淀粉粒　淀粉是植物细胞内结构复杂的碳水化合物，呈粒状或颗粒状。它是多数植物储存养分的基本形式。

3. 结晶体　几乎在所有植物的许多组织里都有草酸钙或硫酸钙的针状结晶。草酸钙是最为普通的结晶体。草酸是原生质体某些活动的副产物，可溶于细胞液。如果细胞中的草酸浓度增加到一定水平时，便对原生质产生毒害。通过草酸与钙结合，形成不溶于水的草酸钙，这就避免了对原生质体的毒害。

综上所述，可根据膜的有无，把细胞结构分成两大类：膜相结构（membranous structure）和非膜相结构（non-membranous structure）。前者包括细胞膜、线粒体、质体、内质网、高尔基体、液泡和核膜等。这些膜都是由蛋白质和磷脂组成的，其中还有少量的糖类、固醇类物质及核酸等。许多试验表明，膜不是一种静态结构，其组成常随着细胞生命活动而发生变化；后者包括细胞壁、核糖体、中心体、染色质和核仁等。

第二节　染色体形态结构

一、染色体形态特征

（一）染色体的形态和大小

染色体几乎存在于所有生物细胞中，各物种的染色体都有各自特定的形态特征。在细胞生命周期中，染色体形态可表现出有规律的变化。染色体的化学组成和结构决定了它是最重要的细胞器。它能自我复制，具有控制遗传和生育的能力，还能通过信息分子（即特异蛋白）指导和调节机体的新陈代谢。

在细胞分裂过程中，染色体的形态表现出一系列规律性的变化，其中在有丝分裂的中期和早后期表现得最为明显和典型。因为这个阶段染色体浓缩到最粗、最短的程度，而且从极面上观察，可以看到它们分散地排列在赤道板上，因此常常都以此期进行染色体形态的识别和鉴定研究。

根据细胞学的观察，每个染色体都有一个着丝粒（centromere）和被着丝粒分开的两个臂（arm）。在细胞分裂时，纺锤丝就附着在着丝粒区域，这就是着丝点（spindle fiber attachment）的部分。染色体被染色时，只有两个臂着色，着丝点不染色。在光学显微镜下观察时，好像着丝点部位中断了，于是着丝点区域又称为主缢痕（primary constriction）。在某些染色体的一个或两个臂上还常有另外缢缩部位，染色较淡，称为次缢痕（secondary constriction）。它的位置通常

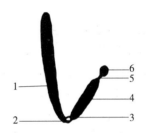

图 4-3　中期染色体形态的示意图
1. 长臂　2. 主缢痕　3. 着丝点　4. 短臂
5. 次缢痕　6. 随体

固定在短臂的一端。次缢痕的位置和范围与着丝点一样都是相对恒定的。这一特征也是识别某一特定染色体的重要标志。另外，次缢痕一般具有组成核仁的特殊功能。在细胞分裂时，它紧密联系着一个球形核仁，因而称为核仁组织中心（nuclear organizer）。在染色体中，某些染色体次缢痕的末端具有的圆形或略呈长形的突出体，称为随体（satellite）（图4-3）。

由于着丝点的位置不同可形成各种形态的染色体。如果着丝点位于染色体的中间，则成为中间着丝点染色体（metacentric chromosome），两臂大致等长，因而在细胞分裂后期，当染色体被牵引向两极移动时呈现 V 形；如果着丝点较近于染色体的一端成为近中着丝点染色体（sub-metacentric chromosome），则两臂长短不一，一个长臂一个短臂，则表现出 L 形；如果着丝点靠近染色体末端，成为近端着丝点染色体（acrocentric chromosome），则形成一个极长臂一个极短臂，近似于棒形；如果着丝点就位于染色体的末端，则成为端着丝点染色体（telocentric chromosome），呈棒状（图4-4）。

不同物种之间或同一物种的不同染色体之间的大小差异较大。染色体的大小指长度而言，在宽度上同一物种的染色体大致是相同的。一般染色体长度的幅度为 $0.20 \sim 50\mu m$，宽度为 $0.20 \sim 2.00\mu m$ 之间。在高等植物中，单子叶植物通常比双子叶植物的染色体大

图 4-4　后期染色体的形态
1. V 形染色体　2. L 形染色体　3. 棒状染色体　4. 粒状染色体

些。已知在有丝分裂中，高等植物最长的染色体是延龄草（*Trillium*），为 30μm。其他具有大型染色体的植物有百合科的许多种和鸭跖草科的一些种。

物种的染色体形态结构不仅是相对稳定的，而且数目是成双存在的。这种形态和结构相同的一对染色体，称作同源染色体（homologous chromosome）。而这一对染色体与另一对形态结构不同的染色体，则互相称非同源染色体（non-homologous chromosome）。

某些外界因素可影响染色体的形态结构和大小数目。秋水仙素能通过抑制纺锤丝的形成以阻止细胞分裂，但不降低染色体的分裂速度。随着细胞倍性的增加，染色体趋于缩短。

（二）染色体数目

每种生物的染色体数目都是恒定的，其在体细胞中是成对的，在性细胞中是成单的，分别用 $2n$ 和 n 表示。根据同源染色体的概念，体细胞中成双的每对同源染色体可以分成两套染色体。在减数分裂之后，雌、雄配子只存留一套染色体。

然而，同一物种内染色体数变异的情况也是存在的。例如，凡是两性间性染色体数目不同时，其染色体数目的变异就会出现。日本蛇麻（*Humulus japonicas*）雌蕊为 xx，而雄蕊为 xxx（x 表示性染色体）就是一例。还有一些变异可能由超数染色体（supernumerary chromosome）所引起。超数染色体也称 B-染色体。它对于有机体的生命活动并不是必需的。不同个体所具有的超数染色体数目也不相同。此外，植物染色体重排时，也可能产生数目的变异。如果染色体数目较多时（如一些多倍体），或有微小染色体存在时，也能导致染色体数的不稳定。

各植物种的染色体数目差异较大。例如一种菊科植物（*Haplopappus gracillis*）只有 2 对染色体，而在隐花植物中瓶而小草属（*Ophioglossum*）的一些物种则有 400～600 对或更多的染色种。一般来说，被子植物（angiosperms）比裸子植物（gymnosperms）的染色体数目多些。但是，染色体数目的多少与物种进化的程度并无关系。有些低等生物可比高等生物有更多的染色体，反之亦然。然而，物种染色体的数目和形态特征对于鉴定系统发育过程中物种间的亲缘关系，特别是对于植物近缘类型的分类具有重要意义。

（三）染色体的线性分化

真核生物染色体常具有明显的特征。在细胞分裂周期中，某一特定染色体的线性分化则是永久性的，而且是染色体所特有的。所谓线性分化是指在染色体长度方向上的分化。

1. 着丝粒　着丝粒与染色体的运动有关。没有着丝粒的染色体在中期赤道板上便不能正确的排列，在细胞分裂后期会成为落后染色体而丢失。还有，着丝粒部分地担负着形成纺锤丝的作用。被分离的染色体的着丝粒仍有吸引微管（microtubule），并使之具有通向类纺锤体结构（spindle-like-structure）端部的能力，这可能与活体细胞中发生的过程相类似。着丝粒两边均能形成动粒板（kinetochore plate），纺锤丝是从动粒板延伸到两极的。因此，使着丝粒具有这种组织能力。

通常一个染色体只有一个着丝粒，称单着丝粒染色体（monocentric chromosome），但也有 2 个或 2 个以上着丝粒的染色体，称多着丝粒染色体（polycentric chromosome）。着丝粒的结构看上去像不着色的缢缩。着丝粒的分化结构只有当染色体处于收缩状态时，或着丝粒表现为纺锤丝连接点时才能看到。当染色体处于伸展状态时，着丝粒难于观察。

2. 次缢痕、随体及核仁组织区　在染色体的 1 个或 2 个臂上，还可能有次缢痕。通常它与核仁的形成有关，但不是所有的次缢痕均与核仁相联系。在粗线期次缢痕区域最易观察，此时核仁还相当大。在细胞分裂前期开始时，核仁体积便逐渐减小，最后与染色体分离。而原先核仁所在位置没有加密，因而着色较淡。次缢痕可以位于染色体的任何部位，但在其染色体上的位置则是固定不变的。次缢痕与两边染色体片段不存在明显的角度偏移。根据这一点，可以将它与主缢痕相区分。次缢痕对纺锤丝似乎不起什么作用。在细胞分裂后期细胞核重新形成时，核仁会在同一地点重新出现。次缢痕及其相邻的部分是具有特殊功能的区域。

随体是次缢痕外的染色体末端部分。随体的大小各不相同，其直径或者与染色体的直径一样，或者少得多。连接染色质和随体的染色体丝有的长，有的短。但是，随体和染色质丝的形态和大小对于某个染色体来说总是一定的。一般把带有随体的染色体称为具随体染色体（SAT chromosome）（图4-5）。

核仁是真核细胞的重要部分，是富含 RNA 而没有 DNA 的球体。在细胞分裂间期，中前期到后前期均可见到核仁。核仁组织区形成核仁的能力受遗传控制。在纯合状态下，如果没有核仁组成中心将会致死。

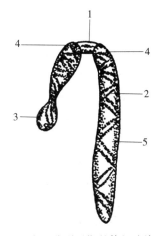

图 4-5　有丝分裂后期的体细胞染色体
1. 着丝粒　2. 染色体线　3. 随体
4. 异染色质区　5. 基质

3. 染色粒　染色体在减数分裂的粗线期可表现出明显的线性分化。就某个特定的染色体来说，发生分化的位置和区域大小是固定的。这些分化了的区域称为染色粒（chromomere），它形状清楚，染色也较深（图 4-6）。染色粒大小可以一样（如黑麦），也可以不一样（如玉米）。染色粒间的区域叫染色粒间丝部分（interchromomere）。一般认为染色粒是由染色体丝局部卷曲而成的。如果将染色体展开，便可将已分化的结构重新转变成外观均一的染色线。在细胞分裂过程中，染色粒的存在显然可以减少染色体的长度，增加染色体的灵活性。对于某一特定的染色体来说，由于染色粒的位置、大小和数目在细胞生命周期的某一阶段是极其稳定的，因此就为染色体图提供了许多便于辨认的标志。

图 4-6　染色粒图形

A. 有丝分裂前期染色体的染色粒　B. 减数分裂前期的粗线期双价体所显示的染色粒　n. 核仁

4. 染色体线　染色体由两条染色单体组成，每条染色单体由若干染色体线（chromenema）的线状物组成。在有丝分裂前期看到的染色单体还可再分裂，但分裂的程度尚不清楚。在一些物种可见到半染色单体（halfchromatid）。染色单体的这种多股性质不仅可在大型染色体中见到，而且也能在小型染色体中见到。在对中期染色体进行解螺旋处理或分散基质的研究中，对染色体的多股性质也做了调查。例如，用胰蛋白酶处理蚕豆根尖细胞的试验表明，每个染色单体至少含有两条互相盘绕的半染色单体。

Taylor 以蚕豆为材料所作的示踪试验证实了 DNA 是以半保守分配的方式进入子染色单体的，这表明在一般情况下染色体含有一个 DNA 单链分子。同时，也注意到在同位素标记后的第二次有丝分裂中，有些染色体偶尔在两条染色单体上也出现放射性。

从遗传学的观点看，染色单体能进一步分割多少次已不像以前想象的那么重要了。即使是多线染色体，其行为似乎也与双线的一样。这是因为在细胞分裂过程中，染色体交换及螺旋化的功能单位是染色单体而不是比它更小的分割单位。

5. 端粒（telomere）　端粒是指染色体的自然末端。端粒具有独特的行为特征。一般情况下，端粒不会在染色体结构变化中被插入到染色体的中间位置。端粒缺乏则会破坏染色体的正常行为。这是因为染色体的断裂末端将会与其他类似的末端相连接。如果染色体已纵向复制，则断裂的染色体末端甚至会互相连接。

利用电子显微镜观察可以发现，端粒含有大量不规则折叠的染色质丝，每根丝的直径约 23nm。这些染色质丝多数回绕染色单体，很少在染色单体末端结尾。

6. 核型及核型分析　核型（karyo type）是指某一物种所特有的一组染色体（或一套染色体）的形态学。核型图是以臂比（长臂/短臂）作为纵坐标，相对染色体长度（染色体长/ 整套染色体总长）作为横坐标所作的图解。核型图可用以表示组内的染色体变异，也可用来对不同物种的染色体组进行比较。

描述核型的染色体特征包括着丝粒的位置（或臂比）、染色体长度、随体的数目和长度、三级缢痕，或许还有带型。

着丝粒的位置是固定的，是描述核型最有用的特征。Levan（1964）关于着丝粒的命名法如下。

M：中位点着丝粒。指两臂长度相等的染色体，包括等臂染色体。长臂与短臂之比值 r 为 1。

m：中位区着丝粒。指 r 值在 1～1.3 之间的染色体。

msm：中间近中位区着丝粒。指 r 值在 1.3～1.7 之间的染色体。

sm：近中位着丝粒。指 r 值在 1.7～3.0 之间的染色体。

st：近端着丝粒。指 r 值在 3.0～7.0 之间的染色体。

t：端位区着丝粒。指 r 值大于 7.0 的染色体。

T：端点着丝粒。指着丝粒在染色体末端的染色体。例如，由双臂染色体经分裂产生的端点着丝粒染色体。

高粱种 *S. intrans* 和 *S. stipoideum*（*S. sitposorghum* 亚属的一个种）的核型测定值，包括染色体长度，长、短臂长度，臂比，总长度，相对长度和着丝粒位置等（表 4-1）。表 4-1 中的 1 号、2 号 和 4 号染色体为中间近中位区着丝粒染色体（msm）；3 号染色体带有随体，是近端着丝粒（st）和近中位着丝粒（sm）染色体；5 号是中位区着丝粒（m）染色体。与其他高粱种比较，上述种的染色体长度相对较长，染色体组内各染色体的长度变异较小。多数染色体为中位着丝粒或近中位着丝粒染色体。染色体长度和臂比变异不大，说明该核型是较原始的。

表 4-1　高粱种 *S. intrians* 和 *S. stipoideum* 体细胞染色体核型测定值

染色体对编号	染色体臂长度（μm）		臂比（L/S）	总长度（μm）	相对长度（%）	着丝点位置
	长臂（L）	短臂（S）				
	S. intrians					
1	4.03	2.49	1.61	6.52±0.13	22.19	msm
2	3.76	2.41	1.56	6.17±0.13	21.00	msm
3	3.27	0.80	4.08	5.68±0.16	19.33	sb
4	3.33	2.27	1.47	5.60±0.13	19.06	msm
5	2.83	2.58	1.10	5.41±0.14	18.41	m
	S. tipoideum					
1	2.85	2.04	1.40	4.89±0.26	22.46	msm
2	2.72	1.80	1.47	4.58±0.29	21.04	msm
3	2.43	0.84	2.90	4.41±0.28	20.26	sm
4	2.43	1.73	1.40	4.17±0.29	19.15	msm
5	1.96	1.76	1.12	3.72±0.25	17.09	m

利用染色体指数（短臂/长臂）或臂比及染色体相对长度构成上述两个高粱的核型图（图 4-7）。从核型图可以看出，这两个高粱种的核型图很相似。然而，如果它们跟栽培高粱（*S. bicolor*，2n=20）和约翰逊草（*S. helepense*，2n=40）的核型比较，却很少有相似之处（Gu 等，1984）。据此，可以用核型图进行物种的分类。

（四）染色体的基本结构

染色体在细胞分裂的间期呈染色质形态，是纤细的丝状结构，也称染色质丝。它是蛋白质和 DNA 的复合物，其中 DNA 的含量约占染色质重量的 30%～40%，是最重要的遗传物质。组蛋白是与 DNA 结合的碱性蛋白；它与 DNA 的含量比率大致相等，是很稳定的，在染色质结构上具有决定性作用。

DNA 分子从染色体的一端到另一端是连续分布的。现在还没有发现任何非 DNA 的连结分子（likner molecule）可以使染色体保持其纵向的整体性。每个染色体中至少含有一条很

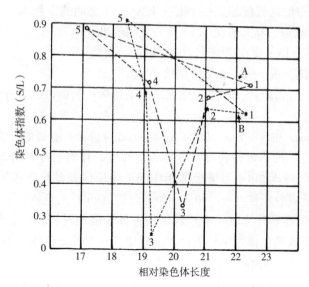

图 4-7 以染色体指数（短臂/长臂）和染色体相对长度（单个染色体长度/组内染色体
总长度）对 *Sorghum intrans*（B）和 *S. stipoideum*（A）所作的核型图

长的 DNA 分子，它经历不同水平的螺旋化，使其最初长度可能压缩了 10 万倍以上。

除了 DNA 以外，所有染色体中都含有不同分子量的 RNA，低分子量的非组蛋白
（或酸性蛋白）。还检测出有些染色体中还含有一些脂类物质，但它们在染色体的结构上可
能无任何重要作用。

现已鉴定出的组蛋白主要有 5 种（表 4-2）。H_1 是分子量最大，碱性最强的一种组蛋白。
H_1 有时可被另外一种与之有关的组蛋白 H_5 取代。在有些物种的染色体里，常常没有组蛋白
H_1。在每个核小体（nucleosome）中，H_2A 和 H_2B 都等量存在，H_3 和 H_4 常以四聚体的形
式存在。富含精氨酸的组蛋白 H_3 和 H_4 似乎在核小体核心结构的组建上起关键性作用。组成
1 个核小体分别需要 2 个分子的 H_2A 和 H_2B，它们是使这一结构稳定所必需的组蛋白。单
分子的组蛋白 H_1 将 DNA 分子与核心结构相连结，从而形成一个线性的念珠结构（linear
series of beads）。据推测，在蛋白质八聚体的表面，DNA 分子盘绕了近 2 圈。这样一来，每
个核小体可被看作一种球状结构，它由大约 200 个核苷酸对的 DNA 和 4 种主要组蛋白各 2
个分子的八聚体复合组成。即染色质是由直径约为 10nm 的核小体链合而成的。

表 4-2 真核生物中染色体 5 种主要组蛋白
（Swanson 等，1981）

特征	组蛋白	氨基酸总数	分子量
富含赖氨酸	H_1（H_5）	215	21 000
中富含赖氨酸	H_2A	129	14 800
中富含赖氨酸	H_2B	125	13 800
富含精氨酸	H_3	135	15 300
富含精氨酸	H_4	102	1 130

染色质中的酸性蛋白在性质和数量上都有许多变化，并随组织的不同而表现出一定的专化特征。目前，对酸性蛋白的作用不十分清楚，但一般认为含有酸性蛋白的细胞，其生理活性的变化与酸性蛋白在数量和质量上的变化有关。

非组蛋白包括：细胞结构蛋白，高迁移群非组蛋白，DNA 连接蛋白，半组蛋白 A_{24}。DNA 连接蛋白分子量也较低，约占非组蛋白的 10%，它被分离后仍可与 DNA 重新连结。半组蛋白 A_{24} 是增加了一个多肽的组蛋白 H_2A。

二、染色体分带技术

传统的染色体鉴定方法是根据染色体的形态结构特征进行的。通常是观察细胞分裂的某一特定时期染色体的相对长度、臂比和次缢痕的有无等。然而，中期染色体一般并不具备更多可以用来鉴别染色体的形态特征。而且，由于染色体数目增多，仅靠其形态学特征将它们一一区分开来似乎很难。

染色体分带技术是 20 世纪 70 年代兴起的一项细胞学新技术，它为染色体的鉴定提供了又一种有效方法。该技术借助一种特殊的染色程序，通过分布在染色体特定部位的不同类型的染色质来鉴定一组染色体内的个别染色体。由于每一条染色体都可以分为许多特征区或特征带，因而能够识别出每一物种的每一条染色体。因此，染色体分带技术在作物细胞学和遗传学研究领域、亲缘关系鉴定、染色体工程细胞学研究等方面都有重要作用。

（一）C 带

1970 年，Pardue 和 Gall 利用小鼠 DNA 分子进行原位杂交以探测随体 DNA，发现在染色体的着丝粒部位 Giemsa 染色很深。这一染色技术称为 C 带，因为它反映的是结构异染色质的分布位置。C 带虽然方法简单，但细胞学家可以借助于这一重演性好的技术来显现结构异染色质和重复 DNA 序列。由于重复 DNA 序列与结构异染色质有关，因而有可能使高度重复的 DNA 在变性后于低温处理下又复性。相反，低度重复的 DNA 和单一序列 DNA 却不能复性，于是就产生了所说的分化染色反应。C 带技术已被用于许多作物的染色体鉴定。

支萍（1985）利用 C 带技术研究了中国高粱品种熊岳 253 根尖细胞的染色体核型及带型（表 4-3 和图 4-8）。从观察的大量材料中，可以清楚地看到分裂中期的第一、第二、第三、第四、第五、第七、第八和第十对染色体着丝粒和随体带比较明显而稳定。

表 4-3　高粱熊岳 253 根尖细胞染色体核型和带型

染色体对编号	染色体臂长（μm）		臂比（L/S）	总长度（μm）	相对长度（%）	着丝点带型位置	
	长臂（L）	短臂（S）					
1	5.51	2.49	2.21	8.00	16.33	sm	C/C
2	5.00	1.42	3.52	6.24	13.10	st	C/C
3	2.74	2.56	1.07	5.30	10.82	m	C/C
4	2.93	2.36	1.24	5.29	10.80	m	C/C
5	3.38	1.63	2.07	5.01	10.22	sm	C/C
6	3.40	0.74	4.59	4.14	8.45	st	W/C

（续）

染色体 对编号	染色体臂长（μm）		臂比（L/S）	总长度（μm）	相对长度（%）	着丝点带型位置	
	长臂（L）	短臂（S）					
7	2.03	1.91	1.06	3.94	8.04	m	C/C
8	1.74	1.63	1.06	3.37	6.88	m	C/C
9	2.16	0.71	3.04	2.87	5.86	st	W/C
10	3.17	1.49	2.12	4.66	9.51	sm	CN/C
合计				49.00	100.00		

　　第六对和第九对染色体短臂上显全带的变化较大。第一对和第六对中期细胞染色体有短的显全带，而第二、第三、第四、第五染色体短臂显全带则不明显，着丝粒和随体带都很明显。

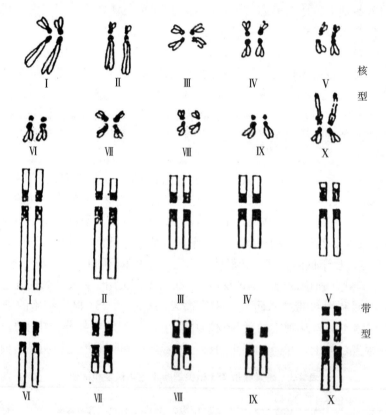

核
型

带
型

图 4-8　高粱品种熊岳 253 Gremsa 核型和带型图

（二）Q带

　　植物染色体经芥喹吖因（quinacrine mustard）染色后在紫外光下荧光时，会显现出特殊的明暗带纹或带区，即 Q 带技术。同样，利用二羟基氯化芥喹吖因染色也能显现 Q 带型。有些染色体的异染色质经芥喹吖因染色后会产生极其明亮的荧光。这样一来，如果某些染色体发生了重排，就能够很容易地加以识别。最近的实验证实，DNA 能够使芥喹吖因发生荧光的是富含 A—T 区段。

应用 Q 带技术的不足之处在于所需的设备较昂贵；荧光不具永久性，会逐渐消失；Q 带提供的信息不如 G 带多。

（三）G 带

在进行 C 带研究时，如果用稀释胰蛋白酶、尿素或蛋白酶进行预处理，便会在染色体的两条臂上显现另一套不同的相间带型，这些着色带纹称为 G 带。对显示 G 带的机制已提出了许多不同的推测。如果 G 带是由于染色体中蛋白质的变化所致，则意味着这类蛋白质在染色体中是沿着染色体成簇分布的；另一种推测认为，DNA 和蛋白质都参与了细胞化学反应或染色反应。

由于 Q 带几乎可以将整套染色体中的每一条均能识别出来，染色体的重组也能鉴别出来，因而 G 带和 Q 带相当吻合。染色很深的 Giemsa 带相当于由芥喹吖因染色时所显示明亮的荧光带，仅有极少数例外。同样，C 带和 G 带也非总是一致的。G 带的机制似乎与 C 带中重复 DNA 的变性和复性不同。这是由于有些 G 带在 C 带时不显色，或者有些试剂，如胰蛋白酶的作用过程不涉及 DNA，但能显示出 G 带。

支萍等（1989）采用 G 带技术对中国高粱品种熊岳 253 根尖细胞染色体核型及带型进行了研究。结果显示，每条染色体除了着丝粒带外，还有中间带纹，远比 C 带带纹丰富。在晚前期，每条染色体有 5～10 条带纹；在早中期，每条染色体有 4～6 条带纹。对早中期显带染色体进行分析，染色体长度、臂比、类型、带纹数和区段数（包括带区和非带区）如表 4-4 和图 4-9。结果表明，每条染色体有 4 条以上带纹，8 个以上区段，整个染色体组显示出 47 条带纹，94 个区段。

表 4-4　高粱熊岳 253 根尖染色体核型数据及带纹数

染色体对编号	相对长度（%）	臂比	着丝粒位置	带纹数	区段数
1	13.67	1.70	sm	6	12
2	12.43	1.79	sm	6	12
3	12.37	1.32	msm	4	8
4	11.75	1.30	m	4	8
5	10.32	1.27	m	5	10
6	9.63	1.39	msm	5	10
7	8.27	1.31	msm	4	8
8	7.33	1.33	msm	4	8
9	6.46	1.34	msm	4	8
10	7.77	2.33	sm（SAT）	5	10
合　计	100.00			47	94

研究发现高粱染色体异染色质主要集中在着丝粒附近区域，而且在着丝粒附近区域，G 带带纹多且明显，在染色体端部区域少而微弱。G 带技术在高粱染色体显带上是初步成功 的。利用 G 带技术，结合核型分析，可以在高粱起源、进化、分类研究中发挥作用。

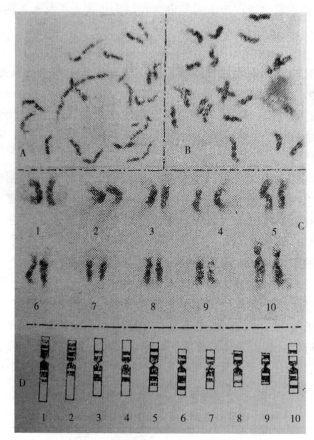

图 4-9　高粱品种熊岳 253 G 带带型图
A. 高粱晚前期染色体 G 带　B. 高粱早中期染色体 G 带
C. 高粱早中期染色体 G 带带型图　D. 高粱早中期染色体 G 带带型模式图

　　为了获得更多的信息，有时需要对同一材料采取 3 种分带技术，使其显示出 C 带、Q 带和 G 带。

　　（四）R 带

　　R 带是 G 带的相反带型，即在 G 带中染色较浅的区域在 R 带中变成了染色较深的区域，反之亦然。R 带技术较为简便。先将空气干燥后的样本涂片置于 pH6.5 的磷酸缓冲液中，在 86～87℃下处理 10min，流水冲洗后用 Giemsa 染色。R 带在反映染色体纵向分化的信息上是很有价值的。

　　（五）N 带

　　由于 C 带技术有时会损伤染色体，给着丝粒定位带来困难。因此，建议采用 N 带技术或略加修改的方法进行分带。N 带技术是将标本压片置于 96％的乙醇溶液中处理 2h，再置于干燥器里空气干燥两周以上，将玻片在 1mol/L $NaH_2PO_4 \cdot H_2O$ 溶液（pH 4.15）中于 94℃下处理 5min，用蒸馏水冲洗，空气干燥后置于二甲苯中，过夜后封片。

　　N 带技术已被有效地用于识别许多动植物染色体的核仁组织中心。由于核仁组织中心通常含有编码 RNA 的核糖体顺反子，所以认为 N 带可能代表着与真核生物核糖体基因有关的某种结构成分。N 带显示的染色体部位主要有次缢痕、随体、着丝粒、端粒和其他一些异染色质区段。

综上所述，植物染色体分带技术是细胞学研究的一项新技术，对研究物种的系统发育、分类，群体的遗传结构、变异以及群体间的基因漂移等都具有重要作用。建立某一物种及其亲缘种的染色体带型结构图，可以查清是否有染色体的交换、倒位和易位等。因此，染色体带型分析在种间杂交及体细胞融合试验中是很有用的。

在研究物种进化时，必须充分考虑上述带型提供的信息，尤其是 C 带的信息。因为结构异染色质（C 带）中含有大量高度重复的 DNA 序列，在大多数情况下这种序列可能不具有结构基因。由于 C 带在按 Q 带和 G 带处理中常常不能出现，因而仅利用 Q 分带或 G 分带技术时，可能会使人们误认为它们存在有更多的遗传物质。

三、细胞的有丝分裂和减数分裂

任何生物的生长、发育和繁衍均要通过细胞的生长和增殖来实现的，因此细胞分裂是生命延续的基础。细胞分裂了，才能把亲代的遗传给子代。在单细胞生物中，细胞分裂即是无性繁殖，通过这一过程能使原来的细胞产生更多的新个体。在多细胞生物中，细胞的分裂是由一个单个的原始细胞——合子开始的，合子及其后代细胞的反复增殖，伴随着细胞的增大和分化，就决定了个体的生长和发育。在两性生物中，合子（雌、雄配子结合）是有性繁殖过程的一部分。在高等植物中，雌、雄配子的融合实际上只局限于核的融合，雄配子的细胞质或大部分或完全被排除在外。研究搞清楚细胞融合和分裂的机制对于了解遗传性状的传递具有重要意义。

（一）有丝分裂（miotsis）

1882 年，Flemming 描述了由母核形成子核时通常所经历的一系列变化过程，并把这个过程称为有丝分裂。在体细胞中，细胞分裂的全过程可以分为两个阶段，核分裂（Karyokinesis）和细胞质分裂（cytokinesis）。细胞分裂的特征存在着构成有丝分裂的两种彼此有别的基本成分，染色质器（chromatin aparatus）和非染色质器（achromatin aparatus）。染色质器是由染色体组成的，核仁也可以看成是染色质器的组成部分，因为它们参与有丝分裂周期。非染色质器是由两极中心和纺锤体组成的。

有丝分裂是一个严格而精密的过程，这是由复制程序在分子水平上的一些特点所决定的。先是细胞核分裂，即核分裂为 2 个；之后细胞质分裂，一分为 2，各含 1 个核。迄今，通常把细胞有丝分裂分为 5 个时期，前期、中期、后期、末期和间期（图 4-10）。

1. 前期（prophase）　一般认为前期始于染色体变为清晰可见之时。前期的特征是两条螺旋状染色单体紧靠在一起，这种相互缠绕的染色单体的结构称作"相关螺旋"（relating coilnig）。以后逐渐缩短变粗，这表明此时每个染色单体已自我复制。前期染色体是由 4 条彼此可以分离的染色体线所组成。

前期将要结束的时候，核仁变小，常于中期开始前消失。核仁的消失可能有下列 3 种情况：一是核仁物质移动到染色体线上，参与有丝分裂活动，并被带入两个子核中；二是部分或全部核仁物质参与形成纺锤体；三是有丝分裂中核蛋白以及可能还有其他一些物质

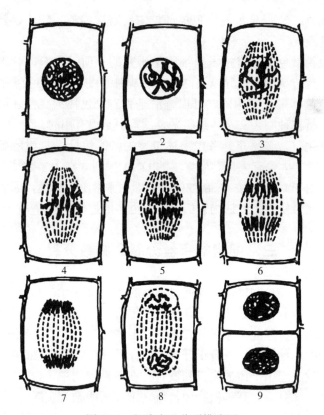

图 4-10　细胞有丝分裂模式图
1、2. 前期　3、4. 中期　5、6、7. 后期　8. 末期　9. 两个子细胞
（Swanson 等，1981）

在核与细胞质之间发生了交换。在前期最后阶段将逐渐形成丝状的纺锤丝（spindle fiber）。

2. 中期（metaphase）　中期时核仁和核膜均消失了。核与细胞质已无可见的界限，细胞内出现清晰可见由来自两极纺锤丝所构成的纺锤体（spindle）。每个染色体的着丝点均排列在纺锤体中央的赤道板上，而其两臂则自由地分散在赤道面的两侧。此期，染色体由两条高度螺旋化且互相紧挨在一起的染色单体组成，它们通过着丝粒与纺锤体连在一起。中期时染色体尚未分裂。若分裂了，两条染色单体将会各自单独行动。

染色体在有丝分裂中的活动取决于称之着丝粒的专化区域，着丝粒就是染色体上与纺锤丝相连的一个点。没有着丝粒的染色体不能进行有丝分裂过程。但是，丢失一段臂而保留着丝粒的染色体在有丝分裂中活动正常。在染色体的基因图上，着丝粒区域是作为一个遗传上的惰性区段而出现的，虽然有证据表明着丝粒也具有复杂的结构并含有 DNA。如果着丝粒区域本身发生断裂，则两个断片都有活性，因为每个断片都保留了着丝粒的一部分，说明着丝粒并不是一个不可分割的结构。

有丝分裂中最严格的规则之一是姊妹染色体分别移动到相反的两极。

3. 后期（anaphase）　后期的特点是每条染色体的着丝点分裂为二，这时各条染色单体已各成为一个染色体。由于纺锤丝的牵引作用每个染色体分别向两极移动，因而两极各具有与原来细胞同样数目的染色体。

后期有两种重要运作，一种是纺锤丝的伸长，其结果使两组染色体之间的区域扩大，从而使两组染色体分开；二是染色体向两极的运动。纺锤体似乎具有足够的刚性，因而它伸长时可使染色体分别向两极运动。细胞的伸长从总体上表明，纺锤体的伸长是一种相对刚性体的活跃运动。因为在后期细胞的伸长常与纺锤体的伸长同步进行。

4. 末期（telophase）　在两极，围绕着染色体出现新的核膜，染色体又一次变得松散细长，核仁重新出现。于是，在一个母细胞里形成 2 个子核。接着细胞质分裂，在纺锤体的赤道板区域形成细胞板，分裂为 2 个子细胞。

5. 间期（interphase）　间期是两次有丝分裂之间的一段时间。间期细胞的特征是细胞的细胞核没有或很少有明确的结构，看不到染色体，只能见到一些染色质，因为当时染色体伸长到最大长度，处于高度水合的、膨胀的凝胶状态，折射率大体上与核液相似的缘故。实际上，有丝分裂中有些最重要的特征就是间期或所谓"静止期"产生的。例如，染色体中的主要物质 DNA 和组蛋白的复制，有丝分裂所需能源的贮备等。根据细胞化学对 DNA 含量的分析，这个时期核内 DNA 含量是加倍的，与 DNA 相结合的组蛋白也是加倍合成的。而且，核在间期呼吸强度很低，这有助于贮备更多的能量以利于有丝分裂的正常进行。

间期的细胞有许多可见过程和生物化学过程发生，核体积变大，核内 RNA 活性提升，以及细胞质黏性增加是间期细胞转变为分裂细胞的过渡期的标志。

有丝分裂全过程所经历的时间，因物种和环境条件不同而异，通常以前期最长，中期、后期和末期的时间都较短。Miloridov（1949）列出了有丝分裂各时期所需最长和最短的时期（表 4-5）。

表 4-5　有丝分裂各期持续时间的最小和最大值（min）

（Mazia，1961）

时期	最小值	最大值
前期	2.0	270
中期	0.3	175
后期	0.3	122
末期	1.5	140

多细胞生物的生长主要是通过细胞数目的增加和其体积的增大来实现的，所以把有丝分裂称之体细胞分裂。有丝分裂保持了染色体在数目上和质量上的完整性。首先是核内每个染色体准确复制分裂为二，使形成的 2 个子细胞在遗传组成上与母细胞完全一样打下了基础。其次是复制的每对染色体有规则而均匀地分配到两个子细胞的核中去，从而使两个子细胞与母细胞均具有相同数量和质量的染色体。在多细胞植物中，由于所有的核都携带受精卵相同的遗传信息，因此每一个细胞都具有与合子相同的发育成一个完整植株的潜力，一个细胞所具有的这种能力，称作全能性（totipotency），这在许多植物细胞的培养中已得到证实。

在有丝分裂中，对细胞质来说，虽然线粒体、叶绿体等细胞器也能复制，也能增殖数量，但它们原先在细胞质中分布是不均匀的，数量也是不恒定的，因此在细胞分裂时它们是随机而不均等地分配到 2 个子细胞中去。由此可见，任何由线粒体、叶绿体等细胞器所决定的遗传表现，不可能与染色体所控制的遗传表现具有同样的稳定性。这种均等的有丝分裂既保持了个体的正常生长和发育，也保证了物种的连续性和稳定性，在生物遗传上具有重要意义。

（二）减数分裂（Meiosis）

减数分裂又称成熟分裂（maturation division），是在性母细胞成熟时，配子形成过程中所发生的特殊分裂。因为这种分裂使细胞染色体数目减半，故称减数分裂。

减数分裂的主要特征是同源染色体在细胞分裂的前期配对（pairing），又称之联会（synapsis），细胞在分裂中进行 2 次，第一次是减数的，第二次是等数的。由于细胞核连续分裂 2 次，而 DNA 只复制了一次，其结果是染色体数目减一半。第一次分裂把在前期Ⅰ互相配对的同源染色体分裂 2 个细胞中去，第二次分裂把两个姊妹染色单体彼此分开，结果产生了 4 个染色体数为 $1n$ 的细胞。

在减数分裂中，以第一次分裂的前期较为复杂，又可细分为 5 个时期（图 4-11）。

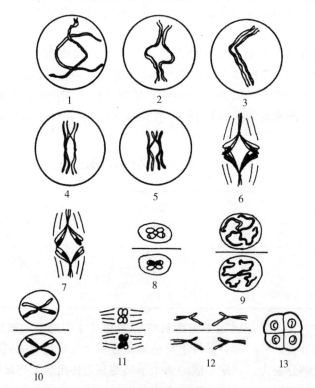

图 4-11　细胞减数分裂模式图

1. 细线期　2. 偶线期　3. 粗线期　4. 双线期　5. 终变期　6. 中期Ⅰ　7. 后期Ⅰ
8. 末期Ⅰ　9. 间期　10. 前期Ⅱ　11. 中期Ⅱ　12. 后期Ⅱ　13. 末期Ⅱ

（Rhoades，1961）

1. 第一次分裂

（1）前期Ⅰ：前期Ⅰ可分为 5 期。

A. 细线期（leptotene）　细线期的特点是核内出现细长如线的螺旋状染色体，而且沿着每条染色体的全长可以看到一连串的染色中心。较大的染色中心在大小、位置和数目上均是恒定的。因此，细胞学家能以此作为特定染色体鉴别的标志。由于染色体在间期已经复制，所以每条染色体都是由一个共同着丝点联系的两条染色单体所组成。

B. 偶线期（zygotene）　偶线期的特点是染色线缩短变粗，同源染色体配对，出现联会现象。细胞学观察证明，联会最早发生于偶线期。这时，细胞核内 $2n$ 染色体经过联会组成 n 对染色体。每对染色体的对应部位都相互紧密靠拢，逐渐沿纵向联结在一起，这种联会的一对同源染色体，称为二价体（bivalent）。这时的二价体数目就表示同源染色体的数目。每对同源染色体中一个是由雄配子提供的，另一个是由雌配子提供的。同源染色体配对的起点可以是染色体上的任何一点。如果最初的接触点靠近中央区域，之后逐渐向两端发展，称为中央先配（procentric）类型；如果配对由两端开始，逐渐向着丝粒发展，称末端先配（proterminal）类型；如果配对由任一点开始，或在多点同时开始，则称中间类型。偶线期经过配对的同源染色体已经形成了联会复合体（synaptonemal complex），它是同源染色体联会在一起的一种特殊的固定结构，主要成分是自我集合的碱性蛋白和酸性蛋白，从中央成分（central element）的两侧伸出横丝，从而使同源染色体联会在一起。

C. 粗线期（pachytene）　粗线期的特征是二价体缩短加粗。因为二价体已经包含了 4 条染色单体，故又称之四合体（tetrad）。二价体中每个染色体的 2 条染色单体，互为姊妹染色单体；而不同染色体的染色单体，则称之非姊妹染色单体。此时非姊妹染色单体间产生交换（crossing over），因而造成遗传物质的重组。

由于粗线期染色体在形态上的线性化表现最清楚，因此在细胞遗传学研究上一直被广泛应用着。

D. 双线期（diplotene）　双线期的特点是四合体继续缩短变粗，各个联会的二价体虽然由于非姊妹染色单体相互排斥而松解，但仍被 1 个、2 个或几个交叉（chiasmata）联结在一起。这种交叉现象就是非姊妹染色单体之间某些片段在粗线期发生交换的结果。

几乎所有植物在减数分裂中都可能发生交叉。交叉的位置和数目决定了二价体在双线期之后各期的构型。虽然交叉数目与染色体长度并不成比例，但一般来说长染色体比短染色体产生的交叉要多。

由于双线期染色体已明显变短，因此其螺旋特征清晰可见。螺旋化可使染色体长度缩短，在生物学上为使很长的染色体能在很小的细胞核内自由活动，这也是必要的。此时，核仁虽然依旧与特定的染色体相连，但是体积已大大减小。

E. 终变期（diakinesis）　终变期的特征是染色体缩得更短，核仁消失或与相连的染色体分离。这时，可以看到交叉向二价体的两端移动，并且逐渐接近于末端，这一过程叫作交叉的移端（terminalization）。这时每个二价体分散在整个核内，可以一一区别开来，所以是鉴定染色体数目的最佳时期。

在终变期，由于交叉的数目、位置和着丝粒的位置不同，每个二价体都可能表现出不同的形状。如果不发生交叉的移端，则二价体的形状将与双线期时无明显差异。随着核膜的分解，终变期便告结束，短而粗的二价体逐渐向中期纺锤体移动。

（2）中期 I　从核膜解体到二价体固定于纺锤体之间的一段时间称之中期。中期的特征是核膜、核仁消失和纺锤体完全形成。纺锤丝与各染色体的着丝点连接。同源染色体着丝粒分别位于纺锤体纵轴上赤道板的相对两侧，因而分别朝向相反的两极。在有丝分裂中，中期染色体的着丝粒均排在赤道板上，每个染色体的着丝粒在功能上还没有分裂；在减数分裂中，每个二价体具有 2 个在功能上尚未分裂的着丝粒。2 个同源染色体着丝粒之间的距离受离它们最近交叉位置的制约。如果交叉与它们相毗邻，则两个着丝粒便紧靠在一起。

（3）后期Ⅰ　随着两个反向排列的着丝粒开始向两极移动，每个四合体分离成 2 个二分体。由于染色体继续向两极移动，交叉最终从末端消失，配对的同源染色体就此分开，每一极分到每对同源染色体中的 1 个，实现了 $2n$ 数目染色体的减半。这时，每个染色体还包含 2 条染色单体，因为它们的着丝粒并没有分裂。

（4）末期Ⅰ和间期　多数物种末期的特征是 2 个二分体分别到达两极，形成具有核膜的细胞核，染色体的螺旋结构松散变细。同时，细胞质分为两部分。在末期Ⅰ之后大都有一个短暂停顿时间，称为间期。一般来说，在减数的两次分裂之间都不会有 DNA 的加倍发生。

2. 第二次分裂

（1）前期Ⅱ　前期Ⅱ的特征是每一个二分体的 2 条染色单体仍由着丝点连在一起，4 个臂明显分开。染色体比末期Ⅰ长，没有相关螺旋。随着前期Ⅱ的发展，染色单体的臂逐渐变短，染色加深。如果每个二分体中 2 个染色单体在减数第一次分裂中没有发生交换，其 2 条姊妹染色单体将是一样的，它们或者都来自父本，或者都来自母本；如果发生了交换，则 2 条染色单体的部分区段或者来自父本或母本。

（2）中期Ⅱ　在中期Ⅱ之前核膜逐渐消失，纺锤体随着形成。接着每个染色体的着丝点整齐地排列在各个分裂细胞的赤道板上，着丝点开始分裂。

（3）后期Ⅱ　着丝点分裂为二，各个染色单体由纺锤丝拉向两极。由于二分体指的是后期Ⅰ到中期Ⅱ的染色体，四合体指的是第一次减数分裂的前期和中期时的二价体，因此单分体（monad）一词就被专门用来表示后期的染色单体。

（4）末期Ⅱ　到达两极的染色体重新建成 2 个新核。此后染色体长度增加，完全解旋，核仁和核膜重新出现。这样经过 2 次分裂形成 4 个子细胞，称之四分体或四分孢子（tetraspore）。各个子细胞的核里只有最初细胞的半数染色体，即从 $2n$ 减为 n。

在植物生命周期里，减数分裂是形成配子过程中的必要阶段。减数分裂时核内染色体严格按照一定的规律变化，最终分裂成 4 个子细胞，发育成为雌性细胞或雄性细胞，各具有半数的染色体（n）。当雌、雄配子受精结合成合子时，又恢复为全数染色体（$2n$），从而保证了亲代与子代间染色体数目的恒定性，为后代的正常发育和性状遗传提供了保证，并保证了物种的连续性和稳定性。减数分裂在遗传学上具有重要意义。

还有，各对同源染色体在减数分裂中期Ⅰ从赤道板向两极拉开其 2 个成员是随机进行的，即各对染色体之间的分离不发生关联，各个非同源染色体之间均可能自由组合在一个子细胞里。n 对染色体就可能有 n^2 种自由组合方式。而且同源染色体的非姊妹染色单体之间的片段还可能发生各种方式的交换，这就增加了这种差异的多样性。因而为物种的变异提供了丰富的物质基础，有利于生物的适应和进化，并为人工选择提供了各种各样的材料。

第三节　高粱染色体构型

高粱亚族（Sorghastrae）的基本染色体数目是 5。这个数目在帕拉高粱（Para-sorghum）和斯蒂波高粱（Stiposorghum）也发现了。其他所有的属和亚属具有的染色体数目都按 5 的倍数增加，Cleistachne 除外，它的单倍体数目是 18。帕拉高粱和斯蒂波高粱的染色体相当大，有丝分裂中期 I 测定大约 6μm。由 Garber（1950）分类的其他属的染色体则小，高粱亚属和异高粱亚属（Heterosorghum）在中期 I 测定约 3.5μm（Celarier，1959）。没有证据表明现代高粱亚属与高粱亚族其他属或亚属之间有任何亲缘关系。

一、双色高粱

双色高粱（S. bicolor）单倍体数目是 10，而高粱亚族的基本数是 5，因此这可以看作是四倍体的起因。现在还没有关于多倍体行为的证据。Endrizzi 和 Morgan（1955）在单倍体高粱研究中发现，在检查的 26 个花粉母细胞中，有 4 个均有 1 个二价体，其余的 22 个细胞有 10 个单价体。Brown（1943）报道在检查的多数细胞中发现有单价体，尽管偶尔也发现含有二价体的细胞，但是最多的是一个细胞含有 3 个二价体和 4 个单价体。Kidd（1952）也报道发现有些细胞含有 1 或 2 个二价体。这里有可能产生各种机会使染色体联合，但是在染色体形态鉴定中的完全必然性则不可能总是存在的。由于很少检测到偶尔产生的"二价体"，因此没有关于染色体同源性的资料。然而，Endrizzi 和 Morgan 还发现在单倍体与二倍体高粱杂交的植株里的一个染色体臂上有一杂合性相互易位和显著的结构变化。这可能是在单倍体大孢子发生期间来自两个染色体同源部分之间的交换。

对双色高粱染色体同源片段存在的证据是很少的，而现在认为染色体性质是很不同的。双色高粱充分表现为二倍体，但是很难找到它们的多倍体来源的迹象。Tayyab 和 Magoon（1967）检测了一些完全一样遗传因素的表现，结果表明，双色高粱同源多倍体的遗传证据似乎是不充分的。

（一）核型

对高粱染色体的研究和了解是很有限的，单个染色体在中期 I 也许不可能区分开。Huskins 和 Smith（1932）认出一对，称之 A 染色体。但是其他研究者在鉴定这对染色体时则很难继续看到。然而，当采用适宜的技术时，则粗线期染色体之间的差异就能检测出来。Longley（1937）是报道这样研究的第一位学者，他指出着丝点区域是清晰的区段，在其两边染色体染色深，其余染色体染色差。最长的染色体，染色体 I 附着在着丝粒附近的一个点上的核仁上。图 4-12 转自 Longley 最初的染色体图解。

虽然 Garber（1950）对高粱族不同阶段的染色体进行了比较，并指出粗线期染色体的染色差异是高粱亚属的显著特征，但是粗线期染色体的细致研究却忽略了很长时间。

Venkateswarlu 和 Reddi（1956）对近光秃高粱（subglabrescens）类型的粗线期染色体进行了详细研究，结果证明对采用醋酸洋红压片技术来说是相对容易的材料。他们还对近光秃高粱和罗氏（roxburghii）类型做了比较并得出结论，除了罗氏高粱粗线期染色体

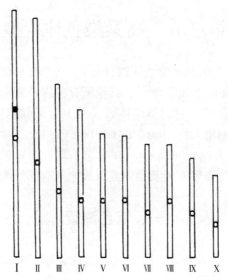

图 4-12 一种爆裂高粱 10 个染色体示意图

圆圈为着丝粒和最长染色体附着核仁区域，1 000 倍

(Longley，1937)

比近光秃高粱有更深的染色片段以外，这两种高粱的两套染色体之间没有基本的差异。粗线期染色体还做了其他不同的研究。这些研究表明，高粱亚族核型在臂比、染色体分布和结构、相对长度、染色和非染色长度方面可以是明显不同的。把它们区别开来则是一项很特殊的做法。表 4-6 所列说明双色高粱染色体大小的差异。从表 4-6 中可以看出，当某些染色体一定能被鉴定出来时，例如按长度和核仁组织区域鉴定的染色体Ⅰ，按臂比鉴定的染色体Ⅵ，而相当相似的长度和臂比的其他染色体则很难区分。Sharma 和 Bhattacharjee (1957) 也描述了双色高粱各种类型的核型。

表 4-6 双色高粱 3 个类型的染色体测量值

染色体	苏丹草		都拉高粱		近光秃高粱	
	长度	臂比	长度	臂比	长度	臂比
Ⅰ	79.5±0.36	1∶1.2	74.6±0.53	1∶1.2	80.4±2.3	1∶1.3
Ⅱ	63.8±0.47	1∶1.5	61.5±0.32	1∶1.8	65.4±1.7	1∶1.8
Ⅲ	60.2±0.58	1∶1.7	58.4±0.34	1∶1.3	61.2±2.8	1∶1.4
Ⅳ	51.1±0.29	1∶1.4	47.5±0.38	1∶1.3	53.1±1.7	1∶1.3
Ⅴ	46.0±0.25	1∶1.2	43.3±0.50	1∶1.2	46.4±1.0	1∶1.4
Ⅵ	40.8±0.31	1∶4.1	41.8±0.32	1∶4.2	42.2±1.1	1∶5.1
Ⅶ	39.3±0.31	1∶1.3	39.6±0.40	1∶1.3	42.1±1.3	1∶1.6
Ⅷ	37.6±0.45	1∶1.1	35.4±0.35	1∶1.4	41.6±1.1	1∶1.1
Ⅸ	35.2±0.37	1∶1.2	31.3±0.60	1∶1.2	38.2±1.0	1∶1.4
Ⅹ	28.4±0.50	1∶1.1	29.5±0.58	1∶1.1	32.8±1.0	1∶1.2

资料引自：Magoon 和 Ramanna，1961，Venkateswarlu 和 Reddi，1956；

臂比指染色体着丝粒两侧短臂与长臂之比值。

（二）染色体交叉

染色体交叉频率从晚双线期到中期Ⅰ呈现降低，这是由于交叉移端的结果。还没有证据表明交叉的形成是否是沿着染色体整个长度随机进行的。在终变期，在染色体染色深的部位很少发现交叉（Magoon 和 Shambulingappa，1960），但是由于这些区域相对短并靠近着丝粒，因此正常的移端过程可能减少交叉造成一种低频率。双色高粱的交叉频率见表4-7。

表 4-7　近光秃高粱的交叉频率

时期	带有平均交叉的二价体				每个细胞核
	4×ta	3×ta	2×ta	1×ma	
晚双线期	7	14	8	1	29.00
前终变期	/	54	83	3	23.64
晚终变期	/	/	116	4	19.66
中期Ⅰ	/	/	153	7	19.56

资料引自：Venkateswarlu 和 Raddi，1956。

每个核交叉数目的一致性是相当符合的，Magoon 和 Ramanna（1961）研究的 6 种高粱在晚终变期每个核有 19.2～19.6 个交叉，在中期Ⅰ有 18.4～18.9 个交叉。在中期Ⅰ约 85%～95% 的二价体是带有 2 个交叉的环状二价体，其余的是带有 1 个交叉的杆状二价体。Ross 和 Chen（1962）发现在终变期每个核有 19.90～19.96 个交叉。

Endrizzi（1957）报道在双色高粱类型研究中没有看到 2 个以上染色体的联合，但是 Sharma 和 Bhattacharjee（1957）报道一些带有最多 4 组染色体的次级联合。还有多价体（三价体和四价体）的报道（Kidd，1952；Merwine，1957；Cekrier，1958）。用高粱中期Ⅰ压片技术说明总是存在一些问题,这些报道不能证明关于双色高粱与其他真的二倍体不同。

二、约翰逊草

（一）拟高粱（S. propinquum）

拟高粱是普通二倍体，在中期Ⅰ有 10 个二价体和正常的减数分裂行为。对拟高粱粗线期染色体的研究表明，它们与双色高粱类型很相似，只是拟高粱的核仁组织在最短染色体上，而双色高粱在最长染色体上。这表明双色高粱和拟高粱均具有来自 2 个 5 基数染色体的染色体组的共同同源四倍体来源，一组带有长染色体，另一组带有较短染色体。在双色高粱中，长染色体的核仁器逐渐排斥短染色体组的核仁器，而在拟高粱中则相反（Magoon 和 Shambulingappa，1961）。目前，这只能看作是一种假设。

（二）约翰逊草高粱（S. halepense）

表 4-8 列出了约翰逊草高粱、丰裕高粱（S. almum）及其杂种和它们与栽培高粱之间的杂种的染色体结构。从表 4-8 中看出，关于约翰逊草高粱细胞学行为的报道本质不同。Hadley 和 Endrizzi 的观测结果相当相似，而 Celarier 的观察结果表明很少有四价体，而更多的是二价体。Bennett 和 Merwine 的观测数据与 Hadley 和 Endrizzi 关于二价体和四价体的观察结果没有不同的地方。但是，Bennett 等报道了发现有五价体和八价体。Celarier（1958）强调用显微镜制备技术说明花粉母细胞的问题，通常很难比较不同观测

者的结果，但是由同一观测者所研究的不同材料的比较应是更可行的。

表 4-8　约翰逊草高粱、丰裕高粱及其杂种以及它们与栽培高粱之间的杂种的染色体构型

种	染色体数目	每个细胞Ⅰ～Ⅷ价体平均数								观测者
		Ⅰ	Ⅱ	Ⅲ	Ⅳ	Ⅴ	Ⅵ	Ⅶ	Ⅷ	
约翰逊草高粱约翰逊草变种	40	0.32	13.19	0.06	3.06	0.00	0.15	0.00	0.00	Hadley，1953
	40	0.80	14.66	0.25	2.63	0.00	0.00	0.00	0.00	Endrizzi，1957
	40	0.19	11.8	10.09	3.31	0.09	0.28	0.00	0.06	Bennett 和 Merwine，1966
	40	0.09	13.31	0.05	2.69	0.00	0.33	0.00	0.05	Merwine，1966
	40	0.19	17.40	0.03	1.21	0.00	0.01	0.00	0.00	Celarier，1958
	40	0.50	18.70	0.00	0.50	0.00	0.00	0.00	0.00	Pritchard，1956a
粟高粱变种	40	0.16	18.38	0.02	0.75	0.00	0.01	0.00	0.00	Celarier，1958
争议高粱变种	40	0.32	18.40	0.00	0.72	0.00	0.00	0.00	0.00	Celarier，1958
丰裕高粱	40	0.54	16.70	0.06	1.45	0.00	0.01	0.00	0.00	Celarier，1958
	40	0.32	11.52	0.08	4.10	0.00	0.00	0.00	0.00	Endrizzi，1957
	40	0.41	17.95	0.10	0.84	0.00	0.00	0.00	0.00	Pritchard，1965a
丰裕高粱×约翰逊草高粱	39	1.06	11.76	0.30	3.32	0.00	0.00	0.00	0.00	Endrizzi，1957
	40	0.15	12.93	0.02	3.48	0.00	0.00	0.00	0.00	Endrizzi，1957
	40	1.55	12.94	0.00	3.33	0.00	0.00	0.00	0.00	Endrizzi，1957
卡佛尔×约翰逊草	40	0.69	10.18	0.21	3.64	0.00	0.00	0.00	0.00	Endrizzi，1957
	40	1.26	11.43	0.41	3.81	0.00	0.00	0.00	0.00	Endrizzi，1957
	40	1.05	12.71	0.02	3.11	0.01	0.06	0.00	0.01	Hadley，1953
Hodo×约翰逊草	40	0.04	7.20	0.17	4.70	0.22	0.71	0.02	0.27	Bennett 和 Merwine，1966
卡佛尔×丰裕高粱	39	1.01	10.44	0.55	3.88	0.00	0.00	0.00	0.00	Endrizzi，1957
	40	0.35	10.69	0.12	4.47	0.00	0.00	0.00	0.00	Endrizzi，1957
	40	0.81	12.69	0.15	3.32	0.00	0.01	0.00	0.00	Endrizzi，1957

　　按这种观点来分析表 4-8，会发现约翰逊草高粱比其他四倍体材料有更多二价体和更少的四价体。一价体和三价体的频率低。还报道有更高的联合，但是在低频率上，没有证据表明存在高于四价体的联合（Garber，1944；Endrizzi，1957）。表 4-8 中的 Celarier 的数字是总数，但是在原始数据里有良好的一致性。4 种约翰逊草的二价体平均幅度为17.08～17.65，四价体的平均幅度为 0.60～0.82。Pritchard 的数字是 4 株总数，二价体的幅度为 13～20，四价体为 0～3。

　　Endrizzi 得出结论，约翰逊草高粱作为由 Duara 和 Stebbins（1952）假定的两个 20 染色体种的部分同源多倍体。

（三）哥伦布草（Columbus grass）

　　在丰裕高粱类型里，哥伦布草的减数分裂行为中发现有更多变异，由于它们来自双色高粱×约翰逊草高粱杂交相当现代的起源，因此没有什么可惊奇的。在 Celarier 的研究数据里，有 6 种丰裕高粱二价体的平均幅度为 $15.91\sim17.13$，四价体为 $1.07\sim1.97$。在表 4-8 中，Pritchard 的数据是来自丰裕高粱的 8 棵植株。观察染色体构型幅度是二价体为 $12\sim20$，四价体为 $0\sim4$。结果还表明，丰裕高粱比约翰逊草高粱有更多四价体和较少的二价体。Endrizzi 的资料表明，在丰裕高粱中产生的二价体和四价体的数目与卡佛尔×约翰逊草杂交观测的结果相似。值得注意的是，约翰逊草高粱和丰裕高粱都是整倍体，所以减数分裂必然是相当有规则的，或者可能发现更多的非整倍体。Pritchard（1965a）在饲草高粱育种项目中，发现并报道了关于约翰逊草高粱一个植株和丰裕高粱 4 个植株全都带有 39 个染色体。

（四）四倍体杂交

1. 哥伦布草×约翰逊草高粱杂种　Endrizzi 的数据表明，这一杂种有一定数目的二价体和四价体，而单价体的频率则高。有趣的是一个植株是非整倍体。

Magoon（1967）发表了有关丰裕高粱、约翰逊草高粱、粟高粱（*S. miliaceum*）和争议高粱（*S. controversum*）之间杂交的细胞学数据。结果表明，F_1 杂种之间在每个细胞的任一构型上或每个细胞的交叉频率上没有差异。他认为约翰逊草高粱、粟高粱、争议高粱是一个种的不同地理族。鉴于双色高粱和拟高粱染色体组之间十分相似，因此双色高粱和印度地区的约翰逊草高粱之间必然发生基因渗入。因此，在约翰逊草高粱染色体构型上看到的变异就不足为奇了。

2. 双色高粱×约翰逊草高粱杂种　关于这些自然产生的杂种的文献已经发表了。Hadley（1953）利用雄性不育和人工去雄穗杂交获得杂种。他从苏丹草（sudangrass）×约翰逊草高粱杂交中得到 1 个三倍体（$3n=30$）植株；从卡佛尔×约翰逊草高粱杂交中得到 1 个三倍体和 1 个四倍体（$4n=40$）。从后面的杂交中得到另 2 株似乎也是四倍体，但没有进行细胞学检测。在 F_1 代没发现非整倍体，但自交证明四倍体杂种得到的后代有 32 株是 40 个染色体，16 株是 39 个染色体，3 株是 38 个染色体。

后来，Hadley（1958）报道了栽培高粱×约翰逊草高粱的杂交结果，记录了 54 株染色体数目。在这些植株中，23 株是四倍体，31 株是三倍体，但没有发现非整倍体。然而，Endrizzi（1957）从卡佛尔×约翰逊草高粱的杂交中得到 7 个植株，其中 1 株是 39 个染色体的非整倍体。因此，在双色高粱×约翰逊草高粱的杂交中，似乎非整倍体是很少的，相当高比率的植株是四倍体。

通常在 F_2 代产生非整倍体。而采用三倍体时，非整倍体就常常产生。Hadley 和 Mahan（1956）用苏丹草给卡佛尔高粱×约翰逊草高粱杂交的 1 个三倍体植株授粉，在其后代中有 60％是 20 个染色体，3％是 30 个染色体，没有 40 个染色体的，其余的有 21、22、33、41、43 个染色体的。从表 4-8 中可以看出，卡佛尔高粱×约翰逊草高粱杂交的染色体构型有多数二价体和四价体，当比较丰裕高粱×约翰逊草高粱和卡佛尔高粱×约翰逊草高粱两组杂交时没有发现多少不同。在 Hodo×约翰逊草高粱杂交中，二价体的数目相对少，四价体的数目相对多，这可能是由于较高频率的联合所致。在卡佛尔高粱×丰裕高粱的杂交中，染色体构型数据分析的结果与卡佛尔高粱×约翰逊草高粱的结果没有很大不同，尽管辅助植株的研究比 Endrizzi 任何其他材料的研究结果均有较多数目的四价体。

从表 4-8 的结果可以得出结论，约翰逊草高粱一般比任何其他材料有较多数目的二价体和较少数目的四价体，当同一研究者观测时，丰裕高粱、丰裕高粱杂种或双色高粱×约翰逊草高粱杂种之间没有多少一致的差异。

　　这里有一个相反的报道。McClure 和 Weibel（1966）用约翰逊草高粱或丰裕高粱给二倍体雄性不育双色高粱授粉，发现多数杂种有 40 个染色体，并带有有规则的二价体配对。在该杂交中产生的有规则的二价体构型还未见报道。

　　3. 哥伦布草杂种　对于四倍体来说，约翰逊草高粱显然已获得极好的适应性，这似乎是至少部分地转到栽培的同源四倍体粒用高粱中。然而，约翰逊草高粱是一种很有害的杂草，而引到东非则是不明智的。哥伦布草可用来作为获得改良的四倍体适应性的材料源。调查表明，在丰裕高粱群体内可育性有明显差异，这表明有可能使选系具有与二倍体粒用高粱结实率几乎没有差异的植株，差异仅在 5％ 以内。这样好的结实率本身对四倍体来说一定是适应性的一种表现，所以通过回交可以把丰裕高粱的高结实率转到各种同源四倍体栽培高粱中去。Doggett（1964b）研究表明，其高结实率是遗传的（图 4-13）。从图

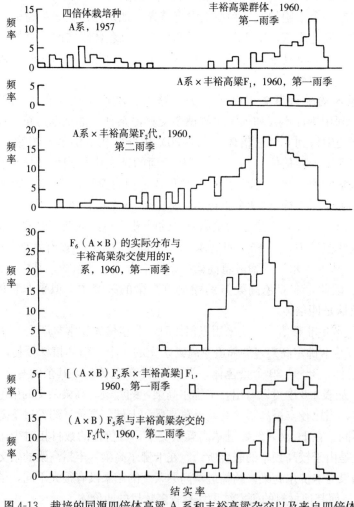

图 4-13　栽培的同源四倍体高粱 A 系和丰裕高粱杂交以及来自四倍体
杂种 A×B 的 F5 系与丰裕高粱杂交的结实率遗传

（Doggett，1964b）

4-13 中可以看出，A 系与丰裕高粱杂交的 F_1 代获得高结实率，表现出明显的显性，而在 F_2 代，结实率几乎整个都恢复了，从 6%～96%。比较而言，来自 A×B 杂交经 5 个世代选择高结实率选系与丰裕高粱杂交，重新获得的最低结实率为 48%。还有，亲本结实率的整个幅度在 F_2 代都存在，但是低结实率的很显然通过选择从 A×B 系杂交中淘汰掉。

　　该项研究没继续下去，而将材料转移到国际热带半干旱地区作物研究所（ICRISAT），并开始与约翰逊草的杂交。该研究在 ICRISAT 的项目中没成为重点，但是采用约翰逊草选育四倍体应继续下去。约翰逊草可能无助于实现 18t 的产量指标，但它有助于产量的稳定性和在不利条件下的生存性。

三、高粱染色体构型研究汇总

表 4-9　汇总了拟芦苇高粱、约翰逊草研究结果

名称	出处	来源	染色体数（n）	减数分裂习性	作者
（一）拟芦苇高粱栽培种（Arundinacea series sativa）					
1. Drummondii（德拉蒙德高粱）					
S. drummondii（以下德拉蒙德高粱种）		国密西西比	10		Longley，1932
S. drummondii			10		Karper 和 Chisholm，1936
S. drummondii			10	10 个二阶体	Endrizzi，1957
S. drummondii	J. Sieglinger		10	10 个二阶体	R. P. Celarier
2. Guineense（几内亚高粱）					
S. margaritiferum（珍珠米高粱种）		塞拉利昂	10	10 个二阶体	Huskins 和 Smith,1932，1934
S. guineese（几内亚高粱种）		尼日利亚	10		Huskins 和 Smith，1932
S. roxburghii（罗氏高粱种）					Huskins 和 Smith，1932
S. roxburghii（罗氏高粱种）					Karper 和 Chisholm，1936
S. conspicuum（显著高粱种）	E. D. Bumpus	津巴布韦	10	10 个二阶体	R. P. Celarier
3. Nervosa（有脉高粱）					
S. nervosum（有脉高粱种）			10		Huskins 和 Smith，1932
S. nervosum（有脉高粱种）（61 个品种）			10		Moriya，1936
S. nervosum（有脉高粱种）			10		Karper 和 Chisholm，1936
S. nervosum（有脉高粱种）	J. Endrizzi	缅甸	10	10 个二阶体	R. P. Celarier
S. melaleucum（黑白高粱种）		印度	10	10 个二阶体	Huskins 和 Smith，1932
S. membranaceum（膜质高粱种）		尼日利亚	10		Huskins 和 Smith，1932

（续）

名称	出处	来源	染色体数 (n)	减数分裂习性	作者
4. Bicoloria（双色高粱）					
S. dochna（多克那高粱种）			10		Longley，1932
S. dochna var. melliferum（多克那高粱粟状变种）		肯尼亚	10	10 个二阶体	R. P. Celarier
S. bicolor（双色高粱种）			10		Karper 和 Chisholm，1936
5. Caffra（卡佛尔高粱）					
S. caffrorum（以下卡佛尔高粱种）			10		Longley，1932
S. caffrorum		津巴布韦	10		Huskins 和 Smith，1932
S. caffrorum			10		Karper 和 Chisholm，1936
S. nigricans（浅黑高粱种）			10		Longley，1932
S. caudatum（以下有尾高粱种）			10		Longley，1932
S. caudatum			10		Huskins 和 Smith，1932
S. caudatum			10		Karper 和 Chisholm，1936
6. Durra（都拉高粱）					
S. durra（都拉高粱种）			10	10 个二阶体	Huskins 和 Smith，1932
S. cernuum（以下弯穗高粱种）			10	10 个二阶体	Huskins 和 Smith，1934
S. cernuum			10		Karper 和 Chisholm，1936
S. subglabrescens（以下近光秃高粱种）			10		Longley，1932
S. subglabrescens		印度	10	10 个二阶体	Huskins 和 Smith，1932，1934
S. subglabrescens			10		Karper 和 Chisholm，1936
（二）拟芦苇高粱野生种 (Arundinacea series spontanea)					
S. virgatum（以下突尼斯草高粱）			10		Longley，1932
S. virgatum			10	10 个二阶体	Huskins 和 Smith，1932，1934
S. virgatum			10		Karper 和 Chisholm，1936
S. virgatum	J. C. Stephens	埃及	10	10 个二阶体	R. P. Celarier
S. lanceolatum（披针形高粱种）			10		Huskins 和 Smith，1932
S. vogelianum（弗吉利亚高粱种）		尼日利亚	10		Huskins 和 Smith，1932
S. aethiopicum（埃塞俄比亚高粱种）	J. C. Stephens	苏丹	10	10 个二阶体	R. P. Celarier

（续）

名称	出处	来源	染色体数 (n)	减数分裂习性	作者
S. arundinaceum （以下拟芦苇高粱种）			10		Longley，1932
S. arundinaceum		黄金海岸	10		Huskins 和 Smith，1932
S. arundinaceum	J. C. Stephens	几内亚?	10	10 个二阶体	R. P. Celarier
S. arundinaceum	J. C. Stephens	几内亚?	10	10 个二阶体	R. P. Celarier
S. arundinaceum		津巴布韦	10	10 个二阶体	R. P. Celarier
S. arundinaceum	J. C. Stephens	津巴布韦	10	10 个二阶体	R. P. Celarier
S. arundinaceum	J. C. Stephens	澳大利亚引进	10	10 个二阶体	R. P. Celarier
S. arundinaceum	J. C. Stephens	利比里亚	10	10 个二阶体	R. P. Celarier
S. arundinaceum	J. Endrizzi	利比里亚	10	10 个二阶体	R. P. Celarier
S. verticilliflorum （以下轮生花序高粱种）			10		Longley，1932
S. verticilliflorum		乌干达	10	10 个二阶体	Huskins 和 Smith，1934
S. verticilliflorum			10		Huskins 和 Smith，1932
S. verticilliflorum			10		Karper 和 Chisholm，1936
S. verticilliflorum	J. C. Stephens	南非	10	10 个二阶体	R. P. Celarier
S. verticilliflorum	J. C. Stephens	不详	10	10 个二阶体	R. P. Celarier
S. verticilliflorum	J. C. Stephens	南非	100	10 个二阶体	R. P. Celarier
S. verticilliflorum	W. Hartley	南非	10	10 个二阶体	R. P. Celarier
var.*oratum* （轮生花序高粱 ornatum 变种）					
S. panicoides （拟黍高粱种）			10		Longley，1932
S. sudanense （以下苏丹草高粱种）			10		Longley，1932
S. sudanense			10	10 个二阶体	Huskins 和 Smith，1932，1934
S. sudanense			10		Karper 和 Chisholm，1936
S. sudanense			10		Moffett 和 Hurcombe，1949
S. sudanense	Ch. sauvage	阿尔及利亚	10	10 个二阶体	R. P. Celarier
S. niloticum var. *kavirondense*		埃塞俄比亚	10	10 个二阶体	R. P. Celarier
（以下尼罗高粱 Kavirondense 变种）					
S. niloticum var. *kavirondense*	J. Endrizzi	埃塞俄比亚	10	10 个二阶体	R. P. Celarier

（续）

名称	出处	来源	染色体数（n）	减数分裂习性	作者
（三）约翰逊草（Helepensia）					
S. propinquum（以下拟高粱种）	J. Endrizzi	菲律宾	10	10个二阶体	Celarier, 1958
S. propinquum	H. J. Kidd	菲律宾	10	10个二阶体	Celarier, 1958
S. halepense（以下约翰逊草高粱种）		巴勒斯坦	20	以下全部不规则	Huskins 和 Smith, 1932, 1934
S. halepense			20		Longley, 1932
S. halepense			20		Karper 和 Chisholm, 1936
S. halepense			20		Garber, 1944
S. halepense			20		Hadley, 1953
S. halepense			20		Merwine, 1956
S. halepense			20		Endrizzi, 1957
S. halepense	A. Kamm	以色列	20		Celarier, 1958
S. halepense	J. Endrizzi	美国	20		Celarier, 1958
S. halepense	J. W. Parham	斐济	20		Celarier, 1958
S. halepense	J. C. Stephens	不详	20		Celarier, 1958
S. miliaceum（以下粟高粱种）			20		Karper 和 Chisholm
S. miliaceum	B. Tiagi	印度	20	不规则	Celarier, 1958
S. miliaceum	M. B. Raizada	印度	20	不规则	Celarier, 1958
S. miliaceum	J. C. Stephens	印度	20	不规则	Celarier, 1958
S. controversum（争议高粱种）	Mudalier	印度	20	不规则	Celarier, 1958
S. almum（以下哥伦布草高粱种）			20	以下全部完全不规则	Saez 和 Nunez, 1943
S. almum			20		Saez, 1949
S. almum			20		Endrizzi, 1957
S. almum	W. Hartley	阿根廷	20		Celarier, 1958
S. almum	J. S. Stephens	阿根廷	20		Celarier, 1958
S. almum	J. Endrizzi	阿根廷	20		Celarier, 1958
S. almum	J. Endrizzi	阿根廷	20		Celarier, 1958
S. almum	J. Endrizzi	阿根廷	20		Celarier, 1958
S. almum	J. Endrizzi	阿根廷	20		Celarier, 1958
S. almum	J. S. Stephens	阿根廷	20		R. P. Celarier
S. almum	J. S. Stephens	阿根廷	20		R. P. Celarier

第四节　多倍体高粱

一、同源四倍体粒用高粱

Schertz（1962）用秋水仙素处理粒用高粱 SA403，得到了同源四倍体。四倍体（$4n＝40$）平均结实率为 11%，可染色花粉为 32%。该染色体构型一价体平均为 0.07，二价体为 15.85，三价体为 0.02，四价体为 2.08。还发现几个亚四倍体（hypotetraploid），平均结实率为 0.6%。Ross 和 Chen（1962）获得 2 个同源四倍体，并进行杂交。单价体和三价体相对少，亲本的平均数字是四价体分别为 4.4 和 4.7，二价体为 11.0 和 9.9。杂种的四倍体为 4.3，二价体 11.3。亲本的结实率分别为 0.5% 和 35.5%，而杂种的结实率则为 56.9%。Doggett（1964a）报道了同源四倍体很大幅度的结实率，从 41% 到 77%，因采用的品种不同。其他的同源四倍体较好的结实率在 40% 以下，由于太差的没包括在试验内。在非洲乌干达塞雷尔试验研究中已经注意到，同源四倍体在几个世代之后可达到相当稳定的结实率。在这一过程中，非整倍体可能被淘汰，因为选择时不选择那些结实率很低的植株。

多倍体在几种禾谷类来历中起重要作用。约 3/4 的草种是多倍体。多数多倍体似乎具有适应性优势。Stebbins（1950）计算了 100 个属、亚属的分布，其中 60 个多倍体比其二倍体祖先有更广泛的分布，7 个的分布大约相等，33 个占有较小的地域。多倍体优势之一可能是保持两个不同亲本杂交时的杂种效应，而且染色体数目加倍了。这种情况的最强有力的表现可以从异源多倍体得到，这种多倍体带有规则的二价体构型，尽管通过对同源多倍体或分裂的异源多倍体遗传上诱导配对可以获得相同的结果。

在没有规则配对的同源多倍体里，杂交效应的丧失可能相对较慢：在四倍体里采取连续自交，接近纯合性要比二倍体慢 2.9～3.8 倍，根据 x 值，即双倍减少系数，x 是同一染色体的姊妹基因在第二次减数分裂时被传送到同一配子的频率。对大量异型杂交来说，杂种优势的表现可以保持在群体内，但是在那水平以下时则由第一代四倍体杂种表示。另一种可能的考量是大量性状的表现幅度可以在四倍体水平上扩展。如果以每个基因 4 个位点代替 2 个位点，则无显性组合（aaaa）的表现可能低于二显性组合（aa）达到的水平，而 4 显性组合（AAAA）的表现可能高于二显性组合（AA）。当人们关心诸如蛋白质含量或氨基酸成分等性状时，这一点在经济上是有用的。

对高粱来说，约翰逊草是特别成功的四倍体。当其与一种卡佛尔粒用高粱杂交时，则获得另一种成功的四倍体—哥伦布草。这些四倍体的染色体组与栽培粒用高粱相似，它们之间杂交没有困难，这与二倍体×四倍体杂交存在部分障碍不同。因此，这值得开发培育四倍体的栽培粒用高粱。

（一）四倍体栽培粒用高粱

同源四倍体似乎不能用于栽培，因为这里要收获的是籽粒产量而不是根，或茎叶饲草产量。对根、茎、叶产量来说，根据结实率测定的可育性不是紧要的，只要能产生一些种子即可。如果能实行无性繁殖，结种子就更无必要了。但是，对于粒用作物来说，高结实率是非常关键的。Chin（1946）报道过在同源四倍体粒用高粱中有 19％的不完全花粉粒，结实率没报道。很显然，考虑到四倍体不值得做进一步研究。Schertz（1962）得到的研究结果也表明四倍体粒用高粱可育性低。1955 年，Doggett 用秋水仙素处理大量高粱品系的幼苗芽鞘诱导四倍体。这种方法后来被改进为用 0.1％～0.2％的秋水仙素浸泡芽鞘，而使根保持在潮湿的气候箱里以避免直接与秋水仙素溶液接触。最初，3 种类型加倍获得成功。全部杂交的衍生系，由康拜因卡佛尔 44/14 与地方品种 Kabili 杂交的一个系获得的平均结实率为 17％，由 BC272×Wiru（A 系）杂交的一个系平均结实率为 30.5％，而 BC272×Msumbiji（B 系）杂交的一个系的结实率为 30.7％。康拜因卡佛尔的衍生系生长弱，且损失掉。而另外两个系相互杂交，获得很高的结实率，F₁ 代为 68％，F₂ 代平均为 74％（Doggett，1957a）。随后的选择导自产生完全稳定的四倍体选系，结实率约 70％。该材料的结果表明结实率受遗传控制。

粒用高粱用秋水仙素处理都能加倍，目的是要获得尽可能多的变异性植株。有些材料表现极差，结实率很低，而有些材料在试验中表现出很大幅度的结实率，从 41％到 77％，而且表明同源四倍体结实率水平品种间是不同的，这也许表明在可育性机制控制上的某些遗传差异。事实上，有证据表明二倍体本身在结实率上表现出很小而肯定的差异。这些结果是在二倍体水平非常适宜的条件下测定的，幅度仅 93.5％～97.3％，但是当品种变成同源四倍体时则产生相当大的可育性差异（Doggett，1964a）。

罗耀武等（1981，1985）用 0.1％～0.2％秋水仙素处理粒用高粱 Tx3197B、晋粮 5 号、大白高粱、河农 75-1、河农 3-1，结果获得了河农 3-1 的同源四倍体。诱变当代会形成各种各样的二倍体细胞和四倍体细胞的嵌合体植株，但是体细胞发生加倍变异的植株，籽粒不一定发生加倍变异。籽粒诱变成为四倍体的明显标志，是当代籽粒的增大，而且很多情况是籽粒大小不等。由于处理当代所结穗子大多是嵌合体，因而第一代植株也不能全是四倍体植株，常出现多样性现象。凡染色体加倍植株的气孔、花药、花粉粒、籽粒都比二倍体的显著增大（表 4-10）。

表 4-10　河农 3-1 二倍体与四倍体部分性状比较

染色体倍数	气孔长度（μm）	花药大小（cm）		花粉粒直径（μm）	籽粒直径（cm）	蛋白质含量（％）
		长	宽			
二倍体	2.50	0.59	0.23	3.0	0.43	9.84
四倍体	3.25	0.70	0.32	3.65	0.53	13.50
差数	0.75	0.11	0.09	0.65	0.10	3.66

在观察河农 3-1 四倍体的减数分裂终变期时，看到数目不等的四价体、三价体、二价体和单价体。因此，四倍体的第一代植株的结实率有较大差异，最高结实率为 75％，有的未结实，从而有可能从中选出结实率高的株系来。四倍体籽粒的体积一般都显著大于未加倍的二倍体的，千粒重则因四倍体品系间籽粒饱满度不同，有的显著高于二倍体的，有的低于二倍体的。

总之，同源四倍体作为一种育种途径具有一定优点和特殊用途。但是，与其他作物的多倍体育种一样，高粱同源多倍体也存在结实率低和籽粒饱满度差的问题，这有待于进一步加强选育研究以解决之。

（二）同源四倍体可育性改良

按着这种方式，即在加倍一系列二倍体材料获得同源四倍体高粱内杂交，得到的结实率水平还不能有效地用于商业生产，尽管还存在这种可能性，但这种方法在早期就放弃了。根据轮回选择方法，连续杂交和选择可以提高结实率使之达到可应用于生产的程度。在塞雷尔，在同源四倍体高粱"稳定下来"之后，种植的几个生长季比最初种植时得到了更好的结实率。

（三）可育性与染色体构型

可育性是否与中期Ⅰ二价体数目有直接的关系。Hadley（1953）报道，从卡佛尔高粱×约翰逊草杂交的F₂代中得到32个四倍体植株，表明可育性的幅度从完全不育到如卡佛尔那样高的可育水平。这是由花粉染色力和结实率两个指标确定的。1958年，Hadley还报道了由同一杂交得到的四倍体植株的高结实率的几个范例。在所有四倍体植株中，有染色力的花粉超过90%，其中只有1个的为86%。Casady和Anderson（1952）用同源四倍体苏丹草×约翰逊草杂交，并得到四倍体后代，其结实率之低以至于无法比较。还有它在中期Ⅰ染色体构型是最普通的，14个二价体＋13个四价体，或12个二价体＋4个四价体。

Doggett（1964a）比较了2个丰裕高粱与来自杂交（双色高粱×丰裕高粱）的ID x25和IDx35的2个四倍体的BC₂衍生系的染色体构型和结实率。统计每个系的25个细胞，结果列于表4-11。从表4-11中的数字可以看出，2个回交衍生系的二价体和四价体数目为相似等级。2个丰裕高粱系在结实率上有较大差异。

表 4-11　丰裕高粱杂交的结实率和染色体构型
（Doggett，1964）

亲本和选系	结实率（%）	染色体构型			
		Ⅰ	Ⅱ	Ⅲ	Ⅳ
丰裕高粱 1	42	—	13.04	—	3.48
丰裕高粱 2	85	0.08	14.44	—	2.76
IDx25	92	—	11.44	—	4.28
IDx35	94	—	11.12	—	4.44

Ross和Chen（1962）报道的研究结果是，在2个同源四倍体品种的杂种上获得了57%的结实率。其细胞学研究表明，在2个亲本之间或F₁代之间的二价体或四价体没有多少差异。Doggett（1957a，1964a）用2个同源四倍体粒用高粱品种杂交，2个品种的平均结实率分别为19%和33%，而得到的F₁代结实率为66%。之后的选育导致成为真正的育种选系，有70%的结实率，这是所期望的。结实率高的原因可能是最初把杂交双亲对育性互补的基因带到一起。从细胞学观察，Doggett的上述材料没有高数目的二价体形成，其数字是7.46±0.44。

这一点似乎是清楚的，双色高粱和约翰逊草四倍体杂种以及约翰逊草本身的可育性水平均与二价体和四价体的数目没有关系。也没有理由一定要有关系。可育性高的前提之一是染色体应当有规则分布和由减数分裂均匀地产生配子。这需要在细胞分裂后期应当允许纺锤体上的染色体均匀地分开。Endrizzi（1958）研究了双色高粱、丰裕高粱以及双色高粱×约翰逊草、双色高粱×丰裕高粱杂种的四价体。在所有材料中，在 18 种可能的构型中，有 4 种构型占主导（图 4-14）。在观测的 408 个四价体中，92.9％属于这样的构型。这表明形成四价体的类型是在一种调节机制控制下进行，而不是随机产生的。Doggett（1964b）选择了来自丰裕高粱的高结实率。他指出，在与同源四倍体粒用高粱的杂交中，较高结实率是遗传的，结实率的遗传力也是很高的。

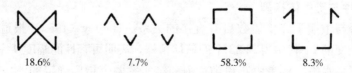

图 4-14　四价体构型示意图及其比率　18.6％、7.7％、58.3％、8.3％

二、同源四倍体杂交种

人们在诱导粒用高粱同源四倍体时，曾发现籽粒增大、蛋白质含量提高的现象。如果能把这样的变异性状保持到四倍体杂交种上，则可以大幅度提高高粱籽粒的产量和某些品质。

罗耀武等（1985）报道了将二倍体不育系 Tx3197A 和保持系 Tx3197B 诱导成为四倍体的不育系及其保持系。同源四倍体 Tx3197A 多数植株表现出典型的雄性不育，但是株间有分离，在群体里有少数可育株出现。同源四倍体 Tx3197B 的结实率在 50％～80％之间。利用同源四倍体不育系 Tx3197A 与同源四倍体恢复系河农 3-1 杂交，得到同源四倍体杂交种。其杂种 F_1 具有籽粒大、蛋白质含量高的优点；结实率也有明显提升，最高结实率达到 95.5％；穗长 25cm，单穗粒重 81.8g，千粒重 40.8g；蛋白质含量两个品系分别为 13.5％和 13.2％（二倍体对照为 10.2％）。

为了克服同源四倍体 Tx3197A 不育性不稳定的缺点，之后诱导的同源四倍体 Tx622A 是一个完全的不育类型。其保持系同源四倍体 Tx622B 千粒重 31.4g（二倍体 Tx622B 为 24.6g），结实率在 50％～80％之间；19 种氨基酸含量均高于二倍体 Tx622B；总含量 15％，而二倍体的总含量为 10.8％。

在选育四倍体杂交种的同时，还通过系统选择和品种间杂交等方法提高同源四倍体的结实率。已得到几个结实率达到 90％～95％的四倍体 Tx3197B 系。试验表明，在高粱同源四倍体育种中，有可能获得籽粒大而饱满、蛋白质含量高的品系以及单株结实率达到正常水平的选系。

三、三倍体粒用高粱和三体

Schertz 和 Stephens（1965）发现，在用温汤杀雄的粒用高粱上延长 14d 授粉，三倍体按 1/239 的比率产生。同一母本的二倍体植株在同一株上按 1/79 比率产生三倍体。他们还发现，三倍体以更低的频率在田间群体里自然发生。这些结果表明，随着延长授粉时间，卵细胞偶然发生加倍，这说明四倍体产生的原因，当二倍体雄性不育用约翰逊草授粉时，三倍体高度不育，每个花粉母细胞有 9 个三价体。Price 和 Ross（1957）用三倍体与二倍体杂交，在这种杂交存活的 25 个植株中，9 个是单个三体，这表明产生一套初级三体是相当容易的。

Schertz（1966）用三倍体 Tx403 与同系的二倍体杂交产生了一系列三体。三体最易根据穗部性状检测，并描述了 5 个三体。这些三体有小颖壳（I）、坚硬分枝（D）、圆锥形（H）、大颖壳（E）和瓶刷（A）。杂交可育性降低，当自由授粉时，具坚硬分枝的三体得到的最低结实率约 40%。自交种子的三体复原频率不同，4.2% 和 16.9%。如果种子经过筛选，只播种小种子，则复原率提高到 5.9% 和 35.7%。只要有一些实践经验，在杂种后代里有相当的可能检测出三体。

1974 年，Schertz 报道了另外 5 个三体的详细资料。三体淡绿穗（G）最容易鉴别的特征是从旗叶鞘抽出穗子的色泽和形状。抽穗第一天穗子比正常的稍淡；抽穗时，主穗顶端有一个淡色的不对称的缺刻；该三体的株高和育性基本上是正常的。三体稀疏分枝（B），分枝很少，小穗通常是松散的，花药不下垂，株高稍低，育性多变且低。三体矛状穗（J），穗子很尖，这个独有的特征可保持到成熟，其整个茎部弯曲，生有许多侧枝，叶片黄绿，开花迟，育性非常低。三体不对称穗（F），因穗子不对称而得名，穗下部一边的分枝，在近基部缺乏小穗，小穗为尖顶，略带扁平，而非圆柱形，株高矮，叶片狭窄，育性相当低。三体紧穗（C），不完全抽出的穗呈圆柱形，比较紧凑，顶端不尖。除了穗下端轻微弯曲外，茎秆挺直，叶片较长，带白色，并略有弯曲，植株矮，育性不高。

综上所述，10 个三体在相同背景下，其特征不同。三体在遗传学研究上是有用的，尤其是基因定位研究，而且三体和易位体的染色体可以相互验证。10 个三体和易位体植株的临时命名如表 4-12。

表 4-12　高粱基本三体和易位体植株染色体临时命名

三　　　体		测交易位体染色体临时命名
名称	命名	
瓶刷	A	CD
稀疏分枝	B	DG
紧穗	C	GI
坚硬分枝	D	IC
大颖壳	E	CB
不对称穗	F	BH
淡绿穗	G	HF
圆锥形	H	FE
小颖壳	I	EA
矛状穗	J	AD

主 要 参 考 文 献

顾铭洪译，1991. 植物遗传学. 北京：北京农业大学出版社.

季道藩，1995. 遗传学，第二版. 北京：中国农业出版社.

李懋学，1978. 植物根尖染色体压片法. 遗传与育种（3）：33-35.

罗耀武，闫学忠，乔子晴，1981. 高粱同源四倍体杂交种. 遗传学报，12（5）：339-343.

郑国锠，1980. 细胞生物学. 北京：人民教育出版社.

支萍，1985. 高粱染色体 Giemsa C—带研究初报. 辽宁农业科学（1）：10-12.

支萍，卫俊智，1989. 高粱染色体 G 带的研究. 辽宁农业科学（3）：15-18.

朱凤绥，等，1982. 植物染色体 F-BSG 分带方法与带型. 遗传（3）：25-26.

朱徵，1982. 植物染色体及染色体技术. 北京：科学出版社.

Doggett H, 1987. Sorghum. Second edition. Published in Association with the International Development Research Centre Canada. 150-165.

Garber, E D, 1947. The pachytene chromosomes of Sorghumintrans. Jour. Hered, 38（8）：251-252.

Garber. E D, 1950. Cytotaxonomic studies in the genus Sorghum. Univ. Calif. Publ. Bot. 23：283-361.

Gardner E J, Snustad D P, 1981. Principles of Genetics. Chap. 4. 6th ed. Goodenough U. 1978. Genetics 2nd ed. Chap. 2-3.

Gu Minghong, Ma Hongtu, George H L, 1986. Karyotype analysis for seven species in the genus Sorghum. J. Hered. （74）：196-202.

Huskins C L, Smith S G, 1932. A cytological study of the genus sorghum pers. Jour Genetics. 25：241-249.

Karper. R E and A T Chisholm, 1936. Chromosome numbers in Sorghum. Amer. Jour. Bot. 23：369-374.

Kirti P B, Murty U R, Rao N, 1982. Chromosomal studies of cross-sterile and cross-fertile sorghum, Sorghum bicolor（L.）moench. Genetica 59（3）：229-232.

Kuwada Y, 1915. Ueber die Chromosomenzahl von Zea Mays L. Mag. Tokyo, 29（340）：157-162.

Lewin Benjamin, 1980. Gene expression 2. Eukaryotic chromosomes. 2nd ed. 1160 P. John Wiley. &. Sons. New York.

Swanson C P, Peter L W, 1977. The cel. l4th ed. 304P. Prentice-Hall. Inc. Englewood Cliffs N J. Swanson C P. 1981. Cytogenetics-the chromosome in division, inheritance, and evolution. 2nd ed. 577P. Prentice-Hall, Inc., Englewood Cliffs, N J.

第五章　高粱生理学

第一节　光合生理

一、光合作用及其影响因素

（一）光合作用的特点

光合作用是高粱最重要的生理代谢。在高粱的生物产量中，有 90%～95% 是来自光合作用的产物，只有 5%～10% 是来自土壤。光合作用的本质是叶绿素在光照下，把植株吸收的二氧化碳（CO_2）和水（H_2O）合成碳水化合物。

1. 高粱是 C_4 作物　高粱属辅酶Ⅱ（NADP）—苹果酸酶型 C_4 作物。高粱叶片组织中有发达的花环状维管束，维管束鞘细胞含有大量的叶绿体，叶绿素 a_1（P_{700}）的含量约占总量的 2/3 上下，其叶绿素 a 与叶绿素 b 的比值也高于叶肉细胞。

高粱固定二氧化碳的途径与 C_3 植物明显不同，CO_2 从气孔进入后，在叶肉细胞和维管束细胞之间扩散，并在湿润的细胞壁上发生溶解。溶解后的 CO_2 最后到达叶肉细胞的叶绿体上，在磷酸烯醇式丙酮酸（PEP）羧化酶的催化下，叶肉细胞含有的磷酸烯醇式丙酮酸接受 CO_2，生成草酰乙酸。后者在辅酶Ⅱ—苹果酸脱氢酶作用下形成苹果酸。叶肉细胞中形成的苹果酸运到维管束鞘细胞中的叶绿体内，在辅酶Ⅱ—苹果酸脱氢酶的催化下释放出 CO_2，并形成丙酮酸。

释放的 CO_2 在 RuDP 羧化酶的催化下为双磷酸核酮糖接受，形成 2 个分子的 3-磷酸甘油酸（PGA），进入卡尔文循环。维管束鞘细胞中形成的丙酮酸又被运回到叶肉细胞。在丙酮酸双激酶、腺苷酸激酶和焦磷酸酯酶的作用下，丙酮酸变成 PEP，完成了 CO_2 受体 PEP 的生成，从而使光合作用不断地进行下去（图 5-1）。高粱的这种 CO_2 固定方式可使维管束鞘细胞中的 CO_2 浓度显著增高，保证这里的 RuDP 羧化酶有充足的底物供应，最终导致较高的 CO_2 净同化速率。

施教耐等（1979）的研究表明，高粱 PEP 羧化酶的米氏常数值（Km 值）为 $7\mu mol$，RuDP 羧化酶是 $450\mu mol$，故高粱可在低 CO_2 下进行光合作用，即 CO_2 补偿点低。

吴敏贤（1980）研究指出，6-磷酸葡萄糖（G6P）、甘氨酸（Gly）、1,6-二磷酸果糖（FDP）对高粱 PEP 羧化酶有激活作用；丙二酸、天门冬氨酸（Asp）、乙醇酸、乙酰辅酶 A 无明显作用，而月桂酸、油酸、柠檬酸有抑制作用，其中 Gly、G6P 和油酸的影响效应最大。

施教耐等（1980，1981）研究发现，高粱的 PEP 羧化酶有可逆的冷失活现象。纯化的高粱 PEP 羧化酶有可逆的冷失活现象，温度下降时酶失活百分率升高。在 0℃ 下，随处理时间延长使活性丧失达 80% 以上，酶活性不再下降，保持在一个低活性水平上。

相反，吴敏贤（1982）证实，离体的高粱叶片 PEP 羧化酶对高温也很敏感，其失活

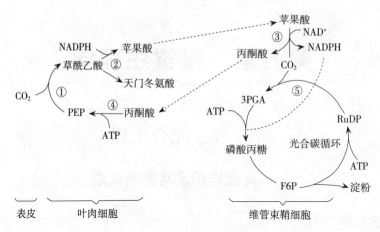

图 5-1　高粱光合作用示意图
①PEP 羧化酶　②NAPP—苹果酸脱氢酶　③NADP—苹果酸酶　④丙酮酸磷酸双激酶　⑤羧化酶
图中左侧的生理活动在叶肉细胞内进行，右侧的生理活动在维管束细胞里进行
——→表示物质转移方向
（资料引自北京农业大学主编《植物生理学》，1980）

温度约在 45℃。

2. 高粱与 C_3 植物的比较　高粱的光合碳同化过程与 C_3 植物相比，多一个形成 C_4 双羧酸的 CO_2 固定过程，C_4 双羧酶并不直接被同化成其他有机物，而是在鞘细胞中再脱羧，所产生的 CO_2 于卡尔文循化中再被固定同化成其他有机物。因此，高粱的光合作用要消耗更多的能量。一般 C_3 植物固定 1 个 CO_2 分子需要消耗 3 个 ATP 和 2 个 $NADPH_2$，而高粱则需 5 个 ATP 和 2 个 $NADPH_2$。因为高粱在叶片维管束鞘细胞中就能形成有机物，且能快速地经维管束送出去，因此高粱光合产物的输出速度要比 C_3 植物从叶肉细胞中输出快得多。因为光合作用的强度与光合产物的输出速度成正比，所以高粱的光合作用效率较 C_3 植物高得多。通常测定的结果是，C_3 植物的光合作用强度为 15～40mg/（$dm^2 \cdot h$），C_4 植物的为 35～80mg/（$dm^2 \cdot h$），而高粱是 13.5～127.0mg/（$dm^2 \cdot h$）。这样大的变异幅度是由于高粱基因型、测定部位和时间、光照度不同所致。高粱叶片的光合强度大体在 60mg/（$dm^2 \cdot h$）左右。

高粱的卡尔文循环发生于维管束鞘细胞中，在这里产生的甘氨酸被运到叶肉细胞的线粒体，然后形成丝氨酸并释放出 CO_2。这些 CO_2 在叶肉细胞里立即被 PEP 重新固定形成草酰乙酸。由于高粱具有微弱的光呼吸，白天叶片的总光合效率与净光合效率基本相等。广东省农林科学院（1977）用红外线二氧化碳分析仪测定高粱的光呼吸强度为 0.113mg/（$dm^2 \cdot h$），暗呼吸为 0.53mg/（$dm^2 \cdot h$），其比值为 0.21。高粱的光呼吸高于玉米而低于水稻（表 5-1）。

（二）光合作用的影响因素

高粱光合作用受内外因素的影响，前者如不同基因型，后者如光辐射、温度、水分、CO_2 和营养状况的共同影响。这里只叙述外界条件对光合作用强度和进程的影响，以便更好地控制和改善环境条件，提高光合强度和光能利用率。

表 5-1　高粱与玉米、水稻的光呼吸与暗呼吸比较[*]

(广东省农林科学院，1977)

作物	光呼吸强度	暗呼吸强度	光呼吸/暗呼吸
高粱	0.113	0.53	0.21
玉米	0.060	1.44	0.04
水稻	3.610	0.46~0.85	4.20~8.00

[*]　光呼吸与暗呼吸强度单位 mg/（dm² · h），光呼吸测定是采用单个叶片在 3.8 万 lx（米烛光）光照强度，30～32℃下通入无二氧化碳气流，用国产 FQW-CO₂ 红外线分析仪测定叶片放出的二氧化碳量，暗呼吸是在无光条件下测定的。

1. 光辐射　从光辐射的角度分析，夏季日光辐射每天每平方厘米为 2 093.4J 左右。根据这一数据计算，100d 生长期的高粱每公顷可生产干物质 76 955kg，按 0.45 经济系数折算，每公顷可产高粱籽粒 34 650kg。因此，提高高粱光能利用率的潜力是很大的。

在一定范围内，光合强度是随光辐射的强度增加而提高。但是，当光达到饱和点时，即使光强再增加，光合强度也不再提高。以小迈罗高粱 50 的研究结果说明光辐射和光合强度之间的关系（图 5-2）。在 70% 的全日照下，当光强为 6 万 lx 时，叶片的光合强度为 48 mg/（dm² · h），接近光饱和点。当高粱的光合强度达到 62mg/（dm² · h），此时的光照度为 10 万 lx。相反，如果高粱处于部分全日照条件下，例如 30%、50% 和 70% 的全日照，这时未达到 10 万 lx 时就进入了光饱和状态，说明高粱叶片在全日照下达光饱和状态要求较高的光照度。

Grick D. K.（1975）对高粱进行了 3 年遮光处理的试验结果表明，全日照条件下，旗叶下第一叶的光合强度为（34.7±3.1）mg/（dm² · h）；30% 遮光时，其光合强度为（34.3±4.2）mg/（dm² · h）；60% 遮光时，其光合强度显著下降到（20.3±6.6）mg/（dm² · h）。高粱叶片的光饱和点与叶序及同一叶序的不同部位有关。一般来说，光饱和点

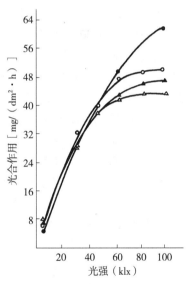

图 5-2　高粱叶片光合作用对光的反应
●全日照　○70%全日照
△50%全日照　▲30%全日照
（Singh，1974）

随叶序由下向上增高；同是叶尖部位，上部叶片的光饱和点为 8.1 万 lx，而中、下部的则分别为 5.2 万 lx 和 3.5 万 lx。

Monteith（1977）把光辐射转化为干物质的效率定义为辐射利用率（RUE，单位为 g/MJ），并指出 RUE 受消光系数、生物化学转换效率、CO_2 交换系数的影响。而且 C_4 植物的 RUE 值高于 C_3 植物。植株每天截取的光辐射是其叶面积指数的幂函数（K）。辐射消光系数对该函数（K）与 RUE 是在良好生长条件下的稳定参数，报道的数值分别为 0.4g/MJ 和 1.25g/MJ。Foale（1984）发现种植密度的高低、播种期的早晚对 RUE 没有

明显影响，而 RUE 却随着太阳高度的增加而提高。

光辐射既是光合作用能源来源，又可提高光合作用中一些酶的活性。吴敏贤（1982）的研究表明，在暗室里培养 3 周的高粱黄化叶片置于含 [3H]-亮氨酸（2μci/mL）溶液中照光 20h 后，PEP 羧化酶的活性比未照光地提高了 90%，可溶性蛋白质含量提高了 3.5 倍，标记氨基酸掺入量也提高了 117%。这表明光辐射能明显提高 PEP 羧化酶蛋白的合成。同时，光辐射还能促进苹果酸和其他一些蛋白质的合成。

2. 温度　高粱叶片的光合作用要求较高的温度，最适日温为 33～35℃，而 C_3 植物的为 20～25℃（图 5-3）。在最适日温下，高粱的光合强度差不多是棉花的 2 倍。当温度达到 45℃ 之前，叶片的 CO_2 交换值随着温度的上升不断提高，超过 45℃ 之后急剧下降。40℃ 时叶片的光合效率最高，大约比光合效率最低值高 50%。但基因型间有所差异，有的在 40.5℃ 时光合效率开始下降。

Norcio N. V.（1976）研究发现，高粱品种 RS626 的光合效率在温度从 40℃ 上升到 43℃ 时锐减，而 M35-1 的转换系 C4104 扔保持 50mg/（dm^2 · h）的高光效。同时还发现，RS626 和 NB9040 在 45℃ 高温下光合作用才完全停止。超过适温后光合效率降低，是由于呼吸作用

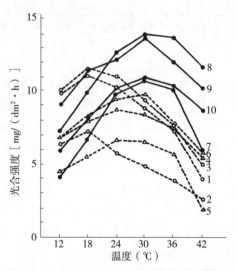

图 5-3　C_3 和 C_4 作物的表观光合强度与温度的关系
1. 小麦　2. 大麦　3. 豌豆　4. 大豆　5. 水稻
6. 水稻　7. 玉米　8. 高粱　9. 谷子　10. 稗子
（村田吉男等，1977）

增强，同化物消耗增加，光合作用与呼吸作用的比值下降等因素共同作用的结果。

Vinall 和 Reed（1918）根据一系列研究和观察得出结论，对高粱光合作用最适温度是 33℃ 或 34℃。Martin（1941）提出，在美国当 7 月份平均温度低于 24℃ 时，则很少获得高产；相反，当 7 月份平均温度达到 27～29℃ 时，则可获得最高籽粒产量。

3. 二氧化碳（CO_2）　CO_2 是光合作用不可缺少的原料之一。大气中 CO_2 的浓度一般在 0.03% [（350±50）mg/kg]。高粱 CO_2 的补偿点为 8.4mg/kg，比 C_3 植物低。华南农学院作物生态遗传研究室（1979）通过高粱和水稻同室栽培试验结果发现，在 3 万 lx 和 33～35℃ 温度下，翌日光照 30min 后，室内 CO_2 浓度为 58mg/kg，第三日同一时间 38mg/kg。在上述处理下，水稻第一片叶从第二天起开始变黄，到第三天全部变黄，同时第二片叶也开始变黄，最后全株因缺乏 CO_2 死亡。相反，高粱在低 CO_2 浓度下生长保持正常，叶片颜色一直青绿。

在正常种植密度下，高粱对 CO_2 的吸收并不受环境 CO_2 浓度变化（330～630mg/kg）的影响。试验证明高粱生育前期供应高浓度 CO_2（630mg/kg）可使叶面积增加，但不加快叶片的展开速度，也不增加最终的穗粒重。一般来说，增加 CO_2 浓度并不能明显改变高粱的净同化率。

4. 水分　水分对光合作用的效应表现在水分能为光合作用提供多少氢离子（H^+），以及对其他生理功能的间接影响。例如，缺水会使气孔的阻力立刻增加，气孔的开张度减小，甚至关闭，致使进入气室和叶肉细胞间隙的 CO_2 数量减少。另一方面，气孔的关闭又使蒸腾作用减弱，叶温升高，增加呼吸消耗，最终导致光合效率下降。

缺水对生物量减少的效应已采用相对蒸腾与土壤有效水分之间的关系进行定量。馆野宏司等（1976）研究表明，当 PF（土壤水分张力）为 2.7～2.9 时，高粱的光合强度即下降。同在低光照强度下，当土壤水分适中，叶水势（ψ_2）保持在（-13.1 ± 1.2）个标准大气压，细胞保持正常膨胀状态时，CO_2 吸收率平均为（8.83 ± 0.28）$mg/(dm^2 \cdot h)$；中度亏水，叶水势在（-19.5 ± 1.2）个标准大气压时，CO_2 的吸收率仍在（6.77 ± 1.3）$mg/(dm^2 \cdot h)$ 的水平，严重缺水，叶水势为（-36.2 ± 1.5）个标准大气压时，CO_2 的吸收率仅有（0.40 ± 0.60）$mg/(dm^2 \cdot h)$。由此可见，土壤缺水并不立即造成 CO_2 吸收率的明显下降，而是当叶水势下降到 -20 个标准大气压时才明显下降。水分亏缺还影响细胞的分裂和增生以及原生质的正常活动，最终影响光合作用。

Downes（1970）对影响光合作用的上述因子在不同光照水平下对小麦与高粱品种 Gabo、苏丹草与高粱品种绿叶（Greenleaf）进行了对比研究，测定了蒸腾、水汽阻力、光合率以及叶内外水汽和 CO_2 浓度之间的差异。结果表明，小麦与高粱的水汽浓度差异很小，几乎很少受光和温度的影响（表 5-2）。水汽阻力与 CO_2 阻力的类型有些相似。

从表 5-2 的结果进一步可以看出，小麦与高粱的蒸腾率随温度升高而增加。在两个低光照下，高粱的蒸腾率明显低于小麦；而在最高光照度下，两者的蒸腾率很相似。在所有的光照度下，高粱的光合率都要高于小麦；而在高光照度下，高粱的光合率高于小麦，在 25℃ 下是小麦的 2 倍，而在 35℃ 下是小麦的 3 倍。结果是在高光照和高温条件下，高粱的蒸腾与小麦相似，而光合速率却更快。高粱的 CO_2 浓度差（$Ca-Ci$）明显高于小麦，其最高值是在中等光照下达到的。小麦的 CO_2 浓度差（$Ca-Ci$）甚至在较高温度下也无多大变化。

通过 CO_2 和水汽阻力 2 个指标测定的气孔阻力在两个较低光照条件下是高粱高于小麦，几乎不受温度影响。在最高光照度下，两种作物在所研究的温度范围内有相似的气孔阻力。因此，高粱比小麦有更高的水分利用效率，但是当在各种光照度下温度升高时，则水分利用率降低。

Downes（1971）还对一系列高粱进行了比较研究，测定了 3 种光照和 4 种温度下的光合率，以及 CO_2 阻力和叶内、外的 CO_2 浓度差。在前 12～20d 作两种预处理，全光照和半光照期。这些高粱的测定数据与表 5-2 中的结果很接近。表 5-3 的结果表明，这些高粱族之间存在差异。帚枝高粱是干旱地区的一种草，在表 5-3A 的所有温度下，全光照和半光照的光合率没有太大差异。而表 5-3B 的数据表明，在 30℃ 和 1.674 7J/（$cm^2 \cdot s$）下的光合率有差异，即 29 和 22，29 是一个高数字，而 22 与表 5-3A 的数据一致。

表 5-2　小麦与苏丹草的光合率、蒸腾率、二氧化碳浓度差异和阻力

光强 4.186 8J/ (cm² · min)[a]	温度（℃）									
	15		20		25		30		35	
	W	S	W	S	W	S	W	S	W	S
$10^4 \times$光合率（g/cm² · s）										
0.06	5	5	5	6	5	6	5	7	5	7
0.26	—	—	8	—	9	13	11	14	10	15
0.46	—	—	9	—	10	20	9	24	9	25
$10^4 \times$蒸腾率（g/cm² · s）										
0.06	10	3	12	4	13	5	14	7	16	8
0.26	—	—	12	—	15	5	17	8	19	10
0.46	—	—	12	—	15	14	17	17	22	22
$10^4 \times$二氧化碳浓度差 $C_a - C_i$（g/cm³）[b]										
0.06	4	18	7	26	10	34	12	36	14	39
0.26	—	—	9	—	13	45	18	51	20	59
0.46	—	—	9	—	14	28	17	36	18	45
二氧化碳阻力，r−r（g/cm² · g）										
0.06	0.9	3.3	1.2	4.2	1.7	5.1	2.5	5.5	3.1	5.9
0.26	—	—	1.1	—	1.4	4.0	1.8	3.5	2.0	3.9
0.46	—	—	1.1	—	1.4	1.4	1.8	1.5	1.9	1.7

注：a：波长幅度为 400～700nm。b：当 $C_a = 300$mg/kg，$C_i = 0$ 时，则 $C_a - C_i = 59 \times 10^{-9}$g/cm³。W：小麦　S：高粱（资料来自 Downes，1970）。

　　类芦苇高粱则表现出相反的情况，在1.674 7J的高光照度下，在全光照预处理的所有温度下均出现相对低的光合率。然而，类芦苇高粱在所有试验温度下与帚枝高粱比也达到相应的光合率。在 30℃下，经半光照预处理的均表现出光合率提高，但是在两个较低光照度之下，经全光照预处理的光合率与其他测定的高粱没有区别。在较低温度下不同光照度的试验，如那些在热带森林边缘荫蔽处的试验可能是有代表性的。轮生花序高粱在所有温度和光照度下均表现相对低的光合率，而且多数受半光照预处理的影响。埃塞俄比亚高粱表现中等水平，其光合率在 35℃下随全光照预处理而降低。栽培饲草、苏丹草（绿叶）和栽培的温带高粱 Tx610 在表 5-3A 结果彼此相似，而表 5-3B 的结果则表明半光照预处理下绿叶苏丹草比 Tx610 恢复的更好些。

　　从现有的资料看，帚枝高粱在1.674 7J光照和 30℃下不论以前的光照处理怎样，均表现良好，这是由于环境造成的，因当年少雨，高辐射和高白天温度所致。全光照预处理的轮生花序高粱保持适度的光合率，但是在连续 12～20d 半光照处理后，光合率则提高。这种高粱草来自热带森林边缘地区，可能适合于每天通过树或早晚荫蔽处最大限度利用短期光照。绿叶苏丹草和 Tx610，这两种类型是育种家在每天全光照下作为商用品种选出的表现最好的。

表 5-3　不同高粱族的光合率 $[10^8 Pg/(cm^2 \cdot s)]$（27℃/22℃/16h·d）前 12～20d 全部或一半入射辐射处理）

A. 辐射对温度 $[$在 1.6747J/（cm² · min）光照下$]$

高粱族	温度（℃）	20		25		30		35	
	预处理	F	H	F	H	F	H	F	H
类芦苇高粱		10	14	12	18	14	21	14	24
轮生花序高粱		12	6	15	7	18	9	19	10
埃塞俄比亚高粱		14	10	16	20	13	15	18	16
帚枝高粱		16	15	20	19	22	21	22	23
苏丹草高粱		15	9	20	12	24	15	25	16
双色高粱（Tx610）		18	9	20	12	24	14	25	16

B. 辐射对光照强度（在 30℃下）（资料引自 Downes，1971）。

高粱族	光照	0.334 9J/(cm² · s)		1.004 8J/cm² · s)		1.674 7J/(cm² · s)	
	预处理	F	H	F	H	F	H
类芦苇高粱		8	10	14	20	16	23
轮生花序高粱		7	6	15	10	17	11
埃塞俄比亚高粱		7	7	16	13	19	13
带枝高粱		8	8	23	18	29	22
苏丹草高粱		8	9	14	17	24	19
双色高粱（Tx610）		8	7	16	13	23	15

注：F：全光照，H：半光照。

5. 营养　营养对光合作用的效应是大量元素表现出直接影响，微量元素表现出间接影响。高粱的光合强度与铵态氮和磷素的吸收均为正相关关系，相关系数分别为＋0.827（$P<0.05$）和＋0.799（$P<0.05$），对钾素的吸收也为正相关关系，但未达到显著水平。

光合作用强度的高低与叶片含氮量有关。缺氮影响叶绿体的片层结构和间质组成，以及许多酶的形成和活力。佐藤亨等（1975）研究结果表明，高粱叶片的含氮量与光合作用呈直线回归关系，相关系数 $r=+0.758$。磷是 ADP、ATP、RuDP、$NADPH_2$ 等含磷化合物或糖的磷酸酯的成分，在光合磷酯化过程中具有十分重要的作用。磷还参与氨基酸和脂肪的合成，以及能量的转化。钾具有调节气孔的作用，在保卫细胞里积累数量的多少，控制气孔的开与闭；缺钾会对碳水化合物的合成代谢造成紊乱。

微量元素中的镁是叶绿素的重要成分，并能调节 RuDP 羧化酶的活性。在光照条件下，镁能提高 RuDP 羧化酶的活性，促进 CO_2 的固定。氯和锰参与光合作用第一步，水的光解。铁是 FRS 氧化还原系统中的必需元素。光化学反应系统中传递电子的细胞色素（Cyt）就含有铁。

二、光合产物的运转和分配

（一）光合产物的运转速度

高粱叶片的叶脉间距小，维管束排列密集，而且其纵向、横向的维管束都有由薄壁细胞组成的维管束鞘，后者具有制造、暂存和向筛管输送同化产物的功能。因此，在固定CO_2和光合产物的运输速度上，均比C_3植物快。Stephensen R.（1976）等对人工生长室中水培的高粱和小麦，在营养生长期间选取充分展开的嫩叶用$^{14}CO_2$处理。经6h后，在光辐射强度为740微爱因斯坦/（$m^2 \cdot s$）、昼夜温度25℃/20℃下，测定同化产物的转移时得出，高粱输出了同化产物的（75.8±13.8）%，而小麦仅输出（45.5±6.9）%。在光辐射强度2270微爱因斯坦/（$m^2 \cdot s$）和25℃下，二者的净光合率分别为CO_2（46.9±4.9）mg/（$dm^2 \cdot h$）和（37.6±5.9）mg/（$dm^2 \cdot h$）。Islam C. S. 等（1978）发现，当昼夜温度从27℃/22℃上升到33℃/28℃时，4h后同化产物从高粱旗叶向籽粒转移的速率，从（66±6）%增至（76±3）%。上述研究均证明高粱具有较高的同化产物转运速度。转运速度的快慢受温度等环境因素的影响。

（二）光合产物的分配

李维滨等（1984）利用杂交高粱晋杂4号、沈农447和品种熊岳191作试材，采取剪叶分析研究光合产物的积累、运转和分配以及产量形成的生理过程。研究结果表明，高粱全株干物质积累呈S形曲线。叶片和叶鞘干重在出苗后65～75d，即抽穗开花前后达到最大值，此后下降；而在105d，即蜡熟以后有所回升。茎秆干重变化趋势与叶片相似。籽粒重在开花后15～35d迅速增加，是有效灌浆期。平均千粒日增干重0.81g（折合262.5kg/hm^2）。从光合产物分配看，出苗后30d，即拔节前光合产物主要集中到叶片和叶鞘里；拔节后，茎秆里的光合产物比例上升，抽穗后则是花序所占比率大。开花后，穗和籽粒的光合产物分配比率提高，叶片、叶鞘和茎秆的分配比率降至零以下，出现负值。之后，当穗和籽粒分配率下降时，叶片、叶鞘、茎秆的分配率又转而上升为正值。如果用经济系数来衡量光合产物的分配情况，本试验中的中秆杂交种晋杂4号的经济系数为0.44，而高秆品种熊岳191则为0.32。

群体生长率（CGR）是叶面积指数（LAI）与净同化率（NAR）之积的函数。它在整个生育期内呈双峰曲线变化。第一峰值在挑旗期前后，第二峰值在灌浆盛期。CGR的消长与籽粒产量形成关系密切，挑旗前主要受叶面积制约，挑旗后主要受净同化率的支配，可作为高产研究的生理指标。相关分析还表明，高粱籽粒产量与抽穗前20d、抽穗期和灌浆期的光合产物数量与抽穗至成熟期间的光合产物数量均呈显著相关。

赵同寅等（1982）研究了杂交高粱光合产物的运转与分配规律。结果显示叶片、叶鞘、茎秆和根的干物重在灌浆前达到高峰，灌浆后下降。穗和籽粒在灌浆后继续上升，表明叶、鞘、秆、根各器官在灌浆开始后一部分光合产物转运到穗和籽粒里。穗干重在蜡熟期达到高峰，以后又逐渐下降，相反茎和根在蜡熟后干重又有所回升。

高粱各器官光合产物的增消速率不同时期是不一样的，叶、鞘、茎、根的光合产物灌浆前是不断增加。但增加最快的时期各不相同，叶是从拔节到孕穗期最快，叶鞘和根是从孕穗到挑旗期，茎是从挑旗到灌浆期，穗和籽粒是从灌浆到乳熟期。总之，杂交高粱光合产物的运转和分配的特点是，前、中期有明显的物质积累优势，后期有较高的产物运转效率。

三、呼吸作用

光合作用的另一面是呼吸作用。呼吸作用是活细胞内通过某些代谢过程使有机物氧化分解，一是释放出能量，为生命活动提供能源；二是又能产生许多中间产物供生物合成需要。呼吸作用包括一系列由特殊酶催化的氧化—还原反应。利用分子氧（O_2）进行的呼吸称有氧呼吸；不吸收氧气使有机物的氧化降解过程也是呼吸，称无氧呼吸。

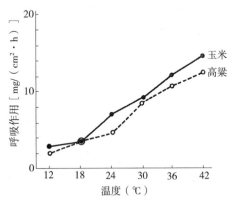

图 5-4　高粱、玉米的呼吸作用与温度的关系
（村田吉男，1977）

高粱的呼吸作用在 12～42℃范围内，随温度升高而增强（图 5-4）。当温度超过 42℃时，其呼吸强度反而会下降。虽然高粱的呼吸作用与 $NH_4\text{-}N$ 吸收之间的相关未达到显著程度，但仍存在一种正相关关系，却与磷和钾的吸收达极显著正相关（图 5-5）。

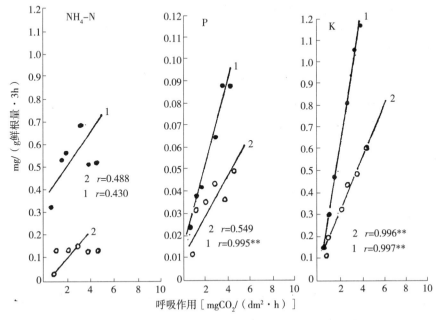

图 5-5　高粱、玉米呼吸作用与矿质营养吸收的关系
1. 高粱　2. 玉米
（村田吉男，1977）

影响高粱呼吸强度的环境条件还有水分、氧气（O_2）和二氧化碳（CO_2）浓度等。水分对高粱呼吸作用的影响较大。当土壤亏水使高粱处于萎蔫状态时，气孔关闭，蒸腾减弱，体内温度升高，呼吸作用加剧。土壤板结，通透性差，也会直接影响根系的呼吸作用。氧气是高粱呼吸必需的。一般情况，呼吸强度是随氧气浓度增加而上升，多数是在氧气浓度达 10％ 以下，甚至在 5％ 时，呼吸强度就达饱和。要保持高粱适合的呼吸强度，并不是氧气浓度越高越好，而过高的氧气浓度对植株反而有害。

二氧化碳浓度对高粱呼吸作用的影响是显而易见的，一般是增加二氧化碳浓度高于 5％ 时有抑制呼吸作用的效应。

第二节 水分生理

一、高粱耗水量和蒸腾作用

（一）高粱耗水量

水对高粱植株的生理活动有重要作用。水是细胞的主要组分，其含量约占组织鲜重的 70％～90％。水作为反应物和介质参与光合作用、呼吸作用和营养代谢等生理活动。细胞分裂及伸长，保持细胞紧张度等都需要水。一方面，高粱植株不断地从周围环境中吸取水分，另一方面又通过蒸腾和吐水作用不断地把体内的水分扩散到环境中。尽管高粱在一定缺水条件下仍能生产出相当数量的生物量，但水分仍是高粱生产的限制因素。

高粱一生要消耗大量水分。Miller（1923）通过 5 年试验，得出高粱和玉米需水量的 5 年平均数字（表5-4）。结果高粱生产 1kg 干物质比玉米平均少 15.6％。相反，苏丹草却比玉米多需水 8.8％。

表 5-4 高粱和玉米的平均需水量

(Kansas, 1916—1920)

品 种	生产 1kg 干物质的需水量（kg）	生产 1t 干物质需要的降雨量（mm/0.4hm²）
黑壳卡佛尔	289	64.8
矮迈罗	294	65.8
白马齿玉米	336	75.2
抗盐玉米	355	79.5
苏丹草	376	84.1

王景文等（1959）研究指出，辽宁省南部高粱丰产的需水定额为每公顷 3 600～4 500m³。锦州市水利局（1972）测定晋杂 5 号杂交高粱每公顷产量 4 672.5kg，耗水量 3 375m³/hm²；当产量达到 8 715kg/hm² 时，耗水量为 4 260m³。辽宁省水利科学研究所（1974，1975）对 3 个高粱杂交种分别于 8 个试验点进行测定，全生育期（124～125d）耗水量幅度为 3 400.5～5 040m³/hm²，平均 3 904.5m³/hm²。黑龙江省嫩江地区农业科学

研究所（1975，1977）测定，早熟杂交种齐杂 3 号全生育期耗水量为 2 565～3 135m³/hm²。由于测定的年份、地点和方法不同，所得的耗水量数据也不尽相同。

通常，高粱的需水量可根据蒸腾系数计算。Kanitkar 等（1943）在印度做了 6 年试验（1935—1940 年）表明，高粱的平均蒸腾系数为 424，幅度在 300～516。Алпатьев А. М（1954）汇总的数字为 204～209。在美国科罗拉多州测定高粱 Dakota 和红琥珀甜高粱的蒸腾系数为 285，同样的甜高粱的测定数字为 255～265（Shantz et al.，1927；Dilmlan，1931）。

一般引用的高粱蒸腾系数是 322，这一数字是 Briggs（1914）测定了 14 个高粱品种的平均数。用蒸腾系数计算高粱的需水量时，还需兼顾总生物量及其粒秆比。例如，蒸腾系数按 322、粒秆比按 1∶1 计算，高粱籽粒产量 6 000～7 500kg/hm² 时，全生育期每公顷需水量则为 3 870～4 830m³。与 Briggs（1914）测定的玉米（368）、粟（310）、小麦（513）的蒸腾系数相比，高粱在需水量和水分利用率上仅次于粟而优于小麦和玉米。

（二）高粱蒸腾作用

1. 蒸腾作用及其意义　蒸腾作用（trsnspiration）是植株以气态散失水分的过程，植物的蒸腾作用不同于自由表面的蒸发。水分蒸发是一个物理过程，而蒸腾是一个生理过程，虽然它的基础是蒸发，但它是受植物蒸腾器官的形态结构和生理机能所调节的，这就要比一般物理过程复杂得多。

植物的蒸腾作用具有重要的生理意义。一是植株被动吸水的动力，特别是像高粱这样的高株植物，仅靠根压是无法保持水分代谢的平衡的，必须依托蒸腾所形成的强大拉力使水分大量吸收和迅速上升。二是蒸腾能促进植株对矿质元素的吸收和运输，使溶于水的盐类吸收后迅速转送到各个器官里。三是蒸腾能降低叶片的温度。植株体特别是叶片吸收的阳光大多转化为热量，可使株体的温度大幅提高，蒸腾能把大量热量散发出去。据测定，夏天在直射阳光下，株体温度可达 50～60℃，如果没有蒸腾，叶片就会被阳光灼伤而死。

2. 根系吸水　根系吸水能力受高粱基因型和土壤温度、湿度、pH 以及通气状况的影响。通常地温在 6～30℃ 范围内，根系吸水的速度随温度上升而加快。在低温下，由于根部细胞原生质的黏稠度提升和生理渗透作用减弱，使根系吸水作用降低。土壤含水量适中，既能增加根的数量，又可扩大根的分布范围，促进根系吸水。Miller（1938）采用冲洗土壤研究发现，高粱根系侧面伸长从植株中心向外约 1m，而深度可达 1.8m 上下，明显地可使根系从较深层吸收水分。Nakayama 和 Van Bavel（1963）采用 ^{32}P 示踪法研究了 RS610 高粱品种的根系生长和吸水情况。结果显示，根系每天伸长 2～5cm。根系最大的吸水范围在植株侧面的 38cm 和深度 90cm 区域内，根系要从这一剖面吸收 80%～90% 的水分。Robertson 等（1992）观察到，根系吸水每天以 3.4cm 的稳定速率下伸，直到开花后约 10d。在有限水分条件下，吸水的多少由根系深度决定，深层吸水差是由于根系不够所致。Miller（1916）发现，当高粱和玉米的初生根同样伸长时，在任一阶段高粱的次生根均是玉米的 2 倍多。可见，在同样条件下，高粱比玉米能吸收更多的水分。

3. 蒸腾过程　根毛吸进的水分，除横向运输外，主要是通过数层细胞进入导管，沿输导组织运至地上器官各组织。水分从植株地上部分以水蒸气状态向外界环境散失的过程，称为蒸腾作用。高粱的日蒸腾量因基因型和环境而异。Glover（1948）在非洲坦桑尼亚的 Amani 高粱研究中发现，一个普通高粱品种在第 11 周和第 16 周之间，每株每天蒸腾 0.34kg 水。王淑华等（1979）测定显示，10 份中国高粱品种乳熟期蒸腾量的变化幅度为 0.122 4～2.245 9kg/（m^2·d），平均为 1.749 2kg/（m^2·d）。

高粱不同生育时期，叶片的蒸腾量变幅也较大。辽宁省水利科学研究所（1974）在 8 个试验点测定了 3 个高粱杂交种的苗期、拔节、抽穗和灌浆 4 个生育期的蒸腾量，分别为 338～557mm 、120～180mm、84～135mm 和 137～183mm。Jensen 和 Musick（1960）研究发现，在美国南大平原需要季节性水分蒸腾总量为 550～600mm，可得到高粱的最高产量。并指出，随着土壤水分蒸腾总量的增加，高粱产量的增加比小麦产量的增加更多些，因此认为高粱比小麦具有更高的产量潜力。一天之内，高粱植株蒸腾率变化曲线与日辐射强度和日温的变化相符。晴天中午阳光充足时蒸腾率达最高值，清晨与黄昏较低，夜间蒸腾基本停止。

植物通过气孔对蒸腾进行调节。中国高粱叶片上数第二叶的气孔数为 110～218 个/mm^2。叶片上的气孔密度都不一样，下表皮的气孔数多于上表皮；下表皮从叶基部、叶中部到叶尖部的气孔密度分别为 142.4 个/mm^2、134.6 个/mm^2 和 128.2 个/mm^2。气孔总数与叶片总面积呈正相关，与籽粒产量呈负相关。

影响蒸腾作用的环境因素有温度、空气湿度、风速和光照度等。高温下气孔开张度大，开张速度快；低温下则相反。大气的相对湿度、风速、土壤含水量的大小均能直接影响蒸腾率的变化。

高粱除气孔调节蒸腾作用外，还具有一些非气孔调节的特殊功能。叶缘自动上卷和叶片萎蔫等都是重要的非气孔调节方式。暂时性萎蔫的蒸腾量仅为正常态的 10%～20%。暂时性萎蔫经过一夜之后，次日即可恢复常态，而永久性萎蔫因失水过重次日则不能恢复常态，高粱生产要特别关注这一情况的发生。

（三）过量水分

通常是把高粱作为一种抗旱性强的作物。事实上，高粱的许多抗旱性状对生长在湿润条件下的植株也是有用的，因此高粱又是耐水涝的作物，在潮湿和水分过量的地方，例如在非洲沼泽地边缘和谷底重黏土上可以发现野生高粱。在乌干达，栽培高粱常常是种在潮湿条件下，特别是在香蕉地里。高粱在尼日利亚一些地区种植成功一定是高粱有能力忍受潮湿的条件。

Doggett 和 Jowett（1966）在整个东非的低洼地带进行了一系列试验，包括高粱和玉米。结果表明，在生长季中，降雨量少于 380mm 时，高粱比玉米产量高；而降雨量多于 750mm 的地区也是同样结果。这似乎没有多少怀疑，在某些高降水量地区，高粱产量超过玉米，是因为不利的潮湿土壤条件使高粱发挥出耐水涝的优势。在水淹条件下，抽穗期的玉米仅能维持 1～1.5d，而高粱可维持生命 6～7d；灌浆期的玉米只能维持 2d，而高粱可维持 8～10d，乳熟期高粱可维持 15～20d。

二、叶 水 势

（一）叶水势的概念

近年，在作物水分生理研究中常用水势来表示植株体内的水分状况。水势的定义是每摩尔体积的水的化学势差，以符号 Ψ_w 表示。

$$\Psi_w = \frac{\mu_w - \mu_w^\circ}{\overline{V}_w} = \frac{\Delta\mu_w}{\overline{V}_w}$$

式中 μ_w° 是在一定条件下纯自由水的化学势；$\overline{V}_w$ 为水的摩尔体积，即在温度、压强及其他组分不变的条件下，在无限大的体系里加入 1mol 水时，对该体系体积的增量；$\overline{V}_w$ 与纯水的摩尔体积（$V_w = 18.0\text{cm}^3/\text{mol}$）相差甚小，计算时可用 V_w 代替 $\overline{V}_w$。这样一来，水势的定义就是体系中的水与纯水之间每单位体积水的自由能差，其单位为压力—bar[*]

由于高粱叶片占植株总表面积的大部分，所以可根据叶水势的数值来考察高粱植株的水分状况。高粱叶水势受基因型、生育阶段、部位、土壤水分、种植密度、光辐射等因素的影响而变化。例如，耐旱高粱品种 C42y 乳熟期的叶水势低于不耐旱品种 E59，而叶阻抗也高于 E59（图 5-6、图 5-7）。

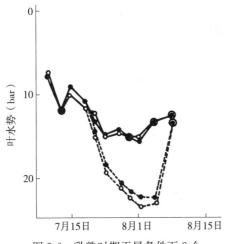

图 5-6　乳熟时期干旱条件下 2 个
高粱品种的叶水势
实线为灌溉处理，虚线为干旱处理
（犬山茂，1978）
○ E59　● C42y

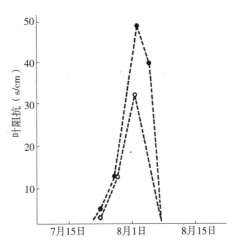

图 5-7　乳熟时期干旱条件下 2 个
高粱品种的叶阻抗
实线为灌溉处理，虚线为干旱处理
（犬山茂，1978）
○ E59　● C42y

山西省农业科学院高粱研究所（1981）在测定抽穗期上数第二片、第三片叶的叶水势时，发现 Tx3197B 和晋粱 5 号的叶水势低于三尺三和晋杂 4 号，实际情况是前者的吸水能力和抗旱性均高于后者（表 5-5）。

---

[*] bar 为非法定计量单位，1bar=10^5Pa，下同。——编者注

表 5-5　高粱品种抽穗期的叶水势（bar）

（山西省农业科学院高粱研究所，1981）

年份＼品种	Tx3197B	晋杂5号	三尺三	晋杂4号
1979	−14.78	−14.78	−12.32	−11.09
1980	−14.52	−14.48	−10.86	−10.86

（二）高粱叶水势的变化

高粱不同生育期，由于需水量不同，叶水势有明显的变化。幼苗期的需水量占总需水量的12.7%～13.2%。若以叶水势表示，应在−12～−19bar为宜。拔节到孕穗期处于营养生长和生殖生长并进阶段，需水量约占总需水量的33%，叶水势应保持在−17bar以上。这一时期是高粱需水的临界期，干旱会造成严重减产。抽穗开花期的需水量约占总需水量的31.9%，叶水势应保持在−17bar以上。籽粒灌浆到生理成熟期需水量约占总需水量的21.7%，叶水势应保持在−17～−18bar。

高粱叶水势的变化还受环境条件的影响。土壤水分的多少，极大地影响叶水势的高低。在干旱条件下，7月底C42y和E59的叶水势大致都降到−23bar，而灌水小区的仍保持在−15bar左右。Shearman等（1972）研究高粱杂交种RS610在8～9叶期时土壤水分与叶水势的关系。结果表明，土壤水分与叶水势密切相关。在供水充足下，叶水势为−13.1bar，中度亏水下叶水势为−19.5bar，严重亏水下为−36.2bar。

高粱种植密度对叶水势的变化也有影响。特别是在干旱条件下影响更大。例如，每公顷40万株的叶水势下降到−25bar，25万株的下降到−23bar，12万株的下降到−21.5bar。高密度条件下叶水势降低是因为蒸腾量猛增，因此只有降低叶水势才能更好地适应田间的干旱情况。

高粱叶水势的日变化与光辐射强度和日温变化相反，即早、晚叶水势较高，下午2点达最低值。在营养生长期，清晨叶水势迅速降低，日落之后又迅速回升。而中间时段叶水势变化不大。

第三节　营养生理

一、养分的吸收及其影响因素

（一）养分的吸收

高粱生长发育需要多种营养元素，其中大部分是从土壤中吸收的，所以土壤是植株主要氮素和矿质营养的来源。植物吸收的营养元素有的组成植株结构物质或成为体内一些重要化合物的组成成分，或参与酶促反应和能量代谢，还有的具有缓冲作用和调节植株代谢等功能。

中国科学院植物研究所（1974）测定成熟的高粱植株主要部位的各种元素含量（表5-6）。结果表明，高粱植株硅素最高，约占3%，其他依次是氮、钾、镁、钙、磷、钠、铝、铁、锰。

表 5-6 高粱植株营养元素含量（占干重％）

（中国科学院植物研究所，1974）

部位	灰分	氮	磷	钾	钙	镁	铁	铝	锰	钠	氧化硅	氮/磷
叶	12.14	1.90	0.083	0.787	0.224	0.429	0.008	0.036	0.000	0.039	7.63	23
茎	4.87	0.51	0.055	1.461	0.018	0.302	0.000	0.007	痕迹	0.012	1.43	9
籽粒	2.47	2.14	0.117	0.515	0.076	0.208	0.002	0.005	痕迹	0.011	0.11	18
根	8.62	0.38	0.043	1.353	0.373	0.260	0.112	0.117	0.000	0.042	5.14	9

注：品种为红粮 4 号。

高粱吸收营养，主要是通过根系从土壤溶液中以阳离子形态进行吸收，也可通过叶片吸收一些液态营养元素。根毛的表皮细胞是进行矿质元素吸收活动的活跃区域。溶解于土壤溶液中的矿质元素，通过离子交换机制吸入体内，可分为被动吸收和主动吸收两种方式。

被动吸收是一种物理过程，不需要植株代谢供应能量，离子顺着电化学势梯度通过扩散及道南平衡进入细胞或通过离子交换而被吸收。主动吸收则是靠细胞本身的代谢活动，特别是呼吸作用进行的。主动吸收可随时随地从土壤低浓度的溶液中吸收所需的离子态元素，即主动吸收是逆电化学势梯度吸收的。在根的吸收作用下，以主动吸收为主。

吸入体内的矿质营养，除少量就近参与新陈代谢外，大量元素离子沿木质部导管向地上各器官的组织输送。在向顶部运转的同时，还向横向运转。养分输送的动力来自蒸腾作用，故运输的速度取决于蒸腾强度。运转中的营养元素除一部分随蒸腾流到达叶片外，大部分则运往呼吸旺盛、生理活动强烈的器官组织，如生长点、幼芽和幼胚等。

（二）影响养分吸收的因素

根系吸收营养元素受基因型和环境条件的共同影响。例如，根系所处的外界条件，如温度、氧气、土壤 pH、离子间的互作等。若处于营养不良的根系能强烈地吸收营养元素。

1. 温度 温度对根系吸收营养的影响是多方面的。一是温度对呼吸的影响来影响对营养的吸收。在 12～42℃温度范围内，呼吸作用随温度升高而增强，而主动吸收所需能量又主要依靠呼吸作用，因此根对矿质元素的吸收与根的呼吸强度密切相关。二是温度对各种酶活性的影响也制约根吸收率的大小。三是温度对不同元素的影响也不同，如对钾吸收的影响大于对氮、磷的吸收。此外，在低温和高温下，高粱根系也很难吸收矿质养分。所以，土壤施肥的效率与土壤温度有密切关系。

2. 氧气 土壤中氧气不足直接影响根对营养的吸收。这是因为土壤中氧气与根呼吸密切相关，根呼吸作用的强弱又与根主动吸收密切相关。所以，一定浓度的氧气是进行营养元素吸收的必要条件。在氧浓度低于 3％时，钾的吸收明显下降。此外，土壤通气状况不好，氧气不足，使土壤中还原性物质，如硫化氢等增多，这些物质能破坏根细胞活力，甚至产生烂根现象，严重影响根对营养的吸收。

3. 土壤 pH　土壤 pH 低于 4 或高于 9 就会影响根系对矿质的吸收。因为在弱酸条件下，原生质的蛋白质带正电荷，可吸收环境中的负离子；反之，在弱碱条件下，原生质的蛋白质带负电荷，可吸收环境中的阳离子。酸度增高，将提高 H^+ 和 Al^+ 对 K^+ 吸收的抑制作用。酸度再高，呼吸作用明显减弱，此时高粱对氧气的吸收仅是正常条件下的 74%。茎秆中的镁、钙、磷的含量在 pH≥5.8 时均有较大增加，而铝、锰的含量在 pH≥5.2 时则有所下降。还有土壤的 pH 高低直接影响根系对铵态氮和硝态氮的吸收。土壤溶液呈中性时，根系对 NH_4^+ 的吸收超过 NO_3^-；pH<7 时，则相反。

4. 离子间互作　离子间互作对根系吸收营养既可表现出促进作用，也可表现出抑制作用。一种离子的存在促进另一种离子的吸收和利用，这种现象称之为协和作用（Synergistic action）。例如，磷离子能促进氮的吸收和利用，因为蛋白质合成需要 ATP 同核酸。高粱生产上常施用磷肥以增加氮的吸收。钾离子也能促进氮的吸收，因为钾能促进核酸形成及氮代谢。因此，高粱生产配合施用氮、磷、钾有增产效果。相反，一些离子的存在或过量，常抑制另一些离子的吸收，例如磷离子过多常造成缺锌性状，因为磷酸（H_3PO_4）与锌（Zn）形成不溶解的磷酸锌 [$Zn_3(PO_4)_2$]，根系不能吸收。

二、大量元素的吸收

大量元素是指氮（N）、磷（P_2O_5）和钾（K_2O）。在中等生产水平条件下，每生产 100kg 高粱籽粒，需氮 2～4kg，磷 1.5～2.0kg，钾 3～4kg。N：P：K 的比例为 1：0.5：1.2。

（一）氮的吸收和转化

通常，随着高粱植株生长日龄的增加，其营养器官中的含氮量下降，穗和籽粒中的含氮量上升。

1. 氮的吸收　高粱根系从土壤中主要吸收铵态氮和硝态氮。从根部进入体内的硝态氮，经硝酸还原酶的催化，还原成亚硝酸盐，再经亚硝酸还原酶还原成氨（$NO_3^- \rightarrow NO_2^- \rightarrow NH_3$）后，才能与呼吸作用的中间产物 α-酮酸结合，形成氨基酸等各种含氮化合物。氮素在高粱植株体内的积累一般可持续到成熟期。PalU. R. 等（1982）报道，高粱的基因型以及叶、茎、穗、全株的氮吸收率之间存在着互作。杂交种 CSH5 的氮素吸收量高于其他品种，其籽粒的吸氮率总是高于茎秆的，这种差异随着施氮量的增加而上升。

植株营养器官对氮的吸收在抽穗期或抽穗前就停止，而穗对氮的吸收则延续到成熟期。整个植株的氮素积累在生育初期通常较慢，到拔节期加快，接近成熟又慢下来（图 5-8）。杂交种 CSH_1 的氮素积累率如表 5-7 所示。随着高粱植株的生长，体内的氮素积累率逐渐增加，至 60～75d 时达到高峰。之后又开始降低。然而，在籽粒灌浆期（70～91d 或乳熟到成熟期），遇上连续晴朗天气，则氮素吸收率最高。每公顷施纯氮 120kg 和 25.95kgP_2O_5 的小区，植株氮素积累率在生育的 58～91d 达到最高峰。平均为 5.94kg/（$hm^2 \cdot d$），而无肥区 35～42d 的植株仅有 2.975kg/（$hm^2 \cdot d$）。

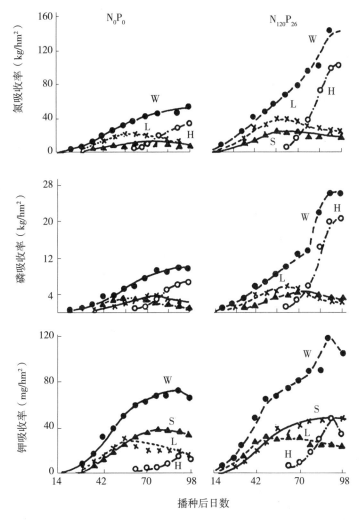

图 5-8 杂交高粱 "CSH-1" 整个生育期间茎、叶、穗和全株对氮、磷、钾的吸收率
右方为施肥区，每公顷施 120kg 氮，26kg 磷；左方为无肥区
（W 为全株，L 为叶片，H 为穗，S 为茎秆）

表 5-7 杂交种 CSH-1 各生育时期的氮素积累率

生育日数（d）	0～30	31～45	46～60	61～75	76～90	91～完熟
氮积累率 ［mgN/（株·d）］	4.04～5.14	17.27～21.75	18.53～23.75	20.00～21.10	6.47～6.71	0.40～2.10

总体来说，高粱植株营养器官的氮素积累在抽穗期达到最高峰，之后氮素就从营养器官向穗部转移。氮素的转移主要来自叶片而不是茎秆。在转移过程中，营养器官所失去的氮素顶不上转移到穗部的氮素数量。全株积累的氮素主要集中于穗部，而且其比例随着氮肥施用的增加而提高。

郭有等（1980）发现，籽粒成熟前的各个生育时期都是叶片的含氮量最高，随着生育的进程而逐渐降低。从全株的吸收比例看，生育中期氮素已达全生育期吸收总量的 52.4%，以后有所下降。生育后期，吸氮比例仍然较大，占 41.7%。晋杂 5 号和熊岳 253 单株吸氮量以中期为高，分别为 15.0mg/（株·d）和 7.7mg/（株·d）。各生育时期均以根部的相对含氮量为最少。

2. 氮的代谢　氮代谢的主要产物是各种酰胺、氨基酸和蛋白质。但是，在高粱的氮代谢中还要产生一种含氮化合物，生氰糖苷。生氰糖苷经酶降解可生成氢氰酸（HCN）。氢氰酸的毒性极强，0.5g 就足以毒死一头奶牛。吴显荣等（1982）测定出苗后 4～6d 高粱幼苗含氰势最高，尤其第一片叶含量更多。测定的美国 14 个饲用高粱品种含氰势的变幅为 479～1 984mg/kg。在分析 113 份中国高粱品种和杂交种亲本含氰势后得出，107 份都高于 1 000mg/kg。最高者为原新 1 号 A，达 1 967mg/kg，最低的是忻粱 80，为 672mg/kg。一般来说，苏丹草类型饲草高粱含氰势较低，如 NP-22 只有 479mg/kg。高粱苗期氢氰酸含量最高，孕穗之后逐渐降低，成熟时基本消失，籽粒中不含氢氰酸。

高粱苗期体内的氢氰酸含量与水溶液中氮的浓度为密切相关。Doggett（1970）报道，黑琥珀、早熟赫格瑞和双矮生快熟白迈罗 3 个品种在不灌溉和不施肥条件下，抽穗前叶片的氢氰酸含量分别为 170mg/kg、488mg/kg 和 420mg/kg。而灌溉和每公顷施 176kg 纯氮的对照区，同期叶片的氢氰酸含量则分别高达 625mg/kg、930mg/kg 和 1 068mg/kg。

高粱基因型之间氢氰酸含量变幅较大，在青饲高粱的选育上，要选择氢氰酸含量低的材料作亲本，以便选出氢氰酸含量符合喂饲标准的品种或杂交种。此外，氢氰酸可以通过 β-氰丙氨酸途径合成天门冬酰胺。β-氰丙氨酸合成酶和水化酶存在线粒体上，此过程可看作氢氰酸的解毒机制。据此可采取相应的处理措施，减少或消除嫩叶中氢氰酸的毒害作用。例如，将青饲高粱割倒后晾晒几天后，其氢氰酸含量就能急剧减少。若进行青贮处理，毒性可以完全消失。

3. 影响氮素吸收的环境因素　影响高粱氮素吸收的因素很多，如氮的存在状态，有机氮或无机氮，铵态氮或硝态氮，氮素和磷素的供应时间、数量和比例等均是影响氮素吸收的重要因素。辽宁省农业科学院（1978）研究表明，增施磷肥和提高磷肥肥效，可提高氮素的吸收量。以 10 株样本平均数计算，增施磷肥的氮素吸收量比未施磷的增加 6.9～19.2g。这是因为磷素对加速核蛋白和核酸的形成具有明显的促进作用。

土壤介质中的可溶态氮是氮素吸收的重要来源，其数量和存在状态对氮素吸收有重要影响。郭有等（1979）研究表明，未施氮的高粱品种熊岳 253 单株地上部氮素吸收为 631.5mg，施氮的则为 806.9mg，增加了 27.8%。同一试验的晋杂 5 号增加了 45.1%。

（二）磷的吸收和转化

1. 磷的吸收　在土壤介质中存在不同形态的磷酸盐。在 pH4.5～8.5 范围内，磷素主要以磷酸二氢（$H_2PO_4^-$）和磷酸一氢（HPO_4^{2-}）盐根形态存在。辽宁省农业科学院（1979）研究表明，高粱苗期以摄取水溶性磷（过磷酸钙）为主，吸收量约占全生育期的 1/3。随着根吸收能力的增强，对磷的吸收量和吸水能力也不断增大。抽穗开花时，不仅继续吸收水溶性磷酸盐，还可吸收土壤中醋酸溶性磷酸盐，如钙镁磷、磷矿粉等。

2. 磷素的转化　高粱全株的磷素积累直到成熟期，前期积累较慢，后期加快呈直线上升。Roy 和 Wright 观测到，当杂交种 CSH-1 施用磷肥和氮肥时，在 35～80d 内，全株对磷素的吸收呈直线上升；从 81d 到成熟磷素的积累率仍继续增加。生育前期由于磷素积累较慢，体内积累的磷素占总吸磷量的 $16\%\sim22\%$，大部分的磷素是在生育后期积累的。

磷素在植株体内很容易移动和运转，是以正磷酸盐形态为主。抽穗期后，磷素开始由叶部和茎秆向正在迅速生长的穗部转移。在每公顷施氮 120kg、磷 26kg 的试验区里，营养器官转移减少的磷素的数量顶不上转移到穗部的数量；而在不施肥的试验区里，穗部所积累的磷素主要是从营养器官转移来的。不施肥区的植株在后期停止吸收磷素，而施肥区的植株仍在积累磷素。通常在收获前高粱植株体内的磷素大部分集中于穗部，其他器官中很少，这种情况在杂交种中尤为明显。籽粒成熟时，植株各器官含磷量的多少次序是，籽粒＞茎秆＞叶片＞根系。

内蒙古农牧学院（1974）利用 ^{32}P 示踪研究不同生育时期各器官磷的分布显示，^{32}P 多集中于生长点，幼穗等生长最旺盛的部位。杂交高粱同杂 2 号磷素的分布是，出苗至分蘖占 21.1%，拔节至挑旗占 71.6%，开花灌浆占 7.3%。郭有等（1980）的试验结果是，吸磷量以生育后期为最高，占 67%。

3. 影响磷素吸收的环境因素　不同高粱基因型对磷素吸收的数量有明显差异。在同样施磷条件下，熊岳 253 单株地上部磷积累量为 695.5mg，晋杂 5 号为 724.9mg。土壤中磷肥施入量的多少对体内磷的积累影响较大。同是晋杂 5 号，未施磷肥的单株地上部分磷素积累量仅有 431.8mg。磷肥种类对不同生育时期磷素积累量的影响也很明显。在生育初期，过磷酸钙对体内磷素的积累最有利，钙镁磷肥居中，而磷矿粉则对生育后期磷的积累有更好的效应。施氮肥也能促进高粱植株对磷素的吸收。土壤中游离石灰的含量高则会降低植株磷的含量。

（三）钾的吸收和转化

1. 钾的吸收　与氮和磷的吸收相反，高粱植株对钾素的吸收和积累是生育前期较快，后期较慢。从图 5-8 可以看出，每公顷施纯氮 120kg 和磷 26kg 的试验区，与未施肥区对比，出苗后 21d 植株体内钾的积累率分别为 1.03kg/（hm²·d）和 0.64kg/（hm²·d），35d 分别为 2.02kg/（hm²·d）和 1.17kg/（hm²·d）。由于钾素的积累率较快，因此施肥区总钾量的 $50\%\sim60\%$ 是在抽穗前吸收的；在不施肥区可达 90%。尽管如此，在抽穗之后不施肥区的植株仍有较慢的钾素积累，为 0.60kg/（hm²·d），而施肥区的钾素积累率则更快，为 4.62kg/（hm²·d）。

2. 钾的运转和分布　由于钾素在植株体内主要以水溶性无机盐和有机盐状态存在，故也是体内最易移动的矿质元素之一。钾不仅在代谢中起调节作用，还与细胞分化、透性及光合作用均有密切关系，也参与一些有机物，如嘧啶和嘌呤的形成，以及一些酶系统的活化剂。钾通过保卫细胞渗透压的大小来控制气孔的开启和关闭。在成熟之前，钾素的大部分，占 $68\%\sim78\%$ 积累于营养器官中，主要集中在代谢活动较旺盛的部位，如根尖、幼芽和嫩叶中，只有 $22\%\sim32\%$ 在穗中。成熟植株叶片的含钾量仅次于氮和二氧化硅，而高于其他元素，在籽粒中是仅次于氮；在根中则低于二氧化硅，而高于其他元素。成熟时各器官的含钾量多少次序是，茎秆＞叶片＞籽粒。

安景文等（1998）对高粱需钾特性及施钾效果的研究表明，高粱施钾肥能明显提高植株含钾量。其含钾量以苗期为最高。钾肥对高粱有明显的增产效果，增产幅度为 $8.5\%\sim$

10.6%。在氮、磷基础上，等量钾肥以全部基施的增产效果为最好。施钾能明显降低籽粒单宁含量，施钾比不施钾降低单宁含量 28.8%。

3. 影响钾素吸收的环境因素 全株钾素的吸收量随着增施氮肥、有机肥和磷肥而剧增。钾的吸收与品种的耐盐力有关。在 1 000~5 000mg/kg（1：1）的氯化钠（NaCl）和氯化钙（$CaCl_2$）的土壤上，耐盐和中度耐盐的品种随着对钠、钙、镁、氯吸收的增多，钾的吸收量也增多。

总之，氮、磷、钾是高粱生长发育的大量营养元素。高粱植株对氮、磷、钾的吸收、运转、积累和分配的特点虽然各不一样，但是合理的配合施用有利于互相促进吸收、运转和积累，为科学地配方施肥提供了理论依据。

三、中量元素的吸收

（一）硅（Si）

硅是高粱植株含量最多的矿质元素。硅素淀积于表皮组织和其他组织的细胞壁内，提高了组织的机械强度。由于细胞壁坚硬度的增强，能有效地防止病菌入侵。Lanning F. (1961) 对 4 个高粱品种硅素淀积的研究发现，植株体内二氧化硅（SiO_2）含量的差异与品种的抗病虫害能力有关。如品种阿特拉斯的含硅量是矮生黄迈罗的 2 倍，前者对麦长蝽的抗性远高于后者。通过盆栽试验证明，随着硅酸钙施用量的增加，单株干物重也增加。当每盆硅酸钙施用量相当于每公顷 6.72t、13.44t 和 26.88t 时，6 株幼苗的干物重从对照的每盆 11g，分别增加到 17g、21g 和 21g。Ponnaiya（1960）提出，大量二氧化硅在根内皮层的淀积在长成的根里形成一完整的硅石圆筒状。他认为这可能在干旱胁迫下起机械加固作用。

硅还可促进对磷、钾从茎、叶向籽粒运转，对红粮 4 号高粱的分析表明，硅分布在根和叶里居多，分别占 7.63% 和 5.14%；茎秆和籽粒含量少，分别占 1.43% 和 0.11%。随着硅酸钙施用量的增加，氮和钾的含量下降，对磷和镁的吸收无影响。

（二）钙（Ca）

钙在细胞代谢中与果胶结合形成果胶钙，固定于细胞壁中胶层中。钙的另一个作用是与有毒酸类的代谢产物进行中和反应，形成难溶的钙盐不再参与生理活动，因此钙有解毒作用。中国科学院植物研究所（1974）的分析结果，红粮 4 号各器官中含钙量多少的次序是，根＞叶片＞籽粒＞茎秆。Pal 等（1982）测定高粱营养器官中钙的浓度在苗期（叶）为 0.17%~0.28%，到完熟期上升到 0.33%~0.54%；穗部的含钙量低于叶片，在收获期其含量为 0.044%~0.087%。品种间籽粒含钙量有一定差异，如 CSH1 的籽粒含钙量为 120mg/kg 粒，而品种 Swarna 为 220mg/kg 粒。二者相差 100mg/kg 粒。

钙在高粱植株体内是最不易移动的矿质元素之一。所以，在高粱全生育期内，钙肥以分期施入为好，不要在前期一次施入。另外，在酸性土壤中施钙，可使 H^+ 浓度降低，促进硝化作用和根系对氮素的吸收。此外，酸性土壤中所含的高浓度铝，可危害高粱的正常生长，钙可使铝的溶解度降低，减轻它对高粱的为害。施用氮肥和钾肥，或在石灰性土壤里施用锰肥，对高粱茎、叶和籽粒的含钙量作用都不大。但在施磷多的小区

（52.8kg/hm²），高粱植株和籽粒含钙量高于施磷量少的小区（17.6kg/hm²）。当土壤中游离石灰含量由 4.75％提高到 14.57％时，高粱品种 M35-1 植株体内的含钙量也由1.14％上升到 1.76％。当土壤介质中同时存在 Mg^{2+}、Ba^{2+}、Na^+、NH^{4+}、H^+ 等阳离子时，随着这些离子浓度的升高，钙的吸收受到抑制。

（三）镁（Mg）和硫（S）

镁在高粱体内参与叶绿素的合成。植株内约有 10％的镁在叶绿素里，叶绿素分子量的 2.7％是镁。镁还作为多种酶活化剂的必要组分，参与 ATP、磷脂及核酸、核蛋白化合物的合成。高粱叶片中的镁含量，苗期的叶片为 0.317％～0.394％，完熟期上升到0.359％～0.587％；籽粒中镁的含量为 0.170％～0.197％，低于叶片。可见营养器官和籽粒中的镁含量分别比钙含量高 1.25 倍和 3～4 倍。

中国科学院植物研究所（1974）分析成熟的红粮 4 号各器官中镁含量的次序是叶片＞茎秆＞根系＞籽粒。籽粒中镁含量品种间存在差异，其与籽粒产量呈负相关，与籽粒中的磷和铁含量呈正相关。缺镁会引起叶片缺绿症，直接影响光合作用。生育期间叶片的含镁量最高，并保持相对的稳定。籽粒灌浆期间，茎秆中的镁明显地转移到穗部，而叶片中的镁却没有这种趋势。因此，在籽粒发育过程中，叶片的含镁量始终高于其他器官，直到成熟。

高粱对镁的需求量远低于其他大量元素。在土壤中，一般不缺镁素，但镁含量因土壤而异，通常不受氮肥和钾肥的影响。土壤中镁的可利用形态是代换性镁和水溶性镁。高粱主要吸收离子态镁。然而，镁与钙存在一定的相互抑制作用。

Hissar（1975）的报道是唯一的一篇关于硫营养的报道，指出硫和硒的协同作用能提高 CSH1 杂交种的生长、产量和对这两种元素的吸收。

四、微量元素的吸收

（一）微量元素的含量和吸收

1. 铁（Fe） 高粱营养器官中铁的含量随生长日龄的增加而降低。通常根系中铁的含量最高，其次是叶和穗，茎秆最少。呼吸过程中的许多酶，如过氧化物酶、过氧化氢酶等，都以含铁卟啉为主要成分。铁又是叶绿素形成的必要条件。三价铁离子（Fe^{3+}）和二价铁离子（Fe^{2+}）极易相互转换，是二氧化碳固定的电子传递系统中起重要作用的元素。而且，铁还是光化学反应中铁氧化还原蛋白细胞色素的构成元素。所以，铁在代谢中是最活跃的微量元素。

高粱植株缺铁会影响叶绿素的形成，因此在石灰质或碱性土壤上种植的高粱，嫩叶常呈现黄绿色甚至黄白色。通常土壤中不缺铁，但根系只能吸收三价铁，进入体内的三价铁还必须还原成二价铁之后才具有生理活性，如形成柠檬酸铁、草酸铁或其他铁络合物，如铁氧化还原蛋白、正铁血红蛋白等。

铁在高粱体内属较难转移的元素，再利用率低。根系含铁量远高于地上部分。例如，红粮 4 号的成熟植株，根系含铁量（0.112％）较叶片（0.008％）高 14 倍，较籽粒（0.002％）高 56 倍。高粱植株的含铁量受土壤介质中磷浓度的影响，磷浓度高可明显地抑制根系对铁的吸收。Ajakaiye C.（1979）查明，在四种不同含磷量的培养液里，磷浓度分别为 0mg/100g、0.lmg/100g、1.0mg/100g 和 2.5mg/100g，幼苗体内的磷含量与铁含量的比值分别为 6、45、292 和 334，表明铁的浓度随磷浓度的升高而下降，特别是在高磷量的环境下，铁的吸收受到严重抑制。此外，施钙和铜能降低含铁量。高粱萌芽时，从乙烯二胺联邻-羟基苯乙酸铁中的吸铁量高于从硫酸亚铁或 EDTA 铁的吸收量。苗期和开花期，施用适量有机肥，可提高高粱体内铁的浓度。

2. 锌（Zn）　锌的生理功能影响生长素的合成。崔澂（1948）发现，锌与色氨酸的合成相关密切，色氨酸是吲哚乙酸生长素的前体。锌与叶绿素及光合作用有关。锌可使羧化酶和醛缩酶活化。由此可见，锌与碳水化合物，特别是与蛋白质的代谢有关。一般来说，高粱较耐土壤低锌，但严重缺锌时，植株生长缓慢；过高浓度时，锌对植株有害。

锌在高粱体内很容易移动，可再利用。Rao 等指出，在 30 个高粱基因型中锌的含量差异很大。但是，另一项研究却表明，高粱籽粒中的锌含量并不受地域、品种和施氮、磷、钾肥的影响。锌在体内的转移，受其他元素含量的影响。如在含磷量高的溶液里，锌易于叶脉中沉淀；含铁量高时，锌的沉淀量就少。溶液中铁和碳酸钙的浓度过高，同样会抑制对锌的吸收；磷与铁的互作，也会影响石灰性土壤上对铁和锌的吸收；施锌之后再施锰，也会使吸锌量下降。锌在老龄叶片中常常集中在叶脉中，而在新叶中则存在于叶肉里。

3. 锰（Mn）　锰以无机离子和结合蛋白形式存在于高粱体内，是生理活跃的元素之一。在光合作用中水的光解过程就需要锰参与。锰还是叶绿体的结构成分，缺锰时类囊体就不能形成，造成叶绿体结构的瓦解。锰是糖酵解和三羧酸循环中羧化酶、烯醇化酶、己糖磷酸激酶等的活化剂，也是硝酸还原酶的活化剂。如果植株体内含锰量不足，上述各种机能便会减退，甚至受阻，从而导致碳水化合物和蛋白质的合成减弱。

高粱旗叶锰含量为 10mg/kg 时，可视为临界浓度。高粱 M35-1 品种 20d 幼苗的含锰量变幅在 125～271mg/kg，60d 时为 40～98mg/kg，籽粒的含锰量为 4.7～14.3mg/kg，皆因品种、土壤和氮、磷、钾施用量而异。高粱体内锰含量的消长变化，直接影响其他微量元素浓度的高低。锰通常处于生理活跃的幼嫩部位，且流动性很强。籽粒发育时，铜、锌等元素从营养器官向穗部转移，但锰不转移。施锰、磷和铁能提高植株的含锰量和对锰的吸收。反之，施氮肥或土壤中石灰含量过高，则降低植株和籽粒的含锰量。

土壤中一般不缺锰素，常以二价（Mn^{2+}）、三价（Mn^{3+}）或四价（Mn^{4+}）锰的形态存在，高粱易吸收二价离子态的锰。锰与镁、锰与铁之间存在颉颃作用。锰含量过多会妨碍三价铁还原。高浓度铁又会抑制锰的吸收。当缺锰时，首先在嫩叶基部出现叶脉间褪绿症状，然后变成条状。

4. 铜（Cu）　铜是高粱体内多种氧化酶，如细胞色素酶、转硫酶等的成分之一。在光合作用的电子传递系统中，起重要传递作用的质体菁就是一种含铜蛋白质。高粱体内含铜最多的部位是叶绿体。叶绿素卟啉环的合成反应，只有在被激化的铜与多肽结合而活化的情况下，才得以进行。

高粱茎叶中铜的含量，从幼苗进入营养生长期是上升的，以后则下降。然而，当培养液中铜浓度较低时（0～20mg/L），根系中的铜含量是随生育日数的增加而上升；当培养液中铜浓度较高时（50～100mg/L），则根与茎叶含铜量变化趋势相同。根系和穗部含铜量高于其他器官。一般来说，施铜能提高植株的含铜量和对铜的吸收。

　　土壤中水溶性铜和代换性铜易被高粱根系吸收利用。与有机质相结合的铜，只有在土壤有机质被分解后才能被利用。铜的吸收受土壤介质中其他离子浓度、pH 等因素的影响。有的报道认为，施磷和铁能降低植株的含铜量和对铜的吸收率。高粱主要吸收二价铜离子（Cu^{2+}），其次是乙二胺四醋酸（EDTA）等螯合态铜，后者也能被叶片吸收。大量铵态氮能抑制铜的吸收、铜含量过多时能使植株中毒。

　　5. 钼（Mo）　高粱籽粒中钼含量的变化幅度在 $0.02\sim0.19$mg/kg。虽然籽粒中钼的含量并不因施用氮、磷、钾而有太大的变化，但因品种、环境、土壤、肥料而有所不同。

　　综上所述，微量元素在高粱体内或者作为结构成分之一，或者作为活性物质在新陈代谢中起重要作用。但是，微量元素之间或者微量元素与大、中量元素之间，既存在互为有利和促进的一面，也存在相互颉颃和抵消的一面，因此在施肥上要予以重视。例如，在高粱茎叶中，铁对铜、锌、锰表现出颉颃作用；铜对铁、锌也有颉颃作用，但对锰却有协同作用。碳酸钙的存在使高粱叶片内铁浓度显著降低。不论在苗期还是开花期，铁浓度都随碳酸钙的增加而降低。在含碳酸钙较多的土壤上种植高粱有褪绿现象，碳酸钙含量越高褪绿越严重。碳酸钙对高粱叶片中锰浓度的影响在苗期无规律可循，不论碳酸钙含量高低，施锰肥可使幼苗的锰浓度从 67mg/kg 上升到 72.81mg/kg，开花期锰的浓度从 50.0mg/kg 提升到 53.12mg/kg，收获期也同样。

　　（二）高粱对施用微肥的反应

　　Singh 等报道，施锰和锌分别使高粱增产 5.1% 和 13.9%；施铜和硼无效；施钼（单施或与其他各种微量元素混施）则减产。Gill 等还观察到，叶面喷施硫酸锰（$MnSO_4$）每公顷 10kg，增产 24%～35%。施用硼或硼＋锰，分别使高粱增产 35% 或 40%。喷施硫酸铁能使因碳酸钙引起的失绿症状全部恢复正常，并提高籽粒产量。在黑土地上施锌能使高粱显著增产。根据以往的经验，在缺锌地里要获得高粱高产，应在播种时往地里施锌，每公顷施硫酸锌（$ZnSO_4$）15～25kg。

第四节　逆境生理

　　高粱绝大多数是种植在热带和温带的干旱和半干旱地区。在高粱栽培中，经常会遇到干旱、水涝、盐碱、低温冷凉等不利的环境条件，致使高粱外部形态和内部生理代谢功能受到不同程度的影响。了解和掌握高粱的逆境生理，对于发挥高粱自身的抗逆境能力，抵御不利的环境条件，确保高粱高产稳产有重要意义。

一、干旱生理

（一）干旱对高粱生育和产量的影响

　　干旱一般分为两种类型：一种是指土壤水分亏缺，减少了土壤对植株有效水分的供应，称为土壤干旱。另一种是由于大气相对湿度过低（<20%），植株因过度蒸腾而破坏了体内的水分平衡，称大气干旱。

1. 干旱对高粱生育的影响　从生理的角度分析，干旱对植物的影响是多方面的，而最根本的是由于土壤干旱有效水分亏缺，叶片蒸腾失水得不到补偿，造成细胞原生质脱水受到伤害。细胞水势继续下降，将给植物生理和代谢带来严重影响，如降低离子的吸收，以及营养元素的吸收、运转和积累，降低各种酶的活性，膜脂层破裂后致使离子外渗，体内正常的生理活动遭到破坏，使生长发育受到抑制，甚至停滞。

干旱发生时常导致高粱生长发育速度减缓，连续干旱则造成生育不能进行，严重干旱使植株枯死。从外部形态看，干旱先引起叶片自上而下的内卷，褪色，向上竖起；叶尖和叶缘开始变黄，萎蔫，枯干，导致穗分化不良，抽穗开花延迟，小花败育等。开花后发生干旱，则授粉不良，植株早衰，籽粒灌浆受阻，严重时植株枯死，导致严重减产或绝收。

小林喜男（1979）采取不同干旱处理天数，每 4d 为一个处理单位，从 4d 到 36d 共 9 个处理。结果（表 5-8）表明，经 4d 和 8d 处理的植株比对照长得快，而 12d 干旱处理的植株是先慢后快，这 3 种处理的植株最终株高均比对照的高；经 16～32d 干旱处理的植株，处理期间停止生长，重获灌水后生长缓慢，并矮于对照。叶片数随干旱处理的天数增加而相应减少。植株鲜重在 20d 干旱处理之前高于对照，而在 32d 之后则低于对照。

表 5-8　拔节前干旱处理对高粱生育的影响

（小林喜男，1979）（品种：H_{726}）

处理　　性状	对照[1]	干旱处理天数								
		4	8	12	16	20	24	28	32	36
株高（cm）	118.3	128.3	127.5	129.7	126.8	126.7	122.3	125.9	124.3	107.1
叶数	17.7	17.5	17.0	16.0	16.8	16.8	17.0	17.0	16.6	16.4
植株鲜重（g）[2]	129.9	155.1	180.0	153.8	141.8	143.4	104.6	102.3	72.0	46.6
穗鲜重（g）	23.1	27.2	30.4	27.8	27.6	28.0	27.7	26.2	19.2	12.2
穗长（cm）	24.8	23.8	24.9	25.1	25.4	24.0	22.5	25.0	19.9	18.7
穗柄长（cm）	42.2	48.3	51.3	51.5	50.9	49.6	51.1	50.6	50.5	50.2
穗干重（g）	16.9	19.9	20.9	20.8	20.3	19.0	19.8	17.8	12.0	7.1
每穗粒数	354.8	420.9	451.0	490.0	507.0	452.3	614.0	525.9	368.0	296.4
每穗籽粒干重（g）	13.8	16.8	17.0	17.4	17.1	15.9	16.9	14.9	9.8	5.3
千粒重（g）	38.9	40.0	37.7	35.6	33.6	35.1	27.6	28.3	26.5	17.9

注：（1）对照为不进行干旱处理；（2）植株鲜重不包括鲜根系重量。

汤章城（1984a，1984b）以 Tx3197B、三尺三和晋杂 5 号为试材，在模拟土壤干旱条件下，观察高粱植株对干旱的综合反应，分析比较高粱基因型间幼苗对干旱反应的差异，并探索这些差异与抗旱性的关系及干旱胁迫植株的自动调节能力。选取 2.5 叶期大小一致的幼苗，以培养液渗透势为干旱处理，分成 2.5～0.7bar、5.0～0.7bar、7.5～0.7bar、10.0～0.7bar 和渐进干旱（第一天为 2.5bar，之后 3d 每天递增−2.5bar）5 种处理。以−0.7bar 为对照，共 6 组。处理前、后每天测鲜、干重。按 Troll 等人（1955）的方法和波钦诺克方法（1981）测定幼苗地上部的游离脯氨酸和总游离氨态氮。用压力室法（Waring 等，1982）测定地上部水势，用电导法测相对透性（Wang 等，1982）计算日相对生长率。

试验结果表明，在模拟土壤干旱条件下，所测定的各项生长、生理代谢指标均发生了显著的变化。对外界渗透势变化的敏感性不同，晋杂 5 号顺序是，地上部水势、脯氨酸含量、总游离铵态氮含量（环境渗透势为－2.5bar）＞幼苗地上部相对透性、鲜重（环境渗透势为－2.5bar）＞幼苗地上部干重（环境渗透势为－10bar）。晋杂 5 号的这种反应敏感性顺序说明其在干旱胁迫下具有一定的调节适应能力。即首先引起植株水分状况和某些代谢过程的变化，最后才影响到干物质的积累。

渐进干旱处理的晋杂 5 号受到的抑制小于突然干旱处理。但也出现水势下降，相对透性增加，日相对生长率下降，总游离铵态氮和脯氨酸增加。此外，相对透性的对数（logRP）、脯氨酸含量的对数（logPRO）和鲜重的日相对生长率（RGR），与植株水势（Ψ）的变化均有良好的相关性。

在干旱胁迫下，不同基因型在生长和生理上的反应，表现在日相对生长率、地上部鲜、干重、叶水势下降，叶片相对透性增加，游离脯氨酸含量增加，游离铵态氮中游离脯氨酸氮所占百分率的增加等各个指标上均有所不同，变幅有明显的差异。

在严重干旱胁迫下（渗透势为－10bar），不抗旱的三尺三生长受抑制的程度，水势的下降和叶片相对透性的增加都比抗旱的 Tx3197B 重；而游离脯氨酸含量和总游离铵态氮中游离脯氨酸氮的比例增加却低于 Tx3197B。高粱幼苗对干旱有一定的自动调节或适应的能力，抗旱类型的水势下降和细胞膜相对透性变化也较小，表明细胞以较高的抗脱水或吸水能力，来维持体内的水分平衡和正常的细胞膜结构功能。

尤山茂（1976）研究拔节孕穗期干旱处理对高粱生育的影响（表 5-9）。结果表明，干旱处理使株高、穗长和穗柄长分别比对照降低 25.6％、30.0％和 54.3％。相反，出苗至抽穗天数比对照增加了 6d。此外，干旱处理对单穗粒数和千粒重也有很大影响，分别比对照下降了 42.1％和 17.8％。在所测定的几个性状中，以穗柄长受干旱影响的程度最重，这就是经常看到的干旱造成高粱不抽穗或晚抽穗的原因。

表 5-9　拔节孕穗期干旱处理对高粱生育的影响

（尤山茂，1976）（品种：E59）

处理	株高（cm）	穗长（cm）	穗柄长（cm）	出苗至抽穗天数（d）	单穗粒数	千粒重（g）
干旱	87	20.0	10.7	82	593	19.9
对照	117	28.6	23.4	76	1 025	24.2
干旱比对照增减（％）	－25.6	－30.0	－54.3	＋7.9	－42.1	－17.8

开花和灌浆期发生干旱，会使花粉粒和柱头寿命缩短，授粉和受精不良，结实率下降；干旱还会使籽粒灌浆速度减慢，甚至停滞，导致粒重明显下降。Krieg（1975）研究发现，后期叶水势下降 4bar，可使旗叶下第一叶的光合作用率下降 30.1％，直接影响籽粒的饱满度。

2. 干旱对养分吸收和积累的影响　干旱使所有养分的吸收和积累都趋于减慢，对氮和磷的影响比钾、钙和镁更大。干旱降低了高粱叶片的含氮量而增加了茎秆和穗的含氮量。干旱1周后发现叶片中含氮量减少并继续下去。从孕穗初期进行干旱处理到蜡熟初期结束，叶片中的含氮量虽然有所恢复，但未达到干旱处理前的水平。如果在高粱抽穗期或灌浆初期进行干旱处理，到灌浆末期或接近生理成熟解除，这时叶片含氮量仍未得到恢复。

孕穗期干旱处理的高粱植株，茎秆的含氮量增加，干旱处理较晚的植株是在3周后表现含氮量增加，在解除干旱后茎秆中含氮量没有减少。干旱处理高粱穗中含氮量的增加，仅在籽粒灌浆后期才明显起来。茎秆和穗含氮量的增加可能是因干物质产量减少，以至于所积累的氮较少被稀释。

Wadleigh 和 Richards 把在干旱条件下植株含氮量的增加归因于植株保持了氮进入植株的速度，从而导致氮的积累。随着植株的生长和干物质积累的降低，植株氮的浓度则增加。Hanway 等报道，高粱植株中硝态氮的含量高，常与干旱条件有联系。因为水分不足妨碍了植株的正常生长，并导致硝态氮在植株中的积累。

干旱降低高粱叶片的含磷量，但不影响茎秆和穗的含磷量。叶片含磷量降低是在干旱处理后2周开始的，并持续到干旱解除。Rajagopal 等指出，土壤干旱减少磷的吸收，用有限水分栽培的高粱，植株的含磷量比用充足水分栽培的低。Olsen 等发现，水膜的厚度，渗透途径的长度，水合度和根的伸长长度是控制磷吸收与水分张力关系的因素。当土壤中磷的吸收减弱时，叶片含磷减少也许是由于叶片中磷转移到植株其他部位，例如穗所引起的。后期，由于干旱处理引起的脱水，会有些磷从叶组织中渗出。

干旱能降低植株中的含钾量，而且时干时湿会增加土壤中钾的固定，土壤连续保持湿润时会减少固定。Wadleigh 等指出，石灰质土壤甚至在湿润时也固定钾，变干时更增加固定。还指出，干旱条件下植株含钾量减少的原因，是钾进入植株的速度小于干物质生产和植株中钾利用的速度。

3. 干旱对高粱产量的影响　　干旱对高粱产量的影响是毋庸置疑的。Salter 和 Goode 汇总的资料表明，由于干旱而减产的程度不仅取决于干旱的程度，还取决于生长期。Lewis 等从高粱营养生长后期至蜡熟期进行干旱处理，土壤水势降至$-12\sim-13$bar，其他生长期保持在-0.7bar 以上，结果使高粱分别减产 17%、34% 和 10%。Shipley 和 Regier 试验在 6~8 叶期、中花期至开花后期和抽穗至开花期，每次均不灌溉 10mm 水，结果分别减产 12%、35% 和 45%。

Inuyama 等在营养生长期干旱 16d，高粱减产 16%，持续干旱 28d，减产 36%。同样，孕穗期干旱 12d 也减产 36%。在营养生长期干旱 16d，高粱植株午后叶水势为 -23.6bar；持续干旱 28d 时，午后叶水势降至 $-25\sim-29$bar；在孕穗期干旱 12d，叶水势为 -25.4bar。

Eck H. V. 等（1979）研究高粱不同生育时期干旱对高粱籽粒、饲料产量及产量组分的影响。采用高粱杂交种 P8311，分别从孕穗初期、抽穗期、灌浆初期和中期开始进行干旱处理。结果（表5-10）表明，孕穗初期、抽穗期、灌浆初期和中期干旱处理13~15d 对籽粒产量无明显影响，这时下午平均叶水势为 $-15.8\sim-19.3$bar，最低叶水势则在 $-22\sim-25$bar。当干旱延长到 28d 或更长时，籽粒就减产。而灌浆初期到生理成熟期干旱处理的则减产较少；随干旱处理天数增加，减产的幅度也随着增加。孕穗期干旱处理

35d 和 42d 的则分别减产 43％ 和 55％，而延长到 56d 时，则并不造成更多减产，只是饲料产量才显著减少，因为大部分饲料产量产生于孕穗期。

表 5-10　干旱处理对高粱叶水势、株高、产量和产量组分的影响

干旱天数 (d)	叶水势 (bar)		株高 (cm)	产量 (kg/hm²)		千粒重 (g)	千粒/m²	籽粒蛋白质含量（%）
	平均+	最低		籽粒	饲料			
0	-13.5	-16	118a	7 490a*	7 780ab	24.3ab	30.9ab	9.69cd
14	-19.3	-22	103b	6 990ab	7 000bc	23.0bc	30.4ab	9.09d
28	-21.7	-29	96c	5 340c	7 560ab	20.3de	25.7d	10.31bd
14	-17.8	-22	115a	7 510a	7 910ab	23.2bc	32.5ab	9.56cd
27	-21.6	-28	114a	5 550c	6 950bc	16.3f	33.9a	11.17ab
13	-20.3	-25	121a	6 980ab	8 330a	21.9cd	31.9ab	10.25bcd
27	-22.7	-32	119a	6 560b	7 500ab	19.8c	33.7ab	10.25bcd
15	-15.8	-21	119a	7 450ab	8 350a	25.1a	29.8bc	9.25d
35	-22.9	-31	91c	4 290d	6 510cd	16.3f	26.2cd	10.73bc
56	-24.8	-32	96c	3 480de	5 960d	14.0g	24.9d	11.58ab
42	-24.0	-31	96c	3 380e	2 600d	14.0g	24.4d	12.61a

＊　带有同样字母的均数在 0.05 差异显著平准以下；

＋　为午后 3 点钟的叶水势。

干旱造成籽粒减产是由于粒数减少和粒重的降低所致。从孕穗初期开始干旱处理 27d 或更长些，粒数和粒重都减少和降低。如果从抽穗期开始干旱处理则仅影响粒重。但是，也有早期干旱处理有粒数减少现象，这可能是由于籽粒灌浆不足，籽粒瘪小，在脱粒过程中损失掉的缘故。

籽粒蛋白质含量与其大小呈负相关，小粒趋向于含同样多的蛋白质。因此，干旱由于籽粒变小，蛋白质相对含量反而提高了。

小林喜男（1979）的研究的结果也显示了同样的趋势。不经干旱处理的籽粒粗蛋白含量为 16.2％，经 8d 干旱处理的为 19％，20d 处理的 18.5％，28d 处理的 18.8％，36d 处理的 21.7％。

（二）抗旱机制

高粱的抗旱机制是相当复杂的，通常把高粱的抗旱机制分为避旱和耐旱两种。

1. 避旱　避旱是指在干旱发生之前高粱已完成生育周期，即避开干旱。高粱避旱主要有两种途径：一是具有适宜的物候性，以便在季节性干旱来临之前，其籽粒已经成熟或基本成熟。二是在高粱生长发育的水分临界期不发生干旱。

2. 耐旱　高粱的耐旱机制有以下两种：避免脱水和耐脱水。

（1）避免脱水　高粱植株通过各种途径避免脱水。首先，增加水分吸收。高粱根系庞大且扎得深，这能保证根系从根区中吸收水分。高粱根系在均匀一致的土壤里每天可增长 3.4cm。干旱发生时根系可紧贴土壤吸收水分。其次，避免脱水是最大限度地减少水分损失。当干旱发生时，减少叶片生长率，这种减少或许是生长激素降低的结果；同时，气孔或全部关闭，叶片卷曲，以减少水分损失。当干旱进一步加剧时，叶片卷的更紧，叶片停止生长，叶表皮的传导性，蜡被反射太阳辐射和降低叶片温度以减慢水分损失的速度。

（2）耐脱水 对高粱耐脱水的生理机制了解的较少。主要与原生质体耐脱水有关。高粱通过两种途径耐脱水。当植株水分下降时，提高渗透调节和组织伸缩性（弹性）帮助保持细胞的容量，有助于最大限度地降低脱水对新陈代谢的影响，通过延长达到致死细胞容量的时间来提高植株的生存力。

（三）形态学抗旱性

1. 根系 高粱根系十分发达，可深扎土层 2m 以下。与玉米比，高粱苗期根系总量为玉米的 1.2 倍，开花期为 2.4 倍；高粱根水势较低，吸水能力强。Cnyxan（1974）报道，高粱的根水势一般为 $-1.22 \sim -1.52$Mbar，而玉米仅有 $-1.01 \sim -1.11$Mbar，吸水力约为玉米的 2 倍；高粱茎秆水势为 $-1.52 \sim -2.03$Mbar，也低于玉米（-1.42Mbar），因此这有利于高粱水分的运输和贮存。Newman（1978）认为，高粱根系通过渗透调节适应土壤干旱的能力是避旱性的重要方面。Martin（1980）研究表明，与玉米比，高粱抗旱性强可能与高粱根系的渗透调节能力强有关。

2. 叶片 在干旱条件下，叶片可通过卷叶、竖起、改变开张角度以及增加蜡质层厚度等表现出抗旱。卷叶和改变叶片开张角度以减少叶片蒸腾面积，还能有效地减少对光辐射的截取，避免高温和脱水。叶片蜡质层厚可减少水分散失。高粱叶片具有发育良好的蜡质层（Blum，1975）。Jordan（1983）测定高粱叶片的蜡质含量为（3.87 ± 0.54）mg/g。叶片表面的蜡质含量与水分利用效率及产量均为正相关。此外，叶片的蜡质层还能提高叶面对光辐射的反射率，减少蒸腾。

高粱叶片的细胞液泡膜结构在叶水势为 -3.7Mbar 时还没有遭到完全破坏（Giles，1976），这在禾谷类作物中是很突出的。叶表皮组织的一部分细胞变成运动细胞，并以条带型与叶脉中部上表皮细胞成纵向排列。这些运动细胞在干旱下通过膨压的改变，使整个叶片纵向向内侧卷起，减少了每株的有效蒸腾面积。同时，叶表皮细胞的细胞壁厚，表面积与体积之比较大等特点，都是良好的抗旱特性。

（四）生理学抗旱性

1. 渗透调节（Osmotic adjustment） 渗透调节是一种生理过程。在亏水下，细胞通过溶质的合成和积累进行渗透控制，称之渗透调节。在这个过程中，溶质在所有活的细胞里积累，结果使它们贮存大量溶质以应付水分损失。积累的溶质常常是一种复杂的有机酸、氨基酸和糖的混合物。渗透调节是粒用高粱的一种主要的生理抗旱机制。在干旱下，渗透调节对高粱产量的作用是通过增加蒸腾水的数量和适度降低潜在的收获指数；还通过避免和耐脱水以促进叶片的生存和持绿。

如果在干旱下调节的时间保持叶片生长和增加蒸腾，那么渗透调节实际上减少了脱水。渗透调节对避免脱水和产量的净效应将取决于不利条件的程度。研究发现，在低产的高粱基因型里有高渗透调节的类型，尤其是籽粒灌浆期发生干旱时。因此，渗透调节能提高产量的稳定性。高粱基因型间的渗透调节存在广泛的遗传变异性，且是一个遗传力较高的性状，广义遗传力达到 96%，狭义遗传力达 76%。高粱的渗透调节与叶水势、气孔阻抗等也有一定关系。

张飞等（2015）研究了水分逆境下聚二乙醇（PEG）诱导引发种子对高粱幼苗的生理调控。结果表明，采用 PEG 对种子进行引发与未引发处理相比较，拓宽了高粱种子对水分逆境的适应范围，显著提高了水分胁迫下种子的发芽和幼苗的整齐度。在对幼苗的生理调控上，种子引发增强了幼苗抗氧化系统中抗坏血酸过氧化物酶（APX）、过氧化氢酶（CAT）、过氧化物酶（POD）和超氧化歧化酶（SOD）的抗氧化活性，改善了游离氨基酸、还原糖、脯氨酸、可溶性糖和可溶性蛋白含量等渗透调节物质对水分逆境的适应能力。

此外，种子引发减少了质膜的过氧化，稳定了细胞膜结构，增强了其对干旱、水涝等水分胁迫的抗御能力。总之，PEG 引发种子是应对土壤水分逆境下高粱种子发芽率受阻和幼苗形态建成困难的有效措施，其可通过增强抗氧化系统和渗透调节的作用来增强对水分胁迫的耐受能力。

2. 气孔调节　通过气孔调节水分的蒸腾，是高粱耐旱性的重要机制。气孔调节是指植株在干旱下形成的一套气孔反馈体系，即植株受旱时可通过前馈式或反馈式两种机制调控气孔导性以减少和防止继续失水（王绍唐，1983）。气孔关闭主要受叶片膨压所调控，高粱气孔的关闭所需的水势是几种作物中最低的（Turner，1974）。

当叶片总膨压超过 2bar 时，气孔传导最大；当膨压降低时，则其随着迅速变小，膨压为 0bar 时，传导基本停止。高粱开花前气孔调节的作用比较明显，叶水势为 -14～-18bar 时为零膨压，气孔关闭；开花后，气孔对叶水势的敏感度下降，为使膨压达到零关闭气孔，叶水势需降至 -27bar 才可以。离体高粱叶片在叶水势为 -8～-10bar 时，体内的脱落酸合成加速，脱落酸含量增加使钾离子浓度改变，导致保卫细胞渗透势变化，使气孔关闭。

张锡梅等（1987）的研究表明，高粱比玉米具有低蒸腾、高水势、低气孔传导性等特点。高粱每天蒸腾速率高峰到达时间比玉米早 3～4h，比玉米水分散失少，这是高粱比玉米抗旱的主要原因之一。在同时受到干旱后，高粱蒸腾速率比玉米降低幅度大，蒸腾调节优越，这就更有利于高粱比玉米更适应干旱环境。

3. 叶水势和叶阻抗　在低水势下保持一定膨压以维持细胞的正常状态，也是高粱的重要抗旱特性。在干旱下，轻度萎蔫的高粱叶含水量要比严重萎蔫的玉米叶含水量低（表5-11），说明维持高粱叶片细胞正常膨压所需的水势比玉米低得多。Turner（1974）也指出，高粱在零膨压时水势比玉米低，而且高粱上层叶片膨压在正常和干旱条件下的变化相似。

表 5-11　干旱条件下高粱玉米叶片含水量的比较

（山岺等，1965），（鲜叶重%）

日期（日/月）	高　粱		玉　米	
	萎蔫程度	中午叶片含水量	萎蔫程度	中午叶片含水量
17/7	无	71.2	中度	72.7
26/7	轻度	64.8	严重	68.7

较低叶水势下的抗旱能力与原生质忍受缺水的能力有关。一种解释是，干旱会引起硫氢基（—SH）氧化，使原生质中的双硫键（—S—S—）增多，造成蛋白质凝聚变性。而耐旱高粱细胞内含有一种抵抗硫氢基氧化的蛋白质，保证在干旱下蛋白质构象的稳定，使

原生质能忍受干旱。另一种解释是，一定的干旱会因细胞壁和原生质失水收缩性能不同，引起原生质收缩时的机械拉伤。恢复吸水后因细胞壁吸水膨胀的速度快于原生质，也会造成原生质的机械拉伤。高粱与玉米比较，其细胞的原生质水含程度好，自由水与束缚水的比例小，原生质的黏度和弹性均高，因而具有更强的抗机械变形和脱水的能力。

与叶水势的变化相反，叶阻抗越高，气体交换受到的阻力越大，越有利于防止水分过度散失。与水稻比较，高粱的叶阻抗更高，为116.0s/cm，水稻仅有45.8s/cm。

4. 脯氨酸积累 高粱植株在干旱下体内脯氨酸含量大幅增加。Singh 等（1972）认为，干旱下脯氨酸的积累与高粱抗旱性呈正相关。汤章城等（1984）研究显示，抗旱品种Tx3197B 随着外界渗透势的降低，游离脯氨酸含量和在总游离氨基酸中所占百分数的增加要多于不抗旱品种三尺三，而且还发现干旱使脯氨酸在游离总氨基酸中所占百分数由2%左右上升到40%～50%。它在高粱体内主要作为渗透调节物质使高粱适应干旱环境。

Blum（1976）报道，出苗后29d 干旱最严重时测定8 个高粱品种叶水势和脯氨酸含量表明，最耐旱品种菲特瑞塔的脯氨酸含量最高，为4.64mg/g 鲜重，叶水势与其相近的不耐旱品种沙鲁仅有2.7mg/g 鲜重（表5-12）。叶水势低于临界值之后，脯氨酸的积累量猛增。如菲特瑞塔叶水势在−16.6bar 时，脯氨酸含量为1.2mg/g 鲜重；当叶水势下降到−21.1bar 时，脯氨酸含量剧增到4.64mg/g 鲜重。Sivaramkrishnan 等（1988）研究表明，抗旱品种的脯氨酸积累量多于不抗旱品种，大部分脯氨酸是在植株停止生长以后积累的，而且多产生在叶片的绿色部位，而不在枯萎部位。

表 5-12 高粱品种脱水峰期的叶水势和脯氨酸含量

（Blum，1976 年）

品　种	叶水势（bar）	脯氨酸含量（mg/g 鲜重）
菲特瑞塔	−21.1	4.64
CK60	−18.8	3.93
矮生黄迈罗	−21.0	3.83
黑壳卡佛尔	−18.7	3.51
东北褐高粱	−22.1	3.24
矮生白都拉	−19.1	2.79
沙鲁	−20.9	2.70
早熟赫格瑞	−18.9	2.26

在干旱条件下，游离脯氨酸积累的途径有3 种方式：合成受激、氧化受抑和蛋白质合成受阻（汤章城等，1989；Stewart，1981）。干旱下脯氨酸的增加主要来源于谷氨酸，后者是脯氨酸的直接前体。此外，丙氨酸经转氨酶转化为谷氨酸再转化为脯氨酸也是增加积累途径之一。

5. 原生质的黏度和弹性 抗旱的高粱品种原生质黏度高、弹性强，这使高粱的渗透调节能力，防止机械拉伤的能力，吸水恢复原状的能力都能有所增强，最终导致抗旱能力提高。山西省农业科学院高粱研究所（1981）研究表明，抗旱的保持系 Tx3197B 和杂交种晋杂5 号的原生质黏度和弹性都显著高于不抗旱的三尺三和较不抗旱的晋杂4 号（表5-

13）。此外，抗旱品种的束缚水含量高，如 Tx3197B 的束缚水占总水量的 45.5％，束缚水与自由水比值为 1.01，而抗旱较差的晋杂 4 号的束缚水和其比值则分别为 28.7％和 0.44。

表 5-13　不同高粱品种原生质黏度和弹性[*]

（山西省农业科学院高粱研究所，1981）

	Tx3197B	晋杂 5 号	三尺三	晋杂 4 号
黏度	33.0	30.0	20.0	18.0
弹性	12.5	12.5	7.5	7.5

[*]　表中数值单位 min，测定旗叶下第 1～2 叶。

二、低温冷害生理

在种植高粱的高纬度地区，以及低纬度的高海拔地区，在高粱生育的不同时期，尤其是生育前期或后期，常会遇上短期 0℃以上的低温，导致生育延迟，不能正常成熟而减产，这种低温之害称之为低温冷害。严重低温冷害会造成高粱籽粒大幅减产。

（一）低温冷害对高粱生育和产量的影响

1. 低温冷害对高粱生育的影响　高粱是一种喜温作物，温度条件是高粱生长发育的重要生态因子。Harberlandt 的研究表明，高粱发芽所需最低温度为 4.8～10.5℃，最适温度为 37～44℃，最高温度为 44～50℃。松树荣对中国东北高粱的试验结果是，发芽最低温度为 6～7℃，最适温度为 32～33℃，最高温度为 44～50℃。高粱发芽的下限温度品种间有较大差异，大体在 4～7℃（龚文娟等，1980；马世均等，1981）。

高粱播种至出苗天数，随着温度的下降而延长。马世均等（1980）研究不同土壤温度（5cm 处日平均温度）与高粱出苗天数的关系（表 5-14）。当温度达到 24℃时，从播种到出苗只需 5d。随着温度下降，出苗天数增加。温度达 17.5℃时，需 11d；12.7℃时，需 22d；温度为 9.3℃时，则需 37d。5cm 深平均地温在 24～9.3℃范围内，每降低 1℃，出苗天数平均延长 2.2d。延迟出苗的主要原因是由于低温使胚芽鞘、胚芽生长速度明显减缓，甚至造成胚芽鞘紧缩，以致影响出苗。

表 5-14　土壤温度（5cm 深日平均温度）**与高粱出苗天数的关系**

温度（℃）	24	22.5	20.5	17.5	13.3	12.7	11.9	10.5	9.3
出苗天数（d）	5	6	9	11	20.5	22	23	30	37

高粱出苗后遇到低温使幼苗生长延迟，因为新生叶片不能伸展；低温还使根系受伤害，皮层细胞萎缩，不发生侧根原基，因此侧根很少或没有、延缓生长。幼苗遭受低温的明显症状是叶色褪绿，叶尖部变成白色，严重者叶片出现不可逆转的褪绿环斑。这时叶绿素的形成受阻，这与基质类囊体的膜系统发育受抑制有密切关系。低温使淀粉酶活性下降，淀粉含量增高 3.7％～7.0％，可溶性糖含量减少 1.6％～5.7％，糖代谢强度下降（张耘生，1980）。

　　高粱从出苗到拔节，日平均气温为 23.4℃时，需 24d；气温下降到 18.9℃时，则需 36d。从拔节到抽穗，日平均气温 24.5℃，需 30d；气温下降到 23.5℃，则要 40d。不同梯度的低温对高粱生长发育的影响是不一样的，从出苗到抽穗，温度从 19℃降到 18.5℃，要延迟 11d；而温度从 22.5℃降到 22℃时，只延迟 4d。此外，低温对高粱各个生育时期的影响也不一样，以播种到出苗影响最大，其次是出苗到拔节，再次是拔节到抽穗，影响较小的是抽穗到成熟。然而从抽穗到开花期，如果遭遇严重低温冷害，则会造成高粱授粉、受精不良，形成障碍性冷害。

　　低温不仅影响高粱的生长发育进程，还影响生长速度，在株高、出叶速度、茎叶生长量等均表现出来。例如，温度在 24.1℃时，植株每天长高 4.2cm，温度降到 19.7℃时，每天只长高 2cm。

　　高粱幼穗分化要求较高的生物学下限温度，一般在 20℃左右。此期是高粱一生中对低温最敏感的时期，若遭遇低温会延迟幼穗分化，严重时会停止幼穗分化。日平均气温为 23.9℃时，从幼穗分化开始到结束要 23d；而气温下降到 20.9℃时，则要 36d，延迟 13d。

　　高粱籽粒灌浆期低温会使灌浆速度减慢。日平均温度为 24.6℃时，千粒干物日增重达到高峰期，从开花后算起需要 19～22d；当温度降到 21.2℃时，则需 26～29d，延长 7d。延长的原因是低温对高粱的光合作用和同化产物的运转与积累有明显影响。当温度低于 20℃时，高粱的光合作用率迅速下降。17℃夜温能抑制体内叶绿素的合成，加快叶绿素的降解，从而直接导致光合作用强度下降。

　　张耘生等（1980）的试验证明，晋杂 4 号杂交高粱在灌浆期遭受低温时，叶绿素含量降至最低值。低温还抑制淀粉酶和转化酶的活性。适期播种的高粱，旗叶淀粉酶活性高峰可达1 050μg/g鲜重。而晚播受低温影响的仅为350μg/g鲜重（麦芽糖）。同样，适期播种的转化酶峰值为 24.2μg/g 干重；晚播受低温的仅为 19.5μg/g 干重（葡萄糖），而且峰值出现后迅速下降。最终低温（昼夜 20～23℃/15～18℃）下的籽粒淀粉含量为适期播种的 68.4%；适期播种的千粒重为 38.2g，受低温的仅为 19.9g。灌浆期遭受低温对糖代谢的影响是全面的，因此造成大幅减产。

　　2. 低温冷害对高粱产量的影响　　低温冷害对高粱产量影响很大。低温年高粱生长不良，发育迟缓，使抽穗、开花、授粉、灌浆处于低温不利条件下，造成减产。试验表明，高粱籽粒产量与生育期间总积温呈正相关。积温每减少 100℃，每公顷减产 300～375kg。低温减产的主要原因是穗粒数减少和粒重降低。每穗粒数由于低温影响是积温每下降 100℃，粒数减少 200 粒左右；灌浆期低温使千粒重降低 2.2～3.7g。

　　潘铁夫等（1979）研究发现，开花期高粱遭遇暂时性日最低气温 10℃以下时，结实率仅有 47.9%～64.5%；在灌浆初期日最低气温 5.5～7.5℃时，空秕小粒率可达 60%～74.9%。

　　吉林省农业科学院分析了东北黑龙江、吉林、辽宁 3 省高粱产量与温度的关系。结果显示，辽宁省高粱产量与 8 月份、9 月份平均温度呈显著正相关（$P<0.05$）与 6—8 月，5—9 月温度关系不显著；吉林省高粱产量与 8 月、9 月、6—8 月平均温度呈极显著正相关（$P<0.01$），与 5—9 月温度呈显著正相关（$P<0.05$）；黑龙江省高粱产量与 5—9 月温度呈极显著正相关（$P<0.01$），与 8 月、6—8 月温度呈极显著正相关（$P<0.01$）与 5

月温度呈显著正相关（$P<0.05$）。由此可见，东北 3 省高粱存在低温冷害，由南向北逐渐加重，对高粱产量的影响，以黑龙江省为最重。

（二）高粱低温冷害的生理变化

1. 原生质流动减缓或停止　低温冷害不仅使原生质的数量减少，且其流动性也受到影响。Lewis 测定表明，在 10℃以下 1~2min，原生质的流动就减慢。原生质的流动是需要能量的，流动停止将直接影响植株的蛋白质发生相变。由于氧化磷酸化解偶联、ATP 的含量下降，能量供应减少，原生质的流动受到抑制。

2. 酶的活性受到抑制　高粱植株体内各种酶对低温的反应是敏感的，低温将引起酶促作用的削弱。例如，苹果酸脱氢酶、谷氨酸合成酶、氨基酸转化酶、质膜 ATP 酶等活性均显著下降。Titov 的研究指出，低温对同工酶酶谱的数量和质量均产生影响。

3. 呼吸作用失调　当温度降到 10℃左右时，高粱植株体内呼吸加速，出现伤害症状。从一定意义上说，呼吸旺盛可释放更多的热能，提高体内的温度，以减轻冷害的影响，是一种生理适应现象。如果低温加剧或时间持久，当温度升高后，虽然植株体内的呼吸强度会出现回升，但呼吸速度也难于恢复到正常水平。

4. 代谢不平衡　在低温下，首先是水分代谢失调。由于土壤水分的黏滞增加，加上根系活力减弱，根压降低，吸水能力与蒸腾强度均比正常低，但吸水能力更差，导致吸水少于蒸腾，水分收支产生逆差，致使植株发生萎蔫。

低温使氮的代谢也发生逆转，RNA、蛋白质和磷脂的分解速度大于合成速度，其含量明显下降。Wilphnelm 的试验表明，低温下蛋白质含量随低温天数的增加而逐渐减少，可溶性氮则日渐增加。

碳的代谢在低温下也相应发生变化，糖类的分解比合成快得多，而且还大幅降低其运输和转化。

（三）高粱的低温冷害类型和生理机制

1. 高粱的低温冷害类型

（1）延迟型低温冷害　延迟型低温冷害主要指植株在营养生长阶段发生的低温冷害，造成生长和发育延迟，称延迟型低温冷害。有时也包括生殖生长期的低温冷害。延迟型低温冷害的特点是植株在较长时间内遭受低温的为害，使植株生长、抽穗、开花延迟，虽能正常授粉、受精，但不能充分灌浆，成熟，表现为籽粒秕粒多。也有的生育前期，抽穗并未延迟，而是由于抽穗后的异常低温延迟开花、授粉、受精、灌浆、成熟。延迟型低温冷害的实质是体内生理活性减慢，甚至停滞。

（2）障碍型低温冷害　障碍型低温冷害是指植株在生殖生长期，是生殖器官分化期到抽穗开花期，遭受短时间的异常低温，使生殖器官受到抑制和破坏，造成不育或部分不育而减产。障碍型冷害的特点是低温时间短、强度大。障碍型冷害可分为孕穗期冷害和抽穗开花期冷害。吉林省农业科学院冷害室通过盆栽试验表明，高粱孕穗期遇到日最低温 7.8℃（日平均温度 14.7℃）时，结实率下降到 60.1%，抽穗期遇到日最低温 6℃（日平均温度 11.3℃）时，结实率仅 57.1%。余肇福等进行垂直带试验，观察到高粱抽穗时遭遇连续 5d 低温，其平均温度为 14.8℃，其中 1d 最低温度为 14℃，雄蕊受到冷害。温度回升后开花，雄蕊灰白色，无花粉粒，雌蕊柱头一直伸展颖外达 1 周之久，逐渐枯萎，没有结实。高粱障碍型冷害的主要特征是结实率降低，出现"花达粒"和"瞎高粱穗"。

（3）混合型低温冷害　混合型低温冷害是指延迟型和障碍型低温冷害同年度发生。前期遭受低温延迟生长、发育和抽穗，孕穗、抽穗、开花又遭受低温，造成部分不育或全不育，结实率降低，产生大量空秕粒，大幅减产。

2. 低温冷害的生理机制　综合国内外对作物低温冷害生理机制的研究结果，多数学者认为膜的透性改变和膜质发生相变是冷害的生理机制。

（1）膜透性的改变　生物膜的基本组分是蛋白质分子和类脂分子，对低温比较敏感。遭受低温冷害后，易造成膜结构的破坏和损伤，透性增大，离子外渗，平衡失调，一些生理代谢受到干扰；严重时，膜的半透性被破坏，水分外流，植株发生萎蔫。

Leuitt 总结了低温造成原生质膜、叶绿体、线粒体和根外表皮细胞等透性改变，引起一系列不良的生理反应。例如产生假质壁分离，光合作用减弱造成的"饥饿"；离子外渗和某些氨基酸、氨及其他毒素的积累，加上萎蔫导致的生化损伤等。一些学者认为膜透性的改变是低温冷害造成的。

马世均等（1982）研究低温下高粱种子干胚膜中不饱和脂肪酸含量与配比指出，种子干胚膜中不饱和脂肪酸含量高有利于膜的液化，因而不易受低温伤害。种子干胚膜脂肪酸不饱和度的高低，基本上与品种的耐冷性水平一致。

（2）膜质发生相变　不耐低温的高粱品种在 $10 \sim 12 ℃$ 时，膜质发生物理性相变，由柔性透明的液相变为凝胶结构的固相，所以当温度低于相变温度时便发生冷害。这时，膜质由液晶态变为固体凝胶态后，导致膜的透性增加和膜结合酶活化能增加，以及其他一系列的生理变化。低温时间延长，将失去相变的可能性，叶片因此受到伤害或死亡。由此推论，原生质类脂肪物质的凝固，可能是低温冷害的主要原因。

不同高粱基因型的相变温度是不一样的。比较经 $15.5℃$、$16.5℃$ 和 $17.5℃$ 培养 1 周的栽培高粱幼株，和经 $15.5℃$ 培养 1 周的约翰逊草及澳大利亚野生高粱幼株的叶绿素含量时发现，低于 $16℃$ 以下，栽培高粱的叶绿素合成下降，而澳大利亚野生高粱在 $15.5℃$ 时仍具有较高的叶绿素含量。由此可初步推断，栽培粒用高粱苗期生物膜的相变温度在 $16℃$ 上下（表 5-15）。

表 5-15　温度对三种高粱类型幼苗（1 周龄）叶绿素含量的影响（mg/g 鲜重）
（Bagnall，1979）

温度（℃）	栽培高粱	约翰逊草	澳大利亚野生高粱
15.5	0.04 ± 0.00	0.87 ± 0.04	0.76 ± 0.04
16.5	0.37 ± 0.04		
17.5	1.00 ± 0.02		

（四）高粱低温冷害的关键期

为了探索防御低温冷害的途径，必须了解其为害关键期，需要从生理上和生态上加以研究。从生理上讲，高粱在减数分裂期和小孢子形成初期对低温最为敏感。从生态上讲，高粱不同生育阶段所处的温度也不一样，所以应把高粱生育与当地气候条件相结合，探讨高粱生态学上的低温冷害关键期。

吉林省农业科学院采用正交多项式的方法，对吉林省 15 年每年 4 月 21 日至 9 月 30 日的逐日温度，按 3d、5d 和 10d 三个时段，统计分析高粱生育期内任一时段温度每升降 1℃对产量的平均效应。结果显示，以 3d 为一时段五次多项式效果为好，公式如下：

$$\hat{y} = -1\,116 + 1.3T_0 + 0.04T_1 - 0.004T_2 - 0.000\,2T_3 - 0.000\,02T_4 + 0.000\,001T_5$$

进一步分析，以 8 月上、中旬，即高粱抽穗、开花和灌浆初期的效应最为明显。这一时段每 3d 平均气温升降 1℃（积温 3℃），可使高粱平均单产每亩增减 1.3kg，说明 8 月上、中旬是吉林省高粱低温冷害的关键期。

三、水涝生理

（一）水涝危害

田间部分积水或全部淹没植株，与土壤含水饱和产生的湿害有区别，水涝害不仅对根系，而且对地上茎、叶、穗也产生直接的伤害。与其他作物相比，高粱具有较强的抗涝性。

田间积水后，土壤通气状况十分不良，由于氧气不足，使氨化细菌、硝化细菌和硫细菌等好气性微生物的生存受到威胁，而有害的嫌气性的丁酸菌、反硝化菌等活跃起来，土壤中的有机酸、CO_2 以及一些还原性物质硫化氢、氨、乙醇等的积累增多，对根系产生直接伤害。在积水状况下，根系有效吸收面积减少，有氧呼吸受到抑制，无氧呼吸增强，能量供应减少，从而使水分、矿质营养代谢均产生障碍。茎秆细胞在有氧条件下以分裂为主，在无氧条件下则以伸长为主。积水后高粱的茎节变长，茎秆变细，植株变高，导致倒伏发生。梁学礼（1980）指出，涝害发生后，茎部的过氧化物酶含量降低，节间长度与过氧化物的含量呈显著负相关，$r = -0.59 \sim -0.78$（$P < 0.05$）。李兴林（1979）在稻田地进行高粱水淹试验显示，拔节期水淹处理的 435 高粱品种，平均株高 47.85cm，而未经水淹处理的对照平均株高为 44.02cm。

受涝害的高粱叶片的蒸腾强度普遍比未受害的高。根系吸水能力显著下降，导致水分平衡失调，叶片萎蔫失色，产生生理干旱，严重者枯萎死亡。叶片的失色，还与此时叶绿体的生物合成减少有关。受涝之后，光合作用强度显著下降，呼吸作用，特别是无氧呼吸大大增强，有机物的分解大于合成，受涝时间越久植株就会因营养缺乏而死亡。在受涝过程中还易发生病害。

水涝对高粱不同生育时期的影响是不一样的。播后积水，造成种子霉烂。苗期受涝，叶片褪色枯黄，生长瘦弱。孕穗期涝害，会造成穗分枝数、小穗数、小花数减少，降低穗粒数。沈阳农学院（1977）试验证明，花粉母细胞减数分裂期遇 76mm 降水，三级枝梗退化率比 30.5mm 降水的高 17%，结实率下降 14%。抽穗开花期受涝害，使花粉发育不良，影响受精。籽粒灌浆时发生涝害，使干物质转化和运输受阻，千粒重明显降低。

生育期间高粱所能忍受的积水时间和最大积水深度，在普通旱田作物中是较为突出的（表 5-16）。孕穗之后由于茎叶中的通气组织逐渐形成，高粱的抗涝性显著增强。乳熟期间高粱的耐水涝时间可达 20d（水深 15～20cm）。

表 5-16　高粱、玉米、大豆耐淹能力的比较

（夏云程，1963）

作物	生育时期	允许积水时间（d）	允许最大积水深度（cm）
高粱	孕穗	6～7	10～15
	灌浆	8～10	15～20
	乳熟	15～20	15～20
大豆	开花	2～3	7～10
玉米	抽雄	1～1.5	8～12
	孕穗灌浆	2	8～12

　　高粱品种间抗涝性差异显著。通气组织的发达程度与抗涝性为显著正相关。徐天锡等（1963）观察 67 个高粱品种根部通气组织时发现，抗涝性强的品种，如白大头（铁岭）通气组织发育良好，下层根的中段腔隙宽度明显增大，抽穗后水淹处理的根系生长良好，株高和穗长也表现正常。抗涝性弱的品种如护 4 号，水淹后下层根的中段腔隙宽度不但没有增宽，反而变得更狭窄，植株细高，穗长变短，穗头变小，茎叶出现徒长趋势（表 5-17）。旱地条件下，高粱品种的叶鞘腔隙宽度不同。抗涝性强（如熊岳 253）的叶鞘通气组织腔隙大，抗涝性弱（如护 4 号）的比较小。抽穗后水淹处理时，各品种叶鞘通气组织腔隙普通增大，抗涝性强的品种其增宽幅度更大（表 5-18）。发达的通气组织，使植株在水淹后仍能输送和贮存较多的氧气，以保证逆境下的根系和茎秆、叶片仍能较顺利地进行有氧呼吸等代谢活动，减轻水涝的伤害。

表 5-17　旱地、涝地高粱品种形态及次生根的解剖比较

（徐天锡等，1963）

品种	根系发育		株高（cm）		穗长（cm）		下层根中段腔隙宽度（μm）	
	旱地	涝地	旱地	涝地	旱地	涝地	旱地	涝地
白大头（铁岭）	一般	良好	309.5	262.0	20.0	18.0	165	215
小红粮（朝阳）	一般	一般	245.0	246.0	21.5	19.4	205	200
护 22 号	较好	一般	246.0	259.5	22.5	14.5	200	200
护 4 号	较好	较差	217.0	231.0	17.0	12.5	160	150

表 5-18　不同抗涝性能品种叶鞘腔隙宽度（μm）的变化

（徐天锡等，1963）

	熊岳 253	小叶青	白大头	小红粮	护 22 号	护 4 号	小蛇眼
涝地	941	900	900	780	742	701	627
旱地	759	716	575	595	539	542	510

（二）抗涝机制

　　高粱抗涝能力的直观差异，主要表现在忍耐淹水后的时间和深度的不同，其实质是生理忍受无氧呼吸能力的大小。这取决于植株地上部向根系提供氧气的数量。

　　拔节后随着茎叶的生长，皮层中的部分薄壁细胞崩溃解体，形成大的细胞间隙。孕穗后这些溶生性细胞逐渐增多，从叶片沿着叶鞘和茎秆一直扩展到根系，连成一个长方形的空腔，形成特殊的保护性结构，即通气组织（图 5-9 和图 5-10）。受水涝时，大气中的氧气仍可经由通气组织源源不断地扩散到地下根系，成为第二个给氧源。当积水时间较长时，这种适应能力仍还能增强。高粱的通气组织，虽不如水稻的发达，但与玉米和谷子相比，则发育得更好（表 5-19）。

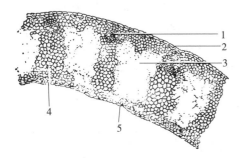

图 5-9　孕穗期高粱叶鞘横切面

1. 维管束　2. 上表皮　3. 管腔
4. 机械组织　5. 下表皮

［据徐天锡等（1963），照片绘制］

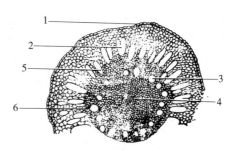

图 5-10　孕穗期高粱下层次生根中段横切面

1. 表皮　2. 通气组织　3. 后生木质部导管
4. 髓部　5. 原生木质部导管　6. 中柱

［据徐天锡等（1963），照片绘制］

表 5-19　高粱等四种作物次生根解剖比较

(徐天锡，1963)

	高　粱	水　稻	玉　米	谷　子
根直径（μm）	2 105	1 290	1 610	1 426
根中柱直径（μm）	1 755	375	905	800
根直径/根中柱直径	1.82	3.44	1.78	1.78
根皮层中腔隙数	30	41	17	1

　　高粱利用通气组织获取的氧气，除供应地上部和根系外，还有部分氧气渗到根际，形成氧化区域，以促进根系向还原土壤中延伸。在根际氧化区域内，有害的二价铁离子被氧化成氧化铁。氧化铁在根系表皮及皮层的细胞间隙中沉积下来，形成具有保护作用的氧化铁鞘。这种氧化铁鞘既能防止二价铁离子进入根内毒害细胞，又能使硫化氢等其他有害物质在根外就被吸收掉。

　　除这种特殊的通气组织外，高粱根系还能发生其他一些适应性的形态变化。如根系细胞能积累较多的木质素，并从表皮逐渐向中柱扩展。木质化后的细胞虽然影响了水分和养分的吸收，但提高了对还原物质的抗御能力和防病能力。此外，在近地表土处还可迅速发出不定根，既能加强根系的支撑能力，又提高了根系对氧气的输送和吸水、吸肥的能力。这些形态变化，都有利于高粱抗御水涝胁迫。

四、盐害生理

（一）盐分对高粱生育的影响

　　盐渍化土壤在我国分布广泛，约占全国耕地总面积的 10% 左右。高粱常常种在盐渍土上。盐渍土中的盐分以钠盐为主，包括钠（Na^+）、钙（Ca^{2+}）和镁（Mg^{2+}）3 种阳离子，碳酸根（CO_3^{2-}）、碳酸氢根（HCO_3^-）、盐酸根（Cl^-）和硫酸根（SO_4^{2-}）4 种阴离子组成的 12 种盐类。个别地区还分布少量硝酸盐的盐土。在上述阳、阴离子中，Na^+ 和 Cl^- 所占比例较高。因而，高粱的盐害生理方面研究也多集中在 Na^+ 和 Cl^- 作用上。

当土壤中可溶性盐分达到一定浓度时，就会对高粱的生长发育产生不良影响。最初的表现是影响种子萌发、发芽和出苗，造成缺苗断条。对幼苗的影响是根细，数量少，根系不发达；叶片生长慢，叶片小，叶尖变黄，黄叶率增多；植株矮小，长势弱。拔节之后的影响表现是植株细弱，叶片变黄发暗，茎秆枯黄，光合作用减弱。遭受盐害的高粱，生育期明显延迟，抽穗、开花、授粉、灌浆等都会受到抑制，造成减产。盐害严重的地块或局部地段，高粱植株会枯萎死掉而绝收。

盐害对高粱生育的影响实质是体内生理功能和代谢受到抑制和破坏的结果。土壤中盐分浓度高，根水势就降低，吸水产生困难，造成"生理干旱"。吸水不足引起气孔关闭，蒸腾减弱，使光合速率下降。光合作用的下降，又使酶的活性降低，进而影响氮代谢、矿质代谢和细胞色素代谢等，蛋白质等大分子发生降解，体内积累二胺、尸胺和腐胺等有毒的中间产物。氯离子增多抑制磷素向根和茎叶转移；钠离子增多，不仅减少根系对钾离子的吸收，而且还会把钾离子从细胞液泡中代换出来，造成生理功能紊乱，从而造成高粱形态上表现出一系列受盐害的症状。

（二）高粱受盐害敏感期和抗盐能力

Малиновский Б. Н. 等（1984）在对高粱试材进行抗盐性鉴定时发现，高粱植株抗盐性在个体发育过程中有变化，而产量取决于器官发生的临界期受盐害的程度。高粱的这种临界期是生长点生长期、茎节和节间分化期及生殖生长锥形成期。按形态生理学的反应特点看，在上述器官发生的临界期，均对盐害高度敏感，称为盐碱的敏感期。

高粱的抗盐害能力受基因型、土壤盐分浓度、不同生育时期等多因素影响。内蒙古巴彦淖尔盟农业科学研究所（1978）的研究表明，在 15cm 土壤深度内，全盐含量为 0.22% 时，高粱根渗透压为 9.8 个标准大气压，生长正常；当全盐含量达到 0.421% 时，根渗透压达到 14.2 个标准大气压时，生长开始受到抑制；当全盐含量达到 0.56% 时，根渗透压达 19.6 个标准大气压时，生长受到严重抑制。

土壤不同含盐量影响的发芽率也不一样。刘淑瑶（1964）报道，高粱种子的萌发受盐分浓度的严重影响。当 0～5cm 土层里含盐量为 0.08% 时，高粱种子的吸湿增重由 2.7g/100 粒增至 5.5g/100 粒，体积膨胀至 6.7cm³/100 粒，发芽率由 100% 降至 94%；当含盐量为 0.12% 时，种子吸湿增重达 5.3g/100 粒，体积膨胀到 4.9cm³/100 粒，发芽率下降到 75%；当含盐量为 0.37% 时，种子吸湿增重为 5.2g/100 粒，体积膨胀到 4.5cm³/100 粒，发芽率降到 71%。这一结果表明，随土壤含盐量的增加，种子吸水越来越小，其吸水膨胀体积越来越小，发芽率越来越低。

冯承绩等（1963）研究高粱不同生育时期的耐盐害能力的结果（表 5-20）表明，0～20cm 土层内全盐含量为 0.292% 时，高粱幼苗生长正常；含盐量为 0.41% 时，高粱幼苗生长受抑制，生长不良；含盐量为 0.73% 时，幼苗生长受到严重抑制，接近枯萎。高粱拔节期植株抗盐力有所提高，当含盐量为 0.51% 时，生长正常；从含盐量 0.614% 开始，生长受抑制；含盐量为 1.049% 时，植株生长受到严重影响，接近枯萎。高粱孕穗期的抗盐能力又有所提高，全盐量为0.65%时，植株仍能正常生长，含盐量从0.7%开始，植株则生长不良。

河北省沧州地区农业科学研究所调查表明，高粱幼苗只有在土壤含盐量低于0.398%时才能正常生长。然而，在抽穗期却能耐1.256%的高盐量。辽宁省盐碱地利用研究所的研究表明，高粱幼苗在生育中期可以忍受低于0.541%的含盐量。总之，尽管上述结果因品种、地点、土壤类型而有所不同，但总的趋势是，高粱的抗盐能力从苗期到拔节期逐渐提升，抽穗后又有所下降。

表 5-20　高粱不同生育时期的耐盐能力
(冯承绩，1963)

生育期	土壤深度 (cm)	含盐量（%）			植株受害程度
		全盐	Cl^-	SO_4^{2-}	
幼苗期	0～20	0.292	0.040	0.109	出苗良好，生长正常
		0.410	0.053	0.201	受抑制，生长不良
		0.730	0.117	0.344	严重受抑制，接近枯萎
拔节期	0～20	0.510	0.051	0.122	生长正常
		0.614	0.057	0.028	受抑制，生长不良
		1.049	0.224	0.286	严重受抑制，接近枯萎
孕穗期	0～30	0.650	0.100	0.210	生长正常
		0.700	0.199	0.242	受抑制，生长不良

高粱的抗盐能力还受土壤盐分组成的影响。一般来说，耕层内氯离子、钠离子的相对含量越高，钙离子的相对含量越少，盐害就越重。在以氯化钠和硫酸钠为主的盐土中，氯化钠含量低于0.201%时，高粱可以正常生长，大于0.425%时，则受害枯死。与硫酸盐比较，高粱对氯盐的反应更为敏感。在以碳酸钠为主的盐土中，尽管可溶性盐分含量低于盐土，但由于代换性钠很高，pH常在8.5以上，致使多数高粱难于生存。由于硫酸根（SO_4^{2-}）的为害远低于氯离子（Cl^-），因此常以土壤全盐量（%）及氯离子含量（%）两个指标来衡量高粱的抗盐能力。氯离子含量的比例大时，可忍受较低的全盐量；反之，若氯离子比例小时，则可忍受较高的全盐量。

（三）抗盐机制

高粱植株对盐害的忍耐和抗性机制分为避盐性和耐盐性两个方面。所谓避盐性是指在盐胁迫环境与被胁迫植株之间存在某种障碍，从而使植株具有全部或部分抗盐的作用。耐盐性则是指植株可全部或部分承受盐胁迫而不受伤害或轻微伤害。

在盐分的胁迫下，高粱植株吸水与蒸腾的不平衡造成组织水势明显下降，引起萎蔫。抗盐能力强的品种在同样情况下，仍能从盐分含量高的土壤中吸收水分，以维持体内正常的生理活动所需要的水势。通常，耐盐品种也较耐旱。因为较强的吸水、保水能力，能缓解盐分过高时细胞质浓度升高的不利影响。

盐分胁迫植株的另一个生理反应是原生质膜的透性变化上。盐分升高使膜透性增大，细胞质中的离子，特别是钾离子和糖类分子大量外渗，引起生理失调。而耐盐品种因具有自身调节能力，即清蛋白与进入细胞的离子结合，保持了原生质膜的稳定性，从而保证生理代谢功能的正常进行。膜结构的假说认为，盐害对组织产生两种胁迫，水分胁迫和离子胁迫。两种胁迫均可使生物膜发生相变，同时也使酶活性发生变化。然而，与耐旱、耐冷的机制相比，耐盐机制的研究十分有限，是需要深入研究的领域之一。

<h1 style="text-align:center">主 要 参 考 文 献</h1>

陈士平译，1983. 印度粒用高粱矿质营养和施肥效应的研究. 国外农学—杂粮作物（4）：8-13，18.

杜鸣銮译，1984. 高粱不同抗旱机制的效用. 国外农学—杂粮作物（1）：1-5.

龚文娟，1980. 高粱. 玉米等几种作物种子萌发阶段的抗寒性鉴定. 黑龙江农业科学（4）：14-18.

郭有，1980. 高粱吸肥特性的初步研究. 中国农业科学（3）：16-22.

郭有，1980. 高粱吸水特性的初步研究. 辽宁农业科学（5）：25-26.

郭有译，1985. 高粱育种原始材料抗盐性鉴定. 国外农学—杂粮作物（3）：8-10.

何雪晖译，1984. 粒用高粱对高温、干旱的反应和抗性. 国外农学—杂粮作物（1）：6-9.

黑龙江省嫩江地区农业科学研究所，1977. 低温早霜对高粱玉米产量的影响及抗低温促早熟夺高产栽培技术措施. 辽宁科技情报（3）：14-18.

江苏农学院，1986. 植物生理学. 北京：农业出版社，109-112.

李淮滨，1984. 千斤高粱干物质积累分配与产量形成. 作物学报，10（2）：87-93.

辽宁省水利科学研究所，1974. 杂交高粱需水规律试验初步分析. 辽宁水利科技（2）：41-48.

刘淑瑶，1964. 山东平原县高粱和谷子耐盐性的初步研究. 土壤学报，12（4）.

卢庆善，1981. 农作物低温冷害及其防御. 西丰科技（1）：1-23.

卢庆善，1994. 澳大利亚粒用高粱研究. 国外农学——杂粮作物（3）：1-5，（4）：9-12.

马世均，卢庆善，曲力长，1980. 温度与磷肥对杂交高粱生育和产量影响的研究. 辽宁农业科学（3）：5-12.

马世均，石玉学，隋丽君，1981. 高粱种子萌发阶段耐寒研究简报. 辽宁农业科学（6）：32-35.

潘铁夫，方展森，赵洪凯，等，1983. 农作物低温冷害及其防御. 北京：农业出版社.

潘铁夫，1979. 高粱低温冷害及其防御途径. 农业气象（1）：26-33.

乔魁多，1988. 中国高粱栽培学. 北京：农业出版社.59-109.

邱玉华译，1981. 植株缺水对灌溉粒用高粱的影响，Ⅰ对产量的影响，Ⅱ对植物组织中各种养分的影响. 国外农学—杂粮作物（2）：13-15，（3）：16-19.

上官，周平，1993. 高粱抗旱机理的研究进展（综述）. 国外农学—杂粮作物（1）：35-38.

施教耐，1979. 植物磷酸烯醇式酮酸羧化酶的研究，IPEP 羧化酶同工酶的分离和变构特性的比较、植物生理学报，5（3）：225-235.

汤章城，1984. 高粱幼苗对干旱的反应和调节适应力. 植物生态学与地植物学丛刊，8（1）：15-23.

汤章城，1984. 高粱幼苗对高渗透培养液的生长、生理反应及其抗逆性. 植物生理学报，10（1）：37-45.

汤章城，1984. 钾在高粱苗水分亏缺时脯氨酸累积中的作用. 植物生理学报，10（3）：209-215.

王淑华，1981. 高粱品种间的抗旱性研究初报. 辽宁农业科学（1）：14-17.

奚惕，1979. 高粱种子发芽过程的生理生化变化. 吉林师范大学学报自然科学版（2）：121-126.

邢在顺，1979. 低温冷害对高粱的影响. 农业科技通讯（4）：9.

杨学荣，1981. 植物生理学. 北京：高等教育出版社.

张福锁，1993. 环境胁迫与植物育种. 北京：农业出版社.66-93，138-160，177-229.

张耘生，1980. 高粱幼苗期冷害的形态组织变化及生理生化效应. 东北地区抗御低温冷害科学讨论会论文选编，36-40.

张耘生，1980. 冷害对高粱生育后期糖代谢的影响. 东北地区抗御低温冷害科学讨论会论文选编，31-35.

赵同寅，1981. 高粱挑旗后干物质积累规律. 山西农业科学 (7)：16-20.

赵同寅，1982. 杂交高粱光合产物运转和分配规律的研究. 山西农业科学 (5)：12-15.

邹剑秋译，1994. 不同粒用高粱品种和密度对辐射利用率的影响. 国外农学—杂粮作物 (1)：25-27.

犬山茂，1980. 灌溉水量差ガグルガムの生育. 收量に及ぼす影响，日作纪，Vol. 49 (2).

Bagnall D，1979. Low tem perature responses of three sorghum species. Low Tem Perature Stress Physiologyin Crop Plant，33 (1)：67-80.

Doggett H，1987. Sorghum. Second Edtion. Published in Association w ith the International Development Centre，Canada. 123-148.

Hammer G L，M uchow R C，1991. Assessing clim atic risk to sorghum production in Water limited subtropicalevironm ents，Proceedings of the second Australian Sorghum Conference. (68)：146-158.

Lewis R B，1974. Suseptibility of grain sorghum to water defict at three-growth stages. A gron. J. V ol. 66 (4)：325-329.

Rosenow D T，1981. Drought tolerance in sorghum. Thirty-sixth Annual Corn and Sorghum Research Conference. 38-45.

Roy R N，1974. Sorghum growth and Nutrient uptake in relation to soil-fertility，A gron. J. V ol66 (1)：790-711.

Sullivan C Y，1972. M echanism s of heat and drought resistance in grain Sorghum and m ethods of measurement，Sorghumin Seventies. 324-335.

Zhang F，Yu J L，Christapher R J，et al.，2015. Seed Prining with Polyethylene Glycol Induces Physiological Changes in Sorghum (*Sorghum biclolr* L. Moench) Seedlings under Suboptimal Soil Moisture Environments. Plos One 1Dol：10. 10 (2015)：e0140620.

第六章　高粱生物化学

高粱籽粒的化学组分与玉米的相似，其蛋白质含量通常是更高些，而籽粒的胚脂肪含量比玉米的低，淀粉含量却高得多。Hubbard 等（1950）对几个高粱品种籽粒的化学组分进行了分析（表 6-1）。

表 6-1　高粱籽粒的化学组分（占干重的%）

(Hubbard 等，1950)

籽粒部分	灰分	粗蛋白	粗蜡质	油分*	淀粉
(1) 全粒					
西　　地	1.67	13.2	0.29	3.5	72.3
中　　地	1.57	12.0	0.31	3.6	74.5
柯　　蒂	1.68	12.4	0.31	3.2	74.3
粉红卡佛尔	1.67	12.3	0.44	3.9	73.0
马　　丁	1.57	11.5	0.24	3.7	75.1
平　　均	1.65	12.3	0.32	3.6	73.8
(2) 胚乳 （全部品种均值）	0.37	12.3	—	0.6	82.5
(3) 胚芽 （全部品种均值）	10.36	18.9	—	28.1	13.4
(4) 糠 （全部品种均值）	2.02	6.7	—	4.9	34.6

* 油分包括蜡质。

Breden（1961）提供了 31 个非洲乌干达高粱地方品种的资料（表 6-2）。这一资料按籽粒颜色分成 3 组：白粒、棕粒和红粒。从表 6-2 中的数字可以看出高粱籽粒化学组分的变异性幅度是很大的。其中重要的成分之一是蛋白质，也表现出大量变异（8.1%～13.7%）。这种变异不仅是由于品种的不同，而且还受环境条件的影响。

表 6-2　乌干达高粱品种的化学组成（占干重的%）

(Breden，1961)

	干物重	粗蛋白	粗脂肪	粗纤维	灰分	淀粉
平均	90.1	10.1	2.8	2.5	2.6	71.8
幅度	88.6～91.6	8.1～13.7	1.8～5.2	1.4～4.9	1.3～4.5	68.4～74.5

第一节　蛋白质和氨基酸

一、蛋白质

高粱籽粒蛋白质含量的变幅为 4.4%～21.1%，平均为 11.4%（Subramanian 等，1984）。基因型、环境条件和氮肥施用量影响高粱籽粒的蛋白质含量（Deosthale 等，1972）。蛋白质的品质取决于氨基酸的组成和各种蛋白质的比例（Gupta 等，1974）。影响蛋白质品质的基因是靠改变蛋白质组分的相对数量产生效应的，而不是靠改变这些组分中蛋白质的数量产生作用的（Guiragossian 等，1978）。不同高粱品种籽粒的理化特性影响蛋白质组分的溶解性和化学分级（Neucere 等，1979）。

Subramanian V. 等（1990）研究了高粱地方品种、杂交种和育成品种的蛋白质成分、氨基酸组成及其变化，8 个基因型蛋白质组分的百分数（表 6-3）。8 个品种的籽粒蛋白质含量变幅为 6.8%～19.6%。前 4 个品种的蛋白质含量低于 10%，后 4 个的高于 12%。在这些品种中，白蛋白和球蛋白及醇溶谷蛋白含量均有变化，变幅分别为 15.6%～24.4% 和 5.2%～15.8%。

表 6-3　高粱籽粒蛋白质组分的百分数

（Subramanian 等，1990）

蛋白质组分	品　　种								平均	标准误
	M_{35-1}	CSH_6	CSH_8	CSV_3	RY_{49}	P_{721}	IS_{11167}	IS_{11758}		
白蛋白和球蛋白	17.1	15.6	17.8	17.3	18.6	19.4	22.4	24.4	19.1	±1.04
醇溶谷蛋白	5.2	14.4	5.6	8.4	15.8	8.2	9.7	7.4	9.3	±1.37
交联醇溶谷蛋白	18.2	18.1	18.7	19.5	19.8	16.2	17.9	14.6	17.9	±0.61
类谷蛋白	4.2	3.5	3.4	4.4	3.4	3.4	2.9	3.5	3.6	±0.17
谷蛋白	38.3	33.3	35.0	33.7	30.4	35.4	18.9	23.1	31.0	±1.45
残留蛋白	10.4	6.6	10.7	10.7	9.5	9.3	17.3	18.5	11.6	±1.45

高粱籽粒中白蛋白、球蛋白和谷蛋白是最好的蛋白质营养源（Guiragossian 等，1978）。Hamaker 等（1986）发现，高粱面粉蒸煮后，醇溶谷蛋白离体蛋白质消化率低。因为高粱醇溶谷蛋白的蛋白质在蒸煮过程中形成复合体，酶较难进入复合体的醇溶谷蛋白质中。通常，高粱的交联醇溶谷蛋白含量高于玉米（Neucere 等，1979）。除 IS11758 外，其他 7 个品种的交联醇溶谷蛋白含量均高于 16%。交联醇溶谷蛋白有利于增加高粱籽粒的硬度（Abdelrahman 等，1984）。

在上述高粱品种中，除 IS11167 和 IS11758 外，谷蛋白的含量约占总蛋白质的 1/3。白蛋白、球蛋白和谷蛋白之和占蛋白质总量的 41%～55%。埃塞俄比亚当地种 IS11167 和 IS11758 残余蛋白质含量很高，分别占 17.8% 和 18.5%，而 CSH6 只有 6.6%。总之，这些品种不同蛋白质组分和总蛋白质含量的变异表明，上述品种蛋白质合成的活性可能不同。

此外，Subramanian 等还研究了高粱杂交种 CSH6 籽粒发育过程中蛋白质组分含量的连续变化（表 6-4）。开花后的最初 7d 中，白蛋白—球蛋白含量最高，以后呈急剧而稳定地减少。醇溶谷蛋白在最初 7d 里含量最低，从 14～28d 呈增加趋势，28d 以后又减少。交联醇溶谷蛋白的合成直到成熟仍在稳定地增加。类谷蛋白从 7d 到 35d 合成逐渐增加，然后稳定直到成熟期。谷蛋白的合成在 7d 内较低，只有 15.5%，从 14d 到成熟没有多大的变化。相反，残留蛋白质在最初 7d 里含量高，从 7～21d 逐渐减少，以后几乎没有变化。

表 6-4　高粱籽粒发育中蛋白质组分的变化（%）

蛋白质组分	50%开花后天数						
	7	14	21	28	35	42	49
白蛋白—球蛋白	53.9	15.6	20.8	17.5	18.1	18.4	15.6
醇溶谷蛋白	5.7	20.4	21.1	25.9	13.4	12.4	14.3
交联醇溶谷蛋白	2.0	8.5	9.2	9.0	14.3	17.2	18.1
类谷蛋白	1.1	3.4	5.1	5.0	4.2	3.5	3.5
谷蛋白	15.5	27.1	30.8	25.7	34.1	33.4	33.3
残留蛋白	13.5	8.0	6.6	5.3	7.2	6.2	6.6
总量	91.7	93.0	93.6	91.4	91.3	91.1	91.5
籽粒蛋白质量（g/100g）	11.0	10.4	8.0	9.2	7.7	8.7	9.5

宋高友等（1988）研究了 9 个高粱品种颖果发育过程中蛋白质及其组分的积累变化数据（表 6-5）。在颖果发育的不同时期，4 种蛋白质组分的含量均是醇溶蛋白＞谷蛋白＞清蛋白＞白蛋白，而且 4 种蛋白质组分积累的高峰期有所不同。球蛋白和清蛋白的含量在颖果发育的各个时期均为最少，仅占蛋白质总量的 10%～15%，积累的高峰在灌浆至乳熟期；谷蛋白的含量占第二位，占蛋白质总量的 20%～30%，积累的高峰在灌浆至乳熟；醇溶蛋白的含量在颖果发育的各个时期均居首位，约占蛋白质总量的 50%～70%，积累的高峰期从灌浆至完熟期。

表 6-5　高粱颖果发育过程中蛋白质组分的累积（占干重的%）

品种	颖果发育时期	蛋白质组分含量				总蛋白质
		清蛋白	球蛋白	谷蛋白	醇溶蛋白	
原杂 10 号	灌浆期	1.40	0.52	3.42	5.87	11.21
	乳熟期	0.77	0.36	3.36	5.31	9.80
	蜡熟期	0.87	0.37	2.44	5.10	8.78
	完熟期	1.12	0.45	2.34	5.92	9.83
忻粱 7 号	灌浆期	1.22	0.51	3.97	5.91	11.61
	乳熟期	1.35	0.40	3.06	5.92	10.73
	蜡熟期	0.96	0.15	2.75	5.10	8.96
	完熟期	1.43	0.25	2.55	6.40	10.63

（续）

品种	颖果发育时期	蛋白质组分含量				总蛋白质
		清蛋白	球蛋白	谷蛋白	醇溶蛋白	
原新1号B	灌浆期	1.63	0.71	2.14	7.45	11.93
	乳熟期	1.17	0.41	2.44	7.69	11.71
	蜡熟期	1.53	0.76	1.63	7.55	11.47
	完熟期	1.63	0.76	1.73	7.75	11.87
原新1号A	灌浆期	3.39	0.51	4.08	8.07	16.05
	乳熟期	1.48	0.46	2.39	9.19	13.52
	蜡熟期	1.27	0.91	1.68	9.89	13.75
	完熟期	1.32	0.76	2.19	10.69	14.96
P721	灌浆期	1.53	0.51	3.97	7.69	13.70
	乳熟期	1.12	0.71	3.26	7.86	12.95
	蜡熟期	1.12	0.65	3.87	7.96	13.60
	完熟期	1.53	0.61	2.95	8.16	13.25

二、氨 基 酸

氨基酸是蛋白质的组成成分。氨基酸组成的变异是氮含量的函数（Mosse 等，1988）。研究表明，高粱籽粒蛋白质氨基酸组成缺乏赖氨酸和苏氨酸（Wall 和 Ross，1970）。Subramanian 等（1990）分析了 8 个高粱基因型的氨基酸成分（表 6-6）。赖氨酸与蛋白质含量呈负相关（Virupaksha 等，1968）。但是，高赖氨酸含量的埃塞俄比亚当地种 IS_{11167} 和 IS_{11758} 却具有高蛋白质含量。如报道的那样，这可能是由于富含赖氨酸的白蛋白、球蛋白和谷蛋白含量高的缘故（Guiragossian 等，1978）。这 2 个当地种含有相对高的赖氨酸、天门冬氨酸、苏氨酸、丙氨酸、异亮氨酸、酪氨酸和苯丙氨酸（表6-6）。RY_{49}、CSH_6 赖氨酸含量低；CSV_3 和 IS_{11758} 的亮氨酸与异亮氨酸的比例比其他品种低。

Sastry 等（1986）指出，在高粱蛋白质中，富含赖氨酸的白蛋白和球蛋白组分普遍偏低。醇溶赖氨酸含量很低的谷蛋白构成了高蛋白质的主要成分（Jones 等，1970）。因此，凡籽粒蛋白质含量高的品种，其白蛋白和球蛋白含量也高，那么赖氨酸含量也就高，例如 IS_{11167} 和 IS_{11758} 的白蛋白和球蛋白含量分别为 22.4% 和 24.4%，高于其他品种，则赖氨酸含量分别为 2.73% 和 3%，也高于其他品种（表6-6）。

现已证明，高粱中赖氨酸是最受限制的氨基酸（Deyoe 等，1965）。比较这些品种不同类型蛋白质中赖氨酸的分布可以发现，IS11758、IS11167、RY_{49} 和 P_{721} 的白蛋白和球蛋白中的赖氨酸含量高，它们的籽粒蛋白质含量也高；相反，M_{35-1} 籽粒中白蛋白和球蛋白的赖氨酸含量低。正如 Virupaksha 和 Sasty（1968）报道的那样，醇溶谷蛋白和交联醇溶蛋白的赖氨酸含量非常低，甚至可能不含赖氨酸，尽管谷蛋白、类谷蛋白和残余蛋白中赖氨酸含量高。但是，上述品种中没有差异。

表 6-6　高粱品种的氨基酸含量 [*]（g/100g 蛋白质）

氨基酸名称	品　种									
	M_{35-1}	CSH_6	CSH_8	CSV_3	RY_{49}	P_{721}	IS_{11167}	IS_{11758}	平均	标准误
赖氨酸	2.58	2.01	2.21	2.34	1.95	2.69	2.73	3.00	2.44	±0.13
组氨酸	1.98	1.90	1.91	2.27	1.97	2.17	2.16	2.16	2.07	±0.05
精氨酸	4.24	3.65	3.78	3.90	4.00	4.37	4.41	4.93	4.16	±0.05
天门冬氨酸	7.30	6.61	6.60	6.93	6.57	7.90	8.61	9.17	7.46	±0.35
苏氨酸	3.25	2.88	2.95	3.80	2.61	3.46	3.70	3.94	3.32	±0.17
丝氨酸	3.94	3.98	3.96	5.14	3.94	4.38	4.65	5.33	4.42	±0.20
谷氨酸	24.20	25.39	23.39	24.99	25.61	26.88	27.78	25.22	25.47	±0.47
脯氨酸	8.00	8.68	7.47	8.21	7.89	8.16	8.83	9.00	8.28	±0.18
甘氨酸	4.20	3.16	3.75	4.03	3.04	4.27	4.06	4.95	3.93	±0.22
丙氨酸	10.11	10.64	10.02	10.46	10.13	11.22	11.68	13.04	10.91	±0.37
胱氨酸	0.73	0.78	0.75	0.86	0.57	0.75	0.90	1.41	0.84	±0.09
缬氨酸	5.59	5.16	5.39	5.56	4.92	6.07	6.48	6.93	5.77	±0.24
蛋氨酸	0.63	0.55	—	1.33	1.22	0.21	0.53	1.55	0.86	±0.19
异亮氨酸	3.89	3.68	3.82	4.98	3.69	4.45	4.64	5.05	4.28	±0.20
亮氨酸	13.50	14.29	13.65	14.89	14.43	15.62	16.09	14.43	14.61	±0.32
酪氨酸	3.69	3.54	3.82	3.51	3.58	4.10	4.17	4.50	3.86	±0.13
苯丙氨酸	4.22	4.30	4.90	4.89	4.88	4.10	4.17	4.50	4.50	±0.12
高粱面蛋白质含量（%）	6.80	9.50	7.20	7.90	14.70	12.00	19.60	19.10	12.10	±1.83

[*]　以干物重为单位计算的数值。

Перуанскцц Ю. В. 等（1989）采用高单宁含量品种第聂伯 69 和低单宁不育系矮生 93C 高粱籽粒为材料，研究各种氨基酸在蛋白质组分中的含量（表 6-7）。结果显示，不同品种和不同蛋白质组分中各种氨基酸含量是不同的。赖氨酸含量是矮生 93C 不育系高于第聂伯 69，分别为 7.33% 和 5.64%。在蛋白质的不同组分中，两个品种的赖氨酸均是在白蛋白、球蛋白和谷蛋白中的含量高，而且在白蛋白和球蛋白中的含量高于在谷蛋白中的含量。这与上面的结果是一致的。苏氨酸的含量在品种间和蛋白质组分间的分布与赖氨酸的相同。赖氨酸与苏氨酸都是必需氨基酸，其含量与白蛋白、球蛋白和谷蛋白的含量呈正相关。因此，从高粱育种的角度考量，拟提高赖氨酸、苏氨酸的含量，必须提高白蛋白、球蛋白和谷蛋白在总蛋白质中的比率。

表 6-7　高粱氨基酸在蛋白质组分中的分布（%）

氨基酸	第聂伯 69				矮生 93C			
	醇溶蛋白	白、球蛋白	醇溶谷蛋白	谷蛋白	醇溶蛋白	白、球蛋白	醇溶谷蛋白	谷蛋白
赖氨酸	0.04	3.28	0.06	2.26	0.12	5.64	0.02	1.55
组氨酸	0.33	0.99	0.55	1.06	0.75	2.31	0.43	0.76
精氨酸	0.26	2.80	0.33	1.94	0.46	5.30	0.29	1.23
天门冬氨酸	3.82	5.81	4.19	5.83	5.89	2.93	3.88	6.44
苏氨酸	1.51	3.60	1.94	3.02	2.00	3.53	1.49	3.13
丝氨酸	5.04	6.64	4.70	5.87	6.20	7.92	4.34	7.74
谷氨酸	35.65	26.96	38.59	28.52	30.73	15.37	34.15	24.45
脯氨酸	13.27	5.68	11.72	9.89	10.48	8.39	11.87	11.47
甘氨酸	1.76	14.68	1.96	9.86	1.63	8.39	2.03	8.34
丙氨酸	17.86	15.93	16.42	14.11	17.85	14.24	20.30	16.39
缬氨酸	3.86	5.81	3.99	4.93	3.57	4.51	3.53	6.44
蛋氨酸	0.15	0.06	0.12	0.32	0.65	1.93	0.46	0.32
异亮氨酸	1.95	1.49	1.96	2.14	3.48	4.25	2.59	2.12
亮氨酸	10.92	4.02	9.90	6.63	9.67	9.21	10.92	6.89
酪氨酸	1.69	0.95	1.64	1.59	3.00	2.43	1.68	1.26
苯丙氨酸	1.91	1.32	1.94	2.03	3.54	3.67	2.05	1.49

宋高友等（1988）研究了高粱颖果发育过程中赖氨酸和色氨酸的变化（表 6-8）。结果表明，赖氨酸、色氨酸的含量均很少。赖氨酸的积累过程是随果成熟度的提高而下降。例如，原杂 10 号灌浆期的赖氨酸含量为 0.35%，蜡熟期为 0.29%，完熟期为 0.27%；同样，原新 1 号 A 从灌浆期的 0.59%，逐渐下降到完熟期的 0.23%。色氨酸的积累过程则恰好相反，其含量是随着颖果成熟度的提高而增加，而且在颖果整个发育过程中较稳定。例如，原杂 10 号的色氨酸含量在灌浆期 0.12%，乳熟期为 0.14%，而且从乳熟期一直稳定到完熟期。

表 6-8　高粱颖果发育过程中赖氨酸和色氨酸含量的变化

品种	氨基酸	灌浆期（%）	乳熟期（%）	蜡熟期（%）	完熟期（%）
原杂 10 号	赖氨酸	0.35	0.34	0.29	0.27
	色氨酸	0.12	0.14	0.14	0.14
忻粱 7 号	赖氨酸	0.34	0.27	0.25	0.24
	色氨酸	0.15	0.16	0.16	0.16
原新 1 号 A	赖氨酸	0.59	0.58	0.45	0.23
	色氨酸	0.26	0.34	0.35	0.35

韦耀明等（1996）在高粱恢复材料（F₃代）中发现 3 株凹陷型籽粒的变异植株，经品

质分析、育性鉴定、杂交改良、遗传分析后表明，265-1Y 的籽粒赖氨酸含量达 1.13%，比普通高粱晋粱 5 号提高了 3 倍多，而且遗传相对稳定；对 A₁ 和 A₂ 型细胞质雄性不育系具有恢复能力和较高的配合力；该系的赖氨酸含量受 1 对单隐性基因（h_1）控制，在其杂种一代中有 1/4 的高赖氨酸含量籽粒，通过单杂交可在其后代中选到正常饱满籽粒的赖氨酸高含量品系。

第二节　碳水化合物

高粱植株体内的碳水化合物有两种主要的存在形式：一种是非结构的形式，糖和淀粉等；另一种是结构的存在形式，如纤维素和木质素等。不同高粱基因型的碳水化合物的含量是不一样的，而且其含量在不同生育时期也是不一样的。

一、糖

各种类型的高粱植株都含有糖。糖含量的多少因类型和品种而不同，甜高粱的含糖量最高。Ferraris F.（1981）对 37 个甜高粱品种的糖分、可溶性物质、纤维等进行了研究。结果显示，这些品种的汁液糖度为 4.7%～21.6%，茎液糖度为 3.9%～18.3%，糖汁产量为 0.2～8.4t/hm²，糖产量为 0～4.6t/hm²；纤维含量为 9.2%～25.7%，纤维产量为 0.4～7.4t/hm²。

Johnson 等（1961）研究了几个糖高粱品种的糖分含量（表 6-9）。其中品种 Brawley 在成熟时不仅蔗糖含量相当高，而且蔗糖转化为还原糖的比例也低。同样，Sart 和 Sugar 两个品种在蜡熟初期也有很高的蔗糖含量。

表 6-9　几个高粱品种的含糖量

品　种	不同收割期	提取时间	含糖量（%）（以干物重计）		
			还原糖	蔗糖	总糖量
Sart	蜡熟初期	收后即提取	25.7	57.9	83.6
Tracy	蜡熟初期	收后即提取	57.9	19.3	77.2
Brawley	蜡熟初期	收后即提取	25.5	57.4	82.9
Williams	蜡熟初期	收后即提取	47.3	41.1	88.4
Honey	蜡熟初期	收后即提取	48.2	37.9	86.1
Sugar	蜡熟初期	收后即提取	26.9	57.9	84.8
Brawley	蜡熟初期+10d	收后即提取	13.2	68.8	81.9
Tracy	蜡熟初期+10d	收后即提取	51.0	30.7	81.7
Sart	蜡熟初期+10d	收后即提取	45.7	30.5	76.2
Williams	蜡熟初期+10d	收后即提取	37.5	35.7	73.2
Honey	蜡熟初期+10d	收后即提取	36.9	35.8	72.7
Sugar	蜡熟初期+10d	收后即提取	26.3	51.7	78.0

（续）

品　种	不同收割期	提取时间	含糖量（%）（以干物重计）		
			还原糖	蔗糖	总糖量
Brawley	蜡熟初期	收后 10d	33.9	44.2	78.1
Tracy	蜡熟初期	收后 10d	以下蔗糖完全变成还原糖		
Sart	蜡熟初期	收后 10d			
Williams	蜡熟初期	收后 10d			
Honey	蜡熟初期	收后 10d			
Sugar	蜡熟初期	收后 10d			

　　Stokes 等（1957）的研究表明，甜高粱的收获期对单位重量茎秆中汁液的产量是非常重要的（表 6-10）。通常在蜡熟末期收割最适宜。

表 6-10　甜高粱不同收割期糖分的产量和组分

收　割　期	茎汁提取量（%）	蔗糖含量（%）	纯度（%）	每吨茎秆含糖汁（L）
开花初期	57.3	4.70	41.9	48.075
开花期	57.8	5.64	46.7	52.239
开花末期	58.0	6.92	52.7	56.781
乳熟前期	58.5	8.86	60.1	64.352
乳熟后期	57.5	9.57	63.0	65.488
蜡熟期	57.9	10.28	65.2	67.381
蜡熟末期	56.8	10.94	67.0	69.273
成熟期	56.2	11.29	68.3	69.631
成熟后 1 周	55.7	10.64	67.4	65.866
成熟后 2 周	56.1	10.11	66.6	63.595
成熟后 3 周	54.4	9.32	63.6	59.810

　　Tarpley Lee 等（1994）研究了高粱茎秆和穗中糖分的酶促控制。结果表明，在生理成熟黑层期，穗中的果糖和葡萄糖浓度远比淀粉低，在茎秆中远比蔗糖低。黑层期与开花期比较，甜高粱茎秆中的己糖浓度较低，则表明蔗糖水解作用下降或己糖利用率提高。高粱穗主要积累淀粉，茎秆主要积累蔗糖。在孕穗和开花期间，酸性蔗糖酶、中性蔗糖酶和蔗糖合成酶在穗中的活性大于在茎秆中的活性，这与花序比茎秆生长得更快有关。在籽粒灌浆期间穗中的酶活性下降。尽管在开花期和黑层期之间是大部分淀粉积累时期，穗中的己糖和蔗糖比率下降与蔗糖酶活性下降有关，而其蔗糖酶的活性仍比茎内的活性高，并且不限制穗中的淀粉积累。这一时期蔗糖酶的活性比蔗糖合成酶的高出 5～10 倍。

　　李正祥（1980）研究了甜高粱茎秆糖分积累的规律。结果表明，甜高粱糖分积累需要一个较长的过程，积累量随生育进程而逐渐增多。蔗糖的积累分为 3 个阶段，糖分积累开始于挑旗或始穗期，积累的高峰期在蜡熟期，到完熟期糖分开始下降。蔗糖在整个生育期间随茎秆的增加而增加，而含糖量在各个节间的分布并不一样，茎秆的中、下部节间含糖较高。1～9 节为高糖分节位，含糖量均在 12％以上，上部节间含糖量稍低些。

Newton 等（1983）研究了发育中的高粱颖果的糖分变化。发育颖果中的糖有蔗糖、葡萄糖、果糖、肌醇和棉籽糖。开花后，颖果中蔗糖、葡萄糖和果糖的含量（μg/颖果）增加，第 15d 时达最大值。蔗糖的含量几乎是葡萄糖和果糖的 4 倍。肌醇的含量滞后于以上几种糖，而且在第 15～21d 的时间里保持着最大值。棉籽糖的含量在颖果整个发育期中都非常低，到生理成熟时达最大值。从颖果发育的第 15d 后，蔗糖含量迅速下降，到第 24d 时其含量达恒定，并一直保持到第 45d。在最初的第 15d 里，葡萄糖和果糖含量基本相同，果糖稍高一点。而此后果糖含量下降得比葡萄糖更显著一些，到第 39d 时颖果中只剩有微量的果糖。

二、淀　粉

淀粉是碳水化合物的一种多糖存在形式。淀粉是高粱籽粒的主要成分，一般含量在 50％～70％，高者可达 70％以上。高粱籽粒中的淀粉分为直链淀粉和支链淀粉两种类型，其含量因品种而异。宋高友等（1987）研究了部分中、外高粱基因型籽粒的总淀粉含量及其组分（表 6-11）。所测品种的平均总淀粉含量为 57.59％，幅度 51.28％～67.58％。其中，直链淀粉平均含量为 28.38％，占总淀粉含量的 49.3％，幅度分别为 1.53％～40.09％和 2.7％～66.2％；支链淀粉含量为 29.21％，占总淀粉含量的 50.7％，幅度分别为 19.27％～54.16％和 33.8％～97.3％。仁怀高粱的支链淀粉含量占总淀粉含量的 97.3％，而直链淀粉仅占 2.7％。

表 6-11　部分高粱品种籽粒淀粉含量

品　　种	总淀粉（%）	直链淀粉		支链淀粉	
		含量（%）	占总淀粉（%）	含量（%）	占总淀粉（%）
Tx3197A	54.87	29.17	53.2	25.70	46.8
原新 1 号 A	51.28	31.20	60.8	20.08	39.2
7503A	52.66	31.29	59.4	21.37	40.6
Tx622A	56.99	37.72	66.2	19.27	33.8
66A	59.89	38.34	64.0	21.54	36.0
张二 A	57.14	12.57	22.0	44.57	78.0
M66341	60.03	37.90	63.1	22.13	36.9
Cs3541×原育 7047	61.54	40.09	65.1	21.45	34.9
Cs3541×三尺三	67.58	29.09	43.0	38.49	57.0
忻粱 7 号	55.87	23.34	41.8	32.53	58.2
仁怀高粱	55.69	1.53	2.7	54.16	97.3
平　　均	57.59	28.38	49.3	29.21	50.7

曾庆曦等（1996）以北方白粒、红粒粳高粱，红糯和半粳糯高粱及四川的黄褐红粳、

糯、半粳糯高粱为试材，研究了籽粒的淀粉含量及组分（表 6-12）发现，中国北方 27 个红粒粳高粱籽粒总淀粉平均含量为 63.18%，变幅为 53.45%～70.39%，含量在 60%～66% 的占 81.5%；50 个白粒粳高粱总淀粉平均含量为 62.80%，变幅 54.51%～69.19%，其中含量在 59%～65% 的占 48%，小于 59% 的占 20%，大于 65% 的占 32%；10 个红粒糯高粱总淀粉平均含量 62.44%，变幅 59.34%～65.16%；7 个红粒半粳半糯高粱总淀粉平均含量为 62.27%，变幅 58.97%～64.31%。上述结果表明，北方白粒粳高粱总淀粉含量的变异性大于其他类型高粱。

表 6-12 不同类型高粱籽粒淀粉及其组分含量

地 区		北		方		四	川	
籽粒粳糯		粳	粳	糯	半粳糯	粳	糯	半粳糯
粒 色		红	白	红	红	黄褐红	黄褐红	黄褐红
品 种 数		27	50	10	7	38	134	13
总淀粉（%）	均值	63.18	62.80	62.44	62.27	61.50	62.64	62.06
	变幅	53.45～70.39	54.51～69.19	59.34～65.16	59.97～64.31	55.31～64.87	58.11～66.57	60.02～63.59
直链淀粉（%）	均值	24.21	28.52	8.01	18.05	20.95	5.58	11.98
	变幅	15.90～34.58	18.70～35.28	7.67～8.42	14.27～20.91	15.16～24.68	1.14～9.84	10.20～14.66
支链淀粉（%）	均值	75.79	71.48	91.99	81.95	79.05	94.42	88.02
	变幅	65.42～84.10	64.72～81.30	91.58～92.33	79.09～85.73	75.32～84.84	90.16～98.86	85.34～89.80

四川 185 个各类型高粱总淀粉平均含量为 61.99%，变幅为 55.31%～66.57%，与北方的相近。其中含量 59%～64% 的占 82.2%。38 个粳高粱总淀粉平均含量 61.5%，变幅 55.31%～64.87%；134 个糯高粱总淀粉平均含量 62.64%，变幅在 58.11%～66.57%，其中含量在 59%～65% 的占 94.1%，低于 59% 的占 2.2%，高于 65% 的占 3.7%；13 个半粳半糯高粱总淀粉平均含量 62.06%，变幅 60.02%～63.59%。

总淀粉含量统计分析表明，7 个高粱类型品种间其含量差异不显著，说明北方高粱与四川高粱不论是粳性与糯性，也不论是红、褐粒还是白粒，其总淀粉含量比较接近，无显著差异。

7 种类型高粱的总淀粉含量虽然接近，但淀粉组分中的直链淀粉与支链淀粉的比率却有明显差异。北方红粒粳高粱直链淀粉平均含量占总淀粉的 24.2%，变幅为 15.9%～34.6%，其中含量为 20%～30% 的占 88.9%；支链淀粉平均含量为 75.8%，变幅 65.4%～84.1%。红粒糯高粱直链淀粉平均含量仅 8%，支链淀粉为 92%。白粒粳高粱直链淀粉平均含量 28.5%，变幅 18.7%～35.3%，其中含量 20%～30% 的占 72%，大于 30% 的占 26%，支链淀粉平均含量 71.5%，变幅 64.7%～81.3%。

四川粳高粱品种直链淀粉平均含量 21%，变幅 15.2%～24.7%，比北方粳高粱约低 5 个百分点；支链淀粉平均含量 79%，变幅 75.3%～84.8%，比北方粳高粱高约 5 个百分点。糯高粱直链淀粉为 5.6%，变幅 1.1%～9.8%，而支链淀粉含量为 94.4%。半粳半糯品种直链淀粉平均含量 12%，变幅 10.2%～14.7%，支链淀粉平均含量 88%，变幅85.3%～89.8%。

上述结果表明，四川糯高粱、粳高粱和半粳半糯高粱的支链淀粉占总淀粉的比率均比同类型的北方高粱高。

宋高友等（1988）研究了高粱颖果发育中淀粉积累的变化（表 6-13）。结果表明，总淀粉和直链淀粉含量的积累情况基本上是一致的，即随着颖果成熟度的上升而提高，蜡熟至完熟期含量最高；支链淀粉的积累过程则不同，其含量是随着颖果成熟度上升而有所下降，灌浆至乳熟期的含量高于蜡熟至完熟期。

Subramanian V. 等（1992）报道高粱种子发芽时期的生化变化，其主要变化的成分是淀粉、可溶性总糖和蛋白质。淀粉在种子发芽中的变化是转化为麦芽糖和其他糖，尽管不是所有种子的淀粉都发生变化。种子中淀粉的含量随着发芽时间的延长而下降，发芽 16h 淀粉含量的下降不明显，发芽 48h 后淀粉含量的下降开始明显。这一结果与淀粉酶活性在此期的加强相吻合。发芽 96h 的种子与未发芽的比较，其淀粉含量降低了 33.0%～58.4%。

表 6-13　高粱颖果发育进程中淀粉积累的变化（%）

品　种	淀粉及组分	灌浆期	乳熟期	蜡熟期	完熟期
原杂 10 号	总淀粉	45.34	51.05	54.53	55.78
	直链淀粉	9.55	9.36	16.77	13.99
	支链淀粉	36.02	41.69	37.76	41.79
忻粱 7 号	总淀粉	47.34	51.94	53.28	53.74
	直链淀粉	9.55	17.96	18.86	19.55
	支链淀粉	37.82	33.98	34.92	34.19
原新 1 号 A	总淀粉	46.58	49.61	50.34	53.17
	直链淀粉	11.16	13.07	18.41	19.62
	支链淀粉	35.42	36.58	31.93	33.55
原新 1 号 B	总淀粉	52.02	53.15	54.78	55.98
	直链淀粉	12.93	15.32	18.49	18.62
	支链淀粉	39.09	37.83	36.29	37.36
P721	总淀粉	45.62	40.07	52.61	50.70
	直链淀粉	11.39	12.27	14.17	17.46
	支链淀粉	34.23	27.80	38.44	23.24

第三节　单宁和酚类

一、单宁和酚类的性质

高粱籽粒中含有单宁和酚类。从生物学的角度看，单宁和酚类可以防止高粱籽粒免受霉菌、昆虫和鸟类的侵害。而从营养学的观点看，由于单宁和酚类与蛋白质、碳水化合物及矿质元素产生络合作用，从而降低了其营养价值和可消化性。

高粱籽粒中的酚类有香草醛酚、香草醛原花青素、单宁等。单宁是酚类的一种，是高粱籽粒中含量较多的一种酚类，其化学结构是 4，8 键位连接的儿茶酸。单宁和酚类多含在颖果的果皮种皮里，以决定果皮的颜色和厚度及种皮的颜色和胚乳的颜色和结构等。现已明白 R、Y、B_1、B_2 和 S 是控制果皮颜色（Rooney 等，1982）和色素（Nip 等，1969，1971）的基因。几乎所有高粱的外果皮都含色素和色素前体。这些色素的数量和颜色随上述基因的变化而不同。R 和 Y 基因决定果皮颜色，B_1 和 B_2 基因控制种皮色的有无。具有色种皮的高粱浓缩单宁的含量也高。

根据酚（主要是单宁）含量和籽粒基因型可把高粱分成 3 组。第一组高粱不具（或无）有色种皮，酚含量低且无单宁。第二组、第三组高粱均带有色种皮，第二组高粱可用酸性（1%HCl）甲醇提取单宁，只有甲醇不能提取单宁，s 基因为隐性。第三组高粱用甲醇或酸性甲醇均可取单宁，S 基因为显性（Hahn 等，1986）。如果从抗鸟食的角度来分，第一组高粱为不抗鸟的，第二组为中等抗鸟的，第三组为抗鸟的。

Reed J. D.（1987）在埃塞俄比亚用 17 个抗鸟和 7 个不抗鸟的高粱品种，研究高粱籽粒中可溶性酚、可溶和不溶原花青素、纤维及纤维消化性之间的关系。结果表明，抗鸟品种籽粒中的木质素、可溶和不溶原花青素、可溶酚化合物及可溶红色素的含量均比不抗鸟的品种显著高，而且发现木质素与不溶原花青素和可溶红色素呈显著正相关，而与可溶原花青素及酚化物无显著相关。由于不溶原花青素存在于中性净化纤维（NDF）中，并与 NDF 消化性呈负相关。所以，抗鸟品种的中性净化纤维（NDF）、酸性净化纤维（ADF）以及不溶原花青素明显高于不抗鸟的品种（表 6-14）。酸性净化纤维的有机组分是木质纤维素和诸如角质等。制备酸性净化纤维的目的是测定木质素。抗鸟品种原花青素通过 ADF 和木质素可得以补偿，从而使其含量增加。

表 6-14　抗鸟（ADF）和不抗鸟高粱籽粒中中性（NDF）酸性净化纤维和不溶原花青素含量

	抗鸟品种		不抗鸟品种		差　异	
	平均数	标准差	平均数	标准差	平均数	标准差
NDF（%有机质）						
淀粉酶法	14.8	0.9	12.4	0.8	2.4	1.5
尿素/淀粉酶法	12.8	0.8	12.0	0.8	0.8	1.4
ADF（%有机质）	7.5	0.4	6.3	0.4	1.2*	0.7
不溶原花青素（A550）	0.672	0.133	0.580	0.030	0.092*	0.019

*　$P<0.05$。

木质素与不溶原花青素之间的显著相关表明，原花青素有助于木质素的组分形成。各种酚化合物之间的显著相关可能由于抗鸟品种高酚含量与不抗鸟品种低酚含量之间的巨大差异造成的。当只对抗鸟品种进行相关分析时，木质素与不溶原花青素呈显著正相关，可溶性酚与可溶原花青素呈显著正相关，但木质素、不溶原花青素与可溶原花青素、可溶酚呈显著负相关。在抗鸟品种中，当香草醛活性可溶原花青素和可溶酚的含量减少时，不溶原花青素和木质素的含量增加。

二、单宁和酚类在颖果发育中的变化

宋高友等（1988）研究了高粱颖果发育进程中单宁含量的变化（表 6-15）。结果显示，高粱单宁在颖果发育中的变化是含量随籽粒成熟度的提高而下降。灌浆期的单宁含量最高，蜡熟期至完熟期最低，如品种三尺三，灌浆期的单宁含量为 1.01%，完熟期只有 0.53%。

表 6-15　高粱颖果发育中单宁含量的变化

品种	灌浆期 （%）	乳熟期 （%）	蜡熟期 （%）	完熟期 （%）
原杂 10 号	0.53	0.32	0.16	0.09
忻粱 7 号	0.41	0.31	0.16	0.12
原新 1 号 A	0.20	0.07	0.05	0.05
原新 1 号 B	0.14	0.09	0.05	0.09
三尺三	1.01	0.89	0.65	0.53

Sabramanian 等（1992）报道了高粱种子在发芽期间单宁和酚的变化。WS1297、Dobbs、IS7055 和 Framida 4 个品种的单宁含量在发芽 16h 和 48h 均有不同程度下降。单宁含量降低是由于高粱种子发芽引起的。Dobbs、IS7055 和 Framida 3 个品种种子中酚的含量较高，均是褐色种子，酚含量在种子发芽期间产生不同的变化。

单宁含量高的高粱籽粒对开发作饲料用途着实是一个问题，但在鸟害严重的地区，农民为了防除鸟害还喜欢选用单宁含量高的品种，以保证他们的收成。生物化学家为了解决这个问题，研究了各种方法除去籽粒中的单宁。最初采用碱提取法和碾磨去籽粒表皮层以除去单宁。然而，这两种方法在除去单宁的同时，也损失了大量的蛋白质，能有 45%。营养的严重损失使这两种方法受到限制。另一种方法是将聚乙烯吡咯烷酮、聚乙烯乙二醇和去垢剂等合成物质加到含高单宁的高粱食品中，这些物质与食品中的单宁形成一种不可逆的非活性络合物，使营养品质得到改善。还有一种方法是在高单宁食品中加蛋氨酸，作为甲基供体以固定单宁。一般来说，对含单宁的高粱食品来说，可通过增加食物蛋白质的含量加以克服，此法虽然可行，但费用增加。

氨化处理是解决高粱籽粒单宁问题的有效和可行的方法。用高压气态氨或在高温下用液态氨进行处理，可明显降低高粱籽粒中用化学方法所测出的单宁含量。具体处理方法是在每小时 5 624.55g/cm^2 的压力下，氨化作用使高粱籽粒内产生大量的热量，可达 60℃。氨化处理使籽粒中可分析的单宁含量降低 90% 以上，明显地改善鸡雏的增重和饲料增量比，但均未达到低单宁含量高粱籽粒的水准。这表明氨化处理既降低了籽粒中的单宁含量，也降低了籽粒中的营养品质。

为了解决这一问题，经改进的气态氨化作用处理是在正常大气压下使氨气（NH$_3$）

细流缓慢通过几个小时来完成的，高粱籽粒装在鼓形或圆桶内的麻袋里，液态氨化处理是用 3.6kg 浓缩氢氧化铵（NH_4OH），含 30％的氨气加入 32kg 高粱籽粒中密封于聚乙烯塑料袋里。液化氨化处理提供了最佳的效果，经这种处理的高单宁籽粒喂饲增重与未处理的低单宁高粱籽粒的相应数值在统计上的差异未达到显著水平。同时，还对经氨化处理的高粱籽粒的蛋白质体外消化率作了对比试验。结果显示，未经处理的低单宁高粱约 90％以上的蛋白质可被消化；未经处理的高单宁含量的高粱蛋白质可消化率只有 55％，而经氨化处理后，其蛋白质可消化率可达 75％。

第四节　酶　类

一、淀　粉　酶

淀粉酶是水解淀粉或肝糖等多聚糖中的 α-葡萄糖苷键的酶，是高粱籽粒中主要酶类之一。Subramanian 等（1992）测定了高粱种子发芽期间淀粉酶的活性（表 6-16）。表 6-16 中所测定的 9 个高粱品种在种子发芽期间淀粉酶的活性，从发芽的 16h 到 96h，所有品种淀粉酶活性都显著增加，以后又有所下降。高粱淀粉酶（SDU）值的变幅为，发芽 48h，36.3～191.4；发芽 96h，34～219.2；发芽 144h，3.4～156.6。品种间的淀粉酶活性差异也是很显著的，WS1297、IS7055、Framida 和 IS14384 四个品种的平均淀粉酶活性最高，每 100 粒分别达到 133.6SDU、108.8SDU、107.2SDU 和 103.7SDU；SAR1、M35-1 和 Lu Lu dwarf 三个品种的平均淀粉酶活性较低，每 100 粒分别为 20.2SDU、32.4SDU 和 41.4SDU。这一结果与 Olaniyi 等（1987）报道的品种间的淀粉酶活性存在差异的结果是一致的。Ikediodi（1989）也曾报道，3 个尼日利亚高粱品种的淀粉酶活性范围每 100 粒在 100～140SDU。

表 6-16　每 100 粒高粱种子发芽期间淀粉酶的活性（SDU）

品种名称	发芽时间（h）				平均	对照（未发芽种子）
	16	48	96	144		
Lu Lu dwarf	4.8	59.3	80.9	20.7	41.4	0.4
M35-1	11.4	32.0	63.1	22.9	32.4	1.2
WS1297	12.2	146.4	219.2	156.6	133.6	1.2
SAR1	7.0	36.3	34.0	3.4	20.2	0.6
SPV472	10.5	101.4	81.8	16.4	52.5	0.4
Dobbs	3.8	73.5	89.5	64.5	57.8	0.4
IS7055	7.5	191.4	171.0	65.4	108.8	0.8
IS14384	8.6	137.4	180.5	88.4	103.7	0.4
Framida	4.5	165.3	174.0	84.9	107.2	6.3
SE	±0.82	±12.68	±14.76	±10.76	±12.75	±0.08

注：SDU（Sorghum Diastatic Unit）为高粱淀粉酶单位。

高粱籽粒淀粉酶活性的高低对用高粱籽粒酿制啤酒是很关键的，这包括 α-淀粉酶和 β-淀粉酶的总和。在高粱麦芽里，α-淀粉酶是主要的淀粉酶，活性低；而 β-淀粉酶则含量低，但活性高。因此，酿制高粱啤酒的高粱品种应具有较高的淀粉酶活性，一般最低不得低于每克干重 30 个 SDU。

二、硝酸盐还原酶

高粱在土壤中的可利用氮素，主要形式是硝酸盐。硝态氮必须先还原成铵态氮才能形成氨基酸，进而合成蛋白质（Eilrich 等，1973）。在某些植物中，NADH-硝酸盐还原酶（NADH-硝酸盐氧化还原酶 EC1.6.6.1）是硝酸盐转化为氨基酸的限速因素（Schrader 等，1968；Klepper 等，1971）。该酶对籽粒生产和其蛋白质生产均是头等重要的因素（Hageman 等，1967）。

Vaishnav 等（1978）在高粱的硝酸盐还原酶活性（Nitrate Reductase Activity-NRA）与矮生性的研究中，曾提出 NRA 水平较高的矮生高粱栽培种。在高粱品种之间，硝酸盐还原酶有高度的可遗传性和显著的变异性。因此，在选种时此酶可作为对遗传控制的一个重要标准。

Bhatt 等（1979）对 3 个高粱杂交种及其亲本的硝酸盐还原酶（NRA）活性进行了研究。结果表明，根中的 NRA 随幼苗的生长而增加。CSH1、CSH5 和 CSH6 3 个杂交种的根起初均具有较高水平的 NRA，而且超过其亲本的数值。CSH1 和 CSH5 的根分别在 72h 和 96h 达到中间水平，而在杂交种 CSH6 的根中，整个时期都表现出较高的 NRA 水平。幼芽中的 NRA 随着幼苗生长表现增高的趋势。除 CSH6 以外，其他杂交种及其亲本的 NRA 最大值只是在 72h 以后才达到。而 CSH6 从一开始便表现出迅速增加的 NRA。

在胚乳中，没有观察到硝酸盐还原酶活性的规律性变化，只是杂交种 CSH5 和 CSH6 在某些时期表现比其亲本有更高的 NRA。比较幼苗生长过程中各器官的硝酸盐还原酶的活性表明，在生长初期（48h 以前），胚乳的 NRA 同根中的一样，均较高；而在嫩芽里，较高水平的 NRA 是在 72h 才达到的。

还有，3 个杂交种 NRA 活性的杂种优势均超过中亲值（表 6-17）。根据试验的杂交种 NRA 表现出极其显著的杂种优势的结果，可以把幼苗期的 NRA 活性作为杂交种优势选择的一个良好指标。Dalling 等（1977）在报道中指出，幼苗期的 NRA 活性可被用来预测品种籽粒氮素生产的潜势。Vakhaniya 等（1976）的研究显示，总氮量和蛋白质氮的增加，标记氮渗入的增加以及硝酸盐还原酶的增加，都与氮素用量的增加成比例。因此，杂交种具有较高的 NRA 活性，可能与它们比亲本具有更高的吸收氮素的能力有关。

不同器官中 NRA 的不同活性表现说明，高粱在发芽初期，根和胚乳中的 NRA 活性比嫩芽的高，而在之后的时期可观察到相反的情况。Beevers（1969）认为，根系对硝酸盐的同化，对于成熟植株中的含氮化合物来说仅有有限的作用。然而，在幼苗生长早期，或在缺氮条件下，根系对硝酸盐的还原能力可能非常重要。

表 6-17　高粱杂交种的硝酸盐还原酶活性杂种优势超过中亲值的百分数（%）

生长时间 (h)	CSH₁			CSH₅			CSH₆		
	根	嫩芽	胚乳	根	嫩芽	胚乳	根	嫩芽	胚乳
24	221.0	230.5	86.6	384.7	161.1	123.9	199.3	132.3	193.0
48	70.3	319.8	121.6	456.5	106.3	284.5	252.7	188.8	223.0
72	98.1	180.3	80.2	208.4	186.4	0.0	184.8	170.4	0.0
96	24.5	131.6	0.0	100.0	278.4	0.0	331.0	161.4	0.0

三、同 工 酶

同工酶是普遍存在于高粱植株体内的一种酶类。同工酶是酶的多分子形式，是一些来源相同，催化功能相同，而分子结构不同的酶蛋白分子。它是基因表达的直接产物，遗传的标志，因此可以作为性状遗传的指标。

近年来，利用同工酶分析研究作物的起源、分类和亲缘关系已有许多报道。任治安等（1981）对高粱类型和三系酯酶同工酶的初步研究指出，除双色高粱区段很少外，都拉、顶尖、卡佛尔、几内亚和中国高粱5种类型的区带较多，都有3条、17条、19条，其中几内亚类型最多。因此，认为双色高粱为较古老的高粱类型，几内亚为最进化的高粱类型，其他4种类型介于上述两者之间。由于不同高粱类型长期生长在不同地区，其生态型变化也很大，所以其酯酶同工酶的图谱自然也不一样。同对的不育系和保持系的酯酶同工酶的谱带基本相似，但也稍有差异。

张维强等（1981）研究了高粱杂种优势与同工酶的关系。采用64个杂种一代，于灌浆期提取酶制液，用Smith淀粉凝胶电泳法测定籽粒中酯酶同工酶和过氧化物酶同工酶。结果表明，灌浆期杂种酶谱变化较大，可分成4种类型。Ⅰ型，杂种酶谱与一个亲本的相同。Ⅱ型，杂种酶谱与双亲的比较，谱带有明显缺失。Ⅲ型，杂种酶谱具双亲没有的谱带。Ⅳ型，杂种酶谱与双亲的无明显差异。收获后计算超亲优势，发现各类酶谱型的杂种都有一定的优势，以Ⅰ型的优势最强。其中优势最强的杂交组合是原杂10号和晋杂5号，它们的酯酶同工酶在阳极有4条红色谱带，与其恢复系的相同；它们的过氧化物酶同工酶在阳极有2条谱带，也与恢复系的相同，可能是强优势的标志之一。由此可以得出，同工酶分析技术可作为预测高粱杂种优势的方法之一。

庚正平等（1987，1989）研究了高粱不同生育期酯酶同工酶和928份中国高粱品种芽期酯酶同工酶。结果表明，高粱芽期酯酶同工酶是遗传稳定的性状。中国高粱的酶谱带通常有9～14条，最少4条，最多19条。可划分成E_1～E_9 9个谱带区，其中E_4是主酶带区，E_6和E_7是次主酶带区，其余谱带因品种而有变化。

中国高粱芽期酯酶同工酶谱带类型可分为7大类，其中前3类又可分为13个亚类，计17个类型。Ⅱ-2、Ⅱ-3和Ⅲ-4三个亚类占总品种数的81.9%，是主体类型。主酶带变浅的类型占9.05%，E_9区显带的类型占5.6%。其余各类型所占比例很小。帚枝高粱的谱带类型与粒用高粱相似。甜高粱中常见谱带区、谱带条数较少，为着色极浅的第Ⅵ类型和第Ⅶ类型。

　　中国高粱芽期酯酶同工酶变异丰富。供试的非洲高粱、印度高粱产生的谱带类型，中国高粱的基本上都有。它们的主酶带区及除 E_6 区之外的其余各区的谱带表现基本一致。E_6 区条带数目虽然一致，但着色深度略有差异，迈罗、都拉、卡佛尔高粱等均比中国高粱着色深。

　　中国高粱与供试的野生高粱比较，E_4 区着色深浅一致。E_4 区是蜀黍属共有的主酶带区。其余各谱带区均有差异。但二者之间相似处多于不同处，特别是帚枝高粱（*S. virgatum*）更为接近。但是，单靠芽期酯酶同工酶尚不能直接查明中国高粱的祖先。然而，同工酶分析研究能有助于解决中国高粱的起源、进化和分类等问题。

　　不同生育期酯酶同工酶谱带分析的结果表明，三叶一心期、孕穗期、开花期的酯酶同工酶谱带数基本稳定，而与芽期的比较也有所不同，其中 E_1 区的扩散带和 E_8 区的一条弱带与芽期谱带相同；E_4 区主酶带由强带变为中等带；E_7 区中等带降为弱带，E_5 区谱带数减少了 1 条，缺 E_3、E_5、E_9 区，说明这 3 个生育期的酯酶同工酶均比芽期的减少，活性降低。

　　乳熟期的酯酶同工酶谱带条数开始增加，接近芽期，E_4 区主酶带上升为强带，E_3 区出现 2 条极弱的条带，E_7 区出现明显的弱带。完熟期高粱籽粒同工酶的谱带与芽期的相同。E_2 区的 5 条弱带全部出现，E_4 区主酶带呈现强带，E_5 区呈现一条中等带，2 条弱带，E_6 区呈现 2 条中等带。从上述高粱各生育期酯酶同工酶谱带的表现可以看出，从三叶期到开花期，虽然是高粱营养生长和生殖生长的旺盛时期，但却是高粱全生育期酯酶同工酶谱带表现最低水平的时期，说明这几个时期不是以酯酶同工酶为主导作用的时期。从乳熟期开始，酯酶同工酶活性逐渐加强，已具有芽期酯酶同工酶谱带的模式雏形。到完熟期时，高粱酯酶同工酶的酶谱是高粱生长发育稳定最丰富的时期。

　　石太渊（1994）利用酯酶同工酶鉴别高粱杂种和杂交种种子的纯度。研究表明，高粱杂交种的种子酯酶同工酶谱带含有双亲的谱带和等位基因间的杂交种带，因此可以利用聚丙烯酰胺凝胶电泳可以分析鉴定杂交种的纯度。同父异母或同母异父的杂交种电泳谱带均有明显的差异，因此利用酯酶同工酶鉴定杂交种的纯度是可行的，有效的。

四、磷酸烯醇式丙酮酸（PEP）羧化酶

　　PEP 羧化酶在高粱叶片的二氧化碳固定和光合 C_4 循环中具有重要作用。施教耐等（1979，1980，1981）和吴敏贤等（1980，1981，1982a，1982b）对羧化酶同工酶的变构特性、代谢物调节特性和油酸抑制效应、可逆冷失活、光诱导形成以及精氨酸残基在 PEP 羧化酶催化和调节功能中的作用、葡萄糖-6-磷酸和甘氨酸对高粱叶片 PEP 羧化酶的稳定效应进行了全面系统研究。

　　高粱叶片 PEP 羧化酶变构特性比较表明，PEP、甘氨酸和葡萄糖-6-磷酸对高粱绿色叶片 PEP 羧化酶有强烈的激活作用。油酸和柠檬酸强烈地抑制高粱绿叶中 PEP 羧化酶，但二者的抑制机制不同。上述各变构剂对高粱黄化叶片的 PEP 羧化酶的激活作用或抑制效应都很差或没有。高粱绿色叶片的 PEP 羧化酶，经 DEAE-纤维素柱层梯度洗脱分离得到的 PC I 和 PC II 2 个同工酶，在动力学和物理学特性上有明显不同，它们的 Km

（PEP）值分别为 1.66mmol/L 和 0.181mmol/L。PCⅡ与高粱黄化叶鞘的 PEP 羧化酶相似，而且对 6-磷酸葡萄糖的反应也迟钝。

高粱叶片的 PEP 羧化酶受许多代谢物的影响和调节，可能存在多构象状态，采用蛋白质的化学修饰技术来进行这一特性的研究。结果表明，修饰剂 NEM 对酶蛋白的半光氨酸残基的封闭，直接影响酶的催化作用。随着 NEM 浓度的增加，酶的失活速度加快。不同效应剂对酶的 NEM 失活有不同影响，如葡萄糖-6-磷酸、甘氨酸和苹果酸对酶各具不同程度的保护作用，而油酸和氯化镁（$MgCl_2$）加剧酶的失活。进一步分析葡萄糖-6-磷酸和甘氨酸对 PEP 羧化酶 NEM 失活的保护效应，发现这两种效应剂等量并存时，对酶的保护作用大大超过独个的效应，表现出协同保护效应。

高粱叶片纯化的 PEP 羧化酶在低温（0℃）下活性迅速失掉。在 PEP 羧化酶可逆冷失活的研究中发现，高粱叶片中纯化的 PEP 羧化酶在 4℃温度下放置 12h，酶活性大都丧失，然后移至 30℃水浴中保温 5min 后，酶活性恢复 60%，再次降温和复温，其活性仍可大部分恢复，表现活性失活可逆。酶的失活速度与介质温度有关，温度越低，失活速度越快。但是，在 0℃下，随时间延长活性丧失 80% 左右以后不再下降，由高活化态变为低活化态。

除氯化钠（NaCl）、氯化钾（KCl）具有一定的防止酶受冷失活的作用外，PEP 羧化酶的沉降特性表明，在低温下酶由聚合状态（10.2S）解聚成低聚状态（4.1S），当有葡萄糖-6-磷酸和甘氨酸的共同保护时，仍保持聚合状态（10.1S）。尿素（3M）导致酶的失活，若在镁离子（Mg^{+2}）存在下，可使酶对尿素的稳定性大为提高，残存酶活性达 79%；若与葡萄糖-6-磷酸及甘氨酸同时存在时，酶的失活程度大大下降，残存酶活性可达 53%。

高粱叶片 PEP 羧化酶除具有可逆冷失活特性外，对高温也很敏感，在 45℃下迅速失活。当加入变构活化剂葡萄糖-6-磷酸或甘氨酸时，对酶的稳定性无明显影响，而在上述两种活化剂同时存在时，则产生协同性保护作用，使 PEP 羧化酶大为提高，说明高粱这种 C_4 作物以高活化状态来适应高温环境。

在比较某些多羟基醇类，如山梨醇、赤藓醇、甘油、多聚乙二醇等对 PEP 羧化酶的保护效应时发现，它们对 PEP 羧化酶均有明显的保护性效果，并随加入浓度的提高，其保护效应也在不断增加。单羟基醇类，如甲醇则无效应。因此，可以得出这样的结论，用含有葡萄糖-6-磷酸、甘氨酸和甘油的缓冲液，对提高 PEP 羧化酶在纯化和贮存过程中的稳定性是非常有效的。

正常高粱叶片的 PEP 羧化酶（PCⅠ）具有特殊的调节酶特性，低浓度的油酸对其有强烈的抑制效应。甘氨酸、葡萄糖-6-磷酸和 FDP 对 PEP 羧化酶有激活作用，丙二酸、天门冬氨酸、乙醇酸、乙酰 CoA 无明显效应，月桂酸、油酸和柠檬酸有抑制作用，尤以甘氨酸、葡萄糖-6-磷酸和油酸各自的效应最大。镁离子不仅作为辅助因子参与 PEP 羧化酶的催化反应，而且作为活化剂结合在酶的调节部位，高浓度的葡萄糖-6-磷酸（10mmol/L 以上）能使酶活化程度下降，如同时加入低浓度甘氨酸（0.1~5.0mmol/L），则能减缓其下降程度。油酸能强烈抑制高粱叶片 PEP 羧化酶的活性。7.5~10.0μmol/L 的油酸已使 50% 的酶活性受到抑制，50μmol/L 时酶活性仅存 3%。镁离子可以减少油酸的抑制作用，随着镁离子浓度的提升，油酸对 PEP 羧化酶的抑制效应在下降一定程度后不再下降，表明它具有特殊的抑制效应机制。油酸对不同类型 PEP 羧化酶的抑制效应具有明显的选择性。如 $100\mu mol/L$ 油酸对 PCⅠ非常敏感，而对 PCⅡ却无影响。

精氨酸在酶蛋白中的生化功能已引起注意。应用对精氨酸专一的化学修饰剂丁二酮处理高粱叶片研究精氨酸与 PEP 羧化酶的催化和调节功能时发现，丁二酮在硼酸盐缓冲液存在下处理 PEP 羧化酶，使酶活性迅速丧失。低温处理（15℃）或 PEP、葡萄糖-6-磷酸、甘氨酸、苹果酸，或葡萄糖-6-磷酸加甘氨酸，以及 PEP 加甘氨酸等酶的底物和效应剂的存在，对酶和丁二酮失活均有不同程度的保护作用。丁二酮对酶的修饰表现为可逆失活。在 $Tris-H_2SO_4$ 缓冲液中透析，可使被丁二酮修饰而丧失的酶活性恢复。丁二酮处理使酶失去对葡萄糖-6-磷酸的敏感性，但不影响甘氨酸对酶的调节作用。低温降低了葡萄糖-6-磷酸的脱敏速度。加入甘氨酸不影响底物保护的修饰酶的葡萄糖-6-磷酸脱敏速度，但明显降低丁二酮失活速度。上述结果表明，精氨酸残基不仅存在于酶的催化部位，为酶的催化所必需，而且还存在于酶的葡萄糖-6-磷酸结合部位而参与葡萄糖-6-磷酸对酶的调节功能。

光对高粱植株的生长和构建起重要作用，光照后受光控制的某些代谢途径中，一些关键酶的活性大为提高。高粱叶片中 PEP 羧化酶就有这种特性。连续光照使高粱的黄化叶切片 PEP 羧化酶活性提升。光照 20h，PEP 羧化酶的活性提高 90%；[3H]-亮氨酸掺入蛋白质提高 117%，可溶蛋白质含量增加 3.5 倍。光照后，PEP 羧化酶对葡萄糖-6-磷酸的敏感性也大为提高了。上述结果表明，高粱植株绿色叶片的 PEP 羧化酶形成受光的诱导，即与光诱导的蛋白质合成有关。

第五节　植物激素

早在 1936 年，采用燕麦试法便已测出高粱芽鞘基部含有丰富的生长激素物质。迄今，在植物体内已发现的植物激素有生长素、赤霉素、细胞分裂素、乙烯和脱落酸等 5 大类内源激素，在高粱体内都有存在。它们是高粱生长发育不可缺少的生化物质。

一、生　长　素

高粱植株体内的生长素主要是吲哚乙酸（IAA）。大部分集中在生长旺盛部位。它的作用是增加细胞壁的可塑性，刺激细胞的伸长生长。20 世纪 60 年代初，用纸层析法或燕麦试法已从高粱蚜虫的蜜露中和寄主高粱内鉴定出含有吲哚乙酸等生长素。近年，采用高压液相色谱法测定的高粱叶片含吲哚乙酸为 34.4ng/g。

Dunlap 等（1981）研究了吲哚乙酸在高粱植株体内的变化。结果表明，2 个品种 60 天迈罗（60mol/L）和 90 天迈罗（90mol/L）在生长之初的 15～20d 里，内源自由型吲哚乙酸的含量相同（图 6-1）。开始时只有 25ng/g，之后迅速增加。60 天迈罗到 25d 时可提升到 300ng/g，达到高峰，到 30d 时降到 200ng/g；而 90 天迈罗则增加缓慢，最高也未超过 100ng/g。内源束缚型吲哚乙酸的含量高，60 天迈罗在 15d 即达高峰，为 450ng/g，之后迅速下降，到 35d 下降到 30ng/g 左右；而 90 天迈罗在 20d 时才达到高峰，为 450ng/g，之后开始下降，但比 60 天迈罗的缓慢，到 35d 时，仍保持 200ng/g。

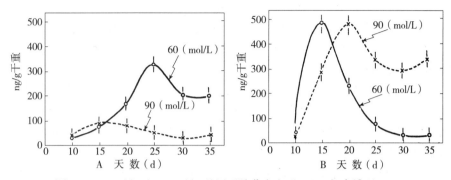

图 6-1　60mol/L 和 90mol/L 基因型幼苗自由型（A）与束缚型（B）
吲哚乙酸浓度变化（在水分充足生长 35d）

辽宁省锦州市农业科学研究所（1978）研究表明，用 0.1～10mg/kg 的 2，4-D 或吲哚乙酸浸种高粱种子，有刺激出苗和促进幼苗生长的作用。用吲哚丙酮酸处理幼苗也能刺激茎叶生长和干物质积累，增加穗长。萘乙酸（1 000mg/kg）喷洒高粱幼苗，均会使高粱叶片和植株变得细长。由于植株体内存在吲哚乙酸氧化酶，能分解吲哚乙酸，因此采用吲哚乙酸常不如其他生长素对高粱促进生长的效应好。

二、赤　霉　素

赤霉素（Gibberellin）对高粱生长和发育的刺激作用比其他激素都更加显著。在未成熟的高粱种子内，含有赤霉素类似物 125μg/kg。赤霉素处理高粱种子有加速发芽和促进幼苗生长的作用，但对最终发芽率和最终的植株高度影响不大。在温室或田间条件下，用 10^{-6}～10^{-2}mol/L 赤霉素在 10 个高粱品种上试验，结果促进了植株的生长，使叶片和节间伸长，但抑制了分蘖和不定根的发育。

赤霉素对高粱生长的调节，与对酶活性的影响有密切关系，如赤霉素刺激种子萌发与作用水解酶活性有关。高粱种子内淀粉是主要的物质成分，还有少量的蛋白质和脂肪。淀粉的水解需要 α-淀粉酶和 β-淀粉酶，休眠的高粱种子没有 α-淀粉酶也没有 β-淀粉酶，它们都是在发芽的过程中形成的。在高粱刚发芽时 β-淀粉酶活性最强，到发芽第 4d 酶活性达高峰，这时 α-淀粉酶的活性占总淀粉酶活性的 97％，使 1～250mg/L 赤霉素能使萌发的高粱种子胚乳里的淀粉水解加快，以 25mg/L 的效果最好。但赤霉素只刺激高粱种子的 α-淀粉酶的活性，对 β-淀粉酶没有作用。除 α-淀粉酶以外，赤霉素还能诱导其他水解酶，如蛋白酶和核糖核酸酶的形成。

此外，赤霉素还能刺激盾片的磷酸化酶的活性，对种子萌发过程中催化脂肪酸氧化分解的异柠檬酸裂解酶和蔗糖水解转化酶的活性也有影响。把高粱种子放在 25mg/L 赤霉素溶液内培养时，表现出刺激幼苗地上部分生长和抑制根系生长的现象，同时降低了地上部分过氧化氢酶和过氧化物酶的活性，但提高了根部这两种酶的活性。

Dunlap 等（1981）研究赤霉素对高粱开花前生长的影响。结果表明，在高粱开花前的生长期间，赤霉素含量的变化趋势是在生长初期的 15d 里，从 0.2ng/g 到以后生长的

15d 里，其含量增加并保持在 50ng/g 以上，从而促进了高粱的开花。

高粱是短日照作物，在生长发育中要求有一定长度的连续黑暗才能抽穗开花。在暗期开始时使用远红光照射 5min，能促进高粱的穗分化开始。这种红光、远红光的可逆现象与光敏色素的光逆转性有关。光敏色素有两种形式，一种是吸收红光的 Pr 型，另一种是吸收远红光的 Pfr 型，Pr 型吸收光后转变为 Pfr 型，Pfr 型在黑暗中逆转为 Pr 型。短日照高粱在 Pfr/Pr 值较低时有利于开花。在光照条件下，Pr 型转变为 Pfr 型时，能抑制合成开花刺激物的基因。而在黑暗中，Pfr 型转变为 Pr 型时能活化开花刺激物的合成，从而活化了控制穗分化的基因。

赤霉素诱导高粱穗分化的作用，可能与增加 Pr 型光敏色素有关。在人工控制光周期的条件下，12h 黑暗期能诱导早熟型高粱开花，单用远红光也能促进早熟型高粱穗分化开始。如果在黑暗期开始就应用赤霉素，便能诱导中熟型高粱由营养生长转为生殖生长。将赤霉素与远红光联合使用，可产生增效效应。赤霉素能影响花序的发育。在幼苗上连续使用赤霉素，会使叶腋内出现新的花序，形成分枝穗。有的还能长出 3 个穗轴并结出正常的籽粒。

三、细胞分裂素

高粱植株体内的细胞分裂素（Cytokinin）能调节细胞的分裂和形态构建。激动素、玉米素、6-苄基腺嘌呤、6-（r,r-二甲基烯丙氨）嘌呤、6-二甲氨基嘌呤以及椰子乳汁，均具有促进高粱愈伤组织生长的功能。经高压液相色谱测定，高粱叶片内玉米素（Zeatin）和玉米素核苷的含量分别为 3.1ng/g 和 15.2ng/g 鲜重，生物测定的结果为 2.6ng/g 和 14.4ng/g 鲜重。

早已证实，激动素（Kinetin）与生长素的不同比例可调节高粱愈伤组织的分化，激动素和生长素的浓度对愈伤组织的增殖和构建也起着重要的调节作用。2,4-D 能促进高粱初始愈伤组织的生长，各种细胞分裂素同样都能促进高粱愈伤组织的生长。0.625～1.25μg/mL 激动素和 0.625μg/mL 2,4-D 混合液适于黄化高粱苗地上部分产生愈伤组织。在光照条件下，1～5μg/mL 激动素能使高粱愈伤组织产生根。在激动素和 2,4-D 的培养基中多次移植培养 7 个月，依然保持生根的能力。

含有 1μg/mL 激动素和 2.5～5.0μg/mL 萘乙酸（NAA）的培养基中能产生高粱地上部分，但产生地上部分的能力随定期移植而迅速下降。细胞分裂素不仅在离体培养下调节高粱器官的分化，而且在整株培养的高粱开花后，用苄基腺嘌呤或激动素涂抹花序，有增加穗重和穗粒重以及提高出米率的效应。在田间试验中，苄基腺嘌呤还能促进高粱增加分蘖，相反萘乙酸有抑制分蘖的作用。

四、乙 烯

乙烯（Ethylene）与生长素有密切关系。它们往往在同一部位出现，生长素含量高的地方，也是乙烯含量高的地方。例如，吲哚乙酸能诱导高粱体内迅速产生乙烯，如果把高粱黄化苗的中胚轴插入吲哚乙酸缓冲液中，15min 后便加快了乙烯的合成（图 6-2）。这对

了解乙烯的生物合成机制有重要作用。蓝光和
远红光也能刺激高粱的黄化苗产生乙烯。但
是，乙烯和生长素的作用常常产生相互颉颃的
作用。生长素促进高粱茎的伸长生长，而乙烯
却抑制其伸长，使茎加粗。乙烯对高粱的生理
作用还能影响到籽粒的重量。费雪南（1982）
试验表明，在高粱开花末期喷洒乙烯利（2-氯
乙基膦酸），可使籽粒灌浆速度加快，增加粒
重。乙烯对花色素苷的生物合成有作用。乙烯
能刺激合成花色素苷的光反应与光诱导酶合
成，促进了 2,3-脱氧花色素苷的合成，减轻放
线菌酮对花色素苷形成的抑制作用。

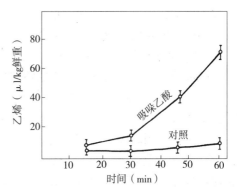

图 6-2　吲哚乙酸对黄化高粱中胚轴
内乙烯释放的影响
（Franklin，1978）

五、脱落酸

脱落酸（Abscisic acid）的作用常与生长素、赤霉素和细胞分裂素的促进作用相颉颃，
这是一种天然的生长抑制剂，能抑制高粱幼苗的生长，但不影响开花结实。脱落酸在高粱
叶片内的含量为 46.4ng/g 鲜重。脱落酸对高粱植株体内的水分状况有重要的调节功能，
是一种内源气孔调节剂和抗蒸腾剂。当高粱叶水势降低时，脱落酸含量便开始上升，调节
气孔关闭（图 6-3）。这对防止高粱叶片过度失水，提高抗旱能力有重要作用。

除脱落酸外，在高粱体内还发现有另一种内源抗蒸腾剂——法呢醇，是一种倍半萜烯
类化合物。它在高粱叶水势下降时也能促使气孔关闭，对高粱没有毒害，而且它诱导气孔
关闭的能力比脱落酸的更大。在高粱叶片喷洒法呢醇水溶剂之后，气孔便会迅速关闭，降
低了叶片的蒸腾作用，其作用能持续几天（图 6-4）。待到环境水分状况得到改善植株恢
复膨压时，气孔运动又能很快恢复正常。

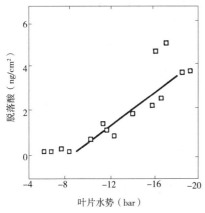

图 6-3　高粱体内脱落酸含量与水势的关系
（Beardsell，1975）

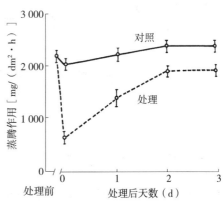

图 6-4　高粱用法呢醇处理前、
后叶片的蒸腾作用
（Fenton，1977）

除天然的抗蒸腾剂外，如除草剂阿特拉津，杀菌剂醋酸苯汞以及一些表面活化剂等，也有抗蒸腾剂的效应。应用0.2%的阿特拉津可使高粱植株的相对含水量在10～15d内增加2%～4%，并提升水分的利用率。

Dunlap等（1981）还研究了脱落酸的含量与吲哚乙酸的关系。结果表明，60天迈罗和90天迈罗两个高粱品种的脱落酸含量与吲哚乙酸含量的曲线相似（图6-5A）。60天迈罗的自由型脱落酸含量在15d时开始增加，而90天迈罗则要在20d时才开始增加。20d时两个品种都达到高值，分别超过300ng/g干重和400ng/g干重。但此后，60天迈罗很快就降到100ng/g干重以下，而90天迈罗在25d时才降到200ng/g干重左右，直到试验结束时仍保持稳定不变。束缚型脱落酸不像自由型脱落酸那样高，而是保持在低水平含量上，大约100ng/g干重或者更低些（图6-5B），束缚型脱落酸的含量始终很低，表明开花前高粱脱落酸的浓度不受非活动的束缚型脱落酸形式转化所调节。

总之，各种内源植物激素对高粱的生理生化调节作用是多方面的，也是共同作用、相互协调、相互颉颃的，以维持其生长发育的适度平衡。各种内源激素含量的消长，调节控制着高粱的生长和分化。而环境条件的变化，又会影响着内源激素的消长。高粱不同品种内源激素的含量也有差异。例如，晚熟品种90天迈罗高粱的吲哚乙酸和脱落酸含量较高，这种超适水平延缓了成熟。而早熟高粱品种60天迈罗的赤霉素含量高，而且吲哚乙酸和脱落酸保持最适水平，故有利于早成熟。在正常情况下，高粱植株体内各种内源激素的含量都保持在生育平衡的最适点上。当外界环境异常时，会影响体内激素平衡，引起生长发育受阻。这时，若合理地施用外源激素，会使生育得到调节，收到良好的效果。

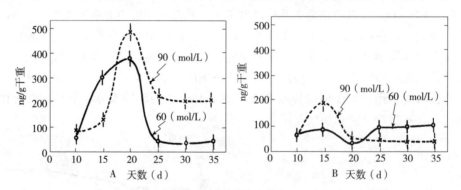

图6-5　60mol/L和90mol/L基因型幼苗在水分充足生长35d后，测定自由型（A）和束缚型（B）脱落酸的浓度变化

主要参考文献

蔡义忠译，1993. 高粱栽培品种籽粒在发芽期间的化学变化与淀粉酶活性. 国外农学——杂粮作物（1）：41-43.

曾庆曦，1996. 酿酒高粱研究十年回顾. 全国高粱学术研讨会论文选编，89-98.

陈悦译，1991. 高粱蛋白品质鉴定. 国外农学——杂粮作物（6）：16-19.

费雪南，1982. 植物激素对高粱的生理调节和应用. 国外农学——杂粮作物（4）：1-6.

何若韫译，1981. 硝酸盐还原酶活性：高粱杂交种活力的生物化学标准. 国外农学——杂粮作物（3）：6-9.

李正样，1980. 糖高粱糖分积累规律的初步研究. 宁夏农业科技（4）：11-12.

廖衍伦译，1985. 发育中高粱颖果的可溶性碳水化合物. 国外农学——杂粮作物（3）：14-16.

卢庆善，1986. 非洲高粱啤酒的酿制. 世界农业（4）：38-39.

任治安，1981. 高粱类型及三系酯酶同工酶的初步研究. 高粱研究（2）：64-66.

施教耐，1979. 植物磷酸烯醇式丙酮酸羧化酶的研究，Ⅰ PEP 羧化酶同工酶的分离和变构特性的比较. 植物生理学报，5（3）：225-235.

施教耐，1980. 植物磷酸烯醇式丙酮酸羧化酶的研究，Ⅲ 高粱叶片 PEP 羧化酶的多构象状态. 植物生理学报，6（4）：400-406.

施教耐，1981. 植物磷酸烯醇式丙酮酸羧化酶的研究，Ⅴ PEP 羧化酶的可逆冷失活. 植物生理学报，7（4）：317-326.

石太渊，1994. 利用醇溶蛋白质、酯酶同工酶鉴别高粱品种和杂交种子纯度. 第三届全国农业生化与分子生物学学术会议论文摘要汇编，16.

宋高友，张纯慎，苏益民，廖英丹，1987. 高粱籽粒品质性状优势利用. 辽宁农业科学（3）：1-7.

宋高友，张纯慎，苏益民，1988. 高粱颖果发育过程中蛋白质组分、氨基酸、淀粉和单宁含量变化的研究. 中国农业科学，21（3）：51-57.

吴敏贤，1980. 植物磷酸烯醇式丙酮酸羧化酶的研究，Ⅱ 高粱叶片 PEP 羧化酶的代谢物调节特性和油酸抑制效应. 植物生理学报，6（1）：37-45.

吴敏贤，1981. 植物磷酸烯醇式丙酮酸羧化酶的研究，Ⅳ 精氨酸残基在高粱叶片 PEP 羧化酶催化和调节功能中的作用. 植物生理学报，7（1）：33-41.

吴敏贤，1982. 植物磷酸烯醇式丙酮酸羧化酶的研究，Ⅵ 葡萄-6-磷酸和甘氨酸对高粱叶片 PEP 羧化酶的稳定效应，Ⅶ C_4 植物 PEP 羧化酶的光诱导形成，植物生理学报，8（1）：9-16，8（2）：101-109.

肖海军译，1987. 基因型对高粱籽粒单宁和酚类的影响. 国外农学——杂粮作物（3）：11-16.

颜启传译，1982. 高粱籽粒中的单宁—问题、解决途径和可能. 国外农学——杂粮作物（3）：21-25.

庚正平，1987. 高粱不同生育期酯酶同工酶研究. 山西农业科学（10）：10-11.

庚正平，1989. 中国高粱芽期酯酶同工酶研究报告. 作物学报，15（1）：36-45.

张石城译，1983. 高粱开花前的植物激素含量及光调节控制. 国外农学——杂粮作物（3）：1-4.

张世苹译，1990. 高粱籽粒谷蛋白的氨基酸和多肽组分的分析. 国外农学——杂粮作物（2）：24-26.

张维强，1981. 高粱的杂种优势与同工酶. 植物学报，23（6）：507-510.

朱翠云译，1989. 抗鸟和不抗鸟高粱籽粒的酚、纤维及纤维消化率. 国外农学——杂粮作物（1）：24-27.

Doggett H，1987. Sorghum. Second Edition. Published in Association with the International Development Centre，Canada. 105-121.

第七章　高粱农艺学

高粱是中国最古老的栽培作物之一，也是中国北方主要的粮食作物和雨养作物。由于高粱具有抗旱、耐涝、耐寒、耐盐和适应性强等特点，以及籽粒可以食用、饲用、酿造用、能源乙醇用、茎秆可作建材、架材、编织、制糖，脱粒后的穗柄、穗等可制作笤帚、炊帚等。因此，高粱在中国农作物栽培历史上，常常作为移民拓荒的先驱作物，随着拓荒者的足迹而传播。千百年来，中国北方农区自然灾害频繁，旱、涝、盐、沙、瘠、病、虫等恶劣的生态条件制约了其他作物的发展，高粱却以其独特的抗逆优势，成为主栽作物。明清之际，开发长城内外、东北地区，高粱是首选作物之一。因此，在这一历史时期内，在中国北方和东北地区内，出现了"满山遍野的大豆高粱"的田野景观。

在长期种植高粱过程中，形成了高粱栽培独特的种植制度、栽培技术体系，以及丰富的农艺学。随着生产条件的改善，栽培水平的提高，以及科学技术的进步，高粱栽培技术体系、农艺学日臻优化和完善。

第一节　中国高粱分布和栽培分区

一、中国高粱分布

在中国近代史上，高粱的分布范围非常广泛，东起台湾省，西至新疆维吾尔自治区，南起海南省的西沙群岛，北至黑龙江省的爱辉区。跨越了热带、亚热带、暖温带、温带、寒温带共 5 个气候带。以 1 月份平均气温为据，高粱分布的最南端为 23℃，北界为 −23℃。尽管中国高粱分布广泛，但主产区却很集中。秦岭黄河以北，特别是长城以北是中国高粱主产区。

秦岭黄河以北种植的高粱多为春播，栽培制度为一年一熟制，其籽粒为食用、饲用和酿造用；黄河、长江以南地区，既可春播又可夏播，栽培制度为一年二熟或二年三熟，高粱籽粒主要做酿酒用。

从历史上看，中国高粱分布主要在黄河以北的广大地区，高粱种植面积占全国高粱种植总面积的 65％左右；其次是黄河与长江之间的地区，其高粱种植面积占全国高粱种植总面积的 29％左右；长江以南高粱种植面积较少。随着市场经济的发展和高粱白酒产业的兴起，南方的四川、贵州、湖南等省高粱种植面积迅速扩大。

二、中国高粱栽培生态分区

由于各地区的气候和土壤条件差异较大，栽培制度不同，主栽高粱品种也不一样，以及各地的社会、经济条件的差异，各地的生产条件、栽培历史的长短和栽培技术的不同，故高粱的分布与生产带有明显的区域性。根据中国高粱栽培各地区的农业气候资源，如气温、降水量、土壤类型等不同，以及栽培制度、品种类型的区别，结合农业自然区划等，将中国高粱栽培分为四个区：春播早熟区、春播晚熟区、春夏兼播区和南方区。

（一）春播早熟区

1. 区域范围和气候特征　本区位于中国高粱栽培地区的最北部。东起黑龙江省东界，西至新疆维吾尔自治区的伊宁，北至黑龙江省爱辉区，南到甘肃省甘南藏族自治州的临潭，位于北纬 $34°30'\sim50°15'$ 之间。本区包括黑龙江、吉林、内蒙古等省（自治区）全部；辽宁省抚顺、本溪、朝阳市的山区，铁岭及阜新市的大部；河北省承德、张家口坝下地区的一部分；山西省晋北 2 个小盆地及晋西北的平鲁、偏关以北的部分地区；陕西省府谷、神木、榆林、横山、靖边北部地区；宁夏回族自治区的干旱区和南部地区；甘肃省陇中和河西地区；新疆维吾尔自治区的北疆平原及准噶尔盆地和伊犁河谷。全区海拔高度 $70\sim3\,000$m。年平均气温 $2.5\sim7.0℃$，$\geqslant10℃$ 的有效积温 $2\,000\sim3\,000℃$。年降水量为 $100\sim700$mm，自东向西递减。大部分雨水集中在 $7\sim8$ 月。全区属寒温带季风气候，带有明显的大陆性气候特征。本区地形地势复杂，既有平原和山地，也有谷地和高原。

2. 土壤和栽培制度　本区属旱作农业区。土壤类型有黑钙土、黑土、棕黄土，其次有灰钙土、棕钙土和漠钙土。大部分土壤熟化程度不高，土壤有机质含量丰富。无霜期 $115\sim150$ d，由于生育期较短，栽培制度为一年一熟。高粱常与玉来、谷子、小麦、大豆实行轮作或间作。通常在 4 月下旬至 5 月上旬播种，9 月中、下旬收获。

本区所用高粱品种或杂交种的生育期多在 $100\sim130$d 之间，穗型为中紧穗或中散穗。本区东北各地的种植形式为垄作清种；华北、西北各地为平作清种。耕作较粗放，栽培技术水平相对较低。春播易受春旱影响，造成缺苗断条。抽穗后，还易遭受低温冷害，造成瘪粒和瞎粒而减产。虽然本区高粱的平均产量不高，但增产潜力较大。

（二）春播晚熟区

1. 区域范围和气候特征　本区是中国高粱种植面积最大的产区。东起辽宁省丹东，西到新疆维吾尔自治区喀什，北与春播早熟区临界，南至山东、河南、湖北、四川的北界。位于北纬 $32°\sim42°30'$ 之间。本区包括辽宁省沈阳、鞍山、营口、大连、锦州市全部，丹东、本溪、抚顺、朝阳市部分；北京市、天津市；河北省承德、张家口地区一部分，唐山、廊坊、保定、石家庄地区全部；山西省平鲁、偏关诸县以南的晋北和晋西北地区的大部，晋东、晋中、晋西、晋东南、晋南地区全部；陕西省府谷、神木、榆林、横山、靖边、定边诸县以南长城沿线风沙区的局部，以及陕西丘陵沟壑区、渭北高原区、关中平原区、汉中盆地、巴山山区全部；宁夏回族自治区银川黄灌区；甘肃省陇南、陇东地区；新疆维吾尔自治区的南疆和东疆盆地。

全区海拔高度为 $3\sim2\,000$m。年平均气温 $8\sim14.2℃$，1 月平均气温 $-12.6℃$，$\geqslant10℃$ 的有效积温 $3\,000\sim4\,000℃$。年降水量 $16.2\sim900$mm，多集中于夏季。大多属半湿润气候，局部属温带干旱，半干旱气候，少数地区还具有海洋性气候特点。

2. 土壤类型和栽培制度　本区主要土壤有棕壤、褐土、棕色荒漠土。肥力中等，土壤熟化程度高。无霜期 $160\sim250$d，栽培制度以一年一熟为主，兼有二年三熟或一年二熟制。高粱品种类型多以紧穗或中紧穗为主，且适于密植的高产中晚熟或晚熟品种（杂交种）为主栽。本区高粱生产技术水平和单位面积产量均较高，是全国高粱总产量所占比例很大的高粱产区。

（三）春夏兼播区

1. 区域范围和气候特征　本区东起山东半岛，西至四川西部，北与春播晚熟区接壤，南到江苏、安徽、四川、湖北的南界。处于北纬 24°51′～38°15′之间。包括山东、江苏、河南、安徽、湖北省的全部；河北省的沧州、衡水、邢台、邯郸部分地区，四川省的大部分。全区海拔高度 20～3 000m，整个地势由东向西渐次升高。

年平均温度 14～17℃，1 月份平均气温−8～−2℃，日平均气温≥10℃的有效积温为 4 000～5 400℃。由于受东南季风影响，降水充沛，年降水量 600～1 300mm。受地形、地势影响，本区气候表现不一，东部滨海地区为海洋性气候，内陆平原地区为大陆性气候，西部高原地带属高原气候。纵观全区则属于暖温带湿润气候和亚热带半湿润气候。

2. 土壤和栽培制度　本区就土壤肥力而言，由于高温多湿，土壤淋浴作用强，有机质含量低，肥力也较低。本区域历来是中国主要的农业区，高粱多分布在山东省盐碱地一带、河南省东部、江苏省北部、安徽省淮河流域等地。

本区无霜期 200～280d，栽培制度为一年二熟或二年三熟制。高粱在本区既可春播又可夏播。随着耕作制度的改革，渐以夏播占多。春播高粱多在低洼易涝、土质瘠薄和盐碱地上种植。夏播高粱多与冬小麦轮作，分布于平肥地上。个别劳动力充足又能精耕细作的地区，也常采用间套种的栽培制度。本区的耕作方式为平作，多用中紧穗、中散穗或散穗型的高秆中熟品种和中秆杂交种。高粱籽粒以综合利用为主，多用来酿酒和制糖。

（四）南方区

1. 区域范围和气候特征　本区位于长江以南，北与春夏兼播区相接，南至西沙群岛，东起台湾，西至云南滇西地区，位于北纬 18°10′～31°16′之间。本区包括华中地区南部，华南地区全部。本区海拔高度 400～1 500m，年平均气温 16～22℃，1 月份平均气温 2～18℃，日平均气温≥10℃的有效积温为 5 000～7 500℃，雨量丰富，年降水量 1 000～2 000mm。本区地域辽阔，地形地势复杂，气候也有差异，既有热带、亚热带季风气候，又有亚热带高原、海洋性气候，基本上属于热带亚热带季风气候。

2. 栽培制度　本区高粱为春播、夏播和秋播，也常采用再生栽培或育苗移栽的种植方式。本区无霜期 240～365d，多用糯质、中早熟、耐螟虫的散穗型品种或杂交种，如青稞洋（泸州）、七叶黄（岳阳）、马尾高粱（龙山）、短子高粱（毕节）、糯高粱（丽江）等，杂交种有泸杂 4 号、金糯粱 1 号、川糯粱 2 号、两糯 1 号等。本区所用品种，在温光反应上大多较为敏感。栽培上为多熟制，一年四季均可种植高粱。高粱籽粒基本上作酿酒主料。本区有较多高粱名白酒，如茅台、五粮液、泸州老窖等。

在上述 4 个高粱栽培区的边缘区域，其耕作方式、轮种形式、品种类型、栽培技术等方面有交叉。

三、高粱优势带分区

随着我国市场经济的发展，为提高高粱产业总体效益，提升高粱品种品质，降低生产成本，优化品种结构，加速构建"高产、优质、高效、生态、安全"的高粱生产技术体系，把全国高粱生产分为四个高粱优势区域带：东北优质米（饲料）酿造高粱优势区域带，华北、西北酿造（粳型）、饲草高粱优势区域带，西南优质酿酒（糯型）高粱优势区域带，黄河至长江流域甜高粱潜在优势区域带。

（一）东北优质米（饲料）、酿造高粱优势区域带

1. 区域范围和特点　本区南起辽宁省，经吉林省，内蒙古东北部，北到黑龙江省，北纬 $39°59'\sim50°20'$，包括辽宁省的锦州、葫芦岛、阜新、朝阳，内蒙古的赤峰、通辽，吉林省的白城、松原、长春、四平，黑龙江省第一、第二积温带的广大地区。这一区域历来是我国高粱主产区，历史上种植面积最多达 267 万 hm^2，素有"漫山遍野的大豆高粱的自然景观"。随着生产条件的改善和人们生活水平的提高，高粱种植面积已经减少，目前种植面积约有 53 万 hm^2，主要分布在半干旱地区。

该优势带高粱生产的特点是我国高粱一季作单产最高的地区，如辽宁省全省高粱平均单产达6 000kg/hm^2，小面积最高单产达15 000kg/hm^2以上。高粱籽粒的用途，历史上主要是食用、饲用和酿酒用；目前主要是酿酒用，其次是食用。

2. 发展目标和主攻方向　东北高粱优势带生产的高粱，除满足本区域酿酒用、加工成优质高粱米供应市场（如辽宁省米业加工）外，大部分由我国大型优质白酒厂收购作为酿酒原料。

东北高粱优势带仍是我国高粱主产区，其种植面积因高粱市场需求趋旺而稍有增加。辽宁省的锦州、阜新、朝阳、葫芦岛地区主攻优质高粱米生产，供内销和出口。中北部地区重点发展优质酿酒高粱生产，籽粒主要用于酿酒。黑龙江省"三肇"地区重点发展帚高粱生产，用于扫帚加工业。此外，还要发展一些饲草高粱和甜高粱生产，以满足畜牧业和生物能源业发展的需要。

（二）华北、西北酿造（粳型）、饲草高粱优势区域带

1. 区域范围和特点　该区东起河北省，西至新疆维吾尔自治区，包括山西省、陕西省、宁夏回族自治区、甘肃省、内蒙古自治区西部等地，东经 $74°30'\sim119°12'$。这一区域包括河北省的秦皇岛、唐山、承德、张家口、衡水、沧州等，山西省的忻州、晋中、大同、晋城、吕梁等，陕西省的宝鸡、榆林、绥德、延安等，内蒙古自治区的西部旗、县，宁夏黄灌区，甘肃省的陇东、陇南地区，新疆的南疆和东疆盆地等地区。

这一区域位于我国北方干旱、半干旱地带，历史上曾是我国高粱主产区，最多年种植面积达 167 万 hm^2，目前种植面积约 34 万 hm^2。高粱籽粒主要作酿酒原料，如山西省著名汾酒酒业集团每年酿酒需要高粱原料16 万 t，内蒙古河套老窖酒业集团每年需高粱原料15 万 t。其次高粱籽粒作食用，以面食为主。

本区高粱生产的特点，由于降雨少，干旱是高粱生产的限制因素，高粱单产不稳定。以山西省为例，高的年份每公顷可达 4 500kg 以上，低的年份只有 1 500kg/hm^2。

2. 发展目标和主攻方向　本区域高粱种植面积仍将保持现有的种植规模 33 万～40 万 hm^2。主要生产供酿酒用的粳型粒用高粱。此外，随着开发大西北步伐的加快，及畜牧业的发展，为保证饲料和饲草的有效供应，高粱饲草要有较大的发展。

（三）西南优质酿酒高粱（糯型）优势区域带

1. 区域范围和特点　该区域位于我国中南、西南部分地区，包括湖南省的湘西、黔阳、郴州、岳阳、零陵等，四川省的泸州、江津、宜宾、绵阳、西昌等，重庆的万州，贵州省的遵义，毕节、铜仁、黔南等地。这一区域带是我国的一个特殊高粱种植区，为湿润种植区。

该区高粱生产的特点是种植比较分散，面积都不是很大，总计约 14 万 hm^2。由于无霜期较长，一年可以生产 2～3 季，而且可利用高粱的再生性，进行第二季和第三季高粱生产。该区种植的高粱品种绝大多数是糯高粱，其籽粒几乎全部用于酿制高粱白酒。这一区域是我国高粱名牌白酒主要产地。以四川省为例，全国评选出的 13 个名白酒中，四川省就有 5 个。高粱酿酒业的发展，增加了对高粱原料的需要，从而拉动了高粱生产的发展，使这一区域成为我国糯高粱生产的优势带。

2. 发展目标和主攻方向　为满足本区域酒业酿制名牌白酒对高粱原料的需要，应大力发展糯高粱生产，种植面积扩大到 20 万 hm^2。主攻方向是高产、优质、多抗糯高粱杂交种的选育和推广，以及糯高粱高产、高效栽培技术的研制和应用。采取企业＋科研＋农户的模式，实行订单生产。

（四）黄河至长江流域甜高粱潜在优势区域带

1. 区域范围和特点　该区域带位于黄河与长江之间的广大地区，包括山东省的滨州、惠民、德州、菏泽、聊城、济宁、临沂等，江苏省的徐州、淮阴等，安徽省的淮北、宿县、阜阳等，河南省的商丘、开封、安阳、南阳等，江西省的上饶、宜春、九江等，湖北省的襄阳、枣阳等地区。北纬 $28°30'～37°10'$，东经 $107°12'～122°30'$。这一区域曾是我国高粱主产区之一，最多年种植面积达 20 万 hm^2。从生产发展看，该区将是我国甜高粱生产潜在的优势区域带。

甜高粱既可作饲料（草），又可制糖，还可转化成能源乙醇，是非常有发展潜力的饲料、糖料和能源作物。我国北有甜菜、南有甘蔗可以制糖，而这一区域正是发展甜高粱生产的理想地区。因为黄河、长江流域的生态条件适合甜高粱生长。当甜高粱生育旺盛急需水分的时候，恰逢这里高温、多雨季节，正好满足了甜高粱生长发育对热量和水分的需要。尤其是这一区域里的盐碱、滩涂等低产田面积较大，是发展甜高粱生产的优势区域带。

甜高粱生育期短，在长江流域一年收获 2 季，而甘蔗只收一季。甘蔗用茎繁殖，每公顷用量7 500～12 000kg，不易机械化栽培；而甜高粱用种子繁殖，每公顷 15kg，且易机械化播种和收获，因此甜高粱生产成本低于甘蔗。

用甜高粱茎秆转化乙醇，单位面积生产率比其他作物高，每公顷甜高粱可生产乙醇6 106L、甘蔗5 680L、木薯5 332L、甘薯4 855L、玉米2 986L、水稻2 434L。综上，这一区域发展甜高粱生产是非常有前景的。

2. 发展目标和主攻方向　这一区域是能源甜高粱生产潜在的优势区域带，尤其山东、江苏等省沿海盐碱地面积较大，发展甜高粱生产更有优势。发展目标达到 20 万 hm^2 以上，大力建设乙醇生产企业，以保证甜高粱生产的出口。主攻高生物学产量、高含糖量、高抗倒伏的甜高粱杂交种选育和推广。

第二节　高粱种植制度

一、轮　作

（一）高粱实行轮作倒茬的原因

1. 高粱不宜连作　多年生产实践表明，高粱连作（重茬）减产。其主要原因是高粱需肥量大，吸肥多，使土壤肥力下降。杨有志（1964）调查，高粱下茬地 0～30cm 的残存氮量，仅为玉米或豆茬地的 28.8%。高粱从土壤中吸收的氮素是根茬残留量的 9.5 倍，吸收的磷素是残留量的 7.7 倍（表 7-1）。吕家善等（1982）根据对 4 种作物茬口的土壤养分分析结果表明，他们残留给土壤的氮、磷、钾及有机质的数量大小顺序是玉米＞棉花＞大豆＞高粱。Conrad（1938）针对高粱连作产量下降做了研究。他发现，这种产量降低主要由于亚硝酸盐缺少的缘故。这可能是由于高粱根系大量吸收亚硝酸盐所致。

表 7-1　高粱和玉米、豆茬地氮磷变化比较
（杨有志，1964）

茬口	生物产量（kg/hm²）	地上都带走的养分（kg/hm²）		根茬残留的养分（0～30 cm, kg/hm²）		带走与残留之比	
		氮	磷	氮	磷	氮	磷
高粱	4 717.5	229.5	41.25	24.0	5.25	9.5 : 1	7.7 : 1
玉米、豆	4 912.5	134.25	17.25	82.5	6.75	1.6 : 1	3.0 : 1

在干旱年份，高粱连作茬地的水分状况明显不如其他作物茬地。特别是高粱生育前期的土壤含水量比玉米茬地少 3.84%～2.88%（10cm 深）和 2.61%～2.47%（20cm 深）；比大豆茬地少 4.5%～2.8%（10cm 深）和 2.23%～1.62%（20cm 深）（表 7-2）。

表 7-2　高粱、玉米、大豆连作各层土壤含水量比较（%）
（辽宁省农业科学院，1964）

作物连作年数	4 月 29 日		5 月 9 日		5 月 26 日		6 月 17 日		6 月 30 日		10 月 7 日	
	0～10 cm	10～20 cm	0～10 cm	10～20 cm	0～10 cm	10～20 cm	0～10 cm	10～20 cm	0～10 cm	10～20 cm	0～10 cm	10～20 cm
玉米 3	20.10	22.26	15.14	17.54	13.92	17.13	17.57	20.05	12.80	13.80	19.27	19.28
大豆 3	20.35	22.26	15.80	17.91	14.88	15.27	16.92	19.06	10.50	13.80	18.80	18.80
高粱 3	18.42	18.13	11.30	15.07	11.92	14.78	14.69	17.44	10.40	12.20	16.31	16.31

高粱连作使病虫害加重。调查发现，连作 3 年后高粱丝黑穗病发病率可达 30% 以上，而轮作 3 年其发病率仅有 1%～2%。吕家善等调查表明，连作高粱茬地的蛴螬数量比玉米、大豆、棉花、向日葵茬地都多。发生严重的地块，每平方米有蛴螬 9.2 头，缺苗率达 9.8%。

综上，在高粱连作下，由于对土壤养分消耗量大，而残留给土壤的养分少，加之连作茬地土壤含水量少和病虫害加重，因此造成连作高粱减产。

2. 高粱轮作倒茬增产的原因　高粱实行轮作倒茬增产的原因在于，一是轮作倒茬有利于均衡利用土壤中的各种养分。因为高粱茬地的肥力消耗较多，如不实行轮作倒茬，就会造成耕层中某些营养元素缺乏，肥力降低。据辽宁省海城市 81 个典型地块调查，高粱轮作倒茬比连作增产 20％以上。二是轮作倒茬能够减轻病害。据辽宁省辽阳、昌图、法库等地调查，连作 1 年，高粱黑穗病发病率为 4.4％～6.3％，连作 2 年为 3.7％～19.0％，3 年的高达 11.0％～38.2％；相反，轮作地的发病率低，如上茬为玉米或大豆的，发病率仅有 1.6％～5.0％。三是实行轮作倒茬可减少落生高粱。落生高粱与当年种植的高粱幼苗相似，但穗子散，成熟时易掉粒，因而降低了籽粒产量。

3. 高粱对前、后茬的要求和影响　多年的生产实践表明，为获取高产，高粱的前茬最好是大豆，其次是施肥较多的小麦、玉米和棉花等作物。玉米间作或混作大豆也是较好的茬口。辽宁省农业科学院（1965）对高粱茬和玉米混作大豆茬的养分进行分析，结果表明玉米混作大豆地上部分带走的养分较少，残留的氮、磷和有机质较多（表 7-3），因此，在玉米混作大豆茬上种植高粱比连作高粱能增产 20％左右。

表 7-3　高粱与玉米混作大豆茬养分比较

（辽宁省农业科学院，1965）

茬口	地上部带走的养分（kg/hm²）						根茬遗留养分		带走与遗留比例	
	氮		磷		合计		（10～30cm，kg/hm²）		氮	磷
	植株	籽粒	植株	籽粒	氮	磷	氮	磷		
玉米大豆混作	69.0	66.0	7.5	10.5	135.0	18.0	84.0	7.5	1.6：1	2.6：1
高　　粱	159.0	70.5	22.5	19.5	229.5	42.0	24.0	6.0	9.5：1	7.8：1

高粱对后茬作物的影响是存在的。一般情况下，以高粱为茬地的小麦生长状况和最终产量不如以玉米为前茬地的。由于高粱对氮素和灰分元素的消耗量大于玉米，明显影响后作小麦的产量。苏陕民等（1981）曾研究了高粱茬地对小麦等作物的影响。盆栽条件下，高粱－谷子根际土种植的小麦生长最差；黑豆、绿豆、青豆根际土次之；玉米、花生根际土的小麦生长最好（表 7-4）。与其他作物茬地相比，高粱下茬的小麦，生育日数相对增加，成穗数略有减少，株高和千粒重明显下降。用高粱根浸液进行小麦种子发芽时发现，有 2％的种子虽已萌动，但胚芽和初生根的生长受到抑制。发芽 100h 后，幼苗只有 2cm 高，124h 仅 2.5cm。

表 7-4　高粱等不同作物根际土对小麦生长发育的影响

（苏陕民等，1981）

作物茬口	出苗期（日/月）	成苗株数	平均株高		成熟期（日/月）	株高（cm）	单株穗数	千粒重（g）	生长势顺序
			播后 10d	30d					
黑豆	18/10	14	6.2	9.9	2/6	43.8	1.25	39.7	3
青豆	20/10	14	3.1	8.4	3/6	38.0	1.21	39.1	5
绿豆	20/10	14	3.7	8.5	2/6	42.3	1.25	39.0	4
花生	19/10	14	4.5	9.5	2/6	47.2	1.21	41.7	1
玉米	20/10	14	4.7	9.2	2/6	43.6	1.36	41.3	2
谷子	20/10	14	4.4	8.8	3/6	39.6	1.29	37.5	6
高粱	20/10	14	3.2	8.2	6/6	29.6	1.18	32.5	7

（二）高粱轮作形式

由于各地的生态、生产和经济条件的不同，以及栽培技术和作物构成的不同，在栽培历史上形成了各种轮作方式。以 → 表示年际间的轮换，— 表示年内的轮换或复种。

1. 春播早、晚熟区　本区为一年一熟制，常用一茬豆类作物恢复地力，常见的轮作方式有：

高粱 → 大豆

高粱 → 谷子 → 大豆

高粱 → 大豆 → 春小麦

高粱 → 谷子 → 大豆 → 玉米

高粱 → 谷子 → 春小麦或玉米大豆混作

高粱 → 大豆 → 春小麦 → 玉米

在种植棉花的地区，常采用的轮作形式有：

高粱 → 大豆 → 棉花

高粱 → 玉米大豆混作（或谷子、糜子等）→ 棉花

在种植绿肥的地区，常见的轮作方式有：

高粱 → 草木樨 $\xrightarrow{1\sim2\,年}$ 谷子

高粱 → 草木樨 $\xrightarrow{1\sim2\,年}$ 谷子 → 大豆

高粱 → 糜子 → 荞麦 → 草木樨 $\xrightarrow{1\sim2\,年}$ 谷子

2. 春夏兼播区　本区以一年二熟或两年三熟制为主体，冬作物主要是冬小麦，夏作物主要是高粱、玉米、花生、甘薯等。常见的轮作形式有：

春高粱—冬小麦 → 夏高粱

春高粱—冬小麦 → 夏谷子—春玉米 → 冬小麦

夏高粱 → 豌豆—冬小麦—冬小麦

春高粱 —冬小麦 → 夏大豆（或甘薯、花生、玉米、谷子）→ 春玉米—冬小麦 → 夏高粱

在种植绿肥的地区，其轮作方式有：

春高粱—冬小麦 → 绿肥

3. 南方区　本区一年 3 季可种植高粱，常与水稻实行轮作，加之高粱可以实行再生栽培或育苗移栽，因此其轮作方式较为多样。

早稻—移栽高粱—晚稻

早稻—高粱—冬甘薯

小麦—移栽高粱—晚稻

实行旱地轮作的常见方式有：

花生—秋高粱—小麦或大麦

春高粱—再生高粱—再生高粱 → 春甘薯

二、间、套作

（一）间作（intercropping）

间作是指两种作物相间种植，两种作物的播种期和收获期相同或大体相同。与高粱实行间作的作物有大豆、谷子、甘薯等。

1. 高粱与大豆间作　这是高粱产区采用的一种最为普遍的间作方式，即利用作物间高度上的差异获得高产。其行比要针对以哪种作物为主要收获物来定。例如，在辽宁省锦州地区以高粱为主要收获物，常采用 8 垄高粱与 4 垄大豆的间作方式。如果两种作物同等重要，则采取 4 行高粱 4 行大豆的间作方式。如果大豆为主要收获物，则应增加大豆的行数，4 行高粱 6 行或 8 行大豆。

2. 高粱与谷子间作　这一间作方式是中国北方高粱产区应用较为广泛的方式。行（垄）比有 1：3、1：6、3：6 或 6：6。如山西省晋中、忻州地区多采用 3 行高粱、6 行谷子的带状间种方式。吉林省多采用 6 行高粱与 6 行谷子的间种方式。

3. 高粱与花生间作　这是北方高粱产区的一种好的间作方式，尤其是在风沙半干旱地区更是如此，因为花生适于风沙地栽培，抗旱性较好，高粱也是耐旱的作物。二者间作均能减少对土壤水分的竞争。另外，高粱秋天收割后，根茬留在地表，可以减轻风蚀对沙地的侵袭，有保护表土的作用。高粱与花生间作一般采取 4：6、4：8、6：8 等行（垄）比。

4. 高粱与甘薯间作　在甘薯产区的河南、江苏、山东等省常采用。通常是每隔几行甘薯，在沟里种一行高粱。这种间作方式以收获甘薯为主，所以高粱的行数不多。

（二）套作（companion cropping）

套作也是两种作物相间种植，但两种作物的生育期长短不同，其中一种作物生育期较短，可以在相同时间或大体相同时间播种，生育期短的作物可大幅提前收获。与高粱套作的主要作物有马铃薯、冬小麦和春小麦等。

1. 高粱与马铃薯套作　这是中国北方高粱产区普遍采用的一种套种方式。做法是先栽种马铃薯，待马铃薯到生育中期时，套种高粱。行比一般多采取 2 行高粱 2 行或 4 行马铃薯。这种套作方式对两种作物都有利。马铃薯多半生育期不受高粱影响，可以正常生长；当马铃薯开始结薯后，高粱植株有一定遮阴作用，可降低地温，有利于块茎的形成和膨大；当高粱达到生育中期时，马铃薯已成熟收获了，其空间高粱可充分利用，通风透光条件大大改善，促进了高粱的生育。因此，这种套种方式对两种作物增产最显著。

2. 高粱与冬、春小麦套种　在冬小麦产区的河北、河南、山东等省常采取高粱与冬小麦套种。具体操作是在麦收前的麦田畦埂两边各种 1 行高粱，与冬小麦共同生长一段时间。等麦收后，在小麦茬地上再播种夏大豆、夏谷子等矮秆作物。也有采用套种或移栽相结合的方式。移栽方式复种指数高，高粱比例大，常为生产条件好、冬小麦产量高、劳动力充足的地区所采用。具体做法是，麦收前在畦埂两侧套播种高粱时多下种子，麦收后待高粱长至 7～8 片叶时，将健壮的幼苗移栽于小麦茬地上。

在北方春小麦产区可采取高粱与春小麦套种。早春 3～4 月，先播种春小麦 2 行。当 4 月末或 5 月初播种 2 行高粱时，春小麦已处于苗期。前期高粱生长缓慢，不影响春小麦的生长发育；当高粱长到 10～12 片叶时；春小麦处于灌浆成熟期，当 7 月上、中旬小麦成熟收获后，其空间有利于高粱通风透光，促进高粱生长发育，增产效果十分明显。

三、复　　种

复种（multiple cropping）是指在 1 年的生长季节里，上茬作物收获后再种上一茬作物，也于当年收获，称为复种。复种可以一年二收，或一年三收。有时为了解决生育期不够的问题，在上茬作物收获前，先把下茬作物育苗，待上茬作物收获后，再移栽到上茬作物地里，称为复栽。

复种、复栽的复种指数高，达到提高单位面积产量的目的。高粱通常作为下茬作物与其他作物复种，可以用作上茬作物的有马铃薯、春油菜、冬春小麦、豌豆等。

复种的重要技术环节，一是要选好品种，选择适宜生育期的上、下茬作物和品种，即既能充分利用当地的光热资源，又能保证正常成熟，达到产量和效益最大化。二是要争时间，抢进度，即尽快做完上茬作物收后的整地、灭茬、施肥、耙压等田间作业，力争早播。农谚有"春争日、夏争时"之说，意思是说要充分利用夏日的光热条件，一分一秒都是重要的。因此，夏收夏种又有"双抢"的说法，即抢收抢种。

朱凯等（2010）于 2006—2008 年在辽宁省葫芦岛地区进行马铃薯复种高粱的试验研究，并与马铃薯复种大豆、白菜、萝卜等下茬作物进行了产量和经济效益比较。结果表明，上茬种植马铃薯早大白，下茬种植高粱杂交种辽杂 19，有较高的产量和经济效益优势，最多可收获马铃薯 45 290.6kg/hm²，辽杂 19 高粱品种 11 288.5kg/hm²，经济效益可达 3 万元/hm²（表 7-5）。

表 7-5　马铃薯复种辽杂 19 经济效益分析

（朱凯等，2010）

年份	作物种类	产量（kg/hm²）	单价（元/kg）	收入（元/hm²）	成本（元/hm²）	纯收入（元/hm²）
2006	上茬马铃薯	38 997.8[b]	0.21[a]	32 758.2[c]	24 037.50[b]	17 440.9
	下茬辽杂 19	10 121.0[c]	0.29[a]	11 740.4[c]	3 019.80[c]	
2007	上茬马铃薯	37 497.5[c]	0.24[b]	35 997.6[b]	24 383.10[b]	24 164.3
	下茬辽杂 19	10 804.7[b]	0.36[b]	15 558.8[b]	3 009.15[b]	
2008	上茬马铃薯	43 548.6[a]	0.26[bc]	45 290.6[a]	29 780.70[a]	29 889.9
	下茬辽杂 19	11 288.5[a]	0.40[b]	18 061.5[a]	3 681.45[a]	

注：方差分析均为上茬马铃薯和下茬辽杂 19 分别在产量、单价、收入和成本间的比较。

均以马铃薯为上茬，下茬以大豆、白菜、萝卜进行复种，其经济效益比较表明，纯收入顺序为辽杂 19＞萝卜（干）＞白菜＞大豆（表 7-6）。而其他下茬作物均因成本高，或产量低，或价偏低等原因影响了纯收入的提高。

表 7-6　辽杂 19 与大豆、白菜、萝卜产量及效益比较

下茬作物	成本 （元/hm²）	产量 （kg/hm²）	价格 （元/kg）	纯收入 （元/hm²）
辽杂 19	3 236.8[d]	10 538.07[a]	1.60[c]	13 624.11[a]
大豆	4 551.03[c]	2 628.06[d]	4.00[a]	5 961.21[d]
白菜	7 474.51[a]	75 027.75[b]	0.20[d]	7 531.04[c]
萝卜干	6 007.19[b]	4 509.01[c]	3.40[b]	9 323.44[b]

培育壮苗是移栽增产的基础。山东省诸城市推广的"起垄整畦清棵蹲苗"的育苗技术，对培育壮苗有良好效果，做法如下：

1. 起垄整畦　育苗地的田面要平整、灌排方便，细致整地，施足基肥，开沟起垄，垄面宽 80cm，垄沟底宽 30cm。用耙子搂平垄面，作成畦。播前在畦面喷水，湿润后以每平方米 7.5～9.0g 的高粱种子量下种，然后用垄沟底土均匀覆盖，厚度以 2～3cm 为宜。通常每平方米的苗地可栽 10m² 的本田。

2. 培育壮苗　当高粱幼苗长出 3 片叶开始扎次生根时，用竹耙或铁丝耙将覆土搂到沟里，使种子根露出畦面，使幼苗基部不着土，控制次生根的生长，称之清棵蹲苗。这样培育的秧苗苗壮，移栽后次生根长得快、长得多、吸收力强。移栽后 10d 调查，清棵苗的单株次生根比不清棵的多 7 根，总根长增加 146.6cm。缓苗期缩短 4d，成活率提升 8％，最终增产 7.9％～28.9％。

3. 移栽技术　适时移栽是有效的技术环节。苗龄过小，成活率低；苗龄过大，移栽费工，缓苗期长，还会长成小老苗，且幼苗快进入幼穗分化，植株生长和幼穗分化均会受到影响。一般 6～7 叶龄期移栽为适宜。

移栽前 1d 要少量浇水，使苗畦湿润。起苗时，根部不带土坨，剔除病、弱、残苗，将大、小苗分开。先掐去叶尖，以减少蒸腾面积，防止植株失水过多，并用 5mg/kg 赤霉素溶液浸根 7h，或用 0.1％磷酸二氢钾溶液浸根 6h，或用 0.05％矮壮素溶液浸根 7h，均有促根壮苗、缩短缓苗期的作用。

本田栽苗前，先平整土地，施足基肥，打埝作畦，然后用耧、犁或开沟器开沟，顺沟栽苗，随后浇水、培土。这种栽法，不伤根，深浅一致，缓苗快。

4. 栽后管理　栽后根据天气情况及时浇水，防止因土壤干旱造成死苗，提高活苗率，并能缩短缓苗时间，使以后的生育阶段提早 1～2d。缓苗后，立即追施少量促苗肥。孕穗期追肥。磷肥在前期具有发根促苗作用，后期可促进灌浆、早熟，增加粒重，有明显的增产作用。移栽高粱因连续浇水，易造成土壤板结，应及时中耕松土，提高土壤通透性，促进根系深扎。田间管理上要防除杂草，及时防治发生的病虫害。

第三节　高粱栽培技术

一、高粱品种选择

在高粱高产栽培技术体系中，优良品种在增产中起重要作用，是重要的因素之一。良

种选定后，要与良法相结合，才能达到预期的增产效果。因此，品种选择就是重要的一环。选择适宜的品种要根据当地的自然条件和社会经济因素来考虑。

（一）自然条件

选择适宜的高粱品种需要考虑的自然条件有气象条件、地理和土地条件、当地流行的病虫害等。气象条件包括无霜期的长短，积温的多少，光照强度和长度，降水量的数量及其分布，极端高温、低温和风力的强度和分布等。例如，在无霜期较短、积温不多的地区，高粱容易受到低温冷害的影响，因此要选择早熟、后期灌浆速度快，易脱水的品种；在降雨偏少又无灌溉设施的地区，应选择耐旱的品种；在风力较大，生育期间常有大风发生的地区，应选择抗倒伏矮秆的品种。

地理条件包括地势的高低，有无山地、丘陵、河流、小溪、湖泊等。这些地理条件的综合效应决定了该地区局部小气候特点。根据小气候的特点选择适宜的品种。土地条件包括土壤的类型，黏土、壤土、沙土、沙壤土，土壤熟化的程度，土壤结构和肥力状况等，据此选择高产、中产、低产品种，喜肥品种还是耐瘠品种。还要根据当地主要流行的病虫害及危害程度选择相应的抗病品种或抗虫品种。

从高粱品种的角度考量，任一品种的适应范围都是有限的，因此适地适种，因地而种，良种良法配套均是应该遵循的栽培技术原则。由于品种间对自然灾害和逆境条件的适应能力不同以及年度间气候的差异和灾害发生的不同，因此选择和种植单一品种常因对某种突发性自然灾害的敏感或抗逆性不强而造成减产。例如，高粱丝黑穗病菌生理小种的变异，成为优势小种而使生产品种感病造成减产。因此，在一个农业生态区选择生产用的品种不宜太少，一般以1~2个主栽品种，再搭配2~3个辅助品种为宜。但也不要过多，过多又不便管理。

（二）经济因素

经济因素主要包括当地社会经济发展状况、生产条件和技术水平、生产的目的和产品的用途、生产资料、农业机械、劳动力状况等。

高粱生产的目的和产品用途，主要有粒用、饲用、酿造、糖用、转化乙醇用、工艺用等。在粒用中，又可分为食用、粮秆兼用、粮糖兼用等。因此选择品种时，首先要考虑生产的目的和用途。其次是生产条件和技术水平，生产条件、资料是否优厚，包括肥料、农药、农用物资和生产工具等；生产技术是集约化，还是粗放式的；当地劳动力是充足还是缺乏，农业机械化程度等。综上所述，都是选择高粱品种的重要条件。

二、优化栽培技术体系

（一）播种

高粱种子发芽对土壤温度、湿度要求较为严格，而多数高粱又种在干旱、半干旱地区，或者涝洼、盐碱、山坡薄地上；在北方纬度较高地区又常发生春旱或春寒。因此，为了实现一次播种一次全苗，达到苗齐、苗壮的目的，要在加强整地保墒的基础上，做好种子处理，适时播种，保证播种质量是必要的。

1. 播前准备　对北方旱地种植高粱来说，一次播种保全苗的关键因素是种子和土壤墒情。高粱种子要发芽率高，发芽势强。接着就是土壤墒情的保证度。因为北方干旱、半干旱地区降水量少，春天又常发生春旱，因此墒情是保全苗最大的制约因素。为解决这一问题，要做到春墒秋保，秋翻整地是重要的技术环节。经过耕翻和整地，耕层表面形成一层团粒，土壤中产生大量的非毛细管孔隙。降雨时，雨水很容易通过这些孔隙渗入耕层，提高了土壤的墒情。在盐碱地的地方，耕翻使土壤疏松，蒸发量下降，能控制土壤盐分上升，减少耕层中盐分含量，有利于高粱保苗和根系生长。

在华北、东北旱区，耢地是防止土壤水分蒸发的表土耕作措施。耢地又称盖地和擦地，常是先耙后耢，连续进行，以提高保墒效果。耢地的主要作用是耢松表土，进一步破碎土坷垃和平整土面。其结果可在耕层部位创造出一个内部紧密、表面疏松的覆盖层，使耕层达到适于播种状态。耢地比不耢地比较，在3～14d内土壤水分约增加1%，干土层减少1cm。

2. 种子处理　播种前进行种子处理对于提高种子活力、发芽势、发芽率、出苗率至关重要。

(1) 选种　筛选通常采用3.5mm孔径的筛子，种子大的杂交种可采用4.0mm孔径的筛子。筛选后的高粱种子，其发芽率、出苗率明显好于未经筛选的种子。出苗后壮苗率高，三类苗大幅减少。

(2) 晒种　选择晴天，于上午9时以后，将高粱种子摊铺在阳光充足、通风良好的地方，种子层厚度在3～5cm，每天翻动2～3次，晾晒3～4d。通过晾晒能增强种皮对水分和空气的渗透性，促进酶的活性，可提高种子发芽率5%～10%，提早出苗1～2d。

在中国北方农村，还利用炕种进行种子处理。炕种是将高粱种子均匀地摊在炕面上，炕面温度35～45℃为好，并经常翻动通气使其受热一致。炕种一般需6d左右。

(3) 种子包衣　种子包衣技术是种子处理的一项新技术。将农药、微肥、生长素等通过包衣剂包裹在种子上，可起到保苗、壮苗和防治病虫害的作用。

此外，药剂拌种也是防治种子带菌和病虫危害的一项重要措施。用种子量0.6%的五氯硝基苯拌种防治丝黑穗病，效果可达70%；用5%的多菌灵（50%）可湿性粉剂拌种效果达80%以上；用0.5%的萎锈灵可湿性粉剂拌种，防效可达90%以上。用5%氯丹乳油40倍液拌种防治蛴螬，用40%乐果乳剂40倍液拌种防治蝼蛄等均有良好效果。

(4) 发芽试验　播种抽取有代表性的高粱种子样本，数100粒完整种子为一组，重复4次。先将种子浸泡6～12h，待种子吸饱水后，分开放在培养皿里，置于温箱内或温暖的地方，恒温箱的温度可保持在25～30℃之间，并保持适宜的水分和通气条件。3d后调查种子发芽情况，计算种子平均发芽数即为发芽势。发芽势是种子活力强弱的重要指标。发芽势高表明种子的活力强，发芽出苗快且整齐。7d时计算种子的发芽数即为种子发芽率。

一般来说，温箱测得的发芽率通常高于田间的实际发芽率，而田间出苗率更低于室内发芽率（表7-7）。因此，高粱种子必须具有较高的发芽势和发芽率，才有可能一次播种保全苗。

表 7-7　高粱种子发芽势、发芽率与出苗率的关系
(辽宁省锦县示范场，1975)

品种名称	发芽势（%）	发芽率（%）	田间出苗率（%）
锦梁 9-2	95.3	95.3	85.0
晋杂 5 号	95.0	95.0	86.7
Tx3197A	79.5	91.3	70.3

（5）浸种　用 20mg/kg 九二零溶液浸种，以淹没种子为宜，充分搅拌，浸 6～8h 后捞出晾干，溶液可继续使用。经九二零浸种的高粱种子，根茎能伸长，增强芽鞘顶土能力，加快出苗速度，提高出苗率。另一种生长刺激素 702 为核苷酸类物质，用其浸种也有一定效果，用 50～80mg/kg 溶液浸种 6h，晾干后播种能提高出苗率约 20%。

3. 播种期　适期播种是保证一次播种保全苗，正常生长发育、安全成熟、高产丰收的重要技术环节。适宜播种期的确定，主要应根据土壤温度和墒情以及品种生育期的长短来定。种子发芽出苗的快慢与温度有密切关系。在土壤水分满足的条件下，高粱发芽出苗的速度随温度升高而加快，出苗时间缩短，所需积温明显减少（表 7-8）。生产上通常将 5cm 土层日平均温度稳定通过 10～12℃时作为适期播种的温度指标。这样有利于保墒防旱和争取生育日数。

表 7-8　高粱不同播种期温度与出苗日数的关系
(辽宁省农业科学院，1977)

播种期（日/月）	播种—出苗日数（d）	日平均温度（℃）	积温（℃）	5cm 土层日平均温度（℃）	5cm 土层积温（℃）
3/5	8.6	18.0	154.1	15.4	132.4
21/5	7.0	18.1	126.7	18.6	130.0
26/5	6.5	19.3	125.2	19.5	126.8
1/6	5.5	21.8	120.1	22.8	125.5
6/6	4.3	22.0	94.5	22.2	95.5
11/6	5.4	20.3	109.5	22.0	118.9
16/6	4.0	22.8	91.3	23.9	95.7
21/6	4.2	20.9	87.9	21.9	92.0
26/6	4.0	23.3	93.1	23.3	93.2
1/7	3.0	24.8	74.4	25.3	76.0
6/7	3.0	25.7	77.7	26.0	78.1

高粱种子发芽所需土壤含水量在不同土壤类型之间变化较大，壤土为 12%～13%，黏土为 15%，沙壤土为 10%～11%，沙土为 6%～7%（表 7-9）。从表 7-9 中的数字可以看出，高粱种子发芽所需最低土壤含水量在各类土壤中低于玉米，与谷子相近。

表 7-9　几种农作物种子发芽所需最低土壤含水量（%）
(辽宁省农业科学院，1977)

作物	黏土	壤土	沙壤土	沙土
高粱	15	12～13	10～11	6～7
玉米	17	13～14	12	10
棉花	18～20	15～16	13～15	10～12
谷子	15	12～13	10	6～7

高粱播种早晚直接影响出苗率。播种过早，土温低，出苗时间拉长，容易发生粉种，出苗率低。播种太晚，土温虽高，但会因为土壤跑墒而影响出苗，造成缺苗断条。在适宜的播种期内播种，种植的高粱品种或杂交种的生长发育可与当地的气象条件协调一致，品种（杂交种）的特征特性可得到充分展现，最终取得理想的产量。因此，充分了解当地的生态条件，特别是气候变化规律，掌握种植品种的生物学特性，确定最佳播种期，对实现高产稳产具有十分重要的意义。实践积累的中国高粱各产区的适宜播种期列于表 7-10。

表 7-10　中国高粱各产区的适宜播期
(庚正平整理，1981)

播种期类型	地区	适宜播种幅度
春播	东北中、北部	5 月上旬至中旬
	东北南部	4 月下旬至 5 月上旬
	东北平原和黄土高原	4 月下旬至 5 月上旬
	淮北平原	4 月上旬至中旬
	淮南和华南	3 月上旬至 4 月下旬
	北京、天津、河北	6 月中旬至上旬
	山东、河南、晋南、陕南	6 月上旬至中旬
	长江流域	5 月下旬至 6 月上旬

4. 播种技术　综合配套的播种技术是获得一次播种保全苗的重要措施之一，每一环节必须严格操作落实。

（1）播种量　适宜的播种量需要根据种子发芽率、整地质量、土壤温度、湿度、地下害虫、播种期等情况综合考量后确定。种子发芽率在 90% 以上，播种期适中，土墒好，条播每公顷 26.5～30kg，穴播每公顷 20～23kg，可保证全苗。播种量太少易造成缺苗断条。给田间管理造成困难；播种量太多，形成出苗过密，幼苗相互欺挤，影响正常的生长发育，造成小、弱苗。在地下害虫危害重或土壤低温多湿地区，应适当增加播种量。经过包衣的高粱种子，可以进行精量播种。

（2）播种方法　北方高粱产区常采用的耕作法是垄作或平作。垄作还分穊种和劐种。东北地区多采用垄种，即在已起好的垄上开沟播种。种后仍留有原垄形，铲趟管理也较方便。但垄种土壤耕作次数多，垄面积大，不利于抗旱保墒。

穊种是用专门的播种农具穊耙开沟，随后人工下种子，踩格子，搂粪或撒化肥，覆土。耩种具有耕层疏松，开沟均匀，深浅一致，沟内有松土等优点，保苗效果好。

　　劐种是用犁将垄劐开，然后撒粪或撒化肥，下种，踩格子，覆土。劐种的优点是开沟深，能掏出底墒，种子能种在湿土上，有利于抗旱。劐种多在春旱严重的地区和年份采用，应注意浅覆土。在低温多湿年份，劐种升温慢，不利于高粱出苗。

　　在华北、西北地区多采用平种，用耧播种。根据不同种植方式和行数，调节耧腿的数目和位置。耧播工效高，一次可同时播种几行，均匀，管理也方便。平作由于土壤耕作次数少，田间又无垄面，可减少土壤水分蒸发，有利于防旱保墒。在春旱严重地区，平播是高粱抗旱保苗的重要技术措施。

　　目前，在中国北方的一些地区，尤其是黑龙江省采用机械播种。机械播种速度快，效率高，可缩短播期，做到最适期播种，以保全苗。机械播种作业时，开沟、下种、撒肥、覆土、镇压等一次完成，利于保墒。机械播种用的高粱种子需进行精选，发芽势和发芽率要在90%以上，最好用经包衣的种子，以利保全苗。

　　各地使用的播种机种类较多。辽宁79-2型单体播种机适于东北地区南部平作和垄作地区播种。主要与辽宁1号起垄中耕机及机动垄作7（11）铧犁配套使用，也可与辽宁2号起垄中耕机配套进行播种作业。黑龙江、吉林省则用大型联合播种机进行播种作业。

　　（3）播种深度　播种深度对高粱出苗好坏以及以后的幼苗生长发育有至关影响。播种深，覆土厚，幼苗出土所受机械阻力大，出苗时间延长。如果是根茎短的品种，幼苗常常钻不出土表面，造成缺苗断条。覆土太厚，由于播层通气不畅，影响地温上升，苗子易受病菌感染。因此，在播深的情况下，常造成出苗率明显下降（表7-11）。即使幼苗能够勉强钻出土，由于幼苗在土中时间过长，耗掉较多养分而使幼苗瘦弱，叶片发黄，生育延迟。据安徽省农业科学院试验表明，播深在9cm和12cm时，其抽穗期均比播深3～7 cm的晚3d，成熟期晚2～3 d。

表 7-11　高粱播种深度与出苗率的关系
（安徽省濉溪县农业局，1965）

播深（cm）	播期 4月9日			4月19日		
	出苗期（日/月）	播种至出苗天数（d）	出苗率（%）	出苗期（日/月）	播种至出苗天数（d）	出苗率（%）
3.0	23/4	14	93	26/4	8	95
4.5	28/4	17	72	30/4	11	74
6.0	30/4	21	51	2/5	13	56
7.5	3/5	23	11	6/5	17	14
9.0	3/5	23	4	7/5	18	4

　　基因型间幼苗的拱土力有较大差异。拱土力强的品种尚可稍播深一点；拱土力弱的品种，根茎短的品种，应适当浅播。当然还要考量土壤墒情状况，如果土墒情况较差，要适当播深一点，以保证种子能充分吸水。从综合因素考量，高粱的适宜播种深度以3～4cm为宜。

　　此外，播种深度还应考量土质、地温以及种子发芽势、发芽率等条件。黏土地，土壤紧实，失墒后干硬，不易出苗，宜浅播；沙土疏松，保墒能力差，宜深播。土壤低温多湿，浅播能散湿增温；土壤干旱时，深播可利用底墒。

(4) 播后镇压　播后镇压是播种的最后一道工序。播种耕作使土壤暄虚，孔隙大，容易造成土壤水分大量散失，吊干种子。播后镇压可以碾碎土块，压实土层，使种子与土壤紧密结合，并使土壤形成毛细管，有利于底层水分提升到播种层，供种子吸水萌发（表7-12）。踩上垄后再压一遍磙子的高粱幼苗，在三叶期比仅压木磙子的高 2.3cm，多一片叶。播后镇压应根据土壤墒情掌握适宜时间。镇压过早，土壤湿度大，会造成土壤板结，影响出苗；镇压过晚，会使土壤失墒过多，土层干硬，土坷垃也不易压碎，失去保墒作用。适期镇压的标准是播后土壤表面干爽，不见湿土痕迹为好。

表 7-12　播后镇压对土壤物理性状的影响
(辽宁省农业科学院，1964)

镇压处理	容重（g/cm³）	水分（%）	孔隙（%）	空气（%）	土壤固体（%）
木磙子压 1 次	1.19	14.3	54.1	39.8	45.9
踩上垄后再木磙子压 1 次	1.25	16.7	50.9	34.2	49.1

（二）种植密度

1. 密度对产量的影响　高粱种植密度是影响单位面积产量的重要因素之一。因为单产是由单位面积上收获的穗数与单穗粒重决定的。这两项任何一项的增加都会使单产增加。单位面积收获的穗数是由种植的株数决定的，即种植密度。单位面积穗数、穗粒重（穗粒数与粒重的乘积）的关系，是基因型与生态条件、群体与单株、植株内部各器官之间相互作用的综合结果。在稀植下，由于单株的平均营养面积大，通风透光条件好，单穗得到充分发育，表现穗子大，穗粒重高。但因单位面积上株数少，收获的穗数也少，因此单产不会很高。相反，在密植下，由于单株的平均营养面积小，通风透光条件差，单穗得不到充分发育，表现为小穗，穗粒重低，虽然收获的穗数多，单产也不会很高。

合理密植是获得高产的基础。因为单位面积穗数和单穗粒重是互相制约的，相辅相成的关系。穗粒重的大小组成群体的单穗生产力，是个体发育好坏的标志。种植密度不仅直接改变群体大小和结构，而且影响单株的发育，其中包括穗粒数和粒重的产量组分，还包括影响那些与光合作用有关的器官，如叶面积、分蘖数、茎秆等。

合理密植增产的原因，首先是构成了单位面积上合理的株数，即保证了合理的叶面积。高粱产量的来源是光合作用。干物质重的 90%～95% 为光合作用产物。叶片是进行光合作用的主要器官。从干物质重与光合作用的关系看，似乎是叶面积越大，光合生产率越高，经济产量也越高，对单株生产率来说是这样的。但是，单株生产是在群体里进行的，随密度加大，叶面积也加大，叶片相互重叠起来，冠层下部就郁闭，光照减弱，叶片光合作用降低，而呼吸作用由叶面积增加相应升高，净同化率降低，光合产物积累总量减少，产量下降。合理密植在于构成了适宜的叶面积，光合作用所制造的有机物超过呼吸作用消耗的有机物，干物质积累增多，经济系数高，因而产量就高。

其次，合理密植能改善田间的温光条件。据河北省唐山市农业科学研究所测定，高粱密度在每公顷 9 万株、12 万株和 15 万株时，植株上部 2 片叶的光照强度都大于光饱和点，在 5 万 lx 以上；而下部光照强度为低于 2.5 万 lx 的弱光区，随种植密度增加逐渐向上推移，使弱光区叶片扩大，功能叶片减少。密度在 9 万株/hm² 时，弱光区的分界在上部 7～8 片叶以下部位，12 万～15 万株/hm² 则在上部 5 片叶以下部位。另外，温度的日较差随密度的增加而减小，而且日温变化幅度最大的部位随密度增加而上移。因此，种植密度过高时，田间日较差小，夜间温度高，呼吸作用增强，养分消耗多，不利于光合产物的积累。而合理密植就可以控制冠层的弱光区下移和日温变化最大部位上移，增加功能叶片数，并延长其寿命，提高光合生产率。

2. 确定合理种植密度的依据和原则　确定高粱合理种植密度要依据品种类型、地理条件、土壤质地肥力和种植方式等因素考虑。

（1）品种类型　高粱品种的植物学性状和生物学特性是确定合理密度的主要依据之一。通常的原则是，矮秆、叶片狭窄上冲、分蘖少、茎秆坚韧抗倒伏的品种或杂交种适于密植；而植株高大，茎秆细不抗倒伏、叶片肥大披散的品种易造成田间冠层郁闭，应适当稀植。早熟品种可适当密植；晚熟品种则适当稀植。适应性广、抗逆力强的品种宜密，适应性差、喜肥水的高产品种宜稀。

（2）地理条件　地理条件是指种植地块所处的地势、地貌状况。在具有一定坡度的地块上，植株呈等高线分布，有利于通风透光，可适当增加密度。在这种地块上，如二坡地或人工梯田，植株表现矮小、健壮、穗大粒重，产量高。但要区分不同的坡向，阳坡温度高，风小，密度可高于阴坡。

（3）土壤质地肥力　沙土或沙壤土保水保肥能力差，前期土温升温快发小苗，后期无劲，不宜密植。黏土地养分水分含量高，保水保肥能力强，可适当密植。平地，土层厚，肥力高，宜密植。山地，土层薄，肥力低，宜稀植。洼地，土层虽厚，但含水量大，通气性差，也应稀植。

（4）种植方式　种植方式可以改变植株的田间配置形式和单株生育条件，调节个体与群体的关系，有利于密植增产。单垄（行）播种，缩垄增行增株，有增产效果。据河北省唐山市农业科学研究所调查，同样密度每公顷 10 万株，小垄距 0.5m，株距 20cm 的垄，比垄距 0.6m，株距 16cm 的增产 42.5％。

小垄密植需要有较好的生产条件和管理技术做保证。而且缩垄以后，垄体变小，不易保水保肥，不便管理，尤其不利于机械作业。因此，又有采取大垄双行的种植方式，其增产效果高于小垄单行。原因是大垄双行改善了田间的通风透光条件，适合密植，种植密度可以增加到每公顷 15 万～18 万株。例如，1991 年辽宁省朝阳县羊山镇采用大垄双行、双株紧靠的种植形式，品种是辽杂 4 号，当年获得每公顷 13 356kg 的高产纪录。表 7-13 列出了中国北方高粱产区常用的适宜种植密度和种植形式。

（三）施肥

施肥是增加高粱产量，提高品质的有效农艺技术之一。农谚说的好，"庄稼一枝花，全靠肥当家"。

1. 施肥原则　高粱施肥的原则应根据品种的生物学特性、土壤类型、肥料的特点、天气状况、劳动力和机械化程度等综合因素考量决定。

（1）根据品种需肥规律施肥　不同高粱品种和杂交种需肥的规律有所不同，同一品种的不同生育阶段对肥料的需肥种类和数量也不一样。因此，应针对这些特点和植株长相选

表 7-13　中国北方高粱产区常用的适宜种植密度和种植形式

（梁亚超整理，1983）

种植区	品种及肥力特点	种植密度（株/hm²）	种植方式
春播早熟区	中早熟种，中高秆： 高肥水	150 000	
	中等肥水	105 000～109 995	大垄，单行
	中熟种，矮秆	225 000～300 000	3 行带状平播，大垄双行
春播晚熟区	中早熟种，中高秆： 高肥水	135 000～150 000	大垄，单行
	中等肥水	105 000～120 000	
	早熟种，高秆（不抗倒伏）	60 000～90 000	大垄，单行
	早晚熟种，中高秆： 高肥水	120 000	小行距，平播
	中等肥水	105 000	
	低肥水	75 000～90 000	
	粮秆兼用品种： 高肥水	75 000～90 000	小行距，平播
	中等肥水	60 000～75 000	穴播或小行距大株距平播
	分蘖型品种	60 000	

择不同肥料，确定施肥量和时期。对喜肥、生育期长的品种，宜施充分腐熟的有机肥作基肥；对肥料要求不高、生育期短的品种，应施用速效性的无机肥作口肥，追肥的氮肥数量不要太多，目前，大多采用播种时一次性施用长效肥、综合肥的施肥技术。

（2）根据土壤性质和肥力施肥　由于土壤的保水保肥能力、酸碱度、肥力高低等因素不同，因而应采取不同的施肥策略。对肥力低、熟化程度差的土壤，应多施有机肥，并配合施用磷肥才能取得较好的增产效果；对保水保肥性能差的沙质土壤，宜采取几次少施的方法追施化肥，以减少肥分损失；对保水保肥能力强，透气、透水性差的黏重土壤，追肥应在前期。

（3）根据肥料性质施肥　有机肥属迟效性肥料，磷、钾肥移动性差，应作基肥或口肥；无机氮肥的肥效快，应作追肥施用。有机肥料和无机肥料配合施用可取长补短，可充分发挥肥效。有机肥的养分全，它不仅可满足高粱生育对多种养分的需要，而且内含的腐殖酸带有多种负电荷，能够吸附阳离子 Ca^{2+}、Mg^{2+}、K^+、NH_4^+ 等养分。因此，有机肥和无机肥的配合施用可减少化肥中营养元素的流失，提高化肥的利用率。

（4）根据天气状况施肥　温度和湿度与施肥最为密切。温度低时肥料在土壤中的分解转化速度减慢，植物对养分的吸收减少；低温对高粱吸收磷、钾影响较大，对吸收氮素影响较小。因此，在温度较低地区应早施肥，使营养元素早分解转化。在春旱和干旱地区，宜施用腐熟的有机肥、水溶性强的磷肥和氮肥作基肥。在降雨多的地区或雨季，宜施用移动性小的铵态氮肥。

2. 施肥量的计算 高粱施用的肥料分为有机肥和无机肥。有机肥的有效养分含量低，除提供一些养分外，主要作用是培养地力，它的施用量大；无机肥所含养分浓度高，施用量少，主要作用就是提供营养元素以保证高粱生长发育的需要。

（1）有机肥施用量的计算 土壤中有机质含量的高低及其年矿化率与有机肥中有机质含量的多少及残留率是计算的主要依据。

土壤有机质含量是指施肥土地保持一定的肥力水平应含有的有机质水平。年矿化率是指每年土壤有机质的递减率，它受土壤性质、气候、耕作、栽培水平等因素的影响。通过长期定位试验的高粱种植区年矿化率为 3.0%。有机肥残留率是指有机肥施入土壤分解后残留在土壤里形成有机质的百分率。经测定，秸秆直接还田的残留率为 10% 左右，绿肥为 15% 左右，厩肥为 25% 左右。

根据上述概念，施肥量的计算公式如下：

施肥量（kg/hm²）＝（2 250t×有机质含量×有机质年矿化率）/（有机肥中的有机质含量×有机质残留率）

一般以每公顷耕层土壤 2 250 t（225 万 kg）计算。如某地块有机质含量为 1.5%，土壤有机质年矿化率为 3.0%，施用的有机肥中有机质含量为 10%，残留率为 20%，求保持土壤有机质含量仍为 1.5% 时的施肥量，计算如下：

施肥量（kg/hm²）＝［2 250 000（kg/hm²）×1.5%×3.0%］/（10%×20%）＝50 625（kg/hm²）

如果要使土壤有机质含量上升到 2.0% 时，则

施肥量（kg/hm²）＝（2 250 000×2.0%×3.0%）/（10%×20%）＝67 500（kg/hm²）

（2）无机肥施用量的计算 无机肥施用量的计算应根据土壤中可供给的养分含量，肥料中养分的含量和利用率，以及计划产量指标对氮、磷、钾等主要元素的需要量。

土壤养分供应量是指土壤中能提供当季高粱吸收的养分数量。土壤氮素供应量通常采用 0.5mol/L 氢氧化钠蒸馏法或 1mol/L 氢氧化钠扩散法测定。土壤磷素供应量，在中性或石灰性土壤采用 0.5mol/L 碳酸氢钠法，在微酸性旱地及水稻土采用 0.1mol/L 盐酸法测定。土壤钾素供应量，一般采用 1mol/L 醋酸铵法浸提。根据土壤养分施肥也称测土施肥。

无机肥养分利用率是指高粱植株从施用的肥料中吸收的养分占肥料养分含量的百分率。然而，由于各种因素的影响，施用肥料的养分不可能全部被植株吸收，所以计算施肥量时要考虑养分的利用率。一般来说，无机肥中氮素和钾素的利用率约为 30%～55%，磷素利用率约为 10%～25%。有机肥养分利用率约为 20%～30%，其中绿肥的养分利用率较高（表 7-14）。

表 7-14 常用肥料三要素含量及当季利用率（%）

（郭有整理，1982）

肥料名称	形态	氮素（N）	磷素（P₂O₅）	钾素（K₂O）	当季利用率（%）
硫酸铵	结晶粒	20～21	—	—	40～60
氯化铵	结晶粒	24～25	—	—	40～60
碳酸氢铵	结晶粒	17 上下	—	—	30～40

（续）

肥料名称	形态	氮素（N）	磷素（P_2O_5）	钾素（K_2O）	当季利用率（%）
硝酸铵	结晶粒	34 上下	—	—	40～60
尿素	结晶粒	42～46	—	—	30～50
氨水	液体	15～17	—	—	30～50
过磷酸钙	粉末	—	14～18	—	10～25
钙镁磷肥	粉末	—	8～14	—	10～20
磷矿粉	粉末	—	10～35	—	5～10
氯化钾	结晶粒	—	—	50～60	40～50
硫酸钾	结晶粒	—	—	48～52	40～50
人粪尿	鲜物	0.5～0.8	0.2～0.4	0.2～0.3	40～50
厩肥	鲜物	0.34～0.85（0.50）	0.16～0.28（0.25）	0.40～0.67（0.60）	约 20
一般堆肥	风干物	0.4～0.5	0.18～0.26	0.45～0.70	约 20
土粪	风干物	0.10～0.86（0.32）	0.12～0.5（0.38）	0.26～1.62（0.86）	10～20

　* 括号内数字为平均数。

　　计划产量指标对氮、磷、钾的需要量是根据生产 1kg 籽粒地上部吸收的氮、磷、钾数量计算的。再根据养分利用率和土壤养分供应量计算出施肥量。按生产 1kg 籽粒需吸收纯氮 29g、P_2O_5 28g，K_2O 36g 计算出不同产量指标所需要的养分数量（表 7-15）。

表 7-15　高粱不同产量指标对 N、P_2O_5、K_2O 的需要量（kg/hm^2）

（郭有整理，1981）

产量指标	氮素（N）	磷素（P_2O_5）	钾素（K_2O）
3 750	108.75	67.5	135.0
4 500	130.50	81.0	162.0
5 250	152.25	94.5	185.0
6 000	174.00	108.0	216.0
7 500	217.50	135.0	270.0
9 000	261.00	162.0	324.0
11 250	326.25	202.5	405.0

　　根据上述提供的数据，可以用以下公式计算施肥量。

　　施肥量（kg/hm^2）＝计划产量指标需要吸收的元素量（kg）－土壤可供应的元素量（kg/hm^2）－［有机肥施用量（kg/hm^2）×其中元素含量（%）×利用率（%）］/施用化肥中元素含量（%）×利用率（%）

举例计算，计划产量指标7 500kg/hm²，测定土壤中碱解氮含量40mg/kg，土壤速效磷含量为10mg/kg，交换性钾含量为165mg/kg，每公顷施用土粪75 000kg，求每公顷需要施用过磷酸钙的数量。从表7-15中查得7 500kg/hm²产量所需吸收的磷（P_2O_5）量为135kg；计算每公顷土壤中可供给的磷量为10mg/kg×2 250 000kg×2.29[①]=51.525kg（P_2O_5）；查表7-14取得土粪含磷量为0.38%（P_2O_5），当季利用率为20%，过磷酸钙含磷量为18%（P_2O_5），利用率为20%；将上述各数字代入公式，求得每公顷所需过磷酸钙施用量＝（135－51.525－75 000×0.38%×20%）／（18%×20%）=735.417（kg/hm²）

同理，其他无机肥元素K_2O、N的施用量均可按此公式计算。

3. 施肥种类和方法 高粱的施肥种类有基肥、种肥、追肥和叶面肥。就高粱高产而言，要本着施足基肥，用好种肥，巧追肥，补充叶面肥是有效的施肥技术。

（1）基肥 基肥又称底肥，通常在前茬作物收获后，或本茬作物播种前施入的肥料。基肥多以有机肥为主，包括畜禽圈粪、堆肥、绿肥、人粪尿、土杂肥、秸秆肥等。这些肥料营养元素全，对培肥地力、增加有机质、用地养地非常有利。有的无机肥，如磷矿粉、过磷酸钙、氯化钾等分解慢，流动性差，也可做基肥。碳酸氢铵、氨水、液氨等的铵态氮易被土壤代换吸收，深施作基肥效果好。

高粱单产随基肥用量增加而提升。辽宁省高粱样板田工作组（1964）对辽南12个乡477块典型地块的调查结果表明，在平地上种植优良品种熊岳253，以每公顷施基肥30 000kg为对照，施37 500kg的增产8.3%，施45 000kg的增产14.4%，施52 500kg的增产18.1%；在坡地上，施用相应的基肥数量分别增产为6.4%、12.3%和17.6%。

在高寒地种植高粱时，施足基肥对早熟增产有明显效果。中国科学院西北植物研究所（1971）在陕西省麟游县高寒山区调查表明，历年每公顷施基肥45 000~97 500kg的地块，榆杂1号高粱生长快，10月上旬可安全成熟，平均每公顷产量高达10 125kg；而历年不施基肥，只在播种当年每公顷施基肥15 000kg，同是榆杂1号却生长缓慢，到10月上旬仅有28%的穗达到成熟，其余高粱穗仍处于灌浆或乳熟期。

综上所述，增施基肥对促进高粱早熟，增产的效果十分明显。一般有机肥施用量因地块肥力而不同，施用量为22 500~45 000kg/hm²。

（2）种肥 种肥又称口肥，是播种时随种子同时施入。它的作用是为幼苗的生长发育提供良好的营养元素。在传统的高粱生产中，常用腐熟的人、畜粪尿、沼气肥、草木灰、炕土等有机肥作种肥。随着生产的发展，用硫酸铵、过磷酸钙、磷酸铵等无机肥作种肥也常见。目前，高粱生产多以无机肥为主，多数高粱产区以磷酸二铵作种肥，每公顷用量150kg左右。

用速效性氮肥作种肥可使幼苗生长健壮，有助于最终产量的提高。每公顷施用60kg硫酸铵作种肥的幼苗叶色比无种肥的深绿，鲜重增加，籽粒产量增加8.9%。李维岳等（1979）研究表明，每公顷施127.5kg硝酸铵作种肥，不仅比作追肥的增产效果好，而且

[①] P与P_2O_5的转换关系为P×2.29=P_2O_5，P_2O_5×0.436=P；K与K_2O的转换关系为K×1.205=K_2O，K_2O×0.83=K。1hm²土壤耕层20cm的土重约225万kg。

可促进早成熟5~8d。

在高粱生产上，磷肥作种肥的促熟增产效果十分明显。刚进入四叶期的幼苗株高就比未施磷的高，发叶快且鲜绿宽大。开花期茎粗为2.4cm，不施磷的仅有1.9cm。施磷的植株进入开花期，而未施磷的刚进入抽穗期。

在氮肥供应较好的条件下，施磷肥作种肥，对幼嫩组织中核蛋白的形成有明显的促进作用，表现核蛋白量迅速增加。同时还促进了植株对氮素和灰分的吸收和积累，提高了植株的代谢机能和生育速度，并使有机物在穗部合成和积累的速度加快。因此，磷肥作种肥，不仅能增加高粱的籽粒产量，而且能促进早熟。

如果将速效氮肥和速效磷肥配合作种肥，对增产和提高肥料的利用率就更加有效（表7-16）。因为表7-16的试验结果是在氮、磷含量极少的黄白土上进行的，所以氮、磷配合作种肥的增产效果十分显著。增产的原因是改善了幼苗的营养状况，增强了植株的代谢机能，特别是提高了前期吸收各种营养元素的能力，为幼穗分化和产量形成打下了良好基础。

表7-16　氮磷配合作种肥对跃进4号高粱的增产效果

（辽宁省农业科学院・阜新，1962）

施肥处理	每公顷产量（kg）	增产（%）	1kg化肥增产数量（kg）
对　照	667.5	100	—
每公顷单施硫酸铵67.5kg，种肥	1 117.5	167	6.7
每公顷单施过磷酸钙210kg，种肥	1 890	281	5.8
每公顷混施硫酸铵67.5kg，加过磷酸钙210kg，种肥	3 052.5	455	8.6

种肥的常用量如下：腐熟的优质有机肥7 500~15 000kg/hm²，腐殖酸铵750~1 500 kg/hm²，硫酸铵60~75kg/hm²，过磷酸钙150~300kg/hm²。种肥的施用方法，可采取肥料与种子分沟条施，或种子与肥料混合干条施；以及种子包衣微量元素。

（3）追肥　追肥是在高粱生育期间根据高粱生育情况和产量指标补充施用的肥料。目前多以施用无机氮肥为主。追肥是解决土壤供肥不足和植株需肥矛盾的有效措施。在土壤肥力高、基肥充足时，追肥常在植株需肥的临界期进行；在土壤肥力低，基肥用量少的情况下，追肥应于前、后期两期进行，以满足植株对营养的需要。

高粱的追肥时期传统上以2次为宜，一次在拔节期，此时正值幼穗分化，以保证对养分的需要；另一次在抽穗期，追肥以保证抽穗、开花和灌浆的正常进行。也有在拔节期采取一次追肥的。关于高粱追肥适期，许多学者进行了较为深入的试验研究。辽宁省高粱样板田工作组（1965）根据188块典型地块及对比试验调查结果表明，高粱一次追肥以穗分化期的增产效果最高。栾本荣（1966）研究指出，同等数量的氮肥在幼穗分化期一次追施，比苗期追施的增产30%，比孕穗期追施的增产21%。表7-17列出了高粱追肥适期的部分研究结果。其数据的基本趋势是相同的，即穗分化期追一次氮肥的增产效果最佳。

表 7-17　高粱不同生育期一次追施氮肥的增产效果

(郭有整理，1981)

品种	苗期追肥增产（%）	糖分化期追肥增产（%）	孕穗期追肥增产（%）	不追肥	资料来源
熊岳 253	104.2	124.5	114.5	100.0	栾本荣，1966
晋杂 5 号		104.9～108.8	100.0		辽宁省棉麻科学研究所，1973
晋杂 5 号		105.2～107.8	100.0		辽宁省棉麻科学研究所，1973
忻杂 7 号		112.5～119.3	100.0		辽宁省棉麻科学研究所，1973
忻杂 7 号		131.8～139.0	100.0		辽宁省棉麻科学研究所，1973
晋杂 5 号	114.5	117.4	113.1	100.0	河北省衡水地区农业科学研究所，1974
晋杂 5 号	100.0	130.6			广东省韶关地区农业科学研究所，1972
嫩杂 9 号	125.5	134.1	116，3		梁亚超等，1973

　　试验研究分析穗分化期追肥增产的原因是肥料促进穗枝梗和小穗的分化，增加穗粒数。梁亚超（1973）曾观察到，追拔节肥 300kg/hm² 硝酸铵，可使高粱一级枝梗增加 10 个，二级枝梗增加 135 个，三级枝梗增加 200 个。

　　在传统的高粱生产中，欲达到更高的籽粒产量，一般采取拔节和孕穗两次追肥。因为 2 次追肥既能促进幼穗分化，增加穗粒数，还能扩大叶面积。王树齐（1964）研究表明，追拔节肥 3～4d，正在伸长的和待伸长的叶面积明显大于对照，这种优势一直保持到生育后期。郭有汇总了不同时期追肥对高粱穗粒数的影响（表 7-18）。2 次追肥的凤凰窝品种穗粒数比拔节和孕穗一次追肥的分别多 326 粒和 1 219 粒；榆杂 1 号则分别多 173～403 和 327～557 粒。王树齐（1964）、郭有（1980）的追肥试验结果表明，孕穗期追肥增加千粒重的效应大于拔节期追肥。孕穗期追肥的凤凰窝和晋杂 5 号千粒重分别提升了 7.1% 和 18.8%。

表 7-18　不同追肥期对高粱穗粒数的影响

(郭有整理，1981)

处理 ＼ 品种	凤凰窝	嫩杂 9 号	榆杂 1 号
对照（不追肥）	2 231	1 592	2 731
拔节期追肥	3 351	2 302	2 885
孕穗期追肥	2 458	—	2 731
拔节、孕穗期两次追肥	3 677	—	3 058～3 288

　　总之，高粱从拔节至孕穗期间正处于穗分化至小穗形成期间，是追肥的适宜时期。拔节期一次追肥的，是通过增加穗分枝数和穗粒数达到增产效果。拔节期和孕穗期 2 次追肥的，可同时增加穗粒数和粒重两个产量组分，增产的效果优于一次追肥。两次追肥的肥料数量分配应根据品种、植株生长情况、土壤供肥等综合因素考量后确定，一般是前重后轻，比例 6∶4 或 7∶3 为好。

　　追肥的方法主要有开沟条施和根外喷施两种。生产上一般采用人工或机械开沟条施，在离高粱根部 7~10cm 处开沟，深 10cm，随施肥随覆土。在东北垄作地区常结合第二次或第三次蹚地进行。即在最后一次铲蹚封垄前，先铲地把垄台放下来，在根附近人工撒施无机肥，随施随蹚地覆土盖肥。这种方法盖土薄，而且不严密，有的地方肥料裸露在地表，易使肥料挥发，加之施肥部位浅，降低了肥料的利用率。

卢庆善（1979）的研究表明，深追肥（7~10 cm）可以减少肥料的损失，提高肥效，起到增产作用（表 7-19）。内蒙古自治区农业科学研究所（1972）在施肥 24h 后测定，地表条状撒施碳酸氢铵的氮损失率为 4.6%~17.4%，条施覆土的几乎没有损失；施肥后15d 测定的结果是，地表条状撒施的氮损失率为 8.9%~26.6%，施后覆土的损失率仅为0.3%~2.1%。深施再结合灌水会大大提高化肥的利用率。

表 7-19　高粱氮肥深追增产效果

(卢庆善，1979)

追肥深度 产量	地表（对照）	3.3	6.6	10.0
每公顷产量（kg）	6 732	7 089	7 236	7 302
增产（%）	0	5.3	7.5	8.4

肥料的形态与肥效有关。在施用量相同的情况下，长效球（粒）肥比粉状肥的增产效果高（表 7-20）。因此，肥料的发展方向是综合性和长效性。综合性是指一种肥料包含氮、磷、钾主要元素和某些中量、微量元素，即所谓的复合肥料；长效肥是指延长肥效的时间，甚至于播种时一次随种施肥，在整个生育期间都产生肥效。

表 7-20　球状肥与粉状肥的增产效果

(郭有整理，1981)

施球状肥产量（kg/hm²）	施粉状肥产量（kg/hm²）	增产（%）	资料来源
3 840	3 337.5	13.2	吴凤林等，1966
3 322.5	2 602.5	27.7	吴凤林等，1966
2 475	2 325	6.5	天津市农业科学研究所，1978

高粱生育后期的根外追肥，也称叶面喷肥可促进早熟、提高粒重和增加产量。后期根外追肥通常以磷、钾肥和微量元素肥料为主，如果植株表现有缺氮症状，也可根外追氮。天津市静海县农林局（1977）报道，在高粱灌浆初期使用 0.1% 浓度的磷酸二氢钾喷施高粱叶面上，每公顷溶液用量 2 250kg，千粒重提高 3.5% 左右。辽宁省昌图县农业中心（1977）试验，抽穗时用 2% 浓度的尿素溶液喷叶面每公顷 750kg，比对照增产 10%，提早成熟 5~7d。试验表明，用磷酸二氢钾与尿素混合溶液进行根外追肥，促早熟、增产效果更好。

根外追肥要严格掌握浓度和用量，超过适宜浓度和用量，会造成烧叶，影响光合作用，还要注意随配随用，当天配制的溶液当天用完。如果土壤缺乏微量元素，喷施溶液中还要加入相应的微量元素。

（四）灌水

虽然高粱是较耐旱的作物，但要完成植株的正常生长发育，仍然需要吸收一定数量的土壤水分。水分不仅是植株的重要组成成分，还是合成碳水化合物的原料。高粱耗水量也较大，每生产 1kg 籽粒，至少需 500～600kg 水。高粱总的需水规律是生育周期两头少、中间多。生育中期是对水分需要的敏感时期，此期缺水会影响幼穗分化和发育，造成小穗小花数减少，严重时抽不出穗来，俗称"掐脖旱"。这时，遭遇干旱应灌水，每公顷 600m³。高粱灌浆期的土壤水分对提高粒重有明显作用。乳熟期决定籽粒大小，与水分供应有直接关系。"春旱不算旱，秋旱减一半"，说明此期水分的重要性。

生产上的高粱很少有灌溉的。但在遭遇大旱或有灌溉设施的地块应进行灌溉。现行的灌水方法主要有沟灌和畦灌。垄作地区多借助垄沟进行沟灌。适宜的沟灌坡度为 2/1 000～5/1 000，沟长以 50～100m 为一段。平作地区多采取畦灌，适宜的畦长为 30～60m，畦宽 2～4m，畦面应平整。这两种灌溉方法耗水量大，不利节水。目前，多采用喷灌或滴灌技术，节省水，效果好，只是初建成本费用较高。

（五）田间管理

高粱从播种到收获前的一系列田间作业称之田间管理。田间管理延续时间长，作业内容多，技术性强。其主要任务是根据高粱不同生育时期对环境条件的要求，采用相应的管理措施，如间苗、定苗、中耕、除草、追肥、灌溉、防病、治虫，以及防御旱、涝、低温、霜冻等自然灾害，以保证高粱的正常生长发育，并获得好的收成。高粱的田间管理按生育时期可分为 3 段，即苗期，拔节至抽穗期，抽穗至成熟期。

1. 苗期田间管理　苗期田间作业较多，包括破除土表板结、查田补苗、间苗定苗、铲蹚、灭草等。

（1）破除土表板结　高粱播后出苗前，有时会降雨，造成地表板结妨碍出苗。这时应用耢耙地表破除板结以促进出苗，还能提高地温，减少土壤水分散失。如果在高粱出苗前长出杂草，应铲地，既清除杂草，又破除土表板结，称之"铲萌生"。

（2）查田补苗　高粱播种后，由于墒情不足，或地下害虫危害等原因，造成缺苗断条，应及时查田补苗。在缺苗较多时，可以抓紧补种；补种先浸种催芽，促进加快出苗，使幼苗生长一致。在缺苗较少时可以补栽，补栽应在五叶期之前进行，选择阴天或晴天下午，先在缺苗处刨坑，然后起苗栽于坑内，培土、按实、封严。土壤干旱时，需座水移栽，以保证成活。

（3）间苗、定苗　间苗的目的是使幼苗形成合理的田间分布，避免幼苗间互相争夺养分和水分，减少地力消耗。间苗应在二叶期或三叶期进行，有利于培育壮苗。三叶以后，幼苗开始长出次生根，遇雨次生根长得更快，间苗过晚，苗大根多，容易伤根或拔断幼苗。

定苗要保证计划种植密度。一般于四叶期定苗，不要晚于五叶期。定苗时要求做到等距留苗、定壮苗、正苗、不留双株苗。但在缺苗的地方，也可适当借苗。杂交种生产田间苗、定苗时，要根据芽鞘色、叶形和株高等，拔除杂株、劣株，以提高纯度。

（4）铲蹚　铲蹚是苗期管理的主要作业。铲蹚可以消除板结，铲除杂草，对调节改善土壤湿度、温度有重要作用。农谚"锄头底下有水又有火"就是说明这个道理。天旱时，铲蹚能破除土壤板结，疏松土壤，接纳雨水，由于表层毛细管被切断而减少土壤水分蒸发；相反，在雨多地湿时，铲蹚增大了土壤孔隙度，可加速水分散失，提高地温。据辽宁省测定，6 月 22 日进行铲蹚，比不铲蹚的地表温度提高 2.8℃，2cm 土层温度提高 1.0℃，4cm 土层温度增高 0.8℃。铲蹚改善了土壤环境条件，可使土壤中好气性微生物活动增强，加速有机质分解，提高土壤养分含量。蹚地可切断垄沟内大量须根，断根恢复需要一定的时间，因而减少了对地上部养分供应，可控制茎叶生长，并能刺激次生根大量发生，增强根系的吸收能力，有利于"蹲苗"，使植株生长敦实，叶肥色浓，心大老健。

传统高粱生产田一般要进行三铲三蹚，也有二铲二蹚，每隔 10～15d 进行一次。第一次在 3～4 叶期进行，因为幼苗矮小，铲深 2～3cm，蹚深不过 4～5cm；第二次铲蹚时，幼苗已长高，应深铲壅土推平，防止倒伏，蹚地也要深，压草松土，促进根系深扎和次生根的生长，蹚深 8～10cm。第三次铲蹚时，高粱已进入拔节阶段，铲地应横锄放土，蹚地深度不宜超过 7cm，过深会伤根影响根的吸收能力。

（5）化学灭草　目前在高粱生产中，为减少田间铲蹚次数，一般采用化学药剂灭草。李进等（1980）在辽宁省铁岭县的试验表明，每公顷用 50％阿特拉津可湿性粉剂 3kg、4.5kg 和 6kg，分别对水 750kg。播种前喷洒土壤，并用镐浅翻 8～10cm，或在出苗前喷洒阿特拉津药液处理土壤，对单子叶和双子叶杂草均有良好的防除效果。虽然阿特拉津对高粱前期生长有一定的抑制作用，表现为植株变矮，但以后这种现象会逐渐消失。喷洒阿特拉津的高粱产量明显高于不除草的地块，但与人工除草的地块无明显差异（表 7-21）。

刘德义等（2018）用几种除草剂在高粱播种后出苗前及其 4～6 叶幼苗进行防治杂草试验。结果表明，用 38％莠去胶悬剂的播后出苗前处理和 40％异丙草·莠悬浮剂的同样处理，对高粱田间单子叶和多子叶杂草均起到较好的防除效果，而且未见对高粱产生药害，籽粒产量明显高于其他除草剂及其组合的处理，而与人工除草的产量相当，可以在高粱生产上推广应用。

表 7-21　不同除草剂对高粱产量的影响

（李进等，1980）

除草剂名称和数量	施用时期	用除草剂的产量		比不除草增加的产量（kg/hm²）
		kg/hm²	显著水平	
50％阿特拉津 3	播种前	6 502.5	ab	2 289
	出苗前	6 945	ab	2 731.5
50％阿特拉津 4.5	播种前	7 063.5	ab	2 850
	出苗前	6 985.5	ab	2 772
50％阿特拉津 6	播种前	6 493.5	ab	2 280
	出苗前	7 219.5	ab	3 006
50％扑灭津 4.5	播种前	7 111.5	ab	2 898
	出苗前	6 636	ab	2 422.5
50％利谷隆 0.75	出苗前	7 015.5	ab	2 532
人工除草		6 136.5	b	1 923
不除草（对照）		4 213.5	c	

李志华等（2018）采用辽杂 19、辽杂 37、辽甜 1 号、辽粘 3 号为试材，除草剂莠去

津悬浮剂＋精异丙甲草胺（金都尔）进行封底试验。通过对高粱株高、茎粗、干物率、开花期和籽粒产量的调查结果表明，高粱田用除草剂封地后，对前期营养生长有一定抑制作用，随着植株进入营养生长和生殖生长并进阶段，这种影响对辽杂19、辽杂37、辽粘3号逐渐减小，对最终的产量也没明显差异。

值得注意的是，长期单一施用阿特拉津会造成多年生杂草多发，也易使杂草产生抗药性。应采用对高粱无毒害的除草剂交替施用或混合施用。阿特拉津不适宜在沙土和有机质极端缺乏的土壤上施用，因其残药期长，对大豆等后茬作物具有一定的危害性。

2. 拔节至抽穗期田间管理　此时是高粱营养器官根、茎、叶旺盛生长的时期，也是生殖器官穗迅速分化和形成的时期。这是高粱单株生长发育最繁茂的时期，所需各种营养元素的最大摄取量和临界期几乎都出现在此期，是决定穗子大小、籽粒多少和产量高低的关键时期。因此，此期的田间管理主要是协调好营养生长与生殖生长的关系，在促进茎、叶生长的同时，充分保证穗分化的正常形成，为实现大穗多粒奠定基础。

这一时期的主要田间作业有追肥、灌水、中耕、除草、防治病虫害等。追肥是关键，也是主要的田间管理技术。追肥要掌握高肥地块应促控兼备，缺肥地块应一促到底。

为了防止茎秆脆弱倒伏，试验证明此期喷施矮壮素可使植株矮化粗壮。矮壮素能抑制细胞伸长，但不影响细胞分裂，会有效增加高粱产量。梁亚超（1980）整理黑龙江省农业科学院试验结果表明，拔节初期喷施矮壮素后叶色浓绿，比不喷对照株高降低 20～30cm，茎粗增加 0.12cm，单株根干重增加 1.4 g，增产 10％～14.7％（表 7-22）。

表 7-22　高粱拔节期喷洒矮壮素的增产效果
（梁亚超整理，1980）

年份	处　理	品　种	产量（kg/hm²）	增产（％）	试验单位
1970	0.1％	大红粒	3 707.25	12.7	嫩江地区农业科学研究所
	不喷（对照）		3 288.75		
1971	0.1％	黑杂 34	5 850	14.7	黑龙江省农业科学院植物保护研究所
	不喷（对照）		5 100		
1972	0.1％	14A×119	6 387.75	10.0	黑龙江省农业科学院植物保护研究所
	不喷（对照）		5 750.25		
1973	0.1％	大粒红	4 340.25	12.4	嫩江地区农业科学研究所
	不喷（对照）		3 860.25		
1974	0.1％	齐杂 3 号	6 038.25	14.5	嫩江地区农业科学研究所
	不喷（对照）		5 272.5		

卢庆善等（1993）研究了喷施健壮素与倒伏、产量的关系。结果表明，喷健壮素的高粱杂交种的平均倒伏率为 1％，幅度 0～3.3％；未喷的平均倒伏率为 22％，幅度4.4％～47.8％。喷健壮素的株高比不喷的矮 22.3cm，幅度 12.3～34.5cm；穗柄短6.3cm。喷健壮素还使茎秆强度提高，表现为抗拉弯（断）力增加。喷健壮素的茎秆平均抗拉弯（断）力为 5.8N（15°拉弯）和 8.0N（30°拉弯），分别比不喷的多 1.8N 和

3.1N。喷健壮素的各杂交种平均气生根数为 12.1 条，比不喷的多 6 条。最终导致产量增加，增产为 3.9%~7.6%（表 7-23）。

表 7-23 高粱喷健壮素增产效果

(卢庆善等，1993)

年份	杂交种	喷健壮素产量 （kg/hm²）	不喷健壮素产量 （kg/hm²）	增产率 （%）
1991	辽杂 4 号	9 022.5	8 556	5.5
	232EA×5-27	8 232	7 672.5	7.3
	辽杂 1 号	7 624.5	7 336.5	3.9
	平　均	8 293.5	7 855.5	5.6
1992	辽杂 4 号	8 149.5	7 532	7.6
	232EA×5-27	8 115	7 726.5	5.0
	辽杂 1 号	7 231.5	6 909	4.7
	平　均	7 831.5	7 402.5	5.8

　　使用矮壮素和健壮素时应注意，在需要调节营养生长和生殖生长关系的高产田块，或者因贪青晚熟有遭遇早霜危害的地块，方可适时（一般在拔节至抽旗期）适量（0.1% 浓度）喷洒矮壮素或健壮素，其效果好。而在土壤瘠薄、生长不良的田块，一般不宜喷洒矮壮素或健壮素。

　　3. 抽穗至成熟期田间管理　此期以形成高粱穗和籽粒产量为生育中心。籽粒中的干物质小部分来自茎秆和叶片等器官已贮存的物质，大部分是此期功能叶片光合作用的产物。籽粒灌浆速度与后期植株体内水分的状况关系密切。卢庆善（1979）研究表明，高粱在授粉后 18~20d 之间，其籽粒体积达到最大值，然后是干物质的积累。籽粒体积达最大值与这一时期的土壤水分和植株体内含水量有十分密切关系。因此，为获得较高的籽粒产量，此期保持植株较高的含水量，叶片的旺盛光合能力，以及根系较强的吸收能力，是取得高产的关键。此期田间管理的中心措施就是浇灌浆水，追穗、粒肥，喷洒生物激素和防治病虫害等。

　　为促进高粱早熟，防止早霜危害，可于生育后期喷洒乙烯利、石油助长剂等激素。试验表明，在高粱开花末期对高粱全株或穗部喷洒 1 000~1 500mg/kg 乙烯利，可提早成熟 7~10 天，增加产量 9.1%~48.8%（表 7-24）。费雪南等（1980）试验表明，高粱开花授粉后喷洒 1 000mg/kg 乙烯利，能加快籽粒灌浆速度，并延长其快速灌浆的时间（表 7-25）。

　　据调查，喷乙烯利的高粱，其旗叶长和宽度有所增加，旗叶面积增加了 4.1%，叶绿素含量也有提高。这可能就是乙烯利促熟增产的生理原因。乙烯利适宜的喷洒时期是开花末期，适宜的浓度是 1 000mg/kg，每公顷用量 900kg 药液。

　　费雪南等（1979）还研究了石油助长剂、三十烷醇对高粱生育的效应。试验表明，施用这两种激素与乙烯利一样，也有促熟增产作用，适宜的喷洒时期也是开花末期，适宜的浓度，石油助长剂为 1 000mg/kg，三十烷醇为 1mg/kg。

表 7-24　喷乙烯利对高粱的促熟增产效应

（梁亚超整理，1980）

项目　处理	品种	成熟期（月、日）	每公顷产量（kg）	增产（%）	资料来源
1 000mg/kg	晋杂 5 号	9.11	10 123.5	12.4	费雪南等，1980
不喷（对照）	晋杂 5 号	9.21	9 007.5	0	
1 000mg/kg	齐杂 3 号	9.7	9 007.5	48.8	嫩江地区农业科学研究所，1977
1 500mg/kg	齐杂 3 号	9.8	6 001.5	-0.8	
不喷（对照）	齐杂 3 号	9.16	6 052.5	0	

表 7-25　喷乙烯利对高粱籽粒灌浆速度［mg/（千粒·d）］的效应

（费雪南等，1980）

处理	喷洒后日数										
	5	11	15	20	25	29	34	40	43	46	50
1 000mg/kg	221.4	435.9	466.1	533.9	557.1	557.6	516.8	469.6	445.6	432.3	419.5
不喷（对照）	245.7	445.2	494.2	514.4	527.1	523.8	472.6	443.8	421.9	409.0	410.0

第四节　高粱特殊栽培

一、再生栽培

（一）再生栽培的原理和效果

1. 再生高粱的概念　高粱每个节间纵沟基部都生有腋芽，特别是茎基部，由于节间短，腋芽分布更为集中。当高粱收割、掐穗或因受机械损伤、病虫危害，使主茎或主穗不能继续生长发育时，这时具有较强萌发能力的茎基部或茎上部腋芽，很快就能萌芽，长出新的植株或分枝，并能在适宜的条件下生长发育，抽穗、开花、成熟。当直播高粱正常收获后，利用其分蘖腋芽生育，再收获一季，这就是再生高粱。

2. 再生栽培的效果　中国南方高粱栽培区的四川、广东、广西、贵州、湖南、湖北等省（自治区），无霜期长，有效积温多，具有实行高粱再生栽培的优越条件，完全可以进行再生栽培。1972 年，广西贵县大圩村第一季种 0.52hm² 忻梁 7 号杂交高粱，收获后连续进行 2 季再生栽培。直播第一季每公顷产 7 740kg，再生栽培第一季每公顷产 7 170kg，第二季产 1 417.5kg，一种 3 收每公顷共产籽粒产量 16 327.5kg。再生栽培的优点是免除整地，节省种子，有利于利用杂种优势。

（二）再生栽培技术

1. 选用再生能力强的品种或杂交种　高粱品种或杂交种之间的再生力是有差异的，通常国外品种强于国内品种，杂交种强于普通品种。福建省建阳地区农业科学研究所（1972，1973）对 14 个高粱杂交种进行再生栽培比较试验，表现再生力强的有忻杂 3 号、晋杂 5 号、原杂 10 号和忻杂 7 号。各地试验结果表明，上述杂交种都可以用于再生栽培，其中以忻杂 7 号表现最优，原因是茎秆粗壮，再生力强，穗大粒多。近年选育的杂交种辽杂4号、辽杂6号、辽杂7号、锦杂94等均是再生力很强的杂交种，可以用来作再生栽培的杂交种。

2. 第一次种植需打好基础　第一次种植（直播）不仅对当季增产有重要作用，还会影响再生苗的生育和产量，是再生栽培的基础。因此，做好初次栽培是再生高粱生产的一项决定性措施。

（1）适时播种　第一次种植的高粱播种期要考量给再生高粱留有充足的生育时间，以保证其完全成熟。在广东、广西、贵州、四川等地8月初第一次种植的直播高粱收获后，给再生高粱留有95～100d的生育期，可以正常成熟。有条件的生产单位可于早春采用塑料薄膜育苗，4月初移栽，7月初收第一季，这样再生高粱的生育时间就更充裕了。

（2）加强初次栽培高粱的管理　对初次直播高粱要多施优质有机肥作基肥，用化肥作追肥，不仅可以提高当季高粱的产量，而且对再生高粱的生育和产量也能打下较好的基础。湖南省郴州地区农业科学研究所（1972）的试验也证实了这一点（表7-26）。孕穗至抽穗期适量追施一些速效性氮肥，不仅有利于初次直播高粱增产，而且还有利于其腋芽的生长发育。

表 7-26　初次栽培高粱施肥对再生高粱产量的效应

（遗杂 19 号）（郴州地区农业科学研究所，1972）

初次栽培当季			再生季			
基肥（kg/hm²）	追肥（kg/hm²）	产量（kg/hm²）	再生率（%）	单穗重（g）	千粒重（g）	产量（kg/hm²）
棉籽饼肥 1 500	棉籽饼肥 1 500	5 034	98.82	42.5	28.8	4 173
棉籽饼肥 750	棉籽饼 750 尿素 60	5 941.5	97.70	36.5	28.4	3 519
棉籽饼肥 750	棉籽饼肥 750	3 375	95.45	35.0	27.0	3 373.5

（3）及时收割　直播高粱收割的早晚，直接影响再生高粱的再生、生长发育、抽穗、灌浆、成熟和产量。张朝伟等（1955）指出，在淮北地区以蜡熟期收割最好。广西武鸣县梁新村（1973）的试验结果表明，直播高粱收割越晚，再生高粱的再生苗形成期、穗分化期和成熟期越晚，产量也越低（表7-27）。收割期遇干旱时，留下的茎秆失水多，叶片枯黄，再生力降低，最终导致再生高粱减产。通常直播高粱有80%的植株达到成熟时即可收割。

表 7-27　不同收割期对再生高粱产量的影响

（原杂 10 号）（广西武鸣县新梁村，1973）

收割期（日/月）	新蘖形成期（日/月）	幼穗分化开始期（日/月）	抽穗期（日/月）	成熟期（日/月）	产量（kg/hm²）
17/7	20/7	8/8	22/8	10/10	1 875
20/7	25/7	18/8	2/9	20/10	1 687.5
30/7	3/8	25/8	12/9	28/10	1 462.5

（4）留茬节位　高粱茎秆不同节位的腋芽萌发长出的再生株，其生长势不同，越是下部腋芽长出的再生株生长势越强，茎秆矮壮，叶片宽，根系入土深，生长整齐，成熟晚，

产量高。相反，茎上部腋芽长出的再生株，生长较为细弱，有时产生弯曲，容易倒折，穗小且不整齐，但比低节位的再生株早熟。低节位再生株在穗长、穗粒重和千粒重等产量组分上明显优于高节位的再生株（表 7-28）。因此，应根据当地无霜期的长短和早霜来临的时间，以土壤肥力高低和栽培管理的水平，确定适宜的留桩节位。在保证充分成熟的前提下，生产上普遍采用的是低桩留芽方法。一种是近地表割茎，地表以上留桩 4～7cm，保留 1～2 个芽；另一种是紧贴地面割茎。比较起来，还是近地面割茎再生效果好。要做到抢晴砍秆，因晴天地面无积水，再生率可达 90%～95%；而雨天砍秆因桩头灌水，老根容易腐烂，再生率仅有 70%～80%。砍茎时应用利刀斜砍，"一刀清"，尽量使刀口边缘完整无损，防止撕裂根桩。

表 7-28 高粱再生株节位对产量的影响

(浙江省东阳县玉米研究所)

再生株节位	株高（cm）	穗长（cm）	茎粗（cm）	单穗粒重（g）	千粒重（g）
高节位	178.7	20.6	1.00	20.0	29.3
低节位	198.1	25.1	1.17	30.0	31.0

3. 再生高粱田间管理

（1）灌水和施肥 砍茎后，随即灌水。在适宜的条件下，砍后 4～5d 便可长出再生芽。由于第一季直播高粱对地力的消耗很大，而且再生芽发出时原来老根系吸收能力已经减弱，因此在第一季收获后，要即刻将肥料靠近高粱根施下去，并浅覆土，通常每公顷施尿素 112.5～150kg。当再生植株长到快要封垄时，这时处于穗分化初期，应追一次肥，以促进幼穗的分化。每公顷追施硫酸铵 300kg 或尿素 225kg。

（2）选留健壮再生苗 由于腋芽再生力较强，一般可发 3～6 个。当再生苗出齐并长出 3～4 片叶时，应及时间掉多余的苗。留苗过多，会消耗大量养分，影响幼苗生长。间苗时，要坚持留下不留上，留壮不留弱；如果要留双苗，应选择留互生苗。留苗的多少要根据土、肥、水和第一季密度等因素来确定。土壤肥沃并能施肥灌水的地块，每株可留 2～3 苗。土质差，肥水不足的地块，每株留 1～2 苗。第一季缺苗时，可适当多留苗。通常每公顷保留再生苗 15 万～18 万株。

定苗后应及时中耕除草，破除板结，促进新根生长。中耕松土还可与追肥结合，培土为再生苗生长发育创造良好的土壤环境。再生高粱苗期常发生芒蝇，应及时防治。中后期常发生玉米螟、黏虫和蚜虫危害，要及时防治，做到治早、治少、治了。

二、覆膜栽培

（一）覆膜栽培的促熟增产效果

覆膜栽培是利用塑料薄膜，在无霜期较短的地区，或高海拔冷凉地区获得高粱高产的一项有效栽培技术。1991 年，辽宁省朝阳县台子乡采用大垄双行，双株紧靠，覆膜栽培的技术，种植辽杂 4 号高粱杂交种 0.4hm²，每公顷产量达 13 356kg，创造了当时辽宁省高粱最高单产纪录。

利用塑料薄膜进行地面覆盖栽培，可以保水、保肥、提高地温。不同地块和土壤类型的增温效果是不一样的。一般条件下，覆膜期间可使耕层地温比不覆膜的提高地温 2～5℃。覆膜栽培在高粱生育前期（封垄前）增温效果明显。从地面到 30cm 土层均有增温效果，以 10cm 处增温值最高，白天增温平均 6℃。在一天中，以 14 时为增温最大值，9.4℃。生育后期（封垄后）增温效果不明显。松质的沙壤土、壤土比黏重土壤增温效果好。

地膜覆盖还能防止土壤水分蒸发，起到保墒的作用。据辽宁省经济作物研究所（1978）调查，地膜覆盖的 5cm 处土壤湿度比不覆盖的高 6.35%，10cm 处高 5.08%，20cm 处高 2.31%（表 7-29）。

表 7-29　覆膜与不覆膜土壤水分比较
(辽宁省经济作物研究所，1978)

处理	雨前含水量（%）			雨后含水量（%）		
	5cm	10cm	20cm	5cm	10cm	20cm
覆膜	20.88	22.81	22.86	21.4	23.2	22.3
不覆膜	14.53	17.73	20.55	25.7	24.6	24.2
差数	6.35	5.08	2.31	−4.3	−1.4	−1.9

地膜覆盖，由于提高了地温，保持了土壤水分，可以使高粱早出苗 3d，并促使高粱早长快发，早抽穗 5d，早成熟 7d，延长了有效生长期，保证在霜前安全成熟，获得高产稳产（表 7-30）。

表 7-30　地膜覆盖对高粱的促熟增产效果
(辽宁省西丰县农业科学研究所，1980)

处理	播种期（日/月）	出苗期（日/月）	抽穗期（日/月）	成熟期（日/月）	单穗粒重（g）	产量	
						（kg/hm²）	（%）
地膜覆盖	22/5	26/5	22/7	6/9	78.0	7 837.5	121.8
不覆盖（对照）	22/5	29/5	27/7	13/9	73.5	6 435	100.0
差 数	0	−3	−5	−7	4.5	1 402.5	21.8

（二）覆膜栽培技术

1. 选好良种，适时早播　精选良种，适时早播是高粱覆膜栽培获得高产的一项关键措施。由于在地膜覆盖期间可以增加活动积温 140～250℃，甚至更多，因此选择适宜的品种至关重要。一是选择的品种生育期既能在当地安全成熟，又能充分利用因覆膜而增加的有效积温，以使品种有效地利用这些热、光条件达到高产的目的。其原则是覆膜栽培的品种要比裸地栽培的品种生育期长一些，长多少要考量由于覆膜后增加的活动积温数确定。二是选择的品种还要具有高产、抗逆性强和抗当地病虫害的性状，以及适应当地的气象条件。

2. 采取高产栽培形式，合理密植　地膜覆盖后，土壤的水、肥、气、热关系发生了一些变化。为了更好地发挥群体的增产效应，采取适宜的栽培形式，适当增加种植密度是必要的。辽宁省朝阳县羊山镇采用大垄双行、双株紧靠的种植形式，通过整地做成 95cm

宽的大垄，垄面宽 60cm。做垄时，每公顷施农家肥 60t 作基肥，加磷酸二铵 150kg。起垄后将垄面搂成鱼背形。平均垵距 32.4cm。播种后，大行距 65cm，小行距 30cm，这样种植密度为每公顷135 000株，比单垄单行增加密度 30％左右，这就为高产打下了可靠的基础。

3. 合理施用肥料　合理施肥是高粱覆膜栽培基础。高德进等（1996）研究山西省晋中东山高寒气候区覆膜栽培施肥与产量的关系。在试验数据汇总分析的基础上，建立了覆膜高粱氮、磷配合施用的产量模型，求得最高每公顷产量10 864.5kg的施肥量为纯氮244.5kg，五氧化二磷（P_2O_5）192kg。还建立了晋东高寒区覆膜高粱栽培氮、磷配合施用的增产数学模型，求出最大增产量3 687kg的施肥量为纯氮 273kg，P_2O_5 为 216kg；还建立了最佳经济施肥量的数学模型，求出最佳经济施肥为每公顷纯氮 163.5kg，P_2O_5 为117kg，可获得最佳经济施肥每公顷10 335kg的产量。

三、耐冷栽培

高粱是喜温作物，对温度反应敏感。在我国东北高纬度地区或低纬度高海拔地区，高粱常遭受低温冷害，使产量受到损失。在低温冷害年份，高粱一般减产 2 成左右，重者 5 成以上。为了防止或减轻低温冷害造成的损失，采取相应的耐冷栽培技术是必要的。

（一）做好高粱品种区划，合理搭配品种

首先，根据高粱种植区域的气象条件，温度、光照、降雨等，以及当地生产条件、栽培技术等因素，做好品种区划。其次，要选育早熟、耐冷凉、高产品种和杂交种，以适宜冷凉地区高粱生产的需要。多年来，全国高粱春播早熟区和春播晚熟区均选育出一批适应当地生态条件的优良高粱品种或杂交种，对提高产量起到了重要作用。品种选育在关注丰产性的同时，更要关注早熟、耐冷性的选育。在生产上，要合理搭配品种，以提高稳产性。

（二）适时早播，缩短播期

我国北方高粱产区生长季较短，且常发生春旱。由于春旱失墒，不能按时播种，或播后不能及时出苗，延迟抽穗和成熟，易遭受早霜危害减产。因此，适时早播，缩短播种期是防御低温、早霜的一项有效措施。

高粱发芽的下限温度在 6～8℃之间，可以适时早播。早播早出苗，早生长发育，早抽穗，早成熟。卢庆善（1979，1980）研究温度（不同播种期）对高粱生长速度的影响。结果表明，高粱在九叶期，其地上部分鲜重、干重和叶面积是随播种期延后而逐渐增加，到挑旗期却相反。而且，早播总叶数多，干物质占鲜物重之比也高（表 7-31）。早播种使幼苗处在相对低温条件下，虽然生长量不如晚播的高，但植株体内干物质的比例大，说明苗期在相对低温条件下有利于幼苗干物质的积累，对抗御苗期低温是有利的。确定当地适宜早播的日期要根据无霜期的天数，品种的生育日数，土壤墒情和气温等综合因素考虑。一般以 5cm 处地温稳定通过 7～8℃为宜。与此同时，要做好播前一切准备工作，争取在尽可能短的时间内完成播种任务。

表 7-31　高粱不同播种期对部分植株性状的影响

(卢庆善，1979、1980)

播种期 (日/月)	九 叶 期					挑 旗 期				
	鲜重 (g)	干重 (g)	干/鲜 (%)	单株叶面积 (cm²)	叶面积系数	鲜重 (g)	干重 (g)	干/鲜 (%)	单株叶面积 (cm²)	叶面积系数
5/4	46.8	5.9	12.6	410.9	0.43	428.0	75.4	17.6	4 474.2	4.07
20/4	68.9	9.1	13.2	424.3	0.45	374.5	61.1	16.3	3 979.2	3.62
5/5	78.8	8.9	11.3	522.7	0.55	393.5	77.0	19.5	4 239.0	3.85
20/5	109.3	11.8	10.8	674.2	0.71	366.3	59.1	16.1	4 048.3	3.67
5/6	141.5	15.0	10.6	772.6	0.81	313.4	49.3	15.7	3 409.8	3.10

（三）增施农肥、磷肥，合理施用氮肥

增施农肥可以提高土壤有机质含量，改善土壤的理化性质，协调土壤水肥气热之间的关系，起到增温蓄水保肥的作用，对促进高粱早生快发作用很大。

增施磷肥对防御高粱低温冷害非常有效。卢庆善（1979）研究了持续低温条件下磷肥促进高粱早熟增产的效应。结果表明，在高粱生育期间的 4—9 月间 ≥10℃ 的活动积温比历年平均少 200℃ 的低温年份，在土壤速效磷含量 $5 \times 10^{-6} \sim 10 \times 10^{-6}$ 的地块种植高粱，每公顷施 375kg 过磷酸钙作种肥，可促进高粱幼苗的生育、成熟和增产，一般比不施磷肥的对照提早抽穗 6~8d，提早成熟 5~7d，增产 7.7%~22.9%（表 7-32）。施磷量与产量为极显著正相关，$r = +0.935$（$P < 0.01$），每增施 1kg 过磷酸钙，增产高粱籽粒 3.7kg。

表 7-32　高粱施磷肥与不施磷肥熟期、产量比较

(卢庆善，1979)

年份	施磷肥比不施磷肥		产量（kg/hm²）			
	提早抽穗天数	提早成熟天数	施磷肥	不施磷肥	增产幅度（%）	平均（%）
1976	7~9	5~7	7 333.5	6 456	7.5~20.9	13.6
1977	6~7	4~7	6 537	5 332.5	12.4~42.6	22.6
1978	5~8	5~6	5 767.5	4 957.5	9.3~17.5	14.1
1979	6~8	6~8	7 494	7 012.5	1.4~10.9	6.4
平均	6~8	5~7	6 783	5 940	7.7~22.9	14.2

早熟增产的原因是因为磷肥起到了促进高粱生育的作用。尤其在苗期低温条件下，磷肥促进幼苗早生快发，增加株高、叶面积和绿色体数量，促进根系发育，增加根数。从三叶期到拔节期，施磷肥比不施磷肥的单株根数多 0.6~4.3 条，地上部分鲜重多 0.3~10.7g，干物重与鲜重比值多 1.6%；到挑旗期时，施磷肥的单株叶面积为 0.3~123cm²，叶面积系数为 0.13，植株相应增高为 2.5~6.9cm。

磷肥还有促进高粱幼穗分化的效应，施磷肥比不施磷肥的提早 3~6d 进入幼穗分化，并加快幼穗分化。使其提早 2~7d 结束分化，约提早一个幼穗分化阶段（图 7-1）。磷肥使高粱幼穗增大，给增产打下了很好的基础。此外，在籽粒灌浆速度上，干物积累高峰期施磷肥比不施磷肥的提早进入 2~3d，千粒干物日增重平均多 165mg，使粒重增加。这就证

明了磷肥促进高粱早熟增产的作用机理。

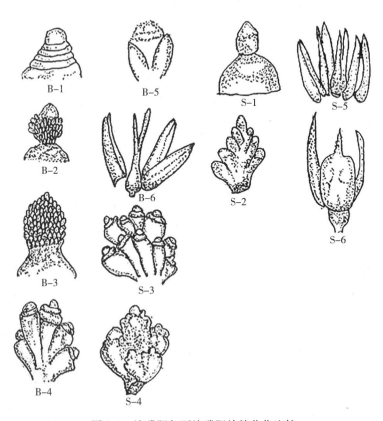

图 7-1　施磷肥与不施磷肥幼穗分化比较

B　不施磷肥　　　　　　S施磷肥

B—1　营养生长锥　　　　S—1　生殖生长锥

B—2　一级分枝原基　　　S—2　二级分枝原基

B—3　一级分枝原基　　　S—3　小穗原基

B—4　外颖片原基　　　　S—4　雌蕊花药原基

B—5　雌蕊花药原基　　　S—5　柱头形成、子房膨大

B—6　花器形成　　　　　S—6　花序轴迅速生长

（卢庆善，1979）

合理施用氮肥也能起到一定的促熟增产作用。在低温年份，如果用等量尿素作追肥，在九至十叶期追大头肥（占总追肥量的 70%～80%），可比在挑旗期追施的提早成熟 2d 左右，增产 7.9%。

（四）早管细管，采取综合促熟栽培措施

提早田间管理是促进高粱生育的一项有效技术措施。早管细管的目的在于改善田间小气候，提高地温。实践证明，适时早间苗，早追肥，多铲多蹚，勤铲勤蹚，深铲深蹚，旱田能提高地温 1℃ 左右。春季温度提高 1℃，相当于春季提前 4～5d，或相当于南移 1 个纬度。夏季消灭杂草，雨季前蹚起大垄，均能提高地温，起垄比不起垄夏季地温提高 1.1～2.9℃。高粱灌浆成熟期放秋垄，拔大草都是防御低温冷害、促进早熟的有效措施。

四、抗盐栽培

高粱是耐盐能力较强的作物。据测定，高粱苗期的耐盐极限值全盐量为 0.4％ 左右，土壤溶液浓度为 1.66％，100g 土壤溶液氯离子浓度为 0.4mg 当量。随着植株的生长发育，高粱的耐盐能力逐渐增强。到拔节期，其耐盐极限值全盐量达到 0.5％～0.6％，土壤溶液浓度为 2.28％，100mg 土壤溶液氯离子浓度为 2.4mg 当量。在我国黄淮中、下游地区有大片盐碱地，高粱历来是盐碱地区的主要作物之一。一般盐碱地区，由于土壤盐分含量高，土质瘠薄，高粱生育前期不易保苗，后期长势弱，产量不高。因此，在盐碱地上种植高粱，应采取一些特殊的栽培技术措施，对保苗夺丰收至关重要。

（一）治涝排盐

治涝排盐是改良、利用盐碱地，提高高粱产量的一项基础措施。土壤中的盐分是通过地面含盐水、含盐土的挟带和地下含盐水的毛细管上升积累起来的。土壤盐分变化与土壤水分运动有密切关系，即盐随水来，盐随水去。排除积水，即可控制盐分。常用的排涝治盐措施主要有 2 项。

1. 台田　在地势低洼，排水不良的重盐碱地上修建台田，将田面抬高，不仅有利于排水去盐，同时由于降低了地下水位，还能抑制返盐。据测定，在重盐碱地上修台田，0～10cm 和 10～20cm 土层的含盐量分别为 0.15％ 和 0.16％，播种高粱能有九成苗。非台田的相同土层中，其含盐量分别为 0.65％ 和 0.22％，种高粱仅获三成苗。台田还可使上、下层不同质地的土壤发生部分掺和，改善土壤结构，增强土壤的通气性和抗旱力，有利于土壤熟化。据河北、山东等省的调查，台田比非台田增产 40％ 左右。

台田的规格应根据地势高低和盐碱度确定。地势低、积水深而又时间长的重盐碱地，台田的作用以防涝排盐为主，台面宜窄，一般在 20 m 以内，垫土厚度在 30cm 上下；排水沟上口宽 3～5m，底宽 0.5m，沟深 1～1.5m。在中等盐碱、积水不深，时间不长的盐碱地上，台田以排涝为主，台面可适当加宽，一般为 20～40m，排水沟上口 3m，底宽 0.5m，深 1～1.2m，台面垫土 10cm 左右。

2. 条田　在地下水位高、盐碱程度轻、多雨易涝的地区，可修建条田，以排涝为主，兼治盐碱。条田的宽度应根据涝洼的轻重来定。涝洼重，排水量大的地区，条田面宜窄；涝洼轻，排水量小的地区，条田面可适当加宽，一般宽度为 50～100m。条田沟上口宽 3m，深 1m，田面垫 3～7cm 厚，作用在于抬高田面，改良土壤。条田要备有通畅的排水干渠，以便有效地降低地下水位。

（二）耐盐播种保苗

保苗是盐碱地上高粱生产的基础。然而，盐碱地对高粱种子萌发的影响是抑制种子吸水，延长发芽出苗时间，从而造成粉种或种芽死亡。当土壤盐分含量达 0.77％～0.87％ 时，高粱几乎不能出苗。因此，必须采取相应的抗盐播种措施，以保证出苗率。

1. 浅播　盐碱地一般较正常地段表层 5cm 的土温低 1～2℃。在这种条件下，早播易粉种，晚播又会因地表返盐影响出苗。因此，当播种期间无雨，底层盐分尚未返到地表，墒情适中时，可采用浅播法。山东省总结有"三提耧播种法"的技术措施，即在含盐量不均的盐碱地上，采取"没盐地方深，有盐地方浅，一般地方平耧端"的做法，出苗效果较好。

2. 沟播　沟播就是根据盐碱地块低处盐轻，高处盐重的特点，研究出的一项抗盐碱播种技术。其做法是先用空耧或犁稆沟，沟深 10cm 左右，沟宽 15cm 左右，随后在沟内播种。在播种的耧腿上带有铁环，用来覆土盖种。沟内盐分低易保苗。山东省的景县试验证实，沟播的保苗率可达 80% 左右，而平播的保苗率不足 50%。沟播比平播的增产 24% 以上。

中国科学院华北地理研究所（1965）研究指出，在中度盐碱地上可采用沟垄种植法。此法是将地块起成大、小相间的垄，在大、小垄间的沟内播种。种子播在沟底 5cm 深处。天旱时盐分多集在垄脊上，沟内较少。降雨时还能加速沟底盐分的淋溶。此外，在沟内播种还可施用有机肥，既能调节盐分浓度，又有促进幼苗生长。

（三）增施有机肥，精细管理

有机肥含有大量有机质，经微生物分解后产生腐殖质，腐殖质可将土粒结合成团粒，从而有效地改善土壤结构，提高透水性和淋溶作用，并能减轻地面蒸发，抑制返盐。腐殖质还具有吸附盐碱土中钠（Na^+）等有害离子的作用，把它们固定起来，不产生危害。有机质分解中产生的酸，能够中和并代换碱性物质。据辽宁省盐碱地利用研究所试验，每公顷施用 25.5t 厩肥，0～10cm 和 10～20cm 土层脱盐率比未施厩肥的提高 4.3%～10.5%。有机肥施用量越多，土壤脱盐效果越好。

盐碱地块幼苗出得晚，长势弱，应尽早间苗，适当多留一些苗；出苗前铲萌生，能增温抑盐，促苗早生快发；出苗后要多铲、勤铲；天旱要铲，雨后也要铲；大雨后要晚铲，铲干不铲湿；小雨后要早铲，浅铲，及时破除土壤板结，防止土壤水分蒸发，减轻返盐。总之，"盐地别无宝，多铲是一宝"。多铲可使盐碱地高粱增产 20%～30%。

（四）秋耕晒垡养坷垃

盐碱地要"早秋耕，春晚耕"。夏季降雨较多，土壤盐分被雨水淋溶，进入土壤下层，土壤耕层脱盐。入秋以后，气候干旱，蒸发量增大，盐分又随水上升至土壤表层。因此，要抓紧雨季土壤脱盐的时机，在高粱收获后及早进行秋耕。过晚因土壤已经返盐，势必会增加耕层的盐分含量。

在土壤疏松的沙质盐碱地上，耕后通常不耙，对质地黏重的土壤可进行粗耙，晒垡养坷垃。养坷垃是盐碱地块抑制土壤返盐的一项有效措施。核桃大小的土坷垃覆盖地面，断绝了土壤上、下层之间的毛细管联系，可防止水分蒸发，也就防止了盐分的上升。在晒垡过程中，盐分聚集在坷垃表面，也容易淋溶脱盐。"一个坷垃一碗油，盐地保苗不用愁"，这句农谚表明了养坷垃的重要效果。

春耕不仅要晚，而且要浅。耕后多耢少耙，养坷垃。否则，早耕气温低，地潮湿，耕后不易形成坷垃，土垡也晒不透，影响出苗。为避免因晚耕而将聚集到地表的盐分翻入播种层，加重盐害，一般采取播种前 10～15d 用摘去犁镜拱的犁或稆子稆，疏松土层，提高地温，并能减轻土层翻转。

第四节　高粱收获

收获是高粱栽培的最后一项田间作业。适时收获、晾晒、脱粒、干燥，减少操作过程中的各种损失，可保证丰产丰收。

一、收获时期

高粱的收获适期对产量的影响很大。过早，籽粒发育不充实，不饱满；过晚，容易落粒，也会造成减产。因此，应根据籽粒成熟的生物学特征、籽粒的用途和天气状况来确定适宜的收获期。

（一）籽粒的成熟过程

高粱雌蕊受精之后即迅速发育形成籽粒。一般从籽粒形成开始，通过灌浆过程，至生理成熟，因品种生育期长短约需30～50d，早熟品种所需天数少些，晚熟品种则需多些。籽粒的成熟过程通常划分为乳熟、蜡熟和完熟3个时期。双受精后，子房即膨大，不久便进入乳熟期。乳熟期的外形大小已确定，为绿色或浅绿色，丰满，籽粒内充满白色乳状汁液。此时，胚已发育成熟，具有发芽能力。蜡熟期的籽粒略带黄色，内含物基本凝固呈黏性蜡状，挤压时籽粒虽破裂，但无汁液流出，通常称之为"定浆"。当籽粒内含物呈固体状态时，用手挤压籽粒不破碎即进入完熟期。完熟期的高粱籽粒呈现出该品种的固有形状和颜色，籽粒的含水量在20%上下。

河北农业大学唐山分校（1974）研究了高粱品种三尺三籽粒干物质积累和水分散失过程（表7-33）。表7-33的结果可以看出，千粒鲜重最大值出现在开花后的25d左右，千粒干物质重最大值出现在完熟期，干物质增重最大值（7.92g）和千粒干物质日增重最大值［3.96 g/（d·千粒）］均出现在受精后18～20d之间，这时籽粒中的干物质和水分所占比例大体上各一半，之后干物质所占比例逐渐上升，而含水量所占比例逐渐下降，直到完熟期达到16.1%。

表7-33 高粱籽粒成熟过程的干物质重和含水量变化
（品种：三尺三，河北昌黎）
（河北农业大学唐山分校，1974）

项目	开花后天数（d）								
	2	4	6	8	10	12	14	16	18
千粒鲜重（g）	3.66	6.95	10.99	13.50	18.65	23.84	24.64	25.86	33.86
千粒干重（g）	0.63	1.38	2.79	3.62	6.37	9.79	10.21	13.85	15.63
干物增重（g）	0.75	1.41	0.33	3.25	3.42	0.42	3.37	2.05	0.75
日干物增重［g/(d·千粒)］	0.38	0.70	0.17	1.61	1.71	0.21	1.70	1.02	0.38
干物重（%）	17.2	19.9	25.4	23.3	34.2	41.1	41.5	52.5	48.8
水分（%）	82.8	80.1	74.6	76.7	65.8	58.9	58.5	47.5	51.2

项目	开花后天数（d）							
	20	22	24	26	28	30	32	34
千粒鲜重（g）	39.42	42.86	46.49	49.47	47.50	43.86	36.88	34.24
千粒干重（g）	21.50	23.79	24.21	26.20	26.23	26.27	27.74	28.75
干物增重（g）	7.92	2.29	0.42	1.99	0.03	0.04	-1.47	-1.01
日干物增重［g/(d·千粒)］	3.96	1.14	0.21	1.00	0.02	0.02	-0.74	-0.51
干物重（%）	54.5	55.5	52.1	52.9	55.2	59.9	65.2	83.9
水分（%）	45.5	44.5	47.9	47.1	44.8	40.1	24.8	16.1

李锡奎（1978）研究分析了高粱籽粒灌浆速度与温度及籽粒含水量的关系。灌浆速度

与温度、籽粒含水量间呈正相关。蜡熟期的相关性最显著，r 值分别为 0.606 和 0.924（$P<0.01$）；乳熟期的相关性较差，完熟期的更差。灌浆期温度和籽粒含水量综合影响灌浆速度。其回归方程为 $\bar{V}=b_1\bar{W}+b_2\bar{T}-a$

式中　$\bar{V}$——籽粒灌浆速度；

$\bar{W}$——平均籽粒含水量；

$\bar{T}$——平均气温；

b_1、b_2 和 a——常数。

试验计算所得忻杂 52 高粱杂交种籽粒灌浆速度回归方程为 $\bar{V}=0.3889\bar{W}+0.1812\bar{T}-15.0$（$r=0.940$）。这表明籽粒含水量每变化 1%，粒重日增长率可变化 0.389%，平均气温每变化 1℃，粒重日增长率可变化 0.181%。当含水量相同时，灌浆速度取决于温度。反之，在相同温度下，灌浆速度取决于籽粒含水量。当籽粒含水量≥49%时，平均气温≥19℃，粒重日增长率多在 10% 以上，是灌浆最快的时期。当籽粒含水量<29%，其灌浆速度与温度基本无关，粒重日增长率多在 ±0.4% 范围内，粒重消长平稳。当籽粒含水量<16%时，平均气温<15℃，粒重日增长率多为 -0.5% 以下，粒重下降。一般来说，乳熟期、蜡熟期温度偏高，温度条件基本上可以满足籽粒灌浆的需要，因此灌浆速度的快慢主要取决于以籽粒含水量为指标的植物体内水分状况。

研究表明，停止灌浆临界温度与籽粒含水量之间为负相关，即籽粒含水量越高，停止灌浆的临界温度越低，反之亦然。一般的情况是，蜡熟中期之前，致死温度以上的低温只能不同程度地影响籽粒灌浆速度，而不会停止灌浆。有的研究指出，蜡熟末期籽粒含水量为 33% 时，停止灌浆的临界温度为 12℃。

（二）收获适期

确定最适宜收获期的原则是，籽粒产量最高，品质最佳，损失最少。从上述籽粒灌浆过程中干物质积累和水分散失速度看，高粱籽粒的干物质积累量在蜡熟末期或完熟初期达最大值。此时，高粱籽粒含水量约 20%。蜡熟末期之前籽粒的干物质仍在积累之中；蜡熟末期之后，干物质积累已基本停止，主要进行水分散失。因此，蜡熟末期是最适宜的收获时期。

卢庆善（1991）以高粱杂交种辽杂 4 号为试材研究其适宜收获期。结果表明，蜡熟末期收获籽粒产量最高，单穗粒重、千粒重最高，着壳率低，出米率高，米质适口性好（表7-34）。蜡熟末期收获的籽粒产量每公顷为 9391.5kg，高于蜡熟中期收获的 12.9%，高于完熟期收获的 4.1%。数据表明，辽杂 4 号的最佳收获期为蜡熟末期。

表 7-34　高粱不同收获期与产量等性状的关系

（辽杂 4 号，1991）（卢庆善，1991）

收获期	生育期（d）	着壳率（%）	出米率（%）	适口性	千粒重（g）	单穗粒重（g）	每公顷产量（kg）
蜡熟中期	126	7.0	72.3	好	28.0	72.2	8 319
蜡熟末期	133	1.3	79.2	好	29.0	84.6	9 391.5
完熟期	141	1.3	77.8	较差	28.0	81.0	9 024

辽宁省农业科学院（1973）对不同收获时期籽粒千粒重的测定表明，在完熟期之前晚收获的比早收获的千粒重增加 1.65～2.50 g。阜新市农业科学研究所（1976）调查，蜡熟期（9 月 23 日）收获的晋杂 5 号杂交高粱，千粒重为 30.99 g，乳熟期（9 月 10 日）收获的仅为 25.15 g，完熟期收获的千粒重为 29.75 g。由此可见，早收获，因籽粒灌浆中止而千粒重降低，导致减产，称之"伤镰"；收获过晚，导致落粒和穗发芽，倒伏，呼吸消耗等原因造成粒重降低，也因此减产，称之"落镰"。

不同收获时期对籽粒品质和种子生活力均有明显影响。栾本荣（1966）研究指出，提早收获籽粒中蛋白质含量虽稍高，但淀粉含量和容重均较低。适当延期收获，淀粉含量和容重变化不大，而蛋白质和可溶性糖的含量又稍有降低。收获过晚各种品质性状指标均有所下降（表 7-35）。

表 7-35　不同收获时期对高粱籽粒品质、发芽率的影响
（品种：熊岳 253）（栾本荣，1966）

收获期	容重（g/L）	淀粉（%）	可溶性糖（%）	蛋白质（%）	发芽率（%）
乳熟初期	700	66.6	1.41	8.63	97.0
乳熟末期	727	70.2	1.50	7.79	95.5
蜡熟中期	744	72.0	1.62	7.86	96.5
蜡熟末期	741	72.9	1.50	7.74	97.5
完熟期	739	68.4	1.41	7.76	96.5

收获时期还要考量当地的早霜冻，因为早霜冻会导致种子发芽率急剧下降，特别是种子田要严防早霜危害。辽宁省锦县农业科学研究所（1972）试验证明，当地面温度达到 -0.6℃，气温为 2.9℃时，籽粒就会遭受冻害，发芽率由 100% 下降到 89%。当气温下降至 -0.4℃时，籽粒遭受严重霜冻害，发芽率仅有 56%。

综上所述，高粱的适宜收获期为蜡熟末期。确定此期的籽粒外观指标是全穗绝大多数籽粒已经定浆，穗基部个别籽粒有少许白浆。而最可靠的指标是测定籽粒含水量。据栾本荣（1966）对高粱品种熊岳 253 的 4 年测定的结果，籽粒含水量在 20% 左右正处于蜡熟末期。含水量在 25% 以上时，干物质积累尚未停止，含水量达 12% 时已为完熟末期，此时收获已过晚。

二、收获方法

高粱的收获方法有人工收获和机械收获两种。国内传统上以人工收获为主；国外发展中国家也以人工收获为主，发达国家基本上都是机械收获。

（一）人工收获

人工收获是用镰刀手工割收，由于中国各高粱产区的栽培习惯不同，人工收获的方法也稍有不同，主要有三种方式。

1. 带穗收割　即连秆带穗一起收割。具体操作是，用镰刀在茎秆基部 2～3 个节间割断，穗朝一个方向，20～30 株捆成一捆置于地上。当全部地快收完后，将 20～30 捆高粱立起来，撮成一橡（又称撮橡子），橡子要顺垄撮成直行，进行田间晾晒。田间晾晒的方法因地而异。在秋雨多，地面潮湿的地区要撮立橡晾晒；在秋雨较少较干燥的地区，通常先把几捆高粱横放在垄台上，再把高粱捆的穗放在先垫起的高粱捆上，交叉摆放晾晒，称之为码卧橡或卧码子。

一般条件下经过 $10 \sim 15d$ 的田间晾晒后，开始拆橡子扦穗。把扦下的穗子捆成捆（俗称高粱头）运到场院，以备脱粒。这种收获方法便于提早腾茬，播种冬作物，或提早进行秋耕翻。传统生产普遍采用。

2. 扦穗收割　先将高粱穗用刀扦下，捆好，运到场园，晾晒，以备脱粒。当全田高粱穗收完后，再收割茎秆。这种方法多用于南方高粱种植区，或沿江沿海地区，或低洼水淹地块；以及矮秆高粱、杂交高粱制种田、亲本繁育田等。非洲的很多国家都采用此法。

3. 连根刨收　在中国的山西、山东、河南等省的一些地区，为了多收秸秆，有用小镐刨其根部，连秆收割，然后再扦穗与茎秆分开。

（二）机械收获

机械收获是采用东风联合收割机进行收割。与人工收获相比，机械收割的优点是效率高，损失少。使用东风联合收割机时，植株高度不超过 $100cm$，生长整齐，茎秆坚韧，成熟一致且不易脱粒的品种。东风联合收割机每班次可收割 $6 \sim 7hm^2$，当东风联合收割机右侧行走轮沿垄沟行走时，收割台高度降低，切禾部位吃全刀收割，可达到既降低割茬高度，又提高工作效率的目的。这时的留茬高度在 $12 \sim 15cm$ 之间。

在国外，如美国、澳大利亚等国均采用康拜因联合收割机收获高粱，切穗、脱粒、扬净、运输一条龙一次完成。机械收获时，要严格掌握收获适期才能减少田间损失。一般籽粒含水量达到 20% 时为适宜收获期。

三、脱　　粒

高粱穗经过充分晾晒后，即可脱粒。脱粒方法有人工脱粒、畜力脱粒和机械脱粒三种。传统的方法以人工和畜力脱粒为主。随着农村电力和机械增加，逐渐实现机械脱粒。不论哪种脱粒方法，都必须在脱粒之前充分降低籽粒的含水量，否则不易脱净。不充分干燥就进行脱粒，不仅作业效率低，破碎率高，增加损失，而且还会降低籽粒的品质。

（一）人工脱粒

传统的人工脱粒是先将高粱穗铺放在脱谷场上，称之放铺子。在阳光下，经过半天左右的时间晾晒干燥后，人工手握连枷拍打高粱穗，在达到大多数籽粒震动脱掉后，用杈子翻转铺子，挑起高粱莛子，再用连枷敲打，如此反复几次直到脱净为止。然后，将高粱莛子起走，把籽粒堆成堆，用木锨扬籽粒，借助风力扬净。人工脱粒劳动强度大、效率低，1 人每天只能脱粒 $250kg$ 左右。

（二）畜力脱粒

先把高粱穗铺成厚 $25 \sim 35cm$、圆形的铺子。之后，用畜力拉石碌子在铺好的高粱穗上滚动、碾压，直至大多数籽粒被脱掉时，用木杈子将高粱穗子上下翻动，再继续滚动碾压，达到脱净为止。在同一脱谷场上可以使用几盘石碌子同时进行脱粒。一般一盘石碌子每天可脱粒 1000kg 左右。有的农村用小型拖拉机作动力，牵引石磙子脱粒。

（三）机械脱粒

目前，高粱产区一般都使用动力脱粒机脱粒。这种脱粒机大多是滚筒式脱粒机。滚筒的转速为 500～600r/min，用 4.5kW 电机作动力。这种脱粒机结构简单，脱粒效果好，通常每小时脱粒 500kg，而且着壳率较低。

此外，目前还有使用脱麦粒作物的大型谷物脱粒机脱高粱籽粒。这种机器效率高、脱粒干净，着壳率低。在脱粒过程中，要经常检查高粱穗莛是否脱净，有无破碎粒，脱出的籽粒是否有杂物等。如果有问题，可根据高粱的干湿程度和籽粒大小，适当调整滚筒的转数和筛孔的大小，以满足要求。

主 要 参 考 文 献

曹广才，王崇义，卢庆善，1996. 北方旱地主要粮食作物栽培. 北京：气象出版社，154-189.

费雪南，1982. 植物激素对高粱的生理调节和应用（综述）. 国外农学——杂粮作物（4）：6-9.

高德进，曹昌林，1996. 晋东高寒区覆膜高粱施肥量的研究. 农业技术经济（增刊）：62-63.

龚文娟，等，1980. 高粱、玉米作物品种及原始材料抗寒性鉴定总结. 东北地区抗御低温冷害科学讨论会论文选编.

郭有，1979. 关于高粱氮磷钾营养的初步研究. 辽宁农业科学（5）：20-22.

郭有，1980. 高粱吸肥特性的研究. 中国农业科学（3）：16-22.

李维岳，田海云，尹枝瑞，1979. 土壤肥力和施肥对玉米、高粱生育的影响及其早熟丰产栽培的探讨. 吉林农业科学（3）：43-49.

李锡奎，1978. 对忻杂 52 号高粱灌浆速度与温度关系初步分析. 抗御低温冷害. 沈阳：辽宁人民出版社.

李振武，1981. 高粱栽培技术. 北京：农业出版社. 72-194.

辽宁省高粱生产技术经验总结小组，1966. 1965 年辽宁省高粱增产经验总结. 辽宁农业科学（1）：9 17.

辽宁省高粱样板田工作组，1965. 1964 年辽南高粱样板田综合增产技术经验总结. 作物学报，4（1）：83-93.

辽宁省抗御低温冷害协作组，1979. 抗御低温冷害. 沈阳：辽宁科学技术出版社.

刘珊，1981. 绥杂 1 号高粱丰产群体结构的初步探讨. 黑龙江农业科学（6）：8-12.

卢庆善，毕文博，刘河山，等，1994. 高粱高产模式栽培研究（1）：24-28.

卢庆善，刘河山，毕文博，等，1993. 高粱茎秆倒伏及其防御技术的研究. 辽宁农业科学（2）：8-12.

卢庆善，1978. 持续低温条件下磷肥促进高粱早熟的试验研究. 辽宁农业科学（3）：12-15.

卢庆善，1979. 杂交高粱栽培中几个问题的研究. 辽宁农业科学（1）：27-30.

卢庆善，1991. 辽杂 4 号高粱高产栽培中几个问题的研究. 辽宁农业科学（5）：23-25.

栾本荣，侯锡光，贾新祥，1966. 高粱收获期的初步研究. 辽宁农业科学（3）：27-29.

吕家善，1982. 倒茬轮作试验初报. 营口农业科学（2）：25-27.

马世均，卢庆善，曲力长，1980. 温度与磷肥对杂交高粱生育和产量影响的研究. 辽宁农业科学（3）：5-12.

乔魁多，1988. 中国高粱栽培学. 北京：农业出版社. 183-202，203-222，223-280.

山西省忻县地区农业科学研究所，1972. 杂交高粱. 北京：科学出版社. 292-328.

苏陕民，1981. 不同作物茬地对后作的影响. 作物学报，7（2）：123-128.

王淑华，1981. 高粱品种间的抗旱性研究初报. 辽宁农业科学（1）：14-17.

吴凤林，张权，张友库，1966. 旱田施球肥试验简报. 辽宁农业科学（3）：44-45.

杨有志，1965. 辽南高粱样板田中高粱丰产与土壤环境条件. 土壤通报（5）：25-28.

中国农业科学院科技情报研究所，1978. 农作物冷害专辑. 国外农业科技资料（4）.

朱凯，王艳秋，邹剑秋，等，2010. 葫芦岛地区马铃薯复种高粱初步研究. 作物杂志（5）：119-122.

Cooper J P，2015. Photosynthesis and productivity in different environments，567-568.

Doggett H，1987. Sorghum. Second Edition Published in Association with the International Development Centre，Canada 260-269.

第八章 高粱遗传学

第一节 植株性状遗传

一、株高遗传

在已收集到的世界高粱种质资源中，株高的幅度在 $55\sim655$cm 之间。从 20 世纪 40 年代开始，人们就开始研究高粱株高遗传和控制株高的基因数目。Reed（1930）发现，一种矮生品种与普通高粱品种杂交，F_2 代高株：矮株分离比率为 3∶1。Karper（1932）报道，迈罗高粱有两个基因控制株高。Sieglinger（1932）研究出帚用高粱也有 2 个基因控制株高。Martin（1936）指出，在印度和北非的高粱，矮生是由单基因引起的。

经典的高粱株高遗传还是 Quinby 和 Karper（1954）发表的研究结果，在对迈罗、卡佛尔、赫格瑞、沙鲁、都拉、中国高粱进行株高遗传研究后，确定有 4 对非连锁的矮化基因控制高粱株高的遗传，高秆对矮秆为部分显性。株高分成 5 个等级（表 8-1，图 8-1）。0-矮基因型的株高可达 $3\sim4$m，4-矮基因型的株高可矮到 1m。一般来说，1 对矮基因可降低株高 50cm，或更多些。但是，当其他位点上有株高矮化基因存在时，其降低的数量会少一些。3-矮与 4-矮基因型之间的株高相差不大，只差 $10\sim15$cm。

表 8-1 高粱不同株高基因型鉴定结果

基因型	品 种
	0-矮
$Dw_1Dw_2Dw_3Dw_4$	未查出
	1-矮
$Dw_1Dw_2Dw_3Dw_4$	SA1170 迈罗、短枝菲特瑞塔、中国东北黑壳高粱、沙鲁、苏马克
$Dw_1Dw_2dw_3Dw_4$	标准帚高粱
$Dw_1dw_2Dw_3Dw_4$	未查出
$Dw_1Dw_2Dw_3Dw_4$	未查出
	2-矮
$Dw_1Dw_2dw_3dw_4$	黑壳、红卡佛尔、粉红卡佛尔、卡罗、早熟卡罗、中国山东黑壳高粱
$Dw_1dw_2Dw_3dw_4$	波尼塔、赫格瑞、早熟赫格瑞
$dw_1Dw_2Dw_3Dw_4$	矮生黄迈罗、矮生白迈罗、快迈罗
$Dw_1dw_2dw_3Dw_4$	阿克米帚高粱
$dw_1Dw_2dw_3Dw_4$	日本矮帚高粱
$dw_1dw_2Dw_3Dw_4$	未查出

（续）

基因型	品　种
	3-矮
$Dw_1dw_2dw_3dw_4$	未查出
$dw_1Dw_2dw_3dw_4$	CK60、Tx7078、马丁、麦地、卡普洛克、Tx09、红拜因、瑞兰
$dw_1dw_2Dw_3dw_4$	各种迈罗、熟性基因型、莱尔迈罗
$dw_1dw_2dw_3Dw_4$	未查出
	4-矮
$dw_1dw_2dw_3dw_4$	SA403、4-矮马丁、4-矮卡佛尔、4-矮瑞兰

图 8-1　高粱株高 5 种表现型
（Quinby 和 Karper，1954）

　　株高由节数、节间长、穗茎长和穗长组成，品种和生长条件均影响株高的表现。Quinby 和 Karper（1954）测量的株高是从地面至旗叶附近的穗茎痕，所以他们关注的只是节数和节间长的多少和长短。在得克萨斯齐立柯斯试验站报道了迈罗、卡佛尔、都拉、苏马克等和帚用高粱的株高（表 8-2）。

表 8-2　矮化基因和株高的关系

（Quinby 和 Karper，1954）

基因型	品种	株高幅度（cm）
$Dw_1Dw_2Dw_3dw_4$	都拉、苏马克、沙鲁、短枝菲特瑞塔、高白快迈罗、标准黄迈罗	120～173
$Dw_1Dw_2dw_3Dw_4$	标准帚高粱	207
$Dw_1Dw_2dw_3dw_4$	得克萨斯黑壳卡佛尔	100
$Dw_1dw_2Dw_3dw_4$	波尼塔、早熟赫格瑞、赫格瑞	82～126
$Dw_1dw_2dw_3Dw_4$	阿克米帚高粱	112
$dw_1Dw_2Dw_3dw_4$	矮快白迈罗、矮生黄迈罗	94～106
$dw_1Dw_2dw_3Dw_4$	日本矮帚高粱	92
$dw_1Dw_2dw_3dw_4$	马丁、平原人	52～61
$dw_1dw_2Dw_3dw_4$	双矮生白快迈罗、双矮生黄迈罗	53～60

　　从高粱株高遗传的研究结果看，没有一个品种，甚至高大的甜高粱，也没有 4 个株高位点全是显性基因的。但是，许多热带品种植株极高，似乎应该是 4 个位点全是显性基因的。早期引进的迈罗、沙鲁高粱和甜高粱。大多数是 1-矮基因型品种。迈罗的 dw_4 基因已经是隐性。引进后又在 dw_1 和 dw_2 两个位点上突变为隐性。几内亚卡佛尔引进时在 dw_4 位点上是隐性；黑壳卡佛尔是位点 dw_3 上突变的结果；矮秆赫格瑞属于 2-矮基因型，在 dw_2 和 dw_4 位点上隐性。

　　现已选育出 4-矮型亲本，均是采用一个除 Dw_2 之外其他位点全是隐性的 3-矮基因型与另一个除 Dw_4 之外其他位点全是隐性的 3-矮基因型杂交育成的，例如 4-矮马丁、4-矮卡佛尔和 4-矮瑞兰，另一个 4-矮品种 SA403 已被 Schertz 用于选育四倍体高粱。

　　有的矮化基因在隐性条件下不稳定，常突变成显性。dw_3 尤其容易突变成 Dw_3，其频率大约 1/600 株（Karper，1932）。而 dw_1、dw_2 和 dw_4 似乎在许多背景下是相当稳定的。但是，在早熟赫格瑞里，有一高度基因是不稳定的，这可能是隐性基因 dw_4。

　　由于有了 4 个 4-矮基因型品种，所以就能利用这些矮秆品种做亲本，选育出 2-矮型高粱杂交种；用适宜的 2-矮或 1-矮型作父本，可选育出高秆的 1-矮杂交种。所有这些株高基因型目前都在生产上应用。在印度，农民不愿种植 3-矮型杂交种，因为他们需要高粱秸秆做家畜饲料。印度育种家用 $dw_1Dw_2dw_3dw_4$ 基因型做母本，与 $dw_1dw_2Dw_3dw_4$ 基因型作父本组配成 2-矮型杂交种。

　　dw_1、dw_2、dw_3、dw_4 矮化基因的功能是决定节间的长短，对节数、穗茎长和穗长没有多大作用。因此，还应有另外的矮化基因。Ayyangar G. N. R. 和 Nambiar A. K.（1938）发现的"小不点儿"（tiny）。Quinby 和 Karper（1942）发现的另一个称作"侏儒"（mid-get）的突变和另一个由 X-射线引起的称之"矮子"（dwarf）的突变。侏儒植株特别矮，叶片却多到 40 余片，穗子非常紧。但所产的种子仅够该品系的繁衍之用。矮子不仅植株矮小，而且分蘖多。

　　Sieglinger J. B.（1933）在红卡佛尔×瑞德卡佛尔的杂交 F_5 穗行里发现了一株矮秆品系"突变红卡佛尔"。他认为这种矮化型是由于一个株高位点基因的突变。尽管红卡佛尔突变系与 4-矮型品种一样矮小，但它并不是 4-矮类型。无疑，这一突变不是发生在矮化基因位点上。突变红卡佛尔叶片坚厚，穗子紧密，但不能从旗叶鞘中全部抽出。

　　Gaines F. 在黑壳卡佛尔中发现了类似于 Seiglinger 发现的突变红卡佛尔的矮化株。这个矮卡佛尔用以作亲本与迈罗杂交，育成了卡普洛克（Karprock）和平原人（Plainsman）。这是由 3-矮型选育的 3-矮品种，除 Dw_2 外其他株高位点全为隐性。

　　迄今，已发现的 4 个矮化基因 dw_1、dw_2、dw_3 和 dw_4 与小不点儿、侏儒、矮子的类型不一样。因此，这 4 个矮化基因就是高粱中存在的全部矮化基因了。

　　Casady A. J.（1965）研究了马丁·瑞德兰和平原人等基因型 Dw_3 和 dw_3 对产量的效应，Dw_3 产生较高的产量，每个植株能长出更多的穗，较高的粒重和容重。同样，Graham R. J. D. 和 Lessman（1966）发现，Dw_2 在等基因系上的产量更高些。他们认为产生差异的一个重要原因可能是 Dw_2 植株通过合理排列叶片的空间分布以更有效地利用光能。

　　Maunder A. B. 等（1966）报道了 3-矮型和 4-矮型品种之间杂交种的产量差异。他们采用 10 个以上杂交种进行了 2 季试验，调查了株高和产量的平均数字（表 8-3）。从表 8-3 中的数字可以看出，隐性基因 dw 数目的增加与产量降低有关。

　　株高基因型相同的品种，尽管他们节数一样又同时开花，但他们的株高并不总是一样的。矮秆基因型之间的株高相差在 $10\sim20cm$ 之间，高秆基因型之间相差在 $30\sim53cm$ 之间。同一株高基因型内的这种差异被认为是由 4 个株高位点上的等位基因系所造成的。

表 8-3　矮高粱杂交种的株高和籽粒产量

杂交种	平均株高（cm）	平均产量（kg/hm²）
3-矮×3-矮	102.9	7 440
4-矮×3-矮	85.3	6 520
3-矮×4-矮	88.4	6 675
4-矮×4-矮	77.0	6 360

　　Quinby 和 Karper（1954）在株高遗传的报告中，把一个基因型内的株高差异归因于修饰基因，但是目前还没有准确的遗传证据证明是修饰基因，或是等位基因系引起的。而学者普遍认为基因是复杂的，上述的位点均能发生突变。

二、穗性状遗传

　　高粱穗（圆锥花序）性状遗传包括穗型、穗形、穗结构等。Ramanathan V.（1924）、Ayyangar 等（1938）研究认为，散穗型对紧穗型为简单显性。Pai 还有其他影响穗形基因的报告。Ayyangar（1939）发现纺锤形对椭圆形为显性，中紧穗对紧穗是显性，长穗轴（花序轴）对短穗轴为显性。Martin（1936）引用了 Karper 的研究结果，短分枝对长分枝为显性，少节数对多节数为显性等。

（一）穗结构遗传

　　张文毅等（1985，1986，1987）对高粱穗结构的遗传作了全面、系统、详尽的研究。

采用 43 份中、外高粱基因型，做了 62 个杂交组合，田间种植了 47 个组合及其亲本。调查记载了穗长、穗径、穗中轴长、第一级分支数、上、中、下部分枝长、穗粒重、穗粒数、千粒重等性状。分析研究了穗性状的杂种优势、显性表现、亲子回归、性状间相关、分离世代的遗传特点和回交效应。研究结果表明，长穗型与短穗型杂交，F_1 表现长穗型；宽穗型与窄穗型杂交，F_1 为宽穗型；散穗型与紧穗型杂交，F_1 为散穗型；紧穗型与紧穗型杂交，F_1 多为紧穗；散穗型与散穗型杂交，F_1 多为散穗；长轴型与短轴型或帚型杂交，F_1 多为长轴型；短轴型（半帚型）与帚型杂交，F_1 倾向于帚型。

10 个穗性状的平均优势均为正值，总平均为 131.54%（即为 +31.54%）。其中，穗粒重的优势为 +102.14%，穗粒数为 +81.06%，表现出强优势；穗径为 +33.03%，穗轴长为 +28.83%，表现出中等优势；第一分枝数为 +16.74%，千粒重为 +10.08%，表现呈低优势（表 8-4）。

表 8-4 穗结构性状杂种优势表现
（张文毅等，1985）

性状 \ 参数	F_1/MP	Sx	CV	组合次数分布（%）			
				F_1<LP	LP<F_1<MP	MP<F_1<HP	HP<F_1
穗长	117.72	9.02	7.66	0.00	2.13	31.91	65.96
穗径	133.03	49.61	37.29	6.38	10.64	40.43	42.55
穗中轴长	128.83	36.27	28.15	4.26	4.26	42.55	48.93
一级分枝数	116.74	15.03	12.87	2.13	4.26	53.19	40.42
上部分枝长	110.02	28.71	26.10	0.00	38.30	23.40	38.30
中部分枝长	108.84	14.42	13.25	4.56	21.28	48.93	25.53
下部分枝长	106.92	14.79	13.83	0.00	34.04	41.43	25.53
穗粒重	202.14	55.06	27.24	0.00	2.13	2.13	95.74
千粒重	110.08	16.29	14.80	4.26	19.15	40.42	36.17
穗粒数	181.06	55.99	29.27	0.00	2.13	6.38	91.49
总和	1 315.38	292.19	210.46	21.29	138.32	329.77	51.06
平均	131.54	29.22	21.05	2.13	13.83	32.98	51.06

测算穗长、穗径、中轴长、一级分枝数、中部分枝长、穗粒数、千粒重和穗粒重等 F_1 的表现型值与亲本的相关和回归值的结果显示，上述 8 个性状均存在显著的亲子回归关系。其中穗长、穗径、一级分枝数、中部分枝长、穗粒数、千粒重和穗粒重倾向回归中亲值，中轴长倾向回归高亲值。

计算遗传力分析穗性状的遗传稳定性表明，亲本的穗长、穗中轴长、一级分枝数等表现出较高的遗传稳定性。其遗传力均在 90% 以上；而穗粒重和穗粒数则表现出较低的遗传稳定性，其遗传力分别为 74% 和 87%。F_1 代个体之间在基因型上没有差异，因此应与亲本有大约相同的遗传稳定性（表 8-5）。但是，在 F_2 代因基因型产生了分离，因而其遗传稳定性低于亲本和 F_1 代，穗粒重的数值最小，遗传力为 29.66%，中轴长的数值最大，遗传力为 75.72%。

研究还表现出明显的回交效应，所研究的 11 个穗性状均表现出回交效应，即 F_1 与母本回交则倾向母本，与父本回交则倾向父本，这说明穗性状主要是由核基因决定的。不同性状的回交效应不尽相同，穗长、穗径、中轴长、分枝数、分枝长、千粒重等多个性状回交效应较大，而穗粒数、穗粒重的回交效应相对较小，前者可能由少数主效基因控制，后者则可能由微效多基因控制。当比较某些性状与高亲回交或与低亲回交时，可明显看出前者的效应显著大于后者，这可能是由于主效基因的显性作用所致。

表 8-5　不同世代穗部性状的遗传力及其与穗产量的相关

(张文毅等，1986)

性状／世代		穗柄长	穗柄径	穗长	穗径	一级分枝数	中轴长	穗粒数	千粒重	穗粒重
P	h^2	92.18	78.46	96.88	37.16	98.21	98.08	87.14	96.13	74.35
	r^2	0.037	0.850**	0.161	0.200	0.507**	0.580**	0.704**	0.233	1.000
F_1	h^2	86.19	81.43	95.95	74.18	99.05	97.70	59.21	91.66	77.53
	r^2	−0.082	0.200	−1.257**	−1.412**	0.742**	0.885**	0.824**	0.863	1.000
F_2	h^2	54.72	33.36	31.36	61.29	30.16	75.72	59.91	52.38	29.66
	r^2	−0.225	0.195	−0.708**	−0.376	0.352	−0.569**	0.616**	0.767**	1.000
	h^2	90.64	33.14	96.65	85.65	98.63	98.23	89.37	95.14	90.69
$P+F_1+F_2$	r^2	0.170	0.602**	0.233	0.175	0.393**	0.245**	0.375	0.345*	1.000

（二）小穗性状遗传

Ayyangar 等（1936a）发现无柄小穗的宿存性对颖托脱落的小穗为简单显性，由基因对 Shsh 控制，现已写成 Sh_1sh_1。Karper 和 Quinby（1947）发现与在 Leotisorgho 的杂交中，var. *virgatum* 变种（突尼斯草 tunisgrass）有两个显性基因 $Sh_2 Sh_3$。必须有两个基因使小穗脱落。在突尼斯草与苏丹草、得克萨斯黑壳卡佛尔、甜蜜高粱（honey sorgho）的杂交中，小穗脱落性表现简单显性遗传，表明这 3 种高粱有 Sh_2 或 Sh_3 的一种显性基因和其他隐性基因。

Ayyangar 等（1937c）研究表明，有柄小穗的脱落性受隐性基因 *sp* 控制，宿存性是显性。Ayyangar（1939，1942）还报道了无柄小穗的双粒性遗传，同生的双粒受隐性基因 *co* 控制。Karper 和 Stephens（1936）发现双粒是显性基因 *Ts* 控制的，同时他们还报道了多小花小穗是由一个简单隐性基因 *mf* 控制的。

（三）颖壳遗传

Ayyangar 和 Rao（1936）研究发现，2 个颖片是革质的，只在颖尖有可见翅脉的颖壳对两颖是纸质的，整个颖壳长度有可见翅脉的是显性，Py_1py_1；外颖是纸质和内颖是革质的，对两颖均是革质的是隐性，Py_2py_2（Ayyangar，1939）。

关于颖壳大小有各种研究报告，Graham R. J. D.（1916）发现短颖对长颖是显性。Vinall 和 Cron（1921）报道宽平头对窄卵形为显性。Ayyangar（1934）发现正常颖壳对开裂颖壳为显性，多茸毛颖壳对光滑颖壳为显性。

吉林省农业科学院作物研究所将高粱颖壳分为 A 型和 B 型两大类。A 型的特点是颖壳坚硬，富有光泽，没有茸毛，着粒紧密，不易脱落，又称硬壳型；B 型的特点是颖壳薄而软，无明显光泽，开花时颖片上无茸毛，但有绿色条纹，着壳松，易脱落，又称软壳型。壳型与颖壳脱落性有密切关系，软壳型易落粒，硬壳型不易脱粒，籽粒与颖壳常连在一起。杂交试验显示，硬壳对软壳为显性，呈明显的 3∶1 分离，说明是一对基因的简单遗传。

高粱颖壳的脱落性与籽粒着壳率有密切关系。籽粒的脱落性，除与颖壳的长短和是否内旋等特征有关外，与小穗柄是否易折断、颖托离层是否形成也有直接关系。颖托离层的形成，会造成高粱以小穗的状态从穗上掉下来，完全着壳。

颖壳色也受株色基因 PQ 的效应。然而在颖壳里，P 基因型能够区分，PQ 和 pq^r 产生赭色的颖壳，pq 为赤褐色颖壳。在 P 位点上还有一等位基因，这产生出黑西班牙帚高粱的颖壳色。这个等位基因不产生类似棕色（tan plant colour）。当 p 存在时，这将修饰茎色（Stephens，1954）。

其他基因影响稻草色颖壳的产生。Ayyangar 等（1941b）报道一显性的颜色抑制基因 Ci 和一个隐性的颜色稀释（冲淡）基因 cd。在 QBGs 染色体上还有另一个稻草色颖壳基因。含有隐性基因 b_1 和 b_2 的植株在不利的生长条件下，颖壳趋向褪色而变成稻草色。株色基因 Y 也影响颖色。这些基因的效应产生一系列颖壳色泽，从稻草色到稍黑紫色、金色、赤褐色和赭色（Quinby 和 Martin，1954）。

（四）芒的遗传

Vinall 等（1921）报道，无芒对有芒呈显性。Seiglinger 等（1934）提出了 3 个以上等位基因来认证其有芒与无芒类型杂交的结果。AA 为无芒，aa 为壮芒，aa^t 为弱芒，$a^t a^t$ 为顶芒。他们发现，无芒对壮芒，顶芒几乎为完全显性，而壮芒对顶芒是不完全显性。Ramanatham（1924）报道无芒与有芒为 3∶1 分离比例，而 Sieglinger 等解释他们的研究结果与壮芒对顶芒为显性相似。

Laubscher（1945）作了一系列杂交，结果发现沙鲁的壮芒对无芒或顶芒从来不是隐性的。在其研究中没有得出很容易地能分成 3 种类型的结论。根据他的包括沙鲁在内的 2 个杂交结果，提出有芒对无芒为单基因显性，而其他杂交的 F_2 芒长为两众数分布或常态分布。这一结果似乎是显性和隐性壮芒均存在，而至少在某些杂交中，多芒性基因包括在内，某些杂交的芒长幅度表明为多基因体系。

三、株色遗传

（一）幼苗

Reed（1930）、Karper 和 Conner（1931）均报道幼苗的红芽鞘 Rs_1 对绿芽鞘 rs_1 是显性。Ayyangar 和 Reddy（1942）报道紫芽鞘 Pc 对绿芽鞘是显性。而深紫色是由于显性基因 Pj 引起的，这一基因只有在 Pc 存在时才能表现效应。这样一来，深紫色的幼苗是 $Pc\text{-}Pj\text{-}$，紫色是 $Pc\text{-}pjpj$，绿色是 $pcpcpj$ 一或者 $pcpcpjpj$。下面两种杂交（$PcPcPjPj \times pcpcPjPj$）和（$PcPcpjpj \times pcpcpjpj$）可能得到深紫∶绿或紫∶绿均为 3∶1 的比率；而所有的其他杂交则得到深紫 9∶紫 3∶绿 4，或深紫 3∶紫 1 的比例。

Woodworth C. M.（1936）在沙鲁和黑西班牙帚高粱的杂交研究中，报道了 2 个基因控制红色和绿色幼苗的遗传，为 9：7。只有带有 2 个显性基因的幼苗是红色的，其余都是绿色的。这是由于 Woodworth 种植全部红色幼苗到 F_3 代证实了这一结论。术语命名委员会（Schertz 和 Stephens，1966）采用符合 Rs_1 代表最初 Karper 等的 R，Ayyangar 和 Reddy 的 Pc 以及 Woodworth 基因中的 1 个。符号 Rs_2 是专给 Woodworth 的第二个基因的，然而 Rs_2 与 Ayyangar 等（1942）的 Pj 更加符合。目前，对 Woodworth 的基因采用不同的符号似乎更合理，直到沙鲁×黑西班牙帚高粱杂交已经测定为止。

（二）成株

Ayyangar 等（1933b）研究表明，高粱全株有三种主色，即黑紫、红紫和棕色（tan）。每当植株的某一部位受到虫害或病害时，这些颜色就产生表现出来。这些颜色基因是红紫 PQ、黑紫 Pq、棕色 pQ 或 pq。紫色对棕色为显性，Q 对 q 是显性。

另外，在某些杂交中还表现出一种隐性红色植株。当这种类型，如红色卡佛尔、粉红卡佛尔、沙鲁、红琥珀高粱与黑紫色品种杂交时就产生这种红色植株。Stephens（1947）研究证实，这可能是由于在 Q 位点上的等位基因系列所致。如 Laubscher（1945）提出的称为隐性红色基因 q^r。这些带红色植株的遗传组成为 pq^r。

显性黄色基因（Y），它的主要效应是表现籽粒颜色，但在死亡的植株组织里也能产生黄颜色。Martin（1936）报道了隐性基因 cr 在茎秆和叶片上产生红色；而 Colenman 和 Dean（1963）在茎秆和中脉上描述一种橘色，在维管束里和紧靠茎表皮下的厚壁组织里表现最突出。他们发现这性状是由 2 个上位基因 cr 和 ep 控制的。最常见的黄色中脉是由显性基因 Ym 控制的（Martin，1936；Ayyangar 和 Ayyar，1940）。

（三）叶片

Ayyangar 等（1941b）指出，深绿色叶片对淡暗绿色的为显性，并把控制这一性状的 2 对基因分为 C_1c_1 和 C_2c_2。他们（1935a）还发现，波状叶缘对平展叶为显性，其基因是 $Mumu$。Ayyangar（1939）报道宽叶片接合处（指与叶鞘接合处—作者注）对窄叶片接合处为简单显性，基因对为 $Jbjb$。宽叶片结合处总是与宽叶片连锁，说明宽叶片结合处基因对宽叶片也起作用。

叶片结合处还可能无叶舌和无叶耳，这造成直立的硬性叶片性状，是由隐性基因 Ig 控制的（Ayyangar 等，1935b），这同一基因还导致无叶枕，产生更直立的穗分枝，而分支和小分支的小穗游离部位被缩短。

另外，Hilson（1916）发现基因 Dd 控制叶片白色或绿色中脉。

（四）中脉色

Saraswathi R. 等（1994）利用 7 个高粱纯合易位测验种与地方品种 CO22 杂交的 F_2 代研究高粱中脉色遗传。结果显示，对 620 个 F_2 代植株进行中脉色鉴定，其中 466 株为黄色中脉，154 株为暗绿色中脉。卡平方测验表明完全符合黄色：暗绿色为 3：1 的比例。这与 Agyangar 和 Ayyan（1941）报道的结果是一致的。也都证实中脉色是由单基因控制的。

四、粒色遗传

高粱籽粒是颖果，它的颜色受各种因素影响，如果皮色素、中果皮厚度、种皮的有无和色素等。因此，粒色至少受 6 个基因对的影响。

（一）外果皮色

Graharn（1916）报道了 2 个基因对控制外果皮色，R 为红色，Y 为黄色。这两个基因相互作用的结果，产生了各种粒色。即 $RRYY$ 红，$rrYY$ 黄，$RRyy$ 和 $rryy$ 均为白色。Ayyangar 等（1933a）报道了一个颜色强化基因 I，RYI 籽粒呈暗红色，RYi 为粉红色。其他报道的基因有在果皮里控制棕色水彩的基因，Bw_1 和 Bw_2（Ayyangar 等，1934b）和影响红色和黄色果皮水彩表现的 1 个 M 基因（Ayyangar 等，1938a）。

Saraswathi R. 等（1994）采用 7 个高粱纯合易位系与地方品种 Co22 杂交的 F_2 代，研究高粱粒色遗传。结果显示，在 620 株 F_2 代中，其中 460 株为红色籽粒，160 株为暗白色籽粒。经卡平方测验，完全符合 3∶1 的单基因控制的期望比率。Bachireddy 等（1980）、Ramachandraiah（1988）也报道过高粱红色籽粒对白色籽粒的单基因显性作用结果。

（二）种皮

Sieglinger（1924）、Laubscher（1954）和 Stephens（1946）报道有 2 个基因决定种皮的有无和颜色，B_1 和 B_2。当这两个基因均处在显性时，就有种皮，并呈现褐色，即 $B_1B_1B_2B_2$ 存在时，则高粱籽粒表现褐色到浅红褐色。Ayyangar 等认为，某些高粱有种皮，但不含有褐色色素，因此他们认为 B 基因只是控制种皮的发育，还有其他基因控制色素的有无。有人认为 S 基因起种皮颜色的传递作用。当褐色种皮存在时，这时如果存在显性 S 基因时，则外果皮也呈褐色。还有的人认为 S 基因的作用不是决定种皮褐色色素向果皮的扩散，而是当存在显性 B_1 和 B_2 基因时，显性 S 基因允许外表皮出现褐色，而隐性基因 s 则抑制外表皮出现褐色。

含有隐性基因的 b_1 和 b_2 的植株，种皮的碎片持续到成熟；当 S 基因存在时，棕褐色斑点表现在白色品种种皮的这一碎片上面。当籽粒在潮湿的天气里成熟时，色泽可以从颖壳或从种皮扩展到种子或胚乳的外层。

Laubscher（1945）报道了一个 Ce 因子（以前为 C），它的作用是作为一个扩大因子。只有在这种基因型 Ce-B_1-B_2-才有褐色种皮和红色颖萼，基因型 $cece B_1$-B_2-为无色种皮和一个棕色颖萼。

Martin（1958）根据这些粒色基因的相互关系汇总到表 8-6。表 8-6 中没能包括控制高粱粒色的所有基因。粒色的表现还受中果皮厚度的影响。Ayyangar 等（1934c）报道，有 Z 薄中果皮和 z 厚中果皮基因控制中果皮的厚度。

表 8-6 高粱粒色基因型

(Martin，1958)

品种类型	粒色	外果皮	种皮	种皮色泽传播基因
黑壳卡佛尔	白	RRyyII	$b_1b_1B_2B_2$	SS
白迈罗	白	RRyyii	$b_1b_1B_2B_2$	SS
棒形卡佛尔	白	RRyyII	$b_1b_1B_2B_2$	ss
沙鲁	白	RRyyii	$B_1B_1b_2b_2$	SS
菲特瑞塔	青白色	RRyyii	$B_1B_1B_2B_2$	ss
黄迈罗	橙红色	RRYYii	$b_1b_1B_2B_2$	SS
博纳都拉（Bonar Durra）	柠檬黄	rrYYii	$b_1b_1B_2B_2$	SS

（续）

品种类型	粒色	外果皮	种皮	种皮色泽传播基因
红卡佛尔	红	RRYYII	$b_1b_1B_2B_2$	SS
无酸高粱（Sourless Sorgho）	浅黄	RRyyii	$B_1B_1B_2B_2$	SS
施罗克	褐色	RRyyii	$B_1B_1B_2B_2$	SS
达索	浅红褐	RRYYII	$B_1B_1B_2B_2$	SS

籽粒受到病、虫危害引起基本色基因 P 和 Q 在植株其他部位的表现，产生斑点和斑块。

河北省唐山市农业科学研究所结合高粱杂交种选育，对粒色遗传进行了观察。结果表明，杂种 F_1 不论是白粒还是黄粒，从父本果皮和胚乳上看没有区别，均是白果皮带小褐斑，胚乳是白色，关键是籽粒的种皮不一样。他们把种皮分成 4 种颜色：褐、红棕、浅黄、白色。凡是种皮为前 3 种颜色的，杂种 F_1 均是黄色；种皮为白色的，杂种 F_1 也为白色。

（三）籽粒光泽

Ayyangar 报道了控制中果皮发育厚度的基因 E，从而影响高粱籽粒有无光泽。显性基因 E 能产生一层薄皮中果皮，使籽粒呈现珍珠白的光泽；而隐性基因 e 则产生一层发育充分的中果皮，籽粒则丧失光泽。

五、花药、柱头色遗传

（一）花药色

Ayyangar 等（1938a，1941，1942）报道干燥花药的颜色受控制粒色基因的影响，而这种表现常常在开花时更容易区分。紫花药是显性的，基因为 Ab；紫色斑点的花药是隐性的，基因为 bt。

（二）柱头色

Ayyangar（1939，1942）指出，高粱雌蕊柱头色有紫、白和黄色。紫柱头是由一显性基因 Ps 控制的。Sieglinger（1933）认为，带有显性粒色基因 RR 的植株正常为黄柱头，而白柱头与 rr 基因有关，这种柱头色只是 R 基因的另一种表现。事实上，紧密连锁是一种可考量的解释。他说，他的研究结果适用于他研究的卡佛尔×苏马克的杂交。

Laubscher（1945）发现，Katengu 品种是白色柱头，在某些杂交中白柱头对黄柱头是显性。但是，简单地把白色或黄色柱头认为是 Rr 基因对的另一种表现可能是不可靠的。

六、植株持绿性遗传

高粱籽粒灌浆期遭受干旱胁迫，常导致植株成熟前的快速衰老（Stount 等，1978）。而开花后对干旱胁迫具有抗性的基因型，其叶片在灌浆期仍保持有绿色和有效的光合作用，称这样的基因型具有持绿性（Stay green）（Rosenow 等，1983）。

Richard S. W. （1994）利用持绿系 $B35$ 和非持绿系 $Tx7000$ 及其杂交和回交后代研究高粱持绿性遗传。结果显示，在两种环境干旱胁迫下，F_1 平均值与 $B35$ 和 $Tx7000$ 的平均值明显不同（$P<0.05$）（表 8-7）。在田间干旱胁迫下，F_1 平均值与中亲值差异显著（$P<0.05$），而在防雨棚内却无差别。这些结果表明控制持绿性的基因是加性的，或是依据特殊环境而定的部分显性。

表 8-7　两种环境下高粱基因型的平均叶片和植株枯死评分†

(Richard，1994)

基因型	防雨棚	田间
$A_3Tx7000$‡	10.00a	
$Tx7000$ （P_2）	10.00a	9.52a
BC_1P_2‡	8.47ab	
F_1 （b）	7.00bc	5.16b
F_2	6.96bc	5.58b
F_1 （c）	6.67bc	5.00b
F_1 （a） ‡	6.60bc	
BC_1P_1	5.10cd	3.11c
2	4.60d	3.27c
$A35$‡	4.36d	
中亲值	7.30	6.39**

注：**在 0.01 概率水平上，与 F_1 （b） 平均数差异显著。

†同一纵列后缀相同字母的均数在 0.05 概率水平上差异不显著。

‡植株遗传性不育，由于田间条件下花粉不足，这些试验材料很少结实，所以田间资料废弃。

在防雨棚内 BC_1P_1 回交后代的叶片和植株枯死平均数居 F_1 杂种和 $B35$ 平均数之间，但与 F_1 或持绿性亲本 $B35$ 都无显著差异（$P>0.05$）；在田间的 BC_1P_1 叶片和植株枯死平均数与 $B35$ 的相似（表 8-8）。这些结果和回交后代一起说明基因的显性效应影响 $B35$ 持绿性的遗传。

表 8-8　两种环境中 BC_1P_2 和 F_2 后代持绿株与非持绿株的分离比率及其卡平方分析

(Richard，1994)

后代		防雨棚	田间
BC_1P_2†	观察值	13.00：30.00	
	期望值	21.50：21.50	
	χ^2	6.72**	
	P	0.009 6	
F_2	观察值	113.00：50.00	400：141.00
	期望值	122.25：40.75	405.75：135.25
	χ^2	2.80	0.33
	P	0.11	0.64

注：**在 0.01 概率水平下显著。

†该群体在田间条件下结实差，故资料废弃。

　　总之，田间试验数据均数比较表明是不完全显性基因效应。根据田间的和防雨棚内
F_2代试验数据（表 8-8）进行的卡平方检测结果，完全显性是可以接受的。但是，根据防
雨棚内试验数据均数分离显示是加性基因效应。这些结果说明环境条件对控制 $B35$ 持绿
性基因表达有强烈的影响。在田间，基因的效应比在干旱胁迫严重的防雨棚内更占优势。
在防雨棚内把基因的效应认定为加性至部分显性更为贴切。总而言之，$B35$ 持绿性受主
效基因控制，而主效基因依环境条件表现出不同程度的显性基因效应。

第二节　生育期遗传

一、控制生育期的基因

　　高粱生育期变异幅度大，出苗至 50％开花日数，最少 36d，最多 199d。控制生育期
的基因决定叶片数（或节数），这在开花前就已定数了。在相近的环境条件下，叶片的生
长速度，品种间没有较大差异。在美国俄克拉何马的夏天条件下，每长出一片叶需 2.8d
或 3.5d。但是菲特瑞塔品种叶片的生长要比卡佛尔快得多（Sieglinger，1936）。

　　生育期的长短还取决于穗分化的时间，早熟品种穗分化开始早，分化进程快，抽穗开
花早。所以，早熟品种叶片数少，抽穗开花早，成熟早，生育期短。相反，晚熟品种叶片
数多，抽穗开花晚，成熟晚，生育期长。

　　除遗传因素对生育期有影响外，环境因素，例如温度、光周期是影响高粱生育期长短
的重要因子。现已鉴定出控制生育期的 4 个基因，Ma_1、Ma_2、Ma_3 和 Ma_4。在每个基因
位点上，还有许多等位基因。Quinby（1967）报道了在 Ma_1 位点上有 2 个显性和 11 个隐
性等位基因；在 Ma_2 位点上有 12 个显性和 2 个隐性等位基因。在 Ma_3 位点上有 9 个显性
和 7 个隐性等位基因。在 Ma_4 位点上有 11 个显性和 1 个隐性等位基因。当然，还有其他
等位基因的存在。表 8-9 列出了品种、基因型和出苗至开花日数。

表 8-9　不同高粱品种的基因型和开花日数
（美国得克萨斯州，Plainview，1964）（Quinby，1967）

品种	基因型	开花日数（d）
100 天迈罗（100M）	$Ma_1Ma_2Ma_3Ma_4$	90
90 天迈罗（90M）	$Ma_1Ma_2ma_3Ma_4$	82
80 天迈罗（80M）	$Ma_1ma_2Ma_3Ma_4$	68
60 天迈罗（60M）	$Ma_1ma_2ma_3Ma_4$	64
快迈罗（SM100）	$ma_1Ma_2Ma_3Ma_4$	56
快迈罗（SM90）	$ma_1Ma_2ma_3Ma_4$	56
快迈罗（SM80）	$ma_1ma_2Ma_3Ma_4$	60
快迈罗（SM60）	$ma_1ma_2ma_3Ma_4$	58
莱尔迈罗（44M）	$Ma_1ma_2Ma_3ma_4$	48
38 天迈罗（38M）	$ma_1ma_2ma_3Ma_4$	44

（续）

品种	基因型	开花日数（d）
赫格瑞（H）	$Ma_1Ma_2Ma_3ma_4$	70
早熟赫格瑞（EH）	$Ma_1Ma_2ma_3ma_4$	60
康拜因赫格瑞（CH）	$Ma_1Ma_2Ma_3Ma_4$	72
波尼塔	$ma_1Ma_2ma_3ma_4$	64
康拜因波尼塔	$ma_1Ma_2Ma_3Ma_4$	62
得克萨斯黑壳卡佛尔	$ma_1Ma_2Ma_3ma_4$	68
康拜因卡佛尔60	$ma_1Ma_2Ma_3Ma_4$	59
瑞兰	$ma_1Ma_2Ma_3ma_4$	70
粉红卡佛尔C1432	$ma_1Ma_2Ma_3ma_4$	70
红卡佛尔PI19492	$ma_1Ma_2Ma_3ma_4$	72
粉红卡佛尔PI19742	$ma_1Ma_2Ma_3ma_4$	72
卡罗	$ma_1ma_2Ma_3ma_4$	62
早熟卡罗	$ma_1Ma_2Ma_3ma_4$	59
康拜因7078	$ma_1Ma_2ma_3ma_4$	58
TX414	$ma_1Ma_2Ma_3ma_4$	60
卡普罗克	$ma_1Ma_2Ma_3ma_4$	70
都拉PI54484	$ma_1Ma_2Ma_3ma_4$	62
法戈	$Ma_1Ma_2Ma_3Ma_4$	70

　　显性基因 Ma_1 的存在能使 Ma_2、Ma_3 或 Ma_4 表现出来。有 Ma_2 或 Ma_2 和 Ma_3 时，纯合的 Ma_1Ma_1 将表现早熟性。当 Ma_1ma_1 为杂合时，ma_2 为隐性，即植株的基因型为 $Ma_1ma_1ma_2ma_2$，则花蕾形成发生晚；如果 Ma_2 为显性，则位点 I 上的杂合性不延迟花蕾形成，即植株的基因型是 $Ma_1ma_1Ma_2Ma_2$，或者是 $Ma_1ma_1Ma_2ma_2$。

二、影响生育期基因表现的条件

　　Ma_1 基因的表现受光周期的影响，表 8-9 中前面的 8 个基因型在一天 10 个小时的光照下，全都可以同时开花。在这种短光照下，Ma_1 的效应如 ma_1。莱尔迈罗（44M）和 38 天迈罗（38M）在第三位点上都有等位基因 ma_3^R。这一基因比 ma_3 更具早熟效应，这可以从比较这 2 个迈罗与 60 天迈罗的开花日数看出来。Quinby（1967）报道了 44 天迈罗和 38 天迈罗在任何时间的光周期处理下，都比表 8-9 中前 8 个品种早熟。赫格瑞在每天 10 小时光照下也表现早熟。

　　美国的迈罗高粱是引进种，熟期的差异似乎是单基因突变产生的。因此，生育期基因是在相当一致的遗传背景下起作用的。首先是在迈罗高粱里清楚地描述他们的生育期特征的，其他高粱群还没有以相同方式精确地表现这一特征。Quinby 的研究得出结论，4 个主要位点上的一系列复等位基因能够说明观察的结果。

温度影响生育期基因的表现，特别是隐性基因 ma_4。ma_4 在高温下的效应像显性基因 Ma_4，所以赫格瑞高粱在热天里可以表现出与 100 天迈罗相似的生育期。Quinby（1967）得出结论，高粱生育期的长短由基因型、光周期和温度互作决定的。他还指出，Hutchinson（1965）关于作物进化中基因更换的结论与这一结果相反（Quinby，1966a，1967）。

事实上，似乎不存在真正矛盾的观点。在由 Quinby 引证的文献里，Hutchinson 只涉及高粱的矮化基因。他指出，美国高粱综合类型的发展依靠几个主基因和一个多基因复合体，这扩大了主基因的效应。Hutchinson 不主张生育期基因种类与矮化基因的种类是相似的。4 个主基因对高粱生育期长短有如此大的效应的事实与 Hutchinson 强调的在作物进化的过程中主基因更换的重要性是一致的。他注意到，一个重要性状主基因的更换是本身很少适应的，而 Quinby 的结论表明 4 个位点整个系列的变化与这一观点是一致的。当然，这可能是过早地认为没有微效基因影响主基因的表现。这在比较表 8-9 中的基因型 $ma_1 Ma_2 Ma_3 Ma_4$ 的开花日数时就能提出这一点。这里还有一种可能性是，这些主基因中的一些与多基因群表现为紧密连锁（Quinby 和 Karper，1954，1961；Quinby，1966a、b，1967）。

三、品种生育期基因型的鉴定

为寻找其他生育期基因，Quinby 等鉴定了许多不同基因型生育期的品种。后来选用了 4 种迈罗生育期基因型以简化鉴定程序。表 8-9 中的前 8 个基因型由早熟白迈罗与双矮生黄迈罗杂交选育的。前者生育期基因型是 $ma_1 Ma_2 Ma_3 Ma_4$，株高基因型是 $Dw_1 Dw_2 Dw_3 dw_4$；后者生育期基因型是 $Ma_1 ma_2 ma_3 Ma_4$，株高基因型是 $dw_1 dw_2 Dw_3 Dw_4$。这 8 个生育期基因型是从杂交的 F_3 代中选出的，其中的 Ma_1 与 dw_2 的连锁已被打破，这 8 个基因型全部属于 $dw_1 dw_2 Dw_3 dw_4$ 的 3-矮型株高基因型。

显性基因 Ma_1 的存在，并与其他位点上显性基因的互作，有可能进行 F_2 群体生育期的分类，如果双亲中没有 Ma_1 显性基因就无法进行分类，F_2 的分布看来就像一条正态曲线。如果表 8-9 中的前 4 个基因型与一个具有 ma_1 的隐性基因未知成分的品种杂交，则 F_2 群体之一将由一个单独的基因而分离，而其他将由 2 个、3 个或 4 个基因而分离。因这种方法可在第二、第三和第四位点上鉴定出隐性基因。用此方法就可以鉴定品种的生育期。

从表 8-9 中的结果可以看出，100 天迈罗确实是一个热带品种，直到秋分时才开花。同样可以看出，任何位点上只要有一对隐性基因，就可以使品种适应温带栽培。100 天迈罗和得克萨斯黑壳卡佛尔一样，只在位点 1 上为隐性基因，前者是从大迈罗中选出的，后者是从几内亚卡佛尔中选出的。隐性基因 ma_3^R 是从一个与 60 天迈罗相似的一个快迈罗品系中发现的。隐性基因 ma_4 出现在赫格瑞中，该品种是 1908 年从非洲温带地区引进的。早熟赫格瑞的隐性基因 ma_3 是作为赫格瑞的突变体而发现的。3 个粉红卡佛尔中的隐性基因 ma_1 是从南非引进时就有的。隐性基因 ma_1 和 ma_2 是 1921 年从苏丹引进的都拉 PI54484 品种时存在的。

表 8-9 中其他品种隐性基因的出现，是美国约 60 年高粱品种选育的产物。

四、生育期的遗传表现

Quniby 和 Karper（1945），Quiby（1967）、Miller 等（1968）发现，当基因位点 2 是隐性时，位点 1 的杂合性会导致开花期延迟；位点 2 是显性时，位点 1 的杂合性不引起开花期延迟；位点 3 不管是显性还是隐性，位点 2 的杂合性都不会导致开花延迟；同样，位点 3 和位点 4 的杂合性也不会导致晚开花。

鄢锡勋（1980）采用不同亲缘的品种杂交，研究高粱生育期的遗传表现。结果表明，早熟×早熟，F_1表现早熟；早熟×中熟，F_1表现中熟偏早，为中早熟；早熟×晚熟，F_1为中熟偏晚，为中晚熟；晚熟×晚熟，F_1为晚熟。

中国科学院遗传研究所 402 组（1977）研究生育期（出苗至开花日数）遗传。结果表明，在多数早、晚熟或中、晚熟品系与品种的杂交中，杂种的早熟是显性，而有些杂种表现出早于或晚于双亲的超显性。

李振武（1983，1984，1986，1988）研究了高粱生育期的遗传表现。在早、中、晚熟杂交的 11 个组合的 P_1、P_2、F_1、F_2、BC_1 和 BC_2 代分析中，F_1开花期表现介于双亲中值的组合 8 个，占 72.7%；超早熟组合 1 个，占 9.1%；超晚熟组合 2 个，占 18.2%。在介于双亲中值的 8 个组合中，偏向早熟亲本的组合 6 个，占 75%；偏向晚熟亲本的组合 2 个，占 25%。

不同类型杂交组合的开花期杂交优势均较小，多数组合表现出负优势，开花期平均为 −1.29%；F_1开花期与双亲开花期均值呈极显著正相关。F_2开花期呈广泛分离，并呈多峰分布，多数组合表现不同程度的超亲现象；F_2开花期与双亲均值接近，但变异程度较高，与亲本开花期呈极显著正相关。F_3的开花日数接近双亲均值，平均多 0.4d。部分组合的 F_3有不同程度的超亲表现，在组合系统之间，超亲方向，株率和超亲幅度均有差异；F_3开花期的变异较大，平均变异系数为 3.86%，明显高于亲本；F_3开花日数均值与亲本、F_1、F_2均值呈极显著正相关（$P<0.01$），r 值在 +0.908 以上。F_5群体平均开花日数接近于双亲均值，而且各世代的计算结果是一致的。供试组合各世代的平均开花日数与亲本相差 0.1～0.72d（表 8-10）。

表 8-10　杂种各世代开花日数与亲本之差

（李振武，1986）

组合	F_1—亲本均值	F_2—亲本均值	F_3—亲本均值	F_4—亲本均值	F_5—亲本均值
回头青×熊岳 253	0.72	2.26	−0.04	−0.59	−0.89
回头青×甘南双心红	−1.46	0.22	0.16	−1.28	−1.78
熊岳 360×甘南双心红	−1.13	0.24	2.48	2.53	−0.23
熊岳 360×马跷脚	1.02	−0.93	1.03	−2.02	0.33
马跷脚×熊岳 360	−1.48	−0.86	−0.68	−1.83	−2.37
熊岳 360×NK120	/	0.50	2.93	−1.12	−0.36
甘南双心红×NK120	−0.46	−1.92	−1.22	2.37	−0.33

（续）

组合	F₁—亲本均值	F₂—亲本均值	F₃—亲本均值	F₄—亲本均值	F₅—亲本均值
KS30×三尺三	−4.64	−4.38	−1.38	−3.42	1.01
早红壳×大八叶	−0.21	−1.21	−1.89	1.15	−0.63
早红壳×轮生花序高粱 (*S. verticilliflorum*)	0.33	3.27	2.87	7.77	5.80
甘南双心红×马跷脚	/	−0.09	0.37	−0.45	−0.63
回头青×熊岳360	0.09	0.37	0.21	1.17	−1.17
平均	−0.72	−0.21	0.40	0.36	−0.10

在本研究中，开花日数的广义遗传力在 39.01%～87.13% 之间，平均 69.88%。综合分析各世代开花日数的变异程度可以看出，F₃、F₄、F₅ 的开花日数变异明显低于 F₂，F₅ 又明显低于 F₃，说明开花日数的稳定程度随着代数的增加而提高，但杂交组合间有差异，亲缘较远的组合，其后代开花日数变异稳定的进程要比亲缘较近的组合来得慢。

总之，由于迈罗和卡佛尔高粱适应温带的早熟基因突变都发生在前 3 个生育期位点上，而赫格瑞高粱适应温带的隐性基因则在第四位点上，因此用赫格瑞与其他高粱，包括中国高粱杂交时，杂种 F₁ 生育期明显延迟，但在杂种后代里会出现比亲本更早的单株。而迈罗、卡佛尔高粱与中国高粱杂交的 F₁ 生育期一般不延迟，这说明中国高粱的生育期基因型可能与迈罗、卡佛尔高粱相似。很明显，可以利用生育期基因互补的遗传原理，通过选择适当的亲本杂交，可以在杂交后代中选育出生育期比早亲更早的单株，也可选出比晚亲更晚的单株。

第三节　品质性状遗传

一、胚　乳

高粱籽粒的胚乳可分为硬质（爆裂）、角质、蜡质（糯质）、粉质、甜质、凹陷等类型。角质和蜡质型胚乳，结构细密，饭质柔和，适口性好，也易消化。蜡质胚乳的淀粉几乎全由支链淀粉组成，遇碘呈红色，在遗传上由一对隐性基因（$w_x w_x$）所控制。主要由直链淀粉组成的为粉质胚乳（$W_x W_x$），粉质淀粉品质较差。一般来说，糯高粱品种的产量大约低于正常品种约 10%（Karper，1933b；Jones 和 Sieglinger，1952）。

孔令旗等（1992，1995）研究了高粱籽粒淀粉含量的杂种优势表现和直链淀粉、支链淀粉的基因效应。结果表明，总淀粉含量、直链淀粉和支链淀粉含量 3 个性状在 12 个杂交组合中分别表现出超高亲、低亲和中亲优势（表 8-11）。超高亲优势值绝大多数为负值，超低亲优势值的支链淀粉含量有多数组合，总淀粉和直链淀粉含量的半数组合为正值，超中亲的优势值正值和负值组合各占半数。这一结果说明，淀粉含量在 F₁ 代多数介于双亲之间，有的或趋向高亲本，或趋向低亲本，但也有少数超高亲正优势，可在育种中加以利用。

表 8-11　淀粉含量的杂种优势表现（％）

(孔令旗等，1992)

性状	总淀粉含量			直链淀粉含量			支链淀粉含量		
优势 组合	＞HP*	＞MP	＞LP	＞HP	＞MP	＞LP	＞HP	＞MP	＞LP
$P_1 \times P_2$	0.014	4.535	9.502	−6.104	5.737	−5.366	0.860	3.364	6.012
$P_1 \times P_3$	0.141	5.917	10.324	−13.152	−9.170	−4.805	1.903	4.253	6.733
$P_1 \times P_4$	−0.106	3.051	7.514	−26.842	0.887	62.468	−4.974	0.639	6.956
$P_2 \times P_1$	−1.078	3.394	−8.306	−1.688	−1.304	−0.916	−0.797	1.666	4.271
$P_2 \times P_3$	−0.986	−0.679	−0.369	−18.128	14.055	−9.555	0.940	1.117	1.295
$P_2 \times P_4$	−1.007	−0.640	−0.257	−4.094	32.579	114.660	−14.885	−7.753	0.697
$P_3 \times P_1$	0.409	5.259	10.619	−9.716	−5.576	−1.039	1.759	4.106	0.582
$P_3 \times P_2$	−3.298	−2.714	−2.411	−13.626	−9.328	−4.581	−1.912	−1.740	−1.567
$P_3 \times P_4$	−1.733	−1.064	−0.371	−15.909	12.608	70.380	−10.889	−3.581	5.052
$P_4 \times P_1$	−0.186	3.958	8.461	−16.433	15.242	85.584	−6.934	−1.437	4.750
$P_4 \times P_2$	−0.865	−0.498	−0.114	−27.076	0.808	63.220	−8.493	−0.829	8.256
$P_4 \times P_3$	−4.270	−3.618	−2.943	−8.304	22.788	85.782	−16.437	−9.585	−1.489

注：＞HP 超高亲，＞MP 超中亲，＞LP 超低亲

　　关于胚乳直链淀粉和支链淀粉含量的基因效应研究结果表明，直链和支链淀粉含量的遗传符合加性-显性模型。基因的加性和显性效应对两种淀粉含量均有重要作用，而前者比后者更重要些。直链淀粉含量基因的显性方向指向增效，支链淀粉含量基因的显性方向指向减效。亲本中两种性状的隐性基因频率高于显性基因频率。

　　王隆铎（1978）用正常胚乳的高粱品种 Tx3197A 为母本，以糯高粱品种大红粘为父本杂交，杂种 F_1 自交，在鉴定糯质高粱时，发现同一穗上既有非糯质，也有糯质。非糯与糯质籽粒之比接近 3：1。重复实验与上述结果相似。

　　董鸿声（1991）研究糯质高粱的遗传，得出如下结论。以糯高粱为母本，非糯高粱为父本杂交，由于是双受精，在当代糯高粱穗上可产生非糯质的籽粒，表现当代显性。以糯高粱或非糯高粱进行正反交，在 F_1 的同株籽粒中均产生非糯和糯质两种籽粒，其比率为 3：1。如将上面的种子播种，在 F_2 代产生糯性、糯性与非糯性兼有的中间性和非糯性 3 种类型的株穗，其分离比率为 1：2：1；各代分离出糯性和纯合的非糯性籽粒，其后代不再分离；凡是在同株的籽粒中既有糯性又有非糯性的中间型株穗，其非糯与糯性均按 3：1 分离，它的后代糯性、中间型和非糯性 3 种类型均按 1：2：1 的比例分离。由此可见，高粱的糯性和非糯性胚乳遗传是受一对基因控制的。

　　甜质胚乳为皱瘪籽粒，隐性，基因型为 susu，与正常籽粒杂交表现胚乳直感，基因型为 Susu。印度研究者报道了一隐性的微凹籽粒（dimpled），这也是一种甜质的。这种籽粒的顶端有凹陷，位于胚的远边。Stephens 指出，甜质基因对美国的甜质类型，非洲亲缘的突变体，与印度的微凹籽粒类型是共同的。

　　黄胚乳又是一种胚乳类型。高粱黄胚乳色素是叶黄素和胡萝卜素。只要杂交亲本之一

是黄胚乳，后代就是黄胚乳，表明黄胚乳是显性遗传性状。但是，由于品种间的黄色差异较大，说明一定还存在一个以上主基因或修饰基因。黄胚乳来自非洲尼日利亚的品种，在埃塞俄比亚和印度也有黄胚乳高粱品种。

南开大学生物系遗传育种组（1976）对 12 个高粱杂交组合和 6 个品种进行了籽粒食味品质影响因素的研究。结果显示，支链淀粉与食味相关系数 $r=0.62$（$P<0.05$），相关显著，说明支链淀粉含量越高，食味越好；直链淀粉与食味的相关系数 $r=-0.49$（$P<0.10$），说明直链淀粉含量越高，食味越差。

二、蛋白质和赖氨酸

（一）蛋白质

高粱籽粒中蛋白质的含量直接关系到其营养价值。一般粒用高粱蛋白质含量在 7% ~ 12%，最低 5.25%，最高 18.2%。高粱籽粒中蛋白质含量的遗传为数量遗传。对此，国内外高粱学者的研究结果是一致的。杂种 F_1 的蛋白质含量基本上介于双亲均数，极少产生超亲遗传，杂种后代蛋白质含量呈连续变异。同一品种的蛋白质含量会因环境条件差异，表现出较大的变异幅度。

中国科学院遗传研究所 402 组（1976）采用 14 个类型不同、蛋白质含量不同的高粱品种做父本，8 个做母本组配了 100 个杂交组合，研究籽粒蛋白质含量遗传。结果表明，杂种 F_1 蛋白质含量高低与其亲本的蛋白质含量有关，尤其与父本的蛋白质含量有明显关系，$r=0.51$，$t=5.81$，达极显著；与母本的相关 $r=0.20$，$t=2.0$，达显著。由此可见，选择蛋白质含量高的基因型做父本，对获得蛋白质含量高的杂种是至关重要的，当然也要兼顾母本的选择。

Wayne J. 等（1974）研究了 40 个杂种 F_1 的子—中亲相关，计算出蛋白质含量的遗传力为 75.1%。Echebil J. P.（1977）研究了 3 个高粱随机交配群体籽粒蛋白质含量的遗传力，分别为 0.71 ± 0.10，0.75 ± 0.11，0.8 ± 0.10。张文毅（1980）对全国 13 份高粱材料有关性状遗传力分析结果表明，以小区为计算单位的蛋白质含量遗传力较低，仅为 50.27%。孔令旗等（1988）研究得到的高粱蛋白质含量遗传力的估值为 59.39%。综合起来，高粱籽粒蛋白质含量遗传力估值在 41% ~ 78% 之间，多数表现较低。

孔令旗等（1992）采用格里芬双列杂交模式 Ⅱ 设计，研究高粱籽粒蛋白质含量及其 4 种组分的配合力和杂种优势。结果表明，粗蛋白、清蛋白、球蛋白、谷蛋白、醇溶谷蛋白的一般配合力方差和特殊配合力方差均达到 1% 或 5% 的显著水平。受加性和非加性基因的共同效应，其中加性基因效应占优势。黑壳小关东青和关东青 2 个品种在粗蛋白、清蛋白、球蛋白和谷蛋白含量上表现相对更高的一般配合力效应，而醇溶谷蛋白的一般配合力效应较低，是高粱蛋白质改良杂种优势育种的理想材料。

粗蛋白、清蛋白、球蛋白和谷蛋白的 F_1 超高亲和超中亲优势均为负值，超低亲均为正值，这说明上述性状的 F_1 平均表现均介于中亲值和低亲值之间，即居于父母本之间偏向低亲本。醇溶谷蛋白超高亲优势值为负值，超中亲和低亲优势值为正值，这表明 F_1 优势表现居双亲值偏向高亲本。醇溶谷蛋白含量的中亲优势略高于粗蛋白和其他 3 种蛋白的中亲优势，它与粗蛋白含量中亲优势的通径分析也显示出高相关性。这表明，杂种 F_1 在获得粗蛋白含量高的优势同时，常伴随着醇溶谷蛋白含量高的优势。因此，既提高粗蛋白含量，又降低醇溶谷蛋白的比率，是高粱蛋白质育种的难题之一。

孔令旗等（1994）对高粱籽粒总蛋白及其 4 种组分含量的遗传效应做了研究。结果表明，总蛋白、清蛋白、谷蛋白和醇溶谷蛋白含量符合加性—显性模型。球蛋白含量在 1989 年符合加性—显性模型。加性效应和显性效应对各种蛋白含量均有重要影响，但也存在一定差异：总蛋白和清蛋白含量是加性效应大于显性效应，呈部分显性；球蛋白含量是加性效应与显性效应相当，呈完全显性；谷蛋白和醇溶谷蛋白 2 年结果不一致，谷蛋白含量在 1989 年，醇溶谷蛋白在 1990 年是加性效应大于显性效应，呈部分显性。相反，二者分别在 1990 年和 1989 年又是显性效应大于加性效应，呈超显性。除醇溶谷蛋白含量显性方向指向增效外，其他的 4 种蛋白显性方向均指向减效。清蛋白和球蛋白含量正负基因频率分布，2 年均呈对称型，而总蛋白、谷蛋白和醇溶谷蛋白含量的正负基因分布，1989 年表现为对称型，1990 年则为不对称型。各种蛋白的显性控制基因均为一组，狭义遗传力均较低。

肖海军等（1989）研究了高粱籽粒蛋白质及其组分的遗传变异性。结果是高粱籽粒的总蛋白及其清蛋白、球蛋白、谷蛋白、醇溶蛋白含量均有较大变异性，其中醇溶蛋白的最大。关于蛋白质及其组分与环境条件的关系，施肥与籽粒总蛋白质、4 种蛋白组分均有正向相关性，其中以施肥与醇溶蛋白的关系最为密切。

Waggle D. H. 等（1967）研究发现，增施氮肥可有效地提高籽粒蛋白质含量，并能影响氨基酸组成。Thompson A. C.（1974）研究指出，每公顷施用 $45\sim67.5$ kg 纯氮，籽粒蛋白质可从 8.4% 提高到 10.3%。刘铭三（1979，1982）对中国 21 个省（直辖市、自治区）高粱品种取样检测结果表明，蛋白质和赖氨酸含量有随地理纬度增加而降低的趋势。孔令旗等（1988）研究发现，高粱籽粒蛋白质和赖氨酸含量受气候因素（降雨量、气温、湿度）和土壤因素（速效氮、磷、钾）的影响，表现出简单相关。

（二）赖氨酸

高粱籽粒赖氨酸含量变幅也较大。最低为 0.07%，最高为 0.43%。赖氨酸含量遗传也表现出数量遗传的特点。杂种 F_1 赖氨酸含量介于双亲之间。

中国科学院遗传研究所（1977）对高粱籽粒赖氨酸含量遗传进行研究。结果显示，杂种赖氨酸含量受多基因效应所支配，隐性等位基因占优势，主要是加性基因效应。杂种 F_1 籽粒赖氨酸含量多数无明显杂种优势，常介于双亲间，倾向高亲本。F_1 籽粒赖氨酸含量的高低，受父本的影响大些，不论是同一母本与不同父本杂交，还是同一父本与不同母本杂交，其 F_1 籽粒赖氨酸含量明显倾向父本。采用 2 个赖氨酸含量较低的亲本配制杂交种，常表现超亲现象。如果采用 2 个赖氨酸含量高的亲本配制杂交种，其 F_1 的赖氨酸含量无明显的杂种优势，但均超过母本。角质胚乳类型的籽粒赖氨酸含量较低，与粉质胚乳类型的高粱杂交，其 F_1 的赖氨酸含量通常有明显的提高。

孔令旗等（1992）研究了高粱籽粒赖氨酸含量的基因效应。结果表明，加性和显性基因效应对赖氨酸含量均有重要作用，而 1989 年显性基因效应比加性基因效应更重要；相反 1990 年加性基因效应比显性基因效应更重要，而且控制赖氨酸含量的多基因显性方向指向减效。2年显隐性基因的相对频率有所不同，1989年为隐性基因频率高于显性的，即所有亲本隐性基因的频率在50%以上，显性基因的频率在50%以下；1990年的结果正好与1989年的相反。2年的赖氨酸含量的狭义遗传力均较低，分别为49.23%和74.63%，说明赖氨酸含量受环境影响较大。

国内外的研究表明，籽粒干重中赖氨酸含量与蛋白质含量呈正相关，但是籽粒中蛋白质含量与赖氨酸占蛋白质的百分率之间，则是显著的负相关。研究资料显示，蛋白质每增加1%，赖氨酸则减少0.041%。高粱籽粒蛋白质的增加，主要增加醇溶谷蛋白，而赖氨酸在这种蛋白质中的含量特别低。但是，来自非洲埃塞俄比亚的高蛋白、高赖氨酸含量的突变系，IS11167和IS11758与普通高粱籽粒蛋白质和赖氨酸含量的差异，只是一个基因位点的差别，正常高粱的为显性，突变系为隐性，隐性基因符号为hl。

三、单　宁

单宁，又称单宁酸、鞣酸，是高粱籽粒的重要成分。单宁主要存在于种皮层，外胚乳也有少量。高粱籽粒单宁含量多数在0.027%～1.96%之间，最低0.01%，最高4.3%。籽粒中单宁含量通常随种皮颜色加深而增加。美国测定的结果是白粒高粱的单宁含量在0.035%～0.088%，黄粒高粱为0.09%～0.36%，红粒高粱为0.14%～1.55%，褐粒高粱为1.3%～2.0%。

王意春（1977）测定了279份高粱籽粒的单宁含量，记载了单宁含量与粒色之间的关系（表8-12）。结果显示，单宁含量随粒色加深而增加，但也不是绝对的，澳大利亚的红粒高粱，单宁含量就相当低。另外，同是白粒高粱，其单宁含量却相差10倍。因为单宁存在于种皮内，而种皮和粒色并不是一回事，同是白粒种子，种皮颜色可能是白的，也可能是红的。例如，Tx3197B粒色是白的，种皮也是白的；而分枝大红穗高粱，粒色虽然是白的，但种皮却是红的。

表 8-12　高粱籽粒单宁含量与粒色的关系
（王意春，1977）

粒色	样品数	含量幅度（%）	均值	0.03～0.2 个	%	0.21～0.50 个	%	0.51～1.0 个	%	1.1～2.3 个	%
白色	42	0.03～0.44	0.10	36	85.7	6	14.3	—	—	—	—
黄白色	10	0.17～0.45	0.24	5	50.0	5	50.0	—	—	—	—
浅黄色	8	0.15～0.42	0.24	2	25.0	6	75.0	—	—	—	—
黄色	43	0.13～0.99	0.67	4	9.3	5	11.6	34	79.1	—	—
浅褐色	11	0.46～1.13	0.80	—	—	1	9.1	8	72.7	2	18.2
褐色	119	0.50～2.30	1.00	—	—	9	7.5	59	49.6	51	42.9
红色	46	0.59～1.63	1.05	—	—	5	10.9	19	41.3	22	47.3

单宁含量的遗传比较复杂，因单宁主要存在于种皮里，因此单宁含量遗传又与种皮遗传有关联。根据已有的研究数据，可以得出以下的遗传表现：①单宁含量表现为数量性状

遗传，有较大的变异幅度，属多基因控制。②在杂种 F_1 和 F_2 代的遗传表现中，又具有显隐性的特点，如果用高单宁和低单宁含量的两个亲本杂交，F_1 为高单宁，表现为完全显性，在 F_2 代又能分离出低单宁含量的单株。③有的杂交组合还可出现互补遗传效应，当 2个低单宁含量的亲本杂交，F_1 代的单宁含量显著地增加了，这种互补作用与决定种皮的基因 $B_1b_1B_2b_2$ 很一致。由此可见，单宁含量的遗传既受几对主效基因的控制，又受微效多基因的控制。

从已报道的资料看，高粱籽粒单宁含量的遗传力很高。张文毅（1980）对全国区域试验 13 份材料以小区为单位估算了单宁含量的遗传力为 94.12％。Woodruff B. J.（1982）、Francis Kaan（1984）的研究发现，高粱单宁含量的遗传力较高。孔令旗等（1988）以同年 3 个地点的数据，并将遗传型×环境互作方差从遗传方差中除去后，计算的单宁含量遗传力为 95.95％。

四、茎秆汁液与锤度遗传

高粱茎秆有髓质和多汁、甜与非甜之分。现有的研究认为，髓质对多汁为显性，非甜对甜为显性，而且控制这两对性状的基因是独立的。具有显性 D 基因的品种，其茎秆干而多髓（指生理成熟时），叶中脉是白色；具有隐性基因 d 的品种，茎秆和叶中脉均多汁，叶中脉灰绿色或暗色。多髓的植株，其叶中脉全白色；而多汁的植株，仅在叶中脉的中央有一条很窄的白线。在多髓和多汁两种极端类型之间，还有一系列中间类型。现在还不能肯定，这种中间类型是由于 D 基因位点上的复等位基因引起的，还是由于其他位点上的修饰基因造成的。

根据 Ayyangar 等（1937）的研究，从多髓茎秆榨出的汁液有 17％～20％，而从多汁茎秆中榨出的汁液有 33％～48％。Ayyangar 把茎秆非甜与甜一对基因记作 Xx。

李振武等（1992）研究了甜高粱茎秆锤度（含糖量）的遗传表现。结果表明，甜高粱主茎秆锤度和节段锤度具有较大的遗传变异性，其遗传变异系数在 31.94％～45.70％之间，主茎秆和节段的遗传力在 73.12％～79.62％之间。

第四节　育性遗传

一、雄性不育性

1936 年，Karper 和 Stephens 报道了苏丹草无花药的雄性不育现象，控制无花药的基因为 al。1937 年，又报道了两种遗传性雄性不育，一种在印度，为 ms_1；另一种在美国，为 ms_2。实际上，ms_2 于 1935 年在印度就已被发现了。第 3 个遗传性雄性不育 ms_3 是于 1940 年在高粱品种 Coes 中发现的。它杂交结实很好，没有表现出像 ms_2 的那样雌性不育，而且不受修饰基因的更多影响，对高粱育种具有实用价值。目前，ms_3 已广泛用于高粱的随机交配群体育种中（Ayyangar 和 Ponnaiya，1937a；Stephens，1937；Stephens 和 Quinby，1945；Webster，1965）。以后，又陆续发现和报道了 ms_4、ms_5、ms_6 和 ms_7 等遗传性雄性不育系。通常把上面的雄性不育系称作细胞核雄性不育性，是由细胞核基因控制的。

Stephens 等（1952）、Stephens 和 Holland（1954）在迈罗与卡佛尔的杂交中，发现了细胞质雄性不育性。细胞质雄性不育基因后来被鉴定为 Msc。这种雄性不育是由卡佛尔的细胞核和迈罗的细胞质互作的结果，所以又被称作核—质互作雄性不育。关于这种雄性不育的遗传机制将在高粱改良技术一章中叙述。细胞质雄性不育，包括 Msc_1 的杂交，常常报道为完全不育性。环境条件，例如温度在某种条件下影响基因的表达。因此，在这个季节可以是不育的，而在另一个季节有些花粉则表现可育。

$msc_1 msc_2$ 表示细胞质雄性不育，$Pf_1 Pf_2$ 则造成部分可育。在 $Msc_1 Msc_1$ 存在时，$Pf_1 Pf_1$ 2 个基因产生可育花粉，因为是显性（Pf），还有与隐性的结合（pf），使可育的幅度从5%～100%。因此，纯合双显性（$Pf_1 Pf_1 Pf_2 Pf_2$）有 90% 的可育性；纯合双隐性（$pf_1 pf_1 pf_2 pf_2$）有 5%～10% 的可育性；双杂合（$Pf_1 pf_1 Pf_2 pf_2$）有 98%～100% 的可育性。但是，当 Martin 用 CK60 杂交得出的可育性结果与上述的结果不太一样。他认为，雄性不育具有 $Pf_1 Pf_1 pf_2 pf_2$ 这种基因型再加上修饰基因的作用。

Webster 和 Singh（1964）得到来自非洲高粱品种 9E 的雄性不育系，这种不育性是由于开裂花粉所致。

我国学者鲍文奎（1974，1982）提出了植物雄性不育的综合理论。该理论认为，细胞核和细胞质内都有许多雄性不育基因存在。然而，细胞质内的不育基因和细胞核内的不育基因有些是有关系的，有些是没有关系的。即细胞质的雄性不育基因，在细胞核内有相应的基因可以控制它。相反，细胞核内的不育基因，在细胞质内也有相应的基因可以控制它。所以，一个植物种的细胞核和细胞质均有可育基因和不可育基因。而只有细胞核和细胞质同时具有一样性质的雄性不育基因时，不育性状才有可能得到表达。在正常情况下，凡是细胞质某一基因是不育的，细胞核内与此相应的基因一定是可育的，否则就成了不育株，很难存活下去，反之亦然。上述叙述可用下式表示：

S_1、S_2——表示细胞质内不育基因，

F_a、F_b——表示细胞质内可育基因，

Ms_1、Ms_2——表示细胞核内可育基因，

ms_1、ms_2——表示细胞核内不可育基因。

如果上式中的 $Ms_1 Ms_1$ 突变为 $ms_1 ms_1$，或者是 $Ms_1 Ms_1$ 做母本与细胞核内有 $ms_1 ms_1$ 的父本杂交，杂交后代会出现雄性不育。如果上式中的 $FaFa$ 突变 $SaSa$，或者 $F_a F_a$ 做父本与细胞质内有 $SaSa$ 的做母本杂交，杂交后代也要出现雄性不育。但是，这两种雄性不育的性质是不同的，即属于不同类型。

关于高粱 A_1 型雄性不育的遗传，已取得比较一致的结果。当 A_1 型雄性不育系与恢复系杂交，F_1 代为可育，F_2 代可育与不育的分离比例，有的组合为 15∶1，有的组合为 3∶1。这是由于 A_1 型雄性不育是由细胞质雄性不育基因与细胞核内 2 对雄性不育基因共同作用的结果。不育性的基因型应是 S（$ms_1 ms_1 ms_2 ms_2$），其保持系基因型应是 F（$ms_1 ms_1 ms_2 ms_2$），而恢复系的基因型就有 3 种：即 F 或 S（$Ms_1 Ms_1 Ms_2 Ms_2$），F 或 S（$Ms_1 Ms_1 ms_2 ms_2$），F 或 S（$ms_1 ms_1 Ms_2 Ms_2$）。当第一种基因型的恢复系与不育系杂交时，F_2

代可育与不育的分离比例是 15:1；而后两种基因型的恢复系与不育系杂交，F_2 代可育与不可育的分离比例将是 3:1。

　　马鸿图（1979）研究了高粱核质互作型雄性不育系 Tx3197A 不育性遗传。结果表明，Tx3197A 的雄性不育是细胞质雄性不育基因与一对隐性核不育基因或 2 对重复隐性核不育基因共同作用的结果。冯家瑞（1980）在对高粱雄性不育遗传的探讨一文中指出，高粱雄性不育性属数量性状，一是变异的连续性，二是表现型的易变性。高粱的雄性不育性有较大的变异幅度，其后代由不育到可育形成一个连锁性的变异幅度群体。高粱雄性不育性的遗传是复杂的，不是由一对主效基因所控制的质量性状，而是由多对微效不育基因控制的数量性状。

　　我国高粱研究者（王富德等，1988，1990；赵淑坤等，1993；张福耀等，1987，1990，1996；马忠良等，1996）对其他类型细胞质的雄性不育性进行了育性反应和遗传研究，得出了一些研究结果。在 A_2 型雄性不育的反应上，结果是对 A_1 具有保持力的基因型，对 A_2 也具有保持力；但对 A_1 具有恢复力的材料，有的对 A_2 具有恢复力，有的却具有保持力。A_2 型不育系与恢复系杂交，F_2 代可育与不可育的分离比例为 3:1，这说明 A_2 型的不育性是由一对细胞核基因和细胞质基因共同作用的结果。根据上述的遗传结果，可以初步认定 A_2 型细胞核内的育性基因与 A_1 型细胞核内的 2 对育性基因中的 1 对是相同的。因此，A_2 型雄性不育的基因型应是 S（$ms_2 ms_2$），其保持系基因型应是 F（$ms_2 ms_2$），恢复系的基因型应是 F 或 S（$Ms_2 Ms_2$）。

　　张福耀等（1996）对不同类型的高粱细胞质雄性不育性进行研究。结果表明，7 种不同细胞核质互作雄性不育系的育性反应各异，其不育程度 A_1 型最为彻底，其他依次为 A_5—A_6—A_2—9E—A_4—A_3。A_3 细胞质不育性表现最强，其次是 9E 和 A_4。育性恢复系按照 A_1—A_6—A_5—A_2—A_4—9E—A_3 的次序越来越困难。中国高粱 A_2 型恢复系对 A_5 和 A_6 型仍有较强的恢复力，可直接用于 A_5 和 A_6 型不育系杂交种的选育（表 8-13）。

表 8-13　不同类型细胞质不育性反应
（张福耀，1996）

父本	不育系类型						
	A_1	A_2	A_3	A_4	A_5	A_6	9E
SSA-1	恢	恢	保	保	恢	恢	保
矮四	恢	恢	保	保	恢	恢	保
水科 001	恢	恢	保	半恢	恢	恢	保
1496B	保	保	保	保	保	保	保
25935B	保	保	保	保	保	保	恢
296B	保	恢	保	保	保	保	保
$V_4 A$	恢	保	保	保	恢	保	保
$F_4 B$	恢	保	保	保	恢	保	半恢
MSH-1	恢	保	保	半恢	半恢	恢	保
MSH-2	恢	保	保	半恢	恢	恢	保

　　陈悦等（1998）对高粱不同雄性不育细胞质育性反应及育性恢复基因遗传进行了研究。结果表明，多数材料恢复 A_1 和 A_2 型的不育性。并且 A_1 和 A_2 型的育性反应多数相同，但也有一些对 A_1 和 A_2 育性反应不同的材料。A_3 和 A_4 型育性恢复的极少，SC240-14E 恢复 A_3 的育性，F260、F360 部分恢复 A_4 型的育性，LR9002 对 A_3 型部分植株恢复育性，部分保持 A_3 不育性。多数材料恢复 A_5 和 A_6 型的育性，但育性反应各不同。没有完全恢复 9E 不育性的材料，只有 SC7、F260 和 F360 部分恢复 9E 的育性（表8-14）。

表8-14　部分材料与具相同核背景不同细胞质的育性反应
（陈悦等，1998）

材料名称	不育细胞质						
	A_1Tx398	A_2Tx398	A_3Tx398	A_4Tx398	A_5Tx398	A_6Tx398	9ETx398
IS2801C	F	F	S	S	F	F	S
IS2567C	F	S	S	S	F	F·S	S
RTx7000	F	S	S	S	F	S	S
SC240-14E	F	F	F	S	F	F	S
LR9002	F	F	F·S	S	F	F	S
SC210-14E	F	S	S	S	F	F	S
SC761	S	F·S	S	S	S	S	S
SC7	F·S	F·S	S	S	S	S	PF
SC835	F	F	PF	S	F	S	S
0-30	F		S	S		PF	S
SC641	S		S	S		F·S	
F260	F	F	S	PF	F	F	PF
F360	F	F	S	PF	F	F	PF
SC426	PF	S	S	S		S	S
Tx430	F	PF	S	S	F	S	S
SC273			S	S			S
SC278	PF	PF			PF		S
SC637	F	F	S	S		F	S
IS7333C	S		S	S			S
SC48-14E	F	S	S	S			S
三尺三	F	PF	S	S			S

　　注：F. 自交结实率70%以上；PF. 自交结实率5%～69.9%；S. 自交结实率4.9%以下；F·S. 育性有分离。

　　具相同不育细胞质相异核背景、具相同核背景相异不育细胞质的材料与某些父本材料杂交，F_2 代育性分离结果列于表8-15 中。结果是 A_1 型细胞质育性恢复多数是受一对显性主效基因控制，后代符合可育与不可育的分离比例为 3：1，但也有例外，A_1 Tx616/LR9002、A_1 Tx631/F260 的 F_2 代育性分离出可育与不可育的比例为 15：1。本试验表明存在 2 个独立的显性主效基因恢复 A_1 的育性，其存在形式为 F 或 S（$ms_1 ms_1 Ms_2 Ms_2$）。

表 8-15　不同细胞质杂种 F_2 代育性分离结果

（陈悦等，1998）

组合	实际调查株数		可育株与不育株比率		χ^2 值
	可育	不育	实际比	理论比	
A_1 Tx398/LR9002	47	15	3.13：1	3：1	0.001
A_1 Tx398/F360	43	16	2.69：1	3：1	0.051
A_1 Tx616/LR9002	39	5	7.8：1	15：1	1.188
A_1 Tx616/三尺三	56	23	2.43：1	3：1	0.511
A_1 Tx616/F260	38	10	3.8：1	3：1	0.25
A_1 Tx616/F360	22	10	2.2：1	3：1	0.375
A_1 Tx631/SC499-14E	35	8	4.38：1	3：1	0.628
A_1 Tx631/F260	48	4	12：1	15：1	0.021
A_1 Tx631/F360	20	9	2.22：1	3：1	0.287
A_1 Tx378/SC48-14E	21	8	2.63：1	3：1	0.011
A_1 Tx378/SC240-14E	36	6	6：1	3：1	2.032
A_2 Tx398/LR9002	40	16	2.5：1	3：1	0.214
A_2 Tx398/F260	90	38	2.37：1	3：1	1.260
A_2 Tx616/F360	26	11	2.36：1	3：1	0.225
A_2 Tx616/LR9002	42	10	4.2：1	3：1	0.641
A_2 Tx616/F260	52	19	2.74：1	3：1	0.042
A_2 Tx616/F360	52	9	2.44：1	3：1	0.097
A_2 Tx631/SC499-14E	46	12	3.83：1	3：1	0.368
A_2 Tx631/F360	34	13	2.62：1	3：1	0.064
A_2 Tx631/LR9002	48	13	3.69：1	3：1	0.268
A_2 Tx378/F260	90	27	3.33：1	3：1	0.140
A_2 Tx378/F360	94	41	2.29：1	3：1	1.80
A_3 Tx398/LR9002	33	5	6.6：1	3：1	2.246
A_3 Tx616/LR9002	83	24	3.46：1	3：1	0.252
A_3 Tx63/SC240-14E	62	15	4.13：1	3：1	0.974
A_3 Tx378/SC499-14E	69	22	3.14：1	3：1	0.004
A_3 Tx378/LR9002	28	6	4.67：1	3：1	0.627
A_3 Tx378/SC240-14E	112	48	2.33：1	3：1	1.875

注：$\chi^2_{0.05,1}=3.84$

　　A_2 型细胞质不论核背景是相同还是相异，其 F_2 代育性分离均为可育与不可育的分离比例为 3：1，表明 A_2 型育性恢复基因为一对显性主效基因。A_3 型的育性恢复基因也是一对显性主效基因。尽管各种不同雄性不育细胞质的育性恢复受显性主效基因控制，但也可能有微效基因的效应，因为在 F_2 代群体中经常出现一些可育或部分不育的植株。

二、雌性不育性

Casady，Heyne 和 Weibel（1960）报道了 2 个控制雌性不育的显性基因 Fs_1 和 Fs_2，它们在双杂合条件下为互补效应导致雌性不育。3 种基因型，$Fs_1fs_1Fs_2fs_2$、$Fs_1Fs_1Fs_2fs_2$、$Fs_1fs_1Fs_2Fs_2$，后 2 种产生没有穗的矮株，Fs_1 和 Fs_2 在单独存在时不表现效应。

Quniby（1982）提出了性激素决定植物性别表现的假说。他认为细胞核基因和细胞质基因共同控制花器内的雌性激素含量。激素含量水平决定性别表现，如两性花、雌性不育、雄性不育和性器官发育异常等。雌性和雄性激素平衡时，产生两性花；反之，形成异常花。高粱细胞核内含有 4 对性别基因，即 $Fsc_1Fsc_2Msc_1Msc_2$。Fsc_1Fsc_2 为雌性诱导核基因，它们诱导雌性激素的产生；Msc_1Msc_2 为雄性诱导核基因，它们诱导雄性激素的产生。由于性别表现受细胞核基因和细胞质基因互作控制，所以要使雌雄性激素处于两性平衡，必然存在两种雌性诱导细胞质和两种雄性诱导细胞质。由 4 对细胞核基因可以组成 16 种基因型（表 8-16）。其中，有 6 种基因型（序号 1、8、9、10、11 和 16）达到两性平衡，对 A_1 都具有两性花。此外，还应存在一种既不诱导雌性又不诱导雄性的中性细胞质。现已查明，高粱具有两种雌性诱导细胞质（A_2、A_3），一种中性细胞质（A_1）和一种雄性诱导细胞质（B）。

表 8-16　细胞核基因型与细胞质互作产生的性别表现型

(Quinby，1982)

序号	基因型	在下列细胞质中的性别表现型			
		A_3	A_2	A_1	B
1	$Fsc_1Fsc_2Msc_1Msc_2$	FFms	FFMF（近两性）	两性	—
2	$Fsc_1Fsc_2Msc_1msc_2$	FFms	FFms	FFms	两性
3	$Fsc_1Fsc_2msc_1Msc_2$	FFms	FFms	FFms	两性
4	$Fsc_1fsc_2Msc_1Msc_2$	FFms	两性	—	—
5	$fsc_1Fsc_2Msc_1Msc_2$	FFms	两性	—	—
6	$Fsc_1Fsc_2msc_1msc_2$	FFms	FFms	FFms	FFms
7	$fsc_1fsc_2Msc_1Msc_2$	两性	—	FFMF	—
8	$Fsc_1fsc_2msc_1Msc_2$	FFms	FFms	两性	—
9	$fsc_1Fsc_2msc_1Msc_2$	FFms	FFms	两性	—
10	$Fsc_1fsc_2Msc_1msc_2$	FFms	FFms	两性	—
11	$fsc_1Fsc_2Msc_1msc_2$	FFms	FFms	两性	—
12	$Fsc_1fsc_2msc_1msc_2$	FFms	FFms	FFms	两性
13	$fsc_1Fsc_2msc_1msc_2$	FFms	FFms	FFms	两性
14	$fsc_1fsc_2Msc_1msc_2$	FFms	两性	—	—
15	$fsc_1fsc_2msc_1Msc_2$	FFms	两性	—	—
16	$fsc_1fsc_2msc_1msc_2$	—	—	两性	—

注：FF. 雌性可育；fs. 雌性不育；MF. 雄性可育；ms. 雄性不育。

A₁是中性细胞质，它对雌、雄性激素都不产生影响。如果 A₁细胞质中的细胞核基因组成是两性平衡的，那么该基因型的表现型为两性花。如果核基因组成不是两性平衡的，当雌性诱导基因效应强于雄性诱导基因时，则雌性激素高于雄性激素，表现为雄性不育；反之，则为雌性不育。

A₂细胞质可提供雌性激素含量足以补偿 1 对隐性的雌性诱导核基因所产生的影响，即隐性雌性诱导核基因比雄性诱导核基因多 1 对的基因型，在 A₂细胞质中表现为两性花，如表 8-16 中序号 4、5、14 和 15 的基因型。

A₃细胞质提供雌性激素总量足以补偿 2 对隐性雌性诱导核基因产生的影响。只有含 2 对隐性雌性诱导基因和 2 对显性雄性诱导基因的一种基因型（表 8-16 中的序号 7），在 A₃细胞质中表现为两性花。

B 细胞质提供的雄性激素总量足以补偿 1 对隐性雄性诱导核基因所产生的影响。隐性的雄性诱导核基因比雌性诱导核基因多 1 对的基因型在 B 细胞质中具两性花，即表 8-16 中序号为 2、3、12 和 13 的基因型。

第五节　抗性性状遗传

一、抗病性遗传

（一）黑穗病

高粱有丝黑穗病 [*Sphacelotheca reiliana* （Kühn）Clint.]、坚黑穗病 [*S. sorghi* （Link）Clint] 和散黑穗病 [*S. creuenta* （Kühn）Pott.]。Swonson 和 Parker（1931）发现抗 I 型坚黑穗病的抗性，在红琥珀与菲特瑞塔的杂交中表现为简单隐性，表明抗病性与茎秆多汁—干燥基因对连锁。Marcy（1937）发现在矮黄迈罗与感病高粱的杂交中，抗 I 型黑穗病为显性，他用符号 R 表示抗性基因，后来被 Casady 换成 Ss，以免与颜色基因混淆。Marcy 在矮黄迈罗与标准菲特瑞塔的杂交中，发现枯萎病基因 b，R（$Ss1$）对 B 是完全上位性，二者均是显性抗性基因。由此他得出结论，感病是显性，因此又提出一个基因 S，表示显性感病性，S 基因由于环境不同，或者对 B 表现为上位性，或者对 B 表现为下位性。

Casady（1961）报道了对高粱坚黑穗病的 1 号、2 号和 3 号生理小种的抗性遗传，发现抗病性是由 3 个分别的基因对控制的，每对基因抗一种生理小种，记作 Ss_1ss_1，Ss_2ss_2，Ss_3ss_3。短枝菲特瑞塔抗全部 3 个小种，带有这 3 个基因全部为纯合显性。显性至少在某些杂交中是不完全的。这里也有对黑穗病 I 型产生枯萎性反应的问题。Casady（1963）指出，这对 Sc_1 是上位性。他把 Bs 作为正常黑穗 I 型的等位基因，bs 有枯萎性反应。在矮菲特瑞塔（Ss_1ss_1bsbs）和粉红卡佛尔（ss_1ss_1BsBs）的杂交中，他得到 6 个正常黑穗病带枯萎性、3 个只是正常黑穗病、3 个只是枯萎病、4 个是抗病的，因此各种类型的抗病和感病均为 1∶3。这可能是解释了 Swonson 等显性感病性说法。这也与 Marcy 的两基因 R 和 B 结果一致，但是他没有完全阐明正常感病和枯萎病的显性关系。

迄今，在中国能引起高粱丝黑穗病的病菌有 1 号、2 号和 3 号生理小种。中国学者对高粱丝黑穗病的抗性遗传也做了一些研究工作。马忠良（1985）研究表明，高粱品种资源中有完全显性和不完全显性的抗性类型材料。由于显性的抗病材料在正、反交中抗性没有明显差异，因此选育显性的抗病不育系和恢复系对杂种一代的抗性具有同等作用。

曹如槐等（1988）用 17 个抗丝黑穗病抗性不同的品种，按不完全双列杂交设计进行抗高粱丝黑穗病的遗传研究。结果显示，高粱对丝黑穗病抗性的遗传因品种不同而异，有的品种具有质量性状遗传特点，有的则表现数量性状遗传特点。抗病性属于数量性状遗传的品种，其抗性主要受加性基因控制。如果抗性呈现数量性状遗传可视为非小种专化性抗性（或称水平抗性）；如果抗性呈现质量性状遗传，则多半是小种专化性抗性（也称垂直抗性）。

杨晓光等（1992，1995）研究了高粱对中国高粱丝黑穗病菌 2 号、3 号生理小种的抗性遗传。结果表明，高粱对 2 号生理小种的抗性遗传受 2 对主效非等位基因控制，抗性材料存在着基因功能上的差异。杂种一代的抗病性受亲本抗病性的制约。双亲之一抗病，杂种一代未必都表现抗病。只有由纯合显性基因控制的亲本，其杂种一代的抗病性才是可靠的。丝黑穗病病菌 3 号生理小种的抗性遗传为质量性状遗传。抗性受 2～3 对非等位主效基因所控制，基因之间存在一定的互作效应。F_2 表现 15：1 抗：感的分离有 31 例，13：3 的有 25 例，9：7 的有 21 例，7：9 的有 3 例，63：1 的有 17 例，3：1 的有 5 例；还有 6 例无明显分离规律。F_3 代在自然发病条件下，34 个株系中有 13 个株系与 F_3 接种发病的分离比例一致，13 个株系与 F_3 代接种发病的分离比例不一致，6 个例外。总的分析是自然发病与接种发病基本是由 2～3 对基因控制。

（二）叶炭疽病和红茎腐病

这两种病均由（Colletotrichum graminicolum）病菌引起的。显性基因 L 抗炭疽病，而显性基因 Ls 抗红茎腐病（Le Beau 和 Coleman，1950；Coleman 和 Stokes，1954）。

（三）迈罗病

Elliot 等（1937），Heyne 等（1944）研究了迈罗病（Periconia circinata）的遗传。他们在矮生黄迈罗×俱乐部的杂交中，感病性为不完全显性，而且显性效应受环境条件的影响。

（四）锈病（Puccinia purpurea）

Coleman 和 Dean（1961）在甜高粱 Planter×MN960 的杂交中，证明控制锈病的是单显性基因 Pu。Miller 和 Cruzado（1969）报道，当品系 B406 提供 Pu 等位基因时，则表现非显性；当康拜因沙鲁提供 Pur 等位基因时，则表现正常显性。基因型 Pupu 和 Pupur 在生育前期可有效地控制锈病。但是，当生育期逐渐延后时，对锈病的控制也逐渐减弱。

（五）高粱病毒病

由玉米矮花叶病毒（MDMV）引起的高粱红条病毒病，由甘蔗花叶病毒（SCMV）引起的甘蔗花叶病毒病。Henzell（1977）、Henzell 等（1978）研究发现，基因 K 对 SCMV-Jg 病毒是免疫的。基因 N 和 K 如 NNkk 导致红条纹病症。这 2 个基因紧密连锁。当 2 个基因是隐性时，基因 Rlf 引起花叶病状，即 kknnRlfRlf。当所有 3 个基因都是隐性时，其结果是红叶病状。

二、抗虫性遗传

（一）蚜虫

在中国，危害高粱最严重的蚜虫是甘蔗黄蚜（*Aphis sacchari* Zehntner）；在美国，主要是麦二叉蚜（*Schizaphis graminum* Rondani）。Johoson 研究表明，高粱对蚜虫的抗性遗传为显性和不完全显性。美国得克萨斯州农业试验站在突尼斯草的衍生系里，发现了耐蚜虫的基因，现已把这个耐蚜虫基因转到恢复系里，而且是显性遗传，只含 1 或 2 对基因。

（二）麦长蝽（*Blissus leucopterus* Sey）

Snelling 等（1957）研究指出，抗性对感性是显性。在 Sharon 卡佛尔×矮生黄迈罗杂交中，表现 3∶1 的简单遗传。而其他研究表明为更为复杂的遗传。

（三）高粱芒蝇

Gilbson 和 Maiti（1980，1983a、b）指出，基因 *tr* 是叶片远轴表面的刺毛基因，刺毛有效地防止虫体运动，起到抗虫的作用。

（四）玉米螟（*Ostrinia furnacalis* Guenée）

Dick 等报道，抗虫系与感虫系杂交，杂种一代的抗虫性表现为中等。一般来说，高粱穗的松紧度对穗螟虫的抗性和感性差异较大。散穗抗穗螟虫，紧穗则不抗。

三、抗杀虫剂遗传

Coleman 和 Dean（1964）、Riccelli（1971）研究表明，甜蜜高粱对甲基一六〇危害是感性，而品种 Wiley 则是抗性，几乎不受甲基一六〇五的危害。感性是由于隐性基因 *mp* 造成的。基因 *Dtp* 对 D-甲基三氯乙基羟基磷酸盐为感性。

第六节　高粱主要性状的遗传相关和遗传距离

在高粱育种中，对性状的选择通常采取两种方式：直接选择和间接选择。对遗传力高的性状，采用直接选择效果好；对遗传力低的性状，采用直接选择效果较差，应采取间接选择。间接选择的依据要考量性状间的遗传相关。

应用数量遗传学原理，研究性状间的遗传相关和遗传距离，可以提高育种效率。遗传相关的研究可以了解性状间的相关度大小，以决定是否可以采取间接选择。遗传距离研究可以确定亲本间遗传差异的大小，亲缘关系的远近，以预测杂交后代的分离程度，以及杂种一代杂种优势的表现，以便更有效地进行亲本选择和搭配。

一、产量性状的遗传相关

张文毅等（1973）研究了高粱秆高、茎高、穗柄长等 14 个性状与单株籽粒产量的表型相关和遗传相关。结果表明，茎高、穗柄茎、穗茎、穗粒数、千粒重、秆径、节间数等性状，2 年测定结果均与籽粒产量呈显著或极显著正相关；生育日数、穗端极分枝数与籽粒产量的相关也有一年达到显著或极显著正相关。穗柄长与籽粒产量呈显著负相关，节间长与籽粒产量也存在负相关趋势（表 8-17）。

表 8-17　高料主要性状与单株产量的相关性

(张文毅，1973)

性状	遗传相关		表型相关	
	第一年	第二年	第一年	第二年
茎高	0.640	0.464	0.521**	0.376**
秆高	0.523	0.083	0.506**	−0.029
秆径	0.395	0.658	0.351*	0.571**
穗柄长	−0.497	−0.522	−0.393*	−0.602**
穗柄径	0.218	0.624	1.049**	0.573**
节间数	0.357	0.768	0.323*	0.619**
节间长	0.374	−0.331	0.353*	−0.184
穗长	−0.419	−0.787	0.272	−0.678**
穗径	0.647	0.307	0.590**	0.292**
第一分枝数	0.568	0.713	−0.096	0.010
端极分枝数	0.366	0.901	0.202	0.542**
穗粒数	0.766	0.887	0.763**	0.882**
千粒重	0.738	0.323	0.705**	0.315**
生育日数	0.252	0.831	0.230	0.547*

冯广印（1979）对高粱几个主要性状与单株籽粒产量进行了研究。结果显示，生育期、穗重、穗粒重、千粒重、一级分枝数和株高与籽粒产量的相关呈正显著或极显著差异水平。

朱振新（1982）选用了 30 个品种和品系为试材，对 12 种性状进行了遗传相关的研究。结果表明，单穗产量与叶片数、生育时数、抽穗日数、穗长、穗粒数、功能叶片面积呈极显著正相关；与穗柄长呈显著负相关；与千粒重、茎粗呈显著正相关；相关系数值在 0.373～0.764 之间。产量与生育日数、抽穗日数与叶片数之间均呈极显著正相关。穗长与抽穗日数为显著正相关；茎粗与穗柄长呈弱的负相关，与功能叶片面积呈弱的负相关。生育日数与茎粗、穗粒数呈极显著正相关；穗长与穗粒数、抽穗日数与叶片数呈极显著正相关；穗粒数与茎粗呈极显著正相关。

高士杰（1984）研究了高粱主要性状的基因型相关系数与表型相关系数的关系。一般来说，基因型相关系数与表型相关系数的方向是一致的，前者的相关值略大于后者。株高与产量，穗粒数与千粒重之间的表型、基因型相关系数与环境相关系数的方向相反，说明这些性状间的表型主要由基因型效应决定的，环境起着减弱其相关的作用；株高、生育期与千粒重、穗粒数、千粒重与产量之间的表型相关、基因型相关与环境相关的方向相同，说明这些性状间的表型相关是由基因型效应与环境效应在相同方向上共同作用的结果。环境效应提高了表型相关。穗粒数与单株产量之间的基因型相关和环境相关系数均大，说明两者间既有遗传效应，又有环境效应。

二、品质性状的遗传相关

汇总以往的研究结果，高粱主要品质性状的遗传力甚低，不宜采取直接选择，因此，研究品质性状间的遗传相关是十分必要的。

中国科学院遗传研究所（1976，1977）研究蛋白质与单株产量之间为显著负相关，$r = -0.520$（$P < 0.05$）。还指出，开花期与蛋白质含量呈显著负相关，$r = -0.590$（$P < 0.05$），即开花早的蛋白质含量高，生育期长的其含量低。生育期与蛋白质中的赖氨酸所占百分率呈正相关，$r = 0.290$（$P < 0.01$）。也就是说，生育期长有利于提高籽粒中蛋白质中赖氨酸的含量。

单宁含量与蛋白质无显著相关性，$r = -0.165$；单宁含量与产量也无显著相关性，$r = -0.063$。单宁含量与籽粒颜色显著相关，通常凡是粒色深的，单宁含量高；粒色浅的或白粒的，单宁含量低。

三、高粱主要性状的遗传距离

高粱杂种优势利用的重心是选配强优势杂交种，亲本的选择是获得强优势组合的关键环节。人们在长期的育种实践中，总结和积累了许多有关亲本选择的规律和经验，如双亲性状互补、地理远缘等。这些原则即表明亲本间的遗传差异。然而，地理远缘与亲缘远缘又无必然联系，因而增加了选择亲本达到遗传差异大的难度。于是，研究把亲本选择的重点集中到遗传差异的数量化度量上，即遗传距离。

卢庆善（1990）选用国内外高粱恢复系、保持系、品种和群体材料共 50 份，研究主要性状的遗传距离，并进行了聚类分析。结果表明，品种间的遗传距离与其杂种优势有高度的一致性。高粱两亲间有关性状的遗传距离可以作为衡量两亲间遗传差异的一个参数。因此，考量性状的遗传距离基本上可以预测杂种优势（表 8-18）。表 8-18 中的 4 个杂交种是我国 20 世纪 70 年代高粱春播晚熟区推广应用的主要杂交种。从晋杂 5 号到晋杂 1 号，其亲本间的遗传距离值 D^2 从 12.663 增加到 31.189，而杂交种的实际产量也是逐次提高的。

表 8-18　已推广的杂交亲本间的遗传距离 D^2 值

（卢庆善，1990）

杂交种名称	亲本间遗传距离			平均产量 (kg/hm²)
	保持系 *	恢复系	D^2 值	
晋杂 5 号	Tx3197B	三尺三	12.663	5 959.5
晋杂 6 号	Tx3197B	铁恢 6 号	17.146	6 628.5
晋杂 4 号	Tx3197B	晋粱 5 号	23.021	6 679.5
晋杂 1 号	Tx3197B	晋辐 1 号	31.189	6 970.5

* 不育系与其保持系为同核异质相似体。

进一步分析保持系和恢复系的遗传距离及其与系谱的关系，可以发现某些内在的联系（表 8-19）。保持系黑龙 11B 是俄罗斯高粱品种库班红的天然杂交后代，Tx3197B 是卡佛尔高粱，Tx622B 是 Zera Zera 高粱，基本上属外国高粱亲缘。第一组的 3 个恢复系是高粱春播早熟区推广应用的主要恢复系。护 22 号是吉林省地方品种——中国高粱；吉恢 13 是圆锥菲特瑞塔与西藏白的杂交后代，为中外高粱亲缘；吉恢 7384 是护 4 号与九头鸟的杂交后代，为中国高粱与赫格瑞高粱亲缘。这 3 个恢复期与 3 个保持系间的遗传距离 D² 值较大，其组配的杂交种在生产上表现出很强的产量杂种优势。例如，同杂 2 号（黑龙 11A×吉恢 7384）是春播早熟区主栽杂交种，种植面积很大。

表 8-19　已推广应用的主要保持系与恢复系间的 D² 值

(卢庆善，1990)

恢复系 ＼ 保持系		黑龙 11B	Tx3197B	Tx622B	均值	
					X_1	X_2
第一组	护 22 号	31.649	24.722	3.287	19.866	
	吉恢 13	19.338	14.058	0.465	11.287	23.081
	吉恢 7384	55.565	46.249	12.427	38.070	
第二组	三尺三	17.668	12.663	0.279	10.203	
	晋粮 5 号	29.674	23.021	2.271	18.322	17.911
	晋辐 1 号	38.974	31.189	5.464	25.209	
第三组	关东青	31.733	24.824	3.410	19.991	
	铁恢 6 号	22.991	17.146	0.829	13.655	13.796
	4003	13.679	9.349	0.200	7.742	

第二组的 3 个恢复系中，三尺三是山西省农家品种，晋粮 5 号是鹿邑歪头与忻粱 7 号的杂交后代，忻粱 7 号是九头鸟与盘陀早的杂交后代，所以晋粮 5 号为中国高粱和赫格瑞高粱亲缘；晋辐 1 号是晋杂 5 号经辐射后选育的，实际是中国高粱与卡佛尔高粱亲缘。第三组的 3 个恢复系是辽宁省选育的，关东青是辽宁省地方品种；4003 是晋辐 1 号与辽阳猪跷脚的杂交后代，铁恢 6 号是晋辐 1 号与熊岳 191 的杂交后代，均为中国高粱与卡佛尔高粱亲缘。上述 6 个恢复系均为春播晚熟区推广应用的主要恢复系，所配杂交种晋杂 5 号、晋杂 4 号、铁杂 6 号、辽杂 1 号（Tx622A×晋辐 1 号）等均表现出很强的产量杂种优势，成为该区主栽杂交种。

从恢复系亲缘关系与遗传距离来看，具有中国高粱与赫格瑞高粱亲缘的恢复系与 3 个保持系的遗传距离 D² 值最大，平均为 28.196；其次是纯中国高粱亲缘的恢复系，其平均 D² 值为 16.693；第三位是中国高粱与卡佛尔高粱亲缘的，D² 值为 15.535；第四位是中国高粱与菲特瑞塔高粱亲缘的，D² 值为 11.287。由此可见，在应用外国高粱亲缘不育系为主的杂种优势利用中，恢复系的选育应考虑亲本的亲缘关系，以使其不育系间具有较大的遗传距离，从而得到较强的杂种优势组合。

上述研究聚类分析的结果表明，恢复系和保持系基本上归类到各自类群中去。类间的遗传距离大于类内的遗传距离。类间亲本间的遗传距离越大，其组成的杂交组合优势就越强。表明利用遗传距离测定高粱亲本遗传差异所得结果，与中国高粱主产区推广应用的杂交种的产量杂种优势表现基本相符。

陈悦等（1994）采用 60 份来自美国、印度和中国高粱的不育系、恢复系、品种、品系研究遗传距离，并进行聚类分析。同时，不育系与恢复系组配了 2 组不完全双列杂交试验，研究遗传距离（D^2 值）与杂种优势（H）、杂种产量（F_1）及配合力（GCA 和 SCA）的关系等。

研究结果表明，聚类较好地反映了试材间的遗传差异；遗传距离（D^2 值）与地理来源、亲缘没有必然的联系；遗传距离（D^2 值）与杂交种产量相关不显著，与超中亲优势（Hm）相关极显著（$P < 0.01$），与超高亲优势（Hh）相关显著（$P < 0.05$）；遗传距离（D^2 值）与一般配合力（GCA）和特殊配合力（SCA）的相关不显著；用遗传距离（D^2 值）大小来指导组配优良高粱杂交组合，需进一步研究；而用聚类结果对组配杂交组合有一定的实际指导作用。

第七节　遗传连锁群

一、连锁群

第一连锁群，A 组

基因　Q，B_1，Gs_1，Ym，Ce，Bw_1。

Qq　黑色或红色叶鞘与颖壳。

$B_1 b_1$　亚种皮的有无（与 B_2 互补）。

$Gs_1 gs_1$　正常或绿色条纹叶片。

$Ym\, ym$　叶中脉黄色或非黄色。

$Ce\, ce$　株色扩展到亚种皮和颖壳或没有。

$Bw_1 bw_1$　棕色种子和干花药色，对 Bw_2 为互补〔最初报道的不包括 Bw 基因，后来记载的 $B_1 = Bw_1$（Ayyangar，1942）〕。

前面 3 个基因排列顺序为 $qb_1 gs_1$，其距离 q 到 b_1 距离为 13～17 个单位，b_1 到 gs，为 11 个单位，q 到 gs_1，为 26 个单位。不清楚其他基因的线性关系。从 q 到 Ym 为 36 个单位，从 b_1 到 Ce 为 16 个单位。报道的 Bw_1 与 q 基因为紧密连锁。Ghawghawe 等（1966）标明这作为第二连锁群。

第一连锁群，B 组

基因　Pa_1，Z，Bw_1。

$Pa_1 pa_1$　散穗，紧穗。

Zz　角质种皮对粉质为显性。

$Bw_1 bw_1$　棕色种子对干花药色。

从 Pa_1 到 Z 的距离是 1 个单位，从 Z 到 Bw_1 是 30 个单位。如果鉴定的 Bw 基因 $Bw_1 = B_1$ 是正确的话，那么这就是上面第一连锁群 A 组 $QBGs$ 的部分。Ghawghawe 等（1966）认为第一群 B 组与第四群连锁。他们提出基因 Gh 表示带茸毛颖壳对光滑为显性，并且这

3 个基因群都不在其上。"Bs"基因为不育性，不与坚黑穗病基因混淆；"Stp"为圆锥形柱头基因；Oy 为黄色子房基因。他们认定从 Z 到 Bs 是 26 个单位，而其他基因的顺序为 Z（38 个单位）Stp（21 个单位）Oy（42 个单位）Gh。

第二连锁群

基因　D，Rs，P，Y_{10}，Lg，Sa，Ts，Sg，Bw_2，W。

Dd　叶片和茎秆干涸或多汁。

$Rs_1 rs_1$　红苗对绿苗，紫色芽鞘和叶腋对绿色。

Pp　叶鞘和颖壳的紫株色对棕色为显性。

$Y_{10} y_{10}$　在西部黑壳突变体 634 中发现的黄色幼苗突变体（致死性）。

$Lg lg$　正常叶结对无叶舌和叶耳。

$Sa sa$　正常对腋生枝。

$Ts ts$　双粒对单粒。

$Sg sg$　短颖对长颖。

$Bw_2 bw_2$　棕色种子和干花药色，与 Bw_1 为互补。这里的定位是从 Ayyangar（1942）报道其 PC 和 B＝Rs 和 Bw_2 开始的。

Ww　正常幼苗对白苗。也许 Karper 和 Conner（1931）对 W_1 和 W_2 两者没有详细说明。

前面 4 个基因 D、Rs_1、P、Lg 计算的距离是 D-Rs_1 之间 11 和 18 个单位，Rs_1-P 之间为 12～18 个单位，P-Lg 为 7 个单位。其他基因的相对位置不清楚。Sa 基因和 Lg 最靠近，间隔只有 0.01 个单位。从 P 到 Ts 为 11 个单位，而从 D 到 Sg 为 12 和 16 个单位。Rs_1-Bw_2 为 5 个单位，而从 Rs_1 到 W 基因为 41 个单位。

Ghawghwawe 等（1966）认为，这是第三连锁群，并且认定 Gep 基因（紫色颖壳）和 Mu 基因（波状叶缘）属于该连锁群，其排列为 D（27 个单位），Gep（43 个单位）Mu。他们还报道，基因 Wmd 与 D 完全连锁，这样一来就支持了 Schertz 和 Stephens（1966）的观点，即两者是同一基因的表现。

T_3-$4a$ 系（以前称 T231）的易位产生在这个染色体上，在 Dd 和 $Rs_1 rs_1$ 之间，其遗传距离是 Dd（7.2 个单位）T_3-$4a$（19.4 个单位）$Rs_1 rs_1$。当取其上的长染色体时，则核仁器位于第一染色体上，那么该连锁群就在第三染色体上（Karper 等，1931；Martin，1936；Ayyangar，1937b，1939，1941b，1942；Laubscher，1945；Casady 等，1957；Deakin 等，1965；Webster，1965，1979，1982）。

第三连锁群

基因　Gs_2，Ms_2，Ms_3，A，V_{10}，Sb_f，Lh，Tl。

$Gs_2 gs_2$　正常叶对绿条纹叶。

$Ms_2 ms_2$　正常花药对雄性不育（黑壳卡佛尔）。

$Ms_3 ms_3$　正常花药对雄性不育。

Aa　无芒对有芒。

$V_{10} v_{10}$　正常绿色对开始现绿。

$Sbf sbf$　全羽毛状柱头对基部羽毛状柱头。

Lhlh 茸毛叶尖对光滑叶尖。

Tltl 正常对分蘖。

前面 7 个基因的次序多半是常见的。从 gs_2 到 ms_2 为 23 个单位，到 a 为 31 个单位。从 ms_2 到 a 约 11 个单位，也可能是 16 个单位。从 ms_2 到 V_{10} 是 18 或 19 个单位，而 a 到 V_{10} 是 8 或 9 个单位。基因 ms_3 到 a 约 7 个单位，而到 V_{10} 约 40 个单位。从 a 到 Sbf 是 18 个单位，Sbf 到 Lh 为 25 个单位，A 到 Lh 为 43 个单位。第八基因位点的 tl 突变体离 a 为 4 个单位，但是，它与 ms_3 和 V_{10} 的相对位置还不清楚（Ayyangar，1939，1942；Stephens，1944，1945；Webster，1965）。该连锁群就是 Ghawghawe 等（1966）的第五连锁群，他们在该群还增加了一个基因，Gtr（颖尖色）与 A 的距离是 42 个单位。

第四连锁群［Ghawghawe 等（1966）的第七群］

基因 Y，V_{11}，G_2，Ma_3。

Yy 黄色籽粒对白色。

$V_{11}v_{11}$ 正常绿色苗对开始现绿。

G_2g_2 正常叶色对黄色或金黄色。

Ma_3ma_3 熟期长度。

该连锁群的最可能次序是 y，V_{11}，g_2。y 到 V_{11} 的距离为 6 个单位，y 到 g_2 的距离是 9 个单位。Ma_3 是在该染色体上，到 Y 约 4 个单位，它的等位基因 ma_3R 与 y 表现为连锁（Quinby 和 Karper，1945；Stephens，1951）。

第五连锁群

基因 Ss_2，Ss_1，Ss_3。

这些基因是控制高粱坚黑穗病 3 个生理小种的，连锁关系是 Ss_2—Ss_1 为 7 个单位，Ss_1—Ss_3 为 38 个单位。

第六连锁群［Ghawghawe 等（1966）的第一群］

基因 Ys_2，Wx，Bm。

Ys_2ys_2 正常幼苗对深黄色致死苗。

Wxwx 正常淀粉胚乳对糯性胚乳。

Bmbm 叶和叶鞘有蜡被对无蜡被。

Ys_2 和 Wx 之间的距离是 26 个单位，Wx 和 bm 之间为 5 个单位，但是这些基因的线性顺序不清楚（Karper 等，1934；Webster，1965）。

第七连锁群

基因 Or，E，Ep。

Oror 正常茎秆和中脉色对橘色。

Ee 茎秆直立对茎秆软弱的，倾斜到倒伏。

Epep 茎色。

Or 和 E 之间的距离为 30 个单位，Or 和 Ep 之间为 20 个单位，但是不清楚它们的直线排列（Coleman 和 Dean，1963）。

第八连锁群［Ghawghawe 等（1966）的第六群］

基因 Ma_1，Dw_2。

Ma_1　熟性基因与 Dw_2 矮秆基因之间的距离为 8 个单位（Quinby 和 Karper，1945）。

第九连锁群

基因　Ls，L。

这 2 个基因控制高粱炭疽病的抗性，其距离为 10 个单位（Coleman 和 Stokes，1954）。

第十连锁群［Ghawghawe 等（1996）的第八连锁群］

基因　Rr，Lr，Ysg，Rsg，Ra。

Rr　果皮色。

$Lrlr$　干叶色。

$Ysgysg$　鲜柱头色。

$Rsgrsg$　干柱头色。

$Rara$　干花药色。

除 Rr 基因外，其他基因符号还没有列入名单。其连锁顺序和遗传距离为 R 到 Lr 4 个单位，Lr 到 Ysg 13 个单位，Ysg 到 Rsg 3 个单位，Rsg 到 Ra 6 个单位。

二、复 连 锁

Ayyangar（1940）报道薄硬质颖壳（一种隐性性状，无基因符号）与多汁茎秆基因 d 连锁，所以这可能在 $DRsP$ 染色体上。Laubscher（1945）报道多茸毛与革质颖壳之间的连锁为 5 个单位。他还发现，Katengu 品种的短刷型柱头与白色柱头连锁，遗传距离为 6 个单位。糖质基因 Su 与棕色胚珠基因 b 连锁，距离 32 个单位；还与株高基因 dw 连锁。这些基因精确的鉴定还没进行（Ayyangar，1939；Karper 和 Quinby，1963）。

主 要 参 考 文 献

鲍文奎，1982. 植物雄性不育的综合理论和应用. 中国农业科学，15（1）：32-37.

陈悦，曹嘉颖，孙贵荒，1998. 高粱不同雄性不育细胞质育性反应及育性恢复基因规律. 国外农学-杂粮作物，18（4）：9-12.

冯广印，1979. 高粱主要性状遗传力和相关性的初步研究. 遗传学报，6（1）：41.

盖钧镒，2006. 作物育种学各论. 北京：中国农业出版社.

高士杰，1984. 高粱几个农艺性状的相关和通径分析. 吉林农业科学（3）：65-67.

孔令旗，1991. 高粱籽粒营养品质性状数量遗传研究概述. 辽宁农业科学（2）：51-54.

孔令旗，张文毅，1988. 高粱籽粒蛋白质、赖氨酸和单宁含量在不同环境中的遗传表现. 辽宁农学科学（3）：18-22.

孔令旗，张文毅，李振武，1992. 高粱籽粒蛋白质及其组分的配合力与杂种优势分析. 作物学报，18（5）：352-358.

孔令旗，张文毅，李振武，1992. 高粱籽粒赖氨酸含量基因效应的研究. 辽宁农业科学（3）：26-29.

李公德，1965. 高粱护颖形态的遗传及其与籽粒着壳率、千粒重的关系. 作物学报，4（2）：149-155.

李振武，1983. 高粱生育期遗传的初步研究. 辽宁农业科学（4）：1-5.

李振武，1984. 高粱 F_3 生育期遗传表现. 辽宁农业科学（4）：1-5.

李振武，1986. 高粱 F_3 生育日数的分析. 辽宁农业科学（3）：1-6.

李振武，1988. 高粱生育期遗传研究. 辽宁农业科学（3）：6-11.

辽宁省农业科学院作物研究所，1973. 高粱主要性状遗传力和遗传相关研究初报. 辽宁农业科技（2）：2-6.

刘铭三，1979. 东北地区部分高粱品种蛋白质、赖氨酸和单宁含量的分析. 辽宁农业科学（1）：21-26.

卢庆善，1990. 高粱数量性状的遗传距离和杂种优势预测的研究. 辽宁农业科学（5）：1-6.

卢庆善，宋仁本，郑春阳，1997. 高粱不同分类组杂种优势和配合力的研究. 辽宁农业科学（2）：3-13.

马鸿图，1979. 高粱核质互作雄性不育系3197A育性遗传的研究. 沈阳农学院学报（1）：29-36.

南开大学生物系遗传教研室，1976. 高粱食味品质影响因素的分析研究. 遗传与育种（1）：17.

王富德，张世萍，杨立国，1990. 高粱A_2雄性不育系的鉴定，Ⅱ. 主要农艺性状的配合力分析. 作物学报，16（3）：242-251.

王富德，张世萍，杨立国，等，1988. 高粱A_2雄性不育系的鉴定，Ⅰ. 育性反应. 作物学报，14（3）：241-247.

王隆铎，1978. 高粱籽粒糯质的遗传. 遗传与育种（5）：25-26.

王意春，1977. 高粱单宁含量测定及粒色与单宁含量的关系. 辽宁农业科学（6）：36-39.

西北农学院，1981. 作物育种学. 北京：农业出版社，651-660.

肖海军，张文毅，1989. 高粱籽粒蛋白质及其组分的遗传变异性. 辽宁农业科学（2）：4-7.

杨立国，1984. 高粱的性别表现和雄性不育体系. 辽宁农业科学（5）：21-24.

杨晓光，杨镇，石玉学，等，1992. 高粱抗丝黑穗病遗传效应初步分析. 辽宁农业科学（3）：15-19.

杨晓光，杨镇，石玉学，等，1995. 高粱F_3代抗丝黑穗病3号生理小种的遗传分析. 辽宁农业科学（4）：13-16.

杨镇，那桂秋，杨晓光，1993. 高粱对丝黑穗病抗性遗传研究进展. 国外农学-杂粮作物（6）：15-17.

张福耀，1987. 高粱非迈罗细胞质A_2、A_3雄性不育系的研究. 华北农学报，2（1）：31-36.

张福耀，1990. 高粱A_1、A_2型核质互作雄性不育性遗传的初步研究. 华北农学报，5（2）：1-6.

张文毅，1980. 高粱品质性状的遗传研究. 辽宁农业科学（2）：37-43.

张文毅，1982. 高粱遗传研究概述（综述）. 国外农学-杂粮作物（1）：1-6.

张文毅，1996. 高粱籽粒品质的遗传改良. 辽宁农业科学（4）：3-6.

张文毅，韩福光，孟广艳，1987. 高粱穗结构的遗传研究，Ⅲ. 回交效应. 辽宁农业科学（3）：7-10.

张文毅，李振武，孟广艳，1985. 高粱穗结构的遗传研究，Ⅰ. 杂种一代的遗传表现. 辽宁农业科学（2）：1-5.

张文毅，孟广艳，韩福光，1986. 高粱穗结构的遗传研究，Ⅱ. 分离世代的遗传特点. 辽宁农业科学（4）：3-7.

赵淑坤，石玉学，1993. A_1、A_2型高粱雄性不育的细胞核遗传方式研究. 辽宁农业科学（1）：15-18.

中国科学院遗传研究所402组，1976. 高粱亲本及其杂种一代蛋白质含量的遗传研究. 遗传与育种（6）：11-13.

中国科学院遗传研究所402组，1977. 杂交高粱赖氨酸性状的遗传研究. 遗传与育种（2）：10-11.

中国科学院遗传研究所402组，1977. 杂交高粱主要农艺性状的遗传研究. 遗传与育种（1）：20-23.

朱振新，1982. 高粱数量性状的相关分析. 黑龙江农业科学（2）：57-63.

Ayyangar G N R, Ayyar M A S, Rao V P, 1937. Linkage between purple leafsheath color and juiciness of stalk in sorghum. Proc. Indian Acad. Sci. 5B：1-3.

Ayyangar G N R, Ayyar M A S, 1937. The inheritance of height cum duration in sorghum. Madras Agri. J.（25）：107-118.

Ayyangar G N R, Ayyar M A S, 1938. Linkage between a panicle factor and the pearly-chalky mesocarp factor（Zz）in sorghum. Proc. Indian Acad. Sci. 8B：100-107.

Ayyangar G N R, Nambiar A K K, 1939. Genic differences governing the distribution of stigmatic feathers in sorghum. Curr. Sci. (8)：214-216.

Ayyangar G N R, Nambiar A K K, 1938. A 'tiny' sorghum. Proc. Indian Acad. Sci. 8B：309-316.

Ayyangar G N R, Ponnaiya B W X, 1941. Studies in Para-sorghum Snowden-the group with bearded nodes. Proc. Indian Acad. Sci. 14B：17-24.

Ayyangar G N R, Rajabhooshanam D S, 1939. A Preliminary analysis of panicle structure in sorghum the great millet. Proc. Indian Acad. Sci, 9B：29-38.

Ayyangar G N R, Rao V P, Nambiar A K, 1939 The occurrence and inheritance of purple blotched grains in sorghum. Curr. Sci. (8)：213-214.

Ayyangar G N R, Rao V P, Reddy T V, 1937. The inheritance of deciduousness of the pedicelled spikelets of sorghum. Curr. Sci. (5)：538-539.

Ayyangar G N R, Reddy T V, 1940. The inheritance of a new type of purple pigmentation manifesting on the glumes at anthesis. Curr. Sci. (9)：228-229.

Ayyangar G N R, Vijiaraghavan C. Pillai V G, Ayyar M A S, 1933. Inheritance of characters in sorghum the great millet，Ⅱ purple pigmentation on leaf-sheath and glume. Indian J. Agri. Sci. (3)：589-594.

Casady A J, 1963. Inheritance of risistance to physiologic race 1, 2 and 3 of Sphacetheca sorghi in sorghum. Crop Sci. (1)：63-68.

Casady A J, 1963. Inheritance of the blasting reaction of sorghum to physiologic race 1 of Sphacelothecasorghi. Crop Sci. (3)：535-538.

Casady A J. Heyne E G, Weibel D E, 1960. Inheritance of female sterility in sorghum. J Hered. (51)：35-38.

Coleman O H, Dean J L, 1963. Inheritance of orange color in stalks and midribs of sorgo. Crop Sci. (3)：119-122.

Doggett H, 1987. Sorghum. Second Edition. Published in Association with the International Development centre, canada 165-186.

Gowda C L L, Rai K N, Reddy B V S, Saxena K B, 2006. Hybrid Parents research at ICRISAT.

Graham R J D, 1916. Pollination and cross-fertillization in the Juar plant (*Andropogon sorghum*, *Brot.*) Mem. Dept. Agri. India Botan. Ser. (8)：201-216.

Karper R E, Conner A B, 1931. Inheritance of chlorophyll characters in sorghum. Genetics (16)：291-308.

Karper R E, Quinby J R , Jones D L, 1934. Inheritance and improvement in Sorghum. Texas Agri. Expt. Sta. Ann Rept. (47)：65-66.

Karper R E, stephens J C, 1936. Floral abnormalities in sorghum. J. Hered. (27)：183-194.

Laubscher F X, 1945. A genetic study of sorghum relationship. Dept. Agri. and Forestry. Union of S. Africa Sci. Bul. 229-242.

Marcy D, 1937. Inheritance to the loose and covered kernel smuts of sorghum. Ⅱ Feterita hgbrids. Bull. Torrey Botan. Club (64)：245-267.

Martin J H, 1936. Sorghum improvement. V. S. Dept. Agri. YBK. U. S Govt Printing office Washrngton. 523-560.

Maunder A B, Pickett R C, 1959. The genetic inheritance of cytoplasmic-genetic male sterility in grain sorghum. Agron. J. (51)：47-49.

Munshi Z A, Natali A H, 1957. Inheritance of leaf mid-rib color, glume length and grain shape in *Andropogon sorghum* (Jowar) . Pakistan J of Sci. Research. (9)：94-97.

Quinby J R, Karper R E, 1948. The effect of different alleles on the growth of sorghum hybrids. J. Am. Soc. Agron. (40)：255-259.

Quinby J R, Karper R E, 1954. Inheritance of height in sorghum. Agron. J. (46)：212-216.

Quinby J R，Karper R E，1961. Inheritance of duration of growth in the milo group of sorghum. Crop Sci. (1)：8-10.

Quinby J R，Karper R. E，1945. The inheritance of three genes that influence time of floral initiation and maturity date in milo. J Am. Soc. Agron (37)：916-936.

Quinby J R，Martin J H，1954. Sorghum improvement. Adv. in Agron. (6)：305-359.

Quinby J R，1954. The fourth maturity gene locus in sorghum. Crop Sci. Inpress

Quinby JR. Karper R E，1942. Inheritance of mature plant characters in sorghum induced by radiation. J. Hered. (33)：323-327.

Ramanathan V，1924. Some observation on Mendelian characters in sorghum. Madras Agri. Student UnionJ. (12)：1-17.

Reddy B V S，Ramesh S，Kumar A A，Gowda C L L，2008. Sorghum improvemant in the new millennium ICRISAT.

Saraswathi R，1994. 高粱中脉颜色和籽粒颜色遗传. 原载 International Sorghum and Millets Newsletter. (35)：81-83. 译文见国外农学-杂粮作物 .1996，(5)：47-48.

Sieglinger J B，1932. Inheritance of height in broomcorn. J. Agri. Research. (44)：13-20.

Stephens J C，Quinby J R，1950. Sorghum genetics. Texas Agri. Expt. sta. Substation 12 Annual Report.

Stephens J C，1947. An allele for recessive red glume color in sorghum. J. Am. Soc. Agron. (39)：784-790.

Swanson A F，Parper J H，1931. Inheritance of smut resistance and juiciness of stalk in the sorghum cross Red Amber X Feterita. J. Hered. (22)：153-155.

Vinall H N，Cron A B，1921. Improvement of sorghums by hybridization. J. Hered. (12)：435-443.

Walulu S R，1994. 高粱持绿性遗传 .Crop Science，34（3）970-972；译文见国外农学-杂粮作物 .1995 (2)：11-3.

Webster O J，1965. Genetic studies in *Sorghum vulgare*（Pers）.Crop Sci. (5)：207-210.

Woodworth C M，1936. Inheritance of seeding stem colour in a broomcorn-sorghum cross. J. Am. Soc. Agron. (28)：325-327.

第九章　高粱种质资源

高粱种质资源又称高粱遗传资源，是对当代人和未来人颇有价值的资源。种质资源的重要性在联合国粮农组织（FAO）框架内已被各国政府认同，作为人类的共同财富应当不受任何限制地进行有效利用（FAO，1983）。

迄今，全世界共收集到各种高粱种质资源168 500份，其中美国有42 221份，占25.1%；国际热带半干旱地区作物研究所（ICRISAT）36 774份，占21.8%；印度20 812份，占12.4%；中国12 836份，占7.6%；其他国家合计55 857份，占33.1%。上述国家和国际高粱科研单位在对高粱种质资源进行收集、整理、登记的基础上，对其遗传多样性和性状做了鉴定，从中筛选出许多具有优良农艺性状、品质性状、抗性等的资源材料，并建立了核心种质，满足了高粱遗传改良的需要。

第一节　中国高粱种质资源

一、概　　述

中国高粱栽培的历史悠久，分布范围广泛。东起台湾省，西至新疆维吾尔自治区，南起海南省的西沙群岛，北至黑龙江省爱辉区，跨越了热带、亚热带、暖温带、温带和寒温带，共5个气候带。以1月平均气温而言，高粱分布的最南端为23℃，最北界为−23℃。可以说在历史上，中国各地都有高粱栽培。尽管高粱分布广泛，但主产区却很集中。首先秦岭淮河以北，特别是长城以北是中国高粱主要栽培区。该区高粱种植面积约占全国高粱总面积的65%，其次是黄河与长江之间的地区，种植面积约占全国的26%，再次是长江以南的广大地区，约占全国的6%（《中国高粱品种志》，1980）。随着我国市场经济的发展，高粱白酒酿造业已成为南方一些省份的支柱产业，因此高粱种植面积有较大增加，例如四川、贵州、湖南等省高粱面积增长幅度较大。

秦岭黄河以北种植的高粱多为春播，栽培制度多为一年一熟制，高粱籽粒主要食用，部分饲用和酿造用。黄河长江之间种植的高粱，春播、夏播兼而有之，栽培制度为一年二熟或二年三熟，其籽粒主要用于酿造、饲料。长江以南地区春、夏、秋均可种植，或直播，或育苗移栽，或再生栽培，高粱籽粒主要用于酿制白酒，尤其是名牌白酒，如贵州茅台、四川五粮液、泸州老窖特曲等。

由于中国高粱栽培历史悠久，栽培地域广泛，加之各地的气候、土壤等生态条件的差异较大，栽培制度不同，对高粱产品用途的需求有别，在长期的自然选择和人工选择过程中，使中国高粱形成了各式各样的品种类型，其种质资源丰富多彩。

二、高粱种质资源的搜集与保存

（一）1949 年之前

20 世纪以来，全国仅有少数农业科学研究和教学单位进行高粱品种资源的搜集、整理、保存和研究。设在南京的原中央农事试验场，吉林省的公主岭农事试验场，甘肃省的甘谷农事试验站，都是从事高粱研究的主要单位。20 世纪 20—30 年代，上述单位以及金陵大学的北平、定县、太谷、济南、开封农事试验场和农业学校进行了高粱品种资源的搜集和观察研究。例如，公主岭农事试验场于 1927 年搜集和记载了东北地区高粱品种资源 228 份，并进行了登记保存。甘谷农事试验站结合高粱品种资源鉴定，开展高粱品种选育。中央农事试验场开展了高粱开花习性和抗螟虫的研究，并引进种植一些外国高粱种质资源。1940 年，当时晋察冀边区所属第一农场开展了高粱农家品种的征集和评比，证明多穗高粱产量高、适应性强，而且较耐旱，于 1942 年在边区内推广种植。那时大量的高粱地方品种都是零散地保存于农家。

（二）1949 年之后

有领导、有组织、全面系统地开展全国范围的高粱品种资源搜集、整理、鉴定、评选、保存是在中华人民共和国成立之后，逐步走上正轨。1951 年，全国开展了高粱地方良种的评选，专业科研人员初步征集一些散于农家的品种。经过整理、评选，鉴定出许多适应当地种植的优良品种，就地推广应用。例如，辽宁的打锣棒、小黄壳；吉林的红棒子；河北的竹叶青；山东的香高粱；河南的鹿邑歪头；安徽的西河柳；江苏的大红袍；湖北的矮子糯；新疆的精河红等。

1956 年，全国首次开展大规模的有组织、有计划、有目的的高粱地方品种搜集工作。在高粱主产区共得到 16 842 份地方品种，其中东北各省 6 306 份，华北、西北、华中各省 10 536 份。1978 年，又在湖南、浙江、江西、福建、云南、贵州、广东、广西等 8 省（自治区）组织短期的高粱地方品种资源的考察、搜集，共收到地方品种 300 余份。1979—1984 年，再一次在全国范围内进行高粱种质资源的补充征集，共征集到各种高粱资源 2 000 余份。此外，还在西藏、新疆、湖北神农架、长江三峡地区和湖南省等农作物种质资源考察中，搜集到一些高粱地方品种。

至此，通过 3 次较大规模的高粱品种搜集、征集，分散在农家的绝大多数高粱地方品种资源已基本上集中到各级农业科研单位。除青海省外，全国其他 30 个省（自治区、直辖市）均有高粱地方品种的搜集和保存。全国范围内高粱品种资源征集工作的完成，不仅有效地收集保存了这些宝贵资源，而且还为今后全面、系统、科学地开展高粱种质资源的研究奠定了可靠的基础。

在全国高粱品种资源征集保存的基础上，一些农业科研单位先后开展了高粱地方品种的整理、保存、鉴定和利用研究。1978 年，东北三省通过整理，去掉同种异名，区分同名异种，调查和记载主要农艺性状，鉴定与育种有关的特征特性等，选出有代表性的高粱品种 384 份，编写出《中国高粱品种志·上册》；1981 年，又从其他高粱产区的 21 个省（自治区、直辖市）的高粱品种资源中选出有代表性的高粱品种资源 664 份，编写出《中国高粱品种志·下册》。

1983年，根据各省（自治区、直辖市）多年在高粱地方品种中所积累的研究资料，将1981年底以前全国27个省（自治区、直辖市）搜集、整理、鉴定、保存的高粱地方品种和部分育成品种共7 597份，编写成《中国高粱品种资源目录》。1985—1990年，又将1982年以后第三次全国补充征集的高粱品种资源整理出2 817份，编写成《中国高粱品种资源目录·续编》。至此，从1956年到1989年征集、整理、保存的10 414份中国高粱品种资源已全部完成注册工作，并保存在国家农作物种质资源基因库里（北京）。

截至1990年，中国已注册的10 414份高粱品种资源，有地方品种9 652份，育成的品种（品系）762份。这些高粱种质资源来自28个省、自治区、直辖市。按用途分，这些高粱资源中绝大多数是食用高粱品种，有9 895份，饲用、工艺用高粱品种394份，甜高粱品种125份。

中国高粱品种资源大多数分布在华北、东北等高粱主产区（表9-1）。超过1 000份的省份有山西省、山东省和河南省；500～1 000份的有辽宁省、河北省、四川省、黑龙江省和内蒙古自治区；300～500份的有吉林省；200～300份的有陕西省、湖北省、安徽省、江苏省；100～200份的有湖南省、云南省、甘肃省和北京市；100份以内的包括新疆在内共11个省、自治区。

表9-1　高粱品种资源主要省（自治区、直辖市）分布数

（乔魁多等，1992）

省份	品种数	省份	品种数	省份	品种数
山西	1 261	山东	1 199	河北	803
辽宁	842	内蒙古	820	吉林	460
四川	695	黑花江	615	安徽	270
陕西	283	湖北	277	云南	120
江苏	252	湖南	128	新疆	94
甘肃	113	北京	110		
其他	1 004	河南	1 068		

在已登记注册的育成品种（系）762份中，改良品种（系）199份，成对的雄性不育系和保持系136份，恢复系297份，其他130份。从多到少的省份依次是黑龙江403份、内蒙古88份、吉林56份、辽宁51份、河北46份、山东24份、山西22份、甘肃15份、湖南13份、新疆9份。其余各省（自治区、直辖市）均不足10份（表9-2）。

表9-2　育成的品种资源各主要省、自治区的分布数目

（乔魁多等，1992）

省份	合计	改良品种（系）	不育系和保持系	恢复系	其他
全国	762	199	136	297	130
黑龙江	403	67	70	158	108
内蒙古	88	8	50	30	0
吉林	56	31	8	9	8

（续）

省份	合计	改良品种（系）	不育系和保持系	恢复系	其他
辽宁	51	15	6	24	6
河北	46	3	8	27	8

在已登记的10 414份高粱品种资源中，编入《中国高粱品种志·上下册》的有1 048份，编入《中国高粱品种资源目录》的有7 597份，其中包括《中国高粱品种志·上下册》的1 048份和新登记的6 549份；编入《中国高粱品种资源目录续编》的有2 817份；分别来自23个、27个和28个省（自治区、直辖市）（表9-3）。

表9-3　全国登记资源的注册分布

（乔魁多等，1992）

登记处	总份数	地方品种	育成品种（系）				品种来自省数
			合计	改良品种	成对A、B系	恢复系	
《中国高粱品种志》	1 048	962	86	46	11	18	23
《中国高粱品种资源目录》	6 549	6 334	215	69	36	74	27
《中国高粱品种资源目录续编》	2 817	2 356	461	94	90	187	28
合计	10 414	9 652	762	209	137	279	/

从表9-3的数字可以看出，在全国范围3次高粱品种资源征集中，虽然每次征集的品种都是以地方品种为多数，但随着征集面扩大，省份数逐渐增多，在非主产区征集的品种数量一次比一次增多。此外，征集的育成品种也是一次比一次增多，从86份增加到461份，表明中国随着高粱育种的开展，正在不断地创造着新的种质资源，扩大高粱遗传多样性，这也反映出中国高粱品种资源的征集逐渐转向育成品种。要特别指出的是，在《中国高粱品种资源目录》中登记保存的糯高粱不育系资源张2A、永糯2A、哲帚不育系，甜高粱不育系哲甜1A，四倍体高粱不育系 Tx622A 及保持系 Tx622B，四倍体高粱恢复系 3B-15以及卡佛尔衍生型恢复系 378R 和623R 等均是特殊种质资源。

改革开放以来，全国一些农业科研单位从国外引进了大量高粱种质资源。有的已在高粱科研、育种和生产上得到应用。同时，由于国内高粱育种的深入开展，也创造了一批新品种，在广泛征集、整理的基础上，继《中国高粱品种志·上册，1980；下册，1983》《中国高粱品种资源目录》《中国高粱品种资源·续编》（1982—1989）之后，又编写出版了《全国高粱品种资源目录》（1991—1995）。

本书共编入中国高粱种质资源2 315份，主要是"七五"期间在湖北神农架和海南省搜集的，以及部分省（自治区）以前漏编的农家品种，经过整理、鉴定后编入的。育成品种为育种单位近年选育的并在生产上应用的，或具有某些优异性状的品种（系）。其中包括许多恢复系，以及迈罗型（A_1）细胞质雄性不育系，还有 A_2 型、A_3 型不育系。此外，一批茎秆含糖锤度在15%以上的甜高粱种质资源也入编。

本目录还编入国外高粱种质资源4 038份，其中粒用高粱2 861份，糖用高粱1 152份，工艺（帚）用高粱6份。苏丹草高粱13份，牧草用高粱4份，野生高粱2份。这些资源主要是 1990 年底前从亚洲、美洲、非洲、欧洲等 28 个国家引入的品种（系），并经田间种植、观察、整理和鉴定出较系统的农艺性状、抗性性状，从中筛选出一批抗病材料，对国内高粱育种单位的新品种选育将会发挥巨大作用。

2000 年，继《全国高粱品种资源目录（1991—1995）》之后，又编写印刷了《全国高粱品种资源目录（1996—2000）》一书，供全国高粱科研、教学、生产单位参考。

本目录共编入中国高粱种质资源 518 份，主要是"八五"期间农作物资源考察中搜集到的，以及新征集的农家高粱品种，经过整理、鉴定后编入的。还有近年来农业科研单位新育成并已在生产上应用的或具有优良特征特性的品种（系）。

本目录还编入国外引进 的高粱种质资源 719 份。主要来源于印度、美国、澳大利亚等国。引入资源经过田间种植、观察、整理出较系统的农艺性状，并做了品质性状分析，及抗逆性鉴定（参照国家高粱性状标准进行农艺性状整理、籽粒品质检测等），从中筛选出一批抗逆性强、品质优的品种资源，可直接提供国内高粱科研单位应用。

中国高粱种质资源实行中央和地方双轨保存制度。现已登记注册的全部高粱种质资源皆存入中国农业科学院国家种质库长期保存。国家种质库采取低温密封式保存法。保存的种子纯度为 100%，净度 98% 以上，发芽率 85% 以上。预计保存期达 30 年以上。国家种质库设有数据库，对入库的种质资源实行电子计算机管理。

由各省、自治区、直辖市农业科学院地方保存的高粱种质资源有两种方式：一是各省（自治区、直辖市）的高粱种质资源按原产地分别由具代表性生态条件的市、地级农业科学研究所负责定期繁殖和保存，同时，省级农业科学院再保存一套全省完整的品种资源。二是全省的高粱品种资源集中在省级或市（地）级农业科学院（所）定期繁育和保存。如山东、河南两省的农业科学院分别保存各省的高粱种质资源。安徽省宿县地区农业科学研究所保存安徽省的高粱种质资源。江苏省徐州市农业科学研究所保存江苏省的高粱种质资源。由于各省（自治区、直辖市）资源保存的条件和设施不同，每次更换的时间需 3～10 年。如果轮种更新时间频繁，则在繁育过程中，或因技术措施不当造成机械混杂，或因遗传漂变而产生变异，使品种失纯，这是需要防止的问题。好在中国的双轨保存体系，能够使中国的高粱种质资源得以妥善保存。

三、高粱种质资源性状鉴定

自开展高粱品种资源征集工作以来，有关农业科研单位结合品种整理进行了性状的初步鉴定。从国家"六五"计划开始，高粱种质资源的性状鉴定在全国范围内有计划地开展起来，实行全面规划、统一方案，在分工的基础上密切协作。对高粱种质资源鉴定的性状有农艺性状、品质性状和抗性性状等。农艺性状包括芽鞘色、幼苗色、株高、茎粗、主脉色、穗型、穗形、穗长、穗柄长、壳色、颖壳包被度、粒色、穗粒重、千粒重、生育期、分蘖性；品质性状有蛋白质、赖氨酸、单宁含量和角质率；抗性性状有抗倒伏性和抗丝黑穗病。对部分种质资源鉴定的抗性性状还有抗干旱、水涝，耐瘠薄、盐碱、冷凉，抗蚜虫、玉米螟等。

中国高粱种质资源大部分分布在温带和寒温带，属温带型高粱。

（一）农艺性状

1. 生育日数和对温光反应　中国高粱地方品种与典型的热带高粱（非洲高粱、印度高粱）有明显不同。中国高粱的平均生育日数为 113d，多数为中熟种。生育日数最长的如新疆吐鲁番的甜秆大弯头，为 190d；其次为云南蒙自的黑壳高粱，为 171d。其他有新疆鄯善的青瓦西，吐鲁番的绵秆大弯头，均为 170d。有约 900 份中国高粱地方品种生育日数不足 100d，其中最短的山西大同的棒洛三，从播种至成熟仅为 80d；新育成的夏播改良品种商丘红 81d。

中国高粱地方品种多数对光照和温度反应不甚敏感，短光照（10h 以内）条件下，其生育日数缩短不多，属中间反应类型。一般来说，高纬度地区的早熟品种对温光反应迟钝，在 10h 光照下种植其生育日数只缩短 5d 左右。如河北宣化的武大郎，山西天镇的棒锤红，江苏兴化的矮老儿，山西祁县的昭密白、小茭子，山东菏泽的鸭子够，辽宁本溪的小黄壳等。相反，低纬度地区的一些品种，如海南、云南、新疆等省（自治区）的高粱地方品种对温光反应敏感。这类品种有云南镇雄的马尾高粱、云南蒙自的弯把高粱、湖南郴县的饭白高粱等，在长光照和稍低温度栽培条件下，其生育日数可延长 40d 以上。表现幼苗匍匐，拔节延迟。尽管如此，它们对温光的反应还远不如典型的热带高粱那样强烈。许多来自非洲和印度的高粱品种在中国北京、沈阳种植不能抽穗。中国高粱品种的熟性表现表明，它们之中控制早熟性的主基因频率较高。

2. 植株性状　中国高粱品种普遍高大，平均植株高度为 271.7cm，最高的安徽宿县大黄壳为 450cm。低于 100cm 的极矮秆品种有 38 份，如吉林辉南的黏高粱 63cm，台湾的澎湖红 78cm，新疆玛纳斯的矮红高粱 80cm。中国高粱品种平均茎粗 1.46cm，最粗的湖北南漳的六十日早黄高粱 3.7cm。中国高粱地方品种茎秆粗大的原因是长期人工选择的结果，因为人们需要中国高粱茎秆作架材、建材和烧材。中国高粱品种的茎秆多是髓质，成熟时含水量和含糖量极低，多为干燥型。多数品种茎秆质量好，韧性较强。中国高粱品种分蘖性弱，或基本不分蘖。茎秆高大对提高籽粒产量、增加种植密度和防止倒伏是一种限制因素。而且，茎秆的杂种优势表现出很高的正优势。因此，在组配高粱杂交种时，要十分重视对矮秆品种资源和矮秆基因的利用。中国的高粱叶片的主脉多数为白色，而黄色叶脉及蜡脉品种很少。

3. 穗性状　中国高粱的穗型和穗形种类较多，其分布也是颇有规律性。北方的高粱品种多为紧穗纺锤形和紧穗圆筒形；从北向南，逐渐变为中紧穗、中散和散穗，穗形为牛心形、棒形、帚形和伞形。在南方高粱栽培区里，散穗帚形和伞形品种占大多数。紧穗品种的穗长在 20～25cm，几乎没有超过 35cm 的。散穗品种的穗子较长，一般在 30cm 以上，多在 35～40cm。工艺用的品种穗子更长，可达到 80cm，如山西延寿的绕子高粱。

4. 单穗产量性状　中国高粱平均穗粒重 50.27g。单株籽粒产量达 110g 以上的品种有 53 份，其中以甘肃平凉的平杂 4 号最高，达 174g，其次有新疆托克逊的矮弯头和新疆哈密的白高粱，达 160g。超过 140g 的有新疆鄯善的巴旦木，新疆吐鲁番的绵秆大弯头，新疆疏附的和克尔和白高粱，山西临汾的红二关，辽宁大连的黑壳。很显然，这类高粱种质资源多来自新疆，其单株籽粒产量高与那里的光照充足、昼夜温差大等有关。

单株籽粒产量低的有湖北竹山的小甜秆，河北承德的千斤红，单穗粒重 8～9g；最低的四川璧山的黏高粱，仅有6.1g。单穗粒重的高低与穗粒数和千粒重密切相关。根据800份高粱品种样本的检测分析结果表明，中国高粱地方品种的单穗籽粒数变化于2 200～2 500粒之间，多者可达4 000粒以上。中国高粱种质资源平均千粒重为24.03g。千粒重超过35g以上的品种有130份。例如，50g以上的有山东滋阳的大红袍，为51g；新疆哈密的632号高粱，为52.5g；山西翼城的牛尾巴高粱，为53.6g。一般来说，长江以南的高粱品种千粒重偏低，而新疆、辽宁和山西等干旱地区的品种粒重偏高。

5. 籽粒性状　中国高粱品种的籽粒颜色主要有褐、红、黄、白4种，以红色粒最多，共3541份，占34%。从北方向南方，深颜色籽粒品种的数量越来越少。高粱颖壳色有黑、紫、褐、红、黄、白6种。最多是红壳，有3 070份，占29.5%；其次是黑壳，2 988份，占28.7%。壳色的分布是春播区以黑壳品种居多，南方种植区以紫、褐色壳品种居多。中国高粱食用品种有70%以上是软壳型，籽粒包被度较小，易脱粒。从北方到南方，硬壳型品种和籽粒包被度大的品种逐渐增多。

（二）籽粒品质性状

中国高粱品种长期作食用，因此食用品质、适口性普遍较优。在《中国高粱品种志》所编的1 048份品种中，食味优良的品种有400余份，占38.2%。据现有籽粒营养成分检测结果表明，中国高粱品种籽粒的蛋白质平均含量为11.26%（8 404份样本平均数），赖氨酸含量占蛋白质的2.39%（8 171份样本平均数），单宁含量为0.8%（7 173份样本平均数）。有64份品种的蛋白质含量在15%以上。赖氨酸含量占蛋白质的超过4%的有61份。代表性的品种有山西忻州的忻粱80，为4.76%；内蒙古哲里木盟的大白脸，为4.2%。这些高赖氨酸含量品种的籽粒形态正常，适合中国气候条件栽培。从高赖氨酸含量品种选育的角度出发，这些品种的籽粒形态优于原产于埃塞俄比亚的高赖氨酸资源。

（三）抗性性状

高粱是抗逆境能力较强的作物，如抗旱、耐冷、耐盐碱、耐瘠薄、抗病虫害等。

1. 抗旱性　用反复干旱法测定中国高粱品种苗期水分胁迫后恢复能力时，从6 877份品种资源中筛选出229份品种有较强的恢复力。这些品种经3～4次反复干旱处理后，幼苗存活率仍达70%以上。例如，山西榆次的二牛心、内蒙古鄂尔多斯市的大红蛇眼等。经全生育期水分胁迫处理后调查，在1 000余份高粱地方品种中有6%左右的抗旱系数高于0.5，单株产量因干旱降低不到50%。其中表现较好的有内蒙古鄂尔多斯市的短三尺，山西长治的上亭穗等。

2. 耐冷性　用低温发芽鉴定中国高粱品种资源的耐冷性结果表明，在5～6℃的低温条件下发芽率较高的品种有黑龙江双城的平顶香、黑龙江呼兰的黑壳棒等。利用田间早春低温和人工气候箱低温鉴定9 000余份中国高粱品种资源的苗期耐冷性，根据相对出苗率、出苗指数比、幼苗干重比3项指标综合评定耐冷等级，结果查明有208份品种苗期耐冷性为一级。例如，山西高平的红皮红高粱、黑龙江克山的大红壳、辽宁锦州的条帚糜子等。利用晚秋自然低温对1 000份中国高粱品种资源进行灌浆期耐冷性鉴定，根据穗粒干重比、日干物质积累量比、千粒重比3项指标综合评价耐冷等级，结果有辽宁新金的黑扫苗、辽宁朝阳的长穗黄壳白、黑龙江合江的大蛇眼为二级以上耐冷性。中国高粱品种资源耐冷的材料较多，耐冷性较强。

杨立国等（1992）对1 292份中国高粱进行苗期耐冷性鉴定，并对其中857份做了灌浆期耐冷性鉴定。筛选出苗期二级耐冷品种7份，灌浆期达二级耐冷品种8份，如锦粱9-2、白高粱、二牛心等。

3. 耐盐性　1980年，在内陆盐碱地（0～15cm土层全盐量达0.5％，氯离子含量为2％）对644份中国高粱品种资源进行鉴定查明，出苗率60％以上，苗期黄叶率5％以下，死苗率4％以下，表现出较高耐盐能力的品种有江苏兴化的吊煞鸡、河北承德的红窝白、山东新泰的独角虎等。1985—1990年，用2.5％氯化钠（NaCl）盐水发芽，以处理与对照的发芽百分率计算耐盐指数，根据耐盐指数划分抗盐等级，对6 500余份中国高粱品种资源做了芽期耐盐性鉴定。结果表明，耐盐指数为0～20％为一级的耐盐品种有528份。用滨海盐土试验地于三叶一心期浇灌盐水或于盆栽内用1.8％的NaCl＋氯化钙（CaCl$_2$）（7∶3）的盐水于三叶一心苗期浇灌的方法，对6 500份中国高粱品种资源进行苗期耐盐性鉴定，根据死叶率和死苗率划分耐盐等级，结果表明属一级的有3份，二级的有19份，绝大多数苗期均不耐盐。

4. 耐瘠薄性　中国高粱品种的耐瘠性有较大差异。在土壤有机质含量0.82％，水解氮38.25mg/kg，有效磷2.30mg/kg，速效钾94.85mg/kg的瘠薄土壤条件下，对9 883份中国高粱品种资源作耐瘠性鉴定试验。结果表明，开花期延迟1～7d，能正常成熟，单穗粒重比正常的降低不到50％的属一级，共有592份，占总数5.9％。例如，辽宁朝阳的八月齐、山西孝义的木鸽窝、内蒙古哲里木盟的小白脸等。这些耐瘠性强的品种多为茎秆较矮、较细、生育期较短的早熟品种，通常都是产自东北、西北和华北土壤瘠薄地区。

5. 抗病虫性　高粱丝黑穗病、高粱蚜虫和亚洲玉米螟是危害中国高粱生产的主要病害和虫害。王志广（1982）对来自全国23个省、自治区的1 016份中国高粱品种资源进行了抗高粱丝黑穗病鉴定研究。结果表明，0级不发病的品种有4份，占鉴定品种总数0.04％，如广西桂阳的莲塘矮、湖南巴马的东山红高粱；1级高抗品种有31份，占总数的3.0％，如辽宁建昌的白老雅座、吉林白城的大红壳、内蒙古伊克昭盟的大青粮；2级抗病品种72份，占总数的7.0％，如辽宁朝阳的青壳白、黑龙江绥化的大蛇眼、河北抚宁的楞头青；3级中抗品种有311份，占总数30.6％；4级感病品种276份，占总数27.2％；5级高感病品种322份，占总数31.7％。

王富德等（1993）对已登记的9 000余份中国高粱品种资源进行丝黑穗病抗性的人工接种鉴定。结果表明，中国高粱品种的绝大多数不抗丝黑穗病。在这批品种中，对丝黑穗病免疫的有37份，占鉴定品种总数的0.4％。这些品种可分为三类，一类是经长期在中国栽培驯化的外国高粱品种，如河南西华的九头鸟，河北深州市的多穗高粱、白多穗高粱、辽宁阜新的八棵权等。二类是新育成品种，如山西汾阳的汾9，吉林公主岭的吉公系10号、吉公系13等。三类是中国高粱地方品种，如湖南安乡的白玉粒等。

采用人工接种高粱蚜方法鉴定了约5 000份中国高粱品种资源，其中只有极少数（大约0.3％）的品种对高粱蚜有一定抗性。经反复鉴定证明5-27是抗蚜虫的。它是近年育成的一个恢复系，其抗高粱蚜的特性与美国品种TAM428有关。

采用人工接种玉米螟虫和自然感虫玉米螟的方法对5 000份中国高粱品种资源进行抗玉米螟鉴定，结果表明约有0.2％的品种对玉米螟具有一定的抗性，如山西孝义的小高梁，山西昔阳的红壳高粱，辽宁阜新的薄地高，山东成武的白高粱等。同时，对上述一病二虫进行综合鉴定的3 500余份高粱品种中，没发现有兼抗一病和二虫的抗性品种。但是，发现山东诸城的黄罗伞和山东梁山的散码高粱对一病和一虫为高抗。

卢庆善等（1989）首次对 38 份中国高粱品种资源进行了抗高粱霜霉病 [*Peronosclerospora sorghi* （Weston and Uppal）Shaw]鉴定。结果表明，全部鉴定的 19 份中国高粱地方品种为高感类型，平均感病率为 98.7%，感病率最低的为河北隆化的白矮子，辽宁阜新的大白壳，均为 96.2%；在鉴定的 19 份高粱恢复系中，也全部为高感类型，其中感病率最低的是晋辐 1 号，为 50%；其次是晋5/晋1，为 77.5%。上述结果表明中国高粱品种资源可能没有抗高粱霜霉病的抗源。

四、高粱品种优异资源

自 20 世纪 70 年代起，中国就开始有计划地进行高粱种质资源的性状鉴定，鉴定的规模越来越大，鉴定的品种数量和项目越来越多。截至 1995 年，基本上已做完了登记的中国高粱品种资源的农艺性状、籽粒品质性状、抗逆性状和部分病虫抗性的鉴定，并筛选出一批优异种质资源。

（一）农艺性状

1. 特高秆品种资源 在 10 414 份已登记的品种资源中，株高超过 400cm 的品种有 110 份。最高的安徽宿县的大黄壳，高达 450cm，其次是湖北枣阳的白高粱，高达 447cm（表 9-4）。

表 9-4 中国高粱品种资源中特高秆品种

（王富德等，1993）

国家编号	品种名称	株高（cm）	原产地	保存单位
8852	大黄壳	450	安徽宿县	宿县地区农业科学研究所
6935	白高粱	447	湖北枣阳	湖北省农业科学院
5596	高粱	436	山东黄县	山东省农业科学院
641	关东青	435	河北乐亭	唐山地区农业科学研究所
6995	铁籽高粱	434	湖北当阳	湖北省农业科学院
10382	长扫形高粱	434	陕西旬邑	宝鸡市农业科学研究所
577	白高粱	430	山东莱阳	山东省农业科学院
1684	喜鹊白	430	河北兴隆	唐山地区农业科学研究所
7669	白高粱	429	河北玉田	唐山地区农业科学研究所
1042	狼尾巴	428	山西阳曲	山西省农业科学院

2. 特矮秆品种资源 在已登记的10 414份高粱品种资源中，株高矮于 100cm 的有 49 份。最矮的吉林辉南黏高粱，为 63cm；其次是山西阳曲的万斤矮，为 76cm；台湾的澎湖红，为 78cm（表 9-5）。

表 9-5　中国高粱品种资源中特矮秆品种

(王富德等，1993)

国家编号	品种名称	株高（cm）	原产地	保存单位
8485	黏高粱	63	吉林辉南	吉林省农业科学院
7872	万斤矮	76	山西阳曲	山西省农业科学院
9983	澎湖红	78	台湾	辽宁省农业科学院
957	矮红高粱	80	新疆玛纳斯	新疆农业科学院
479	小白矮高粱	85	新疆阿克苏	新疆农业科学院
2392	棒洛三	88	山西大同	山西省农业科学院
2851	哲恢 27	91	内蒙古哲里木盟	哲里木盟农业科学研究所
796	鸭子够	92	山东菏泽	山东省农业科学院
8070	复播高粱	93	山西黎城	山西省农业科学院

3. 特长穗品种资源　中国高粱品种资源中有紧穗、散穗、帚形穗、伞形穗等。紧穗品种的穗长一般在 20～25cm 之间，几乎没有超过 35cm 的；散穗品种的穗长多在 38cm 以上，以 35～40cm 居多；帚形和伞形穗的穗长在 50cm 以上，最长的黑龙江延寿的绕子高粱、湖南宜章的矮高粱，穗长达 80cm（表 9-6）。在中国高粱品种资源里，穗长超过或等于 30cm 的品种有 3 298 份，占总数的 31.7%；大于等于 50cm 的 97 份，占总数的 0.9%。

表 9-6　中国高粱品种资源中特长穗品种

(王富德等，1993)

国家编号	品种名称	穗长（cm）	原产地	保存单位
372	绕子高粱	80.0	黑龙江延寿	黑龙江省农业科学院
10222	矮高粱	80.0	湖南宜章	湖南省农业科学院
2179	软荽子	79.5	山西武乡	山西省农业科学院
3290	红黄壳	72.0	辽宁朝阳	朝阳水保所
10220	矮秆高粱	72.0	湖南双牌	湖南省农业科学院
7431	黄壳荽子	70.9	山西榆社	山西省农业科学院
10221	矮高粱	70.0	湖南临武	湖南省农业科学院
7432	黄笤帚荽	68.8	山西昔阳	山西省农业科学院
7428	狼尾巴	67.3	山西昔阳	山西省农业科学院
1105	海淀红	64.7	北京海淀	中国农业科学院作物品种资源研究所

4. 特大单穗粒重品种资源　在中国高粱品种资源中，单穗粒重≥100g 的品种有 113 份，占总数的 1.09%。单穗粒重最大的是新疆鄯善的大弯头，达 163.5g，其次是新疆哈密的白高粱，达 160g（表 9-7）。从表 9-7 中的数字可以看出，新疆地区的高粱品种单穗粒重通常都高。在单穗粒重≥140g 的 11 份高粱品种中，产自新疆的有 9 份，占总数

的 81.8%。

表 9-7　中国高粱品种资源中特大穗粒重品种
（王富德等，1993）

国家编号	品种名称	穗粒重（g）	原产地	保存单位
9942	大弯头	163.5	新疆鄯善	哈密地区农业科学研究所
7289	白高粱	160.0	新疆哈密	吐鲁番地区农业科学研究所
959	矮弯头	160.0	新疆托克逊	吐鲁番地区农业科学研究所
881	绵秆大弯头	155.0	新疆吐鲁番	吐鲁番地区农业科学研究所
9955	朋克	152.7	新疆伽师	哈密地区农业科学研究所
7288	白高粱 4	145.0	新疆疏附	吐鲁番地区农业科学研究所
9966	矮弯头	142.0	新疆鄯善	哈密地区农业科学研究所
3537	黑壳	141.0	辽宁旅大	熊岳农业科学研究所
2069	红二关	140.0	山西临汾	中国农业科学院作物品种资源研究所
756	和克尔高粱	140.0	新疆疏附	新疆农业科学院
529	巴旦木	140.0	新疆鄯善	吐鲁番地区农业科学研究所

5. 特大粒重的品种资源　在中国高粱品种资源中，千粒重≥35g 的品种有 146 份，占总数的 1.4%。最大千粒重是黑龙江勒利的黄壳，56.2g；其次是山西翼城牛尾巴高粱，达 53.6g（表 9-8）。

表 9-8　中国高粱品种资源中特大粒重品种
（王富德等，1993）

国家编号	品种名称	千粒重（g）	原产地	保存单位
4465	黄壳	56.2	黑龙江勒利	合江地区农业科学研究所
7893	牛尾巴高粱	53.6	山西翼城	山西省农业科学院
9937	632 号	52.5	新疆哈密	哈密地区农业科学研究所
5559	柳子高粱	52.0	山东新泰	山东省农业科学院
4852	红柳子	51.7	安徽亳县	宿县地区农业科学研究所
5081	大红袍	51.0	山东滋阳	山东省农业科学院
5087	大红袍	49.0	山东泗水	山东省农业科学院
584	白高粱	48.0	新疆疏勒	新疆农业科学院
7116	铁心高粱	46.6	四川江津	水川地区农业科学研究所
10323	铁沙链	44.6	山西武乡	山西省农业科学院

6. 特早熟品种资源　在中国高粱品种资源中，生育期不足 100d 的品种约 900 份，占

总数的 8.6%。其中生育期最短的山西大同的棒洛三，从播种至成熟仅 80d；河南商丘新育成的夏播改良品种商丘红，仅 81d（表 9-9）。

表 9-9　中国高粱品种资源中特早熟品种
（王富德等，1993）

国家编号	品种名称	生育日数（d）	原产地	保存单位
2392	棒洛三	80	山西大同	山西省农业科学院
9029	商丘红	81	河南商丘	商丘地区农业科学研究所
6983	高粱	81	湖北五峰	湖北省农业科学院
7932	白高粱	84	山西天镇	山西省农业科学院
7616	老母猪抬头	84	北京	中国农业科学院作物品种资源研究所
7820	二鹅黄	41	山西阳高	山西省农业科学院
7931	白高粱	85	山西浑源	山西省农业科学院
7933	白高粱	85	山西天镇	山西省农业科学院
9028	老雅座	85	河南息县	河南省农业科学院
8164	黑高粱	85	山西山阴	山西省农业科学院

7. 特晚熟品种资源　在中国高粱品种资源中，生育期≥150d 的品种有 37 份，占总数的 0.4%。其中生育日数最长的是云南墨江的迟白高粱，达 191d；其次是新疆吐鲁番的甜秆大弯头，达 190d（表 9-10）。

表 9-10　中国高粱品种资源中特晚熟品种
（王富德等，1993）

国家编号	品种名称	生育日数（d）	原产地	保存单位
10019	迟白高粱	191	云南墨江	云南省农业科学院
1013	甜秆大弯头	190	新疆吐鲁番	吐鲁番地区农业科学研究所
913	黑壳高粱	171	云南蒙自	辽宁省农业科学院
10261	大甜高粱	171	陕西石泉	宝鸡市农业科学研究所
742	青瓦西	170	新疆鄯善	吐鲁番地区农业科学研究所
881	绵秆大弯头	170	新疆吐鲁番	吐鲁番地区农业科学研究所
10281	甜秆高粱	169	陕西石泉	宝鸡市农业科学研究所
10267	红粒大甜高粱	167	陕西平利	宝鸡市农业科学研究所
10280	甜秆高粱	167	陕西平利	宝鸡市农业科学研究所
666	红壳饭高粱	163	云南新平	辽宁省农业科学院

（二）品质性状

1. 高蛋白品种资源　中国高粱品种历来以食用为主，因此籽粒品质普遍较好，除适口性外，籽粒蛋白质含量也高，在10 414份中国高粱品种资源中，籽粒蛋白质含量超过13%的有1 050份，占总数的10.1%。最高的是黑龙江巴彦的老瓜登，蛋白质含量达17.1%；其次是河北秦皇岛的黄黏高粱，达总数的16.64%（表9-11）。

表 9-11　中国高粱品种资源中高蛋白品种

(王富德等，1993)

国家编号	品种名称	蛋白质含量（%）	原产地	保存单位
4276	老瓜登	17.10	黑龙江巴彦	黑龙江省农业科学院
1602	黄黏高粱	16.64	河北秦皇岛	唐山地区农业科学研究所
1625	黑壳白	16.60	河北平泉	唐山地区农业科学研究所
6750	黑老婆翻白眼	16.58	河南邓县	中国农业科学院作物品种资源研究所
4175	平顶香	16.40	黑龙江巴彦	黑龙江省农业科学院
7798	落高粱	16.33	河北徐水	唐山地区农业科学研究所
8221	小红高粱	16.33	内蒙古赤峰	赤峰市农业科学研究所
10338	长枝红壳笤帚糜子	16.30	吉林辉南	吉林省农业科学院
10404	散散高粱	16.30	陕西定边	宝鸡市农业科学研究所
1026	扫帚高粱	16.30	新疆乌苏	新疆农业科学院

2. 高赖氨酸品种资源　在中国高粱品种资源中，百克蛋白质中赖氨酸含量达到或超过3.5%的品种有209份，占总数的2.0%。赖氨酸含量最高的是江西广丰的矮秆高粱，湖南攸县的湘南矮和山西忻县忻粱80，均达到4.76%表（9-12）。

表 9-12　中国高粱品种资源中高赖氨酸品种

(王富德等，1993)

国家编号	品种名称	赖氨酸含量（%）	原产地	保存单位
8900	矮秆高粱	4.76	江西广丰	九江市农业科学研究所
10209	湘南矮	4.76	湖南攸县	湖南省农业科学院
732	沂粱80	4.76	山西忻县	山东省农业科学院
2581	大白脸	4.73	内蒙古奈曼	哲里木盟农业科学研究所
10357	马壳高粱	4.71	江西横丰	九江市农业科学研究所
9080	食用高粱	4.65	湖北枣阳	湖北省农业科学院
10084	红黏高粱	4.58	天津宁河	天津市农业科学院
10157	红高粱	4.56	湖南双牌	湖南省农业科学院
2578	大白脸	4.54	内蒙古科尔沁	哲里木盟农业科学研究所
8901	矮秆高粱	4.54	江西龙南	九江市农业科学研究所

3. 低单宁品种资源　中国高粱品种资源籽粒单宁含量幅度在0.02%～3.29%之间，

低于 0.3% 的有 30 份。单宁含量为 0.02% 的仅有 3 份，北京的北京白和北平黑壳白，北京昌平的白鞑子帽（表 9-13）。

表 9-13　中国高粱品种资源中低单宁品种

(王富德等，1993)

国家编号	品种名称	单宁含量（%）	原产地	保存单位
1059	北京白	0.02	北京	中国农业科学院作物品种资源研究所
1075	北平黑壳白	0.02	北京	中国农业科学院作物品种资源研究所
1081	白鞑子帽	0.02	北京昌平	中国农业科学院作物品种资源研究所
1885	小红高粱	0.03	山西离石	山西省农业科学院
94	牛心白	0.03	辽宁义县	锦州市农业科学研究所
10154	兴隆高粱	0.03	湖南兴隆	永顺县农业科学研究所
10081	白高粱	0.03	天津宝坻	天津市农业科学院
9967	矮弯头	0.03	新疆鄯善	哈密地区农业科学研究所
9955	朋克	0.03	新疆伽师	哈密地区农业科学研究所
8383	黄窝白	0.03	内蒙古喀喇沁	赤峰市农业科学研究所

（三）抗性性状

1. 抗干旱品种资源　迄今为止，中国还没有全部完成已登记的 10 414 份品种的抗旱性鉴定。1980—1983 年，牛天堂等采用人工致旱方法对 1 009 份品种资源进行全生育期抗旱性鉴定。结果表明，抗旱指数达到 50% 以上 1 级标准的有 62 份，占鉴定总数的 6.1%。1985—1986 年，中国农业科学院品种资源研究所采用反复干旱法对 3 500 份高粱品种的苗期进行抗旱鉴定，结果有 56 份品种经 4 次干旱后仍有 70% 以上的存活率。上述部分抗旱品种列于表 9-14。

表 9-14　中国高粱品种资源中抗旱品种

(王富德等，1993)

国家编号	品种名称	抗旱等级或存活株率（%）	原产地	保存单位
536	平顶冠	1 级	河北青龙	唐山地区农业科学研究所
931	短三尺	1 级	内蒙古伊克昭盟	内蒙古农业科学院
340	矮高粱	1 级	辽宁开原	铁岭地区农业科学研究所
484	小拔高粱	1 级	河北滦南	唐山地区农业科学研究所
997	糯高粱	73.8	云南元江	辽宁省农业科学院
1368	白黏高粱	81.3	河北平泉	唐山地区农业科学研究所
2599	大红蛇眼	85.7	内蒙古赤峰	伊克昭盟农业科学研究所
1089	灯笼红	93.5	北京延庆	中国农业科学院作物品种资源研究所
2918	黄窝小白高粱	100.0	内蒙古宁城	伊克昭盟农业科学研究所
7393	散码粘	100.0	河北承德	唐山地区农业科学研究所

2. 抗水涝品种资源 1979—1980 年，王志广等对 435 份中国高粱品种进行抗水涝鉴定。采用苗期和拔节期水淹处理。根据黄叶率、干物重日平均积累量和千粒重等性状将品种抗水涝性划分为极抗、抗、中抗、不抗和极不抗五级。初步鉴定表明，1 级极抗品种 20 份，占鉴定品种总数的 4.6%（表 9-15）。

表 9-15 中国高粱品种资源中抗水涝品种

（王富德等，1993）

国家编号	品种名称	抗水涝级别	原产地	保存单位
465	大庸离粱	1	湖南大庸	辽宁省农业科学院
533	龙头村高粱	1	云南昆明	辽宁省农业科学院
549	打锣锤	1	江苏赣榆	徐州地区农业科学研究所
614	老鸹座	1	河南开封	河南省农业科学院
627	吊熬鸡	1	江苏兴化	徐州地区农业科学研究所
718	呈贡高粱	1	云南呈贡	辽宁省农业科学院
869	黏高粱	1	安徽广德	宿县地区农业科学研究所
891	紫柳子	1	江苏铜山	徐州地区农业科学研究所
920	黑锋头	1	江苏沭阳	徐州地区农业科学研究所
1022	黑壳甜高粱	1	安徽怀远	宿县地区农业科学研究所

3. 耐盐品种资源 高粱耐盐能力强，对高粱品种资源进行耐盐性鉴定，从中筛选出耐盐力更强的材料直接用于生产或为抗盐育种提供亲本，对盐碱地的开发和扩大高粱种植面积有重大意义。

王志广等（1982）对 546 份中国高粱品种资源做了耐盐性鉴定。鉴定地块为内陆盐碱土，0~15cm 土层含盐量 0.515 5%，氯离子含量为 0.246%。结果发现有 16 份品种达 1 级耐盐标准，即出苗率在 60% 以上，苗期黄叶率在 5% 以下，表现出较高的耐盐能力。1985—1986 年，中国农业科学院作物品种资源研究所在山东省昌邑县莱州湾畔的海盐地上鉴定了 3 692 份高粱地方品种的苗期耐盐性。张世苹于 1987—1989 年对 2 085 份高粱品种进行了芽期和苗期耐盐性鉴定。部分耐盐性为 1 级的品种列于表 9-16。

表 9-16 中国高粱品种资源中耐盐品种

（王富德等，1993）

国家编号	品种名称	耐盐级别	原产地	保存单位
696	红窝白	1	河北承德	唐山地区农业科学研究所
627	吊熬鸡	1	江苏兴化	徐州地区农业科学研究所
877	粗脖粳	1	江苏邳县	徐州地区农业科学研究所
942	寒秝秝	1	安徽凤台	徐州地区农业科学研究所
783	独角虎	1	山东新泰	山东省农业科学院
651	江山路粟	1	浙江江山	辽宁省农业科学院
712	芦粟	1	江西余江	辽宁省农业科学院
757	佩头帘	1	河南沁阳	河南省农业科学院

（续）

国家编号	品种名称	耐盐级别	原产地	保存单位
970	矮子高粱	1	湖南衡阳	辽宁省农业科学院
761	疙瘩高粱	1	甘肃西和	甘肃省农业科学院

4. 耐冷品种资源 中国北方高粱主产区时有低温冷害发生，由于长期进化形成了耐冷凉的高粱品种资源。中国高粱品种比外国的更耐苗期低温，具有发芽温度低，出苗快，幼苗生长快，长势强的特点。

龚文娟（1979）对 400 份中国高粱地方品种做低温发芽鉴定时发现，有 20 多份品种在 5～6℃条件下仍有较高的发芽率。马世均等（1981）对 115 份高粱品种在 4℃、6℃和 8℃条件下进行发芽试验。结果是在 4℃下萌发达 80.1%～100% 的有 1 份，在 6℃和 8℃下达到同样萌发率的分别有 13 份和 23 份。

赵玉田（1985）对 1275 份高粱品种进行苗期耐冷性鉴定，结果表明苗期耐低温较强的品种有 259 份，占鉴定总数的 20.4%；后期耐冷的品种 183 份，占总数的 19.4%。杨立国等（1992）对 1 292 份高粱品种进行苗期耐冷性鉴定，对其中的 857 份又进行灌浆期耐冷性鉴定。结果发现，苗期达 2 级的耐冷品种 7 份，占总数的 0.54%；灌浆期达 2 级耐冷的 8 份，占总数的 0.93%。部分耐冷品种列于表 9-17。

表 9-17 中国高粱品种资源中抗冷品种

（杨立国等，1992）

国家编号	品种名称	抗冷等级	原产地	保存单位
342	锦粱 9-2	2	辽宁锦州	熊岳农业科学研究所
4179	白高粱	2	黑龙江兰西	绥化地区农业科学研究所
110	平顶香	2	黑龙江双城	黑龙江省农业科学院
7806	二牛心	2	山西寿阳	山西省农业科学院
7915	白软高粱	2	山西应县	山西省农业科学院
4533	黑壳棒	2	黑龙江呼兰	黑龙江省农业科学院
8435	双粒	2	辽宁阜新	辽宁省农业科学院
4175	平顶香	2	黑龙江巴彦	黑龙江省农业科学院
4091	大蛇眼	2	黑龙江呼兰	黑龙江省农业科学院
314	黑壳白	2	辽宁朝阳	朝阳水土保持研究所

5. 耐瘠品种资源 1984 年，牛天堂等采取推掉表土，利用犁底土，在 0～30cm 土层中全氮量 0.022%～0.035%，全磷量 0.025%～0.135%，全钾量 2.289%～2.500% 的瘠薄土壤上种植高粱品种。根据品种开花期比对照延迟开花的日数、花序退化、籽粒结实及

植株是否自然枯死等指标，将耐瘠性分为五级，1级的延迟开花日数比对照多20%～30%，但能正常成熟；5级是植株不能抽穗开花，或拔节后自行枯死。1985年，赵学孟又鉴定了3 438份高粱品种，结果1级品种374份，占总数的8.4%（表9-18）。

表9-18　中国高粱品种资源中耐瘠品种
(牛天堂等，1985)

国家编号	品种名称	耐瘠级别	原产地	保存单位
640	关东红	1	山西汾阳	山西省农业科学院
462	大黄壳	1	山西阳高	山西省农业科学院
703	麦黄	1	江苏铜山	徐州地区农业科学研究所
740	陇南403	1	甘肃甘谷	甘肃省农业科学院
397	二红秫秫	1	河南永城	河南省农业科学院
518	长脖箭	1	河南汤阴	河南省农业科学院
5096	大柳子秫秫	1	山东沂水	山东省农业科学院
248	黄壳小白高粱	1	辽宁朝阳	朝阳水土保持研究所
2500	小红高粱	1	内蒙古喀喇沁	伊克昭盟农业科学研究所
106	双心红	1	黑龙江五常	黑龙江省农业科学院

6. 抗高粱丝黑穗病品种资源　在中国高粱品种资源中，抗高粱丝黑穗病的品种较少。只有37份品种对其免疫，约占总数10 414份的0.35%（表9-19）。

表9-19　中国高粱品种资源中抗高粱丝黑穗品种
(王富德等，1993)

国家编号	品种名称	发病率（%）	原产地	保存单位
792	莲塘矮	0	湖南桂阳	辽宁省农业科学院
552	东山红高粱	0	广西巴马	辽宁省农业科学院
1504	多穗高粱	0	河北深县	唐山地区农业科学研究所
3050	八棵杈	0	辽宁阜新	锦州市农业科学研究所
6055	分枝高粱	0	河南鹿邑	河南省农业科学院
5981	九头鸟	0	河南西华	河南省农业科学院
3427	洋大粒	0	辽宁兴城	锦州市农业科学研究所
2148	汾9	0	山西汾阳	中国农业科学院作物品种资源研究所
3775	吉公系10	0	吉林公主岭	吉林省农业科学院
1094	京选1号	0	北京	中国农业科学院作物品种资源研究所

7. 抗高粱蚜品种资源　中国高粱品种资源抗高粱蚜的资源较少。对近5 000份中国高粱品种进行抗高粱蚜鉴定，只有少数几份品种表现出有一定抗性。在人工接种高粱

蚜虫的鉴定下表现抗性的只有 1 份，5-27。只有几份中国高粱品种达到 2 级抗高粱蚜标准（表 9-20）。

表 9-20　中国高粱品种资源中抗高粱蚜虫品种

（王富德等，1993）

国家编号	品种名称	抗蚜等级	原产地	保存单位
8432	5-27	1	辽宁沈阳	辽宁省农业科学院
8485	黏高粱	2	吉林辉南	吉林省农业科学院
8916	大锣锤高粱	2	山东沾化	山东省农业科学院
2269	紧穗高粱	2	山西忻县	山西省农业科学院
6192	红壳散码	2	河南鹿邑	河南省农业科学院

8. 抗玉米螟品种资源　在中国高粱品种资源中，抗玉米螟的品种很少。在对 5 000 份中国高粱品种进行抗玉米螟的自然感虫和辅助人工接虫鉴定后发现，约有 0.2% 的品种对玉米螟，具有一定的抗性。属 1 级抗螟的品种仅有山东平原的黑壳打锣棒和河南方城的黑壳骡子尾（表 9-21）。

表 9-21　中国高粱品种资源中抗玉米螟品种

（王富德等，1993）

国家编号	品种名称	抗性等级	原产地	保存单位
5858	黑壳打锣锤	1	山东平原	山东省农业科学院
6745	黑壳骡子尾	1	河南方城	河南省农业科学院
1750	二关东	2	山西榆次	山西省农业科学院
1878	小高粱	2	山西孝义	山西省农业科学院
2040	红壳高粱	2	山西昔阳	山西省农业科学院
3449	紧穗红粱	2	辽宁喀喇沁	朝阳水土保持研究所
3565	黑壳棒子	2	辽宁黑山	锦州市农业科学研究所
3647	薄地高	2	辽宁阜新	锦州市农业科学研究所
6709	黑壳黄罗伞	2	河南宝丰	河南省农业科学院
7159	糯高粱	2	贵州岑巩	毕节地区农业科学研究所

五、中国高粱品种资源的利用

（一）直接利用

鉴定筛选品种资源中的优良材料直接利用，是利用高粱资源的最经济有效的途径。

1951 年，全国开展了优良高粱地方品种的鉴评活动。高粱科技人员深入生产第一线与农民群众相结合，直接从大量的高粱地方品种中鉴定、评选出一批优良品种用于生产。

这些品种具有良好的丰产性，适应当地的生态条件和生产条件。

这些鉴选出来的直接利用的优良品种有，辽宁省的地方品种盖县的打锣棒、海城的回头青、盖州的小黄壳、锦州的关东青、义县的洋大粒、沈阳的矮青壳、开原的白大粒、铁岭的海洋黄等。吉林省有延吉的红棒子、四平的护脖青、怀德的护脖矬、黑壳棒子等。黑龙江省有阿城的红壳棒子、牡丹江的大八叶、莎旗的二歪脖、纳河的黑壳棒子等。内蒙古自治区有乌盟的二牛心高粱、伊盟的短三尺等。河北省有唐山的秸黄、乐亭的关东青、青龙的平顶冠、蓟县的千斤粘、宣化的武大郎、张家口的歪脖子张等。河南省有鹿邑的鹿邑歪头、民权的大青节等。山东省有邹平的竹叶青、乳山的香高粱、藤县的三变色等。山西省有汾阳的三尺三、离石的离石黄。江苏省有邳县的大红袍、铜山的麦黄等。安徽省有宿县的西河柳、阜阳的黑柳子等。湖北省有沔阳的打毛糯等。四川省有绵阳的盐亭先锋高粱等。贵州省有毕节的短子高粱、三都的三都高粱等。南省有昭通的红糯高粱、丽江的糯高粱等。广西壮族自治区有金秀的金秀高粱、贺县的贺县高粱等。甘肃省有宁县的红把二齐高粱、庄浪的矮老汉等。陕西省有绥德的白高粱等。宁夏回族自治区有平罗的娃娃高粱等。新疆维吾尔自治区有吐鲁番的直立密穗、精河的精河高粱等。这些品种用于生产均有明显的增产效果，使 20 世纪 50 年代中后期的高粱单产比 40 年代末期提高了 10％上下。同时，这些优良材料也为后来的新品种系统选育杂种优势利用打下了基础。

在高粱地方品种鉴选利用之后，一些省市农业科研单位先后开展了高粱新品种的系统选育。例如，辽宁省熊岳农业科学研究所育成了熊岳 334、熊岳 360 新品种；黑龙江合江地区农业科学研究所育成了合江红 1 号；内蒙古赤峰农业试验场育成昭农 303 等。此后，一些单位采取秆行制的系统选育或混合集团法，选育出熊岳 253、跃进 4 号、锦粱 9-2、护 2 号、护 4 号、平原红、处处红 1 号、昭农 300 等品种。

中国开展高粱杂交育种较晚，时间也短。20 世纪 50 年代末 60 年代初，辽宁省农业科学院通过杂交育种育成 119，沈阳农学院育成分枝大红穗，锦州市农业科学研究所育成锦粱 5 号。

1956 年，中国开始了高粱杂种优势利用的研究。首先就是利用中国高粱地方品种做恢复系组配杂交种。1958 年，中国科学院遗传研究所利用地方品种薄地租与雄性不育系 TX3197A 组配杂交种遗杂 1 号，用大花娥与其组配遗杂 2 号，鹿邑歪头与其组配遗杂 7 号。中国农业科学院原子能利用研究所用地方品种矮子抗与 TX3197A 组配原杂 2 号杂交种等。这批杂交种生育期在 110～120d 之间，株高均在 200cm 以上，最高达 295cm。植株高，易倒伏不稳产制约了这些杂交种的推广应用。针对这一问题，70 年代初开始利用中、矮秆高粱地方品种资源选育中、矮秆高粱杂交种。

利用矮秆品种做恢复系直接组配杂交种的典型例子当首推晋杂 5 号，父本三尺三是山西省汾阳的优良地方品种。晋杂 5 号高产、稳产、适应面广。春、夏兼播区广泛种植的郑杂 3 号高粱杂交种，其父本恢复系是河南地方品种民权大青节，也是优良的品种资源。利用中国高粱地方品种作杂交种的父本，一是因为其与母本不育系有较远的亲缘关系，能使杂交种有较强的籽粒产量杂种优势；二是因为地方品种有很强的生态适应性，可使组配的杂交种适用范围广，抗逆性强。

　　目前，中国已广泛应用高粱杂交种，直接利用高粱地方品种资源中的优异者，对满足高粱生产的特殊要求，仍是一条快捷有效的途径。例如，四川省农业科学院水稻高粱研究所（1989）从地方品种中筛选出糯高粱品种青壳洋，用于生产名优高粱白酒，推广种植面积达 14 万 hm^2。沈阳市农业科学院为解决大城市郊区蔬菜生产对架材的需要，采用系统选育从辽宁鞍山地方品种八叶齐中选出沈阳八叶齐，其茎秆可以满足菜农对架材的要求。河南省农业科学院粮食作物研究所从高粱地方品种中选出太康高粱，推广后较好地解决了籽粒用于酿酒，茎秆用于农村建材的综合利用问题。

　　在高粱生产中，直接选优利用高粱地方品种既简捷又有效，是高粱种质资源利用的重要途径之一。而随着生产水平的逐步提高和市场经济发展的需要，对高粱品种的要求越来越高，因此直接利用品种资源不能满足要求。另外，从我国高粱杂种优势利用研究的结果看，中国高粱品种对 A_1 细胞质雄性不育性的育性反应测定表明，使 A_1 恢复的约占 14%，使其保持的约占 9%。对 A_2 细胞质雄性不育具有恢复的约占 4%，保持的约占 5%。如果再综合考量育性和其他性状，如株高、生育期、籽粒品质、抗逆性等，可直接用作杂交种组配的地方品种就更少了。因此，直接利用还不能更好地发挥品种资源的遗传潜势。所以采取间接利用高粱种质资源是更可取的利用方式，即采用遗传操作将种质的优质性状或基因进行重组，再经人工选择，培育成具有综合利用价值的亲本系、新品种或组配成新杂交种。

（二）间接利用

　　选用高粱地方品种做杂交亲本，其有性杂种进行后代选择是间接利用高粱品种资源的重要途径之一。而在中国利用地方品种做杂交亲本进行杂交育种开展的晚，时间又短，不久就转入高粱杂种优势利用。1956 年，中国留美学者徐冠仁将美国新育成的高粱雄性不育系 TX3197A 引回国内，开始了中国高粱杂种优势利用的研究，同时也开拓了中国高粱种质资源的间接利用。中国开展高粱杂种优势研究的结果表明，在中国高粱杂交种选育应用的较长时间内，形成了以应用外国不育系与自选恢复系为主组配杂交种的格局。

　　在中国高粱杂交种恢复系选用上，20 世纪 70 年代以前是以直接利用中国高粱地方品种为主组配杂交种。70 年代中期以后开始采用中国高粱地方品种与外国高粱品种杂交选育恢复系。其主要组配模式有中国高粱与赫格瑞高粱，中国高粱与卡佛尔高粱，中国高粱与菲特瑞塔高粱，中国高粱与台奔那高粱等。例如，用中国高粱护 4 号与赫格瑞高粱九头鸟杂交选育的恢复系吉恢 7384，与不育系黑龙 11A 组配的同杂 2 号，成为我国高粱春播早熟区一个时期的主栽品种。卡佛尔高粱 Tx 3197A 与中国高粱三尺三组配的晋杂 5 号经辐射处理选育的恢复系晋辐 1 号，与 Tx3197A 组配的晋杂 1 号，与 Tx622A 组配的辽杂 1 号，这 2 个杂交种都是我国高粱春播晚熟区种植面积很大的杂交种。

　　据不完全统计，80 年代以前，在主要应用的 90 个恢复系中，中国高粱地方品种有 63 个，占总数的 70%；杂交育成的 22 个，占总数的 25%，辐射育成的 3 个，占总数的 3%；外国恢复系 2 个，占总数的 2%。80 年代以后，在主要应用的 30 个恢复系中，中国高粱地方品种 1 个，占总数的 3.3%；杂交育成的 22 个，占总数的 73.4%；外引恢复系 7 个，占总数的 23.3%。

从上面的数据可以看出（表 9-22），在中国高粱杂交种选育中，直接利用中国高粱地方品种做恢复系由 80 年代以前的 70％下降到 80 年代以后的 3.3％。相反，利用杂交选育的恢复系做杂交种亲本却从之前的 25％上升到之后的 73.4％。由此可见，在中国高粱杂种优势利用中，采取间接利用高粱品种资源所占比例越来越大。

表 9-22　中国高粱地方品种在杂交种中应用的组成情况

（王富德等，1985）

时期	组合数	恢复系个数	恢复系育成类型及所占比例（个）			
			中国高粱地方品种	杂交育成	辐射育成	外引
80 年代前	152	90	63	22	3	2
80 年代后	35	30	1	22	0	7

董怀玉等（2007）研究了中国糯质高粱资源和部分外国糯高粱资源的创新和利用（表 9-23）。通过杂交选育出了综合农艺性状优良的新糯高粱雄性不育系 L401A、L402A、1053A、1057A 和 1058A 及恢复系 R92、031069R、031038R（表 9-24）。

表 9-23　糯高粱来源和主要性状

（董怀玉等，2007）

品种名称	来源	主要性状
0-30/M-20314	中国	橙黄粒，糯质，抗叶病，抗丝黑穗病，农艺性状较好
TX624 糯变 B	中国	白粒，糯质，大穗，配合力较高，农艺性状好
TX631 糯变 B	中国	白粒，糯质，大穗，抗叶病，配合力较高，农艺性状好
9198/4930	中国	橙黄粒，抗叶病，高抗丝黑穗病，农艺性状优良
421B	中国	白粒，中晚熟，抗叶病，丝黑穗病免疫，配合力，农艺性状优良
0-30	中国	橙黄粒，配合力高，农艺性状优良
7037	中国	红粒，糯质，抗叶病，丝黑穗病免疫，配合力高，农艺性状优良
TX615B	美国	白粒，糯质，抗叶病，抗蚜虫，矮秆，农艺性状好
TX623B	美国	白粒，大穗，配合力较高，农艺性状优良
ICS-34B	印度	白粒，糯质，抗叶病，配合力高，农艺性状好
296B	印度	蜡黄粒，大穗，中晚熟，抗叶病，矮秆，配合力高，农艺性状好
85629B	印度	浅黄粒，大粒、大穗，抗叶病，丝黑穗病免疫，农艺性状好

表 9-24　创新的不育系和恢复系主要性状

（董怀玉等，2007）

名称	生育期（d）	株高（cm）	千粒重（g）	穗长（cm）	穗粒重（g）	穗形	穗型	粒色
不育系								
L401A	123	127	27.0	31.0	87.0	长纺锤形	中紧	白
L402A	123	125	26.5	30.5	70.0	长纺锤形	中紧	白
1053A	124	122	26.0	33.0	70.0	纺锤形	中紧	白

（续）

名称	生育期（d）	株高（cm）	千粒重（g）	穗长（cm）	穗粒重（g）	穗形	穗型	粒色
1057A	123	120	26.5	34.0	75.0	长纺锤形	中紧	白
1058A	125	125	25.5	33.5	74.0	长纺锤形	中紧	白
恢复系								
R92	128	135	26.0	32.0	95.0	长纺锤形	紧	白
031069R	125	135	27.0	30.0	93.0	长纺锤形	中紧	红
031038R	125	130	28.0	31.0	90.0	长纺锤形	中紧	橙黄

利用杂交创制的糯质不育系和恢复系组配了一些高产、综合性状优良的糯高粱杂交组合，其中1053A/R、L402A/38R、1057A/R粘、L402A/40R、L402A/70R等在生产上具有推广应用的潜力和前景（表9-25）。这些新培育出来的糯高粱种质资源，随着不断开发和利用，将会促进糯高粱杂交种的选育和应用范围，有助于改进糯高粱的种植结构。

表9-25　杂交组合主要农艺性状表现

（董怀玉等，2007）

名称	生育期（d）	株高（cm）	穗长（cm）	穗形	穗型	穗粒重（g）	千粒重（g）	粒色
1053A/R粘	127	206	31	纺锤形	中紧	135	26	红
L402A/38R	125	158	31	纺锤形	中紧	102	22	红
L402A/41R	127	176	32	纺锤形	中紧	122	25	白
1057A/R粘	126	242	35	长纺锤形	中紧	127	25	红
L402A/70R	126	178	31	纺锤形	中紧	110	22	橙红
L402A/辽粘 R-1	124	179	35	纺锤形	中紧	108	36	白
L402A/40R	127	163	31	纺锤形	中紧	130	25	橙红

（三）中国高粱种质资源在国外利用概况

中国高粱品种传播到外国是19世纪的事情。1853年，中国甜高粱品种琥珀，作为糖料作物引入美国，1856年，中国甜高粱品种琥珀种在华盛顿哥伦比亚特区的Mall，由此收获的种子分发给农民种植，主要用来生产糖浆和糖。后来美国育成的甜高粱和饲用高粱品种，大多数是琥珀高粱的衍生系。

美国高粱专家Quinby等（1954）研究了由中国引入的中国矮秆高粱品种，结果表明中国东北黑壳高粱为1-矮基因型（$Dw_1Dw_1Dw_2Dw_2Dw_3Dw_3dw_4dw_4$）；中国山东黑壳高粱为2-矮基因型（$Dw_1Dw_1Dw_2Dw_2dw_3dw_3dw_4dw_4$），可作为育种材料利用。

20世纪30年代，苏联也引进了中国高粱品种。苏联利用中国高粱品种育成的813中国琥珀甜高粱品种，1947年在亚美尼亚就有大面积种植，认为这个甜高粱品种在干旱地区种植很有前景。

ШеииВ Н.А.（1976）指出，中国高粱品种的抗寒性最好。高粱杂交种根尼契6号（Реницнь）的高度抗寒性就是来自中国高粱矮1428。国际玉米小麦研究中心（CIMMYT）于1974—1976年，对引自中国的高粱品种资源进行耐冷性鉴定，查明中国高粱品种资源在营养生长初期耐冷性强，生殖生长开始后耐冷性变弱。例如，玉亭白高粱前期的耐冷性等级为 2 级，后期则为 5 级（Singh，1985）。ШеииВ Н. А.（1976）对 500 份各种高粱品种资源进行赖氨酸含量分析时表明，中国褐粒高粱 481 的赖氨酸含量达 4.2％（占蛋白质的百分比），认为它是一份优良可靠的高赖氨酸源。还指出，在 1 140 份粒用高粱杂交种中，用中国高粱配制的杂交种都有较高的籽粒产量。

20 世纪 80 年代以来，随着中国对外科技交流合作步伐加快，高粱种质资源的交换也逐渐增多，中国高粱品种资源开始走向世界。美国、澳大利亚、俄罗斯等国及国际热带半干旱地区作物研究所（ICRISAT）等引进了中国高粱遗传资源，并进行了鉴定、研究和利用。例如，美国得克萨斯农业和机械大学利用中国高粱（Kaoliang）119 作试材，采用 RFLP 技术，开展高粱遗传图谱的研究。澳大利亚昆士兰州 Hermitage 农业研究站利用中国高粱品种耐冷性强的特性，选育适于高海拔地区种植的耐冷杂交种。

第二节　世界高粱种质资源

一、世界高粱种质资源的收集和保存

高粱起源于非洲，又是主要种植区域，因此非洲是世界高粱种质资源最丰富的地区。印度和中国是高粱较早传入的国家，栽培历史悠久，形成了多种多样的高粱品种资源。据 Plucknett D. L.（1987 年统计，全世界已搜集的高粱种质资源有 98 438 份（表 9-26）。从表 9-26 可以看出，世界高粱种质资源搜集和保存最多的是 ICRISAT，31 929 份；其次是美国，24 815 份；再次是印度和中国，分别为 15 000 份和 10 414 份。

表 9-26　世界已搜集的高粱种质资源和保存地点
（Plucknett，1987）

国家和单位	保存地点	份数
国际热带半干旱地区作物研究所（ICRISAT）	印度海德拉巴	31 929
印度农业科学院（IARI）	印度新德里	15 000
美国国家种子贮藏实验室	美国科林斯堡	14 000
中国农业科学院	中国北京	10 414
美国佐治亚试验站南部地区植物引种站	美国亚特兰大	9 815
苏联植物研究所	俄罗斯圣·彼得堡	9 615
植物遗传资源中心	埃塞俄比亚	5 000
植物育种研究所	菲律宾洛斯巴·尼奥斯	2 072
其他		593
合计		98 438

20 世纪 60 年代，在美国洛克菲勒基金会召开的世界高粱搜集会议上，确定由印度农业研究计划搜集世界高粱种质资源。此后，印度从世界各国收集了总数为 16 138 份高粱种质资源，定名为印度高粱（Indian Sorghum），编号 IS。这些高粱种质资源当时保存在

印度拉金德拉纳加尔的全印高粱改良计划协调处（AICSIP）。1972 年，国际热带半干旱地区作物研究所（ICRISAT）在印度海德拉巴成立。1974 年，由全印高粱改良计划协调处转给 ICRISAT 8 961 份 IS 编号的高粱种质资源，其余 7 177 份在转交前，由于缺乏适宜的贮藏条件而丧失了发芽率。此后，ICRISAT 从美国普杜大学、全国种子贮存实验室、波多黎各和马亚圭斯等处收集了上述已丧失发芽率的 7 177 份中的 3 158 份，这样一来，贮存在 ICRISAT 的高粱种质资源库里的有 12 119 份。

　　ICRISAT 根据国际植物遗传资源委员会（IBPGR）的建议，通过实地考察搜集和函件征集，又从世界各地搜集到大量高粱种质资源。到 1989 年底，ICRISAT 又从一些国家和地区搜集到 9 463 份高粱种质资源，加上原有的，合计从 86 个国家和地区搜集到 31 929 份高粱种质资源。到 1996 年 6 月末，ICRISAT 高粱种质资源总数为 35 643 份，其中非洲 32 个国家 14 423 份，亚洲 24 个国家和地区 9 903 份，美洲 19 个国家 710 份，欧洲 9 个国家 111 份，大洋洲 2 个国家 72 份，来源不详 10 424 份（表 9-27）。

　　1978 年，ICRISAT 根据国际植物遗传资源委员会的意见，将 IS 编号高粱改称为国际高粱编号（International Sotghum）。

表 9-27　ICRISAT 高粱种质资源来源（1996 年）

（Reddy B. V. S，2008）

国家（洲）	份数	国家（洲）	份数	国家（洲）	份数
世界	35 643	赞比亚	531	美洲	710
非洲	14 423	津巴布韦	1 155	阿根廷	89
阿尔及利亚	6			巴西	3
贝宁	374	亚洲	9 903	智利	1
博茨瓦纳	141	阿富汗	5	哥斯达黎加	2
布隆迪	119	缅甸	20	古巴	1
喀麦隆	63	中国	380	多米尼加	3
乍得	54	中国台湾	6	萨尔瓦多	3
埃及	11	印度	6 090	危地马拉	13
埃塞俄比亚	6 612	印度尼西亚	33	墨西哥	55
法属赤道非洲	5	伊朗	7	秘鲁	1
冈比亚	132	伊拉克	3	波多黎各	1
加纳	6	日本	108	巴巴多斯	1
肯尼亚	669	以色列	22	美国	471
利比亚	3	黎巴嫩	360	乌拉圭	1
马达加斯加	5	马尔代夫	10	委内瑞拉	6
马拉维	568	巴基斯坦	70	瓜多罗普岛（法）	3
马里	748	尼泊尔	8	圭亚那	1
多哥	462	菲律宾	61	牙买加	53

（续）

国家（洲）	份数	国家（洲）	份数	国家（洲）	份数
莫桑比克	23	沙特阿拉伯	22	尼加拉瓜	2
南非	457	斯里兰卡	25		
尼日尔	501	叙利亚	4	欧洲	111
尼日利亚	161	泰国	6	比利时	1
卢旺达	49	土耳其	50	法国	10
塞内加尔	340	也门	2 130	德国	4
塞拉利昂	1	孟加拉国	9	匈牙利	6
索马里	99	韩国	78	葡萄牙	20
苏丹	781	俄罗斯	396	罗马尼亚	1
斯威士兰	6			苏联	58
坦桑尼亚	77	大洋洲	72	西班牙	10
乌干达	230	澳大利亚	71	意大利	1
扎伊尔	34	新西兰	1	国家不详	10 424

美国是世界上收集高粱种质资源最早、最多的国家。美国最初没有高粱。1725 年，美国最初从欧洲引进了帚用高粱。后来，随着非洲奴隶贩卖美国，非洲高粱也被引入美国。到 1957 年已引入13 764份，到 1989 年底。又从世界各地引入18 841份，合计32 605 份。目前，美国的高粱种质资源已达38 000余份。

其他一些高粱主产国家，如印度、中国、尼日利亚等国也抓紧高粱种质资源的搜集。到 1986 年底，印度收集和保存的高粱种质资源有13 000余份，到 1989 年底，中国搜集并登记的高粱种质资源10 414份。

高粱种质资源的收集已引起世界高粱学者以及国际和国家高粱研究机构的高度重视，加大加快高粱种质资源搜集的步伐，能够大大减少高粱种质资源的遗传损失。截至 2006 年，全球共收集到高粱种质资源168 500份，其中 ICRISAT 从世界 90 多个国家共收集到 36 774份，占总数的 21.8%。这些高粱种质资源代表了目前高粱约 80% 的变异性，其中近 90% 来自热带半干旱地区的发展中国家，而约 60% 的种质资源主要来自 6 个国家，印度、埃塞俄比亚、苏丹、喀麦隆、斯威士兰（恩格瓦尼）和也门。高粱种质资源总数的约 63% 来自非洲，约 30% 来自亚洲。

根据各国科学家的意见，今后高粱种质资源优先收集的地区应包括已知有地方品种的地区，以及由于推广良种或其他原因可能造成高粱种质损失的地区。这些地区包括安哥拉、中非共和国、乍得、刚果（金）、加纳、摩洛哥、莫桑比克、塞拉利昂、乌干达、也门、津巴布韦、印度、印度尼西亚和中国等。

高粱种质资源的保存通常要放在低温冷库里，每份种质材料一般要选取 20 个左右自交的典型穗，把这些自交穗脱粒后的种子充分混合均匀，然后取出 500g 装瓶置于冷库里。对生产栽培的品种和有价值的遗传材料要保存 1～2kg。目前，ICRISAT 的高粱种质资源保存在温度为 4℃、相对湿度为 37% 的冷库里。保存时间约 15 年。

在美国高粱种质资源的保存分长期、中、短期保存。长期保存地点在美国中西部的科罗拉多州。这里海拔高，低温干燥，对长期保存有利。中期保存地点设在佐治亚州，保存时间15～20年，种质资源可以随时提供育种家应用。短期保存的即每个育种单位自行保存的种质资源，通常也能保存5年以上。

二、高粱种质资源的多样性

（一）种质资源多样性的表述和形成

种质资源的多样性是指某一物种种质资源丰富的程度，故又称遗传资源多样性或基因多样性，相当数量的高粱种质资源就组成了高粱的遗传多样性。这些种质资源是高粱野生种经过长时间的驯化、歧化、强化和通过种植者无数世代有意识或无意识地选择进化的产物。

（二）高粱种质资源的多样性

1. 高粱种质资源地理分布的多样性　高粱种植区域分布在5大洲86个国家的热带、亚热带、温带和寒温带的广大地区，这就形成了高粱种质资源地理分布多样性的基础。从地理分布上看，全世界收集到的高粱种质资源约有63%来自非洲，约30%来自亚洲，其余来自美洲、大洋洲和欧洲。

de Wet 等报道了2个高粱野生种和主要栽培种的分布。这种自然产生的高粱种质多样性经历了一系列的自然选择、生境变迁，以及经常发生的人类农业实践的不是许多有目标的选择。来自高粱种质多样性中心的地方品种和栽培高粱及野生类型为当代和未来世界的高粱遗传改良提供了既有战略意义的基础原始材料，又有抗病、抗虫、抗逆境（如抗高温、抗干旱、耐盐碱、耐酸土等），以及提高食用和饲用品质、工业加工品质等高粱改良计划所需要的各种材料，保证其来源。

2. 高粱种质资源性状的多样性　性状多样性包括农艺性状、生理性状、抗性性状等。ICRISAT在20世纪80年代初鉴定了19 363份高粱种质资源材料，其中农艺性状表现出很大的性状多样性。例如株高从最矮的55cm，到最高的655cm；穗长从最短的2.5cm，到最长的71cm；至50%开花日数，从最短的36d，到最长的199d；千粒重从最轻的5.8g，到最重的85.6g。（表9-28）。

表9-28　高粱种质资源农艺性状变异幅度

性状	最低值	最高值	性状	最低值	最高值
株高（cm）	55.0	655.0	籽粒大小（mm）	1.0	7.5
穗长（cm）	2.5	71.0	千粒重（g）	5.8	85.6
穗宽（cm）	1.0	29.0	分蘖数	1	15
穗颈长（cm）	0	55.0	茎秆含糖量（%）	12.0	38.0
至50%开花日数（d）	36	199	胚乳结构	全角质	全粉质
粒色	白	深棕	光泽	有光泽	无光泽
落粒性	自动脱粒	难脱粒	穗紧实度	很松散	紧
中脉色	白	棕	颖壳包被	无包被	全包被

与此同时，还研究了高粱种质资源抗逆性的多样性，包括抗病、抗虫、抗杂草等。高粱种质资源中具有众多抗逆性分布，而且每种抗逆性中，还有高抗、中抗、感性和高感之别（表9-29）。

表 9-29　高粱种质资源抗病、抗虫、抗杂草情况

抗性性状	鉴定数目	有希望数目	所占比例（%）
粒霉病	16 209	515	3.2
大斑病	8 978	35	0.4
炭疽病	2 317	124	5.4
锈病	502	43	7.1
霜霉病	2 459	95	3.9
芒蝇	11 287	556	4.9
玉米螟	15 724	212	1.3
摇蚊	5 200	60	1.2
矮脚特金（杂草）（striga）	15 504	671	4.3

3. 高粱种质资源分类上的多样性　从高粱分类上看，其种质资源也表现出多样性，在35 643份高粱种质资源中，属双色栽培高粱（*S. bicolor*）的就有35 069份，其他高粱种质资源574份。其中拟芦苇高粱78份，约翰逊草高粱52份（表9-30）。

表 9-30　高粱种质资源分类表

种名	参考中译名	份数
合计		35 643
S. arundinaceum	拟芦苇高粱	78
S. australiense	澳大利亚高粱	1
S. bicolor	双色高粱	35 069
S. halepense	约翰逊草高粱	52
S. hybrid	杂种高粱	5
S. nitidum	光泽高粱	2
S. intrans		4
S. laxiflorum	疏花高粱	3
S. plumosum	羽状高粱	11
S. propinquum	拟高粱	2
S. sp.		303
S. stipoideum	针茅高粱	5
S. versicolor	变色高粱	4
S. almum	丰裕高粱	23
S. drummondii	裂秆高粱	81

保存在 ICRISAT 的高粱种质资源，共有 5 个分类族，即双色族、几内亚族、顶尖族、卡佛尔族和都拉族，以及一些中间族（de wet 等，2006）。在这些高粱种质资源中，

属都拉族的种质资源占总数的 21.8%，属顶尖族的资源占 20.9%，属几内亚族的资源占 13.4%；在中间族中，属都拉—顶尖族的种质占总数的 12.1%，属几内亚—顶尖族的占 9.5%，属都拉—双色族的占 6.6%。

在非洲埃塞俄比亚保存的非洲高粱种质资源中，属都拉族和都拉—双色族的占多数，兹拉—兹拉（Zera-Zera）类型的高粱种质资源所占数目次之。兹拉—兹拉种质食用品质优良，已发放作为食用高粱品种选育的优质材料正在利用。

三、高粱种质资源的鉴定和评价

（一）高粱种质资源鉴定和评价的必要性

为了更好地、有效地利用和发挥高粱种质资源的潜力，必须了解种质性状的表现，因此应对种质资源进行全面、系统、科学的鉴定和评价。

随着国家市场经济的发展，高粱生产和产品市场的需求已发生较大变化，高粱生产已不是单纯的籽粒生产，其用途也不是单纯的食用、饲用、酿酒用，而是在此基础上增加了饲草高粱、能源甜高粱，以及加工高粱茎秆板材、高粱壳色素等高粱生产。而且，为了加强高粱专业生产，要求提供专用新品种，例如优质米专用品种，优异酿酒专用品种，优良饲草专用品种等。

这样一来，对高粱新品种选育来说，就产生了巨大的产量压力、品质压力、环境压力等，要求新选育的品种或杂交种必须具有更强的杂种优势，以增加单位面积产量；更优异的产品品质，以保证商品生产的要求；更强的抗病虫草害的能力，以提高稳产性；更强的耐不良环境的能力，以增强适应性。

高粱新品种选育必须要有种质资源做基础，因此高粱新品种选育的压力就转到其种质评价、创新和利用上，对高粱种质资源的研究提出了更高的要求：要有更多可供选择的种质资源及其变异性，以拓宽种质的遗传基础；对"三系"杂交种来说，要提供一般配合力高、特殊配合力遗传方差大、杂种优势强的亲本系；提供生物量潜力高的丰产源，产品品质优异的优质源，抗（耐）主要病虫害的抗源以及对不良环境和特殊环境有较强适应能力的稳产源等。

由此可见，对高粱种质的鉴定和评价就十分重要了。目前，我国高粱种质资源包括中国的和外国的两部分，但是由于中、外两类种质是在不同生境下产生形成的，因此各自的特点就十分显著。

为鉴定种质对不同纬度、海拔、温度、光照、水分、肥力及病、虫等方面的适应性反应，使它们的种性信息充分地反映出来，只在 1 个地点鉴定是不够的，有人建议高粱种质资源的鉴定至少应在 3 个有代表性的地域进行。从世界范围看，应在非洲、印度和美国选点鉴定，因为这些地域是高粱主产区。对一些光周期敏感的晚熟种质资源，则应在原产地或原产地附近选点鉴定。

目前，对高粱种质资源鉴定的性状包括生育、农艺、产量、品质性状，以及对生物的（病、虫、草、鸟、鼠害等）和非生物的（旱、涝、盐、酸土、冷、热、风等）的抗性。此外，还有同工酶、分子标记等。鉴定得到的资料和数据要准确记载，妥善保存，不能搞混淆。为保证高粱种质资源国际间的交换，在其数据资料的收集、记载、保存等方面的一致性是关键。按标准登记，或写成方案对交流信息是必要的。这样，能保证在大量信息来源之间建起一个桥梁，掌握大量有关高粱种和品种的资料，并使其成为设计信息管理系统所必要的，充足的资料基础（Biversity International，2006）。正确地登记种质鉴定的资料，形成可操作的系统，能使任何已编入的高粱种质性状资料很容易查到，并用于研究项目。

高粱种质资源鉴定最先是由使用者进行的，包括育种家、遗传学家、农学家、昆虫学家、病理学家等。对每份种质的鉴定包括仔细调查记载遗传的特殊性状，以及在各种生态环境下的一致性表现。许多性状对单个种质来说是作为鉴定性状登记的。这种鉴定性状可帮助基因库管理者记录种质和检查种质在贮存多年后的遗传完整性。种质资源利用的潜在价值在于对不同种质采取的鉴定技术的可靠性和有效性。

（二）高粱主产国对高粱种质的鉴定和评价

1. 美国　美国对约 50％高粱种质资源进行 39 种性状的鉴定和评价，21 661份资源在佐治亚州的格里芬美国农业部的 9 个地点进行。主要性状有穗形、穗紧密度、穗长、株高、株色、倒伏性、分蘖性、茎秆质地、节数、叶脉色、芒性、生育期；抗炭疽病、紫斑病、霜霉病、大斑病、锈病；抗高粱蚜、草地贪夜蛾、玉米螟；光敏感性，耐铅毒性和锰毒性等。

目前，美国已建立起较完整的、分工合作的高粱种质评价体系。得克萨斯州主要进行配合力、抗霜霉病、炭疽病、黄条班病毒、麦二叉蚜等资源的评价；佐治亚州主要是抗草地贪夜蛾、耐酸性土壤的评价；俄克拉荷马州主要是抗甘蔗黄蚜；堪萨斯州主要是高粱长蟓和麦二叉蚜；内布拉斯加州主要是早熟性、抗寒性。

根据国际植物遗传资源研究所（IPGRI）的安排，1970 年以来，在堪萨斯州已对大约 3 万份高粱种质资源进行了抗麦二叉蚜鉴定和评价；1991 年，内布拉斯加州对俄罗斯的 110 份种质进行了抗麦二叉蚜鉴定和评价，结果发现两个新的抗蚜资源 PI550610 和 PI550607，特别是 PI550610 在提高抗麦二叉蚜上很有价值。此外，还包括一些早熟和抗寒的资源。

美国高粱种质资源鉴定和评价的详细资料已登录在"种质资源信息网"（GRIN）上，而且还通过位于波多黎各的美国高粱管理者协会进行日常管理。

2. 印度　从 2001 年开始，印度国家高粱研究中心（NRCS）对 3 012份高粱种质资源进行鉴定评价，除了一般的农艺性状外，重点鉴定和评价高粱茎秆中的蛋白质含量和氢氰酸含量。在 110 份高粱种质中发现，茎秆中的蛋白质含量幅度在 1.69％～7.39％之间，含量低于 4％的有 76 份，4％～6％的 28 份，高于 6％的 6 份，即 IS1243、IS2132、IS3360、IS5253、IS5429 和 IS22114。在鉴定和评价的 514 份高粱种质资源中，氢氰酸含量幅度在 10～1 790mg/kg之间，其中有 172 份在安全含量 300mg/kg 以下。

目前，NRCS 已完成全所高粱改良协作计划的高粱种质资源基础材料 9 984 份，对已评价的高粱种质性状资料整理和登记出来，并贮存在相应的信息资料系统中，可以很容易得到所需要种质的相关资料。高粱种质资源信息系统图（GIS）业已做好。

3. 中国　中国从 20 世纪 80 年代开始对已登记的10 414份高粱品种资源的农艺性状、

营养性状和抗性性状进行鉴定和评价。从中筛选出许多具有特异性性状的品种资源。例如，株高≥4m 的 110 份，≤1m 的 49 份；穗长≥50cm 的 97 份，单穗粒重≥100g 的 113 份；千粒重≥35g 的 146 份；籽粒蛋白质含量≥13％的 1 050 份，100 克蛋白质的赖氨酸含量≥3.5g 的 209 份，单宁含量≤0.3％的 30 份；其他还有抗（耐）干旱、水涝、盐碱、冷凉等抗性种质。在中国高粱种质资源中，抗病、抗虫资源较少，如抗高粱丝黑穗病只有 37 份，抗蚜虫的仅 1 份，抗玉米螟的只有 2 份（详见本章第一节）。

马宜生（1984）从 1979—1984 年间采用人工接种土壤法鉴定了 226 份国外高粱种质资源，其中品种 117 份，不育系 43 份，恢复系 66 份。从中筛选出一批对中国高粱丝黑穗病菌 2 号生理小种免疫的抗源材料（表 9-31）。其中，多穗高粱、S. I. 热带系、菲特瑞塔 182、Tx622A、Tx623A 和 Tx624A 经 4 年鉴定均表现出对丝黑穗病菌 2 号小种免疫，其余 3 年鉴定免疫。

表 9-31 对高粱丝黑穗病免疫的外国资源

（马宜生，1984）

品种名称	发病率				
	1979	1980	1981	1982	合计
多德高粱		0	0	0	0
奥他姆		0	0		0
S. I. 热带系	0	0	0		0
高赖氨酸奥帕克		0	0		0
菲特瑞塔 182	0	0	0		0
矮生菲特瑞塔		0	0		0
白菲特瑞塔 755		0	0		0
得克萨斯 610		0	0		0
沙鲁		0	0		0
M62473			0	0	0
M62499			0	0	0
M62772			0	0	0
M67767			0		0
Tx622A		0	0	0	0
Tx623A		0	0	0	0
Tx624A		0	0	0	0

何富刚等（1996）对国外高粱种质资源抗高粱蚜、玉米螟、黑穗病进行鉴定和评价。结果表明，在鉴定的外国高粱种质资源中，对高粱丝黑穗病免疫的有 871 份，占鉴定总数的 33.94％；高抗的 361 份，占鉴定总数的 14.07％；中抗 303 份，占鉴定总数的 11.81％。国外高粱抗丝黑穗病源异常丰富，抗性基因型多（表 9-32）。在进一步分析国外高粱种质资源抗丝黑穗病的情况看出，美国、印度、非洲等国家抗病资源都很丰富。

表 9-32　国内外高粱种质资源抗丝黑穗病鉴定结果比较

(何富刚等，1996)

种质来源	数量		抗性等级					
			0	1	3	5	7	9
国内资源	份数	9 088	37	31	92	1 484	2 754	4 690
	百分数（%）		0.41	0.34	1.01	16.32	30.30	51.61
国外资源	份数	2 566	871	361	303	386	369	276
	百分数（%）		33.94	14.07	11.81	15.04	14.38	10.76

在鉴定的 2 581 份国外高粱种质资源中，高抗高粱蚜种质 11 份，占鉴定总数的 0.43%；抗性种质 20 份，占鉴定总数的 0.77%；中抗种质 965 份，占鉴定总数的 37.39%。与鉴定的国内高粱种质比较，国外种质资源中抗高粱蚜基因型远比国内种质资源的丰富（表 9-33）。

表 9-33　国内外高粱种质资源抗高粱蚜鉴定结果比较

(何富刚等，1996)

种质来源	数量		抗性等级				
			1	3	5	7	9
国内资源	份数	3 799	1	4	441	573	2 780
	百分数（%）		0.03	0.11	11.61	15.08	73.18
国外资源	份数	2 581	11	20	965	632	953
	百分数（%）		0.43	0.77	37.39	24.49	36.02

在鉴定的 2 549 份抗玉米螟高粱种质资源中，高抗虫种质 20 份，占鉴定总数的 0.78%；抗性种质 22 份，占鉴定总数的 0.86%。

同时，还鉴定出双抗种质。如对高粱丝黑穗病免疫、高抗蚜虫的 A3178、ICSB393、IS18704、TxR2356。对高粱丝黑穗病免疫、抗蚜虫的 SC170、ICSB58、ICSV6911。印度、美国的高粱种质蕴藏着抗高粱丝黑穗病，兼抗高粱蚜的基因型。

4. ICRISAT　ICRISAT 在雨季和雨后季对 29 180 份高粱种质资源进行 23 项重要的高粱形态学和农艺性状的鉴定和评价，栽培种和野生种的一系列优良性状被筛选出来，一些极端性状和类型分属不同的种。对鉴定确认的资料按"高粱描述标准"和 ICRISAT 资料管理系统进行登记，并贮存在 1023 系统里（一种基本资料管理软件），以便进行更快捷更有效地管理。大量有潜力的种质资源有抗虫种质，如抗芒蝇、玉米螟、摇蚊、穗螟等；抗病种质，如抗粒霉病、炭疽病、锈病、霜霉病等；抗寄生杂草种质，如抗巫婆草；以及其他具有特殊性状的种质，如无叶舌、爆裂型籽粒、甜茎秆和带香味籽粒等。

四、高粱种质资源的利用

（一）世界高粱种质资源的典型利用

高粱种质资源鉴定评价的重要目的是提供给需要种质的高粱研究者开展研究。迄今，从育种的实践看，利用高粱种质资源已经取得了几项重大成就。

1. 创造了质—核雄性不育系，使高粱杂交种应用于生产　高粱雄性不育现象于1937 年同年在印度和美国被育种家发现。到 20 世纪 50 年代初，美国高粱育种家采用种质资源双矮生黄迈罗为母本，得克萨斯黑壳卡佛尔为父本杂交，从分离的杂种后代中选择雄性不育株与父本回交，经过连续几代回交，最终选育出高粱雄性不育系Tx3197A。这就是世界上第一个高粱细胞质—核互作型雄性不育系。高粱雄性不育系的成功创造，为高粱杂交种的生产应用开创了广阔的前景，也是利用高粱种质资源获得重大成果的一个经典范例。

2. 热带高粱种质转换计划　由于美国早期引进的卡佛尔、迈罗高粱遗传基础狭窄，难以适应高粱育种的需要。20 世纪 60 年代初，美国从苏丹引进的赫格瑞和菲特瑞塔高粱种质资源，以及后来从埃塞俄比亚引进的 Zera-Zera 高粱等。这些高粱具有品质好、抗粒霉病、抗茎腐病、抗干旱等特点。但是，这一批来自热带的高粱种质资源，植株高大，生育期长，光周期敏感，在美国的温带区域不能正常成熟，无法利用。

为了改造热带高粱种质资源能在温带利用，美国农业部和得克萨斯农业试验站于 20世纪中期发起并开展了热带高粱种质转换计划。该计划的目的是把从热带引进的高株、晚熟或不能在温带地区成熟的高粱种质转换成矮株、早熟类型，使其能在温带地区得到应用。到 1974 年，有 183 个高粱种质资源转换成功，发放到各高粱科研单位使用。迄今，已有 1 433 份高粱种质资源进行了转换，其中 423 份转换系投入使用，16％来源于苏丹，24％来自印度，16％来自埃塞俄比亚，4％来自乌干达，25％来自尼日利亚。这些转换系通过大量鉴定和筛选、评价，得出抗蚜虫、抗摇蚊，抗高粱丝黑穗病、炭疽病、霜霉病，以及抗旱、耐酸碱等抗源材料，对高粱抗性育种起了很大作用。

3. 创造不同细胞质类型的雄性不育系　从第一个迈罗细胞质不育系组配高粱杂交种应用于生产之后，世界上很长时间几乎所有种植的高粱杂交种都是迈罗细胞质类型。由于细胞质的单一性，很可能给高粱生产造成潜在的病害风险。于是，高粱育种者利用丰富的高粱种质资源创造新的细胞质类型的雄性不育系。

1976 年，美国高粱遗传学家 Sehertz K. F. 利用 IS12662C 作母本与 IS5332C 杂交，在 F_2 代选出雄性不育株与 IS5332C 回交，连续回交几代后育成 Tx2753 A_2。IS12662C 来自埃塞俄比亚的笤帚糜子，属顶尖族细胞质，细胞核是来自印度的 IS5332C。1980 年，Worstell J. V.，Kidd H. J. 和 Schertz 采用 IS1112C 杂交育成了 A_3 细胞质的雄性不育系。IS1112C 属都拉—双色族细胞质，来自印度。1983 年，又选育出 A_4 细胞质雄性不育系，细胞质来自几内亚族的 IS7920C，引自尼日利亚。在尼日利亚，Webster 和 Singh 在育种选系中鉴选出一种细胞质，9E，与上述 4 种不育细胞质不同。

其他选育成功的几种不同细胞质类型雄性不育系还有，IS7506C，来自尼日利亚，属双色族；IS12603C，来自尼日利亚，属几内亚族；IS6832C，属卡佛尔—顶尖族。

4. 基因渐渗　除热带高粱种质转换计划外，还采用基因渐渗技术将种质资源中某个特殊的基因渗入到当地优良高粱品种中，使其具有这种特殊基因控制的性状。Johnson 和Teetes（1979）报道了把杂草高粱中的抗青虫基因转入到栽培品种里。Harris（1979）和Franzmann（1993）利用澳大利亚土生高粱（*S. australiensis*）的抗摇蚊基因和抗芒蝇基因进行基因渐渗，使这两种抗虫基因转入到栽培高粱中。在高粱野生种和栽培种同时存在的区域，由于野生高粱是许多抗性性状和适应性状特殊基因的库源，因此加快野生高粱中的育种目标基因向栽培高粱的基因渐渗具有十分重要意义，也是快速有效利用高粱种质资源的主要途径之一。

（二）高粱种质资源在育种上的利用

ICRISAT 从 1972 年成立至今，通过对高粱种质的大量有成效的研究，提高了其选育新品种的水平；并鉴定出各种抗源和优质源材料，有效地用来选育"三系"亲本和新的优良品种。

1. "三系"亲本和品种选育可利用的种质源 在雄性不育系的选育上，已应用的不育基因源有 CK60、172、2219、3675、3667 和 2947。下列可作亲本进一步开发的，CS3541、BTx623、IS624B、IS2225、IS3443、IS12611、IS10927、IS12645、IS571、IS1037、IS19614、E12-5、ET2039、E35-1、Lulu5、M35-1、Safra。

在恢复系亲本和品种改良中，应用的基本种质源有 IS84、IS3691、IS3687、IS3922、IS3924、IS6928、IS3541、ET2039、Safra、E12-5、E35-1、E36-1、IS1054、IS1055、IS1122、IS1082、IS517、IS19652、Karper1593、IS10927、IS12645、IS12622、IS18961、GPR168 和 IS1151。Zrea-Zera 高粱已成为选育新的优良杂交种而被广泛利用，因为其产量和品质性状均优良。

2. 抗性选育可利用的种质资源

（1）抗病源 兼抗炭疽病和锈病的 ICSV1、ICSV120、ICSV138、IS2058、IS18758 和 SPV387；抗粒霉病、炭疽病、霜霉病和锈病的 IS3547；抗粒霉病、霜霉病和锈病的 IS14332；抗粒霉病和炭疽病的 IS17141；抗粒霉病和霜霉病的 IS2333 和 IS14387；抗粒霉病和锈病的 IS3413、IS14390 和 IS21454.

（2）抗虫源 抗芒蝇和玉米螟的稳定种质，来自印度的 IS1082、IS2205、IS5604、IS5470、IS5480、M35-1（IS1054）BP53（IS18432）、IS18417、IS18425；尼日利亚的 IS18577 和 IS18554；苏丹的 IS2312；埃塞俄比亚的 IS18551；美国的 IS2122、IS2134 和 IS2146。

抗摇蚊的种质有 DJ6514 和 IS3443，并培育出经改良的抗摇蚊品种 ICSV197（SPV694）。

（3）抗杂草源 抗巫婆草的种质源 IS18331（N13）、IS87441（Framida）、IS2221、IS4202、IS5106、IS7471、IS9630 和 IS9951 正用于抗巫婆草的育种中。某些育种系，如 555、168、SPV221 和 SPV103 已证明是有效的抗源。ICRISAT 选育的抗巫婆草品种 SAR1 是由 555×168 杂交育成，并已在巫婆草发生地区推广种植。

（4）抗旱源 近 1 300 份种质资源和 332 份育种系筛选出来用于抗干旱育种。其中最有希望的耐旱种质有 E36-1、DJ1195、DKV17、DKV3、DKV4、IS12611、IS69628、DKV18、DKV1、DKV7、DJ1195、ICSV378、ICSV572、ICSV272、ICSV273 和 ICSV295。

（5）耐盐源 在 3 种不同含盐水平下进行 2 年试验，鉴定出耐盐品系有 IS164、IS237、IS707、IS1045、IS1049、IS1052、IS1069、IS1087、IS1178、IS1232、IS1243、

IS1261、IS1263、IS1328、IS1366、IS1568、IS19604、IS297891 等。

3. 优质源 来自埃塞俄比亚的高赖氨酸种质 IS11167 和 IS11758 在育种项目中已将高赖氨酸基因转到农艺性状优良系中，得到了高赖氨酸含量籽粒皱缩品系和丰满品系。

一些最有希望高含糖量的甜茎秆高粱种质有 IS15428、IS3572、IS2266、IS9890、IS9639、IS14970、IS21100、IS8157 和 IS15448，并把甜茎秆性状转到农艺性状优良系中。

在饲草高粱种质中，含低氢氰酸系有 IS1044、IS12308、IS13200、IS18577、IS18578 和 IS18580；低单宁的 IS3247 和 PJFR。

ICRISAT 在鉴定 86 份杂交种亲本时发现，籽粒中的铁（Fe）含量幅度为 20.1～37.0mg/kg，锌（Zn）含量幅度为 13.4～30.5mg/kg。在高粱改良计划中，对选育的 222 份保持系测定表明，籽粒铁含量幅度为 22.4～51.3mg/kg，锌为 15.1～39.6mg/kg。20 多份的铁含量超过 45mg/kg，13 份锌超过 32mg/kg。2 份最有希望的 B 系 ICSB406，含铁 51mg/kg，锌 40mg/kg；ICS311 含铁 47mg/kg，锌 36mg/kg；可用来组配高含铁和锌的杂交种。

（三）高粱野生近缘种种质资源的利用

1. 高粱野生近缘种的特点 高粱同其他作物一样，其野生种种质资源也十分丰富。种类繁多的野生高粱遍布于世界各大洲的热带、亚热带和温带的平原、丘陵、高原和山谷上。在高粱野生资源中，蕴藏着许多有利用价值的基因和基因组合，如抗病、抗虫基因、抗不良环境条件的基因等。高粱野生近缘种有草型高粱，及体细胞染色体 $2n=40$ 和 $2n=10$ 的高粱。草型高粱如苏丹草（*S. sudanense*），突尼斯草 [*S. virgatum*（Hack）Stapf]，均是 $2n=20$，能与栽培高粱正常杂交结实。

约翰逊草（$2n=40$）易与栽培高粱（$2n=20$）杂交产生三倍体杂种，杂种雄性不育，但能产生有功能的和具细胞学上不减数的卵细胞。当授予栽培高粱的花粉时，后代为四倍体，即含有 3 组约翰逊草的单倍体和 1 组栽培高粱的单倍体，可产生染色体组间和组内配对，产生与栽培高粱的基因交换。当约翰逊草与栽培高粱同地种植时，可发生天然杂交产生种间杂种。这类杂草在美国称作约翰逊草（Johnson grass），在阿根廷称作哥伦布草（*S. almum* Paradi），也称丰裕高粱。而这类草及其衍生后代在澳大利亚和美洲已变成广泛分布的杂草。

体细胞 $2n=10$ 的高粱，包括紫绢毛高粱（*S. purpureo* Aschers&Schweinf）、变色高粱（*S. versicolor* Anderss）、内生高粱（*S. intrans* Meull. ex Benth）等。它们的染色体比上述的其他种类的染色体都大，而且杂交不能成功。同工酶研究表明，他们之间的遗传差异极大。

2. 高粱野生近缘种种质资源的利用 利用高粱野生种种质资源进行品种的遗传改良已是不争的事实，有的可以直接利用，有的可以间接利用。

（1）苏丹草 苏丹草在世界的许多地区，如非洲、澳大利亚、中美洲和美国等国家都被广泛用作放牧草、干草和青贮饲料。苏丹草易感染叶斑病和炭疽病，最早经改良的品种是 1915 年从普通苏丹草中系统选育出轮子苏丹草。该品种的优点是早熟、幼苗生长旺盛，但仍感病，直到 1942 年才选出和推广了甜苏丹草和 Tift 两个品种。这两个品种是由普通苏丹草与 Leoti 甜高粱杂交后再与普通苏丹草作轮回亲本回交选育的，产量超过普通苏丹草，茎为甜秆，多汁，抗叶斑病和炭疽病，而且由于落粒性差而籽粒产量高。

之后，又选育推广了幼鸽苏丹草、绿叶苏丹草以及苏丹草种间杂交种等。幼鸽苏丹草是低氢氰酸含量、抗叶斑病和炭疽病。绿叶苏丹草是一个晚熟、高产品种，茎秆甜而多汁，氢氰酸含量中等。表 9-34 列出了几个苏丹草品种和杂交种的干物质产量。结果表明，前 3 次刈割的干物质产量是杂交种超过品种，第四次产量持平，第五次是品种超过杂交种，这表明杂交种早期生长旺盛。

表 9-34　苏丹草品种和杂交种干物质产量（t/hm²）

(卢庆善等，2006)

品种	刈割次数					
	1	2	3	4	5	合计
普通苏丹草	2.32	3.24	2.54	5.61	8.77	22.48
幼鸽1号	1.73	2.42	2.37	5.40	7.71	19.63
Tift	1.78	2.59	2.15	5.83	6.69	19.04
绿叶	1.98	2.89	2.54	5.06	6.10	18.57
品种平均	1.98	2.37	2.07	3.66	5.68	15.76
杂交种	1.95	2.70	2.33	5.11	6.99	19.08
地平线 SP110	2.71	2.59	2.82	4.79	5.34	18.25
NK Trudanl 1	1.43	2.96	2.25	5.28	6.25	18.17
先锋 985	3.16	3.26	2.57	5.58	3.46	18.03
优胜食物制作者	2.35	2.59	2.25	4.79	4.3	16.28
NKTrudanl	2.27	1.93	2.07	3.68	6.32	16.27
杂交种平均值	2.38	2.67	2.39	4.82	5.13	17.39

（2）突尼斯草高粱　突尼斯草高粱在分类上为拟芦苇高粱亚系的一个种。突尼斯草的染色体数为 $2n=20$，能与栽培高粱杂交正常结实。美国得克萨斯农业试验站在突尼斯草上发现了耐蚜虫基因，为显性遗传，并将其转入到高粱恢复系里进一步利用。

（3）约翰逊草高粱　约翰逊草高粱是南欧亚大陆东到印度的一种土生高粱。1930 年，该草高粱被从土耳其引进到美国加利福尼亚。后来，Johnson C. 推荐该草高粱作饲草利用。它在美国中央大平原的南部生长茁壮，并很快变成很难根除的杂草。

（4）拟高粱　拟高粱（S. propinquum）在中国的广西、云南、福建、台湾等地有分布，染色体数 $2n=20$，为多年生，植株较粗壮。近年来，研究把拟高粱作饲草开发利用。苏永金（1996）筛选出明福 1 号拟高粱。试验表明，明福 1 号拟高粱年产草量因栽培方式不同而有差异，平均每公顷产鲜草100 872kg，或干草量25 533kg，单株分蘖数平均为20.6 个，年刈割 3～6 次。不同生育阶段其营养物质含量不同，粗蛋白最高可达 13%，粗脂肪 3.66％，无氮浸出物 50.23％，含糖量约 6％（表 9-35）。

表 9-35　不同物候期明福 1 号拟高粱营养物质含量

(卢庆善等，2006)

物候期	营养物质含量（%）						
	含水量	干物质	粗蛋白	粗脂肪	粗纤维	粗灰分	无氮浸出物
营养期	81.10	18.90	13.00	3.66	31.07	7.19	45.03
孕穗期	82.01	17.99	9.20	3.22	31.70	6.05	48.94
开花期	70.20	29.80	7.60	2.31	37.01	5.35	47.78
成熟期	60.75	39.25	3.80	2.81	38.10	5.06	50.23

（四）高粱种质资源组成核心种质

尽管高粱种质资源的数量很大，而且一些高粱种质已被高粱研究者在遗传、育种、生理、生化、病虫抗性等方面进行了利用，但是对于具有如此庞大的高粱种质资源群体来说，利用的种质数目太有限了，也就是说大多数种质没有得到更好地利用。如何更有效地利用这些高粱种质，Broon（1989）提出核心种质（core collection）的概念。核心种质是指在一种作物的种质资源中，以最小的种质数量代表全部种质的最大遗传多样性。在种质数量庞大时，通过遗传多样性分析，构建核心种质是从中发掘新基因的有效途径。

在 ICRISAT，现已构建了高粱核心种质。组成核心种质的基本原则是用尽可能少的种质数目提供尽可能多的遗传多样性。在 ICRISAT 掌握的全部高粱种质资源中，选择有代表性的和不同地理来源的遗传资源进入核心种质。根据上述原则，按着高粱分类上和不同地理来源上，从总资源中选择种质进入亚组，这样就形成了种质资源的多个亚组。

下一步针对进入亚组的种质资源，根据资源材料的农艺性状表现资料进行深入分析，选择那些农艺性状优异的、遗传变异性差异大的种质资源分别进入更加密切相关的群。再在每个群中提取有代表性的种质资源，按亚群总数的一定比例进行选择。这样一来，在 ICRISAT 就组成了共 3475 份材料的一个高粱核心种质，约占 ICRISAT 保存的高粱种质资源总数 10％（P. Rao 和 R. Rao，1995）。

在美国，在其掌握的高粱种质资源总数 42 221 份材料中，选择了 200 余份组成了美国的高粱核心种质。该项工作是由美国农业部位于波多黎各的一个高粱管理者协会完成的。美国高粱核心种质选择有代表性的株高、生育期、粒色、抗旱、抗椿象，蚜虫和抗霜霉病的种质资源（基因）（Dalhberg 和 Spinks，1995）。

高粱核心种质对其种质资源的保存、维护和利用是一种经济实用、适用和有效的方法。

（五）外国高粱种质资源在中国的利用

1. 外国高粱种质资源的引进　鉴于中国高粱的来源问题尚未有定论，所以中国引进外国高粱种质资源的确切时间也很难确定。但是，近代中国引进外国高粱种质的记载确有一些。翟公（1978）指出，1926—1927 年，由美国高粱专家带进的耐旱高粱产于非洲最干旱地区，1940 年前后曾在晋察冀地区推广，50 年代初在全国推广。农民称这种高粱为多穗高粱、洋高粱、小八棵权、大八棵权等。刘荣芳（未发表）发现在山东省地方品种中有两份拟几内亚高粱。据考是 20 世纪初由欧洲传教士带进的。虽在山东省种植多年，仍保留着几内亚高粱蒂扭转的鲜明特征。新疆保存的 30 份地方品种中，有 7 份近似都拉高粱，有 8 份近似卡佛尔高粱，也表明这些高粱是从国外引进的。通过外引高粱种质资源整理，中国在 20 世纪 70 年代之前共引进和保存的外国种质资源 153 份，多数是粒用和饲用的，少数多糖用的和遗传研究材料，主要来自美国、苏联、捷克斯洛伐克等国。

改革开放以来，中国加大了引进高粱种质资源的步伐，通过各种渠道引进外国高粱种质、育种材料等。据不完全统计，截至 1995 年底，共从国外引进各种高粱种质资源 8 000 余份，"八五"计划期间（1991—1995），通过整理、繁种入库的外国高粱种质资源 6 000 份，"九五"期间（1996—2000）有 1 000 份外国高粱种质资源登记入库，这一数量与国外迄今保存的高粱种质资源总数相比，只占不到 10%。很显然，今后仍需大量引进外国高粱种质资源。

2. 外国高粱种质资源在中国的利用　外国高粱种质资源的引进和利用，对中国高粱育种、高粱生产的发展和单位面积产量的提高均起到了促进作用。20 世纪 50 年代后期，在中国北方地区广泛种植的八棵权、大八棵权、小八棵权、白八权、大八权、九头鸟、苏联白、多穗高粱、库班红等均是从国外引进的高粱品种。这些高粱品种分蘖力强，丰产性好，籽粒品质优，茎秆含糖量高，综合利用价值优，很受当时农民的欢迎。

龚畿道等（1964）选育的高粱品种分枝大红穗就是八棵权高粱品种天然杂交后代的衍生系。分权大红穗分蘖力强，1 株有 4～5 个分蘖穗可以成熟，籽粒产量高，一般每公顷产量可达 4 500～5 250 千克，高产地块可达 7 500 千克以上。籽粒品质优、适应性强、抗病、抗旱、耐涝、抗倒伏、高产、稳产是分枝大红穗的显著特点。

外引高粱种质资源在中国高粱杂种优势利用上发挥了重要作用。例如，利用九头鸟（属赫格瑞高粱）与护 4 号（中国高粱）杂交育成的恢复系吉 7384，与利用库班红（苏联高粱）天然杂交后代育成的雄性不育系黑龙 11A 组配的同杂 2 号高粱杂交种，是春播早熟区主栽杂交种，种植面积很大。九头鸟与盘陀早杂交育成的忻粱 7 号恢复系，与不育系 Tx3197A 组配的忻杂 7 号与原新 1 号 A 组配的原杂 10 号，这两个杂交种都是中国春夏兼播区重点推广的杂交种，表现高产、适应面广。

卢庆善（1993）在"高粱杂交种优势的应用与国外试材的引进"一文中指出，中国高粱杂种优势利用与外国高粱种质资源的引进密不可分，高粱杂交种的选育和推广与外引雄性不育系的应用有直接关系。

中国最初高粱杂交种的选育就是在美国第一个高粱雄性不育系 Tx3197A 引进的基础上发展起来的。据不完全统计，20 世纪 80 年代前中国推广的 144 个杂交种，其母本不育系几乎都是 Tx 3197A，只有少数是其衍生系或外引保持类型品种转育的不育系。Tx 3197A 是春播晚熟区主要利用的雄性不育系。原新 1 号 A 是利用 Tx 3197A 的细胞质与马丁迈罗杂交转育的不育系，是春夏兼播区主要应用的不育系；黑龙 11A 是利用 Tx 3197A 的细胞质与库班红杂交转育的不育系，是春播早熟区主要应用的不育系。由此可见，Tx 3197A 不仅是我国直接利用的外引雄性不育系，而且在较长时间内还是我国高粱雄性不育系选育的细胞质的惟一来源性。

1979 年，辽宁省农业科学院高粱研究所从美国引进了新选育高粱雄性不育系

Tx622A、Tx623A 和 Tx624A，经过繁育鉴定分发全国利用。这三个不育系农艺性状优良，不育性稳定，配合力高，而且高抗已经分化的高粱丝黑穗病菌 2 号优势生理小种，这些不育系得到较快利用，组配了一批杂交种应用于生产。例如，有代表性的辽杂 1 号（Tx622A/晋辐 1 号）成为春播晚熟区主栽品种，迄今已累计推广 200 万 hm^2，利用 Tx622A 和 Tx623A 组配了 10 多个高粱杂交种用于生产，累计种植面积达 400 多万 hm^2。

1981 年，中国与 ICRISAT 建立了科技合作和试材交换的关系。卢庆善（1983、1985、1987、1988）先后引进一批高粱种质资源和育种材料，大大丰富了中国外引的种质资源，拓宽了中国高粱育种的种质基础。例如，在 1985 年鉴定的 1 025 份引进材料中，杂交种 146 份，恢复系 119 份，成对不育系和保持系 243 对，品种 209 份，杂交后代选系 60 份，群体 5 份。

农艺性状鉴定的结果表明，这批材料有大粒型的，千粒重在 40 克以上的材料有 12 份，其最高的是 MR861，达 45g，其次有 MR876，达 44g。穗粒重高的类型，单穗粒重 100g 以上的有 12 份，最高的是 MR724 达 138.8g，其次是 MR3608，130.5g。长穗类型，穗长在 30cm 以上的有 14 份，最长的是 E. No. 33，达 37.6cm，其次是 M71747，35cm。单穗粒数最多的是 MR734，达 4 957 粒，其次是 E. No. 70，4 409 粒。

这批高粱种质资源鉴定后直接用于育种和生产的当数不育系 421A（原编号 SPL 132A）。该不育系育性稳定，配合力高，农艺性状优，对高粱丝黑穗病病菌 1 号、2 号、3 号小种免疫。用它组配的杂交种辽杂 4 号（421 A/矮四）最高每公顷产量达 13 356kg，辽杂 6 号（421A/5-27）最高每公顷产量 13 698kg，其他还有辽杂 7 号（421A/9198）、锦杂 94（421A/841）、锦杂 99（421A/9544）等先后通过品种审定推广应用，表现产量高，增产潜力大，抗病，抗倒伏，稳产性好。

20 世纪 80 年代以后，中国又从国外引进了 A_2、A_3 和 A_4 细胞质雄性不育系，并做了大量育性、性状配合力测定等研究工作。王富德等（1988、1990），赵淑坤等（1993）、张福耀等（1995）对 A_1 和 A_2 不育系的研究表明，A_2 的育性反应与 A_1 的相似，而且很稳定，可直接用于高粱杂交种的选育。对 A_1 不育系具有恢复力的中国高粱恢复系，也能不同程度地恢复 A_2 的不育性，因此可直接作 A_2 不育系的恢复系应用。而外国的 A_1 恢复系中，多数系是 A_2 不育系的保持者，因此可将其转育成 A_2 不育系应用。迄今，辽宁省农业科学院高粱研究所、山西省农业科学院高粱研究所已分别育成一批 A_2 细胞质的雄性不育系。例如，山西省农业科学院高粱研究所利用 A_2 不育系 A_2V4A 为母本与恢复系 1383-2 为父本组配成中国第一个用于生产的 A_2 细胞质不育系杂交种。辽宁省农业科学院高粱研究所选育成 A_2 细胞质的不育系，并组配成杂交种 $A_2$7050A×9198 用于生产。应用 A_2 细胞质增加了我国高粱杂交种的细胞质多样性

对 A_3 和 A_4 细胞质的育性反应也在研究中，Schertz（1987）指出，目前虽然尚未发现 A_3 不育性的恢复系，但 A_3 不育系可作为测验系应用，以便找到高配合力的遗传资源。辽宁省农业科学院高粱研究所针对 A_3 雄性不育系没有恢复系（迄今为止）的特点，用于甜高粱杂交种选育，即杂交种不结实，可使其光合产物转化成糖贮存于茎秆中，以提高茎秆汁液的含糖量。鉴此，利用 A_3 细胞质不育系 $A_3$311A 与甜高粱恢复系 LTR 108 组配成甜高粱杂交种辽甜 14，2014 年经国家高粱鉴定委员会鉴定，命名推广。由此开创了 A_3 细胞

质雄性不育系在高粱生产上的利用。

综上，可以明显看出，中国高粱杂交种基本上是中外高粱种质相结合的产物，外国高粱种质提供了细胞质雄性不育基因，中国高粱提供了强恢复力的育性基因，以及丰产性和适应性基因，二者结合就使杂交种既具有较高的籽粒产量杂种优势，又具有良好的稳产性和适应性。

1936 年以来，国外先后发现 al、$ms_1 \sim ms_7$ 共 8 个细胞核雄性不育基因。1981 年，卢庆善，从 ICRSAT 引进 ms_3 和 ms_7 两个基因。ms_3 和 ms_7 具稳定的白色至黄色花药，易与结实花相区别。卢庆善等（1995）利用 ms_3 转育了 24 份恢复系，并组成了 LSRP-高粱恢复系随机交配群体，开创了中国高粱群体改良的研究。随机交配群体的轮回选择可以快速打破不利的基因连锁。加速有利基因的重组和积累，是加快高粱遗传改良和资源创新的重要途径。

徐秀德等（1994）利用美国高粱丝黑穗病主要鉴别寄主 Tx7078，SA281，Tx414，TAM2571，鉴定中国和美国高粱丝黑穗病病菌生理小种致病力的差异。结果表明。中国高粱丝黑穗病病菌 3 个生理小种和美国高粱丝黑穗病病菌的 4 个生理小种对寄主致病力完全不同。中国和美国的生理小种不属于同群（表 9-36）。因此，应根据中国高粱丝黑穗病菌生理小种对寄主致病力的反应，有目的地引进外国抗性种质用于抗病育种。

表 9-36　中、美两国丝黑穗病病菌小种对鉴别寄主致病力比较

(徐秀德等，1994)

鉴别寄主	美国生理小种				中国生理小种		
	1 号	2 号	3 号	4 号	1 号	2 号	3 号
Tx7078	S	S	S	S	R	R	S
SA281	R	S	S	S	R	R	R
Tx414	R	R	S	S	S	S	S
TAM2571	R	R	R	S	S	S	S

注：S：为感病；R：为抗病。

在抗高粱蚜鉴定中，发现外引资源 TAM428、IS18681、IS18725、Dober 等外国基因型是高度耐蚜虫的。利用 TAM428 与 421B 杂交选育的不育系 7050A。同样具有耐蚜虫为害的特性。迄今，利用 7050A 不育系已组配出 12 个经审定（鉴定）的高粱杂交推广应用于生产，获得了巨大的社会经济效益。

总之，中国对国外高粱种质资源的研究和利用还处于初步阶段。然而，从我们已经取得的利用国外高粱种质资源成果看，研究和有效利用国外高粱种质资源的遗传潜力是十分巨大，前景十分广阔。

主　要　参　考　文　献

曹文伯，李翠珍，吕凤金，等，1998. 全国高粱品种资源目录（1991—1995）. 北京：中国农业出版社.

董怀玉，徐秀穗，姜钰，等，2007. 高粱种质资源创新及其利用研究. 植物遗传资源学报，8（3）：321-324.

董玉琛，郑殿升，2006. 中国作物及其野生近缘植物. 北京：中国农业出版社.

何富刚，徐秀穗，1996. 国外高粱种质资源抗高粱蚜、玉米螟、黑穗病鉴定与评价研究. 国外农学—杂粮作物（1）：47-53.

何富刚，颜范悦，辛万民，等，1996. 国内外高粱种质资源抗高粱蚜鉴定与评价研究. 辽宁农业科学（5）：14-17.

卢庆善，卢峰，王艳秋，段有厚，2020. 高粱种质资源研究的最新进展. 辽宁农业科学（4）：34-37.

卢庆善，宋仁本，1988. 新引进高粱雄性不育系 421A 及其杂交种研究. 辽宁农业科学（1）：17-22.

卢庆善，宋仁本，卢峰，李志华，1997 世界高粱种质资源研究和利用. 杂粮作物（4）：19-23，（5）：20-23.

卢庆善，朱凯，张志鹏，等，2006. 高粱野生近缘种及其利用价值. 杂粮作物（5）：322-325.

卢庆善，1983. 国外高粱杂交种鉴定试验报告. 辽宁农业科学（4）：5-8.

卢庆善，1985. ICRISAT 高粱试材的初步鉴定和应用前景. 辽宁农业科学（6）：4-8.

卢庆善，1985. 高粱种质资源的收集、保存和利用. 世界农业（6）：28-30.

卢庆善，1985. 新引高粱雄性不育系的配合力分析. 辽宁农业科学（2）：6-11.

卢庆善，1990. 美国高粱种质资源的收集和利用. 世界农业（11）：25-26.

卢庆善，1992. 我国高粱杂种优势利用的回顾与展望. 辽宁农业科学（3）：40-44.

卢庆善，1993. 高粱杂种优势的应用与国外试材的引进. 作物品种资源. 增刊，91-94.

卢庆善，2010. 高粱种质资源的多样性和利用. 植物遗传资源学报，11（6）：798-801.

卢庆善，2011. 高粱种质资源的多样性和评价. 园艺与种苗（4）：1-5.

马宜生，1983. 高粱品种资源抗丝黑穗病鉴定，辽宁农业科学院（5）：28-29.

乔魁多，1984. 中国高粱品种资源目录. 北京：农业出版社.

乔魁多，1992. 中国高粱品种资源目录·续编. 北京：农业出版社.

王富德，何富刚，1993. 中国高粱品种资源抗病虫鉴定研究. 辽宁农业科学（2）：1-4.

王富德，张世苹，杨立国，等，1988. 高粱 A_2 雄性不育系的鉴定. I 育性反应. 作物学报，14（3）：247-253.

王富德，张世苹，杨立国，等，1990. 高粱 A_2 雄性不育系的鉴定. II 主要农艺性状的配合力分析. 作物学报，16（3）：242-251.

王志广，魏守思，李光林，等，1983. 中国高粱品种资源抗性鉴定研究初报. 作物品种资源（3）：15-21.

王志广，1982. 中国高粱资源抗丝黑穗病鉴定简报，辽宁农业科学（1）：26-29.

徐秀穗，卢庆善，潘景芳，1994. 中国高粱丝黑穗病菌小种对美国小种鉴别寄主致病力测定. 辽宁农业科学（1）：8-10.

杨立国，李淑芬，李景琳，石永顺，苗桂珍，1992. 高粱品种资源苗期和灌浆期的抗冷性研究 II 部分生化指标与抗冷性的关系. 辽宁农业科学（5）：5-8.

杨立国，李淑芬，王富德，1992. 高粱品种资源苗期和灌浆期的抗冷性研究 I 抗冷性指标及鉴定结果. 辽宁农业科学（2）：23-26.

张福耀，严喜梅，孟春刚等，1996. 高粱 A_1、A_2 核质互作雄性不育类型和核质育性基因的遗传研究. 全国高粱学术研讨会论文选编. 55-59.

张世苹，1992. 高粱种质资源抗盐性鉴定. 辽宁农业科学（5）：49-50.

张世苹，1993. 试论外国高粱种质资源的引进与利用. 作物品种资源. 增刊，94-97.

Axtell J D, Ejeta G, 1990. Improving sorghum grain protein qualityby breeding. In Ejeta, G. （ed） Proceedings of the international conference on sorghum notritional quality, Purdue University, West Lafayeette，177-125.

Axtell J D, Kirleis A W, Hassen M M et al, 1981. Digestibility of sorghum proteins. Proc. Natl. Acad. Sci. ，USA，78（3）：1333-1335.

Axtell J D, Mohan D and Cummings D, 1974. Genetic improvement of biological efficienec and protein quality in sorghum. In Proceedings, 29th annual corn sorghum research conference, Chicago. American Seed Trade Association, Washington D. C. , 29-39.

B. VSV Reddy, S Ramesh, A. AKumar, C L L Goade, 2008. Sorghum Improvement in the New Millennium. ICRISAT. 153-169.

Belum VS Reddy, S Ramesk, H C Sharma, 2006. Songhum Hybrid Parents Research: strategies and Impacts. Hybrid Darents Research at ICRISAT. 75-165.

Brhane Gebrekiden, 1982. Utilization of germplasm in sorghum improvenment. Sorghum inThe Eighties. Edited by House L R, Mughogho L K, Peacock J M. Vol. (1): 335-345.

Dalhbery JA and Spinks M S, 1995. Current statusof the us Sorghum Germglasm collection. International Sorghum and Millets Newsletter. (36): 4-12.

De wet J M J and Harlan J R, 1971 The orgin and domestication of Sorghum bicolar. Econ. Bot. (25): 128-135.

Eberhart SA. Bramel-cox P J and Prasada Rao K E, 1997. Preserving genalic resources. In Proceedings of the International Conference on Genetic Improve ment of Sorghum and Pearl Millet. 25-41.

Gowda C L L, 1997. CLAN Coordinator's Report, strategie and future of sorghum germlasm. Sorghum in The Eighties. Edited by House L R, Mughogho L K, Peacock J M. Vol. (1): 323-333.

Qingshan Lu and Dahlberg J A, 2001. Chinese Sorghum genetic Resources. Econ. Bot. 55 (3): 401-425.

Reddy B VS, Ranesh S, Kumar A A and Gowda C L L, 2008. Sorghum Improvement in the New Millennium. ICRISAT.

Rosenow D T and dalhberg J A, 2000. Collection, comersion and utilization of sorghum. Wiley Series in Crop Science. New York: John Wiley&Sons. 309-328.

Schertz K F, 1994. Male-sterility in sorghum: its charaeteristics and importance. Proceedings of the International Cinference on Genetic Improvement of an Overseas Development Administration (DDA) Plant Sciences Reseach Cenference. 35-37.

第十章　世界高粱生产和改良

第一节　世界高粱生产概述

高粱的名称世界各地称呼不一，非洲西部称几内亚谷，非洲南部称卡佛尔谷，非洲东部称姆他姆（mtama），在苏丹则称都拉。在印度，高粱在北方称乔沃（jowar），在南方称乔拉姆（cholam），1950 年以前的印度文献通常把高粱称大粟（the great millet）。在中国，通常把高粱称作高粱（kaoliang）。在美洲，称高粱为迈罗或迈罗谷；可以提取糖浆的甜而多汁的高粱称糖高粱，而那些可以做笤帚的长茎分枝穗类型称为笤帚谷。

一、世界高粱生产总体情况

近年来，世界高粱生产的基本状况变化不大（2016—2018）。2018 年，世界高粱总播种面积4 134万 hm²，总产量5 891万 t，平均单产1 430kg/hm²（表 10-1）。非洲是世界高粱播种面积最大的区域，播种面积占世界总面积的 58.6%；其次是亚洲，占总面积的14.9%，第三是美洲，占总面积的 11.8%。

表 10-1　世界高粱生产面积总产单产

(邹剑秋，2019)

年份	面积（万 hm²）	单产（kg/hm²）	总产（万 t）
2018	4 134	1 430	5 891
2017	4 013	1 440	5 782
2016	4 429	1 430	6 337

在各国高粱种植面积前 15 名中，非洲有 8 个国家，即苏丹、尼日利亚、尼日尔、埃塞俄比亚、布基纳法索、马里、喀麦隆和坦桑尼亚；亚洲 2 个国家，印度和中国；北美洲 2 个国家，美国和墨西哥；南美洲 2 个国家，巴西和阿根廷；大洋洲 1 个国家，澳大利亚。

二、世界高粱主产国生产情况

（一）主产国高粱种植面积

以 2018 年为例，苏丹、尼日利亚、印度、尼日尔和美国是世界上高粱种植面积前 5位的国家，这 5 个国家合计种植面积2 376万 hm²，占世界高粱总种植面积的 57.5%。其中，苏丹700万hm²，尼日利亚580万hm²，印度520万hm²，尼日尔370万hm²，美国205万hm²（图10-1）。

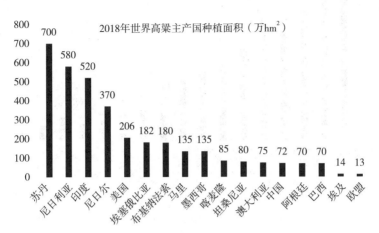

图 10-1　世界高粱主产国高粱种植面积
(邹剑秋，2019)

（二）主产国高粱总产量

以2018年为例，美国、尼日利亚、墨西哥、印度和埃塞俄比亚总产量前5位国家高粱总产合计2 934万t，占世界高粱总产量的49.8%。其中美国924万t，占世界高粱总产量的15.7%；其次是尼日利亚，680万t，占世界高粱总产量的11.5%；印度和墨西哥并列第三，为460万t，占7.8%；埃塞俄比亚410万t，占世界高粱总产量的7.0%。高粱总产量超过100万t的国家共有14个，中国高粱总产量345万t，排第七位（图10-2）。

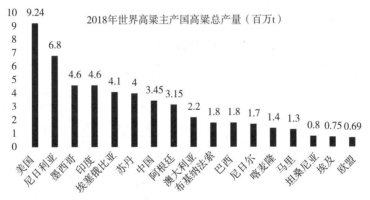

图 10-2　世界高粱主产国高粱总产量
(邹剑秋，2019)

（三）主产国高粱单产

在高粱主产国（欧盟）中，单产最高的是欧盟，平均单产是5 450kg/hm²，但其播种面积较少，只有13万hm²。在总产量超过200万t的国家中，单产最高的是中国，为4 790kg/hm²；其次是阿根廷，为4 500kg/hm²；其他依次是美国，4 480kg/hm²；墨西哥，3 410kg/hm²；澳大利亚，2 930kg/hm²（图10-3）。

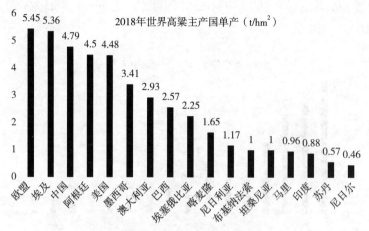

图 10-3　世界高粱主产国高粱单产
（邹剑秋，2019）

三、世界高粱生产的历史回顾

1986 年，全世界高粱种植面积4 700万 hm^2，在世界禾谷类作物中位居第五位。小麦居第一位，22 900万 hm^2；水稻居第二位，14 500万 hm^2；玉米居第三位，13 100万 hm^2；大麦居第四位，7 900万 hm^2。

从历史上看，世界高粱种植面积在不同年份其种植面积、平均单产多多少少都有一些变化。表 10-2 列出了世界 3 个时期，1969—1971 年、1974—1976 年、1984—1986 年高粱主产国（洲）的种植面积和平均单产。这些面积和产量数字不一定十分准确。但是，每次提供的数字系统是相同的，因此总的趋势还是可靠的。

表 10-2　全世界及主产国家高粱面积和平均单产
（Doggett，《Sorghum》，1987）

国家和地区	1969—1971 年			1974—1976 年			1984—1986 年		
	面积（万 hm^2）	产量（kg/hm^2）	占世界面积（%）	面积（万 hm^2）	产量（kg/hm^2）	占世界面积（%）	面积（万 hm^2）	产量（kg/hm^2）	占世界面积（%）
尼日利亚	557.2	652	11.6	579.3	620	12.2	456.7	1 065	9.7
苏 丹	182.8	834	3.8	253.0	754	5.3	455.3	573	9.6
布基纳法索	105.4	501	2.2	113.1	589	2.4	108.4	731	2.3
埃塞俄比亚	95.0	870	2.0	84.7	935	1.8	90.3	964	1.9
尼日尔	58.9	445	1.4	64.9	390	1.4	111.6	276	2.4
全非洲	1 307.3	710	27.2	1 397.2	710	29.3	1 586.6	804	33.1
印 度	1 758.5	484	36.6	1 601.8	634	33.6	1 590.9	715	33.6
中 国	541.1	1 591	11.3	455.0	1 887	9.6	209.5	3 183	4.4
也 门	123.5	711	2.6	110.4	757	2.3	68.9	459	1.4
巴基斯坦	51.8	594	1.1	45.6	591	1.0	38.3	584	0.8
全亚洲	2 508.7	749	52.2	2 271.7	896	47.7	1 957.3	948	41.3

（续）

国家和地区	1969—1971 年			1974—1976 年			1984—1986 年		
	面积（万 hm²）	产量（kg/hm²）	占世界面积（%）	面积（万 hm²）	产量（kg/hm²）	占世界面积（%）	面积（万 hm²）	产量（kg/hm²）	占世界面积（%）
美　国	582.0	3 000	12.1	589.2	3 000	12.4	621.1	3 994	13.1
墨西哥	93.0	2 767	1.9	128.4	2 943	2.7	169.2	3 454	3.6
中北美洲	724.4	3 095	15.1	761.0	2 884	15.8	838.0	3 732	17.7
阿根廷	197.9	1 932	4.1	211.5	2 549	4.4	191.9	3 017	4.1
南美洲	209.7	1 933	4.4	250.9	2 489	5.3	267.4	2 767	5.6
澳大利亚	37.4	2 031	0.8	51.8	1 985	1.0	72.6	2 083	1.5
苏　联	4.3	1 423	0.1	13.5	1 190	0.3	17.7	1 490	0.4
全世界	4 806.4	1 157		4 764.6	1 264		4 735.5	1 527	

非洲高粱种植面积在这一时期呈稳步增长趋势，从 1 300 万 hm² 增加到 1 570 万 hm²，单产由每公顷 710kg 上升到 804kg。但是各国情况不一，有的国家提高，有的国家下降。例如，埃塞俄比亚，单产由每公顷 870kg 上升到 964kg；相反，苏丹由每公顷 834kg 下降到 573kg。

亚洲高粱种植面积从 2 500 万 hm² 下降到 1 957 万 hm²，而平均单产从每公顷 749kg 上升到 948kg。印度高粱平均单产有一定提升，从每公顷 484kg 上升到 715kg，取得了实际的进展，但总体水平仍然较低。在印度，高粱种植面积有一点下降，其原因是水浇地增加改种其他作物。中国高粱种植面积变化较大，由 541 万 hm² 下降到 209 万 hm²，成倍的下降，但平均单产却成倍上升，由每公顷 1591kg，上升到 3 183kg，主要原因是推广种植了高粱杂交种。

美洲高粱种植的这种趋势也是很明显的。在美国，高粱种植面积有一点增加，平均单产提高了 13%。墨西哥高粱生产面积由 93 万 hm² 增加到 169 万 hm²，平均单产由 2 767kg/hm² 上升到 3 454kg/hm²。阿根廷高粱生产面积只减少了 6 万 hm²，平均单产却增加 56%。

其他国家如澳大利亚，高粱种植面积增加了近 1 倍，平均单产只增加了 52kg/hm²。苏联高粱生产面积从 4.3 万 hm² 增加到 17.7 万 hm²，增加了 3 倍多，单产每公顷只增加了 67kg/hm²。

第二节　非洲高粱生产和改良

一、非洲高粱生产

非洲大陆面积 3 020 万 km²，次于亚洲，是世界第二大洲。非洲大部分区域位于赤道和南北回归线之间，全年高温地区面积大，有"热带大陆"之称。境内降雨少，仅刚果盆地和几内亚湾沿岸一带年平均降水量在 1 500mm 以上，全洲有一半的地域年降水量在 500mm 以下，因此非洲大部分地区干旱少雨。

　　非洲是高粱原产地，高粱的遗传多样性和种质资源极其丰富。高粱主产地集中在西非、南非和东非的大部分国家。由于非洲经济落后，科技不发达，所以大部分国家高粱改良起步较晚，少数国家有自己的研究机构和研究课题，多数国家在国际基金会或国际机构资助下开展高粱遗传改良或建立区域性高粱科研单位。

　　非洲是世界高粱种植面积最大的地区，2018 年种植面积2 425.5万 hm²，占世界总面积的 58.6%。非洲高粱主产国有苏丹，种植面积 700 万 hm²，占非洲高粱总面积的 28.9%，总产量 400 万 t，平均单产 570kg/hm²。尼日利亚种植面积 580 万 hm²，总产量 680 万 t，平均单产1 170kg/hm²。尼日尔种植面积 370 万 hm²，总产量 170 万 t，平均单产 460kg/hm²。

二、西部非洲高粱改良

　　西部非洲由 16 个国家组成，面积 158 万 km²，是世界环境最恶劣的地区。除少数国家外，是世界上最贫穷的发展中国家集中的地区之一。高粱和珍珠粟占谷类作物总产量的 80%，是该地区的主粮。

　　1971—1991 年的 20 年里，西部非洲高粱年平均种植面积 951.7 万 hm²，总产量 680.5 万 t，平均每公顷 751kg。种植面积最大的国家是尼日利亚，年平均 527.1 万 hm²，总产量 408.2 万 t；种植面积最少的国家是冈比亚和几内亚，年均为 1.1 万 hm²。在西部非洲的干旱和半干旱地区，平均单产最高的国家是冈比亚，每公顷1 025kg；平均单产最低的国家是尼日尔，每公顷 338kg。而在湿润和半湿润地区，平均单产最高的国家是塞拉利昂，每公顷1 518kg；最低的国家是科特迪瓦，每公顷 590kg。

　　在这 20 年间，西部非洲高粱种植面积总趋势是减少的，从 1969—1971 年的平均每年 1 358.4万 hm² 减少到 1991 年的 1014.4 万 hm²，平均每年减少 1.4%；而单产由 1969—1971 年平均每公顷 669kg 上升到 1991 年的每公顷 781kg，平均每年增加 0.8%。虽然单产有所增加，但抵不销种植面积的减少，因此高粱总产量每年仍有 0.6% 的下降。

　　2018 年，西部非洲高粱种植面积又有所增加，仅尼日利亚、尼日尔、布基纳法索、马里 4 国的种植面积就达1 265万 hm²，比 1971—1991 年整个西部非洲的年均种植面积多 32.9%。

　　西部非洲高粱改良在第二次世界大战之前几乎没有进行。生产上种植的高粱品种都是地方品种，栽培高粱的最优势族是几内亚族，其性状为散穗、开颖、扁平粒（Harlan and de Wet，1972）。西部非洲的主要高粱品种列于表 10-3。西部非洲农民特别喜欢根据品种特征、抗性、适应性以及食用品质等给品种命名。这一点与中国地方高粱品种的命名很相似。

　　在尼日利亚，全国分为 4 个生态区，大体与几内亚湾平行走向一致，向西伸向大西洋，向东伸向埃塞俄比亚。把高粱分为几内亚族（G）、考拉族（K=都拉—顶尖族）、发拉—发拉族（Farafara，F=都拉族）和乍得族（Chad，C=顶尖族）（表 10-4）。Andrews（1970）把发拉—发拉归到几内亚族，因为他认为这与 Curtis（1967）描述的都拉族是一个很不一样的类型。发拉—发拉这个名称用来表示很多白高粱。

表 10-3　西部非洲重要的高粱地方品种

国　别	品种名称
布基纳法索	S29、Gnofing、Ouedezoure
科特迪瓦	Monogboho
乍　得	51-69
加　纳	Nagawhite、Kadaga
马　里	SHZDZ、Tiemarifing、CSM388
尼日尔	Bagoba、Mourmoure、Jan-jare
尼日利亚	Kaura、Farafara
塞内加尔	SH60、RT50、Hadien-Kori

表 10-4　西部非洲生态区高粱族及生产估值（%）

（1957—1958 年）

生态区	生育期 (d)	年降水量 (mm)	籽粒产量/高粱族*			
			G	K	F	C
南几内亚热带草原	180 以上	1 100 以上	13.4	—	—	—
北几内亚热带草原	150～180	1 000	9.8	2.0	—	—
苏丹热带草原	120～150	750	14.4	2.4	2.0	3.5
北苏丹热带草原	90～110	600	9.5	26.2	100	6.8
			合计：198.5 万 t			

* 高粱族是几内亚族（G）、考拉族（K）、发拉—发拉族（F）和乍得族（C）。

从 1966 年开始，在地方品种中进行系统选育，结果选出一个多系群体和一个纯几内亚系，这 2 个品系在北几内亚和苏丹亚热带草原区的试验中，籽粒产量超过当地品种平均产量（1 400kg/hm²）的 9% 和 23%。

20 世纪 60 年代，西部非洲开始引进和鉴定外来品种。1964 年，法国热带农业和品种研究所（IRAT）开始在法属西部非洲国家进行高粱品种改良。1975 年，国际热带半干旱地区作物研究所（ICRISAT）的西部非洲项目与布基纳法索建立了合作计划，对引进的大量种质资源进行鉴定筛选。共同合作选育了一批高粱品种和杂交种。这些品种和杂交种产量高，而且抗巫婆草（表 10-5）。

与此同时，在地方品种考拉里发现 2 个矮化基因的天然突变体，称矮考拉（SK），并于 1966 年在 Zaria 地区推广，比当地发拉—发拉品种增产 75%。通过辐射还从考拉里得到一个雄性不育矮考拉（gSK）。1971 年，推广了 3 个半矮秆品系，但只有 SK5912（SSV3）种植广泛，因为它高产稳产。其他经鉴定的优良系有抗巫婆草的 L87（SSV6）和籽粒品质比 SK5912（SSV3）更优的 L1499（SSV7）。

表 10-5　20 世纪 60—70 年代西部非洲部分国家的重要高粱品种和杂交种

国　别	重要品种
布基纳法索	IRATS6、S7、S8；E35-1；ICSV1002BF；16-5；Framida；IRAT181（杂交种）
科特迪瓦	Framida；IRATSIZ（杂交种）
马　里	IRAT74、75、76；Malisor84-1、84-5、84-7；ICSV1063BF
尼日尔	IRATS10
尼日利亚	SK5912（SSC3），L187（SSV6），L1499（SSV7）
塞内加尔	E35-1；IRATS11、S13、S15；IRAT179（杂交种）
几内亚（比绍）	ICSV126IN、ICSV1674BF

到 1984 年，有 4 个品系，KSV4、KSV11、KSV12 和 KSV8 在生育期 90～110d Sahel 地区推广。另 4 个品系，KSV2、KSV5、KSV7 和 KSV8 在生育期 140～145d 的苏丹热带草原地区推广。还有 5 个品系，SSV3、SSV6、SSV7、SSV9 和 SSV10 在生育期 160～180d 的北几内亚热带草原地区推广。其他 3 个品系，MSV1、MSV2 和 MSV3 在南几内亚热带草原地区推广；而 MSV4 和 MSV5 即将推广，其生育期均在 180d 以上。上述这些品系除 KSV15 是红粒外，其他均是优质的白粒或黄粒。其中多数抗巫婆草，特别是 KSV8。推广的这些品系多数是短节间，因此在同样生育期的情况下，比地方品种的株高更矮些，而且多数品系对光周期不敏感。

1977 年，ICRISAT 与马里启动了双边研究项目。在高粱育种课题里，把当地几内亚高粱有价值的性状转育到外引的产量更高的品种里。经改良的高粱品种 Malisor7 和 Malisor5，矮秆、半紧穗、抗虫，有优良的食用品质。

杂交育种课题开始较早，采用几内亚和考拉高粱与 CK60B 杂交，在杂种后代选择优良的分离株与 CK60A 回交，育成了适于当地栽培的母本，由此产生许多矮株系。产量鉴定的结果表明，SK5912（SSV3）和 4021［SK×（赫格瑞×发拉—发拉）］比当地对照发拉—发拉（1 600kg/hm²）增产 30%。

1976 年，组配了高粱杂交种并进行多点鉴定，选出优良杂交种于 1981 年推广种植（表 10-6）。3 个母本都是当地选育的，ISNIA 感巫婆草，雄性不育性不稳定，到 1984 年被淘汰了。目前应用的 2 个母本是矮考拉（'KA'）和 RCF，后者是用 CK60A 与显著族（conspicuum）高粱杂交再回交选育的。3 个杂交种是 SSH2（RCF×SSV3）、SSH3（KA×SSV7）和 SSH5（KA×SSV3）。

本课题还进行群体改良的研究，用 ms7（来自 gSK）基因进行混合选择和自交一代（S1）测定。通过入选单株与 2 个不育系杂交鉴定群体中的优良单株。

光周期敏感品种的程度应进行更详尽的鉴定，这对更北地区高粱生产是更有用的，而在大南方的虫害和粒霉病是严重的。适于更北地区的光敏品种在大南方试验过，需要晚播。这些光敏品种在本季的多数有利地点能正常开花结实，但有秆螟危害。芒蝇危害也可能是严重的，但这不是所期望的，改变播种期又常常引发虫害问题。因此，抗虫是尼日利亚高粱育种的重要指标。

表 10-6　品系和杂交种产量结果

（1979 年和 1980 年于 Samaru）

品　　系	产　　量	平　　均	杂交种比最高产品系增产（%）
L187（SSV7）	2 585bc		
SK5912（SSV3）	2 325b		
L1499（SSV8）	1 765a	2 225	
（杂交种）			
SSH3（Kurgi×L1499）	2 890cd		+10
SSH4（ISNIA×SK5912）	3 085d		+16
SSH5（Kurgi×SK5912）	2 890cd	2 955	+10

Elemo（1987a）说明了采用光敏品种的某些问题。他在 Samaru 分 6 期播种了一套 5 个光敏品种。1984 年的结果，籽粒产量按播种期延后增加，线性回归达显著。1985 年的结果，第一期播种的获最高产量，每公顷1 800kg。产量随晚播急剧下降，二次回归达显著，7 月播种的每公顷不到 100kg。2 年间鸟害的情况是很不同的：1984 年，KSV4 的鸟害从 5 月到 6 月初播种的约 95% 下降，到 8 月初播种的约 10% 下降；1985 年，同一品种受鸟害从 5 月（第一播期）的 10% 上升到 6 月 18 日播种的 85%，再到 7 月 5 日播种的 98%。1984 年前 4 期播种的粒霉病发生中等，而 1985 年前 2 期播种的重一些。品种之间表现不同，KSV11 粒霉病重，S34 和 S40 没有多少。同样，鸟害品种间也有差异，几乎可以判定是由于品种间籽粒发育时期的差异所致。本试验充分地表明光周期敏感性的影响，特别是当一个品种从 Sahel 地区引种到南方时，光周期不敏感品种的籽粒产量可能要减产，除非获得抗粒霉病的性状。

Elemo（1987b）采用同样的品种试验，结果表明不论播种期早、晚，KSV11 总比 S40 更早抽穗，说明光周期敏感性的差异。

Kano 农业和农村发展署（KNARDA）的最新研究提出北方的气候变化已经影响到高粱的布局。根据 Kano 降雨记录和乍得湖的水平面表明气候正在变得干旱。据 Gumel 酋长和他前辈的记忆，从前在 Gumel 地区（12°37′N，9°23′E）种植的高粱品种是更高株，长生育期类型，目前只能种在更南的地方。1983—1985 年，高粱试验的结果列于表 10-7。

两个地方品种来自 Gumel 酋长，Yar Washa，而早 Gaya 从一经商农民得到。1983 年和 1984 年，Yar Washa 在更北地区产量表现突出。1984 年，其在 Kunya（12°13′N）一农民试验中，Yar Washa 获得每公顷1 640kg，比最好的自交系（SPV245）的产量多 2 倍。早 Gaya 甚至更有趣，1985 年该品种比尼日利亚选育的改良品种更高产。从尼日尔得到的入选地方材料看上去也很好。其他引入系没有多少有希望的。Serena 抗鸟害并有较好的籽粒品质，而 4 个 SGUS 杂交种更有令人吃惊的籽粒品质，但在其他方面没有希望。

表 10-7　高粱籽粒产量试验结果

(北尼日利亚，Kano 州)

项目	地 点 （kg/hm^2）				
	Mallammaduri (12°35′N)	Sada (12°43′N)	Kadawa (11°55′N)	Kaffin (11°27′N)	平均
1983 年试验					
Yar Washa（L）	1 040	2 230	2 940	2 740	2 240
KSV11	760	970	3 640	3 000	2 090
KSV12	480	2 110	4 720	3 397	2 090
K5	670	1 750	4 500	2 540	2 360
平均	740	1 760	3 950	2 910	
1984 年试验					
Yar Washa（L）	1 890	—	2 570	1 090	1 850
早 Gaya（L）	—	—	3 050	820	—
KSV12	380	—	2 520	1 540	1 480
S35	330	—	3 070	1 500	1 630
平均	870	—	2 720	1 410	
1985 年试验					
Yar Washa（L）	2 990	—	—	—	—
早 Gaya（L）	3 750	4 080	2 550	—	3 460
红 Bagoba（K）	3 480	2 400	1 790	—	2 560
改良尼日尔（K）	3 120	2 820	1 720	—	2 550
KSV12	1 200	2 820	1 780	—	1 930
S35	1 140	2 430	1 420	—	1 660
平均	2 538	2 910	1 850		
1985 年引进					
早 Gaya（L）	3 750	4 080	1 950	1 680	2 860
Serena	2 270	2 300	1 940	1 790	2 075
PN3	1 840	2 550	1 420	1 970	1 940

注：L. 未经改良的；K. 从尼日尔地方类型中来的选系。

采用外引品种与当地品种杂交选育，有助于选出当地类型的矮秆、棕褐色茎秆、紧穗和优良的籽粒品质等性状。CK60 就是一个受欢迎的外引品种。在培育的品种当中，有布基纳法索的 IRATS6、S7 和 S8，尼日尔的 S10，塞内加尔的 S11（CE90）、S13（CE67）、S15（CE99）和 CE111。CE90 表现相当突出，耐旱性很强，籽粒品质优良，在不同地区种植均表现稳产，只是苗势弱些。在杂交种中，IRATS12、IRAT179 和 IRAT181 表现优良。在塞内加尔，CE102A 和 CE111A 是常用的亲本。

20 世纪 70 年代，塞内加尔高粱主要改良的指标是增强幼苗活力，通过与 Naga White

（加纳）、SCO110（埃塞俄比亚起源）和 Meloland（通过加纳得到）的杂交进行改良。高粱育种家和病理学家合作开展粒霉病改良，此外还有抗旱性和熟期的改良。

在加纳，地方品种选育的重点是具有特殊幼苗活力的 Naga White 品种和闭花受精抗摇蚊的 Nunaba 品种。

ICRISAT 西部非洲计划在布基纳法索的 Kamboinse 建立一研究中心，开始与该国政府协作，后来与半干旱地区粮食研究与发展委员会（SAFGRAD）协作。在马里、尼日利亚、尼日尔和塞内加尔也驻有高粱专家，对大量种质资源和引进材料进行鉴定筛选，进而采用杂交实行抗巫婆草、病虫害的育种。同时，还研究各种栽培技术措施与高粱籽粒产量之间的关系（表 10-8）。

表 10-8　技术措施与高粱籽粒产量
（Matlon，1990）

技术措施	籽粒产量（kg/hm²）
无	500～700
品种	400～800
耕作	600～950
肥料	700～1 200
耕作、肥料	900～1 500
耕作、肥料、作畦	1 000～2 000
品种、耕作、肥料、作畦	1 500～3 000
耕作、肥料、灌溉	2 000～3 500
品种、耕作、肥料、灌溉	3 000～4 500

三、南部非洲高粱改良

南部非洲发展组织（SADC）国家包括安哥拉、博茨瓦纳、莱索托、马拉维、莫桑比克、纳米比亚、斯威士兰、坦桑尼亚、赞比亚、津巴布韦。这些国家在赤道南互相毗邻，从赤道附近延伸到南纬30°，夹在大西洋（东经11°）和印度洋（东经41°）之间，约有95％的地域位于南回归线的北面，仅博茨瓦纳的1/3国土，莫桑比克的小部分和莱索托及斯威士兰等国家在热带之外，总面积490万 km²。多数土地位于海拔600～1 600m之间，约1/3的可耕地面积处于半干旱地区，年平均降雨量在400～600mm之间。

南部非洲国家高粱种植面积合计 130.5 万 hm²，平均单产每公顷 648kg，总产量84.5 万 t。种植面积最多的国家依次是坦桑尼亚，45.7 万 hm²；莫桑比克，36.8 万 hm²；博茨瓦纳，19.1 万 hm²。高粱总产量依次也是这 3 个国家。而平均单产最高的国家依次是斯威士兰，1 750kg/hm²；坦桑尼亚，933kg/hm²；津巴布韦，659kg/hm²（表 10-9）。

表 10-9　南部非洲高粱面积、单产和总产（1988—1990 年）

（FAO，1991a）

国家	面积（万 hm²）	单产（kg/hm²）	总产（万 t）
安哥拉	3.5	574	2.0
博茨瓦纳	19.1	329	6.3
索莱托	6.4	544	3.6
马拉维	3.0	632	1.9
莫桑比克	36.8	440	17.3
纳米比亚	1.5	529	0.8
斯威士兰	0.2	1 750	0.4
坦桑尼亚	45.7	933	43.0
赞比亚	4.9	609	3.0
津巴布韦	9.4	659	6.2
合　计	130.5	648	84.5

　　南部非洲热带半干旱地区的多数农民仍然种地方高粱品种。虽然这种地方品种产量低，但适应性强，因为是在当地生态环境下选择的，食用品质和酿造品质均很好。由于这里的品种籽粒品质优，适口性好，抗病虫害，因此这样的种质用于高粱品种改良是十分有效的。

　　在南部非洲，许多选系是从地方品种选到的，其中红 Barnard 和红 Swazi 是最有名的。Saunders 选育的 Radar（37R9）抗巫婆草，直到现在在南部非洲还广泛种植。Framida 是南部非洲从一个乍得品种里选育的，对巫婆草也表现出很好的抗性，目前在津巴布韦和赞比亚仍有少量种植。

　　但是，南部非洲高粱杂交种的应用受到一定限制。杂交种选用的一个主要瓶颈因素是缺少有效的种子生产机构，只有津巴布韦和赞比亚能够生产杂交种种子。然而，国际种子公司在莱索托、坦桑尼亚和莫桑比克等国对高粱杂交种种子生产很有兴趣。美国种子公司在南部非洲本地生产杂交种种子。实际上这种杂交种占领南部非洲大部分高粱种植面积。

　　从红 Swazi 选的红 SwaziA 是在津巴布韦完成的，并于 1978 年在这里推广。博茨瓦纳的高粱选育是来自一地方类型的选系 Segoalane 和 2 个引进品种 65D（来自美国康拜因卡佛尔）和 8D（红粒康拜因），这些是最广泛种植的栽培品种（Laubscher，1970；Ashraf，1977；Gollifer，1977；Brindley Richards，1978）。

　　坦桑尼亚从 1948 年开始高粱育种项目，其主要指标是选育硬的、白色角质籽粒，晚熟的地方类型。这种籽粒抗贮藏的仓库象甲，并能加工出优质适口的面粉。多数成功的杂交组合是在 BC27 与地方类型 'Wiru' 或 'Msumbiji' 之间进行的。第一个杂交的分离株系穗很小。尽管 SUK-1 类型可以接受，然而较好的穗大小及产量的选系是其与 BC27 回交得到的，42B 也是一个有用的选系。在坦桑尼亚，种子扩繁和推广体系实际上并不存在，而这些品种没有被农民认可。

　　坦桑尼亚有一个鸟带，因此这里只能种植抗鸟害种皮籽粒的品种，即棕色籽粒。

Swaziland P127×Dobbs 的杂交组合就是为此指标。Serena 就是后来从该杂交组合中选育出来的。高粱育种的努力就是结合各种性状来防鸟（Quelea，东非的一种鸟），例如悬吊穗（鹅颈穗）、密实穗、大颖壳、长而坚挺的芒，然而这些都不是很有效的。这些性状虽然增加了鸟食不便，但还是比取食棕色籽粒或草子强，所以鸟仍然危害白色高粱籽粒。

四、东部非洲高粱改良

东部非洲包括布隆迪、埃塞俄比亚、肯尼亚、卢旺达、索马里、苏丹和乌干达等国，面积 618 万 km²，人口 1.73 亿。苏丹是东部非洲最大的国家，面积 250 万 km²。布隆迪和卢旺达是最小的国家，面积只有 26 万 km² 和 28 万 km²。根据生长季的长短、降水量、湿度和海拔高度等因素，把东部非洲划分为 3 个主要农业生态区：干热低地生态区，特点是很短的雨季，只有 2～3 个月，少而不稳定的降水量；湿润生态区，特点是较长的雨季，3～5 个月，充沛的降水量；冷凉高地生态区，特点是生长季节温度低。东部非洲有 80% 的高粱种在干热低地生态区。1989 年东部非洲高粱种植面积 636 万 hm²，总产 482 万 t，平均每公顷 785kg。

种植面积最大的国家是苏丹，1989 年 370 万 hm²，总产 249 万 t，平均单产 673kg/hm²。到 2018 年，种植面积增加到 700 万 km²，总产达 400 万 t，平均单产为 571kg/hm²。其次是埃塞俄比亚，2018 年种植面积 182 万 hm²，总产 410 万 t，平均单产 2 250kg/hm²。

通常认为东部非洲是高粱起源和多样性的中心，特别是埃塞俄比亚和苏丹，有巨大的高粱种质多样性，现已对东部非洲进入更多地区搜集高粱地方种。分类上从顶尖族到都拉族的栽培高粱的几乎所有类型都可以在这个地区找到，还包括野生高粱和杂草类型。本地区地方品种之间在形态、农艺性状上存在广泛的多样性，诸如熟期、株高、株色、中脉色、穗型、穗形、穗长度、颖色、粒色、粒形、粒大小等。

高粱改良在苏丹于 1920 年开始，在埃塞俄比亚于 1953 年开始，而整个东部非洲的高粱改良研究于 1958 年在乌干达的塞雷尔开始。1930—1950 年，肯尼亚、乌干达就开展了地方品种的搜集工作，肯尼亚还进行了少量的筛选研究。但是，直到 1975 年，高粱研究并不被重视。索马里、卢旺达、布隆迪于 1970 年才开始高粱研究。此后，在乌干达的塞雷尔，苏丹的瓦德梅达尼和埃塞俄比亚的 Nazreth 开始了全方位的高粱育种项目。

第一次世界大战之后不久，苏丹就开始收集和选育高粱，目的是适合与棉花轮作。与此同时，引进外来高粱，到 1950 年，大量的高粱资源相对是有效的。并认识到高粱的重要性和生产潜力，就在 Tozi 建立了中央旱地研究站，机械化生产是主要目标，但从美国引进的品种适应性差。因此，要使选系结合当地的适应性，这样选育出来的品种有 Feterita Martuk、Kngbash 和矮白迈罗。这些品种的缺点是籽粒品质差，当地农民不接受作为食用。

乌干达鉴定的最高产的地方品种扩繁之后发放给农民种植。来自西肯尼亚的 Dobbs 和来自北乌干达的 L28 品种都是优良的当地类型，矮 Swazilaud 及引进品系 P41、P127 和 P133 都有很好的表现。

1972 年以来，东部非洲由于与半干旱地区农业发展项目协作使大量引进种质成为可能，并且提出杂交种的课题。1977 年，苏丹与 ICRISAT 实施了高粱协作项目，通过选育优良的适应性好的恢复系和测交鉴定，使改良的品种和杂交种取得稳定的进展。第一个商用杂交种 Hageen Durra-1（Tx623A×Karper1597）于 1983 年推广。该杂交种表现出产量优势，其籽粒产量超过地方品种 50% 多，但不抗巫婆草。

　　在东乌干达的鸟害与坦桑尼亚完全不同，黄织巢鸟和象鸟的危害使得这里不可能在第一个雨季种植白粒角质高粱，而这些适口性好的品种在第二个雨季能容易种植。为了防御鸟害，棕色籽粒高粱很快就放到育种项目的重要位置上。选系 Serena 在多点试验中，表现抗巫婆草和芒蝇。从第二个回交（Serena³×CK60）中选育的系 5D/135/13 鉴定的结果表明高产、籽粒比 Serena 更适口。该品系在肯尼亚东部和乌干达试验也同样表现优良。1980 年被推广到东非和埃塞俄比亚低地的易发生鸟害的地区。

　　1963 年，美国国际发展机构（USAID）农业研究站的科学家小组帮助鉴定当地品种恢复抗芒蝇的价值。当地选育的杂交种表现很好，但是杂交种种子生产计划受到当地政治的限制。最优良的杂交种是 Hijak（H×57），是一个棕色籽粒类型，白粒类型的 Himid（H×471）也很好（表 10-10）。

表 10-10　东部非洲各地的 Serere 杂交种和品系产量（kg/hm²）

品种	粒色	亲本	乌干达 6 个点[a] （1976）	肯尼亚 15 个点[b] （1978/1979）
Hijak	棕	CK60×SB65	4 230	—
Himidi	白	CK60×Lulu	3 810	
Lulu D	白	SB77×（CK60×Serena）	2 440	2 480
Serena	棕	P127×Dobbs	3 150	2 830
Seredo	棕	Serena³×CK60	3 740	3 060
ZK×17B/1	白	Lulu×IS12157C[c]		2 750
ZK×17/10	白	—		2 680
ZK×71/1	白	Lulu×Gwalior	3 000	
ZK×89	白	Lulu×（57×28[d]）2		2 970
地方品种	白			850

a. 资料来源：Mukuru，1976；

b. 资料来源：Mukuru，1979；

c. 资料来源：Gambela，埃塞俄比亚，来自得克萨斯转换系；

d. 珍珠衍生系。

　　Lulu 是从 Senena²×CK60 杂交中选育的一个白粒褐色茎秆品系，并推广应用，然而该品系不抗叶病，籽粒品质也不十分好。1972 年，LuluD 与优良的白色角质籽粒种质资源杂交，形成了 ZKX 系列杂交，并从一个优良籽粒群体里选育出 2 个优良品系 Pop16/9 和 Pop/28。

　　1978 年，在东肯尼亚实施一个联合国粮农组织（FAO）和开发计划署（UNDP）的高粱研究项目。确定该地区的当地种质资源几乎全部来自在 Makueni 每年进行 2 次的 Serene 试验，所以许多农民开始选用这些资源。后来，其主要研究转移到位于 Bungome

的西肯尼亚政府试验站进行。

第三节　亚洲高粱生产和改良

一、亚洲高粱生产

亚洲国家高粱 2018 年种植面积 616 万 hm^2，占世界的 14.9%。其中印度面积最大，为 520 万 hm^2，占 84.4%；其次是中国，72 万 hm^2，占 11.7%。印度高粱总产量 460 万 t，排世界第三位，平均单产 880kg/hm^2；中国高粱总产量 345 万 t，排世界第七位；平均单产 4 790kg/hm^2，排世界第三位。

二、亚洲高粱改良

亚洲各国高粱改良的重点是不一样的，其中印度和中国是分多学科研究的，包括种质资源的搜集、整理、评价和利用。新品种和杂交种的选育，遗传学和生理学的研究，病虫害发生规律及其防治方法的研究，耕作制度和生物技术的研究等。伊朗的高粱改良主要是筛选适于伊朗栽培的粒用、饲用高粱和甜高粱。菲律宾选用食用、饲用和加工用杂交种。印度尼西亚选育高产、短生育期、单宁含量低的品种。

（一）印度高粱改良

印度高粱栽培历史悠久。在印度，高粱是仅次于水稻和小麦的第三大作物，研究起步较早。

1. 早期研究　早期文献上记载，一位经济植物学家在没有多少经费的情况下，常常要做几个作物的研究。印度高粱研究的最大贡献是在遗传学上的研究成果。然而，这里仍取得许多高粱育种的成果，即在各个实验站里选育出经改良的高粱品系。例如，Tamil Nadu 邦选育的 Co 系列品种；Andhra 邦选育的 Nandayl、Guntur、Anakapalle 高粱；在迈索尔，选育出 Bilichigan、Fulgar 白和 Fulgar 黄栽培品种；Maharashtra 邦选育的 M35-1、M47-3、M31-2 等均是很有名的高粱品种。这些品种产量高于农家品种 10%~15%。

1958 年以前，印度高粱改良很少利用引进的材料，大都在当地材料内选择，或者选自印度材料杂交的后代，这使育成的新品种具有优良的当地适应性，对当地病虫害的抗性，产量稳定，但产量偏低。印度的许多品种是针对在极端瘠薄条件下能有点产量选育的。一位印度高粱育种者注意到，印度高粱的所有高产基因在经过几个世代贫瘠条件下的选择后全部被淘汰了。

2. 近期研究　自 1950 年印度独立以来，其农业发生了相当快的变化。印度农业研究委员会确定了一个未来高粱研究项目，并得到了美国洛克菲勒基金会的支持。

（1）高粱研究机构　印度农业科学院（IARI）设在新德里，主持高粱的改良工作。1969 年，成立了金印高粱改良协作计划（AICSIP），从而加快了全印高粱研究的速度。根据这个计划，全国有 13 个高粱研究协作单位，其中 8 个单位以育种为主。饲用高粱的研究中心设在新德里，粒用高粱研究中心设在海德拉巴，中央食品工艺研究中心设在迈索尔。1987 年，由原印度农业科学院地区试验站与全印高粱改良协作计划署合并，在海德拉巴建立了国家高粱研究中心（NRCS），以加强高粱的研究与合作。

　　（2）高粱育种　印度高粱育种家针对传统的印度高粱品种晚熟、低产等特点，进行有目的改良。20 世纪 60 年代初，先从美国引进了 CK60A 不育系，组配了一批杂交组合。1964 年，推广了第一个高粱杂交种 CSH1。该杂交种是用 CK60A 与 IS84 杂交育成的，恢复系 IS84 是一个黄胚乳菲特瑞塔类型。黄胚乳可能是来自西非的考拉（Kaura），是从考吉（Korgi）选育来的，Korgi 是引自苏丹 Nuba 山区的一个品种。CSH1 比当地品种增产 60%～80%。但是，该杂交种感染中央芒蝇（*Atherigone varia*）和螟虫（*Chilo patallus*）（Rao 和 House，1965）。1965 年，印度推广了第二个杂交种 CSH2，是 CK60A×IS3691 的杂交组合，后者是黄胚乳赫格瑞类型。印度高粱改良的大进展是由非洲起源的外引材料获得的。

　　之后，育种家利用印度材料与 CK60A 转育成功一批配合力高、适用性强的新不育系 2077A、2219A、296A、36A 等，并用其组配了一批杂交种（表 10-11）。这些杂交种对提高高粱产量和促进印度高粱生产的发展起到了一定的作用。

表 10-11　印度高粱杂交种及其系谱

杂交种	组合	不育系系谱	恢复系系谱	推广年份
CSH1	CK60A×IS84	CK60	黄胚乳菲特瑞塔	1964
CSH2	CK60A×IS3691	CK60	黄胚乳赫格瑞	1965
CSH3	2219A×IS3691	温带来源	黄胚乳赫格瑞	1970
CSH4	1036A×Swarna		Karper 黄胚乳选系 413	1973
CSH5	2077A×CS3541	温带来源	IS3541×IS3675	1974
CSH6	2219A×CS3541	温带来源	IS3541×IS3675	1974
CSH7R	36A×148/168	CK60B×PJ36K	IS3687×AISPURI	1974
CSH8R	36A×PD3-1-11	CK60B×PJ36K	IS84×BP53	1977
CSH9	296A×CS3541	IS3922×Karad	IS3541×IS3675	
CSH10	296A×SB1085	IS3922×Karad	SB1085	
CSH11	296A×MR750	IS3922×Karad	(SC1083×CSV4) 27-2-1	
CSH13R	296A×RS29	IS3922×Karad	SPV126×SC108	
CSH14	AKMS14A×AKR150	(MR707×BTX623)×AKMS2B	CS2541×900	

　　近年，印度还选育出一些高产、优质的高粱常规品种应用于生产。1968 年，推广应用了第一个品种 CSV1，即 Swarna。以后又推广了 CSV2、CSV3、CSV4、CSV5、CSV6、CSV7R 等新品种。这些品种一般比当地品种增产 27%～50%。每公顷可产 4 000～5 000kg的产量。新品种的另一系列是通过采用印度优良的地方品种，如 BP53、Aispur、Nandyal、Kard-Local、GM1-5、PJ16k 和 Maldandi 等与外引亲本早熟菲特瑞塔、沙鲁、卡佛尔、赫格瑞以及后来的惹拉—惹拉（Zera-Zera）类型杂交选育的。适于雨季栽培的 CSV10、CSV11、SPV245、SPV235、SPV462、SPV881 以及适于雨后季栽培的

CSV8R 等。

在印度，高粱的抗病虫改良是很重要的，对抗芒蝇、螟虫、霜霉病、锈病、叶病和粒霉病等特别重视。在选育方法方面，首先进行抗性性状鉴定，从中选出一批抗源。例如，抗粒霉病的 IS14332、IS9487、IS2327、IS3547 等；抗 3 种病害，粒霉病、锈病和糖流病的抗源 SPV351、SPV462、SPV475、SPH504、M330 等；抗穗螟的 CSV10、SPV314 等；抗螨类的 IS1022、IS2146、IS2195 等；抗蚜虫的 SPV462、SPV475、CSH10、CSV11 等；抗玉米螟的 CSH9、CSH10、CSV8R、CSV11 等；抗芒蝇的 IS7005、IS19088、SPH384 等；抗巫婆草（Striga）的 IS18475、IS3675、IS4202、IS32403 等。在抗性基因型筛选出来之后，接着抗性基因的转导。例如，优良品种 CSV4 和 CSV5 抗霜霉病，CSV6 抗芒蝇。

目前，印度所应用的高粱杂交种都是迈罗细胞质（A_1），除了遗传基础狭窄这一共同问题外，适于雨后季种植的 A_1 细胞质杂交种大部分可育，而部分可育杂交种带有雄性不育。因此，几乎没有适于雨后季应用的雄性不育系。印度从美国引进了 A_2 细胞质雄性不育系及 2 个稳定的恢复系 RTx432 和 SC599，并开展了两方面的研究。

第一，采取成对回交法，把 A_2 细胞质转育到 10 份优良的基因型里去，结果有 4 个基因型育成了稳定的 A_2 细胞质雄性不育系，296A、CS3541A、MR840A 和 MR750A，296A 已分发给全印高粱改良协作计划的 16 个协作单位。

第二，应用 2 个早熟的恢复基因型与 10 个 A_2 不育系杂交，每个杂交组合都得到了部分或全部的可育株，从 F_1 代进到 F_4 代，并对株高、熟期、籽粒颜色和育性符合要求的植株进行选择，共得到 8 个 F_5 植株。用 F_5 代单株与 4 个 A_2 不育系，296A_2、SB1085A_2、MR840A_2 和 MR750A_2 进行测交，得到 120 个杂交组合，进一步对产量和育性进行鉴定。

印度对粮饲兼用的高粱改良也很重视，已推广应用的兼用型品种为 SSG59-3。选育饲用高粱品种和杂交种在筛选出 20 个饲用高粱之后，如 IS1180、IS4425、IS4717 等，再与 SSG59-3 杂交选育新品种；采用 296A 等 14 个雄性不育系与 IS1245 等 10 个恢复系杂交选育杂交种。选育饲用高粱的 2 个主要指标，一是蛋白质含量，二是氢氰酸含量。在 110 份试材的鉴定中发现，茎秆里的蛋白质含量幅度在 1.69%～7.39% 之间，含量低于 4% 的有 76 份，4%～6% 的有 28 份，高于 6% 的有 6 份，即 IS1243、IS2132、IS3360、IS5253、IS5429、IS22114。1989 年，印度鉴定了 27 份品种和 487 份种质资源，共 514 份，氢氰酸含量在 1 000g 干物质中含 10～1 790mg 之间，其中有 172 份在安全含量（300mg/kg）以下。

20 世纪 70 年代以来，印度开始高粱群体改良研究，先后组成了"印度双列杂交群体"和"印度综合群体"。双列杂交群体由 45 个亲本通过双列杂交的 712 个选系组成。这些亲本在印度经过产量、籽粒品质和抗病害鉴定。这些杂交的 265 个 F_4 选系于 1973 年做了 1 046 个杂交，其中 362 个含有 ms_3 基因，307 个含有 ms_7 基因，377 个含有 al 基因。经 3 次随机交配后，于 1977 年开始第一次轮回选择。综合群体由地方种、外引系及其杂交后代组成。这些品系是 302、R16、370、148、CS3541、IS3691、CK60B、2219B、22E、2K 等。该群体含有 ms_3 基因，有广泛的适应性。

1973 年，印度还从非洲引入"优良籽粒群体"，经过一轮混合选择后，选出 SPV422。

该选系在 1980—1981 年雨后季全印高粱产量鉴定试验中，超过最高的杂交种 CSH9 和 CSV8R。

（二）中国高粱改良

1949 年以前，中国高粱改良规模小，效果不甚明显。20 世纪 20—30 年代，金陵大学的北平、太谷、定县、济南、开封试验场和北方其他一些农业试验场和农业学校开展了品种收集和观察。甘肃省陇南农业试验场于 1933 年育成了陇南 330 和陇南 403 两个高粱品种。同期育成的品种还有金大开封分场的 26-12，金大南宿州合作场的 26-24，燕京作物改良场育成的燕京 6-1 等品种。

1915 年以后，日本在侵占的"南满铁路附属地"先后建立了公主岭、熊岳农事试验场，搜集研究中国东北高粱品种资源。1939 年前后开始系选育种，选出了牛心棒、黑壳蛇眼红等高粱品种。

新中国成立后，中国高粱改良得到了突飞猛进的发展。从 1949 年至今，中国高粱品种改良大体经历了农家（地方）品种整理、系选育种、杂交育种和杂交优势利用四个发展阶段。

1. 农家（地方）**品种整理**　1951 年，中国开展了群众性的良种收集和评选工作。专业科技人员和农民一起，从农家品种中评选出一批适应当地生产条件和气候的优良地方品种就地推广应用。如辽宁省的打锣棒（盖县）、小黄壳（盖县）、关东青（锦州）；吉林省的护脖香（四平）、红棒子（延吉）、黑壳棒子（怀德）；黑龙江省的大八叶（牡丹江）；河北省的平顶冠（承德）；山东省的竹叶青（邹平）、青高粱（临沂）；河南省的鹿邑歪头（鹿邑）、民权大青节（民权）；山西省的三尺三（汾阳）、离石黄（离石）；安徽省的西河柳（宿县）；江苏省的大红袍（沛县）；湖北省的矮子糯（大河）；新疆的精河红（精河）等品种。这些品种对提高当地的高粱产量起了较大作用。

在农家品种整理、评选的基础上，采用混合选择法也育出一些品种，如辽宁省熊岳农业科学研究所育出的熊岳 334、熊岳 360；黑龙江合江农业科学研究所的合江红 1 号；内蒙古赤峰农事试验场的昭农 303 等。

2. 系选育种　1951 年以后，一些农业科研单位和试验场开始应用秆行法进行系统选育。例如，辽宁省熊岳农业科学研究所从小黄壳中选育出熊岳 253，从黑壳棒子中选育出熊岳 334，从早黑壳里选出熊岳 360。到 1966 年，锦州市农业科学研究所从歪脖张中选出锦粱 9-2，从黑壳棒子中选出跃进 4 号。这批新品种平均每公顷产量可达 4 500kg 左右。

此外，通过系统选育法育成的品种还有，吉林省农业科学院的护 2 号、护 4 号、护 22；黑龙江省的平原红；内蒙古赤峰市农业科学研究所育成的昭农 300；山东省农业科学院育成的抗蚜 2 号等。

在这些新品种中，熊岳 253 是最优良的一个，也是推广面积最大的一个。该品种平均每公顷产量 5 250kg，比地方良种增产 11.7%～32.2%。到 1965 年，熊岳 253 已成为辽宁省主栽品种，并推广到河北、山西、陕西、宁夏、甘肃等我国北方高粱产区，成为我国当时种植面积最大的高粱品种。

系统选育法简便易行，收效快。例如，1962 年，熊岳农业科学研究所从熊岳 334 中又选出熊岳 191。该品种连续 5 年产比试验，平均每公顷产量 6 090kg，比熊岳 334 增产

9.9%。比一般品种增产 20%～40%。1970 年，熊岳农业科学研究所试验农场种植 8.67hm²，平均每公顷产量7 335kg。大面积种植一般每公顷产量4 500～5 250kg，高者可达6 000～6 750kg。

3. 杂交育种 中国高粱杂交育种起步较晚，时间短，不久即转入高粱杂种优势利用阶段。通过杂交育成的品种有 119。1960 年前后，前中国农业科学院辽宁分院用双心红作母本，都拉高粱作父本杂交，从分离的后代中选育出 119 品种。该品种生育期 105d，平均每公顷产量6 000kg。与此同时，沈阳农学院利用八棵权的天然杂交种分离后代，选育出分枝大红穗。该品种高产、稳产、分枝性强、适应性广、抗旱、耐涝、抗倒伏，一般每公顷产量达5 250kg，最高每公顷可达7 500kg以上。分枝大红穗食用品质优良，出米率在83%上下，淀粉含量和可溶性糖含量高于当地推广品种（表 10-12）。

表 10-12　几种高粱品种籽粒成分比较

(龚畿道，1964)

项目\品种	水分（%）	粗脂肪（%）	粗蛋白（%）	粗纤维（%）	灰分（%）	碳水化合物（%）			
						总量	淀粉	水溶糖	其他
分枝大红穗	11.01	4.08	9.09	1.35	1.60	83.88	71.05	2.11	10.72
熊岳 253	11.88	4.41	8.30	1.42	1.83	84.04	70.58	1.41	12.05
跃进 4 号	11.48	4.94	10.78	1.08	1.92	81.28	65.86	1.62	13.80
锦粱 9-2	11.41	4.87	12.30	1.44	2.42	79.27	66.65	1.32	11.30

此外，分枝大红穗还抗叶部病害，成熟时仍青枝绿叶；对三种高粱黑穗病也有较强的抗性（表 10-13）。

表 10-13　高粱三种黑穗病接种鉴定结果

品种	总株数	丝黑穗		坚黑穗		散黑穗	
		病株数	发病率（%）	病株数	发病率（%）	病株数	发病率（%）
八棵权	481	0	0	0	0	0	0
分枝大红穗	1 345	78	5.8	79	5.9	17	1.3
熊岳 253	503	145	28.5	84	16.5	22	4.3
跃进 4 号	676	132	19.5	70	10.4	49	7.3

4. 杂种优势利用 1956 年，中国留美学者徐冠仁先生回国时，将美国新育成的高粱雄性不育系、保持系 Tx3197A、B引回国内，开始了中国高粱杂种优势的利用研究。中国高粱杂种优势利用研究大体经历了利用引进的不育系与本国恢复系组配杂交种、育性鉴定和转育不育系及不育系和恢复系选育并组配杂交种三个阶段。

1958 年，中国科学院遗传研究所利用 Tx3197A 与中国高粱恢复系薄地租、大花娥、曲沃 C、抗蚜 2 号、大粒 2 号、大八权等组配了遗杂 1 号、遗杂 2 号等遗杂号高粱杂交种。中国农业科学院原子能利用研究所利用 Tx3197A 与矮子抗、北郊、矮高粱等组配了原杂 2 号等原杂号高粱杂交种。这些就是我国第一代高粱杂交种。

这批杂交种优势强，产量高，生育期在 110～120d 之间，株高均在 230cm 以上，最高 295cm。1965 年，辽宁省在营口、海城、辽阳、阜新等 10 个县和 11 个国营农场试种了遗杂 2 号、遗杂 6 号、遗杂 7 号、遗杂 10 号 4 个杂交种 25hm²，一般增产 20%～30%，高者达 60%多。遗杂 6 号在阜新县他本扎兰乡平均每公顷产量 3 105kg，比锦梁 9-2 增产 63.4%；开原县示范农场平均每公顷产量 4 312.5kg，比白大头增产 24.9%；营口县关屯乡每公顷产量 5 475kg，高者达 7 650kg，比熊岳 253 增产 25.5%和 65.5%。遗杂 2 号在昌图县新乡农场平均公顷产量 4 125kg，比歪脖张增产 34.6%；开原县示范农场平均每公顷产量 4 650kg，比白大头增产 34.6%。遗杂 7 号在盘锦农垦局平均每公顷产量 6 270kg，比水里站增产 36.1%；锦县金城良种场平均每公顷产量 5 239.5kg，比毛高粱增产 66%。遗杂 10 号在营口县关屯乡平均每公顷产量 6 069kg，比熊岳 253 增产 58.8%，其中有 1.52hm² 产量平均达 7 570.5kg/hm²。

这批杂交种由于植株太高，倒伏不稳产，使推广应用受到限制。针对这一问题，20 世纪 70 年代初，中国开始了中矮秆高粱杂交种的选育。最先获得突破的利用矮秆地方品种三尺三作恢复系，与 Tx3197A 组配了晋杂 5 号，一般每公顷产量 6 000kg 左右。由于该杂交种高产、生育期适中、适应性强、耐旱、抗倒伏，因此很快便推广到高粱春播晚熟区种植。之后，又利用怀来、盘陀早、忻粱号等组配了中矮秆、大穗型高粱杂交种晋杂号、忻杂号应用于生产，使中国高粱杂交种生产步上了一步新台阶。到 1975 年，全国高粱杂交种种植面积达 267 万 hm²，占全国高粱生产面积 50%以上，单位面积产量提高了 15%～20%。

这批中矮秆杂交种虽然产量高、稳定性好，但普遍存在籽粒单宁含量高、蛋白质含量低、米质适口性不好的问题，使杂交高粱生产受到影响。1976 年，农业部召开了全国杂交高粱品质育种攻关会议，组织全国协作，确定了高产、优质、抗逆的育种目标，提出了籽粒品质育种的具体选育指标。之后选育推广的晋杂 1 号、渤杂 1 号、冀杂 1 号、铁杂 6 号、沈杂 3 号等杂交种基本上达到高产优质的指标。

20 世纪 70 年代初，中国旱粮生产处在"两杂熟"（杂交高粱、杂交玉米）的形势下，科研单位与群众运动相结合，广泛利用中国高粱品种资源和外引资源进行育性鉴定和不育系转育。育性表现分为不育、半不育和可育三种类型，以百分率表示。其标准是，与 A_1 不育系杂交 F_1 自交结实率达 0～5%为不育，5.1%～80%为半不育，80.1%～100%可育。按此标准测定中国高粱品种资源的育性结果是，多数品种是半不育或可育类型，少数品种是不育类型。由此确定，由不育类型转育不育系，由可育类型转育恢复系。例如，黑龙江省农业科学院利用地方品种红棒子回交转育成黑龙 1 号、黑龙 3 号和黑龙 4 号不育系；吉林省农业科学院利用红棒子、护 2 号、矬巴子等转育成不育系红棒子 A、护 2A、矬 1A 等；辽宁省锦州市农业科学研究所利用黑壳棒子、八叶齐转育成红壳棒子 A、八叶齐 A；辽宁省朝阳市农业科学研究所利用平身白转育成平身白 A 不育系。也有的单位利用外引高粱转育不育系，例如中国农业科学院原子能研究所利用马丁迈罗转育成原新 1 号 A 不育系；辽宁省农业科学院利用西地迈罗转育成辽雄 4 号 A 等。

利用这些转育的雄性不育系也组配了一些高粱杂交种应用于生产，但种植面积都不太大。其中，原杂 10 号（原新 1 号 A×忻粱 7 号）在夏播区推广面积较大。原杂 10 号属中熟种，高产、适应性好，夏播每公顷产量 7 500kg，春播可产 9 000kg。

由于利用中国高粱转育的不育系与中国高粱恢复系组配的杂交种优势不强，产量不很高。于是采取杂交方式选育的不育系和恢复系。有代表性的不育系是黑龙11A（库班红天杂后代转育的），恢复系有吉7384、忻粱7号、晋粱5号、唐恢10号等。黑龙11A与吉7384组配的同杂2号杂交种在春播早熟区种植面积大，成为主栽杂交种。

吉7384是由护4号×九头鸟杂交育成，忻粱7号是由九头鸟×盘陀早杂交育成，晋粱5号是由忻粱7号×鹿邑歪头杂交育成，唐恢10号是由三尺三×忻粱7号杂交育成。利用这些恢复系分别组配的忻杂7号、晋杂4号、唐革9号等杂交种，产量水平又提高了一步。

到20世纪70年代末，不育系Tx3197A小花败育严重，制种产量低；而且由于高粱丝黑穗病菌生理分化，新小种的产生使Tx3197A及其杂交种丧失了对丝黑穗病的抗性，发病越来越重，严重地块发病率达42％以上，造成了杂交种减产。

1979年，美国得克萨斯农业和机械大学来勒（Miller F. R.）教授来华讲学，辽宁省农业科学院引进了高粱不育系Tx622A、Tx623A和Tx624A。经初步鉴定表明，新引不育系育性稳定，一般配合力高于Tx3197A，对黑穗病免疫，很有应用前景。于是，迅速分发全国高粱育种单位应用，很快就组配了一批高产、优质、高抗丝黑穗病的杂交种。例如，辽杂1号、辽杂2号、沈杂5号、铁杂7号、锦杂83、桥杂2号等。这批杂交种的特点是籽粒产量高，一般每公顷产量在7 500kg以上；米质好，蛋白质含量在9％以上，赖氨酸含量在0.2％以上，单宁含量在0.5％以下；高抗丝黑丝病菌1号和2号小种；制种产量高。其中，种植面积最大的是辽杂1号，累计推广面积4 395万 hm²，标志着中国高粱杂交种的选育和生产达到新的高度。

此外，中国还利用外引的试材选育粮饲兼用杂交种，开创了高粱杂种优势利用的新领域。例如，利用Tx623A与1022恢复系组配了辽饲杂1号杂交种，每公顷可产茎叶饲草52 500～67 500kg，籽粒3 750～5 250kg，已用于畜牧场和奶牛场的饲料生产。

改革开放以来，中国高粱研究开始走向世界，先后与国际高粱研究中心—国际热带半干旱地区作物研究所（ICRISAT）以及美国、印度、澳大利亚等高粱研究单位、院校建立了联系，进行交流与合作。先后引进各种高粱试材6 000余份，大大丰富了中国高粱种质资源，为杂交种选育、遗传、病虫害、生物技术研究提供了保障。这批外引试材经过鉴定，有的已在生产上直接利用，有的在育种上应用。例如，卢庆善（1983）从ICRISAT引的SPL132A经鉴定证明，育性稳定，配合力高，农艺性状优良，以421A命名，并组配了一些杂交组合，其中421A×矮四表现增产潜力大，高抗丝黑穗病和叶部病害，抗倒伏，米质优，一般每公顷产量9 000kg，最高每公顷产量13 356kg，先后11次获辽宁省、市级高粱“丰收杯”奖和“小面积创纪录”奖，通过审定命名为辽杂4号推广，成为当时中国高粱最高产杂交种，标志着中国高粱高产育种上的重大突破。

在育种上，利用421B与TAM428杂交并转育成雄性不育系7050A。该不育系表现育性稳定，配合力高，高抗丝黑穗病和叶部病害，制种产量高。先后组成了辽杂10号（7050A×9198）、辽杂11、辽杂12等11个经审定的杂交种，累计推广面积1.8亿 hm²，成为春播晚熟区主要种植的杂交种。其中辽杂10号最高每公顷产量达15 345kg。

中国高粱生产很长时间完全应用的是迈罗细胞质（A₁）杂交种，细胞质单一，抗性单一是生产上潜在的风险。为克服高粱单一细胞质的遗传脆弱性，辽宁省农业科学院高粱研究所先后引进了 A_2、A_3、A_4 细胞质的高粱雄性不育种质，并对其育性反应、农艺性状、一般和特殊配合力等进行了研究，以确定 A_2、A_3、A_4 细胞质不育系的应用价值。王富德等（1988）、赵淑坤等（1993）在对 A_2 不育系育性反应的研究中发现，A_1 不育系的保持系和恢复系基本上也保持和恢复 A_2 不育系的育性；但也发现某些恢复 A_1 不育系结实的中国高粱地方品种和外国高粱却能保持 A_2 不育系的不育性。这表明 A_2 不育系的育性反应与 A_1 不育系的也有不同。在对 A_2 不育系主要农艺性状配合力分析中发现，A_2TAM428 和 A_2Tx3197A 穗粒重、穗粒数、穗长的一般配合力效应值显著低于 A_1Tx622A 的配合力效应值。

张志鹏等（2008）对 A_3 和 A_4 细胞质不育系的育性研究表明，A_3 细胞质不育性最强，A_4 的次之，均很难找到恢复源。鉴于 A_3 细胞质不育系没有恢复系的特点，在甜高粱育种中利用这一特性组配的杂交种，均不能结实，因此其光合产物均集中到茎秆中去，以增加茎秆的榨汁率，提高其含糖锤度。如辽宁省农业科学院高粱研究所选育的辽甜 10 号（309A_3×310）就是一个不结籽粒的甜高粱杂交种，2011 年经全国鉴定推广。

（三）日本高粱改良

高粱在日本主要用作饲料。年种植面积 3.7 万 hm^2 左右，仅次于玉米，列饲料作物的第二位。日本高粱主要分布在九州地区，占 53%，其次是日本的中国地区和四国地区，占 17%。东海、近畿、关东、东山等地，占 30%。

日本的高粱育种历史不长。1962 年，日本的中国农事试验场才开始品种资源的搜集和鉴定工作。1963 年，广岛农业试验场最先开展选育青刈和青贮用高粱。日本高粱育种的总体目标是高产、抗逆、抗病、优质等。对粒用和兼用型高粱目标是高产、抗穗发芽、抗病、抗虫、抗倒伏；对青刈和青贮高粱的目标是高产、再生力强、耐低温、抗倒伏、抗病、含糖量高、氢氰酸含量低、适口性好、消化率高、抗虫、抗旱、耐湿、杂交种制种产量高。

1967 年，广岛农业试验场选育出 3 个有希望的杂交种，均是利用粒用高粱雄性不育系分别与苏丹草、赫格瑞及日本甜高粱组配的杂交种，并分别命名为 Chugoku-Ko1、Chugoku-Ko2 和 Chugoku-Ko3。其中第 1 个和第 3 个杂交种获政府批准，并编号为农林交 1 号和农林交 2 号。在大面积生产中，农林交 1 号比对照增产 12%，农林交 2 号增产 16%。这 2 个杂交种主要用于青刈和青贮。在此之后，广岛农业试验场又相继育出了高粱—苏丹草杂交种农林交青刈 1 号和甜高粱杂交种青林交青刈 2 号，成为日本的主栽品种。

日本的中国农业试验场和长野畜业试验场从 1971 年开始选育粒用型高粱品种，1982 年开始选育兼用型高粱。日本农林水产省已把广岛农业试验场、日本的中国农业试验场和长野畜业试验场指定为高粱育种试验场，专门从事高粱育种工作。由于日本的高粱育种工作起步较晚，育种基础较薄弱，所应用的育种材料大多是从外国引进的，所以能选育出大面积种植的品种比较少。

日本应用的粒用型高粱品种都是从美国引进的，其主要性状是株高 1.5m 以下，穗长粒大，分蘖少，再生力弱，抗倒伏，早熟，茎秆含糖，收获后可用于青贮。代表品种有

NSDN 和 GS401。兼用型高粱的代表品种是农林交 3 号和 NS30A、P956。这些品种是用于收获籽粒和茎秆，茎秆用作青刈和青贮。通常株高在 2m 以上，分蘖少，穗大，茎秆有汁或干涸，再生能力差，易倒伏。日本种植的甜高粱品种是从美国引进的 FS451、FS401R、NK326 等。这些品种的特点是株高 2.4m 上下，茎秆较粗，内多汁，含糖锤度 11％左右，分蘖少，再生力强，密植时易发生倒伏，茎叶鲜重占主导，籽粒产量低。可作青刈饲草，也可青刈 2 次作青贮。甜高粱在日本饲料高粱中占绝大多数，不同品种叶消化率为 36％～37％，茎消化率为 55％～58％。

高粱—苏丹草杂交种介于甜高粱与苏丹草之间，株高 2.4m 以上，茎较粗，多汁，含糖锤度 11％左右，分蘖多，再生力强，苗期生长速度快于甜高粱，耐低温，可用于多次刈割和青贮，叶消化率 36％左右，茎消化率 48％左右。代表性杂交种有从美国引进的 K70、P988、SX11、SS206、SX17、KS2 等。此外，还种植窄叶、多分蘖、再生力强、可多次刈割的苏丹草杂交种或品种。

（四）菲律宾高粱改良

1955 年，菲律宾从美国引进了高粱品种，从此开始了高粱品种改良工作。20 世纪 60 年代中期，2 000 余份高粱品种资源引进菲律宾。菲律宾大学对其进行筛选，并在不同地区进行产量鉴定，结果选出两个商用品种。Cosor3 平均生育期 89d，株高 104cm，半散穗，棕色籽粒。Cosor5 平均生育期 90d，株高 117cm，半散穗，棕色籽粒。1972 年，菲律宾大学开始选育高粱杂交种，选出了 67A×CS174 杂交种。该杂交种平均生育期 93d，株高 120cm，半散穗，棕色籽粒。

菲律宾高粱品种改良目标是高产、矮秆、早熟、抗主要病虫害。通过杂交并在分离的后代中采取系谱法，选择符合要求的农艺性状高代家系，进一步鉴定产量性状和其他性状。

几个有希望的新品种介绍如下：

USMARC104：产量 5 000～6 000kg/hm^2，抗旱、根芽再生性好；

USMARC206：产量 4 500～5 500kg/hm^2，抗虫；

USMARC208：产量 5 000～6 000kg/hm^2，适宜的植株高度和穗长，抗虫；

USMARC210：产量 6 000～7 000kg/hm^2，株高 183cm，农艺性状优于对照 UPLSg-5 和其他 USMARC 选系。

（五）泰国高粱改良

泰国高粱种植面积每年在 20 万 hm^2 左右，最高年份达 31 万 hm^2。总产量 26 万 t，平均单产 1 300kg/hm^2。泰国高粱改良的主要类型是粒用型和兼用型。选育目标是在各种生长条件下高产、稳产、抗旱、耐盐碱、早熟、生育期 85～100d、中矮秆、抗粒霉病和抗倒伏的品种。泰国广泛种植晚熟赫格瑞和当地品种 Hang Chang（一种沙鲁高粱的衍生系），也种植早熟赫格瑞。从普杜（Purdue）高粱群体中，通过轮回选择法选择得到的 KV169 品种，以及采用 IS2930×IS3922 杂交选育的 77CS1，均表现出广泛的适应性。其双亲均是美国选育的黄胚乳类型。

（六）伊朗高粱改良

在伊朗，高粱品种大多从国外引进，然后鉴定筛选适于在伊朗栽培的粒用、饲用高粱和甜高粱品种。伊朗和其他亚洲国家不同，在其生长季节 5～10 月间没有降雨，因此种植高粱完全是在灌溉条件下进行的，籽粒产量最高可达10 400kg/hm²。

伊朗长时间没有经改良的高粱品种，一些地方品种和外引品种经鉴定筛选应用。杂交种 ICSH110 最高产达每公顷10 400kg，5DX 品种最低产量每公顷3 270kg。地方品种产量幅度是每公顷2 530～10 000kg。伊朗需要生育期 100～120d 的高粱品种和杂交种，以便在 7 月麦收后播种，可保证在 11 月早霜来临之前收获。试验表明，只有 1 个杂交种 IS30469C-1649D 和地方品种 580、629、72、625、556 和 28 等 6 个产量超过对照。

在伊朗，除草木樨和三叶草外，夏天没有可种植的饲料作物。因此，农民希望把多次刈割的饲用高粱在夏天种植以饲喂牲畜。已鉴定了 24 个高粱、苏丹草和甜高粱品系，IS3289、IS3319、Sofrah 等 24 个品系的鲜重全都超过 3 个对照的平均产量（86 880kg/hm²）。

伊朗种植甜高粱是作为制糖用。一般来说，用于制糖的汁液纯度不能低于 70%。IS11093、IS14446、IS4775 和地方品种 926、653 和 654 的汁液纯度均高于 70%。IS11093 达到 82.8%。而 IS2325、IS9639 的总可溶性物质（Brix）高于 22%，IS3524、IS2325 和 IS9639 的蔗糖含量（POL%）高于 15%。组配甜高粱杂交种必须先测定可溶性物质总量和蔗糖含量。例如，A74 的可溶性物质总量为 22.5%，蔗糖含量为 14.3%。A16 和 A45 可溶性物质总量均高于 21%。

在伊朗，甜高粱去叶后的茎秆产量、可溶性物质总量、蔗糖含量和汁液纯度与品种有关外，还与播期有关。研究表明，5 月播种的 10 个品种去叶后茎秆产量，可溶性物质总量为 54.9t/hm²、19.5t/hm²，蔗糖含量为 11.9%，汁液纯度为 59.7%，分别比 6 月播种的多 19.1%、6.6%、14.4%和 8.0%。

甜高粱的不同收获期，其茎秆的蔗糖含量是不同的，乳熟期收获比挑旗和开花期收获的含量高，而生理成熟期收获的又比乳熟期和蜡熟期收获的高，因此通常都在生理成熟期收获甜高粱。这样，茎秆的蔗糖含量又高，籽粒还可收获作饲料

第四节　美洲高粱改良

美洲包括北美洲、中美洲和南美洲 3 个地区。1991 年，美洲高粱种植面积 723.8 万 hm²，占世界高粱种植面积的 16.2%；2018 年，美洲高粱面积为 487.8 万 hm²，占世界的 11.8%。其中种植面积较大的国家有美国，206 万 hm²；墨西哥，135 万 hm²；巴西，70 万 hm²。

一、美国高粱改良

（一）早期研究

美国第一个高粱栽培品种是 1856 年从法国引进的中国品种"琥珀"（Amber），种在华盛顿哥伦比亚特区的 Mall，由此得到的种子分发给农民种植。之后，美国的高粱主要由非洲引进的品种组成。

19 世纪末，最主要的粒用和饲用高粱类型是棕色的或白色都拉，通称 GYP 谷，因为

这些高粱是来自埃及。大迈罗高粱从东北非洲通过委内瑞拉传到美国，红卡佛尔、白卡佛尔来自南非。

从非洲引进的这些高粱品种植株太高又晚熟，无法最大限度利用，因此当株高和熟期产生突变时，很快就被选择下来，并由农民种植开来。在 20 世纪初，从大迈罗里选出标准迈罗，矮生黄迈罗在俄克拉荷马地区是从标准迈罗中选出的。Judge Bradley 从俄克拉荷马得到的这个新品种种子，于 1905 年种在得克萨斯州的孟菲斯。农业部的 Conner A. B. 在得克萨斯的齐立柯斯得到该品种种子分发给当地农民种植。1911 年，种植早熟白迈罗，1918 年种植双矮生黄迈罗，白迈罗是由黄迈罗突变产生的。

同样，黑壳卡佛尔是从红卡佛尔和白卡佛尔选择的，在世纪交替时应用。1906 年，黎明卡佛尔和矮黑壳是 Leidigh A. H. 在得克萨斯的阿马里洛选育的；1926 年，Swanson A. P 在堪萨斯的海斯又从黎明卡佛尔中选育出俱乐部。菲特瑞塔和赫格瑞分别于 1906 年和 1908 年引进，并很快普及应用；1910 年，Conner 和 Vinall H. N. 从赫格瑞里选出矮赫格瑞；1914 年，Dickson R. E. 在得克萨斯州的斯珀试验站从菲特瑞塔中选出短枝菲特瑞塔。

此外，利用高粱田中发生的天然杂交选育新品种。堪萨斯州农民 Smith H. W. 在卡佛尔与迈罗的天然杂交中，选育出适于机械收割的类型，如浅黄卡佛尔、收获台迈罗和矮生双迈罗。达索是一个抗旱和抗麦长蝽的品种，是 1914 年从天然杂种里选出的。

总之，美国高粱改良的早期阶段基本上由引进品种的突变系统选择和天然杂交分离后代所选择的品种所组成。

（二）杂交育种

美国高粱改良第二阶段是杂交育种。1914 年，Vinall 和 Cron A. B. 利用菲特瑞塔和黑壳卡佛尔杂交，从杂交中选育出 Chiltex 和 Promo，前者更抗旱，后者更高产，并于 1923 年推广。之后几年，Stephens J. C. 和 Quinby J. R. 选育的 Bonita 和 Quadroom 也推广了。Bonita 是 1927 年从赫格瑞 × Chiltex 杂交中选育的，之后成为主推品种。Quadroom 是迈罗 × 卡佛尔杂交的衍生系。

得克萨斯州的 Vinall 和俄克拉荷马的 Sieglinger J. B. 都研究了卡佛尔 × 迈罗的杂交。Sieglinger 从该杂交中最早选育推广的衍生系之一是 Beaver，这是从卡佛尔 × 迈罗杂交再与迈罗回交 1 次的 1 个选系。Beaver 于 1928 年推广，具有直立穗、无弯曲穗茎轴的优点，这通常是迈罗的性状。该品种又是矮秆，适于康拜因收割。Sieglinger 选育的另一个重要品种是麦地，尽管推广时间是 1931 年，晚于 Beaver，但也是来自同一个杂交组合。由于当时刚兴起的采用小麦收割机收割高粱，因此麦地是受欢迎的品种。但该品种感染根腐和茎腐病，通称的迈罗病（*Periconia circinata*）。1937 年，Martin W. P. 在麦地田间发现一抗病植株，选择繁殖起来，于 1941 年作为马丁迈罗推广开来，常称作马丁。这成为美国最普及的粒用品种，因为它的综合性状优良，直到高粱杂交种应用时才被取代。

品种西地在堪萨斯也是从麦地里选出的，1942 年分发种植。适于堪萨斯条件的衍生于早期杂交研究的其他材料有 Sieglinger 选育的快迈罗，来自早熟白迈罗 × 矮生黄迈罗杂交；Swanson 选育的中地和卡罗，来自卡佛尔 × 矮生黄迈罗的杂交；Quinby 和 Stephens 选育的阿克龙 10，来自 Vinall 做的杂交，卡佛尔 × 迈罗；和 Jones D. J. 及 Quinby 选育的早熟黄迈罗，来自矮生黄迈罗×早熟白迈罗的杂交。1929 年，Karper R. E 于得克萨斯州在卡佛尔×迈罗的杂交中，选育出 Plainsman、Caprock 和康拜因 7078。

美国 20 世纪 20—30 年的杂交育种是很有成效的，特别是卡佛尔×迈罗的杂交。在其他方面，早熟卡罗是从卡罗里选得的；白达索是从达索里选得的；Schrock 是从赫格瑞里选得的。

此后，杂交育种选育的品种有，Redbine58、Redbine60 和 Redbine66，全都来自 1942年做的杂交，Martin×（迈罗/卡佛尔），又一次证明卡佛尔×迈罗的成功。双矮生黄迈罗和白快迈罗是由 Quinby 和 Karper 从迈罗的杂交中选得的。CK60 于 1950 年推广，是从一系列卡佛尔杂交中选得的。CK44-14 和瑞得兰同样抗麦长蝽。后来的这些品种是由Devis F. F 和 Sieglinger 在俄克拉何马选育的，并于 1945 年推广。

（三）杂交种和杂种优势利用

美国在杂交育种时期发现，高粱杂交表现出杂种优势（Conner 和 Karper，1927；Karper 和 Quinby，1937）。许多测定的杂交，其杂交种表现高产，高产伴随着熟期延迟。但也有的杂交种，如黑壳卡佛尔×短枝菲特瑞塔，其杂种优势并不伴随着熟期延长。在迈罗与卡佛尔的杂交中也报道有杂种优势现象。

如何使杂交种种子生产商业化是当时推广种植杂交种的唯一瓶颈。温汤去雄技术不可能用于大规模生产种子，无花药性状证明不适于作为雄性不育源，由于无浆片，所以完全不开花。Stephens（1937）发现遗传性雄性不育 ms_2，并用 ms_2 研究出一种用于商业化杂交种种子生产。然而，在 ms_2 方法开始用于商用之前，细胞质雄性不育性 ms_{c1} 已经发现（Stephens 和 Holland，1954）。

ms_{c1} 的成功促进了杂交高粱的迅速选育和推广。实际上，杂交高粱覆盖了所有粒用高粱生产地区。在早期的杂交种中，RS610 是由 CK60A×CK7078 组配的。已证明这是一个最成功的杂交种。其在得克萨斯、俄克拉何马、堪萨斯的大部分粒用高粱种植地区推广应用，明显超过常规品种的产量。

美国从第一个杂交种推广之后，各地又组配了一批杂交种，一些杂交种表现比 RS610更适应当地条件，更高产。高粱杂交种的商业化生产和杂种优势利用已取得了重大成绩。

高粱杂交种选育在达到相当高度之后。再提高有一定难度，解决的途径是，或者进一步改良最优良的杂交种亲本，通过杂交、回交，选择改良某个或某几个性状，去掉不良性状；或者寻求、选育新的雄性不育系、恢复系。有学者认为，实际上高粱杂种优势的潜势已经开发出来。杂种优势的最好表现是在卡佛尔×迈罗上。提纯 2 个亲本只能有小的进展。

（四）热带高粱转换计划

美国高粱遗传改良的另一个重大成就之一是热带高粱转换计划。卡佛尔和迈罗高粱已对其光敏感性进行了株高和熟期的转换。但是，对洛克菲勒基金会在印度保存的世界高粱品种资源鉴定的结果表明，从热带短日照地区来的高粱，尽管具有有利于产量改良的各种优良性状及其他性状，但植株高大，熟期过晚，不能适应美国的温带气候条件，不能直接利用。于是，由美国农业部和得克萨斯农业试验站于 1963 年 6 月共同发起的，并实施了热带高粱转换计划。该计划的目的是把从热带引进的高粱，即高秆、晚熟或不能开花的高粱转换成矮秆、早熟类型，以便能在世界温带地区应用。

高粱转换计划重点转换的性状是株高和熟期。采取杂交、回交育种法。在波多黎各（北纬 18°左右低纬度地区）的 Mayagüez 用外引品种与带有 4 个矮化基因的马丁类型（BTx406）杂交，F$_1$ 代种子种在当地，F$_2$ 代种在得克萨斯的齐立柯斯，从分离中选择早熟的矮秆，其种子又返回到 Mayagüez 种植，用 BTx406 作第一次回交（BC$_1$F$_2$），其种子仍在当地种植，并回交第二代（BC$_2$F$_2$）。其种子又回到得克萨斯种植，并进行矮株、早熟类型的选择；如此进行 5 次回交和选择，即可获得在温带正常开花的、矮株的而又保留原有优良性状的新转换系。1969 年，该转换计划提供了 40 个转换系；1970 年，提供 63 个温带转换系；1974 年，提供了 120 个温带转换系，接着是 183 个热带转换系。之后，每年提供给高粱研究者 60～80 个转换系。

这种广泛的种质基础，包括美国以前从没有的抗性系，例如抗摇蚊和霜霉病。一般认为，转换系有两种基本类型，适于热带的或温带的类型。这要通过测定发芽基础温度来决定：基础温度在 10℃以下的转换系为热带适应型（TA），基础温度在 10℃以上的为温带适应型（TE）。

从转换计划里转换出的大量新品系及其由新品系组配的杂交种，将继续下去。Tx623A、Tx2752A 是得克萨斯选育的 2 个优良母本不育系，而 Tx430 和 77cs256（TS）又是 2 个优良的恢复系。此外，有效的转换系 SCO108，编号为 IS12608，来自埃塞俄比亚 Zera-Zera 高粱。SCO108 的一个早代系在美国国际发展署的普杜大学蛋白质改良计划的世界性试验中表现突出，成为著名的 Pickett3。其他的优良系有 SCO110（来自埃塞俄比亚的 IS12610）和 SCO170（IS12661，也是来自埃塞俄比亚）。这样一来，有人担心美国高粱杂交种的遗传基础再次变得太窄，因为目前只靠很少数的 Zera-Zera 衍生系。

20 世纪 60 年代后期，摇蚊、蚜虫、霜霉病、条斑病等变成高粱生产主要危害。70 年代前 5 年，美国高粱育种家开始利用转换系进行遗传改良，用其鉴定对摇蚊的抗性，发现 SCO175（来自埃塞俄比亚，IS1266）是一个优良的抗源，像 SCO063（IS15-2731，来自苏丹）一样。而转换系 SCO110-9 和 SCO120 是抗蚜虫的抗源。SCO326（来自埃塞俄比亚，IS3758）则抗高粱条斑病、锈病、煤纹病和叶枯病。Rosenow 和 Frederiksen 列出了 37 个抗霜霉病的品系，其中只有 3 个不是来自转换计划的。

很明显，通过高粱转换计划，已经加强了高粱的某些经济性状，包括有用的抗病、抗虫性状，改良的植株和籽粒性状等。这充分表明美国高粱转换计划对高粱的改良作用是有效的，成功的。

（五）近期高粱改良

近期，美国高粱改良以增强稳定性、提高单产为主要目标。抗性育种是提高稳产性的主要手段，包括抗病、虫和抗不良环境条件（干旱、冷凉、酸土等）。抗病虫是美国高粱改良的首要目标。影响高粱生产的病虫害有 60 余种，其中作为抗性育种目标的病虫害有霜霉病、丝黑穗病、茎腐病、蚜虫、高粱长蝽、摇蚊等。

寄主抗性是防治高粱霜霉病的最有效方法。目前已鉴定选出一些抗 3 号病原小种的种质资源，有 IS1335C、IS3646C、IS2483C、IS12526C 等，并在抗病育种中加以利用，取得明显效果。

迄今，美国有 4 个高粱丝黑穗病菌生理小种，均有相应的鉴别寄主和抗源。1 号小种的鉴别寄主是 Tx7078，抗源有 SA281、BTx3197；2 号小种的鉴别寄主是 SA281，抗源有 Tx414、SC170-6-17；3 号小种的鉴别寄主是 TX414，抗源有 IS12664C、FC6601；4 号小种的鉴别寄主是 TAM2571，抗源有 TAM428、BTx3197。

目前，美国抗丝黑穗病鉴定技术已从田间接种鉴定转向室内鉴定。室内鉴定方法是在幼苗期用注射器注射病菌的担孢子。这一技术有时掩盖了品种在自然侵染条件下表现的良好抗性。于是，又研究出在高粱幼苗生长期鉴定其非小种专化抗性技术，先制备孢子悬浮液，在一叶期接种，使幼苗小胚轴周围有足够的接种液。在 24℃、80%～85% 相对湿度的培养箱里培养 4d。然后，从中胚轴处剪去下部放入试管里用水淹及第一片叶。在 24℃黑暗中培养，用放大镜检查淹水部分的症状。如果上胚轴处出现红色或黑色坏死斑、枯死状、第一片叶失绿等症状，则该品种为不抗病。根据幼苗对病菌的反应测定其对丝黑穗病的抗性，是一种经济有效的方法。

蚜虫是高粱的主要害虫，一种是麦二叉蚜，另一种是高粱蚜。目前在美国高粱生产上危害严重的是麦二叉蚜。现已鉴定出 A、B、C、D、E 5 种生物型。经过多年的鉴定选择，已获得抗 B、C、E 生物型的抗性系，如 SA7531-1、IS809、PI264453 等抗 C 生物型；Capbam、PI220248、PI264453 等抗 E 生物型。其中抗 C 型基因是由突尼斯草（*S. virgatum*）引入的，还兼抗 B 生物型。

在抗蚜育种中，接蚜技术是关键。目前，有两种较为成熟的室内接蚜技术，一种是在透明的塑料管内种上种子，管子上部有一部分细密筛网，能透气但蚜虫不能透过，放在人工气候箱内。在设定的温度、湿度、光照条件下，当幼苗长到 3～4 片叶子时，接种一定数目的蚜虫，封闭上口，7～10d 后检查蚜虫繁殖的数量和叶片受害情况。对鉴定材料进行抗感分级；另一种方法是在一定的温、湿度的温室内进行，先把种子播种在盆钵里，当植株 4～5 片叶时，采用一种特殊筛网装置夹在叶片上，其内接种一定数目的蚜虫，数天后检查叶片受害程度并分级。这两种方法均可以在抗蚜育种上应用。

提高高粱抗旱性是美国高粱改良的一个重要课题。得克萨斯农业和机械大学的 Rosenow D. T. 等在高粱抗旱方面做了大量研究。他们把抗旱性分为两种类型，花前抗旱和花后抗旱，可能还有苗期抗旱，不同时期的抗旱性是独立的。例如 BTx623、BTx3197 等属花前抗旱，B35、BKS19 等属花后抗旱。抗旱性是多基因控制。抗旱性改良有可能把花前抗旱和花后抗旱结合起来，使亲本或杂交种具有双重抗旱性。

在抗旱筛选中，主要采用温室、田间遮雨棚进行试材的抗旱鉴定和筛选，继而进行有性杂交，后代在干旱胁迫下选择。适当的选择压是非常重要的。选择压过大，将造成大部分植株死亡，无法选择；选择压过小，对选择效率降低。美国已开始采用最先进的研究方法，在自动控制温度、湿度、风向、风速、土壤含水量的温室内进行抗旱研究。在一个装有窥视孔的容器内，装上土壤，播上高粱，根据需要把窥视棒插入窥视孔，通过监视器屏幕观察植株一生根系的生育情况，并自动记录相关数据。研究在干旱胁迫下地上植株与根系发育的关系，进而研究高粱的抗旱机制和鉴选抗旱材料。

由于高纬度和低纬度高海拔地区种植高粱发生低温冷害问题，因此高粱耐冷凉改良也提到日程上来。内布拉斯加大学的 Eastin J. D. 通过不同温度的异地试验测定不同品系对温度反应的敏感性来筛选耐冷基因型；他还从加拿大、墨西哥、乌干达等地搜集材料组成抗冷群体。

佐治亚大学的 Duncaw R. R. 开展了高粱耐酸土的改良。耐酸土筛选分成两个阶段。第一个阶段是土壤 pH4.5～4.8，有机质 3％以下和铝（Al）和锰（Mn）饱和度为 20％的毒性条件下鉴定筛选世界高粱种质资源。采用系谱法、回交法和群体育种法，其分离后代分别在佐治亚州的 3 个地点 6 种土壤上和波多黎各的另一种土壤上进行筛选；第二阶段筛选是把第一阶段能够出苗的和耐铝（Al）毒性的种质在土壤 pH4.2～4.4，有机质 2％以下，铝饱和度 50％的土中，采取相同的育种方法进行选育。

在育种过程中，直接选择的性状有：①对铝和锰毒性有耐性的选择。②钙（Ca）、镁（Mg）、磷（P）、钾（K）吸收和利用效率改进的选择。③在胁迫下，适于生育的酶和激素含量的选择。经过筛选和育种改良，一些基因型提高了耐酸土的能力，而且还发现所有耐酸土的基因型，其耐旱性也得到提升。

高粱品质改良也是高粱育种的重要目标。其内容包括蛋白质、氨基酸组成及单宁的遗传变异性，黄胚乳的利用和高赖氨酸突变体的筛选等。普杜大学的 Axtell J. D. 先后选出了富含赖氨酸的 IS11758、IS11167 和 P721 三个突变系，并将主效基因转入各种育种试材中。得克萨斯农业和机械大学的 Rooney L. W. 主要以高粱适口性和营养成分为目标改良高粱籽粒品质，并兼顾非洲和印度等国家各种高粱食品加工方法对淀粉结构及其理化性状的要求。

饲草高粱用于放牧、青贮、干草，在美国高粱生产中占有重要地位。品质改良的首要目标是降低氢氰酸（HCN）含量，在 180mg/kg 以下，同时还要降低多元酚类化合物的含量。其次是提高茎叶中蛋白质、糖分含量，降低木质素含量，提高生物学产量。

二、拉丁美洲高粱改良

拉丁美洲是世界高粱生产最新发展的地区。20 世纪 60 年代以前，只有约 10 万 hm² 高粱种植在中美洲，南美洲基本上不种高粱。2018 年，拉丁美洲高粱种植面积约 315 万 hm²，占世界高粱面积的 7.6％，其中墨西哥 135 万 hm²，总产 460 万 t，单产 3 410kg/hm²；阿根廷种植面积 70 万 hm²，总产 315 万 t，单产 4 500kg/hm²；巴西 70 万 hm²，总产量 180 万 t，单产 2 750kg/hm²。

在拉丁美洲，高粱作为籽粒、饲草或兼用型来种植。在墨西哥，高粱几乎全部用作饲料。在阿根廷，种植高粱的用途是饲草和青贮，一些地区的高粱用来放牧，从不直接收获。

拉丁美洲国家高粱生产的限制因素有生物的和非生物的两个方面。生物的限制因素有病害：霜霉病、叶斑病、粒霉病、炭疽病和炭腐病等；虫害：摇蚊、螟虫、蚜虫和草地夜蛾等；还有鸟害。非生物的限制因素包括冷凉、干旱、酸土和碱土。

拉丁美洲的高粱改良围绕着上述问题开展，由国家农业科研单位与国际高粱研究机构合作进行。国际热带半干旱地区作物研究所（ICRISAT）、国际农业协作研究所（IICA）、国际小麦玉米改良中心（CIMMYT）、国际热带农业中心（CIAT）等国际科研单位通过拉丁美洲高粱改良计划（LASIP）帮助各国建立高粱研究项目。

高粱改良的首要任务是在原有育种的基础上，引进新种质和选育新品种。由于拉丁美洲国家缺乏早熟、高产和抗不良环境条件的种质，尤其没有耐酸土、干旱、冷凉及抗螟虫、粒霉病的种质，因此需要引进和鉴定外引种质，把最优者提供给各国农业科研单位利用，以选育适于当地种植的品种和杂交种。育种目标是高产、抗干旱、耐冷凉、抗粒霉病和螟虫，以及优质食用型品种。

近年来，拉丁美洲国家已选育推广了 26 个品种和 6 个杂交种。例如，墨西哥的 Blanco86、Pacifico301[2]、Tropical401[2]、PP290、Zapata516；塞尔瓦多的 Agrocomsa1、ES727、ES726；危地马拉的 Mitlan85[2]、H-887v、H-887v[1]；尼加拉瓜的 Pinolero1[2]、ICSV-LM86513；哥伦比亚的 ICA-Yanuba、HE241；巴拉圭的 IS-IAP Dorado；巴拿马的 Alanje Blanquito；哥斯达黎加的 Escameka；洪都拉斯的 Catracho、Sureno 等。根据不完全统计，这些新品种已在 10 个国家推广约 10 万 hm^2。由于这些高粱新品种的推广应用，仅中美洲国家高粱产量就增加约 8.5%。

第五节　澳大利亚高粱改良

澳大利亚是世界高粱主要生产国家之一，种植面积在 50 万～75 万 hm^2 之间，总产量 100 万～150 万 t。澳大利亚高粱种植在大洋洲的东北部，位于南纬 21°～32°之间的热带和亚热带，约 2/3 种在昆士兰州，1/3 种在新南威尔士州。

一、澳大利亚高粱品种改良的回顾

澳大利亚粒用高粱作为饲料，从早期欧洲移民居留地就开始种植。大约在 1940 年，澳大利亚开始引进一些矮秆品种，如麦地、卡罗、赫格瑞和白日迈罗等。1941 年，在昆士兰的 Biloela 研究站开展了澳大利亚第一个高粱育种项目。1946—1947 年，推广了第一个高粱品种 Alpha，这是从麦地与卡罗的天然杂交中选育的，Alpha 后来作为父本恢复系与 CK60A 组配了杂交种 Brolga。

1958 年，澳大利亚从美国引进高粱杂交种 Tx610SR 及其亲本。由于杂交种 Brolga 和 Tx610SR 表现倾斜、倒伏，因而没能很快推广开来。1970 年以后，高粱杂交种逐渐代替老品种成为主栽种。目前，澳大利亚全部利用杂交种生产，95% 是红粒种，5% 是白粒种。

从 20 世纪 60 年代以来的 30 年间，澳大利亚高粱杂交种籽粒产量提高的幅度较小。试验结果表明，最好的商用杂交种在昆士兰只比对照种 Tx610SR 增产 5%～7%；在西南部增产 10%～15%，在南部增产 13%～18%。30 年高粱育种的产量增益平均每年在 0.3%～0.6% 之间。

二、澳大利亚高粱改良成绩

澳大利亚高粱生产的主要问题和改良的主要目标是抗干旱和抗摇蚊。近年，澳大利亚高粱育种家选择了在籽粒灌浆期缺水条件下不衰老（non-senescence）高粱基因型，也称持绿型（stay green）。所谓持绿是指植株延长保持绿色叶片和茎秆的时间与不具有这种性状的植株相比较而言。持绿性是一种抗旱性状。与抗旱性状另一个性状是渗透调节。在干旱下，渗透调节对高粱产量的作用是通过增加蒸腾水的数量和适度降低潜在的收获指数实现的，还通过避免和耐脱水以促进叶片的生存和保持特绿。

澳大利亚高粱抗旱性改良就围绕着这 2 个性状进行。育种上利用的持绿源是 QL10 和 B35/SC35，是 IS12555 的转换系。B35 已证明具有特殊价值。用 B35 与 QL33 杂交选出的 QL41 具有高度持绿性。如果用非持绿型高粱 QL39 与持绿型高粱 QL41 杂交，结果表明没有一个后代具有 QL41 的持绿水平。现已用来与 B35 和 E36-1 持绿系再度杂交，以图得到更多更高水平持绿的后代。目前已用持绿系 QL40 和 QL41 组配出持绿性高、不衰老的抗倒伏的杂交种。

研究表明，渗透调节在基因型间存在着差异，TAM422 是一个高渗透调节品系，QL27 是一个低渗透调节系。通过高、低渗透调节品系杂交的遗传分析，鉴定有 2 个独立的高渗透调节的主效基因 $O. A$ 存在。渗透调节是一个高度遗传的性状，广义遗传力达到 96%，狭义遗传力达 76%。在干旱条件下，渗透调节对籽粒产量的作用已经显现出来。下面的研究是确定高渗透调节对籽粒产量的数量化影响，进一步把高渗透调节结合到商用杂交种中的亲本中。

高粱摇蚊是澳大利亚高粱生产最严重的害虫，统计年度损失 1 000 万澳元。1975 年，澳大利亚根据美国热带高粱转换计划转换出的抗摇蚊基因型的报道，提出抗摇蚊的研究项目。育种家成功地利用下列抗源，TAM2566、SC108C、SC173C、SC165C、SC574C、AP28、BTx2754、BTx2761 和 BTx2767。用上述材料与适应当地的，感虫的品种杂交，采用系谱法在杂交后代中选择、鉴定基因型。研究表明：①尽管抗摇蚊性有显著的特殊配合力效应，但抗性是一个隐性性状。②抗性是一个多基因控制的性状。③不同来源的抗源，抗性基因不同，这表明抗性基因在后代中有累积效应，使后代比其亲本具有更高的抗性，因此可以通过挑选亲本得到高抗的杂交种。

现已通过杂交选育出抗摇蚊品系 QL38 和 QL39，这 2 个品系比任何抗源材料的抗性都高。他们试图通过抗性系 QL38 和 QL39 与非衰老的持绿系 QL41 杂交，以得到在干旱条件下持绿、抗倒伏又具有如 QL38 和 QL39 那样抗摇蚊的后代，经鉴定已取得了较大进展。

抗约翰逊草花叶病毒是澳大利亚抗病育种的另一主要任务。利用印度品种 Krish 的显性单抗性基因 K，采取杂交回交的方法，把这一抗性基因转移到当地适应性品系中。现已从杂交、回交后代中选出很多抗病系，有些已应用到商用杂交种里去。KS₄ 的抗约翰逊草花叶病毒的衍生系 QL3 和 QL22 还高度抗霜霉病。现在，他们选择表现轻型花叶病毒症状的基因型，这种基因型相对不受约翰逊草花叶病毒的侵染。

由于畜牧业的发展，澳大利亚饲草高粱的改良也提到日程上。饲草高粱主要是苏丹草和甜高粱。其比例是 4:1。在饲草高粱育种中，主要选育叶片是棕色中脉的高粱品种或杂交种。棕色中脉的饲草高粱在不改变高度其他性状的情况下，可提高可消化率约 10%，因为棕色叶脉的性状与木质素为负相关，而木质素与可消化率又为负相关。棕色中脉为隐性遗传,因此采用的非轮回亲本为棕色中脉的 bmr12,轮回亲本为 2 个甜高粱品种糖滴(Sugardrip)和丽欧(Rio),两个苏丹草类型 QL18 和 AK$_{2002}$,1 个粒用品种 Tx632。目前,他们正在对杂交后代的酸洗木质素百分率(ADL%)和试管干物质消化率(IVDMD%)2 项指标进行鉴定,以便选出木质素含量低、可消化率高的适于作饲草的新品种。

20 世纪 80 年代初,澳大利亚组成了全国高粱协作网,以高粱育种为核心,遗传、生理、昆虫、生物技术专业协同攻关。主要有 9 个研究课题:①高粱育种。②渗透调节对籽粒产量的效应。③渗透调节分子标记在高粱育种上的应用。④高粱持绿性遗传变异的生理评估。⑤利用高粱在有限水分环境下,通过最高氮利用效率进行遗传改良的评估标准。⑥蒸腾效率的改良筛选。⑦性状在目标环境中潜在价值的评估。⑧鉴定土生高粱(一种当地野生高粱)对摇蚊的抗性反应。⑨粒用高粱抗虫性改良的遗传工程。

第六节 欧洲高粱改良

欧洲(不包括苏联)每年种植高粱 10 万～15 万 hm^2。

一、苏联部分地区高粱改良

苏联地跨欧、亚两大洲,每年种植高粱 15 万～20 万 hm^2 之间。高粱主要作饲料,包括籽粒饲料、青贮饲料、干草、半干青饲料。粒用高粱主产区有摩尔达维亚、乌克兰草原、外高加索、北高加索、北沃洛任、中亚和哈萨克斯坦等地。更北部的中央黑土地带、中心区、伏尔加—维亚特斯克、乌拉尔及西伯利亚等地。甜高粱主要种在南部非黑土地带,特别是莫斯科地区。高粱种植面积波动大主要受气候影响,春季干旱年份高粱种的多些,湿润年份麦类相对种的多些。

在苏联种植的高粱中,30%～40%是杂交种,60%～70%是品种。一般情况下,杂交种比品种增产 15%～20%。在南部,粒用高粱的产量还高于玉米,据摩尔达维亚统计,粒用高粱比玉米高产 23.6%。高粱-苏丹草杂交种通常每公顷产量 45 000～60 000kg 绿色体,900～1 200kg 籽粒。甜高粱每公顷可收 39 000～47 500kg 绿色体,比玉米多收 7 500～12 000kg,干旱时可高于玉米 1～2 倍。因此,全苏高粱研究所建议全国应种植 200 万 hm^2 饲草高粱。

(一)苏联高粱改良目标

据位于罗斯托夫的苏联高粱研究所介绍,苏联于 1963 年正式开始高粱育种工作。1965 年开展杂交高粱育种工作。由于从美国引进的高粱不育系生育期长,组配的杂交种不能正常成熟。直到 1975 年选育出适于当地栽培的早熟、矮秆不育系和恢复系,才组配出早熟 65 等 10 多个粒用和饲用高粱杂交种推广应用。

1. 粒用高粱 目标是选育矮秆、早熟、高产适于机械化栽培的品种和杂交种。例如,苏联高粱科研生产联合体(位于萨拉托夫)选育的高粱品种伏尔加 4 号、伏尔加 10 号等,茎秆高 1.3m 左右,每公顷产量 4 500kg 以上。表 10-14 列出了早熟粒用高粱的选育指标。

表 10-14 早熟粒用高粱选育目标

性 状	指 标	性 状	指 标	性 状	指 标
籽粒产量（kg/hm²）	7 995～9 000	抗倒性（%）	100	收获时籽粒含水量（%）	13～16
单穗粒数	400～600	抗落粒性（%）	100	抗蚜虫	高
千粒重（g）	28～30	生育期（天）	100～110	抗细菌病害（%）	100
单株茎数	6～10	生长速度	中等	蛋白质含量（%）	12～14
株 高（cm）	70～90	苗期抗寒性	高	脂肪含量（%）	3～3.5
穗 长（cm）	15～20	抗旱性	高		

2. 饲用高粱 主要选育营养体产量高的苏丹草、苏丹草与高粱的杂交种。茎叶中的氢氰酸含量在 25mg/kg 以下。（表 10-15）。

3. 甜高粱 茎秆高 2～2.5m，含糖锤度 15% 以上，适于加工制糖、酿造白酒等（表 10-15）。

表 10-15 甜高粱、苏丹草杂交种（品种）选育目标

性 状	甜高粱	苏丹草	性 状	甜高粱	苏丹草
绿色体产量（kg/hm²）	49 959～54 900	60 000～64 950	出苗率（%）	20～25	25～30
籽粒产量（kg/hm²）	7 500～7 995	—	抗倒性（%）	100	95～100
干草产量（kg/hm²）	—	12 000～12 900	含糖量（%）	15～17	10～12
干物质产量（kg/hm²）	9 900～10 995	—	生育期（d）	105～110	100～110
种子产量（kg/hm²）	2 490～3 000	1 995～2 205	播种至第一次割刈日数（d）	50～60	40～45
蛋白质含量（%）	8～10	12～15	第一次至第二次割刈日数（d）	50～55	35～45
胡萝卜素含量（%）	50～55	60～65	第二次至第三次割刈日数（d）	—	40～45
纤维素含量（%）	23～25	25～28	生长和再生速度	中等偏高	高
氢氰酸含量（mg/kg）	15～20	20～25	生育期间耐寒性（等级）	4～5	4～5
株高（cm）	250～260	240～250	抗旱性（等级）	4～5	4～5
有效分蘖数	3～4	4～5	抗蚜性（%）	95～100	95～100
割刈次数	1～2	3～4	抗病性（%）	95～100	95～100

4. 帚用高粱 主要选育株高 1.5～3.0m，帚用长度 40～45cm，穗柄长 30～40cm，秆用部分直径 1.0～1.2cm，帚用分支韧性要好。

（二）苏联高粱育种的主要成果

1. 搜集保存了大量早熟、抗旱种质资源 在全俄高粱研究所的罗斯托夫保存有 25 000 份高粱种质资源；在苏联高粱科研生产联合体的萨拉托夫保存有 1 万份。因为苏联广大地区位于高纬度，因而这些资源绝大多数是早熟抗旱的材料。

2. 选育出一批适于各种用途的高粱品种 到 1985 年，苏联已选育和推广了 103 个高粱品种和杂交种，其中粒用高粱 27 个，青贮高粱 34 个，帚用高粱 5 个，高粱-苏丹草杂

交种 10 个，苏丹草 27 个。近年选育的伏尔加 4 号、伏尔加 10 号粒用高粱，早熟 65 饲用高粱，B53 等甜高粱，以及帚用高粱品种，不断满足高粱生产的需求。

在良种推广方面，俄罗斯科研单位采取育种—种子繁育加工—生产推广的模式，即育种单位育种、繁种，加工种子，然后直接送到生产单位。这样就可以保证新品种的高质量，又能延长良种的应用年限，还能增加科研单位的经济收入。

3. 采用有效的育种方法　近年来，俄罗斯通过人工气候室和温室等，充实现代化育种设备，采用先进的育种方法，如地理远缘杂交、杂种优势利用、人工诱变、群体改良等，加快育种进程，提高了育种效率（表 10-16）。

表 10-16　高粱选育方法及其品种

选育方法	粒用高粱	青贮高粱	高粱-苏丹草杂交种	苏丹草	帚高粱	合计
杂交种选育	6	2	4			12
系谱法	5	1			1	7
集团选育法	3	1		5		9
人工诱变				1		1
合　计	14	4	4	6	1	29

4. 广泛开展国内外合作研究　俄罗斯高粱育种家利用本国的早熟、抗旱种质与美国、印度、德国、法国等国的高产、优质、多抗的资源进行转换，得到了许多早熟、高产、抗旱、抗蚜、耐盐碱的新育种材料。又如，新西伯利亚大学同印度、瑞典、德国的有关大学、研究院所合作，开展抗逆境育种研究。通过在干旱胁迫下育种获得了理想的抗旱材料。同东欧一些国家合作研究，解决了高粱需水临界期和当地降雨相吻合的预测预报，符合率达 80％以上，从而使高粱在较严重干旱条件下也能获得一定的产量。

此外，苏联在高粱综合利用方面也取得了较大进展，如利用甜高粱制糖稀、白酒、酒精等。

二、法国高粱改良

法国高粱改良目标是高产、优质、早熟等，从出苗到开花期 60～70d，籽粒以白色或橘红色为主，籽粒单宁含量在 0.3％以下。茎秆高 120～140cm，以适应机械化收割。抗性指标主要是抗穗螟。

由于历史的原因，非洲仍有法属殖民地。因此，法国的农业科研单位仍投入一定力量研究非洲的高粱种质资源，并在育种中加以利用。研究表明，顶尖族、卡佛尔族高粱具有很强的杂种优势。Tx623A、TAM428 等在非洲高粱组配杂交种和生产中发挥显著作用。

法国的农业科研单位还从事高粱的生物技术研究。比如，蒙波利埃作物改良站高粱学者开展了 RFLP 基因定位的分子技术研究，取得了明显进展。一些私营种子公司所属科研单位，利用高粱幼胚培养自动控制的温室栽培，缩短育种进代选择时间，提高了育种效率。当高粱雌蕊柱头接受花粉受精后 17～20d，即可取下种子进行幼胚培养，在温室内进行回交和选择。一年内可进行 4 个周期。

三、欧洲经济共同体（欧共体）的甜高粱研究

为了开发生物质能源，在欧共体的支持下，从 1982 年开始，欧洲开展了甜高粱研究。首先评估了高粱作为一种有潜力的工业能源作物的可能性。甜高粱的主要产品糖和糖渣都可以用于能源乙醇生产。糖经发酵产生的乙醇、甲醇均是重要工业产品。

欧共体的许多国家，如意大利、德国、法国、西班牙、葡萄牙和英国等都先后开展了高粱生产力、遗传试验、光合能力、干旱胁迫、生长发育、施肥灌水、收获等研究，取得较大进展。

欧共体甜高粱的改良是由于甜高粱原产于热带，不适应欧洲春天的低温气候，使生长期延长，达不到正常成熟和较高的生物学产量。因此，一些国家通过对完整叶片测定叶绿素荧光活性对大量基因型进行抗低温筛选。结果表明基因型间对低温的敏感性有较大差异，如甜高粱品种 Dale 和 Keller 就较耐低温。

目前，欧洲国家开展的甜高粱改良包括：发芽和幼苗期耐冷性的改良，早熟性改良，稳产性改良，抗倒伏改良，提高含糖量改良以及抗病性改良等。

主 要 参 考 文 献

卢庆善，1992. 亚洲国家高粱的生产和科研现状. 国外农学-杂粮作物（2）：15-19.

卢庆善，1993. 亚洲国家的高粱生产. 世界农业（1）：28-30.

卢庆善，1993. 印度高粱科研现状. 世界农业（3）：25-26.

卢庆善，1994. 澳大利亚高粱生产. 利用和研究. 世界农业（6）：14-17.

卢庆善，1994. 澳大利亚粒用高粱研究. 国外农学——杂粮作物（3）：1-4，（4）：9-12.

卢庆善，1995. 拉丁美洲的高粱. 世界农业（4）：20-22.

马鸿图，黄瑞冬，1995. 甜高粱-欧共体未来能源所在. 世界农业（5）：13-15.

孙守钧，1995. 日本的高粱育种及品种利用概况. 世界农业（3）：18-19.

Abbas Almodares，Asghar V Z，1993. Sorghum research in Iran. Collaborative Sorghum Research in Asia. ICRISAT，39-42.

Belum V S Reddy，S Ramesh，A Ashok Kumar，C L L，Gowda，2008. Sorghum Improvement in the New Millennium. ICRISAT.

C L L Growda，K N Rai，Belum V S Ready，et al，2006. Hybrid Parents Reserach at ICRISAT. ICRISAT.

Craig J，1992. Comparison of Sorghum seedling reaction to *Sporisorium reilianum* in relation to sorghum Headsmut resistance classes. Plant Disease. Vol. 76（3）：314-318.

Debrah S K，1993. Sorghum in west Africa，sorghum and millets commodity and research environments. ICRISAT. Edited by Byth D E. 19-37.

Henzell R G，1993. Grain Sorghum in Australia，Collaborative Sorghum research in Asia. ICRISAT. Edited by Gowda C L L，Stenhouse J W. 54-59.

Kelley T G，Parthasarathy R P，1993. Sorghum and Millet in Asia. Sorghum and millets commodity and research environments. ICRISAT. Edited by Byth D E. 95-117.

Leuschner K L，Rohrbach D D，Osmanzai M，1993. Sorghum and millet in southern Africa. Sorghum and millets commodity and research environments，ICRISAT. Edited by Byth D E. 41-54.

Miller F R，1968. Sorghum improvement-past and present. Crop Sci. （8）：499-502.

Moseman J G，MartinJ H，Adair C R，1993. Research on Sorghum by USDA from 1856-1972，SorghumNewsletter Vol. 34：1-12.

Murty U R，1993. Sorghum production and utilization in India：past，present and future，The Australia Research Planning Workshop.

Murty U R，1993. Sorghum research in India review of earlier work and current priorities，The Australia Research Planning Workshop.

Nipon L，1993. Sorghum research and development in Thailand，Collaborative Sorghum Research in Asia. ICRISAT. Edited by GowdaC L L，Stenhouse J. W. 50-53.

PaulC L，1993. Sorghum in Latin America，Sorghum and millets commodity and research environments. ICRISAT. Edited by Byth D E. 65-91.

第十一章　高粱育种学

第一节　高粱育种目标

一、育种目标制订的原则

育种目标就是对选育品种的要求，也就是在一定的自然、经济、栽培、生产条件下，要选育的品种应具有哪些优良的特征特性。育种目标直接关系到能否选育出优良品种来，是育种工作成败的关键。而制订育种目标的原则又是确定科学、实用育种目标的关键。

（一）适应国民经济和生产发展需要的原则

1949 年以来，我国国民经济和农业生产发展经历了不同的阶段，高粱育种目标也跟随经济和生产的发展而有所改变。20 世纪 50—70 年代，高粱是北方居民的主要口粮之一，也是重要的军粮。为此，高粱育种的主要目标是高产，即单位面积的产量要高。而且，高粱作为粮食，籽粒品质优良也作为品种选育的主要目标。

到了 20 世纪 80—90 年代，随着市场经济的深入发展，高粱作为居民主要口粮和军粮已退出历史舞台，高粱作为酿制白酒和香醋的原料已提到日程上来，高粱白酒生产成为许多省份的支柱产业。作为酿造用高粱育种的目标首先是高产，其次是淀粉含量要高，第三单宁含量适中。

进入 21 世纪，随着人们生活水平的提高，要求生产更多畜禽产品，畜牧业的发展需要饲料作为基础，高粱籽粒和茎叶作为饲料和饲草进入人们的视野，高粱育种目标是籽粒高产，茎叶产量高，作为饲草高粱育种目标要求绿色生物产量尽可能地高产，而且氢氰酸的含量要低，或者到饲喂时不含氢氰酸。

高粱品种的选育不但要适应目前的生产水平和市场的需求，还要考虑今后和长远的需要和变化。例如，由于矿质能源的日益枯竭，生物质能源提到日程上来，甜高粱作为生物能源作物与甘蔗、木薯等作物比有其独特的生产优势，一年可生产一季或两季，茎秆含糖量高，其单糖转化为乙醇工艺简便，单位面积上的生物量转化成能源（乙醇）产量高。作为能源高粱的育种目标要求茎秆生物产量要高，其含糖量要高等。

（二）适应当地自然生态条件、栽培技术水平的原则

高粱品种的高产、稳产性状主要取决于品种对当地自然、生态条件和栽培技术的适应性。我国国土广阔，自然生态条件和栽培种植方法复杂，不同地区要求不同的高粱品种，以适应当地的各种条件，因此只有在了解和掌握当地气候、土壤、病虫害、栽培制度、生产水平的基础上，才能制订出科学、正确、符合实际的育种目标。

为了解决高粱品种种植上存在的主要问题，又要满足农业生产对品种的多方面要求，在制订育种目标时，必须对当地的现有品种进行分析，分清主次，抓主要方面。例如，黑

龙江省纬度高，无霜期短，高粱品种选育的主要目标要求在较短的无霜期内能保证品种正常成熟，这就必须具有合适的生育期，在此基础上再考虑高产、抗性，以及苗期的抗旱性，以适应春季干旱的气候条件。

不同地区育种的主要目标不同，不同时期也有不同的主要目标。例如，黑龙江省高粱品种的早熟性曾是主要育种目标。随着高粱生产的发展，为解决农村劳力不足和田间劳动量过大的问题，农户迫切要求机械化生产，尤其是机械化收获。作为高粱育种的主要目标又发生了变化，株高降低、穗茎秆长一些、剑叶小一点等又成了黑龙江省高粱育种的主要目标。

（三）育种目标要考虑品种搭配的原则

鉴于高粱生产对品种常有各种各样的要求，而选育一个能满足各种要求的高粱品种又往往是很难的，因此在制订育种目标时，应考虑品种的搭配问题，注意选育一批不同类型的早、中、晚熟品种，以满足生产上的多种要求。

（四）育种目标要落实到具体性状指标的原则

制订高粱育种目标只笼统地提出高产、优质、多抗等目标是不够的，还必须对影响高产、优质、多抗性状进行分析，落实选育的具体性状指标，以便更有目的、有针对性地开展育种工作。例如，要选育早熟高粱品种，并不是成熟越早越好，而要根据当地的生态条件和栽培制度，确定品种的生育期，在正常年份情况下从播种到出苗再到成熟应该是多少天为好，是 100d 还是 110d。生育期过长达不到早熟的目的，容易遭受低温冷害和霜害；生育期过短，由于早熟与高产是负相关，也不能高产。

总之，制订育种目标是选育新品种的首要工作，也是一项复杂、细致的工作。育种工作者应进行深入、细致的调查研究，了解和掌握当地的气候、土壤特点、主要自然灾害，包括生物的（如病、虫、草害等）和非生物的（包括干旱、湿涝、盐碱、寒流、高温、冰雹等）灾害的发生规律，耕作栽培制度以及生产技术水平和今后发展方向等。还要了解当地品种的现状、分布、特点、问题、演变历史及生产对品种的要求等。对调查的结果经过仔细分析研究，确定育种目标，并找出当地种植面积较大的一个或几个品种，作为标准品种。根据当地生态条件和生产要求对标准品种进行分析，明确哪些优良性状应继续保留和提高，哪些缺点应该改良和克服，即成为具体的育种目标。

二、高粱育种目标

高产、优质、抗性强、适用性广等是国内外各种作物育种目标的总体要求，高粱也同样。但要求的侧重点和具体内容则随着生产的发展、市场的要求和技术的进步应与时俱进，会有一些变化。

（一）产量高

高产是高粱优良品种最基本的性状，现代农业生产对高粱品种提出了更高的要求。高粱在单位面积上的产量受多种因素影响，它是品种的内在特性与环境条件互作的结果。品种的产量潜力只是一种遗传可能性，其实现有赖于品种与气候、栽培条件的良好配合，这在制定高产目标时必须加以考虑。在高产育种中，提出"源、流、库"的概念，即高产品种应具有理想株型、高效的光合性能，充分利用水、肥、光、热、CO_2 等合成光合产物，并顺畅地运转到穗、粒中，获得高产。

1. 理想株型　理想株型是高产品种的基础，中矮秆是一个重要因素。在高粱高产栽培中，倒伏是影响高产的主要原因。抗倒伏品种要求株高适当，茎秆坚韧，根系发达。中矮秆品种不仅抗倒伏能力强，而且还可以加大种植密度，提高经济系数和有效利用肥水，因而产量潜力大，对选育高粱高产品种是一个重要方向。但品种株高矮化必然会影响品种群体与生态环境的关系以及群体与个体之间的关系。因此，品种的株高也不是越矮越好，矮秆品种生物量有限，也达不到高产的目的。一般来说，高粱中、矮秆品种株高以 150～180cm 较为理想。

株高是理想株型的一个方面，还包括其他的形态特征和生理特征，目的是把一些理想性状结合到同一植株上，以便获得最有效的光能利用率，以及光合产物的有效转运。理想株型除株高外，还涉及叶形、叶色、叶的生长角度和分布，以及穗部性状，包括穗型、穗形，一、二、三级分枝的组成、分布等。从高粱品种理想株型总体要求是，中矮秆株高，株型紧凑，叶片挺直，比较窄短，色较深，着生角度小。这样的株型可减免或减轻郁蔽、倒伏和病害发生，提高光合效能，并使光合产物转运协调，达到高产。

总之，高粱高产品种理想株型是以高产栽培为条件的，在肥水条件较优时适用，而肥水条件较差时就不一定适用。此外，各地的生态条件不同，栽培制度、管理水平也不同，因此理想株型的标准，应从当地实际情况出发研究确定。

2. 高光合效率　理想株型是高粱高产品种的形态特征，高光合效率则是高产品种的生理生化特征。栽培上的一切增产措施，归根结底，是通过改善光合性能而起作用。高光效育种目标就是选育光合效率高的高产品种。高光效品种的主要表现是有较强的能力合成碳水化合物和其他营养物质，并将其更多比率转运到籽粒中去。这就涉及光能的利用率，光合产物的形成、积累、消耗、分配等生理生化过程，以及与这些生理生化过程有关的一系列形态特征，生理生化指标与个体、群体的关系等。

现代作物育种的一个重要发展趋势，已不是一般单纯地考量产量组分，而同时重视以高产生理生化为基础的理想株型。高产生理生化与理想株型关联度高。从高光效育种角度，可将决定产量高低的几个重要因素总结为下式。

$$产量＝［（光合能力×光合面积×光合时间）－呼吸消耗］×经济系数$$

式中前 3 项代表光合产物的生产，减去呼吸消耗，即是通常所说的生物学产量，再乘以经济系数，就是经济产量。从上式可以认定，一个高产品种应具有高光合能力，低呼吸消耗，光合能力保持时间长，叶面积大而适当，以及经济系数高等特点。其确定的目标是，形态特征有矮秆抗倒伏，叶片上冲，叶色深，着生合理，不遮光或很少遮光，持绿性强等；生理特性有光补偿点低，二氧化碳补偿点低，光呼吸少，光合产物运转率高，对光照不敏感等。

3. 产量组分　单位面积产量最终取决于产量的组成成分（即产量组分），这是品种产量高低最后表现的结果。高粱的产量组分是亩穗数、穗粒数和粒重。各项产量组分的乘积就是理论产量，即

$$单位面积产量＝单位面积穗数×穗粒数×粒重$$

从产量组分的角度来研究确定高粱高产的育种目标，简单地说，在上式中增加或提高 3 个组分的任何一项都能增加或提高单位面积产量，或者同时提高或增加 3 个组分，则产量也会提高或增加。但是，研究表明 3 个产量组分存在相互影响作用，例如单位面积上穗

数增加之后，会影响穗粒数的减少，粒重的下降；穗粒数的增加，也会使粒重降低。因此，要通盘考量，合理确定每个组分育种指标，才能达到高产的目的。综合多项研究结果表明，在亩穗数相对合理的前提下，增加穗粒数应作为高产育种的主攻方向。

（二）品质优良

作物生产的主要目的是获得高产和优质，随着国民经济的发展和人民生活水平的提高，对优质的要求日益迫切。优质是高粱良种必备的重要条件，在高粱育种取得一定突破之后，提高高粱蛋白质和赖氨酸含量已提到品质育种的议事日程上来。

我国杂交高粱育种经历了从品质劣到优，从优到更优的发展历程。20 世纪 60—70 年代，我国初期选育的高粱杂交种晋杂 5 号、忻杂 7 号等，高产、适应性广，在春播晚熟区大面积推广种植，成为该种植区主栽的高粱杂交种。但是，由于晋杂 5 号等籽粒食用品质差，单宁含量高，米饭适口性很差，种植面积下降。从 70 年代后期开始，全国杂交高粱育种开始转入品质攻关，规定了品质性状的选育目标，先后育成推广了晋杂 1 号、渤杂 1 号、冀杂 1 号、沈杂 3 号、铁杂 1 号等杂交种基本上达到了优质的标准。1979 年，我国引入 TX622A 等新雄性不育系，并与我国自选的恢复系组配的辽杂 1 号、辽杂 2 号、沈杂 5 号、桥杂 1 号等杂交种，使籽粒品质更加优良。虽然高产与优质存在一定的矛盾，但只要把品质育种给予足够的重视，可以做到高产与优质的适当结合，选育出既高产又优质的高粱品种来。

（三）抗性强

抗性强的目的是使品种在生产中获得稳产，稳产品种是对病虫害和不良环境条件具有较强的抵抗性。

1. 抗生物型灾害育种目标 高粱抗生物型灾害育种包括病、虫、鸟、草害等，其中病、虫害是最重要的。中国高粱病害最主要的是丝黑穗病，近年又发现几种新病害，如靶斑病、顶腐病、黑束病等。害虫有高粱蚜虫、玉米螟虫等。高粱丝黑穗病抗性育种由于起步早，引进并利用抗病的种质资源，已选育出多个抗病杂交种应用于生产。对于新发现的高粱病害也鉴定和筛选出一批抗病种质资源，只要很好地利用这些抗性资源，就能选出抗病高粱杂交种来。

对于高粱虫害，过去着重药剂防治，长期用药使害虫产生了抗药性，又污染了环境，因此抗虫育种也作为高粱育种的一个重要目标。关于抗鸟、草害育种，现在还未提到议程上来，但国外有报道，有一种高粱资源，籽粒灌浆初期单宁含量很多，以至于鸟类不能取食，等籽粒将近成熟时，单宁含量迅速下降，以避开鸟类的危害。

2. 抗非生物型灾害育种目标 抗非生物型灾害育种是指不良的气候条件和环境条件，例如干旱、水涝、强风、低温、高温、盐碱土、酸土等。作为高粱抗非生物性育种目标来说，目前应把抗干旱和抗盐碱土作为主要的抗性育种目标。

在我国北方高粱产区，干旱是经常发生的。在干旱情况下，高粱的生长发育处于失常状态，这与品种的抗旱性有关，而产量的高低是鉴定抗旱性强弱的综合指标。品种抗旱性的差异，通常认为与根系特征和株型、叶型有关。根系发达，吸收能力强，叶面积相对的小，结实性好，是抗旱品种的形态因素，也是抗旱性选育的重要特征。从生理角度说，蒸腾系数（蒸腾水量/干物质量）小及光合能力较强的品种，对提高水分利用率是有利的。总之，品种的抗旱性是由多因素组成的一个较为复杂的综合性状，而且与耐瘠性密切相关。因此，在抗旱育种上要考虑多方面的因素，但产量仍是最后的和决定性的指标。

我国有 2 亿～3 亿亩*沿海盐碱地和内陆次生盐碱土壤，属于不宜耕种土地。为发挥高粱耐（抗）盐碱的特性，使其能在盐碱地上生长发育，以获得一定的产量，应考虑提出抗（耐）盐碱土的育种目标。首先应鉴定和筛选出抗（耐）盐碱的种质资源。采取以下的鉴定标准：一是种子发芽率标准，在氯化钠、碳酸钠等盐碱胁迫下，根据高粱种子发芽率的高低评价芽期耐盐碱的能力；二是幼苗存活率的标准，高粱幼苗对盐碱胁迫较敏感，在一定浓度的盐碱处理下，不耐盐碱的幼苗会死掉，因此可以根据幼苗的存活率高低，以及苗高、根长、根数、根鲜重和干重、苗鲜重和干重、叶龄等指标作为耐盐碱的评价标准；三是籽粒产量标准，在盐碱处理下的籽粒产量是高粱耐盐碱性的最终反应结果。因此，可考虑把以上 3 项指标作为高粱抗（耐）盐碱的育种目标。

（四）生育期适中

我国北方是高粱主产区，但是东北、华北和西北的北部地区无霜期短，迫切要求生育期短一些的中、早熟品种。各地气候条件不同，耕作栽培制度不同，生产技术条件也不同，因此选育的高粱品种，其生育期要适合当地的这些条件，充分利用当地的生态条件，以使产量最大化。由于各地的气候条件年度间有较大变化，只选育一种生育期的高粱品种，例如中熟品种在正常年景可以获得较好收成；但在温、光条件优的好年景就不可能获得更好的收成，这就需要搭配较晚熟的品种；同样，在低温冷害年份，晚熟品种因低温的影响，产量会受到损失，这就需要搭配一定的早熟品种。因此，在选育适合当地生育期的高粱品种的同时，还要做好早、中、晚熟品种的合理搭配。

（五）适应农业机械化

高粱品种应适用农业机械化的需要，尤其在黑龙江省高粱产区适应机械化栽培和收获已经提到议程上来。适应机械化生产的高粱品种在育种目标上有所不同，株高要矮下来，一般不超过 150cm；穗颈要长一些，以保证收割；株型要紧凑，生长整齐，不要分蘖；茎秆坚韧，不倒伏；籽粒后期脱水快，颖壳包被度适中，既不落粒，又不带壳。

第二节　高粱传统育种法

作物育种的基本要求是在有变异的群体内进行选择。群体的构成必须有最大的可能在群体内有符合需要的变异单株。有时，一个高粱群体，由于连年种植或异交的结果，群体之中就会产生一个或多个符合育种目标的单株或株群。这样一来，就可以根据既定的育种目标不同，群体内变异性状的不同，采取不同的育种选择方法。

一、混合选择法

混合选择法是最简单易行的选择方法，又可以分为一次混合选择和多次混合选择。

（一）一次混合选择

一次混合选择是从具有一定变异性的原始群体中，选择符合育种目标的，具有一致性

---

* 亩为非法定计量单位，15 亩＝1 公顷（hm²），下同。——编者注

的单株或几株或上百株到几百株，混合脱粒作为种子。第二年播种这些种子，并与原始群体和对照品种进行对比，同时淘汰杂株、劣株。如果经过连续 2～3 年的选择和试验，该混合选择的群体在产量、品质、抗性等方面明显优于原始群体和对照品种，可进一步参加区域试验。一般来说，一次混合选择法容易操作，然而此法只对原始群体较为整齐，可选择 1～2 个重点性状，而且为隐性基因控制的则能奏效。

（二）多次混合选择

多次混合选择一般适用于原始群体性状变异性较大，选择需要的性状较多，而且有些性状是显性基因或多基因控制的。第一年根据育种目标选择符合要求的单株（或单穗）若干个，混合脱粒做种子。第二年播种这些种子，并与原始群体和对照品种进行比较试验。如果该群体表现较好，成熟时再选择若干单株（单穗），混合脱粒做下一年播种用种子。第三年进行与第二年相同的比较试验。这样进行 3～4 次，直到新混合选择的群体性状达到一致，并且明显优于原始群体和对照品种，则可参加区域试验。例如，20 世纪 50 年代，辽宁省熊岳农业科学研究所选育的熊岳 334、熊岳 360 高粱品种；黑龙江省合江地区农业科学研究所选育的合江红 1 号高粱品种；内蒙古赤峰农事试验场育成的昭农 303 等高粱品种均是通过混合选择法育成的（图 11-1）。

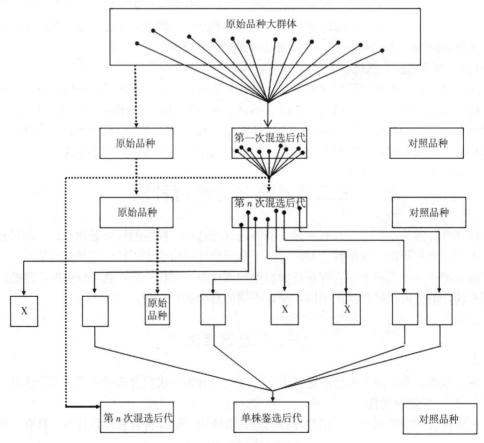

图 11-1　高粱改良多次混选法模式

（张文毅整理，1982）

如果原始群体的变异性多种多样，则可以根据不同的育种目标性状，通过混合选择，在原始群体中选择不同的性状集团，分别与原始群体和对照品种进行比较试验，最终根据各集团性状表现的优劣，决选出 1 个或几个集团。因此，混合选择法又称为集团选择法。

二、系统选择法

系统选择法又可以分为一次单株（穗）选择和多次单株（穗）选择。

（一）一次单株（穗）选择

在材料较少时，可采用我国农民在长期育种实践中创造的一穗传法。所谓一穗传，就是当高粱成熟时在田间仔细、认真观察，选择符合育种目标的优良单株或单穗分别收获。在室内，对选取的单穗，通过考种进一步进行选择，然后将最优良的穗保存下来。第二年播种到田间，并与当地主栽品种进行对比试验，田间进行观察记载，将表现优良的小区选择下来，并在室内进行考种，综合田间和室内考种，对表现优异的，即可繁育推广。

一次单穗选择田间操作是，第一年在生产田高粱品种或品种资源试验田或其他非人工杂交的原始材料圃中，根据育种目标选择单株（穗），如果在开花前选择，应予以自交。在田间应调查记载重要性状，单株（穗）脱粒。翌年各种一区，并加对照种进行比较。当性状表现整齐一致达到选育指标后，即可混收留种。

（二）多次单株（穗）选择

在一个原始群体中的个体（单株或单穗），往往杂合程度较高，一次单株（穗）选择难以奏效。这时，应选用多次单株（穗）选择，即所谓的秆行制。在上一年选择的若干个单株（穗）的基础上，当年每份试材（单穗）各种一行（一行试验），每隔 4 行设 1 标准行（即对照种）。生育期间根据育种目标选择单株（穗）自交，成熟时单收，通过考种后再进行决选。下年仍同上年一样种植，但要重复一次，即每穗种 2 行（二行试验），除选择优良单株（穗）自交留作下年试验用种外，并要统计产量以决定取舍。这样一来，第三年为五行试验，第四年为十行试验。这时，试验的性状已达稳定。入选的优系应多作自交穗，以备足种子进行下面的试验，或者另设种子行、隔离区以繁殖种子。

第五年、第六年两年为品种比较试验，田间设计采用随机区组法，进行严格的产量、品质、抗逆性鉴定。在产量比较试验中表现特优的品系，可以推荐到省（或国家）区域试验。这种秆行制看似嫌复杂，且时间长，但可适当简化，如将五行试验改为四行试验，将十行试验改为五行试验（图 11-2）。

秆行制强调重复，代数越高其重复越多，这是此法的优点所在，重复愈多可消除土壤差异等所造成的机误，以获得正确的结果，一般在五行试验之后，也可进入品种比较试验。20 世纪 50 年代以后，这种方法则很少采用，又多采用五圃制法。

五圃制法即原始材料圃、选种圃、鉴定圃、预试圃和品种比较试验圃。例如，熊岳 253 的选育过程是，1950 年初，熊岳农业科学研究所从辽宁省的盖州、大石桥、海城、辽阳等地的农家品种中选择了 846 个优良单穗。1951 年，将 846 个高粱单穗种成穗行（原始材料圃），秋天根据各个穗行的性状表现，从中选择了 100 个优系。1952 年，将入选的 100 个优系按系种在选种圃里，当年秋天从中选出 20 个性状较整齐一致的优良品系。

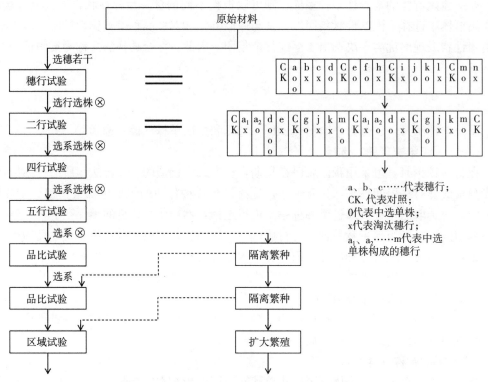

图 11-2　高粱多次单株选择法（改良秆行法）模式

（张文毅整理，1982）

1953 年，将 20 个优系种在鉴定圃里，4 行区试验，秋天根据性状和产量表现从中选择了 9 个更优的，而且性状表现整齐一致的品系。1954 年，9 个品系进入预试圃；1955 年，9 个品系进入品种比较圃，根据产量和性状表现最终选出最优的一个品系 1-51-253。品系 1-51-253 进入省级区域试验和生产试验，经省级审定命名为熊岳 253 推广应用。

多次单株（穗）选择的次数应根据原始群体材料的杂合程度来定。按约翰逊（Johannsen，1902）纯系学说的理论，当选择纯化至一定程度基因型达到纯合时，选择即不再产生效用。然而，一方面绝对的纯系实属难得，另一方面多代自交选择又往往会产生有害的效应，因此不必过多地进行自交纯化。当原始群体材料杂合程度不大，所要选择的目标性状较少时，自交纯合选择 3～4 代也就可以了。此后，可进行分系混合选择，或在自交选择 2～3 代以后，改用集团选择，最好是在穗系内进行人工混合授粉，以兼收混合选择与系统选择的双重效应。

三、杂交育种法

混合选择和系统选择育种都是利用天然群体中已经产生出来的变异个体进行选择。而杂交育种则是育种家有目的挑选杂交亲本，通过人工杂交，产生出具有可预见性的变异群体，从中进行有目标的选择，最终选育出优良的高粱品种，是常用的一种高粱育种技术。作为杂交育种的杂交亲本，选择时可以扩大其亲缘关系，可以是品种间的，也可以是种、属间的，因此杂交育种可分为品种间杂交和远缘杂交。

（一）品种间杂交育种

品种间杂交育种，在高粱杂交种推广应用之前，是选育高粱新品种的常用方法。在高粱杂交种生产种植之后，它又是选育杂交种亲本的重要方法。1914 年，美国开始了高粱品种间杂交育种，先是在迈罗与卡佛尔高粱之间进行单杂交，之后把杂交亲本扩大到菲特瑞塔高粱，再后又利用赫格瑞高粱作杂交亲本。美国在 1954 年应用高粱杂交种之前，利用杂交育种法选育出了一些高粱新品种，例如白日、双矮生黄迈罗、黑壳卡佛尔、康拜因7078、达科塔琥珀、马丁康拜因、西地、麦地等。这些新品种具有秆矮、抗病、适于机械化收获等特点。

我国高粱杂交育种开始于 20 世纪 50 年代末 60 年代初，当时育成的品种有锦粱 5 号、119。119 是辽宁省农业科学院作物研究所于 1961—1964 年选用双心红×都拉杂交育成的早熟中秆品种，穗圆筒形，紧穗，红壳大粒，早熟不早衰，适应性强。

品种间杂交育种通常有 3 个步骤，即杂交亲本的挑选、杂交、分离世代的选择。

1. 亲本的挑选　亲本选择直接关系到杂交育种的成败，因为亲本是杂种后代变异来源的基础。亲本的选择要根据已确定的育种目标进行，应根据以下原则考量。

（1）双亲（或多亲）性状互补。即一个亲本所具有的目标性状，另一个亲本没有，其中一个亲本所不具有的目标性状，另一个亲本必须具有。

（2）杂交亲本之一应是适应当地生态条件强的材料，另一个亲本则应具备一些特殊需要的优良性状。

（3）考量亲本之间的亲缘关系，遗传差异。这样可以使杂交后代产生符合要求的变异来。如果要杂交选育用来做杂交种的不育系或恢复系，其亲缘关系则更应注重考察，而且还要考量其育性搭配。

（4）要了解亲本性状的遗传特点，如某性状是主基因效应，还是微效多基因效应，性状的遗传力大小等。

2. 杂交　杂交是获得杂种种子的关键技术。

（1）开花期调整。杂交双亲的开花期必须相遇才能进行杂交。如果杂交亲本在正常播期播种时花期不遇，则需要调节播期以使花期相遇。一是采取分期播种，将早开花的亲本晚播，或者将晚开花的亲本早播。二是将母本适时播种，将父本分几期播种，使其达到花期相遇。三是采取光照处理，高粱是短日照作物，每天进行短日照处理可以提前开花，而每天进行长光照处理则能延迟开花。

（2）杂交授粉技术。

A. 整穗：要选择生长健壮，发育正常的主穗，并且花已开到中上部的穗作杂交去雄穗。剪去已经开花小穗的枝梗和下部所有的分枝，只留下预计翌日能开花的中部的 5～6个一级分枝。为了去雄方便操作，分枝之间要散开，然后剪去过密的无柄小穗和全部的有柄小穗，每个枝梗留 7～10 个小穗，这样每个去雄穗留下 40～50 个小穗即可。

B. 去雄：去雄操作是一项很细致的工作，技术要求精准。去雄时间最好在下午 3～4时进行。去雄的顺序是每个分支的小穗自上而下逐一完成，不能漏掉。待完全去雄后，再仔细检查一遍，看是否有遗漏，然后用玻璃纸袋把去雄穗套上，并记上纸菲子，写明去雄日期。

C. 授粉：一般在去雄后的第二天或第三天授粉。从玻璃纸袋外面可以观察到小花是否已经开了，如果去雄小穗全部开放，即可授粉。授粉通常在上午 9～10 时进行，具体时间应根据天气情况来定。授粉时，先用纸袋取回父本的花粉，当去雄玻璃纸袋取下后，快速将父本花粉袋套上，并用手敲打让袋里的花粉散落在去雄后的雌蕊柱头上。然后再套上适当大小的纸袋，用曲别针别好。写明杂交父、母本的名称，授粉日期。

（3）授粉后管理。杂交授粉后要加强管理和保护。为防止鸟害和种子霉烂，要及时更换纱布网袋。杂交种子成熟时，要及时连同网袋一起收获，并妥善保存，脱粒后以备下一年播种用。

3. 杂种后代的选择　系谱法是国内外高粱杂交育种中最常用的一种方法。该方法的特点是，自杂交的第一次分离世代（单杂交的 F_2 世代，复合杂交的 F_1 世代）开始选单株，并分别种成株行，每一个株行成为一个株系。之后各世代都在优良株系中选择更优单株，继续种成株行，直到选育出优良、稳定、一致的株系，便不再选单株，升级至鉴定圃试验。在选择过程中，各世代都予以株系的编号，以便于查找株系的来源和亲缘关系，故称系谱法（图 11-3）。这里以单杂交为例，阐述说明对杂种后代的选择。

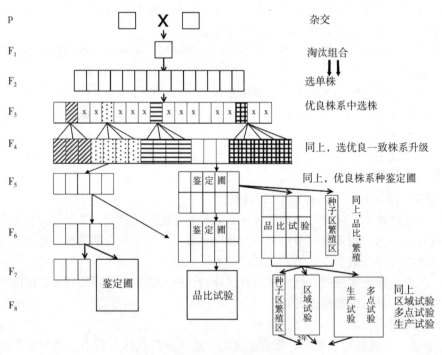

图 11-3　高粱杂交育种程序示意图

杂交双亲如果是纯合的，F_1 群体应该是一致的基因型；如果环境的影响差异不是很大时，F_1 群体的个体之间也应该是整齐一致的。单杂交的 F_2 代开始分离，分离的代数因基因的对数和遗传背景的复杂程度而不同。对杂种的处理，一是选择，二是培育。培育的条件应根据育种目标来定，如果欲选育高产型的新品种，则应把杂种后代种植在较高肥力的地块上，以使杂种后代的高产基因充分地表现出来。选择是根据育种目标对性状进行严格选择和淘汰。对杂种后代要严格进行自交授粉，以保证双亲基因的重组和杂种基因型的逐步纯化。

（1）杂种一代（F_1）。将得到的杂种种子按组合单收、单放、单独编号，如 99（1），表明 1999 年做的第一个杂交组合。翌年单种。为方便观察、鉴定和比较，应在杂种行两侧种植父、母本和对照种。生长过程中观察去掉 F_1 代伪杂种，其他套袋自交。对杂种一代通常不进行淘汰，只收获生长发育正常的组合以进代。但是，有时杂交组合作的比较多，又兼对杂交亲本了解不深的情况下，也可以在 F_1 代淘汰一些表现非常差的杂交组合。

（2）杂种二代（F_2）。F_2 是杂交育种关键的世代，是杂种性状强烈分离的世代，即同一杂交组合内的单株间表现出多样性，为选择提供了丰富的材料基础。因此，对 F_2 代能否选准是成功的关键，这是因为在很大程度上决定以后世代的优劣。对 F_2 代要处理好以下几个问题。

①种植的群体数量：F_2 代群体的大小要根据选择的数量来定，还要兼顾目标性状遗传的复杂程度。例如，如果要选择 5 个目标性状的隐性基因，而且这些基因是独立遗传的，那么根据数量性状遗传学原理，5 个基因全部为隐性纯结合的植株，即 1/1024。这样一来，F_2 群体的容量要达到 1 000～2 000 株。对 F_2 群体容量应该有多大有两种不同的看法，一种认为应该加大群体容量，以使优良的性状基因单株分离出来；另一种认为应是多组合小群体，每个 F_2 代种植 100～200 株。笔者倾向第一种看法。

②对 F_2 代的选择：选择与淘汰是一个问题的两个方面，可以先选择，也可以先淘汰。无论是选择还是淘汰，都要按育种目标严格操作。一般要确定一个适宜的选择率（选择压），表现较好的杂交组合 F_2 代，选择率可以在 8%～10%；表现一般的组合，选择率 5%；表现较差的组合，选择率 1%；最差的组合 则淘汰掉。

③早代和晚代选择的性状：对于那些遗传力较高的，或由单基因控制的性状，如株高、开花期、穗长、壳型等，可在早期世代进行选择；对于那些遗传力低的性状，或由多基因控制的数量性状，如单穗粒数、单穗粒重、二级和三级分枝数等，可在较晚的世代进行选择。入选的单株分株脱粒、编号，如 99（1）入选的第 5 株，可写成 99（1）-5。

在整个选择过程中，将各个组合与其邻近的对照和亲本进行比较，并作不同组合间的比较，在选择组合的基础上选择优良单株，与亲本进行比较，还可以观察、记载双亲性状在杂种后代中的遗传表现，如性状显隐性和分离性状的情况。各个亲本的优缺点及其性状遗传传递能力的大小等，以便对亲本有进一步的了解，同时取得选配亲本的经验教训。

（3）杂种三代（F_3）。按组合排列，将入选的 F_2 单株种成株行，在适当位置种植对照品种。F_3 各株行间的性状表现出明显差异，各株系内仍有一些性状分离，但其分离程度因株系而不同，一般比 F_2 代小得多，也有个别株系表现较为一致。

对 F_3 代的选择主要是挑选优良株系中的优良单株。因此，首先是选系，再从优系中选优株。在 F_3 代，各株系主要性状的表现趋势已较明显，所以 F_3 代也是对 F_2 代入选单株的进一步鉴定和选择的重要世代。同时，在这 F_3 世代是以每个株系的总体表现为主要依据从中选拔优良单株，因而入选的可靠性也大得多。通常根据生育期、抗病性、抗逆性和产量因素等性状的综合表现进行选择。各组合入选株系的数目主要依据组合的优劣而定，在选中的株系中一般每系选优良单株 3～5 株。F_3 的收获、脱粒、考种同 F_2 代，其编号延续，如在 99（1）-5 株系中选中第 3 株，写成 99（1）-5-3。

（4）杂种以后世代（F_4……）。F_4 及以后世代的种植方法同 F_3。来自同一 F_3 株系（即属于同 F_2 单株后代）的 F_4 株系，称为株系群，株系群内的各株系称为姊妹系。通常，不同株系群间的性状差异要大，同一株系群内的各株系间的差异要小，而其丰产性、性状的总体表现等常常是相似的。因此，在 F_4 首先应选择优良株系群中的优良株系。F_4 代仍有一些分离，应继续在各系内选择优良单株。

另一方面，从 F_4 代开始，已能够出现为数不多的性状较为整齐一致的株系，因此选择重点可转向选拔优良一致的株系，升级进行产量试验。但由于这些株系的同质结合程度还稍差，因此还应继续选株，以进一步纯化、稳定。F_4 选株系或选株所依据的性状应更为全面。在 F_4 中选的株系于翌年进行产量试验时，将株系改称为品系。

从 F_5 代开始，大部分株系的性状都趋于稳定，株系的种植面积可适当缩小。性状基本稳定一致的家系可以选择正常 F_6 生长发育的植株，混收脱粒留种。有些遗传背景比较复杂的杂交组合，可能要到 F_6、F_7 代才能趋于稳定，个别杂交组合可能需要更高的代数，说明在这样的组合高代中仍有某种分离，仍然可以进行选择，由此选育的品系，其遗传基础广泛，有可能具有较高的产量和较强的适应力。

（二）远缘杂交育种

高粱的远缘杂交是指种间和属间杂交。例如栽培高粱品种与苏丹草杂交属种间杂交，高粱与甘蔗（*Saccharum Sinense*）或玉米（*Zea mays*）的杂交，为属间杂交。一般来说，高粱远缘杂交在 $2n=20$ 的栽培高粱（粒用、糖用、帚用等）与 $2n=20$ 或 $2n=40$ 的野生高粱种之间都可进行。例如，苏丹草（*S. sudanense*）、埃塞俄比亚高粱（*S. aethiopicum*）、帚枝高粱（*S. uirgatum*）、约翰逊草（*S. helepense*）、哥伦布草（*S. almum*）、类芦苇高粱（*S. arumdinaceum*）等都可用来进行种间杂交。

高粱属间杂交育种也有报道，美国佛罗里达州甘蔗大田试验站于 1956 年用四倍体高粱瑞克斯（$2n=40$）做父本与甘蔗品种 F36-819 进行杂交，其中得到 1 株杂种。并用二倍体和四倍体高粱进行回交。通过形态学和细胞学研究证明杂交后代中确实发生了染色体的变化。中国海南省崖城良种场于 1960 年先后用 150 种高粱作母本与甘蔗做有性杂交。在其中一个杂交组合反修 10 号×粤糖 55/89 的杂交后代中，经 3 年 4 代的单株选择，选出了高粱蔗粮、糖兼用型高粱新品种，命名高粱蔗7418，属中晚熟种，一般每公顷产籽粒3 750kg，茎秆30 000～45 000kg，榨糖2 250～3 750kg。

河北省沧州地区农业科学研究所（1976、1977）从 1972 年起开展了高粱与谷子的属间的远缘杂交研究和育种。谷子品种是泥里拽和双庆谷做母本，高粱品种是晋杂 5 号和离石黄作父本杂交，共得到 22 粒种子，出苗时仅存活 2 株。1973 年从双庆谷×离石黄高粱上收 39 粒种子，播种后成活 3 株。杂种二代（F_2）产生不育株率 6％～6.7％。结实率0.29％～9.5％。杂种三代（F_3）时分离广泛，植株甚至不分蘖；茎秆挺立，叶片上举，穗梗短，叶片包裹穗，类似高粱抽穗状况。杂种四代（F_4）继续表现出分离，籽粒的变异很大，有的小花结双粒。

湖北省农业科学院（1977）报道了高粱稻（A 型）的杂交育种。1971 年，用早粳品种农垦 8 号作母本，授以矮秆糯、鹿邑歪头、晋杂 12 和无名 4 号等 4 个高粱品种的混合花粉。在杂种三代（F₃）晚熟中秆类型中，选出一单株定名为"A"型高粱稻。高粱稻（A 型）株型较紧凑，茎秆粗壮，坚韧，耐肥，抗倒伏，穗较大，长 13.5cm，穗型似高粱，平均每穗粒数 150～200 粒。

高粱与甘蔗、谷子、水稻的远缘杂交育种都有一些报道，但是这些研究目前尚处于探索之中，由于还不能做到在一定条件下的可重复工作，而且对其杂交后代的细胞学研究还不够深入、细致、清楚，因此对于高粱远缘杂交的父本花粉究竟在多大程度上参与了受精作用，还存在不同的看法和意见，须进一步开展研究。

四、回交育种法

（一）回交育种法的应用

从高粱改良的历史发展看，回交育种法至少有 4 个方面的应用。

1. 改良 1～2 个性状有缺点的品种　例如一个高粱品种的籽粒产量、品质性状、抗逆性、适应性等都表现良好，只是生育期较长，不能保证年年正常成熟，遇到低温冷害年份，会遭受大幅减产。为改良生育期长的缺点，可采用回交育种法，先挑选一个早熟的品种与该品种杂交，然后在杂种一代群体里选择生育期短的，较早开花的单株与该品种回交。在回交后代里连续选择开花期适宜的单株与该品种回交，回交 4～5 代，当入选的后代生育期已经符合育种目标，其他性状与该品种一致时，那么这个品种就是回交法育成的新品种。

2. 改良品种的抗病性和抗虫性　由于高粱抗病、抗虫性日益受到育种家的关注，而且随着高粱病害的病原菌生理小种分化较快，使其抗病迅速丧失，应用回交法解决这一问题越来越受到育种家的重视。例如，我国的高粱丝黑穗病是高粱生产每年都要发生的一种病害，其病原菌生理小种的不断分化，使品种的抗性不断丧失。为了解决这一问题，常采用回交育种使其新品种获得抗病性。又如澳大利亚在当地的一种野生高粱中发现有抗摇蚊的基因，为了使当地高粱品种具有抗摇蚊的性状，则采取回交育种法。

3. 采用回交法选育高粱雄性不育系　世界上第一个高粱雄性不育系 TX3197A 就是通过回交转育育成的。用迈罗高粱作母本与卡佛尔高粱作父本杂交，在杂种二代（F₂）分离出雄性不育株，用卡佛尔作轮回亲本回交。在回交后代选择雄性不育株继续与卡佛尔回交，连续回交 4～5 代，即选育出高粱雄性不育系。

4. 回交在外来种质渐渗上的应用　外引的一些高粱种质资源，包括一些野生资源，常常带有当地品种所不具有的一些优良性状，包括抗病虫、抗逆境性状、品质性状等。要转育这些优良性状，可以通过回交法，基因渐渗的方式，把外来种质的优良性状基因渐渗到当地品种中去。

（二）回交育种法的遗传效应

如上所述，回交育种的目的是在保持某一优良品种（轮回亲本）诸多优良性状的基础上，克服其存在的个别缺点，这要通过杂交而后的多次回交和对缺点性状进行选择来达到。在这一过程中，需要分析了解回交对其后代遗传结构的影响。

假设 2 个品种有一对等位基因，其基因型分别是 AA 和 aa，杂种一代（F₁）为 Aa。

处理一让 Aa 自交，处理二让 Aa 和 AA 回交，在不加任何选择压的情况下，新产生的两个杂种群体基因型变化如表 11-1。结果表明，不论自交还是回交，每增加一个世代，纯合体所占的比率将增加 1/2，而杂合体则减少 1/2。但不同的是，自交时，纯合体中 AA 和 aa 各占 1/4；相反在回交下，全部纯合体均为与轮回亲本相同的 AA 类型。

表 11-1　杂合体 Aa 自交以及同 AA 回交各世代基因型频率的变化
（《作物育种学》，1981）

自交或回交世代	在自交下的基因型频率	在回交下的基因型频率
0	1Aa	1Aa
1	1/4AA　2/4 Aa　1/4aa	1/2AA　1/2Aa
2	3/8AA　2/8Aa　3/8 aa	3/4AA　1/4Aa
3	7/16AA　2/16Aa　7/16aa	7/8AA　1/8Aa
…	…	…
r	$\dfrac{2^{r-1}}{2^{r+1}}$Aa　$\dfrac{1}{2^r}$Aa　$\dfrac{2^{r-1}}{2^{r+1}}$aa	$\dfrac{2^{r-1}}{2^r}$AA　$\dfrac{1}{2^r}$Aa

在双亲多对不同基因的情况下，虽然随着自交和回交其纯合的速度要慢一些，但趋势仍是一样的。即连续自交的结果，最终将导致整个群体分离为 2^n 个纯合基因型；而在回交下，该群体逐渐聚合成为同轮回亲本一样的基因型。根据纯合体的计算公式 $\left(1-\dfrac{1}{2^r}\right)^n$，算出不同基因对数在连续回交的每一个世代中，从轮回亲本导入基因的纯合体比率列表 11-2 里。式中的 r 代表回交代数，n 为等位基因对数。

表 11-2　在回交后代中从轮回亲本导入基因的纯合体比率（％）
（《作物育种学》，1981）

回交世代（r）	等位基因对数（n）										
	1	2	3	4	5	6	7	8	10	12	21
1	50.0	25.0	12.5	6.3	3.1	1.6	0.8	0.4	0.1	0.0	0.0
2	75.0	56.3	42.2	31.6	23.7	17.8	13.4	10.0	5.6	3.2	0.2
3	87.5	76.6	67.0	58.6	51.3	44.8	39.3	34.4	26.3	20.1	6.1
4	93.8	87.9	82.4	77.2	72.4	67.9	63.6	50.6	52.4	46.1	25.8
5	96.9	93.9	90.9	88.1	85.3	82.7	80.1	77.6	72.8	68.4	51.4
6	98.4	96.9	95.4	93.9	92.4	91.0	89.6	88.2	85.7	82.8	71.9
7	99.2	98.5	97.7	96.9	96.2	95.4	94.7	93.9	92.5	91.0	89.6
8	99.6	99.2	98.8	98.4	98.1	97.7	97.3	96.9	96.2	95.4	92.1
9	99.8	99.6	99.4	99.2	99.0	98.7	98.5	98.3	97.9	97.5	95.7

假如在非轮回亲本中，优良性状的基因与不良性状的基因存在连锁遗传关系，则轮

回亲本优良基因置换非轮回亲本不良基因的进度将会受到影响。例如，在一个回交方案中，目的从一个多数性状不良的抗病品种（非轮回亲本）中把抗病基因 R 转育到一个优良品种（轮回亲本）中去，而 R 与不良基因 b 连锁，F_1 的基因型为 Br/bR。在回交后代中，选到 $B\_R\_$ 个体的概率比独立分配定律下少，回交群体恢复轮回亲本优良性状纯合基因型的进度将要减慢，其快慢的程度取决于 R 与 b 基因之间交换率的大小。在不加选择的情况下，轮回亲本的相对基因置换连锁的不良基因获得目标基因型的频率可用下式表示：

$$1-(1-C)^r$$

式中，r 表示回交次数，C 表示交换率。现计算出在几种交换率和不同回交次数下，产生目标基因型的概率如表 11-3 里。结果表明，在存在一定连锁和不施加选择的情况下，回交仍然是促进杂种群体聚合到轮回亲本基因型的有效手段。在一项回交种方案中，轮回亲本的基因型，除了需要改造的性状基因通过有目标的选择而得到外，其余优良的基因将基本上得到重现。这就说明回交育种是一种比较有效的育种方法的原因，这在一般的杂交育种无控制的分离下是难以获得这种有效性。

表 11-3　在不施加选择下轮回亲本的相对基因置换连锁的不利基因的概率（%）

（《作物育种学》，1981）

回交次数 (r)	交换值（C）					
	0.5	0.2	0.1	0.02	0.01	0.001
1	50.0	20.0	10.0	2.0	1.0	0.1
2	75.0	36.0	19.0	4.0	2.0	0.2
3	87.5	48.8	27.1	5.9	3.0	0.3
4	93.8	59.0	34.4	7.8	3.9	0.4
5	96.9	67.2	40.9	9.2	4.9	0.5
6	98.4	73.8	46.9	11.4	5.9	0.6
7	99.2	79.0	52.2	13.2	6.8	0.7
8	99.6	83.2	57.0	14.9	7.7	0.8
9	99.8	87.1	61.3	16.6	8.6	0.9

（三）回交育种操作技术

1. 轮回亲本与非轮回亲本的选择　回交育种的实质就是要改良一个优良品种的 1～2 个缺点性状。欲要获得成功，必须要选择一个适合的轮回亲本，即它在绝大多数性状上是符合育种目标的，只有个别需要改良的性状。育种实践证明，要同时改良一个品种的许多不良性状，采用回交法是十分困难的。这是由于一是杂种后代的遗传复杂性是以基因个数的幂数比率增加的，因此如果同时转导的基因数过多，必须大量增加每一回交世代的株数，从而增加了回交的工作量。二是能满足大多数性状同时表现的环境条件并不是经常都有的，这将增加选择的难度，影响回交育种的效果。因此，作为回交育种成功与否的轮回亲本，必须具有优良的综合性状。

选择非轮回亲本的首要条件是必须具有轮回亲本所缺乏的优良性状。鉴于在回交育种过程中，被转导的性状或者由于鉴定的不十分清楚，或者由于在新的遗传背景下修饰基因的效应，其强度常常有所削弱，因此在选择非轮回亲本时，对目标性状应具有足够强度，其遗传力应是较高的，并且在后代群体中易于鉴别。对于非轮回亲本的其他性状则不必作为选择的重要标准，因为通过几代的回交，这些性状将逐渐被轮回亲本的相应性状所替代。

2. 回交操作程序

第一年，轮回亲本 A 与非轮回亲本 B 杂交，即 A×B。

第二年，杂种一代（F_1）与轮回亲本 A 回交，产生回交一代（BC_1）。如果被转移的性状是显性遗传，则在回交一代中选择具有该性状，同时适当兼有轮回亲本性状的植株，再与轮回亲本回交，产生回交二代（BC_2）。之后，按同样方法继续回交。

如果欲转移的性状是隐性遗传，可采取两种方法操作，一是每次回交的后代自交一次（BC_nF_1），然后从其分离的后代中（BC_nF_2）选择具有该转移性状的植株与轮回亲本回交。二是在回交世代中选株回交，并在回交的植株上留出分蘖穗自交；如果没有分蘖，可在回交穗上留几个分枝码自交。在下一世代可种植分蘖自交穗或自交分枝码的种子，鉴定其是否发生拟转移性状的分离。如果产生了具有该性状的分离株，则用轮回亲本继续回交。

之后，继续上述的回交到回交五代（BC_5）或回交六代（BC_6）。当回交后代的群体大多数性状已与轮回亲本相同时，则要连续自交 1～2 次，以使被转移的性状达到纯合。如果转移的性状属于简单隐性遗传的，经一次自交即可达到纯合型，如果被转移的性状为显性、或多基因遗传，则必须在自交后代中分株系进行鉴定，直到目标性状的纯合基因型出现为止。

3. 回交次数　回交育种的基本目的之一就是轮回亲本的绝大多数性状得到恢复，这主要由回交次数来决定。在一般情况下，通过 4～6 次回交，结合早代的严格选择，即可达到预期的效果。如果杂交双亲的亲缘关系近，遗传差异小，回交次数可以少一些；相反，如果双亲的亲缘关系远，遗传差异大，或者需要转移的目标基因与不良基因之间存在连锁关系时，则回交次数要多一些。

在回交早代（BC_1～BC_3），性状分离较大，选择效果较显著。在经过 3～4 次回交之后，通常后代群体已与轮回亲本的性状基本一致，这时除了对目标性状进行选择以外，对轮回亲本性状进行选择已无太大必要。

4. 回交后代群体容量　在回交过程中，为了确保回交的植株带有需要转移的目的性状基因，每一回交世代必须种植足够的植株数目，用下式计算。

$$m \geqslant \frac{\log (1-a)}{\log (1-p)}$$

式中，m 代表所需植株数目，a 代表概率平准，p 代表在杂种群体中合乎需要的基因型的期望比率。下面算出几种不同基因对数，在无连锁情况下每一回交世代所需的最少植株数目（表 11-4）。

表 11-4　在回交中所需要的植株数

（《作物育种学》, 1981）

需要转移的基因数		1	2	3	4	5	6
带有转移的优良基因的植株的预期比例		1/2	1/4	1/8	1/16	1/32	1/64
概率平准	0.95	4.3	10.4	22.4	46.3	95	191
	0.99	6.6	16.0	34.5	71.2	146	296

　　假设在一项回交育种方案中，需要从非轮回亲本中转移的优良目标性状受一对显性基因 RR 所控制，回交一代（BC_1）植株有两种基因型 Rr 和 rr，其理论比率为 1：1，也就是说带有优良目标基因 R 的植株（Rr）的理论比率是 1/2。在这种比率下，为使 100 次中有 99 次机会（即 99％ 的可靠性）在回交一代中有一株带有 R 基因，回交一代的株数不应少于 7 株。在以后的回交世代中，同样要保持每次不少于这个数目的植株数。如果需要转移的是隐性基因 r，预期回交一代植株的基因比率为 $RR：Rr=1：1$，则带有需要转移基因 r 植株的预期比率同样为 1/2。然而，带有 RR 和 Rr 的植株，这种形状在表型上无法区别。因此在采取连续回交的情况下，每世代回交株数不应少于 7 株，而且要保证每个回交株能产生不少于 7 株后代。以后的每个回交世代也应如此。

　　如果需要转移的目的基因有两对，一对为显性基因 AA，一对为隐性基因 bb。在回交一代中，各种基因型的比率是 AaBB：AaBb：aaBB：aaBb=1：1：1：1，符合要求的基因型，AaBb 预期比例为 1/4。若按 99％ 的概率使回交一代中有 1 株带有 A 和 b 基因，那么回交一代的植株不应少于 16 株。又由于基因型 AaBB 与 AaBb 在表型上无差别，因此都要用来回交，而且要求每个回交植株能产生不少于 16 株后代。

　　在回交中，如果轮回亲本是一个纯合的品种，只要能保证足够数目的配子，不必受回交株数的限制。但也常发生这种情况，作为轮回亲本的品种不是单一的纯合体，而是由许多近似的纯系组成的复合品种，而且该品种的复合性正是该品种表现出某种优越性的重要原因，如稳产性，广泛的适应性等。鉴此，为了使改良后的品种能继续保持其原品种的优良特性，在回交世代中，应尽可能多地使用轮回亲本的植株进行回交，以保证新选育的品种有充分的代表性和优越性。

第三节　高粱诱变育种法

　　诱变育种是采取人工诱变的方法，使高粱产生新性状变异，然后选择新产生的变异，并稳定这新的变异，选育出新的高粱品种。一般来说，高粱在诱变因素（物理诱变因素和化学诱变剂因素）的作用下，使某个或某些基因产生突变，即所谓的基因突变。这种突变对改良株高、熟期、品质性状和抗病性等比较有效。

一、诱变育种的优缺点

（一）诱变育种的优点

1. 提升变异率，拓展变异范围　采用诱变因素处理作物外植体可使变异率（变异体占处理个体的百分率）提升到3%，比自然变异高100倍以上，甚至达1 000倍。此外，人工诱变的变异范围广泛，甚至是自然界中尚未有过或很难产生的新变异源。

2. 改良单一性状有效　　通常的点突变都是诱变某一个基因，因此可以改良推广主栽品种的个别缺点性状。高粱诱变育种能有效改良品种的熟性、株高、品质、抗病等单一性状。

3. 变异性状易稳定　　诱发产生的变异多数是一个主效基因的变异，因此稳定较快，一般经3~4代即可基本稳定，可以缩短育种新品种的时间。

（二）诱变育种的缺点

1. 诱发变异的方向和性质难于掌握　　其原因主要是目前对诱变育种的原理研究还不够深透，很难预测哪些性状能发生变异及其变异的程度、有益或无益，以及变异的频率等。通常诱发有益的变异较少，而无益的变异较多，因而在没有很好地了解变异的机理时，一般采取增加第二代诱变群体的容量，提高选择的概率，这样就需增加物力和人工。

2. 很难同时出现多个性状的有利变异　　除了某些性状受一对主效基因控制外，一般来说难于在同一次诱变处理中，在同一变异体中有多个性状产生有益的变异。例如，拟要在高粱诱变中，既想获得抗丝黑穗病的变异，又要获得抗叶斑病的变异，甚至抗炭腐病的变异，这是很难出现的。

二、诱变选育技术

（一）诱变材料选择

与杂交育种一样，诱变材料的选择是育种成败的关键，要坚持以下原则。

1. 选择综合性状优良的品种　　选用只有1~2个需要改良的推广品种，诱变成功的可能性大。例如，高粱恢复系晋辐1号就是选择优良杂交种晋杂5号经γ射线处理后育成的。

2. 选用杂交后代材料　　通过杂交，其连锁基因已有所打破，并进行重组合。在此基础上，再行诱变处理，就会有更大范围和更深层次的变异，使杂交后代产生更多更有益的变异个体，增加了选择优良性状变异的概率。

3. 选用单倍体材料　　单倍体材料经诱变产生的变异容易鉴别和选择，再将入选的单倍体加倍后即可得到稳定的二倍体材料，大大缩短了育种年限。通常利用花粉（药）培养的愈伤组织、胚芽体、单倍体植株进行诱变。

（二）诱变后代的选育

1. M_1代的选育　　经过诱变处理的种子长成的植株称为第一代，以 M_1 表示。M_1群体的容量，因育种目标而不同，通常根据 M_2 群体的大小来确定，像高粱这样的中耕作物，M_2代要有1万株以上，由此来确定 M_1 的群体数目。但要考虑到 M_1 的存活率和结实率，因为种子在处理后一般都能发芽，但发芽较慢，之后生长较慢，或不再生长，有的逐渐死亡。成活的幼苗则恢复正常生育，也有的发生变异，如叶色、叶形、植株高矮、茎秆粗细等发生变异，而且后期有一部分植株产生不同程度的不育现象。

采用高剂量诱变时，种子的胚芽、胚根膨大，播种后不能出土，或出土后死亡。有的植株出现株型变矮、叶片变短等形态变异，以及生理损伤，致使幼苗生长受抑制，推迟成熟，分蘖位提高，高粱抽穗困难，并伴随不同程度的不育性产生，而这些变异一般不能遗传。

对诱变后长成的植株，由于是个别细胞引起变异所形成的组织，且大半是隐性变异，所以植株本身是嵌合体，在形态上又不易显露出来，因而 M_1 代一般不进行选择。而诱变杂种的后代或单倍体的材料进行诱变处理时，M_1 代就发生分离，应进行选择。高粱主穗的诱变率比分蘖穗高，这是因为种子经诱变处理时主要影响到种胚的生长点，而分蘖穗仅包含生长点的部分分生组织的细胞群，因此其诱变率相对低一些。

2. M_2 代的选育　正常诱变处理的 M_2 代即产生分离现象，是分离范围最大的一个世代，其中大半是叶绿素变异，如白化、黄化、浅绿、条斑、虎斑和多斑等。这些变异由于诱变剂种类和剂量的不同，其产生的情况也不同。在高剂量处理时，M_1 代也可能产生这些变异。通常可根据叶绿素变异率和程度来判定适宜的诱变剂和剂量。由于 M_2 代产生叶绿素变异等无益突变较多，因此应种植和保证足够的 M_2 群体容量，以实现有益的变异得到选择。

3. M_3 及以后世代的选育　对 M_2 代的选择，可选成单株（穗）。M_3 代分别种成穗行，并种植原始品种作为对照。这种方式观测起来比较方便、直观。M_3 及其以后的世代的选择，进行单株（穗）选择。一般情况下，从 M_3 代开始就基本稳定了，也有少数株（穗）系出现分离，可以继续进行单株（穗）的选择。对已经稳定的株（穗）系，可以进行产量比较试验及其以后的区域试验和生产试验。

三、高粱诱变育种成果

（一）射线诱变育种成果

在物理诱变因素中，γ 射线用得较多，育种效果也较好。国外报道用射线处理高粱品种种子 M35-1 和 GM2-3-1，后代分离出抗干旱和抗芒蝇的变异体。用 γ 射线处理尼日利亚的一个高粱品种，产生了一个高粱雄性不育基因，ms_7，不育性相当稳定。用 γ 射线处理高粱品种 M22-5-16 和 MCK60，在 M_1 和 M_2 代获得籽粒蛋白质含量增加的变异株，并选出新品系。

我国在利用射线处理高粱育种中，也取得许多成果。山西省吕梁地区农业科学研究所（1972）于 1967 年用 ^{60}Co γ 射线 2.4 万 R 剂量照射晋杂 5 号零代干种子，在变异后代中选育出优质、恢复性好、农艺性状优、产量高的新恢复系——晋辐 1 号（图 11-4）。用晋辐 1 号与

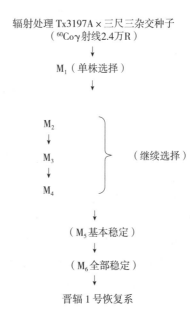

图 11-4　辐射处理选育晋辐 1 号恢复系程序
（《杂交高粱遗传改良》，2005）

Tx3197A 组配的晋杂 4 号，与 Tx622A 组配的辽杂 1 号，成为我国高粱春播晚熟区主栽高粱杂交种。中国农业科学院原子能利用研究所用⁶⁰Coγ射线处理抗蚜 2 号高粱品种，从变异后代中选育出矮秆分蘖类型的恢复系矮子抗。刘立德（1978）用 γ 射线处理晋杂 12 种子，从后代变异中选出了品质较好的矮丰 2 号恢复系，并与赤 10A 不育系组配成早熟、高产高粱杂交种北杂 1 号。

马正潭（1983）于 1977 年用 γ 射线 2.5 万 R 和 3.0 万 R 剂量照射黄胚乳高粱品种 7512 干种子。从后代变异中选育出新的恢复系机收 01，恢复率达 100%。机收 01 比原品种 7521 早抽穗 23d，品质优良，株高 1m 上下，适于机械收割，高抗丝黑穗病。张纯慎（1984）于 1981 年用⁶⁰Coγ射线 2 万 R 的剂量照射高粱品种 A3681。在 M₂ 代发现有高蛋白质和高赖氨酸含量的变异株，其中蛋白质含量超过对照的有 38 株，而超过 10% 蛋白质含量的有 19 株，最高含量者达 13.71%；赖氨酸含量超过对照的有 43 株，最高含量者为 0.28%。可见，通过 γ 射线处理高粱种子能够在 M₂ 代变异中筛选出高蛋白质、高赖氨酸变异体单株。

陈学求（1980，1984）从 1971 年开始，用⁶⁰Coγ射线处理中国高粱品种跃 4-1 的风干种子，照射剂量 0.6 万～1.5 万 R。在 M₂ 代里分离出雄性不育变异株，用同一穗系的可育株作轮回亲本作回交。回交 3 代后，其不育株率达 99.8%，育成了稳定的高粱雄性不育系 601。之后，又采用同样的方法选育出另一个高粱雄性不育系 602。中国农业科学院原子能利用研究所用⁶⁰Coγ射线处理保持系 TX3197B，在后代变异株中选育了中秆保持系农原 201B，随后转育成中秆雄性不育系农原 201A。

（二）化学诱变育种成果

早在 1952 年，Franzke 和 Ross 等就报道了用秋水仙素处理高粱，使高粱产生变异，并进一步选育出纯合品种。此后，Eigst 和 Dustin（1955）、Atkinson 等（1957）、Senders（1959）、Foster（1961）、Simantel（1963，1964）、Chen 等（1965）育种者报道了用秋水仙素处理高粱，使幼苗色、分蘖数、株高、茎粗、叶长、叶中脉色、芒长和育性等性状产生变异。而且发现用秋水仙素处理高粱容易获得纯合的突变体，并能同时诱发几个性状基因变异，还能诱发细胞质雄性不育性变异。

Mohan（1978）采用硫酸二乙酯处理高粱，得到了高赖氨酸含量突变体 P721，其含量达高粱籽粒干重的 0.432%，占蛋白质的 3.09%，而蛋白质含量高达 13.9%。

综上所述，通过物理的、化学的诱变因素处理高粱品种，可以引起熟期、品质、抗性、株高、育性等性状的变异，并从中选育出新品种。实践证明，采用⁶⁰Coγ射线处理高粱干种子，照射剂量在 2 万～3 万 R。通常红粒高粱处理剂量在 2 万～3 万 R，白粒高粱在 1 万～2 万 R。宋高友等（1993）研究不同温度下，⁶⁰Coγ射线对高粱诱变的效果。结果表明，低温辐射处理有利于晚熟和株高矮化的变异发生，−76℃的诱变效果最佳；常温下辐照有利于籽粒胚乳质地和穗型变异的产生。内蒙古农牧学院研究认为，用⁶⁰Coγ射线处理高粱，剂量率以 100～150R/min 为宜，剂量率超过 200R/min 以上时，则出现较多死苗。

第四节　倍数染色体育种法

一、单倍体育种

（一）单倍体的概念和类型

1. 单倍体的概念　高等植物的单倍体是指含有配子染色体数目的孢子体。如果从细胞遗传学的视角看，由二倍体植物产生的单倍体，由于它的体细胞里仅含有一个染色体组，所以在单倍体分类上又称为一倍体，如玉米单倍体就是一倍体。如果由多倍体植物产生的单倍体，其体细胞里含有几个染色体组，所以又称为多单倍体，如小麦单倍体就是多单倍体。不论是一倍体还是多单倍体，在育种上统称单倍体。

植物单倍体可自然产生，也可人工诱发产生。20 世纪 20 年代以来，先后在烟草、玉米、小麦、水稻、黑麦、棉花、亚麻等作物上发现并获得了单倍体植株。岳绍先等（1986）报道，现已在 70 个属、206 种植物上获得了单倍体植株。单倍体的自然产生频率较低，如孤雌生殖产生单倍体的频率约 0.1%，孤雄生殖的为 0.01%。不同物种间产生单倍体频率的差异较大，如小麦为 0.48%，玉米 0.000 5%～1%，棉花为 0.000 33%～0.002 5%，而一粒小麦可高达 23.0%～38.9%（Smith，1946），海岛棉的一些品系最高达 61.8%（Turcotte，1963，1964）。

人工诱发单倍体的途径有远缘杂交、物理或化学因素处理、延迟授粉、双生苗选择等。20 世纪 60 年代以来，在许多作物上利用花药（粉）培养或染色体有选择的消失而获得单倍体。

2. 单倍体的类型　Kimber 和 Riley（1963）根据染色体的平衡与否把单倍体分为两大类。

（1）整倍单倍体。整倍单倍体（eubaploid）是指其染色体为平衡的单倍体。其下又可分为单元单倍体（monohaploid），是由二倍体种产生的，如玉米、高粱、水稻的单倍体；多元单倍体（polyhaploid）是由多倍体物种产生的，如普通小麦、陆地棉的单倍体。由同源多倍体产生的多元单倍体，称为同源多元单倍体（autohaploid）；由异源多倍体产生的称为异源多元单倍体（allopolyhaploid）。

（2）非整倍单倍体。非整倍单倍体（aneuhaploid）是指染色体数目多或少的单倍体，如额外染色体是该物种配子体的成员，称为二体单倍体（disomic haploid，$n+1$）；如果是从不同物种来的，称外加单倍体（addition haploid，$n+1$）；如果比该物种正常配子体的染色体组少 1 个染色体的，称为缺体单倍体（nullisomic haploid，$n-1$）；如果是用外来的 1 条或几条染色体代替单倍体组的 1 条或几条染色体时，称为替代染色体（substitution haploid，$n-1+1$）；如果含有一些具端着丝点的染色体或错分裂产物，如等臂染色体，称为错分单倍体（misdiversion haploid）（图 11-5）。

（二）单倍体育种技术

1. 单倍体育种的优点

（1）克服杂种分离，减少育种年限　由于雌、雄配子只有 1 个染色体组，所以将杂种

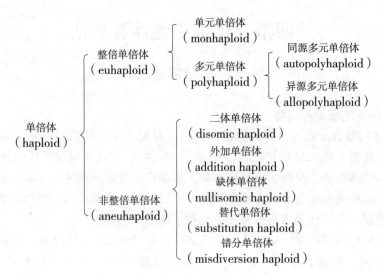

图 11-5　单倍体的类型
（《遗传学词典》，1979）

F$_1$ 或 F$_2$ 代的花药（粉）、子房、胚珠进行离体培养，诱导成单倍体植株，再经染色体加倍后，就获得纯合二倍体。这种纯合二倍体在遗传上是稳定的，不会发生性状分离，相当于同质结合的纯系。其结果，从杂交到获得纯合的品系只需要 2～3 个世代的时间，比常规杂交育种可缩短许多时间（图 11-6）。

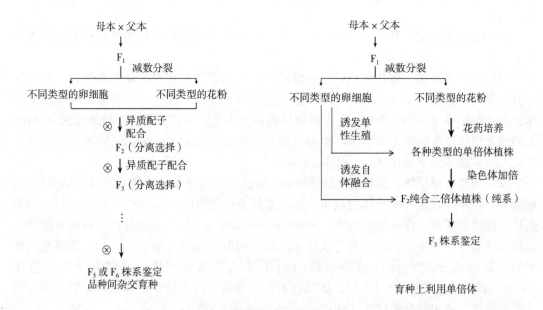

图 11-6　自花授粉作物杂交育种与单倍体利用的比较
（《作物育种学》，1984）

（2）提高显性性状选择的效率。单倍体育种是一种配子选择过程。假如仅有 2 对基因差异的父、母本进行杂交，其 F_2 代出现纯显性个体的概率为 1/16，而用杂种 F_1 的花药（粉）离体培养，并加倍成纯合二倍体后，其纯显性个体产生的概率为 1/4。因此，一般的杂交育种与单倍体培养育种产生的纯显性个体的概率之比为 $1/16：1/4 = \left(\dfrac{1}{2^{2n}}：\dfrac{1}{2^n}\right)$ （n 是基因对数），即后者比前者获得纯显性材料的效率高 4 倍。若按照 F_2 代能获得双显性个体的概率分析，则普通杂交育种可有 9/16 的比率，不是 1/16。所以，上述利用单倍体育种提高的选择效率，是指纯合材料而言。目前，由于在作物上的花药（粉）诱导的频率低，实际上还达不到预期效果。

除了上述优点外，如果把单倍体育种与诱变育种结合起来应用，由于隐性突变不能被显性基因所掩盖，可以提高诱变育种的效率。

2. 单倍体鉴定和加倍　虽然诱导的单倍体在形态上似与其二倍体亲本相像，但由于单倍体的细胞和细胞核变小，故可从形态上做鉴定。例如，气孔、叶片、花药、花序、穗等都较小，植株也矮小。从生理特征上也可做鉴定，一般单倍体的不育性高，如密穗小麦与普通小麦的单倍体花粉有 95%～99% 的败育率，而二倍体仅有 3%～7%，所以检验花粉质量是鉴定单倍体植株的可靠标志。

由于诱导的单倍体后代通常是一个混倍体，既含有单倍体，又有二倍体、三倍体等，因而需要进行倍性鉴定。常用的鉴定方法是采用镜检染色体数目的直接鉴定法。此外，还有遗传标志法。由于多数单倍体母本的单性生殖，故其后代一般像母本。如用无色胚乳、胚尖的玉米品种做母本，用有色胚乳、胚尖的纯合品种作父本授粉。由于母本胚乳直感现象，凡在当代种子胚乳、胚尖上出现有色者，均为杂种种子；凡胚乳、胚尖无色者，为母本自交种子；而胚乳有色、胚尖无色者，则有可能是由母本单性生殖的单倍体。

单倍体植株只有一套染色体，因此单倍体本身没有利用价值，必须在其转入有性世代之前，使染色体加倍，产生纯合的二倍体种子。单倍体可以自然加倍，但其频率较低，如玉米大约 10%。人工加倍是采用秋水仙素加 DMSO 处理细胞分裂中的分生组织，使其新生组织和器官染色体加倍。这种技术方法简便、有效、安全、无遗传损伤。

3. 单倍体选择技术　单倍体人工加倍只要 1 个世代就可获得纯合二倍体。例如，以具有 2 对基因差别的两亲本杂交（AAbb×aaBB）为例，结果杂种 F_2 代的纯合显、隐性个体比率为 $1/2^4$（1/16）；如果采用单倍体加倍育种，其比率为 $1/2^2$（1/4）。其结果，利用单倍体育种获得纯合个体的比率比杂交育种提高了 4 倍。

如果在上述杂交组合中，选择的个体是纯显性个体 AABB，在加倍单倍体的后代中，只有一种基因型和表现型，因此选择的可靠性和准确性比较大。Griffing（1975）、Choo 等（1979）研究表明，加倍单倍体的轮回选择比采用二倍体的高 5 倍，采用混合选择比常规混合选择快 14 倍。

单倍体育种与常规法比较在技术上也有缺点。由于产生单倍体是一种随机的，未经选择的基因型，单倍体植株一般是由 F_1 得到的，其基因重组只有 1 次，又缺少常规杂交育种各个分离世代的基因交换和重组，后代不能累积更多优良基因，而且在存在基因连锁的情况下，杂种潜在的变异不一定都能表现出来。

二、多倍体育种

（一）多倍体的概念和种类

1. 多倍体的概念 在植物界，多倍体是指体细胞中含有 3 组或 3 组以上染色体组的植物，如三倍体、四倍体、五倍体、六倍体等。在作物中，小麦、花生、甘薯、马铃薯、陆地棉、海岛棉、甘蓝型和芥菜型油菜等都是多倍体。同一种植物，既有二倍体种，也有多倍体种。如高粱栽培种就是二倍体（$2n=2x=20$），而约翰逊草高粱 [$S. halepense$ (Linn) Pers] 就是四倍体（$2n=4x=40$）。一粒小麦（AA），$2n=2x=14$，二粒小麦（AABB），$2n=4x=28$；普通小麦（AABBDD），$2n=6x=42$。

2. 多倍体种类

（1）同源多倍体。含有同一染色体组的多倍体，称同源多倍体。如同源四倍体高粱（$2n=4x=40$）；同源四倍体水稻（AAAA），$2n=4x=48$；同源四倍体黑麦（RRRR），$2n=4x=28$。在某些作物中，香蕉是同源三倍体，马铃薯、苜蓿是同源四倍体，甘薯是同源六倍体。

同源多倍体与二倍体比较，有其自身特点。多数同源多倍体是多年生的，具无性繁殖；同源多倍体的基因型种类比二倍体的多；同源多倍体育性差、结实率低。宋文昌等（1992）测定了 270 个水稻品种，二倍体的平均结实率为 73.6%，四倍体的 38.1%，四倍体的比二倍体的低 48.2%。徐绍英等（1987）测定四倍体大麦比二倍体的低 27%～48%。

同源多倍体具植株、器官和细胞巨大性特点，其细胞内含物，如蛋白质、脂肪、糖、维生素、生物碱等明显含量高。朱必才等（1988，1992）研究荞麦的结果表明，四倍体比二倍体的叶片保卫细胞的长度和宽度分别多 50.9% 和 22.8%；平均株高高出 19.5cm；单株粒重多 30%；千粒重多 50%。

（2）异源多倍体。由不同染色体组所产生的多倍体称异源多倍体。异源多倍体多数是由远缘杂交的 F_1 杂种加倍后产生的可育杂种后代，又称双二倍体（amphidiploid），如异源四倍体的陆地棉和海岛棉，双二倍体的油菜，异源六倍体的普通小麦等。由于染色体组的分化，还有区段异源多倍体（segmental alloplyploid）、同源异源多倍体（auto-allopolyploid）、倍半二倍体（sesquidiploid）等一些过度种类（图 11-7）。

异源多倍体在减数分裂时不会产生多价体，染色体配对正常，自交亲和性强，结实率较高，相对比较稳定。

（二）多倍体育种技术

1. 多倍体育种的作用

（1）克服远缘杂交的困难。通过远缘亲本的染色体加倍，可以克服远缘不可杂交性，实现正常杂交。如普通小麦与节节麦（$A. squrrosa$）杂交时，正、反交均不成功。在将节节麦加倍成同源四倍体后，才成功获得杂种。

（2）作物遗传桥梁亲本。染色体加倍作为不同倍数体间或种间的遗传桥梁（genetic bridge），这是进行基因转移或渐渗的有效方法。Sears（1956）利用野生二粒小麦（$T. dicoccoides$）与小伞山羊草的双二倍体杂交，把后者的抗叶锈病基因转移到普通小麦

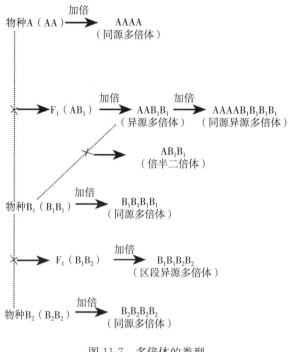

图 11-7　多倍体的类型
（《作物育种学总论》，1994）

中，这主要是利用多倍体的桥梁作用。作为桥梁，诱导多倍体的结果，从一开始就已预见到，因而适宜在多倍体育种中应用。

（3）器官增大效应。由于加倍后多倍体的剂量效应，可使多倍体植株器官直接增大。Moshe Tal（1980）研究报道，四倍体番茄植株比二倍体细胞容积增大 1.9 倍，细胞表面积大 1.6 倍，气孔大 1.8 倍，单位叶面积的气孔面积大 0.81 倍，细胞中的 DNA 大 2 倍，RNA 大 1.7 倍，蛋白质多 1.6 倍，干物质多 1.9 倍。

罗耀武等（1981，1985）利用 Tx3197B、晋杂 5 号、河农 75-1、河农 3-1 和大白高粱为材料，用秋水仙素诱发多倍体，其获得的同源四倍体（$2n=4x=40$），幼苗叶宽、叶厚度、气孔、花药、花粉粒、籽粒大小等性状均比二倍体显著增大；籽粒蛋白质含量四倍体为 13.5%，二倍体为 9.8%。

2. 多倍体真实性鉴定　处理后是否变成多倍体，尚须进行鉴定。鉴定分直接鉴定和间接鉴定，直接鉴定是镜检花粉母细胞或根尖细胞的染色体数目；间接鉴定是根据植株的特征特性鉴定。鉴定异源多倍体与同源多倍体稍有不同。异源多倍体通常较易鉴定，因为由染色体加倍成功后的细胞所产生的花粉有一定的可育性。育性是易于识别而又可靠的性状。

同源多倍体可根据形态上的变化鉴定，如叶色是否较深，叶绿体数目是否增加，气孔和花粉粒是否变大，叶形有无变化等。最显著的形态变化是花器和种子变大，而结实率常常下降。如果出现这样的植株，一般表明处理已成功。但是否就认为得到同源多倍体，还需在下一代进一步鉴定。因为由大花结出的这些大粒种子，其胚细胞可能只含有原来的染色体数目。只有到下一代，当这些种子长成的植株在形态上已与原来的大不相同，且结的种子都是大粒的，才算是获得了同源多倍体，这些形态的变化与染色体数目倍增是相符的。

3. 多倍体选择技术 人工诱导的多倍体只是育种未经选育的原始材料，必须经过选择，培育才能形成品种用于生产。多倍体育种，诱导的群体容量要大，含有丰富的基因型，由此才能进行有效的选择，而从少数群体选择优良的品种难度较大。

(1) 同源多倍体选择。同源多倍体具结实率低、种子不饱满等缺点，所以以籽粒产量为主要育种目标的作物，其选育优良多倍体品种难点多。由于多倍体对增大营养器官有良好效果，所以对以利用营养体为目标的作物，如甜菜、芜菁、蔬菜等，选育同源多倍体较易成功。杂结合程度高的二倍体，比纯结合的二倍体能产生较优的同源多倍体。研究表明，品种间杂种的四倍体比品种内四倍体更优些。

(2) 异源多倍体选择。异源四倍体对克服远缘杂种不育性有效果，是提高远缘杂种育性较有效的途径。在进行多倍体育种时，应考虑作物染色体最适数目的症结，染色体数目过多，反而不利。一般认为，染色体数目少的作物比染色体数目多的对染色体加倍的反应更好些，尤其是二倍体作物较易诱导成多倍体。已经是异源多倍体的作物再加倍染色体数目，作用就不大，因为它们加倍后不可能再有明显的有利变化。而且由于生殖、代谢的失调，常会出现难于克服的缺点，如生长缓慢、抗逆力下降等。同时，由于细胞分裂时染色体的不均衡分配，易导致结实率低或不育。一般认为，超过六倍体的多倍体，加倍是无益的。

(三) 高粱多倍体育种

栽培高粱是二倍体（$2n=20$）作物。卡佛尔粒用高粱与约翰逊草杂交，得到哥伦布草（*S. almum*），是一个成功的四倍体。这个四倍体基因组与栽培粒用高粱的非常相似，他们之间的杂交不比二倍体×四倍体杂交的部分障碍困难。很明显，这有可能选育成功四倍体栽培粒用高粱。

Chin（1946）报道在一个同源四倍体粒用高粱中有19%的花粉粒发育不全。Doggett（1955）在大量高粱系中，通过秋水仙素水溶液处理切断发芽幼苗的芽鞘诱导四倍体。该法后来被改成用0.1%～0.2%秋水仙素水溶液浸泡芽鞘，而把根保持在恒温生长箱里以避开秋水仙素溶液直接接触。开始3个杂交都成功的加倍了。CK44/14×Kabili杂交的1个系，其平均结实率为17%；BC_{27}^2×Wiru（系A）的一个系，其平均结实率为30.5%；BC_{27}^2×Msumbiji（系B）的1个系，其平均结实率为30.7%。接着，对其后代进行选择，得到了完全稳定的四倍体高粱，结实率达70%左右，表明是遗传性结实率。调查的结实率幅度在41%～77%之间，说明同源四倍体结实率品种间存在差异。研究表明，二倍体结实率品种间也有小的差异。在有利条件下，二倍体结实率的幅度93.5%～97.3%，而当这些二倍体品种加倍成四倍体后，其结实率的差异就更大了。

一般来说，通过加倍二倍体高粱材料得到的同源四倍体并互相杂交，可以得到一定的结实率，但达不到生产需要的标准。如果采用轮回选择法继续互交和选择，则可提高其结实率。例如，非洲塞雷尔试验站一个高粱品种定居同源四倍体，经过几次互交和选择后，比最初的结实率提高了许多。

研究表明，四倍体高粱比二倍体的籽粒大50%左右，蛋白质含量也比二倍体高

33.8%～53.8%。据报道，非洲乌干达已将雄性不育基因转育到同源四倍体上，并组配成四倍体高粱杂交种。四倍体高粱杂交种的籽粒产量比二倍体的要高。

第五节　高粱群体改良育种法

一、群体改良与常规育种

通过轮回选择实现高粱群体改良，以选育遗传基础广泛的品种和配合力显著的亲本系，进而组配强杂种优势的杂交种，目前已成为国内外高粱育种单位应用的育种方法之一。与以往采用的常规育种法（指系谱法）比较，群体改良法具有明显的优越性。不可否认，传统的常规育种能为农业生产提供较多的优良高粱品种和杂交种，但育种家越来越发现它本身的一定局限性。常规系谱法对只有很少基因控制的性状的选择是有效的；如果性状由大量基因控制，欲得到有利基因组合，则需要大群体。

常规法杂交次数有限，故基因连锁很难打破。假设某一性状由 20 对基因控制，要取得 20 对显性基因纯结合的个体，其杂种群体最低播种面积不得少于 3 600hm^2，如果这些基因与其他不利基因连锁，为达到纯合还会增加额外的困难。因此，由于杂交技术、分离世代的群体容量及试验田大小等因素的限制，传统育种法难于提供更多成功选择的机会。

Webster O. J. (1976) 在评述美国高粱育种史时提出，Kafir、Milo、Hegari、Feterita 等高粱构成了美国粒用高粱种质的基础。大量育成的栽培品种，如 Wheatland、Caprock、Plainsman、S. A. 7078、Midland、Redbine 等都是用 Kafir 和 Milo 高粱杂交育成的。选择都是在少数基因控制性状（如籽粒颜色、大小、形状、芒性、分蘖及抗病、虫等）分离的基础上进行的。而要获得更多优异性状的个体则需要更大的分离群体。

他指出，自发现和应用 Milo 细胞质雄性不育性后，全部高粱杂交种种子都来自 Milo 细胞质。从遗传脆弱性考量，不能不说存在着潜在的病、虫害风险。为解决育种家所利用的高粱细胞质和种质贫乏的问题，早在 20 世纪 60 年代初期，Webster 就用大量光周期不敏感高粱类型与细胞质雄性不育系杂交，组成一个随机交配群体。这就是世界上第一个高粱随机交配群体。为使 F$_1$ 群体含有不育性，能够与可育株随机交配，在第二轮中加进了细胞核雄性不育基因 ms_3。按株高和生育期对不育株系进行几轮选择后，群体变得相对一致。这就是高粱育种中应用群体改良的最初思路和实践。之后，高粱育种家先后接受了高粱群体改良的概念和做法，并组成了一批高粱随机交配群体。

1967 年以来，Eberhart S. A.、Doggett H.、Gardner C. D. 等已明白地论述了高粱群体改良在利用大量高粱种质对改良栽培品种和杂交种亲本的重要性和实用性，以及利用细胞核雄性不育基因组成随机交配群体的可行性和方便性，以及通过杂交、重组、轮回选择实行群体改良的操作方案。与此同时，Doggett 和 Jowett 在东非，Andrews D. J. 在西非，Gardner、Nordquist. P. T.、Ross W. M. 和 Oswalt D. L. 在美国，Downs 在澳大利亚，Bhola Nath 和 Doggett 在印度，卢庆善和宋仁本在中国都分别利用细胞核雄性不育基因组成了高粱随机交配群体，并进行了轮回选择改良。

　　实践证明，在广泛利用高粱遗传种质的前提下，开拓和组合其变异性，连续采用轮回选择，可迅速打破不利基因连锁，使群体中有利基因的积累、组合程度不断提升，为选育高粱新的优良品种和杂交种亲本系提供更多的选择机会和更丰富的原始材料，并能同时进行多种经济性状的有效改良。

二、群体改良的理论基础

（一）群体遗传学

　　群体遗传学群体改良的性状一般是经济性状，如产量、粒重、粒数、穗长、株高等。这些经济性状属于数量性状。数量性状是微效多基因控制的，其特点是变异的连续性和受外界条件的影响比较大。数量性状这一特点的原因是基因作用的类型。

　　1. 加性效应　如果一个基因位点上的单基因给予 1 个加性单位的增量，那么 2 个基因则给予 2 个单位的增量。即 aabb＝0，Aabb＝1，AAbb＝2。

　　2. 显性效应　一个基因位点上的 1 个或 2 个显性基因有相同的效应。即 aabb＝0，Aabb＝2，AAbb＝2。

　　3. 上位性效应　这种效应是不同基因位点上的两个基因在其单独存在时无效应，把它们放到一起时就产生效应。即 AAbb＝0，aaBB＝0，A_B_＝4。

　　4. 超显性效应　这种效应是等位基因的杂结合比等位基因的纯结合有更大的增量。即，如果 AA 提供 1 个单位的增量，而 Aa 则有 1 个以上单位的增量。表 11-5 列出了基因作用的各种类型。

表 11-5　基因作用类型汇总表

（《杂交高粱遗传改良》，2005）

基因型	基因作用类型			
	加性	显性	上位性	超显性
aabb	+0	+0	+0	+0
Aabb	+1	+2	+0	+2
AAbb	+2	+2	+0	+1
aaBb	+1	+2	+0	+2
aaBB	+2	+2	+0	+1
AaBb	+2	+4	+4	+4
AABb	+3	+4	+4	+3
AaBB	+3	+4	+4	+3
AABB	+4	+4	+4	+2

　　如果一个基因控制一个性状，那么只有 3 种可能的基因型，即 AA、Aa 和 aa。假如

基因的作用是加性效应的，则可有3种表现型，即 AA、Aa 和 aa。如果是显性效应，则有2种表现性，AA＝Aa 和 aa。如果一个性状由2个基因控制时，他们几个基因型可以有相同的表现型（表11-5）。如果是加性效应，则 AAbb、aaBB 和 AaBb 都有2个表现型值。而如果是显性效应，则 AaBb、AAbb、aaBb 和 aaBB 都有2个表现型值。

（二）群体改良原理

群体改良成功与否在于基础群体的组成上，即构成群体亲本的遗传变异度和性状均值的大小。Sprague（1966）、Eberhart 和 Sprague（1973）根据数量遗传学理论阐明了利用遗传变异性在群体改良中的作用范围。品种和杂交种亲本改良的进展取决于基础群体的改良。而基础群体的改良是通过杂交和重组以获得更多的机会来打破不利基因连锁和释放出贮存的遗传变异。Eberhart（1970a）用图例说明群体轮回选择的效应（图11-8）。同时，还提出下面的通用公式来预测群体选择增益的大小，并根据这一公式讨论了提高选择增益的各种技术。

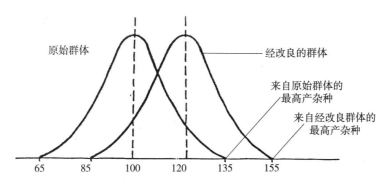

图 11-8　预期的群体分布

（Eberhart，1970a）

$$G = \frac{K \cdot P \cdot \sigma_g^{2'}}{y \sqrt{\dfrac{\sigma_e^2}{rm} + \dfrac{\sigma_{ge}^2}{m} + \sigma_g^2}}$$

式中　G——选择增益，即经一轮选择后预期的群体产量（或某一性状）的增量；

$\quad\quad K$——选择强度（亦称选择压），由选择率决定的常数值；

$\quad\quad P$——亲本控制系数，只选择杂交亲本中的一个时，$P=1/2$；双亲均被选择时，$P=1$；

$\quad\quad y$——每一轮选择所需的年数（或季节数）；

$\quad\quad r$——每个地点的重复数；

$\quad\quad m$——试验地点数；

$\quad\quad \sigma_g^2$——家系的遗传方差；

$\quad\quad \sigma_g^{2'}$——家系的加性遗传方差；

$\quad\quad \sigma_{ge}^2$——遗传型与环境互作方差；

$\quad\quad \sigma_e^2$——试验机误方差。

（《杂交高粱遗传改良》，2005 年）

从这个公式可以看出，凡增加分子项的技术或减少分母项数目的技术都能提高选择增益。

1. 增加选择强度即提高 K 值 选择增益随着选择强度的提高而增加。选择强度（K值）和选择增益之间的关系可用表 11-6 说明。当选择率由 40％变为 5％时，K 值相应由 0.97 增加到 2.06，选择增益增加了 1 倍多，由 70 提升为 147（表 11-6）。由于选择强度的增加，测定的家系数目也须相应增加，以便保持有效的群体大小，防止因遗传漂变失去有利的等位基因。Robertson（1960）提出，为了长期的选择进度，需要保持中等选择强度，以使最终的增益达到最大值。这种标准对基础群体或原始群体是适合的，而对经过选择很快应用的群体则不适合。

表 11-6 选择强度和选择增益的关系
（《杂交高粱遗传改良》，2005）

选择率（％）	K 值	选择增益
2	2.42	173
5	2.06	147
10	1.75	125
20	1.40	100
30	1.16	83
40	0.97	70

2. 增加加性遗传方差和改变亲本控制状况 可以通过增加群体品系的遗传分化程度和增加亲本控制系数来实现这一目标。

3. 增加每年种植的世代数（减少 Y 值）**和改进田间试验技术** 采取如前作一致、精细管理、多点试验、合理的小区株数、去掉边行等措施，均可减少机误方差和表型方差。Echebil（1974）发现，2 年 2 次重复的试验设计，对高粱产量就有较大的增益。

三、高粱群体的组成

（一）亲本选择

1. 亲本选择的原则和条件 组成群体的亲本需要进行认真挑选。亲本选择与群体改良的目标直接相关，通常根据产量性状、品质性状、对主要病、虫害的抗性，抗逆性（抗干旱、抗倒伏、耐盐碱、耐冷凉等），适应性，熟期和株高等主要农艺性状选择亲本。如果群体改良的最终目标是选育亲本系并组配杂交种，那么在分别组成保持系和恢复系群体时，二者亲本的选择必须考虑它们之间的遗传差异。也就是说，要使这 2 个群体的亲本保持相当的亲缘差异。在我国，从多年高粱杂种优势利用研究的成果看，在以利用外国高粱雄性不育系为主和中国高粱恢复系为主组配杂交种的情况下，保持系群体的亲本应以外国高粱为主。恢复系群体的亲本以中国高粱为主，适当加入南非（卡佛尔）高粱和赫格瑞

(Hergeri) 高粱。

　　Andrews 等（1982）认为，组成高粱随机交配群体的亲本应具有较高的一般配合力。如果拟选择的亲本缺乏现成的一般配合力资料时，可选择地理来源较远的品种做群体组成亲本。选择亲本的原则要使组成的群体既含有育种目标所需要的全部性状基因，又要具有适度的遗传变异性。为此，在决断亲本前，先对各种试材进行充分鉴定是十分必要的。

　　2. 组成高粱随机交配群体亲本数目　　关于一个高粱随机交配群体究竟由多少亲本组成为好，资料不多。在对已经组成的高粱群体亲本数目的调查表明，其亲本数从几十个到上百个，或几百个。这要依据组成的随机交配群体的性质决定，即群体是为近期育种目标还是为长远育种目标服务，以及群体需要多大程度的性状均值和遗传变异度。Eckebil（1974）的群体数据显示，尽管 NP7BR 群体含有的亲本数目最多，为218 个，但遗传变异性最大的群体却不是它，而是比它数目少的 NP5R 群体（139 个）（表 11-7）。在轮回选择开始前，籽粒产量均值最低的群体 NP7BR（4 320kg/hm²），亲本数目却最多（218 个）；而亲本数目最少（30 个）的群体 NP3R，产量均值最高（5 570kg/hm²）。

表 11-7　三个高粱群体的平均产量、遗传变量、亲本数目和增益

（《杂交高粱遗传改良》，2005）

群　体	亲本数目	遗传变异性	原始群体的平均产量（kg/hm²）	每轮选择的增益（kg/hm²）
NP3R	30	71.29	5 570	1 017
NP5R	139	156.23	5 510	1 028
NP7BR	218	51.61	4 320	870

　　3. 群体类型　　根据组成群体的亲本数目可将高粱随机交配群体分为两大类。一类为基础群体。这种群体由大量亲本组成，具有广泛的遗传基础，群体的遗传变量相对较高，性状均值相对较低。轮回选择时选择较低，选择需时间长，最终可获得拥有良好综合性状的多种选育材料，作为基因库使用，为长期育种目标服务。另一类为进展群体。这种群体由少数亲本组成，遗传基础较为狭窄，群体具有适当的遗传变量和较高的性状均值。选择时施用较高的选择压，改良某一性状所需要时间短，为近期育种目标服务。

　　一般来说，基础群体由于组成的亲本数目多，遗传基础复杂，轮回选择时不易掌握和控制；而进展群体则容易掌握和控制，可在较短时间内获得理想的效果。从现有组成的高粱随机交配群体看，亲本数目有多有少。分析结果表明，当需要改良的性状变异性较好时，用 20～40 个亲本构成随机交配群体较为适宜。初次从事群体改良的研究者，也不宜采用太多的亲本组成群体。

　　House L. R.（1980）指出，在组成群体过程中和组成后的任何时期，都可以加入新的亲本。但是，在加入新亲本时，应保持群体的平衡，不能用新的亲本材料与群体种子等量

混合。如果在群体组成的初期加入新亲本，则可用新亲本去雄作母本，用群体的混合花粉（选50株以上）授粉杂交，并在每个轮回世代中用选择群体作轮回亲本进行回交，构成并行群体（side-carpopulation）。这种方法可实现对两个群体的同步改良。

（二）转育细胞核雄性不育基因和转换细胞质

1. 转育细胞核雄性不育基因 只有使入选的亲本拥有雄性不育特性，才能保证高粱像异花授粉作物那样进行自由授粉，实现随机交配。因此，首先必须把雄性不育基因转入到亲本中去。现已发现高粱的两种雄性不育性都可以转育到亲本中。现已熟知的高粱细胞质雄性不育及其特性，此不赘述。现将高粱细胞核雄性不育基因列入表11-8中。细胞核雄性不育均由一对隐性基因控制，显性为雄性可育。细胞核雄性不育株与相应的可育株杂交，其 F_2 代会分离出 1/4 的雄性不育株。在表11-8的7对基因中，ms_3 和 ms_7 具稳定的白色至淡黄色花药，易与结实花粉相区分。而且，在多种环境下它们的雄性不育性都比较稳定，所以 ms_3 和 ms_7 在高粱群体改良中应用的更为广泛。

表 11-8 高粱细胞核雄性不育基因

雄性不育类型	特点	发现者
ms_1	无花粉	Ayyengar 和 Donneya，1937；Stephens 和 Quinby，1945
ms_2	空瘪花粉	Stephens，1937；Stephens 和 Quinby，1945
ms_3	空瘪花粉	Webster，1965
ms_4	空瘪花粉	Ayyengar，1942
ms_5	空瘪花粉	Barabas，1962
ms_6	Micro 型无花粉	Barabas，1962
ms_7	空瘪花粉	Andrews

为使亲本具有雄性不育性，一般采用回交法进行转育。先用选定的亲本作父本与细胞核雄性不育材料杂交，F_1 自交。当 F_2 代分离出雄性不育株时，则用亲本作轮回亲本与不育株回交。通常回交 3～4 次，则回交后代就会变成拥有雄性不育性，又具有轮回亲本特征的亲本材料。按此法把组成群体的各个亲本系都转育成带有雄性不育基因（$msms$）的亲本系（图11-9）。

2. 转换细胞质 卢庆善等（1995）在转育细胞核雄性不育基因过程中，考虑到均是以雄性不育材料为母本进行杂交，再与亲本回交，其回交转育的亲本都是雄性不育材料的细胞质。用这样的亲本组成的群体即是单一细胞质群体。单一细胞质有其遗传的脆弱性，在生产应用后潜藏着发生病害的风险。为规避这一问题，有必要增加群体细胞质的多样性。具体操作是在第一次回交的 BC_1F_1 代，将亲本作母本去雄，授以含雄性不育基因的可育株混合花粉。所得的 F_1 单种，F_2 代分离出的雄性不育株再与亲本回交，连续回交 2 次，即完成了核不育基因转育和细胞质转换的全部程序（图11-9）。该图以晋辐1号为例，说明细胞核雄性不育性基因 ms 的转育和亲本细胞质转换的全过程。

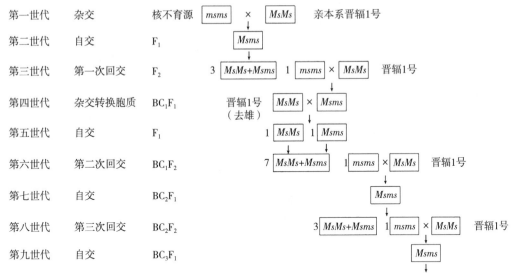

图 11-9　亲本系核不育基因转育和细胞质转换程序
（卢庆善等，1995）

（三）随机交配

把已经选定的，并已转育成的带有细胞核雄性不育基因的，及其细胞质转换的亲本，取其等量种子混合后种植于隔离区内。开花时，标记雄性不育株，不育株与可育株之间自由授粉。成熟后，只收取不育株上结的种子。按这个程序连续进行 3 次，即完成随机交配程序，组成了供轮回选择的高粱随机交配群体。

关于随机交配方式的问题，Bhola Nath（1981）指出，最理想的随机交配方式是不育株按双列设计与亲本杂交。在国际热带半干旱地区作物研究所（ICRISAT），即采用全部亲本的混合花粉与每个亲本的等数雄性不育株进行杂交。

卢庆善等（1995）在组成高粱随机交配群体 LSRP 过程中，为确保群体的随机交配和亲本间的平衡，采取大约相同数目的种子进入群体。由于组成群体的亲本种子大小不一，千粒重高者达 40g，低者 20g，因此若按等量种子混合后种植必使群体内各亲本数目不等，造成亲本间的遗传不平衡。鉴此，按亲本籽粒大小换算成大约相等数目的种子组成群体（图 11-10）。

为确保组成群体的亲本相对集中、同时开花，真正做到自由授粉、随机交配，应按各亲本开花期的早、晚调整播期，分期播种。高粱是中耕作物，成穗株要经过播种出苗后的间苗、定苗程序。为避免人工间苗、定苗造成的机误，如人们习惯留大苗、去小苗的做法，可能造成群体亲本间失去平衡。为此，卢庆善等（1995）采取在第一次、第二次隔离区内随机交配时，用亲本行等行种植法，即每一亲本均种植相同数目的行数，每行上留同样的苗数，以保证让群体内各亲本的株数大体相等。第三次随机交配采取等数种子混合播种的方式。上述措施使群体内各亲本约 80% 的植株在 3～5d 内基本上同时开花，保证了充分的自由授粉和随机交配。

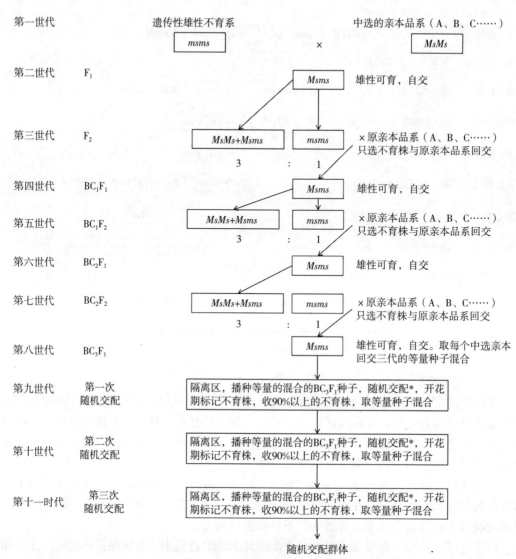

图 11-10　随机交配群体组成示意图
(卢庆善，1995)

为确保充分的随机交配，群体拥有足够的雄性不育株是很重要的。Маицновскцú Ъ. Н.（1976）研究了在选择率为 10% 的情况下，群体内不育株率与群体株数及播种面积的关系（表 11-9）。当不育株率达到 10% 时，如果要选择 1 000 株不育株，并最终决选 300 株组成新群体，则群体里就应有 10 000 株不育株，群体总数应达到 10 万株，播种面积大约 $1.6 \sim 1.7 \mathrm{hm}^2$（以 6 万株/$\mathrm{hm}^2$ 计）。当不育株率为 50% 时，选择相同株数的不育株，所需要的群体容量和播种面积明显减少，仅需 $0.3 \mathrm{hm}^2$。

研究结果表明，3 个世代的随机交配足以完成亲本间的重组，既在一定程度上打破了紧密连锁，又能产生一定比例的不育株和可育株。House L. R.（1980）主张，应保持群体内 90% 的不育株能进入下一次随机交配。整个群体数目不应少于 2 000 株。鉴于高粱高秆和晚熟是显性性状，在随机交配中对这 2 个性状的选择要施用高选择压，最好在这类植株开花前去掉，以尽早将高秆和晚熟基因从群体中除去。

表 11-9　选择率为 10%时不育株百分率与高粱群体株数及播种面积的关系

（《杂交高粱遗传改良》，2005）

不育株率（%）	选择不育株的数量	群体中应有不育株数量	群体应有植株总数	播种面积（hm²）
10	1 000	10 000	100 000	1.6～1.7
15	1 000	10 000	75 000	1.2～1.3
20	1 000	10 000	50 000	0.8～0.9
25	1 000	10 000	40 000	0.6～0.7
30	1 000	10 000	30 000	0.5
40	1 000	10 000	20 000	0.4
50	1 000	10 000	10 000	0.3

总之，随机交配群体组成的过程是利用雄性不育性实现亲本间的随机交配，以充分打破不利基因连锁、重新组合各种优良性状基因的过程。

四、轮回选择

（一）轮回选择法体系

群体改良采用的轮回选择，可分为群体内改良和群体间改良。群体内改良是进行轮回选择的目标为改良单一群体；群体间改良是进行轮回选择的目标为同时改良 2 个群体。

1. 群体内改良轮回选择法

（1）混合轮回选择法。在随机交配群体内，目测选出符合育种目标的优良单株或单穗。将决选的一定数目的单株（穗）种子等量混合组成下一轮选择的群体。这种方法对遗传力高的性状很有效，如生育日数、株高等性状。该法简便易操作，也能较好的保持群体的遗传变异性。一个世代就是一次轮选，若一年内生长季节各种条件相差不大时，可进行 2～3 轮选择。因选择是根据目测表型进行的，所以有时对基因型的选择不很准确。另外，由于选择的对象是不控制授粉的单株，从而降低了选择效果。

Doggett（1972）详细地描述了高粱混合轮回选择法的两种作法。第一种作法是在采用雄性不育性的随机交配群体中，只收获入选的雄性不育株（母本）的种子，等量混合组成下一轮的选择群体，称之母本选择的混合选择（female choice mass selection）。采用这种方法时，如果用 2%～10%的选择率，则要选择 250 株雄性不育株是最妥当的数目。这样的结果是，当选择率为 2%时，其原始群体应种到 31 250 株；如果选择率为 5%时，则应种到 12 500 株。

对第一种做法来说，原始群体的株数应根据选择率来调整，以保证群体有充足的遗传变异性。Doggett 还指出，最好在淘汰边行后，把种植原始群体的隔离区划成若干小方格，每个方格里约有 200 株，当选择率定为 2% 时，可从每个方格里选择 4 株雄性不育株，将其放入一个纸袋，袋上标明方格的位置，最终按穗重决选。决选穗混合脱粒，组成下一轮选择群体。这种做法的优点是用小区限制代替区组限制，以减少环境方差。由于这种方法只选择雄性不育株，即母本株，所以能够在开花前将那些明显不良的可育株（父本株）淘汰掉，从而减小了其对下一轮组成选择群体的不良影响。

（2）半同胞家系轮回选择法。半同胞家系轮回选择法与混合轮回选择法不同，不是根据单株的表型进行选择，而是应用群体的半同胞家系对单株进行测交鉴定。半同胞家系轮回选择是将拟鉴定的植株与一个共同的测验种进行测交，鉴定每一株半同胞家系的一般配合力。中选单株互交以形成新一轮选择的群体。

高粱是常异交作物，采用半同胞家系轮回选择是一个容易实施的简单选择方法。当带有细胞核雄性不育性的高粱随机交配群体开花时，选择并标记雄性不育株，进行开放授粉。收获时，入选的雄性不育株穗单收单脱。每个入选的雄性不育株穗的种子即是一个半同胞家系。全部入选穗均参加产量比较试验，留出一部分种子保存起来。根据产量鉴定结果，选出优良的家系。将入选家系保存的种子等量混合后播种，使群体进入重组阶段，开花时再次选择和标记雄性不育株，进入下一轮选择。半同胞家系轮回选择是 2 个世代完成一次轮回选择，而且只对雄性不育株（母本）进行选择。

House L. R. （1982）针对温带地区高粱籽粒产量、抗丝黑穗病、抗蚜虫、抗旱性等 4 个主要性状的群体改良，设计制定了一套半同胞家系轮回选择方案。具体操作是：

选择从热带高粱育种基地春季开始，在随机交配群体里选择 600 个雄性不育株（穗），单收单脱。每个不育穗的种子即是一个半同胞家系。同年，在温带育种基地的主栽季节将 600 个不育株穗的种子，按穗行法播种于选种圃，抗丝黑穗病、抗蚜虫、抗旱鉴定圃里。开花时，分别在各圃里选择并标记雄性不育株。成熟后，从选种圃里选择收获 500 个农艺性状优良的雄性不育株（穗）；从其他 3 个鉴定圃里分别选择收获 170 个雄性不育株（穗），共计收获约 1 000 个雄性不育株（穗）。同年冬季，在热带育种基地的选种圃里将 1 000 个单穗种子种成穗行。种植方式为一穗行来自温带的选种圃，一行来自抗丝黑穗病鉴定圃；一行来自选种圃，一行来自抗蚜虫鉴定圃；一行来自选种圃，一行来自抗旱鉴定圃。以此类推种植。

开花期，选择和标记雄性不育株（穗）。收获时，从每行里选收 1 株最优的不育株（穗）。第二年春季，仍在该基地将其种成穗行，鉴定其丰产性，抗丝黑穗病性、抗蚜性、抗旱性。并根据籽粒的特点，从每个地点的选种圃里选出 40～50 个穗行。在当地，收获上述中选的最优雄性不育株（穗）的种子，并将其等量混合。从抗丝黑穗病、抗蚜虫、抗旱鉴定圃里的抗性品系里，分别收获 20～40 个最优雄性不育株（穗）的种子，并按等量种子混合，分别组成一个抗丝黑穗病混合群体，一个抗蚜虫混合群体，一个抗旱混合群体。当年秋季，在热带育种基地将上述入选的品系和混合群体，按 1 行丰产品系，1 行抗丝黑穗病品系；1 行丰产品系，1 行抗蚜虫品系；1 行丰产品系，1 行抗旱品系的方式间隔种植，共种 600 行。开花时标记雄性不育株，收获 600 个最好的不育株，即在 600 行中每行选 1 株并单收单脱。第三年春季，仍在该基地把 600 个半同胞家系种成穗行。开花期标记雄性不育株，从 500 个最好穗行里按籽粒特性选取 1 株优良可育株，开始下一轮的选择。这一方案完成一轮选择需要 7 个世代。这种程序对于像高粱这种以自花授粉为主的作物，实行籽粒产量、抗病、抗虫、抗旱性的综合改良是最有效的。

总之，对带有细胞核雄性不育性的高粱随机交配群体，采用半同胞家系轮回选择操作简便。只在开花期标记雄性不育株，进行开放授粉。成熟时，收获入选的雄性不育株穗，单收单脱。每个入选的单穗种子即是一个半同胞家系，其中一部分种子用来进行产量比较试验（鉴定阶段），另一部分种子保存起来。根据产量试验结果选择最优家系，并从保存的种子中，找出入选的最优家系种子等量混合并播种，群体进入新一轮重新组合阶段。开花时，再次标记雄性不育株，单收单脱，鉴定试验，择优选择家系，混合播种进入下一轮重组、选择。该法的特点是只对雄性不育株（母本）进行选择，2 个世代完成一轮选择。

（3）全同胞家系轮回选择法　全同胞家系轮回选择是在随机交配群体里，选择单株（穗）成对杂交，即组成全同胞家系。与半同胞家系轮回选择不同的是，半同胞家系只选择母本（不育株），全同胞家系是父、母本都选择。采用全同胞家系轮回选择时，需要组配成数十个或上百个 $S_0 \times S_0$ 的全同胞家系。具体做法如下：

第一季：在原始群体内选择父、母本成对杂交，获得数目较多的全同胞家系杂交种子。收获后将每个全同胞家系的种子分成两份，一份用于第二季的性状鉴定，一份用于第三季入选的优良全同胞家系的杂交。

第二季：播种全同胞家系种子，进行试验鉴定，最终根据产量等性状选择优良的全同胞家系，一般选择率以 10% 为宜。

第三季：找出入选的全同胞家系的另一份种子播种。开花时，选择父、母本成对杂交。收获杂交的种子组成下一轮选择的群体。

可见，全同胞家系选择需要 3 个世代完成一轮选择。在高粱随机交配群体里，开花时选择雄性不育株（母本）和可育株（父本）成对杂交，即为全同胞家系。这些家系的种子分成两份，一份做试验鉴定用，根据鉴定的结果选出优良的家系；然后用入选的全同胞家系的备份种子混合后播种，开花期再从中选择雄性不育株与可育株成对杂交组成全同胞家系，开始新一轮的选择。

全同胞家系轮回选择法，除在重组期间对雄性不育株（母本）和可育株（父本）进行选择并成对杂交外，其他作法都与半同胞家系轮回选择是一样的。由于全同胞家系轮回选择要做大量的成对杂交，费时、费工。

（4）自交一代（S_1）家系轮回选择法（自交后代鉴定法）　自交一代家系轮回选择法需要 3 个世代完成一轮选择。如果某地在一年内能有 3 个生长季，那么高粱群体改良就可以选择这一轮回选择方法。具体程序如下：

第一季：在含有细胞核雄性不育性的随机交配群体内，开花时选择开放授粉的雄性不育株，并做标记。收获雄性不育株穗，并选优。

第二季：将入选的雄性不育穗种在选种圃里。开花时选择可育穗，严格套袋自交。这些自交穗的种子就组成了一个 S_1 家系。收获时单收单脱。

第三季：S_1 家系种子分成两份。一份播种进行产量等性状鉴定。根据鉴定的结果选择优良的家系。

第四季：将入选家系的备份种子混合播种实行重组，开始下一轮的选择。

Doggett 和 Eberhart（1968）报道了在非洲乌干达采用 S_1 家系法进行高粱随机交配群体改良的做法。他们对由 121 个恢复系组成的恢复系群体和由 101 个保持系组成的保持系群体同时进行改良选择。

第一世代：将每个群体的 800 个（或更多）品系种于同一选种圃内。每 20～40 个品系组成区组，以减少环境误差。从表现优良的穗行中选择 30%～50% 可育结实单穗，自交组成 S_1 家系。

第二世代：进行多点产量等性状鉴定。选取入选的 S_1 家系 400 个或更多个进行 2 次重复或 3 次重复的产量比较试验。每个 S_1 家系的备份种子繁育并单独保管。决选 10%～20% 的最优家系。

第三世代：将入选系的备份种子混合后播种。开花前淘汰性状不好的可育株，标记雄性不育株。成熟后，对标记的雄性不育株穗进行选择。入选的株穗进入下一轮选择。

国际热带半干旱地区作物研究所（ICRISAT）在高粱上采用 S_1 家系选择法时，对实施方案稍作改动。即在第二世代，S_1 家系进行产量鉴定试验时，令其兄妹交。在第三世代进行重组时，将根据鉴定试验的结果选择 50% 最优 S_1 家系的兄妹交种子种成穗行。同时，将这些最优 S_1 家系的种子混合种成父本行，其种植方式可交叉分期播种，以保证早、晚熟的穗行都能同期开花，充分杂交授粉。各穗行的雄性不育株都授予父本的混合花粉。收获时，从每个家系中收 40 株授过父本混粉的优良不育株种子，进入下一轮选择。

House L. R.（1982）指出，采用这种 S_1 家系轮回选择程序，在群体选择的任何轮选期都可以将优良的 S_1 家系单株从群体中选择出来，并用系谱法将其育成一个亲本系（恢复系或保持系）。同时，群体在轮回选择过程中，也可以在任一轮选期的重组前，用混合等量种子的方法将新材料加入 S_1 群体里，也可用回交法加入。在任何轮选期都可将保持系群体中的优良 S_1 家系与细胞质雄性不育系杂交、回交转育，以选育出新的细胞质雄性不育系和保持系。至于恢复系群体中的中选 S_1 家系能否进入下一轮选择，则要根据其与不育系组配的杂交种产量鉴定试验结果来定。如果测交的杂交种产量表现突出，则可将 S_1 家系自交选择，并去除细胞核雄性不育基因，最终育成恢复系。

（5）自交二代（S_2）家系轮回选择法（自交二代鉴定法）　自交二代家系轮回选择法是在 S_1 家系选择法基础上的进一步延伸。其特点是用 S_2 家系代替 S_1 家系进行产量试验鉴定。该法完成一轮选择需要 4 个世代。如果想把群体中的不良性状基因排除掉，采用此法最为有效。

Andrews D. J. 等（1980）报道了 ICRISAT 采用 S_2 家系选择的做法：

第一季：从高粱随机交配群体中选择 800～900 个雄性不育株穗（半同胞家系）种成穗行。从这些穗行中选择 400～500 个优良的半同胞家系，最后从每个入选的半同胞家系中选出 1 株最优的可育结实株穗，得到 S_1 家系种子。

第二季：把入选的 400～500 个最优的 S_1 家系种子种成穗行。从这些穗行里选择最优的 1～2 个可育结实株穗，即得到 S_2 家系种子。成熟后，分收分脱。

第三季：将上述选择的 S_2 家系株穗，通过决选出 200～300 个自交的 S_2 家系，安排多地点至少 2 次重复的产量试验。试验应设立主要性状的适宜对照种。同时，还应在高度感染和侵染的环境条件下，对每个后代进行主要病虫害的抗性鉴定，并使每个穗行进行兄妹交，以保持群体中雄性不育株产生的频率。根据产量和其他性状鉴定的结果选择 30～40 个最优品系，其中包括在感染和侵染环境下表现最优的品系，以及对基因型与环境互作表现迟钝的品系，最终从每个地点决选出 10 个最优品系。

第四季：将入选的 30～40 个最优品系种子播种后重组，以形成下一轮选择用的群体（C_1）。将每个地点决选出的 10 个最优品系重组，产生试验品种。这些试验品种就是这一轮选出的品种。如果其中有的表现非常突出，则可进一步经过区域试验、生产试验后投入生产应用。

在 ICRISAT，最初采用 S_1 家系轮回选择法进行高粱群体改良。但发现 S_1 家系内表现出杂合性，因而改用 S_2 家系选择法。研究表明，S_2 家系选择法适合于多点鉴定，并能增加群体内的加性遗传方差。但是，由于 S_2 家系选择法有 2 次自交，所以在 S_2 世代中必须进行兄妹交，以保持群体内产生雄性不育株的比率。

2. 群体间改良轮回选择法

（1）交互轮回选择。交互轮回选择法是同时对两个随机交配群体进行选择。两个群体在自身改良的同时，又互为测验种，即群体 Ⅰ 的中选品系在自交的同时，还与群体 Ⅱ 的中选品系杂交，反之亦然。这两种杂交的结果，提供出 2 组供产量试验用的杂交组合。这 2 组杂交组合安排到不同地点的多重复的测交产比试验。根据测交产比试验结果，把中选组合的自交 S_1 家系的种子混合、重组，即来自群体 Ⅰ 的 S_1 家系重组后形成一个新群体 Ⅰ-1，来自群体 Ⅱ 的 S_1 家系重组后形成一个新群体 Ⅱ-1。随后进行下一轮选择。在群体改良的任何阶段都可以从两个群体中选出优良的品系组配成杂交种，经鉴定符合育种目标的，可提供生产应用。

交互轮回选择法是由 Comstock 等于 1949 年提出的。如果某个性状的许多基因位点上有上位性和超显性效应存在时，就应采用交互轮回选择法，同时也兼顾了加性基因的遗传效应。所以，该法是对一般配合力和特殊配合力都有效的选择方法。交互轮回选择法最初是为改良玉米群体设计的，从同时得到改良的两个群体里选出优良的自交系，一可以分别组成下一轮选择的改良群体，二又可以组成由 2 个群体选出的自交系配成的单交种，直接用于生产。交互轮回选择遗传交配的实质是半同胞家系，所以是半同胞家系选择法的发展和延伸。交互轮回选择的程序如图 11-11。

第一季：从 A 群体（0 轮原始群体）选取约 100 株分别进行自交，同时又分别与 B 群体中随机选取的 5 株左右作测验种进行测交。反之，从 B 群体（0 轮原始群体）选取约 100 株各自进行自交，同时又分别与 A 群体中随机选出的 5 株左右作测验种进行测交。每株的自交种子收获后保存起来供第三季用。每株测交的半同胞家系种子于第二季进行测交种量比较试验。

第二季：安排有重复的测交种产量鉴定试验。鉴定 A 和 B 群体中各 100 个半同胞家系。根据试验的结果，在每一群体的测交种中，选出最优的 10 个半同胞家系。

第三季：从第一季备份种子中，找出 A 群体测交种表现最优的 10 个自交系，彼此互相杂交，以形成第一次轮回选择 A 群体 AC_1。同样，也形成第一次轮回选择 B 群体 BC_1。

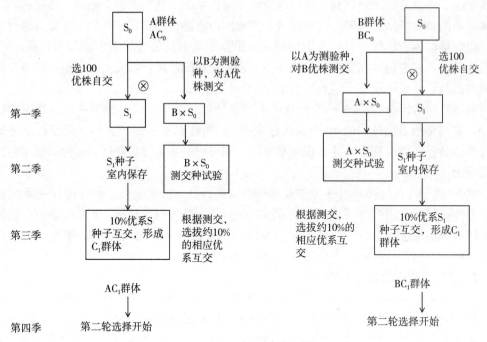

图 11-11　交互轮回选择示意图
（根据 Comstock，1949）

第四季：对 AC_1 和 BC_1 群体，按照第一季的程序分别自交和测交，开始第二轮选择。

House（1980）设计了高粱应用交互轮回选择的方案。先要组成两个不同类型的随机交配群体，一个是保持类型群体，称为群体 B，用于选择保持系，进而转育成雄性不育系；另一个是恢复类型群体，称为群体 A，用于选育恢复系。这两个群体各自应具备一些必要特性，群体 A 应含有细胞核雄性不育基因；不育细胞质或可育细胞质；细胞质雄性不育恢复基因的频率高；或者它具有细胞质雄性不育；不育细胞质，细胞质雄性不育恢复基因的频率高。群体 B 具有细胞核雄性不育性；可育细胞质；细胞质雄性不育保持基因频率高。

针对高粱的这两种类型群体的交互轮回选择程序如下：

第一季：在群体 A 里选择可育结实株穗，在自交的同时与群体 B 里的雄性不育株杂交。同样，在群体 B 里选择可育结实株，在自交的同时与群体 A 里的雄性不育株杂交。成熟时，分别收获自交和杂交的种子，单脱，自交种子分成两份保存。

第二季：在多地点进行 2 次以上重复的测交种产量比较试验。值得注意的是，如果群体 A 含有细胞质雄性不育性，那么测交种中会出现雄性不育株，为确保雄性不育株的充分授粉和结实，试验田应有足够的花粉提供株。

第三季：根据产量试验的结果，决选最优的测交种，从备份种子中找出相应的自交种子，混合后种于隔离区内，形成群体 A 和群体 B。开花期标记雄性不育株，实行开放授粉。成熟后，分别从群体 A 和群体 B 中选择优良不育株穗，并收取种子，分别混合后构成新一轮选择的群体 A 和群体 B。

第四季：重复第一季的做法，开始新一轮选择。

Bhola Nath（1980）指出，交互轮回选择是针对选育杂交种设计的，它既可以选择加性基因效应，也可以选择显性、上位性基因效应。但是，对高粱而言，虽然也有关于显性效应非常高的研究报道，但总的来说还是加性效应较非加性效应更为重要，所以并不一定非要采用这种轮回选择方法不可。

（2）交互全同胞家系轮回选择。交互全同胞家系轮回选择法是由 Hallauer 等（1967）提出的。该法可同时改良群体 A 和群体 B，也可以在改良群体的任何阶段同时选出优良的自交系，并组配出单交种（A×B）应用。交互全同胞家系轮回选择法的程序如下：

第一季：在玉米上采用交互全同胞家系选择的必需条件是双穗类型玉米群体。在群体 A 里选择具双穗的植株，一穗自交，另一穗与群体 B 里的优株成对杂交，组成全同胞家系（$S_0 \times S_0$）。成熟后，分别收取自交穗（S_1）和杂交穗（$S_0 \times S_0$）。

第二季：种植全同胞家系（杂交穗），进行产量鉴定。种植自交穗 S_1，以便作杂交。先确定最优的杂交组合（$S_0 \times S_0$），然后对最优组合相应的 S_1 代果穗作两种处理。一是把同一群体的优系轮交或自交授粉合成第一轮的改良群体。二是把两个群体的优系组成 $A_1 \times B_1$、$A_2 \times B_2$……$A_n \times B_n$ 个杂交种。关于各自的优系继续鉴定、选择，优中选优，以形成新的优系（图 11-12）。

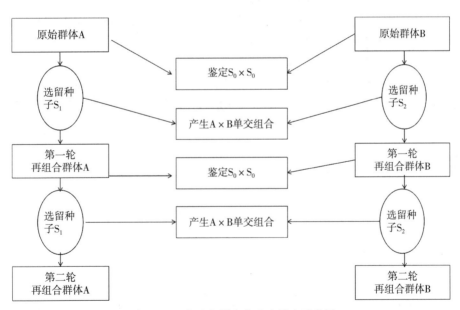

图 11-12　交互全同胞家系选择法示意图
(Hallauer，1967)

Hallaure（1973）曾对 2 个综合品种群体 BSTE 和 PHPR 进行了一轮的交互全同胞家系轮回选择，结果 BSTEC₁的产量达到 6 510kg/hm²，比原始综合品种 5 570kg/hm² 增加了 16.9%；PHPRC₁的产量达到 6 600kg/hm²，比原始品种 5 480kg/hm² 增加了 20.4%。可见选择的效果是十分显著的。

（二）轮回选择法比较

Eberhart（1967）研究了肯塔尔综合种（KCA）群体不同轮选方法的预期增益表（表

11-10)。由于采用了不同的轮回选择法，所以其选择增益是不一样的，混合轮回选择的增益每轮为 1.51%，而 S_2 家系的每轮选择增益为 13.56%。

表 11-10　不同选择方法（10% 选择强度）**和地点的预期增益**（4 个地点、2 次重复）
（《杂交高粱遗传改良》，2005）

选择方法	每轮季数	每轮、增益（%）	每年增益（%）			
			2 个相同季节	2 个不同季节	每年 3 个不同季节	每年 1 个季节
混合选择	1	1.51	3.0	1.5	1.5	1.5
半同胞家系选择	2	4.68	4.7	4.7	4.7	2.3
全同胞家系选择	2	6.76	6.8	6.8	6.8	3.4
S_1 家系选择	3	10.56	7.0	5.3	10.6	3.5
S_2 家系选择	4	13.56	6.8	6.8	6.8	3.4

　　Bhola Nath 等（1980）针对 ICRISAT 采用轮回选择法的具体情况，用不同遗传参数构成的 3 种假设，即低遗传力、具显性低遗传力和无显性低遗传力（表 11-11）。对群体内改良的几种轮回选择法的选择效果作了理论比较。在 ICRISAT，由于地处热带，一年最多可种植 3 季，但是上下季的收获和播种几乎没有多少空闲。因此，ICRISAT 的高粱群体改良多数是一年种植两季。Bhola Nath 等估算了在 3 种不同的遗传参数组成下，每年种植 2 季或 3 季，4 个地点，每点 2 次重复的 5 种轮回选择方法的预期增益（表 11-12）。结果显示，如果每年种植 3 季，对遗传力低的性状，S_1 家系轮回选择法可获得最大的选择增益。而对环境条件不同的 2 季种植，S_2 家系选择法和全同胞家系选择法也取得同样的选择增益。由于 S_2 家系选择法可在每轮选择之后直接选取最优品系，因此更为育种家所采用。

表 11-11　为比较选择体系用的遗传参数性质
（《杂交高粱遗传改良》，2005）

情况	S_A^2	A_D^2	S_{AL}^2	A_{DL}^2	S_e^2	S_{gm}^2	S_W^2	h^2
A	60	30	68	34	98	52	967	0.050
B	60	60	68	68	98	52	967	0.047
C	60	0	68	0	98	52	967	0.051

　　注：A——低遗传力；B——具显性低遗传力；C——无显性低遗传力；S_A^2——加性遗传方差；A_D^2——显性方差；S_{AL}^2——加性×地点方差；A_{DL}^2——显性×地点方差；S_e^2——环境机误方差；S_{gm}^2——基因型×年份方差；S_W^2——小区内方差；h^2——遗传力。

表 11-12　3 种不同情况下 5 种选择方法每年的预期增益
（《杂交高粱遗传改良》，2005）

选择方法	每轮所需季数	每年增益	
		2 季	3 季
	A（低遗传力）		
混合选择	1	1.5	1.5

（续）

选择方法	每轮所需季数	每年增益	
		2 季	3 季
半同胞家系选择	2	4.7	4.7
全同胞家系选择	2	6.8	6.8
S_1家系选择	3	5.3	−10.6
S_2家系选择	4	6.8	6.8
B（具显性低遗传力）			
混合选择	1	1.4	1.4
半同胞家系选择	2	4.7	4.7
全同胞家系选择	2	6.3	6.3
S_1家系选择	3	5.0	10.1
S_2家系选择	4	6.6	6.6
C（无显性低遗传力）			
混合选择	1	1.6	1.6
半同胞家系选择	2	4.7	4.7
全同胞家系选择	2	7.4	7.4
S_1家系选择	3	5.6	11.1
S_2家系选择	4	7.0	7.0

　　总之，由于研究的材料和实行轮回选择的条件不一样，因此所得结果也不尽相同。究竟采用哪种轮选方法的效果最好，尚有不同意见，有待进一步研究。

主 要 参 考 文 献

陈力，1981. 获得高粱花粉植株简报. 黑龙江农业科学（5）：52-53.

陈学求，1980. 高粱人工诱变雄性不育突变体——"601"雄性不育系的培育与研究初报. 吉林农业科学（2）：1-4.

陈学求，1984. 高粱辐射育种的研究. 吉林农业科学（3）：1-5.

河北省沧州地区农业科学研究所，1976. 谷子与高粱杂交的实践. 植物学报，18（4）：340-342.

河北省沧州地区农业科学研究所，1977. 谷子与高粱远缘杂交的变异. 遗传与育种（1）：26.

湖北省农业科学研究所，1977. 高粱稻（A型）的选育. 遗传与育种（1）：5-7.

刘立德，1978. 辐射诱变在杂交高粱品质育种中的作用. 辽宁农业科学（1）：40-41.

卢庆善，宋仁本，郑春阳，等，1995. LSRP-高粱恢复系随机交配群体组成的研究. 辽宁农业科学（3）：3-8.

卢庆善，孙毅，2005. 杂交高粱遗传改良. 北京：中国农业科学技术出版社.

卢庆善，赵延昌，2011. 作物遗传改良. 北京：中国农业科学技术出版社.

卢庆善，1983. 高粱群体改良的研究. 世界农业（6）：30-33.

卢庆善，1983. 高粱群体改良法. 国外农学——杂粮作物（1）：1-6，（2）：1-5.

卢庆善，1983. 美国和ICRISAT部分高粱群体简介. 国外农学——杂粮作物（2）：55-57.

卢庆善译，Jensen NF 著. 1996. 植物育种方法论. 北京：中国农业出版社. 18-32.

陆伟，苏益民，宋高友，1995. 电子束与γ射线辐照高粱种子 M_1 代效应的比较研究. 核农学通报，16

（4）：160-163.

罗耀武，1981. 诱导高粱同源四倍体初报 . 遗传，3（4）：29-31.

罗耀武，1985. 高粱同源四倍体及四倍体杂交种 . 遗传学报，12（5）：339-343.

马正谭，1983. 黄胚乳高粱 7512 辐射诱变早熟品系选育初报 . 原子能农业利用（4）：11-14.

宋高友，苏益民，张纯慎，廖英丹，1993. 不同温度下 ^{60}Coγ 射线对高粱诱变效果的研究 . 核农学通报，14（3）：267-270.

西北农学院，1981. 作物育种学 . 北京：农业出版社 . 661-667.

西北水土保持生物土壤研究所，1977. 高粱蔗 "7418" 的选育栽培技术和制糖工艺 . 湖南科技情报（2）：22-34.

张伯林，1981. 作物合子期照射有效时间的研究 I 高粱受精及合子持续时间的观察 . 原子能农业应用（3）：1-6.

张纯慎，1984. ^{60}Coγ 射线辐照高粱干种籽对 M_2 代高蛋白、高赖氨酸突变的筛选 . 原子能农业应用（2）：20-24.

Bhola Nath，1982. Population breeding technigues in sorghum. Sorghum in the Eighties. 421-434.

Conner A B, Karper R E, 1962. Hybrid vigor in sorghum. Texas Agri. Expt. Station. Bull. 359.

Doggett H, Eberhart S A, 1968. Recurrent selection in sorghum. Crop Sci. (8): 119-121.

Doggett H, 1968. Mass selection systerns for Sorghum. Crop Sci. (8): 391-392.

Doggett H, 1972. Recurrent selection in sorsorghum. Heredity. (28): 9-29.

Doggett H, 1972. The improvement of sorghum in east Africa. In Rao NPG, House LR. (eds) Sorghum in the Seventies. Oxford and IBH Publ. Co. New Delhi. 47-59.

Eberhart S A, 1972. Technigues and methods for more efficient population improvement in sorghum. In Rao NPG, House LR. (eds). Sorghum in the Seventies. Oxford and IBH Publ. Co. New Delhi 197-213.

Eckebil J P, Ross W M, Gardner C O, Maranville J W, 1977. Heritability estimates, genetic correlations, and predicted gains from S_1 progeny tests in three grain sorghum Random-mating population. CropSci. 7: 373-377.

Faujdar Singh, 1981. Population improvement in self and often cross-pollinated crop. ICRISAT.

Foster K W, Jain S K, Smeltzer D G, 1980. Responses to 10 cycles of mass selection in an inbred population of grain sorghum. Crop Sci. 20 (1): 1-4.

Gardner C O, 1972. Development of superior population of sorghum and their role in breeding programs. In Rao NPG, House LR. (eds). Sorghum in the Seventies. Oxford and IBH Publ. Co. New Delhi 180-196.

Gilmove E C, 1964. Suggested method of using reciprocal recurrent selection in naturally self - populationspecies. Crop Sci. (4): 321-325.

Quinby J R, 1968. Opportunities for sorghum improvement. American Seed Trade Assn. (37): 916-936.

Ross W M, Gardner C O, Nordguist, 1971. Population breeding in sorghum. The Grain Sorghum Research and Uitilization Conference. Lubbock, Texas. (7): 93-98.

Ross W M, 1973. Use of population breeding in sorghum: problems and progress. In Proc. of the 28th Ann. Corn and sorghum Res. Conf. (28): 30-43.

Ross W M, 1980. Population breeding in sorghum-phase II . 33rd Annual Corn and Sorghum Research Conference. 153-166.

第十二章　高粱杂种优势

第一节　杂种优势利用概述

在作物杂种优势利用中，高粱是较早开始利用的，尤其是利用"三系"组配的杂交种，是继洋葱之后，最早在生产上利用杂交种的。自 1954 年世界上育成第一个核质互作型雄性不育系 Tx3197A 后，高粱杂种优势利用不断向高端发展。高产育种始终是首要目标，除籽粒产量，近年又提出"高能甜高粱"育种。我国高粱杂种优势利用从高产、品质，向抗病虫、抗旱等抗逆境方向发展。近年又提出专用杂交种改良，如食用型、酿酒型、饲用型、高能型、帚用型等，而且卓有成效。今后高粱杂种优势利用研究的重点是，在巩固发展高产、优质、多抗专用育种的基础上，着重解决现有"三系"体系的局限，拓宽雄性不育系的种质基础和不育细胞质的多样性，探索稳定杂种优势的可能性，寻求其他有效利用杂种优势的途径，利用高粱野生资源及异属、种植物有利基因的潜力，以进一步改良高粱栽培种的各种性状优势。

一、杂种优势的由来和发展

（一）杂种优势的概念

1. 杂种优势概念的定义　杂种优势是生物界的一种普遍现象。杂种优势通常是指两个遗传性不同的品种、品系、自交系等进行杂交，其产生的杂种一代（F_1）比它们的双亲表现出的性状优势，例如产量高、生育健壮、适应性广、抗逆力强等，这种现象称杂种优势。

杂种优势很早就被人们发现了。随着科学的进步和人们对杂种优势认识的逐渐深入，杂种优势的概念也经历了自身的发展过程。

1716 年，Mather 观察到玉米杂交授粉的优势效应。

1719 年，Fairchild 做了第一个人工植物杂种。

1800—1850 年，尽管人们对植物遗传规律还不知晓，但是小区试验技术和数量遗传的某些原则已经提出来了。一些人开始利用纯系选择和杂交进行植物改良。Sagaret 于 1826 年、Weigman 于 1828 年研究了许多种植物的杂种。Sagaret 把此写成"显性种"（dominant）。

1851—1900 年，人们对细胞、细胞核、细胞质、核仁、染色体、雌雄配子等有了进一步的了解。一些人的经典著作出版了。1859 年，达尔文的《物种起源》出版了。1889年，达尔文的《植物界杂交和自交效应》一书也出版了。1878—1881 年，Beal 观察到玉米品种间杂种产量增加的现象。1879—1880 年，Horsford 在美国选择了第一个著名的大麦杂种。

1900 年，Correns、De Vries 和 Tshermak 等人重新发现了孟德尔的"遗传法则"，使植物界的历史达到了一个新的里程碑。

20 世纪初的 20 年，遗传学、细胞遗传学、植物育种学研究取得了前所未有的成果。Shamel（1898—1902）、Shull（1905—1909）、East 和 Hayes（1908）、Collins（1910）等许多学者先后进行了玉米自交系选育及杂种优势研究。1914 年，Shull 首次提出了"杂种优势"（Heterosis）这一术语和选育单交种的基本程序，用来描述 F_1 杂种在活力、生长、发育和产量上的增加，而且还从遗传理论和育种模式上为玉米自交系间的杂种优势利用奠定了基础。Shull 的杂种优势定义，即"表现出杂种大小、活力和产量等性状增加的杂种优势"。

2. 杂种优势概念的划分 杂种优势表现的类型多种多样，有必要进行科学的划分。Gustafsen 建议按其表现性状的性质分为三种主要杂种优势类型：①体质型，表现为杂交种有机体营养部分的较强生长发育。②生殖型，表现在生殖器官上有较强的生长发育，即高结实率，种子和果实的更高产量。③适应型，表现在适应能力上的优势，即杂交种的高生活力、适应性和竞争力。

从广义的杂种优势概念考量，给其下一个准确无误的定义是遗传学术语中一个比较复杂和有争论的问题。Shull 提出并采用了这个杂种优势术语。之后，他（1948）指出这一术语"不应受一切假说的束缚"，对此任何学者均可自由地给予他自己认为恰当的说法。Shull 的关于"杂种优势就是大小、活力、产量的增加"的说法被进化论者所拓展，杂种优势也包括生存的优越性，即适应、选择和繁殖的优势。

1944 年，Powers 在番茄 F_1 杂种上观察到的子囊数目比其亲本的都少。以后，则把杂种优势扩展为负杂种优势。1950 年，Dobzhonsky 建议按功能把杂种优势分为丰产型杂种优势（生长、活力、产量等的增加）、适应型杂种优势，选择型杂种优势及多产型杂种优势。杂种优势随生育晋代有可能从正杂种优势向负杂种优势转变。这称作不稳定杂种优势（labile heterosis）。这种情况是由杂合状态或异核状态向纯合状态转变引起的。而且，杂种优势在处于杂合状态下，或同核，或纯合状态下还可能被固定。

总之，对育种家来说，对杂种优势的注意力是指杂种的任何经济性状与亲本比较表现出丰产的非固定优势。现代的杂种优势概念可分为以下几类。一是从方向上分，正杂种优势和负杂种优势。二是从表现上分，丰产型杂种优势、适应型杂种优势、选择型杂种优势和多产型杂种优势。三是从有性阶段可遗传性上分，不稳定杂种优势：又分成杂合型杂种优势和异核型杂种优势；固定的杂种优势，又分为平衡杂合型杂种优势和同核或纯合型杂种优势。

上述杂种优势的划分，就方向而言，可以是正向的，也可以是负向的；从表型看，可以是繁茂的，即大小、产量等方面的优势，也可以是适应的，及其在顺境或逆境中选择的和繁殖的优势；从对后代有性世代遗传传递来说，可以是稳定的，因为它不是在平衡的杂合状态下，就是在纯合状态下固定不变；也可以是不稳定的，因为这与杂合性的自由分离有关。所有这些方面都包含在广义杂种优势概念之中。育种家倾向于 Shull 提出的概念，即简要解读杂种优势是杂种与其亲本相比较；而杂种所表现的繁茂性和不稳定的优势，这一概念可以说是狭义的杂种优势。

（二）高粱杂种优势的早期研究

高粱具有显著杂种优势曾引起许多学者的关注，并对利用这种优势发生兴趣。Conner 和 Karper（1927）的研究工作是高粱杂种优势的早期研究之一，在株高上有着显著差异的迈罗高粱和中非高粱品种，在特矮秆、矮秆和标准型之间作了杂交。在利用 3 个亲本所作的 3 对杂交中，F_1 代有 66% 的株高高于最高亲本。其 F_2 代有 40% 的植株高于最高亲本。虽然在高粱上当时并不认为有可能像玉米一样利用杂种优势，但也认识到在杂种后代中有选育出丰产的分离品系。同时也观察到这些杂种在叶面积和籽粒产量上表现出了杂种优势，并且明显延长了成熟期。

Stephens 和 Quinby（1952）在 6～8 年时间内，采用 2 个播期，将得克萨斯黑壳卡佛尔×白日杂交，将其 F_1 杂种的株高与标准品种进行比较时，发现杂种产量高，产量超过最好品种 10%～20%，超过 11 个对照品种平均数的 27%～44%。作者认为，虽然杂种的产量表现有优势，但在选育高粱杂种亲本时还需下一番功夫的，并认为有可能利用中选的品系以产生能够表现优势的早熟型杂种。

Stephens（1952）报道了在粒用高粱白日品种上发现有雄性不育性状存在。部分不育的原始植株产生完全的雄性不育和雌性可育的株穗。当雄性不育株×其他品种的 F_1 植株与第三个品种杂交时，其杂交后代因父本品种的不同，可能出现雄性不育的，或部分雄性不育的，或完全可育的。因此，选用适当的第三亲本，可以产生高粱的三向杂种。高粱雄性不育性状的遗传实质当时还没有得到明确认定，虽然认为在隔离的条件下维持这种品系是可能的。

建议生产三向高粱杂交种种子的方案如下：

对于每个杂交种来说需要保持 3 个品系或原种，并且需要 2 个杂交隔离区。原种 A 大约按 1∶1 的比例分离出雄性不育株和可育株，只从不育株收获种子予以保持原种 A。将原种 A 在杂交区 1 内播种，开花前拔除正常的可育株。原种 B 在外表上是正常的，而且可以在隔离或套袋的情况下予以保持。当这一品系的花粉被用于对雄性不育的白日高粱品种授粉时，下一代的所有植株在理论上都是不育的。所以，原种 B 将用于杂交区 1 的授粉行。A×B 的单交种子将播种于杂交区 2 的采种行上。原种 C 是另一正常的品系，它也可以在隔离或套袋条件下予以保持。当这一品系被用来作白日品种或 F_1 雄性不育植株的父本时，其后代产生正常结实株。该品系则作为杂交区 2 的授粉亲本。从杂交区 2 收获的种子即是（A×B）×C 三向杂交的种子，是商用高粱杂交种种子。

进一步的田间试验表明，在杂交制种隔离区内，相隔 12 行仍可得到授粉行有效的风力传粉，说明杂交种种子生产是切实可行的。利用标志性状可以方便地除去伪杂种，并在分离的材料中淘汰部分可育的植株。

Stephens 和 Holland（1954）在迈罗高粱与南非高粱品种的杂交后代中发现一种雄性不育的类型。F_1 是可育的，而在 F_2 代分离出部分雄性不育株。用南非高粱作父本回交迈罗高粱×南非高粱的 F_1 和 F_2 植株，结果不育株率提高到 99%。而用迈罗高粱作回交则能恢复其育性。研究者认为其不育性是由于迈罗高粱的细胞质与南非高粱的细胞核基因互作的结果。这种方式的不育性为杂交高粱的生产应用打下了基础。

（三）高粱杂种优势的表现

许多学者先后研究了杂交高粱的优势表现，结果表明其杂种优势不仅表现在籽粒产量上，而且还表现在形态上和生物学性状上，以及生育期、抗逆性等方面。例如，在营养生长上，表现出苗快、苗势旺、植株生长高大等；在生殖生长上，表现结实器官增大，结实率提升，果实和籽粒产量增多；在品质性状上，表现营养成分含量提高，籽实外观品质好；在生理功能上，表现适应力、抗逆性增强等。

1. 营养体性状　杂交高粱在营养体上的优势表现是植株增高、叶片增大、分蘖增多、根系增长等。这一特点在饲草高粱杂交种选育上最有利用价值。Karper 和 Quinby（1937）报道在美国得克萨斯奇利科斯试验站种植的高粱杂交种及其亲本的营养体（饲草）和籽粒产量。杂交种的饲草产量超过高产亲本11%～75%，籽粒产量超过高亲58%～115%（表12-1）。表12-1里数据显示，黑壳卡佛尔×红卡佛尔杂交种的分蘖数远高于双亲，而另2个杂交种的则低于高亲苏马克。

表 12-1　高粱亲本与其杂交种的株高、茎数、生育期、籽粒产量和饲草产量比较

（Karper 和 Quinby，1937）

亲本名称及杂种组合	株高（cm）	每株茎数	生育期（d）	单株产量（kg）		杂交种产量超过高亲（%）	
				饲草	籽粒	饲草	籽粒
亲本：							
黑壳卡佛尔	126	1.0	105	0.290	0.091	—	—
短枝菲特瑞塔	157	1.3	100	0.367	0.118	—	—
苏马克	187	2.1	100	0.549	0.118	—	—
红卡佛尔	128	1.0	105	0.268	0.059	—	—
杂种：							
黑壳卡佛尔×苏马克	188	1.8	100	0.612*	0.186*	11	58
短枝菲特瑞塔×苏马克	199	2.0	95	0.635**	0.245*	16	108
黑壳卡佛尔×红卡佛尔	135	1.7	105	0.508**	0.195*	75	115

注：* 达5%显著水平；** 达1%极显著水平。

高粱杂交种的株高一般均高于双亲的均值（Quinby 等，1958；Amom 和 Blum，1962；Quinby，1963；Kambal 和 Webster，1966；Liang，1967；Kirby 和 Atkins，1968；Chavda 和 Drolsom，1969；Patanothai 和 Atkins，1971）。植株增高是杂交高粱营养体优势的重要表现。从形态上看，株高是节数和平均节间长的乘积，加上穗柄和穗长三者构成。Kambal 和 Webster（1967）指出，杂交高粱构成株高的每个节间长度及总长度都较长。茎秆长度不仅取决于节间数目，更取决于细胞伸长的总量，细胞伸长正是杂种优势的表现。

张文毅（1983）研究了包括卡佛尔、双色、都拉、中国等粒用和帚用高粱及野生高粱杂交种各种性状的杂种优势表现。在77个杂交组合中，株高超过中亲值的有70个，低于中亲值的7个。高于高亲值的51个，低于低亲值的2个，介于高、低亲值之间的24个。株高杂种优势平均超过中亲值23.5%。

在其他营养体中，还研究了节间数、穗柄长、穗长的杂种优势表现。节间数的杂种优势平均超过中亲值的 5.0%，其中高于中亲值的 45 个，等于中亲值的 16 个，低于中亲值的 16 个。在与高、低亲比较时，高于高亲值的 24 个，低于低亲值的 8 个，介于高、低亲值之间的 45 个。在穗柄长的 50 个杂交种中，其杂种优势超过中亲值的 3.3%，大于中亲值的有 25 个组合，等于中亲值的 3 个，小于中亲值的 22 个。大于高亲值的 12 个，低于低亲值的 6 个，介于高、低亲值之间的 32 个。穗长的杂种优势表现与穗柄长有相同趋势，而杂种优势表现比穗柄长的更强，平均高于中亲值 12.9%。在 52 个杂交种里，有 41 个超过高亲值。

叶片大小的增加是杂交种营养体优势的又一表现。Quinby（1970）报道，高粱杂交种从子叶起向上直到最大叶片，均大于其亲本相应的叶片；而最大叶片以上的叶片，有的大于亲本叶片，多数小于亲本叶片（表 12-2）。由于杂交种总叶数比亲本少，所以杂交种最大叶片以上的叶片较小是自然的。

表 12-2　高粱杂交种及其亲本的叶面积比较（cm²）
(Quinby, 1970)

群体数 叶序	母　本 CK60B	杂交种 (CK60A×Tx7078)	父　本 Tx7078	杂交种 瑞兰 A×Tx7078	母　本 瑞兰 B
	21	41	31	17	32
4	5**	8	7**	8	6**
5	8**	14	12**	14	10**
6	14**	24	20**	23	18**
7	23**	42	33**	41	33**
8	43**	75	61**	72	62**
9	77**	124	103**	122	110**
10	125**	185	159**	191	176**
11	190**	261	222**	284	265**
12	252**	327	285**	364	340**
13	306**	390	336**	435	397**
14	349**	429	381**	481	458*
15	388	417	390	468	512
16	435	342	352	448	543
17	460	209	226	368	467
18	399			234	266
19	232				

注：* 达 5% 显著水平；** 达 1% 极显著水平。

总的来说，多数杂交高粱的优势表现在长势旺盛、分蘖多、根系发达。但是，在分蘖力和根系分布上，也有一些不一致的研究报道。例如，Karper 和 Quinby（1937、1946、

1967) 研究认为，多分蘖是杂交高粱优势的一种表现。而 Kambal 和 Webster（1966）及 Beil 和 Atkins（1967）则认为，杂交种与其亲本在分蘖数上几乎没有差异。

2. 生殖体性状 高粱生殖体性状的杂种优势表现主要指籽粒产量、穗粒数和粒重等。Stephens 和 Quinby（1952）研究认为，杂交高粱籽粒产量的增加无疑是杂种优势的重要表现。他们在 8 年里采取 2 个播期，将得克萨斯黑壳×白日杂交种子的 F_1 植株与标准品种进行比较，其杂种产量超过最高品种 10%～20%，超过 11 个对照品种平均产量的 27%～44%。Quinby（1963）检测到当时的主栽杂交种 RS610 的籽粒产量比双亲均值增加 82%。一般认为，杂交种的单穗粒数增多是获得杂交种籽粒高产的一个重要因素（表 12-3）。但是，也有资料表明杂交种的单穗粒数也不总是多于亲本。

表 12-3 高粱亲本和杂交种的叶面积、穗重、籽粒产量和粒数的比较
（Quinby，1970）

性 状	母本（CK60B）	差值	杂交种（CK60A×7078）	差值	父本（7078）
叶片数	19	−2**	17	0	17
叶面积（从11叶到顶叶 cm²）	3 095	−687**	2 048	+256**	2 152
（上部 4 片，cm²）	1 443	−74**	1 359	+29	1 330
穗重（g）	27	+11**	38	+7**	31
籽粒产量（g）	48	+36**	84	+20**	64
单株粒数	1 854		2 619		1 837
群体数	43		58		42

注：* 达 5% 显著平准；** 达 1% 显著平准。

张文毅（1983）研究了高粱穗粒重、千粒重、穗粒数、一级分枝数等产量性状的杂种优势表现。结论是产量性状的优势表现高而稳定。在 75 个杂种一代中，70 个的穗粒重超过中亲值，占 93.3%；1 个等于中亲值，占 1.3%；4 个低于中亲值，占 5.4%。其中 66 个杂种一代的穗粒重超过高亲值，占 88%。穗粒重的平均超中亲优势为 75.3%。穗粒数的结果也同样，在 75 个 F_1 杂种中，有 71 个超过中亲值，占 94.7%；其中 61 个超高亲值，占 85.9%。穗粒数的平均超中亲优势为 55.9%，千粒重的为 12.6%，一级分枝数的为 4.5%。这些研究结果表明，虽然各产量性状的杂种优势表现不尽一样，有高有低，但都表现为正优势，因此对高粱籽粒产量来说，杂交高粱的优势有着较大的应用价值。

卢庆善等（1994）研究了中国、美国高粱杂种优势的表现。选用 10 个美国选育的雄性不育系，与 8 个中国选育的恢复系杂交，共得到 80 个杂种一代。分析测定了 7 个性状的杂种优势表现（表 12-4）。包括小区籽粒产量在内的 7 个性状总平均杂种优势为 128.6%，最高是株高，为 173.7%，最低是出苗至 50% 开花天数，为 94.6%，杂种优势的平均幅度为 85.6%～188.5%。

3. 品质性状 目前，高粱籽粒品质主要指其含有的蛋白质、赖氨酸、淀粉、单宁含量的多少。从食用的角度考量，蛋白质、赖氨酸、淀粉的含量越多越好，而单宁的含量越

少越好。

Anon 和 Burrum（1962）测定了马丁高粱品种及其杂交种籽粒的蛋白质含量，尽管结果不尽一致，但其杂交种籽粒的蛋白质含量总是低于马丁高粱。Kambor 和 Webster（1966）以及 Lin（1967）检测杂交种籽粒蛋白质含量低于其亲本均值。Colins 和 Picant（1972）在 6 个母本、8 个父本及其 48 个杂交种组成的双列杂交研究中发现，只有 4 个杂交种的蛋白质含量高于亲本，但没有一个杂交种的赖氨酸含量高于任何亲本。由此可见，按百分率计算，高粱杂交种籽粒蛋白质含量一般都稍低于亲本，杂种不表现增加蛋白质的优势。

表 12-4　高粱性状的杂种优势表现

（卢庆善等，1994）

性状	平均优势（%）	幅度（%）	位次	优势分布次数			正负优势（%）			超亲优势分布次数		
				总数	F≥MP	F<MP	正	负	F>HP	HP>F>LP	F<LP	
小区产量	138.3	70.4～226.1	3	80	68	12	85.0	15.0	67（83.8）	5（6.2）	8（10.0）	
穗粒重	116.4	76.2～168.4	5	80	62	18	77.5	22.5	48（60.0）	23（28.8）	9（11.2）	
千粒重	106.0	73.3～156.7	6	80	47	33	58.7	41.3	31（38.8）	34（42.5）	15（18.7）	
穗粒数	146.2	83.3～221.9	2	80	76	4	95.0	5.0	64（80.0）	14（17.5）	2（2.5）	
穗长	125.1	100.8～155.0	4	80	80	0	100.0	0	69（86.2）	11（13.7）	0（0.0）	
株高	173.7	113.6～276.6	1	80	80	0	100.0	0.0	72（90.0）	8（10.0）	0（0.0）	
开花期	94.4	81.8～114.5	7	80	10	70	12.5	87.5	6（7.5）	27（33.8）	47（58.7）	
总平均	128.6	85.6～188.5		80	60.4	19.6	75.5	24.5	51（63.8）	17.4（21.8）	11.6（14.4）	

注：括号内数字为超亲优势分布次数占总数的百分数。F 为杂交种表型值，MP 为中亲值，HP 为高亲值，LP 为低亲值，开花期为出苗至 50% 植株开花的日期。

张文毅（1983）研究了高粱蛋白质、赖氨酸、单宁含量杂种优势表现。结果是品质性状的平均优势为负值，约 2/3 的 F_1 杂种低于中亲值，近 1/2 的 F_1 杂种低于低亲值。F_1 杂种与中亲值比，蛋白质含量杂种优势为 -11.9%，赖氨酸的为 -22.2%，单宁的为 -17.9%。高粱籽粒品质性状杂种优势的这种表现给优质杂交种的组配带来一定困难。因此，对蛋白质、赖氨酸等性状选育必须挑选其含量更高的亲本。然而，也不是所有杂种 F_1 都表现为负优势。例如，在蛋白质含量测定的 25 个 F_1 杂种中，有 2 个超过中亲值，也超过高亲值；同样，在 25 个杂种 F_1 中，赖氨酸含量超过中亲值的有 2 个，其中 1 个超过高亲值。因此，只要重视杂种亲本的选择，也有可能选配出高优势的杂交种，只是产生的概率较低。单宁含量的负优势表现对杂交种选育有利。

孔令旗等（1992）研究了高粱籽粒蛋白质及其组分的杂种优势表现。结果是粗蛋白、清蛋白、球蛋白、谷蛋白、色氨酸的杂种一代超高亲和中亲值均为负的，超低亲优势均为正值（表 12-5）。说明这 5 种蛋白质的含量优势介于双亲之间，倾向低亲值。醇溶谷蛋白超高亲优势为负值，超中亲优势为正值，说明该蛋白杂种优势表现居于双亲之间偏向于高亲。赖氨酸杂种一代为超低亲优势，表现出超低亲遗传。

表 12-5　7 种蛋白质性状的实际优势表现（％）

（孔令旗等，1992）

性状（％）	超高亲优势			超中亲优势			超低亲优势		
	平均	变幅	极差	平均	变幅	极差	平均	变幅	极差
粗蛋白	−11.42	−14.89~ −0.23	14.66	−4.54	−13.18~ 5.65	18.83	3.89	−11.82~ 12.26	24.08
清蛋白	−34.93	−57.68~ −5.34	52.34	−20.41	−36.45~ 6.21	42.66	14.84	−8.80~ 38.75	47.55
球蛋白	−22.62	−61.82~ 52.5	114.32	−10.00	−47.29~ 56.41	103.70	21.68	−15.00~ 68.42	83.42
谷蛋白	−15.13	−27.04~ 0.74	26.30	−8.85	−25.36~ 0.77	24.59	0.80	−24.12~ 13.22	37.34
醇溶谷蛋白	−3.07	−25.36~ 10.76	36.12	3.99	−13.59~ 14.85	28.44	11.91	2.61~ 26.85	24.24
赖氨酸	−8.35	−24.65~ 10.61	32.26	−7.18	−15.33~ 10.94	26.27	−0.94	−11.81~ 11.28	23.09
色氨酸	−3.82	−25.83~ 90.32	116.15	−0.60	−12.16~ 51.69	63.85	14.74	−11.02~ 126.92	137.94

中国科学院遗传研究所（1977）研究高粱籽粒赖氨酸含量杂种优势表现是，杂种 F_1 籽粒赖氨酸含量多数无明显杂种优势，常介于双亲之间，并偏向于含量较高亲本。杂交种赖氨酸含量的高低，受父本的影响更大些。不论是同父本不同母本，还是同母本不同父本，其杂种 F_1 籽粒赖氨酸含量明显倾向父本。

研究显示，高粱籽粒干重的赖氨酸含量与蛋白质含量呈正相关，但其蛋白质含量与赖氨酸含量占蛋白质的百分数之间，则是显著的负相关。籽粒每增加 1％ 的蛋白质，则赖氨酸减少 0.041％，这是由于籽粒蛋白质的增加主要是醇溶蛋白，而赖氨酸在醇溶蛋白中含量极低。然而，来自非洲埃塞俄比亚的高蛋白、高赖氨酸突变系 IS11167 和 IS11758 与一般高粱籽粒蛋白质和赖氨酸含量的差异，只是一个基因位点的不同。

孔令旗等（1992，1995）研究了高粱籽粒淀粉含量的杂种优势表现，籽粒总淀粉含量、支链淀粉和直链淀粉含量在 12 个 F_1 杂种中，分别表现出超高亲、超中亲和超低亲优势（表 12-6）。其中，超高亲优势绝大多数为负值，支链淀粉含量绝大多数 F_1 杂种为超低亲优势，总淀粉含量、直链淀粉含量约有一半 F_1 杂种为正值。超中亲优势的正、负值各占 1/2；总淀粉含量有 3 个 F_1 杂种、支链淀粉含量有 4 个 F_1 杂种的超高亲优势为正值。

此外，总淀粉含量和直链淀粉含量各有 6 个 F_1 杂种为超低亲优势负值。这说明在研究的 3 种淀粉含量里，多数 F_1 杂种介于双亲之间，有的趋近高值亲本，有的趋近低值亲本。但也存在一定的杂种优势，包括正超亲和负超亲优势。因此，在进行籽粒淀粉含量遗传改良时，一方面要关注高淀粉含量双亲的挑选，另一面要加强对正向超亲杂种优势的利用。

表 12-6　高粱籽粒淀粉含量的杂种优势表现（％）

（孔令旗等，1992）

组合	总淀粉含量			直链淀粉含量			支链淀粉含量		
	超高亲优势	超中亲优势	超低亲优势	超高亲优势	超中亲优势	超低亲优势	超高亲优势	超中亲优势	超低亲优势
$P_1 \times P_2$	0.014	4.535	9.502	−6.104	5.737	−5.366	0.860	3.364	6.012
$P_1 \times P_3$	0.141	5.917	10.324	−13.152	−9.170	−4.805	1.903	4.253	6.733
$P_1 \times P_4$	−1.105 7	3.051	7.514	−26.842	0.887	62.468	−4.974	0.639	6.956
$P_2 \times P_1$	−1.078	3.394	8.306	−1.688	−1.304	−0.916	−0.797	1.666	4.271
$P_2 \times P_3$	−0.986	−0.679	−0.639	−18.128	−14.055	−9.555	0.940	1.117	1.295
$P_2 \times P_4$	−1.007	−0.640	−0.257	−4.094	32.579	114.660	−14.882	−7.753	0.697
$P_3 \times P_1$	0.409	5.259	10.619	−9.716	−5.576	−1.039	1.759	4.106	0.582
$P_3 \times P_2$	−3.298	−2.714	−2.411	−13.626	−9.328	−4.581	−1.912	−1.740	−1.567
$P_3 \times P_4$	−1.733	−1.064	−0.371	−15.906	12.608	70.380	−10.889	−3.581	5.052
$P_4 \times P_1$	−0.186	3.958	8.461	−16.433	15.242	85.584	−6.934	−1.437	4.750
$P_4 \times P_2$	−0.865	−0.498	−0.114	−27.076	0.808	63.220	−8.493	−0.829	8.256
$P_4 \times P_3$	−4.270	−3.618	−2.943	−8.304	22.788	85.782	−16.437	−9.585	−1.489

注：P_1 为黏高粱，P_2 为黄壳红黏高粱，P_3 为小白黏高粱，P_4 为忻梁 52。

4. 生育期性状　高粱生育期杂种优势多趋向中亲或为负优势，即杂种比其亲本生育期短些。Liang（1967）及 Liang 和 Quinby（1969）的研究表明，如果杂种与亲本的叶数相同，则杂种比亲本早开花（表 12-7）。

表 12-7　亲本和杂种的叶片数、花芽分化期、花序发育天数和开花期比较

（1968 年 6 月种于得克萨斯州）

亲本和杂种	叶片数①	从播种到花芽分化的天数	花序发育天数	从播种到开花的天数
CK60B	15.4±0.3	35	35.7	70.7±0.6
差值	−2.2**	−3	−6.7	−9.7**
CK60A×Tx7078	13.2±0.2	32	29.0	61.0±0.3
差值	+0.2	0	−2.2	−2.2**
Tx7078	13.0±0.4	32	31.2	63.2±0.8
差值	+1.2**	+1	+0.9	+1.9*
瑞兰 A×Tx7078	14.2±0.6	33	32.1	65.1±0.6
差值	−0.1	−3	−2.3	−5.5**
瑞兰 B	14.3±0.2	36	34.4	70.4±0.6
均差	−0.2	−1.2	−2.6	−3.8

①假设为 4 片胚叶。

*　5％显著水平。　**　1％极显著水平。

张文毅（1983）研究高粱生育期杂种优势表现显示，总平均杂种优势为中亲值的−0.6％，负优势，比双亲平均生育期稍为缩短。在研究的 77 个项次中，生育日数大于中亲值的有 29 项次，等于中亲值的 8 项次，少于中亲值的 40 项次；生育日数多于高亲值的有 12 项次，介于双亲之间的 44 项次，少于低亲值的 21 项次。

卢庆善等（1994）研究了 80 个中国、美国高粱杂种 F_1 生育期杂种优势表现指出，从出苗至 50％开花日数超低亲优势组合占 58.7％，介于高、低亲之间的占 33.8％，超高亲优势的组合占 7.5％。总平均优势为 94.6％，低于中亲值。在超低亲的 47 个组合中，有 31 个超低亲在 0.1％～10％，占 66％，15 个在 10.1％～31.9％，占 31.9％。超低亲的优势应加以利用。

二、杂种优势的理论基础

自植物界发现杂种优势现象以来，许多遗传学家、生理学家和生物化学家都试图研究解读这一现象。通过研究汇总起来有两种说法，一种从遗传基因的作用出发的遗传因子假说，另一种是从细胞质作用出发或从细胞质与细胞核互作出发的生理假说。

（一）显性假说

显性假说的理论依据是，当两亲本杂交，其隐性基因在杂种里产生有害的效应，而显性基因则表现有利的作用。如果分布在不同亲本的显性等位基因在杂种里处于这种情况，即每个位点至少有一个显性等位基因，那么杂种将具有杂种优势。下面两个亲本的示意杂交，能解释这一现象。

P：aaBBCCdd×AABBccDD

F_1：AaBBCcDd

由于杂交，从一个亲本进入杂种结合子的有害隐性基因被来自另一亲本的显性等位基因的有利效应所遮蔽，其结果优势增加。如果基因的数目多，或者它们是连锁的，一个亲本要成为全由显性有利基因的纯合的概率是极其罕见的。所以，这与自交活力减退，杂交活力恢复是相符的。这种现象曾被称作显性或连锁基因的显性假说。

Davenport（1903）是第一个指出在多数情况下显性性状对植株是有益的事实，而隐性性状具有害的效应。后来得到著名玉米育种家 Rechey 和 Sprague 等所得试验数据的支持。

显性理论主要有两个目标，一是如果这种理论是正确的，那么有可能选育出如杂交种一样高产的纯系种。但是，在已发表的文献中几乎没有例证能产生这样的高产育种系。然而，现在已表明至少在高粱上有可能选取这样真正的育种系。Jones（1917）提出，由于显性有利基因与隐性等位基因的连锁可能阻碍了获得这种真正育种系的可能，使这一问题得到解释。二是对于杂种优势特性来说，在杂种 F_2 缺少如果根据本假说所期望的偏分布。同样，这也能用连锁和存在控制这种性状的大量基因来解释。

（二）超显性假说

超显性假说是指杂合性对杂种优势的表现是必须的。即单个位点上等位基因的杂合—$a_1 a_2$ 比其纯合—$a_1 a_1$ 或 $a_2 a_2$ 都有优势。也就是说 a_1 和 a_2 基因表现出不同的作用，而这种不同作用的总和要优于纯合状态下两个等位基因的单结合。该理论假定杂合性本身有提供优势的能力，这种能力是指在许多位点上杂合子优于任一纯合子，而且优势的增加与杂合效应的总量成正比。这种说法曾被称作杂合作用的刺激性（stimulation of heterozygosis）、超级显性（super-dominance）、超显性（over-dominance）、单基因杂种优势（single gene heterosis）等。

超显性假说最初由 Shull（1908，1911）和 East（1908）各自提出的，假设对生育的生理刺激的增加是由于联合的配子不同，即增加的杂合效应不同。当 Shull 和 East 提出这个假说时，还没有能证明其正确性的试验依据，即证明杂合体比两个纯合体更占优势。1936 年，East 用一组等位基因每一个都有正效应的累积作用说明了这一假说。

玉米双交种的杂种优势是超显性理论的重要理论依据。双交种是由 4 个非亲缘自交系组配来的。如果用显性等位基因掩盖隐性有害基因的作用来说明作为双交种的 2 个单交种亲本的杂种优势，那么当单交种杂交时，由于配子分离和成对基因重组的结果，应当形成更多的纯合有害隐性基因，其结果应造成生长势方面比单交种低。然而，实际上玉米双交种的杂种优势并不比其单交种差，这与超显性假说是非常符合的。当每个位点有等位基因群存在时，双交种的杂合程度可以与单交种一样的。当 $a_1a_2 \times a_3a_4$ 杂交时，将产生四种基因型，a_1a_3、a_1a_4、a_2a_3、a_2a_4，其中每一类型的杂合程度可能与原单交种是一样的。根据超显性理论对玉米双交种杂种优势所作的这种解释，正可由玉米双交种的高产实践所证明。

总之，遗传因子假说认为，杂种优势或与杂种遗传因子的有利重组合，或与杂合性的有利影响，均有因果关系。杂种从遗传性不同的亲本所获得的遗传因子相互影响的互补效应，有两种情况在理论上都是可能的：一种情况是非等位显性基因，另一种是同一对等位基因的不同成员。前者符合显性假说，其对杂种优势的解释是杂种从一个亲本所得到的这些基因的作用，得到了另一亲本的非等位基因的补充和加强。后者符合超显性假说，即等位基因的杂合体（a_1a_2）比其相应的纯合体（a_1a_1 或 a_2a_2）更有优势。

（三）细胞和亚细胞水平互补假说

作物生长、发育和最终形成产量是一系列细胞反应的结果。在这个生育的长链中，若缺少一个反应甚至都能影响最后的结果。假设一种物质 X 的合成需要 5 个步骤 A、B、C、D 和 E。如果在一个亲本里，步骤 C 完全失败了或者表现无效，那么 X 物质的合成将会很差。在另一个亲本里，发生这种情况是因为步骤 D 出问题。两个亲本在各自存在的情况下，X 物质合成的比例将是较差的，然而这两个亲本产生的杂种由于步骤 C（一个亲本）和 D（另一亲本）得到对方的补偿，其合成机能比其亲本都优越。这就是杂种优势的细胞和亚细胞水平互补假说。

（四）生理促进素假说

1908 年，Ister 和 Scher 各自提出杂合体能提供某些生理促进素促使杂种的种子变大、活力变强、产量更高。由此认为，杂合性是原因，杂种优势是作用的结果。但是，他们没能找出促进生长和高产的因子。Asbby 根据其在玉米上的研究结果得出结论，杂种具有较大的胚，因而具有较高的最初优势。他认为，这能提供必需的生理促进素。实际上，也不是所有的杂种都有较大的胚。还有，如果亲本比具有最初优势的早播或施入更多肥料，那么亲本也能赶上去而成为优势者，因此最初的优势不足以说明是杂种优势的唯一原因。

此外，Hageman 等（1967）提出代谢平衡假说。他们认为在基因的控制下，生物化学反应决定了作物的表型。在重要的新陈代谢过程中包括几种酶对杂种优势的表现起作用，因此他们认为"代谢平衡"是杂种优势的基础。但是，这个假说有两个问题需要解决，一是代谢平衡很难数量化；二是代谢平衡很难说明平衡代谢与作物生长之间的关系，植株生育是杂种优势的表型表现。

总之，杂种优势是生物界一种普遍和复杂的现象。研究者从其各自的取材研究范围内得取的各种杂种优势理论假说，有其正确的一面，因为有试验结果作依据；但也有局限性的一面，因为生物种类浩繁，生命现象复杂，因此任何一个或几个试验结果不可能正确、全面地反映出客观的规律。我们在育种中应用这些假说时，要结合自己的实际研究加以思考。

三、杂种优势的利用途径

杂种优势利用的前提是配制杂交种。杂交种种子的制取要用父本的花粉给母本授粉。高粱是两性花，可以有以下几种杂交方式。

（一）人工去雄杂交法

总的来说，所有作物都可以采取人工去雄的方式进行杂交，得到杂交种种子。由于作物花器结构不同，繁殖方式不一样，其杂交方式和效率也有差异。例如，玉米是同株异花，只要抽雄开花前拔除母本雄穗，就可完成杂交授粉，人工去雄最简便。高粱是同株同花，花器小，人工去雄难度大。做少量的杂交可以采取人工去雄的办法，以满足试验研究用种。如果为高粱生产采用人工去雄杂交恐怕是不可能的。

（二）化学杀雄杂交法

化学杀雄的原理是雌、雄配子体或配子对化学药剂的杀伤效应具有不同的反应，雌蕊比雄蕊有较强的抗药性。利用不同的药量或药剂浓度可以杀伤或抑制雄性器官而对雌器无害。发育受到抑制的雄蕊，通常表现花药变小，干瘪，不能开裂，花粉皱缩空秕，失去活力，其内没有精核，从而表现雄性不育。化学杀雄作为杂交制种技术应满足下述条件。

1. 处理母本时，只能杀伤雄蕊，使花粉不育，不能影响雌蕊正常生育。

2. 施药后不能引发基因型的遗传性发生变异。

3. 药剂便宜，操作要简便，效果稳定，不因环境条件的变化而变化；对人、畜无害。

常用的化学药剂有二氯丙酸、青鲜素（MH，即顺丁烯二酸联铵）、232（FW-450，即2，3-二氯异丁酸钠）、乙烯利（2-氯乙基磷酸）等。

（三）温汤杀雄杂交法

1932年以前，高粱杂交只能靠手工去雄的办法。1933年起，Stephens和Quinby设计出温汤杀雄法进行去雄。该法利用高粱雌蕊和雄蕊对水温反应的敏感程度不同，雄蕊比较敏感，雌蕊比较迟钝，用一定临界水温处理一定时间，达到杀死雄蕊的目的。高粱的这一差异大约在1℃或稍低一点。具体操作是在高粱穗的周围灌注48℃温水，保持10min，就能杀死花粉。

在处理结束时，水温大约降到42～44℃。不同高粱品种对水温的敏感性不同，因此在采用该法大量杀雄前最好通过小范围试验以确定最适杀雄水温。实践证明，以水温

44.5～47℃范围内处理，杀雄效果最好。

（四）雄性不育杂交法

高粱雄性不育系创造之后，主要采取雄性不育杂交法进行杂交种制种。这样可以省去人工去雄、化学杀雄、温汤杀雄的费工费时，克服效果不稳定的问题，大大方便了授粉和杂交的过程，既降低了生产成本，又提高了杂交种种子质量。像高粱这样花器小，雌雄同花的作物、利用雄性不育杂交制种非常理想。

四、杂种优势测定

（一）杂种优势测定方法

1. 平均优势法　平均优势法是用杂种一代（F_1）的表型值与双亲的平均值（也称中亲值）做比较，用百分数表示。

$$平均优势=\frac{杂种一代-中亲值}{中亲值}\times100\%$$

$$或者，平均优势=\frac{F_1-(P_1+P_2)/2}{(P_1+P_2)}\times100\%$$

2. 超亲优势法　超亲优势法是用杂种一代的表型值与高亲（最高）或低亲（最低）本比较，用百分数表示。

$$超高亲优势=\frac{杂种一代-高亲本}{高亲本}\times100\%$$

$$或者，超高亲优势=\frac{F_1-P_高}{P_高}\times100\%$$

$$超低亲优势=\frac{杂种一代-低亲本}{低亲本}\times100\%$$

$$或者，超低亲优势=\frac{F_1-P_低}{P_低}\times100\%$$

3. 对照优势法　对照优势法是杂种一代与对照品种或当地推广品种进行比较，用百分数表示。

$$对照优势=\frac{杂种一代-对照（推广）品种}{对照（推广）品种}\times100\%$$

（二）杂种优势预测

如果在两个亲本没杂交之前就能测定出杂种优势，则可以加快杂交种的选育和推广应用的速度。这里介绍 Mcdaniel 的线粒体互补法（简称 MC 法）。杂种优势与新陈代谢有密切关系，而线粒体与新陈代谢又有密切关系，因此通过测定线粒体的活性可预测其杂种优势。线粒体活性主要表现在氧化作用（呼吸作用）和磷酸化（由 ADP-ATP）作用的速度与效率，可用 2 个指标表示：①单位时间内由 ADP 转化为 ATP 的数量和速率。②单位时间内单位线粒体蛋白质在呼吸时所吸收的分子氧数量，求出 ADP：O_2 的比率。

为了预测杂种优势，先分别测量两个亲本的 ADP：O_2 的生理指标。然后将两亲本的线粒体以 1∶1 混合，测出 ADP∶O_2 生理指标。通常两亲本线粒体混合物 ADP∶O_2 比例高的，这两亲本配成的 F_1 ADP∶O_2 的比率也高。如果这两个亲本已进行了杂交，也可测量 F_1 杂种的 ADP∶O_2 比率作为验证。研究显示，线粒体之间有互补作用，可以反映出杂种优势，因此根据线粒体互补效应的大小可以预测杂种优势。如果杂交组合中包含了低互补效应的亲本，杂种优势的表现就不会很强。

赵文耀（1990）研究了杂种零代种子优势的表现。在同一个不育穗上，一半授其相应的保持系花粉，另一半授恢复系花粉；另一处理是两半分别授不同恢复系花粉。比较它们的 F_0 代种子的千粒重（表 12-8）。以确定优势的大小，进而考察杂种优势预测效果。结果表明，杂种籽粒的千粒重明显高于姊妹交籽粒，达差异显著水平，平均高 3.37g，幅度为 1.97～4.15g。不同恢复系（5-12 和 4003）杂交的 F_0 种子千粒重也有差异，高者比低者高 0.34g，不同组合表现不一样。403A×4003 比 403A×5-12 的 F_0 种子千粒重高 3g，而 903A×4003 比 903A×5-12 的 F_0 种子千粒重仅高 0.21g。本研究表明，杂种 F_0 代种子的大小有杂种优势大小的差异表现，可以作为预测杂种优势的参考。

表 12-8　杂交与姊妹交以及杂交间 F_0 种子千粒重比较
（赵文耀，1990）

母本	父本	千粒重（g）			杂交粒千粒重（g）		
		杂交粒	姊妹交粒	增减数	5-12	4003	相差
6A	5-12	30.07	26.06	4.01	30.21	29.94	0.27
403A	7037	30.20	26.81	3.39	29.48	32.48	−3.00
901A	7114	30.56	28.59	1.97	32.50	30.06	2.44
603A	7032	33.54	29.39	4.15	33.34	31.15	2.19
903A	7033	26.58	23.26	3.32	27.53	27.74	−0.21
平均		30.19	26.82	3.37	30.61	30.27	0.34

第二节　亲本系选育

一、高粱三系的创造

自 1954 年美国得克萨斯农业试验站创造了世界上第一个高粱细胞质、核互作型雄性不育系之后，高粱杂交种才真正在农业生产上大面积推广应用。高粱杂交种由三系组成，即雄性不育系、雄性不育保持系和雄性不育恢复系，简称不育系、保持系和恢复系。杂交种是由不育系与恢复系组配而成；不育系是由保持系保持其不育性，因此不育系和保持系是同核异质系。所谓选育杂交种就是选育不育系（连同保持系）和恢复系。

（一）高粱三系及其特征特性

1. 高粱三系的概念

（1）雄性不育系。雄性不育系是指具有雄性不育特性的品种、品系或自交系，其遗传组成是 S（*msms*）。不育系由于体内生理机能失调，致使雄性器官不能正常发育，表现花药呈乳白色、黄白色（个别也有黄色）或褐色，形状干瘪瘦小；花药里没有花粉，或者只有少量无受精力的干瘪花粉。而不育系的雌蕊发育正常，有生育力。在隔离条件下，不育系不能自交结实，雌蕊可接受外源花粉受精结实。因此，在配制杂交种时用不育系作母本省去去雄操作。

（2）雄性不育保持系。雄性不育保持系是指用以给不育系授粉，保持其不育性的品种、品系或自交系，叫雄性不育保持系，简称保持系，其遗传组成为 F（$msms$）。在选育时，不育系和保持系是同时育成的，或者由保持材料回交转育来的。每一个不育系都有其相应的同型保持系，保持系给不育系授粉以繁殖不育系，保持系自交以繁殖保持系。保持系与不育系互为相似体，除在雄性的育性上不同外，其他特征、特性几乎完全一样。

（3）雄性不育恢复系。雄性不育恢复系是指能够恢复不育系育性的正常可育的品种、品系或自交系，称为雄性不育恢复系，简称恢复系。恢复系给不育系授粉，其 F_1 代不仅能正常结实，而且不育性消失了，具有正常花粉生育能力。恢复系的遗传组成为 F（$MsMs$）或 S（$MsMs$）。在制种隔离区内，恢复系作父本，与不育系母本杂交授粉配制杂交种种子，F_1 代能正常开花、授粉、结实。

2. 不育系雄性不育的生理因素　高粱不育系在发育中减数分裂一般是正常的，不正常的生理变化主要发生在减数分裂之后，通常观察到不育系的胼胝体受到破坏，毡绒层细胞发育异常，大多数小孢子仅能发育到单核花粉阶段，以后不能发育了。许多学者研究报道了高粱雄性不育系毡绒层细胞发育异常的情形。毡绒层细胞富含核糖核酸、酸性和碱性蛋白质及一些氨基酸、磷酸酶、过氧化物酶、维生素 C 等，其生理上很活跃。在小孢子、小配子发育过程中，毡绒层细胞内的物质全都被发育中的花粉吸收。由此结论：从细胞外供应丰富的营养是完成小孢子、小配子发育进程所必需的条件之一，毡绒层细胞正是执行输送养分的功能。但是，由于毡绒层细胞发育异常，使得从小孢子发育到花粉成熟阶段所需要的大量营养物质的供应过程遭到破坏，因此多数小孢子只能发育到单核花粉第二收缩期阶段，以后便不再发育了，故形成不了花粉（李宝健，1961，1963；Brooks，1966；Alam 和 Sandal，1967；Narkhede，1968）。

中山大学（1974）对高粱不育系发育的异常作了研究。结果表明，在减数分裂早期已发生了异常的细胞变化。从细胞水平看，质核雄性不育基因所控制的花粉败育发生的情况是复杂的，大体可归结为 3 方面原因：一是孢原细胞分裂异常，花粉母细胞初生壁破坏，及其它们之间发生粘连现象。二是胼胝体、花粉母细胞次生壁的破坏，并发生异常小孢子。三是毡绒层细胞生理机能遭破坏，小孢子发育进程停滞。上述异常现象在不育系花粉中普遍存在，在花粉母细胞不同发育阶段也或多或少地发生，从而制约了不育系正常花粉的形成。

3. 高粱三系育性遗传　在高粱雄性不育遗传理论中，有一种模式称质、核互作不育型遗传。这种类型受细胞质和细胞核的共同作用所控制。细胞质中有一种控制不能形成雄配子的遗传物质 S，而相对应的细胞质中具有可育的遗传物质 F。细胞核内具有一对或几对影响细胞质育性的基因。现以一对基因为例说明，显性基因 $MsMs$ 能使雄性不育性恢复为可育，称恢复基因；而其等位基因 $msms$ 不能起恢复育性的作用，称不育基因；杂结合的基因型 $Msms$ 也能恢复不育性。质核互作型育性遗传则有 6 种遗传组成（表 12-9）。

表 12-9　质核互作型的 6 种遗传结构
（《杂交高粱遗传改良》，2005）

细胞核基因／细胞质遗传型	纯结合恢复基因（*MsMs*）	杂结合恢复基因（*Msms*）	纯结合不育基因（*msms*）
可育型（F）	F（*MsMs*）可育型	F（*Msms*）可育型	F（*msms*）可育型
不育型（S）	S（*MsMs*）可育型	S（*Msms*）可育型	S（*msms*）不育型

　　按照 Sears 对质、核互作型雄性不育遗传理论的解读，不育系的细胞核和细胞质中都含有雄性不育基因。保持系细胞核内含有不育基因，细胞质内则含有恢复可育基因。由于母本是细胞质和父、母本细胞核参与受精作用，而且恢复基因具有显性作用，因此高粱三系的遗传模式如图 12-1。图 12-1 只是概括地说明了三系的一般遗传关系，实际存在的基因型还要复杂得多。

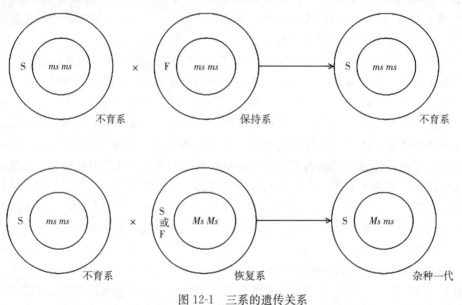

图 12-1　三系的遗传关系
（《杂交高粱遗传改良》，2005）

　　许多学者以迈罗高粱细胞质为基础，探索高粱细胞核内存在的育性基因情况。对细胞核内存在的育性基因数目及其作用的性质，不同的学者提出不同的研究结论。Stephens 等（1954）在选育出质核型雄性不育系时，指出雄性不育是由 2 对或以上核基因与不育细胞质互作的结果。Maunder 和 Pickett（1956）提出雄性不育性是依靠一对隐性单基因 msc_1msc_1 与不育细胞质互作的结果。

　　马鸿图（1979）以 Tx3197A 为母本，与三尺三、530、晋辐 1 号、鹿邑歪头杂交，大红穗 A 与八棵杈杂交为材料，研究后代的育性分离。结果发现，有的杂种 F_2 为 3∶1 的育性分离，有的杂种 F_2 为 15∶1 的育性分离。根据 5 年的研究结果初步认定，雄性不育是细胞质不育基因与 2 对重复隐性核不育基因共同作用的结果。当核内为 1 对不育基因时，F_2 表现 3∶1 的育性分离；当核内为 2 对不育基因时，则表现 15∶1 的育性分离。

总之，关于高粱育性的遗传研究仅得出了一些初步的研究结果，而且由于取材不同而得出不同的结论，因此需要进行深入研究。

（二）异细胞质雄性不育系

1. 不同雄性不育细胞质的来源和特点

（1）A_1 细胞质。A_1 细胞质又称迈罗细胞质，是最早发现的一种质核互作型雄性不育细胞质，也是迄今在杂交高粱上应用最为广泛的一种雄性不育细胞质。Tx3197A 是迈罗细胞质雄性不育性的典型代表，1954 年育成，1956 年引入我国。Tx3197A 不育系开花时，雄蕊花药乳白色，干瘪无花粉；雌蕊柱头羽毛状，白色，接受花粉受精能力较强。在适宜的温度条件下，柱头生活力可维持 10d 左右；相反在高温、干燥条件下，柱头生活力降低。

（2）A_2 细胞质。Schertz（1977）利用 IS12662C 作母本，IS5322C 作父本杂交，在其 F_2 代分离出雄性不育株，以 IS5322C 作轮回亲本，经连续 4 代成对回交，育成了第一个非迈罗细胞质雄性不育系，A_2Tx2753A。A_2 细胞质（IS12662C）来源于顶尖族（*Caudatum* race）的顶尖——浅黑高粱群（*caudatum-nigricans* group），产自埃塞俄比亚。细胞核（IS5322C）属于几内亚族（*Guinea* race）的罗氏高粱群（*Roxburburghii* group），产自印度。先后育成了 A_2Tx3197A、A_2Tx624A、A_2Tx398A、A_2Tx2788A 和 A_2 TAM428A 等不育系。我国 1980 年引入，并对其不育性的稳定性和育性反应开展了较广泛的研究，先后育成 A_2V_4A、$A_2$7050A 等，其杂交种在生产上大面积种植。

（3）A_3 细胞质。A_3 细胞质（IS1112C）属于都拉—双色族（*Durra-bicolor* race）的都拉—近光秃群（*Durra-Subglabrescens* group），产自印度。A_3 细胞质是迄今研究过的一种最不寻常的细胞质，它几乎与各种细胞核的任何高粱杂交都能产生雄性不育，产生带有 A_3 细胞质的不育系，却几乎找不到恢复系。A_3 细胞质不育系的育性稳定，花药肥大，黄色，花药开裂散出的花粉无育性。辽宁省农业科学院高粱研究所利用 A_3 不育系无恢复系的特性，组配甜高粱杂交种，不结实籽粒，提高甜茎秆产量。

（4）A_4 细胞质。A_4 细胞质（IS7920C）属于几内亚族（*Guinea* race）的显著群（*conspicunm* group），产自尼日利亚。A_4 细胞质是不同于上述 3 种细胞质的又一种雄性不育细胞质。它与许多高粱基因型杂交都能产生雄性不育，但没有 A_3 细胞质的频率高。A_4 细胞质的育性不稳定，而且在某种条件下花药散粉，花药较大，呈黄色，有的花粉有生活力。

（5）A_5 细胞质。A_5 细胞质（IS12603）属几内亚族（*Guinea* race）的显著群（*conspicunm* group），产自尼日利亚。A_5 细胞质不同于已得到的其他细胞质。这种细胞质雄性不育株花药呈黄色，但在各种条件下不育性表现稳定。

（6）A_6 细胞质。A_6 细胞质（IS6832）属于卡佛尔—顶尖族（*Kafir—caudatum* race）的卡佛尔群（*Kafir* group）。A_6 细胞质与上述细胞质都不同，其雄性不育株有肥大的黄花药，但其不育性很稳定。

（7）9E 细胞质。Webster 和 Singh 在尼日利亚的育种选系里鉴定出一种新细胞质，即 9E。这种细胞质与 A_4 细胞质有一个类似的问题，即 9E 细胞质的雄性不育株有时散粉和少有结实，其花药与 A_3、A_4 细胞质不育系的花药相似，肥大且呈黄色（表 12-10）。

表 12-10　高粱不同细胞质来源的雄性不育

（《杂交高粱遗传改良》，2005）

细胞质名称	所属族	所属群	来源
A₁（Milo）	都拉族 （*Durra* race）	近光秃—迈罗群 （*Subglabrescens—milo* group）	南非
A₂（ISI2662C）	顶尖族 （*Caudatum* race）	顶尖—浅黑群 （*Caudatum—nigricans* group）	埃塞俄比亚
A₃（IS1112C）	都拉—双色族 （*Durra—bicolor* race）	都拉—近光秃群 （*Dura—Subglabrescens* group）	印度
A₄（IS7920C）	几内亚族 （*Guinea* race）	显著群 （*Conspicunm* group）	尼日利亚
A₅（IS12603）	几内亚族 （*Guinea* race）	显著群 （*Conspicunm* group）	尼日利亚
A₆（IS6832）	卡佛尔—顶尖族 （*Kafir—Caudatum* race）	卡佛尔群 （*Kafir* group）	—
9E	—	—	尼日利亚

2. 不同细胞质雄性不育性的育性体系　不同细胞质雄性不育性对同一个高粱基因型的育性反应可以是相同的，也可能是不同的，或者说，一个高粱基因型对某个（些）细胞质雄性不育性是保持的，对另个（些）的则是恢复的。即每一种细胞质雄性不育性都有自身的育性体系，或者说有自身的恢、保关系。建立不同细胞质雄性不育性的育性体系需要用若干不同来源高粱基因型与不同细胞质雄性不育系进行杂交，观察 F₁代群体的育性反应情况，统计可育株和不育株的数目，以确定每个基因型对某一细胞质雄性不育性是保持的、恢复的，或是半恢半保的。

Schertz(1977)研究了部分高粱基因型对不同细胞质雄性不育性的育性反应（表 12-11）。结果表明，8 个高粱基因型是 A₁细胞质雄性不育性的恢复者，其中 7 个对 A₂细胞质不育系完全恢复，1 个部分恢复。对 A₃细胞质雄性不育性而言，所有 8 个基因型杂交的

表 12-11　不同细胞质雄性不育系杂种一代（F₁）植株结实率（%）

（《杂交高粱遗传改良》，2005）

母本细胞质	父本							
	迈罗	IS12685C	IS6729C	IS12526C	Tx7000	IS12680C	IS12565C	IS7007C
A₁	100	27	100	100	100	100	100	100
A₂	20	1	100	100	0	100	18	11
A₃	0	0	0	0	0	0	0	0
A₄	0	0	0	100	100	1	0	2
A₅	0	—	0	0	100	1	0	0
A₆	0	0	0	0	0	0	—	100
9E	0	0	0	100	0	1	0	1

F_1 植株结实率均为零，说明全部为 A_3 雄性不育性的保持者。对 A_2、A_4、A_5、A_6、9E 细胞质雄性不育性来说，8 个高粱基因型杂交的 F_1 植株结实率有的为 0，有的为 100%，有的介于二者之间，育性反应的结果是不一样的。

王富德等（1988）用 25 份 A_1 雄性不育性的保持系，15 份 A_1 不育性的恢复系，以及 75 份中国高粱地方品种和 25 份外国高粱品系，分别与 A_1 和 A_2 细胞质雄性不育系测配，研究其育性反应。结果表明，A_1 不育系的保持系或恢复系，基本上也保持或恢复 A_2 不育系的不育性；但也观察到某些恢复 A_1 不育系的中国高粱地方品种，却保持 A_2 不育系的不育性，说明 A_2 不育系的育性反应与 A_1 不育性的不完全一致。

侯荷亭等（2002）采用 1 000 份中国和外国高粱资源及各种育种材料对 A_1、A_2、A_3、A_4、A_5、A_6 和 9E 7 种细胞质雄性不育性的育性反应进行了研究。结果表明，7 种细胞质不育系杂交的 F_1 育性反应各不一样，其中 A_1、A_2、A_5 和 A_6 细细胞质不育性具有较广泛的恢复源，多数基因型与其杂交的 F_1 育性得到恢复；原有与 A_1 细胞质不育性表现为保持的品系，与 A_2、A_5、A_6 细胞质不育性的育性反应，多数也表现为保持。A_5 育性反应的恢、保关系与 A_1 的最接近，但个别材料，如印度的 SPV819、E3588 与 A_1 和 A_5 的育性反应截然不同。

二、雄性不育系选育

（一）世界第一个高粱雄性不育系选育

从 1949 年开始，美国学者利用迈罗品种作母本，卡佛尔高粱品种作父本杂交，在其杂种后代中发现雄性不育株，用父本作轮回亲本回交，最终选育出可在生产上应用的世界首个高粱雄性不育系。

总结起来，选育首个高粱雄性不育系 Tx3197A 有两种途径：

1. 迈罗高粱作母本，卡佛尔高粱作父本杂交　杂种一代（F_1）为可育的，套袋自交获得杂种二代（F_2）种子。在 F_2 代分离株中产生一些不育株，用卡佛尔高粱作轮回亲本，给雄性不育株授粉，连续回交，当回交二代（BC_2）后，群体中 99% 植株都是雄性不育；回交 4～5 代后，雄性不育性状就完全稳定下来，结果就选育出雄性不育系 Tx3197A 及其保持系 Tx3197B。

2. 用迈罗高粱作母本与卡佛尔高粱作父本杂交　杂种一代（F_1）不自交，而是将 F_1 人工去雄与卡佛尔高粱作轮回亲本杂交。在回交一代（BC_1）中分离出雄性不育株，并连续回交 4～5 代后，其雄性不育性就完全稳定下来，结果就育成雄性不育系 Tx3197A 和保持系 Tx3197B。

上述两种方式本质上是一样的，父本、母本都是分别利用卡佛尔高粱和迈罗高粱，不同的是或者利用杂交二代（F_2）分离出的，或者利用回交一代（BC_1）分离出的雄性不育株回交转育，最终都能选育出雄性不育系 Tx3197A 及其保持系 Tx3197B（图 12-2）。

（二）不育系和保持系选育技术

一个优良的高粱雄性不育系应具备下述性状：一是雄性不育性要稳定，在外界条件变化的情况下也要保持雄性不育。二是配合力要高，尤其是籽粒产量一般配合力要突出。三

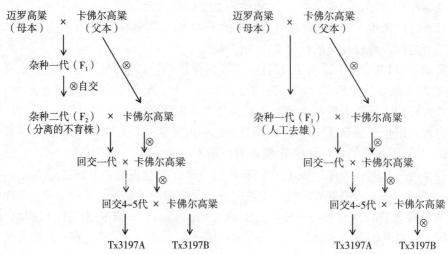

图 12-2 雄性不育系及其保持系 Tx3197A、Tx3197B 的选育程序

（《杂交高粱遗传改良》，2005）

是无小花败育，或者在极适宜发生小花败育的条件下，小花败育极轻。四是雌蕊羽状柱头发达，完全伸出颖外，亲和力强，易于接受父本花粉，受精率强。五是农艺性状优良，制种产量高，抗性性状强。常用的高粱雄性不育系选育方法有以下几种。

1. 保持类型回交选育技术 保持类型基因型的育性遗传组成是细胞核里有不育基因，细胞质有可育基因，当其给不育系授粉，其 F_1 为雄性不育，当连续回交几代后，所得到的回交后代就是新选育的雄性不育系，而该基因型就是新不育系的保持系。雄性不育系矬 1A、矬 2A、黑龙 7A、黑龙 11A、原新 1A 等，都是用这种技术回交转育来的，它们都是迈罗细胞质。以矬 1A 为例说明（图 12-3）。

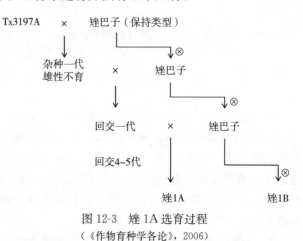

图 12-3 矬 1A 选育过程

（《作物育种学各论》，2006）

（1）测交。利用现有的不育系作母本，与优良基因型测交，以鉴定其是否具有保持性。当父、母本抽穗后选择生育正常、株穗型典型、无病虫害的各 3～5 穗套袋，开花时成对授粉，测交后拴挂标签，写明父本、母本、编号，成熟后，单收、单脱粒，成对保存。

（2）回交。将上季收获的测交种子及其成对的父本种子相邻种植。抽穗开花后，在测交不育的组合中，选择雄性不育穗，用原父本成对回交。成熟后，成对分收、分脱粒，成对保存。

（3）连续回交转育。把回交的种子及相对应的父本相邻种植，开花时选雄性不育的，并各种性状倾向父本的植株回交。如此连续回交几代，直到母本的株型、各种性状以及幼苗、抽穗、开花及其物候期等都与父本相似时，新的不育系及其保持系就选育出来了。

利用保持类型连续回交转育技术选育不育系，其优点是方法简单易行，收效快。转育出的新不育系与测交基因型完全一样。因此，在转育开始前选择农艺性状优良，配合力高，抗性性状强的基因型是十分重要的。

2. 保持类型杂交选育技术　保持类型（系）间杂交（简称保×保）选育技术是在已有的保持类型基因型直接回交转育成不育系，在农艺性状方面或配合力等不能满足育种和生产需要时采用的，其目的是将两个基因型的优良性状结合到一起，选育出具有更多优点和利用价值的新不育系。该法是目前常用的且有效的不育系选育方法，如赤10A、忻革1A、晋6A、营4A、117A、7050A等不育系都是采用此法选育的。

该法的选育程序如下：

（1）选择具有优良性状和较高配合力的亲本，人工有性杂交，获得杂交种子，第二年种植F_1代。

（2）F_2代选择优良的单株（穗）自交，从F_3到F_5或F_6代，其高代选系性状一致，并稳定。

（3）对选育的高代保持系作轮回亲本用不育系进行回交转育，当回交4～5代后，转育的不育系除雄性不育性外，其他性状几乎都与轮回亲本保持系完全一样时，新的不育系及其保持系就选育成功。

上述选育包括两个过程，一是杂交选育保持系，二是回交转育不育系，所需时间较长，二者加起来至少10个以上生长季。为缩短育种年限，一些育种者采取边杂交（自交）稳定，边回交转育法，即把上述杂交选择稳定保持系的过程和回交转育不育系的过程结合、同步进行（图12-4）。该法第一步与上述的第一步相同，即杂交和晋代得到F_2种子。第二步对F_2杂种单株进行选择，并与不育系成对杂交，拴挂标签按对编号，成熟时成对单收单脱，成对保存。第三步将成对种子邻行种植，在父本行里继续按育种目标进行单株选择，同时在不育穗行里选择植株性状相似于父本的不育株，用选定的父本株予以授粉，成对挂牌、单收、单脱、保存。第四步按上述方法连续操作几代，直到成对交的父本行已

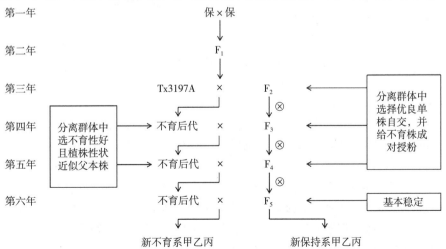

图12-4　边杂交（自交）稳定边回交转育不育系程序

（《作物育种学各论》，2006）

稳定，不育行也已稳定并与父本行农艺性状一致时，新的雄性不育系及其保持系就选育成功了。

3. 不同类型间杂交选育技术

不同类型亲缘关系较远，遗传差异较大，细胞质、核有相当分化。如果一种高粱类型具有不育细胞质 S（$MsMs$）作母本，另一种类型具有细胞核不育基因 F（$msms$）作父本，作杂交。当杂种后代分离出雄性不育株，再与父本连续回交，就有可能将不育细胞质和不育细胞核结合在一起，最终获得不育系 S（$msms$）（图 12-5）。研究表明，通常以进化阶段较低的高粱基因型作母本，以进化阶段较高的作父本，杂交后代中容易出现雄性不育株。

4. 保持与恢复类型杂交选育技术 保持与恢复类型高粱杂交简称保×恢法。该法是根据育种实践提出的。在恢复系选育中，有的组合杂种一代（F_1）表现出强大的杂种优势，但由于无法组配成杂交种，因此不能在生产上应用。为解决这个问题，必须把其中的一个恢复系

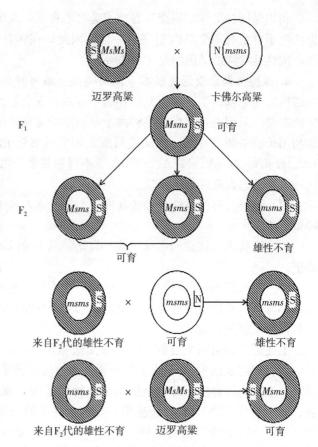

图 12-5 高粱细胞质雄性不育系的创造
S. 细胞质雄性不育基因 N. 细胞质雄性可育基因
Ms. 细胞核雄性可育基因 ms. 细胞核雄性不育基因
（《杂交高粱遗传改良》，2005）

转育成雄性不育系。但是，把恢复系直接转育成不育系又不可能，故采取保×恢的杂交模式，在杂交后代中选择育性是保持系，其他性状同恢复系，这样选育的不育系就有利用价值了。

采用保×恢或保×半恢杂交组合选育不育系，由于恢复系亲本里含有显性恢复基因，因而在杂种后代中只能分离出极少数具有保持能力的单株，即隐性纯合雄性不育基因型，因此需要种植较多的杂种后代植株。其结果必然花费更大工作量和更多时间才能选出稳定的不育系。

5. 诱变选育技术 这种方法主要是通过各种诱变剂，物理的或化学的诱变剂，人工处理保持系，使其发生变异，通过选择优良单株，再回交转育成相应的雄性不育系。如中国农业科学院原子能利用研究所用 ^{60}Coγ 射线处理 Tx3197B 保持系，获得了中秆的保持系农原 201B，之后回交转育成中秆的雄性不育系农原 201A。

诱变选育保持系和不育系的优点，一是处理方法简便易行，技术容易掌握和操作。二是诱变产生的变异稳定的快，特别是在较短时间内改变一个保持系的个别不良性状有效。

三是诱变引起的变异大，范围广，包括形态特征和生理性状的深刻变异，主要表现是高粱茎秆增强，植株变矮，穗子变紧，粒重增加，熟期提早，抗病性增强等。四是诱变的频率一般在3‰左右，比自然突变的频率高出100～1 000倍，突变的类型也常超出一般的变异范围，可创造出较丰富的变异类型材料。五是诱变处理可以诱变育性，对一些不育性较差，而杂种优势大、性状优良的不育系，可以通过诱变处理改变内部的遗传结构，从后代里分离出不育性好的个体。

三、雄性不育恢复系选育

（一）恢复系选育目标

组配一个优良的高粱杂交种，既要有优良的雄性不育系，又要有优良的恢复系。所谓优良恢复系，就是与不育系杂交要表现出良好的结实性能，其杂种一代要有较强的经济性状杂种优势。主要的选育目标分述如下。

1. 恢复不育性能力强　恢复系对雄性不育系应具有很强的育性恢复能力。恢复系与不育系杂交产生的杂种一代（F_1），在田间自然授粉条件下的结实率应在90%以上，套袋自交的结实率应在80%以上。

2. 一般配合力高　高粱恢复系应具有较高的一般配合力，与某个雄性不育系杂交产生的杂交种要表现出很高的特殊配合力，尤其要表现出较强的经济性状杂种优势；对粒用高粱来说，要有更高的籽粒产量。

3. 优良的农艺性状和抗性性状　恢复系要具备优良的农艺性状，如株型紧凑，叶片上冲，植株健壮，株高适中，穗结构合理，一级、二级、三级分枝分布均匀，抗病虫害、抗逆境能力强等。

4. 恢复系雄性器官发达　恢复系雄蕊应发达，花药饱满，花粉量大，单性花发育强势，能正常散粉，整个花散粉时间长。

（二）恢复系选育技术

1. 测交筛选技术　以某一类型的雄性不育系为测验种作母本，以当地农家的或外引的品种作被测验种作父本，成对测交。在杂种一代（F_1）时，选择自交结实率高、杂种优势强、产量高的杂交组合。该杂交组合的父本就是测交筛选出来的恢复系。20世纪70年代初期，我国在高粱杂种优势利用研究中，对地方品种进行了大量的测交筛选工作，并从中筛选出许多优良的恢复系用于组配杂交种，如晋杂5号的父本三尺三，原杂1号的父本矮高粱，榆杂1号的父本平罗娃娃头，遗杂1号的父本薄地租，吉杂1号的父本红棒子等。

在用地方品种与不育系测交时，不论该品种是经过自交纯化的，还是未纯化的，最好是选择优良单株，采用单株成对授粉测交方式，从中筛选出完全恢复的恢复系。确定可以作为恢复系来用，可按前述标准进行。

值得提及的是，我国曾经只为粒用高粱育种开展测交筛选恢复系。但从专用高粱杂交种选育出发，在高粱品种资源中测交筛选恢复系也是有效的技术。如辽宁省农业科学院高粱研究所、沈阳农业大学从甜高粱品种材料中测交筛选出1022和Roma的甜高粱恢复系，与不育系 Tx623A 杂交，分别组配出辽饲杂 1 号、沈农甜杂 2 号，表现杂种优势强、植株高大、茎秆含汁率高、汁液含糖锤度高，是良好的青、贮饲料用或茎秆制乙醇用的甜高粱杂交种。

2. 杂交选育技术　采用恢复类型品种（或恢复系）间杂交选育恢复系，简称恢×恢技术。杂交选育恢复系是在应用测交筛选法之后提出来的，因为从当地品种里直接筛选恢复系通常只有 10％的概率，而且筛选出来的恢复系常常由于农艺性状不十分理想，或者产量杂种优势不强而不能直接利用，因此提出了恢×恢技术。该法已是广泛采用的有效方法，并选育出大量优良的恢复系。例如，忻粱 7 号（九头鸟×盘陀高粱）、晋粱 5 号（忻粱 7 号×鹿邑歪头）、吉 7384（护 4 号×九头鸟）、白平（白 253×平顶冠）、沈 4003（晋辐 1 号×辽阳猪跷脚）、铁恢 6 号（熊岳 191×晋辐 1 号）、锦恢 75（恢 5×八叶齐）、447（晋辐 1 号×三尺三）、矮四（矮 202×沈 4003）、5-27（沈 4003×IS2914/7511）、654（沈 4003×白平春）、157（水科 001×角社/晋辐 1 号）、LR9198（矮四×5-26）等，均与不育系组配了高粱杂交种在生产上推广应用。

杂交选育技术通过杂交使基因重组创造新变异，使两个（或多个）亲本的优良性状基因结合到一起，从而选出优良的恢复系。以忻粱 5 号等恢复系选育为例说明此法技术要点（图 12-6）。

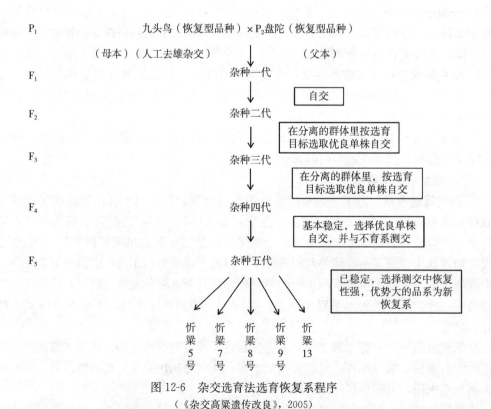

图 12-6　杂交选育法选育恢复系程序
（《杂交高粱遗传改良》，2005）

（1）亲本恢复性的选择。杂交亲本最好是恢复力强的品种或恢复系。由于恢复性遗传较为复杂，除主效基因外，还有修饰基因。因此恢复力的强弱分为几个等级，全恢的基因型间杂交，后代也表现全恢；全恢与半恢的杂交，后代恢复能力有分离；半恢的杂交，其后代的分离就更广泛。因此，在挑选亲本时，最好双亲都是全恢的基因型。

（2）亲本农艺性状的选择。挑选的亲本农艺性状应优良，尤其是主要经济性状（如产量）应更优，双亲的性状应互补。这样才能在杂交后代中选育出综合性状更好的恢复系。例如，优良恢复系晋粱 5 号是由恢复系忻粱 7 号与品种鹿邑歪头杂交选出的。忻粱 7 号表现穗大稳产，恢复性好，配合力高；缺点是穗散，籽粒小。鹿邑歪头优点穗大穗紧，恢复力强，配合力高；缺点是株高优势强，所配杂交种容易倒伏。为了能选育出兼顾双亲优点的恢复系，在分离的后代里重点选择矮秆、大穗、紧穗、大粒的选系，最终选育成优良恢复系晋粱 5 号。

（3）亲本亲缘关系的选择。高粱杂种优势利用实践表明，恢复系与不育系在亲缘上要有较大的遗传差异才能组配出强优势的杂交种。因此，恢复系杂交亲本的选择必须考虑到与不育系的亲缘关系。凡在生产上表现优良的，种植面积较大的杂交种，其恢复系与不育系在亲缘上都有较大的遗传差异。例如，春播早熟区种植面积较大的同杂 2 号，其母本黑11A 是苏联库班红品种，恢复系父本吉 7384 是由护 4 号（中国高粱）与 3814（赫格瑞）杂交育成的。同杂 2 号的父、母本保持了较大的遗传差异。

同样，春播晚熟区种植面积大的杂交种辽杂 1 号，其母本不育系 Tx622A 是由Tx3197B（卡佛尔高粱）与 Zera-Zera（东非高粱）杂交育成的；父本晋辐 1 号是由晋杂 5号（Tx3197A×三尺三）经辐射育成的，其亲缘是卡佛尔与中国高粱。双亲之间有较大的遗传差异。高粱杂优利用证明，不育系和恢复系的选育必须考量其亲本间的亲缘关系，使其保持一定的遗传差异。这样一来，在挑选亲本时，必须了解亲本的亲缘和系谱来源，以便决定选择。

3. 回交转育技术　在用雄性不育系与高粱基因型杂交选育杂交种过程中，常常发现杂交种的优势很强，但杂交父本恢复性能较差，自交结实率低，致使杂交种不能在生产上应用。为解决这一问题，需要将这个父本转育成恢复力强的恢复系。

回交转育恢复系的原理，同回交转育不育系的原理一样，所不同的是转育恢复系的回交后代要采用人工去雄。具体技术是，先用一个雄性不育系 S（msms）与一个恢复力强的恢复系 F（MsMs）杂交，使不育细胞质 S 和细胞核恢复基因 Ms 结合到一个杂交种里 S（Msms）。从杂种后代分离群体里选择恢复力强的植株作母本，人工去雄，用被转育的基因型作父本 F（msms）作杂交。在杂交后代中继续选择恢复性强的植株去雄与被转育的父本回交，连续回交 4～5 代。当回交后代的性状不再分离，并与被转育的父本性状一致时，将回交后代连续自交 2 代，从中选出育性不再分离的系，即是回交转育成的恢复力强的新恢复系。这种技术由于是以不育细胞质为基础的，可以直接检查出回交后代的单株是否已获得了恢复基因，所以不必测定各个世代的恢复性。

4. 系统选育技术　由于高粱是常异交作物，其遗传性常因天然杂交而产生变异。在一些常用的恢复系群体中，或恢复类型品种群体中，经常可发现各种变异植株。通过系统选育，选择优良的变异单株，进行育性鉴定和配合力测定，即可育成新的恢复系。例如，山西省忻州地区农业科学研究所（1964）从盘陀高粱的各种变异中选育出新的优良恢复系盘陀早、盘 14-2、盘 15-2 等。山西省汾阳地区农业科学研究所从高粱品种三滴水中选育出恢复系晋梁 1 号。由此可见，系统选育技术方法简便，易操作，在变异较多的恢复群体中，很快就能获得成功。然而，随着对杂交种的要求逐渐提升，对恢复系综合性状的要求也越来越高，采用系统选育就难于达到目标。

5. 二环系选育技术　二环系是来自玉米自交系的概念，即从两个自交系组配的单交种后代中选育自交系。高粱杂交种本身即是由不育系与恢复系杂交组配的，在杂交种后代中除一般性状发生分离外，育性性状也发生分离，在杂种二代（F_2）可分离出全育株、半育株和不育株。因此，在选育恢复系过程中，应进行育性和农艺性状的选择。一方面，要选育全育株进行连续自交分离，可选得稳定的恢复系，另一方面，要结合育性的选择，对农艺性状进行选择，选育出结实正常、性状优良的单株，并与雄性不育系进行测交。那些在测交中表现恢复性好、配合力高、性状优良的系，即为新选育的恢复系，称为二环系（图 12-7）。

6. 诱变选育技术　采用诱变因素，如 ${}^{60}Co\gamma$ 射线处理恢复系或杂交种，产生变异后，从中选育恢复系。例如，山西省吕梁地区农业科学研究所用 2.4 万 R 剂量的 ${}^{60}Co\gamma$ 射线处理高粱杂交种晋杂 5 号（Tx3197A×三尺三），从变异后代中选育出了农艺性状优良、配合力高、丰产优质的恢复系晋辐 1 号（图 12-8）。中国农业科学院原子能利用研究所用 ${}^{60}Co\gamma$ 射线处理高粱品种抗蚜 2 号，从后代的变异植株里，选育出矮秆分蘖类型的恢复系矮子抗。

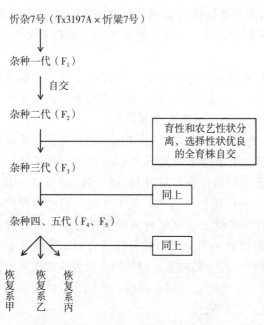

图 12-7　二环系法选育恢复系程序
（《杂交高粱遗传改良》，2005）

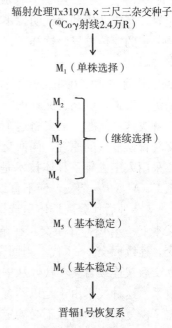

图 12-8　辐射处理选育晋辐 1 号恢复系程序
（《杂交高粱遗传改良》，2005）

第三节　高粱杂交种组配

一、杂交高粱的历史意义

1932年之前，杂交高粱的组配只能靠人工去雄。1933年，Stephens等采用温汤杀雄，可以获得较多数量的杂交种子，但也只能满足小区试验的需要，不能进行生产应用。

1954年，Stephens等创造选育出世界上第一个能在生产上应用的雄性不育系Tx3197A，高粱杂交种生产发生了划时代的变化，促进了高粱生产和科研突飞猛进向前发展。50年代后期，美国形成了杂交高粱热，各州试验站和种子公司利用Tx3197A不育系组配了一批杂交种，其籽粒产量比原栽培品种增产20%～40%。1956年，美国出售了第一批商用杂交种种子。1957年，生产的杂交种种子可以种植全国15%的高粱面积。到1960年，全美杂交高粱种植面积已占该作物的95%。在美国，玉米杂交种大约花了20年时间才得以全面推广，而杂交高粱的全面种植只花了4年多的时间。这在作物种植史上恐怕也是绝无仅有的。

从1950—1980年的30年间，全美高粱籽粒产量从每公顷1 200kg上升到每公顷3 800kg，平均每公顷年增加86.7kg，年平均增长率为7%。20世纪50年代，年平均增长率11%，60年代4%，70年代2%。据专家计算，在高粱增产的诸因素中，约有34%是品种改良的遗传增益。由此可见，高粱杂交种的显著增产作用不言而喻。

中国的杂交高粱热发生在20世纪60年代末到70年代初。1956年，中国留美学者徐冠仁从美国引进了不育系Tx3197A，开始只在两个科研单位（中国农业科学院原子能利用研究所、中国科学院遗传研究所）配制杂交种。到60年代末，科研单位与群众运动相结合，开展高粱品种育性鉴定，不育系和恢复系选育，杂交种组配；并进行南繁北育，大大加快了高粱杂交种的推广步伐。1967年，全国高粱杂交种生产面积13余万hm²，到1975年发展到267万hm²，占全国高粱种植面积的一半。

以全国高粱主产区辽宁省为例，1949年全省高粱平均单产每公顷900kg；到60年代末，通过品种改良和生产条件的改善，全省高粱平均单产上升为1 650kg/hm²；1970年，全省推广杂交高粱，平均单产上升到2 250kg/hm²，提高了36%；到1980年，全省杂交高粱种植面积占高粱面积的85%，平均单产为3 750kg/hm²，与美国全国高粱平均单产3 800kg/hm²相仿。

高粱杂交种的应用，不但大幅度提高了高粱单位面积产量，而且还发挥了杂交高粱的产量潜力，小面积的和大面积的高产典型层出不穷。20世纪70年代，山西省定襄县神山乡475hm²高粱杂交种，平均单产9 075kg/hm²。80年代，辽宁省辽阳市野老滩乡，178hm²杂交高粱，平均单产9 637.5kg/hm²。辽宁省锦县86.2hm²，平均单产9 739.5kg/hm²。90年代，沈阳市新民县公主屯镇种植辽杂4号66.7hm²，平均单产10 507.5kg/hm²；辽宁省朝阳县六家子村0.3hm²，平均单产13 356kg/hm²。1995年，朝阳县六家子林场种植辽杂6号杂交高粱0.6hm²，平均单产13 684.5kg/hm²。1995年，辽宁省阜新县建设镇种植辽杂10号杂交高粱，平均单产15 345kg/hm²。上述资料表明，杂交高粱的应用促进了高粱生产的跨越式发展。

二、杂交亲本的选择

（一）杂交亲本选择的条件

一个优良的高粱杂交种，要具备杂种优势强、恢复性能好、广适性和抗逆力强等优点。为达到这一选育目标，必须严格选择杂交双亲。

1. 双亲的育性要符合要求　母本雄性不育系的不育株率和不育度应达到100％，雌蕊要不败育或败育极轻。父本恢复系的恢复力要强，授粉后的杂交种应具有很强的恢复结实能力，花粉量要大，单性花发达，花粉散粉期长，以达到饱和授粉的目的。

2. 双亲的配合力要高　在选择杂交双亲时，要考量其一般配合力要高，这样才有可能组配出强杂种优势的杂交种。在进行测交时，要了解和考察杂种一代的特殊配合力效应，籽粒产量的效应值要高，其他性状的配合力要适当，符合育种目标的要求，以便组配出理想的杂交种。

3. 双亲的遗传差异要大些　通常，高粱亲本间亲缘的遗传差异越大，其杂种优势表现就越强。但杂种优势大的并不等于配合力高，因为有的优势强的性状不表现在所需要的经济性状上，如赫格瑞高粱与中国、南非高粱杂交，其杂种优势很强，却几乎都表现在植株高大、茎叶繁茂、晚熟等性状上。而南非或西非高粱与中国高粱杂交，虽然其杂种优势没有赫格瑞与中国高粱杂交的大，但却是表现在籽粒产量优势上。同一类型高粱杂交，杂种优势明显弱。

目前，我国高粱生产种植的杂交种大多是南非高粱与中国高粱或是赫格瑞高粱与中国高粱的杂交种。实践证明，这些杂交种表现单株优势强，丰产性较好，植株稍高些，即具有中秆大穗的特点，符合我国高粱生产的要求。国外为适应机械化生产的目标，粒用杂交高粱都是矮秆的，一般株高在 1.2～1.3m 之间，因而要求株高的优势要小些。近年，我国大面积机械化生产的高粱产区，如黑龙江省也要求选育矮秆的高粱杂交种。因此，要特别关注双亲的亲缘关系和遗传差异，美国选择的杂交亲本主要是南非高粱和西非高粱，还有菲特瑞塔和 Zera-Zera 高粱等。苏联选择的亲本，多采用南非高粱、中国高粱、黑人高粱和面包高粱。

4. 双亲的性状应互补，其平均值要高　正确选择杂交双亲的性状能使有利性状在杂交种中充分表现。如抗高粱丝黑穗病是显性性状，只要亲本之一是抗性的，杂交种就会获得抗病性，因此不必双亲都抗病。籽粒单宁含量高对低是显性，要使杂交种的单宁含量低，则杂交双亲的单宁含量都应低。同样，在株高和生育期性状上，利用双亲性状互补效应则更易奏效。

杂交双亲的选择除注意性状互补外，还要考量性状平均值要高。因为杂种一代的性状值不仅与基因的显性效应有关，而且与基因的加性效应也有关。高粱在产量、农艺、品质性状等方面，亲子之间都表现出显著的回归关系，即亲本的性状值高，杂种一代的性状值也高。辽宁省农业科学院高粱研究所研究 8 个高粱性状（穗长、穗径、轴长、分枝数、分枝长、粒数、千粒重、穗粒重）的亲本差值与杂种优势的相关性，除中轴长表现显著正相关，千粒重表现显著负相关外，其他性状不存在相关关系。由此可见，在选择双亲时，与其关注双亲性状差值的大小，不如关注双亲性状均值的高低。特别是在有些性状不存在杂种优势或杂种优势很小的情况下，如蛋白质含量、赖氨酸含量、千粒重等，若亲本的性状值不高，则杂交种的性状值也不会高。因此，必须注意亲本性状平均值的选择。

我国在杂交亲本的选择上，都十分重视大穗、大粒、紧穗的选择。美国杂交高粱遗传改良的实践也证明了性状平均值高选择的重要性。Miller 比较了 50 年美国生产上应用的新、老亲本及其杂交种籽粒产量性状平均值。结果表明，老杂交亲本籽粒产量平均每公顷3 672kg，其组配的老杂交种平均为 4 737 kg/hm²；而新亲本籽粒产量平均为4 252.5kg/hm²，比老亲本增加了 15.8%；其组配的新杂交种平均7 002kg/hm²，比老杂交种增加了 47.8%。很显然，亲本产量性状平均值的提高，大大促进了杂交种相应性状平均值的提高。

然而，在实际挑选杂交亲本时，很难获得在所有性状上都符合要求的理想杂交双亲，因此应根据育种目标和实际条件，有所侧重，满足主要的性状要求。例如，在干旱地区应先关注杂交亲本的抗旱性和丰产性；在病害多发地区应注重亲本抗病性的选择；根据不同用途的要求选择不同的亲本，如食用、酿造用、饲用、板材用、色素用等。

（二）杂交亲本的拓展

高粱杂交种优良的前提条件是杂交双亲是否选择准确，即能否选择到符合育种要求的双亲。这样一来，就要不断拓展亲本的范围，要从恢复系和不育系两方面着手。我国在高粱杂交种选育的初期，主要是利用外引的不育系 Tx3197A 与中国高粱品种测配，筛选出三尺三、盘陀早、平顶冠、鹿邑歪头、平罗娃娃头等恢复系，并组成高粱杂交种生产推广。

20 世纪 60 年代中期，开始采用各种育种方法选育恢复系和不育系，其中采用单杂交法选育的恢复系有吉 7384（护 4 号×赫格瑞）、4003（晋辐 1 号×辽阳猪跷脚）、锦恢 75（恢 5×八叶齐）、白平（白 253×平顶冠）、沈农 447（晋辐 1 号×三尺三）等；之后开展复合杂交育成的恢复系有忻梁 52［三尺三/（九头鸟×盘陀）］、0-30［（大红穗×晋粱 5号）/4003］、晋粱 5 号［鹿邑歪头/（九头鸟×盘陀早）］、二四［298/（晋辐 1 号×猪跷脚）］、9720［（九头鸟×7384）/吉恢 20］等。采用辐射法育成的恢复系有晋辐 1 号（用⁶⁰Co γ-射线照射晋粱 5 号种子）。

与选育恢复系相对应，最初选育不育系是在育性鉴定的基础上，利用保持类型材料作亲本，回交转育不育系，如矬 1A、矬 2A、护 2A、原新 1A、遗雄 3A 等。之后，扩大了亲本来源，利用保持类型亲本杂交选育不育系，如黑龙 11A（库班红天杂）、7050A（421B × TAM428B）、TL169-214A［（Tx622B × KS23B）× 京农 2 号］、2817A（Tx3197B×9-1B）、熊岳 21A［（Tx622B×2817B）/（Tx3197B×NK622B）×黑 9B//Tx622B］、901A［625B/（232EB × Tx622B）//232EB］、营 4A［Tx3197B/（65-1 ×Tx3197B）×原新 1B］等。

在国外，为扩大亲本系的来源，多采用群体改良技术。美国内布拉斯加大学的Webster 等（1960）组成了第一个高粱随机交配群体，得克萨斯农业和机械大学组成抗蚜虫、普渡大学组品质改良高粱群体，以及之后的艾奥瓦州立大学的 LAP₄R（S₁）C₃ 群体、堪萨斯州立大学的 KP9B、KP12R2 群体、得克萨斯农业试验站的 GPTM$_3$BR（H）C$_4$群体等。辽宁省农业科学院高粱研究所卢庆善等（1995）组成了我国第一个高粱恢复系随机交配群体——LSRP。

通过群体改良育成的亲本系，不仅具有较宽的遗传基础，还分别具有高产、品质优、耐旱、抗病、抗虫、适应性强等特点，大大拓展了亲本系的范围和遗传基础。甚至扩大到了高粱栽培种以外的野生种。

三、杂交种组配

（一）亲本配合力测定

不育系、恢复系育成之后，就可以组配杂交种。然而，不育系和恢复系能否真正用于配成杂交种应用于生产，必须进行配合力测定，这直接关系到杂交种产量的高低。但是，由于杂交种产量的高低与亲本系的外观农艺性状无相关性，只有配合力高的亲本才能组配出高产的杂交种。因此，亲本系在组配杂交种之前应进行配合力测定。

1. 配合力的概念　配合力的概念最初来自玉米自交系的选育，指一个自交系与其他自交系（或品种）杂交后，杂种一代的表现能力。如产量性状，表现高产的为高配合力；表现低产的，为低配合力。Sprague 和 Tatum（1942）提出两种配合力的概念，即一般配合力（general combining ability）和特殊配合力（specific combining ability）。一般配合力（G. C. A.）系指一个自交系或品种（纯合系）在一系列杂交组合中的平均表现（如产量）；特殊配合力（S. C. A.）系指某一杂交组合的表现（如产量），或者说就所有杂交组合的平均数而言，为一般配合力表现的离差，或优或劣的结果。

Sprague 等从玉米配合力的试验研究中在选择上获得 2 个重要结论：一是对已通过一般配合力选择的材料需要进行特殊配合力选择；而对那些尚未进行一般配合力选择的自交系来说，对这些性状一般配合力选择要比对特殊配合力选择更为重要。二是研究表明一般配合力选择和特殊配合力选择之间的相对独立性。这个结果说明一般配合力受加性基因效应所决定；特殊配合力则受显性、上位性基因效应与环境因素互作效应所决定。

在高粱杂种优势利用研究中，对一般配合力和特殊配合力的研究表明，一般配合力和特殊配合力既有联系又有区别。一般来说，被测系的多个组合特殊配合力的平均值，就是一般配合力。在高粱杂交种组配中，选择一般配合力高的不育系和恢复系作杂交亲本，就有较大的可能和更大的概率获得高产杂交种。

辽宁省农业科学院高粱室（1982）、王富德等（1983）、卢庆善（1985）对新引进的高粱雄性不育系 Tx622A 等进行了配合力测定。结果表明，Tx622A 与中国高粱恢复系组配后，表现一般配合力高。用 Tx622A 与恢复系晋辐 1 号组配的辽杂 1 号，表现产量高、适应性强，在高粱主产区成为主栽品种。同时期，用 Tx622A 与恢复系 4003 组配的沈杂 4 号，与铁恢 208 组配的铁杂 7 号，与锦恢 75 组配的锦杂 83，与 654 组配的桥杂 2 号等，都表现出较高的产量配合力，所以一般配合力高的系是选育高产杂交种的基础。

2. 配合力测定方法

（1）测验种与被测验种。对采用质核互作雄性不育系组配的杂交种来说，只有 2 个亲本系：不育系和恢复系。要测定不育系的配合力，那么不育系就是被测验种，恢复系就是测验种；反之，要测定恢复系的配合力，则恢复系就是被测验种，不育系就是测验种。被测验种与测验种杂交所得的杂交种称为测交种，这种杂交称测交。测验种能影响测交种的产量，影响配合力测定的准确性，因此要选用适宜的测验种。测验种的选择要根据测定的目的。如果要测定不育系的一般配合力，那么测验种要选择一些常用恢复系，这样被测种不育系与恢复系所组配的测交种的平均产量表现，就代表了被测种的一般配合力。如果要测定特殊配合力，则测验种的选择要考量与被测种在亲缘上、性状上，尤其在主要经济性状之间的差异和互补。

此外，测验种自身配合力的高低以及与被测种亲缘关系的远近也影响到测定结果。如果测验种的配合力低，或与被测系的亲缘相近，测出的配合力常常偏低；反之，则测出的配合力偏高。在这种情况下，测验种的选择以中等配合力，亲缘关系相差中等的为好。

目前，科研单位通常采取配合力测定与杂交种选育同步进行。鉴于这样的目的，测验种的选择要考虑两方面因素，一可以选择一部分常用的已知配合力的测验系，二可以选择与被测系亲缘关系较远的，主要性状可互补的测验系共同组成测验种。这样，既可能测得被测系的一般配合力，又能测得特殊配合力，进而选出优良的杂交种，达到"测"与"选"的双重目的。

（2）测定方法。高粱杂交种亲本系配合力测定程序包括测交种产生及其产量比较两步。测交的方法常用的有两种方法：共同测验种法和不完全双列杂交法。

①共同测验种法：通常选择 1～3 个系作共同测验种，分别与所有被测系杂交，杂交的方法一般可用人工套袋授粉，也可用一父多母的隔离区法。例如，选择 Tx622A 作测验种，恢复系矮四、157、5-27 等为被测种，杂交得到相应的测交种 Tx622A×矮四、Tx622A×157、Tx622A×5-27 等。第二年，对这些测交种进行小区比较试验。由于测交种的测验种是同一的 Tx622A，因此测交种的性状差异（如产量）是由于被测系的配合力不同引起的。根据测交种产量的高低，以确定各被测系配合力的高低。

②不完全双列杂交测定法：由于高粱的测交种是由不育系和恢复系组配的，而且要测定的不育系或恢复系往往是一组，因此采用不完全双列杂交方式比较方便。不完全双列杂交称之为两组亲本的双列杂交设计，也称 NC-Ⅱ设计或两因素交配设计（AB），见于 Cockerham（1963）的论文。本设计的特点是将试验的品系分成两组，一组亲本与另一组亲本进行所有可能的杂交，而同一组内的亲本不做杂交。每组包含的亲本数可相同（称格子方设计），也可不相同。这种设计适合于研究新育成的或新引入的材料的配合力测定。

3. 不完全双列杂交测定配合力举例　卢庆善（1988）采用不完全双列杂交设计，研究从国际热带半干旱地区作物研究所（ICRISAT）新引进的一组高粱雄性不育系的配合力。以 401A、409A、421A、425A 和 Tx622A 为被测种，组成 A 组。以晋辐 1 号、0-30、154、7932 和晋 5/晋 1 恢复系作测验种，组成 R 组。杂交共得到 25 个测交种。随机区组设计，3 次重复。以小区产量为例说明配合力测定的统计分析程序。

（1）方差分析。随机区组设计的方差分析结果列于表12-12。结果表明，区组间差异不显著，组合间差异显著，说明测交种之间存在显著差异，应进一步分析组合间各方差分量的差异。

表 12-12　随机区组设计的方差分析（小区产量）

（《杂交高粱遗传改良》，2005）

方差来源	自 由 度	平 方 和	方 差	F 值	方差期望值
区组间	$b-1$ $(z)^{\triangle}$	S_b (0.43)	V_b (0.22)	(0.45)	$\sigma_e^2+n_1n_2\sigma_b^2$
组合间	n_1n_2-1 (24)	S_v (68.27)	V_v (2.84)	(5.93)**	$\sigma^2+b\sigma_v^2$
机 误	$(b-1)(n_1n_2-1)$ (48)	S_e (23.03)	V_e		σ_e^2
总 计	$bn\cdot n_2-1$	S			

$\triangle$　方括号内数字为分析数据。

（2）组合间方差分析。分析结果列于表12-13。从表12-13的结果可以看出，亲本$_1$（A）和亲本$_2$（R）的一般配合力效应对小区产量的影响均达到了差异极显著水平；而A组与R组的特殊配合力效应对小区产量的影响也达到了差异显著水平，因此可进一步分析一般配合力和特殊配合力效应。

表 12-13　组合间方差分析表

（《杂交高粱遗传改良》，2005）

方差来源	自由度	平方和	方差	F 值
g_i（P_1）	n_1-1 (4)	Sp_1 (54.40)	Vp_1 (13.60)	(9.38)**
g_j（P_2）	n_2-1 (4)	Sp_2 (53.84)	Vp_2 (13.46)	(9.28)**
S_{ij}（$P_1\cdot P_2$）	$(n_1-1)(n_2-1)$ (16)	$Sp_1\cdot p_2$ (23.20)	$Vp_1\cdot p_2$ (1.45)	(3.02)*
机误	$(b-1)(n_1n_2-1)$ (48)	S_e (23.03)	V_e (0.48)	

（3）配合力效应分析。配合力效应分析结果列于表12-14。结果表明，在A组不育系中，只有421A和Tx622A的一般配合力效应达到了差异显著水平；在R组恢复系中，154和7932两个恢复系的一般配合力达到差异显著水平。结论是不育系421A和Tx622A的产量一般配合力较高；恢复系是154和7932产量的一般配合力较高。组合特殊配合力分析结果表明，409A×晋5/晋1和425A×154两个组合的特殊配合力效应达到了差异显著水平，代表了这两个杂交组合的产量特殊配合力较高，有可能应用于生产。

表 12-14　A 组、R 组亲本系一般配合力效应及其特殊配合力效应

（《高粱杂交遗传改良》，2005）

A组 　　　　G.C.A 　　　　G.C.A.　　R组	晋辐 1 号	0~30	154	7932	晋 5/晋 1
	−0.949	0.003	0.684**	0.531*	−0.269
401A　　−0.923	−0.111	0.303	0.023	0.443	−0.657
409A　　0.311	0.489	−0.231	−0.077	−0.424	−0.943*
421A　　0.564*	−0.264	−0.117	−0.264	−0.044	0.689
425A　　−0.463	0.263	−0.357	0.729*	−0.417	−0.217
Tx622A　0.510*	−0.377	0.403	0.289	0.443	−0.757

4. 选系配合力测定时期　在亲本系（不育系和恢复系）选育进程中，配合力测定的时间分为早代测定和晚代测定两种。

（1）早代测定。早代测定是在亲本系选育的早代，即 F_1~F_3 进行。早代测定的理论依据是配合力受加性基因效应控制的，是可以世代稳定遗传的。配合力往往受最初所选单株遗传基础所制约，因此配合力的高低取决于单株。不同株系之间，配合力有显著不同；同一株系的不同自交世代之间或同一世代的不同系间，表型差异可能较大，但其配合力则大致相同。

Sprague（1946）研究指出，早代测定的主要优点是能根据测定的结果将其分为两组，一组是配合力较高的，一组是配合力较低的。之后的选育要从最有希望的一组中进行，可以有更高的概率得到更多具有高配合力的品系。

（2）晚代测定。晚代是指在选育的晚期世代，即 F_4~F_6 进行测定。晚代测定的理论依据是选系在选育进程中可能有变化，到选育的晚代时其选系的遗传性已基本稳定，这样所测定的配合力是可靠的，准确的。但是，晚代测定的缺点是配合力低的选系不能及早淘汰，增加工作量和经费投入，并延缓了高配合力选系投入应用的时间。

（3）早代与晚代测定结合。在高粱亲本系选育中，由于选择的杂交材料遗传基础复杂程度不同，因此选育达到遗传稳定需要的世代就不一样，配合力的表现也有差异，所以为了减少前期的工作量和得到比较可靠的配合力测定结果，可采取早代与晚代测定结合进行。

研究表明，株系早代测定的配合力与晚代的配合力虽然有一定的正相关性，但因早代选系尚处在基因分离和重组阶段，选育的性状不够稳定，所以早代测定的配合力结果，只能反映出该选系配合力的大致趋势，并不能代表该选系配合力的最终结果。如果先进行早代配合力测定，根据测定的结果把低配合力的选系淘汰掉，以减少工作量。当选系进入晚代时，其遗传性状也基本上达到稳定了，可安排一次晚代测定，根据测得结果进行最后决选，这将是非常可靠的。

（二）杂交种组配和试验程序

1. 测定杂交　测交是指用新选育的雄性不育系与恢复系杂交，得到杂交种种子，进行杂交种的鉴定。测交的目的，对亲本系选育来说，主要是测定亲本系的配合力；对杂交种选配而言，是筛选优良的杂交种。

2. 性状鉴定　性状鉴定是对新组配的杂交种进行初步鉴定，包括育性、产量、抗性性状等。

（1）育性鉴定。杂交种的育性鉴定主要指其恢复性鉴定，指杂交种的结实情况，用结实率表示，这是杂交种鉴定重要的一环。通常采用田间套袋自交的方法。在高粱植株抽穗后开花前严格套袋，收获后调查、记载结实数和空粒数，计算自交结实率，以确定杂交种的恢复性。

自交结实率（％）＝（全穗自交结实的粒数/全穗可育小花数）×100％

一般每个杂交种至少要套袋自交 5 穗，套袋自交结实率达到 80％以上者，其杂交种方可应用。还可参考杂交种田间自由授粉结实率以确定杂交种的育性。通常以田间自由授粉结实率达到 90％以上者，认定是恢复性好的杂交种，可以在生产上应用。笔者认为，如果把套袋自交结实率与田间自由授粉结实率二者结合起来，则育性鉴定更为可靠。

（2）产量鉴定。产量鉴定是杂交种最重要的鉴定，因为产量鉴定结果关系到杂交种能否推广应用。由于参试鉴定的杂交种数目较多，因此田间试验通常采用对比法或间比法设计。增加重复可以提高试验的准确性。播前，应根据杂交种植株的高矮适当排开种植。在决选杂交种时，除主要根据产量性状外，还应兼顾单株产量、穗粒数、穗粒重、千粒重、着壳率等性状，进行综合评价。

（3）抗病虫鉴定。对高粱杂交种来说，抗病虫鉴定也是重要的一环。主要病虫害有高粱丝黑穗病、高粱蚜虫和玉米螟虫。

高粱丝黑穗病采用穴播法。每穴集中播 5～7 粒种子，覆 0.6％丝黑穗病病菌菌土 100g，随后盖土厚约 5cm。当丝黑穗病发病后，调查每个小区发病株数和总株数，计算病株率。

高粱蚜虫鉴定采取接蚜法。杂交种小区最少取样 30 株，在蚜虫盛发期调查 2～3 次蚜虫虫量。在第一次调查前 10～15d（辽宁省在 6 月中旬）取感虫无翅若蚜 20 头的小块叶片，去掉天敌，夹在接蚜株下数可见叶的第三叶叶腋间。每小区从第三株起连续接蚜 10 株。从蚜虫盛发期开始，调查 2～3 次，计算 10 株最重被害株的单株蚜虫数和其群落数，也可调查底数 3～4 片可见叶的单叶蚜虫数，根据虫数划分抗性等级。

抗玉米螟小区最少 30 株，在二代玉米螟成虫产卵高峰期，将人工饲养的黑头卵块约 50 粒，装入长 2cm，直径 5mm 的塑料管内，将其放在 1m 高的叶腋间。每小区从第三株开始接卵，连续接 10 株。高粱成熟后，调查全小区株数和受害株数，透孔数，鞘孔数及透孔直径，计算被害株率、透孔率、透孔株孔径均数、被害株透孔均数。据此确定抗玉米螟等级。

3. 产比试验 上述鉴定决选的杂交种进入产量比较试验，产比试验是育种单位进行的产量高级试验，其杂交种数目有一定限制，通常采取随机区组设计或拉丁方设计，3 次重复，小区面积 30m² 左右。播前根据鉴定试验数据，将株高和生育期相差大的杂交种适当排开种植，以免造成机误。种植密度要按照每个杂交种最适密度安排，以发挥该杂交种的增产潜力。产量比较试验主要目的是鉴定产量的表现，还要进一步关注育性、抗病虫性状，以及品质等其他经济性状。产比试验一般进行 2 年，根据 2 年试验结果，进行综合评价，把表现优良的，符合育种目标的杂交种选入区域试验。

4. 区域试验 区域试验分为省级和国家级区域试验两级。各育种单位通过产比试验的优良杂交种申报省级或国家级区域试验。区域试验的目的是鉴定杂交种的区域适应性和丰产性。在区域试验中，由于各试验点生态条件有一定差异，因此对杂交种的育性也要进行观察鉴定，以确定杂交种的恢复性在各地是否符合要求。此外，对杂交种主要病虫害的抗性也要进行鉴定，因为不同生态区域内，病虫的生理小种和流行种不完全一样，杂交种抗病、虫的表现也不尽相同，必须调查、关注。

5. 生产试验　通过区域试验的杂交种进入生产试验。生产试验的目的是进一步鉴定入选杂交种的生产潜力和适应性。生产试验的小区面积要比区域试验的大许多，通常在 $333.3 \sim 666.7\text{m}^2$ 之间。生产试验一般也要进行 2 年，第一年区域试验表现优异的杂交种，第二年在进行区域试验的同时，可以进行生产示范。

近年，为了加快良种更新换代的速度和适应市场经济发展的需要，生产试验改为 1 年，而且在第一年区域试验后，第二年同时进行区域试验和生产试验。

6. 生产试种和示范　生产试种和示范是把表现优良的杂交种在生产上进行大面积试种和示范。生产示范完全按照生产条件、生产管理进行，杂交种的表现对农民来说起示范作用。生产示范是进一步考察杂交种的丰产性、稳产性及其适应性，并研究和总结高产的栽培技术和措施。在试种示范中，组织农民观摩，广泛征求农民的意见，让农民对杂交种的优、缺点做出评价，对其优点要采取相应的技术加以发挥，对其缺点要采取必要的措施加以克服，即所谓扬长避短，或者叫良种良法配套，为大面积生产积累经验。

7. 杂交种审定推广　完成全部育种程序后，那些有推广应用价值的优良杂交种，由育种单位向省或国家作物品种审（鉴）定委员会提出品种审（鉴）定申请。品种审（鉴）定委员会对品种（杂交种）进行全面、严格审查，包括各种试验数据、资料、技术档案等，并听取基层种子部门、生产单位和农户对审定品种的意见后，认为被审定品种具有生产推广应用价值，则通过审（鉴）定命名推广（图 12-9）。

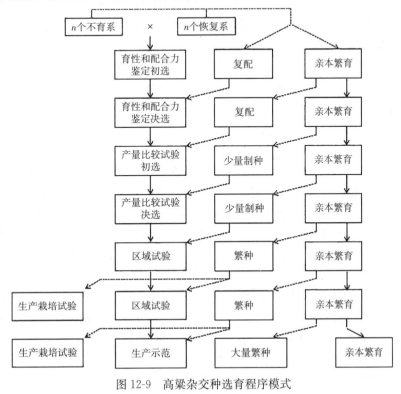

图 12-9　高粱杂交种选育程序模式
(张文毅整理，1982)

（三）杂交种及其亲本系繁制种技术

1. 亲本系种子繁育技术

（1）不育系和保持系繁育技术。对隔离区安全性要求严格，其周围至少1 000m以内不能种植其他高粱。在隔离区内，将不育系和保持系按2∶2或2∶1行比相邻种植，2∶1可以增加单位面积内不育系的种子繁育数量。开花授粉期，不育系依靠风力或人工辅助授粉，获得不育系种子。这些种子除一小部分留作第二年与保持系再行繁育外，大部分提供配制杂交种用不育系。保持系经自花授粉后得到的种子仍是保持系，可供繁育不育系用种（图12-10）。

繁育不育系和保持系要贯彻以下技术环节：一是调整播期。由于不育系和保持系的生育期基本一致，在同播时通常保持系的抽穗开花期略早于不育系。在只播1期保持系时，则要其比不育系晚播5～7d，或者将不育系种子浸种催芽后，与保持系同期播种。如果保持系分2期播种，第一期与不育系同播，第二期比第一期晚播7～10d，即第一期保持系和不育系快顶土时播。二是适宜行比。一般条件下，不育系与保持系的行比以2∶2或2∶1为宜。为了提高不育系的结实率，可在隔离区的两侧晚播几行保持系，以延长花粉的供应时间。三是去杂去劣。在不育系和保持系繁育过程中，从苗期到抽穗开花期，都要定期去杂去劣。在苗期，结合间苗、定苗、拔除杂株、劣株、弱株；全田抽穗后，开花前要进行一次严格的去杂去劣，尤其要去掉不育系行里的保持系，或者拴挂标签。开花时，要进行人工辅助授粉，以提高不育系的结实率。四是谨慎收获。当不育系、保持系成熟后，要及时收获。为防止混杂，应先收获保持系，并立即运到田间外面。然后捡净田间脱落的穗，包括保持系和不育系行内的脱落穗。在确认不育系行内无保持系后，收获不育系，单收单放单脱，防止混杂。

（2）恢复系繁育技术。恢复系繁育比较简便，一是选择好隔离区，周围500m以内不能种植高粱。二是做好去杂去劣，从苗期到抽穗开花期，要及时拔除杂株、劣株。三是要及时收获，单收、单放、单脱，防止混杂。

2. 杂交种制种技术　杂交种制种是以雄性不育系作母本，恢复系作父本杂交得到杂交种（F_1）种子（图12-11）。制种田应采取如下技术。

（1）选地与隔离。选地与隔离是杂交种制种重要的技术环节，关系到制种的数量和质量。凡地力不匀、低洼冷浆、盐碱地块均不宜作制种田。应选择土壤肥力好，地势平坦，旱涝保收的地块。为保证杂交种的种子纯度，必须要有足够的隔离。一是空间隔离。在制种田周围不种非父本恢复系的任何高粱，其距离通常要求300～500m。如果考虑到开花授粉期当地主流风向的影响，空间距离适当再远一些。二是自然屏障隔离。这种方法利用村庄、水库、大坝、山峰、河流、林地、沟岔等自然屏障进行隔离（图12-12）。目前，在山区或半山区，大部分采用这种隔离方法，简便、经济、有效。三是高秆作物隔离。利用玉米、大麻等作物进行隔离，一般在200m以上。四是时间隔离。在无霜期较长的地区，将制种田与生产田的播期错开，最终使二者的开花期前后分开。一般高粱制种田与生产田或其他制种田的播期至少要错开40d以上。

（2）播期与行比。父、母本花期相遇是制种成败的关键。如果父、母本的开花期不一致，则要根据父、母本从出苗到开花的日数进行播期调整。如果父、母本花期相同，可同

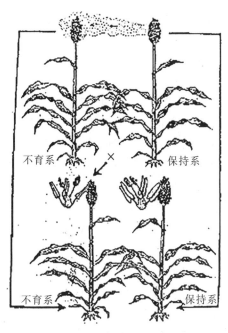

图 12-10 不育系和保持系繁育
（《杂交高粱遗传改良》，2005）

图 12-11 杂交高粱制种程序图
（《杂交高粱遗传改良》，2005）

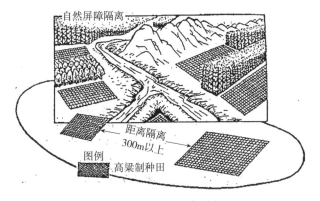

图 12-12 自然屏障隔离
（《杂交高粱遗传改良》，2005）

播或母本种浸种后同播。若母本比父本早开花 2~3d，也可同播。如果父、母本开花期相差较大，则应错期播种。错期的间隔应根据其花期相差的天数，播种时地温、墒情及出苗大约需要的天数，以及地力等条件综合考虑。

合理的父、母本行比对增加制种产量至关重要。Stephens 等研究表明，高粱异花授粉的效果至少可达 12 行（12.2m）。目前，高粱制种田一般采用的父、母本行比有 2:10、2:12、2:14、2:16 等。究竟采用哪种行比，应根据父、母本株高、父本花粉量的多少、花药外露的程度、单性花是否发达，以及母本柱头外露的大小，柱头接受花粉的能力、亲和力等来定。

（3）去杂去劣。去杂去劣是保证杂交种种子质量的关键措施。一般制种田应进行 3 次，苗期去杂去劣是关键，结合定苗进行，去杂可根据芽鞘色、叶色、叶脉质地、颜色、株型及其特殊性状进行。拔节后到抽穗前进行第二次去杂去劣，根据株型、株高、叶和叶脉颜色等性状进行。从抽穗后到开花初进行第三次去杂去劣，可根据穗型、穗形、颖壳质地、颜色、芒性等性状，开花后根据花药色、饱满度等进行。

（4）辅助授粉。人工辅助授粉是提高不育系结实率，增加产种量的有效技术措施。根据多年高粱制种实践经验认定，辅助授粉次数要视花期相遇情况而定。花期相遇良好时，辅助授粉 5～7 次；花期基本相遇时，一般 10 次左右；花期相遇不好时，应在 15 次以上。

人工辅助授粉时间，晴天时应在露水消散后进行，通常在上午 8～9 时，阴天则延迟到 10 时甚至 11 时。这时恢复系花粉量最大，过早、过晚都会降低授粉的效果。人工授粉方法是当父本开花较多时，用竹竿轻敲父本茎秆，使花粉飞散出来，落在母本穗（柱头）上。如果父本茎秆低于母本的，可使用喷粉器吹风的方式，将花粉吹起。对那些过早或过晚开花的母本穗，应采取人工收集花粉的办法进行人工授粉。

（5）收获与种子贮藏。为保证种子纯度，一般先收父本后收母本，先收父本时应将其运到地外，并捡净地里的落地穗，包括母本行里的落地穗。这时再收获母本。在北方，要尽可能早收制种田，以利用秋日阳光快速干燥种子，确保在上冻前使种子含水量降至安全水分。

在种子穗收割、装运、脱粒过程中，要严格按操作规程进行，严防混杂，特别父、母本之间的机械混杂。脱粒后，应对种子纯度、净度、含水量进行检测，包装后单放贮藏。

3. 花期预测与调控　　花期相遇是高粱制种成败的关键。前述，虽然已经根据父、母本花期对播期作了调整。但是在出苗后，由于父、母本对生态条件的反应不同，常会导致父、母本的生长发育有快有慢，有可能造成花期不遇。因此，从父、母本出苗开始，就应定期进行花期预测，以便及时采取有效措施，达到花期相遇的目的。花期预测有两种方法。

（1）叶片预测法。一般同一品种在同地点的叶片数是较为固定的，因此可根据父、母本的叶片数目和出叶速度以及当时的叶片差数来预测花期能否相遇。叶片预测的关键在于准确地查出父、母本的叶数。因此，选点定株必须有代表性，即能代表制种田总体的叶片数。选点定株后，从第一片叶进行标记，以保证准确的叶数。如果父、母本的总叶数一样，调控时应使母本的叶数多于父本一片叶，因为高粱每长出一叶约需 3d 左右时间。不论哪一个杂交组合，总的调控指标要达到母本旗叶伸长，父本到旗叶期；或者母本抽穗，父本打苞期；或者母本开始开花，父本已抽完穗。只有保持父本与母本的这种差距，才能保证花期相遇良好。

（2）幼穗预测法。在有的情况下，父、母本的叶片总数会因温、光条件和生育条件的不同而发生变化，如生育期间遇到高温，则叶片生长速度加快，总叶数减少。因此，单靠叶片预测有时会出现误差，故提出幼穗预测法。

高粱拔节后，幼穗开始分化，这时总叶数和尚未开展的叶片数都已确定。高粱幼穗分化共分为 7 个阶段，幼穗分化每通过 1 个阶段大约需 5d 时间。幼穗预测花期相遇的指标是母本幼穗分化阶段比父本的要早半个到 1 个阶段。如果父本的幼穗分化阶段比母本的早，则应进行花期调控。花期调控的原则是采取有效地促进或控制措施使花期相遇协调起来。父、母本苗期生长差异大时，可对生长快的亲本采取晚间苗，晚定苗，留小苗。反之，应早间苗，早定苗，留大苗。拔节后，父、母本花期预测不协调时，可采取偏肥水管理，促进生长迟缓的亲本系赶上来；也可喷洒1 000倍液"九二〇"生长调节剂，提升其生长速度，达到花期相遇。

四、高粱"两系"及其杂交种

（一）高粱"两系" 的概念

高粱"两系"的概念是相对于高粱"三系"而来的。高粱两系是指雄性不育系和雄性不育恢复系。两系中的不育系，是指该系在特定的温光下，雌蕊发育正常，雄蕊却花药皱缩、空瘪、无花粉，表现雄性不育；相反，该系在正常温光下，雌蕊和雄蕊均发育正常，自交授粉，受精后所结种子是正常种子。这样的雄性不育系相对于三系而言，就没有保持系，故称两系，只有不育系和恢复系。不育系又称两用不育系，或称高粱光（温）敏雄性不育系

（二）两用不育系选育及其特点

1. 两用不育系选育　李光林等（1994）对大量试材进行温、光敏感性筛选，发现湘北糯高粱转育的材料对温、光敏感性明显。套袋混收106株，混合播种3 000株，抽穗后套袋，春、秋2季共入选99穗。分穗系播种，春、秋2季留苗4 000株，套袋镜检花药，选择了夏秋不育穗系139个。冬季从139个穗系中取出一半种子到海南岛加代稳定与观测，留苗1 617株，发现100%的植株均雄性不育。继续上述程序，有稳定的穗系19个，230株（表12-15）。冬季在海南岛继续加代稳定和试制种，留苗5 526株，不育株率100%，镜检花粉败育率99.6%（表12-16）。达到了高粱不育系目标。其杂交种试种13.3hm^2，均未发现不育株。在继续稳定和筛选两用不育系的同时，又重点对其稳定的不育温光条件、育性转换的敏感期、临界温度及机理进行探讨和分析，至此，高粱两用雄性不育系湘糯粱S-1选育成功。

表 12-15　湘糯粱 S-1 不育系秋季穗系田间观察结果（1991年，长沙）

（李光林等，1994）

区号	小区株数	缺苗数*（株）	抽穗数（株）	不育株	不育株率（%）	区号	小区株数	缺苗数*（株）	抽穗数（株）	不育株	不育株率（%）
1	9		9	9	100	47	21	3	18	18	100
6	18	2	16	16	100	52	14	1	13	13	100
11	17	5	12	12	100	53	10		10	10	100
20	17	4	13	13	100	54	8	1	7	7	100
23	11	4	7	7	100	57	15	4	11	11	100
25	18	3	15	15	100	84	12	2	10	10	100
37	15	3	12	12	100	106	21	7	14	14	100
38	15	3	12	12	100	107	11	4	7	7	100
40	10	2	8	8	100	55	15	2	13	13	100
43	26	3	23	23	100	合计	283	53	230	230	100

＊　因成熟期不一致，夏收砍秆期相同，故一部分过熟植株未发再生苗。

表 12-16　海南制种两用不育系高粱花粉镜检结果

(李光林等，1994)

片数		黄色干瘪花药			紫色干瘪花药			白色干瘪花药		
		败育花粉	正常花粉	花粉败育率(%)	败育花粉	正常花粉	花粉败育率(%)	败育花粉	正常花粉	花粉败育率(%)
第一片	视野1	92	33	73.6	120	2	98.4	58	0	100
	视野2	88	30	74.6	84	1	98.8	62	0	100
	视野3	150	48	75.8	80	0	100	53	0	100
第二片	视野1	90	21	81.1	94	0	100	76	0	100
	视野2	89	30	74.8	58	0	100	100	0	100
	视野3	102	22	82.3	65	0	100	58	0	100
第三片	视野1	93	11	89.4	92	1	98.9	64	0	100
	视野2	144	18	88.9	78	0	100	82	0	100
	视野3	104	6	94.5	85	0	100	63	0	100

2. 两用不育系的特征特性　湘糯粱 S-1 两用不育系是世界上第一个光（温）敏型不育系。株高 140cm，株型紧凑，茎秆粗度适中，坚韧；叶片数 16～17，蜡脉，上举，与主茎呈 25°角；穗型偏散，圆筒形，穗长 25～30cm，单穗粒重 30g 左右，千粒重 25～27g，籽粒圆形，白色；籽粒蛋白质含量 12.1%，淀粉 64.1%，单宁 0.2%；生育期春播110d（长沙），秋播 95～100d，属早熟种；育性在人工控制光长 12.5h/d，光强 3 万 lx下，可控温 I 级（未公开），为正常可育温度，II 级为半育温度，III 级为不育温度。

（三）两系杂交种

李光林等（1994）介绍了用湘糯粱 S-1 两用不育系与恢复系湘 10721 组配的湘糯粱（S）1 号杂交种，并在生产上推广应用。其特点是产量高，长沙 3 点试验，平均每公顷产量6 372kg，比三系杂交种永糯杂 1 号增产 15.4%，略高于三系粳型杂交种辽杂 1 号；米质食味好，淀粉含量 65.9%，蛋白质 10.1%，单宁 0.3%；春播生育期 110d，秋播 95～105d；表现耐渍性、抗倒性、抗病性强，抗虫性较强。

主 要 参 考 文 献

陈悦，等，1995. 部分高粱转换系与不同高粱细胞质的育性反应. 作物学报，21（3）：281-288.

盖钧镒，2006. 作物育种学各论（第二版）. 北京：中国农业出版社.

李光林，杨光立，汤文光，等，1994. 糯高粱两用不育系湘糯粱 S-1 育性转换的光温条件，与分子机理的研究. 湖南农业科学（2）：4-6.

李竞雄，1963. 杂种优势的利用. 遗产学问题讨论集（第三册）. 上海：上海科技出版社.

刘振鹭，1983. 高粱杂种优势的早期预测. 山西农业科学（2）：20-22.

卢庆善，宋仁本，1988. 新引进高粱雄性不育系 421A 及其杂交种研究初报. 辽宁农业科学（1）：17-22.

卢庆善，孙毅，华泽田，2001. 农作物杂种优势. 北京：中国农业科技出版社.

卢庆善，孙毅，2005. 杂交高粱遗传改良. 北京：中国农业科学技术出版社.

卢庆善，赵廷昌，2011. 作物遗传改良. 北京：中国农业科学技术出版社.

卢庆善，1999. 高粱学. 北京：中国农业出版社.

卢庆善，1989. 美国高粱品种改良对产量的贡献. 世界农业（9）：31-32.

卢庆善，1992. 我国高粱杂种优势利用回顾与展望. 辽宁农业科学（3）：40-44.

卢庆善，1985. 新引进高粱雄性不育系的配合力分析. 辽宁农业科学（2）：1-6.

卢庆善，1996. 植物育种方法论. 北京：中国农业出版社.

马鸿图，1979. 高粱核—质互作雄性不育 Tx3197A 育性遗传的研究. 沈阳农学院学报，13（1）：29-36.

马忠良，姚忠贤，张淑君，等，1988. 高粱 4 个不同胞质不育性的育性反应及一般配合力测定结果. 吉林农业科学（3）：23-34.

钱章强，1990. 高粱 A_1 型质核互作雄性不育性的遗传及建立恢复系基因型鉴别系可能性的商榷. 遗传，12（3）：11-12.

王富德，程开泽，1988. 高粱 A2 雄性不育系的鉴定. Ⅰ. 育性反应. 作物学报，14（3）：247-254.

王富德，卢庆善，1985. 我国主要高粱杂交种的系谱分析. 作物学报，11（1）：9-14.

王富德，张世革，杨立国，1990. 高粱 A_2 雄性不育系的鉴定. Ⅱ. 主要农艺性状的配合力分析. 作物学报，16（3）：242-251.

西北农学院，1981. 作物育种学. 北京：农业出版社.

徐冠仁，1962. 利用雄性不育系选育杂种高粱. 中国农业科学（2）：15-20.

鄢锡勋，1963. 高粱细胞质雄性不育杂交第一代利用的研究. 中国农业科学（1）：20-23.

鄢锡勋，1979. 核置换培育高粱细胞质遗传雄性不育的研究. 遗传学报，6（1）：42-45.

张福耀，王景雪，李团银，等，1992. 高粱 A1、A2 细胞质雄性不育系的配合力分析. 山西农业科学（1）：4-7.

张福耀，1987. 高粱非迈罗细胞质 A_2、A_3 雄性不育系研究. 华北农学报，2（1）：31-36.

张福耀，等，1990. 高粱 A_1、A_2 型核质互作雄性不育性遗传的初步研究. 华北农学报，5（2）：1-6.

张孔湉，1964. 高粱雄性不育系花粉败育过程的细胞学观察. 遗传学集刊（4）：49-60.

张孔湉，1981. 植物雄性不育理论研究的进展. 国外农学——杂粮作物（1）：1-9.

张文毅，1988. 高粱杂种优势的利用. 北京：农业出版社，169-173.

张文毅，1983. 高粱杂种优势分析. 辽宁农业科学（2）：1-8.

张文毅，1994. 高粱杂种优势利用研究与进展. 作物育种研究与进展. 南京：东南大学出版社，109-124.

赵淑坤，石玉学，1993. A_1、A_2 型高粱雄性不育的细胞核遗传方式研究. 辽宁农业科学（1）：15-18.

赵淑坤，1997. 胞质多元化在高粱杂种优势利用中的探讨. 辽宁农业科学（1）：36-39.

中国科学院遗传研究所，1976. 细胞质雄性不育高粱及可育相似体的细胞学初步研究. 遗传学报，3（2）：156-158.

中国科学院遗传研究所，1971. 植物雄性不育的意义及研究动态. 遗传学通讯（1）：32-35.

中山大学生物系遗传组，1975. 作物"三系"生物学特征的研究. Ⅱ. 利用放射性同位素对不育系植株代谢障碍发生情况的研究. 遗传学报（1）：62-71.

中山大学生物系遗传组，1974. 作物"三系"生物学特征研究. Ⅰ. 高粱雄性不育系与可育系（保持系和恢复系）的细胞形态发育的比较研究. 遗传学报（2）：171-180.

Andrews D J，Webster O J，1971. A new factor for genetic male sterility in *Sorghum bicolor*（L.）Moench. Crop Sci.（11）308-309.

Bartel A T，Karper R E，1962. Hybrid vigor in sorghum. Texas Agri. Expt. Station. Bull. 359.

Beil G M，Atkins R E，1967. Estimates of general and specific combining ability in F1 hybrids for grain yield and its components in gmin sorghum. Crop Sci.（7）：225.

Chisi M，1988. Heterosis and combining abilily in A1 and A2 cytoplasm lines of Sorghum，*Sorghum bicolor*（L.）Moench M. S. Thesis，Texas A & M University，College Station，Texas.

Conner A B，Karper R E，1962. Hybrid vigor in sorghum. Texas Agri. Expt. Station. Bull. 359.

Doggett H，1970. Sorghum. London and Harlow：Longmans Green and Co. Ltd.

Kambal A E, Webster O J, 1965. Estimates of general and specific combining ability in grain sorghum. Sorghum vulgare Pers. Crop Sci. (5): 521.

Karper R E, Quinby J R, 1937. Hybrid vigor in sorghum. J. Heredity, (28): 83-91.

Miller F R, et al, 1987. The potential and breeding of food quality sorghums. Fifteenth Biennial Grain Sorghum Research and Utiliztion conference. Lubbock, Texas.

Miller F R, Kebede Y, 1984. Genetic contributions to yield gains in sorghum, 1950 to 1980. Texas Agri Experiment station.

Miller F R, 1968. Sorghum improvement, past and present. Crop Sci. , (8): 499-502.

Quinby J R, 1982. Interaction of genes and cytoplasms in sex expression in sorghum. Sorghum in the Eighties. ICRISAT, India.

Quinby J R, 1963 Manifestations of hybrid vigor in sorghum. Crop Sci, 3 (4) .

Quinby J R, 1974. Sorghum Improvement and the Genetics of Growth. Texas A&M University Press.

Schertz K F and Pring D R, 1982. Cytoplamic sterility systems in sorghum in the Eighties, ICRISAT.

Schertz K F and Ritchey J M, 1978. Cytoplasmic-genic male steriliity systems in sorghum. Crop Sci. , (5): 890-893.

Schertz K F, 1977. Registration of AT×2753 al l8′x2753 sorghum germplasm (Reg. No. Gp30 and 31), Crop Sci. , 6: 983.

Schertz K F, 1981. Registration of three pairs (A and B) of sorghum with A cytoplasmic-genic sterility system (Reg. No. Gp70 to 72) . Crop Sci. , (1): 148.

Stephens J C, Quinby J R, 1933. Bulk emasculation of sorghum flowers. J. Ameri. Soc. Agron. (25): 233-234.

Stephens J C, 1937. Male sterility in sorghum-its possible utilization in production of hybrid seed. Ameri. Soc. Agron. (29): 690-696.

Stephons J C, and Holland R F, 1954 Cytoplasmic male sterility for hybrid sorghum seed production. Agron. J. , (46): 20-23.

Worstell J V et. al, 1982. Relationships among male-sterility inducing cytoplasms of sorghum. Crop Sci, (1): 186-189.

第十三章　高粱病害

高粱病害因地域而异。根据国际热带半干旱地区作物研究所（ICRISAT）在世界高粱产区的调查，发现较普遍发生的高粱病害有 15 种。其一，发病率占首位的是高粱粒霉病，它是由多种真菌引发的病害；其二是紫斑病（*Cercospora sorghi* Ell. et. Ev.）；其他依次是炭腐病（*Macrophornina phaseolina*）、霜霉病（*Sclerospora sorghi*）、高粱丝黑穗病（*Sphacelotheca reiliana*）、高粱坚黑穗病（*S. sorghi*）、高粱散黑穗病（*S. cruenta*）、高粱长黑穗病（*Tolyposporium ehrenbergii* 或者 *Sorosporium ehrenbergii*）、锈病（*Puccinia sorghi*）、高粱炭疽病（*Colletrichum graminicolum*）、高粱豹纹病（*Glococerco-spora sorghi*）、高粱煤纹病（*Ramulispora sorghi*）、高粱紫轮病（*R. sorghicola*）、麦角病（*Claviceps purpues*）及玉米矮花叶病（*Maize drvarf mosaic virus*）。

在中国，危害高粱常见的病害也有 10 多种。穗部病害有高粱丝黑穗病、坚黑穗病、散黑穗病；叶部病害有细菌性叶斑病，包括条纹病、条斑病、斑点病；真菌性叶斑病，包括炭疽病、大斑病、紫斑病和煤纹病；病毒引起的玉米矮花叶病；茎部病害有纹枯病。

第一节　种子和幼苗病害

一、病症和病原菌

许多真菌能侵染高粱种子，并为害胚和胚乳。尤其在多湿和冷凉的条件下，粉质的胚乳种子更容易受到真菌的危害，造成"粉种"，种皮的任何一点轻微受伤都为病菌提供了侵染点。

镰刀菌（*Fucarium*）在高粱种子上发生侵染是很普遍的，尤其是串珠镰刀菌（*Fusarim moni liforme*）、水稻恶苗病菌（*Gibberella fujikuroi*）是造成腐烂和幼苗疫病的主要病因。腐霉菌（*Pythium* spp.）能侵染地下的幼芽，使幼芽烂掉。禾根腐霉菌（*Pythium arrhenomanes*）是腐霉菌中最有害的。草酸青霉菌（*Penicillium axalicum*）也能侵染种子和幼苗，并使幼苗死掉。蠕孢菌（*Helminthasporium* spp.）同样能够侵染种子和幼苗，受玉米蠕孢菌、玉米大斑病菌（*H. turcicum*）侵染的高粱幼苗，感病部位出现病灶中心，由此病害向全株扩展。

二、防治方法

药剂拌种是防治种子和幼苗腐烂病的有效方法。用福美双拌种既无毒性，又非常有效。使用比例以 1：400 为好。用汞制剂，如赛力散或氰化甲汞 GN 拌种也有良好的防治效果，但有一定的毒性，因此使用时要用较低的拌种比例，1∶800 或 1∶1 200之间为宜。

第二节　叶部病害

一、细菌性叶斑病

细菌性叶斑病有条纹病、条斑病和斑点病。

（一）病症和病原菌

1. 条纹病　条纹病主要发生在我国的吉林、辽宁、河北、山东、山西、河南、江苏、广西、台湾等省（自治区）。国外有苏丹、尼日利亚、美国、阿根廷、俄罗斯、匈牙利等国也有发生。

（1）病症。条纹病主要发生在高粱叶片和叶鞘上、病斑着生于叶脉间，沿叶脉上下延伸成不规则条纹。无水渍状，常为红色，紫色或棕色。条纹先出现在下部叶片上，以后逐渐向上部叶片蔓延。条纹的长度为 0.7～27.0cm，最长可达 40cm，宽仅 1～2mm。但几个病斑可以连接在一起，占据大部分叶面。条纹的两端呈钝形，或延长成锯齿状。条纹上常产生大量的细菌黏液或溢泌物。特别是在叶片背面，黏液干涸后形成小小硬痂或鳞片，很易被雨水冲刷掉。

（2）病原菌。条纹病菌 [*Pseudomonas andropogonis* (E. F. Smith) Stapp.] 属直细菌纲假单胞菌科高粱假单胞菌。病菌短杆状，（0.4～0.8）μm×（1.3～2.5）μm。有荚膜但无孢子，鞭毛两极性，1 条至数条（图 13-1）。革兰氏阴性反应，不抗酸，属好气性。生长最适温度为 22～30℃，最高温度为 37～38℃，最低温度为 5～6℃，致死温度为 48℃。

2. 条斑病　条斑病主要发生在我国的吉林、辽宁、河北、河南、山东、江苏、湖北等省。国外有日本、阿根廷、美国、澳大利亚等国也有发生。

图 13-1　条纹病原细菌 [*Pseudomonas andropogonis* （ E. F. Smith ） Stapp.]
（阎逊初绘）

（1）病症。侵染初期病症是狭窄的水渍状半透明条状斑，宽 2～2mm，长 20～150mm。条斑病从幼苗期至近成熟期均能发生。开始时幼小条斑上有淡黄色珠子样的点状溢泌物，以后条斑内出现红褐色窄边或色斑。数日后条斑全部变成红色，无水渍或半透明状。部分条斑可能扩大长成椭圆形斑点，有褐色中心和红色窄边。病斑数目增多时，可连合形成不规则的长条斑，部分组织坏死。后期细菌溢泌物增多，干燥后形成硬痂或小鳞片。

（2）病原菌。条斑病菌 [*Xanthomonas holcicola* (Elliott) Starr and Burkholder] 属真细菌纲假单胞菌科高粱黄色单胞菌。病菌短杆状，（0.45～0.90）μm×（1.05～2.40）μm，单个，或呈双或短链状，有隔膜，无孢子，具 1～2 条偏端鞭毛。革兰氏阴性，无抗植性；好气性。在牛肉汁蛋白胨琼脂培养基上，菌落圆形，瘤状，光滑，有光泽，初透明，后呈奶油状，蜡黄色，不透明，金缘。最适温度 28～30℃，最高温度 36～37℃，最低温度 4℃，致死温度 51℃。

3. 斑点病　斑点病主要发生在我国的吉林、辽宁、湖南、云南等省。国外有日本、美国、俄罗斯等国也有发生。

（1）病症。斑点病先发生在下部叶片，后逐渐侵染上部叶片。叶片上病症初呈暗绿色，水渍状，病斑圆形或不规则椭圆形，直径 2～10mm，后中央色变淡，边缘红色，透光时可见黄色晕环。斑点失去水渍状后变干燥，较小的病斑常全部是红色，中心部略有小凹陷。病斑边缘的颜色常因品种而异。病斑干燥后呈羊皮纸样。严重发生时可使叶片部分或全部枯死。

（2）病原菌。斑点病菌［*Pseudomonas holci* Kendrick］属真细菌纲假单胞菌种蜀黍假单胞菌。病菌短杆状，0.6μm×（1.2～1.8）μm，单个，成对或呈短链状。有荚膜，无孢子，有 1～4 根端生鞭毛。革兰氏阴性，好气性。在肉汁琼脂培养基上菌落圆形，淡灰色，黏稠，光滑或皱褶，凸起，半透明，全缘；在牛肉汁蛋白胨培养液内混浊，具菌膜和颗粒体，迅速液化明胶，不凝固牛乳但可澄清牛乳。最适温度 25～30℃，最高温度 35℃，最低温度 0℃，致死温度 49℃。

高粱细菌性叶斑病 3 种病的症状区别，见表 13-1。

表 13-1　高粱 3 种细菌性叶斑病症状的区别

（根据泰尔）

	条纹病	条斑病	斑点病
症状	叶条纹，病斑淡褐色至紫红色，无水渍状	叶条斑，病斑初期水渍状，后呈淡红褐色	叶斑色，病斑初期绿色，水渍状，后变为淡红褐色
细菌溢泌物	淡红褐色，皮状	乳油色，鳞片状	无报道
细菌的大小	（0.4～0.8）μm×（1.3～2.5）μm	（0.4～0.9）μm×（1.0～2.4）μm	（0.6～1.0）μm×（1.5～2.9）μm
平均	0.6μm×1.8μm	0.7μm×1.6μm	0.7μm×2.1μm
鞭毛	1～3，在二端	1～2，在一端	1～4，在一端
菌落颜色	白色	黄色	淡灰白色，有荧光
最适温度（℃）	22～30	28～30	25～30
温度范围（℃）	5～38	4～37	0～35
致死温度（℃）	48	51	49
最适 pH	6.0～6.6	7.0～7.5	5～6

（二）防治方法

在温暖潮湿的高粱产区，高粱细菌性叶斑病易发生危害。病原菌在种子上或土壤里感病植株残体上越冬，或在越冬寄主植物上越冬。第二年高粱幼苗长出后，借风、雨、昆虫等传播到下部叶片上，然后再侵染其他叶片或植株。因此，处理前茬病残茎叶和寄主植物可以有效消灭菌源。药剂拌种有助于减少病害。选用抗病高粱品种和轮作倒茬等农艺措施也是有效的防治技术。

二、真菌性叶斑病

高粱真菌性叶斑病主要有大斑病、炭疽病、煤纹病、紫斑病。

（一）病症和病原菌

1. 大斑病　大斑病发生在中国的黑龙江、吉林、辽宁、内蒙古、河北、河南、山东、山西、湖北、湖南、广东、广西、江苏、浙江、安徽、江西、福建、甘肃、新疆、四川、云南、贵州、台湾等省（自治区），及世界玉米产区。

（1）病症。大斑病危害高粱及高粱属内的一些种，如苏丹草、约翰逊草等。典型的病斑呈梭形，中心淡褐色至褐色，边缘紫红色，早期常有不规则的轮纹，病斑颇大，通常有（1~3）cm×（4~15）cm，二面生黑、灰色霉层，是该菌的子实体。一般先从植株下部叶片发病，逐渐向上发展。在潮湿条件下，病斑快速发展，互相汇合，叶片枯死。严重时全株变黄枯萎，特重年份全田一片枯黄，使籽粒灌浆不足，穗松粒秕，粒重降低，造成减产。

（2）病原菌。大斑病菌（*Helminthasporium turcicum* Pass）属半知菌类丛梗孢目暗梗孢科玉米大斑病菌。该菌具有无性和有性世代。无性世代因具分生孢子梗、分生孢子和菌丝，因而也称分生孢子世代。有性世代为（*Trichometasphaeria tunica* Pass Luttrell），目前只有在人工培养下发生，在侵染循环中不起多大作用。分生孢子梗褐色，单生或2~6根束生，直立或有膝状曲折，2~6个隔膜，（7.5~10.0）μm×（12.5~188.7）μm，基部膨大，孢痕明显，坐落于顶端或折点，3~5μm。分生孢子褐绿色，梭形，直立或向一侧弯曲，中央直径最宽，向二端狭细，顶细胞椭圆形或长椭圆形，基部细胞长锥形，脐明显，突出，2.7~3.4μm，2~8隔膜，（15.1~22.9）μm×（57.7~140.7）μm（图13-2）。孢子萌发时，多从一端生一根芽管。菌丝生长的温度范围5~35℃，最适温度27~30℃，孢子形成的温度11~30℃，最适温度23~27℃。

危害高粱和玉米的大斑病菌是同菌种的不同生理型，高粱专化型为 *Trichometasphaeria turcica* sp. *sorghi*，玉米专化型为 *T. turcica* f. sp. *Zeae*. 二者的主要区别是高粱专化型对高粱表现为专化致病性，菌落呈深橄榄色，气生菌丝致密稀少。玉米专化型对玉米表现为专化致病性，菌落灰色至白绿色，菌丝体繁茂，在分生孢子的形成和形态方面，两个专化型没有区别。

2. 炭疽病　该病发生在我国的黑龙江、吉林、辽宁、内蒙古、河北、河南、山东、山西、湖北、湖南、广东、广西、江苏、浙江、江西、安徽、福建、甘肃、四川、云南、台湾等省

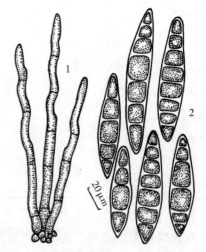

图 13-2　大斑病菌［*Helminthosporium turcicum* Pass.］
1. 分生孢子梗　2. 分生孢子
（据 Saccas 绘）

（自治区）；国外有日本、朝鲜、缅甸、巴基斯坦、印度、苏丹、肯尼亚、乌干达、坦桑尼亚、加纳、乍得、中非、尼日利亚、塞内加尔、津巴布韦、南非、巴西、阿根廷、美国、加拿大、俄罗斯、英国、意大利、原南斯拉夫、法国、荷兰、澳大利亚等国都有发生。

（1）病症。从苗期到成熟期均能发病。苗期为害能造成死苗，以为害叶片导致叶枯影响最重。叶两面病斑梭形，（1～2）mm×（2～4）mm，中央红褐色，边缘紫红色，其上密生分生孢子盘，常先发生于叶片的端部，严重时使叶片局部枯死。叶鞘上病斑较大，呈近椭圆形。种子可带菌，出苗后可使幼苗折倒死亡，有时还可使高粱茎秆腐烂。高粱抽穗后，叶片上的病菌还能迅速侵染幼嫩的穗颈，受害部位形成较大病斑，其上有小黑点，易造成被害穗颈风折。穗、枝梗、籽粒和颖壳受害后呈紫红色，中央枯黄，密生小黑点，全穗枯黄，或干秕枯死。

（2）病原菌。炭疽病菌［*Colletotrichum graminnicolun* (Cesati) Wile］属半知菌类黑盘孢目黑盘孢科禾谷炭疽病菌。分生孢子盘散生或聚生，突出表皮，黑色，刚毛分散或行排列于分生孢子盘中，数量较多，暗褐色，顶端色泽较淡，正直或微弯，基部稍膨大，顶端较尖，3～7个隔膜，（4～6）μm×（64～128）μm；分生孢子梗圆柱形，无色单孢，（4～5）μm×（10～14）μm；分生孢子镰刀形，无色单胞，弯度不大，内含物不呈颗粒状，（3～5）μm×（17～32）μm（图13-3）。

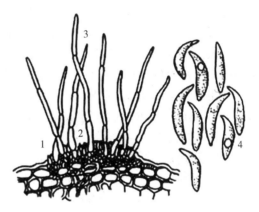

图 13-3　炭疽病菌［*Colletotrichum graminnicolun* (Ces.) Wile.］
1. 分生孢子盘　2. 分子孢子梗
3. 刚毛　4. 分生孢子
（据 Saccas 绘）

3. 煤纹病　煤纹病主要发生在我国的黑龙江、吉林、辽宁、内蒙古、河北、河南、山东、山西、广东、广西、湖南、江苏、福建、云南、贵州等省（自治区）；国外有日本、印度、苏丹、坦桑尼亚、乍得、中非、刚果（金）、尼日利亚、赞比亚、津巴布韦、阿根廷、美国、苏联等国。

（1）病症。为害高粱叶两面的病斑为梭形，或长椭圆形，（4～10）mm×（10～15）mm，中央淡褐色，边缘紫红色，有时周围有黄色晕环，上生大量黑色小粒，初期产生大量分生孢子，后期消失形成菌核，菌核用手可抹去大半，这些黑色的菌核涂到手指上像精细的黑色烟灰，严重发病时，病斑汇合成不规则形，或急剧发展成长条纹，使叶片早枯。

（2）病原菌。高粱煤纹病菌［*Ramulispora sorghi* (Ellet & Everhart) Olive & Lefebvre］属半知菌类丛梗孢目束梗孢科。分生孢子座自表皮下的子座发展而成，逐渐从气孔突出，分生孢子梗极多，无色，圆柱形，0～1个隔膜，（2～3）μm×（10～44）μm，分生孢子呈线形或鞭形，无色，多数具1～3个分枝，微弯，顶端略尖，3～9个隔膜，内含物颗粒状，（2～3）μm×（32～80）μm。后期分生孢子消失，病斑二面逐渐形成菌核，菌核聚生、表生，近球形、半球形，表面粗糙或光滑，黑色，直径58～167μm

（图 13-4）。

4. 紫斑病　紫斑病主要发生在我国的黑龙江、吉林、辽宁、内蒙古、河北、河南、山东、山西、新疆、江苏、安徽、湖北、湖南、浙江、福建、广东、广西、四川、贵州、云南等省（自治区）；国外有日本、菲律宾、缅甸、马来西亚、印度、苏联、意大利等国，非洲和美洲等国也有发生。

（1）病症。一般只发生在高粱生长后期的叶片和叶鞘上，多限于平行脉之间，叶片上病斑椭圆形至矩圆形，全部紫红色，无明显边缘，有时有淡紫色晕环，病斑大小（2~5）mm×（4~20）mm。天气潮湿时，病斑背面有灰色霉状物，这是病菌的子实体。叶鞘上的病斑与叶片上的相同，但很少产生霉层，大小为（12~15）mm×（15~30）mm。严重时病斑连成一片，当全叶得病时即枯死。

（2）病原菌。高粱紫斑病菌（*Cercospora sorghi* Ellis & Everhart）属半知菌类丛梗孢目暗梗孢科。子实体生在叶背面，无子座或有球形，暗褐色，直径12~32μm 的子座。分生孢子梗 5~12 根束生，橄榄褐色，不分枝，正直或有 1~3 个膝状节，0~7 个隔膜，孢痕显著，顶端稍窄，近截形，（4~6）μm×（16~96）μm。分生孢子倒棒形，少数呈圆柱形，无色透明，正直或微弯，基部截形至倒圆锥截形，顶端略实，隔膜 3~9 个，（4~6）μm×（29~112）μm，极少数可达（5.0~5.5）μm×300μm（图13-5）。

5. 高粱北方炭疽病　该病又称高粱眼斑病。主要发生在我国黑龙江、吉林、辽宁、云南等省。国外有日本、美国、法国等国也有发生。

（1）病症。该病主要危害高粱叶片、叶鞘和籽粒。叶上病斑为紫红色，后期病斑中央可稍呈灰白色；发生严重时叶片上布满病斑，叶片变成火红色，迅速干枯死亡。有的高粱品种病斑呈较大的椭圆形。在瘠薄土地上黄绿色的叶片受害时，常被另一种真菌叶极细交链孢菌第二次侵染，在病斑周围形成数圈明显的紫红色轮纹，最终变成椭圆形大斑。病菌

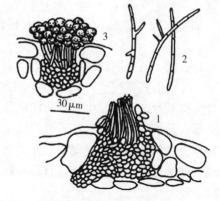

图 13-4　煤纹病菌［*Ramulispora sorghi*（Ellet. Ev.）L. S. Olive & Lefebvre］
1. 分生孢子梗　2. 分生孢子　3. 菌核
（戚佩坤等绘）

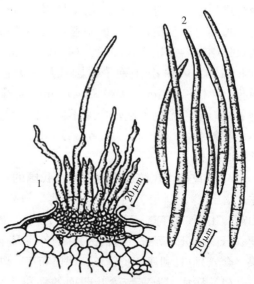

图 13-5　紫斑病菌（*Cercospora sorghi* Ellis & Everhart）
1. 分生孢子梗　2. 分生孢子
（据 Saccas 绘）

侵染高粱籽粒时，也产生细小的紫红色斑点。

（2）病原菌　玉米粘盘圆孢（玉米眼斑病菌）（*Kabatiella zeae* Narita & Hiratsuka）属半知菌类黑盘孢目黑盘孢科。分生孢子盘大部分埋入寄主气孔下，极小，无色，无刚毛；分生孢子梗短棒状，无色，顶端膨大，偶尔2～3根分生孢子梗可钻出表皮外；分生孢子2～7个聚生于其膨大的顶端，镰刀形，长梭形，近棒形，无色透明，单胞，微弯，（3～5）μm×（12～30）μm，分生孢子脱落后，分生孢子梗膨大的顶端上，隐约可见小枝梗（图13-6）。

（二）防治方法

1. 药剂防治　对真菌性叶斑病可采取下列防治方法。药剂防治可拌药和孕穗期喷药。可湿性粉剂采用50％多菌灵或50％甲基硫菌灵，或50％福美双拌种，用量均为1kg药拌种100kg。用0.35％的50％萎锈灵拌种防治效果也很好。此外，用50％敌菌灵500倍液，或40％福美砷500倍液，或70％甲基硫菌灵，或50％硫菌灵或50％代森铵的1 000～2 000倍液，或70％代森锰，或65％代森锌的1 000倍液，或50％多菌灵500倍液，在高粱孕穗至抽穗前后每隔7～10d喷药1次，连续喷2～3次。

2. 农艺防治　农艺防治措施有：彻底清除田间病残植株，收割后及时耕翻，开春前处理掉带病秸秆，均能减少病源。实行轮作倒茬可防止病原菌的累积，适时早播可使发病期避开高温和多雨时段，增施基肥和磷、钾肥，中耕松土、及时排水可降低土壤湿度，从而增强植株的抗病力。而选育和采用抗病高粱品种或杂交种是防治高粱叶斑病的根本性措施。

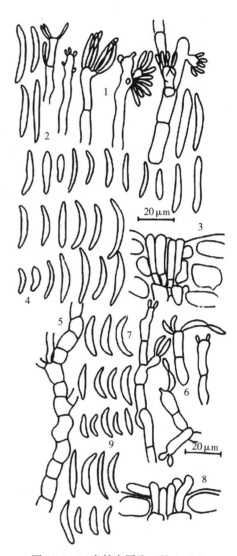

图13-6　玉米粘盘圆孢（*Kabatiella zeae* Narita & Hiratsuka）
1、2、5. 在马铃薯蔗糖琼脂上培养4d（25℃）的分生孢子梗，分生孢子和菌丝体（分自玉米）
3、4. 在玉米叶斑上形成的分生孢子盘和分生孢子
6、7. 在铃薯蔗糖琼脂上培养4d（25℃）的分生孢子梗和分生孢子（分离自高粱）
8、9. 在高粱叶斑上形成的分生孢子盘和分生孢子

三、其他叶部病害

其他叶部病害还有豹纹病、锈病、霜霉病等。

（一）病症与病原菌

1. 高粱豹纹病　高粱豹纹病主要发生在我国的吉林省，国外有日本、巴基斯坦、印度、苏丹、乌干达、坦桑尼亚、加纳、乍得、中非、尼日利亚、赞比亚、津巴布韦、巴拿马、委内瑞拉、阿根廷、美国、海地等。

（1）病症。高粱豹纹病主要危害高粱，也危害玉米。第一种类型病症，较小的病斑非常有规则，椭圆形，长3～5mm，宽2.5～3.0mm，边缘一般是明显的，红色或紫色。病斑可能连合成大的坏死斑。第二种类型病斑有明显的带且大，呈圆形或椭圆形，长50cm以上，宽2.5cm多；病斑连合，很像豹纹，故称豹纹病，使叶片枯死。在潮湿条件下，背面有微细的橙红色黏状物，是病菌的子实体。豹纹病在急剧发病时，许多品种上并无轮纹，只是深红、深紫色的斑块，大小不等，形不规则，边缘不整齐，故不易诊断。

（2）病原菌。蜀黍粘尾孢（高粱豹纹病菌）（*Gloeocercospora sorghi* D. Bain & Edg.）属半知菌类丛梗孢目束梗孢科。分生孢子座大半坦生在气孔内，分生孢子梗极多，无色，短小，单生，无隔膜或1～2个隔膜，（1.5～2.5）μm×（6～20）μm；分生孢子生于一团黏状的基物上，多数聚成橙红色，线形，顶端略尖，隔膜不明显，4～8个，（3～4）μm×（32～112）μm。根据 Bain 和 Edgeston 的研究，病菌侵入几周后，叶片和叶鞘的坏死组织里还能形成球形至透镜形的黑色菌核，直径0.1～0.2mm（图13-7）。

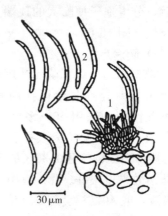

图13-7　蜀黍粘尾孢（*Gloeocercospora sorghi* D. Bain & Edg.）
1. 分生孢子座　2. 分子孢子
（戚佩坤、白金铠、朱桂香图）

2. 高粱锈病　高粱锈病主要发生在我国广东、广西、台湾等省（自治区），国外有日本、缅甸、巴基斯坦、印度、埃及、苏丹、肯尼亚、坦桑尼亚、摩洛哥、加纳、乍得、中非、刚果、尼日利亚、莫桑比克、津巴布韦、委内瑞拉、巴西、阿根廷、乌拉圭、玻利维亚、古巴、巴拿马、美国等。

（1）病症。该病常在高粱生长后期的叶片上发生。病斑小，呈紫色，红色或棕褐色，病斑可能是散布的，或者连接成条状。之后产生有区别性的小疱（色点），产生椭圆形的疱状，长1.5～4.0mm，宽1.5mm。

（2）病原菌。紫色柄锈（高粱锈病菌）（*Puccinia purpurea* Cooke）属担子菌纲锈菌目柄锈科。夏孢子堆生于叶片两面，多数叶背面。病斑长椭圆形，紫红色，散生或密植，常互相汇合，初埋生，突破表皮后呈红褐色，粉状；夏孢子近球形，倒卵形，基部平截，黄褐色至暗栗褐色，（21～33）μm×（25～40）μm，膜具刺疣，厚1～2μm，柄无色透明，（2～3）μm×（32～48）μm。发芽孔5～10个，散生或在赤道上分布或1～2圈；侧丝混生于夏孢子堆中，头形或棒形，尤以夏孢子堆的边缘较多，淡黄色，弯曲，顶端厚，（12～14）μm×（59～87）μm。冬孢子堆也生于叶片两面，多数在叶背面，椭圆形，暗棕褐色，长1～3mm，比夏孢子堆大，可在相当时间里坦于寄主表皮下；冬孢子椭圆至矩圆形，两端圆，基部狭，双胞，隔膜处稍缢缩，每个细胞有一个发芽孔，膜光滑，栗褐色，顶厚4～

7μm，两侧厚 2.5～3.5μm，（24～40）μm×（35～62）μm，柄无色透明，不脱落，较直，与孢子等长或两倍于孢子的长度，侧丝与夏孢子堆的侧丝相似（图 13-8）。

3. 霜霉病　霜霉病主要分布在中国的河南省，国外有印度、巴基斯坦、苏丹、肯尼亚、乌干达、坦桑尼亚、尼日利亚、刚果、赞比亚、津巴布韦、南非、苏联、美国等。

（1）病症。该病主要危害高粱，是系统侵染病害。病菌从幼苗的生长点侵入，随着叶片的伸展而表现各种症状。初期仅局部侵染，受害部位变成淡绿或黄色，在叶背面产生白霉状子实体，初生为白色条纹，后常变成红色、紫色。进一步

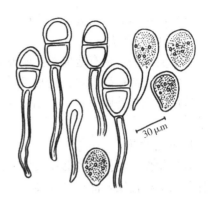

图 13-8　紫色柄锈（高粱锈病菌）（*Puccinia pur purea* Cooke.）的夏孢子、侧丝、冬孢子
（依 Saccas 图重绘）

系列感染后产生更多的病斑，直至全部叶片失绿，叶片软化，形成条纹。最终叶的组织软化加重，叶片彻底坏死，由条纹状发展成间裂状，并沿条纹纵袭产生大量卵孢子，整个叶片变成褐色，仅留下维管束，即产生典型的袭叶病症。

（2）病原菌。蜀黍指梗霜霉菌（高粱霜霉病菌）［*Salerospore sorghi*（Kulk.）Weston et Uppal］属藻状菌纲霜霉目霜霉科。菌丝体细胞间生，吸胞可伸入木质部的细胞，菌丝体可潜伏在种子内部，其在感染正常生长的高粱种子胚区可观察到，这表明成熟干种子里的菌丝体可随种子萌发进行系统侵染，因此由菌丝体传染病害是病菌传播的方式之一。

分生孢梗自气孔伸出，正直，有基细胞，一般稍膨大，宽 7～9μm，顶端宽 15～25μm，长 100～150μm，端部二叉分枝 1～3 次，分枝短而粗，常常排列成半球形，最末的小梗尖，长 13μm，顶生一个分生孢子。分生孢子近圆形，无色透明，膜薄，顶端圆，无乳头，（15～26.9）μm×（15～28.9）μm。分子孢子存活的时间很短，在适宜的条件下只有几个小时，在较大范围内靠分生孢子传播一般不起作用。但在田块内或植株间，分生孢子可起主要的传播作用，尤其在感病的苏丹草田里。

藏卵器直径 38～50μm（平均 41μm），壁厚，呈不规则地突起，内含一个卵孢子。卵孢子多数球形，内含大量油球，直径 31～36.9μm，壁厚 0.3～0.4μm，萌发时产生无色透明的芽管（图 13-9）。卵孢子是一种厚垣休眠孢子，是在系统侵染高粱时产生的。卵孢子在各种条件下一般存活 3 年，一般不能用种子杀菌剂防治。种子上或植株残茬上的卵孢子被风吹散，或者卵孢子作为游离孢子侵染土壤借风传播，因为刚开垦的高粱地

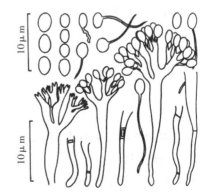

图 13-9　蜀黍指梗霜霉［*Salerospore sorghi*（Kulk.）Weston et Uppal］的分生孢子梗、分生孢子，及分生孢子发芽
（依 Weston & Uppal 图重绘）

块与感病地块相邻，则会发生严重的霜霉病。

（二）防治方法

高粱豹纹病很少有造成严重危害的。该病能由种子传播，所以药剂拌种是有效的防治方法。锈病通常在高粱生育的后期才发生，因此很少见有明显造成较重的病害和产量损失，选用抗病品种即可收到防治效果。而高粱霜霉病发病重，产量损失大，应重点加以防治。

1. 农艺措施

（1）轮作。轮作可降低侵染率。由于有些非寄主作物，如小麦、黑麦、棉花和大豆等植株根的某种性质，能促进高粱霜霉菌卵孢子的发芽，从而就大大降低土壤中卵孢子的数量。研究表明，在非寄主作物生长 15d 的土壤上种植感病高粱品种，可降低发病率。

（2）深耕。深耕翻可掩埋土表的植株残茬，减少表土卵孢子的数量和侵染机会，明显减少了高粱的发病率。

（3）适宜种植密度。因为最早受到系统侵染的植株是弱株。受侵染的植株中，其中有 20%～30% 的植株对霜霉病有一定的忍受力，因此可适当增加些种植密度，以减少产量损失。最高每公顷种植达 22.5 万株。

（4）适当早播。高粱播后较高的病菌侵染率与这段时间较低的降雨量有关。因此，播后多降雨能减少高粱霜霉病菌的系统侵染。

2. 抗病品种　选育和推广应用抗霜霉病的高粱品种或杂交种是最经济有效的防治措施。

3. 药剂防治　采用化学药剂，如多毒霉素杀菌剂，每千克种子用 0.1 有效成分处理种子，可有效地防治卵孢子和分生孢子的侵染，降低发病率。试验表明，在每平方米种植 15 株条件下，用多毒霉素处理高粱发病率为 7.8%，籽粒产量每公顷 2 959.5kg；未处理的发病率为 63.8%，每公顷产量 1 596kg，处理的增产 88.6%；在每平方米种植 22 株的条件下，处理的发病率 3%，每公顷产量为 3 475.5kg，未处理的发病率 58.8%，每公顷产量 2 292kg，处理的增产 51.6%。

第三节　根和茎秆病害

一、根和茎秆病害

高粱根和茎秆病害有多种，其中主要有炭腐病和纹枯病。

（一）炭腐病

炭腐病主要发生在中国的吉林、辽宁等省，国外有印度、苏丹、乌干达、坦桑尼亚、摩洛哥、乍得、中非、阿根廷、罗马尼亚、意大利、法国、美国、澳大利亚等国。

1. 病症　病原菌在菌核期通过根冠侵入根部，受害根起初常使根基部变成褐色，水渍状的病斑，以后变黑，内部组织崩溃，皮层腐烂，并延及侧根。病原菌进一步侵染植株下部的茎秆，通常在下数第二或第三节上；受害茎秆变软，可使籽粒过早成熟，以致粒小粒瘪，或者遇风时容易在近地表处折倒；如果剖开感病株的茎秆可以发现内部裂解，变色，只剩一些互相分离的维管束，以及黑色菌核覆盖其上，故名"炭腐病"。该病菌侵染幼苗时，自叶尖变黄枯死，勉强存活下来的病苗也常常长得矮小，拔起观察，根多坏死。在高粱籽粒灌浆期，如果遇上高温和干旱则诱发炭腐病。

2. 病原菌　炭腐菌［*Macrophomina phaseoli*（Maubl.）Ashby］属半知菌类球壳孢目球壳孢科。分生孢子器较少见，淡褐黑色，扁球形，稍凸出，无子座，孔口小而呈截形，直径150～290μm。器孢子广椭圆形到椭圆形，无色透明，单胞，膜薄，（6～10）μm×（10～24）μm。据 Thirumalachar（1953）在印度报道，当把成熟的分生孢子器在温室里培养12～24h后，器孢子变成双胞，并且膜变成黄色至淡红褐色，膜上有无色透明的纵纹。另据戚佩坤等（1966）在吉林省豇豆上发现的炭腐菌形态是，分生孢子器散生或聚生，多数埋生，孔口微露，扁球形，器壁暗褐色，近炭质，直径96～163μm，器孢子长梭形，长椭圆形，无色透明，单胞，少数双胞，无缢缩，（4～6）μm×（14～29）μm（图13-10）。

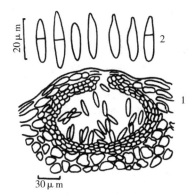

图 13-10　炭腐菌［*Macrophomina phaseoli*
　　　　　（Maubl.）Ashby］
　　1. 分生孢子器　2. 器孢子
　　（戚佩坤、白金铠、朱桂香图）

炭腐菌的菌核远比分生孢子器多，通常产生于皮层下或皮层与本质部之间，数量极多，黑色，圆形或卵圆形，有时呈稍不规则形，表面光滑，有光泽，坚硬，78～152μm，在马铃薯蔗糖琼脂培养基上生长极快，菌落初期暗绿色，大量菌核产生后，几乎呈黑色。在培养基上菌核的大小、形状变化较多。据 Uppal 等（1936）的研究，菌丝初无色，直径约8μm，有分枝，分枝几乎与母枝平行，分枝处缢缩，附近有一分隔，老熟的菌丝褐色，具隔膜，分枝与母枝几乎成直角。

另据 Reichert 等报道，炭腐菌主要发生于热带高温多湿的地方；在加拿大发生于温暖潮湿的夏季；在印度，从高粱上分离出的炭腐菌生长的最适温度为30～37℃。很显然，炭腐菌是一种喜高温的真菌。

（二）纹枯病

高粱纹枯病由两种病原菌引起的。戚佩坤等（1966）报道由玉米、高粱纹枯病菌引起的高粱纹枯病；俞大绂（1978）指出，高粱纹枯病主要由水稻纹枯病菌引起的。该病主要发生在我国的黑龙江、吉林、辽宁、河北、山西等省。

1. 病症　该病菌能侵染叶片、叶鞘、茎秆和穗等部位。一般在高粱拔节后开始发病，以抽穗期前后发病最为普遍。最初在接近地表的叶鞘上产生暗绿色水渍状边缘不清楚的小斑点，以后逐渐扩大成椭圆形云纹状病斑。中央绿色至灰褐色，边缘紫红色。高温低湿时，病斑中部草黄色或灰白色，边缘暗褐色。病斑多且大时，常连接形成不规则云纹状斑块，造成叶鞘发黄枯死。叶片上的病斑与叶鞘上的相似。病情扩展慢时，外缘退黄也成云纹状；扩展快时，呈墨绿色水渍状，叶片很快枯腐。茎秆受侵染后的初期症状与叶片相似，后期呈黄色，易折断，影响抽穗，灌浆。穗部受害后，初期呈墨绿色，后变成褐色。

严重时枝梗下垂，穗子变松散，穗色灰暗，籽粒秕小，整个穗头明显收缩。

2. 病原菌　玉米高粱纹枯病菌（禾谷薄膜霉）（*Pellicularia graminea* Ikata &
Matsurra）属担子菌纲伞菌目革菌科。水稻纹枯病菌［*Pellicularia sasakii*（Shirai）
Ito.］属担子菌纲多孔菌目革菌科。

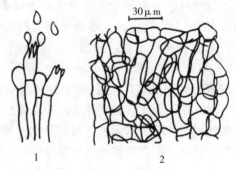

玉米高粱纹枯病菌形成的菌核卵形、椭圆
形，褐色、表面粗糙，无内外部的分化，
（0.3～0.5）mm×（0.5～2.0）mm，切面呈薄
壁组织状，通常发生于寄主的叶组织内或叶
鞘与茎秆之间。按松本等的描述，该菌的担子
呈倒卵圆形，无色，（8.3～9.9）μm×（9.9～
21.6）μm；顶端有 4～5 个小梗，其上生担孢
子，无色，卵形，椭圆形，基部尖，（3.3～
9.9）μm×（3.3～6.3）μm（图 13-11）。

图 13-11　禾谷薄膜霉（*Pellicularia graminea*
Ikata &. Matsurra）
1. 担子和担孢子（依中田图重绘）
2. 菌核组织的切面
（戚佩坤、白金铠、朱桂香图）

水稻纹枯病菌在条件适宜时，能长出白色
或灰色蜘蛛网状菌丝体，无色，内含物颗粒状，
有空胞，分枝与母枝成锐角，分枝处特别缢缩，
离分枝点不远处有隔膜。菌丝渐老时变淡褐色，
组成细胞长 30～212μm，宽5～14μm。多在寄主组织内部生长，也会蔓延至病部表面。以后
菌丝聚缩成白色菌丝团，再聚结成深褐色的菌核。菌核表面和内部都呈褐色，表面粗糙，呈
扁圆形，扁卵圆形，或互相愈合而呈不规划形，外凸内凹，大小变异很大，在寄主上形成菌
核为（0.5～3.0）μm×（0.3～2.5）μm，在培养基上形成的菌核更大，直径可达 5～
6μm。菌核常产生在叶鞘与茎秆间隙的叶鞘内侧，有时许多菌核结合成大块的菌核，菌核
连同菌丝贴在寄主表面，但不甚牢固，很容易脱落。菌核成熟后具有内外层。

高湿时，水渍状病斑常常产生一层白色粉状子实层，即病菌的担子和担孢子。担子
无色，倒卵形或倒棒形，单胞，（5～10）μm×（5.6～16）μm，内含物颗粒状。上生2～
4 个小梗，（0.8～2.8）μm×（2.5～8.4）μm。每个小梗顶端生担孢子 1 个，单细胞，无
色，卵圆形或椭圆形，基部稍大，大小为（4.8～8.4）μm×（6.8～11）μm（图 13-12）。

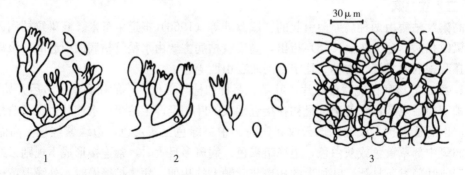

图 13-12　水稻纹枯病菌［*Pellicularia sasakii*（Shirai）Ito.］
1. 担子和担孢子（依中田图绘）　2. 担子和担孢子（依泽田图绘）　3. 菌核子组织的切面

纹枯病菌主要以菌核在土壤中越冬，也能以菌丝和菌核在病株或田边杂草及其他寄主上越冬。土壤中的菌核至少能存活1年。越冬的菌核翌年在适宜的温度、湿度条件下萌芽长出菌丝，侵入高粱茎基部引起发病。以后在病斑处产生菌丝并生成菌核，菌核再传播到健株上，逐渐重复侵染造成严重危害。

二、防治方法

炭腐菌若不处在土壤高温和低土壤水分条件下，能够被土壤中其他微生物群落所抑制，使其不能发展开来，因此防止土壤高温低湿的出现是防治炭腐病的发生最可行有效的方法。某些卡佛系高粱和甜高粱具有抗性，因此可选育和利用抗病品种达到防治的目的。

防治纹枯病的农艺措施有，秋收后及时深翻，将散落在田间的菌核深埋，以减少翌年的菌源。清除田间病株杂草可降低病菌侵染源；与玉米、谷子以外的作物轮种，适期播种，增施基肥，不过多过晚偏施氮肥，均能有效地控制病害蔓延。也可用药剂防治，用纹枯灵400~500倍液，或50%多菌灵可湿性粉剂1 000倍液，或70%甲基硫菌灵可湿性粉剂1 500倍液喷洒1~2次，对控制病害蔓延均有较好的防治效果。

第四节　穗部病害

高粱穗部病害指穗子和籽粒的病害，如黑穗病、麦角病、粒霉病等。

一、黑　穗　病

黑穗病是遍布世界主要的高粱病害。在中国的各高粱产区都有发生，以东北和华北地区危害严重。已知危害高粱的黑穗病有丝黑穗病、散黑穗病、坚黑穗病、角黑穗病、花黑穗病等。这里仅介绍生产上普遍发生的前三种黑穗病。

（一）病症与症原菌

1. 丝黑穗病　丝黑穗病主要发生在中国的黑龙江、吉林、辽宁、内蒙古、河北、河南、山东、山西、湖北、湖南、江苏、安徽、浙江、陕西、甘肃、新疆、四川、云南、贵州、台湾等省（自治区）；以及国外有日本、缅甸、印度、巴基斯坦、菲律宾、印度尼西亚等国；还有非洲、美洲、大洋洲和欧洲等。爱沙尼亚是世界最北的分布线，新西兰和智利是最南的分布线。

（1）病症。主要发生在高粱穗部，使整个穗变成黑粉，俗称"乌米"。生育前期叶片受丝黑穗病菌严重侵染时，叶上生有大小不等的红菌瘤，瘤内充满黑粉。有时在植株的上部叶片发病，长出椭圆形明显隆起的灰色小瘤。但是，叶片的维管束不被破坏。在高粱孕穗之前一般不易观察到典型症状，只有到孕穗和抽穗时才能明显看出来。受害的植株一般比较矮小，高粱幼穗比正常穗的细。病穗在未抽出旗叶前即膨大，幼嫩时为白色棒状，早期在旗叶鞘内仅露出穗的上半部。病菌孢子堆生在穗里，侵染全穗。起初里面是白色丝状物，外面包一层白色薄膜。成熟后，全穗变成一个大灰包，外膜破裂后，散出黑粉，仅存丝状的维管束，随着黑粉的脱落，留下像头发一样的一束束黑丝。有时也产生部分瘤状灰包，夹杂在橘红色不孕的小穗中。个别的主穗不孕，分枝产生病穗；或者主穗无病，分枝和侧生小穗为病穗。

（2）病原菌。高粱丝黑穗病菌 [*Sphacelotheca reiliana*（Kühn）Clinton] 属担子菌纲黑粉菌目黑粉菌科。孢子堆生在花序中，侵染整个花序，全部变成黑粉体。早期厚垣孢子常 30 多枚聚在一起，呈圆球形或呈不规则状临时性孢子球，直径 50～70μm，后期各自分离。厚垣孢子圆形或卵圆形，直径 9～14μm，黄褐色至紫褐色，表面密布小刺，膜存 2μm（图 13-13）。厚垣孢子发芽时，产生一枚 4 细胞的先菌丝，每个细胞侧方及顶端形成一个小孢子，小孢子可以芽植成许多次生小孢子。不同性系的小孢子或次生小孢子成对融合后，再萌发产生双核侵染丝，侵入幼苗蔓延到生长点，在花序内发病。

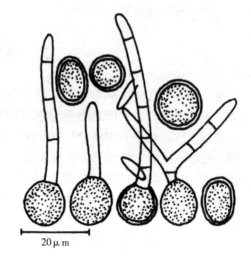

图 13-13　丝黑穗病菌 [*Sphacelotheca reiliana*（Kühn）Clinton] 的厚垣孢子及其发芽

（戚佩坤等绘）

厚垣孢子成熟后，必须经过一段后熟才能发芽。在自然条件下，厚垣孢子经秋、冬、春季长时间缓慢的感温过程，内部发生生理变化，完成生理后熟。在人工控制的 32～35℃的湿润环境下，处理 30d 就能完成生理成熟。可见，温度、湿度对厚垣孢子完成生理后熟具有决定性作用。厚垣孢子萌发的最适温度是 28℃。土壤干燥（含水量 18%～20%），5cm 土层 15℃以下时对病菌侵染最有利。阳光对厚垣孢子发芽无作用。李继春（1957）研究表明，厚垣孢子生命力较强，高粱丝黑穗病菌在−27℃下可以安全越冬，且有 2～3 年的致病力。如果夏、秋两季多雨，则能缩短其寿命。

丝黑穗病菌除侵染高粱外，还侵染苏丹草和玉米的一些种。但有人认为侵染高粱和玉米的丝黑穗病菌属两种不同的生理型，有生理分比现象，如玉米丝黑穗病菌不能侵染高粱，高粱丝黑穗病菌虽能侵染玉米，但发病率很低。但也有人认为这二者可以互相侵染。

吴新兰等（1982）研究表明，侵染高粱的丝黑穗病菌，在吉林、辽宁、山西等省存在两种不同的生理小种，对中国高粱和甜玉米致病力强，对甜高粱苏马克致病力弱，对白卡佛尔和 Tx3197A 几乎不侵染的为 1 号生理小种；对 Tx3197A、白卡佛尔、甜高粱苏马克致病力强，而对中国高粱和甜玉米致病力弱的为 2 号生理小种。

徐秀穗等（1991，1994）研究高粱丝黑穗病菌的生理分化，以及中国高粱丝黑穗病菌小种对美国小种鉴别寄主致病力的测定。结果表明，在应用高粱 Tx622A、Tx622B 及其杂交种的地区，发现了高粱丝黑穗病菌新的生理小种，称之 3 号生理小种。3 号生理小种的致病力与 1 号、2 号生理小种明显不同，3 号生理小种能够侵染 1 号、2 号生理小种不能侵染的 Tx622A、Tx622B，并具有很强的致病力。其鉴别寄主为 Tx622A 和 Tx622B。

用中国高粱丝黑穗病菌 3 个生理小种对美国高粱丝黑穗病鉴别寄主的致病力测定的结果显示，中国高粱丝黑穗病菌的 3 个生理小种与美国的 4 个生理小种对寄主的致病力完全不同。中国与美国的生理小种属不同种群。

2. 散黑穗病　该病主要发生在中国的黑龙江、吉林、辽宁、内蒙古、河北、河南、山东、山西、湖北、湖南、广西、四川、云南、贵州、江苏、安徽、浙江、陕西、宁夏、甘肃、新疆、台湾等省（自治区），以及国外有日本、越南、印度、伊朗、巴基斯坦、坦桑尼亚、乌干达、肯尼亚、苏丹、扎伊尔、南非、毛里求斯、牙买加、古巴、海地、美国、苏联、意大利等国。

（1）病症。受害植株较正常的抽穗早，通常植株较矮、较细，节间数减少，矮于健株 30～60cm。在有的品种上可引起枝杈增加。受害穗的穗轴和分枝均保持完整，但花器全部被害。少数感病植株有部分小穗仍能结实。受害籽粒的内外稃张开，变成黑红色焦枯状，颖壳也比正常的长。部分小穗中有显著膨大的子房，不过是呈圆锥形至椭圆形的小灰包。灰包外面包有一层平滑的白色薄膜，并很快破裂散出大量的黑色粉末状孢子团。孢子脱落飞散完之后，中央部分呈现出一枚长而弯曲的中柱和颖壳，中柱永久存留。病穗上多数籽粒或全部籽粒感病。病穗一般不产生畸形，或稍狭长，或稍短小，品种间有差异。

（2）病原菌。散黑穗病菌［*Sphacelotheca cruenta*（Kühn）Potter］属担子菌纲黑粉菌目黑粉菌科。孢子堆生在子房里，有时也侵染花苞，卵圆形，（5～7）μm×（2～4）μm，有时长达 10mm。外面包围一层疏松的灰色细胞组成的薄膜，膜易破碎。这种细胞的直径相当于厚垣孢子的 2 倍。膜内厚垣孢子最初集聚成不规则的长团块，成熟后迅速分散，厚垣孢子球形或卵圆至椭圆形，直径 5.5～10μm，淡褐色至红褐色，表面有细刺（图 13 - 14）。厚坦孢子团有不育性细胞，球形至椭圆形，直径 8～17μm，透明无色。厚垣孢子在 8～38℃之间均能萌发，最适温度 28～32℃，温度较高时，孢子萌发后仅生菌丝；温度较低时，才生长先菌丝和担孢子。

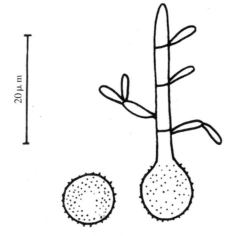

图 13-14　散黑穗病菌［*Sphacelotheca cruenta*（Kühn）Potter］的厚垣孢子及其发芽
（戚佩坤等绘）

厚垣孢子的存活力较强。在东北，土壤里的厚垣孢子可存活一冬，越冬一年后的厚垣孢子全部失去萌发能力；在室内一年后的萌发率和致病力均最高最旺盛，2 年后才显著下降。种子表面的孢子经过 4 年后发芽率为 2.1%，致病力约 0.3%，仍可保持一定程度的生活力。

散黑穗病菌在适宜的条件下，厚垣孢子可借气流侵染花器，但病菌仅限于穗部，不形成系统侵染。如割掉病穗，继续生长的分蘖穗则是完好的健穗。花器受侵染时，常常仅个别或部分籽粒、小穗柄变成黑粉。

3. 坚黑穗病　该病广泛分布于世界高粱产区。中国主要发生在黑龙江、吉林、辽宁、内蒙古、河北、河南、山东、山西、甘肃、新疆、湖北、江苏、云南、四川等省（自治区），以及国外有日本、巴基斯坦、缅甸、印度、斯里兰卡、越南、菲律宾、阿富汗等国，还有大洋洲、非洲、欧洲和美洲等国家。

（1）病症。坚黑穗病的病株不明显，比健株矮，通常全穗籽粒都变成卵形的灰色，外膜坚硬，不破裂或仅顶端稍破裂，内充满黑粉。老熟后外膜呈暗褐色。除子房被孢子堆占据外，秆极少受害。由于孢子堆外表的菌丝体膜坚固，不易破碎，因此孢子堆内的黑粉不易散出，故称坚黑穗病。

Tarr（1962）将高粱散黑穗病和坚黑穗病的病症加以比较和区别，列于表13-2。

表 13-2　高粱散黑穗病和坚黑穗病病症的区别

症状	散黑穗病	坚黑穗病
矮化	一般明显矮化	稍矮化或不引起矮化
分蘖	一般明显分蘖	稍分蘖或不引起分蘖
抽穗	提早抽穗	正常
颖壳	张大	正常
穗	暗绿色，松散，成丛	正常绿色，不松散，不成丛
黑粉孢子堆	生于花器，有时可于花轴，偶尔可发生于颖壳	只发生于花器
孢子堆膜	在穗抽出以前便早期破裂	完全不破裂
堆轴	比坚黑穗病菌的堆轴细长，而且弯曲	

（2）病原菌。高粱坚黑穗病菌［*Sphacelotheca sorghi*（Link）Clinton］属担子菌纲黑粉菌目黑粉菌科。孢子堆侵染全部或部分子房，外面包有一层坚固的灰色菌丝组织薄膜。椭圆柱形至圆锥形，长3～7mm，膜不易破碎；后期孢子成熟后，膜从顶端破裂，露出里面的黑褐色包子团和一个较短的堆轴。菌丝组织膜是由球圆至长形、直径与厚垣孢子大小相等的细胞所组成。中柱短而直伸，一般不突出于秆外。厚垣孢子呈球形至亚球圆形，有时呈多角形，直径4.5～9.0μm，一般5～7μm，表面有细刺或点状突起（图13-15）。孢子堆中杂有成组的不育细胞，呈长圆至亚球圆形，无色透明，直径7～18μm。厚垣孢子一般在24℃以下就能萌发。低温有利于发病，致死温度为55℃，时间为10min。

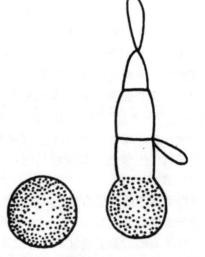

图 13-15　坚黑穗病菌［*Sphacelotheca sorghi*（Link）Clinton］的厚垣孢子及其发芽

（据原摄祜图绘）

（二）侵染循环

三种黑穗病菌的侵染方式各不一样。丝黑穗病菌主要土壤侵染，坚黑穗病菌主要是种子侵染，而散黑穗病菌是两种途径兼而有之。三种黑穗病菌的侵染时期均是幼苗。越冬的病菌孢子，在适宜的温度、湿度条件下即能发芽，产生双核侵染丝侵入高粱幼苗。幼苗的芽鞘部位最易受侵染；有时病菌也能侵入根毛，甚至生长到整个根部。

朱有钜等（1984）研究了高粱丝黑穗病菌的侵染部位。3 年的试验结果表明，出土前的幼芽是感染丝黑穗病的主要时期，部位以胚芽为主，其次是稍后的根系侵染。在胚芽上，中胚轴的侵染高于胚芽鞘；在根系中，各种根均能被侵染，其中以胚根的侵染较高。

菌丝侵入后抵达芽鞘细胞壁时，形成一个球状的顶端，聚压在胞壁上。菌丝可通过被它软化的胞壁形成的小孔洞进入细胞。菌丝侵入细胞壁后，即迅速生长并形成分枝。在菌丝侵入 3~4d 的幼苗内，其蔓延不超过芽鞘的第三层细胞。芽鞘的中、上部也有菌丝生长，不过以基部为多。菌丝在芽鞘内朝上、下两个方向生长，通过芽鞘与第一片叶子中间的空隙进入分生组织区和维管束组织，到达生长点细胞里或细胞间隙，以后继续在茎内向上生长，直到孕穗和抽穗时长到穗部。当菌丝到达子房细胞时，便迅速分枝，相互缠绕，交织成束状团。菌丝细胞壁胶化过程结束后，细胞失掉胶化膜并逐渐改变形状和体积，最后胀大变圆形成胞壁，并发育成成熟的厚垣孢子，外表呈现出典型症状。

（三）防治方法

1. 药剂处理种子　高粱种子经风选、去掉杂质后，可选用 50％禾穗安，按种子重量的 0.5％拌种；20％粉锈宁乳油 100mL，加少量水，拌种子 100kg，力求均匀，摊开晾干后播种；50％萎锈灵，按种子重量的 0.7％拌种，或 90％萎锈灵原粉，按种子重量 0.5％拌种；用 20％萎锈灵乳油或可湿性粉剂 0.5kg，加水 3kg，拌种子 40kg，闷种 4h，晾干后播种。

2. 轮作倒茬　轮作倒茬不仅有利于高粱的生长，也是防治黑穗病的有效措施。但必须进行 3 年以上的轮作才能有效。注意高粱应与玉米、谷子以外的作物轮作。

3. 适当晚播　播种早黑穗病发病率高，可根据品种生育期及土壤的温度、湿度情况，适当延后播种，指标是 5cm 处地温稳定通过 15℃时播种，可有效防除黑穗病的发生。做好翻耙压，整好地，提高播种质量，浅覆土，早出苗，也能减少病菌侵染的机会。

4. 及时拔除病株　拔除黑穗病病株是防除该病的基本方法之一。拔除病株要掌握病穗或病粒的外膜没有破裂之前，越早越好，随时发现随之拔除。如果能够做到连续大面积彻底拔除病株 2~3 年，即可基本上控制黑穗病的发生。拔除病株最好的方法就是连根拔，因为割穗或割茎都能再长出分枝小黑穗，仍能传播感染。拔出的菌株立即深埋，绝不可以到处乱扔。

5. 选用抗病品种和杂交种　选育和种植抗病品种和杂交种是防治黑穗病最经济有效的方法。近年来，我国引进并鉴定筛选出一批抗高粱黑穗病的抗源材料，应用抗源材料选育出一批抗病杂交种应用于生产。例如，辽杂 18、辽杂 24、辽杂 35、锦杂 106、铁杂 18、本粱 15、吉杂 87、龙 609、晋杂 18、四杂 40 等。

二、高粱麦角病

高粱麦角病也是一种穗部病害。最早报道此病的是印度（1917）和肯尼亚（1924）。高粱麦角病最初限于亚洲的缅甸、印度，非洲的肯尼亚、坦桑尼亚、尼日利亚、南非等国。1995年，该病在巴西广泛流行造成严重损失。现已明确，高粱麦角病在阿根廷、玻利维亚、哥伦比亚和巴拉圭都有发生。1996年4月，高粱麦角病首次在澳大利亚的整个昆士兰地区发生。在中国，广西和云南地区也有发生。

（一）病症和病原菌

1. 病症　高粱麦角病只侵染未受精的子房。病菌侵入后的最初症状是发病小花上产生淡黄色黏稠蜜露，称之蜜露期。上面生有大量分生孢子。经过一定时间，子房膨大变成灰紫色角状硬块菌核，突出于颖壳外称之麦角。新长出的麦角表面布满灰白色粉状物。后呈褐色至暗红色，如果被其他真菌腐生（主要是 *Cerebella* 菌）则变成黑灰。严重时，每个小花均被侵害。为害轻时，只有几个或几十个籽粒变成麦角状菌核。少数情况下，病菌侵染后不一定长出麦角，而是造成大量小花不实现象。据 Ramaktishnan（1948）报道，病菌从高粱开花至受精的任何时期都可能侵染，花药干落后不再侵染。通常开花期的湿度越大，有利于病菌流行。

2. 病原菌　高粱麦角病菌的无性世代是 *Sphacelia sorghi* Mckae，属半知菌类丛梗孢目束梗孢科。病菌侵入高粱子房后，产生大量分生孢子梗。分生孢子梗顶生分生孢子，无色透明，无隔膜，矩形至广椭圆形，7.5~15.0μm，内部两端各有一个液泡状的东西（图13-16）。在条件适宜时子房内形成菌核。麦角病病菌的有性世代为 *clariceps*，属于囊菌纲正纲鹿角菌目麦角菌科。菌核圆柱形，长形，稍弯，乳灰色，坚硬，（0.4~0.6）μm×（1.0~2.5）μm。据云南省农业科学院（1974）描述的菌核香蕉形，长10~20mm，粗约3mm。顶端通常呈黑色，形如小帽，有时会脱落。上部多呈土红色，为锥

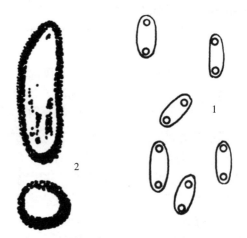

图13-16　麦角病菌［*Sphacelia sorghi* Mckae］
1. 分生孢子　2. 菌核放大及其横切面
（旱粮作物病虫害防治图）

形；下部呈红黑色或灰黑色，多为不规则的柱形。在上部或下部的外表常附着一层白色或粉红色的粉状物。成熟的麦角表面粗糙，无光泽，组织结构比较坚实。如在麦角的下部将其切断，在横断面上可见四周一圈为黑色，像似外壳，内部呈乳白色。

菌核越冬后萌发，产生子座。子座顶端球形，有长柄，内生瓶形子囊壳。孔口稍露出子座表面。子囊壳内有棍棒形子囊。子囊内生有8个子囊孢子。子囊孢子丝状，单孢无色。病菌以菌核形式混杂在种子、土壤、肥料里越冬。翌年条件适宜时菌核萌发，散出大量子囊孢子，通过风、雨传播到高粱花柱上造成初次侵染。发病的小花流出的蜜露中含有大量分生孢子，借助昆虫或风雨飞溅到其他花器上造成连续侵染。低温、阴雨或潮湿天气有利于病害的发生。

（二）防治方法

播前除掉混杂在种子上的菌核。不用麦角病发病地块生产的种子。药剂消灭传媒昆虫，于开花期用40%乐果乳剂75g加水75kg喷雾，及时灭蚜和其他昆虫。收获脱粒时剔

除病穗，集中烧毁。秋天及时深翻，使散落在表土上的菌核深埋土中。实行轮作，无病区要加强检疫。

三、高粱粒霉病

高粱粒霉病是热带半干旱地区高粱的主要病害之一，特别是在印度、东南亚、南美洲各国危害严重。在中国偶有发生。

（一）病症与病原菌

1. 病症 高粱粒霉病是穗部的一种病害，主要危害籽粒。初期病症表现于开花期。在穗轴、颖壳和花药上可见白色和灰色的菌丝体。小花开花时侵染发育中的籽粒。受害籽粒表面布有绒毛。由于侵染的病原菌不同，受害籽粒的颜色分别呈现乌黑、粉红、雪白和灰白色。病菌侵染到籽粒内部，其严重发霉变质的籽粒胚乳变粉，而胚的生活力也大为降低，用手指轻轻捻压便能碾碎。受害的籽粒体积明显缩小，粒重减轻。高粱开花时如遇多湿天气极易发病，籽粒生理成熟期间若空气湿度大，则病害加重；常常在几天之间，高粱籽粒全都遭受粒霉病，光泽的籽粒变成霉污。

2. 病原菌 高粱粒霉病是由一种或多种真菌寄生或腐生引起的。目前已发现的高粱粒霉病病菌来自 32 个属（表 13-3），其中最常见的有 5 个属，镰刀菌属（*Fusarium*）、弯孢霉属（*Curvularia*）、交链孢霉属（*Alternaria*）、曲霉属（*Aspergillus*）和茎点霉属（*Phoma*）。

表 13-3 高粱粒霉病病原菌属名

学名	中文译名	学名	中文译名
Fusarinm	镰刀菌属	*Gonatobotrytis*	
Curvularia	弯孢霉属	*Helicosporae*	卷孢霉属
Alternaria	交链孢霉属	*Helminthosporium*	长蠕孢霉属
Aspergillus	曲霉属	*Mucor*	毛霉属
Phoma	茎点霉属	*Nigrospora*	黑孢属
Acrothecium	顶套霉属	*Olpitrichum*	
Bipolaris	离蠕孢属	*Pellicularia*	网膜苹菌属
Chaetomium	毛壳菌属	*Penicillium*	青霉属
Chaetopsis	节歧筒孢霉属	*Pestalotia*	盘多毛孢属
Cladotrichum	大节霉属	*Pycnidium*	
Cochliobolus	旋孢腔菌属	*Ramularia*	长隔孢霉属
Colletotrichum	刺盘孢属	*Rhizopus*	根霉属
Cunninghamella	小克银汉霉属	*Cladosporium*	芽枝霉属
Cylindrocarpon	柱果霉属	*Sordaria*	粪壳属
Drechslera	德氏霉属	*Thielavia*	草根霉属
Gloeocercospora	胶尾孢属	*Trichothecium*	聚端孢霉属

由于不同粒霉病病菌的侵染，造成高粱的危害也不一样。Rao 和 Williams（1977）报

道，当高粱严重感染由镰刀菌和弯孢霉菌引起的粒霉病时，结果是种子全部丧失发芽力。Castor（1978）指出，由串珠镰孢菌（*F. moniliforrne*）侵染时，种子内的酶受刺激而活化，可引起大量穗发芽。粒霉病还能使籽粒黑层过早形成，提早中止灌浆。粒霉病菌在新陈代谢过程中向种子内分泌多种酶，其中一些酶分解和破坏了胚及胚乳的有机组分，使籽粒的食用和饲用品质变劣。粒霉病菌在生命活动中还排泄许多有毒物质。它们残留在籽粒中，对人体和畜禽非常有害。

（二）防控方法

1. 药剂防治　使用多马霉素 200mg/kg 和克菌丹 0.2% 混合液，于高粱开花期对穗部喷雾。

2. 农艺方法　高粱粒霉病发病的重要条件之一是湿度大。如果有使高粱开花期避开降雨多湿度大的季节，则能大大减轻病害发生。因此，因地制宜适时提早或延后播种，可使高粱开花期躲开发病高峰期。

3. 选育和应用抗病品种　利用寄主抗性是从根本上解决粒霉病的重要有效方法。国际热带半干旱地区作物研究所（ICRISAT）已鉴定出一批抗粒霉病的材料，例如，IS79、IS307、IS529、IS625、IS2333、IS2821、IS8545、IS8614、IS8763、IS9352、IS10301、IS18759、IS19430、IS20725 等。利用这些抗源材料有可能选育出真正抗粒霉病的品种或杂交种。

第五节　病毒病和新病害

一、病毒病

Brandes 和 Klapaak（1923）报道了高粱上第一种病毒病——甘蔗花叶病毒。之后陆续描述了 15 种高粱病原病毒。1962 年，Tarr 综述了高粱病毒病。他列出的高粱病毒及类病毒有甘蔗花叶病毒、玉米花叶病毒、红色条纹病毒、宿根甘蔗矮化病毒、雀麦花叶病毒、黄瓜花叶病毒、燕麦拟丛簇病毒、大麦黄矮病毒、水稻条纹病毒、紫苜蓿矮化病毒和玉米条斑病毒。现已表明，除甘蔗花叶病毒（SCMV）和雀麦花叶病毒能侵染高粱外，其他病毒仅通过试验传毒或在田间偶尔侵染高粱。1963 年以后，新增加的病毒有玉米矮花叶病毒（MIMV）、黍花叶病毒、玉米粗缩病毒、花生丛簇病毒、玉米褪绿斑驳病毒、甘蔗褪绿波条病毒、玉米条纹病毒和玉米褪绿矮缩病毒（Toler，1979）。后来又报道了高粱矮化花叶病毒（Mayhew 等，1981）。

在中国，发生在高粱上的病毒病有玉米 1 号花叶病、甘蔗花叶病、玉米矮花叶病。玉米 1 号花叶病只发生在台湾省。甘蔗花叶病毒侵染高粱发生在广东、广西和台湾，亦称高粱花叶病。其病症与危害甘蔗的相同，通常危害较轻，严重时可使高粱矮化。玉米矮花叶病毒只在北方高粱区危害较重。在辽宁、河北、内蒙古、山西、陕西、甘肃、新疆、山东、河南、广东等省（自治区）均有发生，其中在华北、西北区危害较重，一般减产20%左右。近年，辽宁省高粱主产区流行日趋严重。1996 年调查表明，辽宁全省 6 市 7 县 60 余块高粱生产田平均发病率 9.03%，幅度 1.0%～23.4%，最严重地块发病率达

100％。不同地区间、不同品种间和不同栽培条件之间发病率都有差异。

（一）病症与病原

1. 病症　玉米矮花叶病毒在侵染高粱上的症状，因品种和病毒株系不同而有很大变化。危害高粱从出苗到抽穗的任何时期，初期病株心叶基部的细脉间出现褪绿小点，断续排列，呈典型的条点花叶状，继之扩展到全叶，使叶色浓淡不均。随着病情的发展，病叶叶脉间的叶肉逐渐失绿变黄、变红、变成紫红色梭条状枯斑，最后变成所谓"红条"。因此，玉米矮花叶病毒在高粱上引起的病害，称之高粱红条病。这时，叶脉仍保持绿色，病斑的扩展受粗叶脉限制，但易越过细叶脉，形成明显的黄绿或红绿相间的条纹。条件适宜时，病斑不受粗叶脉或中脉的限制迅速扩展到全叶，形成两叶相间的花叶症状。重病叶全部变色，组织脆硬易折，最后叶尖、叶缘全都变成紫红干枯。

穗子发病时，穗子变小，颖壳变红，常出现红色畸形穗和不同程度的不育。发病严重的植株可能不抽穗。如果从苗期开始感染，其株高仅为健株的 $1/3\sim1/2$，植株不能抽穗，或抽穗后不能结实，多提早枯死；如果从拔节孕穗期开始感病，其株高只有健株的 $1/2\sim4/5$，植株能抽穗，但穗部颖壳变色，小花败育，不能正常结实；如果抽穗前开始感染，株高接近健株，产量几乎无损失。由于各种条件的影响，有时病株矮化不明显，但根系受影响不发达，后期易萎缩腐烂导致其他菌类腐生。

2. 病原　Dale（1964）描述了一种从玉米机械传播侵染的约翰逊草和高粱的病毒，称之玉米矮花叶病毒（MDMV），能侵染约翰逊草，将它从甘蔗花叶病毒（SCMV）及其株系分离出来。Shepherd（1965）证实了 MDMV 与 SCMV 的血清学关系，并建议将 MDMV 命名为 SCMV 约翰逊草株系，或 SCMV-Jg。然而，多数研究者用玉米矮花叶病毒名加上株系的标号来命名，如 MDMV-A 株系、MDMV-B、C、D、E、F 株系（Louie 等，1975）和 MDMV-O 株系（Mc Daniel 等，1985）。现已查明，只有 MDMV-A 和 MDMV-B 两个株系能在自然条件下传到高粱上。

病毒的线状质粒，长 $625\sim725nm$，幅度为 $166\sim1\,925nm$。无坚硬质表现。致死温度 $55\sim60℃$，稀释终点为 1：（$1\,000\sim2\,000$）。体外保毒期为 24h。在自然条件下，主要以蚜虫为传毒媒介。蚜虫传毒为非持续性的，吸毒后即传播，并很快失去传毒能力，人工接种时，可采取汁液摩擦传播。

（二）侵染循环

多年生禾本科杂草的地下茎带有病毒粒子，由感病地下茎长出的嫩枝也会感病。MDMV-A 株系以 23 种蚜虫为媒介，并以这些介体与几个生态学因素的相互作用而引起 MDMV 在高粱上流行。春季越冬蚜虫吸食带病毒的杂草后，口器携带有病毒粒子，当其迁飞到高粱或其他杂草上，病毒被蚜虫口器注射到健康的植株细胞内，病毒便开始繁殖。在 $20\sim32℃$ 时植株发病，潜育期 $8\sim12d$。潜育期过后便开始出现症状。以后经过多次感染，使病害逐渐加重。高粱收获后，蚜虫转移到杂草上越冬时，又将病毒粒子带回到杂草上。

品种是否抗病是影响病毒病流行的主要原因，气象条件、栽培措施和传毒媒介是病毒病流行的外界因素，种植感病品种，夏播高粱和干旱地区发病重，华北、西北地区就发病重。

（三）防治方法

1. 药剂防治传毒媒介　防治病毒病涉及较多相关因素，如蚜虫媒介携带病毒，病毒在杂草上越冬，高粱寄主多等。因此，如果发现有传毒蚜虫时，可用40%乐果乳剂1 500～2 000倍液，或采用0.5%乐果粉、硫丹等喷药杀灭传毒蚜虫。

2. 选用抗病高粱品种或杂交种　Rosenow等（1975）鉴定了6个粒用高粱品种对MDMV的田间抗性，IS2549C、IS2816C、IS12612C、IS12666C、丽欧和TAM2566；澳大利亚高粱品种Q7539也是抗源材料，进而选育出抗病品种或杂交种推广应用。

3. 农艺措施　调节播期，使高粱苗期避开蚜虫迁飞高峰。结合间苗，及时拔掉病苗；控制高粱制种的病毒病，降低种子带毒率。

二、新 病 害

近年来，在我国高粱产区发现了一些新的高粱病害，高粱靶斑病、黑束病、顶腐病等。

（一）病症与病原菌

1. 靶斑病　高粱靶斑病是高粱重要病害之一。1939年，在美国佐治亚州的一种苏丹草（*Tift sudangrass*）上发现有该病危害。之后，先后在苏丹、以色列、印度、菲律宾和中国台湾省的高粱上均有发病的报道。

（1）症症。靶斑病菌主要危害叶片、叶鞘，发病初期，叶片上产生淡紫红色或黄褐色小斑点，逐渐发展成椭圆形或卵圆形，或不规则圆形病斑，常受叶脉限制呈长椭圆形。因品种不同，病斑一般为紫红色或黄褐色。有时病斑中部呈淡黄褐色至黄褐色，边缘紫红色至紫褐色。田间温度高，湿度大时，尤其是七八月高温、多雨季节，病害流行较快。叶片上病斑迅速扩展，呈现出浅褐色和紫红色相间的同心环带，像不规则的"靶环状"。病斑大小从几mm到几百mm不等。严重时，多个病斑汇合导致叶片大部分组织坏死。当田间高粱抽穗前病症表现明显，籽粒灌浆前后，感染品种的叶片和叶鞘自上而下被病斑覆盖，植株呈现紫红色。

（2）病原菌。靶斑病菌为高粱生双极蠕孢菌［*Bipolaris sorghicola*（Lefebvre & Shetwin）Shoem］。在田间，分生孢子梗多由气孔或从表皮细胞间伸出，单生或2～4根丛生，通常不分枝，浅褐色，多隔，基部半球形。在PDA培养基上，分生孢子梗大小为（111.5～730.0）μm×（4.75～7.50）μm，平均为482.7μm×5.3μm。分生孢子梗顶端一般着生1～4个分生孢子。分生孢子不易脱落，在培养基上湿度大时，分生孢子直接萌发，再形成较短的分生孢子梗，其上再生分生孢子。分生孢子浅褐色或浅橄榄褐色，中部细胞较宽，两端钝圆，脐点明显可见，但不凹入基部细胞内，几乎与孢子基部边缘平齐。分生孢子2～8个，隔膜多4～6个。大小（19.5～92.5）μm×（12.0～17.3）μm，平均54.4μm×13.8μm。分生孢子萌发时，通常两极产生芽管。

在玉米粉琼脂培养基上，菌丝生长的温度范围是5～35℃，最适温度28℃。在适宜的温度下，菌落直径为61.3～64.6mm，菌丝日生长量达11mm以上。在低温5℃或高湿35℃时，菌丝生长极慢。在5～10℃下，菌落为灰白色，随着温度升高，菌落由灰白色逐渐变成灰绿色或橄榄绿色。

2. 黑束病　高粱黑束病病菌能侵染多种单子叶和双子叶植物，如高粱、玉米、燕麦、棉花及一些杂草。1979 年，Shafey E. L. 等在埃及首先发现该病。之后，在美国、阿根廷、委内瑞拉、墨西哥、苏丹、洪都拉斯等国相继发现此病。在中国，1991 年在辽宁省高粱上首先发现了黑束病，以后在吉林、黑龙江、山东等省也发现了此病。而且，病情有逐年加重趋势。1993 年，在辽宁省农业科学院高粱育种圃里调查发现，具有 Tx622A 亲缘的高粱基因型一般发病率在 30％～40％，个别品种发病率高达 90％以上。Natural 等 (1982) 的试验表明，高粱黑束病可造成高粱减产 50％以上。

（1）病症。田间自然发病植株通常于 7 月下旬表现病症，8 月上、中旬症状逐渐明显。感病初期植株叶脉变黄褐色或红褐色，然后沿中脉一侧或两侧的叶片出现红褐色或黄褐色条斑，逐渐扩展到整个叶面。叶片逐渐失水，从叶尖、叶缘向基部和叶鞘扩展致使叶片干枯。横切茎秆检查，维管束呈红褐色或黄褐小圆点斑，显微镜下观察导管被堆塞；纵切茎秆可见维管束自下而上呈现红褐色或黑褐色线条状。维管束变色基部节间较上部的严重，节部又比节间严重。有些病株上部茎秆变粗，出现分枝，不能正常抽穗和结实。严重发病时，整个植株叶片从顶部开始自上而下迅速干枯，后期死掉。高温多雨季节，病害发展较快，感病植株叶片基部和叶鞘均出现灰白色霉层。

（2）病原菌。高粱黑束病的病原菌是点枝顶孢霉菌 (*Acremonium strictum* W. Gams)，属丝孢菌纲丝孢菌目淡色菌科。菌丝纤细，无色，有隔。分生孢子梗自营养菌丝伸出，直立，单生，基部稍粗，大小 40～60μm，具二叉或三叉分枝。产孢细胞圆柱形，无色，内壁芽生瓶梗式 (eb-ph) 产孢。分生孢子单胞，无色，椭圆形，大小 (1.50～5.25) μm×(1.25～2.25) μm。分生孢子聚集在产孢细胞顶端形成粘孢子团。团内分生孢子数目 3～40 个不等。病菌在 6～40℃范围内均能生长，适宜温度 25～30℃。在 6℃下，菌丝刚刚萌动，10d 后仅在接菌圆片周围形成短绒毛状菌丝。在适宜温度下，菌丝长势

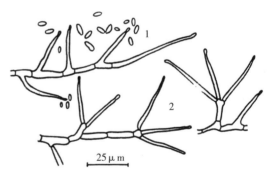

图 13-17　点枝顶孢霉菌形态
1. 分生孢子　2. 分生孢子梗

强，生长速度快，10d 菌落直径达 47mm。在 40℃下，菌丝虽有少量生长，但长势很弱。在 30～35℃温度下，菌丝集结，从皿底可见向外放射状生长。在低温下菌落呈粉白色，随温度升高变粉红色；分生孢子在 10～35℃范围内均能萌发，适宜温度为 23～28℃，以 25℃为最适温度。在 40℃时，孢子不能萌发。在 5℃下，孢子萌发率极低，不到 1％，而且芽管短（图 13-17）。

菌丝在 pH 3～11 时均可生长，适宜范围 pH 5～8，最适为 pH 6。在适宜的 pH 下，菌丝生长繁茂，速度快。菌丝颜色随 pH 的增加由灰白色、白色、粉白色转为粉红色；分生孢子在 pH 2～12 之间均可萌芽，适宜范围 pH 5～7，以 pH 6 为最适。在适宜的 pH 下，孢子萌发芽管正常，pH 过低或过高时，芽管粗短，甚至膨大、畸形。

3. 顶腐病　高粱顶腐病最早于 1896 年，由 Wakker 和 Went 在爪哇的甘蔗上发现的，以爪哇语"Pokkah boeng"命名，意为植株顶部扭曲畸形。之后，Bolle（1927）在爪哇发现，该病还能侵害高粱。再后，在世界的许多国家和地区先后发现了高粱顶腐病。如美国的路易斯安那州（Edgerton 等，1927）和夏威夷（Lee，1928），古巴（Priode，1933）、印度（Subramccnian，1941）、澳大利亚等国。在中国，1992 年在辽宁省农业科学院高粱试验田首次发现高粱顶腐病，此后在山东省和山西省也发现此病。重病区发病率达 40％以上。

（1）病症。顶腐病从苗期到成株期均表现症状。植株顶部叶片受害，叶片失绿、畸形、皱褶或扭曲，边缘有许多横向刀切状缺刻，有时可见沿主脉一侧或两侧的叶组织有刀削状，病叶上常有褐色斑点。严重时，顶部 4～5 片叶的叶尖或整个叶片枯烂，后期叶片短小或仅存基部一些组织，呈人为撕断或撕裂状。有些品种病株顶部叶片扭曲，互相卷裹，呈长鞭弯垂状。病害扩展到叶鞘和茎秆时，常导致叶鞘干枯，茎秆弯软，猝倒。花序受害后，造成穗短小，轻者部分小花败育，重者整穗不结实。主穗早期受害时，促使侧枝发育，引起多分枝穗发育不足。田间湿度大时，植株被害部位密生一层粉红霉状物。

（2）病原菌。高粱顶腐病病菌是亚粘团串珠镰孢菌［*Fusarium moniliforme*（Sheld）var. *subglutinans* Woll & Reink］，属半知菌类丛梗孢目束梗孢科。在 PSA 培养基上，6d 的菌落粉白色，中部淡紫色，气生菌丝絮状，长 2～3mm。培养基反面菌落淡黄色，略见蓝色放射纹。小型分生孢子丰富，长卵形或拟纺锤形，不串生或聚集成疏松的呈假头状粘孢子团。大型分生孢子镰刀形，较细直，顶孢渐尖，足孢较明显，2～5 个分隔，多数 3 个分隔；大小为：2 隔的（20.0～32.5）μm×（2.0～2.8）μm，平均 24.5μm×2.4μm；3 隔的（25.5～48.8）μm×（2.5～3.0）μm；4 隔的（41.3～55.0）μm×（2.5～3.8）μm，平均 48.2μm×3.2μm；5 隔的（52.5～62.5）μm×（2.8～4.8）μm，平均 56.8μm×3.5μm。产孢细胞为内壁芽生瓶梗式产孢（eb-ph），单瓶梗和复瓶梗并存，以单瓶梗为多数。在 PSA 培养基上培养 10～12d 后，大型分生孢子和菌丝上产生厚垣孢子，顶生或间生，单生或串生，椭圆形至近球形，淡褐色，（4.8～6.4）μm×（5.2～10.4）μm（图 13-18）。

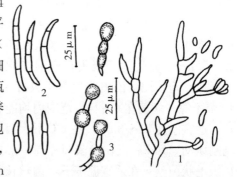

图 13-18　高粱顶腐病病原菌形态
1. 分生孢子梗　2. 分生孢子　3. 厚垣孢子

病菌菌丝在 5～35℃温度下均能生长，适宜温度 25～30℃，以 28℃为最适。小型分生孢子萌发的温度范围为 10～40℃，适宜温度 25～28℃，低于 10℃或高于 40℃时，几乎不能萌发。小型分生孢子萌发的适宜 pH 为 6～7。而在 pH 3～12 的范围内均能产生大型分生孢子，以 pH 4～11 为适宜。

在人工接种条件下，亚粘团串珠镰孢菌能侵染高粱、苏丹草、哥伦布草、玉米、谷子、珍珠粟、薏苡、水稻、燕麦、小麦和狗尾草等禾本科植物。

（二）防治方法

选用抗病品种和杂交种是防治这三种病害的有效方法。Dalmacio（1981）对 2484 份高粱种质进行抗高粱靶斑病鉴定筛选，从中选出 198 份抗病资源，如麦地 B、IS2811、IS10316B、2077B、CS-133、ACC288 等。

主 要 参 考 文 献

白春明，陆晓春，2017. 高粱抗丝黑穗病分子遗传机制研究进展. 辽宁农业科学（6）：39-43.

白金铠，1997. 杂粮作物病害. 北京：中国农业出版社.

陈家云，1997. 植物病害诊断. 北京：中国农业出版社.

陈捷，高增贵，2003. 粮食作物病害识别与防治手册. 沈阳：辽宁科学技术出版社.

姜艳喜，焦少杰，王黎明，等，2013. 高粱丝黑穗研究进展. 科技向导（36）：11，25.

李继春，1957. 东北三种高粱黑穗病菌越冬试验报告. 东北农业科学通讯（3）：82-85.

卢庆善，Craig J，Schertz K F，1989. 中国高粱抗高粱霜霉病鉴定研究. 辽宁农业科学（6）17-20.

卢庆善，1989. 美国高粱霜霉病的研究. 世界农业（10）：34-36.

卢庆善，韦石泉，1985. 国际热带半干旱地区作物研究所（ICRISAT）的高粱抗病育种工作. 世界农业（9）：33-35.

戚佩坤，1978. 玉米、高粱、谷子病原手册. 北京：科学出版社.

乔魁多，1988. 中国高粱栽培学. 北京：农业出版社. 267-295.

史春霖，1979. 北京玉米和高粱上的玉米矮花叶病毒. 植物病理学报，9（1）：35-40.

吴新兰，1982. 高粱丝黑穗病菌的生理分化. 植物病理学报，12（1）：13-18.

徐秀德，刘志恒，1995. 高粱靶斑病在我国的现状研究初报. 辽宁农业科学（2）：45-47.

徐秀德，刘志恒，2012. 高粱病虫害原色图鉴. 北京：中国农业科学技术出版社.

徐秀德，卢庆善，潘景芳. 1994. 中国高粱丝黑穗病菌生理小种对美国小种鉴别寄主致病力测定. 辽宁农业科学. （1）：8-10.

徐秀德，卢庆善，1996. 高粱红条病毒病在辽宁省普遍发生，应引起高度重视. 农技简报（2）：1-6.

徐秀德，赵淑坤，刘志恒，1995. 高粱新病害顶腐病的初步研究. 植物病理学报，25（5）：315-320.

徐秀德，赵廷昌，1991. 高粱丝黑穗病生理小种鉴定初报. 初宁农业科学（1）：46-48.

徐秀德，赵廷昌，刘志恒，1995. 我国高粱上一种新病害——黑束病的初步研究. 植物保护学报，22（2）：123-128.

杨立国，1986. 国外高粱粒霉病研究概况. 国外农学-杂粮作物（5）：29-32.

姚建业，1984. 高粱丝黑穗病接种方法试验. 山西农业科学（10）：9-10.

朱有钲，1984. 玉米、高粱幼苗丝黑穗病菌的侵染部位研究. 植物病理学报，14（1）：17-24.

宗兆锋译，1986. 高粱最重要的病毒病—玉米矮花叶病. 国外农学—杂粮作物（5）：23-26.

邹剑秋、李玥莹，朱凯，等，2010. 高粱丝黑丝病菌 3 号生理小种抗性遗传研究及抗病基因分子标记. 中国农业科学，43（4）：413-720.

Doggett H，1987. Sorghum. Second Edition. Published in Association with the International Development Research Centre. Canada. 342-367.

Natural M P，1982. Acremonium wilt of sorghum. plant Disease. （66）863-865.

Ramakrishnan T S，1948. Ergot sclerotia on *Sorghum vugare*（Pers.）. Curr. Sci. （17）：218

SICNA，1996. Ergot-a global disease threat to sorghum，International Sorghum and Millets Nawsletter. （37）：83-85.

Tarr S A J，1962. Diseases of sorghum，sudangrass and broomcorn. The Commonwealth mycological institute，kew. surrey. 218-230.

Thirumalachar M J，1953. Pycnidial stage of charcoal rot inciting fungus with a discusson on its nomenclature. Phytopath. （43）：608-610.

第十四章　高粱害虫

高粱害虫有近百种。在世界高粱主产区分布最广，危害最重的害虫有芒蝇、蛀茎禾螟、摇蚊、穗蟥、黏虫、蚜虫、玉米螟等。高粱芒蝇（*Atherigona soccata*）分布于南亚、东南亚、中东、地中海地区和非洲。蛀茎螟虫中的玉米禾螟（*Chilo partellus*）和大螟（*Sesamia inferans*）流行于印度次大陆、东南亚以及非洲的东部和西部。高粱蛀茎夜蛾（*Sesamia critica*）分布于欧洲的东部和东北部以及除法国和利比亚半岛以外的地中海地区。玉米蛀茎褐夜蛾（*Busseola fusca*）、栗草螟（*Acigna ignefusalis*）和非洲大螟（*Sesamia calamistis*）分布于非洲大陆。小蔗螟（*Diatreae saccharalis*）和巨座玉米螟（*Diatreae grandeosella*）流行于美洲。高粱摇蚊（*Cotarinia sorghicola*）各地均有分布。在蟥类中，盲蟥（*Colocoris angustatus*）是印度南部的严重高粱害虫；麦长蟥（*Blissus leucopterus*）在美国、加拿大、墨西哥、拉丁美洲等地分布较广。

在中国，危害高粱的害虫也有几十种。按危害部位可分为，播种后种子和幼苗受害的有蝼蛄、蛴螬、地老虎等；食叶害虫有黏虫、蚜虫、高粱舟蛾、高粱长蟥、叶螨等；蛀茎害虫有芒蝇、高粱条螟、玉米螟等；食穗害虫有摇蚊、棉铃虫、高粱穗隐斑螟、桃蛀螟；食根害虫有高粱根蚜等。各地的主要害虫因地而异，而高粱蚜、黏虫和玉米螟是中国高粱三大害虫，发生普遍，危害严重。

第一节　播种后种子和幼苗害虫

一、蝼　蛄

（一）分布

蝼蛄属有翅目蝼蛄科，可分为三种，华北蝼蛄（*Gryllotalpa unispina* Saussure）、非洲蝼蛄（*Gryllotalpa africana* Palisot）和台湾蝼蛄（*Gryllotalpa formosana* Shiraki）。其中台湾蝼蛄仅发生在台湾、广东、广西等地，危害不重。非洲蝼蛄的主要分布区域在北纬 36°线以南，华北、东北也有发生。华北蝼蛄分布在北纬 32°线以北的河北、山东、山西、内蒙古、陕西、河南等省（自治区），危害严重。

（二）危害症状

蝼蛄主要在地下咬食播种后或刚发芽的种子，也咬食幼根和嫩茎。在地表咬食时，常常将幼苗接近地面的嫩茎咬断或咬成麻状，致使幼苗萎蔫死掉。蝼蛄还能在表土层穿行隧道，使幼根与土壤分离，失水干枯死。

（三）形态特征

1. 华北蝼蛄　雄成虫体长 39～45mm，头宽 5.5mm。身体浅黄褐色，头部暗褐色，生有黄褐色细毛。前翅长约 14mm，后翅卷成筒状，附于前翅之下。前后是黄褐色，发达。卵椭圆形，初产时长 1.6～1.8mm，宽 1.1～1.3mm，乳白色有光泽，以后逐渐长大变为黄褐色，孵化前长 2.4～2.8mm，宽 1.5～1.7mm，呈暗灰色，比非洲蝼蛄色浅。幼虫的形态特征与成虫相似，前后翅不发达。刚孵化时头胸特细，腹部肥大，呈乳白色，约半小时后腹部变成淡黄色，2 龄后身体变成黄褐色。

2. 非洲蝼蛄　非洲蝼蛄与华北蝼蛄大体相似，只是身体比华北蝼蛄细瘦短小，呈灰褐色。卵比华北蝼蛄大，呈暗紫。幼虫体色比华北蝼蛄深，呈灰褐色，腹部末端不像华北蝼蛄呈圆筒形，而是近纺锤形。

（四）生物学

1. 华北蝼蛄　华北蝼蛄完成一个世代一般需 3 年左右。需以幼虫或成虫在土壤里越冬。越冬的成虫于春季开始活动危害。6 月上中旬雌成虫开始产卵，一般产 120～160 粒，最多 500 余粒，最少 40 粒。卵经过 20d 左右即孵化，通常在 6 月末至 7 月初卵孵化为幼虫，至秋季达 8～9 龄时入土越冬。第二年春季经越冬的幼虫又恢复活动危害，到秋季达 12～13 龄后又入土越冬。第三年春季仍是越冬幼虫活动危害，到 8 月上、中旬时变为成虫，完成一个生命周期。

2. 非洲蝼蛄　其生活史较短，在南方一年就可完成一个世代，在陕西省 1～2 年也可完成一个世代。成虫和幼虫均可越冬，一般是越冬成虫于翌年 5 月产卵，6 月初孵化为幼虫，幼虫期共计 6～7 龄。

蝼蛄的活动特点是昼伏夜出，晚 9 时至凌晨 3 时为活动取食高峰。初孵幼虫有群集性，6～7d 后分散危害。两种蝼蛄均具有趋光性；对香甜等物质特别嗜好，对煮至半熟的谷子、炒香的豆饼和麸皮等也较喜食，对马粪、牛粪以及其他土粪等有机类肥料也有趋性。华北蝼蛄具有多次产卵的能力，在轻盐碱地产卵较多，黏土、壤土和重盐碱地上产卵较少。

（五）防治方法

1. 药剂防治　该法可采用两种方法。

（1）药剂拌种。用 50％对硫磷乳油，按药：水：种子为 1：60：（800～1 000）的比例拌种。拌种前先将乳油兑水，再拌入种子。种子拌均匀后闷 3～4h，其间每隔 1h 翻动一次，待药液吸收后将种子摊开晾干即可播种。采用 40％乙基异柳磷乳油，药：水：种子的比例为 1～1.6：100：1 000。用 40％乐果乳油，药：水：种子的比例为 1：40：600。

（2）毒沙（土）、毒谷防治法。每公顷用 7.5kg 的 40％乙基异柳磷乳油兑水 22.5kg，拌 600～750kg 细沙或细土，拌匀后将毒砂或毒土撒于播种沟内即可。也可用 40％乐果乳油制成毒谷，先将谷秕子或玉米面煮熟或炒成半熟有香味，每公顷用 1.5kg 的 40％乐果乳油兑 15kg 水，然后撒上谷秕子或玉米面，拌匀后随播种撒到播种沟里。二者比较，毒谷效果更好，但成本高。

2. 人工防治法　春季 4 月间，在蝼蛄开始上升但还没有向外迁移时，可见到地面顶起拇指大小土堆的虫窝，铲去表土，在洞旁顺洞壁向下挖 45cm，见到蝼蛄灭之。夏季产卵盛期，结合铲地找到圆形产卵洞口后，往下挖 10～18cm，即可挖出卵粒，再向下挖 8cm 左右，可挖出雌成虫消灭之。而非洲蝼蛄只要挖 5～10cm，即能挖出卵粒。鉴于蝼蛄有趋光性，可在无月光的晴天或闷热天，于晚上 8～11 时用黑光灯、电灯、汽灯或堆火等各种灯光诱杀。如在灯光附近投放毒饵，诱杀效果更好。

二、地老虎

（一）分布

地老虎属鳞翅目夜蛾科，现已发现有十余种。地老虎在世界各地均有分布。小地老虎（*Agrotis ypsilon* Rottemberg）分布在长江流域，东南沿海和西南各省（自治区）。黄地老虎（*Euxoa segotum* Schiff. = *Agrotis segotum* Schiffermuller）分布在新疆、青海、甘肃等省（自治区）以及华北、东北地区的北部。

（二）危害症状

地老虎属杂食性，有 100 余种植物。初龄地老虎啃食高粱心叶或嫩叶，被啃食的叶片呈半透的白斑或小洞。典型的危害症状是幼虫切断土表上面或稍下面的植株，并将咬断的幼株拖进土穴中作为食料。高粱幼苗被咬断的部位因幼苗的高度和老嫩而异。如果苗小幼嫩，则靠地表咬断；苗大较老时，则在较上部咬断。

（三）形态特征

1. 小地老虎　成虫体长 16～23mm，翅展 42～54mm，体翅灰褐色。前翅前缘及外横线至中横线呈黑褐色，后翅灰白色，背面白色。头触角深黄褐色，雌蛾的触角为丝状，雄蛾的为栉齿状，端半部仍为丝状。复眼球形，灰绿色。足黑褐色。腹部腹面每节后方两侧各有一个小黑点，以末端第 2 至第 5 节最明显。雌成虫把卵产在高粱茎秆和叶片上，或者产在土壤里。卵呈扁圆形，长约 0.5mm，宽约 0.3mm，上有纵横隆起的线纹。幼虫体长 37～48mm，体宽 5.0～6.5mm，圆筒形。体色为黄褐至灰褐或暗褐色。背面中央有淡色至黄褐色纵线 2 条。头部暗褐色，单眼漆黑色，额区顶端为单峰。胸足的爪弯度较小，深褐色。基部腹面锐尖。气门黑色，梭形，周围黄褐色。腹部趾钩数有 15～25 个。臀板黄褐色，有 2 条明显的深褐色纵带。幼虫化蛹后，体长 18～24mm，宽约 9mm，红褐或暗褐色。气门黑色，尾端黑色。腹部背面基部较直，腹部第一至第三节侧面无明显的横沟。第四至第七节基部的刻点在背部的极大，色也极深，其余的刻点则小得多，色也深。

2. 黄地老虎　成虫体长 14～19mm，翅展 32～43mm。前翅淡黄或黄褐色，散生褐色点，内横线及中横线波状，白色不明显；后翅灰白色，翅脉及边缘黄褐色，缘毛灰白，稍有浅褐色细线。头部褐色，上有黑色斑纹，触角为暗褐色，雌蛾为丝状，雄蛾栉齿状，端部 1/3 为丝状。复眼灰色，上有黑色斑纹，身体黄褐色。卵扁圆形，长约 1mm，表面有 16～20 条放射状纵线。初产时乳白色，数日后在卵壳上呈现淡红色斑纹，孵化前变为暗色。幼虫体长 33～43mm，宽 5～6mm，呈淡黄褐色，背面有淡色纵带，但不明显。3 龄前身体无光泽，各节均生有褐色小斑点，其上有细毛。单眼黑色，额区顶端呈双峰。胸足的爪为黄褐色，既长又弯，基部腹面较钝圆；腹足趾钩 12～21 个，臀足趾沟有 19～21 个。腹部背面的 4 个毛片大小相似，前面的 1 对略小于后面的 1 对。蛹椭圆形，红褐色，体长 16～23mm，腹部 2～5 节背面略高于中胸，但并不明显突出。腹部第一至第三节侧面无明显的沟，第四节仅背中央基部有少数刻点，很不明显，第五至第七节的刻点小且多，气门下方也有 1 个刻点。腹部末端有臀棘 1 对。

（四）生物学

1. 小地老虎　小地老虎在辽宁、内蒙古每年可以完成2～3代，华北4代，西南4～5代，广西7代。小地老虎以蛹和幼虫越冬，以蛹越冬较多。一般在春季4月上旬成虫开始出现，以4月中旬较多，4月下旬至5月上旬仍不断出现。5月上旬幼虫开始危害。第二代成虫于6月上旬开始羽化，幼虫在6月中、下旬出现。第三代幼虫在10月上旬出现，并陆续危害，早孵化者以蛹态越冬，晚孵化者以幼虫越冬。

2. 黄地老虎　黄地老虎在内蒙古每年发生2代，幼虫于5～6月间使幼苗受害最重。在新疆库车每年发生3代。第一代成虫盛期在4月中下旬，一般以幼虫或老熟幼虫越冬。

3. 活动习性　小地老虎成虫傍晚活动，白天栖息阴暗处，喜趋糖蜜。具有很强的迁飞能力。当平均气温达12.8℃，地温15.3℃，相对湿度90%时，成虫活动最盛；而当平均气温达9℃，地温13.8℃，相对湿度73%时，成虫几乎停止活动。1～2龄幼虫昼夜均可危害，3龄以后幼虫对光线有强烈反应，白天躲在2～6cm土缝里，晚上出来危害。幼虫食量从5龄开始增加，6龄最大。在南方，幼虫越冬多居表土之下，天气温暖时常出来啃食；在北方则居10cm以下的土层之中，越冬死亡率很高，一般75%左右。

（五）防治方法

1. 药剂防治　药剂防治可采用毒饵、杀虫剂喷雾或喷粉作为土表和植株防治是最常用的。毒饵用硫丹、艾氏剂是有效的。幼苗喷药时，采用西维因、硫丹和1.5%甲基对硫磷粉也是很有效的。由于不同龄期的地老虎对药剂的抵抗力不同，3龄前幼虫抵抗力较差，因此药剂防治应在3龄前进行。

2. 农艺防治　农艺防治可于夏末初秋，或播前3～6周把碎株杂草翻到地下，消灭寄主植物。还可利用地老虎幼虫群居单堆取食的习性，于出苗前每隔1.8～3.5m堆放15cm高，65cm的鲜嫩草堆，每隔3～5d换草一次，诱杀幼虫，或将草堆拌药毒杀。

三、蛴　螬

（一）分布

蛴螬是金龟子的幼虫，属鞘翅目金龟子科。蛴螬遍布世界各地，有40余种，危害包括高粱在内的多种作物。在中国高粱产区发生普遍危害重的，有华北大黑金龟子（*Holotrichia oblita* Faldermann），主要分布在华北和东北地区；东北大黑金龟子（*Holotrichia diomphalia* Bates），主要分布在东北地区。这两种金龟子原统称朝鲜黑金龟子。

（二）危害症状

蛴螬危害高粱发生在出苗的幼苗上，主要取食地下萌发的种子嫩根、残留种皮、根颈等，特别喜食柔嫩多汁的根颈，致使幼苗枯萎死亡。也有的从根颈中部或分蘖节处咬断，将种皮等地下部分吃光后再转害其他植株。当植株长到10～15cm高时，幼苗开始死掉，严重地块7～10d内大量死苗。一头蛴螬能毁掉5m行长的全部植株。还有一种危害类型是由越冬和当季蛴螬截根引起的，受害的植株尽管在受害后能够开花结实，但常因没有足够的根而造成倒伏。

成虫金龟子多取食高粱叶片，初呈缺刻状，严重时吃掉部分、大部甚至全部叶片，使植株枯萎死亡。

（三）形态特征

1. 华北大黑金龟子 成虫体长 16.5～22.5mm，宽 9.4～11.2mm，长椭圆形。头部小，密生刻点。触角 10 节，红褐色，复腿发达。背板上有许多刻点，翅上刻点较多。腹部光亮，腹板生有黄色绒毛。雄金龟子末节中部凹陷，其前节中央有三角形横沟。雌金龟子末节隆起，生殖孔前缘中央不向前凹陷。前胫节外侧有 3 齿，较为锋利。卵椭圆形至近圆形。初产时呈细长圆形，微透明有光泽，以后逐渐变成长椭圆形，污白色至浅褐色。卵粒长径 2.0～2.7mm，短径 1.3～1.7mm。孵化前卵壳透明，能分辨出幼虫体节和上颚。幼虫在卵壳内间断蠕动，一般经 15～25min 可破壳而出。幼虫体长 37～45mm，呈 C 形，棕头白身，触角分 4 节。胸部 3 节着生毛和刺。前胸气门的围气门片向后，胸足 3 对，以第三对足最长。腹部 10 节。第 1～8 节两侧各有一对气门，围气门片向前。第 1～7 节腹部背板上密生刚毛。第 9 节和第 10 节合称臀节。蛹体长 21～23mm，宽 11～12mm，椭圆形，黄褐色。蛹头、胸和腹明显可分。快羽化时，色泽加深，复眼变成黑色，蛹体向腹面弯曲。前胸背板宽且大，3 对足依次贴附于腹面。在中、后胸侧板上着生前后翅，均贴于腹面，使中、后胸背板裸露于外。腹背部有 2 对发育器。腹部有 7 节，每节背侧着生一对气门，前 3 对气门明显，围气门片为深褐色，气门孔大，圆形。尾节细长，端部生有 1 对尾角。雄蛹尾节腹板上有 3 个毗连的瘤状突起，雌蛹没有。

2. 东北大黑金龟子 东北大黑金龟子与华北大黑金龟子很相似，唯成虫体态略小，体长 16～21mm，宽 8.2～11.0mm。而且幼虫后端中部两侧无横向小椭圆形的无毛裸区，或不明显。

（四）生物学

1. 华北大黑金龟子 华北大黑金龟子完成一个世代约需 2 年。例如，在河北省沧州地区成虫期为 345.5d，卵期 16.4d，幼虫期 360.9d，蛹期 19.5d，合计 742.3d。越冬成虫于春季 4 月上、中旬开始出土活动，5 月下旬开始产卵，6 月下旬陆续孵化为幼虫危害期，到 11 月中旬开始越冬。第二年 4 月上旬幼虫又开始出土危害，至 6 月上旬化蛹，7 月下旬开始羽化为成虫，危害至 11 月越冬。

2. 东北大黑金龟子 东北大黑金龟子在吉林、辽宁、山东等省为 2 年一个世代。以成虫和幼虫交替越冬。越冬成虫于 4 月中、下旬出土，5 月下旬开始产卵，6 月下旬孵化为幼虫，11 月以幼虫越冬。第二年 5 月，越冬幼虫出土危害，8 月上旬开始化蛹，下旬羽化为成虫，当年不出土，在 30～50cm 深处越冬，第二年 4 月再出土。出土的成虫白天分散在地里或附近树下，潜伏于 5～10cm 的土壤里。傍晚 6 时以后出土活动，8～9 时达出土高峰，后半夜相继入土潜居。成虫喜欢飞翔，活动于矮的灌木丛中，有较强的假死性。雌虫有较强的性诱现象，能重复交尾，多在根部附近表土下 3～10cm 处产卵。产卵期 9～80d，平均产卵 8 次。幼虫食量较大，10d 内可连续咬死高粱幼苗 80 多株。

（五）防治方法

1. 药剂防治 可采取药剂拌种、颗粒剂、灌药等措施。用 50% 氯丹乳剂 0.5kg 加水 15～25kg 拌种 150～250kg；用七氯乳油 0.5kg 加水 50kg 拌种 500kg。两种药剂效果后者好于前者。用 5％辛硫磷颗粒剂每公顷 30kg，或者 75％辛硫磷 0.5kg 加水 5kg 拌炉碴 25kg 制成炉碴颗粒剂与种子混合播种，均有较好的防治效果。当高粱定苗后仍发生蛴螬危害时，可用 75％辛硫磷，或 25％乙酰甲氨磷配成 1 000 倍液灌根。药液用量以每株 200～250g 为宜。应根据天气、土壤湿度确定适宜的药量，以达到有效的防治效果。

2. 农艺防治　农艺防治方法可采取早播或晚播，或与非禾谷类作物轮作，以避开蛴螬的危害。及时秋翻地，水旱田轮作，分期定苗，适当晚定苗，或利用黑光灯群诱杀成虫，对防治蛴螬危害均有一定效果。

第二节　食叶害虫

一、黏　虫

（一）分布

黏虫（*Leucania separaita* Walker）属鳞翅目夜蛾科。黏虫分布很广，亚洲、斐济和新西兰。在中国除新疆、西藏海拔 3 300m 以上的地区情况不明外，黏虫遍及全国，一直是黄河、淮河、海河流域的毁灭性害虫。从历史到现代，全国各地均有发生黏虫危害的记载。1961 年，吉林省黏虫危害面积达 1.3 万 hm^2，1971 年达 140 万 hm^2，1972 年达 127 万 hm^2。

（二）危害症状

黏虫是杂食性害虫，能危害 30 个科 104 种植物。初龄幼虫一般只啃食叶肉而残留表皮，形成半透明的小条斑，或在叶缘上咬成小缺口。随虫长大，缺口逐渐增多和增大，并连成一片。严重危害时，叶片被吃光，仅剩下叶脉，更甚者，全株被吃光。

（三）形态特征

成虫体长 18～20mm，淡黄褐色或浅灰褐色，有的稍带红褐色。前翅中央有 2 个淡黄色圆斑，近中央处有 1 个小白点，其两侧各有 1 个小黑点，外缘有 7 个小黑点，排列成行。前翅顶角有一黑纹，由翅尖向后缘斜伸，接近中部则逐渐变成点线，这是成虫的主要特征。后翅基区为淡灰褐色，翅尖和外缘色较浓，稍带棕色。前缘基部有针刺状的刺缰与前翅相连，雌蛾翅缰 3 根，雄蛾 1 根。复眼较大，赤褐色，触角丝状。口器细管状。雌蛾腹部末端比雄蛾稍尖，生殖器边缘深褐色。雄蛾尾部有抱器。

卵直径约 0.5mm，馒头形稍带光泽，表面有网状细脊纹。初产时乳白色，逐渐变成黄色至褐色，孵化前变成黑色。成虫产卵同时分泌黏液把卵粒粘在叶片上，堆成 2～4 行，或重叠起来形成卵块。每个卵块少则 20～30 粒，多则 200～300 粒。

幼虫共有 6 个龄期，老熟幼虫体长约 38mm，头部淡黄褐色，沿蜕裂线有两条黑褐色纵纹，呈"八"字形。口器咀嚼式，上唇略呈长方形，前缘中央凹陷。胸腹部圆筒形，有 5 条纵线，胸部第一节和腹部第一节至第八节两侧各有气门 1 个，椭圆形，气门盖黑色。胸部盾片浓黑色，有光泽，胸足第一节较粗大，末端渐细，第三节生有浓黑色爪。腹部共 10 节，第 3 节至第 6 节腹面各有腹足 1 对，腹部第 10 节有尾足 1 对。腹足及尾足外侧都有黑褐色斑纹，先端圆盘形，密生黑褐色趾沟，排成半环状。

蛹体长 19～23mm，宽约 7mm，初化时乳白色，后变成红褐色。胸部背面有若干横列皱纹，腹部第五节至第七节背面有横脊状隆起，上有刻点横列成线，两端分别伸到两侧气门的附近，刻点的后缘如锯齿状。腹部末端有尾刺 3 对，中间 1 对粗大且直，两侧的细小略弯曲。蛹体在发育过程中，复眼和体色均不断加深。雌蛹生殖孔位于腹部第八节的腹面。雄蛹生殖孔位于腹部第九节的腹面。

（四）生物学

1. 黏虫世代 黏虫在一年内可产生多代。黏虫各虫态的发育速度与温度呈正相关，因此各虫态生命期的长短随虫态当时温度的高低而变化。在发育适宜的温度下，温度越高各虫态的时间越短，温度越低则越长。在一般自然条件下，第一代卵期 6～15d，幼虫期14～28d，前蛹期 1～3d，蛹期 10～14d，成虫期 3～7d，完成一个世代需 40～50d。

在中国，黏虫越冬以北纬 33°线，或以 1 月份 0℃等温线为分界线。此线以北各地日平均温度≤0℃的天数在 30d 以上，黏虫不能越冬。黏虫卵在每天 6h，34℃以上的变温条件下，死亡率可达 83％～100％。因此，黏虫在广东以南地区，除特别阴凉环境外，一般不能越夏。

黏虫有季节性远距离南北往返迁飞的习性，即春、夏季由南往北，秋季由北向南的季节性迁飞。黏虫在广西、广东的 1～2 月产生一个世代，此代羽化的成虫于 3～4 月间大部向北迁飞，其中绝大多数迁飞到江苏、河南、安徽和山东南部地区繁殖危害，并产生第二代。第二代成虫的一部迁飞到河北、山西、山东及河南北部，因当时的环境条件不适合而不构成危害；另一部迁飞到更远的东北中北部地区，但不能生存繁殖。在江苏、河南当地繁殖的第二代（总第三代）黏虫，于 5～6 月间又向北迁飞，成为东北地区主要的危害黏虫。在河北、山东等地，除有迁飞来的成虫外，还有当地繁殖的后代，故有世代重叠现象。

在东北危害世代羽化的成虫，于 7～8 月间大部分向南迁飞，少部分在东北南部再繁殖危害。此代黏虫于 9 月份再迁飞到湖南、福建、广东、广西等地危害，并以幼虫越冬。第二年 1～2 月又羽化为成虫。根据这一迁飞规律，可根据广西、广东等地越冬虫源基数和群体发育进度，来预测江苏、安徽、河南、湖北、山东等地第一代黏虫的发生程度。进而，根据 4～5 月在江苏、安徽、河南、湖北、山东等地的第一代黏虫发生后的虫口基数和群体发育进度，便可预测东北 3 省、内蒙古、河北、山西和山东北部等地第二代黏虫的发生趋势。相反方向，从北向南也可进行黏虫发生趋势预报。

2. 黏虫习性 成虫昼伏夜出，晚 8～10 时及天亮前的几个小时活动最盛。白天则潜伏于草丛、草垛、田间杂草、土块间或土缝等处。成虫趋光性较弱，对短光波趋性稍强。成虫刚羽化需补充营养，对糖、酒、醋混合液趋性很强。可利用黏虫的这种习性诱杀成虫。成虫能连续飞行 36h，是迄今已知具远距离迁飞习性的昆虫中飞翔时间最长的。成虫对产卵地点有一定选择性，多产于枯叶尖或苞叶等。

幼虫白天多潜伏于叶心或叶背处，夜晚活动危害。在阴天或天气晾爽时，白天也能看到幼虫危害。幼虫常躲到喇叭口或叶舌和穗部苞叶里，有群居性和假死性。1～2 龄幼虫受到惊动或感到环境不适时，常吐丝悬空借风力飘游，等到安静以后，再沿丝爬回。幼虫还有潜土习性，4 龄以上幼虫常钻到 1～2cm 的根旁松土中潜伏。6 龄老熟幼虫常于上述部位作土室，虫体缩短，变成"前蛹"，再蜕皮化蛹。

（五）防治方法

防治黏虫应把握关键时段，灭蛾应在成虫盛发期和大量产卵之前。灭卵应在孵化之前。灭幼虫应在 3 龄以前。因此，做好预测预报是至关重要的。

1. 药剂灭虫　1～2 龄幼虫食量小抗药力低，容易用药灭杀。当高粱苗期田间 100 株幼虫数达 20～30 头或生育中后期 50～100 头时进行灭杀。用除虫精粉（0.04%氯菊酯粉剂），每公顷喷洒 22.5～37.5kg。

2. 诱蛾灭杀　根据成虫白天潜伏于枯草干柴中的习性，可于田间设置长 60cm 左右、直径 8～9cm 的大谷草把诱集成虫杀之。每公顷设 15～30 个即可。每天日出前检查，扒开草把捕杀成虫。每隔 5d 更换一次草把。在房前屋后将高粱秸或玉米秸 5～6 捆立成三脚架，每天早上抖落一次灭蛾。还可利用成虫对糖蜜或发酵物质的趋性进行诱杀，用废糖蜜 0.5kg，醋 0.5kg，酒 0.125kg，水 0.125kg，另加上述混合液总重量 1%的 90%敌百虫。如果用红糖、白糖、砂糖代替废糖蜜时，则用糖 0.37kg，醋 0.5kg，酒 0.13kg，水 0.25kg，另加上总重量 1%的 90%敌百虫。将配制好的毒液装入瓷盆内，或喷于草地上，诱杀效果极好。

3. 诱蛾产卵灭杀　利用成虫产卵的习性，在高粱田间插上小草把诱集雌蛾产卵，杀灭卵块。方法是将谷草或芦苇草切成约 50cm 长的草段，每 7～8 根扎成一束，插于田间稍高于高粱植株。通常每公顷插 30～40 束。必须每天杀灭 1 次，以免卵孵化。

二、高 粱 蚜

（一）分布

高粱蚜（*Melanaphis sacchari* Zehntner）又名蔗蚜，属同翅目蚜虫科。高粱蚜在亚洲、非洲和美洲的许多地区都有分布。在中国辽宁、吉林、黑龙江、内蒙古、山东、山西、河北、河南、安徽、江苏、湖北、浙江、台湾等省（自治区）均有分布。其中，辽宁、吉林、内蒙古、山东、河北危害严重。高粱蚜是北方高粱产区唯一有威胁的害虫。

（二）危害症状

高粱蚜的寄主有，栽培植物高粱和甘蔗，野生植物有荻草。与其他蚜虫种比较，高粱蚜更喜吮食老一点叶片，通常先危害下部叶片，以后逐渐蔓延到茎和上部叶片。成虫和若虫用针状口管刺入叶片组织内吸吮汁液，并排泄含糖量较高的蜜露。这些蜜露布满叶背和茎秆周围，在阳光下现出油亮的光泽。这时，常有成群结队的蚂蚁往返于植株的茎叶间取食蜜露。蜜露玷污叶片造成霉菌腐生，影响光合作用的正常进行，使植株矮化。蚜虫危害还能造成高粱茎叶变红甚至枯萎，严重时茎秆弯曲变脆，不能抽穗，或勉强抽穗而不能开花结实，最后导致植株死亡。

（三）形态特征

高粱蚜的形态可分为干母、无翅胎生雌蚜、有翅胎生雌蚜、性雄蚜、性雌蚜和卵六种。

1. 干母　干母是初春 4～5 月间由越冬卵孵化成虫的蚜虫。一生都寄生在荻草上。体呈卵圆形，紫红色或黄白色。头部色较深，额瘤不显著。触角5节，短于体长，各节长度不等。胸部色稍深，有明显胸瘤，肢较体色暗，胫节着生短毛数列。腹部背面中央有黑褐色横形斑纹，尾片近似圆锥形，中部缢缩，着生5～6对细毛。腹部各节侧面具有显著乳头状突起。

2. 无翅胎生雌蚜　无翅胎生雌蚜是由干母孤雌生殖产生的。体卵圆形，淡黄白色或淡紫红色，胸部的颜色略深，腹部各节有黑褐色横纹。头小，黑色，额瘤不显著。触角6节。复眼暗红色，并具同色眼瘤。腹侧有乳咀状突起。腹管黑褐色，短小，略呈圆筒状，渐向末端略细。尾片近圆锥形，中间略细，长度与腹箱相似。

3. 有翅胎生雌蚜　有翅胎生雌蚜也是由干母孤雌生殖产生的。体长卵形，体宽不到体长的一半。淡蜜黄色至大豆黄色，少数群体石竹紫色。头胸部黑色，腹部有显著的黑色斑纹。额瘤不明显。触角6节，喙粗短，足中等长，腹管圆筒形有瓦状纹。尾片圆锥形，中部收缩，有8～9根毛。尾板末端圆形，有14～16根长毛。复眼发达浓赤色，具同色眼瘤。翅半透明，翅脉粗而明显（是与发生在高粱上的其他蚜虫的明显区别点），褐色，前翅中脉分3支，中脉的第三分支由第一分支的2/3处分出。

4. 性雄蚜　性雄蚜是晚秋9月间有翅蚜迁飞到荻草上产生的能交尾的性蚜。性雄蚜有翅，体呈椭圆形，灰褐色，体侧具有显著的突出体，每一突出体生一毛。头较宽较长，前额着生若干小毛。额瘤显著。复眼发达，深红色，有同色眼瘤。触角6节，超过体长，黑色。胸部黑色具显著胸瘤。翅半透明。腹部侧面具有显著乳头状突起，腹管短小，由基部向末端渐膨大，呈喇叭状，尾片黑色略呈圆锥形，中央缢缩，着生4～5对毛，边缘生一列长毛。

5. 性雌蚜　性雌蚜也是晚秋有翅蚜迁回荻草产生的能交尾的性蚜。性雌蚜无翅，体卵圆形，紫褐色。额瘤较显著。复眼浓红色，有同色眼瘤。触角6节，比体短。胸部有不明显的胸瘤。腹部背面有明显的卵印。腹侧具有乳头状突起。肢密生短粗毛，后胫特别粗大，有数十个大小不等的感觉器。腹管小，圆筒形，基部稍宽。尾片圆锥形，有5～6对毛。尾板椭圆形，有一列毛。

6. 卵　长椭圆形，长0.54mm，宽0.3mm。初产时为黄色，渐变绿色，后变黑色，有光泽。

（四）生物学

1. 高粱蚜生命史　每年9月间有翅蚜迁回荻草产生雄、雌两性蚜，在高粱或荻草上交尾产卵。高粱上越冬的卵，第二年春天孵化后死亡。荻草上越冬的卵，翌年4月下旬天气转暖后孵化为干母，是第一代蚜虫。干母沿根际土缝爬入地下，在芽部或嫩茎上吸食汁液不断生长。它们进行孤雌生殖，约2代至高粱出苗时产生有翅胎生雌蚜（迁移蚜），向高粱地里迁移。第二代以后，没有外迁的无翅胎生雌蚜仍在荻草的芽和嫩茎上生长繁殖。随气温逐渐升高，移至叶背面继续繁殖。到6月中、下旬，蚜群开始爬到高粱第1～2片叶背面危害。这期间，不论有翅或无翅蚜孤雌繁殖的数量均显著增加，成群向外飞迁和转移，不断扩散和蔓延。

7月上旬开始从植株下部遍布中、上部，由点片发生传播到全田。7月中旬至8月中旬是危害高粱期。与此同时，仍还有一部分无翅蚜留在荻草上逐代繁殖下去，所以在荻草上终年都能找到蚜虫。高粱上的有翅蚜和无翅蚜均以孤雌胎生方式繁殖，约达 10～20 代之多。9 月间一部分有翅蚜迁回荻草，产生有翅雄蚜和无翅雌蚜，交尾产卵。其余一部分仍寄生在高粱上，它们能产生雌、雄两性个体。寒冬地区留在田间的蚜虫一般不能越冬，唯依靠卵态通过荻草才能延续后代（图 14-1）。

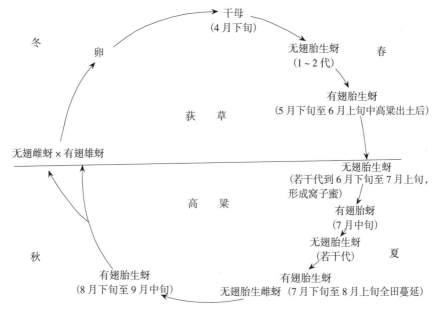

图 14-1　高粱蚜生命史

高粱蚜繁殖力之大是惊人的。在 15.5℃时 13d 或 24℃时 6d 即可繁殖一代。高粱蚜在吉林省公主岭 4～10 月间共可繁殖 16 代。胎生雌蚜一生平均产仔 50 头，最多可产 185 头。假定全部都能成活，则一只雌蚜代代繁殖总数可达 20×10^{24} 个。因此，蚜虫在较短时间内可迅速发展蔓延造成严重危害。

2. 高粱蚜迁移习性　一种是无翅蚜的爬迁，一种是有翅蚜的飞迁。有翅蚜的飞迁可分为 3 个时期。第一个飞迁期为 6 月上旬到 7 月中旬。第二代蚜虫中，部分有翅蚜离开越冬寄主迁至田间危害高粱。第二个迁飞期，也称扩散期，历时较长，约从 7 月中旬延续到 9 月达 2 个多月。与第一个迁飞期不同的是，蚜虫只从下部叶片向中、上部叶片或在高粱株间、田间迁飞，均不离开高粱。第三个迁飞期是高粱蚜的越冬准备期。晚秋 9 月间，高粱成熟后，田间有翅蚜多飞回荻草上产生性蚜。

（五）防治方法

1. 药剂防治　药剂防治是防治高粱蚜的主要方法。蚜虫点片发生时应及时防治。如果有大发生趋势，可于 7 月中旬第二次迁飞期之前开展全面防治。当有蚜株率达 30%～40%，出现"起油株"，或百株虫量达 2 万头时即需防治。用 50%杀螟松乳油 1 000～2 000倍液或 40%乐果乳油 2 000 倍液，或 2.5%溴氰菊酯或 20%杀灭菊酯 5 000～8 000倍液喷雾；也可用 40%乐果乳油 5～10 倍液超低容量喷雾。用 0.5%乐果粉剂每公顷喷粉37.5～45kg，或 1%乐果粉每公顷喷 15～22.5kg，或 2%乐果粉每公顷喷 9～11.25kg，有效期均为 4～5d，抑制蚜群发展可有效 8～9d；也可用 1.5％甲基对硫磷粉剂每公顷喷 22.5～30kg。用 40％乐果乳油稀释成 100 倍液涂茎（1～2 节），逐株涂抹。

2. 种植抗虫高粱杂交种 辽杂 6 号、辽杂 7 号、辽杂 10 号、锦杂 93 等对高粱蚜具有抗性，可广泛种植。还可利用鉴定出的抗源材料选育抗蚜虫品种，如 TAM428、1407A、1407B 等。

3. 农艺防治 在秋季有翅蚜迁回荻草前后，性蚜尚未成熟产卵之前，靠近地表收割荻草沤肥或作燃料，致使蚜虫失去产卵越冬场所。此外，高粱蚜的天敌种类较多，如瓢虫类、草蜻蛉类、寄生蜂类、食蚜蝇类和蜘蛛等都能大量捕食高粱蚜。因此，采取高粱与大豆间作，通风透光好，有利于天敌繁殖，能有效抑制高粱蚜的繁殖速度。

三、高粱舟蛾

（一）分布
高粱舟蛾（*Dinara combusta* Walker）属鳞翅目舟蛾科。在中国，高粱舟蛾主要发生在辽宁、河北、山东、湖北、浙江、云南、台湾等省。

（二）危害症状
高粱舟蛾以幼虫危害高粱。幼虫咬食高粱叶片，使叶片残缺破碎，仅剩中脉，甚至吃光，严重影响生长发育和产量。

（三）形态特征
成虫体长 24～30mm，橙黄色，雄成虫翅展 52～60mm，雌成虫翅展 54～72mm。头部棕红色，前胸背面灰黄色，翅基片灰褐色，内衬红棕色边。雄蛾比雌蛾略小，雄蛾触角羽毛状，雌蛾丝状。成虫胸部褐色，腹部背面橙黄色，腹面淡黄色，第 2 节至第 7 节两侧有 6 对黑斑，其中 4 对特别明显。腹末有橙黄色丛毛。前翅暗黄色，后翅黄色。雄蛾腹末第 2 节和第 3 节后缘各有一条黑褐色横线。雌蛾腹末第 2 节黑褐色。

卵圆形，直径约 1mm，初产为青绿色，后变灰白色微黄，孵化前褐色。

初孵幼虫至体长 25mm 时，体色淡黄，各节背部气门下均有黑斑，胸足上侧也有黑色斑纹，气门黑色。体长到 35～40mm 时，背部斑纹消失。老熟幼虫体长 60mm 左右，头红褐色，体黄绿色，端部褐绿色。腹足与体色近似，腹足趾钩排列成中带。蛹长 26～32mm，宽 11～12mm，黑褐色，纺锤形。中胸背板及腹末背面有一排大刻点，尾部有 5 个短刺，弯向背面。

（四）生物学
高粱舟蛾在辽宁、华北一年发生一代。以蛹态在土中 6～10cm 处越冬。翌年 6 月下旬羽化，7 月上、中旬成虫盛发期，交尾后在高粱叶背面产卵，单粒散产，也有几粒成堆产下，卵期 5～6d。幼虫孵化后即取食高粱叶片。低龄幼虫食量不大，不易发现；长大后食量大增，幼虫危害期约 1 个月，8 月初至 9 月初幼虫陆续老熟钻入土中作土室潜伏，经 6d 后化蛹越冬。

成虫昼伏夜出，有趋光性。幼虫喜潮湿阴暗，常躲在叶背。7 月间如果阴雨连绵，气候凉爽，易造成大发生。黏性土较沙性土发生严重。

（五）防治方法

药剂防治可采用 50％辛硫磷乳油 2 000 倍液，每公顷喷药液 600kg；或用 50％马拉硫磷 1 000 倍液，每公顷喷药液 1 125～1 150kg；或用 20％速灭杀丁乳油 3 500～5 000 倍液喷雾。

农艺防治可采取秋耕秋翻时，随犁拾捡虫蛹。由于幼虫个体较大不活跃，容易捕捉，可根据被害症状查找和捕捉幼虫。根据成虫有趋光性的习性，可利用灯光诱杀成虫。

四、高粱长蝽

（一）分布

高粱长蝽（*Dimorphopterus blissoides* Baerensprung）属半翅目长蝽科。高粱长蝽多分布在河北、内蒙古、辽宁、吉林、黑龙江等省（自治区）。

（二）危害症状

受害的呈现红叶状，轻者影响植物的正常生长，重者造成叶片的枯萎死亡，甚至毁种。

（三）形态特征

成虫体形两端钝圆，略呈长方形，黑色，密生灰白色微毛，体长 4.0～4.8mm，腹宽 1.1～1.4mm。头部梭形，黑色，密生小刻点及微毛。触角 4 节，呈棍棒状，与口吻等长。口吻 4 节，长 1.2～1.3mm，锥形，茶褐色，内有由 4 根细长的吸收丝组成的丝状口器。复眼半球形，红色，直径 0.16mm，突出。单眼 2 个，漆黑色，稍隆起，形体极小，不易发现。足 3 对，呈茶褐色，后足最长，中足次之，前足最短，中足与后足之间的两侧有臭腺一对。翅有两种类型，长翅型翅长约 2.7mm，短翅型翅长约 1.2mm。腹部 6 节，腹面及背面外露部分均为革质黑色。雌虫体比雄虫的大。卵长椭圆形，长约 1mm，宽约 0.4mm，初产卵乳白色，孵化前变橙黄色，表面光滑。幼虫头和胸部窄，腹部较宽，头部及前、中胸背面黑色，后胸部白色。腹部由橙黄色变为棕褐色。

（四）生物学

高粱长蝽在辽宁省一年一代。成虫在根茬附近地下约 5cm 处越冬。翌年 5 月上旬开始出土在地表爬行活动，取食禾本科杂草。5 月中旬开始交尾，中、下旬迁移到高粱田间危害。6 月中旬至 7 月为产卵期，7 月上旬为产卵盛期。6 月下旬至 7 月初孵化，8 月中旬至 9 月上旬幼虫密度最大，9 月末至 10 月初羽化为成虫，至 10 月末入土越冬。

成虫越冬习性多在刨茬地和秋翻地，以高粱地为多，谷子和糜子地次之，玉米和旱稻地最少。成虫抗寒力较强，−5℃时仍能在茬上活动，直到气温下降到−7℃时才不见活动。越冬成虫寿命 10 个月左右。早春时，成虫多集中在玉米地里，以后迁至高粱地。6 月下旬即看不到长翅型虫体，7 月上旬短翅型虫体也看不到了。每天以下午 4 时左右迁移最多，中午前后次之，上午最少。短翅型虫体占总数的 80％以上，从玉米地或杂草地迁入高粱的短翅型则占 90％以上，迁移方式以爬行为主。

成虫取食方式以刺吸式口器插入植株组织内吸取汁液。产卵多在幼苗下部第 1 片至第 3 片叶的叶鞘内侧进行，每个卵块有卵数粒至数十粒。每头雌虫可产卵 5～187 粒。卵经

10 多 d 即孵化。幼虫期 45～59d。在少雨之年发生较多，干燥的地方比低湿处发生多。

（五）防治方法

高粱长蝽在高粱地里越冬多，采取与其他非禾谷类作物轮作，能延缓苗期发生时间，减少发生数量。采取适期早播，边行和地头增加播种量，也可在地头、边行集中施药后再定苗。中耕、定苗时拔除带虫株集中处理，也能减轻危害。药剂防治可用 1.5％甲基对硫磷粉剂，每公顷喷粉 22.5～30kg。

五、高粱叶螨

（一）分布

高粱叶螨又称高粱红蜘蛛，俗称火蜘蛛，红砂火龙，属直螨目叶螨科。在我国，高粱叶螨有多种，主要有截形叶螨（*Tetranychus truncates* Ehara）、朱砂叶螨（*T. cinnabarinus* Boisduval）和二斑叶螨（*T. urticae* Koch）。在我国，高粱叶螨均有不同程度发生，以干旱年份发生较重。在国外温暖的高粱产区也有发生报道。

（二）危害症状

高粱叶螨以成螨、若螨先在高粱下部叶片危害，群集于高粱叶背面刺吸叶汁液，受害叶片出现失绿斑点，不能进行正常的光合作用。叶螨逐渐在叶片蔓延，扩展到整株叶背、叶面和茎秆，受害叶片呈红褐色或黄褐色，枯死。严重发生时，虫口密度大，布满全株，呈火烧状，严重造成产量损失，甚至绝收。

高粱叶螨除危害高粱外，还能危害玉米、谷子、棉花、豆类、麻类、瓜类、辣椒、茄子等。

（三）形态特征

雌叶螨椭圆形，截形叶螨和朱砂叶螨为深红色或锈红色，二斑叶螨淡黄色或黄绿色，足 4 对，体背侧有黑色斑纹，背毛 12 对，肛毛和肛侧毛各 2 对，无臀毛。幼螨蜕皮后为若螨，分幼螨、若螨 2 个时期，足 4 对，体形和体色与成螨相似但体小。初孵幼螨近圆形，长约 0.18mm，体色透明或淡黄，取食后变淡绿色，足 3 对。雄螨红色或淡红色，形态特征与雌螨相同，阳具弯曲背面形成端锤，其近侧突起尖利或稍圆，远侧凸起尖利，两者长度几乎相等。卵圆球形，直径 0.13mm，初产卵无色透明，后变橙色，孵化前可出现红色眼点。

（四）生物学

高粱叶螨以受精雌螨群集在高粱、茄子、豆类等作物的枯枝落叶内，杂草根际和土壤裂缝中越冬。翌年春季先在小麦、杂草上取食活动，5d 平均气温高于 7℃时，越冬雌螨开始产卵。卵散产在叶背中脉附近或新叶的丝网上，早春每个雌螨平均产卵 30 粒，夏季 100 粒左右。5d 平均气温高于 12℃时，第一代卵开始孵化，发育成若螨、成螨时正值高粱出苗期，5 月中旬至 6 月上旬迁往高粱田危害。高粱叶螨一般行两性生殖，也能不行交配而孤雌生殖，其后代多为雌性。最适繁殖温度 26～30℃，一年可产生 10～20 代，繁殖一代需要 10～27d，整个生长季世代重叠。

高粱叶螨的发生与气候条件及种植方式密切相关。高粱与小麦套作，或靠近果园、菜地的高粱田发生多。5～6月干旱少雨，虫量迅速上升，若7～8月干旱少雨，条件适宜，可迅速蔓延，严重发生危害。降雨强度大，能冲刷掉大量叶螨，降低虫口密度，可抑制发生。

（五）防治方法

1. 药剂防治　在加强叶螨田间监测的基础上，即在点片发生时期要及时防治。药剂40％菊杀乳油、40％菊马乳油、20％螨卵酯可湿性粉剂、1.8％阿维菌素（虫螨克）乳油、20％三氯杀螨醇乳油以及波美0.1～0.3度石硫合剂。

2. 物理防治　利用高粱叶螨对黄色、蓝色的趋性，在叶螨迁入高粱田初期至盛发期，于高粱田边、行间插置诱虫板诱杀成虫叶螨。

3. 农艺防治　消除田埂、路边和田间的杂草及枯枝落叶，耕翻土壤以消灭越冬虫源和早春寄主。严重发生地区，要避免高粱与大豆、小麦套作、间作。选育和种植高抗螨高粱品种和杂交种。高温、干旱期间，要适时灌溉，提高田间相对湿度，抑制叶螨繁殖。

4. 生物防治　高粱叶螨的天敌很多，主要有小花蝽、捕食性螨类、深点食螨瓢虫、塔六点蓟马、中华草蛉、大草蛉、丽草蛉、草间小黑蛛等，捕食性螨类有长毛钝绥螨、德氏钝绥螨、异绒螨等。

在田间高粱叶螨产卵、幼虫孵化、若虫盛发期时，可利用上述叶螨的天敌，杀灭叶螨，对叶螨具有一定的控制作用。

第三节　食茎害虫

一、高粱芒蝇

（一）分布

高粱芒蝇（*Atherigona soccata* Rondani）属双翅目蝇科。高粱芒蝇在热带半干旱地区是一种广泛分布和发生的高粱害虫。但在美洲和大洋洲没有发现。在中国，高粱芒蝇发生在四川、湖北、云南、贵州、广西和广东等省（自治区），是我国南方高粱的重要害虫。

（二）危害症状

成虫在高粱叶背面产卵，卵孵化后，幼虫钻入高粱心里，一般一株仅寄生一头，个别也有2头的。多在高粱3～8片叶时危害，以4～6叶期危害最重，9叶以后至旗叶抽出也可陆续危害。幼虫在心叶基部环状咬断生长点，生长点受害后枯萎造成死心，使主茎停止生长，形成枯心苗。有4片叶的植株受害后可以长出分蘖。但成虫仍可继续产卵危害新长出的分蘖。直至幼穗长到7.5cm时，幼虫还可蛀食。高粱苗期受害可以造成缺苗断条，甚至毁种。生育后期的危害使幼穗腐烂不能抽穗，大量减产。

（三）形态特征

成虫体长4mm左右，体黄褐色，或灰黄色，背面有3条灰黑色纵纹。雌成虫前足腿节的基半部黄色，端半部黑色，腹部可见节的第2～4节背面各有一对黑色斑；雄成虫腿节全为黄色，或端部部分黑色，腹部仅第二节、第三节各有一对黑斑。雄虫腹部尾节隆起略呈枕状，两侧突呈短扁柱状，腹部尾节隆起略呈枕状，两侧突呈短扁柱状。

卵白色，椭圆形，大小 0.8～1.2mm×0.2mm，中央纵行隆起，具网状纹。成熟幼虫（3 龄）体长 8～10mm，蛆形，初浅黄白色，半透明，腹末色暗，老熟时黄色或鲜黄色，中央 1 对黑色气门显著突起，口钩黑色，全体共 11 节，第 11 节末端黑色，这是该种区别于其他种的主要特征。

蛹长 3.5～5.0mm，棕红至棕黑色，圆筒形，前端平截边缘隆起似桶盖。

（四）生物学

高粱芒蝇在四川一年 5～6 代，在贵州 7 代，在广东 11～12 代。除第一代外，田间世代重叠。越冬虫态因地而异，四川是以蛹态在地里越冬，在贵州和广西以幼虫在高粱后期的分蘖内越冬，在广东终年可以繁殖，无越冬期。在广东，多数世代的卵期为 2d，幼虫期 8～13d，蛹期 7～10d，雄成虫 3～11d，雌成虫 7～15.5d，全世代雄虫约 28d，雌虫约 32d。冬天的卵期 5～8d，幼虫期 42～70d，蛹期 17～31d，全世代平均 86.5d（除成虫期）。在贵州一个世代历时约 40d，一般 3 月份越冬幼虫开始化蛹，第一代发生期在 4 月至 5 月间，正好是春播高粱苗期，幼虫危害严重。第二代发生在 5 月中旬至 6 月，幼虫主要危害夏播高粱的幼苗，以及春播高粱的分蘖。第三代至第六代则分别发生在 6 月中旬至 7 月，7 月中旬至 8 月，8 月中旬至 9 月，9 月下旬至 11 月上旬。第七代（越冬代）始于 11 月上旬，为不完全世代。

成虫一般在上午羽化，羽化后出土约 15min 展翅，1h 后可飞翔。飞翔力较强，尤以晴天最为活跃。成虫喜香甜味物品，如高粱蚜虫的分泌物、食糖、蜜露等；也喜腐败物，如腥臭味的动物尸体等。成虫白天多在高粱地或花草、房屋附近活动。每头雌蝇最多可产卵 67 粒，一般 24～34 粒。卵散产，多产在最里 3 片心叶的叶背面。多数为 1 株 1 粒或 2～3 粒。成虫在 6 片叶龄以上的植株上产卵时，卵多产在叶尖或叶缘处。

幼虫在早晨孵化最多，借助叶片上的露水，幼虫很易爬行，从喇叭口或叶缝处侵入，兼营腐生生活。初孵幼虫体壁具黏性，爬行时如遇到细沙黏附虫体即不能爬行，或向下跌落，或就地死亡，幼虫具假死性。幼虫从孵化侵入植株至枯心出现，一般约需 1d，少则半天，最多 2～3d。老熟幼虫在植株附近表土内 3～5cm 处化蛹。幼虫入土时间多在清晨 6 时左右。入土后 5h 即开始化蛹。危害主茎、侧枝，较大植株的幼虫，也有少数在受害株内化蛹。

（五）防治方法

1. 药剂防治　药剂防治应在幼虫侵入植株前施药。在幼虫盛孵期，用 2.5% 溴氰菊酯乳油，或 20% 氰戊菊酯乳油，或 10% 氯氰菊酯乳油喷雾。再前，用 70% 吡虫啉湿拌种剂拌种防治。

2. 农艺防治　高粱出苗后 1～4 周最易受芒蝇危害。可调整播期，使高粱幼苗敏感期躲过害虫盛发期。在芒蝇严重发生地区，加大高粱播量，发现死心和受害苗及时拔除，带到田外深埋，杀死幼虫。

3. 物理防治　利用芒蝇成虫对腐烂鱼虾的腥臭味有较强的趋性，在成虫发生期，于高粱田边放置装有腐烂鱼虾的容器，集中诱杀。

4. 选用抗虫品种和杂交种　选育和应用抗虫品种也是降低芒蝇危害的重要防治方法。抗芒蝇有两种形式，一种是幼苗对芒蝇幼虫侵入的抗性，另一种是幼苗对危害后的恢复能力（Jowett 等，1965；Blum，1965）。这称作幼苗抗性和恢复抗性。具有这种抗性的基因型有 M35-1、IS2645、IS2647，均来自印度。在东非，啤酒用高粱品种 Namatare，粒用品种 Serena 均表现出优良的恢复抗性，约有 70% 的受害植株能够恢复以获得较好的产量。恢复抗性的遗传力相当高，因此在育种项目上很容易利用（Doggett 等，1969；Starks 等，1969）。

二、高粱条螟

（一）分布

高粱条螟（*Proceras venosatum* Walker，异各 *Diatraea verrosata* Walker），属鳞翅目螟蛾科。世界上，越南、印度尼西亚、菲律宾、印度等亚洲国家有发生。在中国，分布于东北、华北、华东、华南等地区。

（二）危害症状

高粱条螟主要以幼虫蛀食高粱茎秆危害。初孵化幼虫潜入心叶丛取食，仅剩表皮，呈薄纸状，龄期增加则咬成不规则小孔或蛀入茎内取食为害，有的咬伤生长点，使高粱产生枯心状，受害茎秆易折。高粱进入孕穗期，幼虫取食穗节。受害植株营养及水分输导受阻，长势衰弱，茎秆易折，穗发育不良，籽粒干瘪，青枯早衰，遇风倒伏则损失更大。此外，高粱条螟危害常常引发高粱穗腐病、粒腐病，加大产量损失和使籽粒品质下降。

（三）形态特征

雄成虫体长 10～14mm，翅展 24～34mm；雌成虫体长 10～12mm，翅展 25～32mm。前翅灰黄色，翅面有 20 多条暗色纵皱纹，中央有个小黑点。外缘略成一直线，有 7 个小黑点，翅尖下部略向内凹。后翅颜色较淡，雄蛾淡灰黄色，雌蛾近白色。头小，下唇须长，头、胸背面淡黄色。雄蛾触角鞭状，雌蛾丝状细长。复眼暗黑色，腹部及足黄白色，雌蛾外生殖器呈爪形突和颚形突，大小相仿。抱器基部无粗大感觉毛。阴茎端部有排列较大的长锥形角状器 20 个左右，并另有小三角形的角状器多枚。雌蛾囊导管粗短，有一块密布小黑点的长骨片。交配囊长圆形，无月牙形骨片和交配囊片，但密布小点和小三角突。

卵扁平，椭圆形，表面有龟甲状纹，长 1.5mm，短径约 0.9mm。排成"人"字形双行重叠的卵块。初产时乳白色，后变深黄色。孵化前出现小黑点，即幼虫的头部，并可见类似蚜状的体形。

幼虫体长 20～30mm，乳白至淡黄色，具紫褐色纵纹 4 条。各节正面与背面具褐色斑纹 4 条，排列成正方形。头部黄褐色至黑褐色。前胸盾板及臀板淡黄褐色。初孵化的幼虫体乳白色，上有许多淡红褐色斑连成条纹。幼虫分夏、冬两型，夏型腹部各节背面有 4 个黑褐色斑点，上生刚毛，排列成正方形；冬型幼虫越冬前蜕一次皮，蜕皮后黑褐斑点消失，体背出现 4 条淡紫色纵纹。腹足趾钩双序缺环。腹面颜色纯白。

蛹体长 12～16mm，红褐色或黑褐色。腹部有突起 2 个，第五节至第七节背面前缘有深色网纹，腹末有 2 对尖锐小突起，无尾刺，尾部较钝。

（四）生物学

高粱条螟在辽宁南部、山东、河北、河南和江苏北部一年发生 2 代，江西一年发生 4 代，广东、台湾一年发生 4～5 代，均以老熟幼虫在茎秆或叶鞘中越冬。在北方，越冬幼虫 5 月下旬开始化蛹。化蛹盛期在 6 月上、中旬。成虫盛期在 6 月中、下旬。第一代卵盛产期在 6 月末。第一代幼虫危害盛期是在 7 月上、中旬，至 8 月上旬多数幼虫进入化蛹期，第一代成虫盛期是在 8 月中旬。随后田间出现第二代产卵高峰，第二代幼虫危害盛期在 8 月中旬。9 月上旬第二代幼虫蜕掉最后一次皮，由夏型变为冬型，吐丝作巢准备越冬。越冬期由 9 月下旬至翌年 5 月下旬，长达 8 个月。越冬死亡率 20%～34%。

高粱条螟的初孵幼虫灵敏活泼，爬行快速，先吃掉卵壳，然后大多数顺叶爬至叶腋再群集叶部取食。1 龄幼虫集中在叶腋间和叶鞘内取食，只有少数吐丝下垂落到其他叶上再爬入心叶里。从孵出卵壳到爬到心叶，需 5～10min，最长 20min。1 龄幼虫在心叶里活动 10d 左右，2 龄幼虫开始蛀茎。蛀茎早的幼虫能啃食生长点造成枯心。在一个节间里常有几个虫子危害。3～4 龄后分散。幼虫期 30～50d，共蜕皮 5～6 次，少数多到 8 次。龄期 5～9 期不等，一般 6～7 龄。老熟幼虫在茎内化蛹，蛹期 7～15d。成虫羽化后 2～3d 交尾产卵。卵多产在心叶背面的基部和中部，也有产在叶片正面和茎秆上。成虫白天躲在叶下面，晚上交尾活动，有趋光性，飞翔力不强，交尾和产卵前期共 1～4d，成虫寿命 3～15d，每只雌蛾产卵 200～250 粒，卵期 5～13d。

（五）防治方法

药剂防治可采用颗粒剂，用 50% 对硫磷乳油 500ml 加适量水，与过筛（20～60 目）的煤渣或砂石颗粒 25kg 拌和均匀扬撒；或用 25% 甲萘威（西维因）可湿性粉剂配成颗粒剂使用。

生物防治采用天敌赤眼蜂，在产卵盛期释放 2～3 次，每公顷 15 万～30 万头。农艺防治采取处理越冬寄生秸秆，在越冬幼虫化蛹、羽化前处理掉。

三、玉　米　螟

（一）分布

玉米螟（*Ostrinia furnacalis* Guene's）属鳞翅目螟蛾科。玉米螟又称亚洲玉米螟，钻心虫，箭秆虫，是世界性害虫。在中国，除西藏尚未见报道外，其他地区均有发生，以华北、东北、西北和华东地区危害最重。

（二）危害症状

玉米螟以幼虫蛀茎危害，3 龄以内幼虫"潜藏"危害，4～5 龄蛀入危害。可以危害的植物达 40 个科 131 个属 215 个种之多。幼虫可以危害高粱的任何部位，但主要是茎部受害。在高粱孕穗之前，幼虫集中于心叶危害，最初表现出许多白色的小斑点，以后产生大而不规则的伤痕，形成花叶。较大的幼虫钻蛀叶卷，待叶片展开后呈现排状孔。如果 1 株高粱上有多头幼虫危害，心叶会被咬食得支离破碎，使叶片不能展开，植株生长迟缓，不能正常抽穗。

在高粱生育后期，主要危害茎秆和穗颈，其蛀入部位多在穗颈中部或茎节处，造成折穗和折茎。蛀孔外部茎秆和叶鞘出现红褐色，影响籽粒灌浆，使粒重下降而减产。

（三）形态特征

玉米螟雄蛾黄褐色，体长 10~14mm，翅展 20~26mm。喙发达，复眼黑色，触角丝状。前翅黄色，斑纹暗褐色。前缘脉在中部以前平直，然后稍折向翅顶。内横线明显，呈波状纹，有一小深褐色的环形斑及一肾形的褐斑，环形斑和肾形斑之间有一黄色小斑。外横线锯齿状，内折角在脉上，外折角在脉间，外有一明显的黄色"Z"形暗斑，缘毛黄褐色。后翅浅黄色，斑纹暗褐色，在中区有暗褐色亚缘带和后中带，其中有一黄色斑。

雌蛾体长 13~15mm，翅展 30mm 左右，较雄蛾颜色淡，前翅浅灰黄色，横纹明显或不明显，后翅正面浅黄色，横纹不明显或无。

卵扁平，椭圆形，初产乳白色，后变黄白色，半透明，常 15~60 粒粘在一起排列成不规则的鱼鳞状卵块。幼虫分 5 龄，初孵幼虫体长约 1.5mm，头壳黑色，体乳白色，半透明。老熟幼虫体长 20~30mm，头壳深棕色，体浅灰色或浅红褐色；有纵线 3 条，以背线较为明显，暗褐色；中、后胸节背面有 4 个毛疣，圆形，后列 2 个，且前大后小；腹足趾钩为三序缺环型，上环缺口很小。蛹黄褐色至红褐色，长 15~18mm，纺锤形，臀棘黑褐色，端部有 5~8 根向上弯曲的刺毛。

（四）生物学

在中国，不同地区玉米螟一年发生的世代数不一样。广西南部一年可发生 6~7 代，广西柳州、广东曲江、台湾台北一年发生 5 代；江西、浙江、湖南、湖北以及安徽、江苏南部一年发生 4 代；河北大部、陕西、山西南部、河南、山东、江苏、四川、安徽大部一年发生 3 代；辽宁、内蒙古、山西大部和河北北部一年发生 2 代；黑龙江和吉林长白山地区一年仅发生 1 代。不论一年发生多少代，玉米螟都是以老熟幼虫在高粱的茎秆、穗子和根茬里越冬，春季化蛹，之后羽化成越冬代成虫，飞到田间产卵危害。

成虫昼伏夜出，飞翔力较强，有趋光性和趋化性。成虫羽化后当天交尾，1~2d 后开始产卵。大部分卵是产在叶的背面，中脉附近更多些，少数产在叶面、茎和穗上。卵粒呈鱼鳞状排列，每个卵块有 20~60 粒，平均为 30 粒左右，每头雌蛾可产卵 10~20 块。越冬代成虫由于羽化不整齐，在田间产卵期自 6 月中、下旬至 7 月中、下旬，长达 20~30d 左右。

幼虫孵化后，先群集在卵块附近，1h 左右爬到心叶内和穗内取食危害。有的初龄幼虫还可吐丝下垂，随风飘移到附近的植株危害。一般第一代幼虫均集中在心叶内取食。幼虫蜕皮 4~5 次。第一代幼虫大部分在茎内化蛹，化蛹前在茎内先咬一羽化孔，仅留一层表皮，然后在内作一薄茧化蛹，羽化时顶破羽化孔而出。少数玉米螟还可在叶鞘、苞叶和穗轴上化蛹。

以辽宁省为例，玉米螟越冬幼虫一般于 5 月中、下旬开始化蛹。试验表明，化蛹日期的早晚与当时的降雨量有密切关系，降雨量多，越冬幼虫能直接喝到雨水，化蛹就早，否则化蛹就会延迟。化蛹盛期为 5 月中旬，蛹期 6~10d；5 月下旬，6 月上旬，越冬代成虫开始出现，6 月中旬越冬代成虫羽化达盛期。第一代玉米螟卵始见于 6 月中旬左右。6 月下旬至 7 月初为产卵盛期。第一代卵期 5~6d，6 月下旬至 7 月上旬第一代幼虫开始孵化，

7月上、中旬幼虫进入危害盛期，幼虫期 20～30d。7月下旬至 8月上旬开始化蛹，第一代蛹期 7d 左右，8月上旬第一代成虫羽化。第二代卵在 8月中旬大量产生，8月上、中旬至收获，是第二代玉米螟的危害期，随后以老熟幼虫越冬。

（五）防治方法

1. 药剂防治　玉米螟属于钻蛀性害虫，掌握施药时期很重要，必须把螟虫消灭在蛀入茎秆之前。可在心叶期投施 3‰克百威颗粒剂，或 0.1‰高效氯氟氰菊酯颗粒剂，使用时拌 10 倍煤渣或细沙颗粒，每株 1.5g；或用 1‰对硫磷颗粒剂，或 1‰辛硫磷颗粒剂，于高粱心叶末期每株投颗粒剂 1～2g。

2. 生物防治　白僵菌治幼虫，在东北，越冬幼虫开始复苏化蛹前，对残存的高粱、玉米秸秆，可用孢子含量 80 亿～100 亿个/g 的白僵菌粉 100g/m³ 喷粉或分层撒布菌土进行封垛。在高湿度地区，如贵州、四川等地，高粱心叶期可施用白僵菌颗粒剂，用含量 50 亿个/g 的白僵菌粉与煤渣或细沙按 1∶10 的比例混匀制成颗粒剂，施入心叶内，每公顷用量 50～70kg。

赤眼蜂防治，在东北利用柞蚕卵繁殖的松毛虫赤眼蜂或螟黄赤眼蜂，在华南和华北利用人工卵或米蛾卵等繁殖玉米螟赤眼蜂或螟黄赤眼蜂，进行田间人工放蜂防治。当玉米螟田间百株卵块 1～2 块时（即产卵初期）为第一次放蜂的最佳时间，之后隔 5～7d 再放第二次蜂。每公顷 2 次共放蜂 15 万～30 万头，每公顷放蜂点 30 处。将蜂卡别在高粱中部叶片背面。大面积连片防治会收到更好的防效。有条件的地方可用性诱剂诱杀雄蛾，可有效防控玉米螟的发生危害。

3. 农艺防治　处理越冬高粱秸秆，在春夏越冬幼虫化蛹、羽化前处理掉，能压低虫源基数。各地可因地制宜采用高温沤肥、秸秆还田、白僵菌封垛等，减少消灭虫源。利用高粱的抗螟性是防治重要的一环，可减少农药用量，保护环境和天敌，是根本性措施。

4. 物理防治　利用成虫趋光性，在村屯设置高压汞灯进行诱杀，将成虫消灭在产卵之前。设灯时间 6 月末至 7 月末，在开阔场所灯距 100～150m。灯下建一直径 1.2m，深 12cm 的圆形捕虫水池，水中加 50 克洗水粉。

第四节　食穗害虫

一、高粱穗隐斑螟

（一）分布

高粱穗隐斑螟（*Cryptoblabes gnidiella* Milliere）属鳞翅目斑螟科。高粱穗隐斑螟是黄淮平原春夏高粱播种区主要害虫之一。主要分布在山东、河南、江苏、广东等地。

（二）危害症状

高粱穗隐斑螟从高粱抽穗开花至成熟前，甚至在收获后的堆垛中都能危害。幼虫危害的症状是在穗内吐丝结网，啃食幼穗及籽粒。由于高粱穗内层被虫巢包裹着，影响了籽粒的发育，降低产量和品质。一般危害时，每穗有幼虫 3～5 条，严重时可达数十条，个别穗子甚至有上百条，常常把穗粒吃光，造成严重减产。

（三）形态特征

成虫体长 8~9mm，翅展 15~18mm。前翅细长，紫褐色，密布暗褐色小点。翅基前缘近基部的一半和内缘均稍带深红色。中室朝外的各翅脉也略带深红色。前翅中央有两条下凹的宽黑纵纹与几条黑纹，外横线白色，稍透明，翅尖、内缘和各翅脉颜色均深。雄成虫触角的第二鞭节有触角钩，外生殖器爪形突圆钝，中间凹入呈双峰形，侧缘有小刺一列。雌成虫交配囊长圆形，囊壁布满小圆点，无交配囊片，但在交配囊中部有圆斑一块。

卵长 0.3~0.4mm，宽 0.2~0.3mm，椭圆形，初产白色，渐变深色。

幼虫体形细长，10~12mm，呈纺锤形，两侧尖削。初龄幼虫黄白色，大龄后变土黄色，草绿色或灰黑色。体背两侧从中胸到腹末，各有一条绿色波浪形纵带。亚背线较宽，黑褐色。胸节及腹部第八节亚背毛的毛片比其他各节明显，周围有黑色环纹。中胸节上亚背毛的黑色毛片特别大，并显著高耸。腹足趾钩为 3 序环型。

蛹长 6~7mm，黄褐色，羽化前变黑褐色。化蛹前吐丝结成网状薄茧，能透见蛹体。茧长 10mm，腹部末端较尖。中央有一对紧靠的棘。棘端呈钩状，棘外侧每边各有两根小钩刺。气门椭圆形，较突出。

（四）生物学

高粱穗隐斑螟在山东省和江苏省北部一年可发生 3 代。以老熟幼虫在高粱穗里或穗颈叶鞘里作茧越冬。在江苏北部于 6 月底至 7 月初羽化为成虫。在春播高粱穗上产卵，7 月中旬是第一代幼虫危害盛期，7 月下旬幼虫老熟后，在穗内结茧化蛹，7~8d 后羽化为成虫，8 月初为羽化盛期。第二代幼虫在 8 月上、中旬在晚播高粱和早播夏高粱上危害，8 月下旬是危害盛期。9 月上、中旬以第三代幼虫危害晚熟高粱。

在山东省，第一代幼虫于 7 月下旬至 8 月中旬危害春播高粱，第二代幼虫于 8 月中旬末至 9 月中旬初危害夏播高粱。在江苏省徐州调查表明，高粱穗隐斑螟卵期 4~5d，幼虫期 20~25d，蛹期 6~8d，一个世代需 30~40d。雌蛾把卵产在高粱小穗缝间，散产。幼虫行动敏捷，受触后会后退，受到震动后即向穗子内部躲藏或吐丝下垂，龄期稍大后常吐丝结网，末龄幼虫在穗上结薄丝筒，把高粱粒粘在一起，躲在筒内危害，并化蛹于丝筒内。

（五）防治方法

药剂防治于开花期至乳熟期用 50％杀螟威 1 000~2 000 倍液，或 50％马拉松 1 000 倍液喷穗 1~2 次，有良好防治效果。农艺措施可选用散穗品种，或根据物候期适当调整播期，错开幼虫盛发期；高粱脱粒时，用脱粒机脱粒，可打死穗里的部分幼虫，以减少虫源。

二、桃 蛀 螟

（一）分布

桃蛀螟（*Dichocrocis punctiferalis* Guenee），又称桃蛀野螟、桃斑螟、豹纹斑螟、豹纹蛾，俗称蛀心虫，属鳞翅目螟蛾科。桃蛀螟主要分布在中国的东北三省、河北、山东、陕西、江苏、浙江、河南、江西、湖北、湖南、四川、台湾等省。在国外有日本、朝鲜半岛、印度、斯里兰卡、印度尼西亚也有报道。

（二）危害症状

桃蛀螟产卵盛期在高粱开花散粉期，幼虫在高粱灌浆期危害较重。初孵幼虫取食小花、小穗，当籽粒形成后，很快开始蛀食幼嫩籽粒，吃空一粒再吃一粒。三龄幼虫常吐丝结网，啃食籽粒或蛀入穗柄，中部茎秆等。严重发生时可将整穗籽粒蛀食一空。幼虫在穗上为害至收获，如不及时收获，将造成更大减产。籽粒受害，不仅造成产量损失，还加重高粱穗腐病发生，相应增加了真菌毒素在高粱籽粒中的积累，导致高粱品质下降。

（三）形态特征

成虫鲜黄色，体长 11～13mm，翅展 20～25mm。前翅有 25～28 个黑褐斑，后翅有 10～15 个，腹部各节也有少数黑褐斑。翅的反面颜色较淡，黑褐斑也不如正面清楚。前胸两侧各带一黑点的披毛，腹部第一节、第三节至第六节背面各有 3 个黑斑，第七节有时只有 1 个黑斑，第二节和第八节无黑斑。雄蛾第九节末端较钝，为黑色，甚是显著，具有黑毛丛。雌蛾腹部末端呈圆锥形。复眼发达，紫黑色，近球形。

卵椭圆形，稍扁平，长 0.6～0.7mm，宽 0.5mm，卵面粗糙，密布细小圆形刻点。初产时乳白色，孵化前为桃红色。幼虫体色多变，有紫红色，淡灰色，灰褐色等。体长 22～25mm，头部深褐色，中、后胸及第 1～8 腹节上各有褐色毛片 8 个。腹足趾钩为双序缺环，末节皮板灰褐色。3 龄以后，雄虫腹部第 3 节背面出现 2 个暗褐色性腺。身体各节有粗大的灰褐色瘤点。

蛹褐色至深褐色，翅芽达第五腹节。体长 10～15mm，宽约 3mm。腹部第 5～7 节背面前缘各有深褐色小齿排列，臀棘细长，其上生有钩刺一丛。

（四）生物学

1. 世代交替　桃蛀螟是一种食性极杂的害虫。在辽宁一年发生 1～2 代；在山东、河北、陕西一年发生 3 代；在河南一年发生 4 代。在华北地区，第一代幼虫在桃树上危害，第二代、第三代幼虫在桃树和高粱上均能危害，第四代幼虫仅在高粱上危害。桃蛀螟以末代老熟幼虫在高粱、玉米残株及向日葵花盘或仓储库缝隙中越冬。越冬幼虫于翌年 4 月初开始化蛹，4 月下旬为化蛹盛期，4 月底至 5 月上旬开始羽化，5 月中、下旬为羽化盛期。越冬代成虫主要集中在桃树上产卵。第一代幼虫发生在 5 月下旬至 6 月下旬，主要危害桃树。6 月中旬开始化蛹，下旬为盛期。第一代成虫于 6 月下旬开始出现，7 月上旬为羽化盛期，同时出现第二代产卵盛期，此时春播高粱抽穗开花，其成虫产卵由桃树扩散到高粱上。7 月中旬为第二代幼虫危害盛期。第二代蛾羽化盛期在 8 月上、中旬，这时春播高粱已接近成熟，而晚播的春高粱和早播的夏高粱正值抽穗开花，第二代成虫大多集中在高粱上产卵。第三代卵 7 月底至 8 月初开始孵化。8 月中、下旬是第三代幼虫盛期，也是夏播高粱受害严重时期。8 月底出现第三代成虫，9 月上、中旬为盛发期，这时桃果和春播高粱已全部收获，早播夏高粱也接近成熟，因此该代成虫主要集中在晚播夏高粱上产卵。9 月中旬至 10 月上旬为第四代幼虫发生危害时期。10 月中、下旬气温逐渐降低，第四代老熟幼虫转入越冬。

2. 生活习性　成虫趋化性较强，喜食花蜜，对黑光灯有一定趋性，白天隐蔽于穗子深处，傍晚开始活动。羽化后的成虫必需取食营养方能交尾产卵。晚 8 时半至 10 时活动最盛。卵多产在开花的穗上,落花后很少产卵。卵为单产,一个穗上可产卵 3~5 粒。一只雌蛾一般产卵 20~30 粒,最多能 169 粒。老熟幼虫化蛹在穗里、叶腋、枯叶等处。越冬幼虫以留种穗里最多,其次在贮粮库墙缝或天花板等处。茎秆里也有少数越冬幼虫。

桃蛀螟喜高湿条件,多雨年份常发生较重。紧穗品种发生比散穗品种重,晚播及夏播高粱危害重。

（五）防治方法

1. 药剂防治　药剂防治要在高粱抽穗始期进行卵和幼虫数量调查,当虫（卵）株率达 20％以上或百穗有虫 30 头以上时防治。采用 50％磷胺乳油 1 000~2 000 倍液,或 40％乐果乳油 1 200~1 500 倍液,或 2.5％溴氰菊酯乳油 3 000 倍液喷雾,每公顷喷药液 1 125kg。

2. 生物防治　生物防治采用苏芸金杆菌 70~150 倍液,或青虫菌 100~200 倍液喷雾均有较好防治效果。

3. 农艺防治　农艺防治采取清除越冬幼虫,脱粒时将高粱穗、向日葵盘上的越冬幼虫消灭掉,仓库缝隙的越冬幼虫也要灭掉,以减少越冬虫源。

果园地区,秋季结合清园收集落地虫果深埋,冬季刮除桃、李、梨等寄主树的粗翘皮,集中烧毁。

4. 物理防治　利用黑光灯在春季诱杀越冬成虫。

5. 性诱剂诱杀　利用人工的桃蛀螟性信息素诱芯田间诱杀,对越冬代成虫诱杀效果较好。

三、棉 铃 虫

（一）分布

棉铃虫（*Helicoverpa armigera* Hübner）,又俗称棉铃实夜蛾,或称玉米果穗螟蛉或番茄螟蛉,属鳞翅目夜蛾科。棉铃虫主要分布在中国的西北、华北、华东及辽宁等地区。在国外,欧洲、美洲、大洋洲、非洲和亚洲也有广泛分布。

（二）危害症状

棉铃虫食性杂。除棉花外,玉米、高粱、小麦等均能取食。由于耕作制度的改革,高粱、玉米受棉铃虫危害日趋严重。例如,1972 年,辽宁省锦州市就有数万公顷棉花和 2 万 hm² 高粱受害。同年,辽宁南部受害的高粱也达 2 万 hm²。1994 年,辽宁省锦州、葫芦岛、朝阳地区发生棉铃虫危害高粱、严重地块一穗高粱有虫 21 头,平均达 5~7 头。棉铃虫危害高粱时,幼虫咬食高粱穗的籽粒,造成减产。

（三）形态特征

成虫体长 17.4mm,翅展 34.5mm 左右。雌蛾红褐色,雄蛾灰绿色。前翅外横线及亚外缘线比较明显,两线形成一较宽的暗褐色带,肾纹及环纹暗褐色,较小,亚外缘线较平直,翅的外缘线由 7 个不太明显的小黑点组成。后翅中室端部有一浅黑褐色短纹,外缘有一黑色宽带,在宽带间有 2 个紧连的灰白色半圆形斑纹。

卵半球形,初产时乳白色,有光泽,2~3d 后变成淡褐色,中部出现紫红色环带,再后变成灰褐色或黑褐色。直径 0.5～0.8mm，表面具有纵横脊，纵脊伸达卵的基部，有些分成 2～3 叉，分叉的和不分叉的相互间隔，在卵的中部共有 26～29 条纵脊。

幼虫体长 35～40mm。初孵化时体灰褐色，5 龄以后体色变化很大，有红褐、黄褐、黄绿、绿色等。头部有不明显的黄褐色斑纹。气门线白色，腹部背面有十几条扭曲形的细纵线。各腹节上有刚毛瘤 12 个，刚毛较长，毛瘤突起呈圆锥形。前胸气门前有 2 根刚毛连成的直线，穿过气门或在气门的切线上。

蛹体长 17～21mm，纺锤形，黄褐色。腹部第 5～7 节的背面和腹面有 7～8 排半圆形刻点。腹部末端有臀棘 2 个，棘基部稍离开。滞育蛹在复眼的外侧区有 4 个斜排的小黑点。

（四）生物学

1. 世代交替　棉铃虫在我国发生代数因年份和地区而异，在辽宁、新疆北部一年发生 2～3 代，山东、黄淮地区一年发生 4 代，长江流域及华南部分地区一年发生 5 代，华南大部一年发生 6 代，西南地区一年发生 7 代。以滞育蛹在 2～6cm 土中越冬。

以辽宁省为例，越冬蛹于 5 月中旬开始羽化，5 月下旬为盛蛾期。第一代卵最早于 5 月中旬就能发现，卵产在番茄、冬春小麦和豌豆等作物上。5 月下旬为产卵盛期。第一代卵期平均 3.5d。5 月下旬至 6 月下旬是第一代幼虫危害期。6 月上、中旬到 7 月上旬幼虫化蛹，蛹期 10～12d。第一代成虫约在 6 月中旬出现，6 月下旬至 7 月上旬为第一代成蛾盛期。第二代卵最早于 6 月中旬就能发现，6 月下旬至 7 月上旬为第二代产卵盛期。此时正值棉花现蕾、开花盛期，所以雌蛾产卵于棉株上。第二代卵期 3～4d，第二代幼虫孵化后，对棉花造成严重危害。7 月中、下旬开始化蛹，蛹期 9～10d。7 月下旬第二代成虫开始羽化，8 月上、中旬为羽化盛期。此时，棉花盛花期刚过，正值高粱开花和灌浆初期，所以第三代卵比较集中产在高粱上，卵期 2～3d 后孵化为第三代幼虫，从 8 月上旬至 9 月上旬第三代幼虫危害高粱严重。8 月下旬幼虫老熟后入土化蛹越冬。

2. 生活习性　成虫夜间活动，取食花蜜和交尾、产卵，白天潜伏在植物丛间不活动，飞翔力较强。对黑光灯和半干的杨树枝叶有很强的趋性，这与杨树内含有的杨素（$C_{22}H_{22}O_8$）和柳素（$C_{18}H_{18}O_7$）有关。雌蛾产卵最适温度为 25～30℃，每只雌蛾通常产卵 1 000 粒左右，卵散产，第二代卵多产在上部嫩叶正面。

初孵幼虫先吃掉卵壳，再取食嫩叶和顶心。在温度 25～28℃、相对湿度 70%～90% 的条件下，对棉铃虫的生长发育有利。

（五）防治方法

防治要做好预测预报。南方在 5 月上、中旬，北方在 5 月中、下旬，用扫网法或随机选点调查当地一代棉铃虫的幼虫龄期和数量，或根据黑光灯和杨树枝条把诱到的蛾量，结合田间的卵、幼虫数量，以确定防治的适期。

1. 药剂防治　在 3 龄幼虫前，用 75% 拉维因可湿性粉剂，或 50% 辛硫磷乳油 1 000～2 000 倍液，或 50% 甲基对硫磷乳油 1 000～1 500 倍液，20% 硫丹乳油 300～500 倍液，以及高效混合的药剂，如灭铃灵、广杀灵、新光 1 号、SN909 1 000～1 500 倍液喷雾，有较好的防治效果。

2. 生物防治　生物防治可利用天敌进行，在棉铃虫产卵盛期，释放人工繁殖的赤眼蜂、齿唇姬蜂、绒茧蜂等寄生幼虫，草蛉、瓢虫、小花蝽蜘蛛等捕食卵和幼虫。赤眼蜂防治棉铃虫可于产卵始期、盛期和末期，连续放蜂 3～6 次，每次每公顷放蜂 22.5 万～30 万头，总放蜂量 90 万头，每 3～5d 放一次，一般卵粒寄生率可达 80% 左右。此外，使用生物农药，如 Bt 乳剂、棉铃虫病毒也有较好的防效。

3. 诱杀防治　在棉区，可在其边缘种植几行春玉米，能够诱集棉铃虫成虫产卵，集中灭杀。在高粱田周边种植洋葱、胡萝卜，能够诱集大量棉铃虫成虫，其中施药杀灭。利用高压汞灯及频振式杀虫灯、性诱剂技术诱杀成虫。利用棉铃虫成虫对杨树枝叶具有趋性和白天在杨树枝条把内隐藏的习性，在成虫产卵期，在高粱地摆放杨树枝条把诱蛾，集中杀灭。

4. 农艺防治　秋后进行土壤深耕和冬灌，可有效杀灭土壤中的越冬蛹。选育和种植抗虫品种和散穗品种。

四、高粱摇蚊

（一）分布

高粱摇蚊（*Contarinia sorghicala* Coquillett）是分布广泛的高粱害虫。除东南亚外，几乎在世界所有的高粱种植地区都有发生。

（二）危害症状

高粱摇蚊危害高粱穗是吮食籽粒，使子房受害，籽粒不能正常发育。典型的空瘪小穗和棕色或微红色的硬壳，导致"花塔穗"或"白穗"。更仔细观察时，表现在某些小穗的顶端有白色蛹壳的碎片。在颖里可以发现皱缩籽粒和 1 个幼虫或蛹。高粱摇蚊造成的产量损失是摇蚊数目的直接函数，即为害 10% 的小穗就导致接近 10% 的产量损失。高粱摇蚊在美国、澳大利亚以及非洲、亚洲都是高粱上一种毁灭性害虫。

（三）形态特征

成虫橘黄色到红色，体长 2mm。翅透明，头、胸和腿为棕色，触角长。雌摇蚊有一个长的产卵器，能够把它插到开花的小穗里产卵。卵约 0.4mm 长，0.1mm 宽，初产时乳白色，之后变成橘黄色。刚孵化出的幼虫为白色，之后变成微红色。老熟幼虫长 1.5mm，蛹为鲜红色，长 2mm。

（四）生物学

高粱摇蚊的生育速度相当快，常在一个季节里可产生 9～12 代。成虫羽化后在天亮时很快就从茧里出来，这正在开花的高粱穗上及其周围就可以看到，有时直到中午。雌摇蚊在其仅有的一天生命里，能在开花的小穗里产下 75～80 粒卵。在阴沉的天气里，产卵可能延续 1d。雌摇蚊的产卵器在颖壳之间，这时颖壳已由露出的花药而微微地打开了，雌摇蚊产下 1 粒或多粒卵在里面的颖壳上或内释上，然后在另一朵花里重复这一过程。产卵通常在天亮后就完成了。卵在 2～4d 后孵化，幼虫在花内取食发育中的籽粒。幼虫期 9～11d，然后化蛹，起初在子房附近，之后移到小穗顶端，3d 后完成蛹期，成虫就在这里羽化。当一个纸质突出物从颖壳顶端时常常留下蛹壳。

高粱摇蚊完成一个世代需 14～25d，这由气温和天气条件决定。在冷凉条件下，摇蚊以茧幼虫冬眠；而在干旱条件下，它们能以冬眠幼虫状态度过旱季。

（五）防治方法

1. 药剂防治　化学药剂喷雾对开花的高粱是有效的。当90%的高粱穗开花时，用西维因、地亚农喷雾可有效防治摇蚊（Doering 等，1965）。采用乙拌磷和伏杀硫磷防治也有效。Passlow（1958a）还提出用杀虫剂拌种或熏蒸消毒来防治种子上摇蚊的传播。

2. 农艺防治　可采用大面积早播和同一播期是减少高粱摇蚊危害最适用的有效措施。因为高粱田若连续开花导致摇蚊连续繁殖使危害加重。野生高粱是摇蚊的重要虫源，约翰逊草在美国、亚洲、非洲、大洋洲都传播摇蚊。这些野生高粱能使摇蚊虫口从冬眠和越冬幼虫上传播到高粱上。冬眠和越冬幼虫主要在老的高粱穗里，因此在冬季或旱季消除所有高粱穗及其脱粒后的残余物、残茬，割掉销毁草高粱和自生高粱，使摇蚊在主季高粱开始开花前3周没有高粱花可寄生。

选育和应用抗摇蚊高粱品种杂交种。澳大利亚育成杂交种 QL38A×QL36、QL39A×QL36 是抗摇蚊的杂交种，其抗性机制是使雌摇蚊在穗上很难产卵，不等产完卵就死掉了。选育闭花授粉、受精也是抗摇蚊的一种表现（Bowden 等，1953）。

第五节　食根害虫

高粱根蚜

（一）分布

高粱根蚜（*Tetraneura ulmi* Limsaeus），又称榆四条绵蚜，属同翅目蚜虫科。高粱根蚜主要发生在东北、华北部分高粱产区。

（二）危害症状

高粱根蚜危害的是高粱根部，蚜群呈葡萄状排列在根上，刺吸幼嫩的初生根和次生根的汁液。根蚜危害从植株外表看，除生长萎黄外，看不出其他症状。拔出根后可见被刺吸的地方产生红色斑点，逐渐斑痕成片，最终红褐干枯，严重影响根系生长。根蚜是造成高粱"黄病"的因素之一。1970年，在辽宁省昌图县调查高粱"黄病"时，发现根蚜、蛴螬和麦根椿象等害虫混合发生，造成高粱叶片发黄。

（三）形态特征

春季由卵孵化的蚜虫称干母。干母分4龄，体长0.4～0.7mm，长卵形，初孵化时为黑色，以后变成绿色。干雌（春迁移蚜）体长1.5～2.0mm，墨绿色至灰黑色。触角6节，上有环状感觉器。翅2对，翅展5.5mm。前翅仅有纵脉4条，中脉基部断缺。腹部无腹管环痕，称有翅干雌蚜。其幼蚜体长卵形，墨绿色。有翅蚜蜡腺发达，能分泌放射状白色蜡质绵毛，称无翅干雌蚜。根蚜，即根型无翅孤雌胎生雌蚜，也称侨蚜。幼蚜4龄，口器淡黄色，身体橙黄色，稍长，爬行能力很强。

成蚜体长2.0～2.5mm，杏黄色，略呈椭圆形。刺吸口器，喙短而厚呈矛状。头、胸和腹部背面有明显的白色蜡粉，触角短，共4节，感觉孔比一般蚜虫稍大。腹管退化。身体9节，加圆形尾板和尾节共11节。性母蚜（秋迁移蚜）的成蚜有翅，即有翅性母蚜与有翅干雌蚜相似，但体形较大，体长2～3mm。腹部有一对黑色退化腹管环痕。其幼蚜无翅，身体扁平，腹部宽大，体长 2.5~3.5mm，墨绿色。有性蚜长卵形，无翅，口器钝化，橘黄色至橙红色。雌蚜体长约 0.8mm。雄蚜比雌蚜小，黄绿色。在榆树叶面上形成的口袋状虫瘿，柄粗长，绿色或紫红色，表面无粒状突起，可有少数白色短毛，长 2~3mm，宽 1~2mm。

（四）生物学

高粱根蚜为乔迁式生命方式，每年一次循环。每次循环有 2 个寄主，第一寄主也称越冬寄主是榆树，第二寄主也称夏寄主是高粱、谷子等。越冬卵产在榆树主干与侧枝分叉处的树皮缝里，卵多产在背风向阳的一面。翌年 4 月中、下旬，榆树开始萌芽时，卵也开始孵化，这时孵化出的蚜虫称干母。干母就在刚长出的嫩叶上取食危害。榆树叶片内由于受蚜虫分泌的唾液刺激，叶背和叶面细胞发育不平衡，形成一红色的虫瘿，从叶面突起将干母包在虫瘿里面，一般一个虫瘿只有一个干母，很少有 2 个干母的。凡有 2 个以上干母的虫瘿，不久就枯萎，干母也死在其中。干母经 3 次蜕皮成熟，并在虫瘿内行孤雌胎生生殖。一头干母可繁殖仔蚜 30~50 头，称为干雌。干雌在虫瘿里生活，蜕皮 3 次长成有翅干雌蚜。5 月末 6 月初，有翅干雌从虫瘿的裂缝口爬出，飞到高粱等禾谷类作物上行孤雌生殖，幼蚜很快爬到根部危害。

在高粱根上危害的蚜虫称根型蚜。从 6 月初至 9 月末长达 4 个月均在根部繁殖、危害。雌蚜以孤雌胎生生殖方式繁殖 10 余代，每头雌蚜可繁殖 50~70 头，适宜时会产生有翅雌蚜爬出土面向外迁飞扩散。到秋季，1 株高粱上可达数百头，甚至上千头。

由于天气渐冷不利根型蚜生存，这时就产生有翅的性母蚜，从根部的蚁道中爬出来，在温暖无风的下午或傍晚飞往背风向阳的榆树中，群集飞翔，有时数量很大。9 月末 10 月初，有翅性母蚜飞到榆树皮缝中产生性蚜，即产生雌、雄两性蚜虫，有性蚜无翅，口器退化，不取食，交尾后每个雌蚜仅产卵 1 粒，母蚜尸体盖在卵的外面。有时卵量很大，密集在榆树皮缝隙中。

越冬卵主要产在有 4 年以上树龄的老树皮裂缝里，一般卵死亡率在 30% 左右。根型蚜危害高粱根部，通常在 5~15cm 处，最深可达 30~50cm 深处的须根。当受害根枯死，或根蚜拥挤时，又能爬迁到其他根系上危害。

（五）防治方法

根蚜的危害与第一寄主榆树的距离有关，一般距离榆树远的地块，边垄和地头的高粱受害比地中间垄重一些。因此，首先要杀灭榆树上的卵和干母。当卵开始孵化、干母出现 1~2d 时，用 40% 乐果乳剂 500 倍液集中喷榆树，杀死卵和干母。对已经形成的虫瘿和秋季榆树上产生的性蚜，应适当加大药剂浓度。防治根型蚜时，用乐果乳剂 1 000~1 500 倍液，或用 40% 乐果乳剂 0.5kg 加 12.5~15.0kg 硫酸铵肥料，再兑水 250kg 配成毒肥水，于根部坑灌或条灌。此外，采用 3911、灭蚜灵等内吸性药剂地面喷洒或灌根，也有良好防效。

主 要 参 考 文 献

成卓敏，2008. 新编植物医学手册. 北京：化学工业出版社.

东北农业科学研究所高粱蚜防治组，1959. 高粱蚜防治方法. 农业科学通讯（12）：420.

东北农业科学研究所高粱蚜防治组，1959. 高粱蚜的生活规律和发生预测. 农业科学通讯（11）：

380-381.

何振昌，1997. 中国北方农业害虫原色图鉴. 沈阳：辽宁科学技术出版社.

河北省沧州地区农业科学研究所，1974. 蛴螬. 北京：农业出版社

辽宁省农业科学院植物保护研究所，1974. 异丙磷熏蒸高粱蚜虫的研究. 辽宁农业科学（2）：39-44.

林昌善，1963. 黏虫发生规律的研究 I 东北春季黏虫发生与风的关系. 昆虫学报，12（3）：243-261.

林昌善，1964. 黏虫发生规律的研究 V 黏虫季节性远距离迁飞的一个模式. 植物保护学报，3（2）：
　93-100.

卢龙县农林局植保站，1976. 高粱条螟生活习性调查和防治试验初步总结. 植保土肥资料（67）：4-5.

卢庆善，赵廷昌，2011. 作物遗传改良. 北京：中国农业科学技术出版社.

卢庆善，1987. ICRISAT 高粱抗虫育种. 世界农业（5）：22-25.

卢庆善译，1995. 高粱害虫鉴定手册. 国际热带半干旱地区作物研究所.

马世骏，1963. 黏虫蛾迁飞的生理生态学背景. 科学通报（9）：12-16.

农业部全国植物保护总站，1994. 植物医生手册. 北京：化学工业出版社，156-160.

戚佩坤，1978. 玉米、高粱、谷子病原手册. 北京：科学出版社.

乔魁多，1988. 中国高粱栽培学. 北京：农业出版社，297-324.

邱式邦，1963. 颗粒剂防治玉米螟的研究. 植物保护学报，2（2）：123-133.

王蕴实，1961. 高粱蚜（*Aphis sacchari* Zehntner）的研究. 昆虫学报（10）：4-6.

文安县农林局病虫测报站，1978. 高粱穗期新害虫桃蛀螟生活规律的初步研究. 植保土肥资料（6）：
　24-30.

徐培伦，1982. 高粱芒蝇调查研究简报. 云南农业科技（4）：39.

徐秀德，刘志恒，2012. 高粱病虫害原色图鉴. 北京：中国农业科学技术出版.

徐秀德，2002. 玉米高粱病虫害防治. 北京：科学普及出版社.

殷永升，1983. 高粱田间玉米螟发生规律及主要天敌生物学特性. 山西农业科学（12）：18-19.

Dogget H，1987. Sorghum. Second Editiou Published in Association with the International Development
　Center. Canada. 298-327.

Donald G. White，1999 edited. Compendium of com disease. 3rd ed. American Phytopathological Socity，
　St. Paul. ，MN，USA.

Leslie J F，Summerell B A，2006. The *Fusarium* Laboratory Manual. Ames，lowa：Blackwell Professional
　Publishing.

MalcolmC. Shurtleff，1992. edited. Compendium of corn disease. 2rd ed. American Phytopathological Socity，
　St. Paul. ，MN，USA.

Richard A Frederiksen，2000. edited. Compendium of sorghum disease. Second edition. American
　Phytopathological Socity，St. Paul. ，MN，USA.

Tarr，S A J，1962. Diseases of Sorghum，Sudan grass and Broom corn. The Commonwealth Mycology
　Company，Kew，Surrey.

第十五章　高粱生物技术

　　生物技术是近年来发展起来的一项高新技术，是基于分子遗传学、细胞生物学等现代植物科学理论形成的一门包括组织培养、细胞融合、DNA 转导、分子标记等系列技术的应用学科。生物技术是在植物细胞和亚细胞层面，尤其是在分子层面上对植物遗传性状进行修饰和改良的一项接近于定向的分子遗传改良技术。

　　高粱作为农作物的一种，也在生物技术领域进行了许多探索研究。例如，组织培养、基因工程、分子标记等对高粱遗传改良的作用表现出很大的潜力。当这些技术在育种项目的框架内应用时，能够出现新的遗传变异，改良遗传力，加速优良遗传材料的产生。近来，由高粱组织培养产生的新品系已经注册，它具有抗虫性和耐酸性土壤的性状。

　　另一方面，从高粱遗传改良的发展看，常规育种已有很长的历史，并且取得了许多的成就，在可预见的未来还会继续下去。但是，到目前为止还不能简单地说，生物技术对高粱的遗传改良到底能有多大作用？如果有作用，那么生物技术必须在积累的方法中，通过遗传改良得到更多的优良品种。从目前的情况看，可有一个基本的设想，即生物技术不能代替常规育种。育种者面临的主要问题是，缺少足够的和需要的遗传变异性，低的遗传力，以及需要时间来改良的亲本材料和品种。我们的目标是建立这种观点，即生物技术可能有潜在的作用。

第一节　生物技术概论

一、生物技术的概念

　　因为"生物技术"术语涉及非常广泛的科学技术领域，所以很难简明扼要地、准确地给生物技术下个定义。然而，如果用目前人们普遍理解的概念做一说明，即生物技术作为一门新兴的科学技术，具有独特的理论和技术体系，是以生物学为特征和技术体系，即生物学过程的所有反应，包括生长、发育、繁殖、遗传、物质代谢、信息识别和处理、自我调控等，应用于人类生产、生活领域的新型技术。最初，把生物技术界定为四大工程体系：遗传工程（现称基因工程）、细胞工程、酶工程和发酵工程。

　　生物技术的核心是植物基因工程。它是直接从植物的遗传物质——DNA 入手，通过体外遗传操作和基因重组引起性状的变异，利用重组体 DNA 技术育成高光效、强固氮力、品质优良、广谱抗病虫和抗逆境的作物新品种。细胞工程在改良遗传背景较复杂的植株性状上具有较大潜力，是生物技术中最有可能取得突破的一个领域；而组织培养在生物技术中起着承上启下的作用，一方面为基因转导提供适宜的受体细胞，另一方面又为植株再生和性状表达创造必要条件。而且，离体培养技术所取得的新成果又使组织培养成为生物技术中最有希望的研究领域。

二、生物技术的类别

青木伸雄（1994）在《高技术农业与相关设施》一书中，把生物技术分为以下类别：从植物遗传改良的生物技术考量，主要包括组织培养技术、细胞融合技术、原生质体培养技术、转基因技术、分子标记技术、生物反应器、材料技术等（图 15-1）

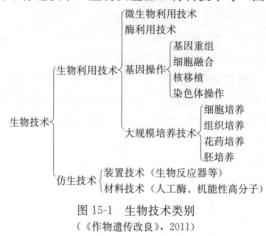

图 15-1　生物技术类别
（《作物遗传改良》，2011）

三、生物技术在作物育种中的应用

生物技术作为一项高新技术，在作物育种中显示了广泛的应用前景。自 1964 年印度首次采用花粉培养使曼陀罗获得单倍体植株以来，全世界有 1 000 多种植物获得花粉培养的单倍体植株，其中，小麦、水稻、玉米、油菜、马铃薯、烟草等作物已育成经花粉培养的优良品种，比常规育种缩短育种年限一半以上。如我国育成的花粉培养水稻品种中花 8 号、中花 9 号等，仅用了三年时间；玉米应用花粉培养，其单倍体经植株加倍后，只要 1 个世代即可获得二倍体纯合自交系，还可通过花粉培养获得稳定的异源附加系、代换系和易位系等。

20 世纪 60 年代以来，我国先后使水稻、玉米、大豆、小麦、谷子原生质体培养植株。1989 年，棉花原生质体培养再生植株获得成功。植物幼胚离体培养已发展成为世界各国作物育种、克服远缘杂交不实性的有效技术之一。通过该技术已获得 30 余个科、100 多个种的远缘杂交后代。

细胞杂交技术为不同种、属优良性状的结合开辟了可能性。1972 年，美国通过原生质体融合，首次获得烟草种间杂种植株。目前，植物种属间体细胞融合的杂种植株有 50 余个。1987 年，美国将野生马铃薯与栽培马铃薯融合，获得抗马铃薯甲虫的杂种植株。同年，日本采用细胞融合技术获得抗除草剂和抗病的杂种烟草。美国和日本应用同样技术获得水稻与稗草的杂种植株。

基因转导技术进展快、应用广。1986 年，美国把萤火素基因导入烟草细胞中。1987 年，又从发光细菌中分离出萤火素基因与根癌菌固氮基因重组，使转基因的植株根部长出良性根瘤，并在暗处发出蓝绿色荧光，固氮能力正常。同年，英国把豇豆负责编码胰蛋白酶抑制剂 CPT 基因导入烟草，从而使烟草具有制造这种酶抑制剂的功能，干扰害虫的消化能力，使其死亡。

1988 年，美国孟山都公司将转导了苜蓿花叶病毒抗性基因的番茄进行田间试验。美国、英国、瑞士等国开始对有关作物导入抗盐碱、抗干旱、抗冷冻等抗逆基因进行试验。统计表明，从 1988 年世界上第一个转基因作物进入大田实验以来，至 1999 年世界各国已累计批准了 4 987 个转基因作物品种进入田间，其中 47 个转基因作物品种进入商业生产。1999 年，转基因作物种植面积达 3 990 万 hm²，产值约 15 亿美元。

我国目前正在研发的转基因作物达 47 种，涉及各种基因 103 种。我国第一个采用的转基因作物是抗黄瓜花叶病毒和抗烟草花叶病毒双价转基因烟草。1996 年以来，我国批准的转基因产品有转基因棉花（转 Bt 棉和转 Bt＋CPTI）、转基因耐贮番茄、转基因抗黄瓜花叶病毒甜椒、抗病毒番茄等。其中抗虫棉（Bt）1999 年种植 16 万 hm²。我国第一个抗除草剂早杂恢复系 G402、抗除草剂中籼同型恢复系 G 密阴 46 及其转基因杂交种、抗螟虫杂交种籼优 63 也先后选育成功。在选育抗黄矮病、白粉病小麦、高油玉米等作物处于国际先进水平。

分子标记技术对解决作物许多重要经济性状，即多基因控制的数量性状育种将会发挥重要作用。因为分子标记是基因型标记，不是表型标记，因此无环境效应。而且，分子标记与其他位点无不利互作，即无多效效应。因此，分子标记作为辅助育种技术得到广泛应用。例如，玉米有丰富的分子标记多态性，而且可根据这些多态性对自交系和杂交种的关系作出评估（Smith 等，1990，1991，1992）。由于检测到玉米丰富的 RFLP 标记多态性，从而促成了玉米分子遗传图谱的构建。

利用分子标记进行基因定位。王京兆等（1995）用 500 个 opcron 引物对水稻光敏核不育（PGMS）F₂ 分离群体进行 RAPD 分析，结果找到了 11 个与 PGMS 基因连锁的 RAPD 标记，定位在第七染色体上。王斌等同样用 500 个 opcron 引物对水稻温敏核不育（PGMS）F₂ 分离群体进行 RAPD 分析，结果找到了 5 个与 PGMS 基因连锁的多态性扩增物，其中 2 个为单拷贝顺序，定位在第八染色体上。

此外，分子标记在鉴定作物的遗传变异、重组和选择、提高杂种优势、利用外源种质等方面都有广泛应用。

第二节　高粱组织培养技术

植物组织培养（tissue culture of plant）是指在无菌操作下，将离体的植物细胞、组织、器官等外植体在人工营养条件下培养成株的技术总称。

一、花药（粉）培养

（一）花药（粉）培养获得单倍体植株
花药培养又称花粉培养或孤雄生殖。而花粉培养的准确定义应是将处于一定阶段的花粉从花药中分离出来，再进行离体培养。花粉与体细胞比较，其染色体数只有体细胞的一半。例如栽培高粱为二倍体（$2n=20$），其花粉染色体数为 n，为 10。所以把采用这种技术的育种称为单倍体育种。

单倍体在作物遗传、育种中具有特殊作用。首先，当用秋水仙素加倍单倍体形成二倍体就是一个纯合系。这在自交作物育种时可加速纯化，在异交作物杂交种选育时可快速获得纯合自交系。其次，单套染色体不存在显性基因掩盖隐性基因的问题，因此将单倍体用于突变育种将大幅提高育种效率。据 1983 年不完全统计，已有 250 多种植物通过花药（粉）培养获得单倍体植株。

（二）花药（粉）培养获得单倍体的应用

单倍体植株为遗传学和细胞学研究提供了理想的试验材料。如研究单倍体等位基因的表现及其对植物生理学和形态学剂量效应，在研究非同源染色体之间是否发生配对时，单倍体植株都是独一无二和无与伦比的好材料。这些研究可以探明种内染色体的重复水平，是了解物种系统发育的重要资料。单倍体在作物育种中也有许多应用。

1. 自交作物加速纯化　自交作物常规杂交育种，其杂种后代一般需连续自交 5～7 代才能纯合，遗传背景复杂的双亲，其杂种后代纯合需要更多代数。花粉培养得到的单倍体，加倍后即为纯合二倍体，其表现型与基因型是一致的，从表现型上就很容易区分不同的基因型，只要 1 个世代，因此可大幅提高育种效率（图 15-2）。

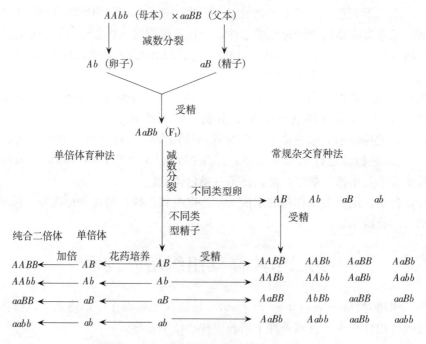

图 15-2　单倍体育种法提高选择效率图解
（《植物组织培养技术》，2000）

2. 异交作物快速获得纯系　异交作物如玉米杂交种可大幅度提升产量，前提是必须得到纯合自交系。采用常规法要多代自交，花费大量时间、人力、物力。而采用花粉培养单倍体，加倍后即可获得纯合的二倍体自交系。大幅缩短了杂交育种的年限。

3. 可获得异源附加系、代换系和易位系 作物远缘杂交后回交再行花药（粉）离体培养，经加倍后可形成异源附加系、代换系和易位系等各种重组体，使有用的异源基因、染色体片段或整个染色体转移到栽培作物里。例如，水稻花粉培养品种中花 8 号和中花 9 号是利用带有抗稻瘟病 Pi-Z$^+$ 基因的籼粳杂种取手 2 号与高产栽培稻京系 17 杂交，回交后对 F_1 进行花粉培养育成的抗病、高产新品种。

二、胚 培 养

（一）成熟胚培养

高粱胚培养做的较多。Bihaskaran S.（1983）报道了高粱成熟胚培养，进行愈伤组织的耐盐性和耐铝性筛选，获得再生植株。Murty U. R.（1987）、Hagio T.（1987）均做了高粱成熟胚培养，并利用愈伤组织分化成再生植株。

胚培养可使产生的再生植株发生变异，作为变异源再进行筛选。胚培养还用于远缘杂交。由于远缘杂交的生殖隔离和不亲和性，使受精过程不能正常进行。虽然偶尔也能受精成功，但因其胚乳发育不良，或胚与胚乳间的不调和性，常使胚在早期败育。在这种情况下，如果将早期发育胚离体培养，则可能培养成株，使远缘杂交获得成功。这也称为"胚抢救"。例如，高粱与玉米杂交（James，1976）、高粱与小麦（Lauria，1988）杂交都有杂种胚培养成功的事例。

（二）未成熟胚培养

未熟幼胚培养也称幼胚培养。幼胚培养有 3 种明显不同的生殖方式：一是进行正常的胚发育，维持其胚状生长；二是在培养后快速萌发成幼苗，而不进行胚状生长，即早熟萌发；三是胚在培养基中发生细胞增殖形成愈伤组织，由此再分化形成多个胚状体或芽原基。通常胚愈小培养难度愈大，而且由于早熟萌发现象，结果产生一些畸形、瘦弱的幼苗。因此，幼胚培养最佳胚龄、培养条件的确定至关重要。

马鸿图等（1985，1992）采用 Tx2762.401-1 等 20 个高粱基因型，取授粉后 9～12d 的幼胚接种在 MS 培养基上离体培养，结果分化出 158 个再生苗（R_0），分化再生苗幼胚率最高达 51.9%。这些再生植株大部分生育和结实正常，但有 15.2% 的变异株，表现有白化苗、植株形态异常、生长发育迟缓、结实率降低，以及混倍体等。在 R_0 表现为正常植株的 R_1 后代里产生了植株矮小和不结实 2 种突变体。

矮种突变体的株高幅度 0.5～1.2m，正常 401-1 的株高为 2.8m，突变体茎秆直径只有正常 401-1 的 1/2；叶片也变得窄短，宽 5cm，长 30cm；花序变小，籽粒千粒重仅 15 g，而正常 401-1 为 32 g；突变体的细胞变小，如饱满花粉粒的体积只有正常 401-1 的一半。据此初步断定，这种矮株突变是由于控制细胞大小的基因突变所致。这种突变体植株生育进程正常，花粉发育和结实也正常。

此外，还产生了结实性突变。在一个 R_1 穗行里，出现了 25% 的不结实株。不结实株本身不能繁殖，而可以通过杂合体在其后代不断产生不能结实的植株。

幼胚 AA $\xrightarrow{突变}$ R_0（Aa）$\xrightarrow{自交}$ R_1（AA：Aa：aa=1：2：1）aa 为不结实性突变体。

aa 为不结实性突变体，杂合的 Aa 自交后产生的后代又有 1/4 的不结实株。不结实突变体植株形态正常，小穗和花器形态正常，雌、雄蕊大小，羽毛状柱头，花药大小、颜色、花粉粒大小和饱满度均正常。然而，不结实突变体植株无论是套袋自交，还是人工授粉，或是自然开放授粉，均不结实。有时偶尔结几粒或几十粒种子；而正常植株每穗至少结 2 500 粒左右。初步断定可能是突变基因型 aa 植株产生了某种抑制受精机制或雌性不育造成不结实。

Wolfgamg、Wermickle 等（1980）也用高粱幼胚作材料，成功地获得高粱再生植株，并指出禾谷类作物不同于双子叶作物，培养的细胞来自十分幼嫩的组织，全能性的细胞只在叶缘和叶鞘部分。

（三）幼胚小盾片培养

采用幼胚小盾片培养再生植株成功的报道较多。Gamberg（1977）采用授粉后 12～13d 的幼胚小盾片培养的愈伤组织获得再生植株，并有叶形变异和不育株出现。Homes 和 Dunstam 等（1979）对幼胚小盾片愈伤组织形成再生植株的途径研究表明，有 2 种植株再生途径，即芽原基发生和胚状体发生。

郭建华（1989）利用 10 个高粱品系和 10 个杂交种作试材，对幼胚小盾片愈伤组织进行诱导，并对其再生植株性状的变异进行了分析研究。结果表明，高粱最适宜接种培养的幼胚小盾片是授粉后 12～13d，幼胚长约 1mm。不同高粱基因型在相同培养基中对诱导的反应能力不同。1836 和 1836×熊岳 191 再生株系（F_2）的生育期、株高、穗型、穗长、粒色、粒重和育性等性状都发生了一些变异。株高明显变矮，5 个株系平均株高 92.28cm，较母本矮 171.27cm，较父本矮 14.57cm，分别达极显著和显著标准。5 个株系平均比亲本早抽穗 10 d。1836 再生植株（F_2）的平均穗长 20.33cm，比亲本穗长多 1.11cm；半不育株占 1.49%，全不育株占 0.54%；千粒重平均 21.6g，比亲本多 1.46g，差异不显著。

籽粒品质分析和同工酶分析表明，1836 再生植株（F_2）蛋白质含量显著高于亲本，单宁含量显著低于亲本，赖氨酸含量变异幅度为 0.26%～0.44%，平均 0.358%。籽粒的酯酶、过氧化物酶的带数与亲本基本相同，细微的差异表现在酶带的峰高和峰宽上各有不同。1836×熊岳 191 籽粒酯酶谱带有的表现为父本的谱带，有的表现为母本的谱带。

三、胚乳培养

胚乳细胞是三倍体，由它培养的再生植株也是三倍体。因此，在作物育种中可用胚乳培养技术，代替用四倍体与二倍体杂交形成的三倍体植株。

四、其他外植体培养

（一）幼叶培养

韩福光等（1995）通过高粱幼叶培养，胁迫诱导变异筛选耐盐品系。取近生长点 1cm 的幼叶切成 1～2 mm 的小段，打开叶卷置于 MS+2,4-D 2mg/L+1‰NaCl 的固体培养基上培养。把继代 1 次的愈伤组织置于 MS＋IAA 0.17mg/L 培养基，待再生苗生根后移于蛭石中过渡 2 周，再移栽土中，获得再生植株和种子。种子分别置于 NaCl 浓度为 0、1.0％、1.5％、2.0％和 2.5％的溶液中，温度为 25℃±2℃下发芽，调查发芽率、盐害指数和耐盐性。

在 MS＋1.0％NaCl 胁迫下培养高粱幼叶组织，获得了 232B 衍生系 R_3 代。经田间和实验室鉴定，R_3 植株性状、生育期及籽粒品质均有明显变化。盐害指数下降，耐盐等级提升。在 1.0％NaCl 水平上，R_{3-11} 和 R_{3-8} 的盐害指数分别比原亲代 R_0 下降 28.1％和 13.1％，耐盐等级分别提高 2 个和 1 个等级。

不同基因型的愈伤组织诱导率是不同的，亲本与其杂种之间的诱愈率无相关性（表 15-1）。再生植株数与诱愈率高低关系不明显。

表 15-1　高粱幼叶在添加 1％NaCl 的 MS 培养基上的诱愈率
（韩福光等，1995）

试材	诱愈率（％）	再生植株数
421A×矮四	20.0	0
421B	25.0	0
622A×晋辐 1 号	20.0	0
622B	10.0	0
214A×矮四/5-27	100.0	0
214B	60.0	0
矮四	20.0	0
232A×85085	50.0	0
232B	80.0	2

（二）种子培养

Smith R. H.（1985）采用高粱品种 RTx430、BTx623、B35 等 10 个基因型种子在 MS 无机盐液体培养基上培养，并进行耐旱性筛选。在添加不同浓度 PEG（葡聚糖）上，其愈伤组织全部同时开始分化。田间鉴定结果显示，RTx430、RTx7078、RTx7000 和 BTx623 从发芽至开花前为耐旱；而开花后，除 RTx430 外，其他 3 个品种耐旱性表现一般或较差。在发育后期田间干旱条件下，B-35、1790E 最耐旱。各品种内的统计分析表明，PEG 浓度增加引起的生长量差异是极显著（$P<0.01$）的（表 15-2）。

表 15-2　10 个高粱品种开花前、后的田间耐旱性等级
（Smith，1985）

物候期	等级					
	极耐	很耐	耐旱	一般	很差	敏感
开花前（田间早期干旱）		BTx623	RTx432	1790E	B35	BTx378
		RTx7000				BTx3197
		RTx7078				R9188
		RTx430				

（续）

物候期	等级					
	极耐	很耐	耐旱	一般	很差	敏感
开花后（田间晚期干旱）	B-35	1790E	RTx430	RTx7078	BTx623	BTx378
			RTx432		RTx7000	BTx3197
			R9188			

（三）幼穗培养

与其他外植体培养比较，幼穗培养诱愈率高，生长速度快。Brettel（1980）培养出幼穗诱导的再生植株。卫志明、许智宏（1989）利用幼穗培养获得的愈伤组织成功地进行了高粱原生质体培养。取 2cm 以下的幼穗，切成 3 mm 小段接到含 2mg/L 2,4-D、0.2mg/L KT、6.0%蔗糖和0.5%活性炭的 C_1 培养基上。继代 3 次（15 d/次，2,4-D 和 KT 减半），之后进行液体悬浮培养，并进行原生质体分离和培养。酶液成分：3%纤维素酶、0.5%离析酶、0.1% 果胶酶、7mmol/L 的 $CaCl_2 \cdot 2H_2O$、0.7mmol/L 的 KH_2PO_4、0.6mol/L甘露醇、pH 5.7。液体浅层培养，培养基为 KSP，25℃暗培养。4～5d 后产生第一次细胞分裂，进而获得再生植株。这项研究开创了高粱幼穗培养，继之原生质体培养成功的先例。在此之前，也有人进行过高粱原生质培养的研究，如 Brarl（1980）、Karanaratne（1981）等，他们只得到了形成一次分裂的细胞团，并未得到再生植株。

五、组织培养技术的应用

组织培养技术在作物育种中具有广泛的应用潜力和前景。

（一）胚培养的应用

1. 远缘杂种胚培养，使其发育成植株　远缘杂交常得到发育不全、无生活力的种子，一般不能形成植株。如果进行杂种胚培养，有可能形成杂种植株，进而得到远缘杂交的后代。这一技术又称为"胚抢救"。Laibach（1928）首先在亚麻属的种间杂交（*Linmm perenne×L. austriacum*）中采用杂种胚培养技术。之后，在番茄种间杂交，大麦与黑麦，小麦与野麦等属间杂交，十字花科大白菜与甘蓝、白菜与萝卜等属、种间杂交中，采用胚培养也都获得成功。李浚明等（1941）用普通小麦农大 146 作母本，簇毛麦作父本，经有性杂交及其幼胚培养，成功获得了杂种再生植株。

2. 胚培养可打破种子休眠期　有的植物种子休眠期很长，如鸢尾（*Lris*）的种子在自然环境条件下需 3 年解除休眠。采用种子胚培养，几天后就可长成幼苗，大大缩短了育种年限。

（二）子房培养的应用

Zenktelet（1967）采用试管受精法，克服了石竹科内远缘杂交的不亲和性。在异株女娄菜（*Melandriarn albumx × M. rubrum*）种间杂交中，及异株女娄菜与 *Selena schefta* 属间杂交中，采用离体子房培养、人工授精的技术，使受精过程正常进行，并发育成良好的胚。然后取出胚离体培养，获得了开花的 F_1 再生植株。

（三）脱毒、 快繁和种质保存

1. 脱毒　通过组织培养可以脱去病毒，还可脱掉某些细菌。这对于园艺作物和某些靠营养繁殖的作物是非常重要的。例如，马铃薯脱毒种薯。由此获得的脱毒后代可大幅提高产量。

2. 快繁　通过分生组织培养可快速繁殖有经济价值的作物，如花卉、药材等。有些植物采用组织培养技术，一年可生产 $10^6 \sim 10^7$ 个植株。如广西壮族自治区用快繁技术繁殖甘蔗苗，比常规法提高效率1 000倍以上。由此法产生的植株通常整齐一致。

3. 种质保存　采用组织培养技术保存植物种质。如在荷兰，所有甜菜的种质资源均是采用这种方法保存的。

第三节　基因转导技术

一、转基因技术简述

（一）植物转基因工程的定义和发展

1. 定义　植物转基因工程是现代分子生物学和细胞生物学研究高度发展的产物，是分子生物学和遗传育种学的桥梁。转基因工程就是按照预先设计好的生物工程蓝图，把需要的一种生物目标基因转入需要改良的另一种生物细胞里，使目标基因在后代里得到表达，产生其所控制的性状，成为新类型。如果拟改良的生物为高等植物，则应使该生物再生出完整的植株。转基因工程的产生，标志着现代遗传学和育种学已发展到定向改良生物的新阶段。

2. 发展阶段　美国斯坦福大学生化系主任 Berg 用 SV40 和人 DNA 在体外组成第一个重组 DNA，建立起转基因工程。之后，转基因工程获得了快速的发展，技术上不断创新和政进，在许多技术上取得了重大突破。1983 年，首先获得了转基因烟草。

转基因工程大体经历了两个发展阶段：第一阶段是以大肠杆菌或酵母菌作为受体的重组 DNA 技术阶段，其特点是采用原核生物的细菌或真核生物单细胞的酵母为受体。第二阶段是以植物原生质体或外植体为受体，利用重组 DNA 分子技术，培育出转基因植物，如抗病的烟草、抗虫的番茄、抗除草剂的大豆等。

（二）植物转基因技术研究成果

1. 抗逆性转基因研究成果　抗逆性育种是转基因技术研究的重点，也是转基因研究取得突出成果的领域。抗逆性分为生物抗逆性和非生物抗逆性。

（1）抗病虫性。美国孟山都公司将苏云金杆菌结晶蛋白毒素基因（*Cry* Ⅲ）转入马铃薯育成了抗 Colorado 甲虫的马铃薯。并进一步人工合成 *Cry* IA 基因，转导育成抗棉铃虫的棉花品系。美国 Northrup King 种子公司转导毒蛋白基因 *Cry*IAB，育成抗欧洲玉米螟玉米品种。美国堪萨斯州立大学把抗叶斑病的几丁质基因转入到高粱、水稻和小麦中去，几丁质能产生几丁质酶，可使真菌的细胞壁降解死亡，从而达到防病的目的。

中国农业科学院将人工创建的毒蛋白基因 *Cry*IA、*Cry*IA（c）、*Cry*IB 转移到泗棉 3号、中棉 12 中去，使品种的抗棉铃虫能力提升 90％以上。中国农业科学院棉花研究所选育的转 *Bt* 基因棉花 93R-1、93R-2、93R-6 等，抗虫增产的效果达 20％～40％。中国农业科学院还首次通过转基因技术获得抗青枯病的马铃薯株系。

中国科学院微生物研究所与中国农业科学院蔬菜花卉研究所联合提取病毒外壳蛋白基因，成功地与烟草基因重组，育成了抗两种病毒（TMV 和 CMV）的抗性株系。中国高科技"863 计划"，通过偃麦草与普通小麦的异位染色体转移基因育成高抗黄矮病、白粉病，农艺性状优良的小麦品系。

（2）抗逆境。作物生育的非生物逆境包括干旱、高温、冷凉、盐碱土和酸土等。抗逆境转基因研究在这些方面也取得一些成果。

俄罗斯萨拉托夫农业科学研究所把冰草基因转移到普通小麦中，育成了小麦良种Л-503，其在干旱条件下，产量可达2 700kg/hm²。

在耐高温转导上，国际农研咨询小组（CGIAR）秘鲁马铃薯研究中心用转基因技术，选育耐高温和热带细菌病的马铃薯新品种，生育期只有 60d。

在耐冷凉转导上，日本把细菌的有关基因转移到烟草中，使其由合成饱和脂肪酸改成不饱和脂肪酸，可耐 0℃左右的低温。进而把这种基因转移到水稻、大豆中，其目标是耐 0～10℃的低温。美国新泽西州将北极鱼有关耐冷基因转移到番茄中，其解冻后的果实不发软。

在耐盐碱转导上，美国亚利桑那州立大学、阿拉伯盐水技术公司等研究筛选海蓬子（*Salicornia bigelovii* Torr.），海蓬子是重要的耐盐基因源。中国海南大学将红树的耐盐基因转入红豆、番茄、辣椒中去，获得耐盐株系。

在耐酸土转导上，美国乔治亚大学通过转基因技术，选育出耐酸土的高粱品种，在拉丁美洲的一些国家应用。国际水稻研究所（IRRI）通过转导技术选育的耐酸土水稻品种也在拉丁美洲一些国家种植。

（3）抗农药。目前，利用转基因技术获得的抗除草剂作物有 20 余种，是研究成果最显著的一个领域，如美国的大豆、法国的烟草、瑞士的玉米、比利时的油菜等早已应用生产。抗除草剂转基因的原理是提高作物对除草剂的耐受性，或具有分解除草剂的功能。许多抗除草剂基因已经克隆，主要来自细菌或植物，这种基因带有抗（耐）除草剂的密码。例如，抗膦酸甘氨酸、Sulfonylureas 和 2,4-D 等。

2. 高产优质转基因研究成果 高产转基因的效果不明显，因为产量性状不是由主效基因控制，因此高产性状通过转基因育种难度较大。目前，高产性状通过间接性状来改良，如通过抗性转基因技术弥补。

优质转基因研究成果较多。美国把月桂树月桂酸基因转入油菜中，使菜籽油月桂酸含量高达 40%，已被批准上市。美国威斯康星州一家公司将一种细菌的聚酯纤维基因转移到棉花中，生产出保暖好、不缩水，制布不缩水、易染色、质地如毛料一样的纤维；欧洲研究出转基因彩色棉，已进行大田生产。

澳大利亚花卉基因公司经 10 年研究，通过转基因技术选育出不曾有过的淡紫色康乃馨。荷兰生物学家将查尔酮合成酶（CHS）的反应基因导入矮牵牛中，因该基因能降低CHS 的活性而改变颜色。

黑龙江省农业科学院将野生大豆 DNA 转入栽培种里，育成蛋白质含量高达 48%、抗病毒、高产大豆品种。中国农业科学院采用转基因技术获得硫氨酸含量高的苜蓿株系。通过转移带有高硫氨酸含量或高赖氨酸含量的种子贮存蛋白质密码基因来提高。

美国加利福尼亚州基因实验室将抑制果实腐烂的多聚半乳糖醛酸酶反义基因转移到番茄中，使番茄果实的保鲜期延长数十天，已在美国和日本上市。

二、转基因基本方法和程序

（一）基因转导的目的

基因转导主要有两个目的：一是改变受体的遗传组成，使其产生新的、育种需要的变异性状。二是以研究基因调控为目的，研究外源基因转入细胞后的短暂表达（transient expression），以了解基因的表达水平和表达组织的特性，以及各种启动子、内合子、增强子的功能，而不需等待细胞获得长期稳定的遗传变异。

（二）载体基因转导法

1. Ti 质粒　目前，一般转基因载体大都由某种细菌质粒或病毒担当，其中 Ti 质粒在基因转化中取得较多的成果。Ti 质粒是土壤农杆菌中一种环形 DNA 分子（图 15-3）。Ti 质粒包含 150～200kb，有两个重要区段，1 个为 T-DNA 区，另一个为毒性区。

图 15-3　Ti 质粒及 T-DNA 结构示意图
左：Ti 质粒　1. 毒性区　2. T-DNA 区；右：T-DNA 的结构　Shi 和 Roi 为致瘤基因　Nos 为胭脂碱合酶基因 Ocs 为章鱼碱合酶基因　ξ 末端 25 对碱基序列
（《作物遗传改良》，2011）

据统计，迄今约有 93 个科 331 个属 643 个种双子叶植物种接受农杆菌的感染，在其根茎交界的受伤处产生冠瘿瘤（crown galll）。对遗传转化有重要作用的有根癌农杆菌和发根农杆菌。它们属于根瘤菌科，具鞭毛，为革兰氏阴性杆菌。1975 年，Watson 等和 Schilperoort 等分别研究证明致瘤的功能存在于 Ti（Tumour inducing）质粒上。1977 年，Chilton 等的研究证明植物肿瘤细胞中整合有一段来自 Ti 质粒的 DNA，称之为转移 DNA（T-DNA）。

由于 T-DNA 能够进行高频率转移，而且 Ti 质粒上可插入大到 50kb 的外源 DNA，因此可以利用这种天然的遗传转化系统，将外源 DNA 转移到植物细胞中去，进而利用其细胞的全能胜，通过组织培养，用一个转化细胞再生出完整的转基因植物。Horsch 等（1985）首创根癌农杆菌介导的烟草叶盘转化法，可用不同植物原生质体、悬浮细胞或愈伤组织作为基因转导的受体，可直接用植物的组织块进行转化。迄今，Ti 质粒（农杆菌介导）在遗传转化中占主要位置。据初步统计，由 Ti 质粒法转导成功的植物有 137 种。Ti 质粒转化的优点有四个：一是转化成功率高。二是所转的 DNA 很确定是 T-DNA 左右边界之间的 DNA 序列。三是可转导较大序列 DNA 片段。四是可直接用植物组织进行基因转导，不需用原生质体培养再生植株技术，因而可缩短获得转基因植株的周期。

在植物转基因技术中，利用农杆菌转移外源基因，先要建立起高频率的离体组织培养再生体系，之后要有通过基因工程技术构建的 Ti 质粒上的选择标记、报告基因和目的基因，才能完成农杆菌介导的植物基因转化（图 15-4）。

2. 植物病毒　由于病毒能感染植物细胞，引起宿主中新增遗传信息的表达，所以病

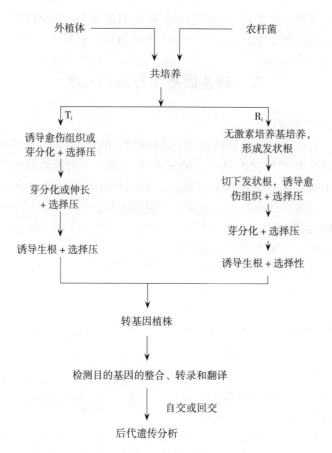

图 15-4 农杆菌介导法转化程序

(《作物遗传改良》，2011)

毒提供了天然转基因的例证。因此，将病毒作为植物基因载体是自然的。现已鉴定了 300 余种植物病毒，分成 25 个类群。在选择有潜力病毒载体时，应关注其生物学特性，包括寄主范围、致病性、机械传染难易、种子传播的百分率，携带外源 DNA 片段的大小等。另一关键点是其遗传物质应能在体外操控，并以具有生物学活性的形式被重新导入植物。这就是说病毒的 DNA 克隆应该是有感染力的。花椰菜花叶病毒（CaMV）就属于这一类。Brisson 等（1984）以 CaMV 为载体，将细菌的二氢叶酸还原酶基因转移到芜菁中并表达，这是以 CaMV 为载体获得的首例转基因植物。Balazs 等（1985）以 CaMV 作载体，将 $NPT\text{-}II$ 基因转移到烟草和芜菁细胞中，使转化的细胞抗卡那霉素。

以病毒为载体的转基因技术，其优点是病毒繁殖率高，即使转录水平低，也可鉴定出外源基因的产物；病毒可由一个细胞转移到另一个细胞，使外源基因迅速布满整个组织细胞，无须进行细胞培养的过程。但其缺点是病毒的寄主范围狭窄，所携带的外源 DNA 都很小，且不能将其整合到植物染色体上，因此很难获得遗传上的稳定性。

3. 类质粒 S_1 和 S_2　Pring 等（1977）在 S 型雄性玉米线粒体基因组中，发现两种双链、线性的附加体 DNA 分子，称为类质粒 S_1 和 S_2。S_1 和 S_2 的两端具有完全相同的 208bp 反向重复顺序，S_1 和 S_2 的 5′ 末端有共价结合的蛋白质，可能是用于启动类质粒的复制和防止核酸酶的降解。由 S 型雄性不育恢复为雄性可育类型时，常伴随 S_1 和 S_2 类质粒的消失和线粒体主基因组的重排，这时线粒体主基因组上新出现的酶切片段与 S_1 和 S_2 有很强的同源性。为利用这种同源性提高玉米原生质体的转化效率，以 *Gus* 基因为通讯员基因。分别构建了带有 S_1 和不带 S_1 的类质粒载体。结果发现，带有 S_1 的载体可提高玉米原生质体转化效率 1 倍以上。

（三）非载体基因转导法

1. 原生质体直接摄取法　Ohyama 等（1972）用大豆和胡萝卜的原生质体与标记的大肠杆菌质粒共培养，发现有 0.6%～2.8%的放射性标记进入原生质体内。Lurquin 等（1977）用豇豆的原生质体与大肠杆菌质粒 pBR313 保温 15min，发现有约 3%的质粒 DNA 进入受体。Davey 等（1980）首次使用 Ti 质粒直接转化矮牵牛原生质体获得成功。被转化的细胞具有章鱼碱合酶活性，激素自主性，并用分子杂交证实了转化细胞染色体上有 T-DNA 序列。

2. 基因枪法　基因枪（gene gun）法又称粒子轰击（particle bombardment 或 biolistics），是指将载有外源 DNA 的钨（或金）等颗粒加速射入细胞的方法。加速的动力是火药爆炸，或高压气体，或高压放电加在粒子上的瞬间冲击。最早由美国康乃尔大学研制出火药引爆的基因枪（Sanford 等，1987）。

基因枪法的特点是没有物种限制，对单、双子叶植物都适用。目前，采用基因枪法成功获得转基因植物的有大豆、玉米、水稻、小麦、高粱、烟草、棉花、菜豆、甘蔗、番木瓜等。Vasil 等（1992）利用基因枪法，把 bar 基因转入小麦的胚性愈伤组织，再生出可育的转基因植株。R_0、R_1、R_2 代植株均对 Basta® 有抗性。用分子杂交检测到 R_0、R_1、R_2 代植株里均有 bar 基因存在。栽培大豆和小麦目前仅用基因枪法获得了转基因植株，其他方法尚未成功。

3. 花粉管通道法　花粉管通道法是指利用花粉管将外源 DNA 导入胚囊进行遗传转化。Hess（1975、1980）用烟草研究，将供体 DNA 用放射性同位素标记，用带有此标记的外源 DNA 浸泡受体花粉后，在这些花粉和花粉管中观察到外源 DNA 的放射自显影。这一结果表明外源 DNA 已进入受体花粉粒和花粉管中，进而利用花粉萌发吸收种内和种间 DNA，然后授粉，由花粉管携带外源 DNA 进入胚囊，使矮牵牛获得花变异后代，转化率为 0.1%。

杨立国等（2004）利用花粉管通道法将含有目标性状的高粱 DNA 导入高粱保持系 ICS12B 的花粉管里。结果在转导的 R_2 代经田间抗蚜鉴定筛选出抗蚜单株。而且 R_2～R_3 代产生性状分离，至 R_4 代趋于稳定。到 R_5 代已选出具有不同目标性状的性状组合，最终选育出保持系 124B，其株高比 ICS12B 降低约 30cm，抗蚜性达 1 级。

4. 电击穿孔法　电击穿孔法（electroporation）是指当电脉冲以一定的场强和持续时间作用于细胞等渗悬浮液时，细胞膜上将产生小孔，孔的数目和大小与电场强度有关。电场消失后，这些小孔常能够关闭。通过这些小孔可进行外源基因转移，甚至细胞融合。

Hauptmann（1987）采用此法对小麦原生质体进行转化，检测到 *CAT* 基因的短暂表达。Zhang 等（1988）、Toriyama 等（1988）分别把 *CAT* 基因和 *NPT*-Ⅱ基因转移到水稻原生质体中去，均得到了有外源基因的再生植株。

三、转基因技术在作物育种上的应用

作物育种的主要目标是提高产量、改善品质和增强抗逆性，转基因技术在这方面均可以发挥作用。

（一）提高产量

对作物产量起作用的基因有几十个，上百个。因此，对这些基因进行转导是不实际的。为解决这一问题，研究者从增加光合效率和固氮作用入手。

1. 光合作用　光合作用的关键酶是 1,5-二磷酸核酮糖羧化酶/加氧酶（简称 Rubisco）。它是生物界最丰富的蛋白质。该酶具有双重催化作用：一在光合作用中与 CO_2 结合起羧化酶的作用。二在光呼吸中与 O_2 结合起加氧酶的作用，因为它与 CO_2 和 O_2 都有亲和力，因此研究的重点是了解羧化酶和加氧酶的作用机制，改变其活性位点的氨基酸，以使羧化作用大于加氧作用，即增加其对 CO_2 的亲和力，以增加光合产物及其积累，促使产量提升。

2. 固氮作用　植物固氮的转基因工程是将细菌中的固氮基因转移到非共生的植物中去，如禾谷类作物。共生固氮涉及根瘤菌和植物两方面。迄今，在克氏肺炎固氮杆菌中，已发现 17 个固氮基因。豆科植物在结瘤过程中，能诱发出 30 多个根瘤特异的根瘤蛋白质，因而使这个系统十分复杂。还有，固氮酶需要嫌气条件才有活性，因此在植物中需要创造出一个嫌气条件，这也有相当难度。因此，采用转基因技术实现固氮作用尚需做许多研究工作。

（二）改善品质

改善品质是转基因技术的重要育种目标。目前，已将一些作物的贮藏蛋白，如 Zein4、Zein5 的基因转入向日葵茎细胞中获得转录产物。用 phaseoline 的基因，7s 贮藏蛋白的 α' 亚基转化模式植物，均取得一定的表达效果。但是，作物的贮藏蛋白通常属于重复的多基因家族，如玉来的 Zein 基因，就有 80~100 个组成。改变某一个基因的效果也许微不足道。此外，籽粒品质并不仅限于蛋白质的改良，如小麦除蛋白质外，还有淀粉和面筋的改良，大麦应考量酿造啤酒有关性状的改良等。

（三）增强抗逆性

1. 抗病性　Beachy 等首先报道了将 TMV 外壳蛋白质导入烟草的再生植株，表现明显抗性，推迟发病或不发病。这种外壳蛋白质还能减轻另一相关病毒的病症。之后，这一技术快速应用到其他作物抗病性育种上，如苜蓿花叶病毒（AIMV）、黄瓜花叶病毒（CMV）、马铃薯病毒 X（PVX）、烟草花叶病毒（TRV）等的外壳蛋白质，在烟草、番茄和马铃薯上表达，从而获得了延迟或不发病的能力。

此外，还利用病毒的卫星 RNA 及弱毒株的基因组转入植物以获得抗病性。但是，弱病毒可能突变成烈性病毒，对一种植物是温和的病毒，对另一种植物就可能是烈性病毒，况且弱病毒也会造成一定损失，因此其应用受到一定限制。

2. 抗虫性　抗虫转基因最成功事例当属比利时 Montagn 等将苏云金杆菌 Bt 基因（制虫蛋白）导入烟草，获得了抗虫性。该转导烟草在温室鉴定时表观对烟草天蛾一龄幼虫杀死效果，此后，*Bt* 基因被转导到番茄、马铃薯、玉米、棉花等多种植物，具有同样的杀虫效果。

3. 抗除草剂　目前，世界上几种主要的广谱性除草剂对作物均有致命的杀伤作用，极大地限制了其应用范围。植物种质资源中缺乏抗除草剂基因，利用转基因技术可以在其他生物种群里找到，特别从微生物中找到。孟山都公司在农杆菌中发现一个编码 EPSPS 的基因，可以不受草甘膦的抑制。克隆这个基因并将其转入大豆中，转化后的大豆具有抗除草剂草甘膦的能力（Jane Rissler，1994）。

抗除草剂转基因玉米已涉及主要除草剂品牌。1997 年，孟山都公司抗草甘膦玉米杂交种，Agr Evo 公司推出抗草胺膦玉米杂交种。针对世界几大种类除草剂都有转基因的抗性品种选育出来。如抗草甘膦（glyphosate）、草丁膦（phosphinothrincin）、磺酰脲（Sulfonylurea）、咪唑酮类、溴苯腈类（bromoxyril）、拿扑净（post）等抗除草剂作物。

第四节　分子标记技术

一、分子标记的概念和种类

（一）分子标记

分子标记（molecular marker）分为广义分子标记和狭义分子标记。广义分子标记是指可遗传的并可检测的 DNA 序列或蛋白质。狭义的分子标记是指 DNA 标记。分子标记是继形态学标记（morphologic marker）、细胞学标记（cytologic marker）、生化标记（biochemical marker）之后，近年不断发展和广泛应用的一种新的遗传标记（genetic marker）。

（二）分子标记的特点

1. 丰富性　分子标记的等位位点变异非常丰富，其数目几乎是无限的，且可涉及全基因组。

2. 高效性　分子标记反映 DNA 碱基序列的变化。在同次分子杂交中，或 PCR 反应中可以检测众多的遗传标记，既可是编码区的变异，也可是非编码区的变异。

3. 转换性　分子标记之间可互相转换，如 RFLP 可转换成 STS，RAPD 可转换成 SCAR 或 RFLP，这种转换使得 DNA 标记的应用更加方便。

4. 稳定性　分子标记不受环境的影响，也不受基因表达与否的影响，因此能对不同时期的不同器官进行检测。

5. 现"中性"　在植物基因组中，碱基序列的变异常发生在非编码区，对生物体的生长发育没有影响，也不影响目标性状的表达。

6. 现"显性"　多数分子标记遗传简单，表现显性或共显性，不是隐性的，因而可以分辨所有可能的基因型，非等位的 DNA 分子标记之间不存在上位性效应，标记之间互不干扰。上述特点使得分子标记被广泛应用。

（三）分子标记的种类

1. 基于 DNA—DNA 杂交的分子标记　RFLP，限制性片段长度多态性。这种多态性是由限制性内切酶酶切位点或位点间 DNA 区段发生变异引起的，是最早研制并广泛应用的一种分子标记（Botstein 等，1980）。

VNTR，重复数可变串联标记。Jeffregs 等（1985）先在人的肌红蛋白中发现了小卫星中心。1989 年，又发现并建立了微卫星系统。通常把以 15～75 个核苷酸为基本单位的串联重复序列称为小卫星，总长度从几百到几千个碱基。以 2～6 个核苷酸为基本单位的简单串联重复序列称为微卫星（microsatellites），或简单序列重复（SSR）。目前，微卫星标记技术可归类于基因 PCR 技术的 DNA 标记。

2. 基于 PCR 的分子标记　PCR，聚合酶链式反应，是 Mullis 1987 年研制的一种体外快速扩增 DNA 序列的技术。单引物 PCR 标记是指在 PCR 反应系统中加入单一的随机或特异合成的寡聚核苷酸引物进行扩增，其多态性取决于引物在不同基因组中互补 DNA 序列位点的有无或位点间 DNA 序列的长度和碱基变异。单引物 PCR 标记主要有 RAPD，随机扩增多态性 DNA；DAF、DNA 扩增指数分析；AP-PCR，随机引物 PCR；SCAR，测序扩增区段等。

3. 基于 DNA—DNA 杂交和 PCR 的分子标记　这类标记是以限制性内切酶和 PCR 技术为前提，将二者有效结合。先对 DNA 酶切，再进行 PCR 扩增，或相反。这类分子标记有 AFLP、扩增片段长度多态性；TEAFLP，三内切酶扩增的限制性片段长度多态性；CAPs，割裂扩增多态性序列。

4. 基于单个核苷酸多态性的 DNA 分子标记　单核苷酸多态性（SNP）是指具有单核苷酸差异引起的遗传多态性特征的 DNA 区域，可作为 DNA 标记。这是因为较普遍的遗传变异是单个碱基的突变，包括单个碱基的插入、缺失和置换等。

5. 基于逆转座子的分子标记　转座子是基因组中可以从一个位点转移到另一位点并进而影响到与之相关的基因功能的可移动遗传因子。转座子分为 DNA 转座子，即从 DNA 到 DNA 的转位，如玉米的 Ac—Ds；另一类转座子在转座时必须以 RNA 为中间产物，按 DNA—RNA—DNA 方式进行，涉及 RNA，故称为递转座子，又称之 RNA 转座子，如玉米的 Bsl。

SSAP，序列特异扩增多态性。其操作原理和技术程序与 AFLP 相似，先用能产生黏性末端的限制性内切酶酶切模板 DNA，然后将酶切片段与其末端互补的已知序列接头连接，所形成的带接头的特异片段作为 PCR 的模板。

IRAP，反向逆转座子扩增多态性。与 DNA 转座子不同，RTN 插入位点是稳定的，呈孟德尔方式遗传和分离。

RIVP，逆转座子内部变异多态性。其操作原理和技术程序与 SSAP 相似。该标记使用在 RTN 内部有切点的限制性酶，选用引物为接头序列特异引物和 RTN 内部保守区序列特异引物。

REMAP，逆转子—微卫星扩增多态性。其检测的多态性是微卫星 DNA 与相邻 RTNs 之间的宿主基因组 DNA 序列长度多态性。该标记需设计 2 个 PCR 引物，一是与 IRAP 相同，即依据 LTR 保守区序列设计的 LTR 特异引物；二是微卫星 DNA 特异引物。

RBIP，基于逆转座子插入多态性。根据逆转座子保守区及 RTN 侧翼宿主 DNA 序列设计引物，通过 PCR 扩增，就可检测到各个 RTN 的 RBIP。该标记为共显性标记，其揭示的是遗传位点上不同的等位状态。这与 SSR 相似，SSR 检测的是小片段 DNA 序列的缺失或存在，而 RBIP 标记既可采用凝胶电泳分析，也可采用点杂交检测。这使得自动化检测成为可能。

综上，各种分子标记的英文、中文名称列于表 15-3 里。

表 15-3　主要分子标记种类

（《作物遗传改良》，2011）

缩写名称	英文、中文名称
RFLP	Restriction Fragment Length Polymorphism，限制性酶切片段长度多态性标记
RAPD	Randomly Amplified Polymorphic DNA，随机扩增多态性 DNA
AFLP	Amplified Fragment Length Polymorphism，扩增的限制性内切酶片段长度多态性
SSR	Simple Sequence Repeat，简单重复序列即微卫星 DNA 标记
SSCP-RFLP	Single Strand Conformation Polymorphism-RFLP，单链构象多态性 RFLP
DGGE-RFLP	Denatiuring Gradient Gel Electrophoresis-RFLP，变性梯度凝胶电泳-RFLP
STS	Sequence Tagged Sites，测定序列标签位点
EST	Expressed Sequence Tag，表达序列标签
SCAR	Sequence Characterized Amplified Region，测序的扩增区段
RP-PCR	Random Primer-PCR，随机引物 PCR
AP-PCR	Arbitrarily Primer-PCR，随机引物 PCR
OP-PCR	Oligo Primer-PCR，寡核苷酸引物 PCR
SSCR-PCR	Single Strand Conformation Polymorphism-PCR，单链构象多态性 PCR
SODA	Small Oligo DNA Analysis，小寡核苷酸 DNA 分析
DAF	DAN Amplification Fingerprinting，DNA 扩增产物指纹分析
CAPS	Cleaved Amplified Polymorphisc Sequences，酶解扩增多态顺序
SAP	Specific Amplicon Polymorphism，特定扩增的多态性
Satellite	卫星 DNA（重复单位为几百至几千碱基对）
Minisatellite	小卫星 DNA（重复单位为大于 5 个碱基对）
MS	Microsatellite 微卫星 DNA（重复单位为 2～5 个碱基对）
SSLP	Simple Sequence Length Polymorphism，简单序列长度多态性
SSRP	Simple Sequence Repeat Polymorphis，简单重复序列多态性即微卫星 DNA 标记
SRS	Short Repeat Sequence，短重复序列
TRS	Tandem Repeat Sequence，单珠式重复序列
DD	Differential Display，差异显示
RT-PCR	Revert Transcription PCR，逆转录 PCR
DDRT-PCR	Differential Display Reverse Transcription PCR，差异显示逆转录 PCR
RAD	Representative Difference Analysis，特征性差异分析
AFLP-based mRNA fingerprinting	基于 AFLP 的 mRNA 指纹分析技术
SSAP	Sequence Specific Amplification Polymorphism，序列特异扩增多态性
RIVP	Restrotransposon Internal Variation Polymorphisms，逆转座子内部变异多态性
IRAP	Inverse Restrotransposon Amplified Polymorphisms，反向逆转座子扩增多态性
REMAP	Restrotransposon-microsatellite Amplified Polymorphism，逆转座子-微卫星扩增多态性
RBIP	Restrotransposon-based Insertion Polymorphism，基于逆转座子插入多态性
SNP	Single Nucleotide Polymorphism，单核苷酸多态性

二、分子标记的应用

分子标记和植物基因组研究是分子生物学的前沿领域，其应用十分广泛，包括基因定位、遗传多样性、分子标记辅助选择、品种纯度检测、杂种优势预测、分子遗传图谱构建等。

（一）分子标记的普通应用

1. 基因的标记和定位 质量性状受主效基因控制，其标记和定位相对简便。而有的质量性状除受主效基因控制外，还受微效基因制约，无法从表现型来判断基因型。寻找与质量性状基因紧密连锁的分子标记可用于分子标记辅助选择，也是图位克隆基因的基础。质量性状基因定位可以已有分子连锁图谱作基础，选择其上的分子标记与目标性状基因进行连锁分析，确定其连锁关系。由此法定位的目标基因与标记之间的距离取决于图谱的标记饱和度。图谱越饱和，所定位的基因与标记之间的距离才越近。

数量性状基因（QTL）的分子标记与定位就是检测分子标记与 QTL 之间的连锁关系，同时估算 QTL 的效应。QTL 定位通常采用 F_2、BC、RIL、DH 等群体。由于数量性状呈连续分布，需要特别方法进行连锁分析。可将高值和低值两种极端类型个体分成两组。对每个 QTL 来说，在高值组中应有较多高值基因型，反之亦然。如果某一标记与 QTL 有连锁关系，该标记与 QTL 必发生共分离。于是其基因型分离比例在高、低值组中均会发生偏离孟德尔定律。用卡平方（X^2）检测这种偏离，就能推断该标记是否与 QTL 存在连锁关系。采用 BSA 法是将高、低值两种极端类型个体的 DNA 分别混合，形成 DNA 池，检测其遗传多样性。在两个池之间表现出差异的分子标记则被认为与 QTL 连锁。

2. 数量性状基因克隆 分子标记为 QTL 克隆提供方便，包括利用对 QTL 有直接效应的 RFLP，以及因插入 RFLP 检测遗传工程所诱发的数量效应。如果与其克隆顺序杂交的等位基因有直接效应，则该有利等位基因很易被克隆。更重要的是，如果发现克隆基因的等位基因突变体控制着经济性状，可采取更直接的操作，如增加拷贝数或修饰控制顺序操纵该基因，也能对经济性状产生影响。

3. 物种或品种及亲缘关系鉴定 由于分子标记很容易检测出 DNA 的多态性，所以通过 RFLP 等分析可鉴定不同的物种、品种。Demeke 等（1992）对欧洲油菜、阿比西尼亚芥、芥菜型油菜、黑芥、甘蓝、萝卜等进行 RAPD 分析，利用 25 个 9～10bp 随机引物扩增，共产生 284 个 RAPD，片段大小为 190～2 600bp；再用 284 个 RAPD 资料进行主坐标分析，所得结果与芸薹属经典的禹氏三角完全相符，并能将欧白芥和萝卜与芸薹属物种区分开。

Williams 等（1990）在玉米和大豆上，Welsh 等（1990）在水稻上进行了 RAPD 指纹图谱构建，其图谱各不相同而相当稳定。利用这些指纹图谱对品种或品系进行鉴定和系谱分析。这些研究为在 DNA 水平上对物种、品种或品系的鉴定提供了一种快捷、简便的方法。

4. 构建遗传图谱 利用分子标记构建遗传图谱是其最主要的应用，而遗传图谱又为作物育种应用打下坚实基础。目前，应用最广泛的遗传作图是 RFLP 图。在玉米、高粱、大豆、水稻、番茄、马铃薯等作物上均已构建起具有相当密度的 RFLP 遗传图谱。

1991 年，Welsh 最先直接利用 RAPD 进行遗传作图，为基因图谱的构建提供了新方法。利用 RAPD 作遗传图谱与 RFLP 作图、重复序列基因组作图相比，不需要事先克隆标记，或进行序列分析。它是直接完成寻找多态性 DNA 标记，并同时完成对这些标记的遗传作图。这使得基因组遗传作图变得容易而且快速方便。与此同时，还可以构建出高密度的分子遗传图谱。

（二）分子标记在遗传育种上的应用

1. 遗传变异性鉴定　在作物品种内，可利用遗传标记确定单株之间的关系。通常，每一品种都有其特定的 RFLP 特征，因此可把它用作特定品种的"指纹"，供商用品种保护。分子标记还可进行自交系的分类。林风等（2004）用 24 份玉米骨干自交系为材料，用 17 个随机引物进行 PCR 扩增，获得了他们的 RAPD 指纹。采取离差平方和法聚类，依据 RAPD 资料将 24 份自交系聚类成 2 个大群 4 个亚群。第一大群由我国长期栽培的玉米品种选育的自交系及其改良系组成，再分成以旅大红骨为基础种质的丹 340 亚群和以塘四平头为基础种质的黄早四亚群；第二大群由从美国玉米带自交系及其商用杂交种选出的二环系所组成，属于 Lancaster 种质，再分成以 Mo17 为核心种质的 Mo17 亚群和以自 330、oh43 为核心种质的自 330 亚群。

2. 遗传多样性鉴定　遗传多样性研究是种质资源研究的主要内容，也是进行遗传改良的基础。在分子标记出现之前，遗传多样性分析主要是形态标记和同工酶标记。形态标记易受环境影响，同工酶标记又有组织和发育阶段的特异性，可供使用的标记是有限的。分子标记能有效克服上述缺点，通过利用共同的分子标记分别对不同种、品种之间进行物理作图或遗传作图，实现基因组的比较分析。例如，Wierling 等（1994）用 RFLP 和 RAPD 分析高粱优良品系的多样性。结果在 RFLP 检测中，75 种玉米探针中的 58 种与高粱 DNA 有较强烈杂交，11 种有较弱杂交，6 种不能杂交。在较强杂交的 58 种探针中，有 46 种至少在 4 种限制酶消化中有 1 种测出多态性，占总数的 61%，几乎全部多态性探针对 1 种以上的限制酶同时是多态性的。在 RAPD 检测中，用 73 种随机引物扩增基因组 DNA，其中 70 种产生扩增产物。有 57 种引物产生清晰的扩增分布型，有 56 种引物产生多态性产物，占 77%。这充分说明 RFLP 和 RAPD 标记均有效地检测出高粱的多态性，RAPD 的多样性百分率高于 RFLP 的。

3. 有利于性状选择　当建立分子标记与目标性状连锁之后，就可以通过标记确定目标性状是否存在。分子标记可在作物遗传育种上进行选择，以至于在该基因控制的性状表现之前就可以选择，这是很有效的。因为在幼苗时就能检测到 DNA 标记的存在，不必等长到成熟。总的来说，通过分子标记选择目标性状，比单靠表现型选择更准确，因为表现型受到基因型与环境互作的影响。如果把分子标记选择与田间选择结合起来，对作物品种选育效果会更好。

4. 分子标记的辅助选择

（1）简单性状的辅助选择。对不能用目测直接选择的性状，如隐性、抗病、虫性状等，可用分子标记进行选择。先将目标性状基因精确定位，其两侧各有 1 个紧密连锁的标记，相距在 0.5cM 之内。然后，选择除目标性状之外其他性状优良的单株提取 DNA，建立指纹图谱，根据标记有无选择单株。

（2）同类基因的累加选择。在功能相同的几个基因中，由于表型一样，无法检测出是哪个基因在起作用。如果能在每个基因附近找到分子标记，就可以通过鉴定不同的标记来区分出哪个基因在起作用。如果想把这些基因积聚到同一个试材中，就可通过分子标记进行选择。

（3）数量性状的辅助选择。数量性状涉及多个 QTLs，各个 QTL 对目标性状的效应不一样，其性质也有差异。因此，要先将 QTL 分类排队，在充分考量 QTL 之间互作的前提下，制作基因型图解，然后根据基因型图解决选试材。

（4）目标性状回交的辅助选择。在回交育种中，常遇到与不利性状连锁的问题。如何避免这种累赘，可以利用与目标性状紧密连锁的分子标记，直接选择在目标性状附近发生重组的单株。例如，目标性状 A 与不利基因 b 连锁，供体亲本基因型为 Ab，可在基因 A 的两侧各定位一个分子标记 M_1 和 M_2，M_2 位于 A 和 b 之间。在回交一代中，只选择 M_1 标记的重组单株，淘汰同时带有 M_1 和 M_2 标记的单株，这样就可以去掉不利基因连锁。

5. 提高杂种优势的应用　杂种优势涉及许多数量性状的加性、显性和上位性效应。分子标记与 QTL 连锁为提高杂种优势提供了一条途径。主要技术环节如下：

（1）采用分子标记划分亲本杂种优势群，并同常规研究相比较、相对应，建立优势最大化的配对模式。

（2）对新选育或引进的材料进行分子标记聚类分析，将其划归到特定的优势类群。

（3）根据配对模式在相应的类群里选择亲本杂交，选育出优良杂交种。上述分子标记操作程序同群体改良相结合具有更大的应用潜力（图 15-5）。

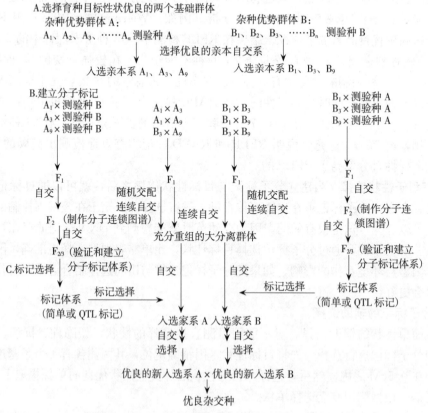

图 15-5　双亲本群体同时改良的分子标记操作程序

（参考 Jean-Maecel 和 Javier，1999）

三、高粱分子遗传图谱

（一）高粱分子图谱简述

把分子标记（一段特定的 DNA 序列）定位在该物种的染色体上或连锁群上的过程，就称为分子图谱的构建，或叫作分子作图（molecular mapping）。

第一个把 RFLP 标记用于植物研究始于 1980 年。最初的分子标记研究主要是构建图谱。第一个高粱分子图谱发表于 1990 年，比玉米、小麦、水稻晚，而且该图谱构建所用探针来源于玉米（Hulbert 等，1990）。

高粱的基因组较小（$n=10$，$C=0.6$pg，约 750Mbp），因此高粱的分子作图发展很快，由此发展起来的物理作图（physical mapping）和克隆图（map-based cloning）也取得了很大进展。表 15-4 列出了部分高粱分子遗传图谱。其中多数图谱是应用 RFLP 标记构建的，其中有 2 张图谱是由 RAPD 标记构建。由于 RAPD 标记稳定性较差，因此研究者更倾向用 RFLP 方法。

表 15-4　高粱分子图谱概况

作者	年份	作图亲本、群体	世代	植株数目	标记数目	覆盖基因组大小（cM）	涉及连锁群数目	分子标记类型
Hulbert 等	1990	Shanqui Red×M91051（Kaoling×zera zera）	F₂	55	37	283	8	RFLP
Whitkus 等	1992	IS2482c×IS18809（ssp. *bicolor* race *bicolor*×ssp. *Arundinaceum* race *Uirgatum*）	F₂	/	92	949	13	RFLP
Binelli 等	1992	IS18729×IS24756（*caudatum — bicolor* ×*durra —caudatum*）	F₂	149	21	440	5	RFLP
Melake Berhar 等	1993	Shanqui Red×M91051（Kaoling×zera zera）	F₂	55	96	709	15	RFLP
Chittenden 等	1994	BTX623×*S. propinquum*（*S. bicolor*×.*S. propinquum*）	F₂	56	276	1445	10	RFLP
Xu 等	1994	IS3620c×BTX623 ［*guinea*×（zera zera×kafir）］	F₂	50	190	1789	14	RFLP
Ragab 等	1994	BSC35×BTX631（ssp. *bicolor*×ssp. *bicolor*）	F₂	93	71	633	15	RFLP
Pereria 等	1994	CK60×PI229828（ssp. *bicdor*）×ssp. *drunmondii*	F₂	78	201	1530	10	RFLP
Pammi 等	1994	S3620C×BTX623 ［guinea×（zera zera×kafir）］	F₂	50	10	/	6	RAPD

（续）

作者	年份	作图亲本、群体	世代	植株数目	标记数目	覆盖基因组大小（cM）	涉及连锁群数目	分子标记类型
Tuinstra 等	1996	TX7078×B35 （bicolor×bicolor）	$F_{5,7\sim8}$	98	170	/	17	RAPD RFLP
Do four 等	1996	S2807×Nbs249，IS2807×Nbs379 （caudatum×guinea）	F_5	110 91	42	248 （?）	3	RFLP

（二）高粱分子作图亲本选择及其群体容量

高粱分子作图一般都采用 F_2 分离群体，杂交亲本选择的原则是亲本间遗传差异大，遗传信息丰富。实际上，种内和种间杂交都用于分子作图的群体。从学者报道的分离比率看，基因型分析表明至少有5%的基因在0.05水平上偏离了分离比率。Witkus 等（1992）在高粱 IS2482C×IS8809 的研究中，分离偏离为5%。Pareira 等（1994）在 CK60×PI229829 的杂交中产生了同样的结果，而且偏离的基因位点几乎全部集中在 B 连锁群上，其中多数是 PI2298219 优势等位基因。

鉴此，有学者主张种内杂交是建立分子作图的最佳选择，因为种内杂交可以大幅度降低遗传偏离和误差。例如，在 Hulbert 等（1990）的研究中，所分析的多数位点均呈 1：2：1 的分离比例，遗传偏差很小。他们选用的亲本有形态学和地理来源上的差异，所提供的多态性足以满足分子作图的需要。

Xu 等（1994）用 175 个高粱低拷贝探针，10 个玉米探针对高粱双色亚种间杂交作图。RFLP 分子图谱有 14 个连锁群，190 个位点，总图距为 1 789cM，其中 10 个大的连锁群基因位点分布有 10～24 个，遗传图距为 103～237cM，基因位点间平均图距 9.3cM，并发现 14 个连锁群中有 8 个连锁存在重复基因位点。

Chittenden（1994）首次报道了完整的种间杂交（S. bicolor×S. prvpinquum）的分子图谱，该图谱由 10 个连锁群组成，这与亲本双色高粱和拟高粱的染色体组恰好一样（图 15-6）。10 个连锁群总计分离基因位点 276 个，遗传图距1 445cM，基因位点间平均距离为 5.2cM，该图中有 3 个连锁群存在 RFLP 重复位点，表明高粱染色体或其染色体片段有远古重复，这一结果支持了高粱属的进化模式，以及高粱染色体有相当一部分重复的论点（Witkus 等，1992）。

Witkus 等（1992）在分子作图中也发现分离偏离的基因存在于一个连锁群（图 15-7），可能与图中的 C 连锁群一致。Pareira 等认为这种偏离基因总是位于一个连锁群的特定区域，表明有生物因素存在。一种可能是有花粉或配子体"致死因子"位于该区域，花粉"致死因子"（killer）或配子体"排斥者"（eliminater）在水稻的远缘杂交中已发现（Sano，1990）。花粉致死因子来源于野生类型。在合子中，雄配子携带地来源于野生亲本的等位基因是发育不全的，因而在连锁中一些基因就表现出严重偏离。PI229829 是野生类型（图 15-7 中从 ISU053-149），而且有偏离梯度。另一种可能是在该区域存在不亲和因子。Kermicle 和 Allen（1990）对玉米和墨西哥假蜀黍的杂交不亲和性进行了研究，报道了偏离的基因位点紧靠杂交不亲和因子。

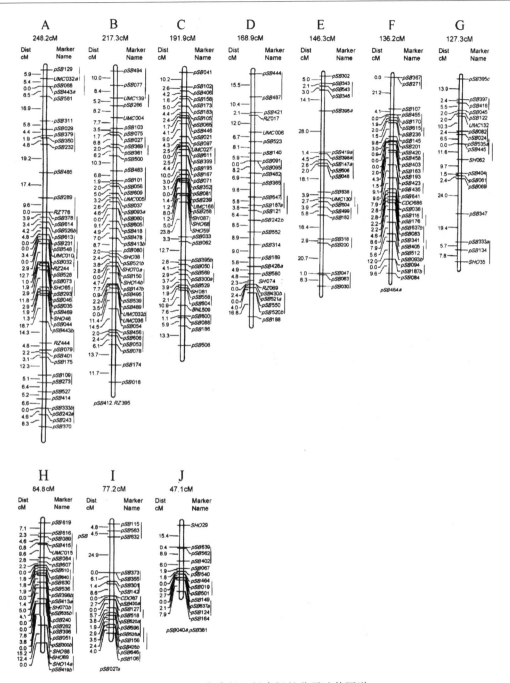

图 15-6　双色高粱×拟高粱的分子遗传图谱

连锁群左侧数字表示遗传距离，右侧表示标记名称，其中，高粱基因组克隆标记名称用 SB 或 SHO 命名编号；玉米基因组克隆标记名称用 UMC 或 BNL 命名编号；水稻和燕麦 cDNA 以 RZ 和 CDO 命名编号。用星号（*）标示者为特殊的双色高粱基因；标记名称后加 a、b、c 者为一样的 DNA 探针在一个以上位点检测出多态性；在 B、F、I 和 J 连锁群下面的 6 个标记与这些连锁群有一定联系，但未能准确地在图中标记相应位点

(Chittenden 等，1994)

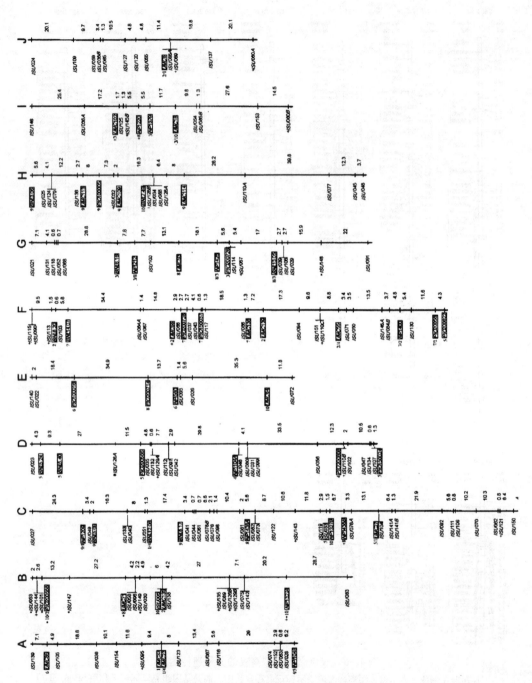

图 15-7 高粱 RFLP 分子遗传图谱

A-J 为 10 个连锁群，共 201 个位点，连锁群右侧数字为相邻基因间的遗传距离（cM），用黑线框标示的基因位点是该基因在玉米染色体上的位置，并以玉米染色体号标出，星号（＊）标记为偏离孟德尔分离比率的位点。（＋）加号为显性基因

(Pareira 等，1994)

关于分子作图群体的容量，在已完成的高粱图谱中，植株数目从 50～149 株。据 Binelli 等（1992）用较长连锁群上的 6 个标记作计算机模拟，发现群体植株数多于 110 株时才能降低取样误差，得到更精确的重组值。但从上述已报道的高粱分子图谱看，多数群体少于 110 株，不过作图效果还比较好。然而，与其他作物，如玉米、水稻、小麦、番茄等相比，高粱分子作图的标记数还是少的。

（三）比较构图

栽培高粱与玉米的染色体数目一样（$n=10$），多数玉米的 RFLP 探针可以与高粱 DNA 杂交。在初期的高粱分子作图中，主要使用玉米 DNA 探针对高粱和玉米基因组进行比较构图，所以有学者认为高粱分子遗传图谱是玉米分子图谱的一大分支（Paterson 等，1996）。许多研究表明，高粱和玉米的分子遗传图谱具有较大的相似性，所以二者之间可以比较。通过比较可以进一步探索高粱的起源和进化等。

Pareira 等（1994）用 CK60×PI229828 与玉米进行了比较构图，结果表明，10 个连锁群，201 个基因位点，总图距 1 530cM 的遗传图谱较好地覆盖了高粱基因组（图 15-7）。这一结果说明高粱和玉米之间的基因位点顺序及遗传距离有很高的一致性。高粱 RFLP 基因位点的排列与玉米比较揭示了基因在进化中的保守性，大多数在玉米基因连锁图中连锁的基因，在高粱基因图中也表现连锁（55 个中有 44 个）；基因顺序也有保守性，在 9 个相对应的片段中，每个片段至少有 3 个或更多的基因位点表现出保守序列。

比较构图还可以产生大量的有关数量性状基因的综合信息，这是一个任何单个群体所不能比拟的。实际上，用一个单独的群体分离并产生等位基因变异是不可能表达全部的遗传位点和复杂的表现型的，即使能产生这样的群体，在这种小的群体中与数量性状相关的大量因素也是模糊不清的（Paterson 等，1988；Lander，1989）。比较构图在处理复杂性状遗传分析中的用途表明，它不仅能用来比较分类上不同物种的符合度，而且能检测出同源染色体片段上的一些数量性状基因。

Lin 等（1995）和 Pareira 等（1994）的研究表明，与高粱株高数量性状基因相关联的 8 个遗传片段，其中 5 个与玉米的株高变异有关联。玉米 8.05～8.07 染色体区段以及它的同源区段 3.08～3.09 是数量性状区段。在多数情况下，9 个株高数量性状基因以及 3 个不连续的株高变异 ct1，dcs17、sdw1 都聚集在 8.05～8.09 区间；4 个株高数量性状基因也与 3.08～3.09 区段有关。

在高粱上，无论种内（Pareira 等，1994），还是种间（Lin 等，1995），群体株高数量性状基因（$Ht\ AvgA_1$，$Ht\ Avg\ C_1$，$Ht\ MG_2$）都与玉米的上述两个区段相一致。Lin 等（1995）比较构建了影响高粱、玉米株高和开花期的同源基因组图谱（图 15-8），图中表示出高粱和玉米在这个性状上的同源性，以及高粱和玉米数量性状基因的重复。

（四）表现型和特征特性构图

分子标记及其分子图谱的重要贡献之一就是能够鉴别与重要农艺性状相关的标记，从而使育种者在育种中进行更有效的选择。高粱分子图谱建立后，很快转入重要农艺性状的分子标记构图。株高和熟期是 2 个重要的农艺性状，是关系到生产潜力和有效利用温、光

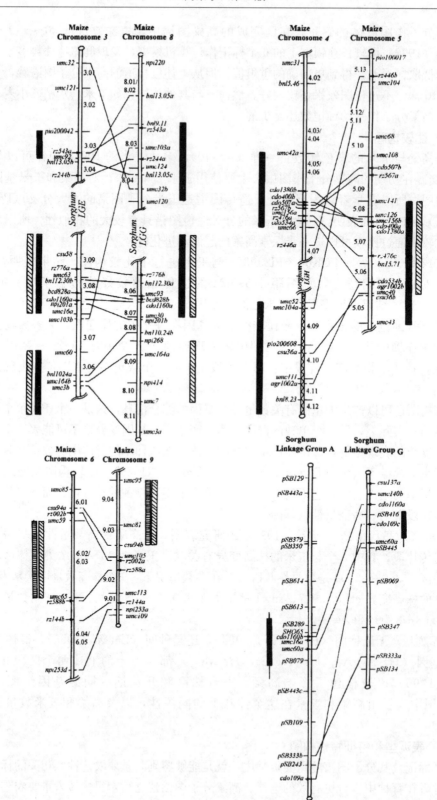

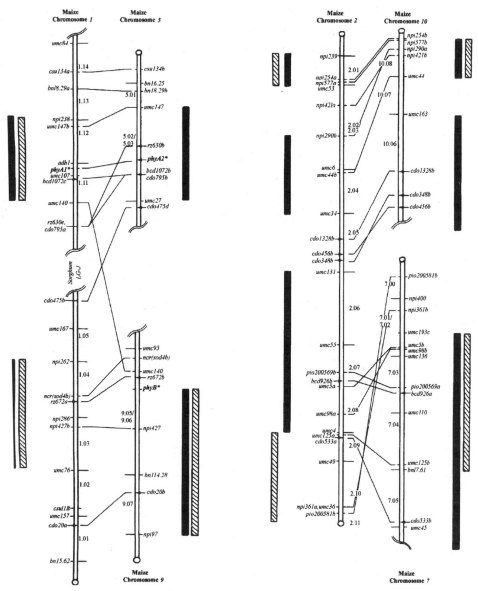

图 15-8 影响高粱、玉米株高（■）和开花期（◩）的同源基因区段图谱

○端粒大概位置　　〰染色体重排可能的断裂点

（Y. R. Lin 等，1995）

资源的关键性状。由于多数高粱种质资源来自热带地区，因此这些高大、晚熟的材料在温带不能有效地利用。

为了使这些资源能够适应温带条件，从 20 世纪 60 年代开始，美国实施了热带高粱种质转换计划。转换后的高粱转换系与热带种质有 96％ 的基因是同源的，而温带种质只有控制株高和熟期的基因存在于转换系中。株高和熟期分别由 4 个基因位点控制（D_{W1}～D_{W4} 和 M_{a1}～M_{a4}）（Quinby 和 Karper，1945，1954）。

在双色高粱杂交中，RFLP 分子标记（Pareira，1994）已检测出 1 个株高数量性状基因，初步认为它属于 D_{w2}。在双色高粱与拟高粱的杂交中，RFLP 标记发现转换位点（株高和熟期基因）位于连锁图中的株高和熟期相邻区域（Lin 等，1995）。该研究还发现，6个株高和 3 个熟期的数量性状基因以 7 种不同的交互方式分布在 6 个不同染色体上。在 D 连锁群中，9 个高粱转换系在这一区域全部得到标记，而且这些标记恰好与株高和熟期数量性状基因相重合（图 15-9），这可能更有利于解释"转换位点"所在区域。从分子标记和遗传分析看，作者认为位点是 D_{w2} 和 M_{a1}。此外，这一区域也正好是株高基因 Ht Avg1 DNA 标记最密集区域，但没发现新的转换标记。

在多数禾本科植物中，开花习性为有限顶端生长，熟期晚通常与增加株高关联，在高粱数量性状构图中（图 15-9），D 连锁群里一个很小的区段可以概括 54.8％的株高变异和 85.7％的熟期变异，G 连锁群则分别为 6.7％和 4.2％。从双色高粱与拟高粱的构图结果看，这些数量性状基因的连锁可以有效地解释株高和熟期的相关性，而且特殊的数量性状基因区段对这两个性状均有影响。

Lin 等（1995）在研究高粱株高和熟期性状的同时，用 78 个 RFLP 探针对 9 个高粱转换系进行标记（图 15-9）。结果表明，22％的 RFLP 位点显示出转换标记。在种间杂交群体中，9 个株高和熟期性状基因的 7 个与转换系基因相符合。数量性状基因的效应值与转换频率紧密相关。

基因图谱位点的分子标记在高粱改良中十分有用，要 12 个世代才能完成的高粱转核育种可能被 DNA 标记取代。目前，抗蚜、抗螟虫、抗干旱等性状的 DNA 标记研究正在广泛开展，标志着高粱育种将进入一个崭新的时期。

（五）基于分子标记的高粱进化和分类

分子标记，特别是 RFLP 和 RAPD 提供了方便有效的方法来研究阐明高粱系统发育的关系，至少在 3 个方面 DNA 标记提供的信息是十分有价值的：一是种质资源的相互关系；二是品种的鉴别；三是选择基因渗入的亲本或组配最强优势的杂交种。在高粱上，分子标记鉴定品种和种质资源均有报道。孙毅（1996）利用 DNA 碱基顺序对全部 5 个高粱亚属的代表种进行了分析，认为拟高粱、约翰逊草和双色高粱种的埃塞俄比亚高粱族与栽培高粱亲缘关系最近，具有完全相同的转录间隔子（ITS）碱基顺序。Chittenden 等（1994）在用 RFLP 构图中，用 7 个 DNA 探针对上述 3 个高粱的 RFLP 构图中，双色高粱有 13 个限制性片段，拟高粱有 16 个，约翰逊草有 25 个。双色高粱其中的 4 个与约翰逊草是共有的，2 个与拟高粱是共有的。认为双色高粱与拟高粱是远古同一先祖的后代，约翰逊草则可能是双色高粱与拟高粱杂交而来的多倍体。

四、高密度分子遗传图谱的构建

构建高密度分子遗传图谱是发挥高效的分子标记辅助选择的基础，也是对基因组研究的条件。分子标记与目标性状基因的距离越近，连锁强度越强，则间接选择的效率就越高。

（一）建立标记群体

构建遗传图谱是要找到与目标基因紧密连锁的分子标记。这就需要位于同源染色体上位点之间的交换与重组，交换的频率越低，位点之间的距离就越短。基因间或标记间的遗传距离用图距单位 cM（厘摩）表示，1cM 大体相当于 1％的重组率。

1. 杂交亲本的选择及其配制 亲本选择适当与否关系到图谱构建的难易及适用范围。一般来说，亲本目标性状的分歧程度要尽量大，亲本间总 DNA 多态性要尽量多；还要兼顾与生殖率、生活力有关的性状与目标性状是否连锁，以避免由此造成后代分离出现较大偏离而改变重组率。例如，亲本是否严重感染毁灭性病虫害，后代育性是否正常等。

组合配制的关键是要保证作图群体来自同一个 F_1 群体，即使后代群体由一次杂交产生的一粒种子衍生而来。由同一个 F_1 代个体衍生的后代在每一位点上只会产生一次分离，高粱、玉米单穗上粒数可达上千粒或几千粒，能够满足大多数作图对群体数量的要求。如果一定要用几个 F_1 衍生后代时，则需将不同 F_1 个体及其子代分开保存、种植和分析，最终根据结果决定取舍。

2. 群体类型的选择 选用一个杂交组合构建同一份遗传图，可采用不同的作图群体。

杂种 2 代或 3 代群体（F_2 或 F_3）。一般作物的 F_2 群体容易构建作图，需时短，可用于各种作图目的；缺点是每个 F_2 单株可提供 DNA 材料少些，很难作连续性或规模较大的研究。解决的办法是用 F_2 家系的若干个体 DNA 混合系代表 F_2 亲代个体的基因型。F_3 代家系的个体数要达到一定标准结果才可靠。

回交群体（BC）与 F_2 群体类似，构图容易，但可取的材料少，属于暂时群体。此外，回交群体的配子类型简单，统计容易，提供的信息量也少。

双单倍体群体（DH），是通过 F_2 分离群体诱导单倍体加倍产生的群体。群体内个体基因型高度纯合，可以长期保存，大量取材，适宜长期和连续性作图研究。

重组近交系（RIL）群体，是由 F_2 开始在群体里随机选择个体，连续多代自交构成的群体。RIL 群体内个体基因型基本纯合，处于稳定状态，可以大量取材，长期使用，是一种永久性作图群体。这种群体的缺点是耗时长，但在多代自交中同源染色体的重组概率增加，使分子标记定位更加精确，适合于高密度图谱的制作。

（二）选择分子标记类型

分子标记类型已有 30 余种，均有各自的优缺点。在选用时，不仅要考量建立分子标记体系的难易，还要看操作是否方便、快捷、费用低。在分子标记中，以 RFLP 标记应用最广。它的特点是多态性丰富，检测效率高，结果稳定可靠，标记性质为共显性，易于区分杂合体和纯合体；缺点是费用高，常需要同位素。RAPD 标记的特点是建立和应用标记体系均简便、快速、费用低；缺点是重复性差，较难建立辅助选择体系。

AFLP 标记通常是兼有 RFLP 和 RAPD 的优点，能提供更多的多态性信息。但是，AFLP 需要较多的仪器设备，建立和应用标记体系比较费时、费用高。SSR 标记建立体系时费用低，但由于其技术的基础是 PCR，只要标记选择体系建立起来，就很容易在作物遗传育种上应用。

总之，分子标记作图常用的还是 RFLP 标记，其次是 SSR 标记。近来有人建议先建立 RAPD 标记图谱，之后通过直接测序转化为 SCAR 标记（Hernanderz，1999）。这样做的优点是既免去了分子杂交的烦琐，又省去了费时、费钱的克隆步骤。

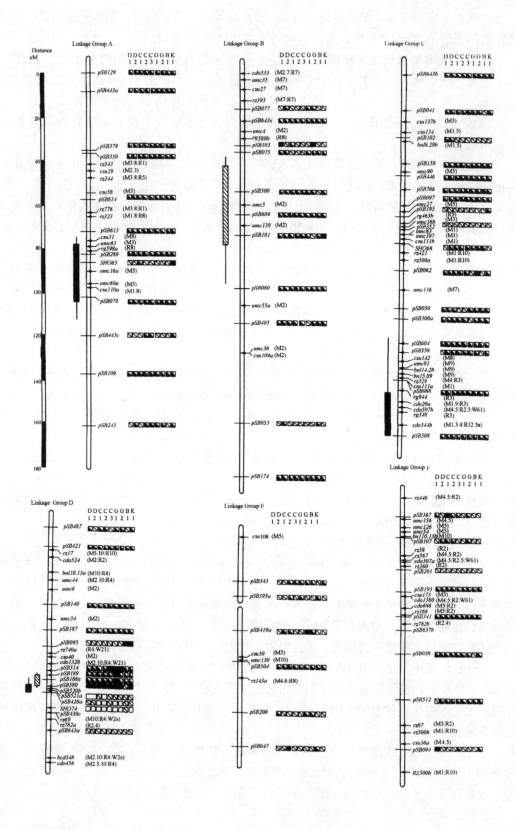

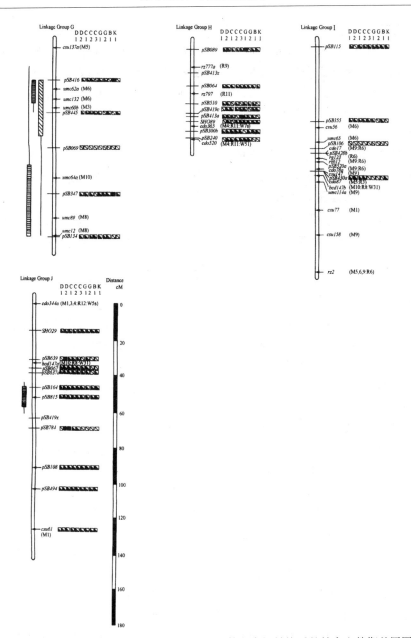

图 15-9　影响 *S. bicolor* × *S. propinquum* F₂ 群体和高粱转换系的株高和熟期基因图谱

黑白相间的竖标表示遗传距离，单位为 cM。箭头所示的 DNA 标记（Chittenden 等，1994）是用相同组合产生的标记位点推测在本图中的位置。顺延连锁的不同图形的长方条标识表示数量性状基因位点 90％（1-200）的可靠性区间，从长方条标识延伸的线条，表示 99％（2-200）数量性状区域可靠性。9 个转换系分别表示为 D₁、D₂、C₁、C₂、C₃、G₁、G₂、B₁、K₁。D₁ 为 IS12553（durra），D₂ 为 IS1221（durra），C₁ 为 IS2801（caudatum），C₂ 为 IS12661（caudatum），C₃ 为 IS3071（caudatum），G₁ 为 IS7419（guinea），G₂ 为 IS7254（guinea-caudatum），B₁ 位 IS12526（bicolor），K₁ 为 IS2508（Kafir-caudatum）。在下方相应的方格里，■■-表示主茎、最高和最矮分蘖的平均株高；▤-表示主茎株高；▨-主茎和前 4 个分蘖的平均开花期；◩-前次开花期；▱-表示有多态性，但未转换；▨-表示无多态性；■-表示已转换。

与玉米（M）、水稻（R）、小麦（W）相应的染色体分别以括号中的符号和染色体序号标示（如 M₅，R₆ 等）。

（Y. R. Lin 等，1995）

（三）遗传图谱制作程序

图谱制作的过程根据所用分子标记类型而不同，仅以 RFLP 标记说明制作程序。

1. 找出能揭示亲本多态性的探针和限制性内切酶组合　提取亲本 DNA，用一系列限制性内切酶进行消化，分别作 Southern 印迹；将印迹后的膜依次用一套探针进行分子杂交和放射性同位素自显影处理，选出能在亲本间产生多态性标记的探针—内切酶组合。

2. 对群体作 RFLP 分析　用选定的探针—内切酶组合对作图群体的单株进行 RFLP 分析，取得分子标记图谱或分子数据，再用计算机对所得分子数据进行处理。

3. 数据分析和物理图谱构建　采用 Lander 等（1987）设计的 RFLP 作图分析软件 MAPMAKER 进行连锁分析和图谱绘制。先将群体的 RFLP 带型进行分类和数字化处理，将 P_1、P_2 和 F_1 的带型分别赋值 1、2、3（或其他形式），缺失者为 0。将上述个体分子数据输入计算机后，计算两标记分子的重组率和 LOD 值（标记间可能连续与不连续概率之比的对数值），通过 LOD 值的上限（LOD≥3）和重组率的下限（重组率≤0.4）来推测标记间可能的连锁群。

下面程序是对连锁群中各标记的排列采用三点或多点分析，一般先用三点检测确定最大似然性的连锁框架，再用多点检测校对可能的误差。也可先根据两点检测的信息，选定部分 LOD 值较大的标记进行多点分析，构成最大似然性框架图，再将连锁群中的其他标记逐个标记到框架图中各个间隙里，之后计算各种可能的排列似然值，最后选出最大似然值的排序，建立标记间的连锁图。

4. 建立分子连锁图谱　在建立最大似然值物理图谱后，接着要将分子标记连锁图与特定的染色体联系起来。这一工作最初是通过形态标记性状与分子标记间连锁关系来确定，也可通过 B/A 异位系的方法来实现。

目前，通过 RFLP 图谱上已有的标记很容易将所构建的分子标记连锁群与特定染色体联系在一起。只要在选定探针—内切酶组合时，在各染色体上均匀选择一定量的标记，再根据这些已知标记和未知标记间的连锁关系，即可确定分子连锁图。

5. 建立分子遗传图谱　分子遗传图谱是将目标性状的基因定位在分子连锁图中构成的。首先调查目标性状在田间的分离数据，再计算田间数据同分子标记之间的连锁重组率。同样可以计算最大似然值以排定目标性状基因与分子标记之间的顺序。距离目标性状基因相当近的分子标记，就可能成为该性状的辅助选择标记。

唐朝臣等（2015）研究高粱苗期耐盐碱性 QTL 定位。结果表明，高粱耐盐碱性符合数量遗传，共定位到 3 个 QTL 位点（qSAT-A、qSAT-D 和 qSAT-J）调控高粱苗期耐盐碱性状，分布在 A、D、J 染色体上，位于标记 Sam27281～Sam22486、Sam11433～Sam78379、Sam62346～Sam38392。

王海莲等（2017）研究了低度盐胁迫下高粱苗期相关性状的 QTL 定位。结果表明，正常生长下检测到 3 个和 2 个控制苗高和苗干重的 QTL；在盐胁迫下分别检测到 7、2 和 2 个控制苗高、苗鲜重和苗干重的 QTL。其中控制苗高的 qSH1-1，在正常生长和盐胁迫条件下均可检测到。与正常生长条件相比，检测到 6 个盐胁迫下控制苗高的特异表达位点（图 15-10）。

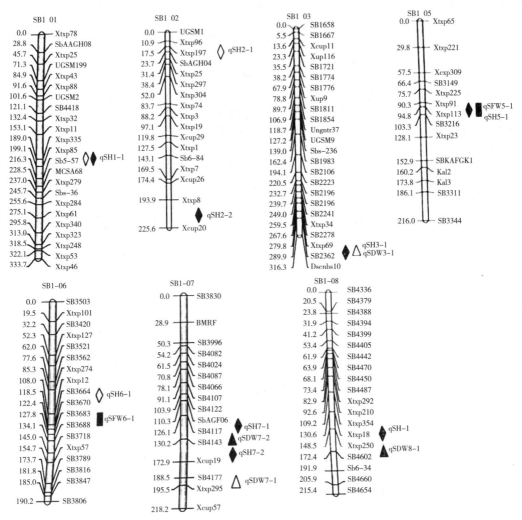

图 15-10　正常生长条件和盐胁迫下控制高粱苗高、苗鲜重和苗干重的 QTL 在染色体上的分布

◇○◇正常生长条件下控制苗高、苗鲜重和苗干重的 QTL

QTLs for SH，SFW and SDW under nomal condition

◆●▲盐胁迫条件下控制苗高、苗鲜重和苗干重的 QTL

QTLs for SH，SFW and SDW under salt stress condition

主 要 参 考 文 献

陈力，徐根，尹光初，等，1981. 获得高粱花药植株简报. 黑龙江农业科学（5）：52-53.

郭建华，1989. 高粱幼胚小盾片愈伤组织的诱导及其再生植株性状的变异分析. 辽宁农业科学（3）：7-13.

韩福光，张颖，1993. 高粱不同外植体愈伤组织诱导的研究. 辽宁农业科学（1）：45-48.

韩福光，1992. 高粱外植体培养. 辽宁农业科学（6）：48-50.

韩福光，1994. 高粱野生种和栽培种组织培养反应性的比较. 辽宁农业科学（6）：18-24.

锦州市农业科学研究所，1978. 高粱花药培养研究初报. 遗传学报，5（4）：337-338.

黎裕，1997. 高粱的遗传图谱—分子标记的应用. 国外农学——杂粮作物（2）：12-16.

李松涛，张忠廷，王斌，钟少斌，姚景侠，1995. 用新的分子标记方法（RAPD）分析小麦抗/日粉病基因 Pm4a 的近等基因系. 遗传学报，22（2）：103-108.

刘公社，周庆源，宋松泉，等，2009. 能源植物甜高粱种质资源和分子生物学研究进展. 植物学报，44（2）：253-261.

卢庆善，1993. RFLP 技术与植物育种. 国外农学——杂粮作物（3）：38-42.

卢庆善，宋仁本，卢峰，李志华，1998. 高粱组织培养研究进展. 国外农学——杂粮作物（2）：30-34.

马鸿图，Liang G H.，1985. 高粱幼胚培养及再生植株变异的研究. 遗传学报，12（5）：350-357.

石太渊，张华，冯立军，1995. PCR、RAPD 技术在植物研究中的应用. 国外农学——杂粮作物（5）：16-18.

唐朝臣，高建明，韩芸，等，2015. 高粱苗期耐盐碱性 QTL 定位. 华北农学报，30（3）：42-47.

王海莲，张华文，刘宾，等，2017. 低度盐胁迫下高粱苗期相关性状的 QTL 定位. 分子植物育种，15（2）：604-610.

王京兆，王斌，徐琼芳，等，1995. 用 RAPD 方法分析水稻光敏核不育基因. 遗传学报，22（1）：53-58.

王平，丛玲，王春语，等，2019. 高粱 A_1 型细胞质雄性不育系与保持系线粒体基因组分析比较. 生物技术通报，35（5）：42-47.

卫志明，许智宏，1989. 高粱原生质体培养再生植株. 植物生理学通讯（6）：45-46.

张飞，王艳秋，朱凯，等，2019. 不同耐盐性高粱在盐逆境下的比较转录组分析. 中国农业科学，52（22）：4002-4015.

朱振兴，李丹，王春语，等，2020. pho2 突变体矿质元素含量及耐盐性分析. 西南农业学报，33（4）：681-686.

邹剑秋，王艳秋，李金红，等，2020. 优异高粱雄性不育系 01-26A 的组配降秆效应及其分子机理. 中国农业科学，53：（14）.

Ackerson R C，Krieg D R，Sung F J M，1980. Leaf conductance and osmoregulation of field grown sorghun. Crop Sci. （20）：10-14.

Aldrich P R，Doebley J，1992. Restriction fragment variation in the nuclear and chloroplast genomes of cultivated and wild Sorghum bicolor. Theor. Appl. Genet. （85）：293-302.

Andrew H P，2009. The Sorghum bicolor genome and the diversification of grasses. Nature. 457（7229）：551-556.

Basnayake J，Cooper M，Ludlow M M，Henzell R G，Snell P J，1995. Inheritance of Osmotic adjustment to water stress in three grain sorghum cross es. Theor. Appl. Genet. （90）：675-682.

Battraw M，Hall T C，1991. Stable transformation of Sorghum bicolor pratoplasts with chimeric neomycinphosphotransferase Ⅱ and beta—glucuronidase genes. Theor. Appl. Genet. （82）：161-168.

Berhan A M Hulbert S H，Butler L G，Nennatzen J L，1993. Structural and evolution of the genomes of Sorghum bicolor and Zea mays. The or. Appl. Genet. （86）：598-604.

Bhaskaram S，Smith R H，Frederiksen R A，1990. GA3 reverts floral primordia to vegetative growth in sorghum. Plant Science. （71）：113-118.

Bhaskaran S，Smith R H，1990. Regeneration in cereal tissue cultureA：review. Crop Sci. （30）：1328-1336.

Binelli G，Gianfranceschi L，Pe M E，Taramino G. Busso C，Stenhonse J，Ottaviano E，1992. Similarity of maize and sorghum genomes as revealed by maize RFLP probes. Theor. Appl. Genet. （84）：10-16.

Blum A，Munns R，Passioura J B，Turner N C，1996. Genetically engineered plants resistant to soil drying and salt stress：How to interpret osmatic relations? plant Physiol. （110）：1051-1053.

Blum A，Sullivan C Y，1986. The comparatove drought resistance of landraces of sorghum and millet from dry and humid regions. Ann. Bot. （57）：835-846.

Casas A M，Kononowicz A E，Zehr U B，Tomes D T，Axtell J D，Butler L G，Bressan R A，Hasegawa P M，1993. Transgenic Sorghum plants via microprojectile bombardment. Proc. Natl. Acad. Sci. USA （90）：11212-11216.

Chantereau J，Amaud M，Ollitrault P，Nabayago P，Noyer J L，1989. Etude de la diversite morphophysiologique et classification des sorghos cultives. Agron. Trop. （44）：223-232.

Chittenden L M，Schertz K F，Lin Y R，Wing R A，Paterson A H，1994. Detailed RFLP map of sorghum bicolor× S. propinquum，suitable for high-density mapping，suggests ancestral duplication of sorghum chro-mosomes or chromosomal segments. Theor. Appl. Genet. （87）：925-933.

Chunning Bai，Chunyu Wang，Ping Wang et al，2017. QTL mapping of agronomically important traits in sorghum （*Sorghum bicolor* L. ）. Euphytica，213：285，3-12.

De Wet J M，Gupta S C，Harlan J R，Grassl C O，1976. Cytogenetics of introgression from saccharum into sorghum. Crop Sci. （16）：568-572.

Doggett H，1988. Sorghum Longman Scientific and Technical，New York. 512p

Dudley J W，1993. Molecular markeys in plant improvement Manipulation ofgenes affecting quantitative traits. Crop Sci. （33）：660-668.

Duncan R R，Waskom R M，Nabors M W，1995. In vitro screening and field evaluation of tissue-culture-enerated sorghum ［*Sorghum bicolor* （L） Moench］ for soil stress tolerance. Enphytics. （85）：373-380.

Duncan R R，1996. Tissue culture—induced variation and crop improvement. Adv. Agron. （58）：210-240.

Foy C D，Duncan R R，Waskom R M，Miller D R，1993. Tolerance of sorghum genotypes to an acid aluminum toxic Tatum subsoil. J. Plant Nutri. （16）：97-127.

Gamberg O L，1977. Morphoqenesis and plant regeneration from calus of immature embryos of sorghum. Plant Science Letters. （10）：67-74.

Greene S L，1992. Evaluation of the potential usefuless of exotic sorghum ［*Sorghum bicolor* （L ） Moench］ germplasm. Ph D dissertation，Kansas State University C Diss. Abst. B. 92：2108.

Hospital F，Chevalet C，Mulsant P，1992. Using markers in gene introgression breeding programs. Genetics. （132）：1199-1210.

Hulbert S H，Richter T E，Axtell J D，Bennetzen J L，1990. Genetic mapping and characterization of sorghum and related crops by means of maize DND probes. Proc. Natl. Acad. Sci. USA. （87）：4251-4255.

Isenhour D J. Duncan R R，Miller D R，Waskom R M，Hanning G E，Wiseman B R，Nabers M W，1991. Resistance to leaf—feeding by the fall armyworm in tissue culture derived sorghum. J. Econ. Entomol. （84）：680-684.

Kononowicz A K，Casas A M，Tomes D T，Bressan R A，Hasegawa P M，1995. New vistas are opened for sorghum improvement by genetic transformation. African Crop Sci. J. （3）：171-180.

Kumaravadivel N，Sree Rangasamy S R，1994. Plant regeneration from sorghwrn anther cultures and field evaluation of progeny. Plant Cell Reports. （13）：286-290.

Lander E S，Botstein D，1989. Mapping Mendelian factors underlying quantitative traits using RFLP linkage maps. Genetics （121）：185-199.

Lee M，1995. DNA markers and plant breeding programs. Adv. Agron. （55）：265-344.

Ludlow M M，Muchow R C，1992. Physiology of yield and adaptation of dryland grain Sorghum. Australian Institute of Agricultural Science，Brisbane，Australia pp49-69.

Ludlow M M，Santamaria J M，Fukai S，1990. Contribution of osmotic adjustment to grain yield inSorghum bicolor （ L. ） Moench under watet—limited conditions. 2. Water stress after anthesis. Aust. J. Agric. Res. （41）: 67-78.

Masteller V J, 1985. Somatic embryogenesis and plant regeneration in Sorghum species. Plant Physiology. 12 (5): 350-367.

Melake B A, Hulkert S H, Butler L G, Bennetzen J L, 1993. Structure and evolution of the genomes of Sorghum bicolor and Zea mays. Theor. Appl. Genet. （86）: 598-604.

Miller D R, Waskom R M, Duncan R R, Chapman P L, Brick M A, Hanning G E, Timm D A, Nabors M W, 1992. Acid Soil stress tolerance in tissue—culture—derived sorghum lines. Crop Sci. （32）: 324-327.

Murty U R, Cocking E C, 1988. Somatic hybridization attarnpts betweenSorghum bicolor (L.) Moench and Oryza Sativa L. Curr. Sci (57): 669-670.

Murty U R, 1987. Developing tissue culture System for Sorghum. Sorghum Newsletter. （30）: 92-97.

Nguyen H T, Rosenow D T, 1993. Identification of molecular genetic markors linked to drought tolerance traits in grain sorghum. pp127-132. In: Proc. 18th Biennial Grain Sorghum Research and Utilization Conference, Lubbock, Texas, USA.

Oliveira A C, Richter T, Bennetzen J L, 1996. Regional and racial specificities in sorghum germplasm assessed with DNA markers. Genome. （39）: 579-587.

Pereira M G, Lee M, Bramel-Cox P, Woodman W, Doebley J, W hitkus R, 1994. Construction of a RFLP map in sorghum and comparative m apping in maize. Genome （37）: 236-243.

Reynante Ordonio, Yusuke Ito, Yoichi Morinaka, et al, 2015, Molecular Breeding of Sorghum bicolor, A Novel Energy Crop. International Reviciv of Cell and Molecular Biology. 321: 221-257.

Rose J B, 1986. Plant regeneration from embryogenic callus initiated from immature inflorescence of severalhigh—tannin sorghum. Plant Cell Tissue Organ Culture. （6）: 15-22.

Rosenow D T, Clark L E, 1995. Drought and lodging resistance for a quality sorghum crop. 82-97. In Proc of the fifieth annnal corn and sorghum industry research conference.

Smith J B, Dunwell J M, Sunderland N, 1986. Anther culture ofSorghum bicolor （L. ） Moench I. Effect of panicle pretreatment, anther incubation temperature and 2,4-D concentration. Plant Cell Tissue Organ Culture. （6）: 15-22.

Stuber C W, Lincoln S E, Wolff D W, Helentjaris T, Lander S E, 1992. Identification of genetic factorscontributing to heterosis in a hybrid from two elite maize inbred lines using molecular markers. Genetics. （132）: 823-839.

Tangpremsri T, Fukai S, Fischer K S, Henzell R G, 1991. Genotypic variation in osmatic adjustment in grain sorghum. Aust. J. Agric. Res. （42）: 747-757.

Tanksley S D, 1993. Mapping polygenes. Annu. Rev. Genet. （27）: 205-233.

Tao Y, Manners J M, Ludlow M M, Henzell R G, 1993. DNA polymorphysm in grain sorghum 〔Sorghum bicolor （L. ） Moench〕. Theor. Appl. Genet. （86）: 679-688.

Tuistra M R, Grote E M, Goldsbrough P B, Ejeta G, 1996. Identification of quantitative traits loci associated with pre-flowering drought tolerance in sorghnm. Crop Sci. （in press）.

Walulu R S, Rosenow D T, Wester D B, Nguyen H T, 1994. Inheritance of the stay green trait in sorghum. Crop Sci. （34）: 970-972.

Wen F S, 1991. Callus induction and plant regeneration from auther and inflowerescence culture of sorghum. Enphytica. （52）: 177-181.

Whitkus R, Doebley J, Lee M, 1992. Comparative genome mapping of sorghum and maize. Genetics. （147）: 355-358.

Woo S S，Jiang J，Gill B S，Paterson A H，Wing R A，1994. Construction and characterization of a z bacterial artificial chromosome library for*Sorghum bicolor*. Nucleic Acids Res.（22）：4922-4931.

Xu G W，Magill C W，Schertz K F，Hart G E，1994. A RFLP linkage map of *Sorghum bicolor*（L.）Moench. Theor. Appl. Genet.（89）：139-145.

Yinping Jiao，John Burke，Ratan Chopra，et al，2016. A Sorghum Mutant Resource as an Efficient Platform for Gene Discovery in Grasses. The plant cell. Vol 28：1551-1562.

第十六章　高粱产业

在我国，高粱有几千年的栽培历史。高粱以其抗逆性强、适应性广、用途多样而著称，在人类的发展史上曾起到重要作用。从历史上看，高粱作为拓荒的"先锋"作物，随垦殖人口的迁徙到达荒凉之地，在那里生根、开花、结果，维系人们的生计，尤其在旱、涝灾害年份，高粱仍能收获一些粮食，被人们称为"救命之谷""生命之谷"。当人类社会发展到今天，科学技术已相当进步的时下，高粱还能有些什么作为呢？纵观高粱的发展史，用以前的话说，高粱浑身是宝；用现在的话说，高粱浑身是产业。

第一节　高粱酿酒业

一、高粱白酒的发展历程

（一）高粱白酒的起源

追溯高粱酿酒的起源，我国著名白酒专家辛海廷在论述中国白酒的起源与发展中指出，大量史料和考古发掘证明，中国白酒起源于金、元时期是可靠的，而白酒中的精品高粱白酒产生的年代可能要晚一点，这与农业上是否拥有大量酿酒原料——高粱有关。

中国社会进入明朝以后，由于黄河经常泛滥，给中、下游民众造成极大的危害。为修筑河堤治理黄河水患，朝廷命令黄河两岸广种高粱，用高粱茎秆扎成排架填充石灰土加固河堤，而剩余的大量高粱籽粒，一部分作民众的口粮和畜禽饲料，另一部分为酿酒提供了充裕的优质原料，从而开启了中国高粱白酒酿制生产的新纪元。同时，也印证了高粱白酒发端于黄河中、下游的说法和论断。

高粱是中国白酒的主要原料。驰名中外的几种名酒多是用高粱作主料或作辅料酿制而成。用高粱酿制的酒是蒸馏酒，又称白酒或烧酒。明朝李时珍曾指出，"烧酒并非古法，自元代始其法"。然而，唐代诗人白居易诗云："荔枝新熟鸡冠色，烧酒初开琥珀香。"北宋田锡所著《曲本草》、南宋吴悮所著《丹房须知》、张世南所著《游宦纪闻》中都有关于蒸馏器和蒸馏技术的记载。可见中国酿制蒸馏酒的起始应在唐朝中期之前。有关高粱制酒，胡锡文（1981）认为，"粱醴清糟"（《礼记·内则》）当是中国高粱酿酒的最早文献记载。据此，中国是最早用高粱酿制白酒的国家。

（二）高粱酿酒业发展的现状和潜力

高粱酿酒业历来是我国经济发展中的重要产业，一些省的酿酒业是支柱产业。一些大的酒厂是当地加工业的产值大户，税收大户和出口创汇大户，对当地社会经济的发展起到了促进和带动相关产业发展的作用。

如今，在我国市场经济蓬勃发展的形势下，高粱酿酒业也得到较快的发展。酿酒是我国不少省份国民经济的重要产业。高粱名酒是我国颇具特色的出口创汇商品。以四川省为例，该省是全国高粱名酒生产量最多的一个省，白酒产量占全国总产量的20%；全国评选的13个名白酒中，四川省占了5个。酿酒业已成为四川省农产品加工业中的一大优势产业。四川省在近年国内白酒生产和销售市场上一直处于领先位置，2008年全省生产白酒117万t，销售收入589.6亿元，利税124.7亿元。其中，泸州市生产白酒64.7万t，销售收入267.9亿元，利税38.9亿元。白酒生产、销售收入和利税在当地经济发展中占有重要地位。

高粱酿酒的发展，增加了对高粱原料的需要，因而促进和拉动了高粱生产的发展。据经济日报的报道，近年高粱产销形势喜人，主要特点是用量增多，价格趋涨。根据有关部门对国内高粱市场的调查显示，酒用高粱用量增加。

酿酒业发展势头不减，呈逐年上升趋势，除四川、贵州等省名牌白酒，如茅台酒、五粮液、泸州老窖特曲等销售市场持续走强外；一些新兴白酒产地，如山东、内蒙古、东北等地的地产酒生产和销售见长见旺。有关部门的统计资料表明，国内大型酒厂有100余家，是高粱用料大户，年需要高粱达100万～150万t；加上各地众多的中、小型酒厂，年需要高粱也要100万t以上，均比往年增加10%左右，从而导致高粱的需求量逐年上升。从统计估算看，国内所有白酒生产厂家每年需要高粱酿酒原料250万～280万t。

高粱酿酒业的发展拉动了高粱生产的发展。我国高粱年种植面积约100万hm^2，总产量300万t左右。高粱主产区集中在辽宁、吉林、黑龙江、内蒙古等省（自治区），年产量约180万t；其次是四川、贵州、山西、甘肃、山东等省，年产量约100万t。

此外，高粱酿酒业的发展还带动了相关联产业的发展，如玻璃制瓶业、陶瓷业、制盒包装业、物流运输业等的发展，使农民增收，企业增效，国家增税，出口增汇。

二、中国高粱名酒

（一）高粱名酒的品质和风味

1. 高粱白酒的主要成分　中国高粱白酒中的酸、酯、醛、醇一般10mL含量有总酸0.1g、总酯0.1～0.4g、总醛0.05g、高级醇类0.3g。普通高粱酒的成分是：酒精65%，总酸0.0618%（其中乙酸68.22%，丁酸28.68%，甲酸0.58%），酯类0.2531%（其中包括乙酸乙酯、丁酸乙酯、乙酸戊酯等），醛类0.0956%，呋喃甲醛0.0038%，其他醇类0.4320%（戊醇最多，丁醇、丙醇次之）。

2. 中国高粱白酒的风味　高粱白酒的感官品质包括色、香、味和风格4个指标。风格也称为风味，是指视觉、味觉和嗅觉的综合感觉。品质优良的名酒绵而不烈，刺激性平缓。只有使多种化学物质充分地进行生物化学转化，生成多种多样的有机化合物，才能达到这种效果。上述质量因素与原料、曲种、发酵、蒸馏、贮存等密切相关。

3. 高粱名酒产生的相关因素　普通高粱白酒主要是霉菌和酵母菌发酵的产物。高粱名酒除霉菌和酵母菌之外，还增强了细菌活动。在名酒发酵窖的窖泥中，繁衍着众多的梭状芽孢杆菌。它们以窖泥为基地，以香醅为养料，以窖泥和酒醅的接触面为活动场所，在繁殖过程中产生多种有机酸。在发酵过程中，酸和酒精在酯化酶的催化下产生各种酯类，如乙酸乙酯、丁酸乙酯和醋酸乙酯等。贮存期间，酸可以继续转化成酯，使酒香大增。通常是窖龄越长，细菌越多，酒味就越纯香。

不同酒厂老窖的细菌种类不同，其酿制的名酒香味成分也各异。酯类在高粱酒香味成分含量中占据首位，醋酸乙酯、乳酸乙酯和己酸乙酯三大酯类占高粱酒总酯成分的90%多。不同酯类含量多少的不同，形成了不同酒的香型。醋酸乙酯和乳酸乙酯在所有高粱酒中含量都较高。醋酸乙酯多于乳酸乙酯为清香型酒，如山西汾酒。乳酸乙酯多于醋酸乙酯，并含有较高的β-苯乙醇，以及一定数量的己酸乙酯的酒，为浓香型酒，如泸州老窖特曲酒。

中国高粱酒比外国蒸馏酒（如威士忌）含酸量高，而名酒的含酸量又比普通高粱酒高，而且种类多。各种香味成分相辅相成，相互作用，浑然一体，是形成名酒风味的物质基础。

（二）中国八大高粱名酒

高粱白酒以其色、香、味的不同风格而闻名。八大高粱名酒各具风味和特色。名酒的优良酒质绵而不烈，刺激而平缓，具甜、酸、苦、辣、香五味调和的绝妙；具浓（浓郁、浓厚）、醇（醇滑、绵柔）、甜（回甜、留甘）、净（纯净、无杂味）、长（回味悠长、香味持久）等特色。名白酒主要香型有酱香、清香、浓香：酱香型白酒的特点是酱香突出，优雅细腻，酒体醇厚，回味悠长，如茅台酒。清香型白酒的特点是清香纯正，醇甜柔和，自然协调，余味爽净，如汾酒。浓香型白酒的特点是窖香浓郁，绵软甘洌，香味协调，尾净余长，如泸州老窖特曲。此外，还有米香型和其他香型白酒。

1. 茅台酒 享誉海内外的茅台酒是中国八大名酒之首，产于贵州省仁怀县茅台镇。以当地糯高粱为主料，用小麦曲酿制而成。最早的酒坊建于1704年，酒香味成分复杂，总醛含量高于其他名白酒。其中糠醛含量最高，为91.1mg/L，β-苯乙酸也高，是典型的酱香型白酒，是国宴专用酒。

2. 五粮液酒 原名杂粮酒，有1000多年的生产历史，产于四川省宜宾县。五粮液以高粱为主料，混合大米、糯米、小麦和玉米，取岷江江心水，发酵期长达70～90天。现用的老窖系明代所建，酒质极佳，风味独具一格，口味醇厚，入口甘美，进喉爽净，各味协调，属浓香型，乙醇乙酯含量较高。

3. 汾酒 产于山西省汾阳县杏花村，已有1500余年历史。以当地粳高粱为原料，用大麦和豌豆作曲酿制而成。南北朝时就有"甘泉佳酿"之称。汾酒中琥珀酸乙酯含量为13.6mg/L，比茅台酒约高3倍，是确定香型的重要成分。汾酒的特色是酒液无色，清香味美，味道醇厚，入口绵，落口甜，余味爽净，为清香型，是传统白酒的风格。

4. 泸州老窖特曲酒 产于四川省泸州市，已有400余年生产历史，1915年荣获巴拿马万国博览会金奖。以当地糯高粱为原料，用小麦制曲，稻壳作填充剂酿制而成。现今的特曲是泸州曲酒中品级最高的一种，其次为头曲、二曲。特曲酒的香气以己酸乙酯为主，辛酸乙酯和 2,3-丁二酯也较多，棕榈酸乙酯、油酸乙酯和亚油酸乙酯也比其他白酒多。特曲酒的风格是醇香浓郁，清洌甘爽，回味悠长，饮后犹香，有强烈的苹果香味，为典型的浓香型。

5. 洋河大曲酒　产于江苏省泗阳县洋河镇，已有 300 多年的历史。以当地高粱为原料，用大麦、小麦和豌豆作曲，用当地"美人泉"之水酿制而成，属浓香型酒。酒度分 60%（V/V）、62%（V/V）和 55%（V/V）3 种规格。

6. 剑南春酒　产于四川省绵竹县，已有 300 余年的酿制历史。据考证，前身为绵竹大曲酒，以高粱混合大米、小米、玉米和糯米为原料酿制而成。剑南春具芳香浓郁、醇和回甜、清洌净爽、余香悠久等特点。

7. 董酒　产于贵州省遵义市北郊董公祠，因那里有泉水漫流，环境幽美的董公祠而得名。董酒以糯高粱为原料，用加了中药材的大曲和小曲酿制而成，有 200 余年的生产历史。董酒既有大曲酒的浓郁芳香、甘洌爽口之功，又有小曲酒的柔软醇和、回甜悠久之效。在各种高粱名酒中，董酒别具风味，独具一格。酒度分 60%（V/V）和 58%（V/V）两种。

8. 古井贡酒　产于安徽省亳县。亳县的减店集古井水质清澈透明，饮之微甜爽口，有"天下名井"之称。用此井水加上当地优质高粱为原料，再用小麦、大麦和豌豆制成的中温大曲共同酿制而成。此酒在明清两朝专供皇家饮用，故称古井贡酒，其特点是酒色如水晶，香纯如幽兰，入口甘美醇，回味久不息，为浓香型。

三、酿酒原理和工艺

（一）酿酒原理及其微生物

高粱酿酒是借助微生物所产生的酶的作用，使籽粒中的淀粉转化成糖，继而产生酒精的过程。微生物主要是曲霉和酵母菌。发酵过程的环境和工艺条件都应适合所用微生物的代谢特性，促进它们活力强、作用大，以便将原料淀粉充分转化成糖，再将糖转化为酒精和其他有机物成分。曲霉和酵母菌靠曲料培养和注入，因此培养霉菌和酵母菌的曲料（大曲、小曲、麸曲和酵母等）的优劣与高粱酒的品质有极密切关系。

用作糖化的曲霉，主要有黑曲霉类和白曲霉类。常用的黑曲霉类菌种有乌沙米、巴他他、轻研 2 号、东方红 2 号、UV-11 等；白曲霉类是黑曲霉类的变种，大部分用于麸曲优质酒酿制，常用的有河合白曲（泡盛曲霉的变种）、B-11 号（乌氏曲霉的变种）等。用作酒精发酵的酵母菌主要有南阳酵母、拉斯 12 号等，适合淀粉含量较多的高粱籽粒发酵。此外，古巴 2 号和 204 等适合含糖分多的原料发酵，常用于高粱制糖残渣和废稀的酿酒发酵。

（二）高粱籽粒化学成分与酿酒的关系

高粱籽粒的化学组分与酿酒产量和风味有密切关系，选择什么样的高粱品种籽粒做原料，主要依据籽粒的化学组分。常用的高粱品种籽粒的化学组成成分列于表 16-1。

表 16-1　常用的酿酒高粱籽粒化学成分

(武恩吉整理，1982)（《中国高粱栽培学》，1988)

种类	淀粉（%）	粗蛋白（%）	粗脂肪（%）	粗纤维（%）	单宁（%）
东北常用的酿酒高粱	62.27～65.08	10.30～12.50	3.60～4.38	1.80～2.38	～
贵州糯高粱	61.62	8.26	4.57	～	0.57
四川泸州糯高粱	61.31	8.41	4.32	1.84	0.16
四川永川糯高粱	60.03	6.74	4.06	1.64	0.29
四川合川糯高粱	60.19	7.46	4.71	2.61	0.33

淀粉既是转化酒精的主要原料，也是微生物生长繁衍的主要热源。高粱淀粉因品种和产地不同而异。糯高粱直链淀粉含量少，支链淀粉含量多，或者全是支链淀粉。淀粉含量多的出酒率高。籽粒中的蛋白质经蛋白酶水解转化成氨基酸，又经酵母作用转化为高级醇类，是白酒香味的重要成分，因此蛋白质，尤其是含天门冬氨酸和谷氨酸较多的蛋白质和蛋白酶与酿酒优美风味密切相关。高粱籽粒中的脂肪含量不宜过多，否则酒有杂味，遇冷易显混浊。纤维素虽是碳水化合物，但在发酵中不起作用。籽粒中的单宁对发酵中的有害微生物有一定抑制作用，能提高出酒率；单宁产生的丁香酸和丁香醛等香味物质，能增加白酒的芳香风味，因此含有适量单宁的高粱是酿制优质高粱酒的佳料。但是，单宁味苦涩，性收敛，遇铁盐呈绿色或褐色，遇蛋白质成络合物沉淀，妨碍酵母生长繁育，降低发酵能力，故单宁含量不宜过高。单宁可被单宁酶水解成没食子酸和葡萄糖，能降低对酿酒发酵的危害性。因此，选用单宁酶作用强的曲霉和耐单宁力强的酵母菌，使单宁充分氧化，是克服单宁含量过高的有效措施。

此外，籽粒中的矿物质（灰分），如磷、硼、钼和锰等，是构成菌体和影响酶活性不可缺少的成分，其对调节发酵窖的酸碱度（pH）和渗透压也产生一定作用。一般来说，高粱籽粒中的矿质成分含量足够酿酒发酵需要。

（三）酿酒工艺

1. 酿酒方法　以高粱籽粒为原料，大都采用固体发酵法。中国高粱酿酒的传统工艺，因用曲方式不同分为大曲法和小曲法两类。大曲法是用小麦和豌豆等谷物作制曲原料，利用野生菌种自然繁殖发酵。曲块中主要有根霉、毛霉、曲霉、酵母菌和乳酸菌等。大曲法酿制的白酒有特殊的曲香，酒味醇厚，品质优。各种名酒多采用此法。然而，大曲法酿酒生产周期长，用曲量大，出酒率较低，生产成本较高。在高粱酒总产量中，此法生产的酒所占比例较小。但因酒品质量高，仍有发展前景。

小曲法酿酒古时就用。所用曲常配以药材，故又称作药曲、酒药、酒饼。药曲中主要微生物为根霉、毛霉和酵母菌等。四川、贵州酒厂多采用固体发酵，江苏、浙江酒厂多采用液体发酵。近来，已从自然繁殖菌种过渡到纯种培养。小曲法生产的高粱酒虽然所占比例大，但酒品香气较差，口味淡薄。此法有日益减少的趋势。为节省高粱，生产上逐步推广麸曲加酒母的麸曲法。此法用人工培菌发酵，发酵快，生产周期短，故称快曲法。此法出酒率较高，成本较低，已被北方酒厂普遍采用。

2. 酿酒工艺流程　各种酿酒法除用曲有不同外，操作方法都基本相同。以大曲法酿酒说明之。

（1）原料。不同酒厂使用的原料不一样。如清香型的山西汾酒，原料全部是高粱籽粒。浓香型的四川五粮液，除用高粱籽粒外，还辅以粳米、糯米、小麦和玉米。制曲的原料虽多以大麦和小麦为主，但由于酒的品种不同，制曲原料也略有差异。清香型酒的制曲原料多用大麦和豌豆，是香兰酸和香兰素的来源。浓香型酒制曲多用小麦。高粱名酒还常掺和低脂肪的豌豆、绿豆和红小豆等，也有掺和荞麦和玉米的，目的是利用适量的脂肪和蛋白质培制所需曲种。

酿酒很讲究用水，"名酒产地必有佳泉"。水中的有机物影响酒的风味，无机盐影响微生物的繁殖和发酵过程。因此酿酒用水必须纯净，高粱名酒对水的要求更高，水质无色透明，清澈不浊，无悬浮物和怪味，无碱，不咸，略有甘甜味，属软水，沸后不溢，不生水锈，无沉淀物等。酿制汾酒用水化学组分列于表16-2。

表16-2　汾酒用水化验分析结果
（山西省轻工业局，1957）（《中国高粱栽培学》，1988）

项目	一号井	二号井	三号井	项目	一号井	二号井	三号井
色	透明	透明	透明	铝	微量	微量	微量
味	无味	无味	无味	铁	微量	微量	微量
全硬度（mg/kg）	296	257	198	亚硝酸根（mg/L）	0.1	微量	0.03
pH	7.3	7.3	7.6	氯根（mg/L）	83	126	141.8
钙（mg/L）	103.2	99.9	49.5	硫酸根（mg/L）	2 363.8	2 334.0	1 923.0
镁（mg/L）	71.1	69.6	73.8	固体残渣（mg/L）	1 293	1 346	942

（2）制曲。制曲的目的是培养优良菌种，使其接种到酿酒原料上能旺盛繁殖。为此，需创造营养丰富、温度适宜、水分适量的条件。制曲时不用人工接入任何菌种，仅依靠原料、用具和空气中的天然菌种进行繁殖是大曲法制曲的特点。不同曲房固有的菌种不一样，制曲原料的配合比例应与季节和气候相适应。冬季要适当减少性质黏稠、容易结块、升温降温慢的豆类。

曲料配好后，先粉碎，再放入曲模中压成砖形，置于曲房里，适当控制温度和水分。通常需30~45d，经过长霉、凉霉、起潮火、起干火和养曲等阶段完成培菌过程。制好的曲可贮存备用。

（3）发酵。酿酒的高粱籽粒一般破成4~5瓣加水约20%拌匀，润湿浸透，再蒸煮糊化。蒸煮后置于场地上，加入适量水于20~25℃下加入20%左右的曲粉，依季节而异趁适温入窖发酵。入窖时压实并封严窖口，以避免杂菌侵入。3~5d后窖温升至30℃上下，原料逐渐液化，液化越充分则酒醅越易下沉。高粱名酒发酵时间较长，如泸州老窖为1个月，宜宾五粮液为70~90d。茅台酒需8次下曲和发酵，每次发酵期为1个月，一个生产周期共需8~9个月。发酵期长，产生的酯类较多，能增强香味。

（4）蒸馏。蒸馏的目的是把酒醅里所含各种成分因沸点不同，将易挥发的酒精、水、杂醇油和酯类物质蒸发为气体，再冷却为液体，将酒醅里 4%～6% 的酒精浓缩到 50%～70%。蒸馏过程能将酒醅里的微生物杀死，再产生一部分香味物质。为了使酒醅疏松便于蒸馏，常加入少量谷糠，过多会有异味。一般酒头的酒精浓度大，醛、酯和酮等物质都聚集在酒头里；接近酒尾时，酒精浓度急剧下降。杂醇油的沸点虽然较高，但由于其蒸发系数受酒精度的影响，在酒头和酒尾的含量均较多。因此，酒头常有异味，而经长时间贮存后，由于醇类发生转化，反而能增加香味。

（5）后续操作。蒸馏后的操作法分为清渣和续料两类。清渣法是经几次发酵后将酒渣全部弃去。汾酒和茅台酒属此类。发酵 2 次清渣的称二遍清，3 次的称三遍清，其余类推。续料法是圆排后，每次蒸酒添加一部分新料，弃去一部分旧渣，糊化和蒸馏并用，连续进行。续料法又分为四甑法和五甑法不同工艺。老五甑是中国酿酒应用最广泛和最久远的方法。

老五甑法适于高粱籽粒淀粉含量高的酿酒原料，其用料量因甑的大小各异。一般圆排后，每次投料 750kg 左右。窖内有四甑材料，即为大渣、二渣、三渣和四糟。出窖时加入新料成为五甑材料，即为大渣、二渣、三渣、四糟和扔糟。扔糟即是一般酒糟。其余四甑仍下窖发酵。正常的出酒率为高粱重量的 1/3 左右（以酒精度 65% 计算），大约为淀粉原料出酒率理论值的 40%～50%。

小曲酿酒法的曲量仅占投料量的 0.5%～1.0%。麸曲酿酒法用曲量为投料量的 10%，酵母用量为 4%～5%，发酵时长 4～5d。麸曲和酵母因容易寄生杂菌不宜久存，否则糖化和发酵能力下降。小曲法和麸曲法的酿制程序与大曲法大体相同。

（四）不同高粱原料酿酒

1. 高粱糠酿酒 高粱糠是高粱碾米下来的副产物，出糠量大约 20%。高粱糠里含有 40%～60% 的粗淀粉，11%～15% 的粗蛋白质，4%～10% 的粗脂肪。单宁含量高于籽粒。高粱糠的化学组分含量因品种和碾米机械不同而异。由于高粱糠里油脂较多，入窖后发酵容易形成酸类，因此多采用低温入窖。高粱糠淀粉含量较低，操作常采用清渣法的清六甑烧法，细糠也可采用老五甑烧法。如酿制得法，其酒品质量并不亚于高粱籽粒酒。

2. 甜高粱制糖后的糖渣和废稀酿酒 甜高粱茎秆榨汁后的秆渣和制糖后的废稀仍含有一定糖分，每 100kg 的秆渣和废稀可酿造 50° 的高粱酒 3～5kg。其工艺流程如下。

（1）酵母菌备制。将压榨后高粱秆渣加水 1.5 倍，煮沸浸出糖分，再加热浓缩作培养糖汁。酵母菌菌种用"21190"。培养时 pH 为 4.5～5.5，温度保持 28～32℃。一级培养用小三角瓶，糖度为 12°Brix，经过 20～24h 后，倒入大三角瓶内，用同样的培养瓶进行二级培养。经 16～18h 后，倒入种缸里。用煮沸的糖度为 8～10°Brix 的糖汁 50kg 进行三级培养。四级培养用糖液 1 500kg，糖度为 6～8°Brix。菌液要搅拌均匀，一般经过 12～14h 即可使用。

（2）拌料发酵。100kg 原料拌入 40kg 四级酵母菌原液。干湿程度以握在手里以湿润见水而不下滴为最好。搅拌均匀后即可装入发酵池，随装随压，逐层压实，越紧越好。满池后，用塑料覆盖，四周用湿泥严密封闭，以防杂菌侵入和酒精蒸发。池温 30～35℃。

气温高时发酵 5～7d，低时发酵 10d。当口尝有酸辣味，鼻闻有酒香味，手攥有绵软感，不再吱吱作响时即可蒸馏。

（3）蒸酒。当甑中的水烧开时，将酒醅均匀装入，出池装甑时要迅速操作，不可高扬以免酒精挥发损失。装满后盖好顶盖，周边严密封闭后再行蒸酒。开始蒸酒时火力要小，当酒气上升到甑顶进入冷却器时，要烧大火，供气要多要快，量大气足。出酒时控制酒温宜在 35℃以下，如酒温过高则应往冷却器内注入凉水。当出酒梢子（尾酒）时，火力要猛，一鼓作气追尽尾酒。度数未达到标准的剩余酒尾，可掺入下一酒醅中进行复蒸。

四、高粱酿酒的科技支撑

（一）高粱籽粒成分与酿酒的关系

1. 淀粉

（1）总淀粉含量。淀粉是出酒的主要成分，也是发酵微生物生长繁殖的主要能源。淀粉含量与出酒率呈正相关。宋高友等（1986）研究高粱籽粒成分与出酒率的关系。结果为总淀粉含量与出酒率为极显著正相关，相关系数 $r=0.60$（$P<0.01$）（表 16-3）。

表 16-3　高粱籽粒成分与出酒率的相关性
（宋高友等，1986）

测定项目	样本数	±S	变幅（%）	幅差（%）	变异系数（%）	相关系数（r）
65%（V/V）出酒率（%）	31	52.76±4.29	40～59	19	8.13	
总淀粉（%）	31	57.65±3.08	51～65	14	5.34	0.66**
支链淀粉（%）	31	52.08±13.34	33～87	54	25.61	0.12
直链淀粉（%）	31	41.44±13.34	13～67	44	32.67	0.09
蛋白质（%）	31	8.23±1.20	6～11	5	14.58	0.44*
赖氨酸（%）	31	0.17±0.05	0.1～0.3	0.2	29.41	0.04
单宁（%）	31	0.16±0.08	0.1～0.4	0.3	50	-0.22

进一步研究表明，不同地区不同高粱品种的总淀粉含量有一定差异。曾庆曦等（1995）研究北方和四川不同高粱品种总淀粉含量。结果表明，中国北方粳型高粱总淀粉含量平均为 62.67%（315 个样本），幅度 53.45%～70.39%；白粒粳高粱平均值 62.80%（50 个样本），变幅 54.51%～69.19%；红粒糯高粱平均含量 62.44%（10 个样本），变幅 59.34%～65.16%；半粳半糯平均含量 62.27%（7 个），变幅 58.97%～64.31%。

四川省高粱品种总淀粉平均含量 61.99%（185 个），变幅 55.31%～66.57%（185 个）；糯型品种平均含量 62.64%，变幅 58.11%～66.57%；粳型品种平均含量 61.50%，变幅 55.31%～64.87%；半粳半糯品种平均含量 62.06%，变幅 60.02%～63.59%。统计表明，7 个类型高粱品种间的总淀粉含量差异不显著，说明北方高粱与四川高粱不论是粳与糯，红粒与白粒，其总淀粉含量比较接近，无显著差异（表 16-4）。

表 16-4　不同高粱品种类型淀粉及其组合含量

（曾庆曦等，1995）

地区	粳糯	粒色	品种数	总淀粉均数（%）	变幅	直链淀粉				支链淀粉				标准差	变异系数
						标准差	变异系数	均数（%）	变幅	标准差	变异系数	均数（%）	变幅		
北方	粳	红	248	63.18	53.45~70.39	3.32	5.25	24.21	15.90~34.58	3.674 5	15.18	75.79	65.42~84.10	3.649 7	4.82
	粳	白	50	62.8	54.51~69.19	3.743 6	5.97	28.52	18.70~35.82	3.758 2	13.18	71.48	64.72~81.30	4.052 8	5.69
	糯	红	10	62.44	59.34~65.16	1.785 5	2.85	8.01	7.67~8.42	0.230 7	2.88	91.99	91.58~92.33	0.230 7	0.25
	半粳半糯	红	7	62.27	59.97~64.31	1.971 1	3.27	18.05	14.27~20.91	2.526 6	14	81.95	79.09~85.73	2.665 9	3.26
四川	粳	黄褐红	38	61.5	55.31~64.87	2.025 5	3.34	20.95	15.16~24.68	2.513 8	12	79.05	75.32~84.84		
	糯	黄褐红	134	62.64	58.11~66.57	1.625 1	2.6	5.58	1.14~9.84	2.014 1	36.09	94.42	90.16~98.86		
	半粳半糯	黄褐红	13	62.06	60.02~63.59	1.661 7	2.79	11.98	10.20~14.66	1.438 8	12.01	88.02	85.34~89.80		

（2）支链与直链淀粉含量。宋高友等（1986）研究表明，高粱籽粒中直链和支链淀粉含量与出酒率有一定的正相关性，但未达到显著水准。从高粱酿酒业看，我国北方酒厂多采用直链淀粉含量高的粳型高粱，南方酒厂多采用支链淀粉含量高的糯型高粱。曾庆曦等（1985）研究南、北方高粱籽粒中直、支链淀粉含量的差异。结果表明，北方 4 个品种类型的直链淀粉平均含量为 19.70%，南方 3 个品种类型的为 12.84%，北方的高于南方的近 7 个百分点；南方的支链淀粉平均含量为 87.16%，北方的为 80.30%，南方的高于北方的近 7 个百分点。

2. 单宁　宋高友等（1986）研究表明，高粱籽粒中单宁含量与出酒率为负相关，$r = -0.02$，未达显著水平。曾庆曦等（1995）测定了北方和四川不同高粱品种类型的籽粒单宁含量。结果显示北方的四种类型高粱品种的平均单宁含量为 0.452%，四川的为 1.496%，高于北方的 1 个多百分点。其中北方的白粒粳高粱单宁含量很低，平均为 0.80%（表 16-5）。

表 16-5　不同类型高粱单宁含量（%）

（曾庆曦等，1995）

地区	粳糯	粒色	品种数	均数	变幅	标准差	变异系数
北方	粳	红	37	0.5	0.076~1.286	0.311	62.2
		白	50	0.08	0.029~0.227	0.015	18.88
	糯	红	13	0.986	0.129~1.860	0.632	64.1
	半粳半糯	红	7	0.242	0.183~1.061	0.167	69

（续）

地区	粳糯	粒色	品种数	均数	变幅	标准差	变异系数
四川	粳	黄褐红	30	1.427	0.352~2.200	0.402	28.17
	糯	黄褐红	181	1.439	0.846~2.650	0.322	22.38
	半粳半糯	黄褐红	5	1.621	1.370~2.29	0.395	24.37

3. 蛋白质 宋高友等（1986）研究表明，高粱籽粒中蛋白质含量与出酒率呈正相关，达到显著水平，$r=0.44$（$P<0.05$）（见表 16-3）。曾庆曦等（1995）测定了不同类型高粱品种籽粒蛋白质含量的差异。结果显示北方 4 种类型高粱品种平均蛋白质含量为 8.974%，四川的为 9.081%，含量接近，只有北方白粒粳高粱的含量较高，为 9.764%（表 16-6）。

表 16-6 不同类型高粱蛋白质含量（%）

（曾庆曦等，1995）

地区	粳糯	粒色	品种数	均数	变幅	标准差	变异系数
北方	粳	红	37	8.77	7.130~10.836	0.87	9.92
		白	53	9.764	7.050~12.510	0.997	10.21
	糯	红	13	9.245	8.200~11.530	1.028	11.12
	半粳半糯	红	7	8.118	7.958~12.437	0.639	7.87
四川	粳	黄褐色	31	9.579	7.860~11.530	1.051	10.97
	糯	黄褐色	186	8.917	7.490~13.280	0.914	10.25
	半粳半糯	黄褐色	5	8.748	8.128~9.810	0.668	7.64

影响酿酒出酒率的因素除高粱籽粒成分及其含量外，还受发酵的温度、湿度、水质、pH、酵母菌活力和转化率、蒸馏技术的影响。研究还表明，液态发酵法比固态发酵法的出酒率高。江苏省泽河酒厂采用传统固态发酵的出酒率为 41%~47%；宋高友等（1986）采用液态发酵法测定了 31 个高粱品种的出酒率为 40%~59%（以 65° 酒计算）。

（二）酿酒高粱的遗传改良

1. 高淀粉材料的筛选 张桂香等（2009）对 130 份不同高粱种质类型的总淀粉含量进行了分析测定。结果表明，三类种质材料总淀粉含量差异明显，地方品种的均值为 73.03%，选育品种的为 75.64%，国外品种的为 76.04%，选育品种和外国品种的总淀粉含量明显高于地方品种。筛选出总淀粉含量超过 78% 的材料 13 份，其中美国的 8 份，中国的 3 份，印度和泰国的各 1 份（表 16-7）。

相关分析显示，籽粒总淀粉含量与蛋白质、单宁、脂肪的相关均为极显著负相关，表明随着籽粒中总淀粉含量的增加，蛋白质、单宁、脂肪含量呈减少趋势。由于淀粉含量在杂种一代有一定的正超亲优势，因此可以利用试验中筛选出来的高淀粉材料组配杂交种，以选育出高淀粉含量的杂交种。

表 16-7　高淀粉材料
（张桂香等，2009）

品种名称	国家	淀粉（%）	单宁（%）	蛋白质（%）	脂肪（%）	备注
OK11B	美国	78.20	0.07	10.72	2.39	
1131B	美国	80.40	0.08	8.54	3.15	
1057B	美国	78.42	0.08	9.14	3.24	
KSP335B	美国	78.41	0.03	9.63	2.34	
LR287-2	美国	78.81	0.75	8.35	2.67	
N91R	美国	79.13	0.10	9.39	2.44	
MB1088	美国	78.50	0.04	10.1	2.55	
94M4108	美国	78.76	0.08	8.51	2.84	
散穗红壳矮高粱	中国	78.81	0.01	8.24	2.67	吉林
7-2B	中国	79.08	0.10	9.27	2.63	山西
4240	中国	79.93	0.54	8.79	4.28	山西
CS140	印度	78.66	0.08	9.46	3.05	
Ku3218	泰国	79.48	0.04	9.29	2.28	

2. 不同高粱籽粒淀粉结构对酿酒工艺的影响

（1）吸水量。丁国祥等（2009）采用我国南、北方不同高粱籽粒淀粉结构对酿酒工艺的吸水量、吸水膨胀率、糊化温度和吸水膨胀率等参数进行了研究。结果表明，粳高粱的吸水量始终大于糯高粱，粳糯型高粱的吸水量介于粳、糯高粱之间，四川的粳高粱吸水量明显低于北方粳高粱的。粳高粱与糯高粱吸水量之差随蒸料时间延长而增加，如蒸料60min时，北方和四川的二者之差为7.4g，120min时为32.2g，达饱和吸水量（640min时）两者之差为151.9g（表16-8）。

表 16-8　不同蒸料时间的吸水量（单位：g）
（丁国祥等，2009）

蒸料时间（min）	北方红粒粳高粱	北方白粒粳高粱	四川红粒粳高粱	粳糯型高粱	四川糯高粱
20	14.2	13.7	11.6	10.9	10.1
60	29.8	30.8	26.1	27.3	22.4
120	76.4	82.0	41.5	59.2	44.2
240	140.4	153.7	83.3	103.3	75.3
360	178.0	188.5	112.9	127.9	92.3
640	266.5	275.3	164.8	178.9	114.6

（2）吸水膨胀率。吸水膨胀率四川糯高粱为51.6%，北方红粒粳高粱为44.4%，北方白粒粳高粱为44.2%，四川粳高粱为45.2%，粳糯型高粱为47.6%，说明糯高粱的吸水膨胀率大于粳高粱（表16-9）。

表 16-9 不同蒸料时间的吸水膨胀率（％）

(丁国祥等，2009)

蒸料时间 （min）	北方红粒 粳高粱	北方白粒 粳高粱	四川红粒 粳高粱	粳糯型 高粱	四川 糯高粱
20	5.5	4.9	7.9	6.0	8.8
60	11.4	11.2	16.9	15.5	19.7
120	29.4	23.2	26.6	33.6	37.4
240	53.3	56.7	51.8	58.4	65.1
360	67.0	69.4	69.3	72.2	79.3
640	100	99.8	100	100	99.4
平均	44.4	44.2	45.2	47.6	51.6

（3）糊化温度。北方红粒粳高粱的碱消化率分数为 1.8，四川糯高粱为 2.8，粳糯型为 2.2，表明粳高粱的糊化温度高于糯高粱，前者为 85℃，属高糊化温度品种；后者为 70℃，属低糊化温度品种；粳糯型高粱的糊化温度为 80℃，属中等糊化温度品种。

总之，四川糯高粱具有吸水量少、吸水率高、糊化温度低、吸水膨胀率小等酿酒工艺参数特点，酿酒易达节时、节水、节能效果，符合泸型高粱酒传统工艺要求。因此，四川省在进行酿酒高粱遗传改良时，应选育支链淀粉含量高的糯高粱品种或杂交种。

3. 酿酒高粱籽粒组分的生物技术改良

（1）部分酿酒高粱籽粒组分的测定。总淀粉含量测定结果表明，雄性不育系总淀粉含量最高为 75.92％，恢复系为 76.14％（表 16-10）。支链淀粉含量不育系最高为 81.43％，恢复系为 82.09％（表 16-11）。单宁含量不育系平均为 0.76％，最高为 1.83％；恢复系平均为 1.01％，最高为 2.12％。

表 16-10 总淀粉含量测定结果

(王黎明等，2009)

材料	平均（％）	变幅（％）	>70％份数	占总数（％）
不育系（50 份）	69.36	63.65～75.92	21	21.0
恢复系（50 份）	69.19	63.63～76.14	20	20.0
总份数（100 份）	69.27	63.63～76.14	41	41.0

表 16-11 支链淀粉含量测定结果

(王黎明等，2009)

材料	平均（％）	变幅（％）	>80％份数	占总数（％）
不育系（50 份）	77.73	71.83～81.43	7	7
恢复系（50 份）	78.38	75.02～82.09	9	9
总份数（100 份）	78.05	71.83～82.09	16	16

（2）外源 DNA 导入后的籽粒组分改良 花粉管导入 DNA 的后代中，有 4 个组合的淀粉含量高于受体，占总数的 6.9％；有 3 个组合的支链淀粉含量高于受体，占总数的 5.2％；有 8 个组合的单宁含量低于受体，占 11.4％。淀粉含量高于受体 2 个百分点的导入后代有 4 个（表 16-12）。其中 1 个导入后代的淀粉含量既高于受体，又高于供体，提高了 4.21 个百分点；其余 3 个后代的淀粉含量介于受体和供体之间，稍偏向供体。还有在淀粉含量提高的导入后代中，供体的淀粉含量均高于受体，而且均是高淀粉含量品种，因此要获得淀粉含量高的导入后代，应选择淀粉含量高的品种作导入供体。

表 16-12 外源 DNA 导入淀粉含量的变异
（王黎明等，2009）

受体淀粉含量（％）	供体淀粉含量（％）	后代淀粉含量（％）	高于受体含量（％）
70.04	73.47	73.11	3.07
71.31	73.75	73.55	2.24
71.81	73.66	76.02	4.21
68.14	72.56	71.02	2.88

在导入后支链淀粉提高的变异后代中，比受体提高 2 个百分点的导入后代有 3 个，均接近供体的相应含量（表 16-13）。说明欲获得支链淀粉含量高的导入后代，应选择支链淀粉含量高的品种作供体。

表 16-13 导入后代的支链淀粉含量变异
（王黎明等，2009）

受体支链淀粉含量（％）	供体支链淀粉含量（％）	后代支链淀粉含量（％）	高于受体含量（％）
75.66	79.19	79.00	3.34
77.49	80.98	80.15	2.66
78.11	81.42	81.38	3.27

导入后代单宁含量降低幅度较大，其中最多降低了 0.5％。在单宁含量降低的导入后代中，单宁含量一般介于供体和受体之间，也有其含量既低于受体，也低于供体的变异后代（表 16-14）。

表 16-14 导入后代的单宁含量变异
（王黎明等，2009）

受体单宁含量（％）	供体单宁含量（％）	后代单宁含量（％）	低于受体含量（％）
1.2	1.0	1.0	0.2
1.4	1.0	1.1	0.3
1.3	1.1	1.1	0.2
0.7	0.1	0.2	0.5
0.4	0.4	0.2	0.2
0.8	1.0	0.5	0.3

（续）

受体单宁含量（%）	供体单宁含量（%）	后代单宁含量（%）	低于受体含量（%）
0.9	0.4	0.6	0.3
0.4	0.4	0.2	0.2

（三）高粱白酒的美拉德研究

美拉德反应最早由法国科学家提出，并以其人名命名。它广泛应用于食品加工业中。近年，由我国著名专家庄名扬首先提出的有关白酒美拉德反应的论述，在业内产生了广泛的回响。它推动了白酒从较低级别的酯、酸、醇色谱骨架成分向高级别的微量香味成分研究进程，为我国高粱白酒完善酿造品质风格，研发新香型白酒，解决低度白酒生产难题提供了科学依据。

1. 白酒美拉德反应机制

白酒酿制中美拉德反应每时每刻都在进行，如制曲时产生的褐变、曲香；高温堆积时产生的褐变、醅香。相对来说，窖内发酵前期是酒精发酵为主，中期以酯化生香为主，后期以美拉德反应为主。美拉德反应是产生一系列香味物质的重要反应，是一个集缩合、分解、脱羧、脱氢等一系列交叉反应。美拉德反应产物的种类和含量以酱香型白酒为最高，兼香和浓香型次之，清香型白酒较少。就同一香型白酒而言，发酵期长的比短的含量高，调味酒比普通酒含量高。

白酒中美拉德反应属于酸式美拉德反应，其包括 3 条反应路线（图 16-1）。美拉德反应分为生物酶催化和非酶催化，其中大曲中的嗜热芽孢杆菌代谢的酸性生物酶、枯草芽孢杆菌 E 和 B 分泌的胞外酸性蛋白酶都是很好的催化剂；非酶催化有金属离子、维生素等。

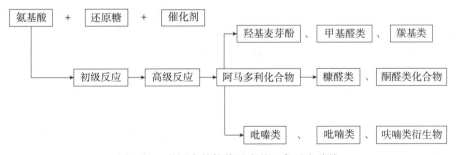

图 16-1　白酒中美拉德反应的 3 条反应路线
（张书田，2009）

白酒美拉德反应产物经专家估测约 500 种，其中对白酒香气和风味起重要作用的约 120 种，代表性产物如表 16-15。

2. 根据美拉德反应，采用双曲并举多微共酵　高温大曲蛋白酶活力较高，尤其以耐高温的芽孢杆菌居多，具有较强的酱香气味。选用小麦、大麦和豌豆 7∶2∶1 的高温曲和小麦、大麦 9∶1 的中温曲混合使用，每年端午节开始采制。北方夏季气温高，湿度大，空气中微生物种类繁多且生长活跃，十分有利于大曲的培养。高温曲配料中的豌豆蛋白质含量高，其中硫胺素（维生素 B_1）含量也高，它热降解产生呋喃、噻唑等化合物，使曲香幽雅、浓郁。由于高温大曲含有较高的蛋白酶和芽孢杆菌，可分解蛋白质形成复杂成分的香味物质。

表 16-15　白酒美拉德反应代表性产物及其特征
（张书田，2009）

产物名称	气味特征	产物名称	气味特征	产物名称	气味特征
丙醛	焦糖香	吡嗪	花生香	3-甲硫基丙醛	芝麻香
乙醛	似果香	25-二甲基吡嗪	烤香	3-甲硫基丙醇	炒香
丁醛	焦糖香	26-二甲基吡嗪	烤香	5-羟基麦芽酚	酱香
戊醛	炸土豆香	2-甲基吡嗪	烤香	麦芽酚	甜香
异丁醛	面包香	23-二甲基吡嗪	烤香	异麦芽酚	甜香
2,3-丁二酮	馊香	235-三甲基吡嗪	窖香	乙基麦芽酚	甜香
3-羟基丁酮	略有酱香	四甲基吡嗪	微窖香	噻吩酮类	甜香
2,3-丁二醇	微馊香	2-甲氧基-3-异丙基吡嗪	豌豆香	吡喃类	发酵味
糠醛	焦香	2,5-二甲基吡嗪	青草香	吡啶类	烤香
乙缩醛	果香	2-甲氧基-3-甲基吡嗪	爆米花香	噻唑类	咖啡香
苯甲醛	玫瑰花香	2-甲基-6氧丙基吡嗪	青菜香	噻吩类	可可香
3-甲基丁醛	干酪焦香	呋喃酮类	酱香	噁唑类	咖啡香

　　根据美拉德反应和高温大曲的特点，采用以中温曲为主，以高温曲为辅，双曲按比例同时使用多微生物共同发酵。发挥中温曲糖化力适中，使窖内糖化和发酵得以缓慢进行的特点，并通过高温曲补充中温曲增香功能不足的短板，加速美拉德反应的发生和进展，形成更多高级脂肪酸及其酯类，使酒香气浓郁，更软更绵。

　　3. 应用美拉德反应产物，多香型融合勾兑调味　目前，在浓香型白酒中使用的调味酒有双轮底调味酒、陈酿调味酒、酒头或酒尾调味酒等。这些调味酒香味丰富，各具特色，但终将局限于浓香型这个范围内。而生产降度酒和低度酒追求的理想的酒体特点和风格，所含微量芳香成分在这些调味酒中并不具备。受美拉德反应的启发，查阅大量医学典籍，选用多种天然植物浸泡制取调味酒液，进行多香型调味酒勾调设计，博采众长，互相借鉴。以浓香型基础酒为主体，各香型酒相互融合，结果令人满意，多香型融合为提高白酒品质提供了广阔的空间。

　　试验表明，用清、浓、酱、植物香等多香组合调味，不仅提高自身酒品的质量，而且使酒体呈现出"丰满、绵甜、柔顺、净爽"的独特风格。这是因为某种香型调味酒的掺入，实质是等于在运用其生产工艺特点的独有长处，弥补了另一生产工艺的不足，这是各种微量芳香物质在平衡、烘托、缓冲中发挥了作用。尤其是加入了美拉德反应产物生产的调味酒，含量较高的呋喃酮类和其复合香气与浓香型主体香己酸乙酯的融合，其芳香阈值发生了微妙的变化，而起到意想不到的特殊效果。

第二节 高粱饲料业

我国畜牧业的发展需要大量饲料作物生产作支撑。粒用高粱、甜高粱、草高粱都是优良的饲料作物，既可提供籽粒，又可提供茎叶。高粱籽粒作畜禽饲料，其饲用价值与玉米相当，而且由于籽粒中含有单宁，在配方饲料中加入 $10\%\sim15\%$ 的高粱籽粒，可有效预防幼畜禽的肠道白痢病，提高成活率。近年，甜高粱、草高粱生产显示了巨大的发展潜势，茎叶作青饲料，或连同籽粒作青贮饲料，或制作干草饲用，均具有较高的饲用价值。

一、高粱饲料种类

（一）高粱籽粒饲料

1. 高粱籽粒饲用成分 高粱籽粒的主要营养成分有蛋白质、无氮浸出物、脂肪、纤维素等。

（1）蛋白质。普通高粱籽粒蛋白质含量为 $7\%\sim11\%$，其中赖氨酸约 0.28%，蛋氨酸 0.11%，色氨酸 0.10%，胱氨酸 0.18%，精氨酸 0.37%，亮氨酸 1.42%，异亮氨酸 0.56%，组氨酸 0.24%，苏氨酸 0.30%，缬氨酸 0.58%，苯丙氨酸 0.48%。高粱籽粒中亮氨酸和缬氨酸含量稍高于玉米，而精氨酸含量稍低于玉米，其余氨基酸含量与玉米的相当。

高粱糠麸中的蛋白质含量约 10.9%，鲜高粱酒渣约 9.3%，鲜高粱醋渣约 8.5%。蛋白质是含氮化合物的总称，是由蛋白质和非蛋白质含氮化合物组成。后者是指蛋白质合成和分解过程中的中间产物和无机含氮物质，其含量通常随蛋白质含量的多少而增减。

（2）无氮浸出物。无氮浸出物包括淀粉和糖类，是籽粒中主要成分，也是畜禽的主要能源来源。籽粒中无氮浸出物平均含量 71.2%，醋渣中为 17.4%。无氮浸出物在消化道中变成单糖被吸收，并以葡萄糖的形式运输到各器官组织里，以保持畜禽的体温和供应器官活动的热量。葡萄糖也能转化成糖蛋白和脂肪贮存于体内。

（3）脂肪。籽粒中脂肪含量约 3.6%。而籽粒加工的副产品含量较高，如风干的高粱糠含量为 9.5%，鲜高粱糠为 8.6%，酒糟为 4.2%，醋渣为 3.5%。脂肪包括脂肪、叶绿素、酯和蜡等溶于乙醚的化合物。饲料中适量的脂肪能改善饲喂适口性，促进消化和对脂溶性维生素的吸收，增强畜禽的生长发育和皮毛的润泽。

（4）纤维素。籽粒中纤维素含量约 1.5%。粗纤维包括纤维素、半纤维素和木质素等，是较难消化的物质。但是，反刍动物的瘤胃和马属动物盲肠中的微生物能酵解粗纤维，产生可吸收的低级脂肪酸和不可吸收的甲烷和氢气。纤维素能刺激草食畜禽的肠黏膜，增加饱腹感，促进胃肠蠕动和粪便的排泄。粗纤维不足时，畜禽食欲不振，消化不良。

2. 高粱籽粒饲用价值

（1）籽粒的可消化率。籽粒中营养成分的可消化率，蛋白质 62%，脂肪 85%，粗纤维 36%，无氮浸出物 81%（表 16-16）。可消化养分即饲料中营养物质可被畜禽消化吸收的部分。可消化养分计算公式：

$$可消化养分＝饲料中该养分含量（\%）×该养分的可消化率（\%）$$

表 16-16　高粱籽粒中可消化养分百分率
（武恩吉整理，1981）

养分	粗纤维	无氮浸出物	粗蛋白质	粗脂肪
含量（%）	1.5	71.2	8.5	3.6
可消化率（%）	36	81	63	85
可消化养分（%）	0.54	56.67	5.36	3.06

（2）籽粒的淀粉价。饲料的养分经畜禽消化转化为脂肪或蛋白质，1kg 可消化淀粉能淀积身体脂肪 248g。通常把 1kg 可消化淀粉的生产价值作为 1，称淀粉价。高粱籽粒的总淀粉价为 69.82%（表 16-17）。但在饲料消化中还要消耗一定量的热量，影响身体脂肪的淀积，因此还要乘以实价率，高粱的实价率为 0.99，其实际淀粉价为 69.12%，一般记作 0.69。

表 16-17　高粱籽粒的淀粉价
（武恩吉整理，1981）

养分	可消化养分含量（%）	养分的淀粉价	部分淀粉价（%）
粗纤维	0.54	1	0.54
无氮浸出物	57.67	1	57.67
粗蛋白质	5.36	0.94	5.04
粗脂肪	3.1	2.12	6.57
总淀粉价			69.82

（3）籽粒的总热量和代谢热量。1g 脂肪产生的热量为 39.767kJ，粗蛋白为 23.9kJ，碳水化合物为 17.5kJ。因此，总热量＝39.769kJ×脂肪含量（g）＋23.9kJ×粗蛋白含量（g）＋17.5kJ×碳水化合物含量（g）。据此，计算出 1g 高粱籽粒总热量为 18.63kJ（扣除 13% 的水分）。

由于养分在畜禽体内氧化时有一定的损失，因而常把 1g 养分在体内产生的实际热量，称为代谢热量，也称有效热量，或生理价。这样，代谢热量数值分别是，1g 脂肪为 38.92kJ，粗蛋白为 17.16kJ，碳水化合物为 15.49kJ。由此计算出的 1g 高粱籽粒的代谢热量为 11.13kJ。

（二）甜高粱饲料

1. 甜高粱的饲用成分　甜高粱是优良的饲料作物，茎秆鲜嫩，富含糖分，适口性好。饲用甜高粱有几种，如甜高粱、甜高粱与粒用高粱或苏丹草的杂交种等。甜高粱作饲料的最大特点是粮草兼收。

澳大利亚是畜牧业较发达的国家，甜高粱是重要的饲料作物，生产面积达 10 万 hm^2，占耕地总面积的 4%。在美国、苏联、阿根廷、印度等一些国家，都把甜高粱作饲料作物生产。

我国用甜高粱作饲料有悠久历史，作为饲料作物大面积种植是近年的事。李复兴（1985）指出，甜高粱的国际饲料编号为（IFN），3-04-468。其作青贮料的营养成分如表

16-18。

表 16-18 甜高粱青贮饲料营养成分
(李复兴，1985)

饲料名称	干物质	反刍动物					
		总消化养分 (%)	消化能 (4.2×10⁶ J/kg)	代谢能 (4.2×10⁶ J/kg)	维持净能 (4.2×10⁶ J/kg)	增重净能 (4.2×10⁶ J/kg)	产乳净能 (4.2×10⁶ J/kg)
甜高粱	27	16	0.7	0.59	0.35	0.16	0.36
青贮料	100	58	2.56	2.13	1.26	1.3	1.3

饲料名称	粗蛋白 (%)	粗纤维 (%)	乙醚浸出物 (%)	灰分 (%)	钙 (%)	氯 (%)	镁 (%)
甜高粱	1.7	7.8	0.7	1.8	0.09	0.02	0.08
青贮料	6.2	28.3	2.6	6.4	0.34	0.06	0.27

饲料名称	磷 (%)	钾 (%)	钠 (%)	硫 (%)	铜 (mg/kg)	铁 (mg/kg)	锰 (mg/kg)	胡萝卜素 (mg/kg)
甜高粱	0.05	0.31	0.04	0.03	8	54	17	10
青贮料	0.17	1.12	0.15	0.1	31	198	61	36

沈柏林（1995）用种在同一块地里的甜高粱丽欧和玉米青神白马牙进行养分分析比较，结果是甜高粱各项养分指标优于玉米。无氮浸出物和粗灰分分别比玉米高出64.2%和81.5%。含糖量比玉米高2倍，纤维的含量虽高于玉米，但由于甜高粱总干物量更高，所以甜高粱粗纤维所占干物重的30.3%，低于玉米粗纤维占干物重的33.2%（表16-19）。

表 16-19 玉米、甜高粱青贮营养成分比较
(沈柏林，1995)

作物	取样日期	含水率 (%)	含干物质 (%)	蛋白质 (%)	脂肪 (%)	粗纤维 (%)	无氮浸出物 (%)	粗灰分 (%)
玉米	8月8日	78.69	21.31	1.853	0.434	7.082	10.529	1.344
甜高粱	8月8日	83.33	16.67	1.113	0.228	4.817	9.001	1.501
甜高粱	9月28日	67.93	30.07	2.014	1.2	9.12	17.29	2.44

2. 甜高粱的饲用价值 甜高粱的营养成分丰富，作青贮料饲喂奶牛可提高产奶量。各项养分指标超过玉米青贮料。

沈柏林（1995）于1979年在北京南郊农场种植甜高粱丽欧10hm²，到1982年发展到400hm²。用甜高粱青贮料代替玉米青贮料，每头奶牛日增产鲜奶805g（表16-20）。按当时全场3 200头奶牛计算，每年增产鲜奶94万kg。

表 16-20 不同青贮喂奶牛效果比较
(沈柏林，1995)

	吃青贮总量 (kg)	吃干草总量 (kg)	干草折青贮 (kg)	合计吃青贮量 (kg)	头日吃青贮量 (kg)	总产奶量 (kg)	头日产奶量 (kg)	产500g奶吃青贮量 (g)
试验组	59 418	5 370	21 480	61 066	20.7	58 342.3	19.605	530
对照组	63 718	10 020	40 080	62 726	21.8	58 378.3	18.8	580

河南省郑州种畜场用甜高粱饲喂奶牛，不论是用青饲料还是用青贮料，奶牛都喜欢采食。饲喂效果比玉米好，每头奶牛日增产牛奶1 050g。

（三）草高粱饲料

1. 草高粱的饲用成分 高粱属的许多种，如栽培高粱、苏丹草、哥伦布草、约翰逊草等都可作饲草。随着我国畜牧业的发展，对饲料的需要量越来越大，为草高粱的发展提供了更广阔的空间。草高粱生物产量高，种植区域广，在北方一年可刈割2～3次，南方4～5次，既可以放牧，又可以青饲、青贮或干草存放，常年饲喂畜禽等。

栽培高粱与苏丹草组配的杂交种（又称高丹草）表现出强大的产量杂种优势，是非常有发展前景的草高粱。钱章强（1990）在国内首先育成了草高粱杂交种——皖草2号审定推广。皖草2号不但生物产量高，而且品质也好，其粗蛋白、粗脂肪含量占鲜重的百分率基本上与苏丹草相当，占干重的百分率则高于苏丹草（表16-21）。

表 16-21 苏丹草与杂交草的营养成分（％）（1994年7月）

（钱章强等，1995）

成分名称	干物质	占鲜重					占干重				
		粗蛋白质	粗脂肪	粗纤维	无氮抽出物	灰分	粗蛋白质	粗脂肪	粗纤维	无氮抽出物	灰分
苏丹草	22.2	2.42	0.6	4.7	13.12	1.36	10.9	2.70	21.17	59.10	6.13
杂交草	17.7	2.49	0.6	4.23	8.72	1.66	14.07	3.39	23.90	49.26	9.38

孙守钧等（1995）研究了栽培高粱与苏丹草的杂交种和苏丹草的营养成分，多数杂交组合的粗蛋白、粗脂肪、粗纤维和无氮浸出物高于苏丹草（表16-22）。

表 16-22 营养成分分析（占干物质百分率）（％）

（孙守钧等，1995）

	品种	粗蛋白	粗脂肪	粗纤维	灰分	无氮浸出物	Ca	P
叶	622A×109	6.31	1.48	22.33	5.80	64.06	0.06	0.07
	623A×139	5.85	1.04	24.88	5.51	62.68	0.04	0.07
	622A×107-1	7.03	2.71	18.89	6.88	64.49	0.08	0.10
	IS722	6.27	1.17	23.62	6.01	62.93	0.21	0.11
茎	622A×109	2.64	1.62	28.21	6.21	61.32	0.28	0.35
	623A×139	2.51	1.41	33.42	5.98	56.68	0.24	0.30
	622A×107-1	2.50	1.37	40.30	4.89	50.94	0.20	0.21
	IS722	2.53	1.39	41.36	6.12	48.1	0.27	0.25
粒	622A×109	7.81	4.20	1.71	2.08	84.20	0.03	0.13
	623A×139	7.44	3.71	2.36	2.40	84.09	0.09	0.21
	622A×107-1	7.68	3.43	2.21	2.52	84.16	0.10	0.26
	IS722	7.21	4.58	5.31	2.31	80.59	0.07	0.26

2. 草高粱的饲用价值 张福耀等（2002）研究表明，草高粱粗蛋白含量比苏丹草高

2.2%，粗脂肪含量与苏丹草相当。而且，草高粱的蛋白质含量比其他饲料作物草木樨、沙打旺、青刈玉米分别高 2.53%、5.22%、2.45%，而与青刈黑麦、串叶松香草的含量相当，仅低于苜蓿草（表 16-23）。

表 16-23　几种饲料作物与饲草高粱的营养成分比较
（张福耀等，2002）

饲料作物	粗蛋白（%）	粗脂肪（%）	粗纤维（%）	无氮浸出物（%）
饲草高粱	15.29	2.69	24.07	32.29
苏丹草	13.09	2.7	21.17	34.96
苜蓿	17.12	2.43	32.66	30.12
青刈黑麦	16.29	2.31	34.62	32.98
草木樨	12.76	2.52	35.4	32.2
沙打旺	10.07	1.12	20.89	33.09
青刈玉米	12.84	1.5	28.15	30.17
串叶松香草	15.84	2.93	20.95	45.7

如果按单位面积蛋白质产量计算，草高粱的饲用价值就更高了。以玉米为例比较，每公顷产玉米籽粒 7 500kg，按收获指数 0.5 计，可产茎叶 7 500kg。籽粒蛋白质含量 10%，茎叶的含量 6%，则玉米每公顷可产蛋白质 1 200kg；而草高粱每公顷可产鲜草 131 323kg，按蛋白质含量 3% 计，则每公顷可产粗蛋白 3 939.7kg，是玉米的 3.28 倍。在几种饲料作物比较中，除苜蓿草蛋白质含量偏高外，其他的相当于或低于草高粱，但由于草高粱单位面积生物产量高，因而其总的蛋白质产量显著高于其他作物，是最具优势的饲料作物（表 16-24）。

表 16-24　饲草高粱与几种饲草的蛋白产量比较
（张福耀等，2002）

饲料作物	鲜草产量（kg/hm²）	干草产量（kg/hm²）	鲜：干	粗蛋白含量（%）	粗蛋白产量（kg/hm²）	位次
串叶松香草	124 693.5	14 560.5	8.6：1	15.84	2 306.4	3
紫花苜蓿	68 475	16 800	4.1：1	18.72	3 145	2
饲草高粱	131 323.5	25 749	5.1：1	15.29	3 937	1
黑麦草		795		15.3	111.6	4
玉米粒		7 500		10	750	5
玉米秸		7 500	6	450	6	
小麦秸		6 000		3	180	7
稻草		6 000		3	180	7

总之，草高粱作为一种新兴的饲料作物，从 20 世纪 90 年代开始就受到国内高粱专家的关注。辽宁省农业科学院高粱研究所、山西省农业科学院高粱研究所等科研单位开展了草高粱杂交种的选育工作，先后育成了产量优势强、抗性好的辽草 1 号、辽草 2 号、辽草

3 号、晋草 1 号、晋草 2 号、晋草 3 号、晋草 4 号等高丹草杂交种应用于生产。

　　近年，我国还从澳大利亚引进草高粱杂交种健宝（Jumbo）、苏波丹（Superdan）等草高粱杂交种试种，表现产量高、草质好、生长繁茂、抗性强等特点，显示出很大的发展应用潜力。目前，草高粱已在我国养牛、养羊、养鹅、养鱼业中形成初级产业市场。

二、高粱饲料的配制

（一）高粱籽粒饲料的配制

　　1. 育肥猪饲料　高粱籽粒作育肥猪饲料应添加蛋白质，因为籽粒中赖氨酸含量低。而且非反刍动物自身不能重组蛋白质。Leeffel（1957）的试验表明，饲喂育肥猪每天由2.8～3.2kg 高粱籽粒和 0.5kg 辅料组成，辅料由 25％的大豆粗粉、25％的紫花苜蓿、30％的屠体下脚料和 20％的鱼粉组成。育肥猪从初重 36kg 到终重 98kg，平均每日增重 0.8kg。

　　高粱籽粒可提高育肥猪瘦肉的比例。英国农业科协（A. R. C）的研究表明，日料中蛋白质水平对瘦肉型猪的反应比脂肪型猪强烈。日料中蛋白质含量从 12％上升到 20％时，瘦肉型猪的瘦肉率从 51％提高到 58％；脂肪型猪的只能从 45％提高到 47％，而且高粱与玉米比较，高粱中的不饱和脂肪酸比玉米的少得多，对猪的瘦肉生长颇有益处。

　　2. 育肥牛饲料　Magee（1959）用高粱籽粒、高粱青贮和棉籽粉配制的饲料，喂饲约 200kg 重的小菜牛 180d，增重结果列于表 16-25。29～56d 喂饲期，日增重最低，为0.92kg；151～180d 日增重最高，为 1.9kg。180d 平均日增重 1.03kg。

表 16-25　喂饲牛饲料的平均量和增重率
（Magee，1959）

喂饲期（d）	每日喂饲量（kg）			
	高粱籽粒	棉籽粗粉	青贮高粱	每天增重（kg）
0～28	1.65	0.89	9.68	1.04
29～56	3.11	0.75	7.7	0.92
57～84	4.84	0.84	6.5	1.15
85～112	5.76	0.94	4.58	1.03
113～150	6.61	1	4.11	1.16
151～181	6.36	1.03	2.9	1.9
180d 期平均	4.81	0.91	6.05	1.03

　　Magee 采用第一配方（高粱籽粒 6.7kg、青贮料 10.6kg 和棉籽粉 0.9kg）与第二配方（高粱籽粒 4.2kg、青贮料 18.2kg 和棉籽粉 0.9kg）喂饲两组相同体重的幼牛 120d，结果第一配方平均日增重 1.14kg，第二配方的为 0.95kg，增产 20％；第一配方平均每千克混合饲料日增重 0.063kg，第二配方的为 0.041kg。

　　3. 家禽饲料　高粱在家禽配方饲料中完全可以代替玉米。Thayer 等（1957）的研究表明，对肉用鸡饲料来说，黄玉米和苜蓿都是优良的原料，黄色素在配制饲料中是合乎要求的（表 16-26）。

表 16-26　获 1kg 活重所需饲料量（kg）
（Thayer 等，1957）

4 周饲喂期			8 周饲喂期			12 周饲喂期		
品种	饲料量	体重（%）	品种	饲料量	体重（%）	品种	饲料量	体重（%）
沙伦卡佛尔	120	2.4	麦地	108	3.24	瑞兰	113	4.62
卡佛尔 44 拟 14	119	2.43	非洲粟	108	2.81	麦地	109	5.66
卡佛瑞塔	118	2.66	瑞兰	105	3.04	非洲粟	108	4.08
黄达索	115	2.4	矮菲特瑞塔	101	3.29	平原人	106	4.49
白达索	114	2.57	黄玉米	100	2.95	矮菲特瑞塔	106	5.17
黄玉米	100	2.82	平原人	99	3.17	黄玉米	100	4.42

产蛋鸡的高能配制饲料组分是，高粱 20%、黄玉米 18%、麦麸 10%、细麸粉 20%、紫花苜蓿粗粉 5%、肉和骨下脚料 5%、鱼粉 5%、大豆饼 11.5%、盐 0.5%、碳酸钙 2%、蒸制骨粉 2%、浓缩维生素 1%。在产蛋鸡饲料中，直接用高粱代替玉米的效果是非常好的。

还有，用高粱籽粒喂饲幼禽可预防肠道疾病，因为籽粒中的单宁具收敛作用，可减少白痢病发生，提高成活率。例如，用 75% 的高粱和玉米分喂雏鸡，用高粱的成活率为 84.1%，用玉米的为 73.7%。

（二）甜高粱、草高粱饲料的配制

1. 青饲料和干草　甜高粱和草高粱刈割后既可作青饲料，也可晾干后制成干草。草高粱作青饲或干草用，刈割及其次数是关键。通常根据当地气象条件决定最多刈割次数，次数太多反而使总产量降低。用甜高粱作青饲料应确定适期收获，如果兼顾籽粒和茎叶利用，通常在蜡熟初期收割；收割太晚，茎秆里纤维素含量增加，使饲料的可消化率降低。

2. 青贮料　甜高粱和草高粱均可制成青贮料。即把甜高粱或草高粱的新鲜茎叶，或者连同籽粒一起切碎后装进密封的青贮器（窖）内，经乳酸菌发酵调制成气味芳香、酸甜可口、耐贮藏、可供冬季或常年饲喂的多汁饲料。在配制青贮饲料过程中，高粱养分的损失比晒制干草低。青贮料可保持原养分的 90% 左右，而晒制干草只能保持 70%～85%。

3. 秆渣饲料　甜高粱茎秆含丰富的糖分，作青饲料用时其大部分糖分可被吸收，但作青贮料时，这些糖分不能都被吸收。Salako 等（1986）研究将甜高粱茎秆榨汁制成糖浆，其秆渣再制成青贮饲料，其经济效益更高。匈牙利的研究是，将榨取汁液后的秆渣（35～40t/hm²）层积压实，覆盖上塑料、重压；或装入塑料袋青贮制成颗粒饲料。这种青贮饲料每千克含 399g 干物质，20g 可消化蛋白，213g 类脂肪，55g 灰分和 155g 纤维。而普通甜高粱干草相应的养分含量分别为 359g 干物质、20g 可消化蛋白、14g 类脂肪、120g 灰分和 20g 纤维。

4. 糖化秸秆饲料　将高粱茎叶里的养分水解成多糖和单糖制成糖化饲料。苏联采用"水压法"处理秸秆，先将秸秆在水中浸泡 7～8h，使其含水量达 70% 左右，放入巨型高压锅内，茎叶在水、压力和温度的共同作用下水解成多糖、单糖。处理后的茎叶易粉碎，含糖量提高 10 倍多。糖化饲料喂饲奶牛，产奶量提高 12%；喂育肥牛时，在干草中加入 20% 的糖化饲料，活重可增加 14.5%。

第三节　甜高粱制糖业和燃料乙醇业

一、甜高粱制糖业

检测表明，甜高粱茎秆中的成分为水 65.80%；蔗糖 11.25%，为结晶糖；其他非结晶糖 2.75%，淀粉 5.15%，蛋白质 2.60%，纤维 7.32%，树胶 3.31%，矿物质 1.2%；还有少量乌头酸、果胶、脂肪等。利用甜高粱可制取糖浆、土糖和结晶糖。

（一）制糖浆

在我国，用甜高粱制糖浆已有较长的历史。优质甜高粱糖浆色泽较浅，呈金黄色，适口性好，具有特殊的芳香味，是一种很好的佐餐食品。美国在第一次世界大战之前，每年用甜高粱生产糖浆 6 000 万 L。之后，糖浆生产年产 9 200 万～18 000 万 L。1929 年以后产量逐年下降，1954—1959 年，年产只有 990 万 L。

美国通常采用三辊压榨机提汁，压榨率 50%～60%；采用电镀钢板或铜板制成的连续蒸发锅，中间有若干横板隔断。过滤除渣后的汁液注入锅的一端，在慢慢流向另一端的过程中加热蒸发，直到变成糖浆才流出锅外。汁液在加热中逐渐澄清，一些蛋白质和非糖物质逐渐凝结，浮在表面，给以清除。蒸煮的时间要尽量缩短，当糖浆接近 108～110℃、波美度 35°～36°时，即达到标准浓度，然后仔细过滤，逐渐冷却至 80℃，即可注入容器内贮藏。

苏联采用多辊压榨机提汁，汁液经筛网粗滤除渣。过滤后的汁液泵到凝聚槽里，加热到 50℃，加注磷酸（1 000kg 糖汁加 600mL）调节糖汁 pH 至 4.8，此时糖汁中的胶质大量凝聚。再将糖汁加热至 90℃，形成淀粉糊状物，在冷却器中冷却到 60～62℃，并移到发酵槽内，此时加麦芽抽出物或酶制剂，将淀粉完全糖化。然后，将糖汁送到硅藻土搅拌器内，加石灰乳中和，并加热到 90℃，用纯硅藻土处理（用量为 1% 的糖汁重量），并搅匀。用硅藻土处理后的糖汁送到压滤机过滤。滤清汁送至多效蒸发罐浓缩成 70° 锤度的粗糖浆。将粗糖浆再过滤后送至真空缸中煮炼成浓度为 80° 锤度的糖浆，pH 5.7。用此工艺制成的糖浆质量高，呈金黄色，清澈有光泽，带有甜高粱的清香味。

（二）制土糖

印度糖业研究所用丽欧甜高粱汁液制土糖。榨汁锤度 19.75°，转光度 15.45。在开口铁锅里熬煮，加一种称 deola 的植物胶澄清（每吨汁加 0.8kg），撇泡，清汁浓缩到起晶点（110～112℃），在水盆中冷却成糖块。甜高粱土糖与甘蔗土糖的成分如表 16-27。

表 16-27　甜高粱土糖和甘蔗土糖的成分比较

（《甜高粱》，2008）

	水分	蔗糖分	还原糖	硫酸灰	晶粒含量
甜高粱土糖	6.52	78.1	8.8	7.6	58.1
甘蔗土糖	6.24	84.2	7.5	4.3	64.2

　　比较起来，用甜高粱制成的土糖在质量上与甘蔗的基本一样。但甜高粱土糖由于灰分含量高，略带咸味；淀粉含量较高，影响土糖的贮藏性能。采取如下措施解决：一是酶处理，使淀粉转化成葡萄糖，但不能清除其他胶质。二是撇泡法，此法可成功地制出上乘土糖，而且不需要任何设备，只是费时间。三是絮凝剂处理，澄清速度快，土糖质量好，但需要一些附加设备。

（三）制结晶糖

　　用甜高粱生产结晶糖经历了一系列技术改进。因为甜高粱汁液中淀粉和乌头酸含量较高，占汁液中固淀物的1％～4％。胶状的淀粉妨碍蔗糖结晶，乌头酸在加工中形成乌头酸盐，妨碍糖晶体从蜜糖中分离出来。但早期的甜高粱制糖工艺多沿用甘蔗制糖技术，因此少有成效。

　　1923年，Bryan和Wood等认识到甜高粱汁液中淀粉对制糖工艺的影响，提出用麦芽淀粉糖化酶清除淀粉的技术。1940年，Ventre成功地从高粱糖浆中除去了淀粉并制成结晶糖。他提出的方法是将汁液离心分离，然后加灰将pH调到8.3～8.5，残留下来的淀粉利用胰酶将其分解。Ventre还提出用钙盐将乌头酸从汁液中沉淀出来的方法。因为乌头酸是甜高粱汁液中妨碍蔗糖结晶的另一部分。

　　1969年，Smith B A发明了一种简便地在澄清粗汁和中间汁时清除淀粉的技术。其工艺程序：①将甜高粱榨汁后加水稀释至16°（BX）以下，因为当糖汁锤度超过16°时，泥汁的沉降速度慢，且清除淀粉的效率低。②在汁液中加石灰乳调pH达7.7～7.9。pH如低于7.6时，淀粉粒不能很好被团聚沉出；pH大于7.9时，粗汁中的红色素大大增加。汁液在55～60℃下加石灰乳效果最好。若温度超过60℃时，则有部分淀粉粒糊化。③在搅拌中加入3～5mg/kg絮凝剂，静置沉淀1h后，除去沉淀物，淀粉除去率达97.2％。④将澄清汁浓缩锤度为30°～40°的中间汁。⑤中间汁加石灰乳使pH为7.4～7.6，加热至70～80℃。⑥加入1～2mg/kg的絮凝剂，然后静置沉淀30min，以清除中间汁中的淀粉。

　　1971年，美国采用Smith的方法进行中试。原料甜高粱3～3.5t，用三辊压榨机榨汁一次，得糖汁1 035～1 350L，平均锤度为19.35°，处理前稀释至14°，间歇加石灰乳使pH达7.7～7.9，加热至50～55℃。加热汁进入保温的沉淀器，加入5mg/kg絮凝剂，静置约1h，然后倾出清汁。澄清汁用两效蒸发罐浓缩成锤度约35°的中间汁。中间汁加灰使pH为7.1～7.3。加热至60～70℃，加入2～4mg/kg絮凝剂，在一个保温的锥底沉降器中静置澄清。再将中间汁浓缩成锤度60°～65°的糖浆。糖浆用Ventre提出的除乌头酸技术处理：糖浆加灰使pH达8.3或更高些，加热至沸。加入足量的$CaCl_2$，静置6～8h。然后分离出不溶性乌头酸钙盐。经处理后所得的清净糖浆用来煮甲糖。中试所得甜高粱糖比甘蔗糖含有较多的KCl和较少的CaO、MgO和SO_4^{-2}，而其他方面与甘蔗糖大体相似。

　　墨西哥国立制糖工业协会于1971年去美国考察甜高粱生产砂糖的中试。1972年1月在甘蔗糖厂附近种植5hm²丽欧甜高粱。同年6月进行了3d生产试验。由于当地6月处于雨季开始，影响了甜高粱的成熟，其茎秆的转光度从9.0％下降到6.5％。按照美国技术工艺流程，头两次生产试验的甜高粱茎秆是第一天收割，第二天加工，在清净和煮炼过程中没有问题。第三次压榨的甜高粱秆是两天前收割的，澄清过程就产生了问题。整个生产试验在煮炼过程中没有碰到问题。虽然糖浆纯度比较低，只适于煮丙糖，不适合煮甲糖。糖浆中没有发现黏胶物质，结晶速度也正常。3d 的生产共产出转光度 87%～90% 的结晶糖 35.6t，75t 简纯度为 44.7 的废蜜。

辛企全等（1977）报道了用甜高粱生产的高粱蔗黄砂糖、高粱蔗片糖、商品赤砂糖与甘蔗片糖成分的比较（表 16-28）。1977 年，湖北省汉川县中洲垸农场用甜高粱生产的机制赤砂糖，其总糖含量 92.60%，其中蔗糖 82.09%，还原糖 10.51%，品尝鉴定认为清甜可口，味道颇佳。

表 16-28　高粱糖和甘蔗糖成分比较（%）

（辛企全等，1977）

品名	蔗糖	还原糖	纯度	灰分	水分
高粱蔗黄砂糖	91.25	3.95	95.20	1.63	2.79
商品赤砂糖	88.33	3.05	91.38	1.63	3.25
高粱蔗片糖	72.68	13.37	86.05	2.52	4.16
甘蔗片糖	78.75	13.75	91.89	1.52	5.25

二、甜高粱燃料乙醇业

（一）世界主要国家燃料乙醇业的发展

越来越多的国家关注甜高粱燃料乙醇产业的发展，并制定了其产业发展规划。巴西是世界甜高粱乙醇发展较早的国家，1972 年全国燃料乙醇产量达 7 亿 L，1973 年世界石油危机后开始实施燃料乙醇发展计划。1982 年，其产量已达 56 亿 L，600 万辆汽车使用添加 20% 乙醇的混合燃料，100 万辆用纯乙醇燃料。1983 年，燃料乙醇已达 80 亿 L，1993 年 197 亿 L，使全国 35% 的汽车使用燃料乙醇。

美国能源部于 1979 年制定了燃料乙醇发展计划，拟用甜高粱代替玉米生产乙醇。每公顷甜高粱可转化乙醇 5 670L，玉米仅 2 240L。计划种植 567 万 hm^2 甜高粱，生产 315 亿 L 乙醇，可使全国汽车使用混合乙醇的原料（表 16-29）。

欧共体从 1982 年开始研究甜高粱，首先评估甜高粱作为能源作物的可能性。1991 年，欧共体甜高粱协作网，按国家分工开展甜高粱研究。经过 17 年研究得出结论，有 2 种生物质植物适于欧洲气候条件，一是属于 C_4 植物的甜高粱，二是速生轮作林。由于甜高粱的生产力接近树木的 2 倍，因此认为甜高粱是欧洲未来最有前景的能源作物。

印度现有生产乙醇工厂 300 余家，年生产能力 256 万 t。目前，主要是用甘蔗转化，也正在试用甜高粱生产乙醇。2007 年规划用燃料乙醇代替石油，2012 年达 5%，2017 年 10%，之后达 20%，约 3 000 万 t。

乌拉圭在 20 世纪 90 年代，仿效巴西每年种植 65 万 hm^2 甜高粱用于生产乙醇燃料。

菲律宾于 2007 年发布了"生物燃料法"，规划 2010 年燃料乙醇占汽油消费量的 10%。生产燃料乙醇的原料是甜高粱和甘蔗。

表 16-29　美国乙醇生产计划（100 万 t 干物质/年）

（卢庆善等，2009）

生物量	1980 年量	%	1985 年量	%	1990 年量	%	2000 年量	%
木材	499	61	464	56	429	49	549	48
农业副产品	193	23	220	26	240	28	278	24
谷物	38	5	38	5	28	3	23	2
玉米	22		20		8		—	
麦类	12		15		17		20	
粒用高粱	4		3		3		3	
糖料作物	—		8	1	69	3	172	15
甘蔗	—		3		13		13	
甜高粱	—		5		56		159	
城市垃圾	86	10	92	11	99	11	116	10
食品加工副产品	6	1	7	1	8	1	10	1
橘子类	2		2		3		4	
干酪	1		1		1		2	
其他	3		4		4		4	

（二）中国甜高粱燃料乙醇业的发展

20 世纪 80 年代，联合国开发计划署（UNDP）资助中国北方生物质能源综合利用项目，研究利用甜高粱转化乙醇的可行性，其中研究并获得了"甜高粱固定化酵母快速发酵生产乙醇的专利技术"。

中国从 2002 年开始，决定在汽车上使用燃料乙醇，并把"变性燃料乙醇"和"车用乙醇燃料"两项标准确定为强制性国家标准。从"十一五"开始，国家进一步推广使用燃料乙醇。从 2002—2006 年的 5 年时间里，全国才形成 102 万 t 的生产能力。

2006 年 1 月，国家公布并开始实施生物能源法。2006 年 8 月，国家召开了生物质能源会议。会议提出要大力发展我国生物质能源生产。鉴于国家粮食安全的重要性，确定我国发展生物质能源要坚持"不与粮争地、不与民争粮"的原则。发展生物质能源生产要与促进农村经济发展相结合，与改善农民生活条件相结合，与保护生态环境相结合，与保证国家粮食安全相结合。鼓励在边际性非耕地上种植能源作物。甜高粱所具有的生物学特征特性正好符合我国发展生物质能源的原则，具有巨大的发展潜力和空间。

国家规划到 2020 年，全国生物质能源要发展到 1 500 万 t 的生产规模。如果用甜高粱作原料生产 1 000 万 t 燃料乙醇，则需要种植 267 万 hm² 甜高粱，建设年产 10 万 t 燃料乙醇工厂 100 家。全部投产后可实现总产值 500 亿元，利税 50 亿元，建厂设备费 400 亿元左右；年需甜高粱种子 4 000 万 kg，计 2.4 亿元；年需发酵酶 20 万 t，计 50 亿元。每年甜高粱茎秆转化乙醇后的秆渣有 1 亿 t，若全部加工成饲料，其产值可达 400 亿元，利润约 100 亿元。燃料乙醇作汽车燃料使用，可减少对环境的污染。

（三）甜高粱转化燃料乙醇的潜力

1. 甜高粱茎秆糖汁转化乙醇的潜力　　甜高粱茎秆中富含糖分，如果将可发酵的糖转化为乙醇，其产量是相当可观的。Crispim 等（1984）在巴西种植甜高粱品种 BR503，每公顷收获的茎秆转化乙醇2 775L。1986 年，美国栽培甜高粱品种雷伊及其杂交种 N39×雷伊，转化乙醇分别为每公顷 4 065L 和 4 500L。

Arthur 等（1980）在美国得克萨斯农业试验站研究表明，用甜高粱转化乙醇产量很高（表 16-30）。从北达科他到得克萨斯和佛罗里达州南部，气候条件各不相同，无霜期从121～300d，1978—1979 年在不同的试验区，甜高粱产量为 12.0～40.5t/hm² 干生物量，总糖为 2.9～13.2t。如果每吨糖生产乙醇 582L，就等于每公顷产1 688～7 682L乙醇。

表 16-30　美国得克萨斯州威斯拉科农场一些甜高粱品种的产量

(Arthur，1980)

栽培品种	茎秆总糖分（kg/hm²）	基秆总糖（kg/hm²）	籽粒产量（kg/hm²）	总糖（kg/hm²）	测定（kg/hm²）	乙醇产量（L/hm²）
糖滴	796.6	1 148.0	1 602.9	2 751	1 457	1 455
苏马克	807.4	1 227.3	1 927.0	3 154	1 675	1 650
雷伊	5 295.0	5 660.9	732.9	6 393	3 851	3 855
布兰德斯	1 593.5	2 388.2	939.9	3 328	1 918	1 920
特雷西	4 616.1	2 006.6	2 135.1	4 142	2 237	2 235
ATx623×特雷西	1 701.4	1 904.1	3 719.7	5 624	2 910	2 910
丽欧	3 165.9	5 906.4	1 725.5	7 632	4 464	4 455
ATx623×丽欧	3 507.2	4 008.9	5 897.4	9 906	5 228	5 235

McClure（1980）研究甜高粱的生物量和产糖量。每公顷茎秆可发酵糖转化乙醇 3 495～4 005L，茎秆中的纤维可转化1 605～1 905L乙醇，这比玉米茎秆和籽粒所转化的乙醇高出 30%～40%。如果种植甜高粱杂交种，又可增产 30%。

美国南部 5 个低高原州弗吉尼亚、北卡罗来纳、南卡罗来纳、佐治亚和亚拉巴马州休闲地的 1/3 用来种植甜高粱，假设每公顷平均产量 40t，65% 的可发酵糖转化成乙醇，年产 51.8 亿 L，相当于各州农民每年所购买的汽油数量。将其副产物作青贮饲料，可使现有家畜数目增加 1～3 倍。

Tzimourtas（1982）报道，在希腊对甜高粱品种丽欧、洛马等的分析表明，干物质占 29.4%，其中总糖占 35.5%，总糖占鲜重的 10.4%。在干物质中，固溶物的百分率为 59%，完全可作为转化乙醇的原料。Massantim（1983）试验指出，在意大利中部种植甜高粱生产乙醇，8 个甜高粱品种中的丽欧和 Rex、特雷西产量最高，每公顷产 12t 糖，转化7 400L乙醇。

印度尼西亚糖料研究中心对用甜高粱转化乙醇做了评估，认为从糖汁液直接转化乙醇比用糖转化乙醇更容易。因此，第四届世界能源协会指出，甜高粱作为大面积生产的能源作物具有潜力，前景广阔。黎大爵（1989）研究表明，甜高粱品种 M-81E、雷伊、凯勒、泰斯每公顷生产的茎秆糖汁转化乙醇产量分别为5 607L、5 981L、6 131L 和6 159L。

2. 甜高粱茎秆纤维素转化乙醇的潜力　纤维素转化乙醇是一种至今尚未充分开发利用的新能源。它是将纤维素经化学、生物或微生物转化而得到的高热值液体燃料。甜高粱含有丰富的纤维素，12％～20％，甜秆粒用高粱可达 20％～30％。目前，用微生物转化纤维素和半纤维素为乙醇的技术取得了显著进步，使甜高粱作为能源作物更有广阔前景。

将纤维素转化为乙醇有许多方法，目前着重生物学、酶学方法的研发，重点放在分离和提纯能水解纤维素的酶类。为了裂解纤维素，现在正进行两类研究：第一类涉及木质纤维素的预处理方法。这种预处理可使纤维素更易受酶或酸水解。有的金属络合物，如Cadoxen，一种一氧化镉（CdO）溶于 28％含水乙二胺的溶液，它易将木质纤维素中的纤维素溶出，然后用里斯木霉菌（*Trichoderma reesei*）的纤维素酶系统把重新沉淀的纤维素水解，可以得到 90％以上的葡萄糖收率。第二类研究是木质纤维素在人工控制下热解成左旋葡聚糖。该糖是一种葡萄糖酐，遇水容易水解成葡萄糖。Huang 等（1983）研究木质纤维素生产左旋葡聚糖时取得高收率。

Wangen 和 Coworkers（1980）为转化木质素成乙醇，发明了 MIT 法。该法用两种细菌，一种是热纤梭菌（*Clostridium thermocellum*），能够水解纤维素成葡萄糖，并将葡萄糖转化成乙醇；另一种热解糖梭菌（*C. thermosaccharolyticum*），也可以水解半纤维为五碳糖，并将该糖和葡萄糖发酵成乙醇。如果不采用 MIT 法，甜高粱茎秆和半纤维素也能热水或稀酸提取并发酵成乙醇。残余的木质素络合物可作燃料或用嫌气性细菌消化。

日本通产省集中了日本国内生物工程产业的技术力量，成功研制出一种从秸秆、木屑、蔗渣纤维素中提取汽车用乙醇燃料的生产工艺，研发出用人工合成出具有耐高温、耐高醇浓度，并能生成强力消化特性的纤维素消化酶。现已在山口县建立一座实验工厂，投入试验性生产，每 360kg 纤维素可转化 100L 乙醇。

澳大利亚的试验表明，甜高粱品种意达利每公顷产纤维 5 400kg，再生高粱又生产3 105kg，两季共产 8 505kg。仅残渣 1 项，每公顷可产乙醇 2 355L。这也使乙醇工厂进行周年生产成为可能，在生长季节用甜高粱茎秆，在冬季用高粱籽粒，或其他作物秸秆生产乙醇，将大幅提高乙醇厂的设备利用率和经济效益。

3. 甜高粱糖汁乙醇转化率高　甜高粱汁液含糖量高，一般 18％或更高。在我国北方，甜高粱一年生产一季；在南方一年可生产两季，而甘蔗一年只有一季。因此，甜高粱总的生物质转化成乙醇的量要多于甘蔗。另外，糖浆型甜高粱主要含有果糖和葡萄糖，属单糖，易于转化成乙醇，转化率高达 45％～48％；转化工艺简便，节省成本。

甜高粱每公顷每天合成的碳水化合物可转化乙醇 48L，玉米 15L，小麦 3L。由于甜高粱生育期短，每公顷甜高粱的年产量可转化乙醇 6 106L，甘蔗 4 680L（Knowles，1984）。澳大利亚的研究表明，甜高粱品种意达利固溶物的产量非常高，第一季 141d 生育期每公顷产 7 600.5kg，81d 生育期再生高粱产 4 800kg，其生产率分别为 53.9kg/（hm^2 · d）和 59.3kg/（hm^2 · d）。

（四）甜高粱燃料乙醇业发展的问题与对策

1. 高产高糖抗倒伏甜高粱品种选育　作为甜高粱燃料乙醇生产的原料，品种是第一位的。品种要具有诸多优良的农艺性状才能满足产业发展的需要。首先要有高产性，即单位面积上的生物产量高，从而提供转化乙醇的原料就更多。其次要高糖性，即茎秆中汁液含糖量要高，这样转化成乙醇的量就多。但目前生产上应用的甜高粱品种的生物产量和汁液含糖量远达不到生产的要求；此外，还有一个严重缺点，因甜高粱品种的茎秆高度多在3m以上，常因倒伏造成严重减产，因此急需选育出高产高糖抗倒伏的甜高粱品种或杂交种。

为达到这一目标，先要做好甜高粱种质资源的研究和创新，从中选出生物产量高、茎秆含糖量高的种质材料，作选育品种的杂交亲本或作杂交种三系的杂交亲本。其次要采取有效的育种技术，通过杂交、回交、群体改良以及生物技术等选育生物产量、含糖量高的品种及其双高和一般配合力高的杂交种亲本系。

目前，高产的甜高粱品种植株都偏高，很容易造成倒伏和产量损失。因此，应把株高降下来，以增强抗倒性。而株高降下来又面临生物产量降低的问题。这就需要从育种方向上加以调整，选育中等株高而分蘖力强的品种，或者选育中等株高但茎秆特粗的品种，这样既可以通过增加单位面积的茎秆数达到高产，又可提高品种的抗倒性。

迄今，高粱 A_3 型雄性不育系几乎找不到恢复系，可以利用这一特性选育不结实的甜高粱杂交种，如辽甜 10 号（$309A_3/310$）。这样可以利用穗部不结粒、"头轻"重心下降增强植株的抗倒性，又可因无籽粒而使光合产物以糖的形式贮存于茎秆中，提高含糖量。

2. 甜高粱茎秆贮存技术　在甜高粱转化乙醇生产中，由于原料是含糖的茎秆，甜高粱收获时间集中，数量巨大，受乙醇加工厂条件所限，很难在短时间内处理完。这就需要解决茎秆的贮存问题。曹文伯（2005）研究了甜高粱茎秆贮存期间主要性状的变化。结果表明，自收割后存放 30～35d，茎秆重下降 40% 左右；出汁率，品种丽欧减少 18.1%，814-3 减少 9.5%；茎秆糖分度明显提升，丽欧存放 21d 后，含糖锤度从 16.2% 上升到 26.2%，814-3 存放 28d，锤度从 21.6% 上升到 25.9%，以后虽有上升，但变化不大（表16-31）。

在 70d 茎秆贮存试验期里，前 35d 为显著变化期，后 35d 为平缓变化期。因为前期平均气温仍保持 13～14℃，蒸发量在 3.0～6.8 之间，茎秆失水较快；后期天气逐渐进入冬季，出现霜冻，其性状的变化明显减缓。据此，在我国北方可尽量晚收，以期在较低温度贮存茎秆，延长乙醇生产期。

3. 甜高粱转化乙醇发酵技术　利用甜高粱转化乙醇，不论是采取液体（汁液）发酵还是固体（茎秆）发酵，基本原理就是将糖转化为乙醇。因此，提高乙醇转化率、研发甜高粱高效发酵技术是燃料乙醇业发展的关键技术。

甜高粱转化乙醇，一是可采用批次（间歇）发酵技术，发酵时间约 70h；二是单浓度连续发酵技术，发酵时间约 24h。曹玉瑞等（2008）研发的固定化酵母流化床发酵技术，使发酵时间缩短为 4～5h，从而大大提高了乙醇转化率和生产效率。

固定化酵母流化床发酵是高科技生物技术，用固定化酵母生物反应器发酵甜高粱汁液转化乙醇，工艺先进，尤其是锥形三段流化床生物反应器具有流化性能好、传质效率高、发酵时间短、易于排出 CO_2 等优点。该技术与批次发酵和单浓度连续发酵技术比较，具有速度快、发酵周期短、产量高、工艺设备少、易于实现连续化和自动化生产等优点，其生产乙醇的能力是批次发酵技术的 10～20 倍；糖的转化率是理论转化率的 92%，乙醇生产率为 22g/（L·h），大幅提升乙醇的生产能力。

表 16-31　不同存放时间各性状测定结果

(曹文伯，2005)

品种	顺序	测定日期 （月·日）	锤度（%）	出汁率（%）	秆重减少（%）
丽欧	1	9.27	16.2	52.9	0.4
	2	10.4	20.0	53.8	22.7
	3	10.11	21.1	48.5	27.7
	4	10.18	26.6	47.8	37.9
	5	10.25	26.8	43.3	34.3
	6	11.1	26.3	49.0	41.1
	7	11.8	27.3	43.0	43.5
	8	11.15	25.5	43.4	44.5
	9	11.22	27.1	37.6	38.7
	10	11.29	27.3	37.1	40.9
814-3	1	9.27	21.6	57.2	0.0
	2	10.4	21.1	57.8	17.0
	3	10.11	22.8	52.5	35.1
	4	10.18	23.5	50.0	32.5
	5	10.25	25.9	47.7	37.2
	6	11.1	26.8	51.3	37.2
	7	11.8	25.4	47.1	45.6
	8	11.15	25.9	47.1	47.1
	9	11.22*	24.0	50.0	37.1
	10	11.29*			

第四节　高粱造纸业、板材业和色素业

　　高粱造纸业、板材业和色素业均是利用高粱生产的副产品——茎秆、叶片和颖壳等作原料发展起来的高粱产业。由于原料来源丰富、生产成本低，因此其产业发展潜力大，效率高。而且，这些产业的原料都是天然的，其产品具有自然、绿色、无害、环保等特点，尤其高粱色素具有无毒、无味、色泽柔和等特性，在食品、化妆品、药品等行业上有广泛应用的空间和前景，对保障人们健康意义重大。

一、高粱造纸业

（一）高粱茎叶纤维造纸的适应性

1. 纤维细胞的形态特征　高粱茎叶中含有 14%～18% 的纤维素，是造纸的优质原料。

由纤维素组成的细胞壁，中间空，两头尖，细胞呈纺锤形或梭形，称纤维细胞。纤维细胞越细越长并富有挠曲性和柔韧性，越适于作造纸原料。高粱的纤维细胞长度与宽度之比优于芦苇、甘蔗渣，相当于稻、麦茎秆，而仅次于龙须草（表16-32）。因此，高粱茎叶造纸的利用价值是较高的。

表16-32　几种主要禾草类原料纤维长宽的比较

（武恩吉整理，1981）

种类	一般长度（mm）	一般宽度（μm）	长宽比值
高粱秆	0.726～2.235	9～14	127
稻草	1.14～1.52	6～9	113.7
麦草	1.71～2.30	17～19	
芦苇	0.92～1.52	9～19	约120
甘蔗渣	1.5～2.0	15～25	63
龙须草	0.636～2.706	53～198	202

高粱不同品种，同一品种茎秆与叶片，茎秆不同部位之间，其纤维细胞的长度与宽度都是不一样的。一般茎秆表皮的纤维是最优造纸原料，叶片次之，节部硅质化程度高，髓部纤维较短，造纸价值低一些。

2. 纤维细胞的化学成分　纤维细胞的化学成分对造纸有明显影响。纤维细胞的细胞壁由纤维素、半纤维素和木质素组成。禾草类纤维与木材比较，其木质素含量低，制纸浆蒸解容易，化学品需要量少，热水和1%氢氧化钠的抽取物多，灰分含量较高，其中约50%是二氧化硅。它对纸张的绝缘性有一定影响。高粱茎叶与其他禾草类相比，其碱抽取物较少，抗腐蚀能力较强（表16-33）。

表16-33　常用禾草类造纸原料化学组成成分

（中国科学院植物研究所，1978）

种类	抽取物（%）	冷水	热水	乙醚	NaOH
高粱秆	8.08	13.88	0.1	25.12	—
小麦秆	5.36	23.15	0.51	44.56	0.3
玉米秆	10.65	20.4	0.56	45.62	0.45
稻草	6.85	28.5	0.65	47.7	0.21
甘蔗渣	7.63	15.88	0.85	26.26	0.26

高粱不同品种、同品种不同茎叶部位之间其化学成分也不一样。铜价是原料作为造纸使用价值的重要指标。铜价是指100g纤维素在碱介质中将氢氧化铜还原成氧化亚铜的毫克数。铜价越低，造纸利用价值越高。高粱茎秆表皮和叶片铜价较低，是造纸的较优部位，而节部和髓部的铜价较高，其利用价值就低（表16-34）。

表 16-34　高粱茎叶中不同部位的化学成分分析

(广濑保，1943)

部位	灰分 (%)	树脂 (%)	乙醇抽取物 (%)	纤维素 (%)	木质素 (%)	蛋白质 (%)	乙酸基 (%)	铜价
全秆	7.65	1.19	10.26	48.83		0.34	5.62	8.05
节间	4.89	0.84	7.65	49.98	20.12	0.31	5.57	—
表皮	4.13	0.79	9.89	50.29	18.98	0.28	—	4.09
叶部	10.38	1.56	6.05	43.23	21.93	0.59	—	8.25
节部	6.99	1.65	11.61	37.12	16.38	0.37	—	17.29
髓部	4.88	1.12	13.51	42.99	16.19	0.58	—	19.36

（二）高粱茎叶造纸工艺

造纸工艺分制浆和抄纸 2 步。制浆是用化学制剂溶出木质素，离解纤维素，保持纤维素的聚合度；造纸是将离解的纸浆纤维经打浆切短和分给并加入副料，在造纸机中抄造纤维交织的湿纸页，再脱水干燥制成纸张。工艺程序为备料—蒸煮—洗涤—筛选—漂白—打浆—抄纸。

1. 制浆　用切草机把高粱茎叶切成 30~50mm 的草片，经除尘器和分离器除去杂物和髓部，使草片规格一致。备好的原料加入化学制品，在高温高压下蒸煮，溶出木质素，离解纤维素，蒸煮常用间歇式设备，也有用连续式的。

以高粱茎秆作原料造纸主要采用化学制浆法、分碱法和亚硫酸盐法。通常分碱法应用较多，又分为硫酸盐法、烧碱法和石灰法。原理是利用碱性化学品溶解原料中的木质素，把纤维分离出来。高粱茎叶纤维组织较疏松，木质素含量低，在较缓和条件下易制成纸浆。为使草片与化学品液混合均匀以利浸透，在间歇蒸煮时，把草片和化学品液同时置入蒸煮设备。

为除去杂质和残留的化学品液，对蒸煮后的纸浆需要洗涤。一般使用的设备是洗浆机。更先进的设备是真空洗浆机。混入纸浆中的木质素、色素等影响纸浆色泽，为使有色物质变为无色物质需要漂白，常用漂白粉完成。洗选和漂白后的纸浆，须经打浆才能使纤维润胀、柔软。

2. 抄纸　抄纸是造纸工艺的最后一道工序，即把分散在水中的纸浆均匀交织在造纸机网上，形成湿纸页，再经脱水、干燥成为成品纸。

（三）甜高粱茎秆残渣造纸

用甜高茎秆残渣造纸的工艺与用茎叶的相同，但备料需将残留的糖分或醇类物质清除干净，以减少化学品的消耗。还有在残渣中常混有较多的髓部细胞，会降低造纸收率，应采用水洗或 12 目网筛筛选，将髓部杂质剔除。具体工序如下。

1. 蒸煮　原料中的水为 15%~20%，液比为 2.65~3.0，用氢氧化钠量 8%，最高温度 150℃，最高压力为 5kg/cm²，保湿时间 2h，氢氧化钠预热温度为 90℃左右。

2. 漂白　纸浆浓度为 5%，温度 35℃，有效氯用量 3.5%，漂白时间 1h，漂白白度 75%。

3. 打浆　打浆浓度为 4.6%~5.0%，时间 1.5~2.0h，成浆打浆度为 36°~40°SR。

4. 配料　填料用量为 10%～15%，松香胶量 1%，明矾用量 3%，抄纸浓度0.15%～0.20%。

在我国和世界纸张供应偏紧、纸价上扬的情况下，采用高粱茎叶作为造纸原料，生产高质量、低价位的纸张无疑是最佳选择。造纸业的发展不仅可带动农业的发展和增效，还能拉动报业和出版印刷业的发展和繁荣，并带来可观的经济和社会效益。

二、高粱板材业

（一）高粱板材业发展潜力

高粱茎秆有各种色泽、花纹，用高粱茎秆压制的板材，表现自然、古朴、美观、大方。用高粱板材设计、制作的家具，或装饰住房，使人有一种回归大自然的感觉，深受人们的喜爱。高粱茎秆是高粱生产的副产品，资源非常丰富，以辽宁省为例，每年生产的高粱茎秆数量，足以加工成长×宽×厚为 180mm×900mm×12mm 的高粱板材7 600万张，数量相当可观，其生产潜力相当大。如沈阳市中日合资的沈阳新洋高粱合板有限公司，利用高粱茎秆生产板材，部分可代替低密度刨花板、中密度板、胶合板。该公司每年可加工 3 万 m² 的高粱秆板材。

（二）高粱板材与木质板材比较

用高粱茎秆制作板材可节省大量木材，能有效保护森林资源。高粱板材质地轻，强度大，与常用的木质板材比较，隔热性能好，用途广泛（表 16-35）。

表 16-35　高粱板材与木质板材性能比较

（沈阳新洋高粱合板有限公司，2002）

项目	单位	性　　能	
		高粱板材	木质板材
厚度	mm	3.0～120.0	2.5～
比重		0.30～0.60	0.50～0.70
静弯曲强度	kgf/cm²	120～170	300～700
弹性模具	kgf/cm²	30 000～100 000	30 000～100 000
剥离强度	kgf/cm²	1～10	2～10
木螺丝保持力	kgf	20～50	30～70
吸水厚度膨润率	（煮沸）%	3～15	1～5
吸水率	%	30～100	10～100
热传导率	kcal/（m·h·℃）	0.045～0.085	0.080～0.10

高粱板材业的发展可提高农业效益、增加农民收入。以种植99 000株/hm² 高粱计，按收割后成品率 75% 计算，则可收到合格茎秆75 000棵/hm²，以每棵收购价 0.1 元计，每公顷可增加农民收入7 500元。如果有 6.67 万 hm² 高粱茎秆用于加工板材，农民可增加收入 5 亿元。而高粱秆加工成板材的企业创造的效益就更可观了。

（三）高粱板材加工工艺

1. 茎秆截断与压缩　先将选出的合格高粱茎秆去掉叶片和叶鞘，按生产板材的尺寸标准截断。然后采用碾轧压缩法压轧茎秆。如有必要,在压榨前对表皮进行细口切割,这样可以防止高粱秆因压轧而部分断折,可以使酚醛树脂容易浸进茎秆内。

2. 树脂浸泡和干燥　用酚醛树脂的初期缩合物对高粱压轧后的茎秆进行浸泡,也增强其强度,防止霉变和腐烂。具体工艺是按规定的浓度用水把酚醛树脂的初期缩合物释析成水溶液,然后将碾轧压缩过的茎秆压入盛溶液的槽子里浸泡。

把浸泡树脂的茎秆进行风干,或用干燥机干燥。这时的干燥程度与在黏接工艺中对热压时间有直接关联,与木材黏接一样,必须进行充分干燥。

3. 茎秆横行并接　将茎秆一颠一倒对齐摆放,并用丝线固定,制成帘状秆席。这样的帘席在高粱板材加工工艺中,与单板制造是同样重要的。2 张帘片以上的干席涂敷胶粘剂后进行重叠,这样层层叠积便加工成高粱板材。

4. 胶粘剂的涂敷与热压　帘状秆席表面上和制原木板材同样的方法,要涂敷胶粘剂。涂敷胶粘剂的秆席,根据生产板材的厚度和比重要求,确定要重合的帘片张数。由于要得到高粱板材应具备的物理性能,帘片之间的秆或平行或者垂直重叠。

当高粱板材厚度达到 10~20mm 时,通常使用加热板间隔大的多段式,热压机进行热压。当其厚度在 20mm 以上时,应使用蒸汽喷射热压机进行热压则更好。

三、高粱色素业

(一) 高粱红色素的提取

先将高粱壳洗净除杂,然后用醇溶液浸提、过滤。将过滤液减压浓缩,分离纯化,烘干研磨成细粉即为成品,其工艺程序如下。

原料—清洗除杂—浸提罐(30℃,24h)—减压浓缩(60℃,700mm 汞柱压)—分离纯化—烘干研细—成品,并回收乙醇。

用不同提取剂所得色素差异较大。用 60% 乙醇提取的色素不仅产率高,色泽好,而且色价也高。用自来水提取的色素产量低,色泽差,且浓缩蒸干制成粉末困难。其他几种提取剂也都各有优缺点(表 16-36)。

表 16-36　高粱色素提取剂性能比较
(李淑芬,1993)

提取剂	色调	消光度 (490mm)	1%色价 490nm/cm	生产率 (%)
乙醇	红	0.47	93	6~8
丙酮	紫红	0.4	53	4~4.5
甲醇	红	0.34	45.3	1.3~2.2
石油醚	黄	0.08	10.3	0.6~0.8
自来水	浅褐	0.02	2.6	2~2.6

(二) 高粱红色素的性质

1. 高粱红色素的成分和结构　高粱红色素的主要成分和结构如图 16-2 和图 16-3。

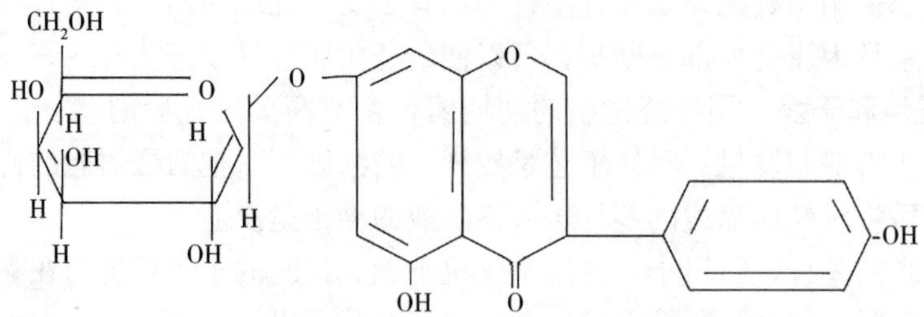

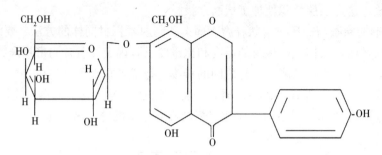

图 16-2　5,4-二羟基-7-0-异黄酮半乳糖苷
（卢庆善等，2010）

图 16-3　5,4-二羟基-6，8-二甲氧基-7-0-异黄酮半乳糖苷
（卢庆善等，2010）

2. 高粱红色素的理化性质　高粱红色素成品为棕红色固体粉末，具金属色泽，属醇溶性色素，本身呈微酸性，与碱反应生成盐类，可溶于水，并在不同 pH 内呈现黄、红、紫、深紫、紫黑等颜色。高粱红色素在不同溶剂下，其反应结果是不一样的（表 16-37）。

表 16-37　高粱红色素在不同溶剂中的溶解性及色调
（李淑芬等，1993）

溶剂名称	60％乙醇	NaOH	99％冰乙酸	丙酮	甲醇	石油醚	丙二醇
溶解性	溶	溶	溶	溶	溶	不溶	溶
色调	深红	深紫	浅红	玫瑰红	深红		红

3. 高粱红色素的耐光、耐热性　把 pH 3 的高粱红色素溶液装入纳氏比色管里，置阳光下观察，通过 1 周光照其变化很小，不易褪色。在室内散射光下，放置 3 个月其褪色甚微，说明高粱红色素耐光性稳定（表 16-38）。

表 16-38　高粱红色素的耐光性观察结果
（李淑芬等，1993）

放置时间（h）	24	48	72	96	120	144	168
消光值	0.47	0.48	0.48	0.46	0.46	0.44	0.41

将红色素装入试管里，在不同温度下恒温保持 0.5h 进行耐热性处理。结果表明在室温或 80℃以下的温度条件下，其消光值比较稳定，变化不大。当温度高于 80℃时，溶液

现混浊，消光值明显增加，说明高粱红色素在80℃以上时不稳定（表16-39）。

表 16-39 高粱红色素的耐热性处理结果
(李淑芬等，1993)

加热温度（℃）	室温	60	70	80	100
消光值	0.46	0.46	0.45	0.47	0.8

4. 高粱红色素抗氧化、还原性 将红色素溶液分别加入氧化剂和还原剂，放置5h后测定消光性，结果显示红色素抗氧化性能较差（表16-40）。

表 16-40 高粱红色素抗氧化、抗还原性能比较
(李淑芬等，1993)

溶液	不同处理的消光值		
	对照	加 $Na_2S_2O_4$ 30.1%	加 H_2O 20.1%
60%乙醇溶液	0.72	0.7	0.49
水溶液	0.48	0.46	0.28

5. 高粱红色素的吸收光谱 将红色素用稀醇稀释成适当浓度的溶液，通过调节pH使其变成红、黄、紫3种颜色溶液，用分光光度计测定吸收光谱。结果显示最大吸收波长，黄490nm，红510nm，紫540nm。

（三）高粱红色素的应用

1. 在食品业上的应用 色素作为食品着色剂愈加受到人们的关注。随着生活水平的提高和对健康的追求，越来越要求高质量的食品，尤其是无公害食品，甚至绿色食品。化学色素用作食品着色剂以来，虽然促进了食品品种大幅增加，但化学色素对人体的毒副作用越来越显现出来。因此，用天然色素代替化学色素的呼声日渐高涨。

根据国家标准GB2760-86的规定，高粱红色素各项指标均符合国家标准，色阶＞80，有毒物质砷含量＜2mg/kg，铅含量＜3mg/kg；色调柔和、自然、无毒、无特殊气味；在pH 4～12范围内都易溶解，易溶于乙醇和水，不溶于油脂。高粱红色素可用于熟肉制品、果冻、饮料、糕点彩装、畜产品、水产品和植物蛋白着色。最大用量0.4g/kg。例如，沈阳市克拉古斯肉食品厂、沈津肉食品厂等用高粱红色素水溶性产品作火腿肠着色剂，用量0.34g/kg，经300℃炉温烤制的火腿肠，色泽柔和，自然具真实感，深受用户欢迎。沈阳市饼干厂利用醇溶高粱红色素生产水果糖一次成功，色素添加量0.025%，采用直火熬糖工艺生产，制作的水果糖颜色稳定，无特殊气味。

2. 在化妆品上的应用 化妆品使用的着色剂，既要美观，又要安全无毒害。高粱红色素可以在化妆品上应用。沈阳白塔日用化学厂采用高粱红色素醇溶和水溶，分别在口红、洗发香波、洗发膏中用作着色剂获得成功。其产品色泽鲜艳、柔和，厂家认为高粱红色素在化妆品上可以取代化学色素酸性大红。

3. 在药品上的应用 药品生产中用着色剂使药片包衣着色，使用时醒目，容易识别区分，方便医生和患者。常用的医用药片着色剂有苋菜红、胭脂红、靛蓝等。虽然这些化学色素经国际卫生组织批准许可，但经常食用对人体有害。苗桂珍（1996）研究用高粱红色素代替化学色素，生产着色糖衣药片。沈阳药科大学制药厂用高粱红色素作药膜着色剂，获得成功。用其生产的红色糖衣药片外观光亮，色泽柔和，或呈粉红色，或呈深红色。经卫生检验部门分析，此药片的砷、铜含量远低于国家规定的标准，服用这种药片是安全可靠的。

沈阳市新民红旗制药厂采用高粱红色素作中成药增色剂，解决了因药品色调达不到药典要求的颜色而销售困难的问题。

主 要 参 考 文 献

曹文伯，2005. 甜高粱茎秆贮存性状变化的观察. 中国种业（4）：43.

曹玉瑞，曹文伯，王孟庆，2008. 我国高能作物甜高粱综合开发利用. 中国甜高粱研究与利用. 北京：中国农业科学技术出版社，337-343.

曾庆曦，丁国祥，曾富言，等，1996. 我所酿酒高粱研究十年回顾. 全国高粱学术研讨会论文选编，89-98.

陈玉屏，1979. 糖高粱制造糖浆和糖. 甘蔗糖业（制糖分刊）（3）：49-51.

丁国祥，戴清炳，曾庆曦，等，2009. 不同淀粉结构高粱籽粒的酿酒工艺参数研究. 中国酿造高粱遗传改良与加工利用，北京：中国农业科学技术出版社，481-483.

广东化工学院，1976. 以甜高粱汁生产粗糖. 甘蔗糖业（制糖分刊）（5）：45-48.

黎大爵，廖馥荪，1992. 甜高粱及其利用. 北京：科学出版社.

黎大爵，1995. 甜高粱——大有发展前途的糖料作物. 首届全国甜高粱会议论文摘要及培训班讲义，118-129.

李桂英，涂振东，邹剑秋，2008. 中国甜高粱研究与利用. 北京：中国农业科学技术出版社.

李淑芬，李景琳，潘世全，1993. 高粱天然红色素提取及其理化性质的研究. 辽宁农业科学（1）：49-51.

卢庆善，丁国祥，邹剑秋，等，2009. 试论我国高粱产业发展——二论高粱酿酒业的发展. 杂粮作物，29（3）：174-177.

卢庆善，卢峰，王艳秋，等，2010. 试论我国高粱产业发展——六论高粱造纸业、板材业和色素业的发展. 杂粮作物，30（2）：147-150.

卢庆善，孙毅. 杂交高粱遗传改良. 北京：中国农业科学技术出版社，2005，557-563.

卢庆善，张志鹏，卢峰，等，2009. 试论我国高粱产业发展——三论高粱能源业的发展. 杂粮作物，29（4）：246-250.

卢庆善，邹剑秋，石永顺，2009. 论述我国高粱产业发展——四论高粱饲料业的发展. 杂粮作物，29（5）：313-317.

卢庆善，1999. 高粱学. 北京：中国农业出版社，488-490.

卢庆善，2008. 甜高粱. 北京：中国农业科学技术出版社，103-114，216-219.

苗桂珍，潘世全，1994. 天然色素高粱红在医药工业上的应用. 国外农学——杂粮作物（4）：51-54.

潘世全，谢凤周，1985. 关于发展饲料高粱的调查报告. 辽宁农业科学（6）：1-4.

钱章强，詹秋文，赵丽云，等，1996. 高粱——苏丹草种间杂交种在渔业生产中的应用. 全国高粱学术研讨会论文选编，120-126.

乔魁多，1988. 中国高粱栽培学. 北京：农业出版社.

宋高友，张纯慎，苏益民，等，1986. 高粱籽粒品质对出酒率影响的初步探讨. 辽宁农业科学，（5）：6-8.

孙守钧，李凤山，王云，等，1996. 高粱——苏丹草杂交种的应用可行性研究及其选育. 全国高粱学术研讨会论文选编，126-131.

万适良，等，1958. 汾酒酿制. 北京：轻工业出版社.

王黎明，焦少杰，姜艳喜，等，2009. 黑龙江省酿酒高粱的品质改良. 中国酿酒高粱遗传改良与加工利用，北京：中国农业科学技术出版社，37-41.

张福耀，邹剑秋，董良利，2009. 中国酿造高粱遗传改良与加工利用. 北京：中国农业科学技术出版社.

张桂香，史红梅，李爱军，2009. 高粱高淀粉基础材料的筛选及评价. 中国酿造高粱遗传改良与加工利用，北京：中国农业科学技术出版社，223-227.

张书田，2009. 高粱白酒的传承与发展. 中国酿酒高粱遗传改良与加工利用，北京：中国农业科学技术出版社，30-33.

张书田，2009. 浅谈美拉德反应产物对白酒酿造的贡献. 中国酿酒高粱遗传改良与加工利用. 北京：中国农业科学技术出版社，484-487.

附录1 高粱遗传性状的基因符号及其连锁群基因的连锁强度

表 1 高粱（*Sorghum vulgare* Pers. ）遗传性状的基因符号汇编和建议修订符号

建议符号[+]	最初指定的符号	性　状	权威性典籍
Aaa^t	Aaa^t	芒：复等位基因，无芒为显性，硬芒对顶芒为不完全显性，顶芒对无芒为隐性，A-无芒，aa 为硬芒，aa^t 为弱芒，a^ta^t 为顶芒	Sieglinger 等，1934
	Aa	芒：无芒对长（硬）芒为显性	Ayyangar，1942
	aa^t	芒：aa 长芒，aa^t 短（弱）芒，a^ta^t 顶芒	Ayyangar，1942
Ab	Ab	花药：紫色底	Ayyangar 等，1941
	Ab	花药：紫色底，（代替 A_b）	Ayyangar，1942
ai	ai	芒：不定长度	Ayyangar，1942
al		不育性：无花药	Karper 和 Stephens，1936
	al	不育性：无花药	Martin，1936
Ap	Ap	芒：Purple subule tips	Ayyangar 等，1935
as_1^*	as^1	减数分裂：隐性不联会，"不联会"	Krishnaswamy 和 Meenakshii，1957
as_2^*	as^2	减数分裂：不联会 "不联会"	Krishnaswamy 和 Meenakshii，1957
as_3^*	as^3	减数分裂：不联会 "不联会"	Ross 等，1960
as_4	as_4	减数分裂：不联会	Stephens 和 Schertz，1965
B_1	B	种子颜色：棕色	Vinall 和 Cron，1921
	B	珠心层：棕色，在 S 存在时还有棕色表皮层	Sieglinger，1924
	B_1	种皮：有种皮，9：7（与 B_2 互补）	Quinby 和 Martin，1954
B_2^*	B_2	次表皮：有次表皮，9：7（与 Sieglinger 的 B 互补，109）	Stephens，1946
Bc	Bc	花柱和芒：多茸毛花柱，和 "barbed" 芒结合雄蕊；对光滑花柱和芒结合雄蕊为显性	Ayyangar，1942
be*		叶：青铜色边缘	Haensel 等，1963
Bg*	C_{BL}	叶绿素：浅蓝绿色幼苗	Ayyangar 等，1938
	Cbl	叶绿素：浅蓝绿色幼苗（代替 C_{BL}）	Ayyangar，1942
bm	bm	蜡被：无	Ayyangar，1941
bs	K	坚黑穗病，I型：感黑穗病	Shanson 和 Parker，1931
	B	对坚黑穗病的反应：枯萎	Marcy，1937
	S	对坚黑穗病的反应：感性，S 对 B 是上位的	Marcy，1937
	bs	对坚黑穗病的反应：枯萎对正常感病为隐性	Casady，1983

+　由命名委员会，A. J. Casady，W. M. Ross，和 K. F. Schertz 建议；1965 年 4 月，每个第一纵列符号用来描述其后面的和以下的符号直到下一个第一纵列符号。

*　由命名委员会指定或改变的符号。

（续）

建议符号[+]	最初指定的符号	性　状	权威性典籍
b^t*	as	花药：紫斑的	Ayyangar，1942
bu*		圆锥花序：隐性珠芽形成	Ayyangar，1938
Bw_1*	B_1	种子和干花药色：显性为棕冲洗色（与 B_2 为互补），B_1 为浅棕冲洗色种子，而 B_1 和 B_2 在 w 存在时为完全棕色	Ayyangar 等，1934
	Bw1	种子颜色：棕冲洗色，建议代替 Ayyangar 等的 B_1	Stephens，1946
Bw_2*	B_2	种子和干花药颜色：显性为棕冲洗色（与 B_1 互补），B_2 使种子为浅棕冲洗色，而 B_1 和 B_2 在 w 存在时为完全棕色	Ayyangar 等，1934
	Bw2	种于颜色：棕冲洗色，建议代替 Ayyangar 等的 B_2	Stephens，1946
C_1c_1	C_1c_1	叶绿素：暗绿，绿，浅绿，9∶6∶1（和 C_2c_2 一起）	Ayyangar 和 Nambiar，1941
C_2c_2	C_2c_2	叶绿素：暗绿，绿，浅绿，9∶6 1（和 C_1c_1 一起）	Ayyangar 和 Nambiar，1941
cb	cb	叶绿素：带状幼苗	Ayyangar 和 Ponnaiya，1939
无		对高粱长蝽的反应：抗性为显性，抗性为不完全显性或抗性在不同后代由于一个以上因子	Snelling 等，1937
cd	cd	颖壳：淡色对深色为隐性	Ayyangar 和 Ponnaiya，1941
Ce*	C	胚珠色：植株颜色扩展到珠心层和颖壳斗	Laubscher，1945
C_i	C_i	颖壳：受抑制的（颜色限于颖壳基部的一带状）对有色为显性	Ayyangar 和 Ponnaiya，1941
无		颖壳：黄色显性	Favorov 和 Haenselman，1934
ck*		叶：卷曲	Haensel 等，1963
cl	Clcl	幼苗致死：隐性绿色致死	Ayyangar 和 Nambiar，1939
	Clcl	幼苗致死：隐性绿色致死（代替 Clcl）	Ayyangar，1942
co	co	种子：双粒生	Ayyangar，1942
cr	cr	株色：叶和茎红色	Martin，1936
cs	CScs	叶：纵列条纹隐性	Ayyangar 和 Ponnaiya，1939
	Cscs	叶：隐性纵列条纹（代替 CScs）	Ayyangar，1942
d	d	叶和茎秆：多汁	Swanson 和 Parker，1931
	wmd	叶中脉：绿色对白色为隐性	Munshi 和 Natali，1957
	d_1	叶中脉：多汁	Chen 和 Ross，1963
无	d_2	叶中脉：多汁	Chen 和 Ross，1963
dr*		叶：干鞘对非干为隐性	Ayyangar，1938
dw_1	A	高度：最高的帚高粱	Sieglinger，1932
	d_1	高度：矮生迈罗对标准迈罗为隐性	Martin，1936
	dw	高度：矮迈罗	Quinby 和 Karper，1945
	dw_1	高度：矮迈罗	Quinby 和 Karper，1954
dw_2	D	高度：日本矮帚高粱	Sieglinger，1932
	d_2	高度：双矮生迈罗对矮生迈罗为隐性	Martin，1936
	dw_2	高度：矮迈罗	Quinby 和 Karper，1945
dw_3	T	高度：突变矮卡佛尔对高的为隐性	Karper，1932
	dw_3	高度：矮卡佛尔	Quinby 和 Karper，1954

（续）

建议符号[+]	最初指定的符号	性　状	权威性典籍
Dw$_4$	Dw$_4$	高度：高秆高粱	Quinby 和 Karper，1954
无	in	高度：矮	Ayyangar 和 Nambiar，1938
无	in$_{ty}$	节间长度：很少（18cm）	Ayyangar 和 Nambiar，1938
	inty	节间长度：很少（18cm）（代替 inty）	Ayyangar，1942
E	E	茎秆：直立对弯为显性	Coleman 和 Stokes，1958
Epep	Epep	茎秆颜色：epep 对 or 为上位性	Coleman 和 Dean，1963
fl	f$_1$	叶：着火型	Martin，1936
	fl	叶：着火型	Quinby 和 Karper，1942
无		叶：隐性着火型棕色（隐性不足）	Haensel 等，1963
fr	fr	花药：减少花丝对正常为隐性	Ayyangar，1942
Fs$_1$	Fs$_1$	雌性不育性：不育性为显性 9：7（与 Fs$_2$ 互补）	Casady 等，1960
Fs$_2$	Fs$_2$	雄性不育性：不育性为显性 9：7（与 Fs$_1$ 互补）	Casady 等，1960
g$_1^*$	cg	叶：金黄色	Martin，1936
g$_2$	cy$_1$	叶：黄色	Martin，1936
	g$_2$	叶：金黄色（代替 Martin 的 cy$_1$）	Stephens，1951
gep	gep	颖壳：紫色	Ayyangar 和 Ponnaiya，1937
	g$_{ep}$	颖壳：紫色（代特 g$_{ep}$）	Ayyangar，1942
Gf	Gf	颖壳：长茸毛（毡状）对短茸毛为显性	Ayyangar 和 Ponnaiya，1941
Gh	Gh	颖壳：多茸毛对无毛为显性	Ayyangar 和 Ponnaiya，1941
gp*		开花期颖壳：紫色对绿色为隐性	Ayyangar 和 Reddy，1940
Gr*		颖壳：红色顶对本身色为显性	Ramanathan，1924
gs$_1^*$	gs	叶：绿色条纹	Stephens 和 Quinby，1938
gs$_2$	gs$_2$	叶：绿色条纹	Stephens，1944
Gw$_1^*$		颖壳：皱纹对非皱为显性	Ramanathan，1924
		颖壳：双皱纹对非皱为显性 9：7（与 Gw$_2$ 互补）	Ayyangar，1938
Gw$_2^*$		颖壳：双皱纹对非皱为显性 9：7（与 Gw$_1$ 互补）	Ayyangar，1938
Gw$_3^*$		颖壳：双皱纹仅对较上面皱纹为显性	Ayyangar 等，1942
gx	gx	颖壳：卷缘（仅与 pypy 一起）	Ayyangar 和 Ponnaiya，1939
H	H	蜡被：厚对稀为显性	Ayyangar 等，1937
H$_p^*$		颖壳梗和颖托：开花时紫色茸毛对无色茸毛为显性	Ayyangar，1938
无		氢氰酸：在某些杂交中低含量为显性或不完全显性	Carlson，1958
I	I	种子：果皮色强	Ayyangar 等，1933
In$_1$	In$_1$	节间排列：少节间数和单峰分布对多节间数和双峰分布为显性（矮早熟对高晚熟为显性）	Ayyangar 等，1937
In$_2^*$		节间排列：节同排列均匀增加的类型对单峰型为显性	Sreeramulu，1959
jb	jb	叶接合处：宽对窄为显性	Ayyangar，1942
jc	jc	叶接合处：起皱的	Ayyangar 等，1935

（续）

建议符号[+]	最初指定的符号	性　状	权威性典籍
l	l	对炭疽病反应：感性，叶期（叶炭疽病）	LeBeau 和 Coleman，1950
lg	lg	叶接合处：e-叶舌的(无叶舌)和无叶耳形的	Ayyanger 等，1935
Lh	Lh	叶顶：多茸毛	Ayyangar，1942
ls	ls	对炭疽病的反应：感性，茎腐期	Coleran 和 Stokes，1954
Lt*	Lt*	叶：套选的叶鞘和短节间	Sreeramulu，1958
M	M	种子：果皮冲洗，在 Makksttai 品种里发现的	Ayyangar 和 Nambiar，1938
Ma$_1$	e	熟性：早熟	Martin，1936
	Ma	熟性：晚熟，Ma 影响 Ma$_2$ 和 Ma$_3$ 的表现	Quinby 和 Karper，1945
	Ma$_1$	熟性：对 Ma，晚熟	Quinby 和 Karper，1961
Ma$_2$	Ma$_2$	熟性：晚熟，受 Ma 的影响而影响 Ma$_3$ 的表现	Quinby 和 Karper，1945
Ma$_3$ ma$_3$	Ma$_3$	熟性：Ma$_3$，显性	Quinby 和 Karpet，1945
ma$_3^R$*		晚熟，受 Ma 和 Ma$_2$ 的影响	
	Ma$_3^R$	熟性：在 ma$_3$ 位点上为早熟等位基因	Quinby 和 Karper，1961
Ma$_4$ Ma$_4^F$ ma$_4$	Ma^e	熟性：早熟亨加利的早熟性	Quinby 和 Karper，1961
	Ma$_4$ Ma$_4^F$	熟性：复等位基因，	Quinby 和 Karper，1948
	ma$_4$	Ma$_4$ 亨加利，Ma$_4^F$ 早熟亨加利，ma$_4$ 迈罗	Quinby，1948
无	Ma$_4$	熟性：早熟卡罗的早熟性	Quinby 和 Karper，1948
mc*		叶：边缘切口	Haensel 等，1963
Md	Md	叶：干燥边缘	Ayyangar 等，1935
mf		圆锥花序：多花隐性	Karper 和 Stephens，1936
	mf	小穗：多花的	Martin，1936
Mh*	MD$_H$MD$_h$	叶：多茸毛中脉缘对无茸毛中脉缘为显性	Ayyangar 和 Ponnaiya，1939
	Mdhmdh	叶：多茸毛中脉缘对茸毛中脉缘为显性（代替 MD$_H$MD$_h$）	Ayyangar，1942
mi	m	高度：最矮	Martin，1936
	mi	高度：最矮	Quinby 和 Karper，1942
mp	mp	对甲基一六〇五的反应：感性	Coleman 和 Dean，1964
ms$_1$	ms	雄性不育性：花药无花粉	Ayyangar 和 Ponnaiya，1937
	ms$_1$	雄性不育性：指定 Ayyangar 和 Ponnaiya 的 ms	Stephens 和 Quinby，1945
ms$_2$	ms	雄性不育性：不育	Stephens，1937
	ms$_2$	雄性不育性：指定 Stephens 的 ms	Stephens 和 Quinby，1945
ms$_3$	ms$_3$	雄性不育性：不育	Webster，1965
ms$_4$*	me	花药：无效花粉	Ayyangar，1942
ms$_5$*	ms	雄性不育性：不育	Barabas，1962
ms$_6$*	mth	雄性不育性（微花药）：不育	Barabas，1962
无		花粉："贫乏的"无效花粉和不开裂的花药为隐性	Ayyangar 和 Rao，1935
无		不育性：隐性的不育性与革质颖壳连锁	Townsend，1960
ms$_{c1}$	msc	细胞质—基因的雄性不育性：不育	Maunder 和 Pickett，1959
	msc$_1$	细胞质—基因的雄性不育性：不育	Erichsen 和 Ross，1963

（续）

建议符号[+]	最初指定的符号	性　状	权威性典籍
ms_{c_2}	ms_{c_2}	细胞质—基因的雄性不育性：不育	Erichsen 和 Ross，1963
无	msc_3	细胞质—基因的雄性不育性：不育（置信度，♯20，和♯41 为 Msc_3Msc_3）	Erichsen 和 Ross，1963
mtb*	mt_b	节间（机械组织）：浅棕紫色	Ayyangar 和 Nambiar，1936
	mtb	节间（机械组织）：浅棕紫色（代替 mt_b）	Ayyangar，1942
Mu	Mu	叶：波纹缘	Ayyangar 等，1935
mw*	MDmd	叶：弱中脉对正常中脉为隐性	Ayyangar 和 Ponnaiys，1939
	Mdmd	叶：弱中脉对正常中脉为隐性（代替 MDmd）	Ayyangar，1942
Nh	Nh	节带：多茸毛	Ayyangar，1942
Nr	Nr	节带：网状紫色	Ayyangar，1942
op*		圆锥花序：椭圆形对纺锤形为隐性	Ayyangar，1938
or	or	茎秆和中脉颜色：橘色对 Epep 为下位性	Coleman 和 Dean，1963
无		叶：橘色	Haensel 等，1963
P	P	株色（叶鞘和颖壳）：紫色对棕色为显性	Ayyangar 等，1933
	P	株色：紫色对棕色斑为显性	Martin，1936
	P	颖壳：红或黑色对棕色为显性	Martin，1936
	Gs	颖壳：黑色对草色为显性	Martin，1936
	R	花药（干）：砖红—棕褐色对棕褐色为显性	Martin，1936
	Ps	株色（叶斑色）：紫色	Chen 和 Ross，1963
	P	根：紫色（非遗传）	Ayyangar，1938
Pa_1	Pa_1	圆锥花序：散对紧为显性	Ayyngar 和 Ayyar，1938
Pa_2	Pa_2	圆锥花序：枕状分叉的第二级分枝对 e-枕状邻近紧贴的为显性	Ayyangar 和 Ponnaiya，1939
无		圆锥花序：中紧对紧为显性	Ayyangar，1938
无		圆锥花序：长花序轴对短花序轴为显性	Ayyangar 和 Rajabhooshanam，1939
Pan	P_{an}	花药：紫色	Ayyangar 等，1938
	Pan	花药：紫色（代替 P_{an}）	Ayyangar，1942
Pb	PB	种子：紫色有污斑	Ayyangar 等，1939
	Pb	种子：紫色有污斑（代替 PB）	Ayyangar，1942
Pc*	S	对迈罗病的反应：感性显性	Elliott 等，1937
		根腐病：感性对抗性为不完全显性	Bowman 等，1937
		对迈罗病的反应：F_1 中间性	Heyne 等，1944
Pf_1pf_1	Pf_1pf_1	细胞质—基因的雄性不育性：部分不育	Miller 和 Pikett，1964
Pf_2pf_2	Pf_2pf_2	细胞质—基因的雄性不育性：部分不育	Miller 和 Pikett，1964
pg_1	pg_1	幼苗：浅绿色	Martin，1936
pg_2	pg_2	幼苗：浅绿色	Martin，1936
pg_3	pg_3	幼苗：浅绿色	Martin，1936
pg_4^*		幼苗：浅绿色，致死	Ayyangar 和 Ayyar，1932
pg_5^*		幼苗：浅绿色，遮掩	Ayyangar 和 Ayyar，1932
pg_6^*		幼苗：浅绿色，存活	Ayyangar 和 Ayyar，1932
pgp*		幼苗：不调和的浅绿色	Ayyangar，1938
pgy*	pg	Polgynacoous	Barabas，1962
ph	ph	颖壳：紫色多茸毛	Ayyangar，1942
Pj	PJ	芽鞘和叶耳接合处：深紫色	Ayyangar，1938

（续）

建议符号[+]	最初指定的符号	性　状	权威性典籍
	Pj	叶接合处和节带：紫色（代替 PJ）	Ayyangar，1942
Pl_s	P_{LS}	幼苗：第 3~8 个叶紫色	Ayyangar 等，1938
	Pl_s	幼苗：第 3~8 个叶紫色（代替 P_{LS}）	Ahyyangar，1942
pm*		中脉：线棕紫色对无色为隐性	Ayyangar 等，1942
Po	Po	子房：开花时紫色对无色为显性	Vijayaraghavan 和 Nambiar，1949
Ps	Ps	柱头：紫色	Ayyangar，1942
P_t*	P_{GT}	种子：紫顶	Ayyangar 等，1938
	Pgt	种子：紫顶（代替 P_{GT}）	Ayyangar，1942
pu	pu	对锈病的反应：感性	Goleman 和 Dean，1961
Pw	PW	有柄小穗：紫冲洗色	Ayyangar 和 Ponnaiya，1939
	Pw	有柄小穗：紫冲洗色（代替 PW）	Ayyangar，1942
Px	Px	圆锥花序：紫色叶枕	Ayyangar，1942
py_1^r*	PYpy	颖壳：纸质的满脉对革质的顶脉为隐性	Ayyangar 和 Rao，1936
	Pypy	颖壳：纸质的满脉对革质的顶脉为隐性（代替 PYpy）	Ayyangar，1942
py_2^r		颖壳：外颖纸质，内颖革质对内外颖均革质的为隐性	Ayyangar，1938
无		颖壳：半革质对全革质为隐性	Ayyangar 和 Ponnaiya，1941
无		颖壳：有脉对革质为隐性	Laubscher，1945
Qqq^r	q	叶鞘和颖壳：浅黑紫色对浅红紫色为隐性	Ayyangar 等，1933
	gb	颖壳：黑对红为隐性	Martin，1936
	gr	颖壳：红对黑为隐性	Martin，1936
	q^r	颖壳：红色隐性（在 Q 位点的等位基因）	Stephens，1947
	qq^r	颖壳：与棕褐色植株（pp）一起，q 为赭色，q^r 为浓黄色（隐性）	Stephens 和 Quinby，1950
R	R	种子颜色：红对黄为显性当有 Y 时为 9：3：4（R-Y-红色，ry—黄色，—yy 白色）	Grabam，1916
	R	种子果皮和干花药：红色	Ayyangar 等，1933
Rp*		有柄小穗：红色对无色素的为显性	Ramanathan，1924
Rs_1*	R	幼苗茎：红色	Karper 和 Conner，1931
		幼苗茎：红色显性，9：7（2 因子）	Woodworth，1936
	Rs	幼苗茎，红色（代替 Karper 和 Conner 的 R）	Stephens 和 Quinby，1938
	RC	芽鞘和叶腋：紫色	Ayyangar，1938
	Pc	芽鞘和叶腋：紫色（代替 PC）	Ayyangar，1942
Rs_2*		幼苗茎：红色显性，9：7（2 因子）	Woodworth，1936
		芽鞘和叶腋：紫色（与 PC 互补）	Ayyangar，1938
S	S	种子颜色：在 B 存在时，棕色为显性（B-S-，棕色种子），S 是棕色素的散布基因	Vinall 和 Cron，1921
	S	种子颜色：在 B 存在时，棕色为显性（B-S-，棕色种子），S 在表皮层发育颜色。光滑的或光泽的果皮为显性，ss 为白垩白果皮	Sieglinger，1924

（续）

建议符号[+]	最初指定的符号	性　状	权威性典籍
	S	种子颜色：在 B 存在时，棕色为显性（B-S，棕色种子）。发育不全的中果皮为显性，ss 为原淀粉中果皮，并遮掩了珠心色	Saanson, 1928
	S	外果皮颜色：当 B_1 和 B_2 是显性时，棕色表现显性	Quinby 和 Martin, 1954
sa*		圆锥花序：从叶腋里出穗	Ayyangar 和 Ponnaiya, 1941
Sb	SB	柱头羽毛：丛生对稀少羽毛为显性	Ayyangar 和 Nambiar, 1939
	Sb	柱头羽毛：丛生对稀少羽毛为显性（代替 SB）	Ayyangar, 1942
		柱头：刷形对长羽毛状为显性	Laubscher, 1945
Sbf*	$St_{BF}St_{bf}$	柱头：基部有羽毛的对全有羽毛的为隐性	Ayyangar 和 Reddy, 1938
	Stbfstbf	柱头：基部有羽毛的对全有羽毛的为隐性（代替 $St_{BF}St_{bf}$）	Ayyangar, 1942
无		柱头颜色：在某些杂交里，黄对白是显性，而在其他杂交中，白对黄是显性	Laubscher, 1945
sc	sc	种子：有香味	Ayyangar, 1942
Sg*	Sgl	颖壳：短	Munshi 和 Natali, 1957
无		颖壳：平头的对窄卵圆形为显性	Vinall 和 Cron, 1921
无		颖壳：短宽对长窄为显性	Ayyangar, 1934
无		小穗（无柄）：小卵圆形小穗对大椭圆形小穗为显性	Ayyangar 和 Reddy, 1940
sh_1^*	sh	无柄小穗：脱落为隐性	Ayyangar 等, 1936
Sh_2	Sh_2	种子脱落：脱落为显性 9:7（与 Sh_3sh_3 互补）	Karper 和 Quinby, 1947
Sh_3	Sh_3	种子脱落：脱落为显性 9:7（与 Sh_2sh_2 互补）	Karper 和 Quinby, 1947
shp*	sh_1	有柄小穗：脱落为隐性	Ayyangar 等, 1937
sl	sl	叶：短	Webster, 1965
So	SO	幼苗：伸展性	Ayyangar 和 Ponnaiya, 1939
	so	幼苗：伸展性（代替 SO）	Ayyangar, 1942
sp_1	sp_1	叶斑点：隐性 in chiltex	Webster, 1965
Sp_2^*		红斑：感性对抗性为显性	Martin, 1936
Sp_3^*		叶：斑点为隐性（白色斑）	Quinby 和 Karper, 1942
Sp_4^*		叶：斑点为隐性（红色斑）	Quinby 和 Karper, 1942
Sp_5^*		叶：斑点为隐性（在浅黄色区域有棕色斑）	Haensel 等, 1963
Sp_6^*		叶：斑点为隐性	Haensel 等, 1963
sr*		叶：条纹	Favorov 和 Haenselman, 1934
无		叶：条纹，母性遗传	Karper 和 Cormer, 1931
Ss_1	R	对坚黑穗病菌的反应：抗性	Marcy, 1937
	B	对坚黑穗病菌的反应：抗性	Marcy, 1937
	Ss_1ss_1	对坚黑穗病菌 1 号生理小种的反应：抗性为不完全显性	Casady, 1961

（续）

建议符号[+]	最初指定的符号	性　状	权威性典籍
Ss_2	$Ss_2 ss_2$	对坚黑穗病菌 2 号生理小种的反应：抗性为不完全显性	Casady，1961
Ss_3	$Ss_3 ss_3$	对坚黑穗病菌 3 号生理小种的反应：抗性为不完全显性	Casady，1961
st[*]	$PA_{TS}PA_{ts}$	圆锥花序：不育性为隐性	Ayyangar 和 Ponnaiya，1939
	$Pa_{ts}pa_{ts}$	圆锥花序，不育性为隐性（代替 $PA_{TS}PA_{ts}$）	Ayyangar，1942
sto[*]		茎秆："粗壮的"	Haensel 等，1963
su	su	胚乳：含糖的	Martin，1936
	dp	种子：微凹的	Ayyangar 等，1936
	su	胚乳：含糖的	Karper 和 Quinby，1963
sy	sy	小花：有鳞苞的，一隐性主基因与修饰基因	Webster，1965
tl	tl	茎秆：分蘖为隐性	Webster，1965
tn	tn	植株：纤细	Venkataraman，1959
无		茎秆：特细长	Sreeramulu 和 Ramachandsarao，1961
Ts	Ts	小穗：双粒	Stephens 和 Quinby，1938
tu	TUtu	分蘖：一致的，对延迟的为隐性	Ayyangar 和 Ponnaiya，1939
	Tutu	分蘖：一致的，对延迟的为隐性（代替 TUtu）	Ayyangar，1942
Tx	TX	习性：分蘖对单茎为显性	Ayyangar 和 Ponnaiya，1939
	Tx	习性：分蘖对单茎为显性（代替 TX）	Ayyangar，1942
无		茎秆：单秆隐性	Haensel 等，1963
U	U	粒形：脐状突起的对圆顶为显性	Ayyangar 等，1935
v_1	v_1	幼苗：带绿白色	Karper 和 Conner，1931
v_2	v_2	幼苗：绿黄色	Karper 和 Conner，1931
v_3		幼苗：苏丹草淡黄色或绿黄色为隐性	Karper 和 Conner，1931
	v_3	幼苗：带绿色	Karper，1933
v_4	v_3	幼苗：带绿色	Martin，1936
	v_4	幼苗：带绿色（代替 v_3）	Stephens 和 Quinby，1945
v_5	v_4	幼苗：带绿色	Martin，1936
	v_5	幼苗：带绿色（代替 v_4）	Stephens 和 Quinby，1945
v_6	v_5	幼苗：带绿色	Martin，1936
	v_6	幼苗：带绿色（代替 v_5）	Stephens 和 Quinby，1945
v_7	v_6	幼苗：带绿色	Martin，1936
	v_7	幼苗：带绿色（代替 v_6）	Stepbens 和 Quinby，1945
v_8	v_7	幼苗：带绿色	Martin，1936
	v_8	幼苗：带绿色（代替 v_7）	Stephens 和 Quinby，1945
v_9	v_8	幼苗：带绿色	Martin，1936
	v_9	幼苗：带绿色（代替 v_8）	Stepbens 和 Quinby，1945
v_{10}	v_{10}	幼苗：带绿色	Stepbens 和 Quinby，1945
v_{11}	cy_2	叶：黄色	Martin，1936
	v_{11}	幼苗：带绿色（代替 cy_2）	Stephens，1951
v_{12}^{*}		幼苗：绿白色，致死	Ayyangar 和 Ayyar，1932
w_1	w_1	幼苗：白色	Karper 和 Conner，1931
w_2	w_2	幼苗：白色	Karper 和 Conner，1931

（续）

建议符号[+]	最初指定的符号	性　状	权威性典籍
w_3	w_3	幼苗：白色	Martin，1936
w_4	w_4	幼苗：白色	Martin，1936
w_5	w_5	幼苗：白色	Martin，1936
w_6	w_6	幼苗：白色	Martin，1936
w_7	w_7	幼苗：白色	Martin，1936
w_8	w_8	幼苗：白色	Martin，1936
w_9	w_9	幼苗：白色	Martin，1936
w_{10}	w_{10}	幼苗：白色	Martin，1936
w_{11}	w_{11}	幼苗：白色	Martin，1936
w_{12}	w_{12}	幼苗：白色	Martin，1936
w_{13}[*]		幼苗：白色	Ayyangar 和 Ayyar，1932
w_{14}[*]		幼苗：白色	Favorov 和 Haenselman，1934
w_{15}[*]		幼苗：白化	Haensel 等，1963
w_{16}[*]		幼苗：白化	Haensel 等，1963
w_{17}[*]		幼苗：白化	Haensel 等，1963
无		幼苗：由 3 个因子控制的白化	Karper 和 Conner，1931
wp[*]	al_p	幼苗：有斑块白化	Ayyangar 和 Reddy，1937
	alp	幼苗：有斑块白化（代替 al_p）	Ayyangar，1942
wx	wx	胚乳：糯性	Karper，1933
无		胚乳：粉质对蜡质 15：1	Ayyangar，1938
wy	w_y	穗茎节：波状	Ayyangar 和 Ponnaiya，1941
	wy	穗茎节：波状（代替 w_y）	Ayyangar，1942
X	X	茎秆：无味对甜味为显性	Ayyangar 等，1936
Y	Y	种子颜色：有色对白色为显性（R-Y-红色，YYY-黄色，—yy 白色）	Graham，1916
	R	种子颜色：红色对白色为显性	Vinall 和 Cron，1921
	R	种子颜色：红色	Sieglinger，1924
	R	种子颜色：红色	Swanson，1928
	W	种子果皮颜色：全粒有色的对仅基部有色的为显性，（R-ww 红色基部，rrww 白色基部-W-全粒有色）	Ayyangar 等，1933
	R	种子颜色：红色对白色为显性	Quinby 和 Karper，1945
	Y	种子颜色：红色对白色为显性	Stephens，1951
无	Y	种子和植株颜色：基本植株颜色，但无等位基因	Ayyangar 等，1933
yl_1[*]	yl	叶：黄色叶尖	Quinby 和 Karper，1942
yl_2[*]		叶：浅黄白色叶，在开始的 30d	Haensel 等，1963
Y_m[*]	Ymd	叶中脉：黄色对非黄色为显性	Ayyangar 和 Ayyar，1940
	Ymd	叶中脉：黄色对非黄色为显性（代替 Ymd）	Ayyangar，1942
		中脉：黄色对无色为显性	Ayyangar 等，1942
ys_1[*]	y_1	幼苗：鲜艳黄色致死	Karper 和 Conner，1931
	ys	幼苗：黄色（代替 y_1）	Stephens，1951
ys_2[*]	y_2	幼苗：深黄色致死	Karper 和 Conner，1931
	ys	幼苗：黄色（代替 y_2）	Stephens，1951

（续）

建议符号[+]	最初指定的符号	性　状	权威性典籍
ys_3^*	y_3	幼苗：黄色	Martin，1936
ys_4^*	y_4	幼苗：黄色	Martin，1936
ys_5^*	y_5	幼苗：黄色	Martin，1936
ys_6^*	y_6	幼苗：黄色	Martin，1936
ys_7^*		幼苗：黄色	Karper，1934
yx	y_x	幼苗：黄	Ayyangar 和 Reddy，1937
	yx	幼苗：黄（代替 yx）	Ayyangar，1942
Z	Z	种子：珍珠状对粉状（垩白）为显性	Ayyangar 等，1934
zb	z	叶：斑马条纹	Martin，1936
	zb	叶：斑马条纹	Quinby 和 Karper，1942

表 2　高粱（*Sorghum vulgare* Pers.）复等位基因和互作基因的基因型和表现型

性状和基因型	表现型	权威性典籍
芒		
A—	无芒	Sieglinger 等，1934
aa	硬芒	
aa^t	弱芒	
a^ta^t	顶芒	
种子棕色亚表皮		
B_1-B_2-	有亚表皮	Stephens，1946
所有其他者	无亚表皮	
棕色果皮		
S-B_1-B_2-	棕色果皮	Quinby 和 Martin，1954
所有其他者	无棕色果皮	
种子棕色冲洗色		
Bw_1—Bw_2—	棕色冲洗色	Ayyangar 等，1934
所有其他者	无棕色冲洗色	
种子色		
R—Y—	红色	Graham，1916 和 Ayyangar 等，
rr Y—	黄色	1933
R-yy	白色带有红色基部	
rr yy	白色带有白色基部	
叶绿素		
C_1—C_2—	暗绿	Ayyangar 和 Nambiar，1941
C_1—c_2c_2	绿	
c_1c_1 C_2—	绿	
c_1c_1 c_2C_2	浅绿	
雄性不育性		
Fs_1—Fs_2—	雌性不育性	Casady 等，1960
	雌性可育性	
所有其他者	两颖壳皱折	Ayyangar，1938
	两颖壳无皱折	
颖壳缘卷曲		

（续）

性状和基因型	表现型	权威性典籍
gxgxpypy		Ayyangar 和 Ponnaiya，1938
所有其他者		
熟性		
Ma_1—Ma_2—Ma_3—$ma_4 ma_4$	100d	Quinby 和 Karper，1945，
Ma_1—Ma_2—$ma_3 ma_3 ma_4 ma_4$	90d	1948，1961；以及 Quinby
Ma_1—$ma_2 ma_2 Ma_3$—$ma_4 ma_4$	80d	
Ma_1—$ma_2 ma_2 ma_3 ma_3 ma_4 ma_4$	60d	
$ma_1 ma_1 Ma_2$—Ma_3—$ma_4 ma_4$	50d	
$ma_1 ma_1 Ma_2$—$ma_3 ma_3 ma_4 ma_4$	50d	
$ma_1 ma_1 ma_2 ma_2 Ma_3$—$ma_4 ma_4$	50d	
$ma_1 ma_1 ma_2 ma_2 ma_3 ma_3 ma_4 ma_4$	50d	
Ma_1—$ma_2 ma_2 ma_3^R ma_3^R ma_4 ma_4$	44d	
$ma_1 ma_1 ma_2 ma_2 Ma_3^R$—$ma_4 ma_4$	38d	
$ma_1 ma_1 ma_2 ma_2 Ma_3 Ma_3 Ma_4^F Ma_4^F$	亨加利熟性	
$ma_1 ma_1 ma_2 ma_2 Ma_3 Ma_3 Ma_4^F Ma_4$	早熟亨加利熟性	
细胞质—基因的雄性不育性		
$Ms_{c1} Ms_{c1}$　$Pf_1 Pf_1$　$Pf_2 Pf_2$	90%花粉可育	Miller 和 Pickett，1964
$Ms_{c1} Ms_{c1}$　$Pf_1 Pf_1$　$Pf_2 Pf_2$	95%花粉可育	
$Ms_{c1} Ms_{c1}$　$Pf_1 Pf_1$　$Pf_2 Pf_2$	98%～100%花粉可育	
$Ms_{c1} Ms_{c1}$　$Pf_1 Pf_1$　$Pf_2 Pf_2$	80%花粉可育	
$Ms_{c1} Ms_{c1}$　$Pf_1 Pf_1$　$pf_2 pf_2$	70%花粉可育	
$Ms_{c1} Ms_{c1}$　$Pf_1 pf_1$　$pf_2 pf_2$	60%～65%花粉可育	
$Ms_{c1} Ms_{c1}$　$pf_1 pf_1$　$Pf_2 Pf_2$	45%～50%花粉可育	
$Ms_{c1} Ms_{c1}$　$pf_1 pf_1$　$Pf_2 Pf_2$	20%～30%花粉可育	
$Ms_{c1} Ms_{c1}$　$pf_1 pf_1$　$pf_2 pf_2$	5%～10%花粉可育	
植株色		
P—Q—	浅红紫色	Ayyangar 等，1933 以及
P—qq	浅黑紫色	Stephens，1947
P—$q^r q^r$	浅红色	
pp—	棕褐色	
幼苗—茎色		
Rs_1—Rs_2—	红幼苗茎	Woodworth，1936
所有其他者	绿幼苗茎	

表 3　高粱（*Sorghum vulgare* Pers.）q b gs* 连锁群基因连锁强度

报道的连锁和建议的符号	最初指定的符号	性状	权威性典籍
q　13.2　b_1	q，b	颖壳色，亚表皮	Stephens 和 Quinby，1938
q　21　b_1	gb，b	颖壳色，珠心层	Martin，1936
q　4.5　b_1	gb，b	颖壳色，珠心层	Martin，1936
q　25　b_1	gr，b	颖壳色，珠心层	Martin，1936

（续）

报道的连锁和建议的符号	最初指定的符号	性　状	权威性典籍
q　17　b_1	q，b	颖壳色，亚表皮	Laubscher，1945
q　16　b_1	q，b	颖壳色，亚表皮	Stephens，1947
q　?　$b_?$	q，	叶鞘色，棕色珠心	Ayyangar，1936
q　约21　$b_?$	q，	叶鞘色，棕色珠心	Ayyanger，1938
b_1　11.3　gs_1	b，gs	亚表皮，绿条纹	Stephens 和 Quinby，1938
q　26　gs_1	q，gs	颖壳色，绿色条纹	Stephens，1947
q　35.5　Ym	q，Ymd	叶鞘色，黄色中脉	Ayyangar 和 Ayyar，1940
q　完全　$bw_?$	q，b_1 或者 b_2	叶鞘和颖壳色，棕色干花药和籽粒	Ayyangar 等，1934
q　完全　$bw_?$	q，b	叶鞘和颖壳色，棕色干花药和籽粒	Ayyangar 和 Nambiar，1938
b_1　16　Ce	b_1，C	珠心层，颜色扩展	Laubscher，1945

*　Slephens 和 Quinby，1938

表 4　高粱（*Sorghum vulgare* Pers.）d rs p* 连锁群基因连锁强度

报道的连锁和建议的符号	最初指定的符号	性　状	权威性典籍
D　10.9　Rs_1	D　Rs	暗色中脉，幼苗茎色	Stephens 和 Quinby，1939
D　21.5　Rs_1	m　R	中脉色，芽鞘色	Martin，1936
D　17　Rs_1		有条纹的暗色中脉，紫芽鞘和叶腋	Ayyangar，1938
D　28　Rs_1		暗色中脉，紫芽鞘和叶腋	Ayyangar，1938
Rs_1　16.4　P	Rs　P	幼苗茎色，植株色	Stephens 和 Quinby，1939
Rs_1　17.8　P	Rs　P	幼苗茎色，植株色	Laubscher，1945
Rs_1　12.3　P	Rs，P	幼苗茎色，植株色	Webster，1965
Rs_1　约18　P	PC，P	芽鞘色，根色	Ayyangar，1938
Rs_1　18.2　P	PC，P	深紫色苗，根色	Ayyangar，1942
D　27.7　P	D，P	暗色中脉，株色	Laubscher，1945
D　30　P	D，P	暗色中脉，株色	Casady 和 Anderson，1952
D　30　P	D，P	干中脉，紫叶鞘	Ayyangar 等，1937
D　12　Sg	Wmd，Sgl	中脉色，颖壳长	Munshi 和 Natali，1957
D　16　Sg		中脉色，颖壳长	Zainal，1953
Rs_1　19.6　lg	Rs，lg	幼苗色，无叶舌	Webster，1965
Rs_1　41.3　$w_?$	R　w	幼苗茎色，白化苗	Karper 和 Conner，1937
Rs_1　?	PC	紫芽鞘，致死白绿幼苗	Ayyangar，1938
Rs_1　5　$Bw_?$	，B	紫色叶腋，棕色种子	Ayyangar，1938
P　6.9　lg	P，lg	植株颜色，无叶舌	Webster，1965
P　10.7　Ts	P，Ts	植株颜色，双粒	Webster，1965
lg　0.01　sa		E 形舌状，腋生枝	Ayyangar 和 Ponnaiya，1941

*　Stephens 和 Quinby，1939

表5 高粱（*Sorghum vulgare* Pers.）ms₂ a v₁₀ * 连锁群基因的连锁强度

报道的连锁和建议的符号	最初指定的符号	性 状	权威性典籍
ms₂ 10.9 a	ms₂, a	雄性不育2号，有芒	Stephens 和 Quinby，1945
ms₂ 15.7 a	ms₂, a	雄性不育2号，有芒	Webster，1965
a 9.1 v₁₀	a, v₁₀	有芒，带绿色	Stephens 和 Quinby，1945
a 8.7 v₁₀	a, v₁₀	有芒，带绿色	Webster，1965
a 23 v₁₀	a, v₁₀	有芒，带绿色	Webster，1965
ms₂ 19.3 v₁₀	ms₂ v₁₀	雄性不育，带绿色	Stephens 和 Quinby，1945
ms₂ 18.4 v₁₀	ms₂, v₁₀	雄性不育，带绿色	Webster，1965
ms₂ 23 gs₂	ms₂，gs₂	雄性不育，绿条纹	Stephens，1944
a 31 gs₂	a, gs₂	有芒，绿条纹	Stephens，1944
a 7.4 ms₃	a, ms₃	有芒，雄性不育	Webster，1965
a 34 ms₃	a, ms₃	有芒，雄性不育	Webster，1965
a 3.5 tl	a, tl	有芒，分蘖	Webster，1965
A 43 Lh		无芒，叶尖茸毛	Ayyangar，1938；以及 Ayyangar 和 Reddy，1939
A 43 Lh	A, Lh	无芒，叶尖茸毛	Ayyangar，1942
A 18 Sbf		无芒，柱头顶无羽毛	Ayyangar，1938；以及 Ayyangar 和 Reddy，1939
A 18 Sbf	A, Stbf	无芒，基部柱头羽毛状	Ayyangar，1942
v₁₀ 40 ms₃	v₁₀ ms₃	带绿色，雄性不育	Webster，1965
Lh 25 Sbf		叶尖茸毛，柱头顶无羽毛	Ayangar，1938，以及 Ayyangar 和 Reddy，1939
Lh 25 Sbf	Lh, Stbf	叶尖茸毛，基部柱头羽毛状	Ayangar，1942

* Stephens 和 Quinby，1945。

表6 高粱（*Sorghum vulgare* Pers.）y v₁₁ g₂ * 连锁群基因连锁强度

报道的连锁和建议的符号	最初指定的符号	性 状	权威性典籍
y 6 v₁₁	y, v₁₁	种子颜色，绿色幼苗	Stephens，1951
y 22.2 v₁₁	y v₁₁	种子颜色，绿色幼苗	Webster，1965
y 9 g₂	y, g₂	种子颜色，金黄	Stephens，1951
y 13 g₂ 或者 v₁₁	Pᵣ, Cᵧ	果皮色，黄叶	Martin，1936
y 4 Ma₃	r, Ms₃	株色，熟性	Quinby 和 Karper，1945
y ? ma₃ᴿ	y, ma₃ᴿ	果皮色，熟性 3-Rᵧₑᵣ	Quinby 和 Karper，1961

* Stephens，1951。

表 7　高粱（*Sorghum vulgare* Pers.）$Ss_2 Ss_1 Ss_3^*$ 连锁群基因连锁强度

报道的连锁和 建议的符号	最初指定的符号	性　状	权威性典籍
Ss_2　6.94　Ss_1	Ss_2，Ss_1	对坚黑穗病菌 2 号生理小种的反应，对坚黑穗病菌 1 号生理小种的反应	Casady，1961
Ss_1　37.95　Ss_3	Ss_1，Ss_3	对坚黑穗病菌 1 号生理小种的反应，对坚黑穗病菌 3 号生理小种的反应	Casady，1961

　＊　Casady，1961。

表 8　高粱（*Sorghum vulgare* Pers.）未表现连锁与复连锁群基因的连锁强度

报道的连锁和 建议的符号	最初指定的符号	性　状	权威性典籍
Or　29.8　E	Or，E	橘色，直立茎	Coleman 和 Dean，1963
Or　20.3　Ep	Or，Ep	橘色，上位因子	Coleman 和 Dean，1963
ys_2　26.5　wx	y_2	黄苗，糯性胚乳	Karper 等，1934
bm　5.3　wx	bm，wx	无蜡被，糯性胚乳	Webster，1965
pa_1　1.07　Z	pa_1，Z	紧穗，珍珠粒	Ayyangar 和 Ayyar，1938
Z　约30　$Bw_?$	Z，B	珍珠粒，棕色粒	Ayyangar，1938
Z　30　Bw_1	Z，B^1	珍珠粒，棕色果皮	Ayyangar，1942
Ab　完全　$Bw_?$	，$B_?$	花药基部裂片有带色顶	Ayyangar，1938
Ma_1　8　dw_2	Ma，dw_2	熟性，矮化	Quinby 和 Karper，1945
Is　9.6　1	Is，1	茎红腐病，叶炭疽病	Coleman 和 Stokes，1954
约5　Gh		革质颖壳，茸毛颖壳	Laubscher，1945
Sb　?		刷状对羽毛状柱头，柱头色	Laubscher，1945
Pj　22　$b_?$	Pj，	深紫色芽鞘和叶腋，棕色珠心	Ayyangar，1938
su　32　$b_?$		微凹粒，棕色珠心	Ayyangar，1938
su　?　$dw_?$	su，	含糖的，高度基因之一	Karper 和 Quinby，1963

附录2　高粱植物学分类系统

高 粱 属

（一）种

1. *S. halepense* Pers.：俗名约翰逊草（Johnson Grass）、明氏草（Means Grass）或阿列波草（Aleppo　Grass），多年生，原产于地中海沿岸，作牧草用。

2. *S. vulgare* Pers.：统称为高粱（Sorghum），一年生，原产于非洲，籽粒食用。

3. *S. virgatum* Stapf：俗称突尼斯草（Tunis Grass），原产于非洲，多用于试验。

（二）变种

1. var. *saccharatum* Boerl.：通称为甜高粱（Sorgo，Sweet Sorghum）或糖用高粱（Sugar Sorghum），茎秆作糖浆或饲料用，籽粒食用饲用。

2. var. *technicum* Jav.：通称为帚高粱（Broom Corn），穗莛作笤帚。

3. var. *sudanense* Hitchc.：俗称苏丹草（Sudan Grass），一年生，原产于非洲，作牧草用。

4. var. *drummondii* Hitchc.：俗称小鸡谷（Chicken Corn），一年生，原产于非洲几内亚，籽粒作饲用。

5. var. *roxburghii* Haines：印度高粱，俗称沙鲁（Shallu），一年生，原产于非洲或印度，籽粒食用。

6. var. *durra* Hubbard & Rehd.：北非高粱，俗称都拉（Durra），一年生，原产于北非埃及尼罗河流域。其主要类型有耶鲁撒冷谷（Jerusalem　Corn），籽粒食用。

7. var. *caffrorum* Hubbard & Rehd.：南非高粱，俗称卡佛尔（Kafir），原产南非。主要品种有黑壳卡佛尔、红壳卡佛尔、白壳卡佛尔等。籽粒食用，茎叶饲用。

8. var. *caudatus* Bailey：中非高粱，俗称菲特瑞塔（Feterita），原产于中非，籽粒食用。

注：也有将北非高粱中的迈罗（Milo）单独作一个类型，称为西非高粱。另外，还有一个中国高粱（Kaoliang）类型。

附录3　高粱品种类型系统

```
          ┌ 琥珀（Amber）
          │ 橙橘（Orange）
          │ 苏马克（Sumac）
     甜高粱┤ 蜂蜜（Honey）
          │ 考尔曼（Colman）
          │ 佛尔格（Folger）
          │ 鹅颈（Gooseneck）
          └ 阿特拉斯（Atlas）
          ┌ 南非高粱（Kafir，卡佛尔）
          │ 西非高粱（Milo，迈罗）
          │ 北非高粱（Durra，都拉）
          │ 中非高粱（Feterita，菲特瑞塔）
高粱属┤粒用高粱┤ 印度高粱（Shallu，沙鲁）
          │ 中国高粱（Kaoliang，高粱）
          │ 达索（Darso）
          │ 赫格瑞（Hegari）
          └ 耶鲁撒冷谷（Jerusalem Corn）
     牧草高粱┤ 苏丹草（Sudan Grass）
          └ 约翰逊草（Johnson Grass）
     帚高粱（Broom Corn）
```

附录 4　栽培高粱简易分类法

1972 年，美国依利诺伊大学农学系作物进化研究室教授 J. R. Harlan 和 J. M. J. de Wet 在"作物科学"（第 12 卷，172～176 页）发表了栽培高粱的简易分类法。

一、形态学性状

高粱分类传统沿用的性状分为小穗性状、花序性状和植株性状。我们认为选择的小穗性状最稳定，受环境的影响最小，最能揭示有关的亲缘关系，因而对分类可能是最有用的。花序类型也有助于分类，因为它常常与小穗形态密切相关。植株性状，特别是株高、分蘖、茎秆的多汁性，对日照长度的反应、茎粗等，在农艺上是重要的，但是这些性状在近缘类型中变化很大，很难因标本描述清楚，一般来说分类用途不大。因此，我们以小穗形态为分类依据，只用成熟的无柄小穗就能把高粱的主要族鉴定开来。

我们发现 Snowden 所用的很多性状在分类上用处不大。例如粒色和颖色，芒的有无，有柄小穗的宿存与否，茎秆的多汁或少汁，以及膜质颖或是纸质颖，所有这些性状在近缘类型中都有变化，因此它们没有多少分类价值。颖壳或花序分枝上的茸毛通常是不稳定的，尽管某些亚族有稳定的茸毛或者没有。"有脉高粱"（*S. nervosum* Bess, ex Schult）的外颖上的条纹似乎也不像 Snowden 说的那样稳定，因此这个性状也无多大价值。"膜质高粱"（*S. membranaceum* Chiov.）的特大纸质颖是由单基因（*PY*）产生的，而且在任何高粱上都能出现。因此，高粱分类最好是根据籽粒性状而不必考虑颖的性状。

（一）小穗类型

在栽培高粱［*S. bicolor*（Linn）Moench］[1]种内，我们认为有 7 种基本的小穗类型：野生型（Wild type）、裂秆型（Shattercane）、双色型（Bicolor）、几内亚型（Guinea）、顶尖型（Caudatum）、卡佛尔型（Kafir）和都拉型（Durra）。

1. 野生型　籽粒小、细长呈长椭圆形，背腹对称，颖壳完全包裹；花序脆弱，小穗脱落。

2. 裂秆型　与野生型相似，但籽粒显著更大些和更圆些，有的稍露些尖；小穗脱落。

3. 双色型　籽粒伸长，有点倒卵形，近似背腹对称；颖壳紧裹籽粒，籽粒完全被覆盖或露出其 1/4 顶端；小穗不脱落。

4. 几内亚型　籽粒背腹面扁平，外形稍凸；颖壳长度与籽粒一样或稍长，成熟时两个内卷的颖壳裂开，籽粒扭转差不多 90°。

5. 顶尖型　籽粒明显不对称，靠外颖的一面扁平，在个别情况下甚至有点凹陷，而相对的一面为圆形凸出；最稳定的特征是顶端有一个向着外颖的喙尖；颖壳长度为籽粒长

---

[1]　*Sorghum bicolor*（Linn）Moench，按学名原义，可译为双色方果。

度的一半或更少一点。

6. 卡佛尔型　籽粒近似对称，多少有点圆球形；颖壳紧裹籽粒，长短不一。

7. 都拉型　籽粒倒卵圆形，基部楔形，中部偏上一点最大；颖壳很宽，顶部与基部的条纹不一样，中部往往有一道横折纹。

（二）**穗类型**

由于穗的性状从野生高粱的完全张开的散穗，到高度进化的紧穗类型之间存在着一系列的连续变异，因此最好是用一种打分的方法来人为地进行分类。我们已发现，用这种方法将从野生型到最紧的球形穗都拉型之间划成7个等级的序列，就可以很容易地将某种穗型划到某一相似的等级内，其误差不超过半个级距。这种打分方法也适用于计算机统计资料。

对于那些簇状节间的穗型，需要增加两个等级，即帚用高粱（类型9）与半帚用高粱或亚伞型花序（类型8）。这样一共是9个等级，适用于对穗型的变异进行分类，尽管其中"类型8"中包含有少数不大一样的类型。

穗型一般都与小穗形态有相关性。双色型和几内亚型的小穗一般都是散穗（类型2、类型3、类型4），而卡佛尔型和都拉型的小穗则伴随较紧的穗（类型5、类型6、类型7）。顶尖型小穗在各种穗型中都能发现，而帚用高粱（类型9）则只有双色型籽粒。由于这些相关性的存在，有些不大确定的中间状态的小穗类型可以借助于穗型来分类。

二、高粱的族

根据 Harlan 和 de Wet　1971 年提出的栽培高粱分类法，将双色高粱［*Sorghum bicolor*（Linn.）Moench］分成下列族。

1. 栽培族（*S. bicolor* ssp. *bicolor*）

1.1. 基本族

1.1.1. 第一族　双色族（B）

1.1.2. 第二族　几内亚族（G）

1.1.3. 第三族　顶尖族（C）

1.1.4. 第四族　卡佛尔族（K）

1.1.5. 第五族　都拉族（D）

1.2. 中间族（基本族的所有组合）

1.2.1. 第六族　几内亚-双色族（GB）

1.2.2. 第七族　顶尖-双色族（CB）

1.2.3. 第八族　卡佛尔-双色族（KB）

1.2.4. 第九族　都拉-双色族（DB）

1.2.5. 第十族　几内亚-顶尖族（GC）

1.2.6. 第十一族　几内亚-卡佛尔族（GK）

1.2.7. 第十二族　几内亚-都拉族（GD）

1.2.8. 第十三族　卡佛尔-顶尖族（KC）

1.2.9. 第十四族　都拉-顶尖族（DC）

1.2.10. 第十五族　卡佛尔-都拉族（KD）

2. 自然族（*S. bicolor* ssp. *arundinaceum*）

2.1. 第一族　似芦苇族（*arundinaceum*）

2.2. 第二族　埃塞俄比亚族（*aethiopicum*）

2.3. 第三族　帚枝族（*virgatum*）

2.4. 第四族　轮生花序族（*verticilliflorum*）

2.5. 第五族　邻近族（*propinquum*）

2.6. 第六族　裂秆族（*shattercane*）

该分类系统简单明确。实际上，所有栽培高粱的各种变种都可以分别划入以上 5 个基本族及其中间族里。多数族仅靠小穗形态就能很容易地加以鉴定。例如，含有几内亚族的各个中间族，都有部分开张的颖壳和明显扭转的籽粒，但扭转的角度不如纯几内亚族那么大。包含顶尖族的各个中间族，都有不对称的籽粒，但是这个性状不如纯顶尖族表现得那么明显。其他各个中间族都可以按这种方式加以鉴别。该方法很易掌握，即使有 3-源组合甚至 4-源组合也都能区别开来。然而，这些组合一般都是现代植物育种的后代，而不属于地方品种的部分变异。如果它们大量出现，最好是当作主要族的亚族来处理。

这种分类法的主要优点是简单易行，只需看一下小穗，再查几个问题就可以了。例如，籽粒的底面扁平，一般属于顶尖族；如果两面都扁平而在颖壳之间扭转，则为几内亚族；籽粒细长并有长颖壳，通常伴随着松散的穗，属于双色族；而籽粒在中间以上变大，颖壳很宽，顶端的质地与基部不同，属于都拉族；这些性状特征都没有，则属于卡佛尔族。通过这些特征的表现程度和它们的组合情况，就能大体判别它们属于哪个族。在田间或在实验室里，根据它们的穗甚至小穗样本，就能容易地进行鉴别。

由于所有的变异类型都是以 5 个基本族为基础单位的，所以下面对这 5 个族做简短的描述并提出我们的看法。

（一）双色族（The Bicolor Race）

双色族是根据 Snowden 的"双色亚系"（Subseries Bicoloria）提出的。它的主要性状是颖壳长而紧，籽粒细长，穗散，一般认为它是所有栽培高粱中与野生高粱亲缘最近的一个族。但这并不是说双色族必然是最古老的。实际上，双色族很容易重组。例如，苏丹草与粒用高粱的杂种，无论从哪方面看都属于双色族。据一般经验，这个杂交组合的 F_2 代并不像所期望的那样广泛分离，而且整个的子二代群体以至其后的各衍生后代都可以划归双色族。

苏丹草本身就是苏丹 Khartoum 地区生长的杂交群体材料中分离出来的一个非裂秆（nonshattering）后代，有帚枝族（virgatum race）的杂草形态。在美国，引进的原始苏丹草已经广泛用来与甜高粱或粒用高粱杂交，因此现在的苏丹草在各种性状上都已不同于最初的材料了，应该划归双色族。似乎只要是有野生高粱与栽培高粱同时存在的地方，都能不断地反复产生出双色族的品种来。我们在苏丹、埃塞俄比亚和南非已经发现这种现象，这种现象在非洲可能是经常而普遍发生的。

双色族的成分复杂，异源，其中包括一些不同的亚族，主要有苏丹草、甜高粱、帚高梁和双色高粱。甜高粱，包括各种甜秆品种，在美国是用来榨糖浆或糖蜜，或用作牲畜饲料。在 20 世纪初，美国种植苏丹草比现在更普遍。甜高粱大部分属于双色族，但其中也有一些不属于双色族而具有甜秆性状的变异材料。在非洲，到处都有甜高粱，但种植规模都很小，仅在村庄的附近种一小块地，供人们嚼甜秆。因此，甜高粱在非洲并不是主要作物，甚至也够不上一个重要作物。常常种双色族高粱为粒用，多半用于酿造啤酒。

总的来说，双色族的高粱籽粒是低产的，种植的面积不大。几乎所有种高粱的地方都有小规模的种植，因而并不具有特定的地理分布或生态适应性。它们的原始性状可以从古老的栽培品种里获得，也可以从近代或现代的野生高粱或杂草高粱的基因渐渗获得。含有双色族的各中间族，大多数价值不大，仅"都拉-双色族"高粱在埃塞俄比亚的高原地区广泛种植。

（二）几内亚族（The Guinea Race）

几内亚族的小穗是衍生而特化的，野生类型中没有一个与它相似。除了颖长和穗散这两个原始性状之外，应该看到几内亚族高粱是特化而高度进化的一个族。我们的几内亚族是根据 Snowden 的"几内亚亚系"（subseries Guineensia）提出的。

它基本上是一个西非洲族，是大草原高粱地带的主要族。一般来说，在干旱地区多种大粒型，而森林边缘的潮湿地区则多种小粒型。在非洲东部还发现第二个种植中心，主要是在马拉维。除特殊干旱的地区以外，几乎在非洲的任何地方都有零星种植。

以籽粒大小为主要依据，可将几内亚族很容易地分为 3 个亚族：显著亚族（conspicuun，大粒），几内亚亚族（guinea，中等粒）和珍珠米亚族（margaritiferum，小粒）。Snowden 用于鉴别该族的其他性状，如茸毛、粒色、颖色等，都没有太大的生物学意义。

由于几内亚族高粱通常种植在降雨量多的地区，因此大量被用于气候良好地区和耐贮性的选种材料。它的种子坚硬而皮厚，能保持原有的色泽，在粗放的贮藏条件下具有相当的抗虫性。松散下垂的穗，紧裹的颖壳可能有助于在潮湿条件下减轻霉菌危害。

很多栽培品种高产，在西非作为成百万人民的粮食具有特殊重要意义。某些品种具有很强的耐涝性，因而成为尼日尔河盆地特定条件下的主要农作物。某些含有几内亚族的中间族也是重要的，几内亚-顶尖族是尼日利亚、乍得和苏丹的主要族高粱。几内亚-卡佛尔族在东非种植较多，是印度的主要族（S. roxburghii Stapf）[1]。几内亚-双色族价值不大，而几内亚-都拉族更为罕见，以至 Snowden 没有提到它。

（三）顶尖族（The Caudatum Race）

顶尖族与其他族不一样，我们分类的顶尖族不是根据 Snowden 的某个亚系，而是根据他划为顶尖高粱（S. caudatum Stapf）的一部分材料和浅黑高粱［S. nigricans (Ruiz et Pavon) Snowden］的一部分材料提出的。

以龟壳状籽粒为其特征的纯顶尖族高粱，主产于苏丹、乍得、尼日利亚的部分地区和乌干达的大部分地区。在当地农业生产中，它是最重要的一个族。含有顶尖族的各个中间

---

[1]　*S. roxburghii* stapf，即印度高粱，一般称沙鲁（Shallu），有的分类学家把它划为一个变种，var. *roxburghii* Haines.

族也都很重要。几乎在各种穗型中都能发现顶尖族的小穗类型，但它的地理分布并不是没有规律的，较紧的穗型局限于干旱地区，而散穗或伞状穗型则多分布于多雨地区。

有顶尖族究竟有多少个亚族，目前尚无法确定，在翻译上存在一些混乱。例如，在苏丹，按阿拉伯语把其中包括从几内亚-顶尖族、顶尖族到都拉-顶尖族的许多不同的栽培种，都通称为"菲特瑞塔"（Feterita）。我们引进了一个"菲特瑞塔"原始材料，属于都拉-顶尖族，而苏丹的"菲特瑞塔"，可能大多数属于顶尖族。我们是按阿拉伯语原义来称它"菲特瑞塔"呢，还是仅就引进到美国的这个原始材料来称呼？

在我们的原始材料圃里，还有两种"多勃斯"（Dobbs）高粱，一个属顶尖族，另一个属几内亚-顶尖族。此外，一些标名为"赫格瑞"（Hegari）的原始材料，看上去也同顶尖族完全一样。考虑到这些问题，目前要明确地划分顶尖族的亚族，可能为时尚早。但是许多高粱研究者对"菲特瑞塔""赫格瑞"和"多勃斯"这些材料是比较熟悉的。

在含有顶尖族的中间族中，最重要的是卡佛尔-顶尖族。美国现有的粒用杂交高粱几乎全部都属于这个族。1967 年公布的产量为 1 900 万 t。主产于尼日利亚北部的都拉-顶尖族，一般称为"考拉亚族"（Kaura subrace），是美国高粱育种中作为黄色胚乳与大籽粒的杂交亲本。如上所述，几内亚-顶尖族是从尼日利亚到苏丹各国的主栽族。

顶尖族高粱具有明显的将其高产性、粒色鲜明、米质好等性状传递给杂交后代的能力。它是目前世界各国高粱育种中最重要的一个种质。

（四）卡佛尔族（The Kafir Race）

我们的卡佛尔族是根据 Snowden 的"卡佛亚系"（subseries Caffra）外加一些有尾族材料而提出的。它是非洲东部坦桑尼亚以南的主要族，赤道以北不多。它的名称来源于阿拉伯文"异教徒"。由于该地区开发较晚，可以想象这个族是不太古老的。它的小穗可能不像几内亚族、顶尖族和都拉族那么专化，但穗型一般都是从半紧到紧穗。这个族在农业生产上是重要的，而由它衍生的各个中间族则更为重要。

前面已经提到的印度的几内亚-卡佛尔族和美国高粱地带的卡佛尔-顶尖族。在非洲土产的高粱中，卡佛尔-都拉族种得不多，但它是一种重要的育种原始材料。杂交高粱生产中所用的细胞质雄性不育系统就含有都拉族（迈罗）的细胞质，而卡佛尔族的衍生后代作保持系。

（五）都拉族（The Durra Race）

该族是根据 Snowden 的"都拉亚系"（subseries Durra）提出的。"都拉"这个名称来源于阿拉伯语，原意是"高粱"（或通称为粟）。它是近东穆斯林地区的一个族。都拉高粱主产于埃塞俄比亚，特别是低洼地部落中。实际上，它已经成为土耳其、叙利亚、伊拉克、伊朗、阿拉伯、非洲北部以南撒哈拉沙漠边缘的唯一高粱族。印度的高粱大约有 4/5 属于都拉族。

虽然埃塞俄比亚和苏丹的都拉高粱中有许多是生育期长的栽培品种，但都拉高粱中确实有一些所有高粱中最早熟、生育期短的栽培品种。它们具有抗旱或至少是避旱性，因而即使在最干旱的地区，只要有高粱生长，它就能生长。它们在美国一度曾种得很多，叫作迈罗（Milo），但是后来大部分被卡佛尔-顶尖族，特别是卡佛尔-顶尖-都拉所代替。

目前，我们还提不出一个可行的分类方案把这个族分为亚族，但许多高粱研究者对于非洲的迈罗高粱和印度的"南迪尔类型"（Nandyal types）是熟悉的。在土产的含有都拉族的各中间族中，最主要的是都拉-顶尖族（产于尼日利亚、乍得、苏丹）和都拉-双色族（产于埃塞俄比亚高原）。都拉族在许多方面是所有高粱中最进化、最专化的一个族，在它们中间有可能发现许多有用的性状。

　　高粱族的地理分布，进一步证实了我们的分类。按照这个分类系统，一些中间族发生在预期的地方。在非洲西部，几内亚族是从塞内加尔到乍得西部大草原的主要族。由西向东，首先被几内亚-顶尖族代替，然后是顶尖族。非洲东部种植的是几内亚族和卡佛尔族，也就是在这里发现了几内亚-卡佛尔族。在尼日利亚北部，都拉-顶尖族是主要族，那里有一条向北通向尼日尔的都拉高粱地带，和一条通向东南的顶尖族高粱地带。值得注意的是，几内亚-都拉族这样稀少，以至于没有被 Snowden 搜集到材料圃里。我们在世界高粱搜集材料中仅发现少数标本，但是几内亚族和都拉族的差异幅度极大，使人很难想象除非在特殊情况下它们会生长在一起。

　　为了使我们的分类系统同其他学者提出的常用分类系统作一对照，下面列出 Snowden 的分类系统（表 1）与印度的"工艺群"分类系统（表 2）。对 Snowden 搜集在邱园[1]的原始材料及其描述，我们都进行了鉴定。对印度的"工艺群"分类系统，我们只限于鉴定美国农业部送来的那些标本，而对于每一个"工艺群"名称的含义没有加以解释，特此声明。通过对比可以看出，虽然有些地方显然不相符合，但总的看来，我们的分类系统同这两个系统大体是一致的。

　　目前，将各族再分为亚族的工作尚未完成。我们曾于 1971 年提出一个栽培高粱的变通分类办法，建议以农学家和植物育种家的经验为基础，按栽培品种的利用情况来划分亚族。我们相信，当专业高粱研究者对世界高粱原始材料更加熟悉的时候，将能提出这个分类方案来。

表 1　Snowden 分类系统所用的种名与本系统提出的族名对照表

种	译名	族
（1）S. aterrimum	深黑高粱	裂秆族
（2）S. drummondii	德拉蒙德高粱	裂秆族
（3）S. nitens	光泽高粱	裂秆族
（4）S. margaritiferum	珍珠米高粱	几内亚族
（5）S. guineese	几内亚高粱	几内亚族
（6）S. mellitum	甜蜜高粱	几内亚-双色族
（7）S. conspicuum	显著高粱	几内亚族
（8）S. roxburghii	罗氏高粱	几内亚-卡佛尔族
（9）S. gambicum	冈比亚高粱	几内亚族
（10）S. exsertum	裸露高粱	双色族
（11）S. membranaceum	膜质高粱	（分属于不同族）

　　[1]　邱园（Kew），英国伦敦西郊的皇家植物园。

（续）

种	译名	族
（12）S. basutorum	巴苏陀高粱	卡佛尔-双色族
（13）S. nervosum	有脉高粱	部分属于双色族
		部分属于顶尖-双色族
		部分属于卡佛尔-双色族
（14）S. melaleucum	黑白高粱	几内亚-双色族
（15）S. ankolib	安哥拉高粱	都拉-双色族
（16）S. splendidum	华丽高粱	双色族
（17）S. dochna	多克那高粱	双色族
（18）S. bicolor	双色高粱	双色族
（19）S. miliiforme	粟型高粱	卡佛尔-双色族
（20）S. simulans	拟似高粱	卡佛尔-双色族
（21）S. elegans	美丽高粱	部分属于几内亚-顶尖族
		部分属于卡佛尔-双色族
（22）S. notabile	贵重高粱	部分属于几内亚-顶尖族
		部分属于顶尖-双色族
（23）S. coriaceum	革质高粱	卡佛尔族
（24）S. caffrorum	卡佛尔高粱	卡佛尔族
（25）S. nigricans	浅黑高粱	部分属于卡佛尔-顶尖族
		部分属于顶尖族
（26）S. caudatum	有尾高粱	部分属于顶尖族
		部分属于几内亚-顶尖族
		部分属于都拉-顶尖族
（27）S. dulcicaule	甜秆高粱	几内亚-顶尖族
（28）S. rigidum	硬粒高粱	都拉-双色族
（29）S. durra	都拉高粱	都拉族
（30）S. cernuum	弯穗高粱	都拉族
（31）S. subglabrescens	近光秃高粱	都拉-双色族

表2　根据美国农业部送来并种植于波多黎各的"工艺群"分类标本与本系统提出的族名对照表

工艺群	译名	族
（1）Roxburghii	罗克斯群	几内亚族 *
（2）Roxburghii/Shallu	罗克斯/沙鲁群	几内亚-卡佛尔族
（3）Conspicunm	显著群	几内亚族
（4）Guineense	几内亚群	几内亚族
（5）Margaritiferum	珍珠米群	几内亚族
（6）Membranaceum	膜质群	都拉族（特大纸质颖）

（续）

工艺群	译名	族
（7）Kaoliang	中国高粱群	双色族
（8）Nevosum-kaoliang	有脉-中国高粱群	卡佛尔-双色族
（9）Bicolor-broomcorn	双色-帚高粱群	双色族
（10）Bicolor-sorgos & Others	双色-甜高粱群及其他	卡佛尔族*
（11）Bicolor/Kafir	双色-卡佛尔群	双色族
（12）Dochna	多克那群	双色族
（13）Dochna/Leoti	多克那/列奥蒂群	双色族
（14）Dochna/Amber	多克那/琥珀群	双色族
（15）Dochna/Collier	多克那/柯里尔群	顶尖-双色族
（16）Dochna/Honey	多克那/蜂蜜群	双色族
（17）Dochna/Roxburghii	多克那/罗克斯群	几内亚-顶尖族
（18）Dochna/Kafir	多克那/卡佛尔群	卡佛尔族
（19）Dochna/Nigricans	多克那/浅黑群	顶尖族
（20）Dochna/Durra	多克那/都拉群	都拉族
（21）Elegans	美丽群	无标本
（22）Caffrorum	卡佛尔群	卡佛尔-顶尖族
（23）Caffrorum/Darso	卡佛尔/达索群	卡佛尔-顶尖族
（24）Caffrorum /Birdproof	卡佛尔/防鸟群	卡佛尔-顶尖族
（25）Caffrorum /Roxburghii	卡佛尔/罗克斯群	几内亚-卡佛尔族
（26）Caffrorum /Bicolor	卡佛尔/双色群	顶尖-双色族
（27）Caffrorum /Feterita	卡佛尔/菲特瑞塔群	都拉-顶尖族
（28）Caffrorum /Durra	卡佛尔/都拉群	卡佛尔族
（29）Nigricans	浅黑群	顶尖族
（30）Nigricans/Bicolor	浅黑/双色群	卡佛尔族
（i）Dobbs	（i）多勃斯群	几内亚-顶尖族
（ⅱ）Nigricans/Guinea	（ⅱ）浅黑/几内亚群	几内亚-顶尖族
（31）Nigricans/Feterita	浅黑/菲特瑞塔群	顶尖族
（i）Dobbs	（i）多勃斯群	顶尖族
（32）Nigricans/Durra	浅黑/都拉群	都拉族
（33）Caudatum	顶尖群	都拉族*
（34）Caudatum/Kaura	顶尖/考拉群	都拉-顶尖族
（35）Caudatum/Guinea	顶尖/几内亚群	双色族*
（36）Caudatum/Bicolor	顶尖/双色群	顶尖-双色族
（37）Caudatum/Dochna	顶尖/多克那群	双色族

（续）

工艺群	译名	族
(38) Caudatum /Kafir（Hegari）	顶尖/卡佛尔（赫格瑞）群	顶尖族
(39) Caudatum/Nigricans	顶尖/浅黑群	顶尖族
(i) Zera-Zera	(i) 惹拉-惹拉群	顶尖族
(40) Caudatum /Durra	顶尖/都拉群	顶尖族
(41) Durra	都拉群	都拉族
(42) Durra/Roxburghii	都拉/罗克斯群	几内亚-双色族
(43) Durra/Membranaceum	都拉/膜质群	几内亚-都拉族
(44) Durra/Bicolor	都拉/双色群	都拉-双色族
(45) Durra/Dochna	都拉/多克那群	都拉-双色族
(46) Durra/Kafir	都拉/卡佛尔群	卡佛尔-顶尖族
(i) Nandyal	(i) 南迪尔群	都拉族
(47) Durra/Nigricans	都拉/浅黑群	顶尖族
(48) Durra/Kaura & Others	都拉/考拉群及其他	无标本
(49) Cernuum	弯头群	几内亚-双色族 *
(50) Subglabrescens	近光秃群	都拉-双色族
(51) Subglabrescens/Milo	近光秃/迈罗群	都拉族
(52) Sudanense	苏丹草群	双色族
(53) Grass-grains	草粒兼用群	无标本
(54) S. halepense	阿勒欧高粱群	都拉-顶尖族
(55) S. almum	丰裕高粱群	裂秆族
(60) S. plumosum	羽状高粱群	裂秆族
(61) S. verticilliflorum	轮生花序高粱群	裂秆族
(62) S. virgatum	帚枝高粱群	裂秆族

*　标本与原"工艺群"名称含义不符。

附录 5　外国高粱品种名称英中文对照表

英文名	中文名	类型	用途
Acme	阿克米	粒用	粒用
Acme Broomcorn	阿克米帚高粱	帚用高粱	帚用
African Millet（Sourless）	非洲粟	甜高粱	糖用、饲用
Ajex	阿捷克斯	南非高粱×中非高粱	粒用、饲用
Alliance	同盟	粒用	粒用
Alpha	阿尔法	粒用	粒用
Altamont	阿尔泰山	中国高粱	粒用
Atlas	阿特拉斯	甜高粱×南非高粱	糖用、饲用
Axtell	艾克斯泰	甜高粱×南非高粱×西非高粱	糖用、饲用
Banas Durra	巴纳斯都拉	北非高粱	粒用
Barchet	巴彻特	中国高粱	粒用
Beaver	比沃（意海獭）	西非高粱	粒用
Bilichigan	比利契干		
Bird Proof Kafir 662	雀不食卡佛尔 662	南非高粱	粒用
Bishop	比绍珀（意主教）	南非高粱	粒用、饲用
Black Amber	黑琥珀	甜高粱	糖用、饲用
Blackhull Kafir	黑壳卡佛尔	南非高粱	粒用、饲用
Blackhull White	黑壳白	南非高粱	粒用、饲用
Black Spanish	黑西班牙	帚用高粱	帚用
Black Spanish broomcorn	黑西班牙帚高粱	帚用高粱	帚用
Blankenship	勃兰肯歇普	西非高粱	粒用
Bonar Durra	波纳都拉	西非高粱	粒用
Bonita	波尼塔		
Brawley	布罗利		
Brolga	布洛加		
Brown Durra	褐色都拉	北非高粱	粒用
Brown Kaoliang	褐高粱	中国高粱	粒用
Buff Kafir	浅黄卡佛尔	南非高粱	粒用、饲用
Burma Black	缅甸黑		
California Golden	加利福尼亚金黄	帚用高粱	帚用

（续）

英文名	中文名	类型	用途
California NO. 23	加利福尼亚 23 号	苏丹草	饲用
California White Durra	加利福尼亚白都拉	北非高粱	粒用
Caprock	卡普罗克	南非高粱×西非高粱	粒用、饲用
Chiltex	奇尔特克斯	中非高粱×南非高粱	粒用
Chinese（Black）Amber	中国（黑）琥珀	甜高粱	糖用、饲用
Chusan Brown Kaoliang	朱三褐高粱	中国高粱	粒用
Clubhead	棒形头	甜高粱	糖用、饲用
Club Kafir	棒形卡佛尔	南非高粱	粒用、饲用
Club Sorghum	棒形高粱	粒用高粱	粒用
Cock Feterita	圆锥菲特瑞塔	中非高粱	粒用
Cody	柯蒂	南非高粱	淀粉用
Coes	考厄斯	西非高粱	粒用
Colby	考尔贝	西非高粱	粒用
Colman sorgo	考尔曼甜高粱	甜高粱	糖用、饲用
Collier	矿工	甜高粱	糖用、饲用
Combine	康拜因	南非高粱	粒用、饲用
Combine 7078	康拜因 7078	南非高粱	粒用、饲用
Combine Bonita	康拜因波尼塔	南非高粱	粒用、饲用
Combine Hegari（CH）	康拜因赫格瑞	赫格瑞高粱	粒用
Combine Kafir	康拜因卡佛尔	南非高粱	粒用、饲用
Combine Kafir 60	康拜因卡佛尔 60	南非高粱	粒用、饲用
Common Sudan	普通苏丹	苏丹草	饲用
Corneous Durra	角质都拉	北非高粱	粒用
Dakota Amber	达科塔琥珀	甜高粱	糖用、饲用
Danton	丹顿	甜高粱	糖用、饲用
Darset	达赛		
Darso	达索	甜高粱×南非高粱	粒用、饲用
Dawn（Warf Blackhull）	黎明（曙光）	南非高粱	粒用、饲用
Dawn Kafir	黎明卡佛尔	南非高粱	粒用、饲用
Day	白日	西非高粱	粒用
Dekalb Fsla A	迪卡白 Fsla A		
Desert Milo	沙漠迈罗	西非高粱	粒用
Double Dwarf Milo	双矮生迈罗	西非高粱	粒用
Double Dwarf White Sooner Milo	双矮生快熟白迈罗	西非高粱	粒用
Double Dwarf Yellow Milo	双矮生黄迈罗	西非高粱	粒用

（续）

英文名	中文名	类型	用途
Double Dwarf Yellow Sooner Milo	双矮生快熟黄迈罗	西非高粱	粒用
Dutch Boy（Dwarf Ashburn）	荷兰小男孩	甜高粱	糖用、饲用
Durra	都拉	北非高粱	粒用
Durra PI54484	都拉 PI54484	北非高粱	粒用
Dwarf	矮子		
Dwarf Ashburu	矮生灰烬	甜高粱	糖用、饲用
Dwarf Blackhull	矮生黑壳	南非高粱	粒用、饲用
Dwarf Broomcorn	矮生帚高粱	帚用高粱	帚用
Dwarf Feterita	矮生菲特瑞塔	中非高粱	粒用
Dwarf Hegari	矮生赫格瑞	南非高粱×中非高粱	粒用、饲用
Dwarf Java	矮生爪哇		
Dwarf White Milo	矮生白迈罗	西非高粱	粒用
Dwarf White Sooner Milo	矮生快熟白迈罗	西非高粱	粒用
Dwarf Yellow Milo	矮生黄迈罗	西非高粱	粒用
Early Amber（Black Amber）	早熟琥珀	甜高粱	糖用、饲用
Early Blackhull Kafir	早熟黑壳卡佛尔	南非高粱	粒用、饲用
Early Dakota Amber	早熟达科塔琥珀	甜高粱	糖用、饲用
Early Hegari	早熟赫格瑞	南非高粱×中非高粱	粒用、饲用
Early Hegari SA281	早熟赫格瑞 SA281	南非高粱×中非高粱	粒用、饲用
Early Kafir	早熟卡佛尔	南非高粱	粒用
Early Kalo	早熟卡罗	南非高粱×西非高粱	粒用、饲用
Early Kalo 1009	早熟卡罗 1009	南非高粱×西非高粱	粒用、饲用
Early Sumac	早熟苏马克	甜高粱	糖用、饲用
Early Sumac Sorgo	早熟苏马克甜高粱	甜高粱	糖用、饲用
Early Red Kafir 866	早熟红卡佛尔 866	南非高粱	粒用
Early White Milo	早熟白迈罗	西非高粱	粒用
Edwards	爱德华		
Ellis	艾丽丝	甜高粱×南非高粱	糖用、饲用
Evergreen	常绿		
Extra Early Sumac	特早熟苏马克	甜高粱	糖用、饲用
Fargo	法哥（意远行）	西非高粱	粒用
Feterita	菲特瑞塔	中非高粱	粒用
Feterita FC 811	菲特瑞塔 FC 811	中非高粱	粒用
Finney	菲尼	西非高粱	粒用
Folger	佛尔格	甜高粱	糖用、饲用

（续）

英文名	中文名	类型	用途
Folger's Early	佛尔格早熟	甜高粱	糖用、饲用
Freed	福利德	粒用高粱	粒用、饲用
Fremont	福来芒特	甜高粱	糖用、饲用
Fulltip	满尖	帚用高粱	帚用
Georgia Blue Ribbon	佐治亚蓝丝带	甜高粱	糖用、饲用
Giant	巨人	西非高粱	已绝种
Giant Milo	巨大迈罗	西非高粱	粒用
Giza 114	吉扎 114		
Gooseneck	鹅颈	甜高粱	糖用、饲用
Grain Hall Cane	粮仓蔗		
Grain-O-Plains	平原粒		
Greenleaf	绿叶	苏丹草×甜高粱	饲用
Greenheaf Sudan Grass	绿叶苏丹草	苏丹草	草用
Grnovrrana	格诺夫洛那		
Grohome	格罗荷姆	南非高粱	粒用、饲用
Grohome 920	格罗荷姆 920	南非高粱	粒用、饲用
Guinea Corn	几内亚玉米		
Guinea Kafir	几内亚卡佛尔	南非高粱	粒用
Gunson's Velvem Sorghum	圭森软高粱		
Gurno	戈尔诺	西非高粱	粒用
Hays	海斯		
Haygrazer	食干草畜		
Hegari	赫格瑞（又译亨加利）	南非高粱×西非高粱	粒用、饲用
Hegari 750	赫格瑞 750	南非高粱×西非高粱	粒用、饲用
Hi-Dan 38	黑丹 38		
Honey	蜂蜜	甜高粱	糖用、饲用
Hodo	霍多		
Honey Drip	蜜滴	甜高粱	糖用、饲用
Honey Sorgo	蜂蜜甜高粱	甜高粱	糖用、饲用
Hydro Kafir	水卡佛尔	甜高粱	粒用、饲用
Iceberg	冰山	甜高粱	糖用、饲用
Indore Loca	印多尔本地高粱	印度高粱	粒用
Japanese Dwarf	日本矮		
Japanese Dwarf Broomcorn	日本矮帚高粱	帚用高粱	帚用
Japanese Ribbon Cane（Honey）	日本丝带蔗	甜高粱	糖用、饲用

（续）

英文名	中文名	类型	用途
Jerusalem Corn	耶鲁撒冷谷		
Johnson Grass	约翰逊草	约翰逊草	牧草用
Jower	爵娃	印度高粱	粒用
Kachadachi PI. 14746	卡恰达奇 PI. 14746	印度高粱	粒用
Kaferita	卡佛瑞塔		
Kaferita 811	卡佛瑞塔 811		
Kaferita 812	卡佛瑞塔 812		
Kafir	卡佛尔	南非高粱	粒用
Kalo	卡罗	南非高粱×西非高粱	粒用、饲用
Kansas Orange	堪萨斯橙橘	甜高粱	糖用、饲用
Kansas Orange Sorgo	堪萨斯橙橘甜高粱	甜高粱	糖用、饲用
Kaoliang	高粱（指中国高粱）	中国高粱	粒用
Kaprock	卡普罗克		
Kasha Kashi	卡沙卡西		
Keristinganum	克利斯汀加农	中非高粱	粒用
Kolongotomo	柯隆哥吐姆		
Leoti	里奥蒂	甜高粱	糖用、饲用
Leoti Red	里奥蒂红	甜高粱	糖用、饲用
Lesti Sorgo 6610	里奥蒂甜高粱 6610	甜高粱	糖用、饲用
Lindsey115	林德塞 115		
Magune	玛古		
Maizo Amber	美佐琥珀	甜高粱	糖用、饲用
Maizola	美佐拉		
Malvi	马尔威	印度高粱	粒用
Manchu Black Kaoliang	中国东北黑壳高粱	中国高粱	粒用
Manko	曼科		粒用
Martin	马丁	南非高粱×西非高粱	粒用、饲用
Martin Combine	马丁康拜因	南非高粱×西非高粱	粒用、饲用
Martin Milo	马丁迈罗	南非高粱×西非高粱	粒用、饲用
McLean	麦克林	甜高粱	糖用、饲用
Medium Dwarf Sumac	中矮生苏马克	甜高粱	糖用、饲用
Midget	侏儒		
Midland	内地	南非高粱×西非高粱	粒用、饲用
Milo	迈罗	西非高粱	粒用
Miloka	迈罗卡	西非高粱、蜡质	淀粉用

（续）

英文名	中文名	类型	用途
Minnesota Amber	明尼苏达琥珀	甜高粱	糖用、饲用
Namatare	纳姆塔		
Nebraska	内布拉斯加		
Nebraska Yellow	内布拉斯加黄		
Norghum	诺根	西非高粱	粒用
Norkan	诺堪	甜高粱×南非高粱×西非高粱	糖用、饲用
Okaw	欧考	帚高粱×甜高粱	帚用
Orange	橙橘	甜高粱	糖用、饲用
Pearl	珍珠	南非高粱	粒用、饲用
Petil Mil	小米儿	爆裂高粱	爆裂食用
Pink Kafir	粉红卡佛尔	南非高粱	粒用、饲用
Piper	风笛手	苏丹草×甜高粱	牧草用
Plainsman	平原人	南非高粱×西非高粱	粒用
Planter	种植者	甜高粱	糖用、饲用
Planter's Friend	种植者之友	甜高粱	糖用、饲用
Pop Sorghum	爆裂高粱	爆裂高粱	爆裂食用
Premo	普瑞莫	中非高粱×南非高粱	粒用
Premo 873	普瑞莫 873	中非高粱×南非高粱	粒用
Quadroom	混血儿	南非高粱×西非高粱	粒用、饲用
Rabi Jowar	拉贝爵娃	印度高粱	粒用
Rancher	兰彻	甜高粱	糖用、饲用
Red Amber	红琥珀	甜高粱	糖用、饲用
Redbine	红拜因	南非高粱	粒用、饲用
Red Feterita 693R	红菲特瑞塔 693R	中非高粱	粒用
Red Jonna	红琼娜		
Red Kafir	红卡佛尔	南非高粱	粒用、饲用
Red Kaoliang	红高粱	中国高粱	粒用
Redlan	红兰	南非高粱×西非高粱	粒用、饲用
Red Orange	红橙橘	甜高粱	糖用、饲用
Red Top（Sumac）	红顶	甜高粱	糖用、饲用
Reed	瑞德	南非高粱	粒用、饲用
Reed BKbL Kafir 628	瑞德 BKbL 卡佛尔 628	南非高粱	粒用、饲用
Reliance	信任	南非高粱×西非高粱	粒用、饲用
Resistant Wheatland 288	抗病麦地 288	南非高粱×西非高粱	粒用、饲用
Rex（Red x）	瑞克斯	甜高粱	糖用、饲用

（续）

英文名	中文名	类型	用途
Rice	稻米	南非高粱	粒用、饲用
Rice Kafir	稻米卡佛尔	南非高粱	粒用、饲用
Rox Orange（Waconia Orange）	罗克斯橙橘	甜高粱	糖用、饲用
Ryer Milo	莱尔迈罗	西非高粱	粒用
Sagrain（Schrock）	萨粒	糯高粱	粒用
Sapling	树苗	甜高粱	糖用、饲用
Sart	萨特	甜高粱	糖用、饲用
Scarborough	斯卡波劳	帚用高粱	帚用
Scarborough Dwarf	斯卡波劳矮	帚用高粱	帚用
Schrock	史罗克	糯高粱	粒用
Sedan Kafir	西丹卡佛尔	南非高粱	粒用、饲用
Sereka	赛列卡		
Shallu	沙鲁	印度高粱	粒用
Shallu Agros 2650	沙鲁阿格罗斯 2650	印度高粱	粒用
Shallu 85	沙鲁 85	印度高粱	粒用
Shantung Black（Kaoliang）	山东黑壳高粱	中国高粱	粒用
Sharon	沙伦	南非高粱	粒用、饲用
Silver Top	银顶	甜高粱	糖用、饲用
Sol Kafir	太阳神卡佛尔	南非高粱	粒用、饲用
Solodena	索洛迪娜		
Sooner	快熟	西非高粱	粒用
Sooner Milo 247	快熟迈罗 247	西非高粱	粒用
Sordan	索丹		
Sourless（White Orange）	无酸	甜高粱	糖用、饲用
Sprangle Top（Honey）	斯普兰格顶	甜高粱	糖用、饲用
Spur Feterita	短枝菲特瑞塔	中非高粱	粒用
Standard Blackhull Kafir	标准黑壳卡佛尔	中非高粱	粒用、饲用
Standard Broomcom	标准帚高粱	帚用高粱	帚用
Standard Feterita	标准菲特瑞塔	中非高粱	粒用
Standard Kafir	标准卡佛尔	南非高粱	粒用、饲用
Standard Kafir 71	标准卡佛尔 71	南非高粱	粒用、饲用
Standard Milo	标准迈罗	西非高粱	粒用
Standard White Milo	标准白迈罗	西非高粱	粒用
Standard Yellow Milo Star	标准黄迈罗星	西非高粱	粒用
Staygreen	持绿	帚高粱×甜高粱	帚用

（续）

英文名	中文名	类型	用途
Straightneck	直脖子	甜高粱	糖用、饲用
Sudax 11	苏达克斯 11		
Sugar Drip	糖滴	甜高粱	糖用、饲用
Sumac（Red Top）	苏马克	甜高粱	糖用、饲用
Sundhia	甚迪亚	印度高粱	饲用
Sunrise	日出	南非高粱	粒用、饲用
Sunrise Kafir	日出卡佛尔	南非高粱	粒用、饲用
Swarna	斯旺纳		
Sweet Sudang	甜苏丹	甜高粱×苏丹草	牧草用
Sweet Sudangrass	甜苏丹草	苏丹草	牧草用
Sweet Sioux	甜苏人		
Tall Red Kafir	高秆红卡佛尔	南非高粱	粒用、饲用
Tall White Sooner Milo	高秆快熟白迈罗	西非高粱	粒用
Texas Blackhull	得克萨斯黑壳卡佛尔	南非高粱	粒用、饲用
Texas Milo	得克萨斯迈罗	西非高粱	粒用
Texas Seeded Ribbon（Honey）	得克萨斯结实丝带	甜高粱	糖用、饲用
Texas 610	得克萨斯 610		
Texioca	特克休卡		
Tiebonna	台奔那		
Tift Sudan	提夫特苏丹	苏丹草×甜高粱	牧草用
Tiny	小孩儿		
Tracy	特雷西	甜高粱	糖用、饲用
Tricker	骗子	甜高粱	糖用、饲用
Trudan	特鲁丹		
Tunisgrass	突尼斯草	突尼斯草高粱	牧草用
Vanl	凡尼	印度高粱	粒用
Waconia Amber	瓦康尼亚琥珀	甜高粱	糖用、饲用
Waconia Orange（Rox Orange）	瓦康尼亚橙橘	甜高粱	糖用、饲用
Waxy Combine	蜡质康拜因	南非高粱	淀粉用
Waxy Blackhull Kaflr	蜡质黑壳卡佛尔	南非高粱	淀粉用
Waxy Kafir	蜡质卡佛尔	南非高粱	淀粉用
Waxy Sooner	蜡质快熟	南非高粱	淀粉用
Weskan Kafir	韦斯堪卡佛尔	南非高粱	粒用、饲用
Western Blackhull Kafir	西黑壳卡佛尔	南非高粱	粒用、饲用
Westland	西地		

（续）

英文名	中文名	类型	用途
Westland Milo	西地迈罗	西非高粱	粒用
Wheatland	麦地	西非高粱	粒用
Wheatland Kansas	堪萨斯麦地	西非高粱	粒用
Wheeler	推车人		
White Africa	非洲白	甜高粱	糖用、饲用
White African Sorgo	非洲白甜高粱	甜高粱	糖用、饲用
White Darso	白达索		
White Durra	白都拉	北非高粱	粒用
White Feterita	白菲特瑞塔	中非高粱	粒用
White Italian	白意大利人		
White Kafir	白卡佛尔	南非高粱	粒用、饲用
White Mammoth	白巨象		
White Martin	白马丁	南非×西非（高粱）	粒用、饲用
White Milo	白迈罗	西非高粱	粒用
White Orange	白橙橘	甜高粱	糖用、饲用
Wis. Line	威系		
Wonder	奇迹	南非高粱	粒用、饲用
Yanigar	杨尼加	印度高粱	粒用
Yellow Milo	黄迈罗	西非高粱	粒用
Yellow Sumac 108	黄苏马克 108	甜高粱×南非高粱×西非高粱	糖用、饲用
Zulu	祖鲁	甜高粱	糖用、饲用

图书在版编目（CIP）数据

高粱学 / 卢庆善，邹剑秋主编 . —2 版 . —北京 ：
中国农业出版社，2023.4
　　ISBN 978-7-109-30577-9

　　Ⅰ. ①高…　Ⅱ. ①卢… ②邹…　Ⅲ. ①高粱－研究
Ⅳ. ①S514

中国国家版本馆 CIP 数据核字（2023）第 056500 号

中国农业出版社出版
地址：北京市朝阳区麦子店街 18 号楼
邮编：100125
责任编辑：王琦瑢　黄　宇
版式设计：王　晨　责任校对：吴丽婷
印刷：北京通州皇家印刷厂
版次：1999 年 11 月第 1 版　　2023 年 4 月第 2 版
印次：2023 年 4 月第 2 版北京第 1 次印刷
发行：新华书店北京发行所
开本：787mm×1092mm　1/16
印张：40
字数：948 千字
定价：420.00 元